KB102306

이론&실제

건축·플랜트 배관설비공학

박병우 · 강윤진 · 장기석 공저

일진사

머리말

산업의 고도성장과 경제의 비약적인 발전으로 인하여 우리의 주거 환경, 작업 환경, 생활 환경에도 많은 변화가 생겨났다.

특히, 자동화되어가는 건축물의 기능을 충분히 발휘시키는 데 필요한 배관 설비는 점점 고급화, 대형화, 다양화를 요구하고 있으며, 각종 장비나 기기, 기구 등을 연결하여 시스템을 구성하는 기본 요소들은 첨단화되기 시작하였다.

이에 그동안 수많은 독자들의 지침서 역할을 하여 왔던 본 교재도 배관 설비 분야의 새로운 기술과 패러다임에 맞추어 다음과 같은 내용으로 새롭게 출판하게 되었다.

첫째, 건축 설비와 일반 배관에 대한 도면 작성 및 해독에 필요한 기초와 실무 지식을 수록하였다.

둘째, 배관 시공이나 유지 관리에 관한 기초 지식과 안전관리를 강화하였다.

셋째, 현대식 설비 기술과 첨단 기기 등의 출현에 따른 새로운 용어 설명 및 국제 단위인 SI 단위를 기본으로 하였다.

특히, 기사, 산업기사, 기능사 자격시험 대비는 물론이거니와 현장 실무 종사자들에게는 지침서로, 학생들에게는 학습 교재로서의 사명을 다하도록 최대한 노력하였다.

끝으로 이 책이 나오기까지 여러 면에서 도와주시고 애써주신 도서출판 **일진사** 여러분께 진심으로 감사를 드린다.

저자 씀

차 례

제1편 배관 재료

제1장 배관의 종류 및 재질

제2장 배관 이음과 신축 이음

제3장 밸브 및 배관 부속

제2편 배관 공작

제1장 배관 작업

제2장 판금 가공

제3장 용접 작업

제3편 배관 시공법

제1장 배관 시공상의 일반적인 사항

제2장 급수·급탕 및 오배수

제3장 난방 배관 시공법

제4장 소화 및 공기조화 설비 시공법

제5장 배관 보온 및 배관 시험

제4편 배관의 지지와 배관 부속 제작법

제1장 배관의 지지

제2장 배관 부속 제작법

제5편 배관 제도

제1장 배관 제도의 기초

제2장 설비 배관도

제4장 급탕 설비

제5장 소화 설비

제6장 냉동 공기조화 설비

제7편 유체와 열에 관한 기초

제1장 물에 관한 기초

제2장 열에 관한 기초

부록

PART 1

배관 재료

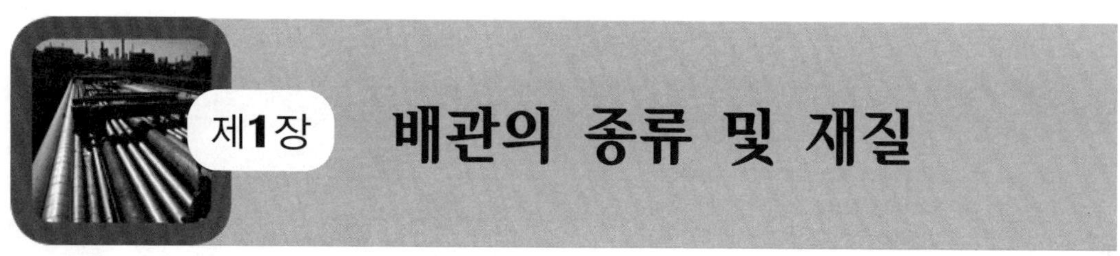

제1장 배관의 종류 및 재질

1. 배관의 종류 및 재질

1-1 강관

강관은 제조 방법에 따라 이음매 없는(seamless) 관, 단접관, 전기 저항 용접관, 아크 용접관 등이 있으며, 제조 방법은 다음과 같다(전기 저항 용접관임).

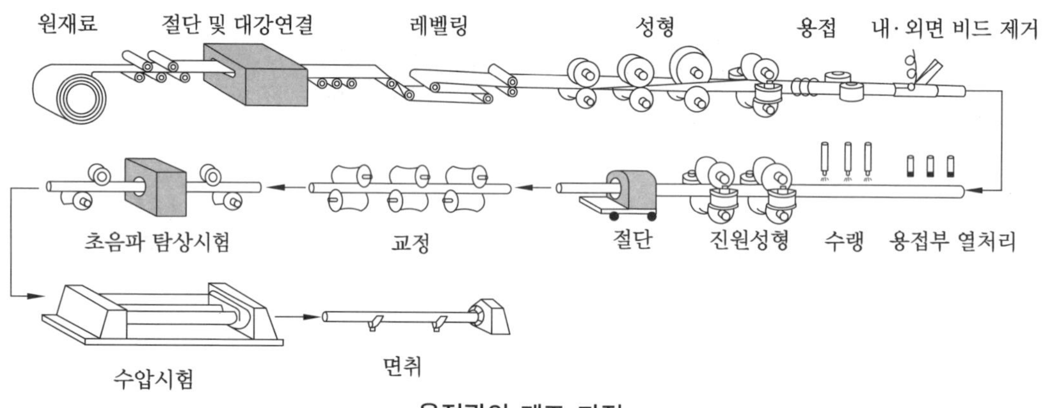

용접관의 제조 과정

(1) 배관용 탄소강관 SPP (steel gas pipe)

일반적으로 가스관이라고 부르며, 압력이 980 kPa 이하의 증기, 물, 기름가스, 공기 등의 배관에 쓰이며, 아연 도금한 것을 백관, 도금하지 않고 일차 방청도장만 한 것을 흑관이라고 한다.

화학 성분

종류의 기호	화학 성분(%)				
	C	Si	Mn	P	S
SPP	0.28 이하	0.35 이하	0.80 이하	0.040 이하	0.040 이하

기계적 성질

종류의 기호	항복점 또는 항복 강도 (N/mm²)	인장 강도 (N/mm²)	연신율 (%)	
			11호 시험편, 12호 시험편	5호 시험편
			세로 방향	가로 방향
SPP	200 이상	340 이상	30 이상	25 이상

배관용 탄소강관 (SPP) KS D 3507

호칭 지름 (A)	호칭 지름 (B)	바깥지름 (mm)	두께 (mm)	소켓이 포함되지 않은 중량 (kg/m)	호칭지름 (A)	호칭지름 (B)	바깥지름 (mm)	두께 (mm)	소켓이 포함되지 않은 중량 (kg/m)
6	⅛	10.5	2.0	0.419	100	4	114.3	4.5	12.2
8	¼	13.8	2.3	0.652	125	5	139.8	4.5	15.0
10	⅜	17.3	2.3	0.851	150	6	165.2	5.0	19.8
15	½	21.7	2.8	1.31	175	7	190.7	5.3	24.2
20	¾	27.2	2.8	1.68	200	8	216.3	5.8	30.1
25	1	34.0	3.2	2.43	225	9	241.6	6.2	36.0
32	1¼	42.7	3.5	3.38	250	10	267.4	6.6	42.4
40	1½	48.6	3.5	3.89	300	12	318.5	6.9	53.0
50	1½	60.5	3.8	5.31	350	14	355.6	7.9	67.7
65	2	76.3	4.2	7.47	400	16	406.4	7.9	77.6
80	3	89.1	4.2	8.79	450	18	457.2	7.9	87.5
90	3½	101.6	4.2	10.1	500	20	508.0	7.9	97.4

㈜ 배관 1개의 길이는 3600 mm 이상 (보통 배관의 길이는 3600, 6000 등으로 부르며, 단위는 mm이다.)

(2) 수도용 아연도 강관 (SPPW, 아연도금 강관 ; galvanized steel pipe)-[KS 규격 폐지]

배관용 탄소강관의 백관보다 아연도금 두께를 두껍게 하여 내식성 및 내구성을 증가시킨 강관이며, 정수두 100 m 이하의 급수관에 주로 사용된다.

수도용 아연도금 강관 (SPPW) KS D 3537

관의 호칭 (A)	관의 호칭 (B)	바깥지름 (mm)	두께 (mm)	소켓이 포함되지 않은 중량 (kg/m)	관의 호칭 (A)	관의 호칭 (B)	바깥지름 (mm)	두께 (mm)	소켓이 포함되지 않은 중량 (kg/m)
10	⅜	17.3	2.3	0.851	80	3	89.1	4.2	8.79
15	½	21.7	2.8	1.31	90	3½	101.6	4.2	10.1
20	¾	27.2	2.8	1.68	100	4	114.3	4.5	12.2
25	1	34.0	3.2	2.43	125	5	139.8	4.5	15.0
32	1¼	42.7	3.5	3.38	150	6	165.2	5.0	19.8
40	1½	48.6	3.5	3.89	200	8	216.3	5.8	30.1
50	2	60.5	3.8	5.31	250	10	267.4	6.6	42.4
65	2½	76.3	4.2	7.47	300	12	318.5	6.9	53.0

㈜ 배관 1개의 길이는 5500을 원칙으로 한다.

(3) 수도용 도복장 강관(STWW)

정수두 100 m 이하의 급수용 배관에 사용되며, 300 A 이하인 것은 배관용 탄소강관을 원관으로 사용하고 350 A 이상의 것은 배관용 아크 용접 탄소강관을 원관으로 사용하며, 관 끝의 모양은 나사형, 베벨형, 플레인형이 있다.

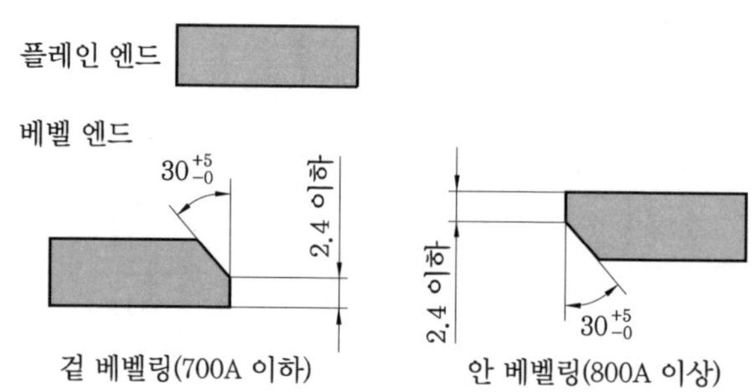

종류의 기호 및 제조방법

종류의 기호	제조 방법
STWW 290	단접 또는 전기 저항 용접
STWW 370	전기 저항 용접
STWW 400	전기 저항 용접 또는 아크 용접
STWW 600	전기 저항 용접 또는 아크 용접

화학 성분

종류의 기호	화학 성분(%)		
	C	P	S
STWW 290	–	0.040 이하	0.040 이하
STWW 370	0.25 이하	0.040 이하	0.040 이하
STWW 400	0.25 이하	0.040 이하	0.040 이하
STWW 600	0.25 이하	0.040 이하	0.040 이하

기계적 성질

종류의 기호	인장 강도 (N/mm^2)	항복점 또는 항복 강도 (N/mm^2)	연신율(%)	
			11호 시험편 12호 시험편	1A호 시험편 5호 시험편
			세로 방향(관축 방향)	가로 방향(관축의 직각 방향)
STWW 290	290 이상	–	30 이상	25 이상
STWW 370	370 이상	215 이상	30 이상	25 이상
STWW 400	400 이상	225 이상	–	18 이상
STWW 600	600 이상	440 이상		16 이상

바깥지름, 두께 및 무게

KS D 3565

호칭지름 (A)	바깥지름 (mm)	종류의 기호											
		STWW 290		STWW 370		STWW 400				STWW 600			
						호칭 두께							
						A형		B형		A형		B형	
		두께 (mm)	무게 (kg/m)	두께 (mm)	무게 (kg/m)	두께 (mm)	무게 (kg/m)	두께 (mm)	무게 (kg/m)	두께 (mm)	무게 (kg/m)	두께 (mm)	무게 (kg/m)
80	89.1	4.2	8.79	4.5	9.39	–	–	–	–	–	–	–	–
100	114.3	4.5	12.2	4.9	13.2	–	–	–	–	–	–	–	–
125	139.8	4.5	15.0	5.1	16.9	–	–	–	–	–	–	–	–
150	165.2	5.0	19.8	5.5	21.7	–	–	–	–	–	–	–	–
200	216.3	5.8	30.1	6.4	33.1	–	–	–	–	–	–	–	–
250	267.4	6.6	42.4	6.4	41.2	–	–	–	–	–	–	–	–
300	318.5	6.9	53.0	6.4	49.3	–	–	–	–	–	–	–	–
350	355.6	–	–	–	–	6.0	51.7	–	–	6.0	51.7	–	–
400	406.4	–	–	–	–	6.0	59.2	–	–	6.0	59.2	–	–
450	457.2	–	–	–	–	6.0	66.8	–	–	6.0	66.8	–	–
500	508.0	–	–	–	–	6.0	74.3	–	–	6.0	74.3	–	–
600	609.6	–	–	–	–	6.0	89.3	–	–	6.0	89.3	–	–
700	711.2	–	–	–	–	7.0	122	6.0	104	7.0	122	6.0	104
800	812.8	–	–	–	–	8.0	159	7.0	139	8.0	159	7.0	139
900	914.4	–	–	–	–	8.0	179	7.0	157	8.0	179	7.0	157
1000	1016.0	–	–	–	–	9.0	223	8.0	199	9.0	223	8.0	199
1100	1117.6	–	–	–	–	10.0	273	8.0	219	10.0	273	8.0	219
1200	1219.2	–	–	–	–	11.0	328	9.0	269	11.0	328	9.0	269
1350	1371.6	–	–	–	–	12.0	402	10.0	336	12.0	402	10.0	336
1500	1524.0	–	–	–	–	14.0	521	11.0	410	14.0	521	11.0	410
1600	1625.6	–	–	–	–	15.0	596	12.0	477	15.0	596	12.0	477
1650	1676.4	–	–	–	–	15.0	615	12.0	493	15.0	615	12.0	493
1800	1828.8	–	–	–	–	16.0	715	13.0	582	16.0	715	13.0	582
1900	1930.4	–	–	–	–	17.0	802	14.0	662	17.0	802	14.0	662
2000	2032.0	–	–	–	–	18.0	894	15.0	746	18.0	894	15.0	746
2100	2133.6	–	–	–	–	19.0	991	16.0	836	19.0	991	16.0	836
2200	2235.2	–	–	–	–	20.0	1093	16.0	876	20.0	1093	16.0	876
2300	2336.8	–	–	–	–	21.0	1199	17.0	973	21.0	1199	17.0	973
2400	2438.4	–	–	–	–	22.0	1311	18.0	1074	22.0	1311	18.0	1074
2500	2540.0	–	–	–	–	23.0	1428	18.0	1119	23.0	1428	18.0	1119
2600	2641.6	–	–	–	–	24.0	1549	19.0	1229	24.0	1549	19.0	1229
2700	2743.2	–	–	–	–	25.0	1676	20.0	1343	25.0	1676	20.0	1343
2800	2844.8	–	–	–	–	26.0	1807	21.0	1462	26.0	1807	21.0	1462
2900	2946.4	–	–	–	–	27.0	1944	21.0	1515	27.0	1944	21.0	1515
3000	3048.0	–	–	–	–	29.0	2159	22.0	1642	29.0	2159	22.0	1642

수압 시험 압력

(단위 : MPa)

시험 압력	종류의 기호					
	STWW 290	STWW 370	STWW 400		STWW 600	
			호칭 두께			
			A형	B형	A형	B형
	2.5	3.5	2.5	2.0	5.0	3.8

(4) 압력 배관용 탄소강관(SPPS)

일반적으로 이음매 없는(seamless) 관이 사용되며, 사용 온도 350℃ 이하, 압력 980 kPa 이상 9.8 MPa까지의 보일러 증기관 또는 수도관이나 유압관의 배관에 사용된다. 호칭 방법은 호칭 지름과 두께로 표시하며, 스케줄 번호 SCH 10 ~ SCH 30까지는 50A ~ 500A가 있으며, 스케줄 번호 SCH 40 ~ SCH 80은 6A~500 A가 있다. 스케줄 번호 구하는 식은 다음과 같다.

$$\text{SCH} = 10 \times \frac{\text{사용 압력 } P\,[\text{MPa}]}{\text{허용 응력 } \sigma_a\,[\text{MPa}]} = 1000 \times \frac{\text{사용 압력 } P\,[\text{MPa}]}{\text{허용 응력 } \sigma_a\,[\text{MPa}]}$$

$$\text{허용 응력 } \sigma_a = \frac{\text{인장 강도 [MPa]}}{\text{안전율}}$$

$$t = \left(\frac{\text{사용 압력} \times \text{바깥지름}}{175 \times \text{허용 압력}}\right) + 2.54$$

여기서, 안전율 : 4

종류의 기호

종래 기호	통합된 기호
SPPS 380 SPPS 420	SPPS 250

화학 성분

종류의 기호	화학 성분(%)				
	C	Si	Mn	P	S
SPPS 250	0.30 이하	0.35 이하	0.30~1.00	0.040 이하	0.040 이하

기계적 성질

종류의 기호	항복점 또는 항복 강도 (N/mm²)	인장 강도 (N/mm²)	연신율(%)			
			11호 시험편 12호 시험편	5호 시험편	4호 시험편	
			세로 방향	가로 방향	가로 방향	세로 방향
SPPS 250	250 이상	410 이상	25 이상	20 이상	19 이상	24 이상

수압 시험 압력 (단위 : MPa)

스케줄 번호	10	20	30	40	60	80
시험 압력	2.0	3.5	5.0	6.0	9.0	12.0

압력 배관용 탄소강 강관의 치수 및 무게 KS D 3562

호칭 지름 (A)	바깥 지름 (mm)	호칭 두께											
		스케줄 10		스케줄 20		스케줄 30		스케줄 40		스케줄 60		스케줄 80	
		두께 (mm)	무게 (kg/m)	두께 (mm)	무게 (kg/m)	두께 (mm)	무게 (kg/m)	두께 (mm)	무게 (kg/m)	두께 (mm)	무게 (kg/m)	두께 (mm)	무게 (kg/m)
6	10.5	–	–	–	–	–	–	1.7	0.369	2.2	0.450	2.4	0.479
8	13.8	–	–	–	–	–	–	2.2	0.629	2.4	0.675	3.0	0.799
10	17.3	–	–	–	–	–	–	2.3	0.851	2.8	1.00	3.2	1.11
15	21.7	–	–	–	–	–	–	2.8	1.31	3.2	1.46	3.7	1.64
20	27.2	–	–	–	–	–	–	2.9	1.74	3.4	2.00	3.9	2.24
25	34.0	–	–	–	–	–	–	3.4	2.57	3.9	2.89	4.5	3.27
32	42.7	–	–	–	–	–	–	3.6	3.47	4.5	4.24	4.9	4.57
40	48.6	–	–	–	–	–	–	3.7	4.10	4.5	4.89	5.1	5.47
50	60.5	–	–	3.2	4.52	–	–	3.9	5.44	4.9	6.72	5.5	7.46
65	76.3	–	–	4.5	7.97	–	–	5.2	9.12	6.0	10.4	7.0	12.0
80	89.1	–	–	4.5	9.39	–	–	5.5	11.3	6.6	13.4	7.6	15.3
90	101.6	–	–	4.5	10.8	–	–	5.7	13.5	7.0	16.3	8.1	18.7
100	114.3	–	–	4.9	13.2	–	–	6.0	16.0	7.1	18.8	8.6	22.4
125	139.8	–	–	5.1	16.9	–	–	6.6	21.7	8.1	26.3	9.5	30.5
150	165.2	–	–	5.5	21.7	–	–	7.1	27.7	9.3	35.8	11.0	41.8
200	216.3	–	–	6.4	33.1	7.0	36.1	8.2	42.1	10.3	52.3	12.7	63.8
250	267.4	–	–	6.4	41.2	7.8	49.9	9.3	59.2	12.7	79.8	15.1	93.9
300	318.5	–	–	6.4	49.3	8.4	64.2	10.3	78.3	14.3	107	17.4	129
350	355.6	6.4	55.1	7.9	67.7	9.5	81.1	11.1	94.3	15.1	127	19.0	158
400	406.4	6.4	63.1	7.9	77.6	9.5	93.0	12.7	123	16.7	160	21.4	203
450	457.2	6.4	71.1	7.9	87.5	11.1	122	14.3	156	19.0	205	23.8	254
500	508.0	6.4	79.2	9.5	117	12.7	155	15.1	184	20.6	248	26.2	311
550	558.8	6.4	87.2	9.5	129	12.7	171	15.9	213	–	–	–	–
600	609.6	6.4	95.2	9.5	141	14.3	228	–	–	–	–	–	–
650	660.4	7.9	103	12.7	203	–	–	–	–	–	–	–	–

[비고] 1. 관의 호칭 방법은 호칭 지름 및 호칭 두께(스케줄 번호)에 따른다.

2. 무게의 수치는 1 cm^3의 강을 7.85 g으로 하여 다음 식에 따라 계산하고, KS Q 5002에 따라 유효숫자 셋째 자리에서 끝맺음한다.

$$W = 0.02466t(D-t)$$

여기서, W : 관의 무게 (kg/m), t : 관의 두께 (mm), D : 관의 바깥지름 (mm)

3. 굵은 선 내의 치수는 자주 사용되는 품목을 표시한다.

(5) 고압 배관용 탄소강관(SPPH)

킬드강으로 이음매 없이 만들어지며, 온도 350℃ 이하, 압력 9.8 MPa 이상의 고압 배관에 사용되고, 암모니아관, 내연기관의 분사관, 화학공업용 고압관 등에 사용된다. 1종, 2종, 3종의 열간품은 제조한 상태로 쓰이고 냉간품은 풀림하며, 4종은 열간·냉간품 모두 풀림처리한다.

종류의 기호

종래 기호	통합된 기호
SPPH 380 SPPH 420	SPPH 250

열처리

종류의 기호	열간 가공 이음매 없는 강관	냉간 가공 이음매 없는 강관
SPPH 250	제조한 그대로. 다만, 필요에 따라서 저온 어닐링 또는 노멀라이징을 할 수 있다.	저온 어닐링 또는 노멀라이징
SPPH 315	저온 어닐링 또는 노멀라이징	

화학 성분

종류의 기호	화학 성분(%)				
	C	Si	Mn	P	S
SPPH 250	0.30 이하	0.10~0.35	0.30~1.40	0.035 이하	0.035 이하
SPPH 315	0.33 이하	0.10~0.35	0.30~1.50	0.035 이하	0.035 이하

기계적 성질

종류의 기호	항복점 또는 항복 강도 (N/mm^2)	인장 강도 (N/mm^2)	연신율(%)			
			11호 시험편 12호 시험편	5호 시험편	4호 시험편	
			세로 방향	가로 방향	세로 방향	가로 방향
SPPH 250	250 이상	410 이상	25 이상	20 이상	24 이상	19 이상
SPPH 315	315 이상	490 이상	20 이상	20 이상	22 이상	17 이상

수압 시험 압력

(단위 : MPa)

스케줄 번호	40	60	80	100	120	140	160
시험 압력	6.0	9.0	12.0	15.0	18.0	20.0	20.0

고압 배관용 탄소강관의 치수 및 무게 KS D 3564

호칭 지름 (A)	바깥 지름 (mm)	호칭 두께													
		스케줄 40		스케줄 60		스케줄 80		스케줄 100		스케줄 120		스케줄 140		스케줄 160	
		두께 (mm)	무게 (kg/m)	두께 (mm)	무게 (kg/m)	두께 (mm)	무게 (kg/m)	두께 (mm)	무게 (kg/m)	두께 (mm)	무게 (kg/m)	두께 (mm)	무게 (kg/m)	두께 (mm)	무게 (kg/m)
6	10.5	1.7	0.369	–	–	2.4	0.479	–	–	–	–	–	–	–	–
8	13.8	2.2	0.629	–	–	3.0	0.799	–	–	–	–	–	–	–	–
10	17.3	2.3	0.851	–	–	3.2	1.11	–	–	–	–	–	–	–	–
15	21.7	2.8	1.31	–	–	3.7	1.64	–	–	–	–	–	–	4.7	1.97
20	27.2	2.9	1.74	–	–	3.9	2.24	–	–	–	–	–	–	5.5	2.94
25	34.0	3.4	2.57	–	–	4.5	3.27	–	–	–	–	–	–	6.4	4.36
32	42.7	3.6	3.47	–	–	4.9	4.57	–	–	–	–	–	–	6.4	5.73
40	48.6	3.7	4.10	–	–	5.1	5.47	–	–	–	–	–	–	7.1	7.27
50	60.5	3.9	5.44	–	–	5.5	7.46	–	–	–	–	–	–	8.7	11.1
65	76.3	5.2	9.12	–	–	7.0	12.0	–	–	–	–	–	–	9.5	15.6
80	89.1	5.5	11.3	–	–	7.6	15.3	–	–	–	–	–	–	11.1	21.4
90	101.6	5.7	13.5	–	–	8.1	18.7	–	–	–	–	–	–	12.7	27.8
100	114.3	6.0	16.0	–	–	8.6	22.4	–	–	11.1	28.2	–	–	13.5	33.6
125	139.8	6.6	21.7	–	–	9.5	30.5	–	–	12.7	39.8	–	–	15.9	48.6
150	165.2	7.1	27.7			11.0	41.8	–	–	14.3	53.2	–	–	18.2	66.0
200	216.3	8.2	42.1	10.3	52.3	12.7	63.8	15.1	74.9	18.2	88.9	20.6	99.4	23.0	110
250	267.4	9.3	59.2	12.7	79.8	15.1	93.9	18.2	112	21.4	130	25.4	152	28.6	168
300	318.5	10.3	78.3	14.3	107	17.4	129	21.4	157	25.4	184	28.6	204	33.3	234
350	355.6	11.1	94.3	15.1	127	19.0	158	23.8	195	27.8	225	31.8	254	35.7	282
400	406.4	12.7	123	16.7	160	21.4	203	26.2	246	30.9	286	36.5	333	40.5	365
450	457.2	14.3	156	19.0	205	23.8	254	29.4	310	34.9	363	39.7	409	45.2	459
500	508.0	15.1	184	20.6	248	26.2	311	32.5	381	38.1	441	44.4	508	50.0	565
550	558.8	15.9	213	22.2	294	28.6	374	34.9	451	41.3	527	47.6	600	54.0	672
600	609.6	17.5	256	24.6	355	31.0	442	38.9	547	46.0	639	52.4	720	59.5	807
650	660.4	18.9	299	26.4	413	34.0	525	41.6	635	49.1	740	56.6	843	64.2	944

[비고] 1. 관의 호칭 방법은 호칭 지름 및 호칭 두께(스케줄 번호)에 따른다.
2. 무게의 수치는 1 cm^3의 강을 7.85 g으로 하고, 다음 식에 따라 계산하여 KS Q 5002에 따라 유효숫자 셋째 자리에서 끝맺음한다.

$$W = 0.02466t(D - t)$$

여기서, W : 관의 무게 (kg/m), t : 관의 두께 (mm), D : 관의 바깥지름 (mm)

(6) 고온 배관용 탄소강관 (SPHT) – [KS 규격 폐지]

350~450℃의 고온에 사용되는 관으로 과열증기관의 배관에 사용되며, 이음매 없는 관이나 전기 저항 용접관이 있으며, 4종은 이음매가 없으며 열간 다듬질 이음매 없는 관이나 열간 다듬질 전기 저항 용접관은 제조한 그대로, 냉간 다듬질 이음매 없는 관은 제조한 그대로 쓰이나 열간 다듬질 이외의 전기 저항 용접관은 풀림처리한다.

고온 배관용 탄소강관의 화학 성분 및 강도(SPHT) KS D 3570

종류	기호	화학성분(%)						인장강도 (MPa)	항복점 또는 내력 (MPa)	신장(%)			
		C	Si	Mn	P	S	Cu			11호 12호 종방향	5호 횡방향	4호 종방향	4호 횡방향
2종	SPHT 38	0.25 이하	0.10~0.35	0.30~0.90	0.035 이하	0.035 이하	0.20 이하	372.4 이상	215.6 이상	30 이상	25 이상	28 이상	23 이상
3종	SPHT 42	0.30 이하	0.10~0.35	0.30~1.00	0.035 이하	0.035 이하	0.20 이하	411.6 이상	245 이상	25 이상	20 이상	24 이상	19 이상
4종	SPHT 49	0.33 이하	0.10~0.35	0.30~1.00	0.035 이하	0.035 이하	0.20 이하	480.2 이상	274.4 이상	25 이상	20 이상	22 이상	17 이상

㈜ 치수는 저온 배관용 강관과 같다.

예제 **최고 사용압력 7.84 MPa, 관지름 50 A, SPPS 42 kg/mm²를 사용할 때 SCH No.(스케줄 번호)는? (단, 안전율은 4이다.)**

해설 $\text{허용 응력} = \dfrac{\text{인장 강도}}{\text{안전율}} = \dfrac{42}{4} = 10.5\ \text{kg/mm}^2 = 10.5 \times 9.8\ \text{MPa} = 102.9\ \text{MPa}$

$$\text{SCH} = 1000 \times \frac{\text{사용 압력}}{\text{허용 응력}} = 1000 \times \frac{7.84}{102.9} = 76.19\ \text{mm} \qquad \therefore \text{SCH No. \#80}$$

$$t = \frac{\text{사용 압력} \times \text{바깥지름}}{175 \times \text{허용 응력}} + 2.54 = \frac{7.84 \times 60.5}{175 \times 102.9} + 254 = 5.174\ \text{mm}$$

규격표에서 50 A이고, 두께가 5.174 이상이 되는 것을 찾으면 #80이 된다.

(7) 배관용 합금강관(SPA) – [KS 규격 폐지]

고온도의 배관에 사용되며, 탄소강관보다 고온에서의 강도가 강하다. 관은 이음매 없는 관이 사용되며, 증기관 석유정제용 배관으로 쓰인다.

배관용 합금강관의 화학 성분 및 강도(SPA) KS D 3573

종류 (이음매 없음)	기호	화학 성분(%)							인장 강도 (MPa)	항복점 또는 내력 (MPa)	신장(%)			
		C	Si	Mn	P	S	Cr	Mo			11호 12호 종방향	5호 횡방향	4호 종방향	4호 횡방향
12종	SPA 12	0.10~0.20	0.10~0.50	0.30~0.80	0.035 이하	0.035 이하	–	0.45~0.65	382.2 이상	205.8 이상	30 이상	25 이상	24 이상	19 이상
22종	SPA 22	0.15 이하	0.50 이하	0.30~0.60	0.035 이하	0.035 이하	0.80~1.25	0.45~0.65	411.6 이상	205.8 이상	30 이상	25 이상	24 이상	19 이상
23종	SPA 23	0.15 이하	0.50~1.00	0.30~0.60	0.030 이하	0.030 이하	1.00~1.50	0.45~0.65	411.6 이상	205.8 이상	30 이상	25 이상	24 이상	19 이상
24종	SPA 24	0.15 이하	0.50 이하	0.30~0.60	0.030 이하	0.030 이하	1.90~2.60	0.87~1.13	411.6 이상	205.8 이상	30 이상	25 이상	24 이상	19 이상
25종	SPA 25	0.15 이하	0.50 이하	0.30~0.60	0.030 이하	0.030 이하	4.00~6.00	0.45~0.65	411.6 이상	205.8 이상	30 이상	25 이상	24 이상	19 이상
26종	SPA 26	0.15 이하	0.25~1.00	0.30~0.60	0.030 이하	0.030 이하	8.00~10.00	0.90~1.10	411.6 이상	205.8 이상	30 이상	25 이상	24 이상	19 이상
12종, 22종 … 열간, 냉간 모두 풀림 23종, 24종, 25종, 26종 … 열간, 냉간 모두 완전 풀림 또는 불림 후 650℃ 이상에서 뜨임														

㈜ 치수는 저온 배관용 강관과 같다.

(8) 저온 배관용 강관(SPLT)

빙점 이하의 저온 배관용에 쓰이며, 1종은 이음매 없는 관이나 전기 저항 용접관이며, 2종은 이음매 없는 관이다.

저온 배관용 강관(SPLT)

KS D 3569

종류의 기호	화학 성분(%)					
	C	Si	Mn	P	S	Ni
SPLT 390	0.25 이하	0.35 이하	1.35 이하	0.035 이하	0.035 이하	
SPLT 460	0.18 이하	0.10~0.35	0.30~0.60	0.030 이하	0.030 이하	3.20~3.80
SPLT 700	0.13 이하	0.10~0.35	0.90 이하	0.030 이하	0.030 이하	8.50~9.50

수압 시험 압력

(단위 : MPa)

스케줄 번호	10	20	30	40	60	80	100	120	140	160
시험 압력	2.0	3.5	5.0	6.0	9.0	12.0	15.0	18.0	20.0	20.0

[비고] 치수 이외 치수의 관의 수압 시험 압력은 관의 두께와 바깥지름과의 비(t/D)의 구분마다 다음 표에 따른다.

t/D [%]	0.80 초과 1.60 이하	1.60 초과 2.40 이하	2.40 초과 3.20 이하	3.20 초과 4.00 이하	4.00 초과 4.80 이하	4.80 초과 5.60 이하	5.60 초과 6.30 이하	6.30 초과 7.10 이하	7.10 초과 7.90 이하	7.90 초과
수압 시험 압력(MPa)	2.0	4.0	6.0	8.0	10.0	12.0	14.0	16.0	18.0	20.0

저온 배관용 강관(SPLT), 고온 배관용 탄소강관(SPHT), 배관용 합금 강관(SPA)의 치수 및 무게

KS D 3569, KS D 3570, KS D 3573

호칭 지름		바깥 지름 (mm)	호칭 두께									
			스케줄 10		스케줄 20		스케줄 30		스케줄 40		스케줄 60	
(A)	(B)		두께 (mm)	중량 (kg/m)	두께 (mm)	중량 (kg/m)	두께 (mm)	중량 (kg/m)	두께 (mm)	중량 (kg/m)	두께 (mm)	중량 (kg/m)
6	⅛	10.5							1.7	0.369		
8	¼	13.8							2.2	0.629		
10	⅜	17.3							2.3	0.851		
15	½	21.7							2.8	1.31		
20	¾	27.2							2.9	1.74		
25	1	34.0							3.4	2.57		
32	1¼	42.7							3.6	3.47		
40	1½	48.6							3.7	4.10		
50	2	60.5							3.9	5.44		
65	2½	76.3							5.2	9.12		
80	3	89.1							5.5	11.3		
90	3½	101.6							5.7	13.5		
100	4	114.3							6.0	16.0		
125	5	139.8							6.6	21.7		
150	6	165.2							7.1	27.7		
200	8	216.3			6.4	33.1	7.0	36.1	8.2	42.1	10.3	52.3
250	10	267.4			6.4	41.2	7.8	49.9	9.3	59.2	12.7	79.8
300	12	318.5			6.4	49.3	8.4	64.2	10.3	78.3	14.3	107
350	14	355.6	6.4	55.1	7.9	67.7	9.5	81.1	11.1	94.3	15.1	127
400	16	406.4	6.4	63.1	7.9	77.6	9.5	93.0	12.7	123	16.7	160
450	18	457.2	6.4	71.1	7.9	87.5	11.1	122	14.3	156	19.0	205
500	20	508.0	6.4	79.2	9.5	117	12.7	155	15.1	184	20.6	248

호칭 지름		바깥 지름 (mm)	호칭 두께									
			스케줄 80		스케줄 100		스케줄 120		스케줄 140		스케줄 160	
(A)	(B)		두께 (mm)	중량 (kg/m)	두께 (mm)	중량 (kg/m)	두께 (mm)	중량 (kg/m)	두께 (mm)	중량 (kg/m)	두께 (mm)	중량 (kg/m)
6	⅛	10.5	2.4	0.479								
8	¼	13.8	3.0	0.799								
10	⅜	17.3	3.2	1.11								
15	½	21.7	3.7	1.64							4.7	1.97
20	¾	27.2	3.9	2.24							5.5	2.94
25	1	34.0	4.5	3.27							6.4	4.36
32	1¼	42.7	4.9	4.57							6.4	5.73
40	1½	48.6	5.1	5.47							7.1	7.27
50	2	60.5	5.5	7.46							8.7	11.1
65	2½	76.3	7.0	12.0							9.5	15.6
80	3	89.1	7.6	15.3							11.1	21.4
90	3½	101.6	8.1	18.7							12.7	27.8
100	4	114.3	8.6	22.4			11.1	28.2			13.5	33.6
125	5	139.8	9.5	30.5			12.7	39.8			15.9	48.6
150	6	165.2	11.0	41.8			14.3	53.2			18.2	66.0
200	8	216.3	12.7	63.8	15.1	74.9	18.2	88.9	20.6	99.4	23.0	110
250	10	267.4	15.1	93.9	18.2	112	21.4	130	25.4	152	28.6	168
300	12	318.5	17.4	129	21.4	157	25.4	184	28.6	204	33.3	234
350	14	355.6	19.0	158	23.8	195	27.8	225	31.8	254	35.7	282
400	16	406.4	21.4	203	26.2	246	30.9	286	36.5	333	40.5	365
450	18	457.2	23.8	254	29.4	310	34.9	363	39.7	409	45.2	459
500	20	508.0	26.2	311	32.5	381	38.1	441	44.4	508	50.0	565

(9) 배관용 아크 용접 탄소강 강관(SPW)

비교적 낮은 압력의 유체나 기체의 이송에 적합한 관으로 수도관이나 가스 송수관 등에 사용되며, 관의 지름이 크므로 띠강을 말거나 강판을 프레스로 가공하여 아크 용접이나 저항 용접으로 제작된다.

화학 성분

(단위 : %)

종류의 기호	C	P	S
SPW 400	0.25 이하	0.040 이하	0.040 이하
SPW 600	0.25 이하	0.040 이하	0.040 이하

기계적 성질

종류의 기호	인장 강도 (N/mm^2)	항복점 또는 항복 강도 (N/mm^2)	연신율(%) 5호 시험편 가로 방향
SPW 400	400 이상	225 이상	18 이상
SPW 600	600 이상	440 이상	16 이상

두께 8 mm 미만인 관의 5호 시험편(가로 방향)의 연신율의 최솟값 (단위 : %)

두께 구분	7 mm 초과 8 mm 미만	6 mm 초과 7 mm 이하	5 mm 초과 6 mm 이하
연신율	18	16	15

배관용 아크 용접 탄소강 강관의 치수 및 단위 무게 (단위 : kg/m) KS D 3583

호칭 지름	바깥 지름 (mm)	두께(mm)												
		6.0	6.4	7.1	7.9	8.7	9.5	10.3	11.1	11.9	12.7	13.1	15.1	15.9
350	355.6	51.7	55.1	61.0	67.7									
400	406.4	59.2	63.1	69.9	77.6									
450	457.2	66.8	71.1	78.8	87.5									
500	508.0	74.3	79.2	87.7	97.4	107	117							
550	558.8	81.8	87.2	96.6	107	118	129	139	150	160	171			
600	609.6	89.3	95.2	105	117	129	141	152	164	175	187			
650	660.4	96.8	103	114	127	140	152	165	178	190	203			
700	711.2	104	111	123	137	151	164	178	192	205	219			
750	762.0		119	132	147	162	176	191	206	220	235			
800	812.8		127	141	157	173	188	204	219	235	251	258	297	312
850	863.6				167	183	200	217	233	250	266	275	316	332
900	914.4				177	194	212	230	247	265	282	291	335	352
1000	1016.0				196	216	236	255	275	295	314	324	373	392
1100	1117.6						260	281	303	324	346	357	411	432
1200	1219.2						283	307	331	354	378	390	448	472
1350	1371.6									399	426	439	505	532
1500	1524.0									444	473	488	562	591
1600	1625.6											521	600	631
1800	1828.8											587	675	711
2000	2032.0												751	791

[비고] 무게의 수치는 1 cm^3의 강을 7.85 g으로 하고, 다음 식에 따라 계산하여 KS Q 5002의 규칙 A에 따라 유효숫자 3자리로 끝맺음한다. 다만, 1000 kg/m를 넘는 경우는 kg/m의 정수 값으로 끝맺음한다.

$$W = 0.02466t(D-t)$$

여기서, t : 관의 두께 (mm)

D : 관의 바깥지름 (mm)

(10) 배관용 스테인리스 강관 (STS×TP)

내식용, 내열용 및 고온 배관에 사용하며, 저온 배관에도 사용할 수 있다. 특히, 내식성을 필요로 하는 화학공업용 배관에 많이 쓰인다. 이음매 없이 제조하거나 자동 아크 용접 또는 전기 저항 용접으로 제작된다.

화학 성분

(단위 : %)

종류의 기호	C	Si	Mn	P	S	Ni	Cr	Mo	기타
STS304TP	0.080 이하	1.00 이하	2.00 이하	0.040 이하	0.030 이하	8.00~11.00	18.00~20.00	–	–
STS304HTP	0.040~0.10	0.75 이하	2.00 이하	0.040 이하	0.030 이하	8.00~11.00	18.00~20.00	–	–
STS304LTP	0.030 이하	1.00 이하	2.00 이하	0.040 이하	0.030 이하	9.00~13.00	18.00~20.00	–	–
STS304J1TP	0.080 이하	1.70 이하	3.00 이하	0.040 이하	0.030 이하	6.00~9.00	15.00~18.00	–	Cu 1.00 ~ 3.00
STS309TP	0.15 이하	1.00 이하	2.00 이하	0.040 이하	0.030 이하	12.00~15.00	22.00~24.00	–	–
STS309STP	0.080 이하	1.00 이하	2.00 이하	0.040 이하	0.030 이하	12.00~15.00	22.00~24.00	–	–
STS310TP	0.15 이하	1.50 이하	2.00 이하	0.040 이하	0.030 이하	19.00~22.00	24.00~26.00	–	–
STS310STP	0.080 이하	1.50 이하	2.00 이하	0.040 이하	0.030 이하	19.00~22.00	24.00~26.00	–	–
STS316TP	0.080 이하	1.00 이하	2.00 이하	0.040 이하	0.030 이하	10.00~14.00	16.00~18.00	2.00~3.00	–
STS316HTP	0.040~0.10	0.75 이하	2.00 이하	0.030 이하	0.030 이하	11.00~14.00	16.00~18.00	2.00~3.00	–
STS316LTP	0.030 이하	1.00 이하	2.00 이하	0.040 이하	0.030 이하	12.00~16.00	16.00~18.00	2.00~3.00	–
STS316TiTP	0.080 이하	1.00 이하	2.00 이하	0.040 이하	0.030 이하	10.00~14.00	16.00~18.00	2.00~3.00	Ti 5×C % 이상
STS317TP	0.080 이하	1.00 이하	2.00 이하	0.040 이하	0.030 이하	11.00~15.00	18.00~20.00	3.00~4.00	–
STS317LTP	0.030 이하	1.00 이하	2.00 이하	0.040 이하	0.030 이하	11.00~15.00	18.00~20.00	3.00~4.00	–
STS836LTP	0.030 이하	1.00 이하	2.00 이하	0.040 이하	0.030 이하	24.00~26.00	19.00~24.00	5.00~7.00	N 0.25 이하
STS890LTP	0.020 이하	1.00 이하	2.00 이하	0.040 이하	0.030 이하	23.00~28.00	19.00~23.00	4.00~5.00	Cu 1.00 ~ 2.00
STS321TP	0.080 이하	1.00 이하	2.00 이하	0.040 이하	0.030 이하	9.00~13.00	17.00~19.00	–	Ti 5×C % 이상
STS321HTP	0.040~0.10	0.75 이하	2.00 이하	0.030 이하	0.030 이하	9.00~13.00	17.00~20.00	–	Ti4×C%~0.60 이상
STS347TP	0.080 이하	1.00 이하	2.00 이하	0.040 이하	0.030 이하	9.00~13.00	17.00~19.00	–	Nb 10×C% 이상
STS347HTP	0.040~0.10	1.00 이하	2.00 이하	0.030 이하	0.030 이하	9.00~13.00	17.00~20.00	–	Nb 8×C%~1.00
STS350TP	0.030 이하	1.00 이하	1.50 이하	0.035 이하	0.020 이하	20.0~23.00	22.00~24.00	6.0~6.8	N 0.21 ~ 0.32
STS329J1TP	0.080 이하	1.00 이하	1.50 이하	0.040 이하	0.030 이하	3.00~6.00	23.00~28.00	1.00~3.00	–
STS329J3LTP	0.030 이하	1.00 이하	1.50 이하	0.040 이하	0.030 이하	4.50~6.50	21.00~24.00	2.50~3.50	N 0.08 ~ 0.20
STS329J4LTP	0.030 이하	1.00 이하	1.50 이하	0.040 이하	0.030 이하	5.50~7.50	24.00~26.00	2.50~3.50	N 0.08 ~ 0.20
STS329LDTP	0.030 이하	1.00 이하	1.50 이하	0.040 이하	0.030 이하	2.00~4.00	19.00~22.00	1.00~2.00	N 0.14 ~ 0.20
STS405TP	0.080 이하	1.00 이하	1.00 이하	0.040 이하	0.030 이하	–	11.50~14.50	–	Al 0.10~0.30
STS409LTP	0.030 이하	1.00 이하	1.00 이하	0.040 이하	0.030 이하	–	10.50~11.75	–	Ti6×C%~0.75
STS430TP	0.12 이하	0.75 이하	1.00 이하	0.040 이하	0.030 이하	–	16.00~18.00	–	–
STS430LXTP	0.030 이하	0.75 이하	1.00 이하	0.040 이하	0.030 이하	–	16.00~19.00	–	Ti 또는 Nb 0.10~1.00
STS430J1LTP	0.025 이하	1.00 이하	1.00 이하	0.040 이하	0.030 이하	–	16.00~20.00	–	N 0.025 이하 Nb 8×(C%+N%)~0.80 Cu 0.30~0.80
STS436LTP	0.025 이하	1.00 이하	1.00 이하	0.040 이하	0.030 이하	–	16.00~19.00	0.75~1.25	N 0.025 이하 Ti, Nb, Zr 또는 그것들의 조합 8×(C%+N%)~0.80
STS444TP	0.025 이하	1.00 이하	1.00 이하	0.040 이하	0.030 이하	–	17.00~20.00	1.75~2.50	N 0.025 이하 Ti, Nb, Zr 또는 그것들의 조합 8×(C%+N%)~0.80

기계적 성질

종류의 기호	인장 강도 (N/mm^2)	항복 강도 (N/mm^2)	연신율(%)			
			11호 시험편 12호 시험편	5호 시험편	4호 시험편	
			세로 방향	가로 방향	세로 방향	가로 방향
STS304TP	520 이상	205 이상	35 이상	25 이상	30 이상	22 이상
STS304HTP	520 이상	205 이상	35 이상	25 이상	30 이상	22 이상
STS304LTP	480 이상	175 이상	35 이상	25 이상	30 이상	22 이상
STS304J1TP	450 이상	155 이상	35 이상	25 이상	30 이상	22 이상
STS309TP	520 이상	205 이상	35 이상	25 이상	30 이상	22 이상
STS309STP	520 이상	205 이상	35 이상	25 이상	30 이상	22 이상
STS310TP	520 이상	205 이상	35 이상	25 이상	30 이상	22 이상
STS310STP	520 이상	205 이상	35 이상	25 이상	30 이상	22 이상
STS316TP	520 이상	205 이상	35 이상	25 이상	30 이상	22 이상
STS316HTP	520 이상	205 이상	35 이상	25 이상	30 이상	22 이상
STS316LTP	480 이상	175 이상	35 이상	25 이상	30 이상	22 이상
STS316TiTB	520 이상	205 이상	35 이상	25 이상	30 이상	22 이상
STS317TP	520 이상	205 이상	35 이상	25 이상	30 이상	22 이상
STS317LTP	480 이상	175 이상	35 이상	25 이상	30 이상	22 이상
STS836LTP	520 이상	205 이상	35 이상	25 이상	30 이상	22 이상
STS890LTP	490 이상	215 이상	35 이상	25 이상	30 이상	22 이상
STS321TP	520 이상	205 이상	35 이상	25 이상	30 이상	22 이상
STS321HTP	520 이상	205 이상	35 이상	25 이상	30 이상	22 이상
STS347TP	520 이상	205 이상	35 이상	25 이상	30 이상	22 이상
STS347HTP	520 이상	205 이상	35 이상	25 이상	30 이상	22 이상
STS350TP	674 이상	330 이상	40 이상	35 이상	35 이상	30 이상
STS329J1TP	590 이상	390 이상	18 이상	13 이상	14 이상	10 이상
STS329J3LTP	620 이상	450 이상	18 이상	13 이상	14 이상	10 이상
STS329J4LTP	620 이상	450 이상	18 이상	13 이상	14 이상	10 이상
STS329LDTP	620 이상	450 이상	25 이상	–	–	–
STS405TP	410 이상	205 이상	20 이상	14 이상	16 이상	11 이상
STS409LTP	360 이상	175 이상	20 이상	14 이상	16 이상	11 이상
STS430TP	410 이상	245 이상	20 이상	14 이상	16 이상	11 이상
STS430LXTP	360 이상	175 이상	20 이상	14 이상	16 이상	11 이상
STS430J1LTP	390 이상	205 이상	20 이상	14 이상	16 이상	11 이상
STS436LTP	410 이상	245 이상	20 이상	14 이상	16 이상	11 이상
STS444TP	410 이상	245 이상	20 이상	14 이상	16 이상	11 이상

스케줄 번호에 따른 수압 시험 압력

(단위 : MPa)

스케줄 번호 Sch	5S	10S	20S	40	80	120	160
수압 시험 압력	1.5	2.0	3.5	6.0	12	18	20

바깥지름이 다른 관의 수압 시험 압력

(단위 : MPa)

t/D[%]	0.80 초과 1.60 이하	1.60 초과 2.40 이하	2.40 초과 3.20 이하	3.20 초과 4.00 이하	4.00 초과 4.80 이하	4.80 초과 5.60 이하	5.60 초과 6.30 이하	6.30 초과 7.10 이하	7.10 초과 7.90 이하	7.90을 초과한 것
수압 시험 압력	2.0	4.0	6.0	8.0	10	12	14	16	18	20

배관용 스테인리스 강관의 치수 및 무게

KS D 3576

호칭 지름	바깥 지름 (mm)	호칭 두께																															
		스케줄 5S								스케줄 10S								스케줄 20S								스케줄 40							
		두께 (mm)	단위 무게 (kg/m) 종류							두께 (mm)	단위 무게 (kg/m) 종류							두께 (mm)	단위 무게 (kg/m) 종류							두께 (mm)	단위 무게 (kg/m) 종류						
			304 304H 304L 304J1 321 321H	309 309S 310 310S 316 316H 316L 316Ti 317 317L 347 347H	329J1 329J3L 329J4L	329LD 405 409L 444	430 430LX 430J1L 436L	836L	890L		304 304H 304L 304J1 321 321H	309 309S 310 310S 316 316H 316L 316Ti 317 317L 347 347H	329J1 329J3L 329J4L	329LD 405 409L 444	430 430LX 430J1L 436L	836L	890L		304 304H 304L 304J1 321 321H	309 309S 310 310S 316 316H 316L 316Ti 317 317L 347 347H	329J1 329J3L 329J4L	329LD 405 409L 444	430 430LX 430J1L 436L	836L	890L		304 304H 304L 304J1 321 321H	309 309S 310 310S 316 316H 316L 316Ti 317 317L 347 347H	329J1 329J3L 329J4L	329LD 405 409L 444	430 430LX 430J1L 436L	836L	890L
6	10.5	1.0	0.237	0.238	0.233	0.231	0.230	0.241	0.240	1.2	0.278	0.280	0.273	0.272	0.270	0.283	0.282	1.5	0.336	0.338	0.331	0.329	0.327	0.342	0.341	1.7	0.373	0.375	0.367	0.364	0.362	0.378	0.378
8	13.8	1.2	0.377	0.379	0.370	0.368	0.366	0.383	0.382	1.65	0.499	0.503	0.491	0.488	0.485	0.508	0.507	2.0	0.588	0.592	0.578	0.575	0.571	0.598	0.597	2.2	0.636	0.640	0.625	0.621	0.617	0.646	0.645
10	17.3	1.2	0.481	0.484	0.473	0.470	0.467	0.489	0.489	1.65	0.643	0.647	0.633	0.629	0.625	0.654	0.653	2.0	0.762	0.767	0.750	0.745	0.740	0.775	0.774	2.3	0.859	0.865	0.845	0.840	0.835	0.874	0.873
15	21.7	1.65	0.824	0.829	0.811	0.806	0.800	0.838	0.837	2.1	1.03	1.03	1.01	1.00	0.996	1.04	1.04	2.5	1.20	1.20	1.18	1.17	1.16	1.22	1.21	2.8	1.32	1.33	1.30	1.29	1.28	1.34	1.34
20	27.2	1.65	1.05	1.06	1.03	1.03	1.02	1.07	1.07	2.1	1.31	1.32	1.29	1.28	1.28	1.33	1.33	2.5	1.54	1.55	1.51	1.50	1.49	1.56	1.56	2.9	1.76	1.77	1.73	1.72	1.70	1.78	1.78
25	34.0	1.65	1.33	1.34	1.31	1.30	1.29	1.35	1.35	2.8	2.18	2.19	2.14	2.13	2.11	2.21	2.21	3.0	2.32	2.33	2.28	2.26	2.25	2.35	2.35	3.4	2.59	2.61	2.55	2.53	2.51	2.63	2.63
32	42.7	1.65	1.69	1.70	1.66	1.65	1.64	1.71	1.71	2.8	2.78	2.80	2.74	2.72	2.70	2.83	2.83	3.0	2.97	2.99	2.92	2.90	2.88	3.02	3.01	3.6	3.51	3.53	3.45	3.43	3.40	3.56	3.56
40	48.6	1.65	1.93	1.94	1.90	1.89	1.87	1.96	1.96	2.8	3.19	3.21	3.14	3.12	3.10	3.25	3.24	3.0	3.41	3.43	3.35	3.33	3.31	3.46	3.46	3.7	4.14	4.16	4.07	4.05	4.02	4.21	4.20
50	60.5	1.65	2.42	2.43	2.38	2.36	2.35	2.46	2.46	2.8	4.02	4.05	3.96	3.93	3.91	4.09	4.09	3.5	4.97	5.00	4.89	4.86	4.83	5.05	5.05	3.9	5.50	5.53	5.41	5.38	5.34	5.59	5.58
65	76.3	2.1	3.88	3.91	3.82	3.79	3.77	3.95	3.94	3.0	5.48	5.51	5.39	5.35	5.32	5.57	5.56	3.5	6.35	6.39	6.24	6.20	6.16	6.45	6.44	5.2	9.21	9.27	9.06	9.00	8.94	9.36	9.35
80	89.1	2.1	4.55	4.58	4.48	4.45	4.42	4.63	4.62	3.0	6.43	6.48	6.33	6.29	6.25	6.54	6.53	4.0	8.48	8.53	8.34	8.29	8.23	8.62	8.61	5.5	11.5	11.5	11.3	11.2	11.1	11.6	11.6
90	101.6	2.1	5.20	5.24	5.12	5.09	5.05	5.29	5.28	3.0	7.37	7.42	7.25	7.20	7.16	7.49	7.48	4.0	9.72	9.79	9.56	9.51	9.44	9.88	9.87	5.7	13.6	13.7	13.4	13.3	13.2	13.8	13.8
100	114.3	2.1	5.87	5.91	5.77	5.74	5.70	5.97	5.96	3.0	8.32	8.37	8.18	8.13	8.08	8.45	8.44	4.0	11.0	11.1	10.8	10.7	10.7	11.2	11.2	6.0	16.2	16.3	15.9	15.8	15.7	16.5	16.4
125	139.8	2.8	9.56	9.62	9.40	9.34	9.28	9.71	9.70	3.4	11.6	11.6	11.4	11.3	11.2	11.7	11.7	5.0	16.8	16.9	16.5	16.4	16.3	17.1	17.0	6.6	21.9	22.0	21.5	21.4	21.3	22.3	22.2
150	165.2	2.8	11.3	11.4	11.1	11.1	11.0	11.5	11.5	3.4	13.7	13.8	13.5	13.4	13.3	13.9	13.9	5.0	20.0	20.1	19.6	19.5	19.4	20.3	20.3	7.1	28.0	28.1	27.5	27.3	27.2	28.4	28.4
200	216.3	2.8	14.9	15.0	14.6	14.6	14.5	15.1	15.1	4.0	21.2	21.3	20.8	20.7	20.5	21.5	21.5	6.5	34.0	34.2	33.4	33.2	33.0	34.5	34.5	8.2	42.5	42.8	41.8	41.6	41.3	43.2	43.2
250	267.4	3.4	22.4	22.5	22.0	21.9	21.7	22.7	22.7	4.0	26.2	26.4	25.8	25.7	25.5	26.7	26.6	6.5	42.2	42.5	41.5	41.3	41.0	42.9	42.9	9.3	59.8	60.2	58.8	58.4	58.1	60.8	60.7
300	318.5	4.0	31.3	31.5	30.8	30.6	30.4	31.9	31.8	4.5	35.2	35.4	34.6	34.4	34.2	35.8	35.7	6.5	50.5	50.8	49.7	49.4	49.1	51.3	51.3	10.3	79.1	79.6	77.8	77.3	76.8	80.4	80.3
350	355.6	-	-	-	-	-	-	-	-	-	-	-	-	-	-	-	-	-	-	-	-	-	-	-	-	11.1	95.3	95.9	93.7	93.1	92.5	96.8	96.7
400	406.4	-	-	-	-	-	-	-	-	-	-	-	-	-	-	-	-	-	-	-	-	-	-	-	-	12.7	125	125	122	122	121	127	126
450	457.2	-	-	-	-	-	-	-	-	-	-	-	-	-	-	-	-	-	-	-	-	-	-	-	-	14.3	158	159	155	154	153	160	160
500	508.0	-	-	-	-	-	-	-	-	-	-	-	-	-	-	-	-	-	-	-	-	-	-	-	-	15.1	185	187	182	181	180	188	188
550	558.8	-	-	-	-	-	-	-	-	-	-	-	-	-	-	-	-	-	-	-	-	-	-	-	-	15.9	215	216	211	210	209	219	218
600	609.6	-	-	-	-	-	-	-	-	-	-	-	-	-	-	-	-	-	-	-	-	-	-	-	-	17.5	258	260	254	252	251	262	262
650	660.4	-	-	-	-	-	-	-	-	-	-	-	-	-	-	-	-	-	-	-	-	-	-	-	-	18.9	302	304	297	295	293	307	307

배관용 스테인리스 강관의 치수 및 무게 (계속)

KS D 3576

호칭 지름	바깥 지름 (mm)	호칭 두께																							
		스케줄 80								스케줄 120								스케줄 160							
		두께 (mm)	단위 무게 (kg/m) 종류							두께 (mm)	단위 무게 (kg/m) 종류							두께 (mm)	단위 무게 (kg/m) 종류						
			304 304H 304L 304J1 321 321H	309 309S 310 310S 316 316H 316L 316Ti 317 317L 347 347H	329J1 329J3L 329J4L	329LD 405 409L 444	430 430LX 430J1L 436L	836L	890L		304 304H 304L 304J1 321 321H	309 309S 310 310S 316 316H 316L 316Ti 317 317L 347 347H	329J1 329J3L 329J4L	329LD 405 409L 444	430 430LX 430J1L 436L	836L	890L		304 304H 304L 304J1 321 321H	309 309S 310 310S 316 316H 316L 316Ti 317 317L 347 347H	329J1 329J3L 329J4L	329LD 405 409L 444	430 430LX 430J1L 436L	836L	890L
6	10.5	2.4	0.484	0.487	0.476	0.473	0.470	0.492	0.492	–	–	–	–	–	–	–	–	–	–	–	–	–	–	–	–
8	13.8	3.0	0.807	0.812	0.794	0.789	0.784	0.820	0.819	–	–	–	–	–	–	–	–	–	–	–	–	–	–	–	–
10	17.3	3.2	1.12	1.13	1.11	1.10	1.09	1.14	1.14	–	–	–	–	–	–	–	–	–	–	–	–	–	–	–	–
15	21.7	3.7	1.66	1.67	1.63	1.62	1.61	1.69	1.68	–	–	–	–	–	–	–	–	4.7	1.99	2.00	1.96	1.95	1.93	2.02	2.02
20	27.2	3.9	2.26	2.28	2.23	2.21	2.20	2.30	2.30	–	–	–	–	–	–	–	–	5.5	2.97	2.99	2.92	2.91	2.89	3.02	3.02
25	34.0	4.5	3.31	3.33	3.25	3.23	3.21	3.36	3.36	–	–	–	–	–	–	–	–	6.4	4.40	4.43	4.33	4.30	4.27	4.47	4.47
32	42.7	4.9	4.61	4.64	4.54	4.51	4.48	4.69	4.68	–	–	–	–	–	–	–	–	6.4	5.79	5.82	5.69	5.66	5.62	5.88	5.88
40	48.6	5.1	5.53	5.56	5.44	5.40	5.37	5.62	5.61	–	–	–	–	–	–	–	–	7.1	7.34	7.39	7.22	7.17	7.13	7.46	7.45
50	60.5	5.5	7.54	7.58	7.41	7.37	7.32	7.66	7.65	–	–	–	–	–	–	–	–	8.7	11.2	11.3	11.0	11.0	10.9	11.4	11.4
65	76.3	7.0	12.1	12.2	11.9	11.8	11.7	12.3	12.3	–	–	–	–	–	–	–	–	9.5	15.8	15.9	15.5	15.5	15.4	16.1	16.0
80	89.1	7.6	15.4	15.5	15.2	15.1	15.0	15.7	15.7	–	–	–	–	–	–	–	–	11.1	21.6	21.7	21.2	21.1	20.9	21.9	21.9
90	101.6	8.1	18.9	19.0	18.6	18.4	18.3	19.2	19.2	–	–	–	–	–	–	–	–	12.7	28.1	28.3	27.7	27.5	27.3	28.6	28.5
100	114.3	8.6	22.6	22.8	22.3	22.1	22.0	23.0	23.0	11.1	28.5	28.7	28.1	27.9	27.7	29.0	29.0	13.5	33.9	34.1	33.3	33.1	32.9	34.5	34.4
125	139.8	9.5	30.8	31.0	30.3	30.1	29.9	31.3	31.3	12.7	40.2	40.5	39.5	39.3	39.0	40.9	40.8	15.9	49.1	49.4	48.3	48.0	47.7	49.9	49.8
150	165.2	11.0	42.3	42.5	41.6	41.3	41.0	42.9	42.9	14.3	53.8	54.1	52.9	52.5	52.2	54.6	54.6	18.2	66.6	67.1	65.5	65.1	64.7	67.7	67.7
200	216.3	12.7	64.4	64.8	63.4	63.0	62.5	65.5	65.4	18.2	89.8	90.4	88.3	87.8	87.2	91.3	91.2	23.0	111	111	109	108	108	113	112
250	267.4	15.1	94.9	95.5	93.3	92.8	92.2	96.5	96.3	21.4	131	132	129	128	127	133	133	28.6	170	171	167	166	165	173	173
300	318.5	17.4	131	131	128	128	127	133	132	25.4	185	187	182	181	180	189	188	33.3	237	238	233	231	230	240	240
350	355.6	19.0	159	160	157	156	155	162	162	27.8	227	228	223	222	220	231	230	35.7	284	286	280	278	276	289	289
400	406.4	21.4	205	207	202	201	199	209	208	30.9	289	291	284	283	281	294	293	40.5	369	372	363	361	358	375	375
450	457.2	23.8	257	259	253	251	250	261	261	34.9	367	369	361	359	357	373	373	45.2	464	467	456	453	450	472	471
500	508.0	26.2	314	316	309	307	305	320	319	38.1	446	449	439	436	433	453	453	50.0	570	574	561	558	554	580	579
550	558.8	28.6	378	380	372	369	367	384	383	41.3	532	536	524	520	517	541	541	54.0	679	683	668	664	659	690	689
600	609.6	31.0	447	450	439	437	434	454	454	46.0	646	650	635	631	627	656	656	59.5	815	821	802	797	792	829	828
650	660.4	34.0	531	534	522	519	515	539	539	49.1	748	752	735	731	726	760	759	64.2	953	960	938	932	926	969	968

(11) 보일러 열교환기용 탄소강관(STBH)

관의 내·외에서 열을 받거나 이송할 목적으로 하는 곳에 쓰인다. 예를 들면 보일러의 수관, 연관, 과열관, 공기예열관 등의 화학공업 및 석유공업의 열교환기 콘덴서관, 촉매관, 가열로관 등에 쓰이며, 이음매 없는 관과 전기 저항 용접관이 있다.

종류의 기호

KS D 3563

종래 기호	변경된 기호
STBH 340	STBH 235
STBH 410	STBH 275
STBH 510	STBH 355

화학 성분 (단위 : %)

KS D 3563

종류의 기호	C	Si	Mn	P	S
STBH 235	0.18 이하	0.35 이하	0.30~0.60	0.035 이하	0.035 이하
STBH 275	0.32 이하	0.35 이하	0.30~0.80	0.035 이하	0.035 이하
STBH 355	0.25 이하	0.35 이하	1.00~1.50	0.035 이하	0.035 이하

기계적 성질

KS D 3563

종류의 기호	항복점 또는 항복 강도 (N/mm²)	인장 강도 (N/mm²)	연신율 (%)		
			바깥지름 20 mm 이상	바깥지름 20 mm 미만 10 mm 이상	바깥지름 10 mm 미만
			11호 시험편 12호 시험편	11호 시험편	11호 시험편
STBH 235	235 이상	340 이상	35 이상	30 이상	27 이상
STBH 275	275 이상	410 이상	25 이상	20 이상	17 이상
STBH 355	355 이상	510 이상	25 이상	20 이상	17 이상

보일러 열교환기용 탄소강관의 치수 및 무게 (단위 : kg/m)

KS D 3563

바깥 지름 (mm)	두께 (mm)																		
	1.2	1.6	2.0	2.3	2.6	2.9	3.2	3.5	4.0	4.5	5.0	5.5	6.0	6.5	7.0	8.0	9.5	11.0	12.5
15.9	0.435	0.564	0.686	0.771	0.853	0.930													
19.0	0.527	0.687	0.838	0.947	1.05	1.15													
21.7	0.607	0.793	0.972	1.10	1.22	1.34	1.46												
25.4	0.716	0.939	1.15	1.31	1.46	1.61	1.75	1.89											
27.2	0.769	1.01	1.24	1.41	1.58	1.74	1.89	2.05	2.29										
31.8	0.906	1.19	1.47	1.67	1.87	2.07	2.26	2.44	2.74	3.03									
34.0		1.28	1.58	1.80	2.01	2.22	2.43	2.63	2.96	3.27	3.58								
38.1		1.44	1.78	2.03	2.28	2.52	2.75	2.99	3.36	3.73	4.08	4.42							
42.7			2.01	2.29	2.57	2.85	3.12	3.38	3.82	4.24	4.65	5.05	5.43						
45.0			2.12	2.42	2.72	3.01	3.30	3.58	4.04	4.49	4.93	5.36	5.77	6.17					
48.6			2.30	2.63	2.95	3.27	3.58	3.89	4.40	4.89	5.38	5.85	6.30	6.75	7.18				
50.8			2.41	2.75	3.09	3.43	3.76	4.08	4.62	5.14	5.65	6.14	6.63	7.10	7.56	8.44	9.68	10.8	11.8
54.0			2.56	2.93	3.30	3.65	4.01	4.36	4.93	5.49	6.04	6.58	7.10	7.61	8.11	9.07	10.4	11.7	12.8
57.1			2.72	3.11	3.49	3.88	4.25	4.63	5.24	5.84	6.42	7.00	7.56	8.11	8.65	9.69	11.2	12.5	13.7
60.3			2.88	3.29	3.70	4.10	4.51	4.90	5.55	6.19	6.82	7.43	8.03	8.62	9.20	10.3	11.9	13.4	14.7
63.5				3.47	3.90	4.33	4.76	5.18	5.87	6.55	7.21	7.87	8.51	9.14	9.75	10.9	12.7	14.2	15.7
65.0				3.56	4.00	4.44	4.88	5.31	6.02	6.71	7.40	8.07	8.73	9.38	10.0	11.2	13.0	14.6	16.2
70.0				3.84	4.32	4.80	5.27	5.74	6.51	7.27	8.01	8.75	9.47	10.2	10.9	12.2	14.2	16.0	17.7
76.2				4.19	4.72	5.24	5.76	6.27	7.12	7.96	8.78	9.59	10.4	11.2	11.9	13.5	15.6	17.7	19.6
82.6							6.27	6.83	7.75	8.67	9.57	10.5	11.3	12.2	13.1	14.7	17.1	19.4	21.6
88.9							6.76	7.37	8.37	9.37	10.3	11.3	12.3	13.2	14.1	16.0	18.6	21.1	23.6
101.6								8.47	9.63	10.8	11.9	13.0	14.1	15.2	16.3	18.5	21.6	24.6	27.5
114.3									10.9	12.2	13.5	14.8	16.0	17.3	18.5	21.0	24.6	28.0	31.4
127.0									12.1	13.6	15.0	16.5	17.9	19.3	20.7	23.5	27.5	31.5	35.3
139.8												18.2	19.8	21.4	22.9	26.0	30.5	34.9	39.2

[비고] 1. 무게의 수치는 1 cm^3의 강을 7.85 g으로 하여 다음 식에 따라 계산하고, KS Q 5002에 따라 유효숫자 셋째 자리에서 끝맺음한다.

$$W = 0.02466\, t(D - t)$$

여기서, W : 관의 단위 무게 (kg/m)

t : 관의 두께 (mm)

D : 관의 바깥지름 (mm)

2. 거래할 때 관의 단위 무게는 열간 가공 이음매 없는 강관에 대하여는 표기 수치의 15 % 증가, 냉간 가공 이음매 없는 강관에 대하여는 표기 수치의 10 % 증가, 전기 저항 용접 강관에 대하여는 표기 수치의 9 % 증가를 표준 단위 무게로 한다.

(12) 보일러 열교환기용 합금강관 (STHA)

용도는 보일러 열교환기용 탄소강관과 같다.

종류의 기호 KS D 3572

분류	종류의 기호
몰리브덴강 강관	STHA 12 STHA 13
크롬몰리브덴강 강관	STHA 20 STHA 22 STHA 23 STHA 24 STHA 25 STHA 26

화학 성분 KS D 3572

종류의 기호	화학 성분 (%)						
	C	Si	Mn	P	S	Cr	Mo
STHA 12	0.10~0.20	0.10~0.50	0.30~0.80	0.035 이하	0.035 이하	–	0.45~0.65
STHA 13	0.15~0.25	0.10~0.50	0.30~0.80	0.035 이하	0.035 이하	–	0.45~0.65
STHA 20	0.10~0.20	0.10~0.50	0.30~0.60	0.035 이하	0.035 이하	0.50~0.80	0.40~0.65
STHA 22	0.15 이하	0.50 이하	0.30~0.60	0.035 이하	0.035 이하	0.80~1.25	0.45~0.65
STHA 23	0.15 이하	0.50~1.00	0.30~0.60	0.030 이하	0.030 이하	1.00~1.50	0.45~0.65
STHA 24	0.15 이하	0.50 이하	0.30~0.60	0.030 이하	0.030 이하	1.90~2.60	0.87~1.13
STHA 25	0.15 이하	0.50 이하	0.30~0.60	0.030 이하	0.030 이하	4.00~6.00	0.45~0.65
STHA 26	0.15 이하	0.25~1.00	0.30~0.60	0.030 이하	0.030 이하	8.00~10.00	0.90~1.10

기계적 성질 KS D 3572

종류의 기호	인장 강도 (N/mm^2)	항복점 또는 항복 강도 (N/mm^2)	연신율 (%)		
			바깥지름 20 mm 이상	바깥지름 20 mm 미만 10 mm 이상	바깥지름 10 mm 미만
			11호 시험편 12호 시험편	11호 시험편	11호 시험편
STHA 12	390 이상	210 이상	30 이상	25 이상	22 이상
STHA 13	420 이상	210 이상	30 이상	25 이상	22 이상
STHA 20	420 이상	210 이상	30 이상	25 이상	22 이상
STHA 22	420 이상	210 이상	30 이상	25 이상	22 이상
STHA 23	420 이상	210 이상	30 이상	25 이상	22 이상
STHA 24	420 이상	210 이상	30 이상	25 이상	22 이상
STHA 25	420 이상	210 이상	30 이상	25 이상	22 이상
STHA 26	420 이상	210 이상	30 이상	25 이상	22 이상

보일러 열교환기용 합금강관의 치수 및 무게 (단위 : kg/m)

KS D 3572

바깥 지름 (mm)	두께(mm)																		
	1.2	1.6	2.0	2.3	2.6	2.9	3.2	3.5	4.0	4.5	5.0	5.5	6.0	6.5	7.0	8.0	9.5	11.0	12.5
15.9	0.435	0.564	0.686	0.771	0.853	0.930													
19.0		0.687	0.838	0.947	1.05	1.15													
21.7			0.972	1.10	1.22	1.34	1.46												
25.4			1.15	1.31	1.46	1.61	1.75	1.89											
27.2			1.24	1.41	1.58	1.74	1.89	2.05	2.29										
31.8				1.67	1.87	2.07	2.26	2.44	2.74	3.03									
34.0					2.01	2.22	2.43	2.63	2.96	3.27	3.58								
38.1					2.28	2.52	2.75	2.99	3.35	3.73	4.08	4.42							
42.7					2.57	2.85	3.12	3.38	3.82	4.24	4.65	5.05	5.43						
45.0					2.72	3.01	3.30	3.58	4.04	4.49	4.93	5.36	5.77	6.17					
48.6					2.95	3.27	3.58	3.89	4.40	4.89	5.38	5.85	6.30	6.75	7.18				
50.8					3.09	3.43	3.76	4.08	4.62	5.14	5.65	6.14	6.63	7.10	7.56	8.44	9.68	10.8	11.8
54.0					3.30	3.65	4.01	4.36	4.93	5.49	6.04	6.58	7.10	7.61	8.11	9.07	10.4	11.7	12.8
57.1						3.88	4.25	4.63	5.24	5.84	6.42	7.00	7.56	8.11	8.65	9.69	11.2	12.5	13.7
60.3						4.10	4.51	4.90	5.55	6.19	6.82	7.43	8.03	8.62	9.20	10.3	11.9	13.4	14.7
63.5						4.33	4.76	5.18	5.87	6.55	7.21	7.87	8.51	9.14	9.75	10.9	12.7	14.2	15.7
65.0						4.44	4.88	5.31	6.02	6.71	7.40	8.07	8.73	9.38	10.0	11.2	13.0	14.6	16.2
70.0						4.80	5.27	5.74	6.51	7.27	8.01	8.75	9.47	10.2	10.9	12.2	14.2	16.0	17.7
76.2							5.76	6.27	7.12	7.96	8.78	9.59	10.4	11.2	11.9	13.5	15.6	17.7	19.6
82.6							6.27	6.83	7.75	8.67	9.57	10.5	11.3	12.2	13.1	14.7	17.1	19.4	21.6
88.9							6.76	7.37	8.37	9.37	10.3	11.3	12.3	13.2	14.1	16.0	18.6	21.1	23.6
101.6								8.47	9.63	10.8	11.9	13.0	14.1	15.2	16.3	18.5	21.6	24.6	27.5
114.3									10.9	12.2	13.5	14.8	16.0	17.3	18.5	21.0	24.6	28.0	31.4
127.0									12.1	13.6	15.0	16.5	17.9	19.3	20.7	23.5	27.5	31.5	35.3
139.8												18.2	19.8	21.4	22.9	26.0	30.5	34.9	39.2

(13) 보일러 열교환기용 스테인리스 강관(STS×TB)

용도는 보일러 열교환기용 탄소강관과 같으며, STS 51, STS 24 이외에 저온 열교환기용으로도 사용할 수 있다.

KS D 3577

화학 성분

종류의 기호	화학 성분(%)							
	C	Si	Mn	P	S	Ni	Cr	Mo	기타
STS 304 TB	0.08 이하	1.00 이하	2.00 이하	0.040 이하	0.030 이하	8.00~11.00	18.00~20.00	–	–
STS 304 HTB	0.04~0.10	0.75 이하	2.00 이하	0.040 이하	0.030 이하	8.00~11.00	18.00~20.00	–	–
STS 304 LTB	0.030 이하	1.00 이하	2.00 이하	0.040 이하	0.030 이하	9.00~13.00	18.00~20.00	–	–
STS 309 TB	0.15 이하	1.00 이하	2.00 이하	0.040 이하	0.030 이하	12.00~15.00	22.00~24.00	–	–
STS 309 STB	0.08 이하	1.00 이하	2.00 이하	0.040 이하	0.030 이하	12.00~15.00	22.00~24.00	–	–
STS 310 TB	0.15 이하	1.50 이하	2.00 이하	0.040 이하	0.030 이하	19.00~22.00	24.00~26.00	–	–
STS 310 STB	0.08 이하	1.50 이하	2.00 이하	0.040 이하	0.030 이하	19.00~22.00	24.00~26.00	–	–
STS 316 TB	0.08 이하	1.00 이하	2.00 이하	0.040 이하	0.030 이하	10.00~14.00	16.00~18.00	2.00~3.00	–
STS 316 HTB	0.04~0.10	0.75 이하	2.00 이하	0.030 이하	0.030 이하	11.00~14.00	16.00~18.00	2.00~3.00	–
STS 316 LTB	0.030 이하	1.00 이하	2.00 이하	0.040 이하	0.030 이하	12.00~16.00	16.00~18.00	2.00~3.00	–
STS 317 TB	0.08 이하	1.00 이하	2.00 이하	0.040 이하	0.030 이하	11.00~15.00	18.00~20.00	3.00~4.00	–
STS 317 LTB	0.030 이하	1.00 이하	2.00 이하	0.040 이하	0.030 이하	11.00~15.00	18.00~20.00	3.00~4.00	–
STS 321 TB	0.08 이하	1.00 이하	2.00 이하	0.040 이하	0.030 이하	9.00~13.00	17.00~19.00	–	–
STS 321 HTB	0.04~0.10	0.75 이하	2.00 이하	0.030 이하	0.030 이하	9.00~13.00	17.00~20.00	–	Ti 5×C% 이상
STS 347 TB	0.08 이하	1.00 이하	2.00 이하	0.040 이하	0.030 이하	9.00~13.00	17.00~19.00	–	Ti 4×C%~0.60
STS 347 HTB	0.04~0.10	1.00 이하	2.00 이하	0.030 이하	0.030 이하	9.00~13.00	17.00~20.00	–	Nb 10×C% 이상
STS XM 15 J 1 TB	0.08 이하	3.00~5.00	2.00 이하	0.045 이하	0.030 이하	11.50~15.00	15.00~20.00	–	Nb 8×C%~1.00
STS 350 TB	0.03 이하	1.00 이하	1.50 이하	0.035 이하	0.020 이하	20.0~23.00	22.00~24.00	6.0~6.8	N 0.21~0.32
STS 329 J 1 TB	0.08 이하	1.00 이하	1.50 이하	0.040 이하	0.030 이하	3.00~6.00	23.00~28.00	1.00~3.00	–
STS 329 J 2 LTB	0.030 이하	1.00 이하	1.50 이하	0.040 이하	0.030 이하	4.50~7.50	21.00~26.00	2.50~4.00	N 0.08~0.30
STS 329 LD TB	0.030 이하	1.00 이하	1.50 이하	0.040 이하	0.030 이하	2.00~4.00	19.00~22.00	1.00~2.00	N 0.14~0.20
STS 405 TB	0.08 이하	1.00 이하	1.00 이하	0.040 이하	0.030 이하	–	11.50~14.50	–	Al 0.10~0.30
STS 409 TB	0.08 이하	1.00 이하	1.00 이하	0.040 이하	0.030 이하	–	10.50~11.75	–	Ti 6×C%~0.75
STS 410 TB	0.15 이하	1.00 이하	1.00 이하	0.040 이하	0.030 이하	–	11.50~13.50	–	–
STS 410 TiTB	0.08 이하	1.00 이하	1.00 이하	0.040 이하	0.030 이하	–	11.50~13.50	–	Ti 6×C%~0.75
STS 430 TB	0.12 이하	0.75 이하	1.00 이하	0.040 이하	0.030 이하	–	16.00~18.00	–	–
STS 444 TB	0.025 이하	1.00 이하	1.00 이하	0.040 이하	0.030 이하	–	17.00~20.00	1.75~2.50	N 0.025 이하 Ti, Nb, Zr 또는 이들의 조합 8×(C%+N%)~0.80
STS XM 8 TB	0.08 이하	1.00 이하	1.00 이하	0.040 이하	0.030 이하	–	17.00~19.00	–	Ti 12×C%~1.10
STS XM 27 TB	0.010 이하	0.40 이하	0.40 이하	0.030 이하	0.020 이하	–	25.00~27.50	0.75~1.50	N 0.015 이하

기계적 성질

KS D 3577

종류의 기호	인장 시험				
	인장 강도 (N/mm²)	항복 강도 (N/mm²)	연신율 (%)		
			바깥지름 20 mm 이상	바깥지름 20 mm 미만 10 mm 이상	바깥지름 10 mm 미만
			11호 시험편 12호 시험편	11호 시험편	11호 시험편
STS 304 TB	520 이상	206 이상	35 이상	30 이상	27 이상
STS 304 HTB	520 이상	206 이상	35 이상	30 이상	27 이상
STS 304 LTB	481 이상	177 이상	35 이상	30 이상	27 이상
STS 309 TB	520 이상	206 이상	35 이상	30 이상	27 이상
STS 309 STB	520 이상	206 이상	35 이상	30 이상	27 이상
STS 310 TB	520 이상	206 이상	35 이상	30 이상	27 이상
STS 310 STB	520 이상	206 이상	35 이상	30 이상	27 이상
STS 316 TB	520 이상	206 이상	35 이상	30 이상	27 이상
STS 316 HTB	520 이상	206 이상	35 이상	30 이상	27 이상
STS 316 LTB	481 이상	177 이상	35 이상	30 이상	27 이상
STS 317 TB	520 이상	206 이상	35 이상	30 이상	27 이상
STS 317 LTB	481 이상	177 이상	35 이상	30 이상	27 이상
STS 321 TB	520 이상	206 이상	35 이상	30 이상	27 이상
STS 321 HTB	520 이상	206 이상	35 이상	30 이상	27 이상
STS 347 TB	520 이상	206 이상	35 이상	30 이상	27 이상
STS 347 HTB	520 이상	206 이상	35 이상	30 이상	27 이상
STS XM 15 J 1 TB	520 이상	206 이상	35 이상	30 이상	27 이상
STS 350 TB	674 이상	330 이상	40 이상	35 이상	30 이상
STS 329 J 1 TB	588 이상	392 이상	18 이상	13 이상	10 이상
STS 329 J 2 LTB	618 이상	441 이상	18 이상	13 이상	10 이상
STS 329 LD TB	620 이상	450 이상	25 이상	–	–
STS 405 TB	412 이상	206 이상	20 이상	15 이상	12 이상
STS 409 TB	412 이상	206 이상	20 이상	15 이상	12 이상
STS 410 TB	412 이상	206 이상	20 이상	15 이상	12 이상
STS 410 TiTB	412 이상	206 이상	20 이상	15 이상	12 이상
STS 430 TB	412 이상	245 이상	20 이상	15 이상	12 이상
STS 444 TB	412 이상	245 이상	20 이상	15 이상	12 이상
STS XM 8 TB	412 이상	206 이상	20 이상	15 이상	12 이상
STS XM 27 TB	412 이상	245 이상	20 이상	15 이상	12 이상

STS 304 TB, STS 304 HTB, STS 304 LTB, STS 321 TB 및 STS 321 HTB의 치수 및 무게 (단위 : kg/m)

(KS D 3577)

바깥지름 (mm) \ 두께 (mm)	1.2	1.6	2.0	2.3	2.6	2.9	3.2	3.5	4.0	4.5	5.0	5.5	6.0	6.5	7.0	8.0	9.5	11.0	12.5
15.9	0.439	0.570	0.692	0.779	0.861	0.939													
19.0	0.532	0.693	0.847	0.957	1.06	1.16													
21.7	0.613	0.801	0.981	1.11	1.24	1.36	1.47												
25.4	0.723	0.949	1.17	1.32	1.48	1.63	1.77	1.91											
27.2	0.777	1.02	1.26	1.43	1.59	1.76	1.91	2.07	2.31										
31.8	0.915	1.20	1.48	1.69	1.89	2.09	2.28	2.47	2.77	3.06									
34.0		1.29	1.59	1.82	2.03	2.45	2.46	2.66	2.99	3.31	3.61								
38.1		1.45	1.80	2.05	2.30	2.54	2.78	3.02	3.40	3.77	4.12	4.47							
42.7			2.03	2.31	2.60	2.88	3.15	3.42	3.86	4.28	4.70	5.10	5.49						
45.0			2.14	2.45	2.75	3.04	3.33	3.62	4.09	4.54	4.98	5.41	5.83	6.23					
48.6			2.32	2.65	2.98	3.30	3.62	3.93	4.44	4.94	5.43	5.90	6.37	6.82	7.25				
50.8			2.43	2.78	3.12	3.46	3.79	4.12	4.66	5.19	5.70	6.21	6.70	7.17	7.64	8.53	9.77	10.9	11.9
54.0			2.59	2.96	3.33	3.69	4.05	4.40	4.98	5.55	6.10	6.64	7.17	7.69	8.20	9.17	10.5	11.8	12.9
57.1			2.75	3.14	3.53	3.92	4.30	4.67	5.29	5.90	6.49	7.07	7.64	8.19	8.74	9.78	11.3	12.6	13.9
60.3			2.90	3.32	3.74	4.15	4.55	4.95	5.61	6.25	6.89	7.51	8.12	8.71	9.29	10.4	12.0	13.5	14.9
63.5				3.51	3.94	4.38	4.81	5.23	5.93	6.61	7.29	7.95	8.59	9.23	9.85	11.1	12.8	14.4	15.9
65.0				3.59	4.04	4.49	4.93	5.36	6.08	6.78	7.47	8.15	8.82	9.47	10.1	11.4	13.1	14.8	16.3
70.0				3.88	4.37	4.85	5.32	5.80	6.58	7.34	8.10	8.84	9.57	10.3	11.0	12.4	14.3	16.2	17.9
76.2				4.23	4.77	5.30	5.82	6.34	7.19	8.04	8.87	9.69	10.5	11.3	12.1	13.6	15.8	17.9	19.8
82.6							6.33	6.90	7.83	8.75	9.67	10.6	11.4	12.3	13.2	14.9	17.3	19.6	21.8
88.9							6.83	7.45	8.46	9.46	10.4	11.4	12.4	13.3	14.3	16.1	18.8	21.3	23.8
101.6								8.55	9.72	10.9	12.0	13.2	14.3	15.4	16.5	18.7	21.8	24.8	27.7
114.3									11.0	12.3	13.6	14.9	16.2	17.5	18.7	21.2	24.8	28.3	31.7
127.0									12.3	13.7	15.2	16.6	18.1	19.5	20.9	23.7	27.8	31.8	35.7
139.8												18.4	20.0	21.6	23.2	26.3	30.8	35.3	39.6

[비고] 1. 무게의 수치는 1 cm^3의 강을 7.93 g 으로 하고, 다음 식으로 계산하여 KS A 3251-1에 따라 유효 숫자 셋째 자리에서 끝맺음한다.

$$W = 0.02491t\,(D - t)$$

여기서, W : 관의 단위 무게 (kg/m), t : 관의 두께 (mm), D : 관의 바깥지름 (mm)

2. 거래에 있어서 관의 무게는 열간 가공 이음매 없는 강관에 대하여는 표기 수치의 15 % 증가, 냉간 가공 이음매 없는 강관, 자동 아크 용접 강관 및 전기 저항 용접 강관에 대하여는 표기 수치의 10 % 증가를 표준 무게로 한다.

(14) 저온 열교환기용 강관(STLT) - [KS 규격 폐지]

빙점 이하의 특별히 낮은 온도를 관의 내외에서 열을 주거나 받는 것을 목적으로 하는 열교환기 콘덴서관 등에 사용되며, 1종은 이음매 없는 관이나 전기 저항 용접관, 2종 및 3종은 이음매 없는 관이다.

저온 열교환기용 강관의 화학 성분 및 강도(STLT) KS D 3571

종류	기호	화학 성분(%)							인장 강도 (MPa)	항복점 또는 내력 (MPa)	신장 (%)	
		C	Si	Mn	P	S	Ni	Cu			11,12호 종방향	5호 횡방향
1종	STLT 39	0.25 이하	0.35 이하	1.35 이하	0.035 이하	0.035 이하	–	0.20 이하	382.2 이상	205.8 이상	35 이상	25 이상
2종	STLT 46	0.18 이하	0.10~ 0.35	0.30~ 0.60	0.030 이하	0.030 이하	3.20~ 3.80	–	450.8 이상	245 이상	30 이상	20 이상

저온 열교환기용 강관 치수(STLT) KS D 3571

바깥지름(mm) \ 두께(mm)	1.2	1.6	2.0	2.3	2.9	3.5	4.5	5.5	6.5
15.9	0.435	0.564	0.686						
19.0		0.687	0.838	0.947					
25.4			1.15	1.31	1.61				
31.8				1.67	2.07	2.44			
38.1					2.52	2.99	3.73		
45.0						3.58	4.49	5.36	
50.8						4.08	5.14	6.14	7.10

(15) 일반 구조용 탄소강관(SPS)

토목, 건축, 철탑, 발판기둥, 기타 구조용(構造用)으로 사용되며, 이음매 없는 관이나 전기 저항 용접관 또는 단접 아크 용접관이 있으며, 열처리는 하지 않는다. 관지름 21.7~1016 mm, 두께 1.9~16.0 mm가 있다.

화학 성분 (단위 : %)

종류의 기호	C	Si	Mn	P	S
SGT 275	0.25 이하	–	–	0.040 이하	0.040 이하
SGT 355	0.24 이하	0.40 이하	1.50 이하	0.040 이하	0.040 이하
SGT 410	0.28 이하	0.40 이하	1.60 이하	0.040 이하	0.040 이하
SGT 450	0.30 이하	0.40 이하	2.00 이하	0.040 이하	0.040 이하
SGT 550	0.30 이하	0.40 이하	2.00 이하	0.040 이하	0.040 이하

기계적 성질

KS D 3566

종류의 기호	인장 강도 (N/mm^2)	항복점 또는 항복 강도 (N/mm^2)	연신율 (%)		굽힘성		편평성	용접부 인장 강도 (N/mm^2)
			11호, 12호 시험편	5호 시험편	굽힘 각도	안쪽 반지름 [D는 관의 바깥지름]	평판 사이의 거리(H) [D는 관의 바깥지름]	
			세로 방향	가로 방향				
제조법 구분	이음매 없음, 단접, 전기 저항 용접, 아크 용접				이음매 없음, 단접, 전기 저항 용접		이음매 없음, 단접, 전기 저항 용접	아크 용접
바깥지름 구분	전체 바깥지름	전체 바깥지름	40 mm를 초과하는 것		50 mm 이하		전체 바깥지름	350 mm를 초과하는 것
SGT 275	410 이상	275 이상	23 이상	18 이상	90°	6D	2/3D	400 이상
SGT 355	500 이상	355 이상	20 이상	16 이상	90°	6D	7/8D	500 이상
SGT 410	540 이상	410 이상	20 이상	16 이상	90°	6D	7/8D	540 이상
SGT 450	590 이상	450 이상	20 이상	16 이상	90°	6D	7/8D	590 이상
SGT 550	690 이상	550 이상	20 이상	16 이상	90°	6D	7/8D	690 이상

일반 구조용 탄소강관의 치수 및 무게

KS D 3566

바깥지름 (mm)	두께 (mm)	단위 무게 (kg/m)	참고			
			단면적 (cm^2)	단면 2차 모멘트 (cm^4)	단면 계수 (cm^3)	단면 2차 반지름 (cm)
21.7	2.0	0.972	1.238	0.607	0.560	0.700
27.2	2.0	1.24	1.583	1.26	0.930	0.890
	2.3	1.41	1.799	1.41	1.03	0.880
34.0	2.3	1.80	2.291	2.89	1.70	1.12
42.7	2.3	2.29	2.919	5.97	2.80	1.43
	2.5	2.48	3.157	6.40	3.00	1.42
48.6	2.3	2.63	3.345	8.99	3.70	1.64
	2.5	2.84	3.621	9.65	3.97	1.63
	2.8	3.16	4.029	10.6	4.36	1.62
	3.2	3.58	4.564	11.8	4.86	1.61
60.5	2.3	3.30	4.205	17.8	5.90	2.06
	3.2	4.52	5.760	23.7	7.84	2.03
	4.0	5.57	7.100	28.5	9.41	2.00
76.3	2.8	5.08	6.465	43.7	11.5	2.60
	3.2	5.77	7.349	49.2	12.9	2.59
	4.0	7.13	9.085	59.5	15.6	2.58
89.1	2.8	5.96	7.591	70.7	15.9	3.05
	3.2	6.78	8.636	79.8	17.9	3.04

바깥지름 (mm)	두께 (mm)	단위 무게 (kg/m)	참고			
			단면적 (cm^2)	단면 2차 모멘트 (cm^4)	단면 계수 (cm^3)	단면 2차 반지름 (cm)
101.6	3.2	7.76	9.892	120	23.6	3.48
	4.0	9.63	12.26	146	28.8	3.45
	5.0	11.9	15.17	177	34.9	3.42
114.3	3.2	8.77	11.17	172	30.2	3.93
	3.5	9.58	12.18	187	32.7	3.92
	4.5	12.2	15.52	234	41.0	3.89
139.8	3.6	12.1	15.40	357	51.1	4.82
	4.0	13.4	17.07	394	56.3	4.80
	4.5	15.0	19.13	438	62.7	4.79
	6.0	19.8	25.22	566	80.9	4.74
165.2	4.5	17.8	22.72	734	88.9	5.68
	5.0	19.8	25.16	808	97.8	5.67
	6.0	23.6	30.01	952	115	5.63
	7.1	27.7	35.26	110×10	134	5.60
190.7	4.5	20.7	26.32	114×10	120	6.59
	5.3	24.2	30.87	133×10	139	6.56
	6.0	27.3	34.82	149×10	156	6.53
	7.0	31.7	40.40	171×10	179	6.50
	8.2	36.9	47.01	196×10	206	6.46
216.3	4.5	23.5	29.94	168×10	155	7.49
	5.8	30.1	38.36	213×10	197	7.45
	6.0	31.1	39.64	219×10	203	7.44
	7.0	36.1	46.03	252×10	233	7.40
	8.0	41.1	52.35	284×10	263	7.37
	8.2	42.1	53.61	291×10	269	7.36
267.4	6.0	38.7	49.27	421×10	315	9.24
	6.6	42.4	54.08	460×10	344	9.22
	7.0	45.0	57.26	486×10	363	9.21
	8.0	51.2	65.19	549×10	411	9.18
	9.0	57.3	73.06	611×10	457	9.14
	9.3	59.2	75.41	629×10	470	9.13
318.5	6.0	46.2	58.91	719×10	452	11.1
	6.9	53.0	67.55	820×10	515	11.0
	8.0	61.3	78.04	941×10	591	11.0
	9.0	68.7	87.51	105×10^2	659	10.9
	10.3	78.3	99.73	119×10^2	744	10.9

바깥지름 (mm)	두께 (mm)	단위 무게 (kg/m)	참고			
			단면적 (cm^2)	단면 2차 모멘트 (cm^4)	단면 계수 (cm^3)	단면 2차 반지름 (cm)
355.6	6.4	55.1	70.21	107×10^2	602	12.3
	7.9	67.7	86.29	130×10^2	734	12.3
	9.0	76.9	98.00	147×10^2	828	12.3
	9.5	81.1	103.3	155×10^2	871	12.2
	12.0	102	129.5	191×10^2	108×10	12.2
	12.7	107	136.8	201×10^2	113×10	12.1
406.4	7.9	77.6	98.90	196×10^2	967	14.1
	9.0	88.2	112.4	222×10^2	109×10	14.1
	9.5	93.0	118.5	233×10^2	115×10	14.0
	12.0	117	148.7	289×10^2	142×10	14.0
	12.7	123	157.1	305×10^2	150×10	13.9
	16.0	154	196.2	374×10^2	184×10	13.8
	19.0	182	231.2	435×10^2	214×10	13.7
457.2	9.0	99.5	126.7	318×10^2	140×10	15.8
	9.5	105	133.6	335×10^2	147×10	15.8
	12.0	132	167.8	416×10^2	182×10	15.7
	12.7	139	177.3	438×10^2	192×10	15.7
	16.0	174	221.8	540×10^2	236×10	15.6
	19.0	205	261.6	629×10^2	275×10	15.5
500	9.0	109	138.8	418×10^2	167×10	17.4
	12.0	144	184.0	548×10^2	219×10	17.3
	14.0	168	213.8	632×10^2	253×10	17.2
508.0	7.9	97.4	124.1	388×10^2	153×10	17.7
	9.0	111	141.1	439×10^2	173×10	17.6
	9.5	117	148.8	462×10^2	182×10	17.6
	12.0	147	187.0	575×10^2	227×10	17.5
	12.7	155	197.6	606×10^2	239×10	17.5
	14.0	171	217.3	663×10^2	261×10	17.5
	16.0	194	247.3	749×10^2	295×10	17.4
	19.0	229	291.9	874×10^2	344×10	17.3
	22.0	264	335.9	994×10^2	391×10	17.2
558.8	9.0	122	155.5	588×10^2	210×10	19.4
	12.0	162	206.1	771×10^2	276×10	19.3
	16.0	214	272.8	101×10^3	360×10	19.2
	19.0	253	322.2	118×10^3	421×10	19.1
	22.0	291	371.0	134×10^3	479×10	19.0

바깥지름 (mm)	두께 (mm)	단위 무게 (kg/m)	참고			
			단면적 (cm^2)	단면 2차 모멘트 (cm^4)	단면 계수 (cm^3)	단면 2차 반지름 (cm)
600	9.0	131	167.1	730×10^2	243×10	20.9
	12.0	174	221.7	958×10^2	320×10	20.8
	14.0	202	257.7	111×10^3	369×10	20.7
	16.0	230	293.6	125×10^3	418×10	20.7
609.6	9.0	133	169.8	766×10^2	251×10	21.2
	9.5	141	179.1	806×10^2	265×10	21.2
	12.0	177	225.3	101×10^3	330×10	21.1
	12.7	187	238.2	106×10^3	348×10	21.1
	14.0	206	262.0	116×10^3	381×10	21.1
	16.0	234	298.4	132×10^3	431×10	21.0
	19.0	277	352.5	154×10^3	505×10	20.9
	22.0	319	406.1	176×10^3	576×10	20.8
700	9.0	153	195.4	117×10^3	333×10	24.4
	12.0	204	259.4	154×10^3	439×10	24.3
	14.0	237	301.7	178×10^3	507×10	24.3
	16.0	270	343.8	201×10^3	575×10	24.2
711.2	9.0	156	198.5	122×10^3	344×10	24.8
	12.0	207	263.6	161×10^3	453×10	24.7
	14.0	241	306.6	186×10^3	524×10	24.7
	16.0	274	349.4	211×10^3	594×10	24.6
	19.0	324	413.2	248×10^3	696×10	24.5
	22.0	374	476.3	283×10^3	796×10	24.4
812.8	9.0	178	227.3	184×10^3	452×10	28.4
	12.0	237	301.9	242×10^3	596×10	28.3
	14.0	276	351.3	280×10^3	690×10	28.2
	16.0	314	400.5	318×10^3	782×10	28.2
	19.0	372	473.8	373×10^3	919×10	28.1
	22.0	429	546.6	428×10^3	105×10^2	28.0
914.4	12.0	267	340.2	348×10^3	758×10	31.9
	14.0	311	396.0	401×10^3	878×10	31.8
	16.0	354	451.6	456×10^3	997×10	31.8
	19.0	420	534.5	536×10^3	117×10^2	31.7
	22.0	484	616.5	614×10^3	134×10^2	31.5
1016.0	12.0	297	378.5	477×10^3	939×10	35.5
	14.0	346	440.7	553×10^3	109×10^2	35.4
	16.0	395	502.7	628×10^3	124×10^2	35.4
	19.0	467	595.1	740×10^3	146×10^2	35.2
	22.0	539	687.0	849×10^3	167×10^2	35.2

(16) 기계 구조용 탄소강관(STM)

기계, 항공기, 자동차, 자전거, 기구 등의 기계부분품 등에 사용되며, 세부 용도는 다음 표와 같다. 11, 12종은 이음매 없는 관 또는 전기 저항 단접 가스용접관이며, 13, 14, 15종은 이음매 없는 관 또는 전기 저항 용접관, 16, 17종은 이음매 없는 관이다.

종류 및 기호

KS D 3517

종류		기호	종류		기호
11종	A	STKM 11 A	16종	A	STKM 16 A
12종	A	STKM 12 A		C	STKM 16 C
	B	STKM 12 B	17종	A	STKM 17 A
	C	STKM 12 C		C	STKM 17 C
13종	A	STKM 13 A	18종	A	STKM 18 A
	B	STKM 13 B		B	STKM 18 B
	C	STKM 13 C		C	STKM 18 C
14종	A	STKM 14 A	19종	A	STKM 19 A
	B	STKM 14 B		C	STKM 19 C
	C	STKM 14 C	20종	A	STKM 20 A
15종	A	STKM 15 A			
	C	STKM 15 C			

화학 성분

KS D 3517

종류		기호	화학 성분(%)					
			C	Si	Mn	P	S	Nb 또는 V
11종	A	STKM 11 A	0.12 이하	0.35 이하	0.60 이하	0.040 이하	0.040 이하	–
12종	A	STKM 12 A	0.20 이하	0.35 이하	0.60 이하	0.040 이하	0.040 이하	–
	B	STKM 12 B						
	C	STKM 12 C						
13종	A	STKM 13 A	0.25 이하	0.35 이하	0.30~0.90	0.040 이하	0.040 이하	–
	B	STKM 13 B						
	C	STKM 13 C						
14종	A	STKM 14 A	0.30 이하	0.35 이하	0.30~1.00	0.040 이하	0.040 이하	–
	B	STKM 14 B						
	C	STKM 14 C						
15종	A	STKM 15 A	0.25~0.35	0.35 이하	0.30~1.00	0.040 이하	0.040 이하	–
	C	STKM 15 C						
16종	A	STKM 16 A	0.35~0.45	0.40 이하	0.40~1.00	0.040 이하	0.040 이하	–
	C	STKM 16 C						
17종	A	STKM 17 A	0.45~0.55	0.40 이하	0.40~1.00	0.040 이하	0.040 이하	–
	C	STKM 17 C						
18종	A	STKM 18 A	0.18 이하	0.55 이하	1.50 이하	0.040 이하	0.040 이하	–
	B	STKM 18 B						
	C	STKM 18 C						
19종	A	STKM 19 A	0.25 이하	0.55 이하	1.50 이하	0.040 이하	0.040 이하	–
	C	STKM 19 C						
20종	A	STKM 20 A	0.25 이하	0.55 이하	1.60 이하	0.040 이하	0.040 이하	0.15 이하

기계적 성질

KS D 3517

종류		기호	인장 강도 (N/mm²)	항복점 또는 항복 강도 (N/mm²)	연신율(%)		편평성	굽힘성	
					4호 시험편 11호 시험편 12호 시험편	4호 시험편 5호 시험편	평판 사이의 거리(*H*) [*D*는 관의 바깥지름]	굽힘 각도	안쪽 반지름 [*D*는 관의 바깥지름]
					세로 방향	가로 방향			
11종	A	STKM 11 A	290 이상	–	35 이상	30 이상	$\frac{1}{2}D$	180°	4*D*
12종	A	STKM 12 A	340 이상	175 이상	35 이상	30 이상	$\frac{2}{3}D$	90°	6*D*
	B	STKM 12 B	390 이상	275 이상	25 이상	20 이상	$\frac{2}{3}D$	90°	6*D*
	C	STKM 12 C	470 이상	355 이상	20 이상	15 이상	–	–	–
13종	A	STKM 13 A	370 이상	215 이상	30 이상	25 이상	$\frac{2}{3}D$	90°	6*D*
	B	STKM 13 B	440 이상	305 이상	20 이상	15 이상	$\frac{3}{4}D$	90°	6*D*
	C	STKM 13 C	510 이상	380 이상	15 이상	10 이상	–	–	–
14종	A	STKM 14 A	410 이상	245 이상	25 이상	20 이상	$\frac{3}{4}D$	90°	6D
	B	STKM 14 B	500 이상	355 이상	15 이상	10 이상	$\frac{7}{8}D$	90°	8*D*
	C	STKM 14 C	550 이상	410 이상	15 이상	10 이상	–	–	–
15종	A	STKM 15 A	470 이상	275 이상	22 이상	17 이상	$\frac{3}{4}D$	90°	6*D*
	C	STKM 15 C	580 이상	430 이상	12 이상	7 이상	–	–	–
16종	A	STKM 16 A	510 이상	325 이상	20 이상	15 이상	$\frac{7}{8}D$	90°	8D
	C	STKM 16 C	620 이상	460 이상	12 이상	7 이상	–	–	–
17종	A	STKM 17 A	550 이상	345 이상	20 이상	15 이상	$\frac{7}{8}D$	90°	8D
	C	STKM 17 C	650 이상	480 이상	10 이상	5 이상	–	–	–
18종	A	STKM 18 A	440 이상	275 이상	25 이상	20 이상	$\frac{7}{8}D$	90°	6*D*
	B	STKM 18 B	490 이상	315 이상	23 이상	18 이상	$\frac{7}{8}D$	90°	8*D*
	C	STKM 18 C	510 이상	380 이상	15 이상	10 이상	–	–	–
19종	A	STKM 19 A	490 이상	315 이상	23 이상	18 이상	$\frac{7}{8}D$	90°	6*D*
	C	STKM 19 C	550 이상	410 이상	15 이상	10 이상	–	–	–
20종	A	STKM 20 A	540 이상	390 이상	23 이상	18 이상	$\frac{7}{8}D$	90°	6*D*

(17) 구조용 합금강관(STA)

항공기, 자동차 기타 구조물에 사용되며, 화학 성분 및 강도는 다음과 같다.

구조용 합금강관의 화학 성분(STA)

KS D 3574

종류	기호	화학 성분(%)							
		C	Si	Mn	P	S	Ni	Cr	Mo
1종	STA 1	0.26~0.33	0.15~0.35	0.40~0.85	0.030 이하	0.030 이하	–	0.80~1.20	0.15~0.25
2종	STA 2	0.26~0.33	0.15~0.35	0.60~0.90	0.030 이하	0.030 이하	0.40~0.70	0.40~0.65	0.15~0.25
3종	STA 3	0.32~0.39	0.15~0.35	0.40~0.85	0.030 이하	0.030 이하	–	0.80~1.20	0.15~0.25
4종	STA 4	0.32~0.39	0.15~0.35	0.70~1.00	0.030 이하	0.030 이하	0.40~0.70	0.40~0.65	0.20~0.30

기호	종류	인장 강도 (MPa)	항복점 또는 내력 (MPa)	신장(%)
				종방향
STA 1 및 STA 2	A	656.6 이상	0 이상	–
	B	548.8 이상	392 이상	12 이상
	C	617.4 이상	490 이상	10 이상
	D	862.4 이상	686 이상	12 이상
	E	1029 이상	931 이상	10 이상
STA 3 및 STA 4	A	686 이상	0 이상	–
	B	548.8 이상	392 이상	12 이상
	C	656.6 이상	548.8 이상	10 이상
	D	862.4 이상	686 이상	12 이상
	E	1029 이상	931 이상	10 이상

참고 종류 및 열처리

A : 풀림, B : 풀림 또는 불림 후 뜨임, C : 냉간 다듬질 후 응력 제거 풀림, D : 담금질·뜨임, E : 담금질·뜨임

1-2 주철관

주철관(cast iron pipe)은 내식성 및 내마모성이 우수하고 인장 강도, 충격 강도, 휨 강도는 적으나 압축 강도는 크다. 따라서 급수관이나 배수관, 통기관 등에 사용된다. 또한, 주철은 인장 강도 147~196 MPa인 보통 주철과 인장 강도 245 MPa 이상인 고급 주철로 나뉘며, 일반적으로 강도가 낮은 곳에는 보통 주철, 강도가 높은 곳에는 고급 주철이 사용되며, 균열 방지와 강도, 연성 등을 보강한 구상 흑연주철(연성주철)도 사용되고 있다.

(1) 수도용 원심력 금형 주철관 - [KS 규격 폐지]

수랭식 금형에 선철을 붓고 금형을 회전시켜 원심력을 이용하여 관을 주조하며, 최대 사용 정수두 980.7 kPa(시험 수압 2.25 MPa)의 고압관과 735.52 kPa(시험 수압 1.72 MPa)의 보통관이 있다. 두께의 종류에 따라 1종, 2종, 3종, 4종관의 4종류로 나누고, 이음 방법에 따라 socket(hub) joint, no-hub joint, flange joint, mechanical joint, tyton joint, KP mechanical joint가 있다. 또한 수도용 주철관의 이음 형식은 socket joint에서 mechanical joint나 tyton joint(250mm 이하 소구경)로 전환되고 있으며, 부식을 방지하기 위해서 mortar 라이닝관이 채용되고 있다.

수도용 원심 금형 주철관의 치수

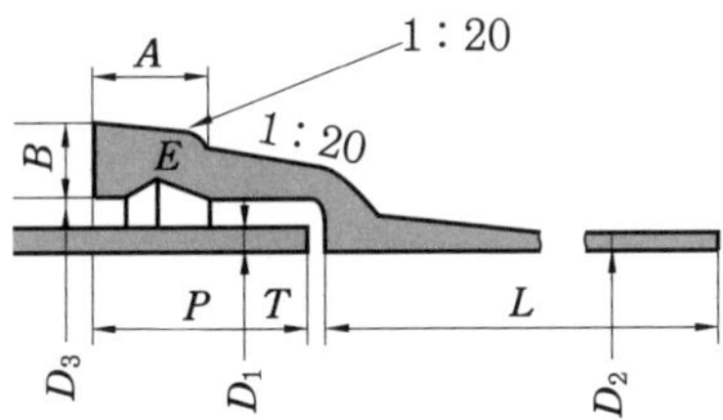

호칭 지름 D	관두께 T		실외 지름 D_2	이음구 치수					중량(kg)					유효 길이 L
	고압관	보통 압관		D_3	A	B	P	E	이음구 돌부	직부 1m		총중량		
										고압관	보통압관	고압관	보통압관	
75	9.0	7.5	93.0	113.0	36	28	90	10	6.9	17.1	14.5	58	50	3000
100	9.0	7.5	118.0	138.0	36	28	95	10	8.5	22.2	18.8	97	84	4000
125	9.0	7.8	143.0	163.0	36	28	95	10	10.2	27.3	23.9	119	106	4000
150	9.5	8.0	169.0	189.0	36	28	100	10	11.9	34.3	29.1	149	128	4000
150	9.5	8.0	169.0	189.0	36	28	100	10	11.9	34.3	29.1	183	157	5000
200	10.0	8.8	220.0	240.0	38	30	100	10	16.5	47.5	42.2	207	185	4000
200	10.0	8.8	220.0	240.0	38	30	100	10	16.5	47.5	42.2	254	227	5000
250	10.8	9.5	271.6	293.6	38	32	105	11	21.5	63.7	56.4	276	247	4000
250	10.8	9.5	271.6	293.6	38	32	105	11	21.5	63.7	56.4	340	304	5000
300	11.4	10.0	322.8	344.8	38	33	105	11	27.0	80.4	70.8	349	310	4000

(2) 수도용 원심력 사형 주철관 - [KS 규격 폐지]

모래형의 주형을 회전시키면서 용융 선철을 부어 원심력의 작용으로 주조된 주철관이며, 수직관에 비하여 재질과 두께가 균일하고 강도가 높아 두께가 얇아지는 장점을 가지며, 최대 사용 압력 980.7 kPa(100 mAq)인 고압관과 735.52 kPa(75 mAq)인 보통압관, 441.32 kPa(45 mAq)인 저압관의 3종류가 있다.

수도용 원심 사형 주철관의 치수

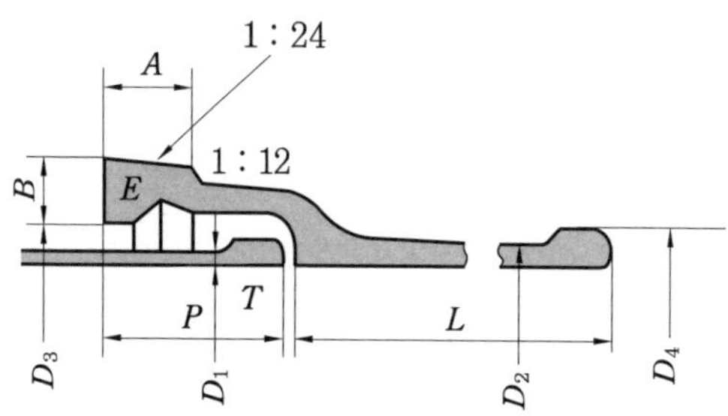

호칭 지름 D	관두께 T			실외 지름 D_2	이음구 치수					삽입구 치수 D_4	중량 (kg)								유효 길이 L
											이음구 돌부	삽입구 돌부	직부 1 m			총중량			
	고압관	보통압관	저압관		D_3	A	B	P	E				고압관	보통압관	저압관	고압관	보통압관	저압관	
75	9.0	7.5		93.0	113.0	36	28	90	10	103.0	7.02	0.166	17.1	14.5		76	65		4000
100	9.0	7.5		118.0	138.0	36	28	95	10	128.0	8.70	0.209	22.2	18.7		98	84		4000
125	9.0	7.8		143.0	163.0	36	28	95	10	153.0	10.1	0.269	27.3	23.9		119	106		4000
150	9.5	8.0	7.5	169.0	189.0	36	28	100	10	199.0	12.0	0.295	34.3	29.1	27.4	149	129	122	4000
150	9.5	8.0	7.5	169.0	189.0	36	28	100	10	199.0	12.0	0.295	34.3	29.1	27.4	183	158	149	5000
200	10.0	8.8	8.0	220.0	240.0	38	30	100	10	230.0	16.3	0.382	47.5	42.0	38.3	255	227	208	5000
250	10.8	9.5	8.4	271.6	293.6	38	32	105	11	281.0	21.3	0.626	63.7	56.3	50.0	341	304	272	5000
300	11.4	10.0	9.0	322.8	344.8	38	33	105	11	332.8	26.1	0.741	80.3	70.7	63.8	509	451	410	6000
350	12.0	10.8	9.4	374.0	396.0	40	34	110	11	384.0	32.6	0.857	98.3	88.7	77.5	623	565	498	6000
400	12.8	11.5	10.0	425.6	447.6	40	36	110	11	435.6	39.0	1.460	120	108	94	759	688	604	6000
450	13.4	12.0	10.4	476.8	498.8	40	37	115	11	486.8	46.9	1.640	140	126	110	890	805	709	6000
500	14.0	12.8	11.0	528.0	552.0	40	38	115	12	540.0	52.7	1.810	163	149	129	1030	949	829	6000
600		14.2	11.8	630.8	654.8	42	41	120	12	642.8	68.8	2.16		198	165		1260	1060	6000
700		15.5	12.8	733.0	757.0	42	43	125	12	745.0	86.0	2.51		251	208		1590	1340	6000
800		16.8	13.8	836.0	860.0	45	46	130	12	848.0	109.0	2.86		311	257		1980	1650	6000
900		18.2	14.8	939.0	963.0	45	50	135	12	951.0	136.0	3.21		379	309		2410	1990	6000

수도용 원심력 사형 주철관의 최대 사용 정수두와 수압 시험

종류 (표시 기호)	최대 사용 kPa (정수두[mm])	시험 수압		비고
		호칭 지름 (mm)	수압 (MPa)	
고압관 (B)	0.981 (100)	600 이하	2.94	$t = 0.0166\,D + 6$ [mm]
		700 이상	2.45	
보통압관 (A)	0.736 (75)	600 이하	2.45	$t = 0.0134\,D + 6$ [mm]
		700 이상	1.96	
저압관 (LA)	0.441 (45)	600 이하	1.96	$t = 0.00967\,D + 6$ [mm]
		700 이상	1.47	

㈜ 정수두 1 kg/cm^2 = 98066.26 Pa　　1 atm = 760 mmHg = 10332.3 mmAq = 1.03323 kg/cm^2 = 101325 Pa

수도용 원심 금형 주철관의 최대 정수두와 수압 시험

종류	최대 사용[정수두(m)]	시험 압력(MPa)
고압관	981 kPa (100)	2.254
보통압관	735.5 kPa (75)	1.715

(3) 수도용 수직형 주철 직관

플랜지관과 소켓관으로 나뉘며, 최대 사용 압력 735.52 kPa (75 mAq)의 보통압관과 최대 사용 압력 441.32 kPa(45 mAq)인 저압관의 2종류가 있다. 보통압관은 A, 저압관은 LA의 기호를 사용한다.

① 보통압관 플랜지관

최대 사용 정수두 : 75 m (단위 : mm)

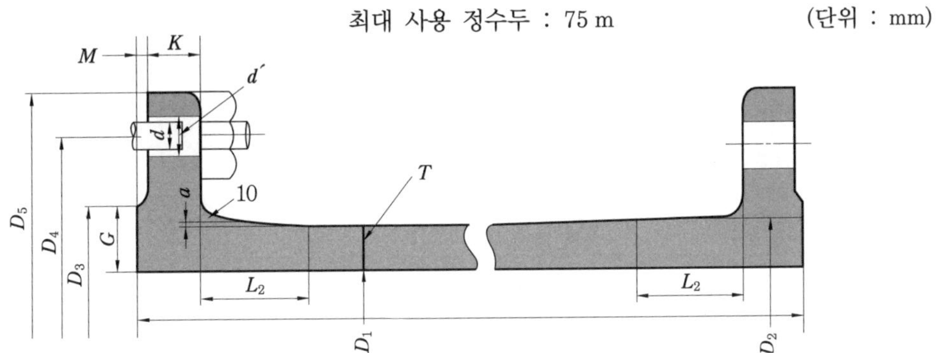

보통압관 플랜지관

호칭 지름	관 두께	실내 지름	실외 지름	플랜지 치수							볼트				유효 길이	중량(kg)		
											중심원	지름	구멍 지름	수		플랜지부	곧은 부분 1 m	총중량
D	T	D_1	D_2	D_5	K	D_3	G	M	a	L_2	D_4	d''	d_1	N	L			
75	9.0	75	93.0	211	19	125	25	3	4	50	168	⅝	18	4	3000	4.10	17.1	59.5
100	9.0	100	118.0	238	19	152	26	3	4	50	195	⅝	18	4	3000	4.94	22.2	76.4
150	9.5	150	169.0	290	20	204	27	3	4	50	247	⅝	18	6	3000	6.75	34.3	116.0
200	10.0	200	220.0	342	21	256	28	3	4	50	299	⅝	18	8	4000	8.72	47.5	207.0
250	10.8	250	271.6	410	22	308	29	3	4	50	360	¾	21	8	4000	12.40	63.7	280.0
300	11.4	300	322.8	464	23	362	31	4	5	60	414	¾	21	10	4000	15.70	80.3	353.0
350	12.0	350	374.0	530	24	414	32	4	5	60	472	⅞	24	10	4000	20.40	98.3	434.0
400	12.8	400	425.6	582	25	466	33	4	5	60	524	⅞	24	12	4000	23.70	120.0	525.0
450	13.4	450	476.8	652	26	518	34	4	5	60	585	1	28	12	4000	30.30	140.0	622.0
500	14.0	500	528.0	706	27	572	36	4	5	60	639	1	28	12	4000	35.10	163.0	721.0
600	15.4	600	630.8	810	28	676	38	4	5	60	743	1	28	16	4000	42.40	214.0	942.0
700	16.5	700	733.0	928	29	780	40	4	5	60	854	1⅛	31	16	4000	54.60	267.0	1180.0
800	18.0	800	836.0	1034	31	886	43	5	6	70	960	1⅛	31	20	4000	67.70	333.0	1470.0
900	19.5	900	939.0	1156	33	990	45	5	6	70	1073	1¼	34	20	4000	87.40	406.0	1800.0
1000	22.0	997	1041.0	1262	34	1096	48	5	6	70	1179	1¼	34	24	4000	100.00	507.0	2230.0
1100	23.5	1097	1144.0	1366	36	1200	50	5	6	70	1283	1¼	34	24	4000	116.00	595.0	2610.0
1200	25.0	1196	1246.0	1470	38	1304	52	5	6	70	1387	1¼	34	28	4000	133.00	690.0	3030.0
1350	27.5	1345	1400.0	1642	40	1462	56	6	7	80	1552	1⅜	38	28	4000	171.00	854.0	3760.0
1500	30.0	1494	1554.0	1800	42	1620	60	6	7	80	1710	1⅜	38	32	4000	200.00	1034.0	4540.0

② 보통압관 소켓관

최대 사용 압력 정수두 : 75m (단위 : mm)

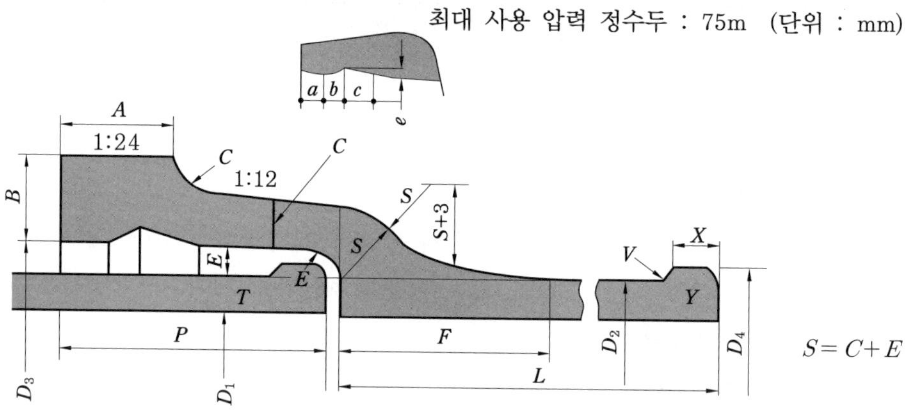

지름	각부 치수			
D	a	b	c	e
75~450	15	10	20	6
500~900	18	12	25	7
1000~1500	20	14	30	8

보통압관 소켓관

호칭 지름	관 두께	실내 지름	실외 지름	이음자리 치수								이음부 암치수				유효 길이	중량(kg)			
D	T	D_1	D_2	D_3	A	B	C	P	E	F	S	D_4	V	X	Y	L	이음부 수실 치수	이음부 암실 치수	곧은 부분 1 m	총중량
75	9.0	75	93.0	113.0	36	28	14	90	10	70	24	103.0	5	15	4	3000	7.02	0.166	17.1	58.5
100	9.0	100	118.0	138.0	36	28	14	95	10	70	24	128.0	5	15	4	3000	8.70	0.209	22.2	75.5
150	9.5	150	169.0	189.0	36	28	14	100	10	70	24	179.0	5	15	4	4000	12.00	0.295	34.3	149.0
200	10.0	200	220.0	240.0	38	30	15	100	10	71	25	230.0	5	15	4	4000	16.30	0.382	47.5	207.0
250	10.8	250	271.6	293.6	38	32	15	105	11	73	26	281.6	5	20	4	4000	21.30	0.626	63.7	277.0
300	11.4	300	322.8	344.8	38	33	16	105	11	75	27	332.8	5	20	4	4000	26.10	0.741	80.3	348.0
350	12.0	350	374.0	396.0	40	34	17	110	11	77	28	384.0	5	20	4	4000	32.60	0.857	98.3	426.0
400	12.8	400	425.6	447.6	40	36	18	110	11	78	29	435.6	5	25	5	4000	39.00	1.460	120.0	519.0
450	13.4	450	476.8	498.8	40	37	19	115	11	80	30	486.8	5	25	5	4000	46.90	1.640	140.0	610.0
500	14.0	500	528.0	552.0	40	38	19	115	12	82	31	540.0	6	25	5	4000	52.70	1.810	163.0	706.0
600	15.4	600	630.8	654.8	42	41	20	120	12	84	32	642.8	6	25	5	4000	68.80	2.160	214.0	928.0
700	16.5	700	733.0	757.0	42	43	21	125	12	86	33	745.0	6	25	5	4000	86.00	2.510	267.0	1160.0
800	18.0	800	836.0	860.0	45	46	23	130	12	89	35	848.0	6	25	5	4000	109.00	2.860	333.0	1440.0
900	19.5	900	939.0	963.0	45	50	25	135	12	92	37	951.0	6	25	5	4000	136.00	3.210	406.0	1760.0
1000	22.0	997	1041.0	1067.0	50	54	27	140	13	98	40	1053.0	6	25	6	4000	173.00	3.550	507.0	2210.0
1100	23.5	1097	1144.0	1170.0	50	57	29	145	13	101	42	1156.0	6	25	6	4000	208.00	3.900	595.0	2590.0
1200	25.0	1196	1246.0	1272.0	52	60	30	150	13	103	43	1258.0	6	25	6	4000	243.00	4.250	690.0	3010.0
1350	27.5	1345	1400.0	1426.0	55	65	33	160	13	108	46	1412.0	6	25	6	4000	316.00	4.770	854.0	3740.0
1500	30.0	1494	1554.0	1580.0	57	70	35	165	13	111	48	1566.0	6	25	6	4000	385.00	5.290	1034.0	4530.0

③ 저압관 플랜지관

최대 사용 정수두 : 45 m

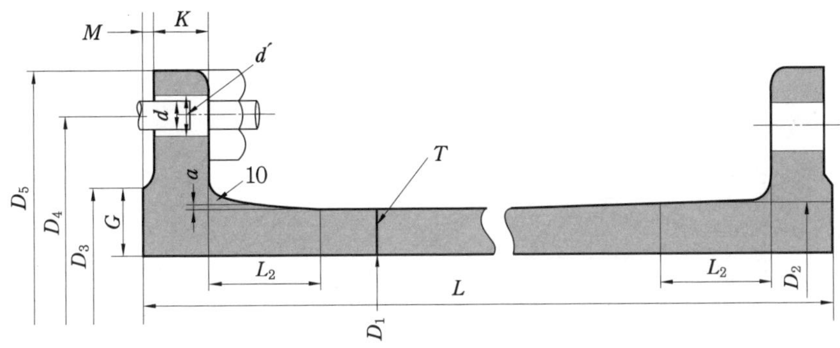

지름	각부 치수			
D	a	b	c	e
75~450	15	10	20	6
500~900	18	12	25	7
1000~1500	20	14	30	8

저압관 플랜지관

호칭 지름	관 두께	실내 지름	실외 지름	플랜지 치수							볼트				유효 길이	중량(kg)		
											중심원	지름	구멍 지름	수		플랜지부	곧은 부분 1 m	총중량
D	T	D_1	D_2	D_5	K	D_3	G	M	a	L_2	D_4	d''	d_1	N	L			
150	9.0	151.0	169.0	290	20	204	26.5	3	4	50	247	⅝	18	6	3000	6.75	32.6	111.0
200	9.4	201.2	220.0	342	21	256	27.4	3	4	50	299	⅝	18	8	4000	8.72	44.8	197.0
250	9.8	252.0	271.6	410	22	308	28.0	3	4	50	360	¾	21	8	4000	12.40	58.0	257.0
300	10.2	302.4	322.8	464	23	362	29.8	4	5	60	414	¾	21	10	4000	15.70	72.1	320.0
350	10.6	352.8	374.0	530	24	414	30.6	4	5	60	472	7/3	24	10	4000	20.40	87.1	389.0
400	11.0	403.6	425.6	582	25	466	31.2	4	5	60	524	⅞	24	12	4000	23.70	103.0	460.0
450	11.5	453.8	476.8	652	26	518	32.1	4	5	60	585	1	28	12	4000	30.30	121.0	545.0
500	12.0	504.0	528.0	706	27	572	34.0	4	5	60	639	1	28	12	4000	35.10	140.0	630.0
600	13.0	604.8	630.8	810	28	676	35.6	4	5	60	743	1	28	16	4000	42.40	182.0	811.0
700	13.8	705.4	733.0	928	29	780	37.3	4	5	60	854	1⅛	31	16	4000	54.60	224.0	1010.0
800	14.8	806.4	836.0	1034	31	886	39.8	5	6	70	690	1⅛	31	20	4000	67.70	275.0	1240.0
900	15.5	908.0	939.0	1156	33	990	41.0	5	6	70	1073	1¼	34	20	4000	87.40	324.0	1470.0

④ 저압관 소켓관

최대 사용 정수두 : 45 m

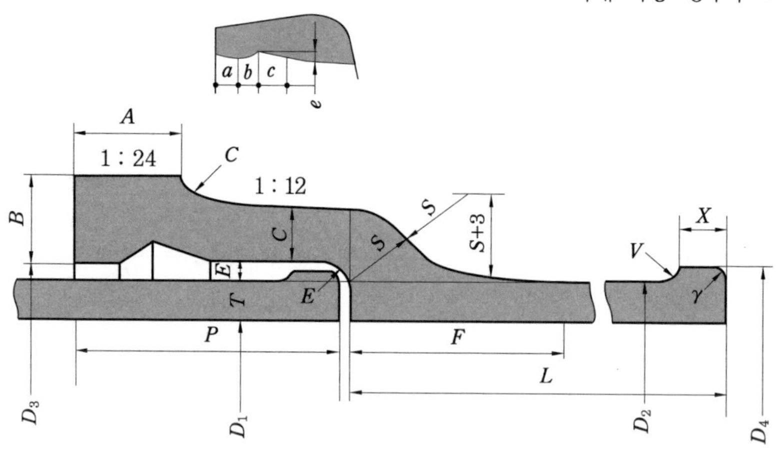

(단위 : mm)

지름	각부 치수			
D	a	b	c	e
75~450 500~900	15 18	10 12	20 25	6 7

저압관 소켓관

호칭 지름	관 두께	실내 지름	실외 지름	이음자리 치수							이음부 암치수				유효 길이	중량 (kg)			
D	T	D_1	D_2	D_3	A	B	C	P	E	F	S	D_4	V	X	Y	L	이음 자리 수실 치수	이음 자리 암실 치수	곧은 부분 1 m	총중량
150	9.0	151.0	169.0	189.0	36	28	14	100	10	70	24	179.0	5	15	4	4000	12.00	0.295	32.6	143.0
200	9.4	201.2	220.0	240.0	38	30	15	100	10	71	25	230.0	5	15	4	4000	16.30	0.382	44.8	196.0
250	9.8	252.0	271.6	293.6	38	32	15	105	11	73	26	281.6	5	20	4	4000	21.30	0.626	58.0	254.0
300	10.2	302.4	322.8	344.8	38	33	16	105	11	75	27	332.8	5	20	4	4000	26.10	0.741	72.1	315.0
350	10.6	352.8	374.0	396.0	40	34	17	110	11	77	28	384.0	5	20	4	4000	32.60	0.857	87.1	382.0
400	11.0	403.6	425.6	447.6	40	36	18	110	11	78	29	435.6	5	25	5	4000	39.00	1.460	103.0	453.0
450	11.5	453.8	476.8	498.8	40	37	19	115	11	80	30	486.8	5	25	5	4000	46.90	1.640	121.0	533.0
500	12.0	504.0	528.0	552.0	40	38	19	115	12	82	31	540.0	6	25	5	4000	52.70	1.810	140.0	615.0
600	13.0	604.8	630.8	654.8	42	41	20	120	12	84	32	642.8	6	25	5	4000	68.80	2.160	182.0	798.0
700	13.8	705.4	733.0	757.0	42	43	21	125	12	86	33	745.0	6	25	5	4000	86.00	2.510	224.0	986.0
800	14.8	806.4	836.0	860.0	45	46	23	130	12	89	35	848.0	6	25	5	4000	109.00	2.860	275.0	1210.0
900	15.5	908.0	939.0	963.0	45	50	25	135	12	92	37	951.0	6	25	5	4000	136.00	3.210	324.0	1430.0

(4) 배수용 주철관

주로 건물 내에서 배출되는 오수의 배수관으로 사용되는 관으로 내압이 작용하지 않으므로 수도용 주철관 두께가 9 mm 이상이나 배수용 주철관은 7 mm 이하의 얇은 두께를 가지며 관의 두께에 따라 1종과 2종으로 나뉜다(1종 7 mm 이하, 2종 6 mm 이하).

표시기호는 1종 ⊘, 2종 ⊘, 이형관 ⊗로 나타내며, 주로 피팅(fitting)류에는 회사의 약호나 표시 기호는 크기 20 mm 이상으로 2 mm 이상 튀어나온 상태로 표시한다.

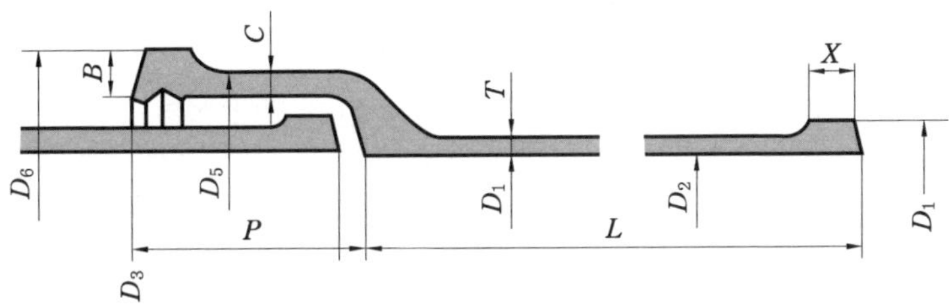

구분	중량(kg)						구분	중량(kg)				
유효 길이 1종 / 호칭 지름	1600	1000	800	600	400	300	유효 길이 2종 / 호칭 지름	2350	1600	1000	800	600
50	13.8	9.2	7.7	6.2	4.7	3.9	50	–	10.5	7.2	6.1	5.0
65	17.5	11.7	9.7	7.8	5.8	4.8	65	–	13.4	9.1	7.7	6.3
75	19.9	13.3	11.1	8.9	6.7	5.6	75	21.4	15.3	10.4	8.8	7.2
100	26.0	17.4	14.5	11.6	8.8	7.3	100	28.1	20.1	13.7	11.6	9.5
125	32.0	21.4	17.8	14.3	10.7	8.9	125	34.6	24.7	16.8	14.1	11.5
150	38.2	25.5	21.2	17.0	12.7	10.6	150	–	29.6	20.2	17.0	13.9
200	59.5	39.8	33.2	26.6	20.1	16.8	200	–	51.8	35.1	29.5	23.9

배수용 주철관 KS D 4307

호칭 지름 D	관두께 T		실외지름 D_2		실내 지름 D_1	이음구 치수						삽입구 치수	
	1종	2종	1종	2종		D_3	D_5	D_6	B	C	P	D_4	X
50	6	4.5	62	59	50	76	92	102	13	8	61	69	14
65	6	4.5	77	74	65	91	107	117	13	8	64	84	15
75	6	4.5	87	84	75	101	117	127	13	8	67	94	16
100	6	4.5	112	109	100	126	142	152	13	8	73	119	17
125	6	4.5	137	134	125	151	167	177	13	8	73	144	17
150	6	4.5	162	159	150	176	192	202	13	8	73	169	17
200	7	6	214	212	200	232	250	260	14	9	85	222	17

1-3 비철금속관

(1) 동관 및 동합금관

동은 전기, 열의 전도성, 전연성, 드로잉성이 우수하며, 내식성, 내후성이 좋아 전기용, 열교환기용, 화학용, 급수·급탕용 등 널리 사용되고 있다.

동관에는 무탄소 동관, 터프 피치 동관, 인탈산 동관, 단동관, 청동관, 규소 청동관, 복수기용 황동, 복수기용 백동 등이 있으며, 용도 및 화학성분, 기계적 성질 등은 다음과 같다.

구리 및 구리합금의 이음매 없는 관의 화학 성분

종류	화학 성분(%)											
	Cu	Pb	Fe	Sn	Zn	Al	As	Mn	Ni	P	Si	기타
C 1020	99.96 이상	–	–	–	–	–	–	–	–	–	–	–
C 1100	99.90 이상	–	–	–	–	–	–	–	–	–	–	–
C 1201	99.90 이상	–	–	–	–	–	–	–	–	0.004 이상 0.015 미만	–	–
C 1220	99.90 이상	–	–	–	–	–	–	–	–	0.015~ 0.040	–	–
C 1221	99.75 이상	–	–	–	–	–	–	–	–	0.004~ 0.040	–	–
C 2200	89.0~ 91.0	0.05 이하	0.05 이하	–	잔부	–	–	–	–	–	–	–
C 2300	84.0~ 86.0	0.05 이하	0.05 이하	–	잔부	–	–	–	–	–	–	–
C 2600	68.5~ 71.5	0.07 이하	0.05 이하	–	잔부	–	–	–	–	–	–	–
C 2700	63.0~ 67.0	0.07 이하	0.05 이하	–	잔부	–	–	–	–	–	–	–
C 2800	59.0~ 63.0	0.10 이하	0.07 이하	–	잔부	–	–	–	–	–	–	–
C 6561	–	Pb+Fe 1.0 이하		0.50~ 1.5	–	–	–	–	–	–	2.5~ 3.5	Cu+Si+Sn 99.5 이상
C 4430	70.0~ 73.0	0.07 이하	0.06 이하	0.9~ 1.2	잔부	–	0.02~ 0.06	–	–	–	–	–
C 6870	76.0~ 79.0	0.07 이하	0.06 이하	–	잔부	1.8~ 2.5	0.02~ 0.06	–	–	–	–	–
C 6871	76.0~ 79.0	0.07 이하	0.06 이하	–	잔부	1.8~ 2.5	0.02~ 0.06	–	–	–	0.20~ 0.50	–
C 6872	76.0~ 79.0	0.07 이하	0.06 이하	–	잔부	1.8~ 2.5	0.02~ 0.06	0.20 이하	0.20~ 1.0	–	–	Cr 0.10 이하
C 7060	–	0.05 이하	1.0~ 1.8	–	1.0 이하	–	–	0.20~ 1.0	9.0~ 11.0	–	–	Cu+Ni+Fe+ Mn 99.5 이상
C 7100	–	0.05 이하	0.50~ 1.0	–	1.0 이하	–	–	0.20~ 1.0	19.0~ 23.0	–	–	Cu+Ni+Fe+ Mn 99.5 이상
C 7150	–	0.05 이하	0.40~ 0.7	–	1.0 이하	–	–	0.20~ 1.0	29.0~ 33.0	–	–	Cu+Ni+Fe+ Mn 99.5 이상

구리 및 구리합금의 이음매 없는 관의 기호 및 용도

종류			기호	참고		
				구기호(1)	용도	
C 1020	관	보통급	C 1020 T (2)	OFCuT	무산소동	전기, 열의 전도성, 전연성, 드로잉성이 우수하여 용접성, 내식성, 내후성이 좋다. 환원성 분위기 속에서 고온가열하여도 수소취화를 일으키지 않는다. 열교환기용, 전기용, 화학용, 급수·급탕용 등
		특수급	C 1020 TS (2)	OFCuTs		
C 1100	관	보통급	C 1100 T (2)	TCuT 1	터프피치동	전기, 열의 전도성이 우수하고 드로잉성, 내식성, 내후성이 좋다. 전기 부품 등
		특수급	C 1100 TS (2)	TCuT 1 S		
C 1201	관	보통급	C 1201 T	DCuT 1 A	인탈산동	확장성, 굽힘성, 드로잉성, 용접성, 내식성, 열전도성이 좋다. 환원성 분위기 속에서 고온가열해도 수소취화를 일으킬 염려가 없다. C 1201은 전기의 전도성도 좋다. 열교환기용, 화학공업용, 급수·급탕용, 가스관 등
		특수급	C 1201 TS	DCuT 1 AS		
C 1220	관	보통급	C 1220 T	DCuT 1 B		
		특수급	C 1220 TS	DCuT 1 BS		
C 1221	관	보통급	C 1221 T	DCuT 2		
		특수급	C 1221 TS	DCuT 2 S		
C 2200	관	보통급	C 2200 T	RBsT 2	단관	색깔이 아름답고 확장성, 굽힘성, 드로잉성, 내식성이 좋다. 화장품 케이스, 급·배수관, 이음쇠 등
		특수급	C 2200 TS	RBsT 2 S		
C 2300	관	보통급	C 2300 T	RBsT 3		
		특수급	C 2300 TS	RBsT 3 S		
C 2600	관	보통급	C 2600 T	BsT 1	청동	확장성, 굽힘성, 드로잉성, 잔금성이 좋다. 열교환기, 커튼봉, 위생관, 제기기부품, 안테나로드 등 C 2800은 강도가 높다. 선박용, 기계부품 등
		특수급	C 2600 TS	BsT 1 S		
C 2700	관	보통급	C 2700 T	BsT 2		
		특수급	C 2700 TS	BsT 2 S		
C 2800	관	보통급	C 2800 T	BsT 3		
		특수급	C 2800 TS	BsT 3 S		
C 6561	관	보통급	C 6561 T	SiBT	규소청동	내식성이 좋고 강도가 높다. 화학공업용 등
C 4430	관	보통급	C 4430 T	BsTF 1	복수기용 황동	내식성이 좋고, 특히 C 6870, C 6871, C 6872는 내해수성이 좋다. 화력, 원자력발전용 복수기, 선박용 복수기, 급수가열기, 증류기, 기름냉각기, 조수장치 등의 열교환기용 등
		특수급	C 4430 TS	BsTF 1 S		
C 6870	관	보통급	C 6870 T	BsTF 4		
		특수급	C 6870 TS	BsTF 4 S		
C 6871	관	보통급	C 6871 T	BsTF 2		
		특수급	C 6871 TS	BsTF 2 S		
C 6872	관	보통급	C 6872 T	BsTF 3		
		특수급	C 6872 TS	BsTF 3 S		
C 7060	관	보통급	C 7060 T	CNTF 1	복수기용 백동	내식성, 특히 내해수성이 좋고 비교적 고온의 사용에 적합하다. 선박용 복수기, 급수가열기, 화학공업용, 조수장치용 등
		특수급	C 7060 TS	CNTF 1 S		
C 7100	관	보통급	C 7100 T	CNTF 2		
		특수급	C 7100 TS	CNTF 2 S		
C 7150	관	보통급	C 7150 T	CNTF 3		
		특수급	C 7150 TS	CNTF 3 S		

① 동관의 특성

㈎ 담수 : 담수에 대하여 부식성이 크고 연수에도 부식되며, 공업적 용도에 대해서도 거의 문제가 없다.

㈏ 해수 : 해수에 대한 동의 부식은 유속이나 수질 등에 영향을 받으며 내식성이 우수하지 않다.

㈐ 산 : 산화성 산에는 급격히 부식되지만 비산화성 산에는 내식성을 갖고 있으며, 초산, 진한 황산에는 부식된다.

㈑ 알칼리 : 가성소다(NaOH), 가성칼리(KOH) 등에는 내식성이 크지만 암모니아에는 부식된다.

㈒ 염류 : 중성 및 알칼리성 염류 수용액에 대해서는 내식성이 크다.

㈓ 할로겐 : 공기를 함유하지 않는 할로겐 가스에 대해서는 내식성이 크지만, 습한 할로겐 가스에는 부식된다.

② 동관의 장점

㈎ 내식성에 강하다.
㈏ 마찰손실이 적다.
㈐ 무게가 가볍다.
㈑ 동결, 충격, 진동, 열변형에 강하다.
㈒ 가공성이 좋다.
㈓ 시공 능률이 높다.
㈔ 위생적이다.
㈕ 경제적이다.

③ 동관의 종류

㈎ 소재 및 제조 방법에 의한 분류

명칭	특성	용도
터프 피치 동관 (tough pitch copper tube)	• 전기 전도성이 뛰어나다. (IACS : 100 % 전후) • 고온의 환원성 분위기에서는 수소 취화 현상이 발생할 수 있다.	전기 제품
인탈산 동관 (phosphorus deoxidized copper tube)	• 전기 전도성은 터프 피치 동관보다 낮다. (IACS : 70~90 %) • 고온에서도 수소취화 현상이 발생하지 않는다.	일반배관, 공조기기 및 열교환기용으로, 건설자재로서의 동관은 인탈산동관이다.
무산소 동관 (oxygen free copper tube)	• 전기 전도성이 우수하다. • 고온에서도 수소취화 현상이 발생하지 않는다.	전자 기기, 전기로 부품

㈜ IACS (국제연동표준) : The International Annealed Cooper Standard의 약칭으로 전도율의 단위. (순동의 전도율 $1.73 \times 10^{-8} \Omega m$를 100% IACS)

㈏ 품질에 의한 분류

종류	기호(또는 원어)	특성
연질	O (soft or annealed)	가장 연하므로, 가공 및 작업이 용이하다. 상수도나 가스 배관과 같이 지하매설용은 연질을 사용한다.
반연질	OL (light annealed)	연질에 약간의 경도와 강도를 부여한 것이다.
반경질	1/2 H (half hard)	경질에 약간의 연성을 부여한 것이다.
경질	H (hard or drawn)	경도 및 강도면에서 가장 강하다. 건설자재로서는 대부분 경질을 사용한다.

㈐ 용도에 의한 분류

종류	용도	비고
water tube	물(온·냉수, 증기, 가스 및 유사한 액체)에 사용. 일반적인 배관용	순동 제품 (99.9 % Cu 이상)
ACR tube	air conditioner, refrigerater (에어컨, 냉동기) 등의 열교환용 코일	순동 제품 (99.9 % Cu 이상)
condenser tube	열교환기류(응축기, 증발기, 보일러, 저탕조 등)의 열교환용 코일	동합금 제품

㈑ 두께에 의한 분류

종류	기호(또는 원어)	특성 및 용도
K-type	heavy wall	두께가 두꺼울수록 높은 압력에 사용할 수 있으므로 시스템의 상용압력을 고려하여 적정 두께의 규격을 선정 사용한다.
M-type	medium wall	
L-type	light wall	

㈒ 형태에 의한 분류

구분	단위 길이	용도
직관	15 ~ 150 A : 6 m 200 A 이상 : 3 m	일반배관용
코일	L/W (level wound) : 300 m B/C (bunch) : 50, 70, 100 m P/C (pancake) : 15, 30 m	상수도, 가스 등 이음매 없이 장거리 배관이 필요한 곳
PMC-808	방의 규격에 따라 다양함	한국의 고유난방 방식인 온돌난방(panel heating) 전용 온수 온돌용

동관의 규격

형 (type)	호칭 지름 (A)	호칭 지름 (B)	실외지름 (mm)	두께 (mm)	중량 (kg/m)	상용 압력(MPa) 경질	상용 압력(MPa) 연질	용도
K	8	¼	9.52	0.89	0.216	10.9	7.0	의료 배관 고압 배관
	10	⅜	12.70	1.24	0.399	12.1	7.8	
	15	½	15.88	1.24	0.510	9.3	6.0	
	–	⅝	19.05	1.24	0.620	7.7	5.0	
	20	¾	22.22	1.65	0.953	8.9	5.8	
	25	1	28.58	1.65	1.25	6.8	4.4	
	32	1¼	34.92	1.65	1.54	5.5	3.6	
	40	1½	41.28	1.83	2.03	5.3	3.4	
	50	2	53.98	2.11	3.07	4.5	2.9	
	65	2½	66.68	2.41	4.35	4.2	2.7	
	80	3	79.38	2.77	5.96	4.2	2.7	
	90	3½	92.08	3.05	7.63	3.9	2.5	
	100	4	104.78	3.40	9.68	3.8	2.5	
	125	5	130.18	4.06	14.40	3.6	2.4	
	150	6	155.58	4.88	20.70	3.7	2.4	
	200	8	206.38	6.88	38.60	4.0	2.6	
L	8	¼	9.52	0.76	0.187	9.3	6.0	의료 배관 급·배수 배관 급탕 배관 상수도 배관 냉·난방 배관 가스 배관 소화 배관
	10	⅜	12.70	0.89	0.295	8.0	5.2	
	15	½	15.88	1.02	0.426	7.3	4.7	
	–	⅝	19.05	1.07	0.540	6.4	4.1	
	20	¾	22.22	1.14	0.675	5.9	3.8	
	25	1	28.58	1.27	0.974	5.2	3.3	
	32	1¼	34.92	1.40	1.32	4.7	3.0	
	40	1½	41.28	1.52	1.70	4.2	2.7	
	50	2	53.98	1.78	2.61	3.8	2.4	
	65	2½	66.68	2.03	3.69	3.5	2.2	
	80	3	79.38	2.29	4.96	3.3	2.2	
	90	3½	92.08	2.54	6.38	3.2	2.1	
	100	4	104.78	2.79	7.99	3.1	2.0	
	125	5	130.18	3.18	11.30	28.2	1.8	
	150	6	155.58	3.56	15.20	2.7	1.7	
	200	8	206.38	5.08	28.70	2.9	1.9	
M	10	⅜	12.70	0.64	0.217	5.6	3.6	의료 배관 급·배수 배관 급탕 배관 상수도 배관 냉·난방 배관 가스 배관 소화 배관
	15	½	15.88	0.71	0.302	5.0	3.3	
	20	¾	22.22	0.81	0.487	3.9	2.5	
	25	1	28.58	0.89	0.692	3.4	2.2	
	32	1¼	34.92	1.07	1.02	3.4	2.2	
	40	1½	41.28	1.24	1.39	3.4	2.2	
	50	2	53.98	1.47	2.17	3.0	1.9	
	65	2½	66.68	1.65	3.01	2.8	1.8	
	80	3	79.38	1.83	3.99	2.6	1.7	
	90	3½	92.08	2.11	5.33	2.6	1.7	
	100	4	104.78	2.41	6.93	2.6	1.7	
	125	5	130.18	2.77	9.91	2.5	1.6	
	150	6	155.58	3.10	13.30	2.3	1.5	
	200	8	206.38	4.32	24.50	2.4	1.6	

㈜ • 동(銅)파이프의 규격은 KS D 5301 (JIS H-3300, ASTM, B-88)의 배관용 동관(銅管)의 표준 규격을 기준한다.

• 실제바깥지름 (inch) = 호칭지름 (inch) + $\frac{1}{8}$(inch) [예] 15A의 경우 : $\frac{1}{2}\times25.4+\frac{1}{8}\times25.4=12.7+3.175=15.88$

(2) 스테인리스(stainless) 강관

보통 스테인리스강이란 절대 녹이 슬지 않는다고 생각하는 사람이 많으나, 사실은 글자 그대로 스테인(stain : 녹 또는 더러움)이 리스(less : 보다 적은)한 것으로 비교적 녹이 잘 슬지 않는 강을 말한다. 따라서, 스테인리스강이라 하여도 농도가 짙은 염화물 용액에 접촉시킨다든지 특이한 부식 환경에서는 녹이 나는 경우가 있지만 스테인리스강의 특성을 잘 파악하여 올바른 사용 방법을 따른다면 수돗물이나 100℃의 열탕과 같은 조건하에서는 거의 녹이 슬지 않는다. 즉, 스테인리스강 자체가 내식성이 있는 것이 아니고, 스테인리스강에도 여러 가지 종류가 있고 강의 종류에 따라 각각의 특정 환경에 있어서 우수한 내식성을 나타내고 있다. 이것은 그 재료가 환경에 대하여 부동태화(passivity)했다고 한다.

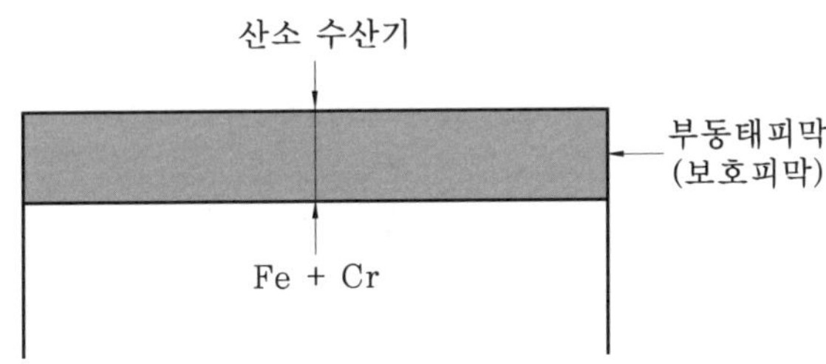

스테인리스강의 부동태화

이와 같은 스테인리스강은 철에 12~20 % 정도의 크롬을 함유한 것을 바탕(base)으로 만들어졌기 때문에 크롬이 산소나 수산기(-OH)와 결합하여 강의 표면에 얇은 보호피막을 만들며, 이 피막이 부식의 진행을 막아준다.

이 부동태피막은 100만분의 3 mm 정도의 얇은 피막으로 대단히 강하며, 만약 이 보호피막이 파손되더라도 산소나 수산기가 있으면 곧 재생되어 부식을 방지하게 된다.

① **스테인리스 강관의 특징**

㈎ 내식성이 우수하여 계속 사용 시 내경의 축소·저항 증대 현상이 없다.

㈏ 위생적이어서 적수·백수·청수의 염려가 없다.

㈐ 강관에 비해 기계적 성질이 우수하고, 두께가 얇아 가벼우므로 운반 및 시공이 쉽다.

㈑ 저온 충격성이 크고, 한랭지 배관이 가능하며, 동결에 대한 저항은 크다.

㈒ 나사식, 용접식, 몰코식, 플랜식 이음법 등의 특수 시공법으로 시공이 간단하다.

㈓ 관의 두께가 얇으므로 관 도중에서의 열 손실이 적고 관의 외면, 기체에의 열전달도 같은 구경의 강관과 거의 같다.

② **스테인리스 강관의 종류** : 스테인리스 강관을 용도별로 분류하면 배관용, 보일러의 열교환기용, 일반 배관용, 기계 구조용, 위생용, 구조 장식용 등으로 구분할 수 있으며, 각각의 특성 및 용도는 다음과 같다.

㈎ 배관용 스테인리스 강관(stainless steel pipe ; KS D 3576 ; STS xxx TP) : 배관용

스테인리스 강관은 오스테나이트계, 페라이트계, 마텐자이트계 등이 있으며, 내식용·저온용·고온용 등의 배관에 사용된다. 관 제조는 이음매 없이 제조 또는 자동 아크 용접, 전기 저항 용접으로 제조하여 고용화 열처리 및 풀림을 하여 산세를 한다. 관의 종류는 19종이 있으며, 관경은 6~650A까지 생산되고 있다. 스케줄 번호는 5S, 10S, 20S, 40S, 80S, 120S, 160S 등 7종이 있다.

(나) 보일러 열교환기용 스테인리스 강관(stainless steel boiler and heat exchanger tuber ; KS D 3577 ; STS xxx TB) : 관 내외에서 열의 전달을 목적으로 하는 경우 사용되는 것으로 보일러의 과열관, 화학공업 및 석유공업의 열교환기관, 콘덴서관 등에 사용하며, STS 329C_1TB, STS410TB, STS430TB 이외의 관은 저온 열교환기용으로 사용한다.

관의 종류는 15종류가 있으며, 제조 방법은 배관용과 같다. 관의 규격은 외경 기준 15.9~139.8 mm까지, 관두께는 1.2~12.5 mm까지 제조한다.

(다) 위생용 스테인리스 강관(stainless steel sanitary tubing ; KS D 3585 ; STS xxx TBS) : 낙농·식품공업 등에 사용되며, 특히 표면 마무리가 좋은 스테인리스 강재 위생관이라고도 한다. 관의 제조는 이음매 없는 관, 자동 아크 용접, 전기 저항 용접을 하여 고용화 열처리(1010~1150℃ 급랭)를 한다.

관의 종류는 STS 304 TBS, STS 316 TBS, STS 304L TBS, STS 316L TBS 등 4종류가 있으며, 관경은 25.4~101.6 mm(8종)가 있고, 관의 두께는 1.2~2.6 mm까지 있다. 관의 표준 길이는 2 m, 4 m, 6 m이다.

(라) 배관용 아크 용접 대구경 스테인리스 강관 (arc welded large diameter stainless steel pipes ; KS D 3588 ; STS xxx TPY) : 내식용·저온용·고온용 배관에 사용하며, 용가재를 사용 자동 아크 용접에 의하여 제조한다. 관의 종류는 8종류가 있고, 관경은 350~1000 A까지 13종이 있으며, 스케줄 번호는 4종류(5 S, 10 S, 20 S, 40 S)가 있다.

(마) 일반 배관용 스테인리스 강관(light gauge stainless steel pipes for ordinary piping ; KS D 3595 ; STS xxx TPD) : 급수, 급탕, 배수, 냉온수의 배관 및 기타 배관에 사용되며, 관의 종류는 STS 304 TPD, STS 316 TPD 등 2종류가 있다. 자동 아크·전기 저항 용접으로 제조하고, 관경은 8~300 su까지 생산되며, 몰코 접합 배관재로 많이 사용되고 있다.

(바) 배관용 아크 용접 대구경 스테인리스 강관 (KS D 3588, arc welded large diameter stainless steel pipes, STS x TPY) : 내식용, 저온용, 고온용 등의 배관에 사용되는 관으로 STS 304 TPY, STS 304 LTPY 등 19종류가 있다. 스케줄 번호 5S~20S까지, 호칭 지름 150mm~1000mm까지 규정되어 있다. 치수는 호칭 지름×호칭 두께 또는 바깥지름×두께로 표시하며, 500A×Sch 10S와 같이 표시한다.

(사) 구조 장식용 스테인리스 강관 : 건축자재, 셔터(shutter), 가구, 실내 장식, 주방, 자전거, 차량 등 기계 구조용으로 사용하며, 단면 형태는 원형과 사각형이 있다.

(3) 연관(lead pipe)

연관은 납으로 만들어진 관으로 오래 전부터 급수관 등에 이용되어 왔으나 현재는 거의 사용하지 않으며, 전성 및 연성이 풍부하고 상온가공이 쉽고 내식성이 뛰어나다. 연관에는 용도에 따라 화학공업용(1종), 일반용(2종), 가스용(3종)이 있으며, 종류에는 수도용, 배수용, 경 · 연관, 주석관이 있다.

공업용 납관 1종, 2종 및 텔루륨 납관의 화학 성분

<table>
<tr><th rowspan="2">종류</th><th rowspan="2">기호</th><th colspan="10">화학 성분(질량분율 %)</th></tr>
<tr><th>Pb</th><th>Te</th><th>Sb</th><th>Sn</th><th>Cu</th><th>Ag</th><th>As</th><th>Zn</th><th>Fe</th><th>Bi</th></tr>
<tr><td>공업용 납관 1종</td><td>PbT-1</td><td rowspan="3">나머지</td><td rowspan="2">0.0005 이하</td><td colspan="8">합계 0.10 이하</td></tr>
<tr><td>공업용 납관 2종</td><td>PbT-2</td><td colspan="8">합계 0.40 이하</td></tr>
<tr><td>텔루륨 납관</td><td>TPbT</td><td>0.015~0.025</td><td colspan="8">합계 0.02 이하</td></tr>
</table>

경연관 4종 및 6종의 화학 성분

<table>
<tr><th rowspan="2">종류</th><th rowspan="2">기호</th><th colspan="3">화학 성분(질량분율 %)</th></tr>
<tr><th>Pb</th><th>Sb</th><th>Sn, Cu, 기타 불순물</th></tr>
<tr><td>경연관 4종</td><td>HPbT4</td><td rowspan="2">나머지</td><td>3.50~4.50</td><td rowspan="2">합계 0.40 이하</td></tr>
<tr><td>경연관 6종</td><td>HPbT6</td><td>5.50~6.50</td></tr>
</table>

공업용 납관 1종 및 텔루륨 납관의 표준 치수 및 질량

<table>
<tr><th rowspan="3">안지름(mm)</th><th colspan="4">살 두께(mm)</th><th rowspan="3">1개의 길이(m)</th></tr>
<tr><th>4.5</th><th>6.0</th><th>8.0</th><th>10.0</th></tr>
<tr><th colspan="4">1 m의 질량(kg)</th></tr>
<tr><td>20</td><td>3.9</td><td>5.6</td><td>–</td><td>–</td><td rowspan="2">10</td></tr>
<tr><td>25</td><td>4.7</td><td>6.6</td><td>9.4</td><td>–</td></tr>
<tr><td>30</td><td>5.5</td><td>7.7</td><td>10.8</td><td>14.3</td><td rowspan="5">3</td></tr>
<tr><td>40</td><td>7.1</td><td>9.8</td><td>13.7</td><td>17.8</td></tr>
<tr><td>50</td><td>8.7</td><td>12.0</td><td>16.5</td><td>21.4</td></tr>
<tr><td>65</td><td>11.1</td><td>15.2</td><td>20.8</td><td>26.7</td></tr>
<tr><td>75</td><td>12.7</td><td>17.3</td><td>23.7</td><td>30.3</td></tr>
<tr><td>90</td><td>15.1</td><td>20.5</td><td>27.9</td><td>35.6</td><td rowspan="2">2</td></tr>
<tr><td>100</td><td>16.8</td><td>22.7</td><td>30.8</td><td>39.2</td></tr>
</table>

공업용 납관 2종의 표준 치수 및 질량

안지름 (mm)	살 두께 (mm)	1개의 길이 (m)	1m의 질량 (kg)	안지름 (mm)	살 두께 (mm)	1개의 길이 (m)	1m의 질량 (kg)
20	3.0	2	2.5	75	4.5	2	12.7
25			3.0	90			15.1
30			3.5	100			16.8
40			4.6	125			20.8
50			5.7	150			24.8
65			7.3				
75			8.3				
90			9.9				
100			11.0				

경연관 4종 및 6종의 표준 치수 및 질량

안지름 (mm)	살 두께 (mm)	1개의 길이 (m)	1m의 질량 (kg)	
			HPbT4	HPbT6
25	4.5	3	4.6	4.6
30	6		7.5	7.4
40			9.6	9.5
50	8		16.1	15.9
65			20.3	20.0
75			23.1	22.8
90	10		34.8	34.3
100			38.3	37.8

1-4 비금속관

(1) 수도용 석면 시멘트관 (이터닛관 ; eternit pipe)

석면 시멘트관은 보통 이터닛관이라고도 하며, 아스베스트(asbest ; 석면 섬유)와 포틀랜드(portland) 시멘트를 중량비 1 : 5로 혼합하여 이것을 물로 반죽한 다음 얇게 펴면서 관 지름과 같은 지름의 심관(心管) 둘레에 발라붙여 롤러로 압력을 가하여 성형한다.

성형 후에는 심관을 빼고 수중에서 시멘트를 경화시킨 다음 다시 공기 중에서 완전히 경화시켜 완성한다.

석면 시멘트관은 금속관에 비하여 내식성이 크며, 특히 내알칼리성이 우수하다. 또 재질이 치밀하여 강도가 강하며, 비교적 고압 (항장력 24.5~29.4MPa)에도 견딜 수 있다.

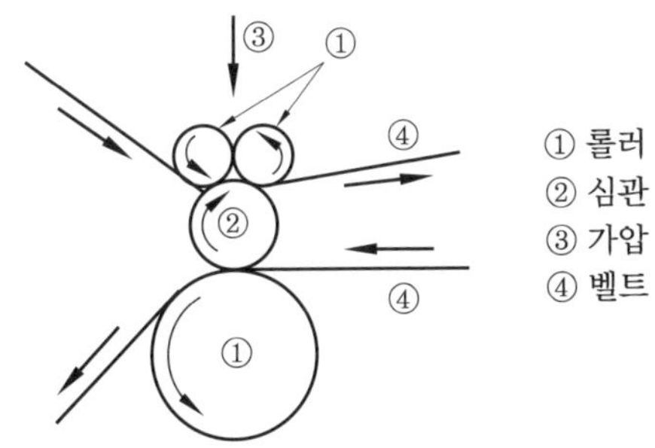

석면 시멘트관의 제조법

수도용관, 가스관, 배수관, 공업용수관 등의 매설관으로 널리 쓰이며, 특히 산성이 강한 유체에는 침식되기 때문에 관 내외면에 역청질(瀝靑質)의 도료를 칠하여 침식을 막는다.

관의 종류에는 사용 압력에 따라 4종류가 있다.

수도용 석면 시멘트관 치수

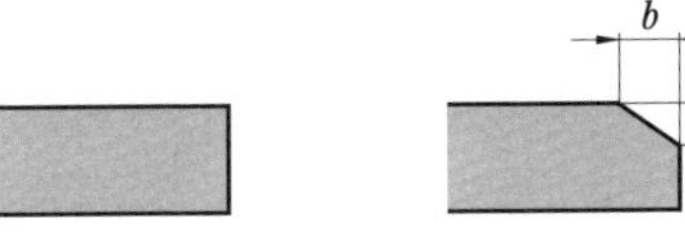

치수 / 호칭 지름	a	b
150 이하	3	7
200~600	5	12
700~1000	8	20
1100~1350	10	25
1500	12	30

종류	수압 시험(MPa)	사용 정수두(kPa) (참고)
1종	2.744	90 M 이하(882.6 MPa 이하)
2종	2.156	65 M 이하(637.4 MPa 이하)
3종	1.764	50 M 이하(490.3 MPa 이하)
4종	1.274	30 M 이하(294.2 MPa 이하)

관지름 치수

호칭 지름	안 지름 (mm)	길이 M	접합부 두께×바깥지름(mm)				호칭 지름	안 지름 (mm)	길이 M	접합부 두께×바깥지름(mm)			
			1종	2종	3종	4종				1종	2종	3종	4종
50	50	3	10×70				500	500	4.5	43×586	35×570	28.5×557	22×544
75	75	3	10×95				600	600	4.5	52×704	42×684	34×668	26×652
100	100	3	12×124	10×120	9×118		700	700	4.5		49×798	39×778	30×760
125	125	4	14×153	11×147	9.5×144		800	800	4.5		56×912	44×888	34×868
150	150	4	16×182	12×174	10×170		900	900	4.5			49×998	38×976
200	200	4.5	21×242	15×230	13×226	11×222	1000	1000	4.5			54×1108	42×1084
250	250	4.5	23×296	19×288	15.5×281	12×274	1100	1100	5			59×1218	46×1192
300	300	4.5	26×352	22×344	18×336	14×328	1200	1200	5			65×1330	50×1300
350	350	4.5	30×410	25×400	20.5×391	16×382	1350	1350	5			73×1496	57×1464
400	400	4.5	35×470	29×458	23×446	18×436	1500	1500	5			81×1662	63×1626
450	450	4.5	39×528	32×514	26×502	20×490							

(2) 석면 시멘트 하수관(이터닛 하수관)

이터닛 하수관은 소켓이 붙어 있는 관으로 접합 시 모래와 시멘트는 불필요하며, 고무로 만든 링 하나로 접합하므로 물 속 등에서의 접합이 매우 편리하다. 구경은 안지름 75 mm, 100 mm, 150 mm의 3종류로 곧은 관의 길이(유효 길이)는 1.5 m와 3.0 m의 2종류가 있다.

이터닛 하수관의 특징은 다음과 같다.

① 접합에 모래, 시멘트가 불필요하다.

② 손쉽게 절단할 수 있다.

③ 석면과 시멘트로 만들어져 있으므로 탄력성과 강인성이 좋다.

④ 내산, 내알칼리성이다.

이터닛 하수 직관의 치수

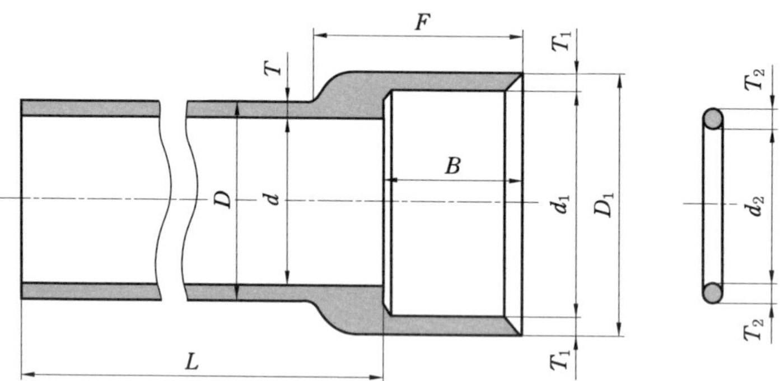

(단위 : mm)

호칭 지름	각부 치수									고무링		참고 중량 (kg)
	d	T	D	L	F	B	d_1	T_1	D_1	T_2	d_2	
75	75	7	89	1500	100	60	103	9	121	10	79	6.50
100	100	8	116	1500	100	60	130	10	150	10	90	9.66
150	150	9	168	1500	125	80	184	11	206	12	140	16.20

참고 석면 시멘트관

석면 시멘트관 1종은 시험 수압이 2.744 MPa, 2종은 시험 수압이 2.156 MPa, 3종은 시험 수압이 1.274 MPa로 되어 있다. 그러나 시멘트관이므로 탄성이 부족하여 배관이 수격작용을 일으킬 우려가 있는 곳은 사용하지 않는 것이 좋다.

사용 정수두는 1,2종이 735.52 kPa(75 mAq) 이하, 3,4종이 441.32 kPa(45 mAq) 이하이며, 저압 석면 시멘트관은 1급은 상용 압력 392 kPa 이하, 2급은 294 kPa, 3급은 196 kPa 이하의 것이 지름 100~1500 mm까지 있으며 공업용수나 배수용에 사용된다.

(3) 철근 콘크리트관

형틀에 철근 또는 강선을 넣고 콘크리트를 부어 진동기 등의 기계나 혹은 수동으로 공간이 생기지 않도록 잘 다져서 만든다. 주로 하수도관, 옥외 배수관 등에 사용된다.

철근 콘크리트관(진동기를 사용하여 다져 만든 관)의 치수 및 강도

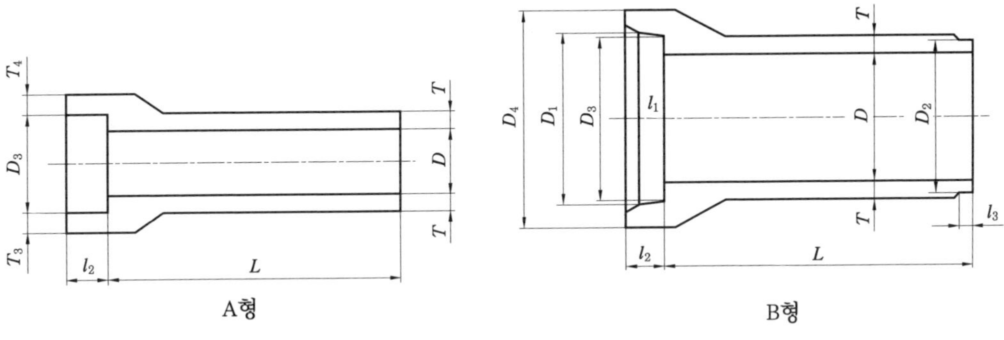

A형 호칭 지름	안지름 D	두께 T	유효 길이 L	소켓의 치수			외압 강도(kN)	
				안지름 D_3	두께 T_3	깊이 l_2	구제 하중	파괴 하중
150	150	24	1000	230	18	60	8.8	16.7
200	200	27	1000	284	22	60	9.8	17.6
250	250	30	1000	340	26	60	11.8	18.6
300	300	33	1000	400	30	70	12.7	19.6
350	350	37	1000	460	33	70	13.7	21.6
400	400	41	1000	520	36	70	14.7	23.5
450	450	45	1000	580	40	80	15.7	25.5
500	500	50	1000	640	44	80	16.7	27.4
600	600	62	1000	764	54	80	18.6	31.4

B형 호칭 지름	안지름 D	D_1	D_2	D_3	D_4	두께 T	l_1	l_2	l_3	유효 길이 L	외압 강도(kN)	
											구제 하중	파괴 하중
700	700	850	842	824	960	69	75	105	40	2000	22.5	362.6
800	800	964	956	938	1084	76	80	110	40	2000	254.8	441.0
900	900	1082	1074	1056	1216	85	85	115	40	2000	264.6	499.8
1000	1000	1194	1184	1166	1332	90	96	120	40	2000	284.2	588.0
1100	1100	1310	1300	1278	1458	97	100	125	42	2000	294.0	637.0
1200	1200	1424	1414	1392	1580	104	104	130	42	2000	303.8	686.0
1350	1350	1596	1586	1564	1768	115	108	135	42	2000	313.6	784.0
1500	1500	1768	1756	1734	1950	125	112	140	42	2000	333.2	882.0
1650	1650	1948	1936	1912	2150	140	116	145	45	2000	431.2	1176.0
1800	1800	2118	2106	2082	2332	150	120	150	45	2000	470.4	1274.0

㈜ B형의 유효 길이는 1000으로 할 수 있으며, 외압 강도는 각각 상기의 하중을 견딜 수 있는 것이라야 한다.

(4) 롤 전압 철근 콘크리트관

제조 방법은 석면 시멘트관과 같으며, 보통관과 압력관이 있다.

보통관은 2종류로 나누고, 압력관은 3종류로 나뉘며, 접합부의 형태에 따라 A형, B형, B-Ⅱ형, C형으로 나뉜다.

롤 전압 철근 콘크리트관

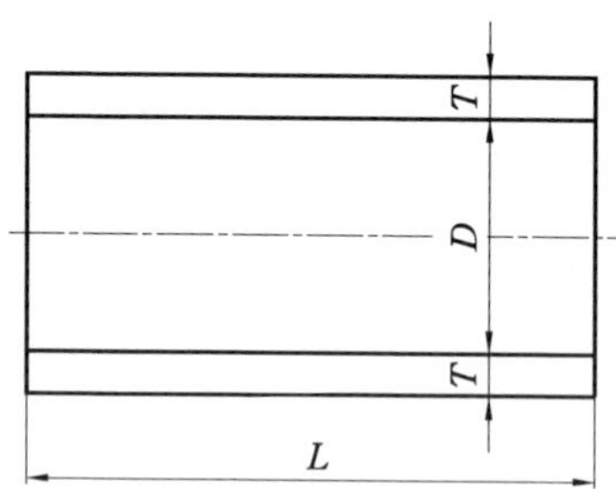

종류		호칭 지름				참고
		A형	B형	B-Ⅱ형	C형	
보통관	1종	150~3000	150~2000	150~2000	900~3000	내압이 걸려지지 않는 경우
	2종	1000~3000	1000~2000	1000~2000	1000~3000	
압력관	2K	150~2000	150~2000	150~2000	–	내압이 걸리는 경우
	4K	150~2000	150~2000	150~2000	–	
	6K	150~800	150~800	150~800	–	

1-5 합성수지관

(1) 염화비닐관(Poly Vinyl Chloride : PVC)

염화비닐을 주원료로 압축 가공으로 만든 관으로서 경량이며, 가격이 싸고 마찰손실이 적으며, 내산·내알칼리성이 좋아 수도, 기체(도시 gas), 하수, 약품관, 전선관 등에 사용된다. 사용 온도는 50~70℃ 정도, 사용 압력은 490 kPa 정도이다. 장점으로는 내식, 내산, 내알칼리성이 크고 전기의 절연성이 크며 열의 불양도체(열전도는 철의 $\frac{1}{350}$)이다. 또한, 가볍고 강인하며 배관 가공(굴곡 접합, 용접)이 쉽고 가격이 저렴하고 시공비가 적게 든다. 그러나 저온 및 고온에서 강도가 약하며, 열팽창률이 심하고 충격 강도가 적으며, 용제에 약하다는 단점을 지니고 있다.

종류 및 기호

구분	기호	종류
압력용 내충격 경질 폴리염화비닐관	HIVP	직관, TS관, 편수 칼라관
압력용 경질 폴리염화비닐관	VP	직관, TS관, 편수 칼라관

성능

성능 항목	구분	성능
인장 회복 강도	HIVP	23℃에서의 인장 항복 강도가 43.0 MPa 이상
	VP	23℃에서의 인장 항복 강도가 45.0 MPa 이상
편평성	HIVP, VP	균열, 파열 및 기공 등이 없을 것
내충격성	HIVP	이상이 없을 것
	VP	0℃에서 진충격률(TIR)이 10 % 이하일 것
비카트 연화 온도	HIVP, VP	76℃ 이상
열간 내압 크리프성	HIVP, VP	파손 및 균열 등이 없을 것
용출성	HIVP, VP	수도용 자제 및 제품 위생안전 관련 법령에 적합할 것
침지성	VP	각 시험액마다 무게 변화량이 ±0.2 mg/cm^2 이하
정량(납)	HIVP, VP	납(Pb) 함유량 : 0.1 wt% 이하

치수 및 허용차

(단위 : mm)

호칭 지름 (d_n)	평균 바깥지름 허용차 (d_{em}) x	정원도 허용차		호칭 지름 (d_n)	평균 바깥지름 허용차 (d_{em}) x	정원도 허용차	
		S20～S16	S12.5～S5			S20～S16	S12.5～S5
12	0.2	–	0.5	200	0.6	4.0	2.4
16	0.2	–	0.5	225	0.7	4.5	2.7
20	0.2	–	0.5	250	0.8	5.0	3.0
25	0.2	–	0.5	280	0.9	6.8	3.4
32	0.2	–	0.5	315	1.0	7.6	3.8
40	0.2	1.4	0.5	355	1.1	8.6	4.3
50	0.2	1.4	0.6	400	1.2	9.6	4.8
63	0.3	1.5	0.8	450	1.4	10.8	5.4
75	0.3	1.6	0.9	500	1.5	12.0	6.0
90	0.3	1.8	1.1	560	1.7	13.5	6.8
110	0.4	2.2	1.4	630	1.9	15.2	7.6
125	0.4	2.5	1.5	710	2.0	17.1	8.6
140	0.5	2.8	1.7	800	2.0	19.2	9.6
160	0.5	3.2	2.0	900	2.0	21.6	–
180	0.6	3.6	2.2	1000	2.0	24.0	–

TS관의 치수 및 허용차

(단위 : mm)

소켓의 공칭 안지름 (d_n)	소켓의 평균 안지름		최대 정원도 (d_i)	최소 소켓 길이 (L_{min})
	$d_{im.min}$	$d_{im.max}$		
12	12.1	12.3	0.25	12.0
16	16.1	16.3	0.25	14.0
20	20.1	20.3	0.25	16.0
25	25.1	25.3	0.25	18.5
32	32.1	32.3	0.25	22.0
40	40.1	40.3	0.25	26.0
50	50.1	50.3	0.3	31.0
63	63.1	63.3	0.4	37.5
75	75.1	75.3	0.5	43.5
90	90.1	90.3	0.6	51.0
110	110.1	110.4	0.7	61.0
125	125.1	125.4	0.8	68.5
140	140.2	140.5	0.9	76.0
160	160.2	160.5	1.0	86.0
180	180.2	180.6	1.1	96.0
200	200.2	200.6	1.2	106.0
225	225.3	225.7	1.4	118.5
250	250.3	250.8	1.5	131.0
280	280.3	280.9	1.7	146.0
315	315.4	316.0	1.9	163.5
355	355.4	356.1	2.0	183.5
400	400.4	401.2	2.0	206.0

편수 칼라관의 치수 및 허용차

(단위 : mm)

호칭 지름 (d_n)	편수 칼라관의 최소 평균 안지름 ($d_{im.min}$)	최대 허용 진원도(d_i)		최소 접착 길이 (m_{min})	입구에서 밀봉부의 길이(c)
		S20~S16	S12.5~S5		
20	20.3	–	0.3	55	27
25	25.3	–	0.3	55	27
32	32.3	0.6	0.3	55	27
40	40.3	0.8	0.4	55	28
50	50.3	0.9	0.5	56	30
63	63.4	1.2	0.6	58	32
75	75.4	1.2	0.7	60	34
90	90.4	1.4	0.9	61	36
110	110.5	1.7	1.1	64	40

125	125.5	1.9	1.2	66	42
140	140.6	2.1	1.3	68	44
160	160.6	2.4	1.5	71	48
180	180.7	2.7	1.7	73	51
200	200.7	3.0	1.8	75	54
225	225.8	3.4	2.1	78	58
250	250.9	3.8	2.3	81	62
280	281.0	5.1	2.6	85	67
315	316.1	5.7	2.9	88	72
355	356.2	6.5	3.3	90	79
400	401.3	7.2	3.6	92	86
450	451.5	8.1	4.1	95	94
500	501.6	9.0	4.5	97	102
560	561.8	10.2	5.1	101	112
630	632.0	11.4	5.7	105	123
710	712.3	12.9	6.5	109	136

(2) 폴리에틸렌관(Polyethylene pipe : PE)

화학적, 전기적 성질은 염화비닐관보다 우수하고 비중도 0.92~0.96(PVC의 약 2/3배)으로 가볍고 유연성이 있으며, 약 90℃에서 연화하지만 저온에 강하고 -60℃에서도 취화하지 않으므로 한랭지 배관에 알맞다.

단점으로는 유연하여 관면에 외부 손상을 받기 쉽고 인장 강도가 작다. 그리고 화력에 극히 약하며 장기간 일광에 바래지면 산화피막이 벗겨져 열화하므로 카본 블랙(carbon black)을 혼입해서 흑색으로 만들어 급수관에 널리 사용한다.

염화비닐관 및 폴리에틸렌관의 규격

구분	규격 번호	명칭	비고
경질염화비닐	KS M 3501	경질염화비닐관	일반관 VP10~250 mm 박육관 VU28~300 mm
	KS M 3401	수도용 경질염화비닐관	급수관용 10~50 mm 열간용·냉간용(H식, TS)
	KS M 3402	수도용 경질염화비닐이음관	
	KS C 8431	경질비닐전선관	VE 8~82 (일반) VC 14~22 (살 두께)
	KS C 8432	경질비닐전선관용 부속품 시험방법	
	KS C 8439~41	경질비닐전선관용 부속품	
	KS D 4311	수도용 경질염화비닐관	75 mm, 100 mm
폴리에틸렌관	KS M 3407	수도용 폴리에틸렌관	10~50 mm (제1종, 제2종)
	KS M 3402	일반용 폴리에틸렌관	3/8~12B

종류 및 기호

구분	기호	종류
압력용 경질 폴리염화비닐 이음관	TS	A형, B형
압력용 내충격성 경질 폴리염화비닐 이음관	HITS	A형, B형

성능

성능 항목	성능		적용하는 이음관의 기호
인장 항복 강도	23℃에서의 인장 항복 강도가 45 MPa 이상		TS
	23℃에서의 인장 항복 강도가 43 MPa 이상		HITS
편평성	깨짐 및 갈라짐 등이 없을 것		TS, HITS
내충격성	이상이 없을 것		HITS
비카트 연화온도	A형	74℃ 이상	TS, HITS
	B형	76℃ 이상	
열간 내압 크리프성	파손 및 균열 등이 없을 것		TS, HITS
용출성	수도용 자재 및 제품 위생안전 관련 법령에 적합할 것		TS, HITS

A형 이음관의 치수 및 허용차

(단위 : mm)

호칭 지름(d_n)	바깥지름	바깥지름의 허용차	두께	두께의 허용차
13	24	−0.6	3.0	−0.30
16	29	−0.7	3.5	−0.35
20	33	−0.8		
25	40	−1.0	4.0	−0.40
30	46			
35	50	−1.1	4.0	−0.40
40	57	−1.2	4.5	−0.45
50	70	−1.5	5.0	−0.50
65	87		5.5	
75	101		6.0	
100	129	−1.8	7.5	−0.60
125	158	−1.9	9.0	−0.70
150	185	−2.0	10.0	−0.80

원관의 치수 및 허용차

(단위 : mm)

호칭 지름(d_n)	바깥지름		두께	
	기준 치수	최대 · 최소 바깥지름의 허용차	기준 치수	허용차
50	60.0	±0.5	5.0	±0.4
65	76.0		5.8	
75	89.0		6.6	
100	114.0	±0.6	8.1	±0.5
125	140.0	±0.8	9.6	±0.6
150	165.0	±1.0	11.2	±0.7
200	216.0	±1.3	12.8	±0.8
250	267.0	±1.6	15.5	
300	318.0	±1.9	18.6	±1.1

(3) 폴리부틸렌관(Polybuthylene pipe : PB)

폴리부틸렌관은 강하고, 가벼우며, 내구성·자외선에 대한 저항성·화학 작용에 대한 저항 등이 우수하여 온돌 난방 배관, 식수 및 온수 배관·농업 및 원예용 배관·화학 배관 등에 사용된다. 곡률 반경을 관경의 8배까지 굽힐 수 있으며, 일반 관보다 작업성이 우수하고 신축성이 양호하여 결빙에 의한 파손이 적다. 나사 및 용접 배관을 하지 않고 관을 연결구에 삽입하여 그래프링(grapring)과 O-링에 의한 특수 접합을 할 수 있다.

(4) 가교화 폴리에틸렌관(cross-linked polyethylene pipe : XL)

관은 가교화될 수 있는 고밀도 폴리에틸렌 중합체를 주체로 하여 적당히 가열한 압출성형기로 제조되며 일명 엑셀 온돌 파이프라고도 하며, 온수 온돌 난방코일용으로 가장 많이 사용된다.

가교화 폴리에틸렌관의 규격

종류	호칭 지름 (mm)	바깥지름 (mm)	두께 (mm)	안지름 (mm)	무게 (kg/m)	수압(MPa)	
						상용(80℃)	시험(95℃)
1종	12	16	2.0	12.0	0.090	0.49	1.372
	15	20	2.0	16.0	0.116	0.49	1.372
	20	25	2.3	20.4	0.169	0.49	0.98
	25	32	2.9	26.2	0.268	0.49	0.98
	30	40	3.7	32.6	0.425	0.49	0.98
	40	50	4.6	40.8	0.695	0.49	0.98
2종	6	10	1.8	6.4	0.047	0.784	2.058
	8	12	2.0	8.0	0.064	0.784	1.862
	12	16	2.2	11.6	0.098	0.784	1.568
	15	20	2.8	14.4	0.153	0.784	1.568
	20	25	3.5	18.0	0.238	0.784	1.568
	25	32	4.4	23.2	0.382	0.784	1.568
	30	40	5.5	29.0	0.594	0.784	1.568
	40	50	6.9	36.2	0.926	0.784	1.568
일반용	16	19.5	1.7	16.0	0.090	0.294	0.882

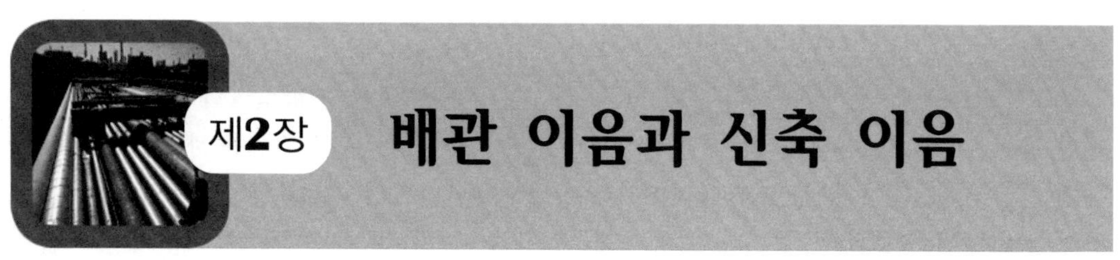

제2장 배관 이음과 신축 이음

1. 강관 이음재(부속 ; fitting)

관이음 재료는 관의 직선이나 곡선 연결 또는 분기 등에 사용되며, 사용 목적에 따라 강관용, 주철관용, 동관용 기타 플라스틱용 등 여러 가지가 사용되며, 호칭 방법은 다음과 같다.

(1) 2개의 구경을 가질 때

지름이 큰 것을 ①, 작은 것을 ②의 순서로 부른다.

(2) 3개의 구경을 가질 때

동일 또는 평행한 중심선상에 있는 경우, 큰 것을 ①, 작은 것을 ②, 또 다른 하나를 ③의 순서로 부른다. 단, 90°Y의 경우에는 지름이 큰 것을 ①, 작은 것을 ②와 ③으로 부른다.

(3) 4개의 구경을 가질 때

가장 큰 지름을 ①, 그것과 동일 또는 평행한 중심선상에 있는 것을 ②, 남은 2개 중 지름이 큰 것을 ③, 작은 것을 ④의 순서로 부른다.

1-1 나사식 이음재

(1) 나사식 가단주철제 관이음재

① **엘보 종류 :** 엘보, 암수 엘보(street elbow), 45° 엘보, 45° 암수 엘보, 이경 엘보, 이경암수 엘보

② **T 종류 :** TEE, 암수 T(서비스 T), 이경 T, 이경암수 T, 편심이경 T

③ **Y 종류 :** 45° Y, 90° Y, 이경 90° Y

④ **십(+)자(크로스) 종류 :** 십(+)자(크로스), 이경 십(+)자(이경 크로스)

⑤ **소켓 종류 :** 소켓, 암수 소켓, 이경 소켓, 편심이경 소켓

⑥ **밴드 종류 :** 밴드, 암수 밴드, 수 밴드, 45° 밴드, 45° 암수 밴드, 45° 수 밴드, 리턴 밴드

⑦ **니플 :** 니플, 이경 니플

⑧ **기타 :** 유니언, 로크너트, 부시, 캡, 플러그, 플랜지 등

부시는 한쪽은 암나사, 다른 쪽은 수나사로 되어 있으며, 이경 소켓과 같이 관의 지름이 바뀔 때 사용된다.

유니언은 나사관, 숄더 피스(shoulder piece), 유니언 너트의 3가지가 1조로 된 이음으로 유니언 너트를 조임으로써 강관이 회전하지 않고 접합할 수 있다. 유니언은 일반적으로 2 B 이하의 가는 관에 사용되며, 2 B 이상의 굵은 관에는 플랜지를 사용한다.

그러나 부시, 유니언 모두 기계적 강도가 적으며, 부시에서 액체가 고여 다시 저항 손실이 크다. 그러므로 부시에는 이경 소켓을, 유니언을 사용하는 곳에는 플랜지를 사용해야 한다.

유체 상태와 최고 사용 압력

유체의 상태	최고 사용 압력(MPa)
300℃ 이하의 증기, 공기, 가스, 기름	0.98
220℃ 이하의 증기, 공기, 가스, 기름 및 맥동수	1.372
120℃ 이하의 정류수	1.96

(2) 나사식 가단주철제 관이음쇠(구경이 같을 때)

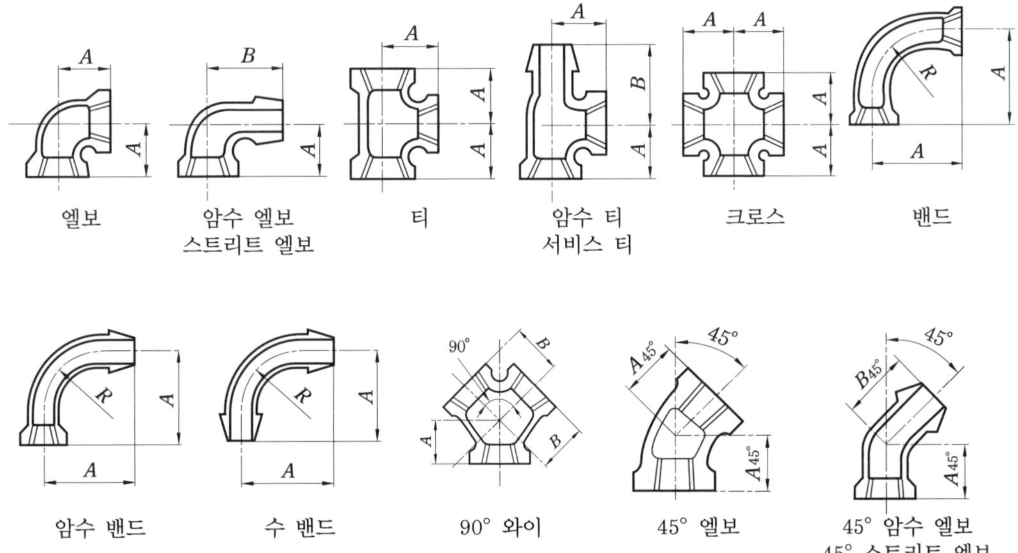

이음쇠의 끝부분

(KS B 1531)

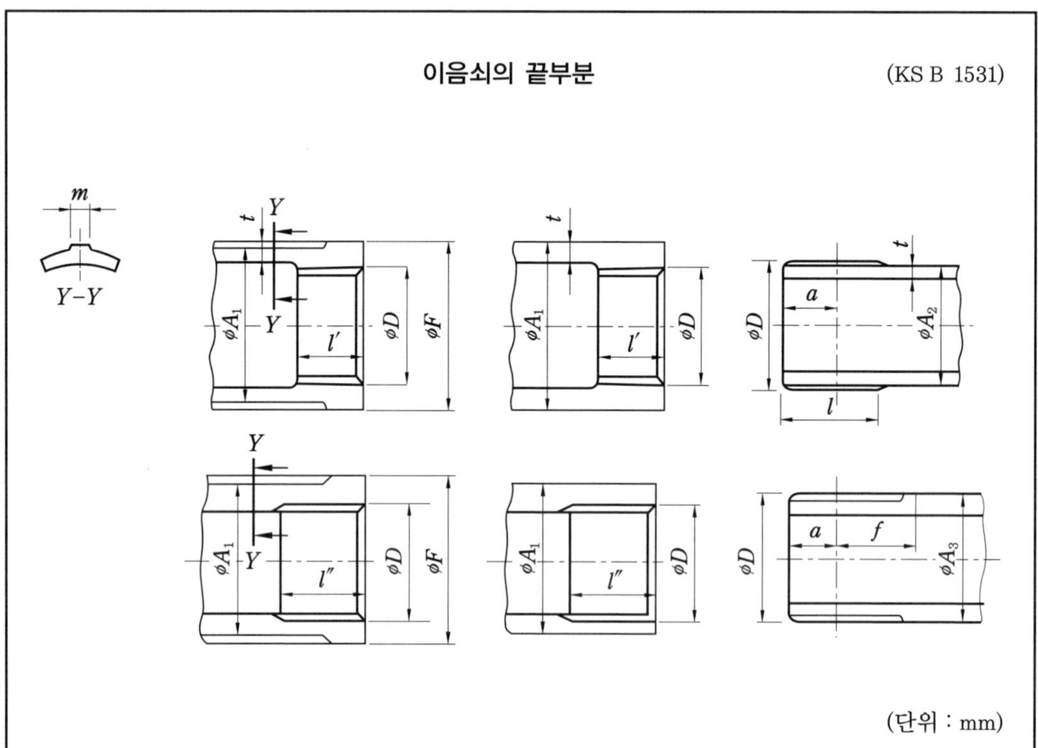

(단위 : mm)

호칭	나사부				바깥지름(최소)			두께		밴드(참고)	리브(참고)	
	나사의 기준 지름 D	나사산 수 (25.4 mm 당)	암나사부의 길이 l' (최소)	수나사부의 길이 l (최소)	암나사쪽 A_1	수나사쪽		t		바깥 지름 F	너비 m	수
						A_2	A_3	기준 치수	최소 치수			소켓 캡
6	9.728	28	6	8	15	9	11	2	1.5	18	3	2
8	13.157	19	8	11	19	12	14	2.5	2	22	3	2
10	16.662	19	9	12	23	14	17	2.5	2	26	3	2
15	20.955	14	11	15	27	18	22	2.5	2	30	4	2
20	26.441	14	13	17	33	24	27	3	2.3	36	4	2
25	33.249	11	15	19	41	30	34	3	2.3	44	5	2
32	41.910	11	17	22	50	39	43	3.5	2.8	53	5	2
40	47.803	11	18	22	56	44	49	3.5	2.8	60	5	2
50	59.614	11	20	26	69	56	61	4	3.3	73	5	2
65	75.184	11	23	30	86	72	76	4.5	3.5	91	6	2
80	87.884	11	25	34	99	84	89	5	4	105	7	2
100	113.030	11	28	40	127	110	114	6	5	133	8	4
125	138.430	11	30	44	154	136	140	6.5	5.5	161	8	4
150	163.830	11	33	44	182	160	165	7.5	6.5	189	8	4

엘보 · 암수 엘보(스트리트 엘보) · 45° 엘보 · 45° 암수 엘보 (45° 스트리트 엘보)

(KS B 1531)

엘보

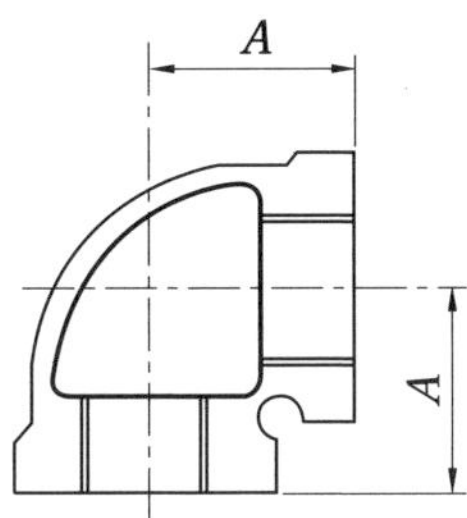

암수 엘보
(스트리트 엘보)

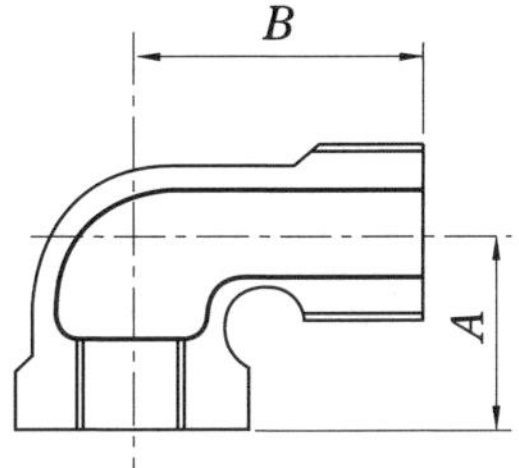

45° 엘보

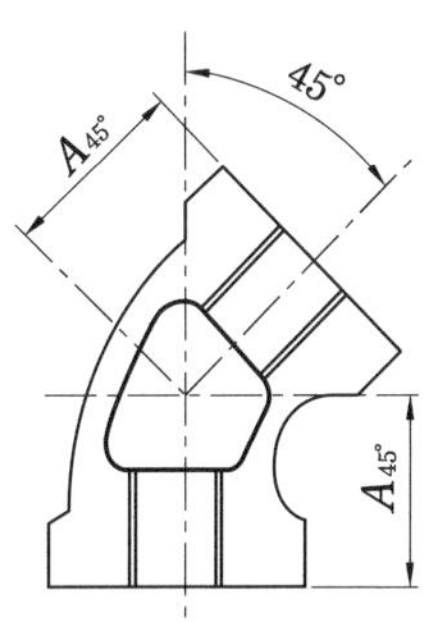

45° 암수 엘보
(45° 스트리트 엘보)

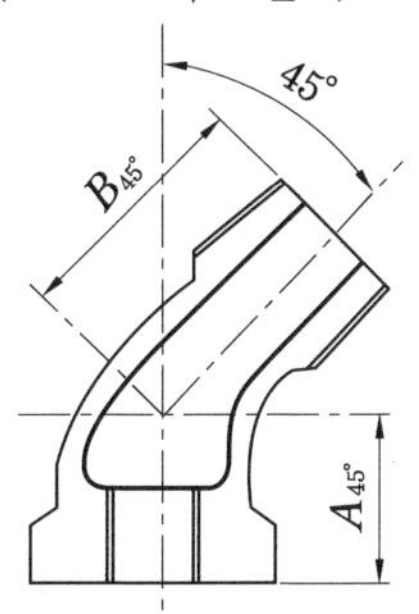

(단위 : mm)

호칭	중심에서 끝면까지의 거리			
	A	$A_{45°}$	B	$B_{45°}$
6	17	16	26	21
8	19	17	30	23
10	23	19	35	27
15	27	21	40	31
20	32	25	47	36
25	38	29	54	42
32	46	34	62	49
40	48	37	68	51
50	57	42	79	59
65	69	49	92	71
80	78	54	104	79
100	97	65	126	96
125	113	74	148	110
150	132	82	170	127

지름이 다른 엘보 · 지름이 다른 암수 엘보(지름이 다른 스트리트 엘보) (KS B 1531)

지름이 다른 엘보

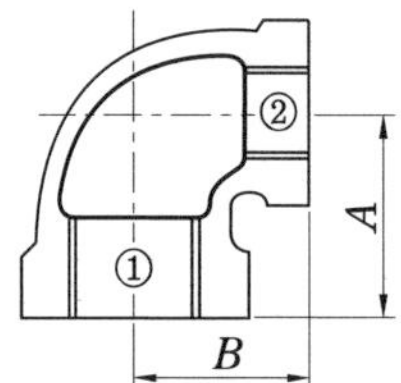

지름이 다른 암수 엘보
(지름이 다른 스트리트 엘보)

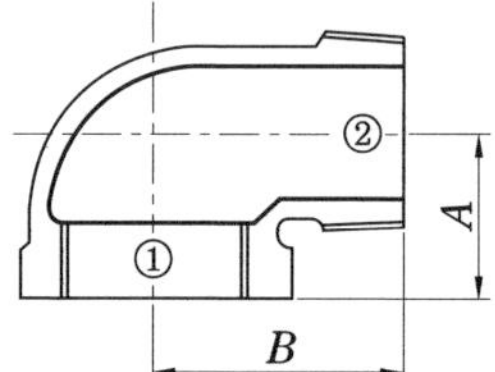

(단위 : mm)

호칭 ①×②	지름이 다른 엘보 중심에서 끝면까지의 거리		호칭 ①×②	지름이 다른 암수 엘보 중심에서 끝면까지의 거리	
	A	*B*		*A*	*B*
10×6	19	21	20×15	29	44
10×8	20	22	25×15	32	47
15×8	24	24	25×20	34	51
15×10	26	25	32×25	40	61
20×10	28	28	40×25	41	65
20×15	29	30	40×32	45	68
25×10	30	31	50×20	41	65
25×15	32	33	50×32	48	75
25×20	34	35	50×40	52	75
32×15	34	38	65×25	48	79
32×20	38	40	65×50	60	88
32×25	40	42	80×50	62	98
40×15	35	42			
40×20	38	43			
40×25	41	45			
40×32	45	48			
50×15	38	48			
50×20	41	49			
50×25	44	51			
50×32	48	54			
50×40	52	55			
65×25	48	60			
65×32	52	62			
65×40	55	62			
65×50	60	65			
80×32	55	70			
80×40	58	72			
80×50	62	72			
80×65	72	75			
100×50	69	87			
100×65	78	90			
100×80	83	91			
125×80	87	107			
125×100	100	111			
150×100	102	125			
150×125	116	128			

지름이 다른 T (가지 지름만 다른 것)

(KS B 1531)

가지 지름이 작은 것

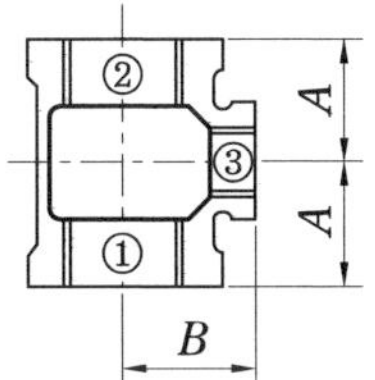

가지 지름이 큰 것

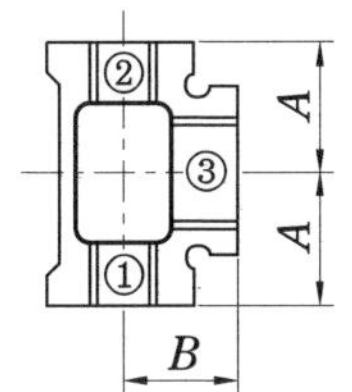

(단위 : mm)

호칭 ①×②×③	중심에서 끝면까지의 거리		호칭 ①×②×③	중심에서 끝면까지의 거리		호칭 ①×②×③	중심에서 끝면까지의 거리	
	A	B		A	B		A	B
8×8×10	22	20	40×40×25	41	45	100×100×65	78	90
10×10×6	19	21	40×40×32	45	48	100×100×80	83	91
10×10×8	20	22	40×40×50	54	52	125×125×20	55	96
10×10×15	25	26	50×50×15	38	48	125×125×25	60	97
15×15×8	24	24	50×50×20	41	49	125×125×32	62	100
15×15×10	26	25	50×50×25	44	51	125×125×40	66	100
15×15×20	30	30	50×50×32	48	54	125×125×50	72	103
15×15×25	33	32	50×50×40	52	55	125×125×65	81	105
20×20×8	25	27	50×50×65	65	60	125×125×80	87	107
20×20×10	28	28	50×50×80	72	68	125×125×100	100	111
20×20×15	29	30	65×65×15	41	57	150×150×20	60	108
20×20×25	35	34	65×65×20	44	58	150×150×25	64	110
20×20×32	40	38	65×65×25	48	60	150×150×32	67	113
25×25×10	30	31	65×65×32	52	62	150×150×40	70	115
25×25×15	32	33	65×65×40	55	62	150×150×50	75	116
25×25×20	34	35	65×65×50	60	65	150×150×65	85	118
25×25×32	42	40	65×65×80	75	70	150×150×80	92	120
25×25×40	45	42	80×80×20	46	66	150×150×100	102	125
						150×150×125	116	128
32×32×10	33	36	80×80×25	50	68			
32×32×15	34	38	80×80×32	55	70			
32×32×20	38	40	80×80×40	58	72			
32×32×25	40	42	80×80×50	62	72			
32×32×40	48	45	80×80×65	72	75			
32×32×50	52	48	80×80×100	92	85			
40×40×10	34	40	100×100×20	54	80			
40×40×15	35	42	100×100×25	57	83			
40×40×20	38	43	100×100×32	61	86			
			100×100×40	63	86			
			100×100×50	69	87			

지름이 다른 T(통로가 다른 것) · 지름이 다른 암수 T(지름이 다른 서비스 T)

(KS B 1531)

지름이 다른 T
(통로가 다른 것)

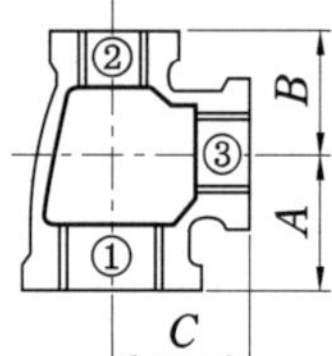

지름이 다른 암수 T
(지름이 다른 서비스 T)

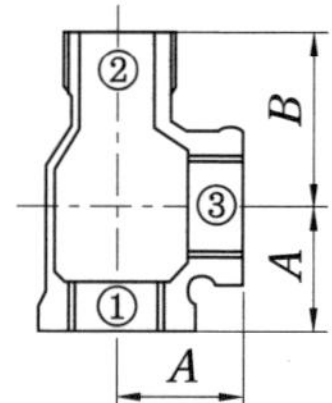

(단위 : mm)

호칭 ①×②×③	중심에서 끝면까지의 거리		
	A	*B*	*C*
20×15×15	30	27	30
20×15×20	32	30	32
25×15×15	32	27	33
25×15×20	34	30	35
25×15×25	38	34	38
25×20×15	32	29	33
25×20×20	34	32	35
25×20×25	38	35	38
32×20×20	37	32	40
32×20×25	40	35	42
32×20×32	46	40	46
32×25×20	37	34	40
32×25×25	40	38	42
32×25×32	46	42	46
40×25×25	41	37	45
40×25×32	45	42	48
40×25×40	48	45	48
40×32×25	41	40	45
40×32×25	41	40	45
40×32×32	45	44	48
40×32×40	48	48	48
50×32×32	48	46	54
50×32×40	52	48	55
50×32×50	57	54	57
50×40×25	45	42	52
50×40×32	49	46	54
50×40×40	52	48	55
50×40×50	57	55	57

호칭 ①×②×③	중심에서 끝면까지의 거리	
	A	*B*
20×15×20	32	44
25×15×25	38	47
25×20×25	38	51
32×20×32	46	55
32×25×32	46	61
40×25×40	48	65
40×32×40	48	68
50×20×50	57	65
50×32×50	57	75
50×40×50	57	75
65×25×65	69	79
65×50×65	69	88
80×50×80	78	98

T · 암수 T (서비스 T)

(KS B 1531)

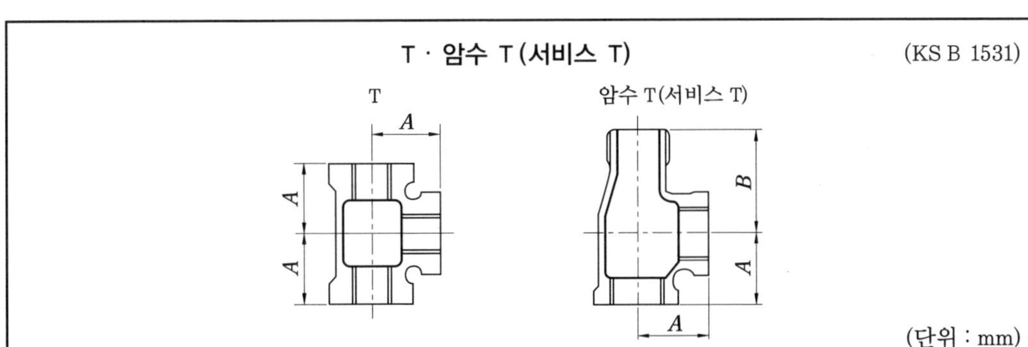

(단위 : mm)

호칭	중심에서 끝면까지의 거리		호칭	중심에서 끝면까지의 거리	
	A	*B*		*A*	*B*
6	17	26	65	69	92
8	19	30	80	78	104
10	23	35	100	97	126
15	27	40	125	113	148
20	32	47	150	132	170
25	38	54			
32	46	62			
40	48	68			
50	57	79			

크로스 · 지름이 다른 크로스

(KS B 1531)

(단위 : mm)

호칭	중심에서 끝면까지의 거리	호칭 ①×②	중심에서 끝면까지의 거리	
	A		*A*	*B*
6	17	20×15	29	30
8	19	25×15	32	33
10	23	25×20	34	35
15	27	32×20	38	40
20	32	32×25	40	42
25	38	40×20	38	43
32	46	40×25	41	45
40	48	40×32	45	48
50	57	50×20	41	49
65	69	50×25	44	51
80	78	50×32	48	54
100	97	50×40	52	55
125	113	65×25	48	60
150	132	65×50	60	65
		80×25	50	68
		80×50	62	72
		80×65	72	75

쇼트 벤드 · 암수 쇼트 벤드

(KS B 1531)

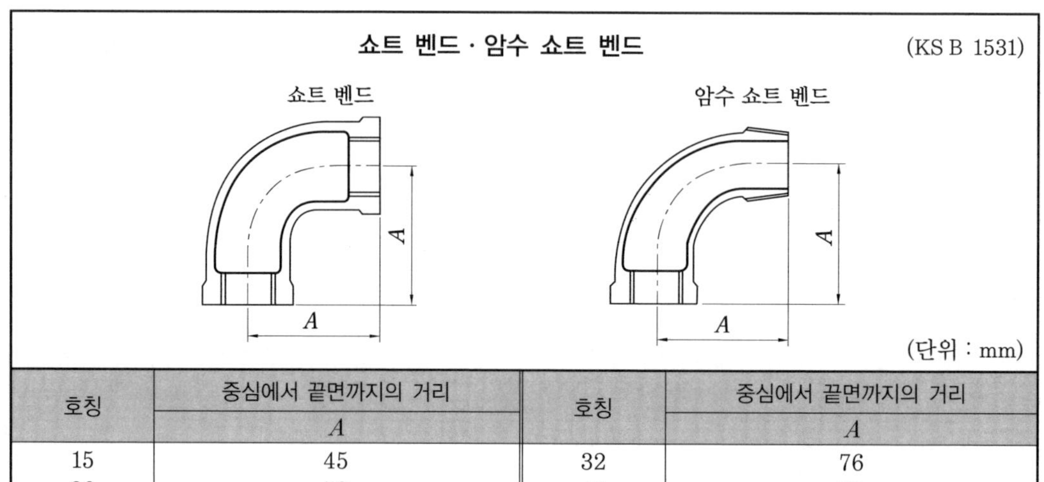

(단위 : mm)

호칭	중심에서 끝면까지의 거리	호칭	중심에서 끝면까지의 거리
	A		A
15	45	32	76
20	50	40	85
25	63	50	102

롱 벤드·암수 롱 벤드·수 롱 벤드·45° 롱 벤드·45° 암수 롱 벤드·45° 수 롱 벤드

(KS B 1531)

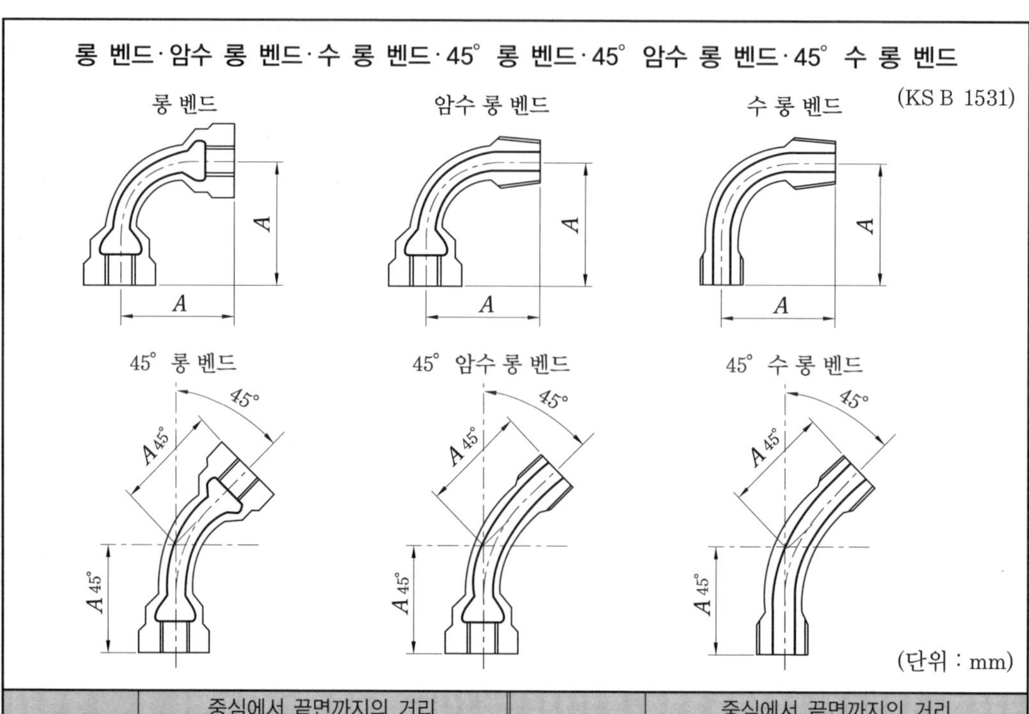

(단위 : mm)

호칭	중심에서 끝면까지의 거리		호칭	중심에서 끝면까지의 거리	
	A	$A_{45°}$		A	$A_{45°}$
6	32	25	65	175	100
8	38	29	80	205	115
10	44	35	100	260	145
15	52	38	125	318	170
20	65	45	150	375	195
25	82	55			
32	100	63			
40	115	70			
50	140	85			

45° Y · 90° Y · 되돌림 벤드 (리턴 벤드)

(KS B 1531)

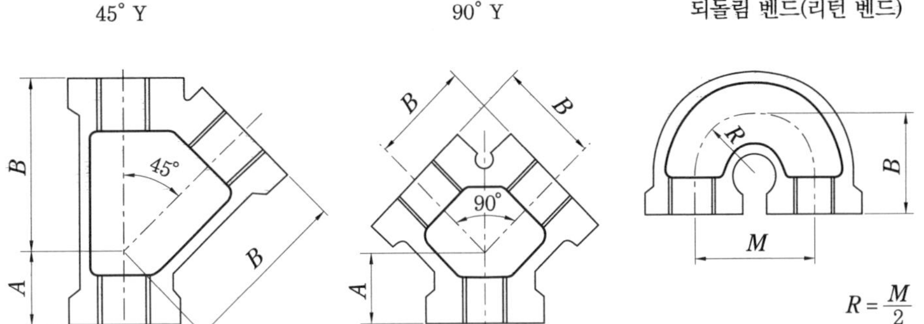

(단위 : mm)

호칭	45° Y 중심에서 끝면까지의 거리 A	45° Y 중심에서 끝면까지의 거리 B	90° Y 중심에서 끝면까지의 거리 A	90° Y 중심에서 끝면까지의 거리 B	호칭	중심 거리 M 기준 치수	중심 거리 M 허용차	B
6	10	25	10	17	6	23	±0.8	21
8	13	31	13	19	8	28	±0.8	23
10	14	35	14	23	10	32	±0.8	28
15	18	42	18	28	15	38	±0.8	33
20	20	50	20	32	20	50	±0.8	41
25	23	62	23	38	25	62	±0.8	50
32	28	75	28	46	32	75	±1	60
40	30	82	30	48	40	82	±1	62
50	34	99	34	57	50	98	±1.2	72
65	40	124	40	68	65	115	±1.2	82
80	45	140	45	78	80	130	±1.5	93
100	57	178	52	97	100	160	±1.8	115
125	65	215	60	114				
150	74	255	67	132				

소켓 · 암수 소켓 · 지름이 다른 소켓 · 편심 지름이 다른 소켓

(KS B 1531)

소켓

암수 소켓

L_1

지름이 다른 소켓

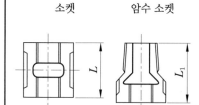

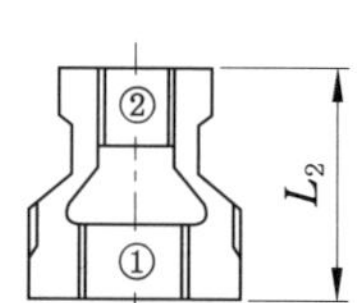

편심 지름이 다른 소켓

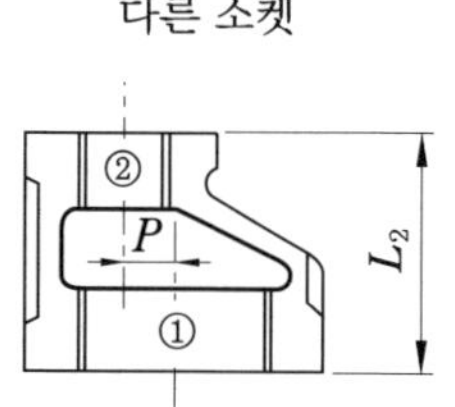

(단위 : mm)

호칭	소켓	암수 소켓	호칭		호칭		호칭		
	L	L_1	①×②	L_2	①×②	L_2	①×②	L_2	P
6	22	25	8×6	25	50×25	58	50×15	58	18.5
8	25	28	10×6	28	50×32	58	50×20	58	16
10	30	32	10×8	28	50×40	58	50×25	58	13
15	35	40	15×6	34	65×15	65	50×32	58	9
20	40	48	15×8	34	65×20	65	50×40	58	6
25	45	55	15×10	34	65×25	65	65×40	65	14
32	50	60	20×8	38	65×32	65	65×50	65	8
40	55	65	20×10	38	65×40	65	80×50	72	14
50	60	70	20×15	38	65×50	65	80×65	72	6.5
65	70	80	25×10	42	80×20	72	100×50	85	26.5
80	75	90	25×15	42	80×25	72	100×65	85	19
100	85	100	25×20	42	80×32	72	100×80	85	12.5
125	95	110	32×15	48	80×40	72	125×80	95	25.5
150	105	125	32×20	48	80×50	72	125×100	95	13
			32×25	48	80×65	72	150×100	105	25
			40×15	52	100×50	85	150×125	105	12.5
			40×20	52	100×65	85			
			40×25	52	100×80	85			
			40×32	52	125×80	95			
			50×15	58	125×100	95			
			50×20	58	150×100	105			
					150×125	105			

부싱

(KS B 1531)

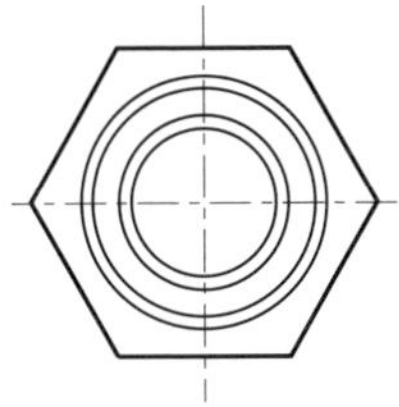

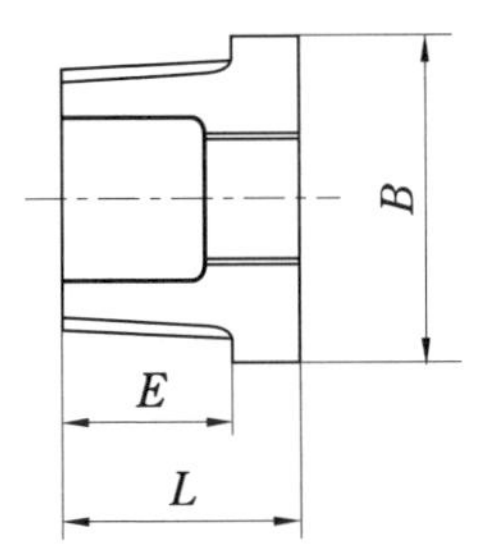

(단위 : mm)

호칭	L	E	맞변 거리 B		호칭	L	E	맞변 거리 B	
			6각	8각				6각	8각
8×6	17	12	17	–	50×40	36	25	–	63
10×8	18	13	21	–	65×25	39	28	–	80
15×8	21	16	26	–	65×32	39	28	–	80
15×10	21	16	26	–	65×40	39	28	–	80
20×8	24	18	32	–	65×50	39	28	–	80
20×10	24	18	32	–	80×25	44	32	–	95
20×15	24	18	32	–	80×32	44	32	–	95
25×8	27	20	38	–	80×40	44	32	–	95
25×10	27	20	38	–	80×50	44	32	–	95
25×15	27	20	38	–	80×65	44	32	–	95
25×20	27	20	38	–	100×40	51	37	–	120
32×10	30	22	46	–	100×50	51	37	–	120
32×15	30	22	46	–	100×65	51	37	–	120
32×20	30	22	46	–	100×80	51	37	–	120
32×25	30	22	46	–	125×80	57	42	–	145
40×10	32	23	54	–	125×100	57	42	–	145
40×15	22	23	54	–	150×80	64	46	–	170
40×20	32	23	54	–	150×100	64	46	–	170
40×25	32	23	54	–	150×125	64	46	–	170
40×32	32	23	54	–					
50×15	36	25	–	63					
50×20	36	25	–	63					
50×25	36	25	–	63					
50×32	36	25	–	63					

니플 · 지름이 다른 니플

(KS B 1531)

니플　　　　지름이 다른 니플

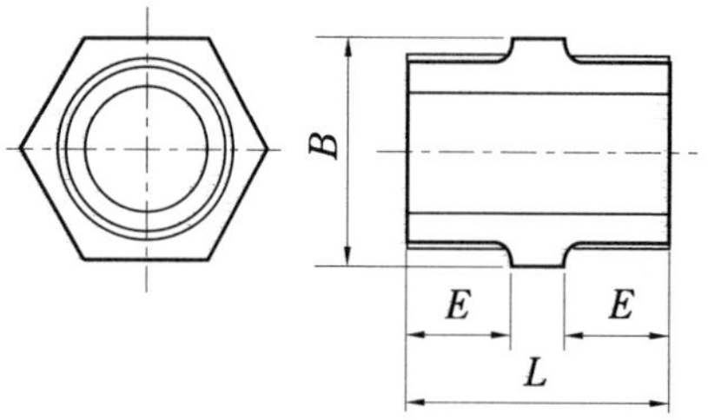

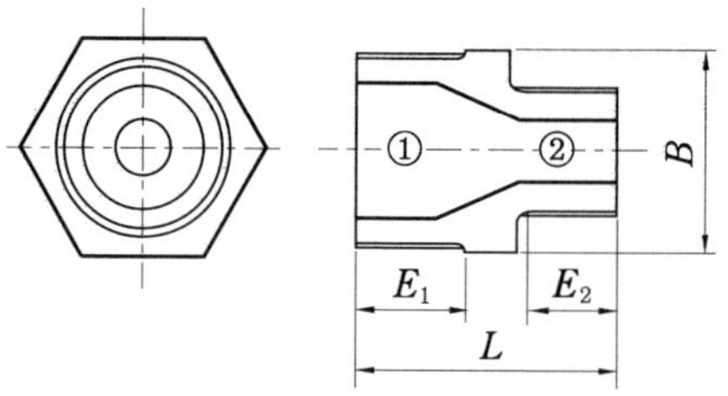

(단위 : mm)

호칭	L	E	맞변 거리 B	
			6각	8각
6	32	11	14	–
8	34	12	17	–
10	36	13	21	–
15	42	16	26	–
20	47	18	32	–
25	52	20	38	–
32	56	22	46	–
40	60	23	54	–
50	66	25	–	63
65	73	28	–	80
80	81	32	–	95
100	92	37	–	120
125	104	42	–	145
150	116	46	–	170

호칭 ①×②	L	E_1	E_2	맞변 거리 B	
				6각	8각
10×8	35	13	12	21	–
15×8	38	16	12	26	–
15×10	39	16	13	26	–
20×8	41	18	12	32	–
20×10	42	18	13	32	–
20×15	45	18	16	32	–
25×10	45	20	13	38	–
25×15	48	20	16	38	–
25×20	50	20	18	38	–
32×15	50	22	16	46	–
32×20	52	22	18	46	–
32×25	54	22	20	46	–
40×20	55	23	18	54	–
40×25	57	23	20	54	–
40×32	59	23	22	54	–
50×20	59	25	18	–	63
50×25	61	25	20	–	63
50×32	63	25	22	–	63
50×40	64	25	23	–	63
65×40	68	28	23	–	80
65×50	70	28	25	–	80
80×50	74	32	25	–	95
80×65	77	32	28	–	95
100×50	80	37	25	–	120
100×80	87	37	32	–	120

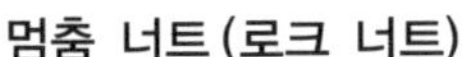
멈춤 너트(로크 너트)

(KS B 1531)

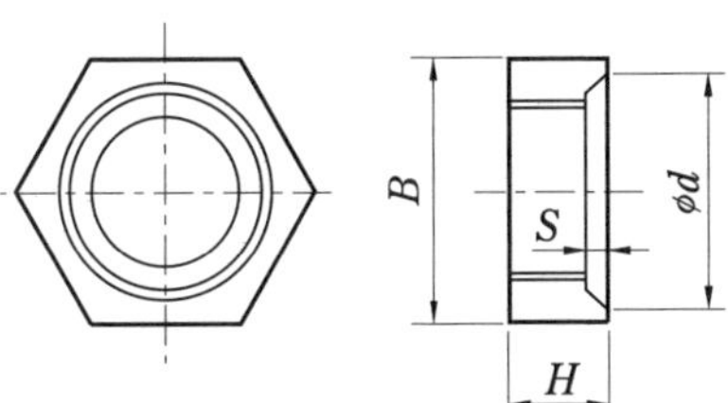

(단위 : mm)

호칭	높이(H)	지름(d)	깊이(S)	맞변 거리 B	
				6각	8각
8	8	18	1.2	21	–
10	9	22	1.2	26	–
15	9	28	1.2	32	–
20	10	34	1.5	38	–
25	11	40	1.5	46	–
32	12	50	1.5	54	–
40	13	55	2.5	–	63
50	15	68	2.5	–	77
65	17	88	2.5	–	100
80	18	100	2.5	–	115
100	22	125	2.5	–	145
125	25	150	2.5	–	165
150	30	180	2.5	–	200

캡

(KS B 1531)

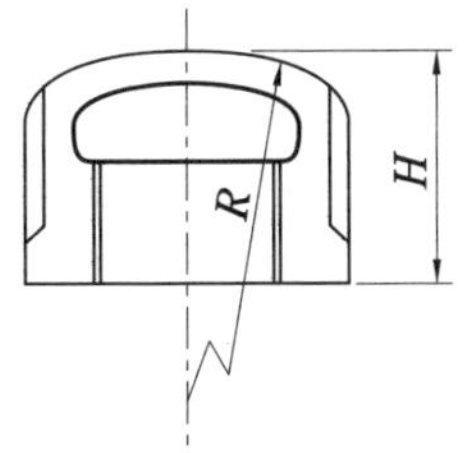

(단위 : mm)

호칭	높이 H(최소)	머리부 외부 반지름 R(참고)	호칭	높이 H(최소)	머리부 외부 반지름 R(참고)
6	14	40	65	42	270
8	15	50	80	45	310
10	17	62	100	55	405
15	20	78	125	58	495
20	24	95	150	65	580
25	28	125			
32	30	150			
40	32	170			
50	36	215			

유니언

(KS B 1531)

C형

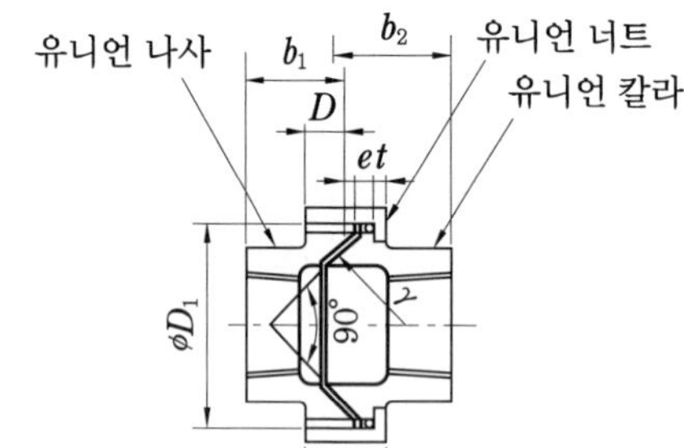

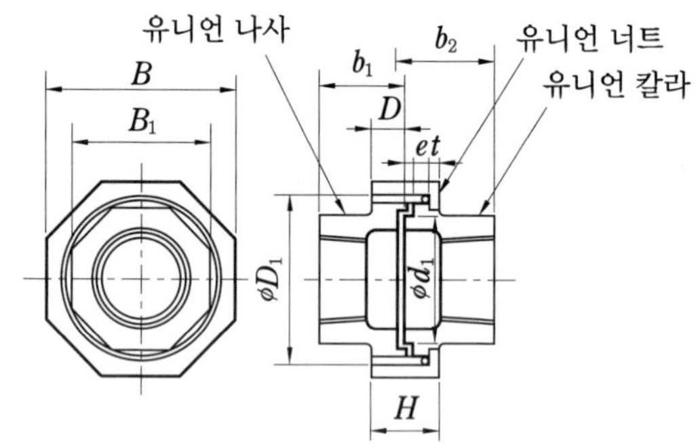

(단위 : mm)

호칭	유니언 나사 및 유니언 칼라							유니언 너트				(참고) D_1 나사부
	나사의 길이 (l)	(b_1)	칼라의 두께 (e)	(b_2)	d_1	맞변 거리 B_1 8각	맞변 거리 B_1 10각	높이 (H)	두께 (t)	맞변 거리 B 8각	맞변 거리 B 10각	나사의 호칭 (D_1)
6	6.5	15	2.5	16.5	12.5	15	–	13	2.5	25	–	M21×1.5
8	7	17	2.5	18	16.5	19	–	13.5	2.5	31	–	M26×1.5
10	8	19	3	20.5	20	23	–	16	3	37	–	M31×2
15	9	21	3	21.5	24	27	–	17	3	42	–	M35×2
20	9.5	24.5	3.5	26	30	33	–	18.5	3.5	49	–	M42×2
25	10	27	4	29	38	41	–	20	4	59	–	M51×2
32	11	30	4.5	32	46	–	50	22	4.5	–	69	M60×2
40	12	33	5	35.5	53	–	56	24.5	5	–	78	M68×2
50	13.5	37	5.5	39.5	65	–	69	27	5.5	–	93	M82×2
65	15	42	6	45.5	81	–	86	29.5	6	–	112	M100×2
80	17	47	6.5	50	95	–	99	32.5	6.5	–	127	M115×2
100	21	58	7.5	60.5	121	–	127	39	7.5	–	158	M145×2
125	24	66	8	66.5	150	–	154	43	8	–	188	M175×3
150	28	73	9	73	177	–	182	49	9	–	219	M205×3

조립 플랜지

(KS B 1531)

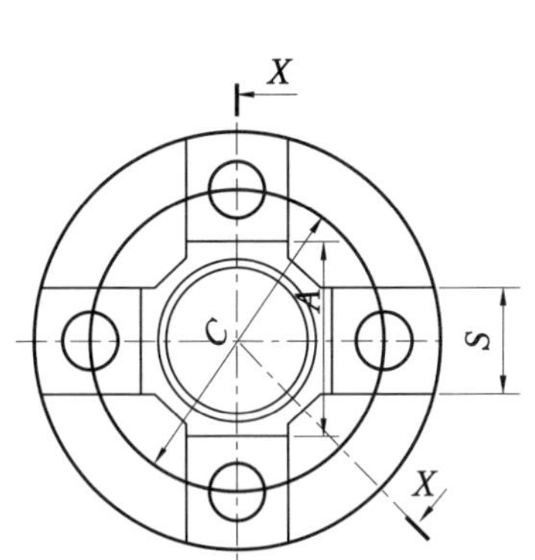

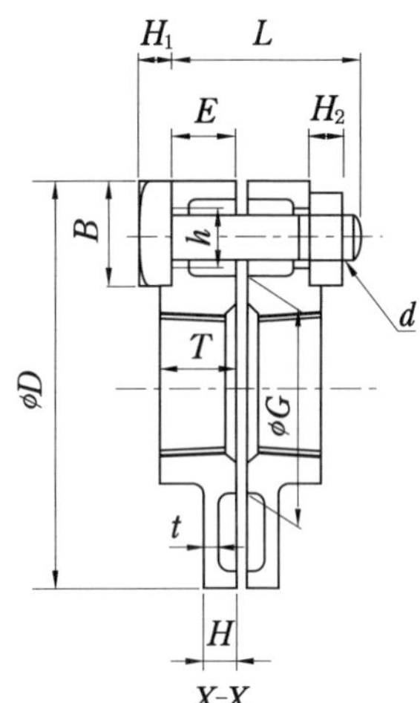

(단위 : mm)

호칭	플랜지											볼트 · 너트				
	D	A	G	S	E	H	T	t	C	h	볼트 구멍수	호칭 (d)	(참고) L	B	H_1	H_2
15	73	27	34	23	10	6	13	3	48	12	3	M10	32	21	7	8
20	79	33	40	23	12	6	15	3.5	54	12	3	M10	36	21	7	8
25	87	41	48	23	14	8	17	3.5	62	12	4	M10	40	21	7	8
32	107	50	59	28	16	9	19	4	76	15	4	M12	50	26	8	10
40	112	56	65	28	17	10	20	4	82	15	4	M12	50	26	8	10
50	126	69	78	28	21	11	24	5	95	15	4	M12	56	26	8	10
65	155	86	96	35	23	12	27	5.5	118	19	4	M16	71	32	10	13
80	168	99	109	35	26	13	30	6	131	19	4	M16	71	32	10	13
100	196	127	136	35	32	16	36	7	159	19	4	M16	90	32	10	13
125	223	154	163	35	36	19	40	8	186	19	6	M16	90	32	10	13
150	265	182	194	41	36	21	40	9	220	24	6	M20	100	38	13	16

플러그

(KS B 1531)

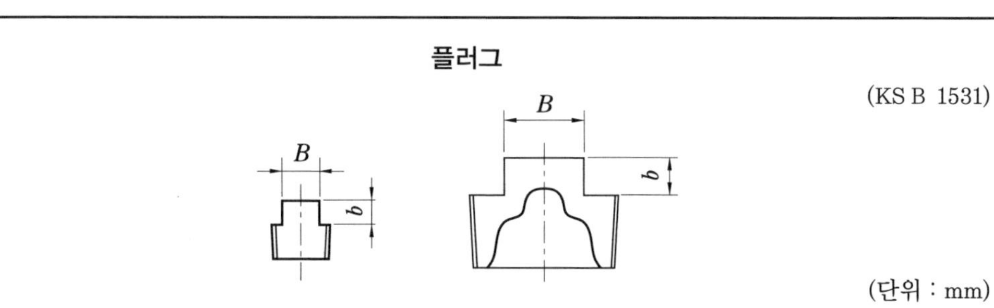

(단위 : mm)

호칭	머리부(4각)		호칭	머리부(4각)	
	맞변 거리 B	높이 b		맞변 거리 B	높이 b
6	7	7	65	41	18
8	9	8	80	46	19
10	12	9	90	54	21
15	14	10	100	58	22
20	17	11	125	67	25
25	19	12	150	77	28
32	23	13			
40	26	14			
50	32	15			

바깥면 수지 피복 끝부분

(KS B 1531)

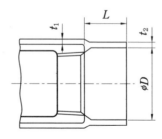

(단위 : mm)

호칭(A)	슬리브 입구 안지름 D(최소)	슬리브 길이 L(최소)	피복의 두께 t_1(최소)	슬리브 두께 t_2(최소)
15	26.5	14	2.0	1.0
20	32.0	14	2.0	1.0
25	39.0	19	2.0	1.5
32	47.7	19	2.0	1.5
40	53.6	19	2.0	1.5
50	65.5	20	2.0	2.0
65	81.5	22	2.0	2.0
80	94.4	22	2.0	2.0
100	120.0	22	2.0	2.0

(3) 나사형 배수관 이음

배관용 강관을 사용한 배수 배관에 사용하는 이음으로 나사형 배수관 이음이 사용된다.

이음의 재료에 따른 종류는 주철제와 가단 주철제 2종류가 있다. 이음의 크기를 나타내는 호칭은 이음 나사에 의한 나사 호칭에 따라 부른다. 이경 이음의 크기를 나타내는 호칭은 지름이 큰 것은 먼저, 작은 것을 나중에 부르는 호칭법으로 나타낸다.

엘보 / 리듀싱 엘보 / 45° 엘보 / 45° 스트리트 엘보 / 스트리트 엘보

티 / 리듀싱 티 / 소켓 / 리듀싱 소켓 / 크로스

부싱 / 니플 / 캡 / 플러그 / 유니언

나사식 가단주철제 관이음재(부속 ; fitting)

1-2 용접식 이음재

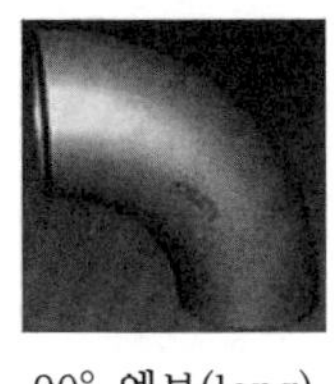

90° 엘보(long)

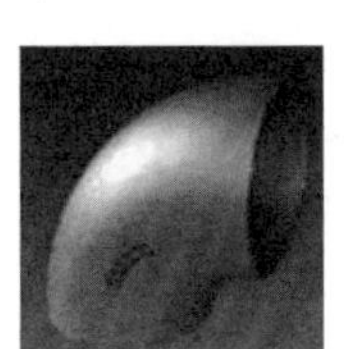

90° 엘보(short)

(a) 엘보

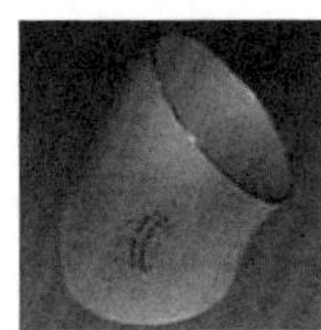

리듀서

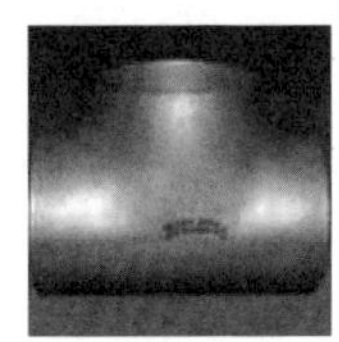

티(straight)

티(reducing)

(b) 티

(c) 캡

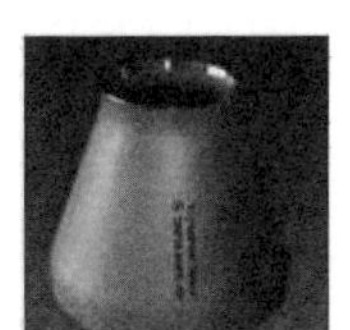

리듀서(concentric)

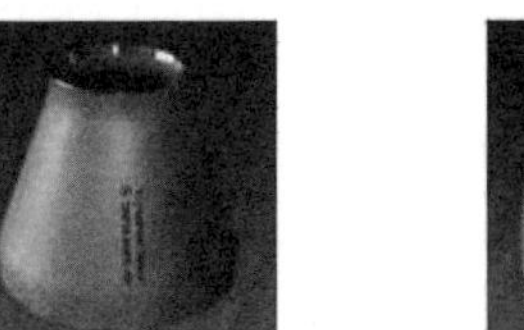

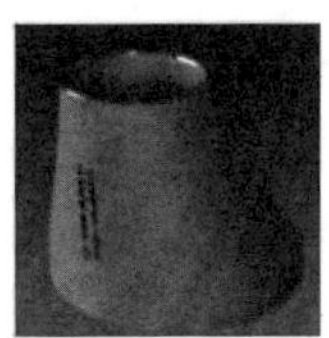

리듀서(eccentirc)

(d) 리듀서

(e) 랩 조인트

용접식 관이음재

맞대기 용접식 관이음과 삽입 용접식 관이음이 있으며, 맞대기 용접식 관이음은 배관용 탄소강관에 사용되고 압력 배관, 고압 배관, 고온 배관, 기타 합금강이나 스테인리스 강관에는 맞대기 용접식이나 삽입 용접식이 모두 사용된다.

1-3 플랜지 이음재

플랜지에는 일체 플랜지, 관 삽입 용접식 플랜지, 관 맞대기 용접식 플랜지로 나누며, 개스킷(gasket) 자리의 형상에 따라 끼움형과 홈형으로 나뉜다.

플랜지의 재료는 강 SC42, SS41, SF40, S20C, SCPHI 등과 주철 FC20, 가단주철 FCMB35 등이 쓰이며, 볼트 너트의 재료는 원칙적으로 SS41로 한다.

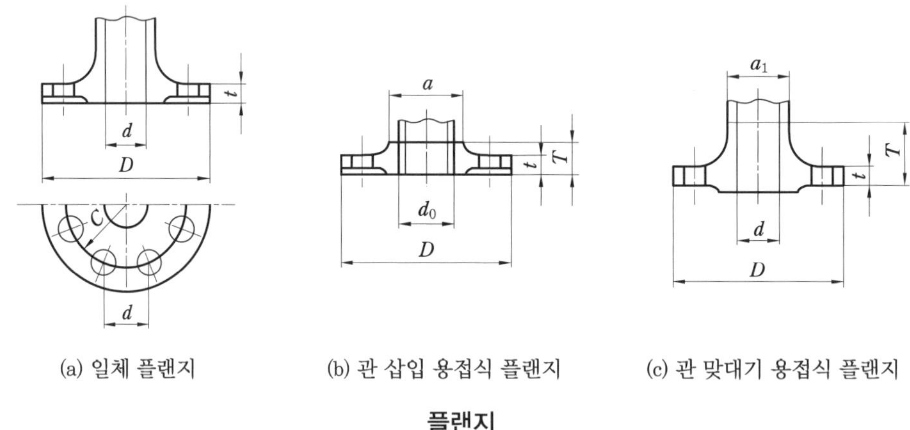

(a) 일체 플랜지　(b) 관 삽입 용접식 플랜지　(c) 관 맞대기 용접식 플랜지

플랜지

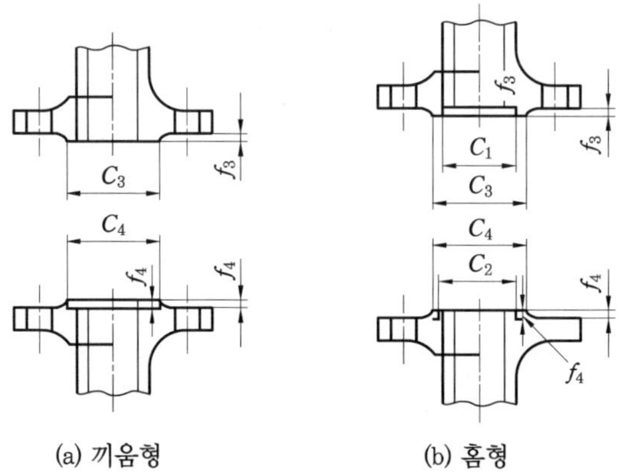

(a) 끼움형　(b) 홈형

개스킷 시트의 형상

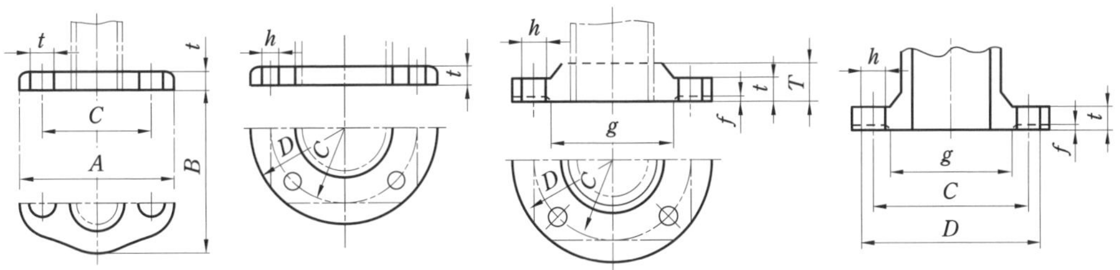

0.49 MPa 철강제관 플랜지의 기본 치수

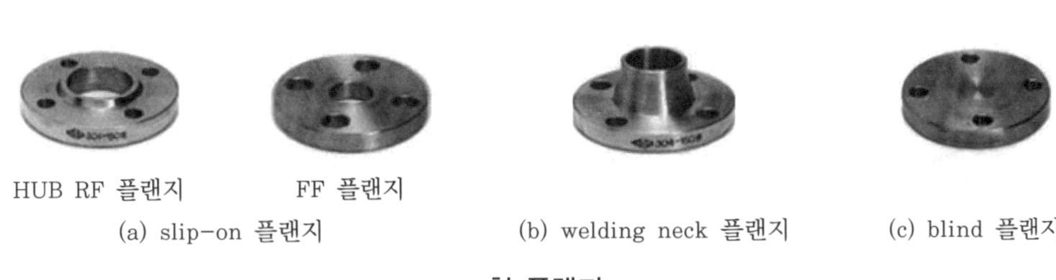

HUB RF 플랜지 FF 플랜지

(a) slip-on 플랜지 (b) welding neck 플랜지 (c) blind 플랜지

철 플랜지

2. 기타 관 이음재

2-1 동관 이음재

동관용 이음은 접속되는 관의 끝에 완전하게 접속하여 그 면은 관과 동일선상에 있으므로 유체의 저항이 적으며, 내구성도 상온에서는 사용 압력이 강관 이상의 내구력이 있다.

동관용 이음재에는 순동 이음재, 합금 이음재, 플랜지 이음재 등이 있으며, 이음은 동관과의 접합 방법에 따라 납땜용에 사용되는 삽입식 이음과 관 끝을 나팔형으로 넓혀서 결합하는 플레어 조인트가 있다.

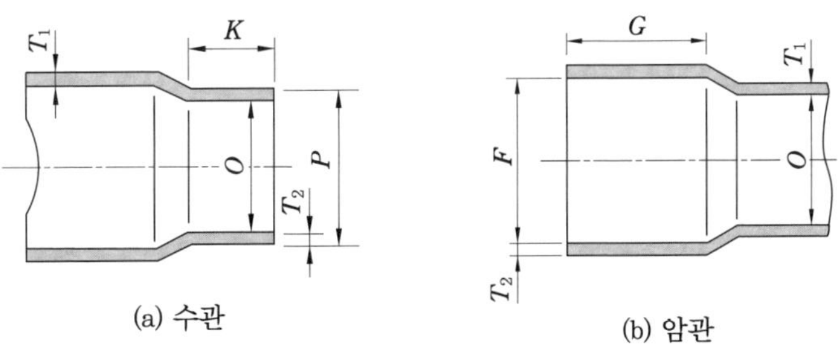

(a) 수관 (b) 암관

접합부의 각 기호

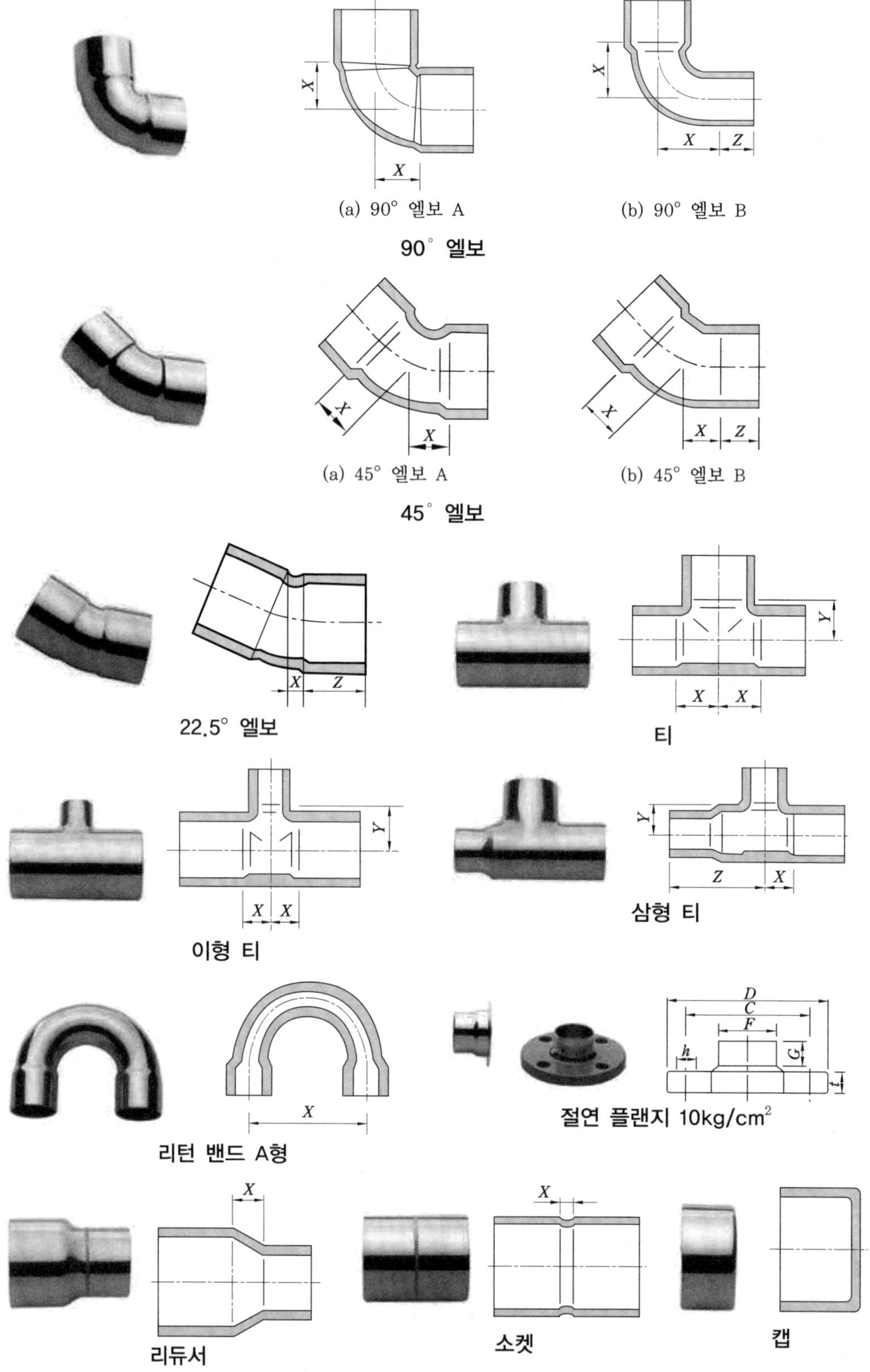
X
X
X
X
Z
(a) 90° 엘보 A
(b) 90° 엘보 B
90° 엘보
X
X
X
X
Z
(a) 45° 엘보 A
(b) 45° 엘보 B
45° 엘보
X
Z
22.5° 엘보
Y
X
X
티
Y
X
X
이형 티
Y
Z
X
삼형 티
X
리턴 밴드 A형
D
C
F
h
G
t
절연 플랜지 10kg/cm2
X
리듀서
X
소켓
캡

2-2 각종 배관 이음재의 치수 및 형태

이음재 접합부는 가능한 한 정교하여야 용접 시에 완벽한 접합이 이루어진다. ANSI B16·18에서 정의된 이음쇠의 기호는 다음과 같다.

① C : 이음쇠 내에 동관이 들어가는 형태로서 이음이 되도록 만들어진 용접용 이음쇠의 끝부분

② FTG : 이음쇠의 외경이 동관의 내경치수에 맞게 만들어진 이음쇠의 끝부분

③ F : 나사가 안쪽으로 난 나사이음용 이음쇠의 끝부분

④ M : 나사가 바깥쪽으로 난 나사이음용 이음쇠의 끝부분이며 F, M은 공히 ANSI의 표준 관용 테이퍼 나사(PT)를 기준으로 한다.

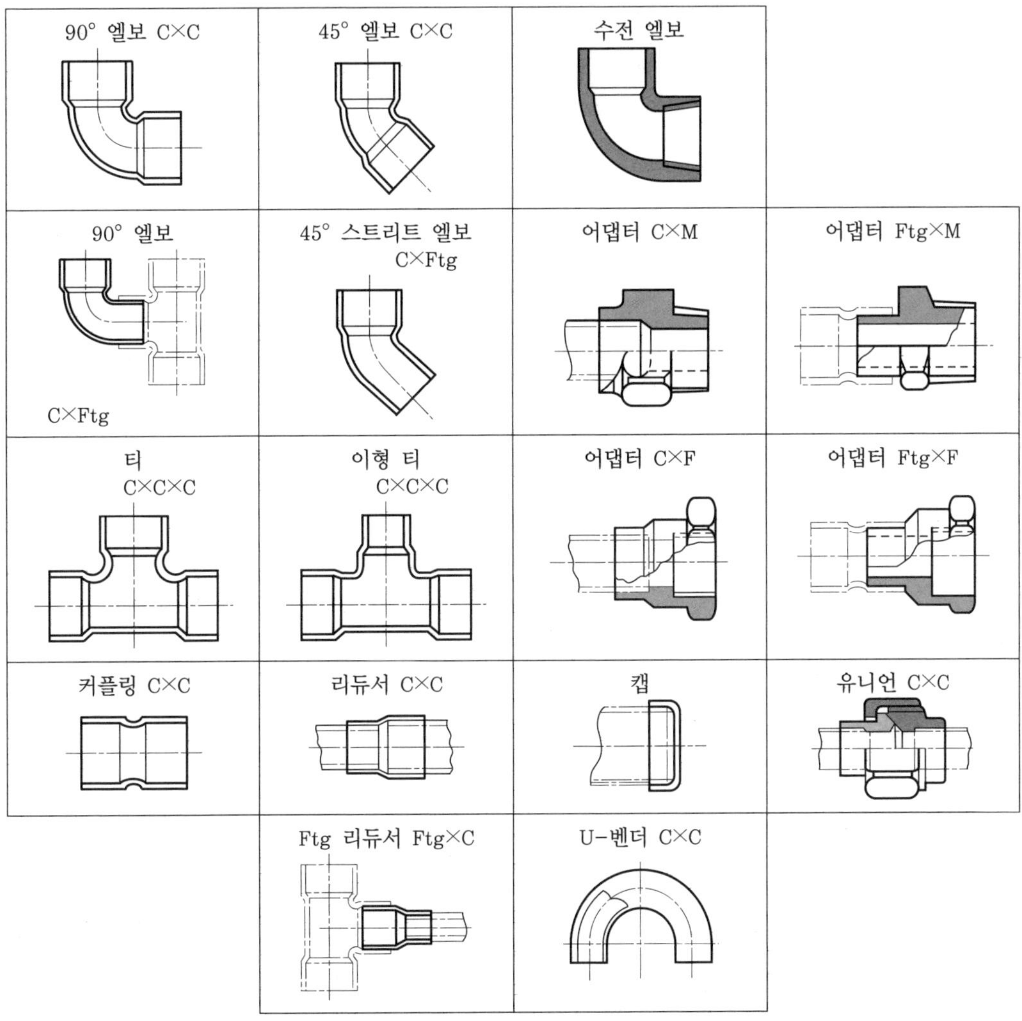

황동 부속(fitting)

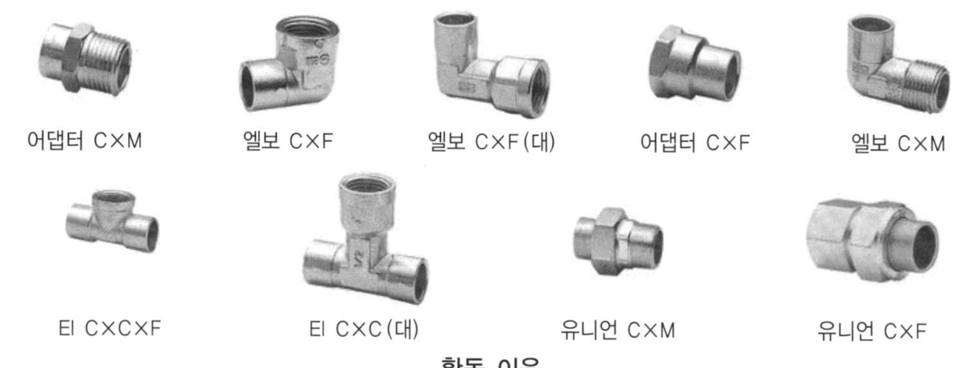

황동 이음

2-3 염화비닐관 이음재

경질 염화비닐관용 이음에는 급수용과 배수용의 2종류로 대별된다.

급수용에는 엘보 급수전, 엘보 급수전 T, 밸브 소켓, 급수전 소켓, 이경 소켓, 급수전, 수량계 소켓, T 소켓 등이 있으며, 배수용으로는 90° 곡관, 45° 곡관, Y관, 테이퍼관, 90° Y관 등이 있다.

최근 접착제(PVC bond)를 칠하고 파이프를 밀어넣는 작업만으로 접합되는 냉간식(TS 이음)의 이음이 많이 사용되고 있다.

경질 염화비닐관용 이음의 특징은 다음과 같다.

① 녹이나 부식의 염려가 없다.
② 가벼우며 견고하다.
③ 내·외면이 매끄러워 유량이 크며, 오물이 잘 막히지 않는다.
④ 배관 시공이 쉽다(일반 치수는 스리프법, TS형 치수는 TS 공법으로 접속한다).
⑤ 값이 싸다.

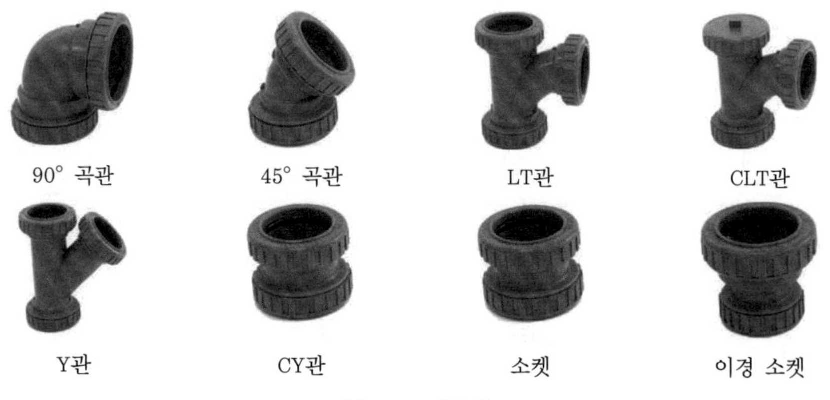

(a) DRF 이음재

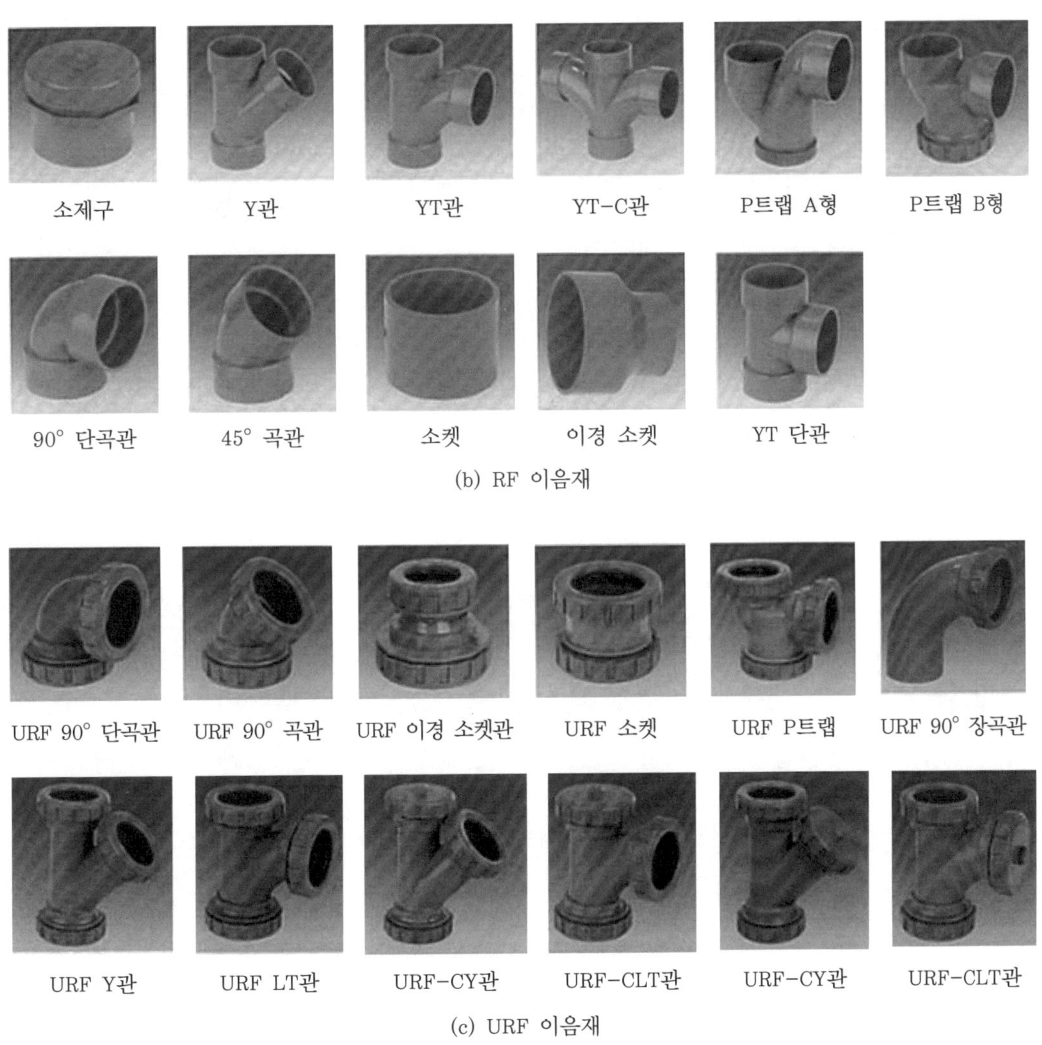

(b) RF 이음재

(c) URF 이음재

급배수용 경질 염화비닐관 이음

2-4 배수용 주철 이음재

배수용 주철관을 사용하여 건물 내에 오수 배수관을 배관할 때 이에 사용되는 주철관 이음이다.

배수용 주철관 이음은 배수관 속을 오배수가 원활하게 흐르고 조인트 부분에서 찌꺼기가 막히는 것을 방지하기 위하여 분기관이 Y자형으로 매끈하게 만들어져 있다. 이음은 주로 소켓관으로 여러 가지 종류가 있다. 배수용 주철관과 배수용 PVC관을 쉽게 접합할 수 있도록 플랜지가 붙어 있는 것도 있고, 최근에는 메커니컬 이음형의 배수용 이음도 있다.

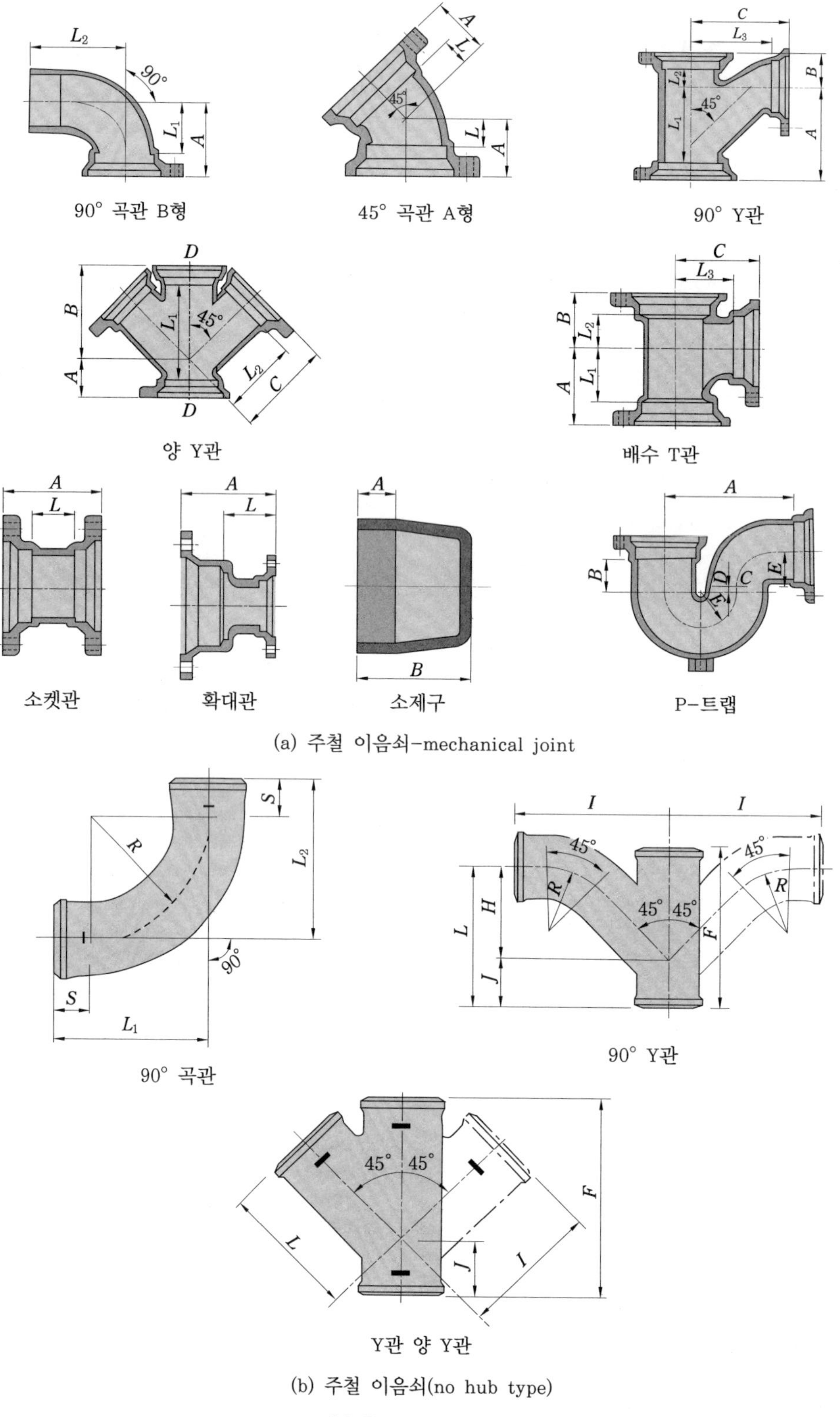

90° 곡관 B형

45° 곡관 A형

90° Y관

양 Y관

배수 T관

소켓관

확대관

소제구

P-트랩

(a) 주철 이음쇠-mechanical joint

90° 곡관

90° Y관

Y관 양 Y관

(b) 주철 이음쇠(no hub type)

배수용 주철관 조인트

2-5 석면 시멘트관 이음재

(1) 수도용 이음재

석면 시멘트관 이음에는 주철제 칼라 이음, 기볼트 이음, 심플렉스 이음, 석면 시멘트제 칼라 이음 등이 있다.

주철제 칼라는 칼라의 홈에 고무링을 끼우고 그 위에 관을 압입하여 물이 새지 않도록 밀폐한 것이다. 기볼트 이음은 주철제 슬리브와 2개 고무링 및 플랜지를 사용하여 볼트로 죄어 접합하는 것이며, 직관용 이음 이외에 굴곡 분기용 이음 등 용도에 따라 각종 이형관이 있다.

(2) 하수관(이터닛 하수관)용 이음재

이터닛 하수관용 이형관에는 45° 곡관, 90° 곡관, T자관, Y자관이 있다.

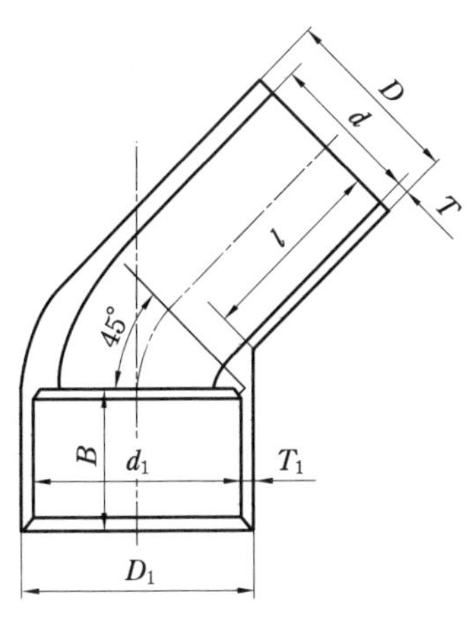

45° 곡관

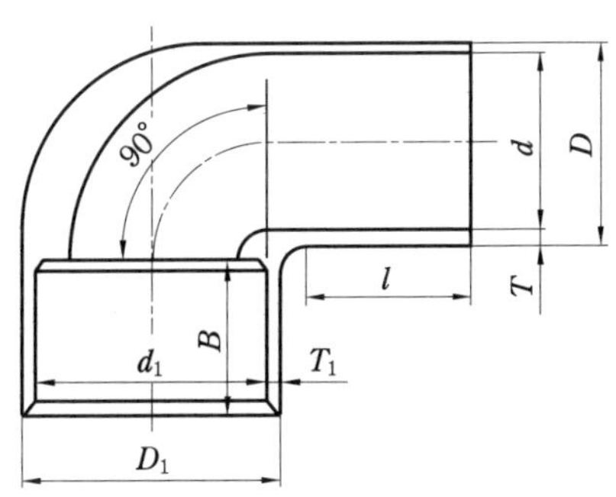

90° 곡관

(단위 : mm)

구분	45° 곡관										90° 곡관									
호칭 지름	각부 치수								고무링 지름	참고 중량 (kg)	각부 치수								고무링 지름	참고 중량 (kg)
	d	T	D	l	B	d_1	T_1	D_1			d	T	D	l	B	d_1	T_1	D_1		
75	75	7	89	60	60	103	9	121	10	1.40	75	7	89	60	60	103	9	121	10	1.60
100	100	8	116	60	60	130	10	150	10	2.20	100	8	116	60	60	130	10	150	10	2.80
150	150	9	168	80	80	184	11	206	12	4.50	150	9	168	80	80	184	11	206	12	6.00

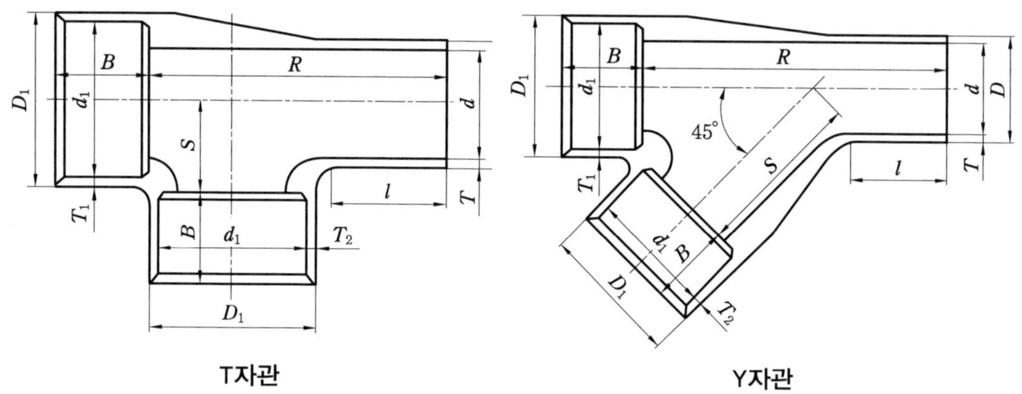

T자관　　　　Y자관

Y자관 (단위 : mm)

호칭 지름	각부 치수										고무링 지름	참고 중량 (kg)
	d	T	D	l	B	d_1	S	R	T_1	D_1		
75	75	7	89	60	60	103	145	245	9	121	10	2.80
100	100	8	116	60	60	130	181	295	10	150	10	5.80
150	150	9	168	80	80	184	233	358	11	206	12	10.50

3. 신축 이음재

온수, 냉수, 증기가 관내를 통과할 때 고온 또는 저온에 의한 관의 팽창, 수축을 가져와 큰 온도 차에 비례하여 배관의 팽창, 수축도 크게 되어 관, 기구의 파손이나 굽힘(bending)을 일으킨다. 이것을 방지하기 위하여 배관 도중에 신축 이음(expansion joint)을 사용한다. 신축 이음에는 슬리브형, 벨로즈형(팩리스 ; pack less), 루프형(신축 곡관), 볼 조인트, 스위블 조인트의 5종류가 있다.

3-1 슬리브형 신축 이음

슬리브형 신축 이음은 이음 본체와 슬리브 파이프로 되어 있으며, 관의 팽창과 수축은 본체 속을 슬라이드하는 슬리브 파이프에 의해 흡수된다.

이 조인트에는 단식과 복식의 두 가지 형태가 있다.

보통 호칭 지름 50 A 이하는 청동제 조인트이고, 호칭 지름 65 A 이상은 슬리브 파이프가 청동제이고, 본체는 일부가 주철제이거나 전부가 주철제로 되어 있다.

관과의 접합은 작은 지름의 관은 주로 나사 이음을 하고, 큰 지름의 관은 플랜지 접합을 한다. 구조는 슬리브 파이프의 신축을 흡수하는 부분과 패킹실로 나누어져 있다.

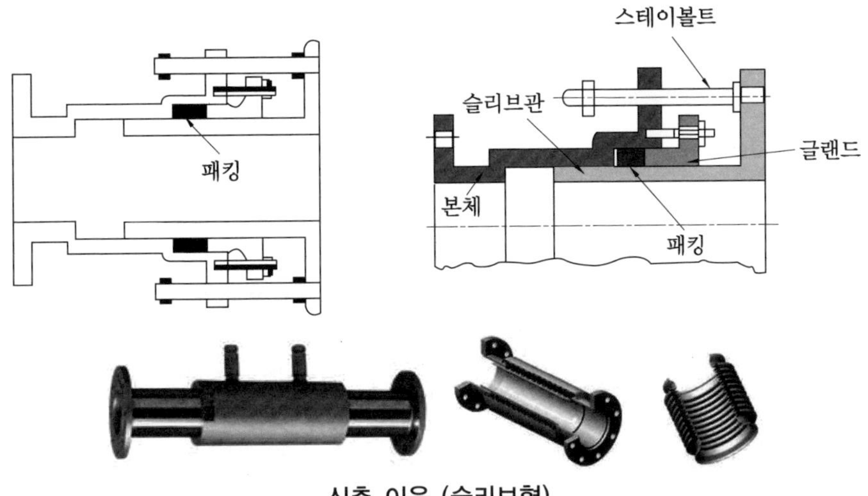

신축 이음 (슬리브형)

이 조인트는 어느 것이나 슬리브와 본체 사이에 패킹을 넣어 온수 또는 증기가 새는 것을 막도록 되어 있으며, 패킹에는 보통 석면을 흑연 또는 기름(oil) 처리한 것이 쓰인다.

단식 신축 이음관의 신축량과 복식 신축 이음관의 신축량은 다음과 같다.

단식 신축 이음관의 신축량

공정 / 호칭 지름	최대 슬라이드 길이(L)	실용 슬라이드 길이(l)	공정 / 호칭 지름	최대 슬라이드 길이(L)	실용 슬라이드 길이(l)
15~50	50	38	125~200	100	76
65~100	75	57	250~300	125	95

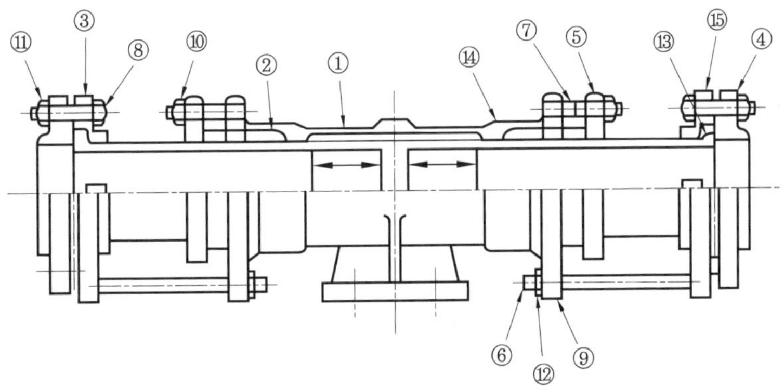

번호	명칭	개수	재질	번호	명칭	개수	재질	번호	명칭	개수	재질
①	티	1	GC 20	⑥	스테이 볼트		SB 41	⑪	플랜지 너트		SB 41
②	슬리브 파이프	2	BrC 6	⑦	스터드 볼트		SB 41	⑫	핀		MSWR 1
③	플랜지관	2	BrC 20	⑧	플랜지 볼트		SB 41	⑬	나사	2	SB 41
④	플랜지관	2	BrC 20	⑨	스테이 너트		SB 41	⑭	패킹	2조	#2300
⑤	글랜드	2	BrC 20	⑩	스터드 너트		SB 41	⑮	패킹	2	#1301

또, 신축 이음이 수축하여 슬리브와 본체가 완전히 열렸을 때 슬리브 파이프가 빠지지 않도록 볼트로 고정한다.

슬리브형 신축 이음은 보통 최고 압력 0.98 MPa 정도의 포화증기의 배관 또는 온도 변화가 심한 물, 기름, 증기 등의 배관에 사용되며, 구조상 과열증기 배관에는 적합하지 않다. 루프형에 비하여 설치 장소를 많이 차지하지 않고, 신축 흡수에 대해 이음 자체에 응력이 생기지 않는 장점은 있으나 배관에 곡선 부분이 있으면 신축 이음에 비틀림이 생겨 파손의 원인이 된다. 또 장시간 사용하면 패킹이 마모되어 유체가 새는 원인이 되므로 슬리브형 이음을 시공할 때에는 유체가 새는 경우를 대비하여 패킹을 더 압축하여 죄거나 새 패킹으로 교환이 용이하도록 시공하는 것이 안전하다.

3-2 벨로즈형 신축 이음

벨로즈(bellows)형 신축 이음은 팩리스(packless) 신축 이음이라고도 하며, 인청동제 또는 스테인리스제가 있다. 벨로즈는 관의 신축에 따라 슬리브와 함께 신축하며, 슬라이드 사이에서 유체가 새는 것을 방지한다.

형식은 단식과 복식이 있고, 본체의 전부가 청동제인 것과 주요부만 청동제인 것이 있다. 접합은 관지름에 따라 나사 이음식 또는 플랜지 이음식으로 구분한다.

벨로즈형은 패킹 대신 벨로즈로 관 내 유체의 누설을 방지한다. 신축량은 벨로즈의 피치, 산수 등 구조상으로 슬리브형에 비해 짧으며, 보통 6~30 mm 정도이다. 이 이음은 슬리브형과 같이 설치 장소를 많이 차지하지 않고 응력도 생기지 않는다. 또 팩리스형이므로 누설의 우려가 없다. 그러나 유체의 성질에 따라 벨로즈가 부식할 수도 있으므로 가능한 한 스테인리스제 벨로즈를 사용하는 것이 바람직하다.

벨로즈형(팩리스) 단식 신축 이음관의 형태는 다음과 같다.

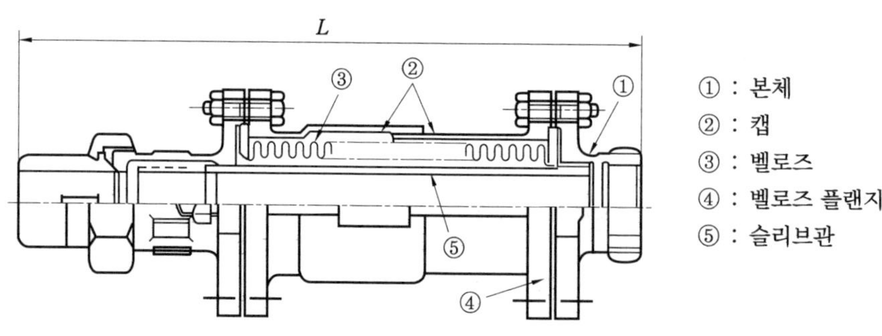

벨로즈형(팩리스) 단식 신축 이음관

(a) 단식 (b) 복식

벨로즈형 신축 이음(강관용)

(a) 단식 (b) 복식

벨로즈형 신축 이음(동관용)

3-3 루프형 신축 이음

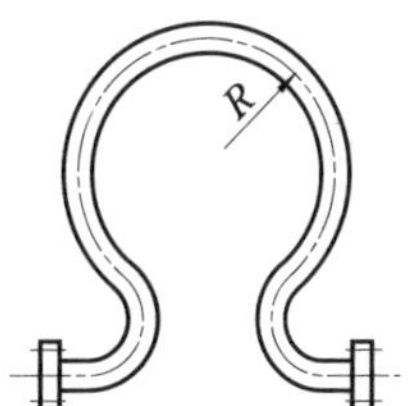

루프형 신축 이음

신축 곡관이라고도 하며, 강관 또는 동관, PVC관 등을 루프(loop) 모양으로 구부려 그 구부림을 이용해 배관의 신축을 흡수하는 것이다. 구조는 곡관에 플랜지를 단 모양과 같으며, 강관으로 만든 것은 고압에 견디고 고장이 적어 고온·고압용 배관에 사용하며, 곡률 반경은 관 지름의 6배 이상이 좋다.

설치 위치는 슬리브형, 벨로즈형과 같으며, 신축 흡수 시 응력이 생기는 결점이 있다. 고압 증기관 등의 옥외 배관에 많이 쓰이고 있다.

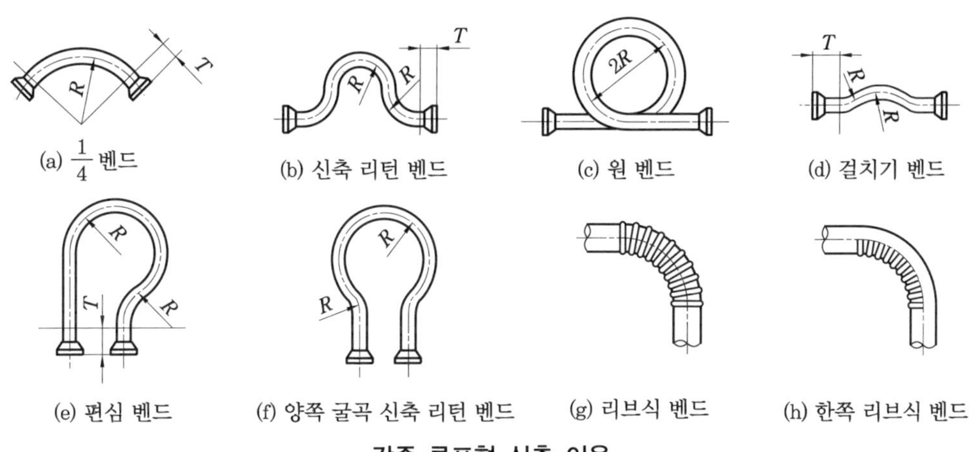

(a) $\frac{1}{4}$ 벤드 (b) 신축 리턴 벤드 (c) 원 벤드 (d) 걸치기 벤드

(e) 편심 벤드 (f) 양쪽 굴곡 신축 리턴 벤드 (g) 리브식 벤드 (h) 한쪽 리브식 벤드

각종 루프형 신축 이음

3-4 스위블 신축 이음

스윙 조인트, 지웰 조인트라고도 하며, 증기 및 온수난방용의 지관을 분기할 때 주로 사용된다. 저압증기의 분기점을 2개 이상의 엘보로 연결하여 한쪽이 팽창하면 비틀림이 일어나 팽창을 흡수한다.

스위블 이음의 결점은 굴곡 부분에서 압력 강하를 가져오는 점과 신축량이 너무 큰 배관에서는 나사이음부가 헐거워져 누설 우려가 있다. 그러나 설치비가 싸고 쉽게 조립해서 만들 수 있는 장점이 있다.

신축의 크기는 회전관의 길이에 따라 정해지며, 직관 길이 30 m에 대하여 회전관 1.5 m 정도로 조립하면 좋다.

스위블형 신축 이음

3-5 볼 조인트

볼 이음쇠를 2개소 이상 사용하면 회전과 기울임이 동시에 가능하다. 이 방식은 배관계의 축방향 힘과 굽힘 부분에 작용하는 회전력을 동시에 처리할 수 있으므로 고온의 온수배관 등에 많이 사용된다.

볼 조인트(ball joint)는 평면상의 변위뿐만 아니라 입체적인 변위까지도 안전하게 흡수하므로 어떠한 형상에 의한 신축에도 배관이 안전하며 앵커, 가이드, 스폿에도 기존의 다른 신축 이음에 비하여 극히 간단히 설치할 수 있으며, 면적도 작게 소요된다. 증기, 물, 기름 등 2.94 MPa에서 220℃까지 사용되고 있다.

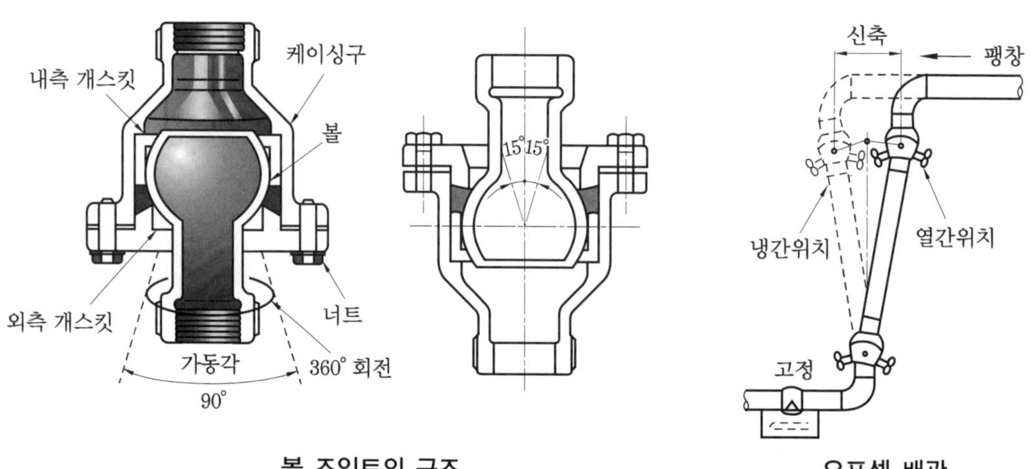

볼 조인트의 구조

오프셋 배관

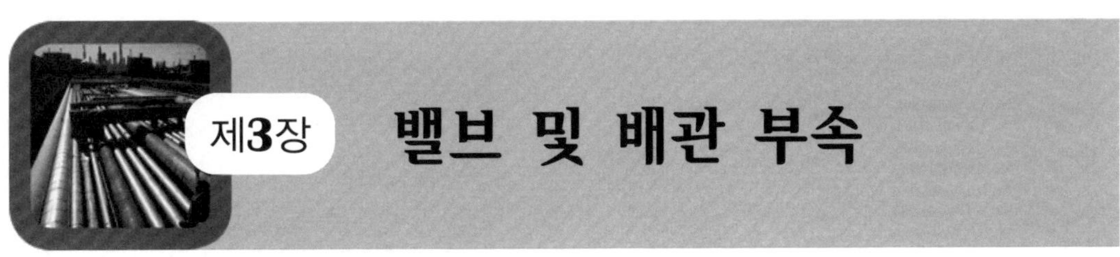

제3장 밸브 및 배관 부속

1. 밸브

배관의 중간에 설치하여 증기, 물, 오일 등과 같은 유체의 유량이나 압력 등을 제어하는 것으로 슬루스 밸브(게이트 밸브), 스톱 밸브, 글로브 밸브, 앵글밸브, 체크 밸브, 리듀싱 밸브, 콕 등이 사용 목적에 따라서 이용된다.

밸브의 구성

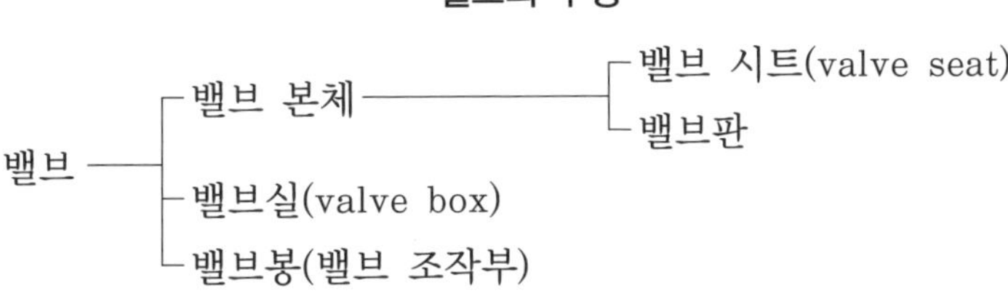

1-1 슬루스 밸브 (게이트 밸브)

밸브를 나사봉에 의하여 파이프의 횡단면과 평행하게 개폐하는 것으로 게이트 밸브라고도 한다. 완전히 밸브를 열면 유체 흐름의 저항이 다른 밸브에 비하여 아주 적다. 밸브실 내에는 유체가 남지 않으며, 구경은 보통 50~1000 mm 정도이고, 대형 밸브는 동력을 이용하여 개폐한다. 그러나 값이 비싸며, 밸브의 개폐에 시간이 걸리는 결점이 있다. 그러므로 발전소의 수도관, 상수도관과 같이 지름이 크고 자주 밸브를 개폐할 필요가 없는 경우에 사용한다.

바깥나사 게이트 밸브 (sluice valve)

안나사 게이트 밸브 (OS & Y valve)

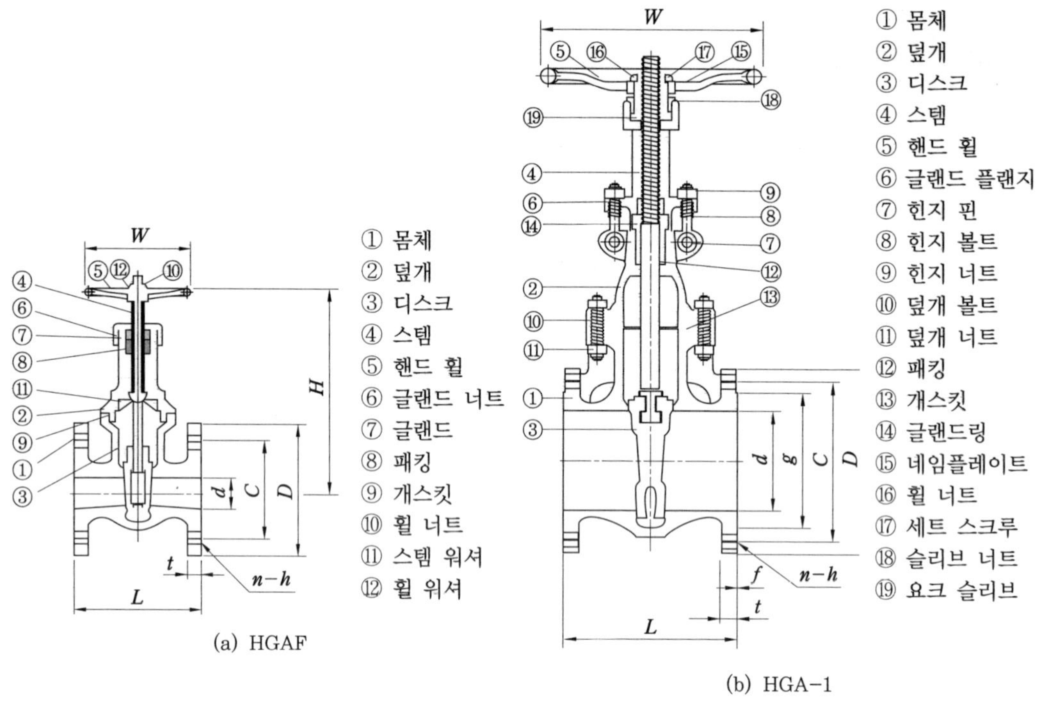

(a) HGAF

(b) HGA-1

슬루스(게이트) 밸브

슬루스 밸브의 종류에는 디스크의 구조에 따라 웨지 게이트 밸브, 패럴렐 슬라이드 밸브, 더블 디스크 게이트 밸브, 제수 밸브 등이 있다.

(1) 웨지 게이트 밸브 (wedge gate valve)

웨지(wedge) 게이트 밸브는 단체 밸브와 플렉시블 밸브로 나뉜다.

단체형은 그림 (a)에서 보는 바와 같은 쐐기 모양의 밸브로서 쐐기의 각도는 보통 6~8° 이나 청동 소형 밸브의 쐐기 각도는 8°로 정해져 있다.

플렉시블 밸브는 그림 (b)에서 보는 바와 같이 중앙에 홈이 파져 있어 고온 배관 등에서 열에 의한 밸브 시트에 미치는 영향을 플렉시블을 이용하여 흡수하게 되어 있다.

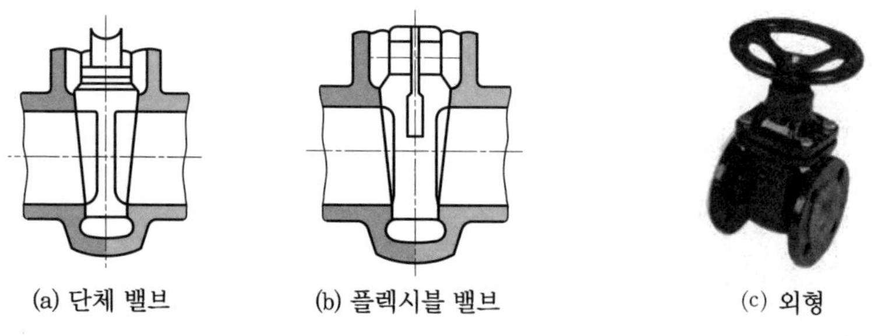

(a) 단체 밸브

(b) 플렉시블 밸브

(c) 외형

웨지 게이트 밸브

(2) 패럴렐 슬라이드 밸브(parallel slide valve)

패럴렐 슬라이드 밸브는 평행한 두 개의 밸브 몸체 사이에 스프링을 삽입하여 유체의 압력에 의해 밸브가 밸브 시트에 압착하도록 되어 있다. 밸브 몸체와 디스크 사이에 시트가 있어 밸브 측면의 마찰이 적고 열팽창의 영향을 받지 않아 밸브의 개폐가 용이하다. 밸브 디스크와 밸브 시트는 슬라이드하여 작동하므로 밸브 시트는 경질금속을 사용한다. 이 밸브는 수직으로 달면 고온 고압에 적합하다.

(3) 더블 디스크 게이트 밸브(double disk gate valve)

쐐기형 밸브는 마찰 저항 및 열팽창으로 인한 밸브 시트의 변형으로 완전한 개폐가 곤란하다. 이것을 방지하기 위한 밸브 몸체를 둘로 나누어 밸브 스템의 추력에 의해서 밸브 디스크를 넓혀 밸브 시트에 압착시키는 밸브이다. 웨지 게이트 밸브와 패럴렐 게이트 밸브의 장점을 채택한 구조로서 온도 및 압력으로 인한 변형에 대하여 비교적 적게 영향을 받는다.

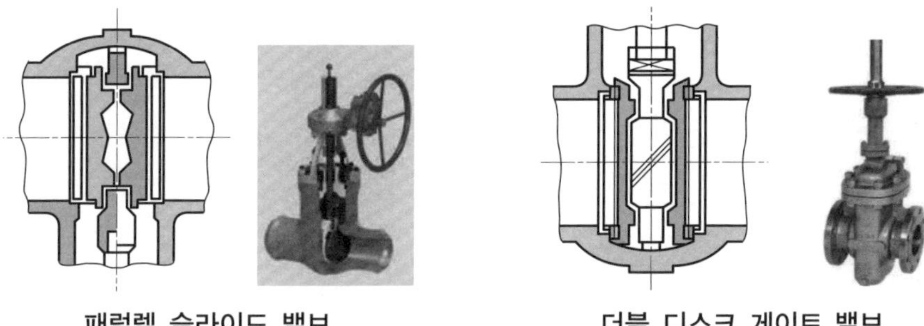

패럴렐 슬라이드 밸브 더블 디스크 게이트 밸브

1-2 글로브 밸브(스톱 밸브)

유체가 흐르는 방향에 따라 입구와 출구가 일직선상에 있는 것을 글로브 밸브(glove valve)라 하고, 또 입구와 출구가 직각인 것을 앵글밸브(angle valve)라고 한다. 파이프의 연결 방법은 나사 조임 이음과 플랜지 이음 방식이 있고 재료는 소형 중압용일 때는 청동, 고온 고압용에는 단조강으로 하고 대형 밸브는 주철, 주강 등으로 한다. 그리고 밸브의 개폐 시트는 평면 시트, 원뿔 시트, 구면 시트, 스터드(stud) 시트가 있으며, 유체의 흐름에 대하여 저항 손실이 크고 사수역(死水域)에 먼지가 모이기 쉬운 결점이 있다. 글로브 밸브는 양정(lift)이 적고 밸브 개폐가 빠르며 밸브와 밸브 시트(valve seat)의 제작이 비교적 쉬워 값이 저렴하므로 밸브 종류 중에서 가장 널리 사용되고 있다.

밸브와 밸브 스템(stem)이 패킹 글랜드에 의해 접속되어 있는 것과 밸브와 로드가 통체로 되어 있는 것이 있다.

Y형 글로브는 글로브 밸브와 같은 용도로 쓰이며, 저항을 감소시키기 위한 목적으로 밸

브 통을 중심선에 대해 45~60° 경사시킨 것이다.

앵글밸브는 글로브 밸브와 기능은 같으나 유체의 흐르는 방향을 직각으로 바꿀 때 사용한다. 니들 밸브는 유량 제어에 쓰이며 15~60°의 원뿔 모양의 침이며, 극히 유량이 적으나 고압일 때 유량을 조금씩 가감하는데 쓰인다.

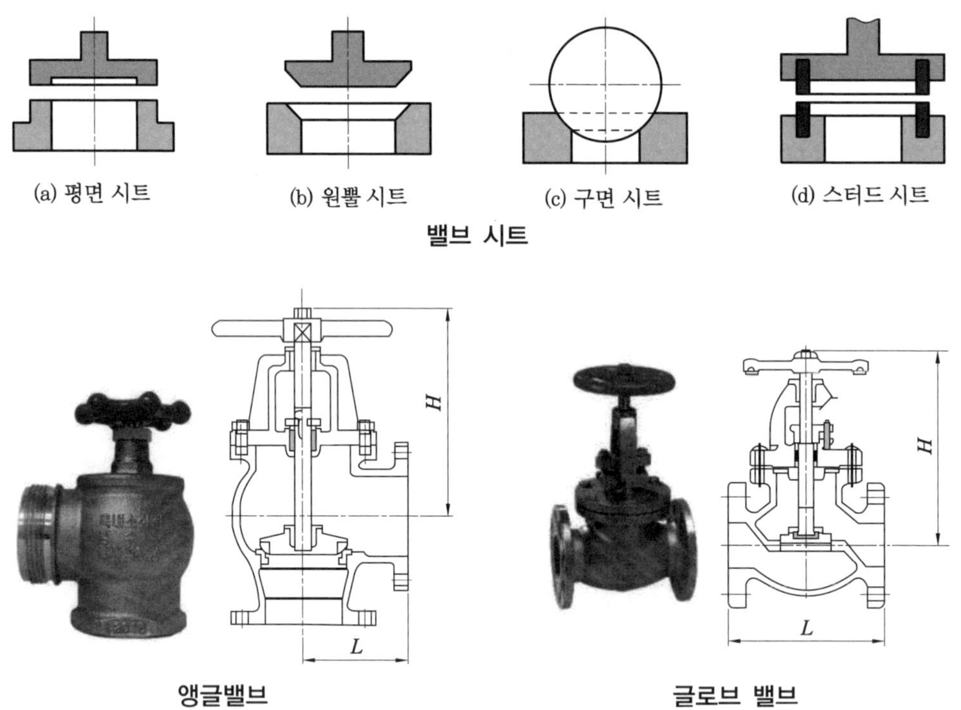

(a) 평면 시트 (b) 원뿔 시트 (c) 구면 시트 (d) 스터드 시트

밸브 시트

앵글밸브 글로브 밸브

글로브 밸브는 모두 밸브 박스 내에서의 유체의 흐름 방향이 급격히 바뀌지므로 수두손실은 슬루스 밸브보다 크다. 슬루스 밸브에 비하여 리프트가 작으므로 개폐시간이 짧고, 또 유체의 누설을 방지할 수 있다. 유체의 흐름 방향은 일반적으로 밸브 몸체의 아래쪽으로부터 들어가므로 압력이 아래쪽에서 걸린다. 이것이 반대가 될 수 있게 배관할 수는 있으나 밸브 몸체가 눌리게 되므로 밸브를 열 때 상당한 저항이 생긴다. 일반적으로 밸브의 측면에 흐름 방향의 화살표가 표시되어 있다.

1-3 콕 (cock)

유체를 직선상으로 흐르게 하고 콕을 $\frac{1}{4}$ 회전시키면 통로가 완전히 열리므로 개폐가 빠르다. 주철과 청동제가 많으며, 소구경의 저압용은 드레인용으로 사용되기도 한다.

콕은 2 방향 콕의 한 방향 흐름과 3 방향 콕의 두 방향 흐름으로 유출시키는 것 등이 있다.

메인 콕은 그림 (a)와 같이 플러그의 밑을 너트로 죄고, 글랜드 콕은 그림 (b), (c)와 같이 패킹으로 눌러 플러그가 빠지지 않게 되어 있다.

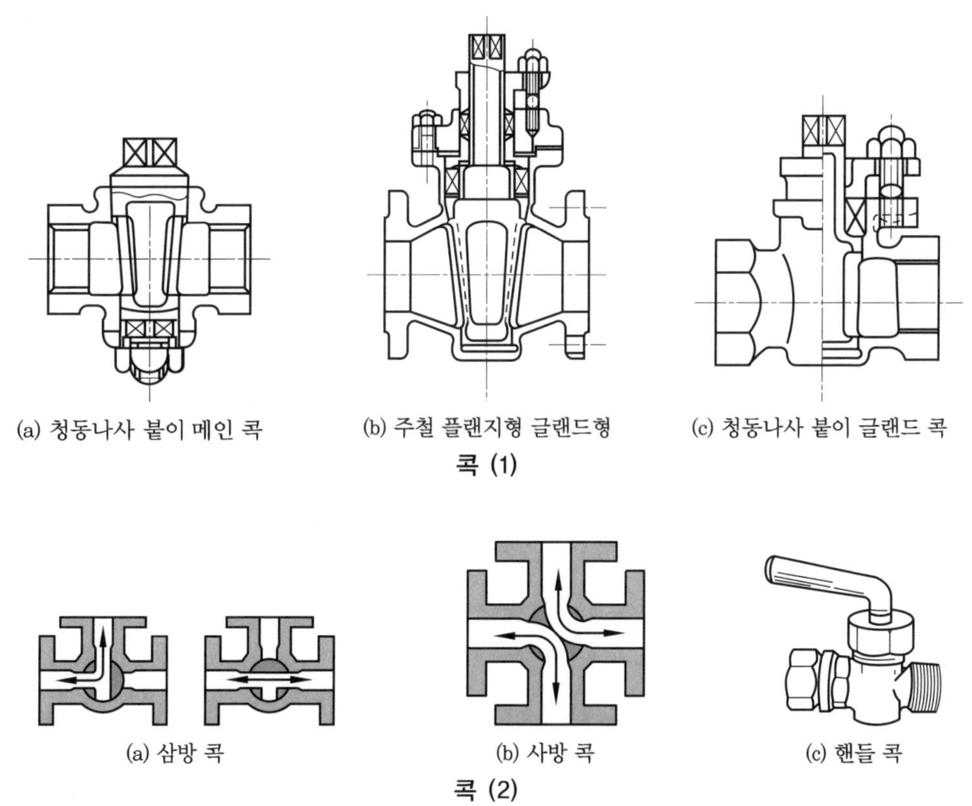

(a) 청동나사 붙이 메인 콕 (b) 주철 플랜지형 글랜드형 (c) 청동나사 붙이 글랜드 콕

콕 (1)

(a) 삼방 콕 (b) 사방 콕 (c) 핸들 콕

콕 (2)

1-4 체크 밸브

체크 밸브(check valve)는 유체의 흐름이 한쪽 방향으로 역류하면 자동으로 밸브가 닫혀지게 할 때 사용하며, 스윙형(swing type)과 리프트형(lift type)이 있다.

스윙형 체크 밸브는 그림의 (b)에서 보는 바와 같이 핀을 축으로 회전하여 개폐되므로 유수에 대한 마찰 저항이 리프트형보다 작고 수평, 수직 어느 배관에도 사용할 수 있다.

리프트형 체크 밸브는 글로브 밸브와 같은 밸브 시트의 구조로서 그림의 (c)와 같이 유체의 압력에 의해 밸브가 수직으로 올라가게 되어 있다. 밸브의 리프트는 지름의 $\frac{1}{4}$ 정도이며, 흐름에 대한 마찰 저항이 크다. 2조 이상 수평 밸브에만 쓰인다.

이 밖에 리프트형 체크 밸브 내에 날개가 달려 충격을 완화시키는 스모렌스키(smolensky)형이 있다.

체크 밸브는 유체가 일정한 방향으로만 흐르게 되어 있으므로 설치할 때 유체가 흐르는 방향에 주의하여야 하며, 10~15 A의 것은 청동 나사 이음형, 50~200 A의 것은 주철 또는 주강 플랜지형으로 되어 있다.

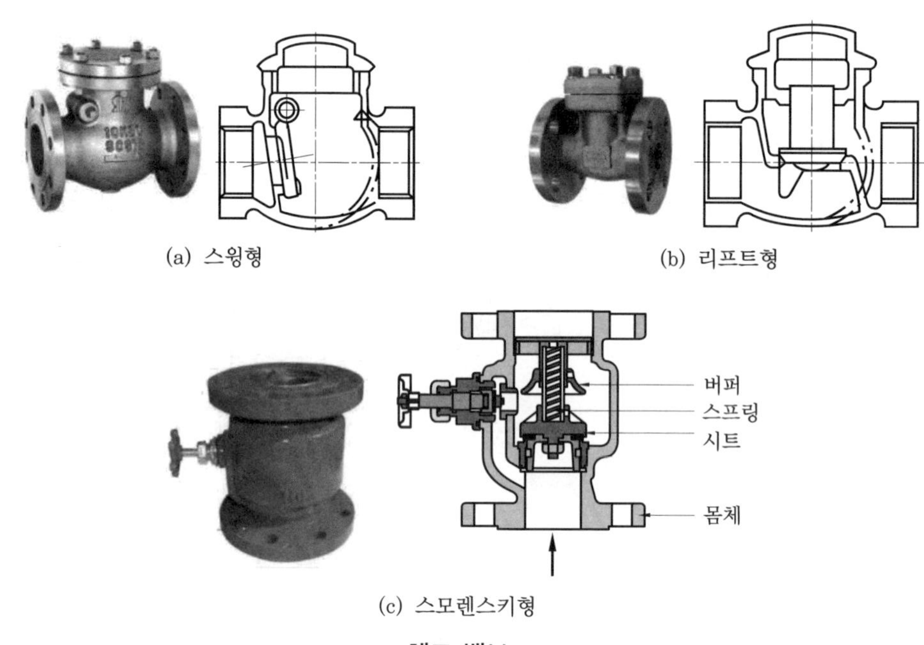

(a) 스윙형 (b) 리프트형

(c) 스모렌스키형

체크 밸브

> **참고 공기 밸브(air valve)**
>
> 배관 내 유체 속에 섞인 공기 또는 기체가 유체에서 분리하여 배관의 높은 부분에 체류하여 유체의 유량을 감소시킨다. 이러한 현상을 막기 위해 배관의 높은 곳에 공기 밸브를 장치하여 분리된 공기, 그밖의 기체를 자동적으로 배제하는 데 사용한다.
>
> 공기 밸브는 단구형 호칭 지름으로 13 A, 20 A, 25 A가 있고, 쌍구형으로는 50 A, 75 A, 100 A, 150 A가 있다.
>
> 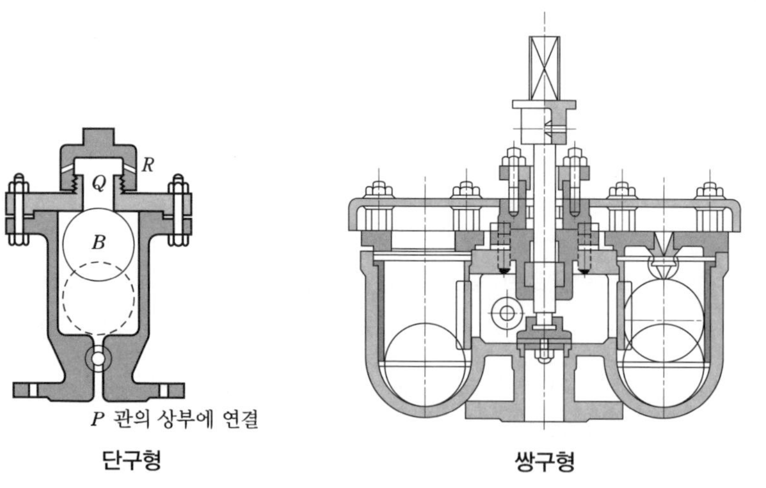
>
>
> **단구형** **쌍구형**

1-5 컨트롤 밸브 (control valve)

(1) 감압 밸브 (PRV : Pressure Relief Valve)

감압 밸브는 고압 배관과 저압 배관의 사이에 설치하여 밸브의 리프트를 적당한 장치에 의하여 제동, 고압측의 압력의 변화와 증기 소비량 변화에 관계없이 저압측의 압력을 거의 일정하게 유지하는 밸브이며, 밸브의 작동은 대개 벨로즈, 다이어프램 또는 피스톤과 같은 것으로 행한다.

고·저압의 압력비는 2 : 1, 이것을 초과할 때에는 2조의 감압 밸브를 직렬로 사용하여 2단 감압을 하는 것이 좋다.

구조는 일반적으로 조정 스프링, 벨로즈, 다이어프램, 파일럿 밸브, 피스톤, 메인 밸브 등으로 구성되어 있다.

벨로즈형 감압 밸브의 작동은 저압측의 압력이 벨로즈에 전달되고 스프링을 눌러주면 아래쪽에 있는 밸브 시트를 눌러 압력을 조절하며, 핸들로 스프링력을 조절하여 필요 압력을 얻을 수 있다. 다이어프램형이나 피스톤형은 저압측의 압력을 다이어프램 또는 피스톤에 전달되어 압력이 내려가면 밸브가 올라가서 증기 유량을 늘리고, 압력이 올라가면 밸브가 내려가서 유량이 감소하게 된다.

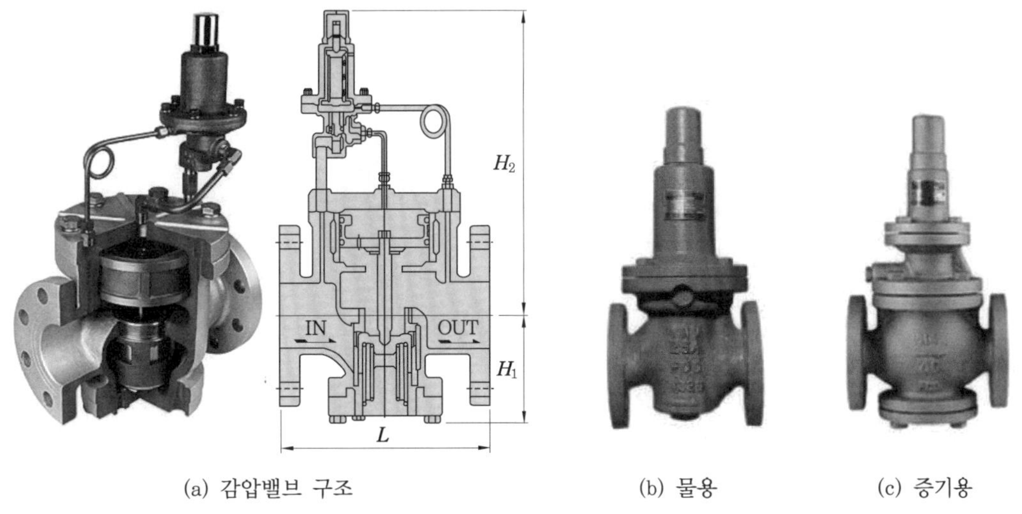

(a) 감압밸브 구조 (b) 물용 (c) 증기용

다이어프램식 감압 밸브

(2) 안전밸브 (safety valve)

유체의 개폐 기구는 글로브 밸브와 같으며, 글로브 밸브는 외력에 의하여 개폐를 하지만 안전밸브는 외력 대신에 스프링의 힘이나 밸브 스템의 중량과 지렛대의 추에 의하여 개폐된다.

안전밸브는 보일러 등 압력 용기와 그밖에 고압 유체를 취급하는 배관에 설치하여 관 또는 용기 내의 압력이 규정 한도에 달하면 내부 에너지를 자동적으로 외부로 방출하여 용기 안의 압력을 항상 안전한 수준으로 유지하는 밸브이다.

보일러와 같이 축적 에너지가 큰 압력 용기에는 반드시 부착하게 되어 있는 안전장치이다. 안전밸브의 일종으로 릴리프 밸브가 있으며, 이것은 압력 유체가 흐르는 배관의 관로에 직접 연결하여 사용하는 밸브로서 관 속의 압력을 일정하게 조정함과 동시에 경보의 목적으로도 사용된다.

밸브의 성능은 분출 압력과 분출 정지 시의 압력, 분출 시의 압력차, 분출 용량의 정확도로 정해진다. 밸브가 열려 증기를 분출할 때, 그 입구 측 압력을 분출 압력, 밸브가 닫혀 증기의 유출이 정지되었을 때, 그 입구 측 압력을 분출 정지 압력, 분출 압력과 분출 정지 압력의 차이를 분출차 압력이라 한다.

(a) 저양정식 (b) 전양정식 (c) 펌프 릴리프용

안전밸브

① 보일러 안전밸브 취출량 계산식 (보일러 구조 규격)

㈎ 저양정 안전밸브

$$W = \frac{(1.03P + 1)\,A}{22}$$

여기서, W : 안전밸브의 취출량 (kg/h)

P : 안전밸브의 취출 압력 (N/m²)

A : 안전밸브의 디스크 시트 구경면적(mm²)이며, 디스크 시트의 각도 45°의 것에 대해서는 0.707배를 면적으로 한다.

㈏ 고양정 안전밸브

- $\frac{D}{15} \leq l < \frac{D}{7}$의 것 $W = \frac{(1.03P + 1)\,A}{10}$
- $\frac{D}{7} \leq l$의 것 $W = \frac{(1.03P + 1)\,A}{5}$

• 디스크 시트의 구경이 경부 지름의 1.15배 이상, 밸브가 열렸을 때의 디스크 시트구의 증기 통로의 면적이 경부 면적의 1.05 이상이고, 또한 밸브의 입구 및 관대의 최소 증기 통로의 면적이 경부 면적의 1.7배 이상의 것으로 한다.

$$W = \frac{(1.03P+1)\,A_0}{2.5}$$

여기서, D : 안전밸브의 지름 (mm)으로 디스크 시트의 지름
l : 안전밸브의 리프트(mm)
A_0 : 안전밸브의 최소 증기 통로의 면적 (mm^2)
W, P, A는 저양정 안전밸브와 같다.

② 압력 용기 안전밸브 취출량 계산식 (압력 용기 구조 규격)

$$W = 230A(P+1)\sqrt{\frac{M}{T}}$$

여기서, W : 안전밸브의 취출량 (kg/h)
A : 안전밸브의 유효 면적(cm^2)으로 다음 산식에 따라 산정하는 것
저양정 안전밸브 : $A = 2.22Dl$
고양정 안전밸브 : $A = 0.785D^2$
D : 안전밸브의 지름 (cm)이며, 저양정 안전밸브에서는 디스크 시트 입구의 지름, 고양정 안전밸브에서는 머리부의 지름으로 한다.
l : 안전밸브의 리프트 (mm)
P : 안전밸브의 취출 압력 (N/m^2)
M : 취출하는 기체의 분자량
T : 취출하는 기체의 온도 (절대온도)

③ 보일러 안전밸브 취출량 계산식 (JIS B 8201)

$$E = \frac{P+1}{22}$$

여기서, E : 증기보일러의 계획 최대 증발량 (kg/h)
P : 최고 사용 압력 (N/m^2)

④ 냉동용 압축기 안전밸브 최소 구경 (냉동기 구조 규격)

$$d_1 = C_1\sqrt{\left(\frac{D}{1000}\right)^2\left(\frac{L}{1000}\right)nNa}$$

여기서, d_1 : 안전밸브의 최소 구경(mm)
D : 실린더 직경(mm)
L : 피스톤 행정(mm)
n : 매분 회전수
N : 실린더 수
a : 단수일 때 1, 복수일 때 2
C_1 : 정수이며, 암모니아 6, 프레온 12=10, 클로로메틸 8, 아황산가스 7

기타 $C_1 = 43\sqrt{\dfrac{G}{PM}}$

여기서, P : 기밀 시험 압력 (N/m²)

M : 분자량

G : −15℃에서의 건조 포화가스의 비중량 (kg/cm²)

⑤ 수액기·응축기 안전밸브 최소 구경 (냉동기 구조 규격)

$$d_2 = C_2\sqrt{\left(\frac{D}{1000}\right)\left(\frac{L}{1000}\right)}$$

여기서, d_2 : 안전밸브의 최소 구경 (mm)

D : 용기의 바깥지름 (mm)

L : 용기의 길이 (mm)

C_2 : 정수이며, 암모니아 6, 프레온 12=10, 클로로메틸 9, 아황산가스=0

기타 $C_2 = 35\sqrt{\dfrac{1}{P}}$

여기서, P : 기밀 시험 압력 (N/m²)

⑥ 고압 설비 안전밸브 취출량 계산식 (고압가스도 같은 방법)

$$a = \frac{W}{230P\sqrt{\dfrac{M}{T}}}$$

압력 용기의 경우와 비교하여 압력 P를 절대 압력으로 표시하고 있다. 또, 압축기에 대해서는 1시간 압축량을 W로 한다.

(3) 온도 조절 밸브 (TCV : Temperature Control Valve)

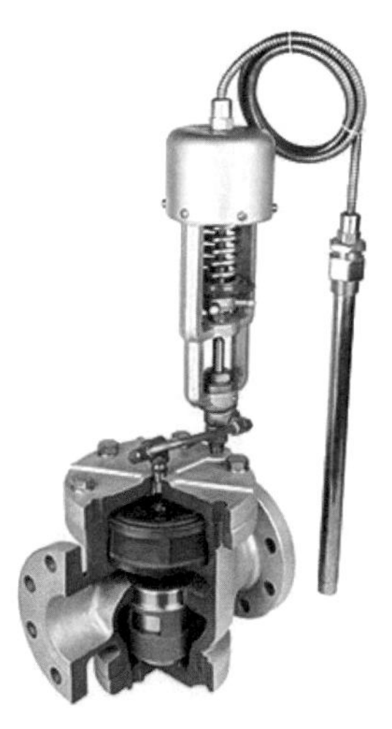

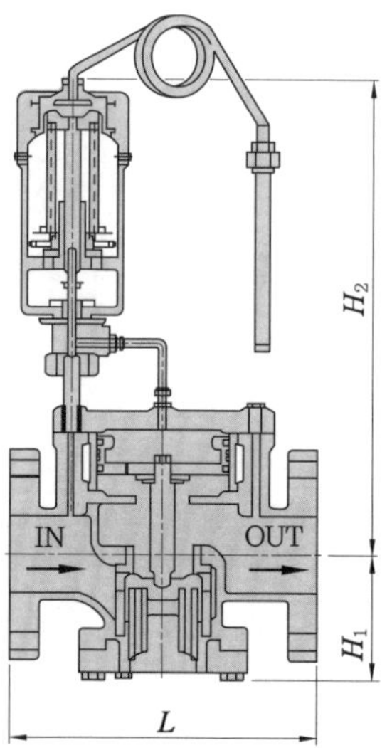

자동 온도 조절 밸브

유체의 온도를 조절하기 위한 것으로 온도의 변화에 매우 민감한 벨로즈의 작용에 의하여 개폐되어, 가열증기 또는 냉각수의 유량을 자동적으로 조절하는 자동 제어 밸브이다. 열교환기나 중유 가열기 등에 사용된다.

(4) 자동 급수기(자동 수준 조정기 : auto level controller)

자동 급수기 보일러의 수준(물의 양)을 그 최대 효율점에 일정하게 자동으로 급수하는 것으로 수위차는 언제나 풍요한 때에 유도되는 것으로 이것으로 인하여 보일러 급수의 부족에 의하여 일어나는 위험을 방지하는 것이다.

(5) 공기빼기 밸브(air vent)

공기용의 공기빼기 밸브는 열동형(熱動型) 또는 열동 플로트 양용형이 있으며, 온수용 공기빼기 밸브는 플로트식을 채용하고 있다. 동체는 청동제, 벨로즈는 청동제, 플로트는 황동제, 버킷은 청동판으로 사용하고 있다.

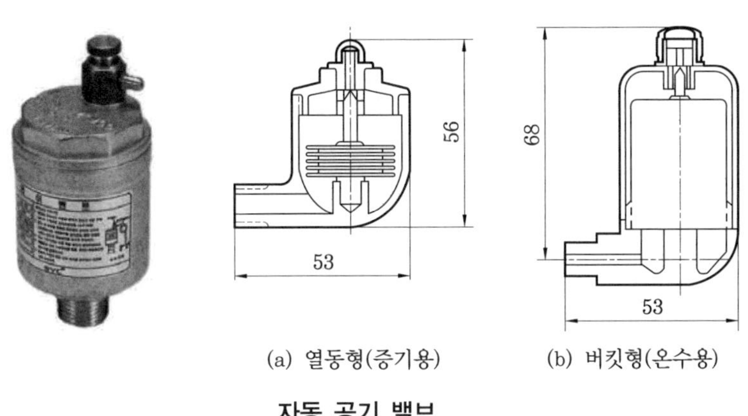

(a) 열동형(증기용) (b) 버킷형(온수용)

자동 공기 밸브

1-6 냉매 배관용 밸브

(1) 냉매 스톱 밸브

이 밸브는 앞에서 설명한 글로브 밸브와 같은 모양의 밸브와 밸브 시트의 구조를 가지고 있으며, 밸브축의 동체 관통부에서 냉매가 새는 것을 방지하기 위하여 석면 패킹 등으로 다진 글랜드 패킹형(보닛형)과 벨로즈에 의하여 축이 봉해진 팩리스형이나 다이어프램으로 축이 봉해진 다이어프램형이 있으며 벨로즈, 다이어프램으로 인하여 지름이 큰 것은 제작할 수 없다.

글랜드형은 모든 축 덮개(캡)를 가지며, 최근에는 거의 팩시트형으로 되어 있어 벨로즈, 팩리스 또는 패킹의 교환이나 밸브 개방 시에 새는 것을 방지하도록 되어 있다.

재료는 동체가 큰 것은 포금제 또는 주철제, 작은 구경의 것은 거의 포금제이며, 밸브 스텔라이트, 밸브 시트는 네루넬메탈 등이 사용되고 있다.

밸브의 재질은 마모를 방지하기 위하여 밸브 시트의 재질보다 단단한 것을 사용한다.

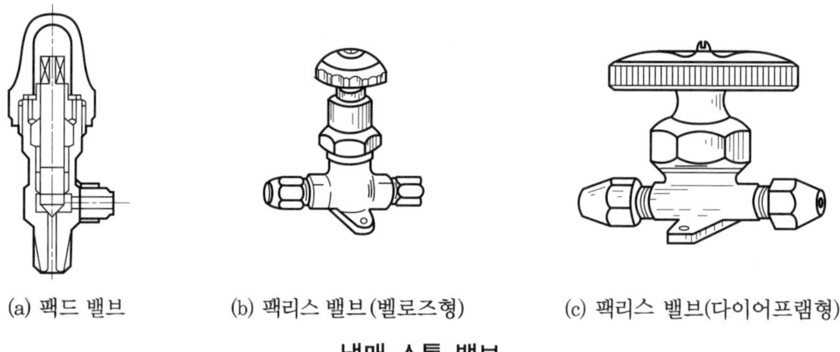

(a) 팩드 밸브 (b) 팩리스 밸브(벨로즈형) (c) 팩리스 밸브(다이어프램형)

냉매 스톱 밸브

(2) 팽창 밸브(expansion valve)

팽창 밸브에는 수동형 팽창 밸브, 정압 팽창 밸브, 열동형 팽창 밸브 등 3종류가 있다.

수동식 팽창 밸브는 수동으로 냉매유로의 유효면적을 조절함으로써 냉매 유량을 가감하는 것이지만 오늘날에는 일부를 제외하고는 거의 사용되지 않는다.

정압식 팽창 밸브는 가정용 냉장고와 같은 작은 용량의 것에 사용되는 것으로 증발기 내의 압력을 일정하게 유지하면서 동작한다.

열동형 팽창 밸브는 오늘날 널리 사용되고 있으며, 액냉매가 증발기를 나올 때 완전히 증발하여 가스화되어 있도록 동작하는 기구로 되어 있으며, 직접 팽창식의 증발기에 사용된다.

재질은 어느 형식의 동체이든 포금제 밸브는 스테인리스제, 밸브 시트는 모넬메탈제, 벨로즈는 인청동제이다.

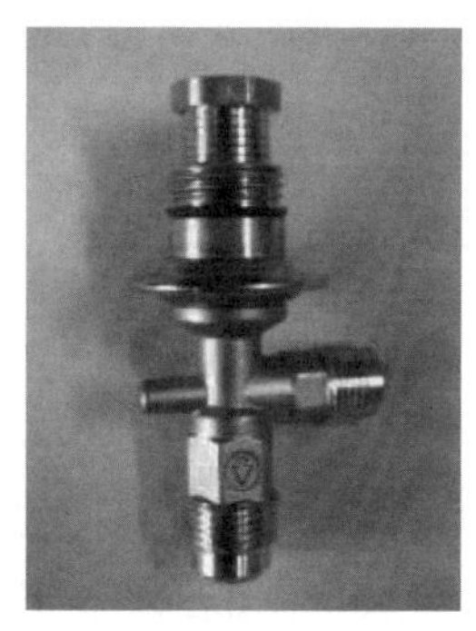

(a) 수동식

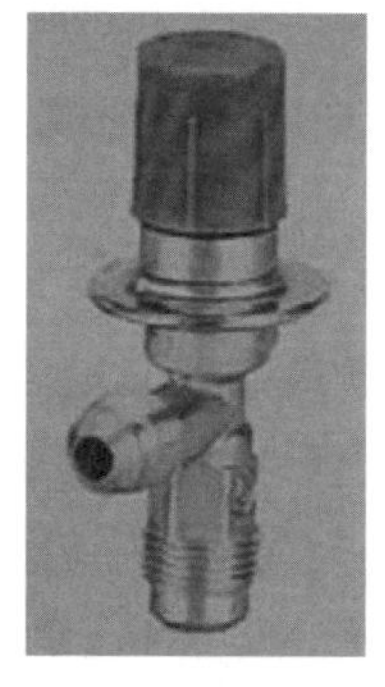

(b) 정압식

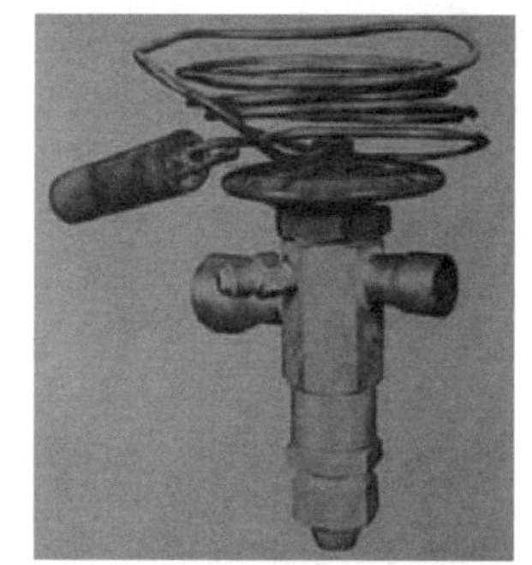

(c) 온도 자동(벨로즈형)

팽창 밸브

(3) 버저 밸브(buzzer valve)

버저 밸브는 플로트 밸브(float valve)의 만액식(滿掖式) 증발기에 사용하는 밸브이며, 증발기 속의 액면을 일정하게 조절하는 저압측 버저 밸브이다.

이 밸브는 증발기 속 냉매액의 양에 따라 열리고 닫히며, 구조는 플로트와 암은 황동제, 서지 체임버(surge chamber)는 주철 또는 강판제로 되어 있다. 니들 밸브는 스테인리스, 밸브 시트는 황동을 사용하며, 플로트 밸브에는 이밖에 고압측의 냉매량을 조정하는 고압 플로트 밸브도 있다.

(4) 압력 조정 밸브(pressure control valve)

압력 조정 밸브는 증발기 중의 부하에는 관계없이 증발기에서 증발한 냉매의 온도를 일정하게 유지하기 위하여 사용되는 것으로 증발기 속의 압력을 가지게 함으로써 이 목적은 달성할 수 있다. 하나의 압축기에는 여러 개의 증발기가 사용되며, 또한 각 증발기의 증발 온도가 다를 때 유효하다.

(5) 전자 밸브(solenoid controlled valve)

전자 밸브는 밸브의 개폐를 전자석의 작용으로 조작하는 특수 밸브이다.

이것은 글로브 밸브에 전자 코일을 부착한 것으로 코일에 전류가 흐르면 전자석에 의하여 니들 밸브가 달린 플런저가 위로 이동하여 밸브가 열리고, 전류가 흐르지 않으면 플런저가 중력에 의해 아래로 내려감으로써 밸브가 닫힌다.

팽창 밸브 바로 앞에 설치하여 압축기가 정지하고 있을 때에는 냉매액이 증발기 속으로 유입되는 것을 방지한다.

(6) 자동 급수 밸브(water regulating valve)

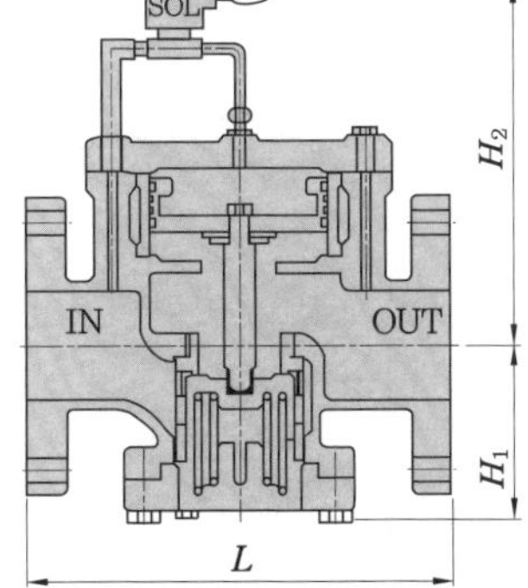

전자 밸브

자동 급수 밸브는 냉동기의 출구 쪽(냉각수의 콘덴서 배출구 쪽)에 설치하는 것으로 압축기의 부하 변동에 대응하여 자동적으로 응축기에 대한 급수량을 가감하는 데 사용되며, 윗부분에 다이어프램 또는 벨로즈가 설치되어 압축기의 고압가스 압력에 의하여 밸브를 상하로 구동시키는 구조로 되어 있다.

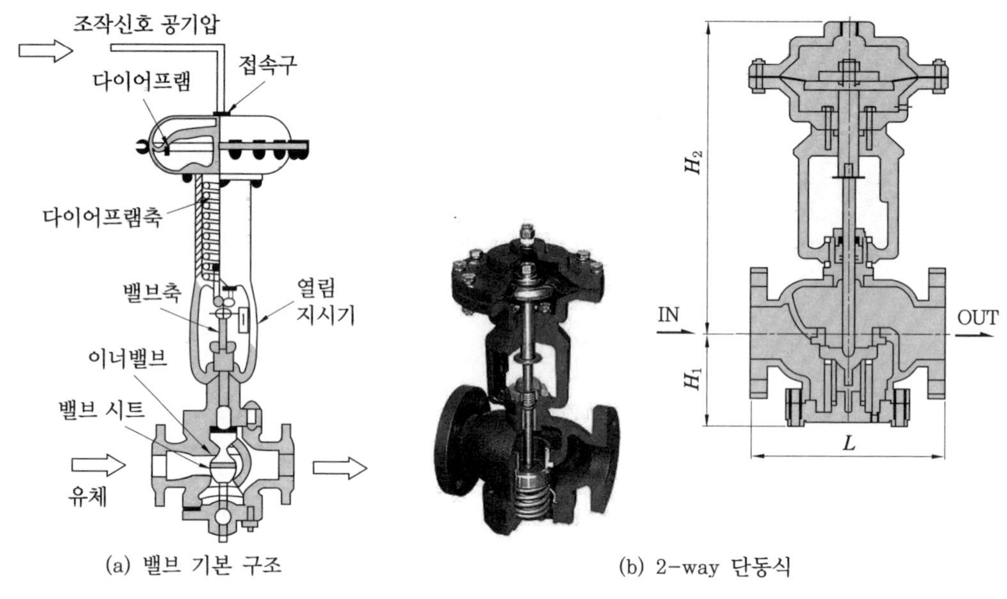

(a) 밸브 기본 구조 (b) 2-way 단동식

다이어프램 밸브

2. 배관 부속

2-1 수전

급수 · 급탕관의 말단에 직결하여 온수와 냉수의 흐름을 개폐하는 장치를 수전(faucet)이라 한다.

수전의 재질은 일반적으로 청동 주물, 황동 주물로 만들며, 일반적으로 니켈 또는 크롬 도금을 한다.

(1) 일반용 수전

일반용 수전의 구조와 부품명은 다음 그림과 같으며, 일반적으로 사용되는 건축 설비용 수전류를 다음 그림에 나타낸다.

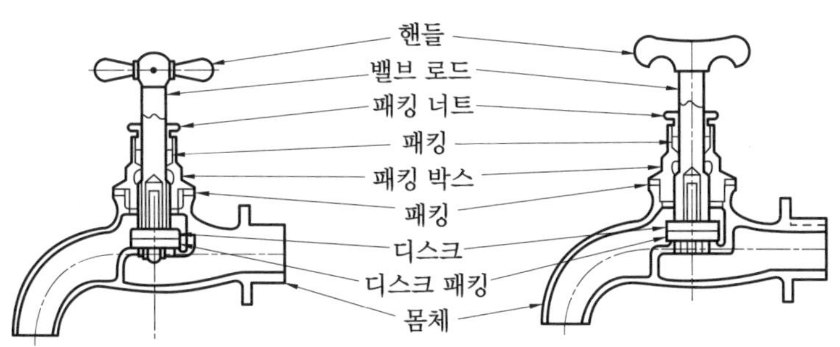

일반용 수도꼭지

① 발코니용 수전

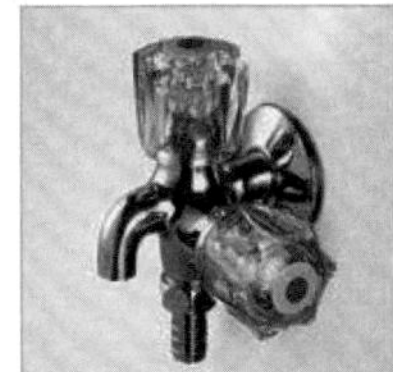
커플링붙이
2구 꼭지(우)

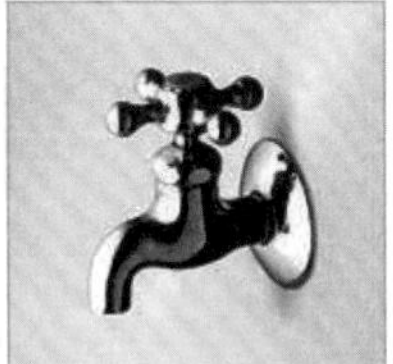
가로 꼭지
(십자 핸들, 청)

커플링 가로 꼭지
(AC 핸들, 청)

커플링 가로 꼭지
(십자 핸들)

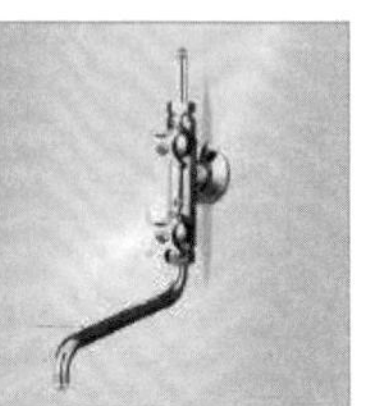
다용도 꼭지
(+자 핸들)

긴 몸통 가로 꼭지
(AC 핸들, 청)

가로 꼭지
(AC 핸들, 청)

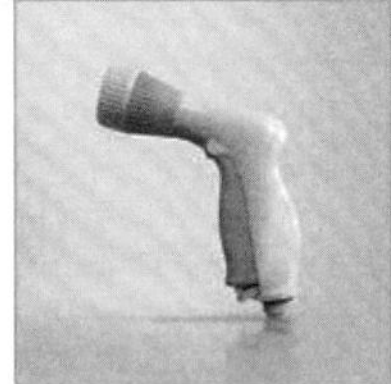
스프레이건 뭉치
B 타입

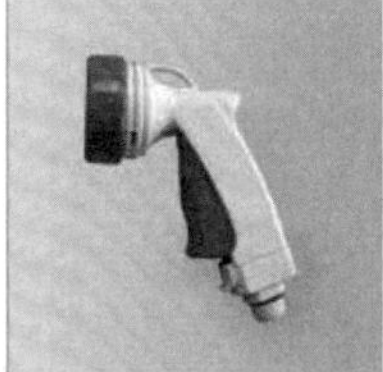
스프레이건 뭉치
A 타입

스프레이건 뭉치

② 변기용 수세 밸브

감지식 대변기 수세 밸브

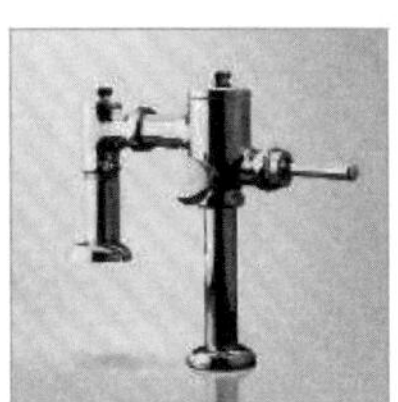
절수형 대·소겸용
수세 밸브

전자감지식 소변기
(건전지식)

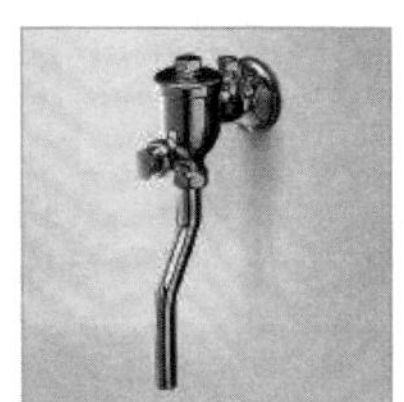
소변기 수세 밸브

③ 세면기용 수전

④ 욕조용 수전

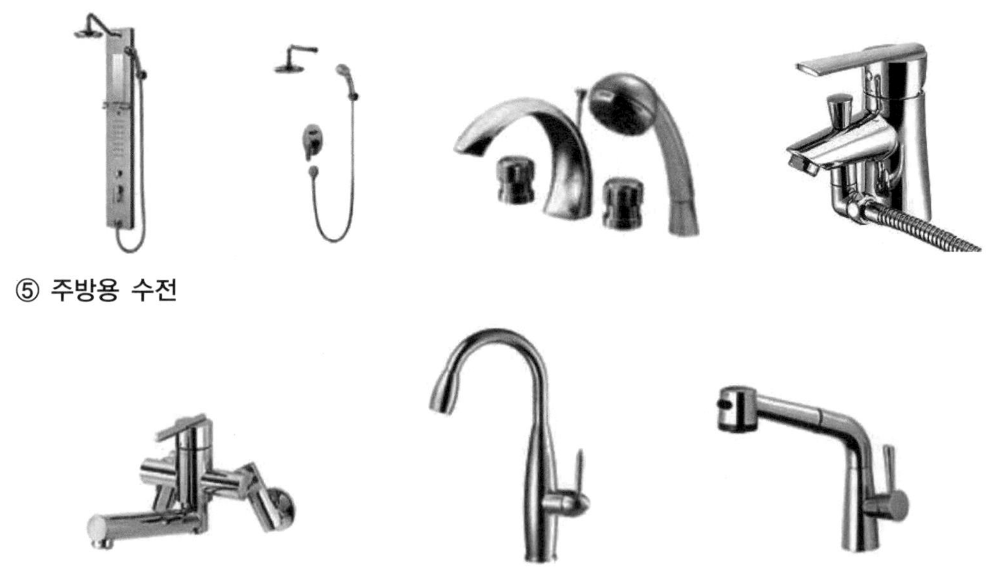

⑤ 주방용 수전

(2) 지수전(止水栓)

지수전에는 갑(甲) 지수전과 을(乙) 지수전의 2종류가 있다. 갑 지수전은 급수장치의 일부 수량을 조절하거나 개폐하는데 쓰이며, 일반적으로 하이 탱크 급수 수직 상향관, 샤워 수직 상향관, 상충 수직 상향관의 중간에 자유롭게 개폐할 수 있는 위치에 설치한다. 관과의 접합 방법에는 강관용 나사 이음 방식과 연관 동관용 납땜 방식 등이 있다.

을 지수전은 갑 지수전과는 달리 공도(公道)와 부지 경계지점의 땅속 수도 분기관에 설치하여 급수장치 전체의 통수(通水)를 제한하는 데 사용한다.

지수전은 보통 지수전 박스로 보호되어 있으며, 급수관의 누수 등 특별한 경우를 제외하고는 마음대로 개폐하지 않는다.

구조는 플러그식으로 90° 회전하면 물이 흐르고, 반대로 90° 회전하면 물의 흐름이 멈추도록 되어 있다.

지수전

(3) 분수전(分水栓 ; corporation stop)

분수전

도로에 매설되어 있는 소구경 급수관에서 40 mm 이하의 급수관을 분기할 때 쓰이는 수전이며, 분수전의 지름은 13 mm, 16 mm, 20 mm, 25 mm까지 있다. 주철관 또는 석면 시멘트관의 소구경 급수관에 직접 접속하거나 또는 분수 새들을 사용하여 부착한다. 분수전은 불단수식(不斷水式) 천공기(물을 끊지 않고 수도관에 구멍을 뚫는 기계)를 사용하여 소구경 급수관의 물을 단수시키지 않고 설치할 수 있다.

(4) 볼 탭(ball tap)

물탱크에 물을 공급하는 데 사용하는 버저(buzzer)식 밸브로 지레 끝에 STS제 또는 합성수지제의 공이 달려 있어 물탱크 속의 물이 일정한 수위까지 도달하면 공의 부력에 의해 밸브가 자동으로 닫혀 항상 물탱크 속에 일정량의 물을 저장하게 되어 있다. 수위 조절 밸브는 물탱크, 감압 물탱크, 수영장 등의 대용량 수위 조절에 사용된다.

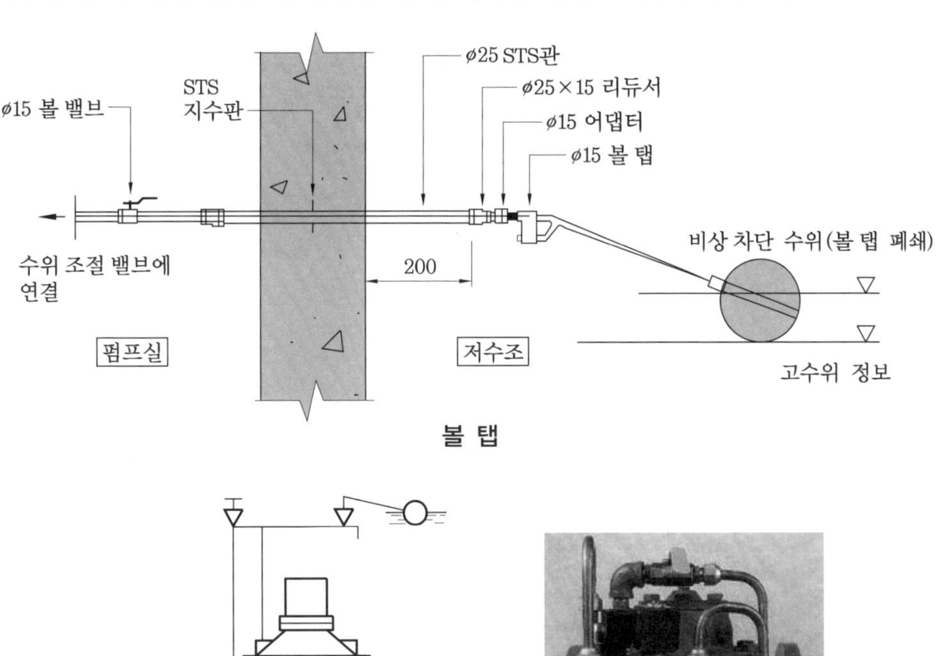

볼 탭

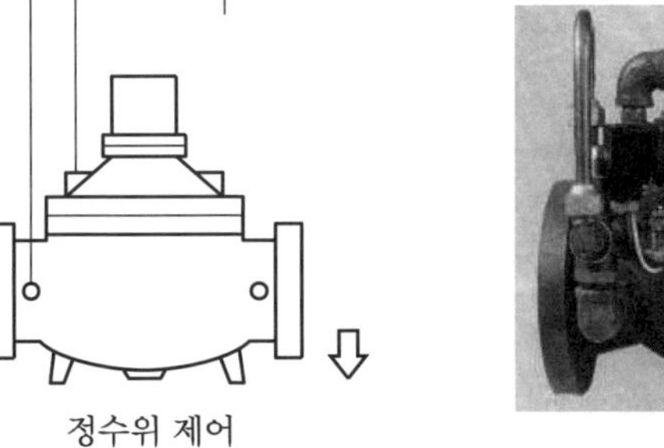

정수위 조절밸브

2-2 스트레이너

스트레이너(strainer)는 증기, 물, 기름 등의 배관에 사용되며, 관내의 오물을 제거할 목적으로 사용된다. 일반적으로 2B 이하는 보금제 나사 조임형이고, $2\frac{1}{2}$B 이상은 주철제 플랜지형이 사용된다. 스트레이너는 형상에 따라 Y형, U형, V형 등이 있다.

(1) Y형 스트레이너

45° 경사진 Y형의 본체에 원통형 금속망을 넣은 것으로 유체에 대한 저항을 적게 하기 위하여 유체는 망의 안쪽에서 바깥쪽으로 흐르게 되어 있으며, 밑부분에 플러그를 설치하여 불순물을 제거하게 되어 있다.

금속망의 개구면적(開口面積)은 호칭 지름 단면적의 약 3배이고 망의 교환이 용이하게 되어 있다.

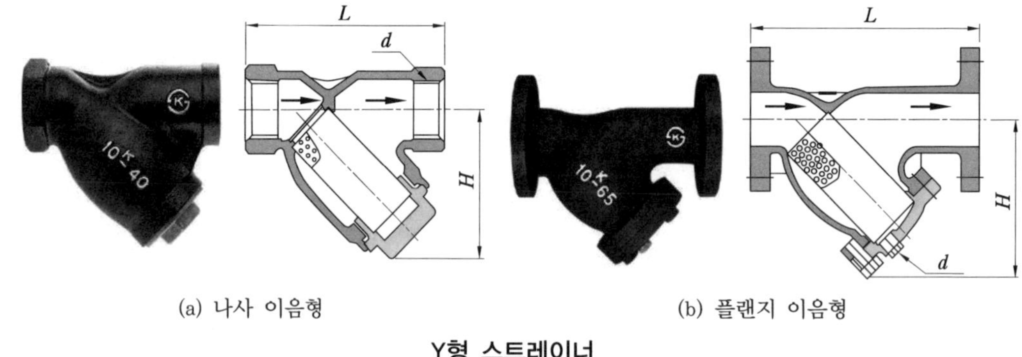

(a) 나사 이음형 (b) 플랜지 이음형

Y형 스트레이너

(2) U형 스트레이너

주철제의 본체 안에 여과망을 겸비한 둥근 통을 수직으로 넣은 것으로 유체는 망의 안쪽에서 바깥쪽으로 흐른다. 구조상 유체는 직각으로 흐름의 방향이 바뀌므로 Y형 스트레이너에 비하여 유체에 대한 저항은 크나 보수, 점검이 용이하며 주로 오일 스트레이너로 많이 사용한다.

(3) V형 스트레이너

V형 스트레이너는 주철제의 본체 속에 금속망을 V자 모양으로 넣은 것으로 유체가 이 망을 통과하여 오물이 여과되며 구조상 유체는 스트레이너 속을 직선적으로 흐르므로 Y형이나 U형에 비해 유속에 대한 저항이 적으며, 여과망의 교환이나 점검이 편리하다.

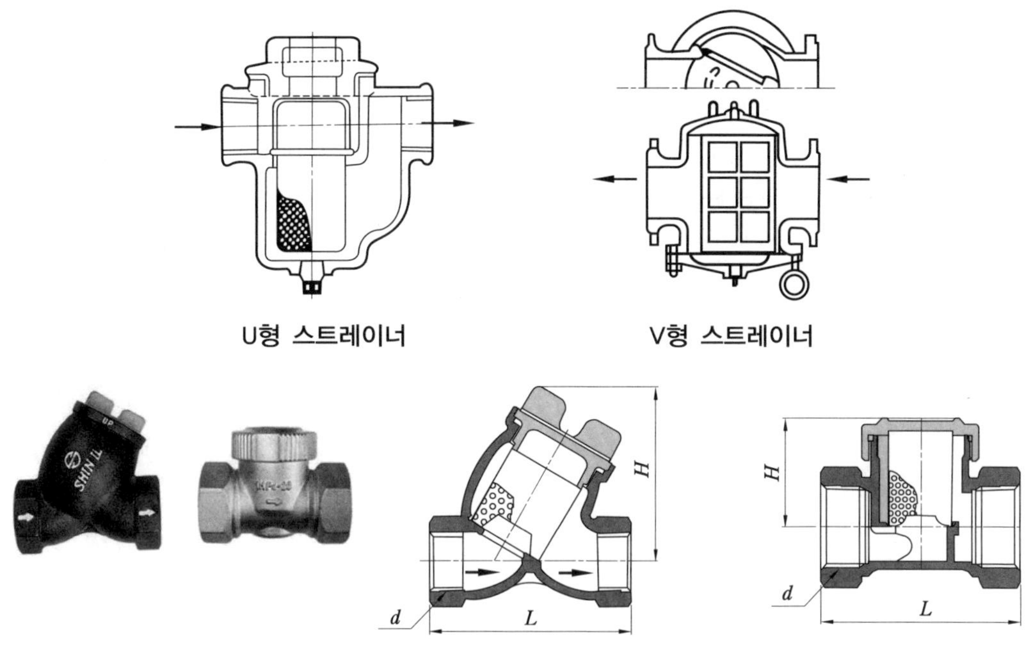

U형 스트레이너　　V형 스트레이너

이물질 부상 포집형 스트레이너(상향식)

2-3 트랩

(1) 증기 트랩(steam trap)

증기 트랩(trap)은 방열기 또는 증기관 속에 생긴 응축수 및 공기를 증기로부터 분리하여 증기는 통과시키지 않고 응축수만 환수관으로 배출하는 장치이다. 일반적으로 증기관의 끝이나 방열기 환수구 또는 응축수가 모이는 곳에 설치한다. 증기 트랩의 종류에는 열동식 트랩, 버킷 트랩, 플로트 트랩, 임펄스 증기 트랩 등이 있고 작동 압력, 배출량 등에 따라 용도가 달라진다.

① **열동식 트랩** : 사용 압력에 따라 저압용과 고압용이 있으며, 형식에 따라 앵글형과 스트레이트형으로 구분할 수 있다.

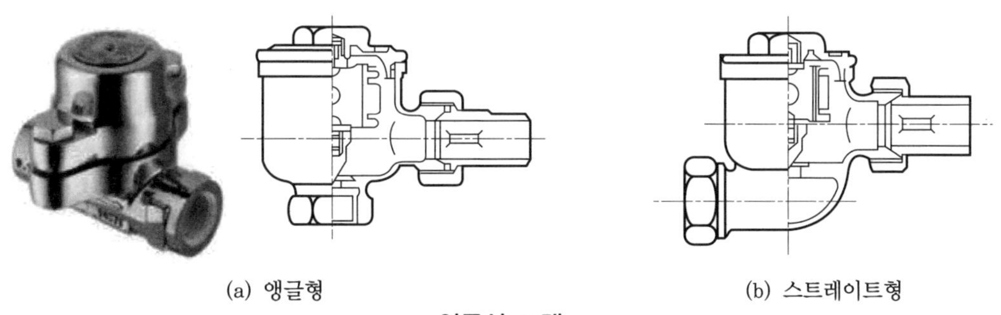

(a) 앵글형　　(b) 스트레이트형

열동식 트랩

이 트랩은 실폰 트랩이라고도 하며, 벨로즈는 인청동의 박판으로 만들어 내부에 휘발성이 높은 액체(에텔)를 채운 것으로 방열기의 출구 쪽에 설치한다.

벨로즈의 주위에 증기가 오면 에텔이 증발하여 팽창하므로 벨로즈가 늘어나 밸브를 닫으며, 드레인(응축수)이나 공기가 고이면 온도가 내려가 벨로즈가 수축하여 밸브를 연다. 내부 압력이 낮아 98 kPa 이하의 방열기 파이프 말단 트랩에 사용되며, 또한 공기를 통과시키므로 에어 리턴(air return) 방식이나 진공 환수관 방식의 배관에 사용된다.

② **버킷 트랩 (bucket trap)** : 이 트랩은 버킷의 부력에 의해 밸브를 개폐하여 간헐적으로 응축수를 배제하는 구조로 되어 있고, 버킷의 부력은 증기의 압력에 의하여 조작되므로 증기관과 환수관의 압력차가 있어야 하며 압력차가 98 kPa일 때, 이론상 10.33 m까지 응축수를 수직으로 밀어올려 배출할 수 있으나 실제로는 8 m 이하까지 밀어올릴 수 있다. 또한 압력차가 충분하지 못한 저압 증기관에서는 응축수의 배출이 완전히 이루어지지 않는다.

버킷 스팀 트랩

버킷 트랩은 고압, 중압의 증기관에 적합하며, 환수관을 트랩보다 윗쪽에 배관할 수도 있으며, 버킷의 위치에 따라 상향식과 하향식이 있다.

㈎ 상향식 버킷 트랩 : 오픈 트랩(open trap)이라고도 하며, 트랩에 응축수가 들어오면 처음에는 버킷 바깥쪽 A에 고이고, 버킷 B는 그 부력으로 떠올라 밸브 C를 닫는다. 응축수가 서서히 충만하여 넘쳐 버킷 속으로 흘러 들어가면 버킷이 무거워져 부력을 잃고 가라앉아 밸브 C가 열린다. 밸브가 열리면 응축수는 버킷 속의 수면에 작용하는 증기의 압력에 의하여 배출하게 된다.

㈏ 하향식 버킷 트랩 : 이 형식은 버킷의 위치가 상향식에 비하여 거꾸로 놓여 있으며, 트랩 아래로부터 증기 및 응축수가 들어오면 버킷은 증기로 가득차서 부력을 받아 위로 떠오르고 밸브가 닫힌다. 버킷 속의 증기는 응축수가 고임에 따라 버킷 상부의 작은 구멍으로 배출되고 증기가 배출되면 버킷은 부력을 잃고 자중으로 하강하여 밸브가 열리고 응축수와 공기가 배출된다. 배출이 끝나면 버킷에 다시 증기가 차고 부력을 받아 밸브가 닫힌다.

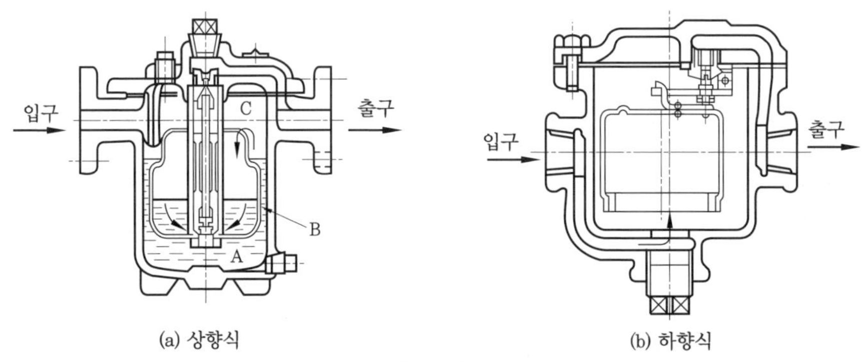

(a) 상향식　　(b) 하향식

버킷 트랩

③ **플로트 트랩**(float trap) : 이 트랩은 일명 다량(多量) 트랩이라고도 하며, 플로트의 부력을 이용하여 밸브를 개폐한다. 사용 압력은 저압, 중압(392 kPa 정도)의 공기가열기, 열교환기 등에서 다량의 응축수를 처리할 때 사용되며, 공기를 배출할 수 없으므로 필요할 때에는 열동식을 병용하여 상부 공기 배출관을 통해 온도가 낮은 공기를 배출할 수 있도록 유도한다.

④ **임펄스 증기 트랩**(impulse steam trap) : 이 트랩은 실린더 속의 온도 변화에 따라 연속적으로 밸브가 개폐하며, 구조가 극히 간단하고 취급하는 드레인의 양에 비하여 소형이다. 공기를 배출할 수 있고 고압, 중압, 저압 어느 것에나 사용할 수 있으나 결점으로는 증기가 다소 새는 점이다. 구조는 원반 모양의 밸브 로드와 디스크 시트로 구성되어 있다.

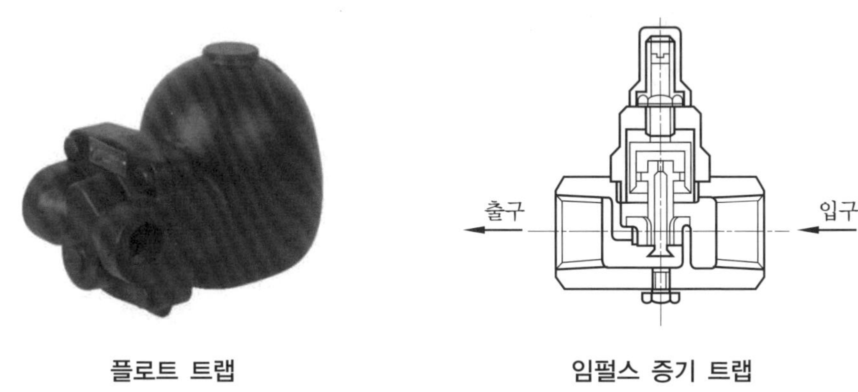

플로트 트랩 **임펄스 증기 트랩**

(2) 배수 트랩(waste trap)

이 트랩은 하수관 속에서 발생한 가스가 배수관을 통해 기구 배수구에서 실내로 역류하는 것을 방지하는 수봉식(水封式) 방취기구(防臭器具)로서 재질은 주철제, 청동제, 황동제 및 도기제 등이 있다.

구조는 배수장치의 일부에 물이 고이게 하고 물은 자유로이 통과하되 공기나 가스의 유통을 차단한다. 트랩 봉수의 깊이는 50~100 mm로 하고, 50 mm보다 낮으면 가스나 공기가 통과할 염려가 있으며, 100 mm보다 깊으면 배수할 때 자기 세척력이 약해져서 트랩의 바닥에 찌꺼기가 고여 막힘의 원인이 된다.

배수 트랩은 구조상 관 트랩과 박스 트랩으로 크게 나눌 수 있다.

① **관 트랩** : 이 트랩은 곡관의 일부에 물을 고이게 하여 공기나 가스의 관통을 저지시킨 사이펀식 트랩으로 그 종류는 형상에 따라 S 트랩, P 트랩, U 트랩 등이 있다.

㈎ S 트랩 : 바닥에 설치하는 청소용 수채, 세면대 등의 배수관에 접속하게 되어 있다.

㈏ P 트랩 : 세면기, 청소용 수채 등의 벽에 매설하는 배수관에 접속하게 되어 있다.

㈐ U 트랩 : 하우스 트랩 또는 메인 트랩이라고도 하며, 옥내 배수 수평주관에 설치한다.

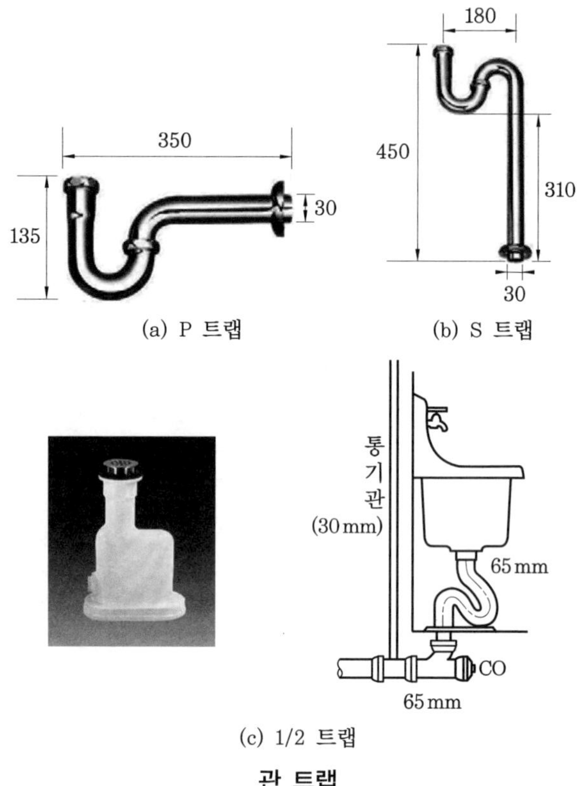

(a) P 트랩 (b) S 트랩

(c) 1/2 트랩

관 트랩

② **박스 트랩** : 이 트랩에는 사용처에 따라 벨 트랩, 드럼 트랩, 그리스 트랩, 가솔린 트랩 등으로 나누어진다.

㈎ 벨 트랩 : 이 트랩은 그림 (a)에서 보는 바와 같이 주로 바닥 배수에 사용하며, 캡을 씌우지 않고 사용하면 트랩의 역할을 하지 못한다. 봉수는 자연 증발로 말라버리기 쉬우므로 주의를 해야 한다.

㈏ 드럼 트랩 : 이 트랩은 그림 (b)에서 보는 바와 같이 개숫물 배수장에 사용하며, 개숫물 속의 찌꺼기를 트랩 바닥에 모이게 하여 배수관에 찌꺼기가 흐르지 않게 방지하는 것이다.

㈐ 그리스 트랩 : 이 트랩은 그림 (c)에서 보는 바와 같이 식당 주방의 배수에 사용하는 것으로 배수 속에 포함된 지방분이 배수관에 부착하여 관이 막히는 것을 방지하기 위하여 사용하는 트랩이다.

㈑ 가솔린 트랩 : 이 트랩은 그림 (d)에서 보는 바와 같이 휘발성의 기름, 휘발유 등을 취급하는 차고나 주유소 등의 배수관에 설치하며, 배수에 기름이나 휘발유 등이 혼입되지 않도록 이들을 분리하는 구조로 되어 있다.

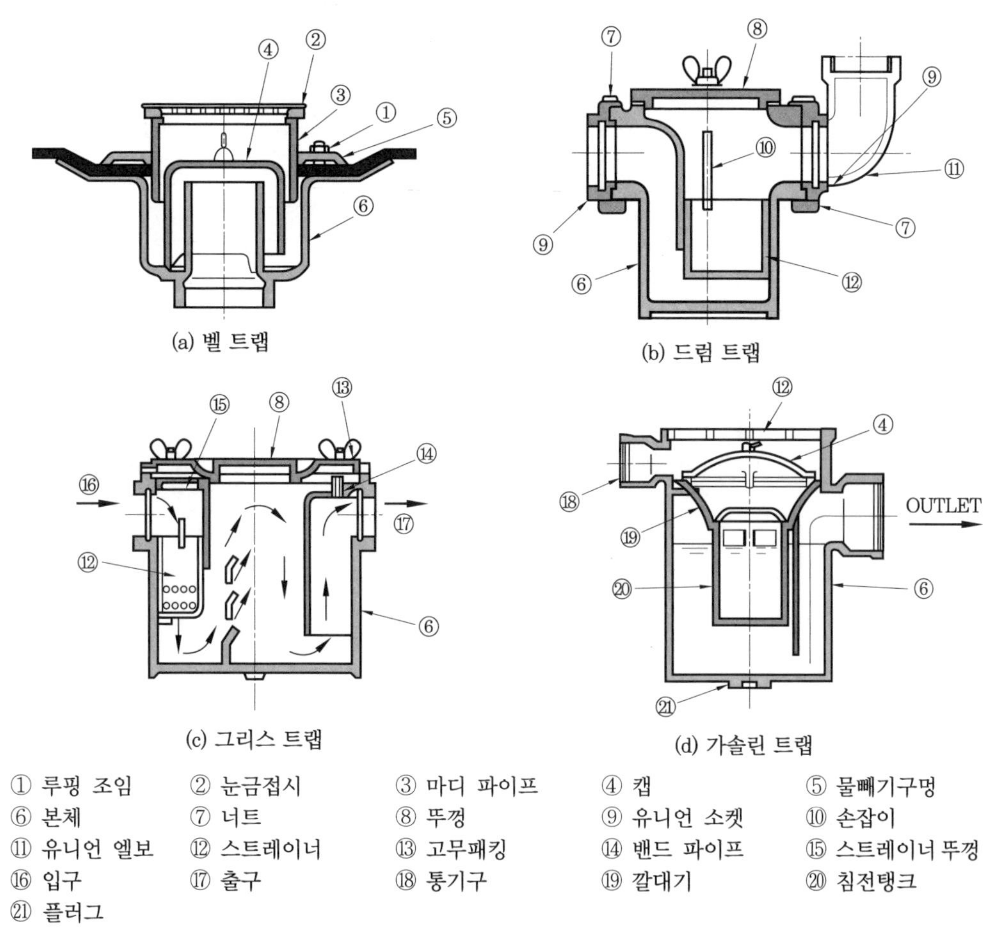

박스 트랩

2-4 관 지지 장치 (pipe support)

지지 금속은 앵글, 연강, 환봉, 평강 등으로 만들며 파이프의 이동을 방지하기 위해 건물에 견고하게 설치한다. 인서트는 지지 금속을 장치하기 위해 미리 천장, 바닥, 벽 등에 매립하여 두는 것으로 자재 인서트와 고정 인서트가 있다.

지지 금속은 배관의 상태에 따라 수평 배관 지지 금속, 수직 배관 지지 금속, 고정 금속 등으로 나누어진다.

(1) 수평 배관 지지 금속

파이프의 신축을 자유로이 하기 위한 롤러 장치의 것이 있고 구배를 조정하기 위한 턴버클(turn buckle)이 장치된 것이 있다.

(2) 수직 배관 지지 금속

수직 파이프가 바닥을 관통하는 경우에는 바닥에 슬리브를 넣어 파이프의 신축을 자유로이 하고 트랜스버스 스윙을 방지하기 위해 층이 높으면 도중에 지지 금속을 설치한다.

(3) 고정 금속

관의 신축에 대하여 관의 이동을 방지하는 것이 목적이며, 건물에 견고하게 설치 부착한다. 고정 금속의 모양은 고정 장소에 적합한 모양으로 제작해야 한다.

(a) 단축 행어(구형)
(b) 절연 행어
(c) 크레비스 행어
(d) 원터치 행어
(e) P형 행어
(f) 파이프 행어
(g) 롤러 행어
(h) 롤러 체어
(i) 라이저 클램프
(j) 빔 클램프

고정 금속

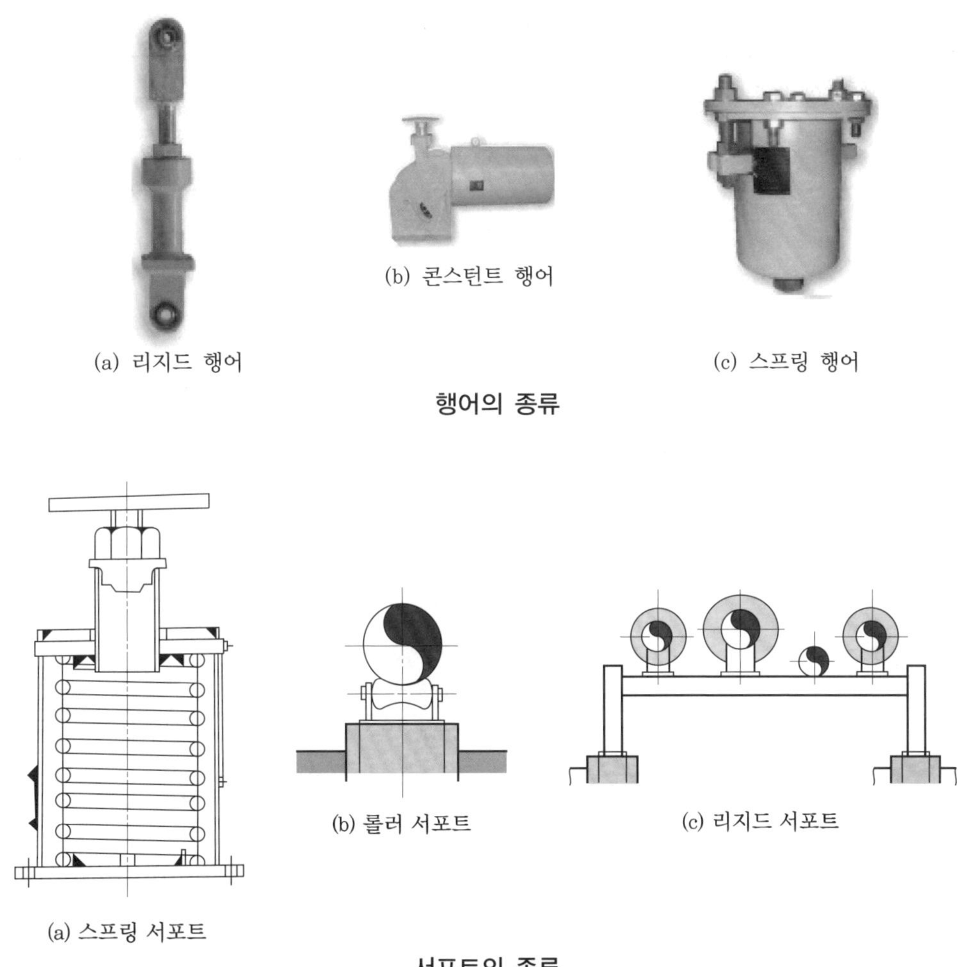

(a) 리지드 행어 (b) 콘스턴트 행어 (c) 스프링 행어

행어의 종류

(a) 스프링 서포트 (b) 롤러 서포트 (c) 리지드 서포트

서포트의 종류

(4) 관 지지의 조건

① 관과 관 내의 유체, 보온재를 포함한 중량을 지지하는데 충분한 강도를 보유할 것
② 온도 변화에 따른 관의 신축에 대해 적합할 것
③ 배관 시공에 있어 구배를 손쉽게 조정할 수 있는 구조일 것
④ 외부의 진동과 충격에 대해 충분히 견딜 수 있는 견고한 것
⑤ 처짐을 방지하기 위하여 간격이 적당할 것

(5) 배관의 지지 간격

배관의 지지는 층간의 변위, 수평 방향의 신축 속도에 대한 응력, 필요에 따라 좌굴 응력을 검토해 지지 구간 내에서 관이 진동하지 않도록 간격을 조절하여야 하며, 관의 표준 간격은 다음 표와 같다.

배관의 지지 간격

배관	배관재	관 지름	간격
수직관	동관 강관 염화비닐관		1.2 m 이내 각층 1개소 이상 1.2 m 이내
수평관	동관	20 mm 이하 25~40 mm 50 mm 65~100 mm 125 mm 이상	1.0 m 이내 1.5 m 이내 2.0 m 이내 2.5 m 이내 3.0 m 이내
	강관	20 mm 이하 25~40 mm 이하 50~80 mm 90~150 mm 200 mm 이상	1.8 m 이내 2.0 m 이내 3.0 m 이내 4.0 m 이내 5.0 m 이내

관 지지 금구의 분류

<table>
<tr><th rowspan="2">번호</th><th colspan="2">대구경용</th><th colspan="2">소구경용</th><th rowspan="2">비고</th></tr>
<tr><th>명칭</th><th>용도</th><th>명칭</th><th>용도</th></tr>
<tr><td rowspan="3">1</td><td rowspan="3">서포트
(support)
또는 행어
(hanger)</td><td rowspan="3">배관계 중량을 지지하는 장치(위에서 달아매는 것을 행어(hanger), 밑에서 지지하는 것을 서포트라 함)</td><td>리지드 행어
(rigid hanger)</td><td>수직 방향 변위가 없는 곳에 사용</td><td rowspan="3"></td></tr>
<tr><td>베리어블 행어
(variable hanger)
또는 스프링 행어
(spring hanger)</td><td>변위가 적은 개소에 사용</td></tr>
<tr><td>콘스턴트 행어
(constant hanger)</td><td>변위가 큰 개소에 사용</td></tr>
<tr><td rowspan="3">2</td><td rowspan="3">레스트
레인트
(restraint)</td><td rowspan="3">열팽창에 의한 배관 관계의 자유로운 움직임을 구속하거나 제한하기 위한 장치</td><td>앵커
(anchor)</td><td>완전히 배관 관계 일부를 고정하는 장치</td><td rowspan="3"></td></tr>
<tr><td>레스팅
(resting)</td><td>관의 회전은 허용되지만 직선운동을 방지하는 장치</td></tr>
<tr><td>가이드
(guide)</td><td>관이 회전하는 것을 방지하기 위한 장치</td></tr>
<tr><td rowspan="2">3</td><td rowspan="2">브레이스
(brace)</td><td rowspan="2">열팽창 및 중력에 의한 힘 이외의 외력에 의한 배관 이동을 제한하는 장치</td><td>방진구
(swing defense)</td><td>주로 진동을 방지하거나 감쇠시키는 장치</td><td rowspan="2">레스트레인트식,
스프링식,
유압식,
리지드식</td></tr>
<tr><td>완충기
(buffer)</td><td>주로 진동 water hammering, 안전밸브 토출반력 등에 의한 충격을 완화하기 위한 장치</td></tr>
</table>

배관은 길이가 길어 관 자체의 무게, 열에 의한 신축, 유체의 흐름에서 발생하는 진동이 배관에 작용한다. 이러한 하중, 진동, 신축은 관로에 접속된 기계 및 계측기의 노즐에도 작용하여 변형을 일으켜 기기의 성능을 저하시킨다.

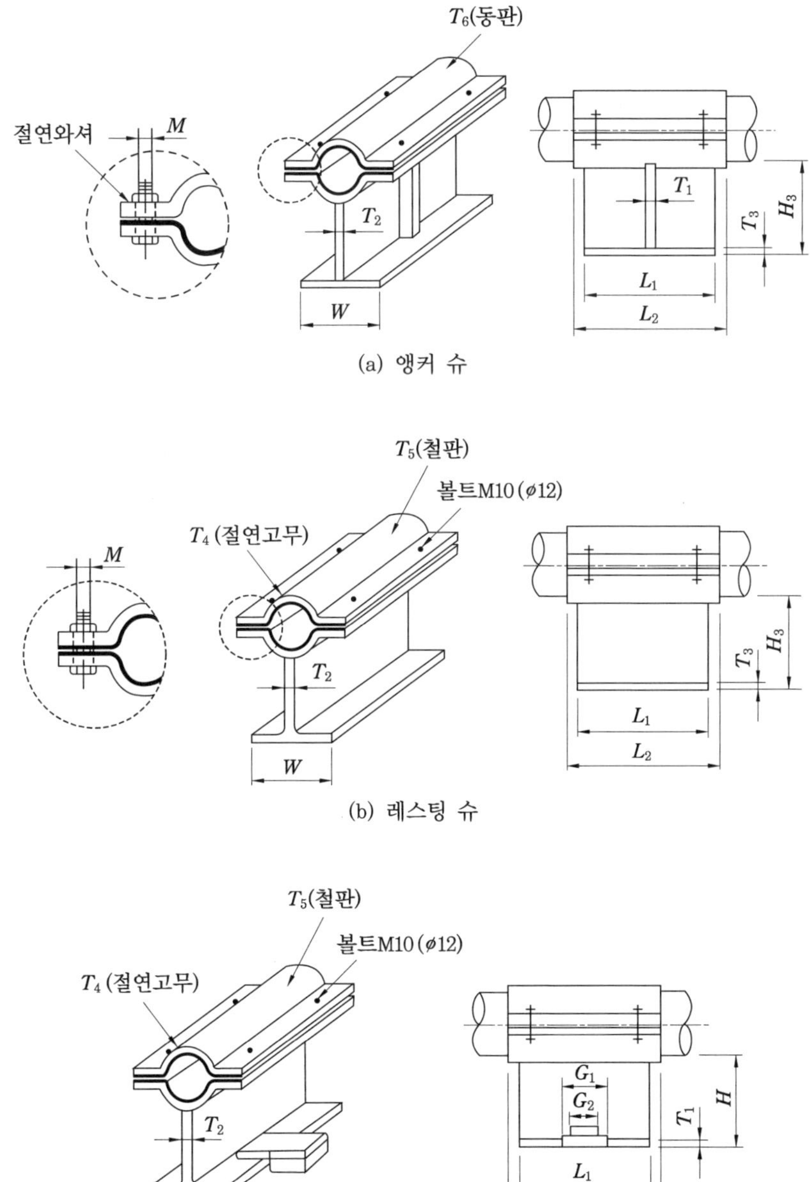

관 지지 장치의 종류

2-5 패킹

(1) 패킹의 성질과 용도

패킹(packing)은 접합부에서 새는 것(누수, 누기, 누유 등)을 방지하기 위하여 사용하는 것으로 일반적으로 개스킷이라 한다. 개스킷은 두 플랜지의 사이에 끼워 그 조임 너트의 조이는 힘에 의해 압축되어 플랜지에 밀착하여 새는 것을 방지하는 것이다. 이때 개스킷은 약간 탄성을 가지고 있어야 한다. 그 이유는 어떤 원인으로 볼트가 늘어났을 때 개스킷에 탄성이 없으면 즉시 새기 때문이다.

배관용 개스킷을 선정할 때 고려해야 할 점은 다음과 같다.

① **관내 물체의 물리적 성질** : 온도, 압력, 가스와 액체의 구분, 밀도, 점도 등

② **관내 물체의 화학적 성질** : 화학 성분과 안정도, 부식성, 용해 능력, 휘발성, 인화성과 폭발성 등

③ **기계적 성질** : 교환의 난이, 진동의 유무, 내압과 외압의 정도 등

이상의 조건을 모두 검토한 후에 종합적으로 가장 적합한 개스킷 재료를 선정해야 한다. 개스킷 재료의 종류로서는 다음의 6종류로 구분할 수 있다.

① 고무류와 그 가공품
② 식물 섬유 제품
③ 동물 섬유 제품
④ 광물 섬유 제품
⑤ 합성수지 제품
⑥ 금속 제품

(2) 고무류와 그 가공품

고무류는 탄성이 크고 약품에 침식되지 않으므로 개스킷 재료로서 널리 사용되고 있다. 강도를 필요로 할 때에는 섬유류 또는 금속망을 섞은 개스킷이 사용된다.

재질		특징	용도	온도범위(℃)	사용 제한
고무	천연고무	강인, 강성 Duro 경도 80 이하, 비압축성, 내수성	열탕, 냉수, 저압증기, 가스, 약산, 약알칼리	－54～＋129	저압에만 사용, 고온고압에는 부적합, 유류에는 절대로 부적합
	부나 S	천연고무보다 내수성 양호, Duro 경도 90 이하, 전단 응력이 크다. 내마모성 비압축성	물, 약산, 약알칼리 등이 가장 일반적	－57～＋120	가솔린, 기름, 용제, 약산에는 부적합

고무	부나 N	Duro 경도 40~90, 내마모성, 내열비압축성, 인장 강도가 크다.	열탕, 냉수, 증기, 약산, 약알칼리, 가솔린, 기름, 방향족 용제	−54~+150	산화할로겐화 용제에는 부적합, 빛에 약함
	네오프렌	Duro 경도 40~80, 내마모성, 내구제성, 압축불능, 유황에 의한 경화 불가능	열탕, 냉수, 가스 및 아닐린점 107℃ 이상의 비방향족유, 함유황제	−46~+121	아닐린점이 낮은 기름에 대해서는 팽창한다.
	부틸	내수, 고온에서 강성 양호, 상온에서서는 불량	물, 증기, 가스, 알칼리 약산	−57~+121	기름, 용제, 가솔린에는 극히 부적합
	티오콜	Duro 경도 50~90, 내용제성 최량, 저온성 양호, 팽창·수축 작음, 유황에 의한 경화 불가능	탄화수소, 에스테르, 에틸케톤, 용제, 물, O링으로서 사용	−57~+100	볼트 조임이 큰 곳에는 사용 불가, 할로겐화 용제에는 부적합
	실리콘	고온, 저온에서 강성 양호, 내산화성, 내수성	고온을 제외하고 다른 고무의 용도와 같다. 아닐린점이 높은 기름	−73~+232	아닐린점이 낮은 기름, 가솔린, 벤젠과 같은 용제 및 고압증기에는 부적합

(3) 플라스틱

대체로 내수성 및 내약품성이 좋고 종류에는 테프론, 켈 F, 폴리에틸렌, 페놀수지 등이 있다.

재질		특징	용도	온도범위(℃)	사용 제한
플라스틱	테프론	내열성 양호, 압축불가능, 탄성점착성 없음	개스킷에 강성을 주기 위하여 다른 재료와 함께 사용한다.	−68~+260	400℃에서 가스에 분해
	켈 F	화학약품, 용제, 풍화작용에 견딘다. 저온에서도 강성 양호	화학약품	−196~+199	탄화수소, 용제 및 열탕에 대해 수축한다.
	폴리에틸렌	Duro 경도 45~95, 탄성 양호, 저온에서도 유연성 있음	화학약품, 저온용	−62~+121	초산, 아닐린(100%), 니트로벤젠 또는 고온의 NCN에는 부적합
	페놀수지	강하고 굳으며, 내수성 양호	표류 전류의 흐름을 방지		전식 방지용으로만 사용

(4) 금속 패킹

금속성 개스킷에는 철, 동, 황동, 알루미늄, 모넬메탈, 스테인리스강, 크롬강 등이 있으나 냉온방 배관에서는 주로 연, 때로는 동이 사용되는 경우가 있다.

고온·고압의 증기 배관에는 철, 동, 크롬강 등의 개스킷이 사용된다. 금속 개스킷의 결점은 일반적으로 금속의 탄성이 고무와 같이 좋지 않으므로 일단 세게 조여진 볼트가 온도로 인하여 팽창하거나 진동으로 인하여 다소 느슨해지더라도 금속의 탄성으로 접합면의 압력을 일정하게 유지하는 것이 매우 어려우므로 새는 경우가 많다.

재질		특징	용도	온도범위(℃)	사용 제한
금속	납	내부식성 우수	황산 등 부식성 물질에 널리 쓰인다.	100 이하	고온에서 크리프가 심하다.
	주석		순간중성 용액	93 이하	산, 알칼리에 약하다.
	알루미늄	내부식성, 산화피막이 방청 코팅의 역할을 한다.	부식성 물질, 고온의 유황을 함유한 가스	427 이하	강산, 강알칼리에 의해 약간 침식된다.
	동, 황동	내부식성 우수	고온 이외의 내부식성 개스킷으로서 양호	316 이하	산화성 산, 암모니아액, 염소, 유황에 침식된다.
	모넬	넓은 온도범위, 내부식성 우수	부식성 물질, 산, 알칼리, 증기 기타 고온에서 만능	861 이하	강산화성 물질과 강염화수소에는 부적합, 260℃ 이하의 유황을 함유한 가스에 침식되어 물러진다.
	니켈	내부식성은 모넬에 뒤진다.	510℃까지의 염소에 대하여 양호	760 이하	427℃ 이상의 증기에 물러진다.
	연동		개스킷 응력이 작은 이음쇠, 강산, 알칼리에 양호	538 이하	316℃ 이상의 유황을 함유한 가스에는 적합치 않다. 개스킷 응력이 큰 이음쇠에는 부적합
	크롬 몰리브덴강	4~6 Cr, Mo 5	내산화성, 증기, 링형 이음쇠로 널리 쓰임	649 이하	보통 철보다 내식성이 좋다.
	스테인리스강	11~14 Cr	고온에서 내산화성으로 사용	704 이하	특수 용도
		18 Cr, 8 Ni	부식성 물질에 널리 사용	427 이하	황산 할로겐액에 부적합
		18 Cr, 8 Ni, Cb 처리	고온용	927 이하	내식성은 Cb 처리에 영향을 받지 않는다.
		18 Cr, 8 Ni, Mo 함유	내식성의 용도로 쓰임	427 이하	427~816℃에서 부식한다.

참고 오일 실 패킹(oil seal packing)

한지를 여러 겹 붙여 내유 가공한 식물성 섬유 제품으로 내유성은 좋으나 내열성은 떨어진다. 압력이 낮은 보통 펌프나 기어 박스 등에 사용된다.

(5) 기타

코르크, 석면, 식물성 파이버, 가죽 등이 있으며, 각 용도에 적합하게 사용한다.

재질		특징	용도	온도범위(℃)	사용 제한
코르크	합성 코르크	연하고 강성, 압축성, 마찰력이 크다.	강한 볼트 조임이 필요치 않는 곳. 기름, 방향족 용제	0~+71	늘 물에 닿는 곳. 알칼리 및 부식성 산에는 부적합, 저온에 한한다.
	코르크와 고무	고무에 의해 화학적 성질을 바꾼다. Duro 경도 25~90, 마찰력이 크다.	강한 볼트 조임이 필요 없는 이음쇠	−18~+211	고온 증기에는 부적합, −18℃ 이하에서는 굳어서 휘지 않는다.
석면	백색 석면	직포는 유연성, 압축 시트는 강인, 내구성, 비교적 비압축성	비교적 고온에서 쓰임. 약산, 약알칼리, 기름용제, 증기 및 열탕	400 이하	강산(무기산)에는 부적합
	청색 석면	물리적 성질은 백색 석면과 같거나 약간 뒤진다.	산에 대해서 가장 양호	400 이하	백색 석면보다 값이 비싸다. 온도범위는 바인더 또는 보강제에 의해 결정된다.
식물성 파이버		굳고 균질성, 인장강도 크다.	실유, 윤활유, 물, 비부식성 물질	100 이하	보통 저압 상온에 한한다. 건조 흡습을 반복하면 수축한다.
가죽		강인, 다공질, 내마모성, 기온에서 탄성력이 크다.	저압에서는 플랜지의 정적 실(seal)에 사용, 고온에서는 분해하지 않는 이음쇠에 사용, 동적 실(seal)에 최적	−57~+104	침투성은 무두질과 함유물에 따른다. 증기, 산, 알칼리에는 절대로 안 된다. 품질이 변하기 쉽다.

㈜ 무두질 : 동물의 원피로 가죽을 가공하는 공정

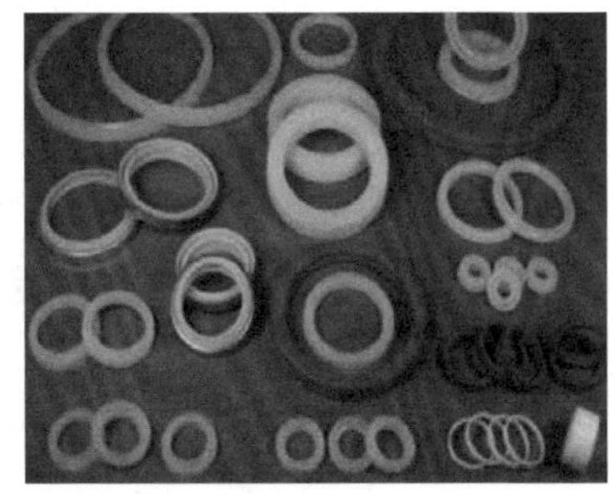

패킹

2-6 보온재

물체의 보온성은 주로 내부에 있는 거품이나 기류층의 상태와 그 양 등에 의하여 달라지며, 화학 성분과는 거의 관계가 없다.

보온 효과는 내열도에 따라 저온용(100℃ 이하), 중온용(100~400℃), 고온용(400℃ 이상)으로 나누어진다. 저온용 보온재로는 코르크, 펠트, 목재의 코크스 등이 있고, 고온용 보온재(insulation materials)로는 석면, 규조토, 광재면, 유리면, 운모 등이 있다.

참고 보온

증기관이나 온수관에 대한 단열로서 불필요한 방열을 방지하고, 또 인체에 화상을 입히는 위험의 방지나 실내 공기의 이상한 온도 상승의 방지 등을 목적으로 한다.

(1) 고온용 무기섬유

① **용융 석영 섬유** : 99.95%의 석영을 원료로 하며, 가격이 높아 수요량은 적다. 이것은 보온재 외에 인산 알루미늄을 결합재로 사용하여 석영섬유로 필라멘트 윈딩법으로 레이돔(radome)을 만들기도 하고 미사일의 노즐 콘에 사용되기도 한다.

참고 단열(heat insulating)

열절연이라고도 하며 기기, 관, 덕트 등에서 고온도의 유체로 부터 저온도의 유체로 열의 이동을 차단하는 것을 말한다.

② **고규산질 섬유** : 유리면(솜)을 황산으로 처리하여 96% 이상의 실리카를 함유하는 섬유를 제조하는 것으로 내열성이 높다. 리프라실 섬유의 직경은 10.2~12.7μ으로 중성자나 감마(γ)선에 피폭되더라도 열적 기계적 성질에는 영향을 받지 않는다. 이는 980℃에서 연속 사용하더라도 안전하지만, 1150℃에서 100시간 사용한 후에는 성능이 현저하게 약해진다. 980℃에서 최대 면(面) 수축은 5%이다.

③ **알루미나 실리카겔 섬유** : 일반적으로 세라믹 섬유라고 불리는 것으로 이는 비교적 오래 전에 개발되었으며, 다른 섬유에 비하여 값이 싸고 수요가 많다. 용도로는 충진재, 보온재, 여과재, 촉매단재 등 다방면에 쓰인다. 세라믹 섬유는 열전도율이 낮아 보온재로는 아주 우수하다. 사용 형태로는 벌크 섬유로 사용하는 것 외에 블랭킷, 펠트, 페이퍼, 주형 및 분사식 재료 등이 있다.

④ **지르코니아 섬유** : 현재 대기 중에 사용되고 있는 무기섬유 중에서 최고의 사용 온도에 견딜 수 있는 섬유이다. 지르코니아 섬유 제품은 미공질의 다결정체로서 견상의 감촉이 있고, 우수한 가소성 탄성을 가지고 있다.

⑤ **탄소 섬유** : 우주산업, 원자력 산업 관련 재료로 개발되어 스포츠용품에서부터 대형 건조물의 부속 재료 및 고성능 기기의 부품까지 확대되고 있다.

각종 구조물 및 구성 부분에 이 탄소 섬유재를 사용하면 항공기 중량의 25~50 %의 경량화가 달성된다고 한다. 기계적 성질의 탄성률은 유리면의 4~5배이고, 비탄성률은 약 6~7배를 나타내며 내약품성이 좋다.

흑연 섬유는 단열성이 좋고 열팽창계수가 적어 크기의 안전성이 좋고, 비산화성 환경 중에서 2500℃에서 견디며, 전기 저항(탄소섬유 10^{-3} Ωcm)이 적다.

⑥ **경량 캐스터블** : 알루미나 시멘트에 규조토, 팽창질석, 경량 샤모트, 다공질 고 알루미나 입자 혹은 알루미나 및 지르코니아의 퍼블 등 단열성 경량 골재를 혼합시킨 것이다. 최근 요로(窯爐)의 대형화, 복잡화 및 인건비의 상승 등으로 인하여 자동화 또는 공정기간(공기)의 단축화 등에 대응하는 내화물로서 부정형 내화물의 수요가 증가되고 있다.

이와 같이 경량 캐스터블도 인두로 도장 유입 시공, 분사 등 각종의 시공법에 의해 실용화되고 있다. 이는 각종 요로의 문짝, 연도 등의 내장에도 적용되며, 경량 캐스터블은 골재의 종류에 따라 900~1800℃까지 광범위한 온도에 사용 가능하다.

(2) 규산칼슘계 보온재

일반적으로 경량이고 강도가 있으며, 내열 · 내수성이 우수하여, 700℃ 이하의 장치에 적합한 보온재로서 산업시설의 탱크류, 파이프, 연돌, 선박의 보온재는 물론이고, 원자력 플랜트에 많이 이용되며, 최근에는 철골구조의 건축량이 많아짐에 따라 화재로 인한 철골의 강도 저하를 방지하는 내화 피복재의 건재용으로도 많이 사용된다.

이러한 용도로 사용되는 보온재는 다음과 같은 조건을 만족시켜야 한다.

- 불연성이며 유해한 연기를 발생하지 않아야 한다.
- 내한성, 내약품성, 내흡성이 있어야 하고, 변질되지 않아야 한다.
- 경량이며 강도가 있어야 한다.
- 작업성, 가공성이 좋아야 한다.

① **규산칼슘 보온재** : 규산과 석회를 수중에서 처리하며 이때 생성되는 규산칼륨 수화물을 의미하는 것으로 상온에서는 반응하지 않으므로 규조토, 규사 등의 규산질 원료와 석회질 원료 및 석면을 혼합하여 가열 게르화시킨 것을 수열합성(水熱合成)하여 얻어지는 것이다. 밀도와 기계적 강도는 다른 고온용 보온재에 비해 기계적 강도가 우수하고, 이 종류의 성형품은 밀도와 곡강도가 밀접한 관계가 있어 밀도를 증가시키면 강도는 현저하게 향상된다.

KS에서 보온통 1호는 밀도 0.22 이하이며 보온통, 보온판 2호는 0.35 이하로 규정하고 있다.

② **규조토 보온재** : 규조토 분말에 아모사이트분 석면을 혼합한 것이다. 규조토 보온재는 주로 물에 반죽하여 사용하며, 최대 60~80 %의 물을 가하여 충분히 섞어 도장한다.

물이 적을 때나 많을 때는 강도가 적합하지 않으며, 특히 물이 많을 때는 두께를 일정하게 도장할 수 없게 된다. 따라서 두께에 따라 적당한 철선망을 보강재로 사용한다. 두께에 따라 초배, 중배, 끝마무리로 나누어 도장하며, 끝마무리 후 면포 또는 철판으로 피복하여 페인트로 도장한다.

다른 보온재에 비하여 단열 효과가 떨어지므로 다소 두껍게 시공하고, 500℃ 이하의 파이프 탱크 노벽 등의 보온재로 사용된다.

(3) 무기섬유질 보온재

① **유리면** : 대표적인 제품으로는 유리면(솜), 펠트, 매트, 블랭킷 등이 있다. 내풍화성 및 전기 절연성이 좋으며, 그 성분으로 구분하면 봉규산 알루미나계의 E 유리, 화학 저항이 좋은 C 유리, 우주 개발 등에 응용되는 고강도의 S 유리 등이 있다.

유리면의 열전도율은 일반 재료와는 반대로 밀도가 적고 가벼운 쪽이 열전도율이 크게 나타나는 것이 특징이다.

그러나, 120 kg/m^3 이상의 밀도에서 제품의 열전도율은 일반 재료와 같이 밀도가 큰 쪽이 열전도율이 크다. 섬유질 보온재는 0.02 kcal/m·h·℃가 되는 적은 열전도의 공기를 고형물질 중에서 대류에 의한 전열을 일으키지 않도록 포함하는 것이 보온재의 성능을 결정하는 요인이 된다. 따라서 아주 가느다란 유리면의 보온재 쪽이 열전도율이 낮게 된다.

유리면의 보온재는 섬유경에 의해 다음 3 종류로 구분한다.

① 유리면 A종 : 섬유 굵기 4μ 이하의 것(평균값을 말함)
② 유리면 B종 : 섬유 굵기 8μ 이하의 것(평균값을 말함)
③ 유리면 C종 : 섬유 굵기 20μ 이하의 것(평균값을 말함)

특수한 용도를 제외하고는 유리면 A종은 사용하지 아니하며, 일반적으로 공사 및 건축 관계의 보온재에 사용되는 유리면은 B종이다.

유리면 보온재의 안전 사용 온도(최고 안전 사용 온도)

• 유리면 : 350℃ • 유리면 보온판 : 300℃ • 유리면 보온통 : 300℃
• 유리면 블랭킷 : 350℃ • 유리면 보온재 : 300℃

사용상 유의할 점은 운반 시 비나 물이 젖지 않아야 하며, 갈고리를 사용하지 않으며, 저장 시 야적을 금하고, 습기가 적고 공기가 잘 통하는 곳에 대나무 발이나 거적 등을 깔고 쌓을 때는 5단 이하로 한다. 보온재 위에 중량물을 올려놓지 말고, 압축 포장한 것은 2개월 이상 방치해서는 안 된다.

② **암면** : 원료로는 슬래그를 주로 하며 성분 조정용으로 현무암, 안산암, 미문암, 감람암 등을 첨가한다. 비교적 값이 싸고 석면에 비하여 섬유가 거칠고 딱딱해서 부스러지기 쉽다. 보랭용의 것은 아스팔트 가공을 하여 방습 처리한다.

섬유경은 대체로 2~20μ(평균 7μ 이하)이고, 길이는 10~100 mm가 보통이다.

용도는 파이프, 덕트, 탱크 등의 보온재로 쓰이며, 암면은 안전 사용 온도가 유리면이 350℃인데 비해 최고 600℃로 더 높으며, 겉 비중은 유리면의 4~10배이다.

고온에서 열전도율의 상승 정도는 유리면 쪽이 높다.

③ **석면** : 석면에는 온석면, 청석면(철분이 적은 것을 아모사이트라 부른다), 투각섬 석면, 직섬석면의 4종류가 있다.

특징으로는 섬유 속의 단면을 관찰하면 대체로 지름은 300~400μ의 중공 구조로서, 그 섬유관을 충진하고 있는 물질은 무정형의 미소 물질이다. 선박과 같이 진동이 심한 곳에도 사용되며, 450℃ 이하의 파이프, 탱크, 노벽 등의 보온재로 쓰인다.

(4) 분사식 보온재

석면, 암면을 주재료로 하는 두 종류가 있으며, 여기에 무기질 결합체를 혼합하여 압축 공기를 물과 같이 분사시켜 철골의 기둥, 보, 천장, 벽 등에 내화 피복시켜 다공질의 층을 형성시킨다.

특징은 불연성, 내구성, 단열성, 흡음성이 뛰어나며, 화재 시 강재의 온도 상승을 방지한다. 최근에는 무공해 스프레이 공법으로 U-S 미네랄 프로덕트 사의 습식 암면 분사식과 아스베스트 스프레이 사의 건식 암면 분사식 등의 방법이 사용된다.

(5) 중공구 단열재

① **페라이트** : 흑효석, 진주암, 송지암의 3종류가 있다.

아주 가볍고 단열성이 크며, 표면이 凹凸형으로 되어 있고 흡습성이 큰 소기포의 집합체이며, 내화성도 높다.

용도는 건축용으로 단열성, 습음성이 우수하다. 경량 콘크리트 혹은 석고 플라스터 및 도로마이트 플라스터와 함께 구워 내장재로 많이 사용되며, 적당량의 공기 연행제(連行劑)를 첨가하면 한층 경량이 되므로 액화가스 저장용 단열재로 사용된다.

이와 같이 페라이트에 접착제와 석면 등의 무기섬유를 혼합하여 성형한 보온·보랭재는 －200~650℃의 온도에서 안전하게 사용할 수 있다.

② **질석** : 용융 온도는 1300~1400℃, 진비중 2.2~2.7, 겉비중이 약 1.2로 입자의 두께 1인치당 수만, 수천만의 층으로 되어 있다.

일반적으로 적당한 결합제를 성형하여 사용하지만 사용 온도에 따라 석회(1300℃ 이하), 베이클라이트(250~300℃), 물유리(900~1000℃)가 사용된다. 같은 방법으로 포틀랜드 시멘트와 혼합하여 만든 버미큘라이트 모르타르도 전형적인 단열재의 하나이다.

(6) 발포 폴리스티렌(스티로폼)

발포재를 함유한 입상 폴리스티렌 비스를 원료로 하여 예비 발포한 후 가열·냉각의 성형 공정을 거쳐 만들어지는 것과 폴리스티렌 수지와 발포재를 압출기 내에 혼합하여 노즐에서 압축하여 성형하는 방법이 있다.

① **열적 성질** : 발포 폴리스티렌 보온재는 1 l당 300만~600만 개의 완전 독립된 미세한 기포에 의해 수성되어 체적의 97~98 %는 공기이므로 냉기 및 열의 침입에 대하여 차단 효과가 크다. 따라서 합판의 3배, 내화 벽돌의 20배, 콘크리트벽의 50배의 단열 효과가 있다.

75~80℃가 되면 급속히 수축하고, 3~4 %의 두께 변화를 허용하면 19.6 kPa의 하중에서도 85℃의 온도에서도 견딜 수 있다. 그러나 190~200℃에서 용해되며, 600℃ 부근에서는 연소한다.

② **기계적 성질** : 적당한 경도, 탄성 및 가소성을 가지며, 시공할 때 취급이 용이하고, 공사 중 파손되거나 손실되지 않는 특색이 있다.

선팽창계수는 7×100^{-5}cm/cm℃이며, 제조 공정에서 충분히 발포시킨 상태로 출하하므로 크기의 안정성은 좋다.

③ **내수성** : 본질적으로 완전 독립 기포의 폴리스티렌 발포재이므로 수증기의 투과에 대하여 우수한 차단성이 있다. 따라서 다른 보온재와 같이 모세관 현상으로 인한 흡수는 거의 없다.

(7) 기타의 보온재

① **경질 우레탄폼 보온재** : 폴리올, 폴리이소시안산 및 발포재를 주재료로 하여 판상 및 통상으로 제조한 것으로 현재의 보온재 중에서 열전도율이나 투습률이 가장 적고 경량이며, 강도가 크다.

② **다포유리** : 독립 기포로서 유일한 무기질 발포재이다. 다른 저온용 재료의 난점인 연소성에 대하여 다포유리는 완전 불연성이고, 흡수 및 투습은 전혀 없으며, 내약품성에도 우수하다. 특히, 아주 낮은 온도에서는 이 재료를 배제시킬 수 없는 귀중한 재료이다.

③ **경질 발포 고무 보온재** : 독립 기포로서 습기의 침투성이 적고 다른 보온재에 비하여 강도가 크므로 주로 냉장고나 선박 등에 사용된다.

④ **염기성 탄산마그네슘 보온재** : 염기성 탄산마그네슘 85%에 석면 15% 내외를 배합한 것으로, 열전도율이 가장 적으며 보통 마그네시아 보온재라 부르고 있다.

매우 가볍고 클링크 보온재(물로 갠 보온재)로서 우수한 보온성을 갖고 있으나 300~320℃에서 열분해하므로 그 이상의 온도에서는 사용할 수 없다. 방습 가공한 것은 옥외 배관이나 습기가 많은 지하 덕트 내의 배관에 적합하며, 250℃ 이하의 파이프, 탱크 등 어느 것에나 사용된다.

⑤ **코르크(cork)** : 코르크는 액체 및 기체를 잘 통과시키지 않으므로 보랭·보온재로서 우수하다. 탄화코르크는 금속 모형으로 압축하여 약 300℃로 가열, 단단하게 고착시킨 것으로 내부까지 갈색으로 탄화되어 있다.

탄화 코르크는 무르고 가요성이 없으므로 시공면에 틈이 생기기 쉬우며 입상(粒狀), 판상(版狀) 및 원통으로 가공되어 있다. 냉수 및 냉매 배관, 냉각기, 펌프 등의 보랭용에 사용된다.

⑥ **우모 펠트** : 펠트 모양으로 제조되어 있어 곡면 시공에 매우 편리하여 주로 방로(防露) 보온용으로 사용된다. 아스팔트와 아스팔트 천으로 방습 가공을 한 것은 −60℃ 정도까지의 보랭에 사용할 수 있다.

파이버 글라스 보온재

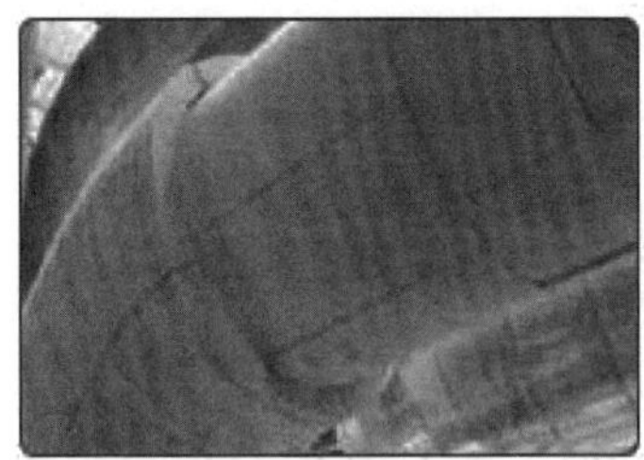

펄라이트 보온재

네오프렌 보온재

2-7 도료 (페인트)

도료(paint)는 재료의 부식 방지나 외관을 아름답게 하기 위한 것이지만, 특수한 목적으로 방화, 방수, 발광 혹은 전기의 절연을 위하여 사용하는 경우도 있다.

도료는 안료(착색제)를 적정의 접착제(액체 성분)로 녹이거나 또는 개어서 만든다. 도료는 그 조성에 의하여 페인트와 바니시(니스)로 나누어진다.

페인트는 안료를 액체 접착제로 갠 것으로 불투명체이며 접착제로는 물, 기름, 바니시 등으로 각각 수성 페인트, 유성 페인트, 에나멜페인트라 한다. 바니시는 수지(식물성) 또는 합성수지를 그대로 용제에 녹인 정 바니시와 그들의 건성유를 가열 융합한 것을 용제에 녹인 유성 바니시가 있으며, 정 바니시 중 초산셀룰로오스를 사용한 것을 래커라 한다.

(1) 조합 페인트

보일유에 안료를 첨가하여 직접 페인팅할 수 있게 배합되어 있어 클링크 상태의 걸쭉한 페인트와 같이 용해하여 페인팅하는 수공이 필요없으며, 또 각각의 용도에 적합한 완성품으로 되어 있는 것이 특색이다. 조합 페인트는 내열성이 나쁘므로 증기 배관이나 방열기에 칠할 수 없다.

(2) 징크(zinc) 페인트 (클링크 상태의 페인트)

되게 갠 풀 모양의 페인트로 보일유로 녹여 사용하거나 클링크 상태 그대로 조합 페인팅하기 전에 초벌 페인팅하거나 패킹이나 나사 조임부에 칠하여 사용하는 경우도 있다. 이러한 페인트는 아연분을 첨가한 징크 페인트와 백납분을 첨가한 백납 페인트가 있다. 백 아연(징크) 페인트가 일반적으로 사용되며, 백납 페인트는 초벌 도장이나 패킹용 도장 등에 사용된다.

(3) 방청 도료

① **연단 도료(minium paint ; 연단 도료 광명단 페인트)** : 연단을 아마인유(linseed oil)로 조합한 것으로 녹스는 것을 방지하기 위한 목적으로 널리 사용되고 있다. 연단 도료는 밀착력이 강하여 도막(塗膜)도 간단하며, 풍화에 강하므로 다른 조합 페인트의 초벌 페인트로 사용되기도 한다.

② **산화철 도료** : 산화 제2철(redoxide rouge)을 보일유나 아마인유와 혼합한 것으로 도막은 부드러우나 방청 효과는 좋지 않다. 값이 싸므로 그다지 중요하지 않은 곳의 방청에 사용되고 있다.

③ **알루미늄 도료** : 알루미늄 분말을 유성 바니시(oil varnish)와 혼합한 도료로서 방청 효과는 우수하나 이 도료가 충분한 효력을 발휘하기 위해서는 초벌 유성 페인트를 칠해야 한다. 이 도료의 속칭은 실버 페인트로서 열을 잘 반사, 발산시키므로 자동차, 방열기 등의 외관의 도색에 사용한다.

수분이나 습기에 강하며, 내열성도 우수하여(400~500℃) 스팀 파이프나 방열기에 칠하면 내열성의 알루미늄 도막을 만든다.

④ **합성수지 도료** : 프탈산(phthalic acid), 요소 멜라민(melamine), 염화 비닐계 등이 사용된다. 프탈산계나 염화비닐계는 상온으로 도막을 건조시키는 자연 건조성 재료로서 사용되며, 멜라민계나 실리콘 수지 도료는 베이킹 도료(燒付塗料)로서 사용된다.

멜라민계는 내열, 내유, 내수성이 좋고 실리콘 수지계의 것은 내열성이 좋다. 염화비닐계는 내약품성, 내유성, 내산성 등이 우수하고 금속의 방식 도료로서 적합하다.

⑤ **콜타르 및 아스팔트** : 콜타르나 아스팔트는 파이프의 면과 물과의 사이에 내식성의 도막을 만들어 물과의 접촉을 방지하기 위해 사용한다. 땅속 매설의 경우는 용해하기 쉽고 노출 배관의 경우는 온도 변화 때문에 도막에 균열이 생기거나 떨어지는 결점이 있다. 철관 등을 도장할 때는 130℃ 정도에서 베이킹하거나 주트(黃麻) 등을 병용하면 좋다.

⑥ **고농도 아연 도료** : 최근 배관 공사에 많이 사용되고 있는 도료로 일종의 방청 도료이다. 이제까지 사용되어온 도료는 공기나 물 등의 전해질과 금속 표면을 물리적으로 격리하는 것에 불과하였으며, 핀 홀과 같은 결함들 없이 완전하게 페인팅한다는 것은 곤란하였다. 육안으로는 보이지 않는 핀 홀에서 부식이 시작되어 피복 밑으로 부식이 퍼져 급기야는 피막이 떨어진다.

이러한 결점을 보완하기 위하여 핀 홀 등에 물이 고여도 주위의 아연이 철 대신 부식되어 철을 부식으로부터 방지하는 전기 부식작용을 행하는 것이 고농도 아연도료의 특색이다.

2-8 기름(oil)

강관의 절단이나 나사 절삭 작업에는 절삭유가 사용되며, 연관 공사에는 휘발유와 페트 등이 사용된다. 강관 1000 kg 당 나사 절삭에 필요한 절삭유는 약 3.8 L(1 갤런)이다.

급수와 배수 연관 이음 1개소에 대한 휘발유와 페트의 사용량은 다음 표와 같다.

급수와 배수 연관 이음 1개소에 대한 접합 재료표

구분 / 관 지름	급수		배수	
	가솔린(L)	페트(g)	가솔린(L)	페트(g)
⅜B	0.057	3.75		
½B	0.058	3.75		
¾B	0.073	6.53		
1B	0.091	7.10		
1¼B	0.140	10.60	0.106	7.1
1½B	0.140	12.50	0.106	7.1
2B	0.177	14.40	0.143	9.0
2½B			0.143	11.6
3B			0.143	11.6
4B			0.159	11.6
5B			0.177	17.8
6B			0.177	17.8

2-9 덕트

덕트(duct)는 일반적으로 아연 도금 철판으로 제작되며, 특별한 용도로는 목재, 벽돌, 콘크리트 등도 사용된다. 철판제 덕트는 크기에 따라 길이를 0.9 m 또는 1.8 m의 부품으로 제작하여 플랜지로 접속하여 설치한다.

이 접합용 플랜지의 사이에는 기밀을 유지하기 위해 두께 3 mm 이상의 네오프렌, 아스베스트 등의 시트 패킹을 끼운다. 덕트 내의 풍속이 16 m/s 이상인 때 또는 덕트 내 내압이 392.3 Pa(40 mmAq)를 초과할 때에는 고속풍도(원형단면)를 사용하고, 구형(사각) 덕트는 일반적인 부분의 덕트에 사용한다.

아연도금 스파이럴 덕트의 치수표

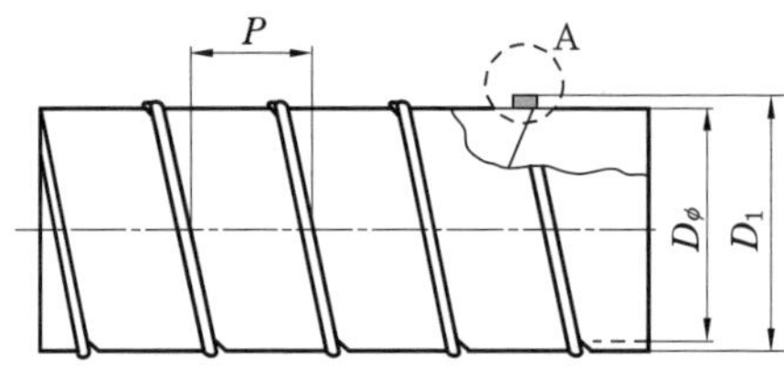

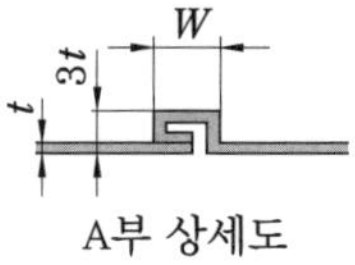

A부 상세도

D [mmφ]	t [#]	t [mm]	W [mm]	P [mm]	D′ [mmφ]	G [kg/m]
75	28	0.397	7	61.2	78.2	0.96
	26	0.476	7	61.2	78.8	1.19
	24	0.635	7	61.2	80.1	1.58
80	28	0.397	6	60.9	83.2	1.05
	26	0.476	6	60.9	83.8	1.26
	24	0.635	6	60.9	85.1	1.68
90	28	0.397	6	60.5	93.2	1.18
	26	0.476	6	60.5	93.8	1.42
	24	0.635	6	60.5	95.1	1.89
125	28	0.397	6	59.9	123.2	1.64
	26	0.476	6	59.9	123.8	1.98
	24	0.635	6	59.9	130.1	2.63
	22	0.794	6	59.9	131.4	3.21
140	28	0.397	6	59.8	143.2	1.84
	26	0.476	6	59.8	143.8	2.21
	24	0.635	6	59.8	145.1	2.94
	22	0.794	6	59.8	146.4	3.60
150	28	0.397	6	59.7	153.2	1.97
	26	0.476	6	59.7	153.8	2.37
	24	0.635	6	59.7	155.1	3.15
	22	0.794	6	59.7	156.4	3.85
	20	0.953	6	59.7	157.6	4.59
160	28	0.397	6	59	163.2	2.10
	26	0.476	6	59	163.8	2.52
	24	0.635	6	59	165.1	3.36
	22	0.794	6	59	166.4	4.11
	20	0.953	6	59	166.6	4.90

D [mmφ]	t [#]	t [mm]	W [mm]	P [mm]	D′ [mmφ]	G [kg/m]
100	28	0.397	6	60.3	103.2	1.31
	26	0.476	6	60.3	103.8	1.58
	24	0.635	6	60.3	105.1	2.10
	22	0.794	6	60.3	106.4	2.57
110	28	0.397	6	60.1	113.2	1.44
	26	0.476	6	60.1	113.8	1.74
	24	0.635	6	60.1	115.1	2.31
	22	0.794	6	60.1	106.4	2.83
120	28	0.397	6	60.0	123.2	1.58
	26	0.476	6	60.0	123.8	1.90
	24	0.635	6	60.0	125.1	2.52
	22	0.794	6	60.0	126.4	3.08
175	28	0.397	6	59.6	178.2	2.30
	26	0.476	6	59.6	178.8	2.77
	24	0.635	6	59.6	180.1	3.68
	22	0.794	6	59.6	181.4	4.50
	20	0.953	6	59.6	182.6	5.36
180	28	0.397	6	58.6	183.2	2.36
	26	0.476	6	58.6	183.8	2.84
	24	0.635	6	58.6	185.1	3.78
	22	0.794	6	58.6	186.4	4.62
	20	0.953	6	58.6	187.6	5.51
200	28	0.397	7	132.5	203.2	2.35
	26	0.476	7	132.5	203.8	2.83
	24	0.635	7	132.5	205.1	3.76
	22	0.794	7	132.5	206.4	4.70
	20	0.953	7	132.5	207.6	5.58
225	28	0.397	7	132.4	228.3	2.62
	26	0.476	7	132.4	228.8	3.19
	24	0.635	7	132.4	230.1	4.23
	22	0.794	7	132.4	231.4	5.25
	20	0.953	7	132.4	232.6	6.25

오늘날 냉·온방이나 통풍에 사용하는 덕트류는 효율이 높아지거나 또는 고속 덕트의 발달과 더불어 원형 덕트가 많이 사용되고 있다. 원형 덕트의 대표적인 것으로 스파이럴(spiral) 덕트가 있다. 스파이럴 덕트는 폭 72~144 mm, 두께 0.4~1 mm의 띠강판을 나선형으로 감으면서 띠강판의 양단을 겹쳐서 고정하여 제작하는 얇고 가벼운 파이프이다. 겹쳐진 부분은 다음 표에서 보는 바와 같이 4장의 띠강판이 포개져 있으며, 이것이 파이프의 바깥둘레를 나선형을 이루며 돌고 있어 파이프의 강도를 높이는 역할을 한다.

스파이럴 덕트의 이음은 삽입 이음, 밴드관, 45° Y관, T관, 테이퍼관 등이 있다.

삽입 이음의 접합법은 두 관 중 큰 쪽의 관단에 작은 쪽의 관단을 삽입하는 것이며, 삽입 전에 접착제를 바르고 접합부 바깥둘레에 비닐 테이프를 감아서 바람이 새는 것을 방지하며 만일 빠질 염려가 있을 때에는 피스로 조인다.

루스 플랜지 이음은 고착 칼라식 루스 플랜지와 테가 있는 루스 플랜지의 2종류가 있다. 용접 플랜지 이음은 플랜지를 직접 파이프에 용접한 이음으로 파이프의 두께는 #20의 것에 한정되어 있다.

spiral duct	90° elbow	45° elbow	tee
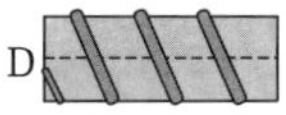 D	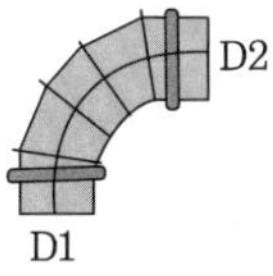 D2 D1	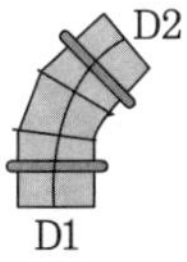 D2 D1	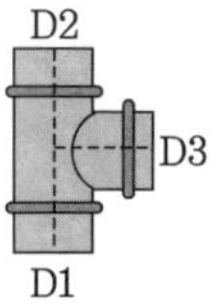 D2 D3 D1
conical tee	combination tee	cross tee	reducing tee
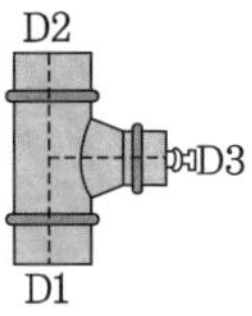 D2 D3 D1	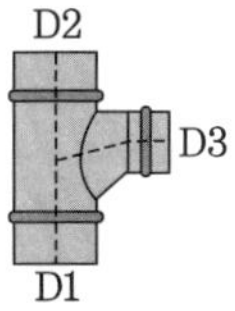 D2 D3 D1	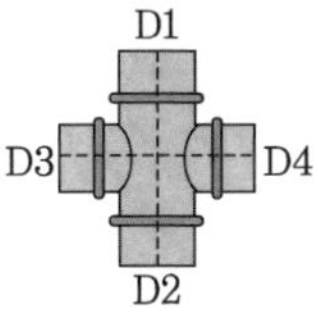 D1 D3 D4 D2	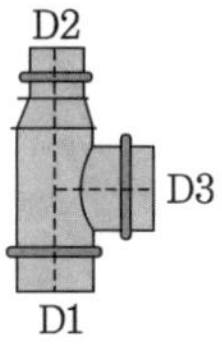 D2 D3 D1
reducing conical tee	reducing cross tee	Y-branch	reducing Y-branch
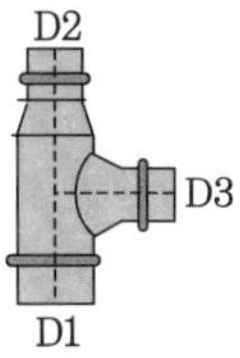 D2 D3 D1	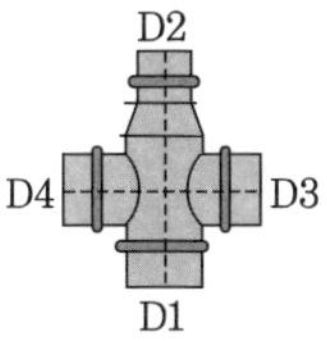 D2 D4 D3 D1	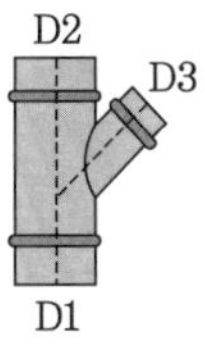 D2 D3 D1	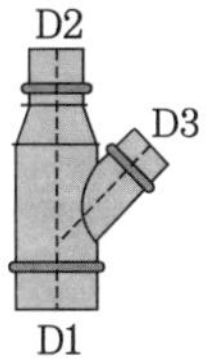 D2 D3 D1
cross Y-branch	reducing cross Y-branch	Y-T branch	reducing Y-T branch
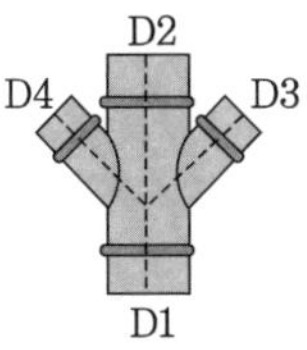 D2 D4 D3 D1	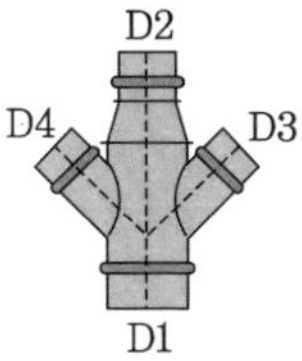 D2 D4 D3 D1	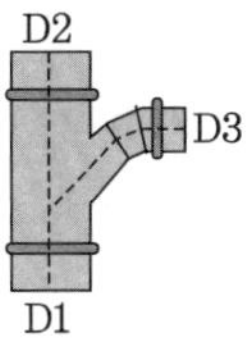 D2 D3 D1	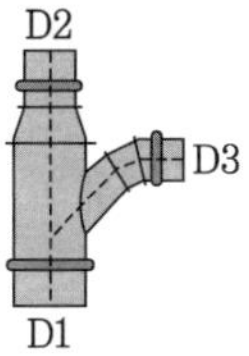 D2 D3 D1

cross Y-T branch	reducing cross Y-T branch	reducer	transition
D2 D4 D3 D1	D2 D4 D3 D1	D1 D2	D3 D1 D2
twin elbow	coupling	cap	hanger
D1 D2 D1	D1 D2 D1 D2	D1 D1	

스파이럴 덕트

2-10 철판재 덕트의 부속품 (아연도 강판(함석) 덕트)

(1) 댐퍼 (damper)

다음 그림과 같이 3종류가 있다. (a)는 버터플라이 1매 댐퍼라 부르고, 소형 덕트나 토출구에 사용된다. (b)는 버터플라이 다익 댐퍼라 부르며, 2개 이상의 날개를 가진 것으로 날개에 작용하는 풍압이 커지므로 대형 덕트에 사용된다. (c)는 스플릿 댐퍼라 부르고, 분기 덕트의 분기관에 사용되며, 풍량 조절용으로 사용된다.

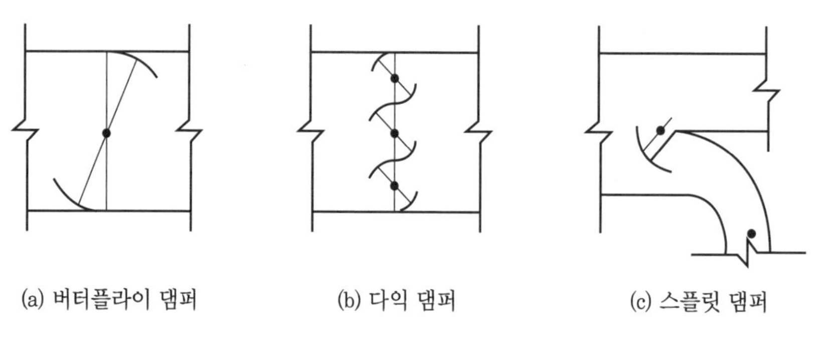

(a) 버터플라이 댐퍼 (b) 다익 댐퍼 (c) 스플릿 댐퍼

방화 댐퍼는 덕트에 화재가 발생하면 자동적으로 댐퍼가 닫히도록 설계된 것이다.

그림과 같이 댐퍼의 축은 편심으로 설치되어 날개의 긴 변의 1단은 퓨즈에 의하여 덕트에 매달려 있다. 화재가 일어나면 70~80℃에서 퓨즈가 녹아 댐퍼의 무게로 자연히 닫히게 된다.

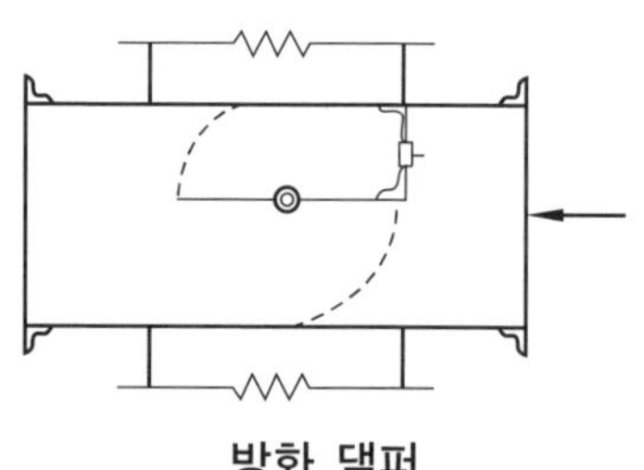

방화 댐퍼

(a) 파이어 볼륨 댐퍼(FVD)

(b) 피스톤 릴리스 댐퍼(PRD)

(c) 백 드래프트 댐퍼(BDD)

댐퍼

(2) 안내 날개(guide vane)

덕트의 굽은 부분의 곡률반경이 덕트 밸브의 1.5배 이내일 때는 안내 날개를 설치하여 저항을 작게 해야 한다.

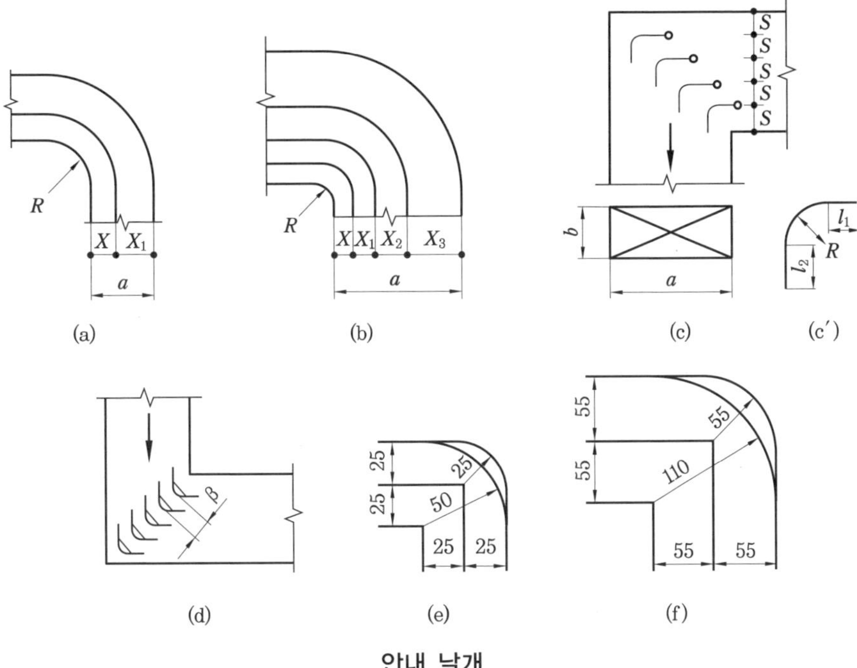

안내 날개

그림의 (a)와 (b)는 일반적으로 굽은 부분에 설치한 것이며, (c)는 각이진 굽은 부분에 설치한 것으로 1매의 안내 날개의 치수도를 (c′)에 나타낸다. (d)는 각이나 굽은 부분에 다소 두꺼운 안내 날개를 설치한 경우로 이 치수 mm를 (e), (f)에 나타낸다.

안내 날개와 안내 날개의 간격은 (e)의 경우는 38 mm, (f)의 경우는 81 mm로 한다.

덕트는 되도록 곧게 배치하고 관을 확대할 경우에는 전체 확대각이 20~30° 이하, 축소부는 60° 이하가 되도록 한다. 덕트의 종횡비는 1에 가까운 것이 좋으나 4 : 1 정도가 보통이고 8 : 1 이상은 특별한 경우를 제외하고 허용되지 않는다.

(3) 취출구와 흡입구

① 취출구의 종류

㈎ 천장 설치용 : 애니모형, 슬릿형, 다공형, 노즐형(높은 천장용)

㈏ 벽면 설치용 : 유니버설형, 그릴형, 노즐형, 슬릿형, 다공판형(청정공간용)

㈐ 바닥 설치용 : 슬릿형, 그릴형

㈑ 실내 노출 덕트용 : 애니모형, 노즐형, 그릴형, 유니버설형

② 흡입구의 종류

㈎ 천장 설치용 : 그릴형, 슬릿형, 다공판형

㈏ 벽면 설치용 : 그릴형, 슬릿형, 다공판형

㈐ 바닥 설치용 : 그릴형, 슬릿형, 매시룸형, 다공판형

㈑ 실내 노출 덕트용 : 그릴형

(4) 구 조

① **그릴 (grilles)** : 보통 철판, 황동판을 펀칭해서 제작한 것으로서 펀칭 구멍의 형상에 따라 여러 가지 형상이 있다. 풍량 조절은 할 수 없으며 자유 면적이 좁으므로 낮은 풍속의 환기 설비용 취출구나 환기용 흡입구에 사용된다.

② **레지스터 (registers)** : 그릴에 셔터 · 댐퍼를 부착한 것으로서 공기량을 조절할 수 있다. 날개는 1개의 샤프트로 움직일 수 있도록 되어 있으며, 그릴 대신 가동 날개를 지닌 것도 있다.

③ **유니버설 그릴 (universal grilles)** : 날개의 방향을 자유로이 변화시킬 수 있는 가동 날개를 지닌 것으로 공기 취출구에 흔히 사용된다.

④ **아네모스탯 (anemostat)** : 여러 개의 동심원추 또는 각추형의 날개로 되어 있으며, 풍량을 광범위하게 조절할 수 있고, 또한 공기 분포가 균일하므로 천장 부착용 취출구로 사용되고 있다.

⑤ **매시 룸 (mash room)** : 바닥 밑으로 배기용 덕트를 유도하여 직접 바닥에서 배기하는 경우에 사용되며, 또한 취출구로도 사용할 수 있다.

배관 공작

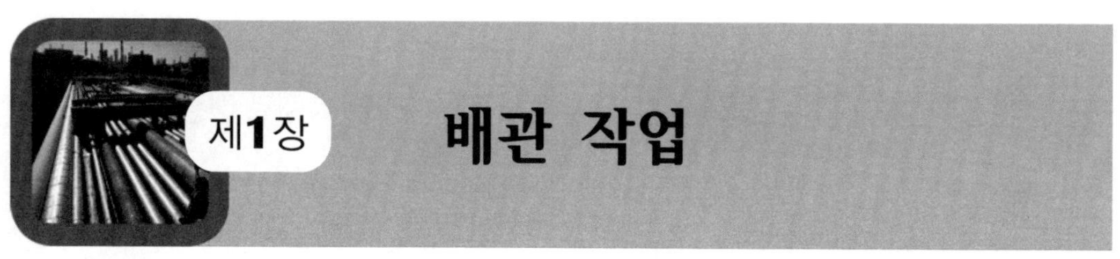

1. 강관 접합(이음)

강관을 접속하는 강관 이음(steel pipe fittings)에는 나사 접합(screw joint), 용접 접합(welding joint), 플랜지 접합(flange joint) 등이 있다.

1-1 관 절단기

수동용으로는 파이프 커터와 쇠톱이 있으며, 파이프 커터로 관을 절단하면 관 내면의 절단면에 칩(chip)이 남게 되므로 반드시 리밍을 해야 한다.

동력용 관 절단기(pipe cutter)에는 기계톱과 고속 절단기가 있는데, 기계톱에는 핵 소잉 머신, 둥근 기계톱, 띠톱 기계, 휴대용 띠톱 기계 등이 있다.

1-2 이음

(1) 나사 이음

관에 나사를 내어 연결시키는 이음(joint)이며, 수동용 나사 절삭기로는 오스터형, 리드형, 비바형 등이 있으며, 래칫을 이용한 것이 많다.

80A 이하의 관에서는 오스터를 이용하나 100A 이상의 대구경에서는 호브나 다이헤드에 의한다. 건축 설비의 관용 나사는 테이퍼 나사이며, 테이퍼는 $\frac{1}{16}$이다. 접합 시에는 마나 광명단 또는 경성 페인트가 사용되었으나 근래에는 테프론 테이프, 록 타이트 등이 쓰이고 있다.

강관의 배관 길이는 조여지는 길이를 계산하여 정확한 치수를 재며, 관 축에 직각으로 절단하여 나사를 낸다. 이음부는 연결하기 전에 와이어 브러시 등으로 청소한 후 실(seal)제를 바른다. 실제를 바른 후 약간 건조시키는 것이 좋으며, 테이프는 나사의 조임 방향으로 감는다. 테이프는 나사산이 묻힐 정도가 좋으며, 너무 부족하거나 너무 많아도 안 된다.

관을 조일 때에는 파이프 바이스에 관을 고정시킨 후 먼저 손으로 더 이상 돌아가지 않을 때까지 조인다.

2차로 작은 지름의 것은 파이프 렌치나 스패너 등으로, 큰 지름의 것은 체인 파이프 바이스 등으로 조인다. 조임은 너무 조이지 말고 1~2산 정도 남겨 놓는다.

(2) 나사 이음 강관 길이 계산

① 관 이음쇠의 나사 길이, 엘보, 티

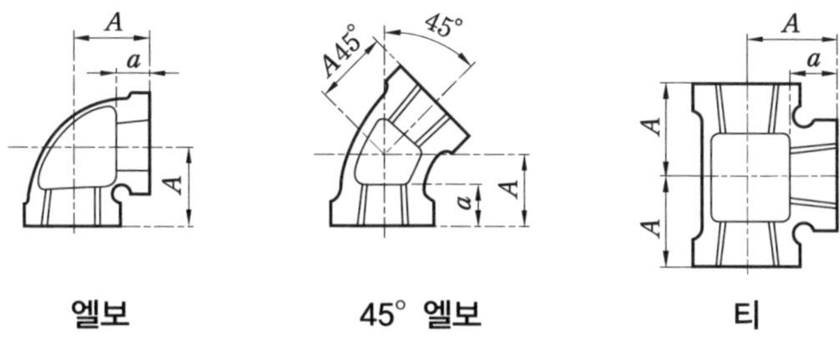

엘보 45° 엘보 티

② 관의 총길이 계산법 : 관 이음쇠에는 나사가 있는 부분과 나사가 없는 여유 부분이 있다. 이 여유 부분은 표준치수보다 길게 끼워 누수 및 기밀을 방지하기 위한 것이다. 따라서 관의 길이를 알기 위해서는 배관 중심선 간의 길이 L과 관의 길이 l, 이음쇠 중심에서 단면까지의 길이를 A, 여유 치수를 a라 하면 관의 길이 $l = L - 2(A - a)$가 되는 것이다.

예 15A의 경우

$L = 200$ mm라고 하면

$l = 200 - (2 \times 16) = 168$

∴ 관의 길이는 168 mm이다.

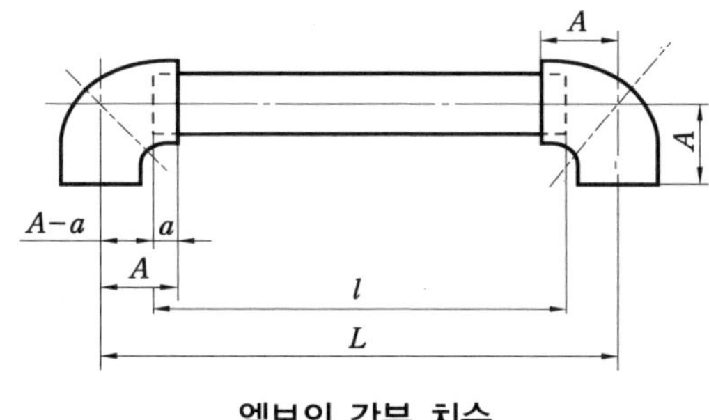

엘보의 각부 치수

③ 관의 나사 길이 : 배관 도면에서는 관의 중심선을 기준으로 치수가 표시되기 때문에 나사부의 길이를 알 수가 없다. 그러나 다음 표를 이용하면 최소 나사 길이를 알 수 있다.

호칭 치수	중심에서 단면까지의 거리 A [mm]	나사산의 길이 a	여유 치수 $A-a$ [mm]
15 A	27(21)	11	16(10)
20 A	32(25)	13	19(12)
25 A	38(29)	15	23(14)
32 A	46(34)	17	29(17)
40 A	48(37)	18	30(19)
50 A	57(42)	20	37(22)

예 15 A의 경우

중심에서 단면까지의 거리(A) − 여유 치수$(A-a) = 27(21) - 16(10) = 11$

따라서, 최소 나사 길이는 11 mm가 된다.

같은 방법으로 20 A의 경우 $32-19=13$ mm, 25 A는 15 mm, 32 A는 17 mm, 40 A는 18 mm, 50 A는 20 mm가 됨을 알 수가 있다.

④ **관의 빗변 길이 계산** : 빗변의 길이는 피타고라스의 정리를 이용하면 된다. 즉, 직각 삼각형에서 빗변^2=밑변^2+높이^{2}이 되므로, 빗변을 C, 밑변을 A, 높이를 B라 하면, $C^2 = A^2 + B^2$이 된다. 따라서 $C = \sqrt{A^2+B^2}$ 이 된다.

예 밑변의 길이 300 mm, 높이가 400 mm인 삼각형의 빗변의 길이는

$\sqrt{300^2+400^2} = \sqrt{90000+160000} = \sqrt{250000} = 500$

∴ 빗변의 길이는 500 mm이다.

1-3 가스 용융 절단 (automatic gas cutting)

아세틸렌과 산소 가스를 이용하며, 원칙적으로 자동 절단에 의한다. 절단면의 요철이나 거스러미, 슬래그 등은 그라인더로 완전히 제거하여 주어야 한다.

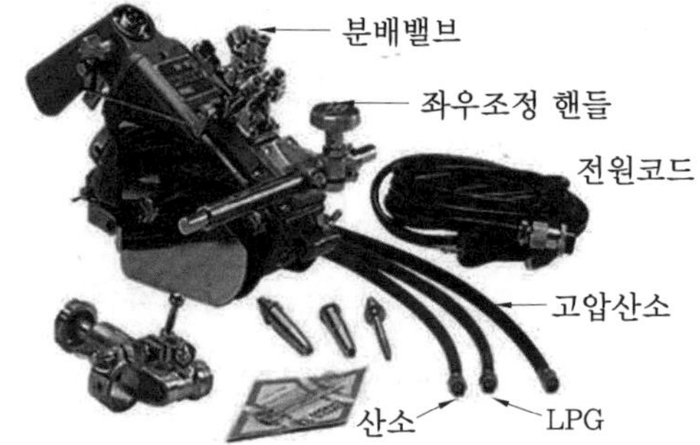

가스 자동 절단기

(4) 파이프 벤딩 (pipe bending)

배관은 최단 거리로 시공하고, 굽힘 수는 될 수 있는대로 적게 하며, 구부림(bending)은 구부림면이 뒤틀리지 않고, 한 평면을 이루게 구부린다.

곡률 반지름 R은 다음 식으로 구한다. 단, D는 관의 지름을 나타낸다.

$$R = (3 \sim 4) \cdot D$$

관을 정확히 구부리기 위해서는 먼저 현도를 그리고 형판을 만들어 구부린다. 굽힘가공을 할 때는 관의 중심을 기준으로 길이를 구하여 자른 다음, 냉간 굽힘 또는 가열 굽힘 등으로 가공한다.

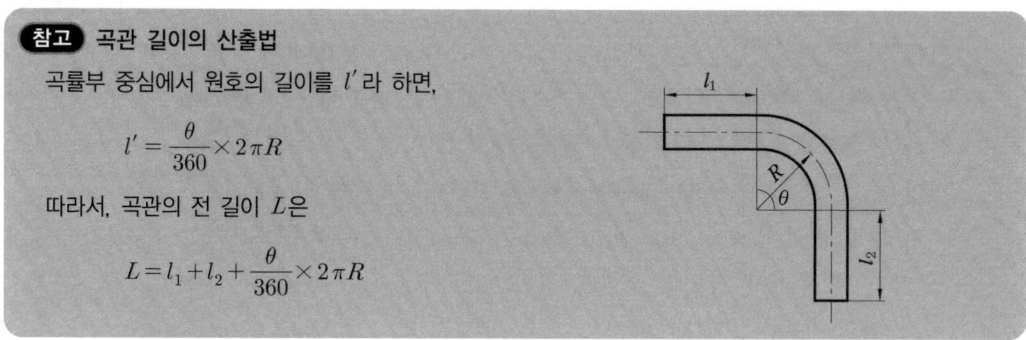

참고 곡관 길이의 산출법

곡률부 중심에서 원호의 길이를 l'라 하면,

$$l' = \frac{\theta}{360} \times 2\pi R$$

따라서, 곡관의 전 길이 L은

$$L = l_1 + l_2 + \frac{\theta}{360} \times 2\pi R$$

(1) 현도 그리는 법

① **컴퍼스로 현도 그리는 법** : 1 m^2 정도의 합판을 준비하여 이 합판 위에 현도를 그린다.

컴퍼스는 작업에 적합한 크기의 것을 사용하나 일반적으로 길이 200 mm짜리를 사용하고, 스케일은 접는 자보다 500~1000 mm 정도의 직선자가 선을 긋는 데 편리하다.

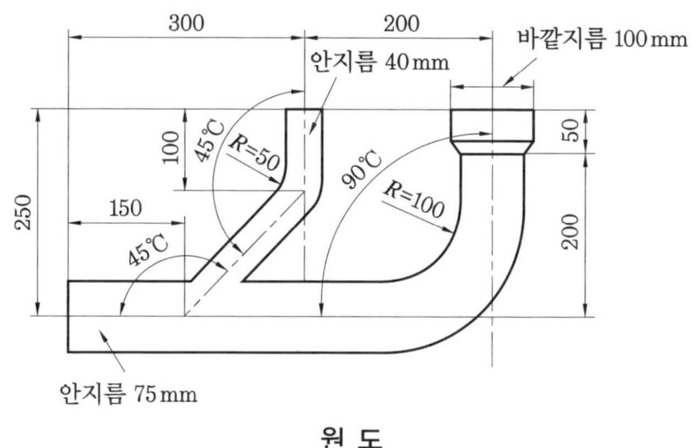

원 도

원도를 보기로 들어 현도를 그리는 요령을 설명하면 다음과 같다.

(가) 현도에서 직선 AA를 700 mm 되게 긋고 a점에 수선 BB를 세운다(a를 중심으로 반지

름 80 mm의 원호를 그려 교점 b, b를 중심으로 반지름 150 mm의 원호를 그려 교점 c를 구하여 ac를 연장하면 수선 BB가 된다).

㈏ a에서 200 mm의 점 e에 수선을 긋는다(수선 BB의 양 끝에서 ae=BC=200 mm 되게 수선을 내린다).

㈐ e를 중심으로 반지름 150 mm의 원호를 그려 교점 f, g를 잇는다.

㈑ 큰 연관의 바깥지름선을 그린다 (A－A, B－B에서 40.5 mm의 선을 긋는다).

㈒ 작은 연관의 바깥지름선을 그린다 (f, g, h를 중심으로 반지름 23 mm의 원을 그리고 원에 접하는 선을 그린다).

㈓ 작은 연관의 곡률 반지름의 중심을 구한다(작은 연관의 바깥지름선 D′－D′, C′－C′에서 50 mm 떨어진 곳에 선을 긋고 교점 P를 구한다. P가 곡률 반지름의 중심이 되고, 관 끝에서 P까지의 거리 N이 구부림 시작점이다).

P를 중심으로 하는 원호는 그리지 않아도 굽힘 가공에는 지장이 없으므로 작업 시간을 단축하기 위해 생략한다. 제품을 현도에 맞출 때에는 직관부를 기준으로 하는 것이 좋고, 또한 관 끝을 넓히는 부분을 100 mm 선 속에 넣는 것이 좋다.

이 현도 중에서 특히 중요한 것은 L의 치수이다. 이것은 도면에는 도시되어 있지 않으므로 현도에서 치수를 구하여 형판을 만든다.

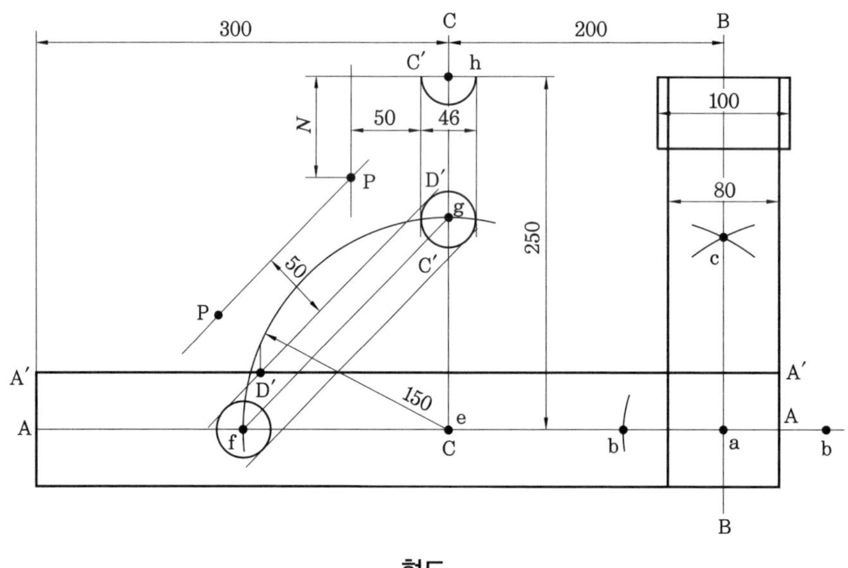

현도

② **삼각자로 현도 그리는 법** : 현도를 많이 그려본 사람이면 컴퍼스와 자만으로 간단히 그릴 수 있지만, 만약 컴퍼스를 사용할 수 없는 경우에는 삼각자만을 사용하여 현도를 그려야 한다. 삼각자는 될 수 있는 대로 큰 것(300 mm 정도)을 사용하며, 선을 그을 때는 반드시 2개를 한 조로 짝지어 사용한다.

(2) 형판 제작법

그림의 원도를 대상으로 형판 제작법을 설명한다.

400×400 mm 정도의 아연 철판에 현도를 그려 만들며, 정확하게 만드는 것이 무엇보다도 중요하다. 만드는 순서와 요령은 다음과 같다.

① 그림과 같이 가로 320 mm, 세로 209.5 mm의 4각형을 그린다(209.5 mm의 치수는 도면 치수 250 mm에서 지름 75 mm인 연관 바깥지름의 $\frac{1}{2}$을 뺀 것, 즉 250−40.5 =209.5).

② a에서 277 mm(도면 치수 300에서 작은 연관 바깥지름의 $\frac{1}{2}$을 뺀다) 떨어진 곳에 e점을 취하고, e에서 길이 L(현도의 치수를 취한다)이 되는 점 f를 구한다.

③ f에서 45°의 경사선을 긋는다(a를 중심으로 반지름 af의 원호를 그려 그 교점 f, g를 이으면 된다).

④ f−g, a−b에서 50 mm의 치수선을 그어 교점 o를 정하고, o를 중심으로 반지름 50 mm의 원호를 그린다.

⑤ c를 중심으로 반지름 100 mm의 원호를 그려 교점 j, k를 구하고 j, k에서 다시 같은 100 mm의 원호를 그려 교점 p를 구한 다음 p를 중심으로 반지름 100 mm의 원호를 그린다.

⑥ d−c에 폭 9.5 mm의 선을 긋고 d에서 50 mm를 잡는다[관의 확장부(100−81)÷2= 9.5]. 사선 부분은 관을 구부린 후 절단한다.

⑦ n점에서 반지름 50 mm의 반원(관 확장부의 바깥지름)을 그린다(남은 재료 부분에 그림). f는 지관의 접합부이므로 적당히 자른다. 금긋기가 끝나면 파선 부분에서 절단하여 2개의 형판을 만든다.

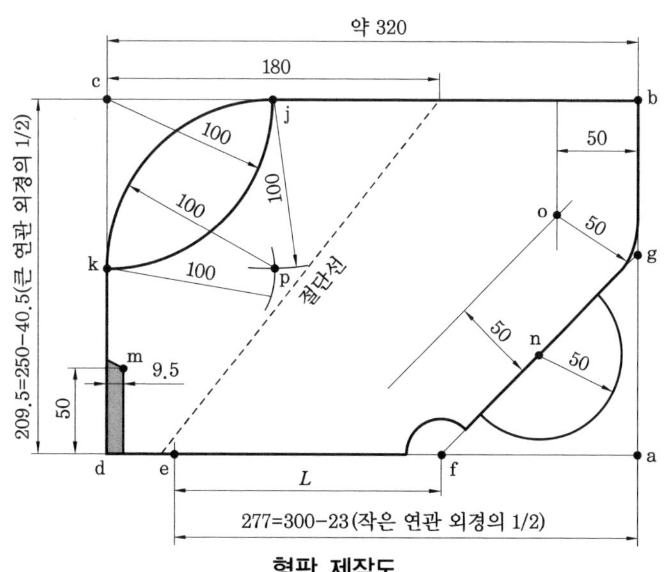

형판 제작도

(3) 용접 이음

강관의 용접 접합에는 가스 용접과 전기 용접이 사용된다. 가스 용접은 용접 속도가 느리고 변형의 발생이 크므로 비교적 얇고 가는 관의 접합에 사용된다.

전기 용접은 가스 용접에 비하여 용접 속도가 빠르며, 변형도 적고 용입도 깊으므로 일반적으로 두껍고 굵은 관의 맞대기, 플랜지, 슬리브 용접에 사용된다.

용접 이음은 누설의 염려가 없고 시설의 유지, 관리 등의 비용이 절감되며, 관 보온을 할 때 돌기부가 없으므로 시공이 용이하다. 또한 파이프 단면에 변화가 없으므로 유체의 와류나 난류도 없고 손실수두도 적으며, 접합부의 강도가 커서 배관 용적을 축소시킬 수 있다.

① **맞대기 용접** : 이음을 할 때 보조물이 필요 없고, 관 지름의 변화가 없어 저항이 적다. 누설의 염려도 없고 용접이 완전하며, 파이프 재료와 동등 이상의 강도를 유지할 수 있다. 용접 시에는 파이프 이음단(이음부 끝)의 용접홈과 루트 간격을 바로잡아 가급적 하향 자세로 용접한다. 파이프 내부에 용착 금속이 새어 나가지 않도록 주의를 해야 한다.

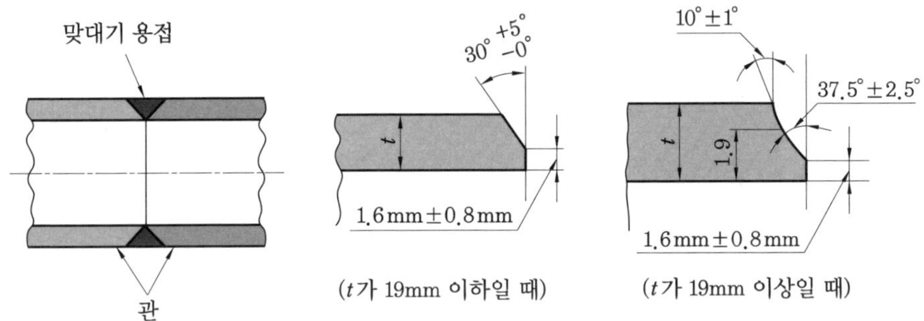

맞대기 용접

직선 파이프 체인 클램프

앵글 파이프 체인 클램프

엘보 파이프 체인 클램프

플랜지 파이프 체인 클램프

맞대기 이음 시에는 바닥에 파이프 2개를 놓고 그 위에 용접할 파이프를 놓고 하거나 앵글 위에 파이프를 올려 놓고 작업하면 맞대기면이 잘 맞는다. 용접 시에는 가접을 확실히 하여 변형이 일어나지 않도록 해야 한다.

② **슬리브 접합** : 누설의 염려가 없고, 배관 용적이 작아도 되며, 외관이 아름다우므로 분해할 필요가 없는 반영구적인 파이프 이음에 사용된다.

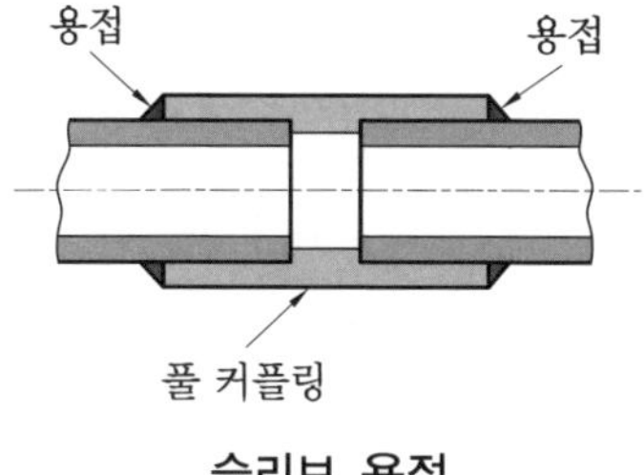

슬리브 용접

슬리브의 한쪽은 미리 공장에서 용접하고, 나머지 한쪽은 현장에서 용접하나, 위보기(상향) 자세나 수평 자세의 경우에는 현장에서 하향 자세로 용접할 수 있도록 용접 대상에 주의한다. 슬리브의 길이는 파이프 지름의 1.2~1.7배로 하고, 파이프 끝은 슬리브의 중앙에서 서로 밀착되도록 한다.

파이프 용접 이음의 장점은 다음과 같다.

㈎ 누설이 없다.

㈏ 시설의 유지·보수비가 절감된다.

㈐ 보온 작업 시 시공이 쉽다.

㈑ 용접부의 강도가 크다.

㈒ 관 단면에 변화가 없어 손실 수두가 적다.

(4) 기계 굽힘(bending)

롤러식 유압 벤더의 주요 부분은 그림과 같으며, 파이프를 클램프, 블록으로 고정하고 받침쇠로 굽힘형에 맞추어 굽힌다.

기계 굽힘을 할 때는 기계의 구조상 다시 펴기가 되지 않으므로 지나치게 굽히지 않도록 하며, 벤딩 개소가 많을 때는 굽히기 시작하는 위치와 굽히는 순서에 주의한다.

용접관을 굽힐 때는 용접선을 중심선에 맞춘다.

벤더의 주요 부분 **유압식 파이프 벤더** **포터블 파이프 벤더**

틀에서 빼내면 스프링 백(spring back)이 일어나므로 그 양을 고려하여 그만큼 더 굽혀 둔다. 기계 굽히기의 결점과 그 원인은 다음 표와 같다.

벤더에 의한 관 굽히기의 결함과 원인

결함	원인
파이프가 미끄러진다.	관의 고정이 잘못되었다. 클램프 또는 관에 기름이 묻었다. 압력형의 조정이 너무 빡빡하다.
파이프가 파손된다.	압력형의 조정이 세고 저항이 크다. 받침쇠가 너무 나와 있다. 굽힘 반지름이 너무 작다. 재료에 결함이 있다.
주름이 생긴다.	관이 미끄러진다. 받침쇠가 너무 들어갔다. 굽힘형의 홈이 관 지름보다 작다. 굽힘형의 홈이 관 지름보다 크다. 바깥지름에 비하여 두께가 얇다. 굽힘형이 주축에서 빗나가 있다.
파이프가 타원형이 된다.	받침쇠가 너무 들어가 있다. 받침쇠와 관의 안지름의 간격이 크다. 받침쇠의 모양이 나쁘다. 재질이 부드럽고, 두께가 얇다.

(5) 플랜지 접합

용접 접합과 나사 접합이 있으며, 주로 용접 접합을 사용한다. 용접 플랜지 접합은 파이프 내면도 용접하므로 파이프의 길이는 플랜지의 접촉면보다 파이프의 두께만큼 짧게 한다. 플랜지 접합 시에는 다음과 같은 주의가 필요하다.

플랜지는 볼트를 결합하기 쉬운 위치를 선택하여 장치하고, 다수의 파이프가 나란히 있을 때는 플랜지의 위치를 변경하여 배관 용적을 감소시킨다.

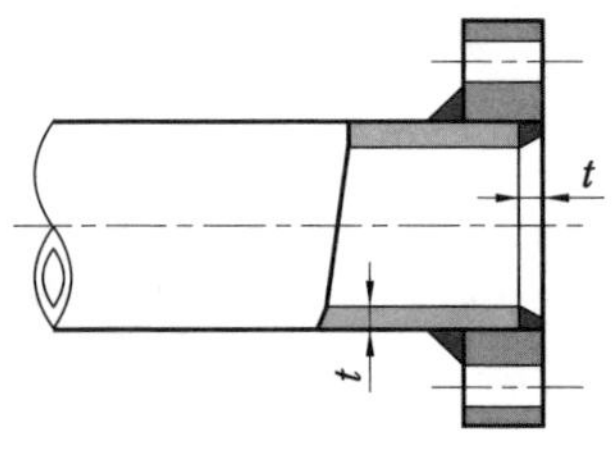

플랜지 용접

플랜지 접합

탱크 장치의 파이프에서 플랜지가 스터드 볼트(stud bolt) 결합인 경우는 파이프의 분해를 간단히 할 수 있도록 배관한다. 지름이 큰 파이프는 될 수 있는 한 스트레이트 파이프를 공장에서 플랜지 맞춤하여 벤트 파이프(bent pipe)를 현장에서 맞춘다.

플랜지가 한쪽만 조여지는 일이 없도록 볼트는 대칭으로 조이고, 볼트의 길이는 결합 후, 그 나사 봉우리가 남을 정도로 한다.

(6) 가열 굽힘(temper bending)

가열 굽힘을 할 때는 관에 모래를 채우는데, 모래는 되도록 융점이 높은 것을 사용한다. 모래입자의 크기가 소구경 관에는 2~4 mm, 대구경 관에는 5~8 mm 정도의 것을 고른다. 파이프를 세워 놓고 위에서 모래를 넣으면서 파이프의 옆을 두들겨 모래를 다져서 채운다. 모래가 채워진 정도는 소리로 판별한다. 모래가 차면 형봉을 파이프의 중심선에 맞추고, 굽힘을 할 곳에 표시를 한다. 형봉을 맞출 때는 형(틀) 끝을 관 지름의 $\frac{1}{2}$ 정도 길게 한다.

파이프를 가열하는 데는 중유 가열로, 용접 토치, 프로판 가열기 등을 사용하며, 가열 온도는 강관일 때 800~900℃, 동관은 600~700℃ 정도가 적당하다. 가열 온도는 색으로 판별하는데 비철금속관일 때는 판결하기 어려우므로 주의해야 한다. 용접 취관으로 가열할 때는 국부적으로 가열되므로 충분히 예열하고, 특히 굽히기 시작하는 곳은 가열의 경계에서 등쪽의 파이프 두께가 얇아지므로 주의하여야 한다.

가열된 파이프는 구멍 정반에 옮겨 펀치로 고정한다. 파이프와 펀치 사이에 받침쇠를 끼우고 펀치의 간격을 되도록 크게 한다. 굽히는 곳 이외의 파이프를 물로 식히고 등쪽에도 적당히 물을 끼얹어서 관이 늘어나 관벽이 얇아지는 것을 방지한다. 파이프는 되도록 등쪽을 늘리지 말고 배쪽을 오므려 굽히며, 파이프가 굽기 시작하면 배쪽에 주름이 지므로 되도록 재빠르게 해머로 쳐서 주름을 편다. 주름이 커지기 전에 굽히기를 멈추고 펀치를 다시 박고 주름을 두들겨 펴며, 버너로 배쪽을 가열하여 다시 펴서 두께를 고르게 한다. 끝으로 형(틀)보다 다소 더 굽혀서 등을 충분히 식히고 다시 펴면서 형(틀)에 맞춘다. 주름지거나 타원형이 된 곳은 눌림쇠와 탭 등으로 외면을 매끈하게 다듬는다.

가열 굽힘의 주의 사항으로는 모래는 적당한 입도(粒度)의 것을 선택하며 잘 건조된 것을 쓴다. 물을 붓기를 조심하고, 가열 횟수는 되도록 적게 하며, 비철금속관은 가열 온도를 판별하기 어려우니 주의한다.

2. 주철관 접합

주철은 용접이 어렵고 인장 강도가 낮으므로 소켓 접합, 기계적 접합, 빅토릭 접합, 플랜지 접합 등을 한다.

2-1 절단

작은 지름의 주철관은 쇠톱이나 기계톱으로 절단하나 정으로도 절단한다. 큰 지름의 주철관은 평정이나 링형 파이프 커터로 절단한다. 링형 파이프 커터는 핸들을 45~90°로 움직이면서 래칫 레버를 조이면 여러 개의 커터날이 파고 들어가 절단된다.

2-2 이음

(1) 소켓 접합 (socket joint)

주철관의 허브(hub) 속에 스피것(spigot)이 있는 쪽을 삽입하여 파이프를 고정한다. 얀(yarn)을 단단히 꼬아 허브 입구에 감아 정으로 다져 넣는다.

소켓 접합 재료의 소요량(kg)

파이프 지름	급수 파이프		배수 파이프	
	납	얀	납	얀
50	–	–	0.7	0.09
75	2.0	0.06	1.0	0.14
100	2.5	0.09	1.4	0.19
125	3.0	0.11	1.7	0.23
150	3.5	0.15	2.0	0.28
200	4.5	0.20	2.6	0.35
250	5.9	0.27	3.2	0.43
300	7.0	0.31	3.8	0.51
350	8.1	0.42	–	–

크로스 파이프일 때는 입구 옆에 클립 (clip)을 감아 녹인 납을 흘려서 넣는다. 응고한 후 클립을 풀어 납의 표면을 코킹 (caulking)한다. 얀 (yarn ; 마)은 물기를 코킹재인 납에 직접 영향을 주지 않기 위한 것과 접합부에 벤딩을 부여하기 위하여 사용한다.

시공상의 주의는 다음과 같다.

① 얀은 단단하게 비틀고 파이프의 주위에 단단히 감아 파이프의 편심과 굴절을 막는다.
② 얀의 길이는 급수 파이프의 경우 소켓 길이의 $\frac{1}{3}$, 배수관 파이프의 경우 $\frac{2}{3}$로 한다 (나머지는 녹인 납으로 채운다).
③ 납은 충분히 가열하여 표면의 산화막을 제거한 후 접합부에 필요한 양을 1회에 주입한다.

④ 접합부는 깨끗이 청소하여 수분을 완전 제거한 후 납을 주입한다(수분이 있으면 주입한 납이 폭기한다).

⑤ 코팅할 때는 처음에는 날이 얇은 정을 사용하고 점차로 날이 무딘 것을 사용한다(납의 깊이는 허브 끝에서 3 mm 이상 들어가지 않도록 한다).

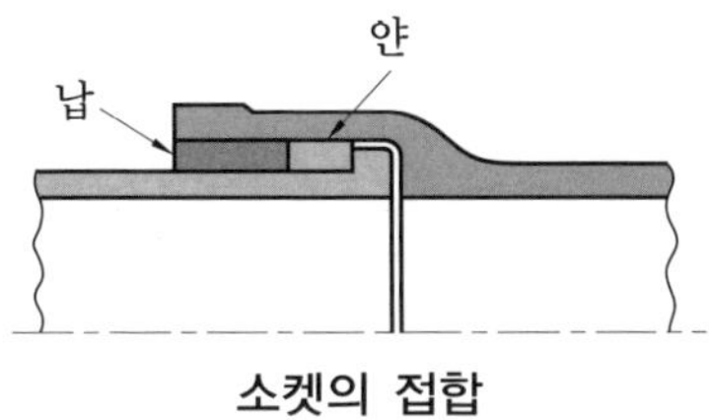

소켓의 접합

(2) 기계적 접합(mechanical joint)

소켓 접합과 플랜지 접합의 장점을 채택한 것이다. 이 방식은 150 mm 이하의 수도관에도 적용되고 있다. 기계적 접합은 굽힘성이 양호하고 다소의 굴곡부에서도 누수하지 않으며, 작업이 간단하고 수중에서도 용이하게 접합할 수 있다.

접합 작업 시 스피것에 주철제 푸시 풀리(push pulley)와 고무 링을 차례로 삽입하고 소켓에 파이프를 끼워 넣어 고무 링을 삽입한 다음에 푸시 풀리를 끼우고 볼트를 조인다(고무 링은 관 내수압에 의하여 팽창하여 누수를 방지한다).

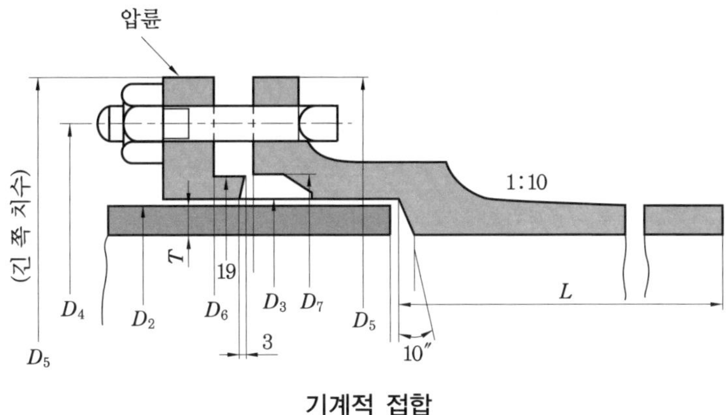

기계적 접합

이 접합법의 특징은 다음과 같다.

① 굽힘성이 풍부하므로 지진이 발생하거나 외압이 가해지는 경우 다소 굽어지기는 하지만 누수되지 않는다.

② 접합 작업이 간단하여 스패너 하나로 시공할 수 있다.

③ 물 속에서도 쉽게 작업할 수 있다.

(3) 빅토릭 접합

이 방식은 주로 빅토릭형 주철관을 사용한 가스 배관에 사용된다.

파이프 끝은 그 특수한 형상을 가지고 있어 여기에 고무 링을 삽입하고 가단 주철제 칼라를 사용하여 결합한다. 칼라는 관 지름이 350 mm 이하이면 2등분하여 조이고, 400 mm 이상이면 4등분하여 볼트로 조인다.

이 접합의 특징은 파이프 내의 압력이 높아지면 고무 링이 파이프 벽에 더욱 더 밀착하여 누설을 방지한다. 기계적 접합과 같이 굴요성을 가진다. 접합할 때는 파이프의 축 중심을 바르게 맞추고 파이프 간 간격은 6~7 mm로 한다.

빅토릭 접합을 할 때 지지 금속은 특히 견고한 것을 사용해야 한다.

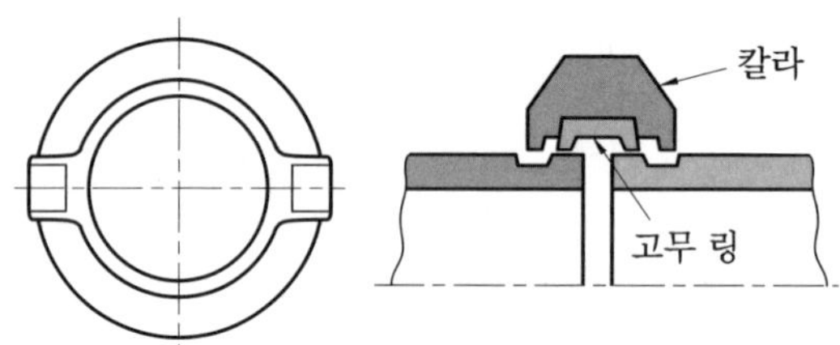

빅토릭 · 커플링

(4) 플랜지 접합 (flange joint)

플랜지가 달린 주철관을 서로 맞추고 볼트로 죄어 접합하는 방법이다. 이때 플랜지의 접촉면에는 고무, 아스베스트, 마, 납 등의 패킹을 사용한다. 고온의 증기를 이송하는 증기 공급관에는 아스베스트, 납, 동판을 사용한다.

플랜지 접합을 할 때에는 플랜지를 조이는 볼트를 균등하게 조여야 하며, 패킹 양면에 그리스를 발라 두면 관을 해체할 때 편리하다.

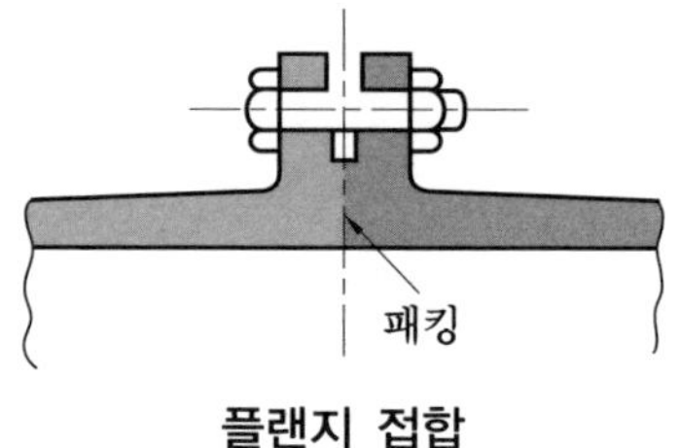

플랜지 접합

3. 동관 접합

동합금 주물제와 이음매 없는 순동관을 가공한 동관 이음이 있으며, 순동관을 가공한 동관 이음에 주로 사용된다. 소켓 모양의 관 끝과 다른쪽 관 끝(가공하지 않은)을 접속시켜 가열한 후 납재를 침투시켜 접속한다. 관의 간격은 관 지름 20~25 mm에서는 보통 0.2 mm이고 최대 간격은 0.25 mm이다. 이 밖에 연납땜 또는 경납땜의 청동 체결 유니언 이음, 플레어 이음, 플랜지 이음 등이 있다.

3-1 절단

튜브 커터나 쇠톱을 이용하여 관축과 직각으로 절단한다. 절단 구멍은 커터의 끝에 달려 있는 나이프 에지나 리머로 관을 깎아내고, 칩을 반드시 제거하여야 한다.

3-2 이음 방법

(1) 용접 접합

동 파이프를 직접 용접하는 방법으로 복사 난방 매립 배관 등에 사용되고 있다. 수소 용접을 사용하며 건물의 진동, 충격 등에 대하여 조인트부를 보호함과 동시에 동 파이프와 조인트의 사이에 일어나는 다른 금속 간의 전해 작용에 대한 부식을 방지한다.

(2) 플랜지 접합

플랜지를 경납땜으로 납땜하는 것으로 플랜지를 고정할 수 없을 때는 코킹으로 고정하지만 운반 중에 틀어지기 쉬우므로 맞춤 표시를 해 둔다. 유합 플랜지를 사용할 때는 플랜지를 미리 관에 꽂아 놓고 관 끝을 다시 뒤집기 한다. 유합 플랜지는 플랜지 맞춤을 할 필요가 없으며, 상당한 고압에도 잘 견딘다.

(3) 지관(枝管)의 접합

메인 파이프의 중간에서 이음을 사용하지 않고 지관을 접합하는 것으로, 이 방법은 상용압력 1960 kPa 정도의 배관에 사용된다.

그림 (a)는 지관의 끝을 넓혀 테를 만들고 본관 바깥면에 밀착시킨다. 메인 파이프(본관)에는 지관보다 1~2 mm 정도 큰 구멍을 뚫고 테를 경납땜한다. 그림 (b)는 메인 파이프에 작은 구멍을 뚫고 그 구멍을 조금 넓힌 다음 지관을 꽂고 납땜한다.

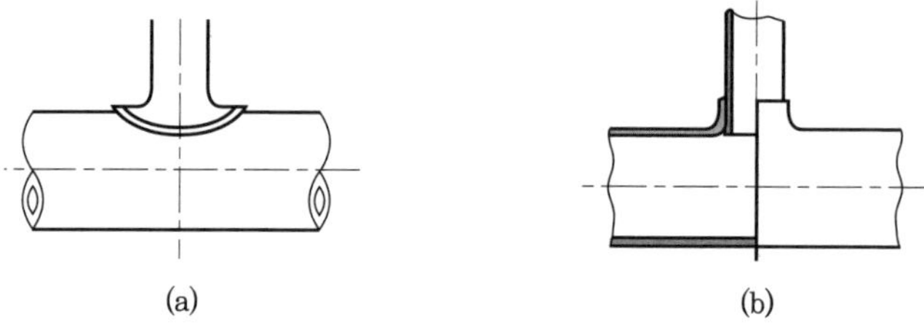

지관의 접합

(4) 납땜 접합

1. 절단 및 덧살 제거

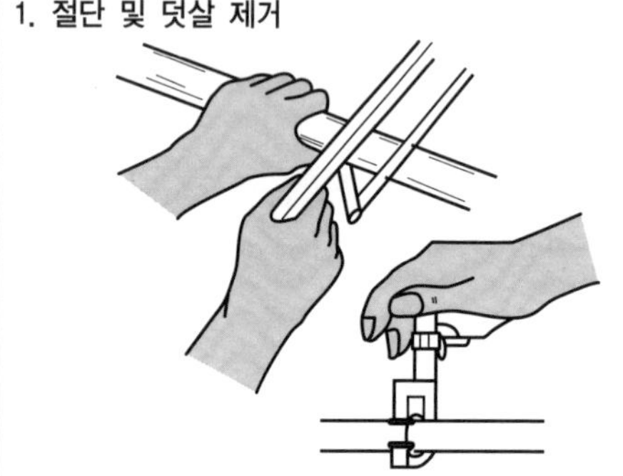

큰 관은 쇠톱으로, 작은 관은 전용 절단기로 절단한 다음, 관내 외면의 덧살은 리머를 사용하여 완전히 제거한다.

2. 연마

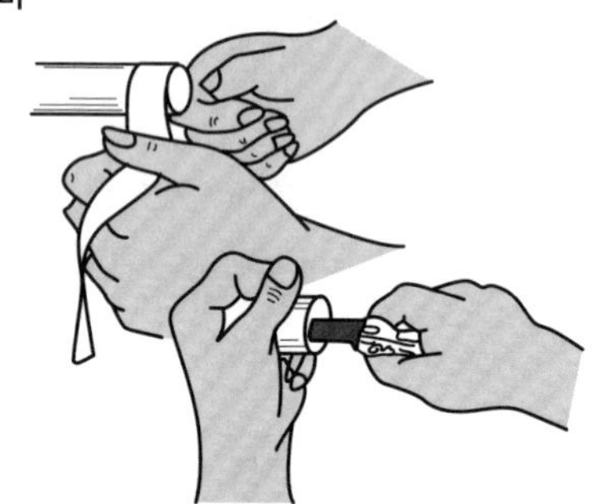

관이 변형된 경우 교정 공구로 교정을 하고, 용접재의 유동성을 좋게 하기 위해 관의 외면은 샌드 페이퍼나 나일론 천으로 닦고 이음쇠 내면은 와이어 브러시로 닦는다.

3. 용제 도포

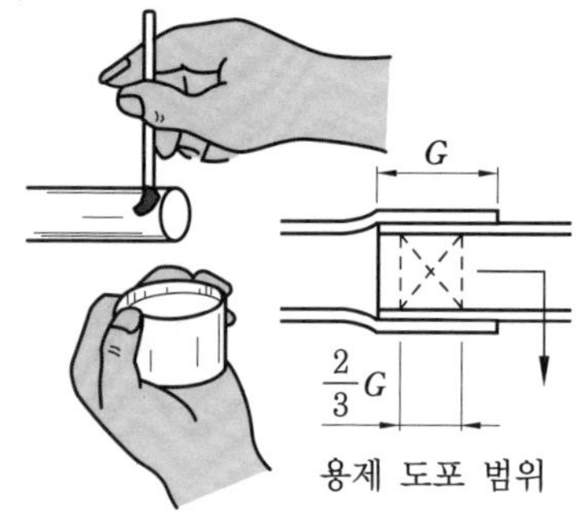

적당량의 용제 도포, 관 끝에서 2~3 mm 정도와 이음쇠 내면은 도포하지 않는다.

4. 용접

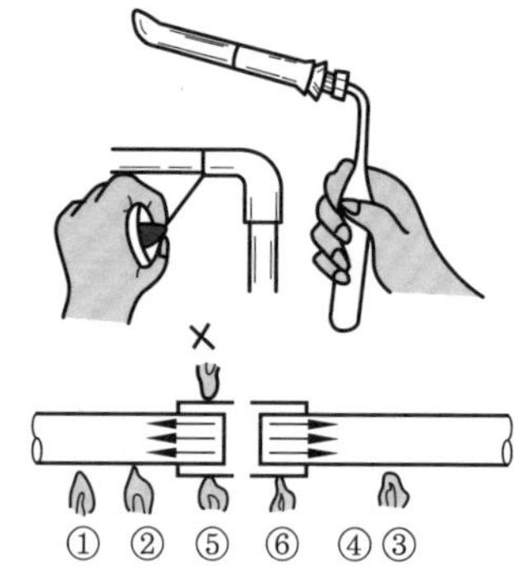

번호순으로 가열하되 ⑤, ⑥은 가능한 한 짧은 시간에 접합 온도가 되도록 하며, 강관과는 달리 동관과 연결구 틈새의 모세관 현상을 이용한 용접이어야 한다.

납땜 접합의 순서

동관 이음이나 동관 정형기(sizing tool)로 가공한 관을 사용하며, 접합부의 냉각은 젖은 헝겊으로 용접부를 덮어 냉각시킨다. 경납땜재는 황동납이나 은납이 사용되며(대체로 은납이 많이 쓰인다), 동관의 접합 강도를 높일 수 있다. 연납은 사용 온도 범위 120~180℃에 사용하며, 인동납은 플럭스(용제)를 사용하지 않는다.

동관 납땜부의 사용 압력 (단위 : kg/cm²)

납땜 재료	사용 온도 (℃)	급수 · 급탕관				증기관
		호칭치수(in)				
		¼~1	1¼~2	2½~4	5~8	전체
5-5 납 (납 50%, 주석 50%)	38	14	13.3	10.5	9.1	-
	66	10.5	8.8	7	6.3	-
	93	7	6.3	5.3	4.9	-
	121	6.0	5.3	3.5	3.5	1.05
주석·은납 (주석 96%, 은 4%)	38	35	28	21	10.5	-
	66	28	24.5	19.3	10.5	-
	93	21	17.5	14	10.5	-
	121	14	12.3	10.5	9.8	1.05
인동납·은납	121	21	14.7	11.9	10.5	-
	177	18.9	13.3	10.5	10.5	8.4

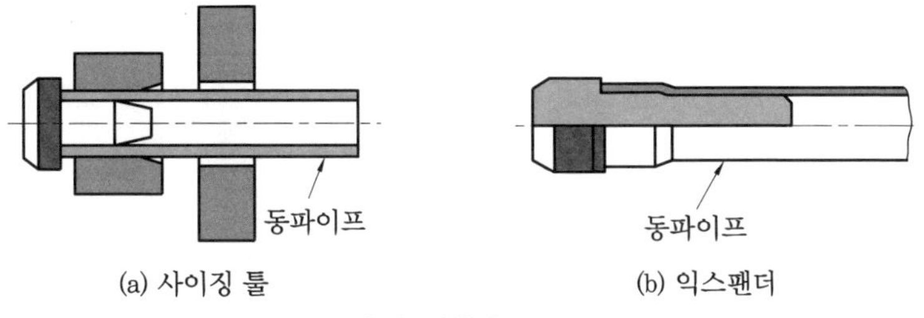

(a) 사이징 툴 (b) 익스팬더

납땜 접합용 공구

(5) 플레어(flare) 접합

일반적으로 구경 20 mm 이하의 파이프에 사용하고 플레어 공구로 가공하며, 시공 순서는 다음과 같다.

① 동관은 쇠톱으로 절단하며 관축과 직각으로 평줄로 가공한다.

② 슬리브 너트를 동관에 끼우고 관 끝 절단부에 플랜지(flange)를 끼워 관 끝을 나팔(접시) 모양으로 넓힌다.

③ 슬리브 너트 이음쇠의 나사를 조여 잇는다.
④ 체결 너트를 견고히 조여 이음을 완성한다.

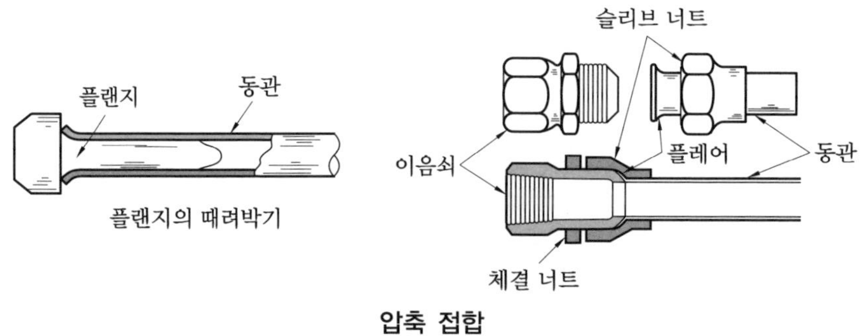

압축 접합

4. 연관(납관 ; 鉛管) 접합

연관의 사용 압력은 상용 압력 735 kPa 이하, 최대 수압 1715 kPa이다. 연관은 알칼리 성분에 약하나 가공성이 좋으므로 급수관, 대소변기 배수관 또는 굴곡부가 많은 급수 인입관 등에도 사용되고 있다. 현재는 특수한 경우 외에는 연관을 사용하지 않으므로 참고로 알아 두기 바란다.

4-1 절단

연관의 절단은 연관 절단 톱을 사용하여 밀어서 잘라지도록 되어 있다.

4-2 이음 방법

(1) 플라스턴 접합 (plastan joint)

용융점이 232℃인 땜납 (Sn : 40 %와 Pb : 60 %)을 플라스턴이라 하며, 이렇게 용융점이 낮은 플라스턴을 녹여 연관을 접합하는 방법을 플라스턴 접합이라 한다.

플라스턴 접합에는 이음의 형식에 따라 수전 소켓 접합, 만다린 접합, 지관 접합, 직선 접합, 소켓 접합, 맞대기 접합 등이 있다.

① **수전 소켓 접합 (cock socket joint)** : 급수전, 지수전 및 계측량 소켓을 연관에 접합하는 접합 방법이며, 시공 순서는 다음과 같다.

1. 토치램프로 가열하고 턴 핀을 박아 관을 넓힌다.
2. 소켓을 끼워 접합부를 교정한다.
3. 네오 타니시와 크림 플라스턴을 바르고 관에 끼운다.
4. 납과 소켓을 가열하면서 크림 플라스턴을 녹여 넣는다.

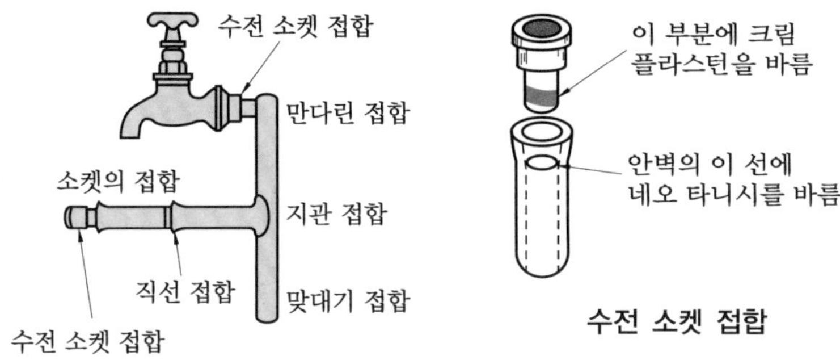

각종 플라스턴 접합의 예

수전 소켓 접합

② **만다린 접합**(mandarin duck joint) : 관 끝을 90°로 구부려 급수전 소켓을 접합할 때 공작, 가공하는 것이며, 접합 순서는 다음과 같다.

1. 재료를 45°의 경사로 자른다.
2. 토치램프로 가열하고 벤드벤으로 구부린다.
3. 관에는 네오 타니시를, 소켓에는 크림 플라스턴을 바르고 끼운다.
4. 토치램프로 가열하여 접합한다.

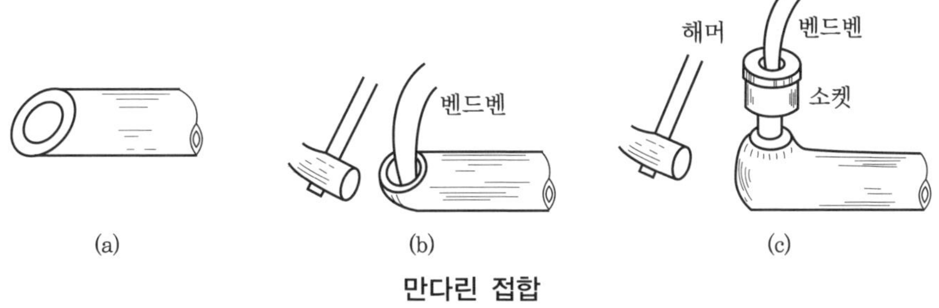

만다린 접합

③ **지관 접합**(branch joint) : T자형 이나 Y자 형의 연관 지관을 만드는 접합법으로, 작업 순서는 다음과 같다.

1. 주관을 토치램프로 가열하여 봄볼로 타원형의 구멍을 뚫는다.
2. 지관의 접합단을 토치램프로 가열하여 턴핀으로 나팔관을 만든다.
3. 본관과 지관의 접합부를 청결히 청소하고 크림 플라스턴을 바른다.
4. 주관과 지관의 이음부를 맞대고 토치램프로 가열하여 플라스턴으로 접합한다.

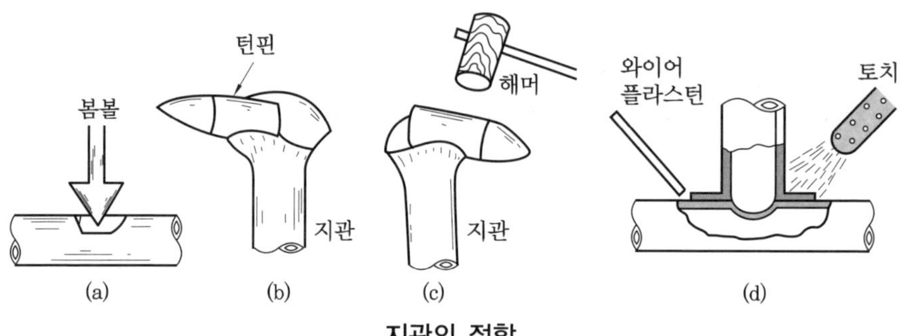

지관의 접합

④ **직선 접합** : 접합하고자 하는 두 관 중 어느 하나의 이음단을 넓히고, 그 속에 다른 관의 이음단을 끼워 일직선으로 접합하는 방법으로, 시공 요령은 다음과 같다.

1. 수입관의 끼울 부분을 모따기 한다.
2. 수구관을 가열하여 탬핑으로 소켓을 만든다.
3. 수입관을 수구관에 끼우고 접합부를 다듬는다.
4. 관을 빼내어 네오 타니시와 크림 플라스턴을 녹여 넣어 연관에 침투시켜 접합한다.

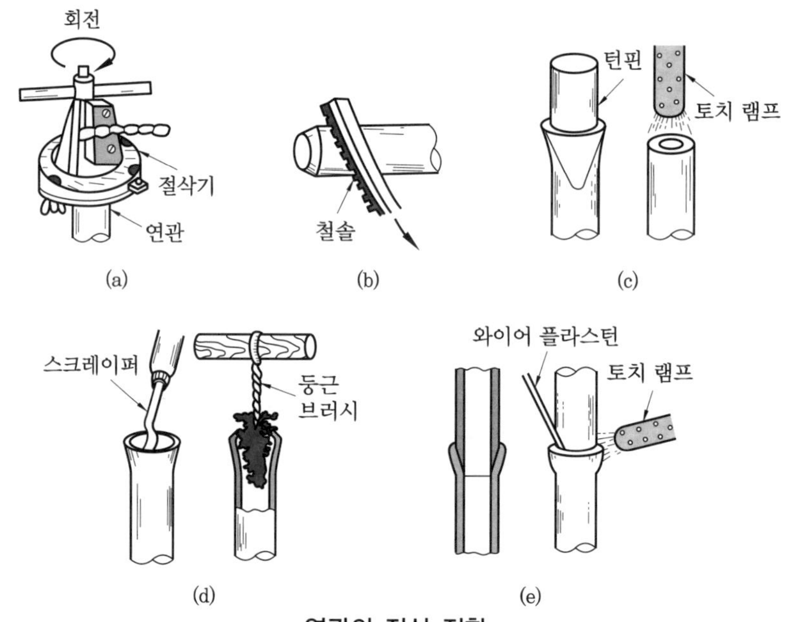

연관의 직선 접합

⑤ **맞대기 접합** : 지름이 같은 연관을 맞대어 놓고 플라스턴으로 접합하는 방법으로, 시공 순서는 다음과 같다.

1. 연관의 이음부를 직각으로 자르고 줄로 다듬는다.
2. 두 연관의 접합부에 플라스턴을 바른다.
3. 접합부를 토치램프로 가열하며, 와이어 플라스턴을 녹여 붙여 접합한다.

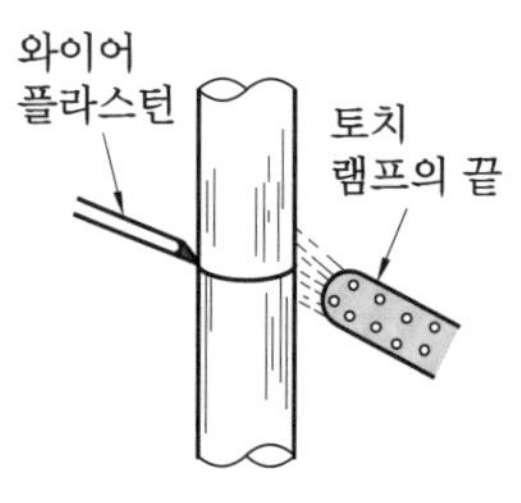

맞대기 접합

(2) 살붙임 납땜 접합(over castsolder joint)

라운드 접합(round joint) 또는 와이프트 접합(wiped joint)이라고도 한다.

이 방식은 땜납을 토치램프로 녹여서 붙이는 방법과 녹은 땜납을 접합부에 부어서 접합하는 방법이 있다. 녹은 땜납을 붓는 접합법은 옥외 작업 시에 적용되며, 기능 경기 대회에서는 토치램프로 녹여서 붙이는 방법을 사용한다.

직접 접합할 때는 수관의 접합부는 모따기를 하고, 암관은 탬핑을 때려 박아서 나팔 모양으로 만든다. 땜납이 붙는 부분을 스크레이퍼 또는 브러시로 잘 청소하고 수관을 암관에 꽂아서 조여 놓는다. 땜납이 붙는 부분에 패트를 바르고 토치램프로 접합부를 고루 가열하면서 땜납을 녹여 붙인다. 몰스킹으로 접합부를 둥글게 만들고 패트를 그 위에 바르면 납이 조여짐과 동시에 냉각한다.

볼의 길이는 파이프 지름과 용도에 따라 다음 표와 같다.

살붙임 납땜 접합

구 분	파이프 안지름(mm)	볼의 길이(mm)	표준량(g)
급수용	10	48	125
	13	54	155
	16	57	190
	20	64	270
	25	70	400
	30	76	500
	40	83	650
배수용	30	30	120
	38	30	150
	50	35	240
	63	35	300
	75	45	450
	100	45	570

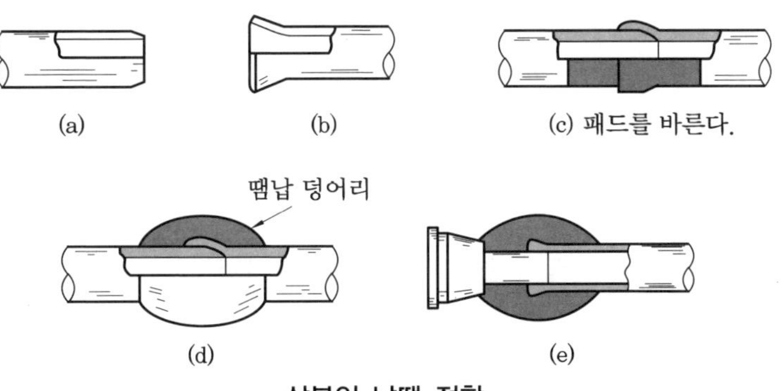

(a) (b) (c) 패드를 바른다.
(d) (e)

살붙임 납땜 접합

분기 접합할 때는 분기 개소를 토치램프로 가열하여 부드럽게 만들고 봄볼로 플랜지 파이프의 지름보다 작게 구멍을 뚫는다.

구멍에 벤드벤을 넣어 해머로 두드리고 플랜지 파이프의 바깥지름에 맞추어 쇠로 테를 만든다. 플랜지 파이프의 선단이 파이프 내에 돌출하지 않도록 테이프에 맞추어 절단하고 플랜지 파이프를 삽입하여 주위를 코킹하여 고정한다.

접합 부분을 청소하고 직선 접합에 준하여 접합 시공을 완료한다.

(3) 이종관(異種管) 접합

재질이 서로 다른 관끼리 접합하는 방법으로, 연관과 강관을 접합할 때는 연관은 플라스턴 접합 또는 살붙이기 납땜 접합을 하고, 강관 이음을 틀에 꽂아 강관을 접합한다.

연관과 동관을 접합할 때는 연관에 탬핑을 때려 박아 나팔 모양으로 만들고 동관을 꽂아 소켓 접합 요령으로 플라스턴 접합을 한다. 동관은 두께가 얇고 열이 흩어지기 쉬우므로 가열에 주의하고, 접합 도중에 가열을 중단하면 플라스턴이 곧 굳어져 틈이 생길 염려가 있다.

참고 관 굽힘(bending)

연관을 굽힐 때는 관에 모래를 채울 때와 채우지 않고 굽히는 경우가 있다. 상온에서도 구부러지지만 대개 토치램프로 가열한다. 가열 온도는 100℃ 전후로 하는데, 이 온도에 이르면 관 표면에 엷은 광택이 나고, 물을 떨어뜨리면 방울이 되어 굴러 떨어진다.

관을 굽힐 때는 먼저 원도(原圖)를 그려 형판(型板)을 만들고, 굽히는 부분을 색연필로 표시하여 램프로 천천히 가열하면서 적당한 온도에 이르면 지렛대를 굽히는 위치까지 꽂아서 서서히 굽힌다. 지렛대는 관 지름에 맞는 것을 쓰고, 굽히는 데 따라서 지렛대를 조금씩 빼내면서 서서히 구부린다. 구부러짐에 따라 배가 들어가는데 꺾이지 않도록 주의하고 벤딩 부분이 갈라지는 것이 심해지기 전에 가공을 멈춘다. 패인 부분을 가열하고 받침쇠를 써서 안으로 때려내어 패인 곳을 수정한다.

연관을 굽힐 때는 가열온도를 판별하기 어려우니 녹지 않도록 주의하며, 급격한 가열을 피하고 배쪽을 더 가열한다. 굽힘 가공 중에 너무 큰 주름이나 꺾임이 생겨서는 안 된다. 받침쇠로 등쪽을 때려내는 것은 피하며, 토막나무를 관축과 평행하게 맞도록 쓰며, 배쪽의 두께가 등쪽으로 돌아가도록 두들긴다. 배의 패임을 때려내면 굽힘이 펴지므로 형보다 다소 더 굽혀 둔다.

5. 염화비닐관 접합

염화비닐관 이음(PVC pipe joint)에는 열간 가공법과 냉간 가공법이 있으나 열원을 사용하지 않는 냉간 가공법이 주로 사용되고 있다.

5-1 절단

쇠톱이나 비닐용 파이프 커터를 사용하여 관축과 직각으로 절단하며, 쇠톱 사용 시 톱날은 날이 가는 것을 사용한다.

5-2 이음 방법

(1) 냉간 접합법

염화비닐 파이프의 접합에는 대부분 냉간 접합이 사용되고, TS 접합(taper sized fittings)과 H 접합을 사용한다. 이 방법은 관을 가열할 필요가 없고 접합제를 발라 접착하는 간단하고 정확한 접합법이며, 숙련이 필요하지 않아 건축 배관에 많이 사용된다.

TS식 삽입 접합법은 관을 $\frac{1}{25} \sim \frac{1}{37}$의 일정한 테이퍼로 절삭하여 삽입한 다음 접합하는 방법이다. 이것을 TS 접합이라 하며, 다음과 같은 점에 주의하여 작업한다.

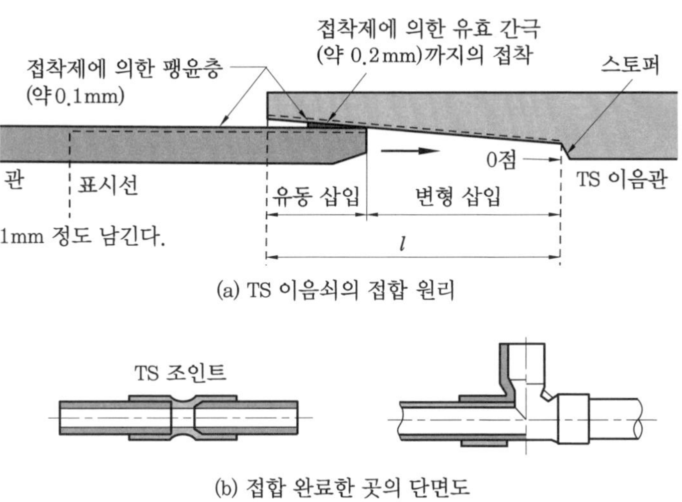

(a) TS 이음쇠의 접합 원리

(b) 접합 완료한 곳의 단면도

TS식 삽입 접합

① 파이프 끝은 직각으로 절단하며, 냉간 접합할 때는 특히 직각도를 정확히 한다.

② 파이프 외면의 변형을 제거하고 접착제를 바르기 전에 접합면을 깨끗이 한다. 접합면에 기름 등이 묻어 있거나 먼지, 흙 등의 이물질이 끼어 있으면 누수의 원인이 된다.

③ 접착제를 바르기 전에 두 파이프를 가볍게 삽입하여 표시를 하고 삽입 길이를 확인한다. 다소의 오차가 있어도 좋으나 가능한 한 접합 소켓의 중앙에서 멈추는 정도의

것을 사용한다.

④ 접착제는 파이프의 재질에 적합한 것을 사용하고 브러시 등을 사용하여 얇게 신중히 바른다. 접착제를 바르는 길이는 파이프 바깥지름과 같게 한다.

⑤ 삽입할 때 두들겨 넣어서는 안 된다. $\frac{1}{4}$ 정도 비트는 듯한 느낌으로 회전하면 접착제의 얼룩무늬도 없어지고 깊이 삽입할 수 있다.

⑥ 삽입하면 적어도 5~10초간은 삽입한 상태로 놓아둔다. 삽입 후 바로 손을 떼면 관이 빠져 나오는 경우가 있다. 축 방향으로 작용하는 힘은 삽입 후 3~5시간 지난 후 가한다.

⑦ 삽입 후 빠져 나온 접착제는 깨끗이 닦아 준다.

(2) 열간 삽입 접합법

1단 삽입법과 2단 삽입법이 있으나 오늘날에는 특별한 경우 이외에는 거의 사용하지 않는다.

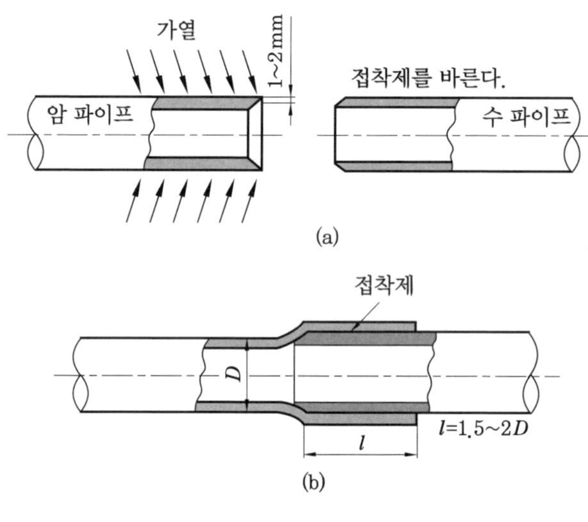

삽입 접착 접합

1단 삽입법은 파이프를 직각으로 절단하고, 그림의 (a)와 같이 수관에는 외부에, 암관에는 내부에 모따기를 한다. 암 파이프의 접합부를 130℃ 전후로 가열하고 연화하면 수 파이프의 외면과 암 파이프의 내면에 접착제를 바르고 재빨리 일정한 힘으로 똑바로 삽입한다. 굳어지기 전에 축심을 가지런히 하여 굽힘을 바로잡고 입구를 잘 밀착시킨 다음 냉각한다. 삽입 길이는 파이프 바깥지름보다 5~10 mm 정도 길게 한다.

삽입 접합할 때 가열 온도가 너무 높으면 파이프와의 접합이 약하게 되고, 가열 온도가 너무 낮으면 삽입하기가 어렵다. 선단을 가볍게 손끝으로 눌러 오므러질 정도로 한다.

염화비닐관의 삽입 길이

(수도용) (단위 : mm)

호칭	10	13	16	20	25	30	40	50
바깥지름	15	18	22	26	32	38	48	60
삽입 길이	20	25	30	35	40	45	60	70

(일반용) (단위 : mm)

호칭	3/8	1/2	3/4	1	1 1/4	1 1/2	2	2 1/2	3	4
바깥지름	18	22	26	34	42	48	60	48	89	114
삽입 길이	25	30	35	40	50	55	65	80	95	120

110~130℃로 가열하면 복원력(restoring force)이 강하고, 고온으로 가공하거나 가공 후 급랭하면 복원하기 어렵다. 즉, 영구 변형이 일어난다.

지름이 큰 파이프의 경우에는 1단 삽입법으로는 완전히 접합을 할 수 없으므로 2단 삽입법으로 접합한다. 1단 삽입법은 대략 다음 요령에 의한다.

① 파이프를 절단하여 모따기를 한다.

② 암 파이프의 접합부를 가열하여 연화하면 수 파이프를 삽입하여 슬리브를 만든다.

③ 냉각하면 구별할 수 있는 표시를 넣어 수 파이프를 당겨 빼고, 접합부에 접착제를 발라 표시에 맞추어 삽입한다.

④ 수 파이프의 외면 둘레를 130℃ 전후로 가열하면 복원력에 의해 접합할 수 있다.

(3) 용접법

염화비닐관의 용접에는 열풍 용접법을 사용한다. 이때 용접기는 핫 제트 건(hot jet gun)을 사용하며, 이 용접기는 24.5~39.2 kPa 정도의 더운 압축 공기를 노즐에서 분출한다.

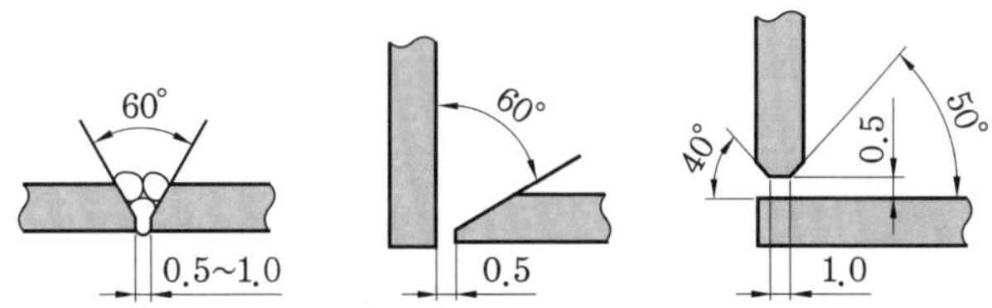

염화비닐의 용접끝 모양

접합 형상에 따라 그림과 같이 용접홈을 취하고 용접봉은 연질로서 두께 2~5 mm의 것을 사용한다.

모재를 움직이지 않도록 고정하고 노즐 선단과 모재의 간격을 5 mm 정도로 하며 용접 건의 각도는 모재에 대하여 30~50° 정도로 한다.

관을 예열하여 녹기 시작하면 용접봉을 관과 거의 동시에 녹여 용접부에 눌러 대고 봉의 하반부와 관의 표면을 녹은 상태로 유지하면서 용접한다.

염화비닐은 175~180℃에서 녹으며, 약 200℃가 되면 분해된다. 용해와 분해의 온도차가 적으므로 가열에 주의하고 용접 중에 비드의 양 끝에 엷은 갈색의 플래슈가 생기면 모재는 분해하기 시작한다.

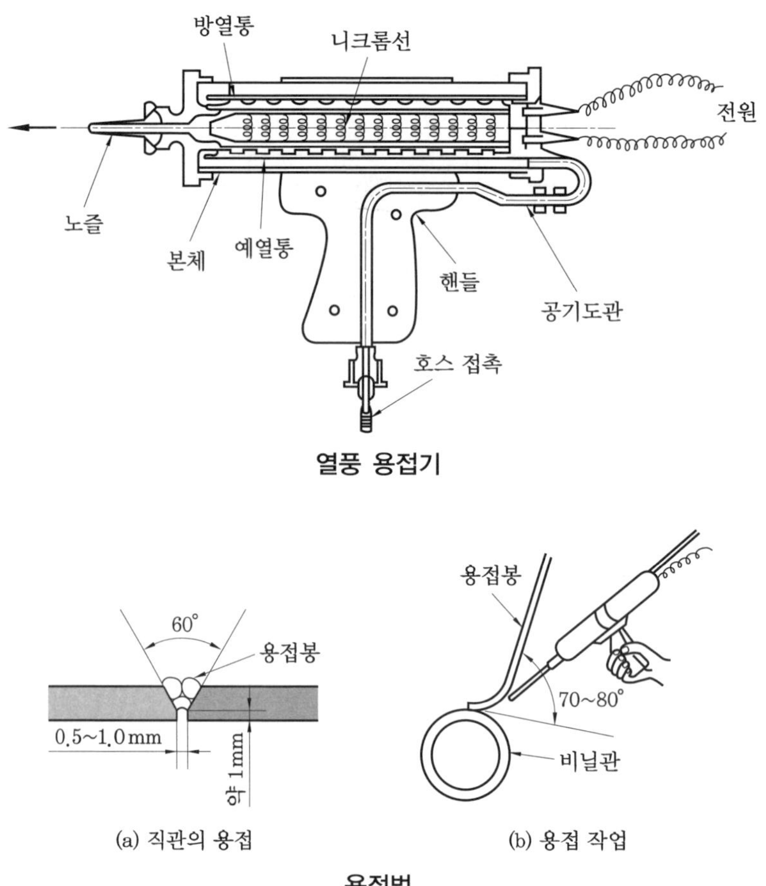

열풍 용접기

(a) 직관의 용접

(b) 용접 작업

용접법

열풍 온도는 노즐 끝에서 5 mm 정도 떨어진 곳에서 측정하며, 용접 중 관 쪽이 녹기 어려우므로 노즐 끝을 반원형으로 움직인다. 용접 중 용접봉이 늘어지기 쉬우므로 봉을 세게 밀거나 진행 방향과 반대쪽으로 기울여서는 안 된다. 봉을 늘려서 용접하면 2 패스로 용접할 때 표면에 금이 가기 쉽다.

(4) 플랜지 접합법

주로 지름이 큰 관의 접합에 쓰이며, 관 끝을 칼라 리턴시켜 나팔 모양으로 만들어 플랜지 접합을 한다. 관 끝을 직각으로 절단하고 140℃ 정도로 가열한 암형과 90℃ 정도로 가열한 수형을 끼워 성형한다. 관을 가열할 때는 숯불이나 전열기 등으로도 가능하나 가급적 가열한 기름을 사용하는 것이 좋다.

칼라 리턴 표준 치수

호칭	D	R	L	호칭	D	R	L
3/8	38	3	10	1½	80	4	16
½	46	3	12	2	96	4	18
¾	54	3	14	3	130	4	20
1	64	4	15	4	155	5	20
1¼	72	4	15				

(5) 테이퍼 코어 접속법

플랜지 접속법은 강도가 약하므로 이것을 보완하기 위하여 테이퍼 코어(taper core) 접속법을 사용한다. 이 방법은 관에 테이퍼 플랜지를 끼우고 가열하여 구부린 다음 접속면에 접착제를 발라 테이퍼 코어를 부착하여 접합하는 것이다. 이 방법은 관 지름 50 mm 이상의 관 접합에 적합하다.

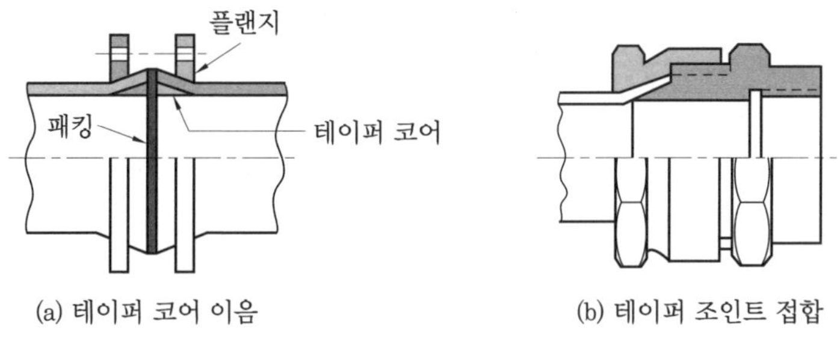

(a) 테이퍼 코어 이음　　(b) 테이퍼 조인트 접합

코어 접속과 조인트 접합

(6) 테이퍼 조인트 접합법

포금제 테이퍼 접합을 사용하여 파이프의 접합, 분수전, 지수전 등을 접합하는 방법이다. 접합법은 캡 너트를 삽입하여 놓고 파이프 속을 금속 모따기 한다. 파이프 끝을 가열하여 연화되면 테이퍼 접합을 밀어 넣고 캡 너트로 결합한다. 파이프가 약간 경화하기 시작할 때 캡 너트를 더 조이면 수밀을 완전히 유지할 수 있게 된다.

(7) 나사 접합

수도용 염화비닐관도 나사를 절삭하여 강관 나사 이음과 같은 방법으로 접합할 수 있다. 그러나 나사 접합은 강도가 매우 약하므로 가능한 한 가열 소성 접합하는 것이 좋다. 나사를 절삭할 때는 오스터를 바닥면에 고정하고 관을 돌려 나사를 절삭한다. 관을 파이프 바이스에 물려 나사를 절삭하면 편심이 생긴다.

나사의 길이는 강관보다 1~2 산 짧게 하고, 이음 밖으로 나사산이 나오지 않도록 한다. 나사는 1회에 나사산의 길이가 깊어지지 않게 절삭한다. 그러기 위해서는 오스터의 날이 무딘 것이 좋고 나사부에는 페인트를 칠하여 접합한다.

참고 관 굽힘 (bending)

호칭 지름 ϕ 20 mm 이하의 관에는 모래를 채우지 않으나, 25~30 m의 관은 속에 모래를 채우고 굽힌다. 굽힘 반지름은 되도록 크게 관 지름의 3~6 배로 하고, 가열 온도는 130℃ 전후로 한다. 모래를 채우지 않고 굽힐 때는 배쪽이 꺾이기 쉽고, 변형이 심할 때는 가열하여 되펴서 다시 굽힌다. 가열 온도가 너무 높으면 등쪽에 금이 가기 쉽다. 소정의 각도보다 다소 더 굽혀 식히면서 되펴서 형에 맞춘다.

6. 폴리에틸렌관 접합 (PE pipe joint) : X−L pipe

폴리에틸렌은 −60℃에서 여림성은 없어지나 유연성이 있으므로 한랭한 곳의 배관에 적합하다. 인장 강도는 온도가 상승함에 따라 저하한다.

폴리에틸렌은 용제에 잘 녹지 않아 비닐관에서와 같은 접착제를 사용할 수 없다. 따라서 테이퍼 조인트 접합, 인서트 접합, 플랜지 접합, 테이퍼 코어 플랜지 접합 등의 기계적 압축 접합관 재료의 가열 용융 접합, 강관 나사 접합 방법 등을 사용한다. 접합 강도가 확실하고 안전한 것은 용융 접합을 하는 슬리브 접합법이다.

6-1 절단

관 지름 300 mm 이상의 관은 관축에 직각으로 테이프를 감고 매직 등으로 둘레를 그은 후 톱날로 절단하거나 또는 파이프 커터 등으로 절단하며, 절단면에 생기는 칩(chip)은 칼이나 대패 등으로 깎아 평평하게 다듬질한다.

6-2 이음 방법

(1) 용착 슬리브 접합

관 끝의 외면과 이음의 내면을 동시에 가열 용융하며 접합하는 방법으로, 접합부의 가열 온도에 주의하면서 접합 시공을 한다. 이 접합의 작업 순서는 다음과 같이 한다.

① 두 관을 끼울 때 이음부에 발생하는 응력을 분산시키기 위하여 관을 직각으로 자른 후 안쪽을 모따기 한다.

② 파이프의 용착이 가능한 온도 범위인 180~240℃로 관 끝과 조인트를 동시에 가열한다. 가열용 기구로는 토치램프나 전열기를 사용한다. 용접에 필요한 가열 표준 시간은 다음 표와 같다.

용융 가열 표준 시간

호칭 지름(mm)	가열 시간(s)	
	조인트 및 경질관	연질관
10~13	5~20	5~15
20~25	10~25	10~25
30 이상	25~45	15~30

③ 가열할 조인트와 관 및 지그를 청결히 닦고 조인트와 관이 일직선이 되도록 밀어넣는다.

④ 균일하게 용융 상태가 되면 가열기에서 조인트와 관을 빼내어 일직선으로 끼워 용착 접합한다.

⑤ 용착면에 물수건 등을 감아 냉각 경화시켜 작업을 완료한다. 한편, 용착 슬리브 접합의 시공상 주의 사항은 다음과 같다.

㈎ 용융 가열에 사용하는 지그는 조인트와 관의 치수에 적합한 것을 사용하며, 지그의 재료는 열전도율이 크고 균일한 알루미늄 합금을 사용하는 것이 좋으며, 철 또는 구리로 만든 지그는 산화되기 쉬우므로 사용하지 않는 것이 좋다.

㈏ 경질관과 조인트는 재질이 같으므로 동시에 끼워도 좋으나 연질관은 용융되기 쉬우므로 조인트보다 다소 늦게 지그에 끼워 가열하는 것이 좋다.

㈐ 관과 지그 사이의 간격이 크면 균일한 상태로 가열하기 어려우므로 조인트와 관을 가열하는 형틀의 치수에 허용차는 ±0.5 이내로 한다.

㈑ 조인트와 관을 끼울 때는 지그의 l이나 l_1, 길이의 $\frac{2}{3}$ 정도 끼우면 된다.

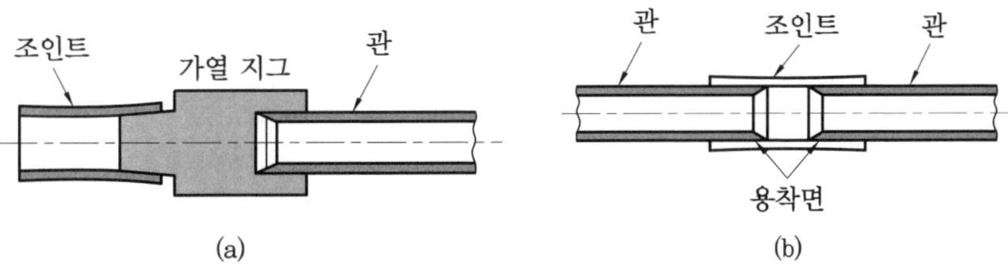

용착 슬리브 접합

지그 가열부의 치수

기호 / 호칭 지름	D	D_1	d	d_1	l	l_1	$1/T$
10	17.4	16.7	17.3	16.5	13	12	1/16
13	22.0	21.1	21.9	20.9	16	15	1/16
20	27.7	26.6	27.5	26.3	18	17	1/15
25	34.7	33.4	34.5	33.1	19	18	1/13.5
30	42.8	41.2	42.6	41.0	22	21	1/13.5
40	48.9	47.1	48.7	46.8	24	23	1/12.5
50	61.1	58.9	60.9	58.7	27	26	1/12

(2) 테이퍼 접합법

폴리에틸렌관 전용의 포금제 테이퍼 조인트를 사용하여 접합하는 방법으로, 강력한 접합이라는 점에서 유니언 접합과 같은 역할을 하는 것으로 50 mm 이하의 수도용 폴리에틸렌관에 많이 사용된다.

테이퍼관 접합법에는 테이퍼관, 슬리브 너트, 캡 너트를 사용하여 다음 요령으로 접합한다.

① 2개의 폴리에틸렌관의 안쪽을 모따기하고 80~90℃로 가열한다.

② 슬리브 너트를 먼저 관 속에 넣고 테이퍼관 속에 양쪽 관을 끼우고 슬리브 너트와 캡 너트를 조인다.

(3) 인서트 접합법

일반적으로 50 A 이하의 관 접합에 사용하며, 관의 접합 요령은 다음과 같이 한다.

① 관은 가열하여 인서트 조인트에 끼운다.

② 냉각 후 스테인리스제 클램프로 접합부를 조인다. 작업 시 관의 지름이 크거나 두께가 두꺼우면 접합이 불안전하게 되어 클램프로 조인 부분에 균열이 생기기 쉽다.

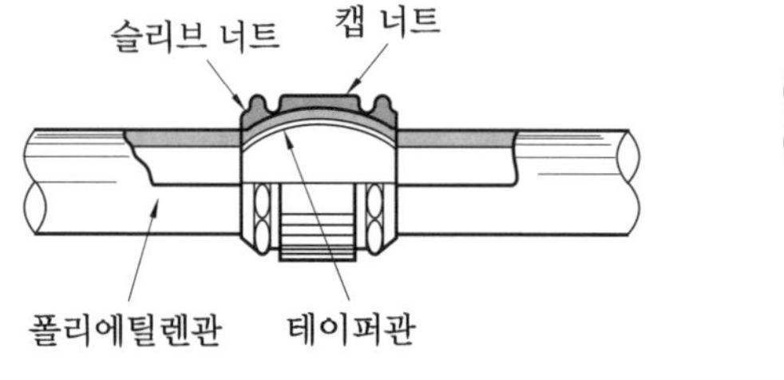

테이퍼 조인트 접합

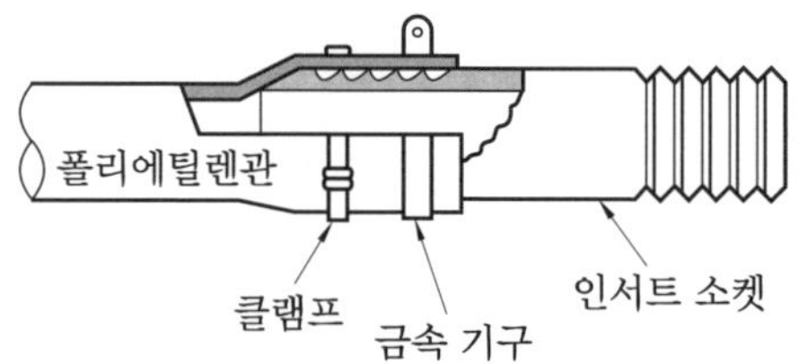

인서트 조인트 접합

참고 폴리부틸렌관의 접합(polybuthylene pipe joint)

7. 석면 시멘트관 접합

석면 시멘트관 이음에는 칼라(collar) 이음과 주철 이음이 있으며, 이음의 굽힘 각도는 최대 굽힘 각도의 $\frac{1}{2}$ 이하를 표준으로 하며, 반드시 직선으로 접합한 다음 관 끝을 흔들어 굽힌다.

7-1 관 절단

대형이나 중형 관은 공장 가공을 원칙으로 하며, 현장에서는 커터나 톱을 사용하고, 정이나 해머 등으로 충격을 주어서는 안 된다.

7-2 이음 방법

(1) 칼라 이음법

이터닛관에는 주철제의 특수 칼라를 사용하여 고무 링을 맞추어 수밀(水密)토록 한다. 주철제 칼라에는 1종과 2종의 2종류가 있고, 각기 수도용 석면 시멘트와의 1종관과 2종관에 사용되며, 접합 형상에 따라 A접합과 B접합이 있다.

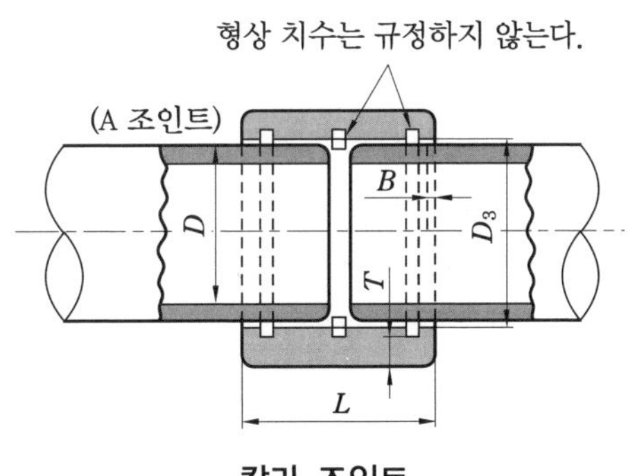

칼라 조인트

원칙적으로 직선 관로에 사용하며, 관 끝은 베벨 가공한다. 고무 링과 관 끝 정지선 위치에 붓 등으로 접합 용제를 바른 후 정지선과 고무

링의 위치를 확인하고 접속한다.

작은 관을 접합할 때는 양손으로 좌우에 힘을 고르게 주어 관 끝을 고정점까지 밀어넣는 방법과 기구를 이용하여 밀어넣는 방법이 있으며, 대형이나 중형 관일 때는 와이어 레버나 크레인 또는 삼발이를 이용하여 접속한다.

(2) 주철 이음

이형관이나 절단관에 사용되며, 슬리브는 관 끝에서 슬리브 폭의 $\frac{1}{2}$ 길이까지 넣으며, 다른 쪽 관도 같은 방법으로 행한다. 관과 관의 끝 간격은 5~10 mm 떨어지도록 하고, 볼트는 대칭이 되도록 순차적으로 조인다. 이때 힘이 균등하게 받도록 한다.

참고 관 굽힘

폴리에틸렌관은 관 바깥지름의 8배 이상의 굽힘 반지름으로 굽힐 때는 상온 가공이 되지만, 굽힘 반지름이 그보다 작을 때는 가열하여 굽힌다. 가열할 때는 100℃ 이상의 끓는 물을 쓰든가 가열기를 쓴다.

8. 콘크리트관 접합

수도용 원심 철근 콘크리트관의 접합은 칼라 이음으로 하며, 옥외 배수관, 철근 콘크리트관은 소켓관이므로 모르타르 이음으로 한다.

(1) 칼라 이음

철근 콘크리트제의 칼라를 사용하여 혼합물(compo)을 넣어 접합한다. 혼합물은 모래와 시멘트를 1 : 1의 비율로 혼합하고 손으로 버무리며 물은 클링크 상태로 한다. 혼합물은 모르타르에 비해 수분이 적고 그대로는 수밀이 되지 않으므로 수밀을 필요로 하는 곳에는 모르타르 접합을 한다.

(2) 모르타르 이음

접합부에 모르타르를 발라 접합하는 것으로 모르타르는 되게 반죽한 것을 사용하며, 관의 밑부분을 메울 때는 모르타르가 완전히 굳은 다음에 시공한다. 모르타르가 흘러나올 염려가 있을 때에는 관과 관 사이에 얀(yarn)을 1 cm 정도 삽입한다.

9. 도관 접합

도관의 접합 방법에는 관과 얀(yarn)을 삽입하고 모르타르를 바르는 접합 방법과 모르타르만 사용하는 접합 방법이 있다.

도관은 일반적으로 땅 속에 매설하는 배관에 사용되며, 접합 방법은 허브(hub) 쪽을 상류로 향하게 하여 관이 이동하지 않도록 하고, 이 허브와 소켓 안쪽을 일직선이 되도록 맞춘다. 이때 삽입구에는 작은 돌을 사용하여 패킹하고 수평기로 구배를 측정한 다음 모르타르를 발라 접합한다.

접합할 때 접합부 윗부분에만 모르타르를 채우면 관의 접속부에 턱이 생겨 누수 방지가 불충분하게 되므로 주의를 요한다.

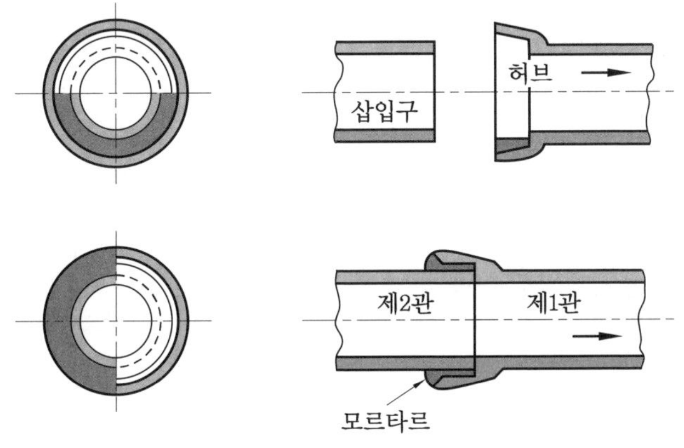

도관의 접합

도관에는 병관, 후관, 특후관의 3 종류가 있으며, 도관을 필요한 길이로 자를 때에는 절단선을 그리고, 벽돌 해머로 도관의 표면을 가볍게 쪼아 자국을 낸 다음 해머로 가볍게 쳐서 절단한다. 도관의 절단면을 다듬을 때는 해머를 절단부의 윗면에서 안쪽 또는 바깥쪽으로 경사시켜 가볍게 두들긴다.

10. 이종관 접속

(1) 주철관과 연관

배수용에 많이 쓰이며, 플랜지 접속이나 캡 너트로 접합하며, 일반적인 방법은 주철관에 황동제 칼라를 삽입하고 납 또는 기타 코킹제로 코킹한 다음 다른 쪽 끝은 연관과 납땜한다. 이때 연관 쪽에서 주철관 쪽으로 물이 흐르도록 한다.

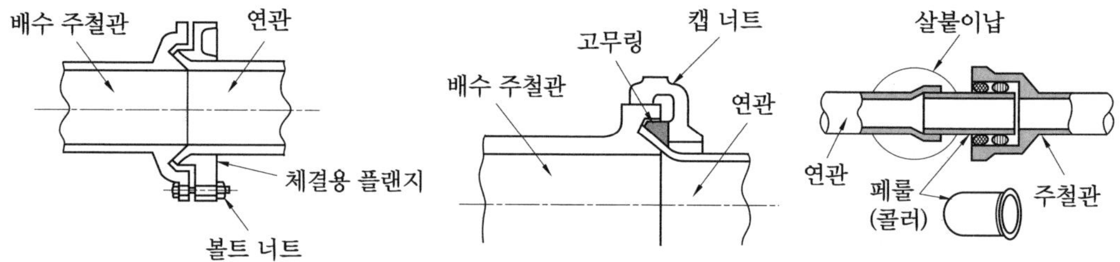

(2) 주철관과 강관

플랜지 이음과 나사 이음, 코킹에 의한 이음이 있으며, 플랜지 이음은 플랜지 붙이 주철관을 사용하여 강관에도 플랜지를 붙여 패킹을 넣고 볼트로 조이며, 나사 이음은 주철관에 중간 이음쇠를 코킹한 후 다른 끝에 강관을 나사이음 한다. 코킹에 의한 이음 방법은 강관에 나사를 내어 소켓을 끼운 다음(보통 소켓보다 짧은 것을 사용) 주철관에 넣고 납으로 코킹한다.

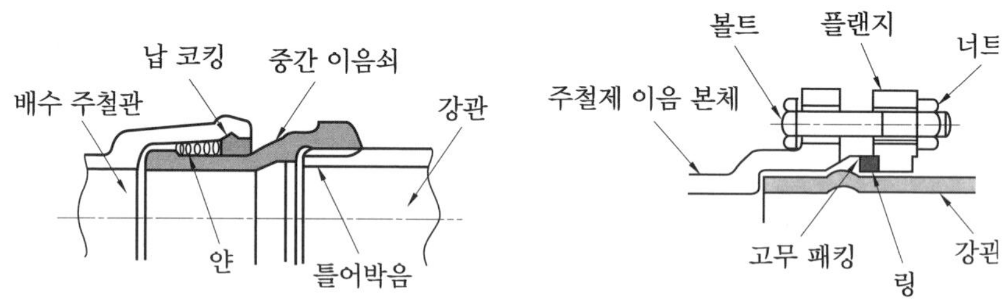

(3) 주철관과 황동관 및 동관의 접속

황동관이나 동관을 직접 주철관에 넣고 코킹하는 방법과 나사 이음에서는 링을 넣고 바로 조이는 방법이 있다.

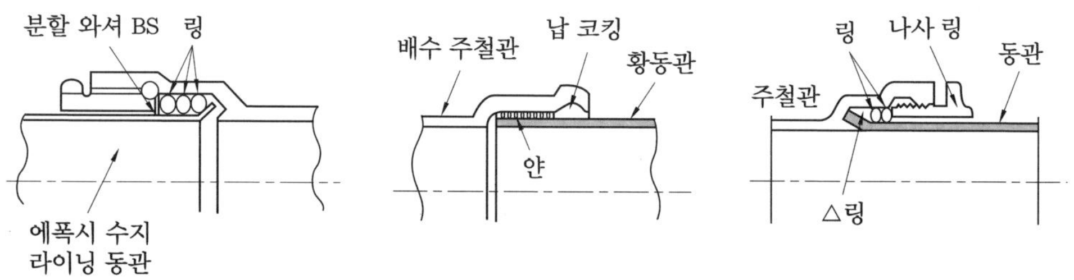

(4) 염화비닐관과 강관 또는 연관 접속

대체로 유니언 소켓에 의한 방법이 많이 사용되며, 염화비닐관을 가열하고 테이퍼 조인트 캡 너트를 조인트의 테이퍼부에 넣어 냉각한 다음 캡 너트를 조이는 테이퍼 조인트법도 사용된다.

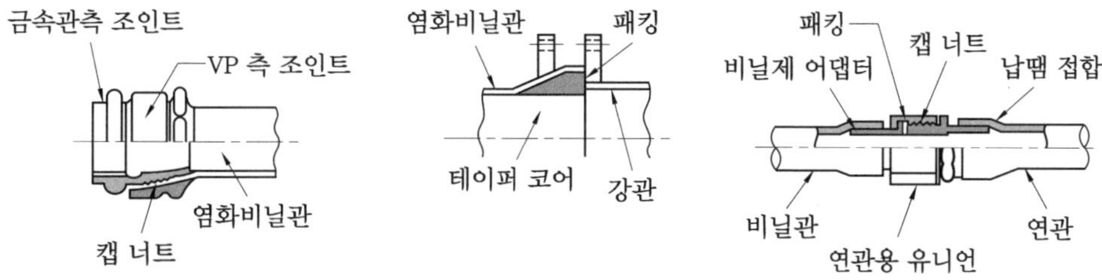

(5) 폴리에틸렌관과 각종 금속관 접속

각각 전용의 어댑터를 사용하여 접속하며, 폴리에틸렌관 끝은 가열하여 테이퍼부에 밀착시킨 후 슬리브 너트로 조인다.

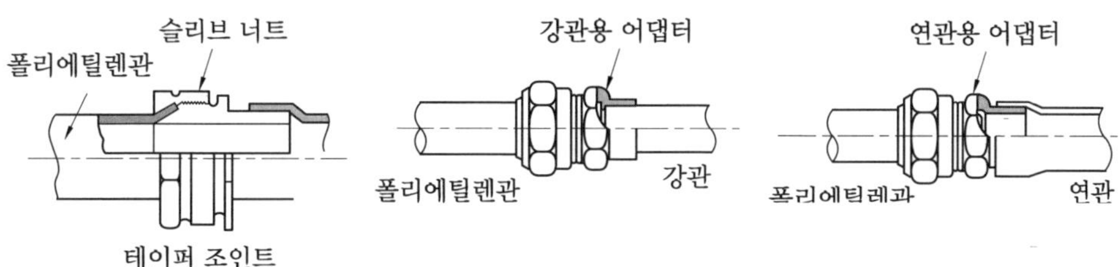

(6) 석면 시멘트관과 주철관 및 강관의 접속

대부분 급수 배관에 사용되며, 대체로 단관을 이용하여 볼트로 조이는 방법이 많이 사용된다.

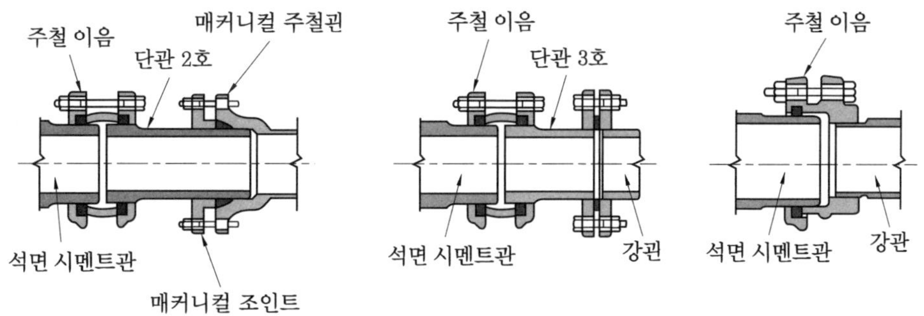

(7) 철근 콘크리트관과 주철관 및 강관 접속

주로 배수관에 많이 사용되며, 철근 콘크리트관이 주철관보다 두께가 두껍기 때문에 특수 치수의 주철관이 사용된다. 주철관 이음 방법은 주철관에 철근 콘크리트관을 넣고 얀(yarn)을 밀어 넣은 후 되게 반죽한 모르타르를 충분히 채워 접속하며, 강관 이음 방법은 콘크리트관에 강관을 넣고 얀을 밀어 넣은 후 모르타르를 채워 넣는다.

(8) 도관과 주철관, 강관 및 연관의 접속

도관에 주철관, 강관 및 연관을 넣고, 얀을 가볍게 밀어넣은 다음 모르타르를 채운다.

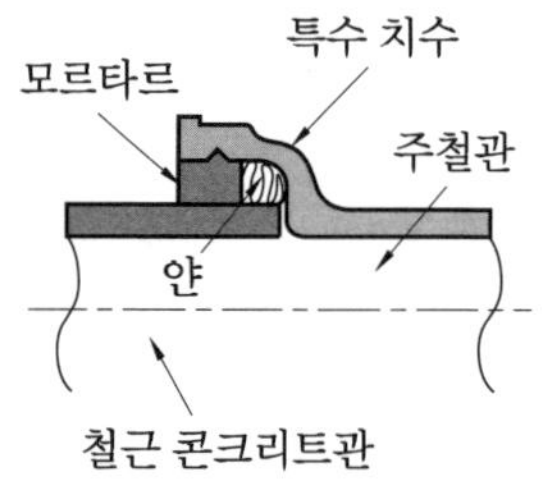

철근 콘크리트관과 주철관 및 강관 접속

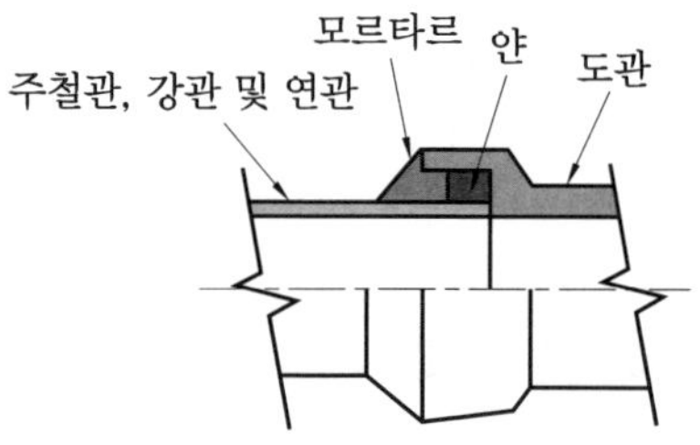

도관의 주철관, 강관 및 연관의 접속

(9) 염화비닐관과 폴리에틸렌관의 접속

염화비닐관용 어댑터를 사용하여 폴리에틸렌관과는 플레어 접속을 하고, 염화비닐 소켓을 어댑터에 연결한다.

(10) 철근 콘크리트관과 석면 시멘트관 접속

석면 시멘트관과 특수 접속용 단관을 볼트로 접속하고, 특수 단관과 철근 콘크리트관은 코킹 접속한다.

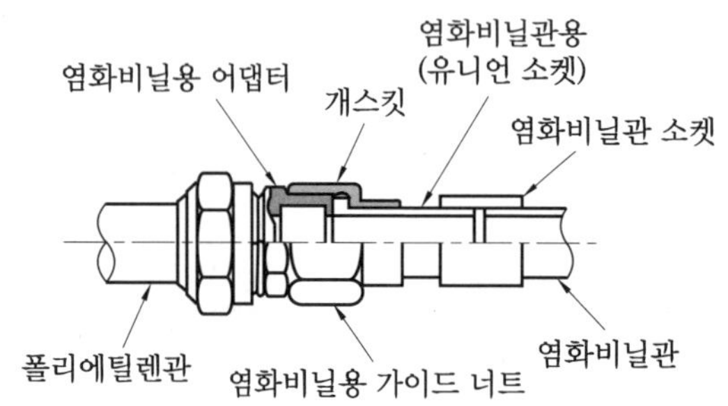

염화비닐관과 폴리에틸렌관의 접속

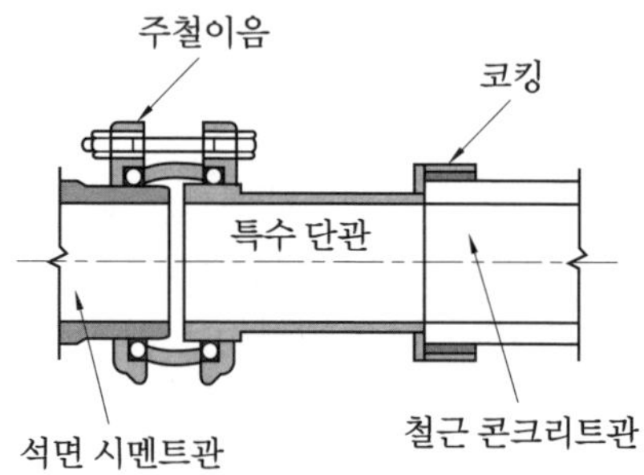

철근 콘크리트관과 석면 시멘트관 접속

제2장 판금 가공

1. 판금 가공과 그 종류

판금을 소재로 하여 여러 가지 형상을 만드는 가공을 판금 가공(板金加工 ; sheel metal working)이라 한다. 이러한 가공 제품은 자동차, 항공기, 철도차량, 전기 기기, 기계 부품, 사무용 기기, 가정용품 등에 널리 쓰이고 있다.

1-1 판금 가공의 특징

① 복잡한 형상을 비교적 쉽게 가공할 수 있다.
② 제품이 가볍다.
③ 제품의 표면이 아름답고 표면 처리가 용이하다.
④ 대량 생산에 적합하다.

1-2 판금 가공의 종류

판금 가공에는 여러 가지 종류가 있으나 크게 2가지로 나눌 수 있다.

① **전단 가공** : 전단에 의해 판금을 2개로 나누는 가공을 말한다(펀칭, 블래킹, 전단, 트리밍 등).

② **성형 가공** : 판금을 소성 변화시켜 여러 가지 모양을 만드는 가공으로 그 종류는 플랜징, 엠보싱, 비딩 등이 있다.

이러한 가공에는 인력에 의한 수공 판금과 기계를 사용하는 기계 판금이 있다.

2. 각종 판금 가공

2-1 전단 작업

(1) 전단 가공의 종류

① **블랭킹(blanking)** : 판재에서 펀치로 소요의 형상을 뽑는 작업이다.

② **펀칭(punching)** : 판재에서 구멍을 만드는 작업으로 뽑힌 부분이 스크랩(scrap)이 되고, 남은 부분이 제품이 된다.

③ **전단(shearing)** : 판재를 잘라서 어떤 형상을 만드는 작업이다.

④ **트리밍(trimming)** : 판재를 오므리기 가공으로 만든 다음 둥글게 자르는 작업이다.

⑤ **셰이빙(shaving)** : 뽑기나 구멍뚫기를 한 제품의 가장자리에 붙어 있는 파단면 등이 고르지 못하므로 끝을 약간 깎아 다듬질하는 작업이다.

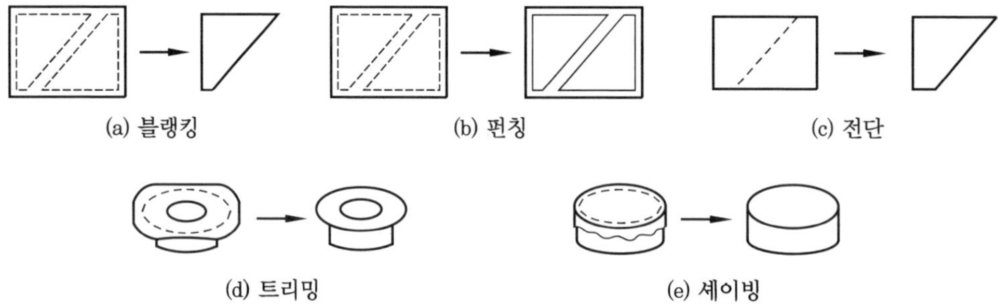

전단 가공의 종류

(2) 공구 날끝 현상

직각 전단기의 날은 탄소공구강 또는 합금공구강으로 만드는데, 날의 단면 현상은 다음과 같다.

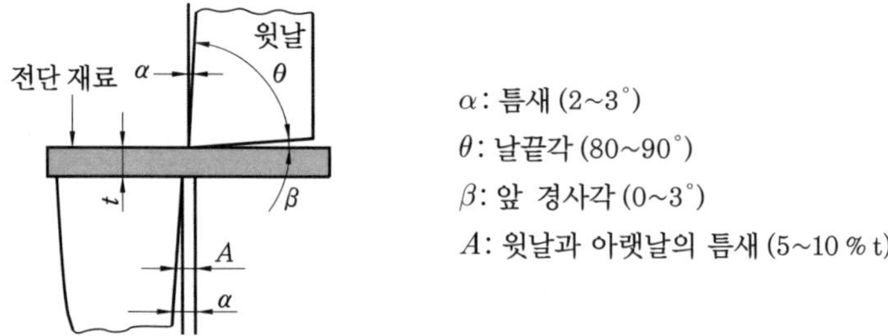

α: 틈새 (2~3°)
θ: 날끝각 (80~90°)
β: 앞 경사각 (0~3°)
A: 윗날과 아랫날의 틈새 (5~10 % t)

직각 전단기의 날끝

① **틈새(clearance)** : 윗날과 아랫날의 틈새(A)는 절단할 재료 두께의 $\frac{1}{10} \sim \frac{1}{20}$이 적당하다.

㈎ 틈새가 크면 : 절단면이 깨끗하지 못하다.

㈏ 틈새가 작으면 : 절단이 어렵다.

② **전단각(shear angle)** : 직각 전단기에서 전단에 필요한 힘을 적게 하기 위해서 윗날을 경사지게 한다. 이 경사 각도를 전단각이라 한다. 만일 전단각이 너무 크면 재료가 미끄러져 후퇴를 하든지 절단 후 재료의 절단부가 구부러지게 되며, 너무 작으면 전단할 때 비틀림이 생긴다. 그러므로 보통 5~10° 정도로 하고 12°를 넘지 않도록 한다.

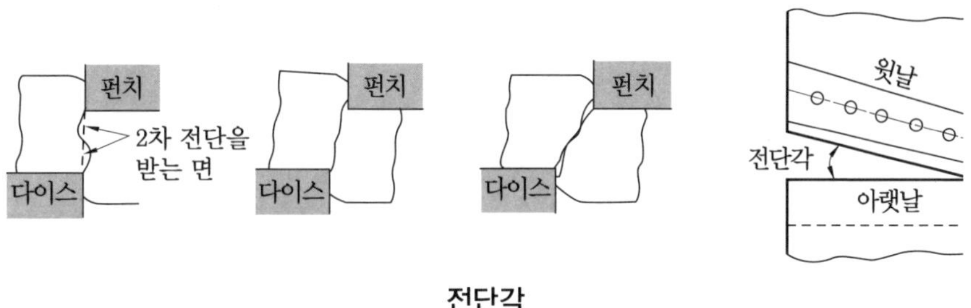

전단각

2-2 굽힘 작업

(1) 굽힘 방식

① **굽힘(벤딩) 방식** : 포밍 머신

② **앵글 굽힘 방식** : 프레스 브레이크

③ **롤러 굽힘 방식** : 굽힘 롤러

(a) 직각 굽힘　(b) V형 굽힘　(c) 원형 굽힘

굽힘 방식

(2) 최소 곡률 반지름

판재를 굽힐 때 내측의 둥근 반지름을 말하는데, 굽힘부에 파열이 생기지 않으면서 구부렸을 때의 최소 반지름을 말한다.

(3) 굽힘에 필요한 재료의 길이

판재를 둥글게 구부릴 때 판 두께의 중앙에서 외측은 인장, 내측은 압축되며, 판 두께의 중앙은 인장도 압축도 없다. 이 변화 없는 선을 중심선이라 하며, 판뜨기의 기준이 된다.

① 원통 굽힘의 판뜨기

㈎ 원통의 지름을 바깥지름으로 표시할 때 둥글게 구부리는 데 필요한 판재의 길이는 (원통의 바깥지름－판의 두께)×3.14로 계산한다.

㈏ 원통의 지름을 안지름으로 표시할 때 둥글게 구부리는 데 필요한 판재의 길이는 (원통의 안지름＋판의 두께)×3.14로 계산한다.

예제 그림의 (c)와 같은 원통을 구부릴 때 필요한 판재의 길이는 얼마인가?

해설 (50＋2)×3.14≒163 mm

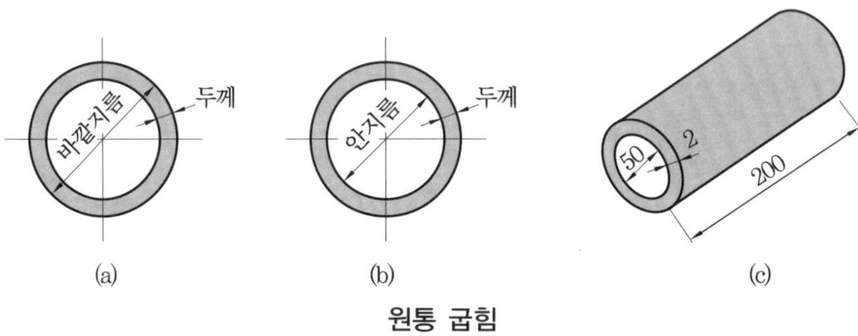

원통 굽힘

② 굽힘 반지름이 큰 굽힘의 판뜨기 : 다음 그림과 같은 단면 형성 굽힘에 필요한 판의 길이 L은 $L=A+B+l$이다. l부는 원통의 일부로 계산한다.

굽힘 각도가 90°일 때 l은 원통의 $\frac{1}{4}$이며, 90° 이외 θ°일 때는 원둘레의 길이×$\frac{\theta}{360°}$로 구하면 된다.

따라서, 90°일 때 L은

$$L=A+B+\frac{(2R+t)\times 3.14}{4}$$

90° 이외의 굽힘일 때

$$L=A+B+\frac{(2R+t)\times 3.14\times\theta}{360°}$$

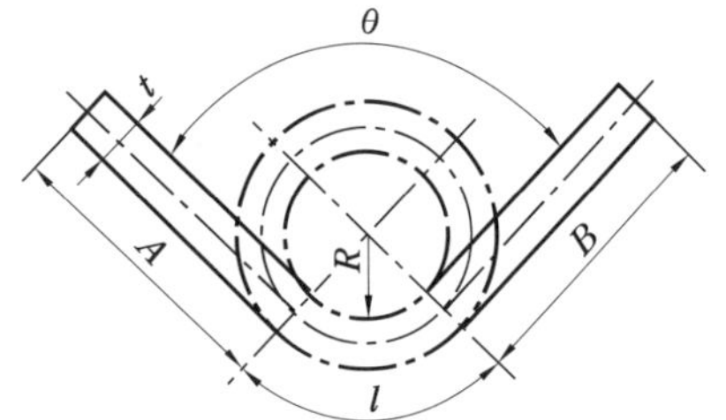

굽힘에 요하는 재료의 길이

(4) 스프링 백

굽힘 가공에서 하중을 제거하면 판재는 탄성 때문에 제품의 굽힘은 약간 처음 상태로 돌아간다. 이러한 현상을 스프링 백(spring back)이라 하고, 굽힘 가공을 할 때는 이 비율을 미리 계산하여 가공하여야 한다.

스프링 백의 비율은 다음과 같이 변한다.

① 경도가 높을수록 커진다.
② 같은 판재에서 구부림 반지름이 같을 때에는 두께가 얇을수록 커진다.
③ 같은 두께의 판재에서는 구부림 반지름이 클수록 크다.
④ 같은 두께의 판재에서는 구부림 각도가 예민할수록 크다.

(5) 판의 방향성과 굽힘

판재는 압연에 의한 일정 방향에 큰 소성변형을 일으키면 재료의 조직이 섬유 모양이 되어 압연 방향과 그 직각 방향이 변형률, 인장 강도 등 기계적 성질에 차이가 생긴다. 이 성질을 방향성이라 한다.

판재에서 압연 방향은 변형률이 크고, 그 직각 방향은 변형률이 작다. 그러므로 꺾어 접을 때 꺾음선을 압연 방향과 직각이 되게 하거나 45° 방향이 되도록 해야 한다.

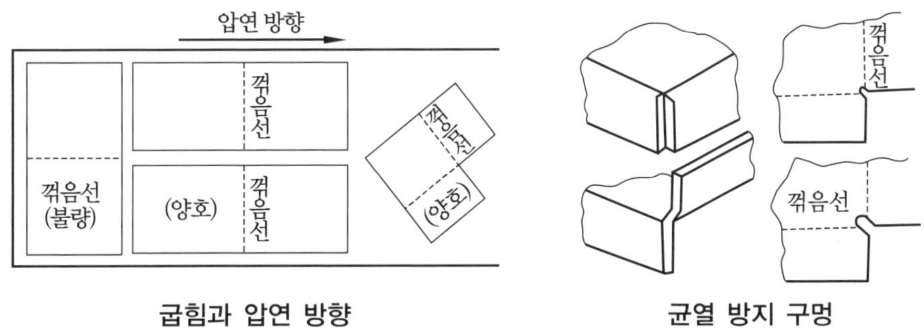

굽힘과 압연 방향　　　　균열 방지 구멍

(6) 균열 방지 구멍

직각으로 두 방향을 굽힐 때 노치(notch)부에서 균열이 생기게 되므로, 이를 막기 위해 노치부에 구멍을 만든다. 이 구멍의 지름 d는

$$d \geqq 1.4 \times R \quad (R : \text{굽힘 반지름})$$

2-3 드로잉

전연성이 풍부한 강, 니켈, 알루미늄, 구리나 이들 합금의 얇은 판으로 원통형, 각기둥형, 원추형 등의 용기를 성형하는 가공으로, 재료가 원주 방향으로 연신(늘어남)하여 소요의 가공이 된다. 특히 원통형, 각기둥 등과 같이 밑이 있는 용기를 가공하는 것을 디프 드로잉(deep drawing)이라 한다.

펀치나 틀을 사용하여 디프 드로잉을 한다고 생각하면 다음 그림에 표시한 것과 같이 D의 지름을 가진 둥근 판재를 펀치로 다이 구멍에 눌러 넣으면 펀치의 지름 d_1과 같은 안지름의 밑부분과 원통형 부분이 성형되어 바깥지름이 d로 된다.

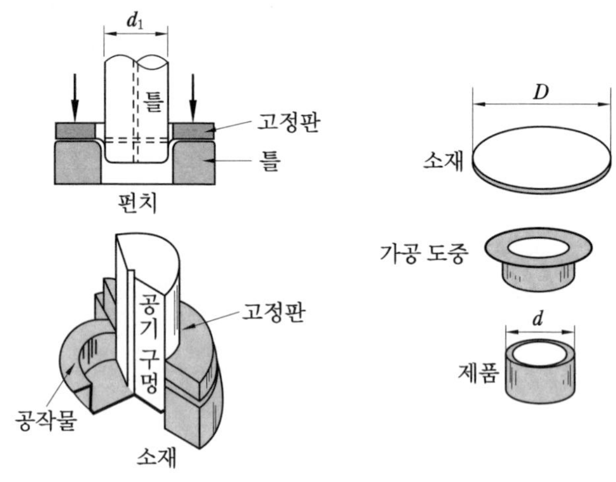

디프 드로잉

이와 같이 소재(素材)는 틀(die)의 중심을 향해서 인발되면서 반지름이 작아지므로 원주 방향으로 압축력이 작용하여 주름을 만든다.

(1) 틀 드로잉(die drawing)

틀과 펀치를 사용하는 방법

(2) 타출법(penel beating)

해머로 두들겨 만드는 방법

(3) 스피닝(spinning)

선반을 사용하여 판재를 모형과 함께 회전시키면서 실형을 만드는 방법

(4) 특수 드로잉

고무나 액체를 틀(die)로 사용하므로 공구의 제작 시간과 경비가 절약되는 이점이 있다.

① **마폼법(marforming)** : 틀로 고무를 사용하는 방식

② **하이드로폼법(hydroforming)** : 틀로 액체를 사용하는 방식

2-4 변형 교정법

판재는 아무리 평탄하게 만든 것이라도 판금 가공을 하게 되면 다소의 요철이 생기게 된다. 이것은 금속 내부 조직의 기계적 변화에 의한 것이며, 변형이라고 한다.

이 변형을 바로 잡는 작업을 변형 교정법이라 한다.

변형 교정법

작업법	형 상	방 법
정반에 의한 교정	압축 / 늘어남 / 압축 / 정반	평판에 변형이 있어 고르게 하려면 정반 위에 놓고 재료의 압축된 부분을 해머로 두드려 펴서 평평하게 한다.
받침쇠에 의한 교정	받침쇠	주로 곡면부에 생긴 변형을 제거할 때는 받침쇠와 해머로 압축된 부분을 두드려 펴서 평평하게 한다.
급수법 (점열 급랭법)	가스 불꽃 / 물	열에 의한 팽창과 수축을 이용하여 재료의 변형부를 산소-아세틸렌 불꽃으로 국부적 가열을 하여 물로 급랭 수축시켜 변형을 제거하는 방법이다.
주름잡기법	주름잡기봉	재료의 주위가 변형되었을 때 행하는 방법으로 주름잡기봉으로 삼각형의 산을 만들어 이 산이 원래 상태가 되도록 줄여 평평하게 하는 작업이다.
고정 롤러		상하에 설치된 여러 개의 롤러 사이로 평판을 통과시켜 신축을 균일하게 하여 평평하게 한다. 큰 평판에서만 사용한다.
인장법	l	인장 변형을 제거하는 방법으로 인장률 재료의 양단을 인장 수압기로 $\frac{\lambda}{l}=\frac{2\sim3}{100}$ 정도로 한다.

2-5 압축 가공

상하의 형틀 사이에 판재를 넣고 압축력을 가하여 형틀의 모양대로 재료를 가공하는 방법이다.

(1) 엠보싱 (embossing)

소재의 두께를 변화시키지 않고 성형하는 것으로서 상하형(모양)이 상호 대응하는 형을 가지며, 이 형 사이에 재료를 넣어서 압축하면 필요로 하는 형태의 제품을 얻을 수 있다.

(2) 압인 가공 (coining)

동전이나 메달 장식품 등의 표면에 모양을 만드는 가공법이다. 상형(上型)과 하형(下型)의 표면에 모양을 조각한 것을 사용하는데, 재질과 가공 조건 등이 같지 않으나 대체로 냉간으로 1960 MPa (200 kg/mm^2) 정도의 압축 하중을 재료의 표면에 작용시켜 성형한다.

2-6 그 밖의 가공

(1) 비딩(beading)

판금 제품을 보강 또는 장식을 목적으로 옆 벽의 일부에 볼록 나오거나 오목 들어가도록 띠를 만드는 가공법이며, 이 띠를 비드(bead)라고 한다.

(2) 벌징 가공(bulging)

원통 용기의 입구는 그대로 두고 밑부분을 볼록하게 가공하는 가공법이다.

(3) 플랜지 가공(flanging)

판재의 가장자리를 곡선으로 굽힐 경우 플랜지로 되는 부분은 굽힘선에 따라서 늘어나거나 줄어들게 되는 가공을 말한다.

(4) 끝말기 가공(curling)

판금 제품의 입구 가장자리를 보강과 장식을 목적으로 끝을 마는 방법이다.

(5) 인장 성형법(stretch forming)

판재를 형의 모양대로 밀어붙여서 판재면에 따라 충분한 인장력을 가하여 성형하는 가공법이다.

제3장 용접 작업

1. 금속 접합법

1-1 금속 접합법의 종류

접합부를 국부적으로 가열, 용융 또는 반용융 상태로 하여 접합하는 작업을 용접(鎔接 ; welding)이라 한다. 가열하는 방법에는 산소-아세틸렌가스 불꽃을 이용하는 가스 용접(gas welding)과 전기의 아크(arc)열을 이용하는 아크 용접(arc welding), 금속의 전기 저항을 이용하는 저항 용접(resistance welding)이 있다. 현재 사용되고 있는 용접법을 대별하면 다음 3종류가 있다.

(1) 융접(融接 ; fusion welding)

접합하고자 하는 물체의 접합부를 가열 용융시키고, 여기에 용가재(溶加材)를 첨가하여 접합하는 방법이다.

(2) 압접(壓接 ; pressure welding)

접합부를 냉간 상태(冷間狀態) 그대로 또는 적당한 온도로 가열한 후 여기에 기계적 압력을 가하여 접합하는 방법이다.

(3) 납땜(brazing or soldering)

모재를 용융시키지 않고 별도로 용융 금속(예를 들면 납과 같은 것)을 접합부에 넣어 용융 접합시키는 방법이다.

용접의 종류

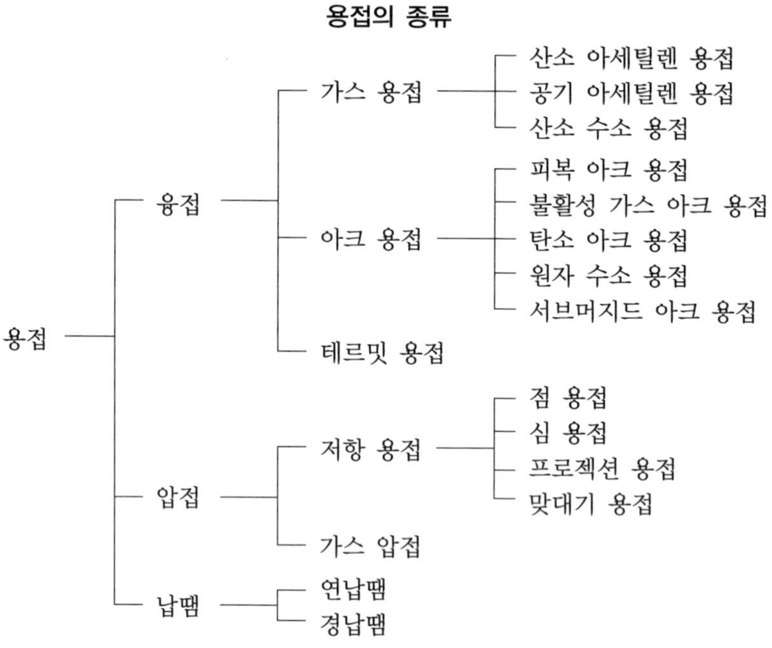

1-2 용접의 장·단점

(1) 일반적인 장점

용접법은 일반적으로 다음과 같은 장점을 가지고 있다.

① 자재가 절약된다.

② 공수(工數)가 감소된다.

③ 제품의 성능과 수명이 향상된다.

특히, 공수 감소의 예를 압력 용기에서 살펴보면, 압력 용기를 리벳 접합법으로 제작할 경우에는 5개 공수를 거치나 용접법으로 하면 3개 공수로 끝낼 수 있다.

참고
- 리벳 접합 공작의 공정수 (6 공수)
  재료 → 금긋기 → 절단 → 드릴링 → 리밍 조립 → 리벳 체결 → 코킹 → 완성
- 용접법에 의한 공정수 (3 공수)
  재료 → 금긋기 → 가스 절단 → 조립 용접 → 완성

(2) 주단조품(鑄鍛造品)과 비교한 장점

금속 재료를 가공하여 원하는 용도의 금속 제품을 만드는 방법에는 크게 용접, 주조, 단조 등의 방법이 있으며, 주조 및 단조 두 방법과 비교한 용접의 장점을 들어보면 다음과 같다.

① 강도가 크다.
② 무게가 현저하게 경감된다.
③ 수밀성과 기밀성이 좋다.
④ 목형이나 주형이 필요 없기 때문에 생산비가 싸다.
⑤ 이종 재질(異種材質)을 조합시킬 수가 있다.

(3) 단조품과 비교한 장점

① 제품 두께가 얇아 무게가 경감된다.
② 가공 공수가 절약된다.
③ 기밀성이 좋다(단조 균열이나 흠이 나타나지 않는다).
④ 시설비가 싸다.
⑤ 이종 재질을 조합시킬 수 있다.

(4) 용접의 단점

① 품질 검사가 복잡하다.
② 응력 집중에 대하여 극히 민감하다.
③ 용접 모재의 재질에 대한 영향이 크다.

1-3 용접의 이음 형식

(1) 용접 이음의 형식

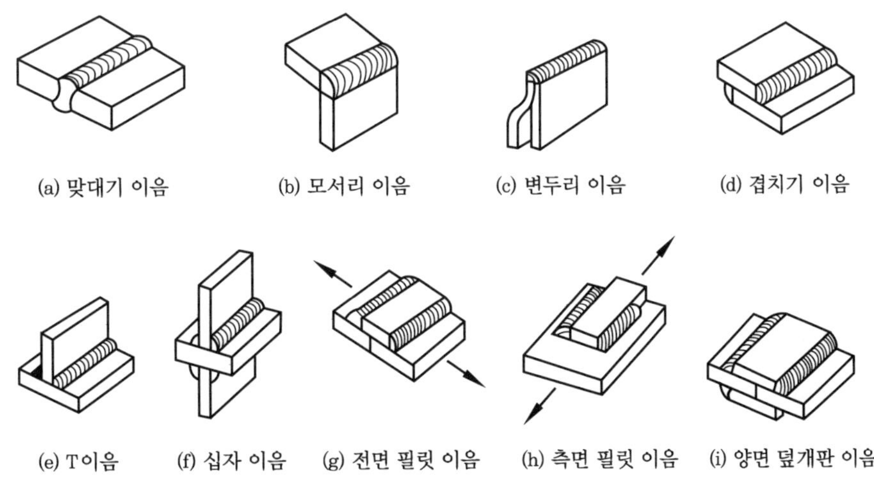

(a) 맞대기 이음 (b) 모서리 이음 (c) 변두리 이음 (d) 겹치기 이음
(e) T이음 (f) 십자 이음 (g) 전면 필릿 이음 (h) 측면 필릿 이음 (i) 양면 덮개판 이음

용접 이음의 기본 방식

용접 이음에는 그림과 같은 형식이 있다. 용접부에 용입되는 접착 금속의 단면 두께를 목 두께(throat)라 하며, 겹치기 이음, T 이음 등에서 목의 방향이 모재의 면과 대략 45° 를 이루는 용접을 필릿 용접(fillet welding)이라 한다.

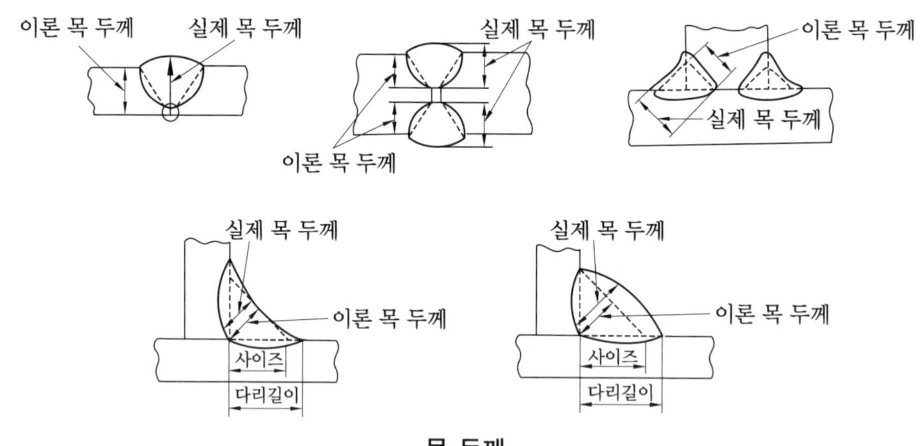

목 두께

(2) 홈의 형상

맞대기 이음 등에서 판 두께가 두꺼울수록 내부까지 용착되기 어려우므로 완전히 용착시키기 위해 접합부 끝을 적당히 깎아서 만든다.

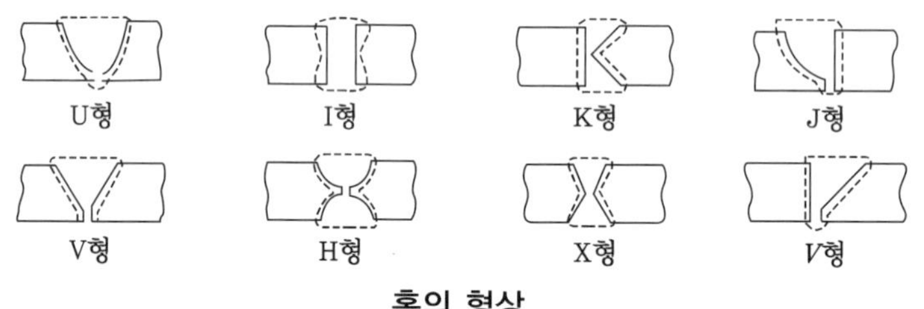

홈의 형상

(3) 용접 자세

① **아래보기 자세**(flat position) : 모재를 수평으로 놓고 용접봉을 아래로 향하여 윈쪽에서 용접하는 자세이다(기호 : F).

② **수평 자세**(horizontal position) : 모재의 면이 수평면에 대하여 90° 혹은 45° 이하의 경사를 가지며, 용접선이 수평이 되도록 하는 용접 자세이다(기호 : H).

③ **수직 자세**(vertical position) : 수직면 혹은 45° 이하의 경사를 가지는 면에 용접을 하며, 용접선은 수직 혹은 수직면에 대하여 45° 이하의 경사를 가지며, 옆쪽에서 용접하는 자세이다(기호 : V).

④ **위보기 자세**(overhead position) : 용접봉을 모재의 아래쪽에 대고 모재의 아래쪽에서 용접하는 자세이다(기호 : OH).

⑤ **전자세(all position)** : 수직·수평·위보기 및 하향 자세를 용접 자세로 하는 응용 자세의 일종이다(기호 : AP).

⑥ **응용 자세** : 응용 자세는 용접 구조물이나 형강, 파이프 용접 등에서 수직·수평 또는 아래보기와 수직, 위보기와 수직 등 2가지 이상의 자세가 조합된 용접 자세이다.

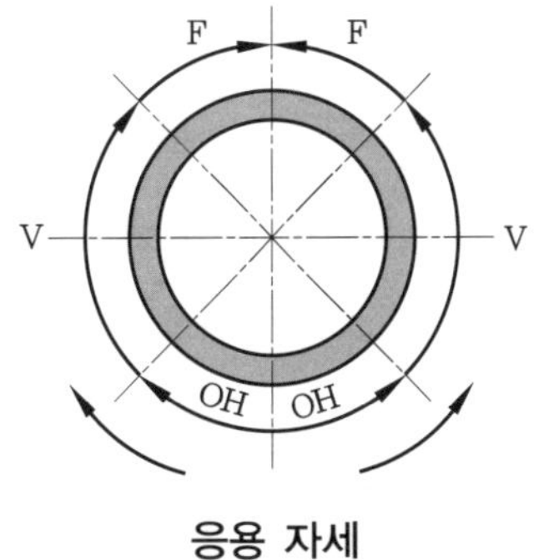

응용 자세

2. 가스 용접과 절단

2-1 가스 용접과 용접 기구

(1) 가스 용접과 그 종류

가스 용접은 아크 용접과 같이 융접(融接)의 일종이며, 압접에서와 같은 가스 불꽃을 사용하기는 하나 접합면을 가열 압접시키는 가스 압접(gas pressure welding)과는 다르다.

용접 가스의 종류와 적용

가스의 조합	최고 온도(℃)	적용 금속
산소·아세텔렌	3500	철강, 비철금속
산소·수소	2500	철강, 비철금속 박판, 저용융 금속 후판
산소·석탄가스	1500	저용융 금속
공기·석탄가스	900	아연, 납, 안티몬

가연성(可燃性) 가스와 산소를 혼합 연소시켜 고온의 불꽃을 용접부에 대어 용접부를 녹여 접합하는 방법을 가스 용접이라 한다. 가연성 가스에는 아세틸렌가스, 프로판 가스, 수소 등이 쓰이나 아세틸렌을 쓰는 산소-아세틸렌 불꽃은 온도가 높아 경제적이므로 널리 쓰인다.

산소-아세틸렌 용접(oxy-acetylence welding)의 특징은 다음과 같다.

① **장점**

㈎ 응용 범위가 넓다.

㈏ 불꽃(가열) 조절이 비교적 자유롭다.

㈐ 운반이 편리하다.

㈑ 설비비가 싸다.

㈒ 아크 용접에 비해서 유해 광선의 발생이 적다.

② 단점

㈎ 아크 용접에 비해서 불꽃의 온도가 낮다.

㈏ 열효율이 낮다.

㈐ 열집중성이 나빠서 효율적인 용접이 어렵다.

㈑ 폭발의 위험성이 크다.

㈒ 금속이 탄화 및 산화될 가능성이 많다.

㈓ 아크 용접에 비해 가열 범위가 커서 용접 응력이 크고 가열 시간이 오래 걸린다.

㈔ 아크 용접에 비하여 일반적으로 신뢰성이 적다.

(2) 산소 (oxygen)

산소의 성질은 다음과 같다.

- 무색, 무미, 무취로 비중 1.105, 비등점 −182℃, ~~용융점~~ −219℃로서 공기보다 약간 무겁다.
- 액체 산소는 연한 청색이다.
- 산소 자체는 연소하는 성질이 없고, 다른 물질의 연소를 돕는 조연성 기체이다.
- 다른 원소와 화합하여 산화물을 만든다.

① **산소 용기 (oxygen cylinder, 〈독〉 : Bombe)** : 순도 99.5 % 이상의 산소를 35℃에서 150 기압으로 압축하여 봄베(Bombe)에 충전한다.

봄베에는 조정기를 설치하여 배출되는 산소의 압력을 임의로 조정한다. 조정기에는 2개의 압력계를 두어 내압(內壓)과 배출 압력을 지시한다.

산소 봄베 내의 산소량을 알고자 할 때는 다음 식으로 계산할 수 있다.

$$L = V \times P$$

여기서, L : 봄베 내의 산소 용량(L), V : 봄베 내의 용적(L)

P : 압력계에 지시되는 봄베 내의 압력(MPa)

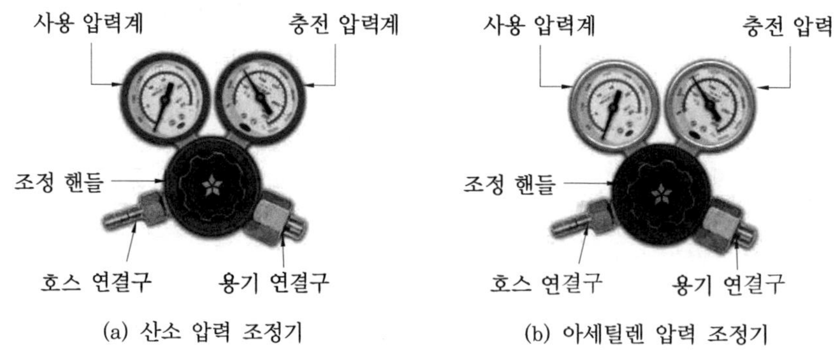

(a) 산소 압력 조정기 (b) 아세틸렌 압력 조정기

산소/아세틸렌 압력 조정기

예제 내용적 40 L들이 봄베의 산소 조정기의 압력계가 9.8 MPa를 나타낸다면, 이 봄베 내의 산소량은?

해설 40×100＝4000 L

② 산소 용기 취급상의 주의 사항

(가) 충격을 주지 말 것.
(나) 항상 40℃ 이하로 유지할 것.
(다) 직사광선을 쬐지 말 것.
(라) 밸브, 조정기 등에 기름이 묻어 있지 않을 것.
(마) 밸브의 개폐는 조용히 할 것.

(3) 아세틸렌 (C_2H_2)

① 성질

(가) 탄소와 수소의 화합물이므로 불안전한 가스이다.
(나) 비중이 0.906이므로 공기보다 가볍다.
(다) 순수한 것은 무색, 무취이다.
(라) 여러 가지 액체에 잘 용해된다(석유에 2배, 아세톤에 25배 용해된다).

② 위험성

(가) 온도 : 505~515℃에 달하면 폭발한다.
(나) 압력 : 1.5 기압 이상이 되면 위험하고, 2 기압 이상으로 압축하면 폭발한다.
(다) 혼합 가스 : 아세틸렌은 공기 또는 산소와 혼합하면 폭발성이 격렬해지는데 아세틸렌 15 %, 산소 85 % 부근이 가장 위험하다.
(라) 화합물 : 구리, 은, 수은 등과 접촉하면 폭발성 화합물을 만든다. 구리와 아세틸렌의 화합물은 120°로 가열하거나 가벼운 충격을 주면 폭발한다.

(4) 용접용 토치

가스 용접 시 산소와 아세틸렌을 각각 용기에 고무호스로 연결하고, 두 가스를 혼합하여 용접 불꽃을 일으키는 기구를 토치(torch)라 하며, 용량의 대소에 따라 다음과 같이 나눈다.

- **저압식 토치** : 아세틸렌의 압력이 6.86 kPa 이하되는 것을 사용하는 것
- **중압식 토치** : 아세틸렌의 압력이 6.86 kPa 이상되는 것을 사용하는 것

저압식 토치에는 분출구 부분에 니들 밸브가 있는 가변압식(B형, 프랑스식)과 니들 밸브가 없는 불변압식(A형, 독일식)이 있다.

① 팁의 능력

㈎ 프랑스식은 1시간 동안 표준 불꽃으로 용접할 경우 아세틸렌 소비량(L)으로 나타낸다. 예를 들면 팁 100, 200, 300이라는 것은 1시간에 표준 불꽃으로 용접할 때 아세틸렌 소비량이 100 L, 200 L, 300 L인 것을 뜻한다.

㈏ 독일식은 연강판의 용접을 기준으로 하며, 팁이 용접하는 판 두께로 나타낸다. 예를 들면 연강판의 두께 1 mm의 용접에 적당한 팁의 크기를 1번이라 하면, 2번 팁은 2 mm 두께의 연강판에 적당한 팁을 말한다.

② 토치 취급상의 주의 사항

㈎ 소중히 다루어야 한다.

㈏ 팁을 모래나 먼지 위에 놓지 말 것.

㈐ 토치를 함부로 분해하지 말 것.

㈑ 팁이 과열되었을 때는 산소만 다소 분출시키면서 물속에 넣어 냉각시킬 것.

㈒ 팁이 막혔을 때는 팁 구멍 클리너로 청소할 것.

㈓ 토치에 기름을 바르지 말 것.

(5) 가스 용접봉과 용제

① 가스 용접봉 : 용접봉은 용접할 모재에 대하여 보충 재료로 사용되는 관계로 그 재질은 원칙적으로 모재와 동일한 계통의 것을 선택하며, 단면은 원형의 나봉(裸棒)이며, 비철금속용 용접봉은 용접봉 주위에 용제를 붙여 놓았다. 용접봉의 크기는 지름이 1~8 mm이다.

② 용제(flux) : 용접할 금속은 용접 중 고온에서 공기와 접촉하기 때문에 산화가 잘 일어난다. 이 산화물을 제거하기 위해 용제로 다음 표와 같은 것이 사용된다.

각 금속과 용제

금속	용제
연강	사용하지 않음
반경강	중탄산소다+탄산소다
주철	붕사+중탄산소다+탄산소다
동합금	붕사
알루미늄	염화리튬(15%), 염화칼리(45%), 염화나트륨(30%), 불화칼리(7%), 염산칼리(3%)

(6) 산소-아세틸렌 불꽃

산소와 아세틸렌을 1 : 1로 혼합하여 연소시키면 생산되는 불꽃은 3 부분으로 나누어진다.

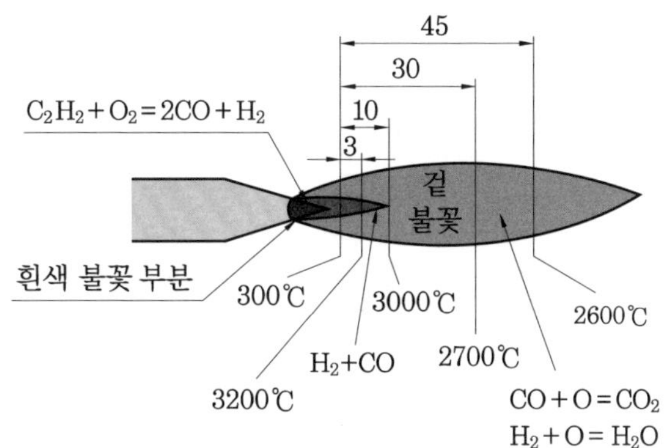

산소-아세틸렌 불꽃의 구성

① **불꽃의 종류**

㈎ 표준 불꽃(중성 불꽃) : 산소와 아세틸렌의 혼합 비율이 1 : 1인 것으로 일반 용접에 쓰인다.

㈏ 탄화 불꽃(아세틸렌 과잉 불꽃) : 산소가 적고 아세틸렌이 많을 때의 불꽃으로 불완전 연소로 인하여 온도가 낮다. 스테인리스 강판 용접에 쓰인다.

㈐ 산화 불꽃 : 중성 불꽃에서 산소의 양을 많이 할 때 생기는 불꽃으로, 산화성이 강하여 황동 용접에 많이 쓰이고 있다.

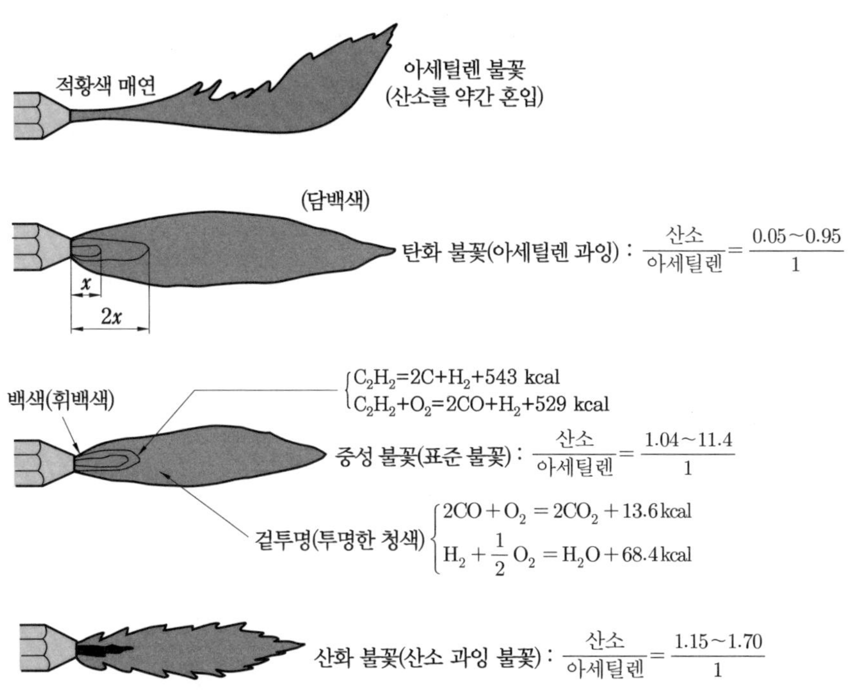

산소-아세틸렌 불꽃의 종류 및 절단 가스 절단의 원리

2-2 가스 절단

(1) 가스 절단의 원리

가열된 강과 산소 사이에 일어나는 화학작용, 즉 강의 연소를 이용하여 절단을 행한다.

$$3Fe + 2O_2 = Fe_3O_4 + 266.9 \text{ kcal}$$

실제 절단 작업에서는 재료를 전부 가열할 필요가 없이 일부를 가열 산화시키는데, 이 가열 산화가 계속되는 부분을 가열하면서 산소를 분출시켜 산화물을 밀어내어 절단하게 된다.

(2) 절단 조건

① 금속의 산화 연소하는 온도가 그 금속의 용융 온도보다 낮을 것.
② 연소되어 생긴 산화물의 용융 온도가 그 금속의 용융 온도보다 낮고 유동성이 있을 것.
③ 재료의 성분 중 연소를 방해하는 원소가 적어야 함.

이상의 조건에 맞는 것은 연강, 순철, 주강이며, 다른 금속은 절단이 곤란하거나 또는 절단할 수 없다.

㈎ 절단이 약간 곤란한 금속 : 경강, 합금강, 고속도강
㈏ 절단이 어느 정도 곤란한 금속 : 주철
㈐ 절단이 되지 않는 금속 : 구리, 황동, 청동, 알루미늄, 납, 주석, 아연 등

(3) 절단 토치

가스 절단에는 재료 예열용과 절단용 2개의 토치가 필요하나 2가지를 사용하면 불편하므로 1개의 토치로 2가지 기능을 할 수 있도록 만들어져 있다.

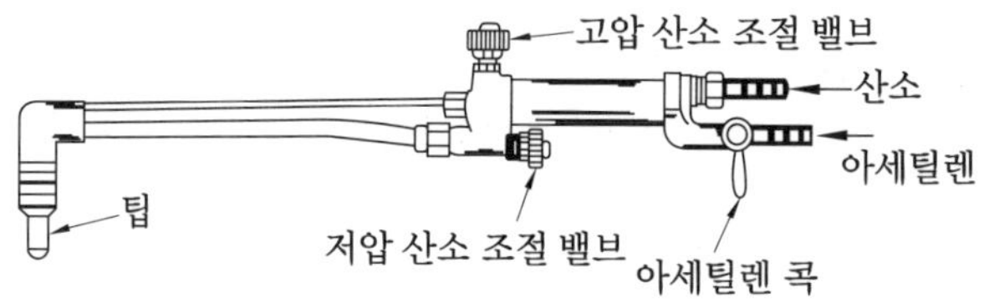

가스 절단 토치

다음 그림은 팁의 형식을 나타낸 것으로, (b)는 예열 가스의 분출 구멍과 절단 산소의 분출 구멍이 별도로 되어 있으나, (a)는 팁 중앙 구멍에서 고압의 산소가 분출되며, 주위 구멍에서는 혼합 가스가 분출된다.

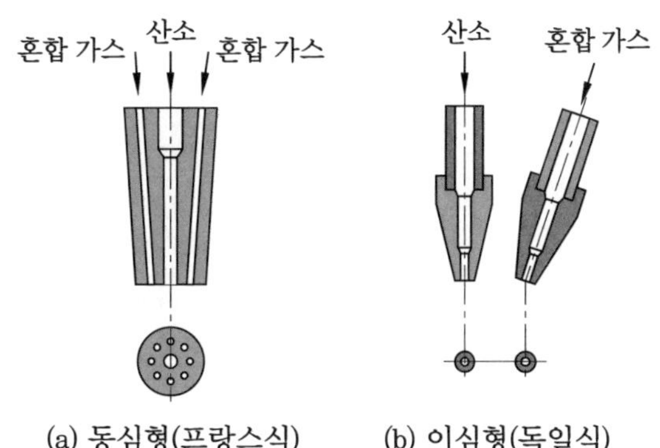

(a) 동심형(프랑스식) (b) 이심형(독일식)

팁의 형태

(4) 절단 상황

연강판의 절단개소 끝을 가스 절단기의 불꽃으로 예열하여 적열 상태(800~900℃)가 되면, 중앙 구멍에서 고압 산소를 분출시켜 연소된 강을 산화철로 만들어 고압 산소의 기류로 밀어내어 절단하게 된다.

동심형 팁과 이심형 팁의 비교

내용	동심형 팁	이심형 팁
곡선 절단	자유롭다	곤란하다
직선 절단	양호하다	능률적이다
절단면	좋다(보통)	아주 곱다

3. 아크 용접

3-1 아크 용접법의 기초

전원에서 전기 용접기를 통하여 모재와 용접봉(금속 전극봉) 사이에 아크(arc)를 발생시켜 그 열로 모재와 용접봉을 녹여 모재를 접합시키는 방법을 아크 용접이라 하며, 사용하는 전원은 교류(AC), 직류(DC)가 있으나 주로 교류를 많이 사용한다.

(1) 아크 발생

아크 발생법에는 다음 그림과 같이 긁는법(scratch method)과 찍는법(pecking method)이 있는데 초심자에게는 긁는법이 훨씬 쉽다.

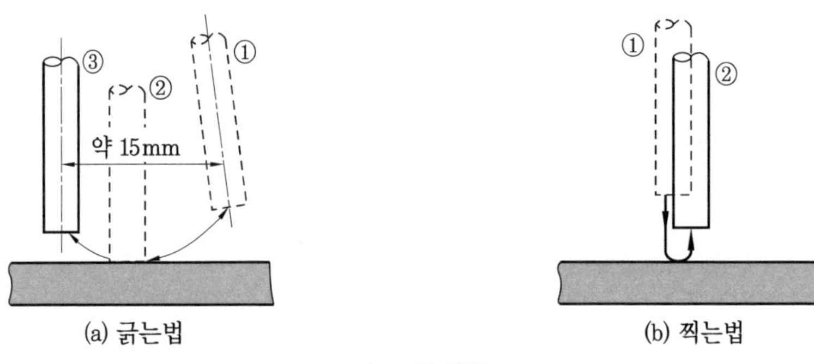

(a) 긁는법 (b) 찍는법

아크 발생법

(2) 아크 중단법(크레이터 처리)

아크를 중단시킬 때는 용접 작업을 마치려는 부분에서 아크 길이를 짧게 하여 운봉을 잠깐 정지시켜 크레이터를 채운 다음 재빨리 용접봉을 들어내 아크를 끈다. 만약, 용접봉을 그냥 들어내 아크를 끄면 다음 그림 [크레이터]와 같이 크레이터가 메꾸어지지 않아 크레이터 균열이 발생한다.

(3) 비드 시작점

용접을 처음 시작할 때 비드 시작점은 충분히 예열하지 않으면 모재가 녹기 전에 용접봉 끝이 녹아내려 용입 불량이나 기공이 생기는 경우가 있으며 균열의 원인이 되기도 한다. 그러므로 그림 [비드 시점의 운봉]과 같이 비드 시작점 앞에서 아크를 발생시켜 시작점까지 가지고 가는 동안 예열시켜야 한다. 또 시작점에서 아크 길이를 약간 길게 하여 전압을 높여 아크 발생열을 많게 하면 더욱 효과적이다.

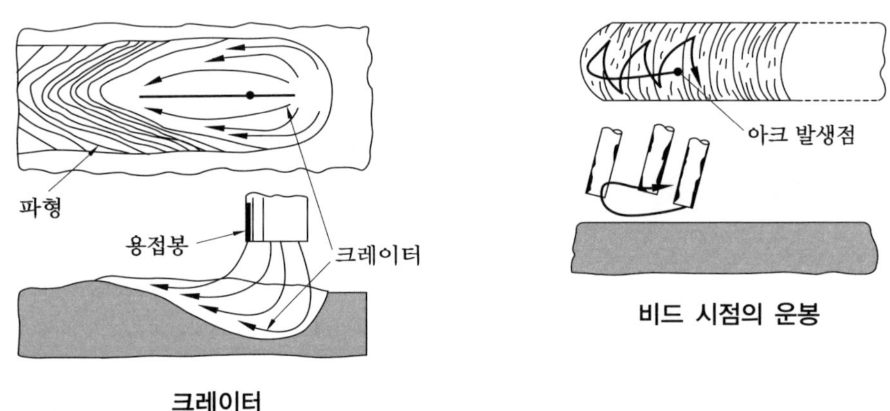

크레이터 비드 시점의 운봉

(4) 비드 잇기(봉 잇기)

용접 중 용접봉 길이가 짧아지면 아크를 끄고 크레이터의 슬래그를 제거한 다음 새 용접봉으로 갈아 끼워 용접을 계속하는 것을 비드 잇기라 하는데, 이때 비드 끝 부분은 이미 냉각되었으므로 시작점 때와 같은 방법으로 A에서 시작해서 B까지 와서 다시 되돌아가는 것으로 그림과 같이 작업해야 한다.

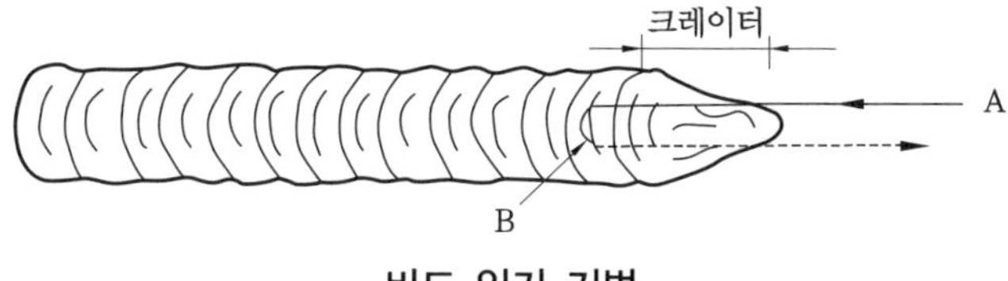

비드 잇기 기법

(5) 운봉법

① **줄 비드(stringer bead)** : 용접봉을 좌우로 움직이지 않고 직선으로 용접하는 방법으로 가접(tack weld), 박판 및 V형 홈 이음 등의 제1층 용접에 이용한다.

② **위빙 비드(weaving bead)** : 그림과 같이 용접봉 끝을 좌우로 여러 가지 형태로 움직이면서 용접하는 방법이다. 줄 비드보다 비드 폭을 넓게 놓을 때 사용하고, 또 V형, X형 등의 홈(groove)을 용접해서 위로 올라갈수록 폭이 넓어질 때나 홈을 채우고 나서 마지막 용접을 할 때 사용한다.

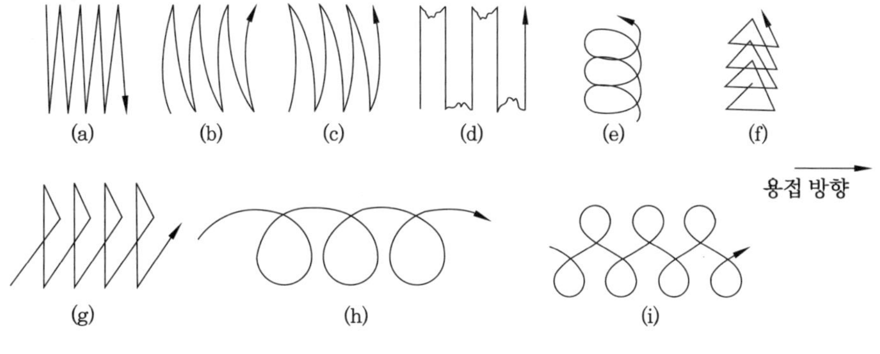

여러 가지 위빙 동작

3-2 용접 조건

용접 작업에서 결함이 없는 좋은 용접을 하려면 용접봉 각도, 아크 길이, 용접 전류 및 용접 속도를 알맞게 해야 한다.

(1) 용접봉 각도(angle of electrode)

용접봉이 이루는 각도는 그림과 같이 진행각(lead angle)과 작업각(work angle)인데, 진행각은 용접봉과 이음부(joint)가 이루는 각도이고, 작업각은 용접봉과 이음부 방향이 나란히 세워진 수직 평면의 각도이다.

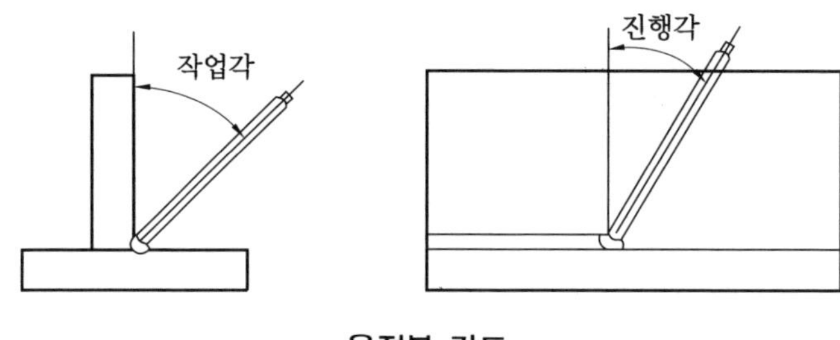
작업각
진행각

용접봉 각도

(2) 아크 길이 (아크 전압)

아크 길이는 용접봉 심선의 지름과 거의 같은 정도이며, 대개 2~3mm 정도가 된다. 아크 길이 변화에 따라 아크 전압도 비례하므로 아크 길이가 길어지면 아크 발열량은 증가하고, 짧아지면 발열량은 감소한다. 그러므로 아크를 처음 발생시킬 때는 모재가 차가우므로 긴 아크를 사용하여 예열을 해야 한다.

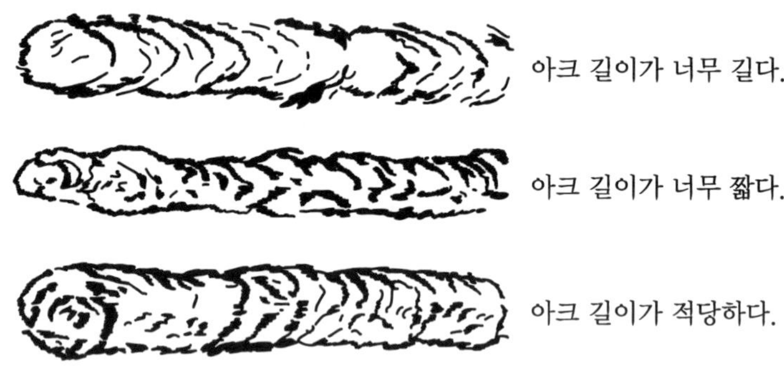
아크 길이가 너무 길다.
아크 길이가 너무 짧다.
아크 길이가 적당하다.

아크 길이 변화에 의한 비드 모양

① 아크 길이가 너무 긴 용접부의 특징

㈎ 스패터가 많다.

㈏ 용접 금속이 산화나 질화가 된다.

㈐ 기공이 생긴다.

㈑ 아크가 흔들린다.

㈒ 비드 표면이 거칠다.

② 아크 길이가 너무 짧은 용접부의 특징

㈎ 용접봉이 모재에 잘 달라붙는다.

㈏ 슬래그 잠입(slag inclusion)이 일어난다.

㈐ 비드 폭이 좁고 볼록하다.

㈑ 콜드 랩(cold lap) 현상이 일어난다.

(3) 용접 전류(welding current)

용접 전류는 여러 용접 조건 중에서도 중요한 사항이다. 피용접물에 적합한 용접 전류값은 모재의 재질, 형상 및 두께, 용접 자세, 용접봉의 종류와 크기, 용접 속도 등에 따라 결정되며, 전류가 너무 세면 언더컷, 기공이 생기며 비드 표면이 거칠어지고 크레이터에 결함이 생기기 쉬우며, 반대로 너무 약하면 용입 불량, 슬래그 잠입, 오버 랩(over lap) 등이 생기기 쉽다.

① **모재 재질** : 구리, 알루미늄 같이 열전도(thermal conductivity)가 큰 금속은 용접 전류를 높게 하고, 스테인리스강과 같이 열전도가 작은 금속은 용접 전류를 낮게 해야 한다.

② **형상 및 두께** : 두꺼운 판이나 T형 필릿 용접 등에서는 열이 급속히 확산되므로 전류값을 크게 한다.

③ **용접 자세** : 일반적으로 아래보기(flat) 자세에서는 조금 강한 전류를 사용하고, 위보기(over head) 자세에서는 그보다 10~20% 적은 값, 수직(vertical) 자세에서는 아래보기 자세의 20~30% 적은 비교적 낮은 전류를 사용한다. 그러므로 아래보기 자세에서 가장 높은 전류값을 사용하므로 작업 능률이 높고 작업자의 피로도 적다.

④ **용접봉 종류와 크기** : 용접봉 지름이 커지면 사용 전류는 높아지고, 지름이 작아지면 전류는 낮아진다. 일반적인 용접봉 지름과 판 두께에 대한 표준 전류값은 다음 표와 같다.

용접봉 지름과 판 두께에 대한 표준 용접 전류

<table>
<tr><th>모재 두께
(mm)</th><th>용접봉 지름
(mm)</th><th>전류값
(A)</th><th>모재 두께
(mm)</th><th>용접봉 지름
(mm)</th><th>전류값
(A)</th></tr>
<tr><td rowspan="2">3.2</td><td>2.0</td><td>40~60</td><td rowspan="2">7.0</td><td>4.0</td><td>130~150</td></tr>
<tr><td>2.6</td><td>50~70</td><td>5.0</td><td>160~180</td></tr>
<tr><td rowspan="2">4.0</td><td>2.6</td><td>60~80</td><td rowspan="2">9.0</td><td>4.0</td><td>140~160</td></tr>
<tr><td>3.0</td><td>80~100</td><td>5.0</td><td>170~190</td></tr>
<tr><td rowspan="2">5.0</td><td>3.0</td><td>90~110</td><td rowspan="2">10</td><td>4.0</td><td>150~170</td></tr>
<tr><td>4.0</td><td>110~130</td><td>5.0</td><td>180~200</td></tr>
<tr><td rowspan="2">6.0</td><td>3.0</td><td>100~120</td><td rowspan="2">12.0 이상</td><td>5.0</td><td>200~220</td></tr>
<tr><td>4.0</td><td>120~140</td><td>6.0</td><td>240~280</td></tr>
</table>

[참고] 용접봉의 지름에 따른 적정 사용 전류량을 모를 때는 심선의 지름을 소수 인치(inch)로 환산하여 1000을 곱한 값을 기준하며 여건에 따라 증감하면 된다.

예 3.2 mm의 경우 $\frac{3.2}{25.4} = 0.125$ 인치

$\therefore 0.125 \times 1000 \fallingdotseq 125$ Amp

(4) 용접 속도

용접 속도는 용접봉의 종류 및 전류값, 용접 이음부 형상, 모재의 재질, 위빙의 유무에 따라 달라진다. 일반적으로 줄 비드(stringer bead) 용접에 알맞는 용접 속도는 생성된 비드 길이가 소모된 용접봉의 길이와 거의 같을 때이며, 이때 비드 폭은 피복제를 포함한 용접봉 지름의 1.5배 정도가 되며, 비드 파형(ripple)은 반달 형상이 된다.

① 속도가 너무 빠른 경우

㈎ 비드 폭이 좁고, 용입이 얕다.

㈏ 슬래그 잠입 및 기포가 생긴다.

② 속도가 너무 느린 경우

㈎ 비드 폭이 넓고, 용입이 깊어진다.

㈏ 표면이 거칠고, 콜드 랩(cold lap) 현상이 생긴다.

다음 그림은 여러 가지 용접 조건이 적당할 때와 그렇지 못할 때의 비드 외관을 표시한 것이다.

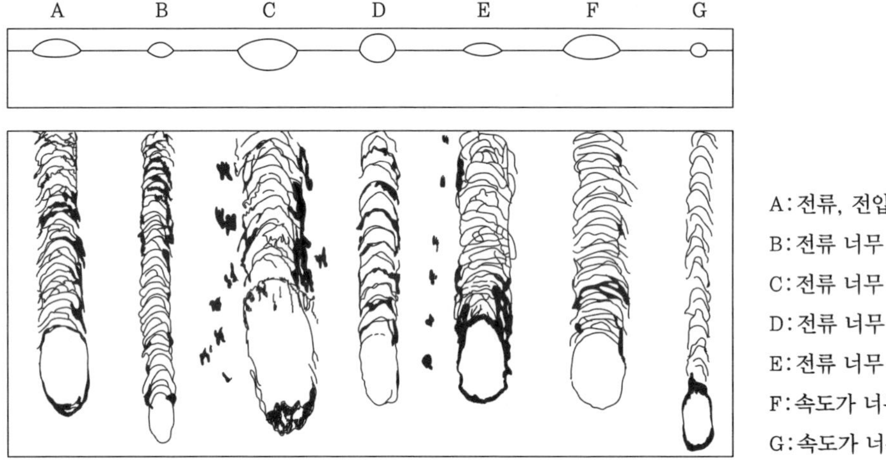

아크 용접 비드의 양 · 부 모양

3-3 용접 작업

(1) 아래보기 자세(flat position)

아래보기 자세의 용접을 할 때는 용접봉을 수직선에서 용접 진행 방향으로, 즉 진행각은 10~20° 경사시키고, 좌우에 대해서는 모재에 대해 작업각 90°가 되도록 한다.

① I형 맞대기 이음 용접 : 두께 6 mm 이하의 판을 양쪽에서 용접할 때 이용하며, 판 두께에 따라 루트 간격(root opening), 용접봉 크기, 용접 전류 등을 선택하며 만약 루

트 간격 없이 한쪽에서만 용접한다면 두께 4.5 mm의 판을 100% 용접이 되게 하기는 곤란하다.

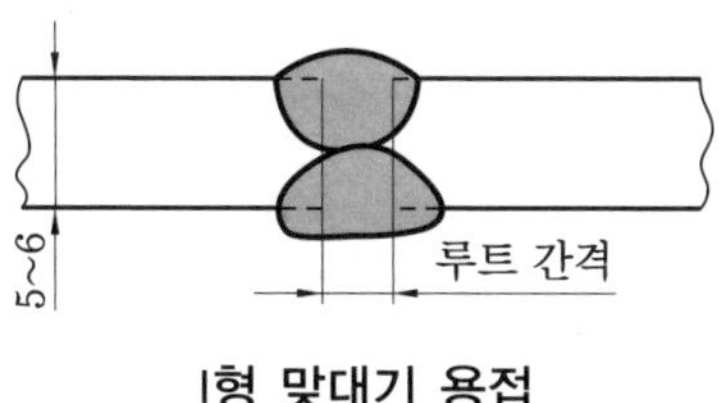

I형 맞대기 용접

② **V형 맞대기 이음 용접** : V형 맞대기 용접은 판 두께 6~20 mm 정도의 이음에 사용되며, 이음 형태는 그림과 같이 세 가지 형태가 있다. 이 용접에서 1층 비드 용접 시는 완전한 용입을 얻기 위해 용융지 바로 앞에 녹은 쇳물이 흘러내리지 않을 정도의 작은 구멍 즉 키홀(key hole)을 만들고 이 키홀이 용융지 진행과 더불어 연속적으로 진행하도록 해야 한다. 또한 1층 용접에서는 가는 용접봉으로 보다 낮은 전류로 하고, 2층부터는 적정 전류 범위 내에서 약간 높게 조정하는 것이 좋다.

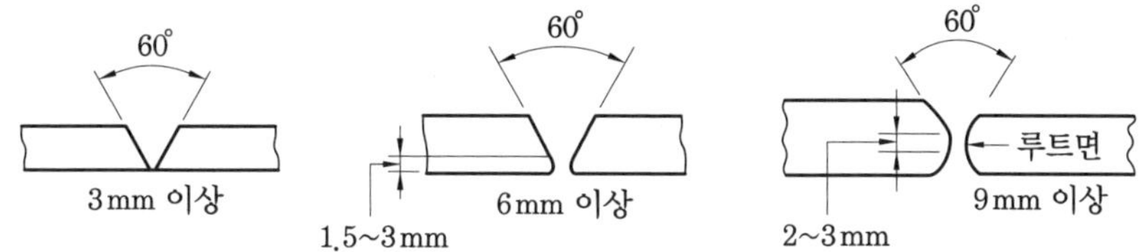

V홈 개선 준비 세 가지 종류

③ **T형 이음 수평 필릿 용접** : 이 용접에서는 그림과 같이 진행각은 60~70°로 경사시키고 작업각은 두 판에 대하여 45°를 유지시키면서 코너의 중심을 향하도록 한다.

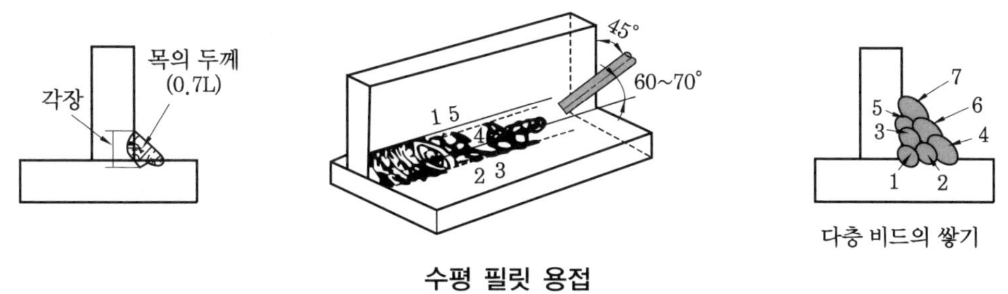

수평 필릿 용접

제 1 층 비드는 보통 직선 줄 비드 용접을, 제 2 층 비드부터는 경사 삼각 운봉법을 사용하며, 각장(leg length)은 도면 표시가 없으면 판 두께의 0.7~0.8배로 하고, 목 두께(throat depth)는 각장의 약 70%로 한다.

(2) 수직 자세 (vertical position)

수평면에 대해서 용접할 모재가 이루는 각이 45~135°까지를 수직 자세로 규정하고 용접봉 각도는 그림 [수직 자세 용접봉 각도]와 같다.

① **상향 용접(upward vertical welding)** : 판의 하부에서 상부로 비드를 쌓는 방법으로 용접부가 뾰족하고 비드 양 가장자리(for)에 언더컷이 생기기 쉬우므로 휘핑 동작(whipping motion)으로 해야 한다.

② **하향 용접(downward vertical welding)** : 위에서 아래로 용접하는 방법으로 용접 속도는 빨라지고 용입은 얕아지며, 비드는 편평하게 되어 슬래그 잠입이 되는 경우가 많다.

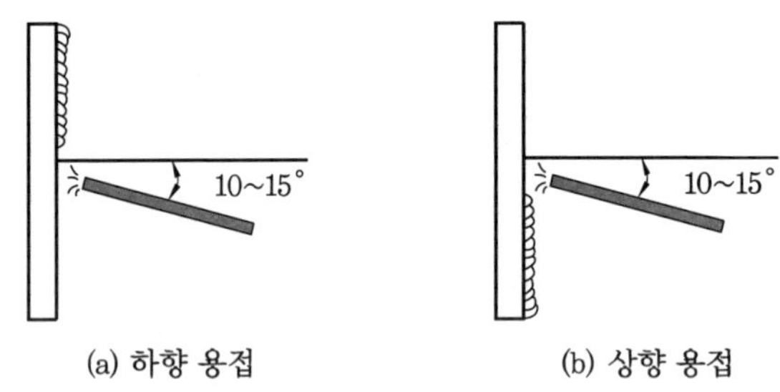

수직 자세 용접봉 각도

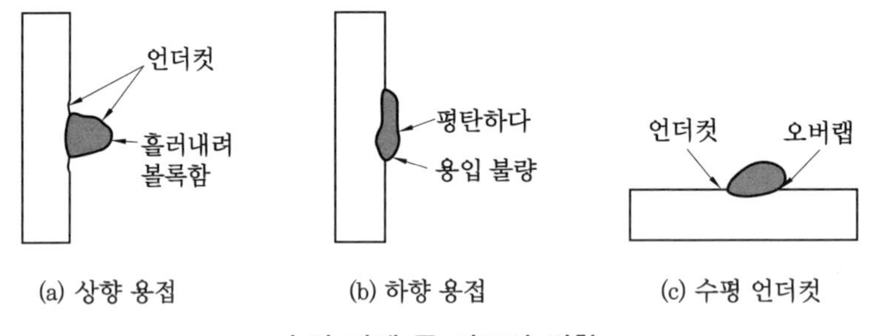

수직 자세 줄 비드의 결합

(3) 수평 자세(horizontal position)

그림과 같이 용접봉의 진행각은 10~20°로 하고, 작업각은 10~15°로 하며, 일직선 비드를 놓으면 용융 금속이 아래로 흘러내리므로 이것을 방지하기 위해 운봉을 해야 한다.

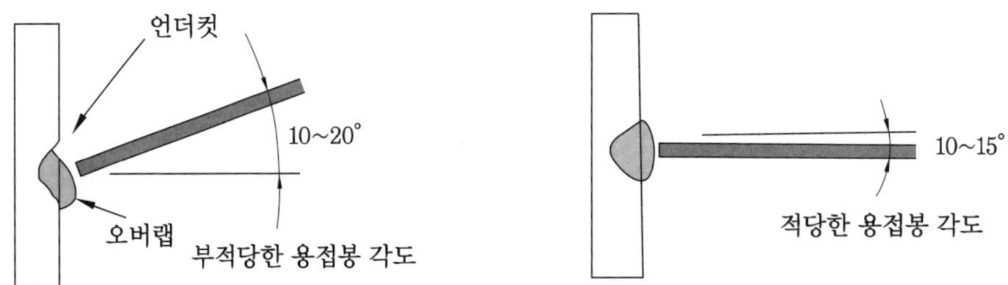

수평 자세에서의 용접봉 각도

(4) 위보기 자세(over head position)

그림과 같이 진행각은 10~50° 정도로 하고, 작업각은 90°로 한다. 특히 이 자세에서는 용융 금속이 떨어지기 쉬우므로 반드시 용접 헬멧을 착용하는 것이 좋으며, 아크 길이는 아주 짧게, 용접 속도는 빠르게, 지름이 작은 용접봉으로 낮은 전류로 용접하는 것이 좋다.

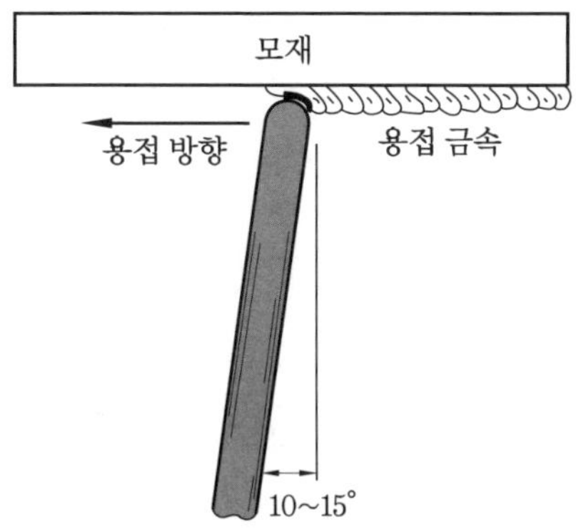

위보기 자세에서의 용접봉 각도

(5) 가접(tack welding)

본 용접을 실시하기 전에 좌우 개선 부분을 잠정적으로 고정하기 위한 짧은 용접인데 균열, 기공, 슬래그 잠입 등의 결함을 수반하기 쉬우므로 원칙적으로 본 용접을 실시할 홈 안에 가접하는 것은 바람직하지 못하다.

① 가접용 용접봉
- 연강 : 비저수소계 또는 저수소계 용접봉
- 고장력강 : 저수소계 용접봉

연강 가접 용접 시 구속도가 높은 것이나 25 mm 이상의 두께는 연강용 저수소계를 사용하여야 한다.

② 가접용 용접봉은 봉 지름 3.2 mm 또는 4.0 mm를 사용한다.

③ 가접부는 될 수 있는 한 가늘고 짧게 한다.

④ 본 용접 시의 요령과 같이 시작부와 크레이터부를 처리하여야 한다.

⑤ 판 두께 25 mm 이하에서는 간격 300~500 mm, 가접 길이 50~70 mm, 판 두께 25 mm 이상에서는 간격 200~300 mm, 가접 길이 70~100 mm가 표준이다.

시험편의 가용접 상태

3-4 아크 용접봉

직류에서는 비피복(나복) 용접봉이 쓰이나 교류 아크 용접에서는 피복 용접봉이 쓰인다.

(1) 심선

용접봉의 심선(心線)은 심선의 재질에 큰 영향을 미치므로, 가능한 한 불순물이 적은 것이 필요하다. 심선의 지름은 1.0, 1.4, 2.0, 2.6, 3.2, 4.0, 5.0, 6.0, 7.0, 8.0 mm 등의 10종이 있으나 3.2~6 mm가 널리 사용되고 있다.

(2) 피복제

연강용 피복 아크 용접봉 KS D 7004

용접봉의 종류	피복제의 계통	용접 자세	사용 전류의 종류
E 4301	일미나이트계	F, V, OH, H	AC 또는 DC(±)
E 4303	이산화티탄계	F, V, OH, H	AC 또는 DC(±)
E 4311	고셀룰로오스계	F, V, OH, H	AC 또는 DC(+)
E 4313	고산화티탄계	F, V, OH, H	AC 또는 DC(-)
E 4316	저수소계	F, V, OH, H	AC 또는 DC(+)
E 4324	철분산화티탄계	F, H-Fil	AC 또는 DC(±)
E 4326	철분저수소계	F, H-Fil	AC 또는 DC(+)
E 4327	철분산화철계	F, H-Fil	F에서는 AC 또는 DC, H-Fil에서는 AC 또는 DC(-)
E 4340	특수계	F, V, OH, H-Fil의 전부 또는 어느 한 자세	AC 또는 DC(±)

• **피복제의 역할**

① 중성 또는 환원성의 분위기를 만들어 대기 중의 산소나 질소의 침입을 방지하고 용융 금속을 보호한다.
② 아크를 안전하게 한다.
③ 용융점이 낮은 가벼운 슬래그(slag)를 만든다.
④ 용접 금속의 탈산 및 정련 작용을 한다.
⑤ 용접 금속에 적당한 합금 원소를 첨가한다.
⑥ 용적(글로뷸 : globule)을 미세화하고, 용착 효율을 높인다.
⑦ 용융 금속의 응고와 냉각 속도를 지연시켜 준다.
⑧ 모든 자세의 용접을 가능하게 한다.

⑨ 슬래그 제거가 쉽고, 파형의 고운 비드(bead)를 만든다.
⑩ 모재 표면의 산화물을 제거하고, 완벽하게 용접한다.
⑪ 전기 절연 작용을 한다.

참고 ① 용접 자세를 나타내는 기호는 다음 의미가 있다.
• F : 하향(flat) • V : 수직(vertical) • OH : 위보기(over head)
• H : 수평(horizontal) • H-Fil : 수평 자세 필릿(horizontal filet)
② 용접 자세는 봉 지름 5 mm 이하일 때 적용한다.
③ 전류의 종류에 쓰이는 기호는 다음과 같은 의미가 있다.
• AC : 교류 • DC(±) : 직류 봉 플러스 또는 마이너스
• DC(+) : 직류 봉 플러스 • DC(-) : 직류 봉 마이너스

(3) 용착 금속의 보호 형식

① **가스 발생식(gas shield계)** : 고온에서 다량의 가스를 발생시키는 물질을 피복제에 첨가하여 용접할 때 다량의 가스를 발생시켜 가스가 용접부를 덮어 용융 금속의 변질을 보호하는 방식이다.
② **슬래그 생성식(slag shield계)** : 피복제에 슬래그화하는 물질을 첨가시켜 용접 중 슬래그가 형성되어 용접부가 대기와 화학반응을 일으키는 것을 저지하는 방식이다.

(4) 용접부의 주된 결함

용접부의 결함과 대책

결함의 종류	결함의 보기	원인	방지 대책
용입 불량		① 이음 설계의 결함 ② 용접 속도가 너무 빠를 때 ③ 용접 전류가 낮을 때 ④ 용접봉 선택 불량	① 루트 간격 및 치수를 크게 한다. ② 용접 속도를 늦춘다. ③ 슬래그가 벗겨지지 않는 한도 내로 전류를 높인다. ④ 용접봉을 잘 선택한다.
언더컷		① 전류가 높을 때 ② 아크 길이가 너무 길 때 ③ 용접봉 취급의 부적당 ④ 용접 속도가 너무 빠를 때 ⑤ 용접봉 선택 불량	① 낮은 전류 사용 ② 짧은 아크 길이 유지 ③ 유지 각도를 바꾼다. ④ 용접 속도를 늦춘다. ⑤ 용접봉을 잘 선택한다.
오버랩		① 용접 전류가 너무 낮을 때 ② 운봉 및 봉의 유지 각도 불량 ③ 용접봉 선택 불량	① 적정 전류를 선택한다. ② 수평 필릿의 경우는 봉의 각도를 잘 선택한다. ③ 용접봉을 잘 선택한다.
선상 조직		① 용착 금속의 냉각 속도가 빠를 때 ② 모재 재질 불량	① 급랭을 피한다. ② 모재의 재질에 맞는 용접봉을 잘 선택한다.

균열	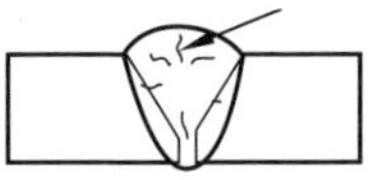	① 이음의 강성이 큰 경우 ② 부적당한 용접봉 사용 ③ 모재의 C, Mn 등의 합금 원소 함량이 많을 때 ④ 과대 전류, 과대 속도 ⑤ 모재의 유황 함량이 많을 때	① 예열, 피닝 작업을 하거나 용접 비드 배치법 변경, 비드 단면적을 넓힌다. ② 용접봉을 잘 선택한다. ③ 예열, 후열을 하고 저수소계 봉을 쓴다. ④ 적정 전류 속도로 운봉한다. ⑤ 저수소계 봉을 쓴다.
기공	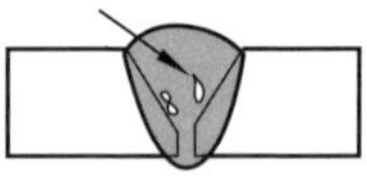	① 용접 분위기 가운데 수소 또는 일산화탄소의 과잉 ② 용접부의 급속한 응고 ③ 모재 가운데 유황 함유량 과대 ④ 강재에 부착되어 있는 기름, 페인트, 녹 등 ⑤ 아크 길이, 전류 또는 조작의 부적당 ⑥ 과대 전류의 사용 ⑦ 용접 속도가 빠르다.	① 용접봉을 바꾼다. ② 위빙을 하여 열량을 늘리거나 예열을 한다. ③ 충분히 건조한 저수소계 용접봉을 사용한다. ④ 이음의 표면을 깨끗이 한다. ⑤ 정해진 범위 내의 전류로 약간 긴 아크를 사용하든가 용접법을 조절한다. ⑥ 전류의 조절 ⑦ 용접 속도를 늦춘다.
슬래그 혼입	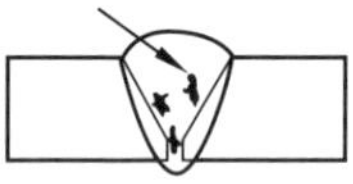	① 슬래그 제거 불완전 ② 전류 과소, 운봉 조작 불완전 ③ 용접 이음의 부적당 ④ 슬래그 유동성이 좋고 냉각하기 쉬울 때 ⑤ 봉의 각도 부적당 ⑥ 운봉 속도가 느릴 때	① 슬래그를 깨끗이 턴다. ② 전류를 약간 세게, 운봉 조작을 적절히 한다. ③ 루트 간격이 넓은 설계로 한다. ④ 용접부를 예열한다. ⑤ 봉의 유지 각도가 용접 방향에 적절하게 한다. ⑥ 슬래그가 앞지르지 않도록 운봉 속도를 유지한다.
피트	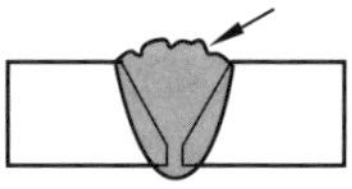	① 모재 가운데 탄소, 망간 등의 합금 원소가 많을 때 ② 습기가 많거나 기름, 녹, 페인트가 묻었을 때 ③ 후판 또는 급랭되는 용접의 경우 ④ 모재 가운데 유황 함유량이 많을 때	① 염기도가 높은 봉을 선택한다. ② 이음부를 청소하고 예열을 하고 봉을 건조시킨다. ③ 예열을 한다. ④ 저수소계 봉을 사용한다.
스패터	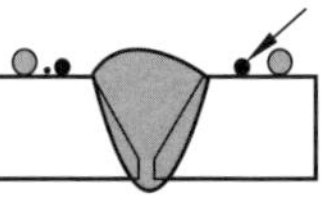	① 전류가 높을 때 ② 용접봉의 흡습 ③ 아크 길이가 너무 길 때 ④ 아크 블로가 클 때	① 모재의 두께, 봉지름에 맞도록 전류를 내린다. ② 충분히 건조시켜 사용한다. ③ 위빙을 크게 하지 말고 적당한 아크 길이로 한다. ④ 교류 용접기를 사용한다. 아크의 위치를 바꾼다.

3-5 아크의 특성

아크는 대단히 강한 빛과 열을 내므로 직접 눈으로 보아서는 안 된다.

용접 중의 아크 상태 및 특징

극성의 종류	전극의 결선 상태		특성
정극성 (DSCP)		모재가 (+)극	① 모재의 용입이 깊다. ② 봉의 용융속도가 느리다. ③ 비드 폭이 좁다. ④ 일반적으로 널리 쓰인다.
역극성 (DCRP)		모재가 (−)극	① 모재의 용입이 얕다. ② 봉의 용융속도가 빠르다. ③ 비드 폭이 넓다. ④ 박판, 주철, 합금강, 비철금속에 쓰인다.

교류 용접기와 직류 용접기의 비교

항목 \ 용접기	교류 용접기	직류 용접기
아크의 안정	아크가 불안정하나 피복제가 있어 어느 정도 안정된다.	대단히 양호하다.
박판의 용접	작은 전류에서는 아크가 불안정하기 쉬우므로 직류보다 용접 효과가 떨어진다.	작은 전류에서는 아크가 안정되므로 극성을 바꾸면 보다 열 분배가 잘되어 박판 용접이 잘된다.
특수강 비철금속의 용접	직류보다 양호하다.	비교적 양호하다.
일반 용접	용접기가 싸고 취급이 용이하다.	교류보다 떨어진다.
전격의 위험	직류보다 무부하 전류가 높으므로 위험이 많다.	무부하 전류가 낮으므로 전격의 위험이 적다.
기타	중량, 용량이 적고 고장이 적으므로 자기 쏠림이 없다.	구조가 복잡하여 고장이 일어나기 쉽고, 자기 쏠림이 일어난다.

아크 온도가 가장 높은 부분은 아크 코어 부분으로 보통 3500℃ 정도이다. 직류 아크의 경우 두 극을 어떻게 연결하느냐에 따라 다르다. 보통 양극(+) 쪽에서 발생하는 열량은 음극(−) 쪽에서 발생하는 열량보다 높아 전체 60~70 %의 열량이 양극(+) 쪽에서 발생된다.

3-6 아크 용접용 기구

(1) 아크 용접용 보호 기구

용접 아크에서 나오는 자외선, 적외선과 용접 작업 중에 튀는 스패터(spatter)에 의한 해를 막기 위해 사용하는 보호 기구로 핸드 실드, 헬멧, 용접용 장갑, 앞치마 등이 있고, 핸드 실드나 헬멧에는 필터 유리가 있으며, 스패터에 의해 손상이 생기는 것을 방지하기 위해서 양면에 투명 유리를 끼운다.

(2) 아크 용접용 기구

① **전극** : (±)전극에 물려 아크를 발생시킨다.
② **연마기(그라인더)** : 모재의 테두리나 용접부를 깎는다.
③ **와이어 브러시** : 용접부를 청소한다.
④ **슬래그 해머** : 용접부의 슬래그를 벗긴다.

3-7 특수 아크 용접법

(1) 서브머지드 아크 용접(submerged arc welding)

보통 유니언 멜트(union melt)라고도 부르며 금속 자동 아크 용접의 한 종류이다. 용제(flux)를 용접부에 쌓고, 그 속에서 아크를 발생시켜 용접을 행하기 때문에 잠호 용접이라고도 한다.

일반 용접 외에 선박, 강판, 압력 탱크, 차량 등의 용접에 널리 쓰이며, 전원은 교류, 직류 어느 것이나 쓸 수 있다.

(2) 탄산가스 아크 용접(CO_2 gas arc welding)

아르곤이 고가이므로, 아르곤 대신 탄산가스를 사용하는 반자동 장치로서 연강재 용접에 사용된다.

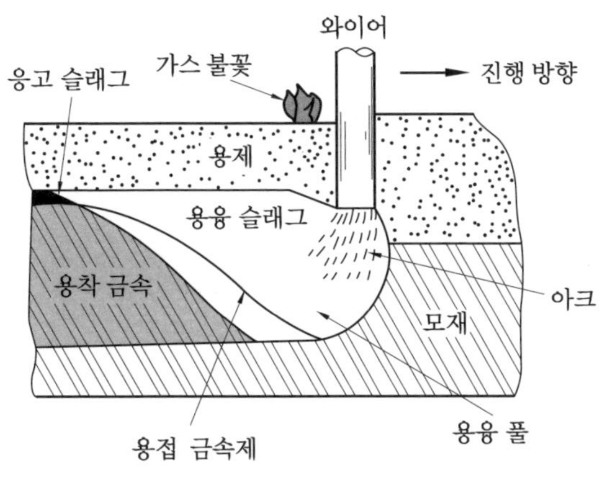

서브머지드 아크 용접

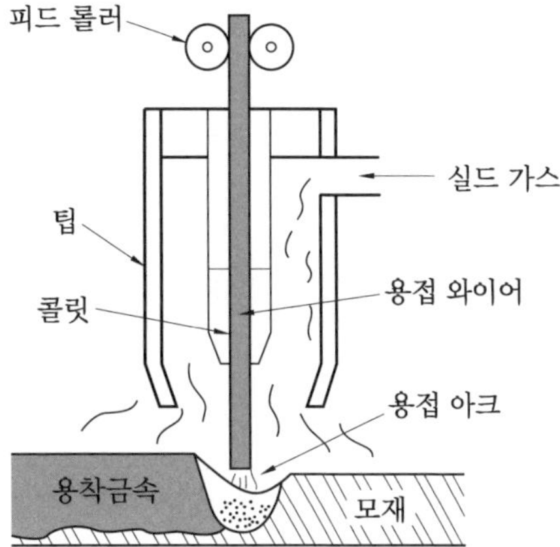

탄산가스 아크 용접

(3) 불활성 가스 아크 용접

아르곤, 헬륨 등 불활성 가스 속에서 심선(心線)과 모재 사이에서 아크를 발생시켜 용접을 하는 방법이다.

① **특징** : 불활성 가스 속에서 용접을 하기 때문에 용융 풀 부분이 대기와 차단되어 산소나 공기의 영향을 받지 않으므로 기공(blow hole)이나 산화를 막을 수 있으므로 용제를 사용하지 않는다.

② **종류**

㈎ TIG 용접 : 텅스텐 전극을 쓰는 방법

㈏ MIG 용접 : 금속 비피복 용접봉을 쓰는 방법

③ **이용**

㈎ 알루미늄, 마그네슘 합금 등의 경합금 용접

㈏ 내식성, 내열성 등의 특수강 용접

㈐ 구리, 동합금, 이종(異種) 금속의 용접

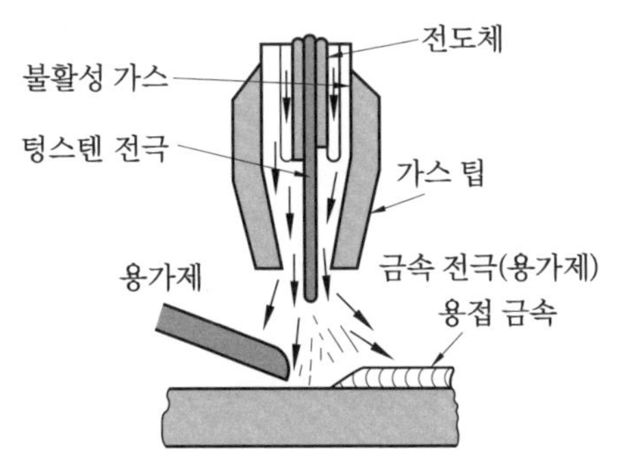

(a) 불활성 가스 텅스텐 아크

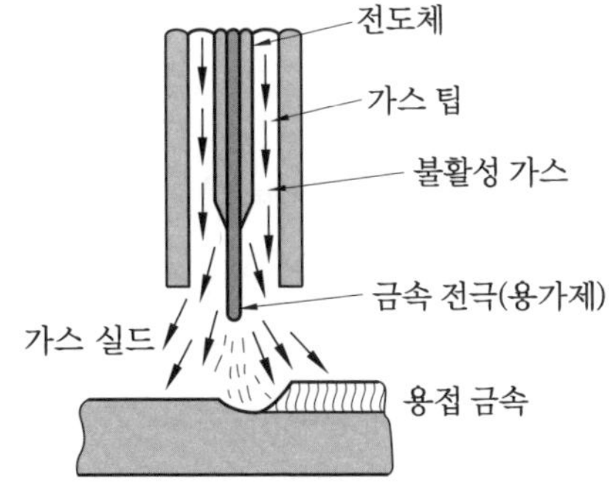

(b) 불활성 가스 금속 아크

불활성 가스 아크 용접법

4. 전기 저항 용접과 납땜법

4-1 전기 저항 용접법

(1) 원 리

용접부에 저전압 대전류를 통해 금속이 가진 전기 저항과 2개의 금속(피용접물) 사이의 접촉 저항에 의해 생기는 열로 용접부를 반용융 상태로 만든 뒤 압력을 가하여 압접하는 방법이다. 이 경우 저항열은 줄(Joule)의 법칙에 따라 계산한다.

$$Q = 0.24 I^2 Rt$$

여기서, Q : 역량(cal) I : 전류(A) R : 저항(Ω) t : 통전 시간(s)

① **저항 용접의 3대 요소** : 저항 용접을 잘하려면 다음 조건을 지켜야 한다.

(가) 용접 전류

(나) 통전 시간

(다) 전극의 가압력

② **저항 용접의 특징**

(가) 용접 정밀도가 높고 열에 의한 영향이 적다.

(나) 용접 시간이 짧다.

(다) 용접부의 중량을 경감할 수 있다.

③ **용접상의 주의**

(가) 접합부에 녹, 기름, 도료 등이 없도록 깨끗이 닦아낸다.

(나) 접촉부에 접촉 저항이 작아야 한다.

(다) 냉각수가 충분하도록 점검한다.

(라) 모재의 모양, 두께에 알맞는 조건을 택하여 용접해야 한다.

(2) 점 용접(spot welding)

2개의 모재를 겹쳐 전극 사이에 끼워 놓고 전류를 통하면 접촉면이 전기 저항에 의해서 발열이 되어 접합부가 용융될 때 압력을 가해 접합하는 방식이다. 대체로 6 mm 이하의 판재를 접합할 때 적합하며, 0.4~3.2 mm의 판재가 가장 능률적이므로 자동차, 항공기 제작에 널리 사용되고 있다.

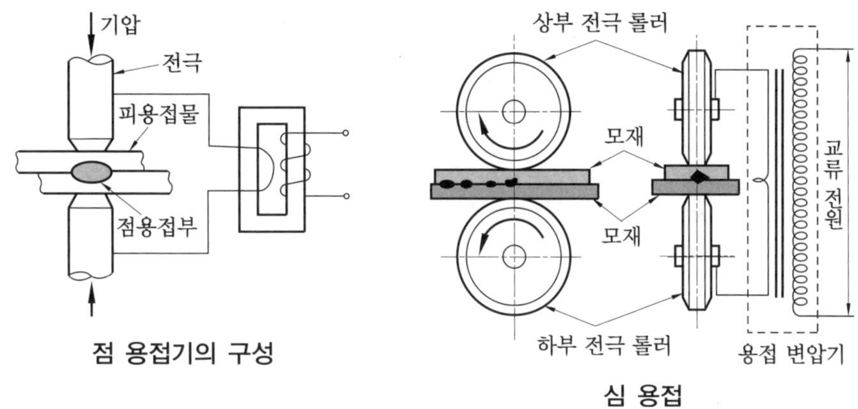

점 용접기의 구성

심 용접

(3) 심 용접(seam welding)

2개의 롤러 전극 사이에 금속판을 끼워 전극을 회전시켜 연속적으로 용접하는 방법이며, 특징은 다음과 같다.

① 산화 작용이 적다.

② 박판과 후판의 용접이 가능하다.

③ 가열 범위가 좁으므로 변형이 적다.

(4) 버트 용접(butt welding)

접합할 2개의 모재를 축 방향으로 세게 누르면서 통전하여 접합부가 적당한 온도에 도달했을 때 강한 힘으로 가압하여 접합하는 방식으로, 비교적 작은 물체에 적용된다.

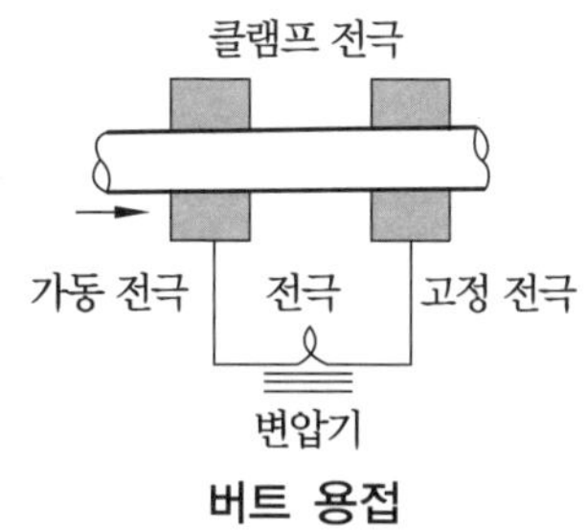

버트 용접

4-2 납땜법

납땜(soldering)은 접합하고자 하는 양 금속면에 용융시킨 별개의 용가재, 즉 땜납을 넣어 모재를 녹이지 않고 접합시키는 방법이다.

(1) 납땜법의 분류

- **연납땜** : 융점이 450℃보다 낮은 땜납을 쓰는 납땜
- **경납땜** : 융점이 450℃보다 높은 용가재를 써서 접합하는 납땜

① 연납땜 : 땜납에는 Pb-Sn, Pb-Sn-Sb, Pb-Sn-Cd 합금 등이 있으나, Pb-Sn 30~40% 합금이 가장 많이 쓰이는데, Sn이 61.9%일 때 융점이 183℃로 가장 낮다.

② **경납땜** : 연납땜보다 큰 접합 강도가 요구되는 경우에 쓰이는 것이다. 경납에는 황동납, 은납, 양은납 등의 종류가 있다.

㈎ 황동납 : 동(Cu)과 아연(Zn)을 주체로 하는 경납으로서 동과 동합금, 철, 강 등의 납땜에 쓰인다.

㈏ 은납 : 동(Cu)-아연(Zn)-은(Ag) 합금의 경납이다. 은백색이며 유동성이 좋고 용융점도 비교적 낮아 납땜부의 인장 강도나 전연성 등의 기계적 성질이 좋다.

㈐ 양은납 : 일종의 황동납으로 황동(Cu-Zn 합금)에 니켈(Ni)을 배합한 것이다. 이것은 양은, 니켈 합금, 강의 납땜에 쓰인다.

(2) 용제 (flux)

① **연납 용제** : 용제는 접합면의 산화막이나 지방을 용해하여 접합면을 청결하게 하고 작업 중 접합면에 공기가 닿는 것을 막아 산화를 방지한다.

㈎ 염산(HCl) : 농염산은 공기 중에서 접촉하면 연기가 난다. 이것을 2~5배의 물로 희석하여 아연 도금 강판의 납땜에 사용한다.

㈏ 염화아연($ZnCl_2$) : 염산을 도자기 그릇에 붓고 아연을 섞어 화합시킨 것이 염화아연이다. 염화아연을 사용한 납땜부는 작업 후에 물로 닦아 잔류물을 완전히 제거한다. 염화아연은 그대로 사용할 수도 있으며, 주석 도금 강판이나 동판, 황동판에 사용된다.

㈐ 염화암모늄(NH_4Cl) : 분말 또는 덩어리 상태의 산성 화합물이며 가열하면 기화한다. 철, 강납땜에 쓰이며 염화아연과 염화암모늄을 혼합한 것은 산화막 제거 작용이 크고 부식성이 적기 때문에 좋은 용제가 될 수 있다.

㈑ 송진 : 80~100℃에 녹으며, 산화막 제거 작용은 약하지만 부식의 염려가 없어 동이나 황동, 주석 도금판의 납땜에 좋다.

㈒ 페스트 : 염화아연이나 송진, 글리세린 등을 혼합시킨 풀과 같은 용제이다.

② **경납 용제**

㈎ 붕사($Na_2B_4O_7$) : 용융점 741℃로 백색 분말이며 물에 약간 녹는다. 보통 붕사는 가열하면 거품이 나며 납땜의 방해가 되기 때문에 금속판 위에서 서서히 가열하여 유리와 같이 된 것을 분쇄하여 사용한다.

㈏ 붕산(H_3BO_3) : 백색 비늘 모양의 결정이며 온수에 잘 녹는다. 산화물을 제거하는 작용이 있으며, 붕사를 섞으면 한층 효과적이며 철의 납땜에 유효하다.

(3) 브레이징 용접 (brazing welding)

브레이징이란 모재의 융점보다 낮은 융점을 갖는 용가제를 사용하여 모재는 용융시키지 않은 상태로 용접하는 방법이다.

① 용가제는 모재의 용융점보다 낮다.
② 용접 시 용가제는 용융되나 모재는 용융되지 않고 가열만 된다.
③ 용융된 용가제는 모세관 현상으로 모재 사이에 스며든다.

브레이징은 모재를 용융시키지 않고도 용접할 수 있다는 점이 가장 큰 특징으로, 여러 가지 이유로 용융시킬 수 없는 경우에 사용된다.

이를 간단히 열거하면 다음과 같다.
① 매우 복잡한 형상의 제품 용접
② 판 두께가 크게 차이 날 경우
③ 이질 재료의 용접
④ 용접성이 매우 나쁜 재료의 용접
⑤ 외관이 특별히 중요한 경우인 배관에서 비철 재료의 용접에 이용된다.

(4) 주의 사항

브레이징은 재래식 아크 용접과는 그 특성이 현저히 다르므로, 브레이징하기 전 필히 다음 사항을 점검한다.

① **제품의 사용 온도** : 브레이징에 사용되는 용가제는 모재보다 낮은 온도에서 용융되므로 용융온도를 필히 점검한다.

② **모재의 간격** : 브레이징은 모세관 현상이 작용하므로 모재 간격이 넓으면 브레이징이 곤란하게 된다. 또한 용가제 자체는 강도가 낮은 편으로서 모재와 결합하여 비로소 적절한 강도 수준을 유지하므로 간격이 너무 크면 모재와 모재 사이에 순수한 용가제 층이 남게 되어 용접 이음 강도가 낮게 된다.

③ **모재의 청결** : 모재 표면의 기름, 먼지 등의 오물은 완전하게 제거되어야 한다. 모재 표면의 산화물은 쉽사리 제거되지 않으므로 별도의 플럭스(flux)를 사용한다.

④ **용가제의 선택** : 브레이징 용가제에는 Ag계열, Cu-Zn계열, Cu-P계열, Al계열이 있으며, 이 밖에도 Ni, Au계열 등이 있다.

용가제의 선택법

용가제 \ 모재	동 및 동 합금	Al 및 Al 합금	강	주철	스테인리스강
은납봉	적합	부적합	적합	적합	가능
황동봉	적합	부적합	적합	적합	가능
인동봉	적합	부적합	부적합	부적합	부적합
Al봉	부적합	적합	부적합	부적합	부적합

⑤ **플럭스의 사용** : 모재 표면의 산화물을 제거하고 용접 중 더 이상 산화가 진행되지 않도록 할 목적으로 플럭스(용제)가 사용된다. 일부 용가제에서는 플럭스를 필요로 하지 않는 경우도 있으나 이는 특수한 경우이고, 반드시 플럭스가 사용된다고 생각하는 것이 좋다. 플럭스는 보통 불소 화합물, 붕사 화합물이 사용되며, 주로 연고(젤) 상태로 되어 있어 물에 섞어 사용된다.

⑥ **가열 온도** : 각각의 용가재는 적정 가열 온도 범위가 있다. 너무 낮으면 용가재의 용융이 불충분하거나 유동성이 적게 되고 너무 높으면 모재가 녹게 되어 용융 용가재의 유동성이 지나치게 증가하며, 용가재와 모재가 반응하여 물성이 저하되기도 한다. 토치를 사용할 때는 가열 온도를 육안으로 확인하며 작업자의 경험으로 판단할 수밖에 없으므로 주의를 요한다.

⑦ **플럭스의 제거** : 브레이징 후에 남아 있는 플럭스 및 슬래그를 그대로 둘 경우 모재를 부식시키므로 용접 직후 바로 제거되어야 한다. 뜨거운 물로 씻어내면 손쉽게 제거할 수 있다. 제거가 잘 안 되는 경우에는 100℃ 이상의 온수(또는 증기)로 제거하면 쉽게 된다. 특별한 경우 화학 약품을 사용하기도 하나 대부분 온수로서 가능하다.

배관 시공법

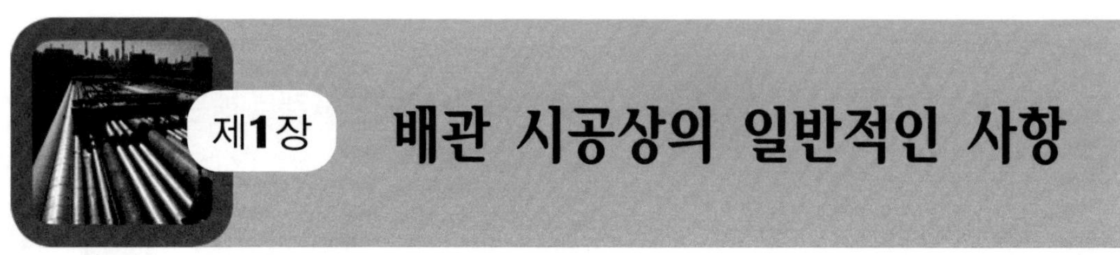

제1장 배관 시공상의 일반적인 사항

1. 시공 준비

① 배관의 위치는 시공도에 따라야 하겠지만, 실제 시공에서는 배관 전체를 검토하여 급·배수 배관, 냉·난방, 전기 배관, 조명, 연도 등과의 교차 및 구배 등을 상세히 살펴야 한다. 배관의 위치는 기능적인 면과 시공 및 유지 관리 면에서 우선순위를 정하며, 자연 순환식일 때에는 곡관부를 되도록 적게 하고 배관 구배를 엄격하게 지킴은 물론 우선적으로 위치가 잘 선정되어야 할 것이다. 또한 누수가 되면 배관 하부의 것들을 오염시키거나 전기 배선 등이 있을 경우는 위험하므로 구배를 아래쪽으로 향하게 해야 한다. 따라서 유지·보수 등을 고려하여 전기 배관, 덕트, 연도 등은 위쪽으로 배치하며, 누수의 염려가 있는 것은 아래쪽으로 배치하는 것이 좋다.

② 콘크리트 바닥이나 벽에 매설하는 배관은 콘크리트 타설 전에 필요한 위치에 슬리브를 설치하여 공사 후 해머, 드릴, 정, 코어 등으로 구멍을 뚫는 일이 없도록 해야 한다. 슬리브 재료로는 금속제, 합성수지제, 목재 등이 있으며, 금속제 이외의 것은 반드시 배관 시공 전에 설치하여야 한다.

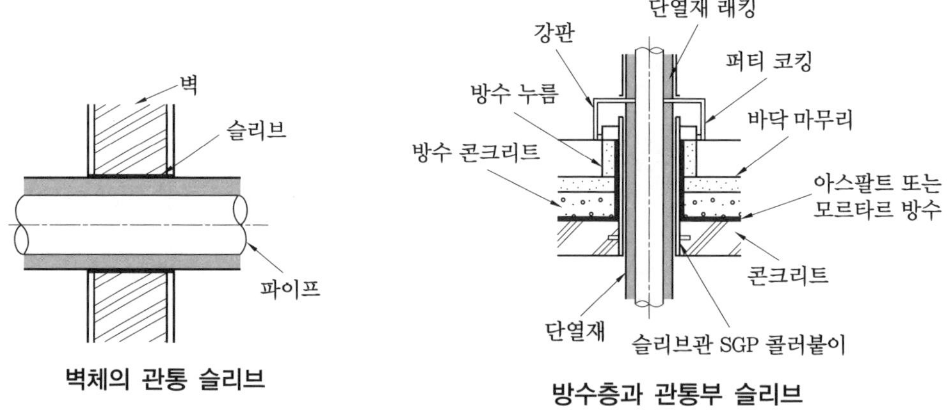

벽체의 관통 슬리브

방수층과 관통부 슬리브

③ 달대 및 지지쇠 설치는 건축 공정의 진행과 함께 이루어져야 하며, 건축의 기준 먹줄 놓기가 끝나면 시공도에 따라 배관 관련 금긋기를 하고 달대 및 지지쇠 설치 위치를 명

시하고 콘크리트 타설 이전에 고착시켜 배관의 지지에 충분한 강도와 연결에 편리한 구조로 한다. 또한 익스펜션 볼트나 드라이핏 등의 매설 볼트는 콘크리트 타설 만료 후에 구멍을 뚫어 작업하지만 매설된 전선관 등에 잘못 구멍을 뚫지 않도록 사전에 협조가 이루어져야 한다.

2. 배관의 구배

① 건축 설비의 배관은 모두 구배(slope)가 있어야 하며, 통수 시에 공기빼기(air vent)와 배관 보수 작업 시 물 빼기(drain)를 위해 필요하므로 배관 구배에 주의하여야 한다.

배관의 구배와 유속

<table>
<tr><th>구분</th><th>배관 명칭</th><th>구배</th><th>구배의 방향</th><th>제한 유속 (m/s)</th></tr>
<tr><td rowspan="8">급배수관</td><td>급수관</td><td>$\frac{1}{100}\sim\frac{1}{200}$</td><td>• 상수도 직결 양수기 이후 : 상향 배관
• 옥상 물탱크 이후 : 하향 배관
• 압력 탱크 이후 : 상향 배관</td><td>0.5~1.5
최대 2.5</td></tr>
<tr><td>급탕관
반탕관</td><td>$\frac{1}{100}\sim\frac{1}{200}$</td><td>• 급탕관의 경우 저장 탱크(보일러) 이후 : 상향 배관
• 환탕관의 경우 저장 탱크(보일러) 이후 : 하향 배관</td><td>0.5~1.5</td></tr>
<tr><td>옥내
배수관</td><td>관 지름 65 mm 이하
(분기관) $\frac{1}{50}$
관 지름 75 mm 이상
$\frac{1}{100}$</td><td>• 배수 수직관 이후 : 하향 배관
• 옥외 배수관 이후 : 하향 배관</td><td>최소 0.6
최대 1.4</td></tr>
<tr><td>통기관</td><td>$\frac{1}{100}\sim\frac{1}{200}$</td><td>소화 펌프 이후 : 상향 배관</td><td></td></tr>
<tr><td>소화관</td><td>$\frac{1}{100}\sim\frac{1}{200}$, $\frac{1}{500}$</td><td></td><td>2.0~3.0</td></tr>
<tr><td>가스관</td><td>$\frac{1}{100}$</td><td>계량기 이후 : 상향 배관</td><td></td></tr>
<tr><td>옥외
배수주관</td><td>$\frac{1}{100}\sim\frac{1}{200}$</td><td rowspan="2">하수 본관은 하향 배관이며, 암거의 구배는 다음과 같다.
관 지름 구배
100 mm $\frac{2}{100}$ 이상
125 mm $\frac{1.7}{100}$ 이상
155 mm $\frac{1.5}{100}$ 이상
180 mm $\frac{1.3}{100}$ 이상
200 mm $\frac{1.2}{100}$ 이상
230 mm $\frac{1}{100}$ 이상</td><td></td></tr>
<tr><td>빗물 십자
(cross)관</td><td>$\frac{1}{100}$ 이상</td><td>1.4 정도</td></tr>
</table>

냉난방관	증기관	순구배 : 관 지름 50 mm 이하 $\frac{1}{200}$ 이상 관 지름 65 mm 이상 $\frac{1}{200}$ 이상	
		역구배 : $\frac{1}{50}$ 이상	
	환수관	중력 환수 : $\frac{1}{150}$ 이상	
		진공 환수 : $\frac{1}{250}$ 이상	
	냉온수관	$\frac{1}{200}$ 이상 : 동일 관을 냉온수에 공용하는 공조 방식	
	냉각수관	$\frac{1}{200}$ 이상	
	온수관	$\frac{1}{150}$ 이상 : 직접 난방 방식	
액체 연료 공급관	중경유관	$\frac{1}{200}$ 이상	

② 급탕(온수) 배관 시 자연 순환식일 때는 급탕관과 환탕관의 온도차에 의한 순환력을 이용하므로 열원으로부터 급탕관은 일정한 상향 구배로 하고, 환탕관은 열원을 향하여 하향 구배로 하며, 강제 순환일 때도 이에 준한다(특히 자연 순환식일 때는 공기빼기에 유의한다).

③ 배수 배관은 특별히 하향 구배로 하여야 하며, 구배가 좋지 않으면 고형물 등이 남게 되어 통수에 영향을 주게 되며, 배관 구배가 완만하여도 같은 현상이 일어나게 된다. 따라서 제한 유속과 구배를 신중히 고려하여야 한다.

④ 가스 배관에서는 가스 중에 수분이 함유되어 있으므로 수분이 응축하여 관 바닥에 모이게 된다. 따라서 적당한 곳에 드레인을 설치해 주고 드레인이 완료된 후부터 하향 구배로 한다.

⑤ 급탕 배관의 상향 공급식에서는 급탕 수평 주관은 상향 구배로 하고 반탕관은 하향 구배로 한다. 배관 구배는 중력 순환식 $\frac{1}{150}$, 강제 순환식은 $\frac{1}{200}$ ~ $\frac{1}{300}$ 정도로 하는 것이 좋다.

3. 배관의 변형

① 배관은 주위 환경이나 관내 유체의 종류와 온도 변화에 따라 신축하여 관이나 이음부에 파손을 가져올 수가 있으므로 신축 이음(flexible joint)을 설치하여 그 변형을 흡수하여야 한다. 관의 온도에 의한 신축량 $\gamma = 1000\,LC\Delta t$ 이다.

여기서, γ : 관의 신축량(mm) L : 온도 변화가 일어나기 전의 관 길이(m)
C : 관의 선팽창계수 Δt : 온도 변화(deg)

② 수직 배관에서 수평으로 분기되어 벽을 통과할 때와 수평 주관에서 수직 분기관을 분기할 때 기기류 등을 연결하는 배관은 그 관의 신축을 배관 자체에서 흡수하도록 3개의 엘보(3-elbow)나 신축 이음관(loop) 또는 90° 곡관 등을 사용하여야 한다.

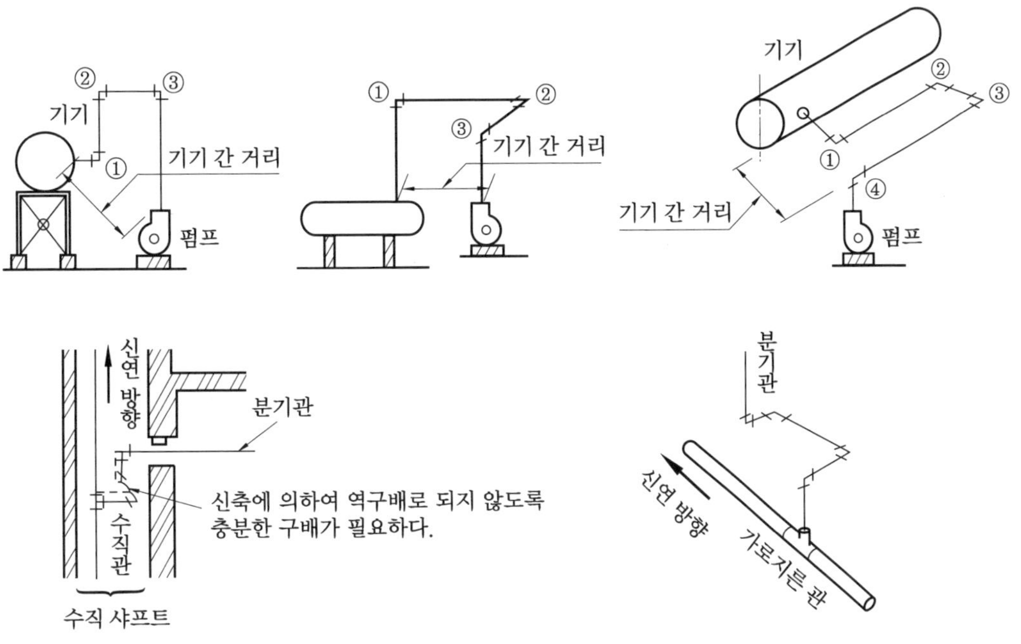

기기 주위 배관의 신축 대책

관 지름 D[mm]	기기 간의 거리		
	0~5 m	5~10 m	10~30 m
125 mm 이하	직관 길이가 10D 이상일 때는 1 엘보가 필요	직관 길이가 10D 이상일 때는 2 엘보가 필요	직관 길이가 10D 이상일 때는 3 엘보 또는 신축 이음이 필요
150~175 mm	직관 길이가 10D 이상일 때는 3 엘보 이상	직관 길이가 10D 이상일 때는 4 엘보가 필요	직관 길이가 10D 이상일 때는 5 엘보 이상 또는 신축 이음

㊟ 1엘보(one elbow), 2엘보(two elbow), 3엘보(three elbow) ……

4. 옥내 배관의 지지 및 고정

① 외부 또는 자체 하중에 의하여 과대한 변형이나 응력이 생기지 않도록 배관의 신축이 자유로워야 하며, 충분한 강도와 방진 효과도 생각해야 한다.

인서트를 사용할 때는 드라이 피트의 지름은 4 mm 이상으로 하여야 하며, 달대 볼트의 경우에는 9 mm 이상의 것을 사용하고, 롤러 사용 시에는 회전이 원활하고 강도가 충분한지를 확인하여야 하며, 방진을 필요로 하는 곳은 대체로 지지쇠에 방진고무 등을 넣어 충분한 방진성과 강도를 갖고 있어야 한다.

② 지지 시에는 중량이 큰 밸브나 트랩 등 특수 밸브가 장착되어 있는 경우와 배관에 곡관부가 있는 경우에는 되도록 가까이에서 지지하며, 분기관의 경우에는 신축을 고려하여야 한다.

③ 관을 지지하는 방법은 고정하는 방법과 방진을 하는 경우가 있으며, 수직 배관일 경우 바닥은 1개소씩 지지하며, 주철관 및 강관은 3.5 m 이내, 염화비닐관 및 동관은 2 m 이내로 한다.

관종		간격	
주철관	지관		1개마다 1개소
	이형관		1개마다 1개소
강관		관 지름 20 mm 이하 25~40 mm 50~80 mm 90~150 mm 200 mm 이상	1.8 m 이내 2.0 m 이내 3.0 m 이내 4.0 m 이내 5.0 m 이내
연관 (0.5 m를 넘을 때)		배관 변형의 염려가 있을 때는 두께 4.0 mm 이상의 아연재 철판 반원통으로 받치며, 1.5 m 이내마다 지지한다.	
동관		관 지름 20 mm 이하 25~40 mm 50 mm 65~100 mm 125 mm 이상	1.0 m 이내 1.5 m 이내 2.0 m 이내 2.5 m 이내 3.0 m 이내
경질 염화비닐관		관 지름 16 mm 이하 20~40 mm 50 mm 65~125 mm 150 mm 이상	750 m 이내 1.0 m 이내 1.2 m 이내 1.5 m 이내 2.0 m 이내

④ 배관의 지지 간격은 층간 변위, 수평 방향의 가속도에 대한 응력, 필요한 경우는 좌굴 응력을 검토하여 지지 구간 내에서 배관이 진동하지 않도록 적절한 간격을 설정한다.

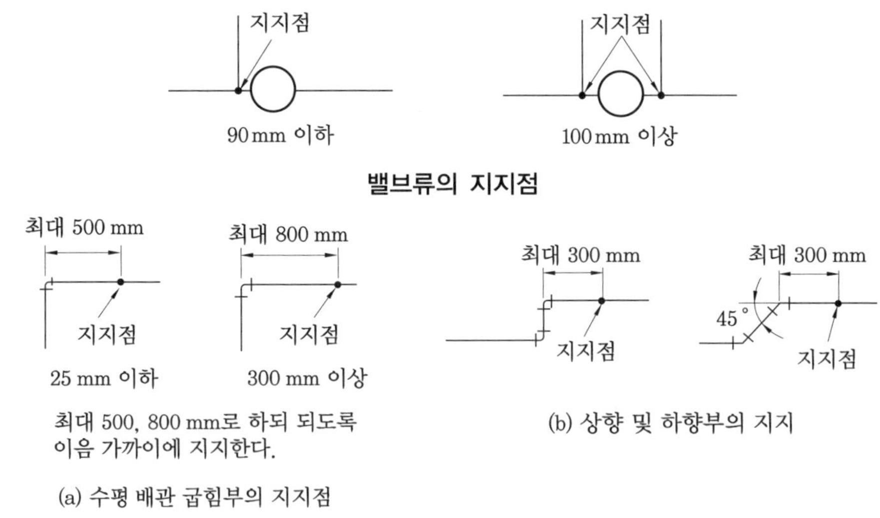

배관 굽힘부의 지지점

5. 옥외 매설 배관의 터파기 및 되메우기

① 토사의 붕괴와 지반 변형을 고려하여 충분히 주의하여야 하며, 지중 매설관의 경우에는 구배를 정확히 하되 너무 깊이 파지 않도록 한다. 깊을 때에는 충분한 다지기를 하여 배관이 침하하는 일이 없도록 해야 한다. 특히 급수관 등은 겨울철 동파에 유의하여 작업하여야 한다.

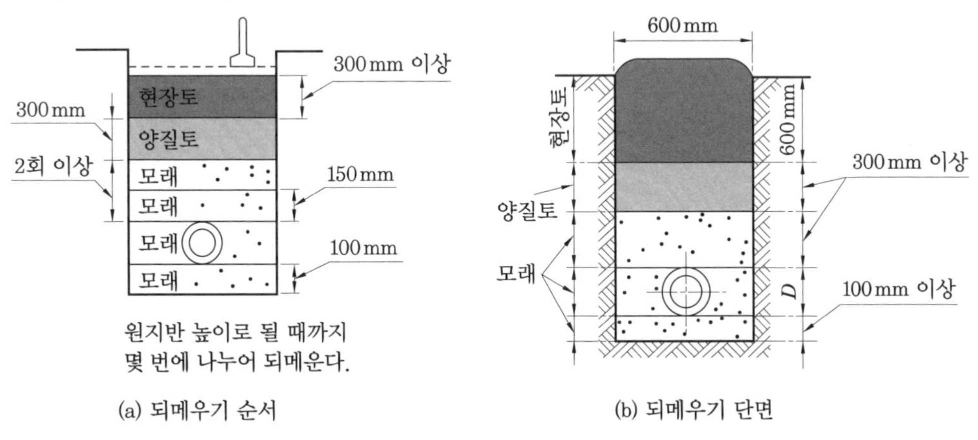

(a) 되메우기 순서

(b) 되메우기 단면

㈜ 1. 점선은 모래 투입 직후의 위치
2. 실선은 모래 다지기 직후의 위치

㈜ 양질토란 지름 20 mm 이상인 돌이나 콘크리트 파편이 없는 흙을 말한다.

되메우기 순서와 단면

② 되메우기는 배관의 수압 시험, 도장 피복 등이 완료된 다음에 하며, 고정 기기의 현장 다짐은 24시간 동안 대기 중에 방치한 후 되메운다. 되메울 때 먼저 모래나 고운 흙을 100 mm 이상 깔고 평탄하게 다진 다음 배관을 묻고 같은 재료로 배관의 상단까지 채운 후 물을 뿌려 구멍이 생기지 않도록 한다. 이후에는 양질의 흙을 이용하여 300 mm씩 다지면서 되메운다. 연약 토질일 때는 흙막이나 말뚝을 설치해야 하므로 여유를 고려하여 폭을 결정한다.

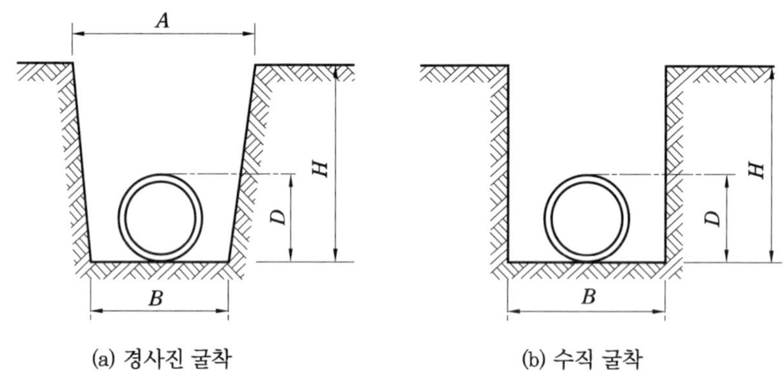

(a) 경사진 굴착 (b) 수직 굴착

터파기 치수

관 지름 d[mm]	관 지름 D[mm]	굴착 폭 B[mm]	되메우기 1.20 m		되메우기 1.50 m	
			굴착 깊이 H[m]	위폭 A[m]	굴착 깊이 H[m]	위폭 A[m]
50	70	0.60	1.30	0.99	1.60	1.08
75	95	0.70	1.30	1.09	1.60	1.18
100	124	0.75	1.35	1.16	1.65	1.25
125	153	0.77	1.40	1.19	1.70	1.28
150	182	0.79	1.40	1.21	1.70	1.30
200	242	0.84	1.45	1.28	1.75	1.37
250	296	0.90	1.55	1.37	1.85	1.46
300	352	0.96	1.60	1.44	1.90	1.53
350	410	1.02	1.65	1.52	1.95	1.61
400	470	1.08	1.70	1.59	2.00	1.68
450	528	1.15	1.85	1.71	2.10	1.78
500	586	1.21	1.90	1.78	2.20	1.87
600	704	1.33	2.00	1.93	2.30	2.02
700	798	1.47	2.10	2.10	2.40	2.19
800	912	1.60	2.20	2.26	2.50	2.35
900	998	1.73	2.30	2.42	2.60	2.51
1000	1108	1.87	2.40	2.59	2.70	2.68
1100	1218	1.99	2.50	2.74	2.80	2.83
1200	1330	2.12	2.60	2.90	2.90	2.99
1350	1496	2.30	2.70	3.11	3.00	3.20
1500	1662	2.50	2.90	3.37	3.20	3.46

6. 옥내 배관의 간격

배관 이음의 간격은 나사 이음 시 부속이나 밸브를 조이는 데 필요한 간격으로, 플랜지 이음 시 볼트 너트의 조임 필요 간격, 주철관의 납 코킹 작업을 위한 간격, 패킹 교환 수리 간격 등이 필요하다.

따라서 배관 작업 간격은 통상 100 mm로 하며, 회전 이음 시 최상단부보다 20 mm 정도의 여유를 주고, 배관 완료 후에 실시되는 방호 보온 피복의 작업공간은 60~100 mm가 필요하다.

배관 상호 간의 간격(예)

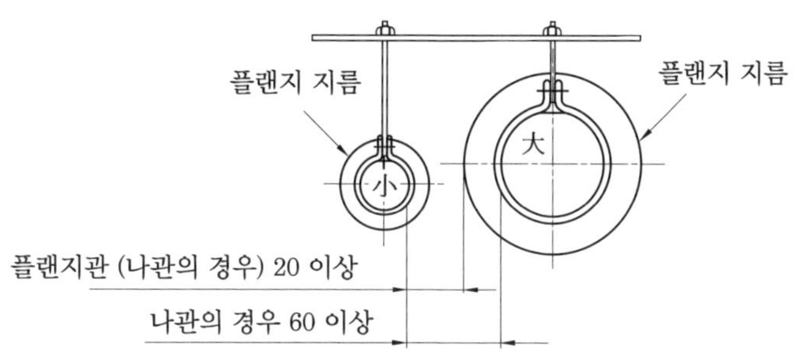

밴드 행어

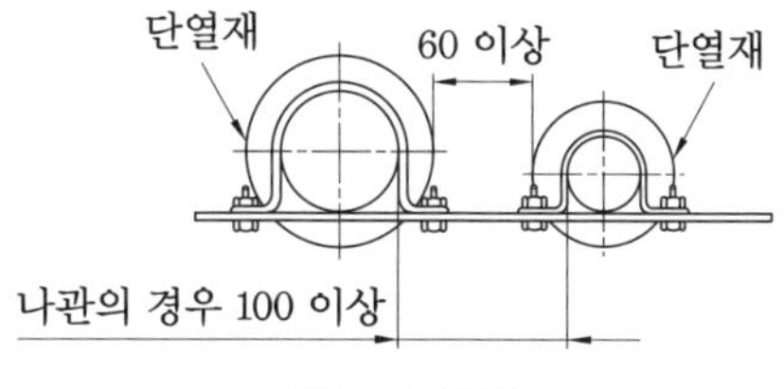

밴드 사용법

7. 옥외 매설(under ground) 배관의 지지 및 고정

① 수평 배관의 지지는 배관 전체를 균일하게 받쳐야 하므로 돌과 같은 요철이 있으면, 서포트도 균일하지 못하며, 응력 집중으로 인해 배관의 파손이 생길 수도 있다. 따라서 요철부를 평탄하게 고르고 모래를 10 cm 이상으로 깔아 주어야 하며, 약한 지반일 경우에는 소나무재의 사다리를 만들어 밑에 깔고 배관할 필요도 있다.

② 배관의 이동을 방지하기 위하여 배관을 고정시켜야 하며, 이때 사다리 침목 등 기타의 조치를 취하여 배관을 고정시킨다.

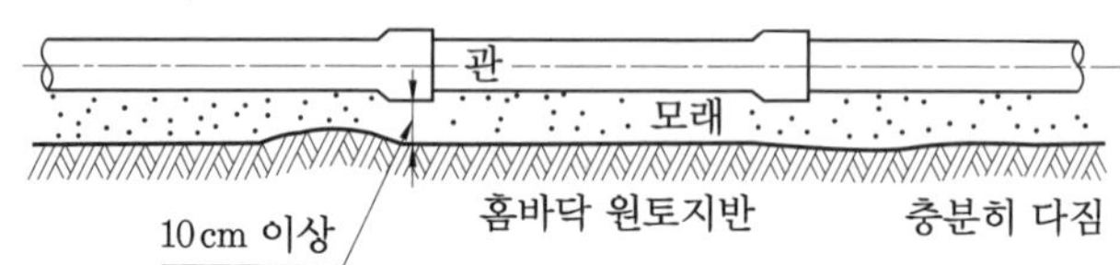

홈 바닥의 마무리

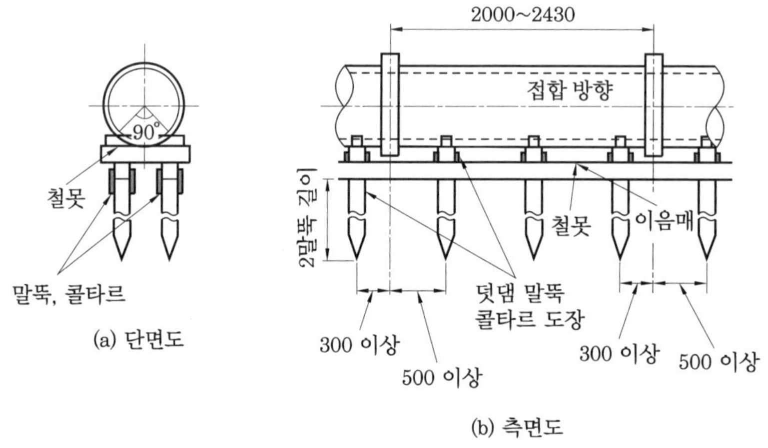

연약 지반의 관 지지

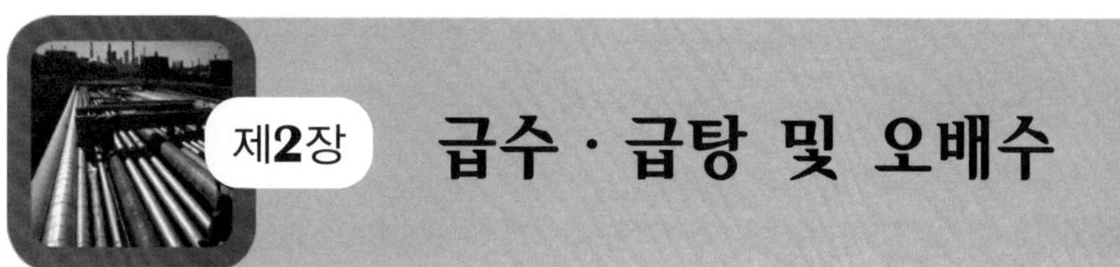

제2장 급수·급탕 및 오배수

1. 급수 배관 시공법

1-1 급수 펌프 시공

(1) 펌프의 설치

펌프를 가동시켜 효율적으로 급수 또는 배수를 하려면 펌프의 흡입 양정을 낮게 하여 설치하는 것이 좋다. 펌프로 물을 뽑아 올릴 수 있는 높이는 이론상으로는 10.33 m까지이지만 실제로는 최저 수위면에서 6~7 m 높이에 불과하다. 펌프는 일반적으로 기초 콘크리트 위에 설치하고 펌프와 모터의 축심이 일직선상에 오도록 맞춘다.

모터와 펌프의 축심을 일직선으로 맞추려면 플랜지 커플링의 외연(felloe)에 직각자(square)를 대고 완전히 일직선이 되도록 맞춘 다음, 플랜지 면의 간격을 균일하게 한다. 플랜지 커플링의 간격을 측정하는 데에는 틈새 게이지(thickness gauge)를 사용한다.

(2) 펌프 배관

펌프 배관은 흡입관을 가능한 한 짧게 하고 불필요한 곡관부를 없앤다. 수평관은 $\frac{1}{50}$ ~ $\frac{1}{100}$ 의 상향 구배로 배관하고, 수평관의 지름을 바꿀 때에는 편심 이형관(reducer)을 사용하되, 반드시 배관 내에 공기가 고이는 것을 방지한다. 흡입 파이프의 누기(공기가 새는 것)를 방지하고 흡입구 가까이에는 물의 슈트(shoot)를 설치하지 않는다.

풋 밸브(foot valve)는 장치하기 전에 누수 검사를 하고, 동수위면(動水位面)에서 관지름의 2배 이상 낮게 장치한다.

토출(吐出) 파이프는 펌프 출구로부터 1 m 이상 위로 올려 수평관에 접속하고, 토출 양정(吐出揚程)이 18 m 이상인 때는 펌프 출구와 토출 밸브 사이에 체크 밸브(check valve)를 장치한다.

배관이 끝나면 펌프의 커플링 볼트를 빼고 펌프와 모터를 따로따로 손으로 돌려 보아 회전 상태를 확인한다.

1-2 급수 배관 시공

(1) 일반적인 사항

급수관에서 상향 급수는 선단 상향 구배로 하고, 하향 급수에서는 선단 하향 구배로 하며, 부득이한 경우에도 수평으로 유지한다.

어느 경우에나 급수관 최하부에는 드레인 밸브를 설치하고 공기가 모이는 곳에는 공기빼기(air vent) 장치를 설치하여야 하며, 오염물이 고이는 장소에는 지름 25 mm 이상의 여과기(strainer)를 설치한다. 또한 주배관에는 적당한 장소에 밸브를 설치하고 분리가 쉬운 곳에 플랜지나 유니언을 설치하여 분리를 쉽게 한다.

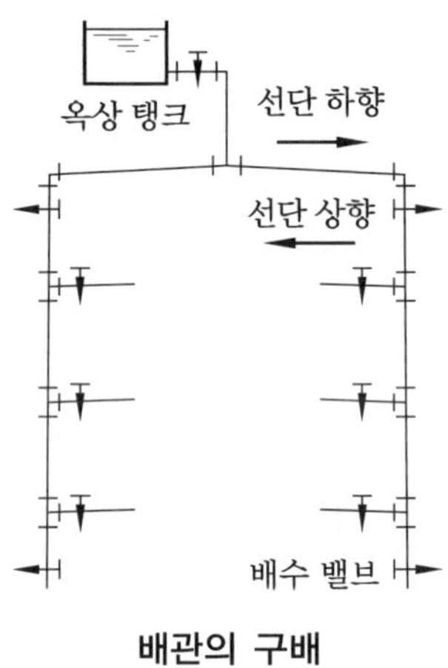

배관의 구배

(2) 수격 작용과 그 방지

급수 배관에 플래시 밸브 또는 급속 개폐식 밸브를 사용하면 유속이 불규칙하게 변화하여 수격 작용(water hammer)이 일어난다. 이때의 압력은 유속을 m/s로 표시한 값의 약 14배에 해당한다.

수격 작용을 방지하기 위해서는 급속 개폐식 밸브와 고층 건물일 경우에는 건물 중간층 이하에 설치된 밸브 부근에 air chamber나 water hammer cusion 장치를 설치하고, 관 지름은 유속이 2.0~2.5 m/s 이내가 되도록 설정한다.

또한 역류 방지를 위하여 체크 밸브를 설치하는 것이 좋으며, 급수관에서 분기할 때에는 반드시 T 이음을 사용하고, 크로스 이음이나 T 이음을 +자 형으로 사용해서는 안 된다.

특히, 에어 체임버의 공기는 사용 중 물에 흡수되거나 누설되어 감소하므로 수시로 확인이 필요하다.

(3) 수평관 지지

수평관의 지지 간격은 다음 표를 표준으로 하며, 곡관 부분이나 분기 부분에는 반드시 받침쇠를 설치한다. 또 상향 배관이나 하향 배관에는 각 층마다 1개소씩 센터 레스트(center rest)를 설치한다(센터 레스트는 배관이 축 방향으로는 신축할 수 있으나 축의 직각 방향으로는 흔들리지 않도록 고정하는 장치이다).

수평관의 지지 간격

지 름	지지 간격	행어 지름(mm)
20 이하	1.8 m	9
25~40	2.0 m	9
50~80	3.0 m	9
90~150	4.0 m	13
200~300	5.0 m	16~25

(4) 급수관의 매설

급수관을 지중에 매설할 때에는 외부로부터의 충격 및 동파를 방지하기 위하여 평지에서는 지중에 매설하는 배관의 깊이를 450 mm 이하로 하고, 차량 통로에는 760 mm 이상, 대형차량의 통로나 냉한 지대에서는 1 m 이상 깊이 묻는다.

특히, 배관의 동파를 방지하기 위해서는 지표의 동결 깊이 이상으로 묻어야 한다. 급수관과 배수관이 평행하게 매설될 때는 양 배관의 수평 간격을 500 mm 이상으로 하고, 급수관은 배수관의 위쪽에 매설한다(교차 시에도 같다).

연관을 콘크리트 속에 매설할 때에는 듀터 아스팔트(deuter asphalt)를 감고, 이음매(랩 아이 : lap eye)는 토치램프로 녹여 덧붙임(seizure)하여 둔다.

1-3 밸브 설치

(1) 분수(分水) 콕의 설치

소구경의 급수관에 분수 콕을 달아 옥내 급수관을 접속할 때는 다음 표의 기준에 따르며, 각 분수 콕 간격은 300 mm 이상으로 하고, 1개소에 설치하는 분수 콕의 개수는 4개 이내로 하여 급수관의 강도를 유지한다.

급수관의 지름이 150 mm 이상인 때에는 25A의 분수 콕을 직접 접속하고, 100 mm 이하의 소구경 급수관에 50 mm의 급수관을 접속할 때는 T자관과 포금제 이형관(reducer)을 접속한다.

75 mm 이상의 급수관을 접속할 때는 지관(支管)과 같은 지름을 가진 T자관을 사용하고, 이 T자관이 없는 경우에는 리듀서를 사용한다.

분수 콕의 설치

소구경 급수관의 지름	분기관의 지름	분수 콕		적요
		지름	개수	
75	25	25	1	분기대 사용
75~100	13	13	1	분수 콕만 사용
75~100	16	16	1	분수 콕만 사용
75~100	20	20	1	분수 콕만 사용
75~100	25	20	2	분수 콕만 사용
75~100	30	20	3	분수 콕만 사용
75~100	30	20	1	분기대 사용
		25	1	
75~100	40	20	4	분수 콕만 사용
75~100	40	20	1	분기대 사용
		25	2	

(2) 급수 밸브의 설치

급수 밸브를 설치할 때에는 특히 급수 밸브 시트가 벽면에 밀착되어야 하며, 움직이지 않도록 고정되어야 한다(특히 PVC 계통 관에 주의를 요함).

밸브 설치 시 주의 사항은 다음과 같다.

① 급수 밸브 시트는 되도록 벽에 밀착시킨다.

② 급수 밸브 나사산에는 반드시 테프론 테이프로 감아 수밀을 유지한다.

③ 급수 밸브를 조일 때 위치의 변동을 예상하여 테프론 테이프를 평소 배관보다 많이 감는다.

④ 밸브 연결 시 되도록이면 수작업으로 하고, 파이프 렌치 등을 사용하여 밸브에 상처가 나지 않도록 해야 한다(특히 연관이나 PVC관일 경우 주의를 요하며, 배관이나 소켓 등이 파손되는 경우가 많다).

⑤ 나사를 조일 때 역방향으로 1~2회 돌려 나사 자리를 잡은 후 정방향으로 돌려 나사가 어긋남이 없도록 한다.

2. 오배수 배관 및 통기관 시공법

2-1 배수 배관 시공법

(1) 일반 사항

배수 수평관을 합류시킬 때에는 45° 이내의 예각으로 하고, 수평에 가까운 구배로 접속하여 배수 연관을 굴곡시킬 때에는 단면이 원형을 잃지 않도록 가공하고, 그 곡관부에는 배수 분기관을 접속해서는 안 된다. 특히 배수관에는 구멍을 뚫어 나사를 내거나 용접을 하지 않고 배관 계통의 배관 도중에 유니언이나 관 플랜지도 사용하지 않으며, 배수가 흐르는 방향으로 관 지름을 축소하지 않는다.

(2) 간접 배수 배관

간접 배수 배관을 사용하는 기기 중 배관 길이 500 mm를 초과할 때는 기기 장치 부근에 트랩을 설치하며, 배수가 흘러넘치지 않는 형태와 용량의 배수 구경으로 하고 분리가 간단한 구조로 하며, 박스 또는 스트레이너를 설치한다.

(3) 빗물 배수관

합류식의 수평주관 또는 부지 배수관에 빗물 배수관을 접속할 때에는 각각의 빗물 배수관에 트랩을 설치하거나 빗물 배수관을 하나로 묶어 트랩을 설치한 후, 배수관에 접속하며 온도 변화나 건물 구조가 빗물 배관에 영향을 줄 경우에는 신축 이음 또는 슬리브를 설치한다.

(4) 옥외 배수관

① 일반적으로 원심력 콘크리트관을 사용하고, 절대로 역구배가 되지 않도록 하며, 접합 부분은 충분히 보강한다.

② 급수관과 배수관이 평행으로 매설될 때는 양 배관의 수평 간격이 500 mm 이상 되도록 하며, 급수관은 배수관보다 위쪽에 설치한다(교차 배관일 때도 같은 요령으로 한다).

③ 급수 배관이 배수 배관보다 아래쪽을 횡단할 때는 그 교차점의 배수 배관을 1.5 m 이상 간격을 두며 금속관이나 수도용 석면 시멘트관으로 배관한다.

(5) 소제구 (CO ; clean out)

소제구 크기는 원칙적으로 배관의 지름과 같도록 하지만, 지름이 100 mm 이상일 때는 100

mm 크기로 하여도 문제가 없다. 소제구는 다음과 같은 곳에 설치한다.

① 건물 배수관과 택지 하수관이 접속하는 곳
② 배수관의 가장 낮은 곳
③ 배수 수평 지관의 가장 높은 곳
④ 건물 배수 수평 지관의 기점
⑤ 배관이 45° 이상으로 구부러진 곳
⑥ 지름 100 mm 이하의 수평 배관에서는 15 m마다, 100 mm 이상에서는 30 m마다 하나씩 설치한다.

(6) 박스 시트 (box seat)

파이프 채널의 크기, 매설의 깊이 등에 의해 검사나 청소에 지장이 없는 크기로 한다.

뚜껑은 빗물 박스 시트인 경우에는 격자(grating) 뚜껑으로도 무방하지만, 기타 박스 시트에는 밀폐 뚜껑을 사용한다. 빗물 박스 시트에는 깊이 150 mm 이상의 드레인 박스를 만들어 놓는다. 박스 시트의 설치 장소는

① 암거(暗渠)의 기점
② 암거가 모이거나 굴곡하는 곳
③ 지름과 종류가 다른 파이프 채널이 접속하는 곳
④ 직선부에서는 파이프 지름의 120배 길이마다 설치

(7) 파이프의 지지

배수 주철관일 때는 수직관 또는 수평관은 1.6 m마다 1개소, 분기관이 접속되는 경우에는 1.2 m마다 1개소를 고정한다.

배수 연관인 경우는 수평관과 하향관의 1 m마다 1개소, 분기 파이프를 접속하는 경우에는 0.6 m마다 1개소를 고정한다. 크로스 파이프가 1 m를 넘는 경우에는 파이프를 적당한 길이의 아연 철판제 거터(gutter) 위에 올려 놓고 거터를 두 군데 이상 지지한다.

상향 배관에 칼라를 붙여 지지하고, 바닥 위 1.5 m까지는 강관으로 보호한다.

2-2 통기관

(1) 일반 사항

통기 수직관의 상부는 단독으로 대기 중에 개구하든지 최고 높이의 기구에서 150 mm 이상 높은 위치에 접속하며, 통기 수직관의 하부는 최저 수위의 배수 수평 분기관보다 낮은 위치에서 45° Y 이음을 사용하여 배수 수직관에 직접 접속하든지 배수 수평 주관에 접

속한다.

지붕을 관통하는 통기관은 지붕 외면보다 150 mm 이상으로 하며, 지붕을 정원이나 운동장 등으로 사용할 때는 옥상을 관통하는 통기관의 높이를 지붕 높이보다 2 m 이상 높게 하며, 통기관에 구멍을 뚫어 나사를 내거나 용접을 해서는 안 된다.

(2) 각개 통기관의 배관

각개 통기관의 구배는 $\frac{1}{50} \sim \frac{1}{100}$로 하며, 통기 접속 장소는 트랩 웨어보다 높은 위치에 배관한다.

(3) 루프 통기관

통기관을 접속할 때에는 배수 수평 분기관의 최상류 기구 배수관이 접속된 하류측에서 직접 분기하며, 기구의 물 높이에서 150 mm 이상 올려 수평으로 배관한다.

(4) 기타

오수, 잡배수가 분류식일 때에는 통기관도 각각 독립되게 하는 것이 좋으며, 개구부도 각개로 한다. 오수 탱크, 잡배수 탱크 등의 배기관은 일반적으로 통기 계통에 접속하지 않으며, 통기관을 배수 덕트 내에 개방하여 강제 배기하지 않도록 한다. 한랭지의 통기관 개구부는 동결 방지를 위하여 약간 크게 하며, 최상층의 단독 기구에는 통기관을 설치하지 않는다.

3. 위생기구 시공법

위생기구의 종류로는 세면기, 대변기, 소변기, 욕조, 수음기, 싱크 등이 있다. 현재는 FRP 제품, 스테인리스 제품 등 다양한 종류의 제품이 생산되고 있으나 대체로 도기가 많이 사용되고 있다.

도기는 열에 의한 신축이 없으므로 시공에 특히 주의를 요하며, 설치가 불량하면 기구가 파손되거나 누수, 누기 등의 원인이 된다.

위생 도기와 벽의 간격이 넓을 때는 실리콘이나 백(白) 시멘트 등을 넣어 채운다. 고무 패킹을 사용할 때에는 고무의 탄성을 잃지 않도록 주의한다. 고무 패킹은 누수와 누기를 방지하고, 부속 금속의 신축 작용을 막기 위해서 사용한다.

3-1 세면기 설치

브래킷(bracket)이나 벽 행어(hanger)로 설치한다.

(1) 배수금구의 조립

배수금구의 본체에 U형 패킹을 끼워 세면기 배수구 상부에서 넣고 하부에 고무 패킹을 대고 고무의 탄력성을 잃지 않을 정도로 조인다.

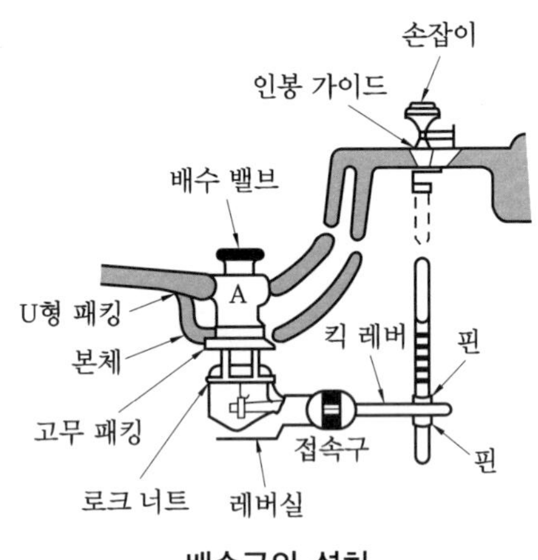

배수구의 설치

(2) Pop-Up의 조립

배수 밸브 개폐 부분(A)이 10 mm 정도 솟아오르도록 배수 밸브를 설치한다. 이때 배수 밸브의 설치 방법이 좋지 않으면 배수 불량, 작동 곤란 또는 손상될 염려가 있으므로, 다음 사항에 유의한다.

① 배수 금구 본체의 레버실 내부에 있는 스토퍼가 닿을 때까지 레버실을 충분히 조인 다음 로크 너트를 고정시킨다.

② 손잡이와 인봉 가이드의 간격은 손잡이를 잡아 올려서 약 5 mm 정도가 되도록 접속 금구를 핀으로 고정시킨다.

③ 레버실의 설치 방향은 그림 [레버실 설치 방향]과 같이 벽면에 약간 비스듬히 취부하고 킥봉과 지점 금구의 구멍을 맞춘다.

④ 킥 레버의 너트는 너무 강하게 조이지 않는 것이 좋으니 주의하도록 한다.

⑤ 인봉과 킥 레버 접속 금구의 조립은 다음 그림 [킥 레버 접속]의 (○)와 같이 한다.

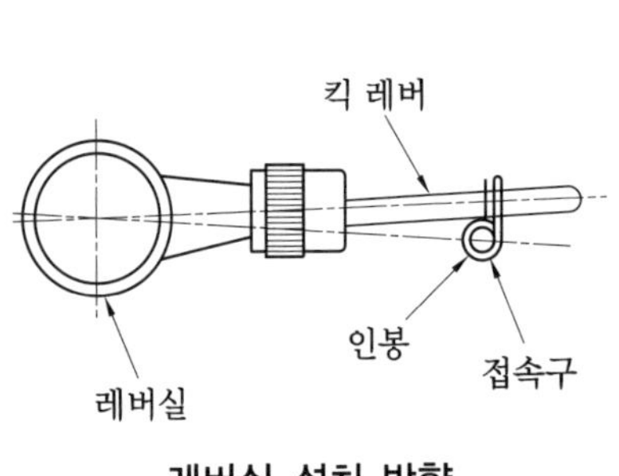

레버실 설치 방향

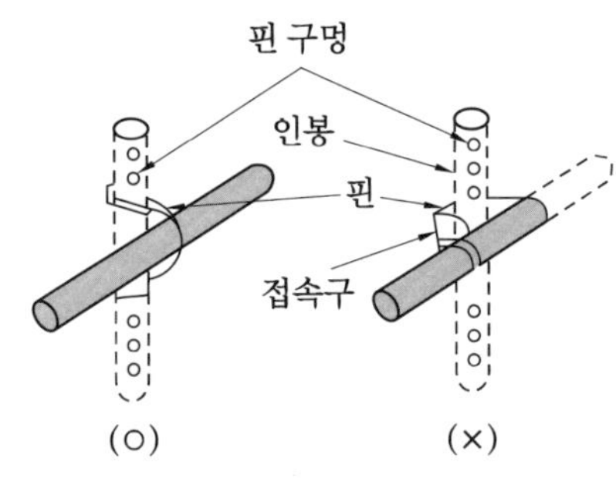

킥 레버 접속

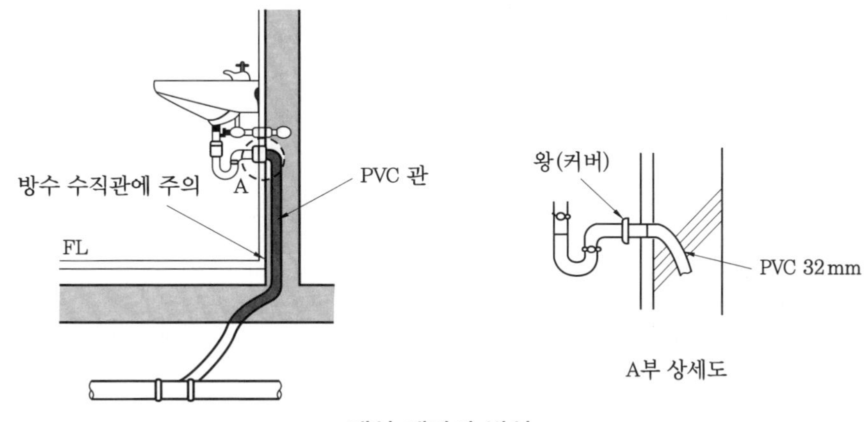

매설 배관의 방식

(3) 백 행어에 의한 세면기 설치

백 행어로 세면기를 설치할 때는 먼저 백 행어를 정확한 위치에 설치하여야 하며, 백 행어를 처음부터 3개의 나사못으로 완전히 고정시키지 말고 A 부분을 임시로 고정시켜 세면기를 걸었을 때 B 부분을 눌러 정확한 위치에 놓이도록 조절한 다음 고정시키면 된다. 이때 나사못이 빠지지 않도록 충분히 조이는 것을 잊지 않도록 한다.

백 행어를 고정시킨 후 세면기를 걸고 정확하게 설치되었는지를 확인한 후(그래도 떨어질 때는 백 행어의 나사를 풀고 위로 올려야 할 때는 하부 B에, 아래로 내려야 할 때는 상부 A와 벽 사이에 함석 같은 것을 끼워 조절) C의 나사못 구멍 위치를 약간 아래쪽으로 내려 세면기를 아래쪽으로 누르는 기분으로 조이도록 한다.

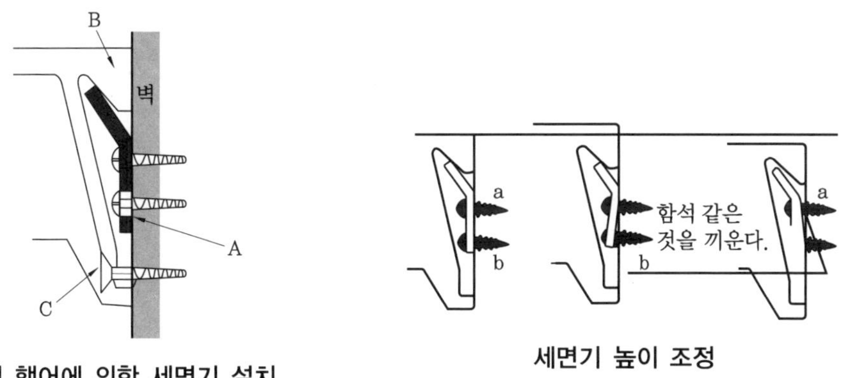

백 행어에 의한 세면기 설치

세면기 높이 조정

(4) 백 행어와 벽 고정 금구의 설치

백 행어의 설치는 전항과 동일한 방법으로 하고, 세면기가 정확한 위치에 걸린 것을 확인 후 벽에 고정 금구의 구부러진 쪽의 끝을 세면기의 걸리는 구멍 아래면의 중간 정도에 대고 나사못의 위치를 뚫고 나사를 조인다. 벽에 고정 금구를 붙임으로써 세면기를 밑으로 잡아당기는 힘이 작용하므로 견고하게 부착된다.

(5) 세면기의 설치 형태

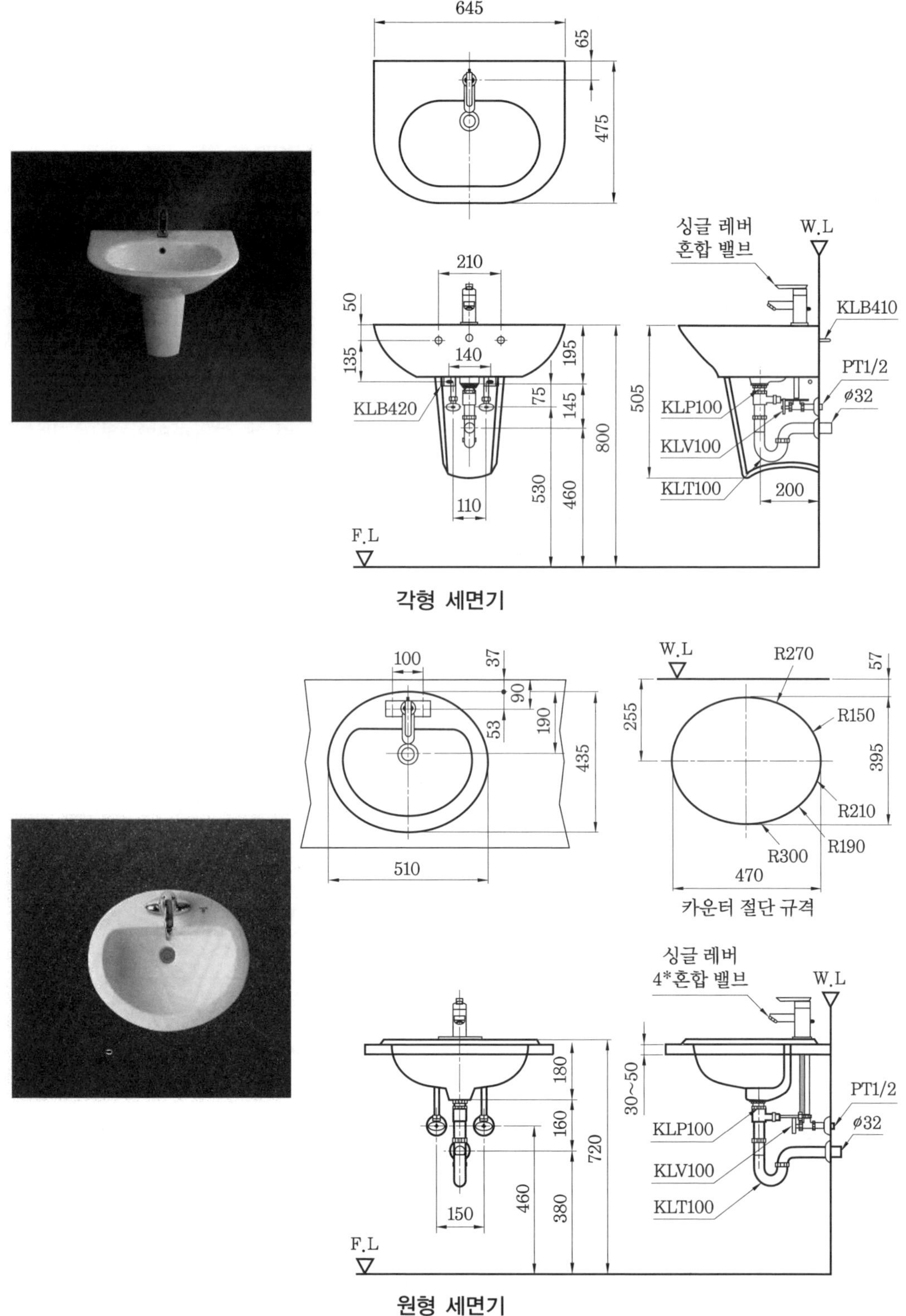
645
65
475
싱글 레버
혼합 밸브
W.L
210
50
135
140
195
75
145
800
KLB410
PT1/2
φ32
KLB420
505
KLP100
KLV100
KLT100
200
110
530
460
F.L
각형 세면기
100
37
90
53
190
435
510
W.L
R270
57
255
R150
395
R210
R190
R300
470
카운터 절단 규격
싱글 레버
4*혼합 밸브
W.L
30~50
180
160
720
PT1/2
φ32
KLP100
KLV100
KLT100
150
460
380
F.L
원형 세면기

3-2 대변기의 설치

대변기에는 동양식과 서양식 변기로 나뉘며, 설치 방법은 매설하느냐, 매설하지 않느냐에 따라 달라진다. 동양식 대변기에는 트랩이 있는 것, 트랩이 없는 것으로 나뉘며, 서양식 대변기에는 세정식, 사이펀 제트식(또는 플러시 밸브식), 블로 아웃식이 있고, 급수 방식에 따라 하이 탱크식, 로 탱크식으로 나뉜다.

(1) 서양식 대변기의 설치(바닥 플랜지 사용)

• 바닥 플랜지 사용

① 배수관을 바닥 마감면보다 20 mm 이상 위로 나오게 하여 두드려 눌러 놓는다.

② 바닥 마감이 완성된 후 변기가 정위치에 설치되었는지를 확인하여 바닥 플랜지를 관에 끼우고 나사못으로 플랜지를 바닥에 고정시킨다.

③ 플랜지 볼트를 끼우고 변기를 임시로 올려놓은 후 변기 고정 볼트 구멍의 위치에 맞도록 한다.

④ 변기 배수구 주위를 불건성 퍼티로 세우고 후에 움직이지 않도록 변기를 가만히 올려놓고 볼트 및 나사못으로 고정시킨다. 이 경우 너무 강하게 조여 변기가 깨지지 않도록 주의한다.

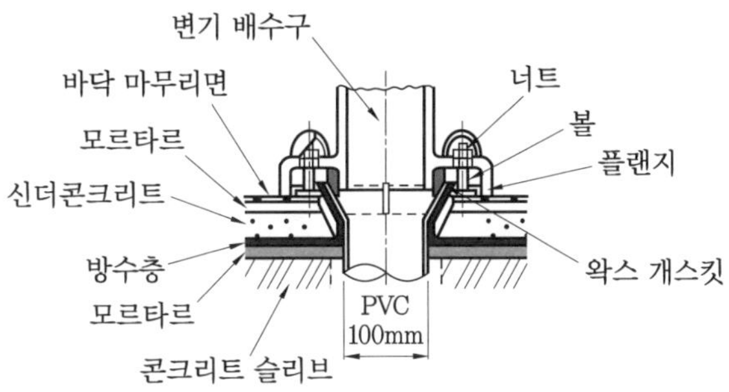

배수 연관과 바닥 배수 양변기의 접속

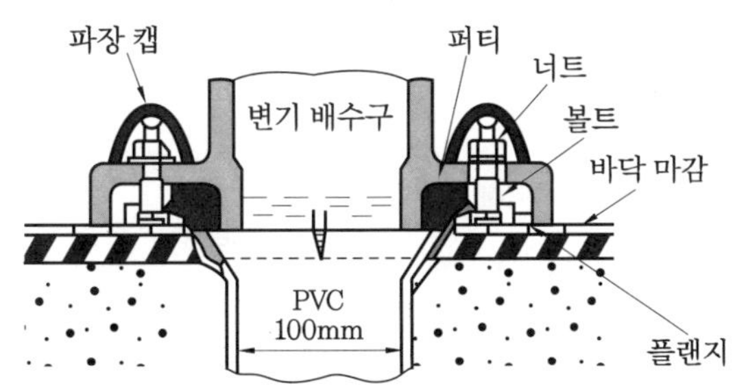

바닥 플랜지 접속

• 벽 플랜지 사용

① 배수관은 100 mm의 PVC관을 사용한다.

② 플랜지의 접속 방법은 바닥 플랜지 사용의 경우와 같은 요령으로 한다.

③ 변기를 고정시키려면 먼저 부착용 볼트를 소정의 높이에 200 mm 간격으로 뚫어 놓은 볼트 구멍에 박아 놓고 너트 및 와셔(washer)를 끼운 다음 변기 뒷면의 횡폭을 거의 같은 직정규를 써서 양측 와셔가 반드시 동일선상에 오도록 너트를 조절한다.

④ 와셔의 위치가 정해지면 그림과 같이 평고무 패킹, 변기 이형 고무 패킹과 도금한 와셔의 순으로 볼트에 끼우고 최종적으로 너트로 고정한다. 너트를 조일 때 패킹이 탄력을 잃지 않을 정도로 하고 좌우가 한쪽으로 치우치지 않도록 주의하여 사용한다.

⑤ 변기와 벽 사이에 공간이 생기면 퍼티로 막도록 한다.

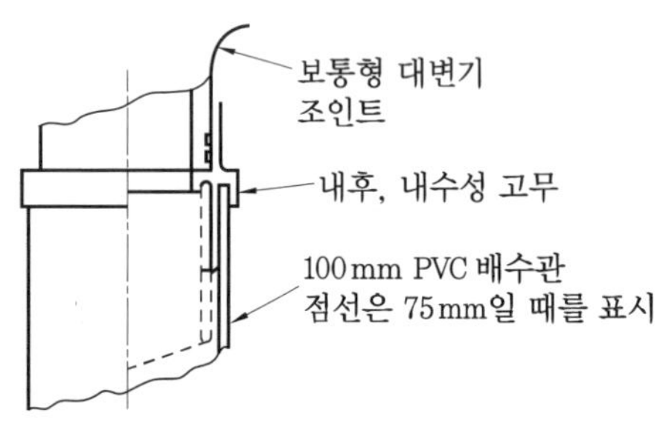

고무 조인트에 의한 대변기와 PVC 배수관의 접속

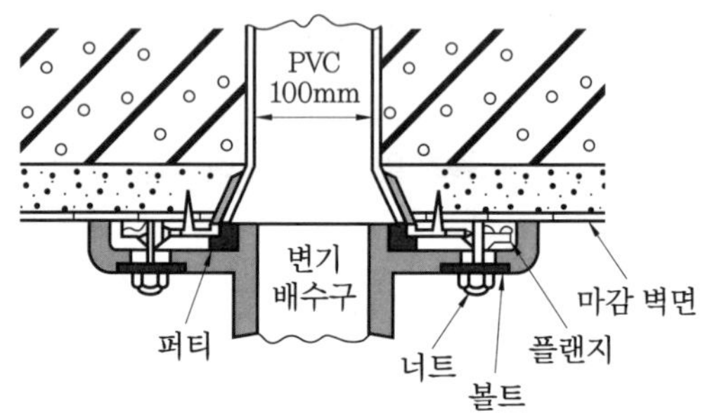

벽 플랜지 접속방법

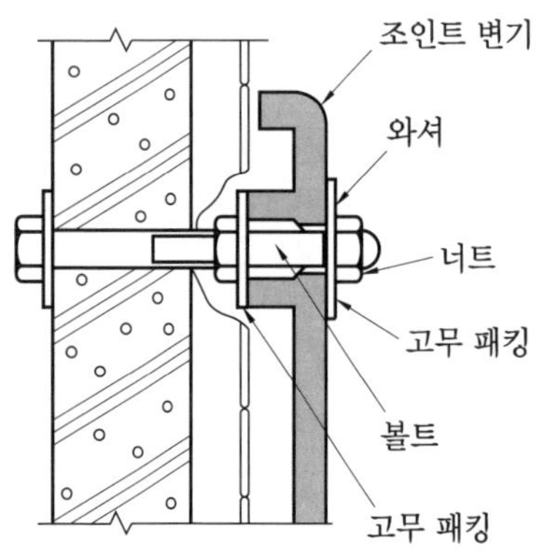

변기의 고정

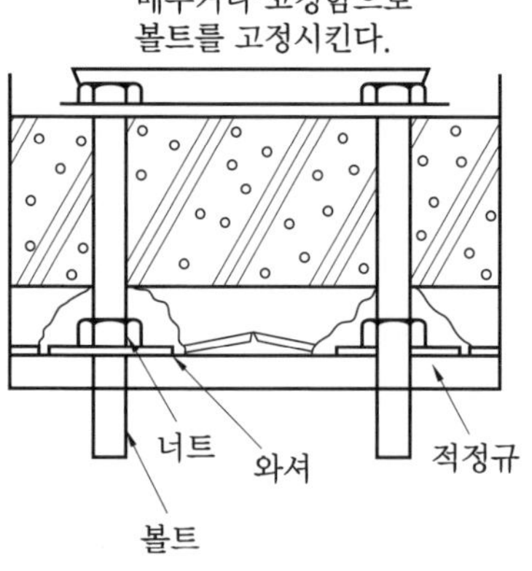

변기의 고정 볼트 및 너트 취부

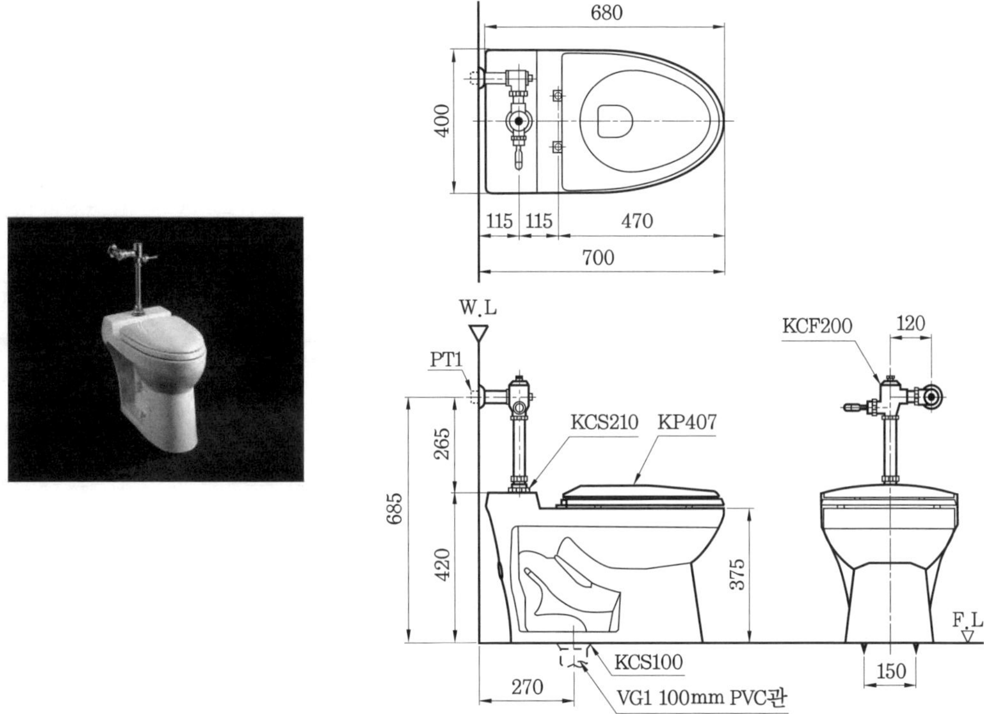

플러시 밸브(flush valve)형 서양식 대변기

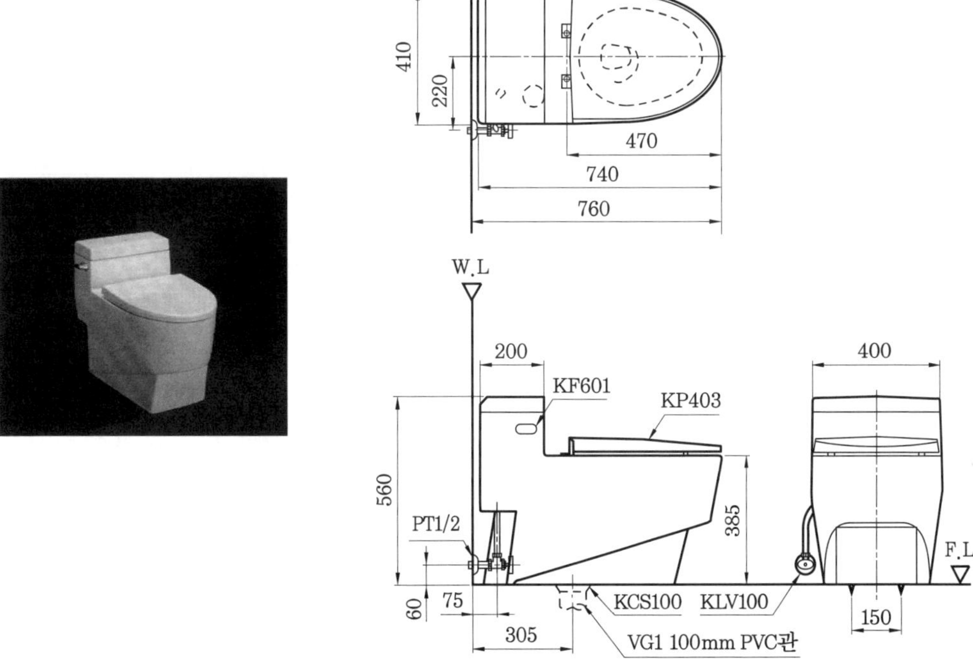

로 탱크(low tank)형 서양식 대변기

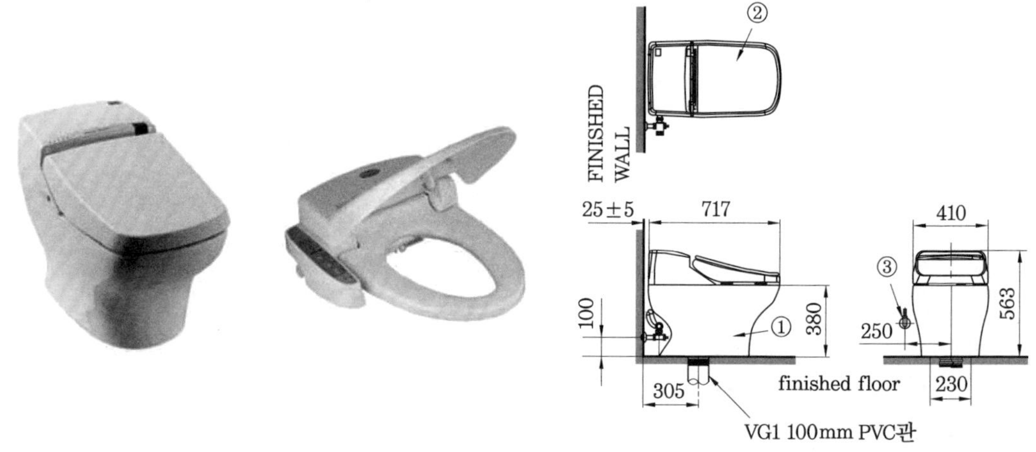

수세 비데형 대변기

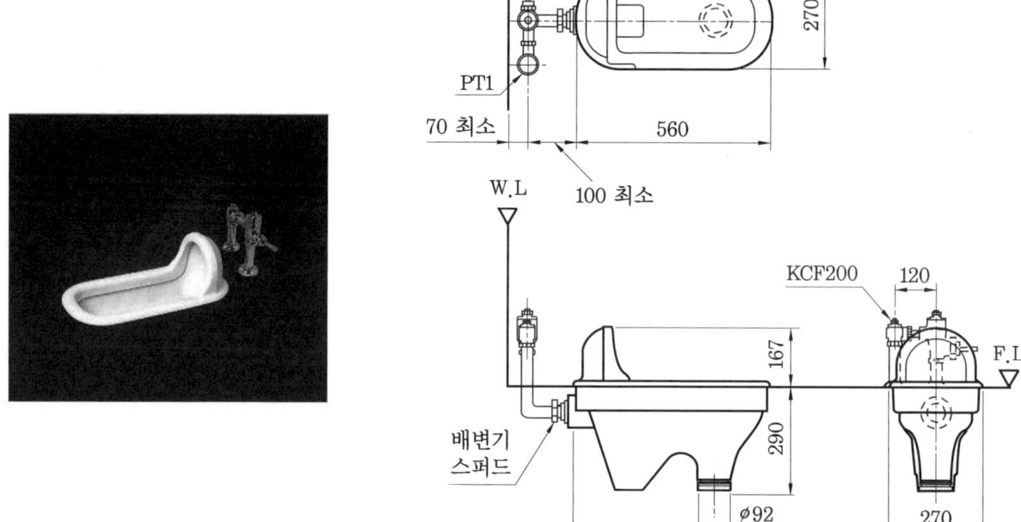

플러시(flush)형 화변기

(2) 동양식 대변기의 설치

플랜지가 달린 대변기를 설치할 때, 다듬질면이 변기 테두리보다 위로 올라오면 탄성이 큰 모르타르 등의 충전재를 넣고, 급수구를 파묻는 경우에는 아스팔트(또는 방수액)를 바른다. 배수관을 접합할 때는 관의 끝을 플랜지 패킹의 바깥지름과 같도록 두께 2 mm 이상의 나팔형으로 만든다.

플랜지는 내식성 패킹을 사용하여 볼트 결합을 하며, 이 부분에 퍼티(putty)를 사용하는 것은 엄격하게 금하고 있다.

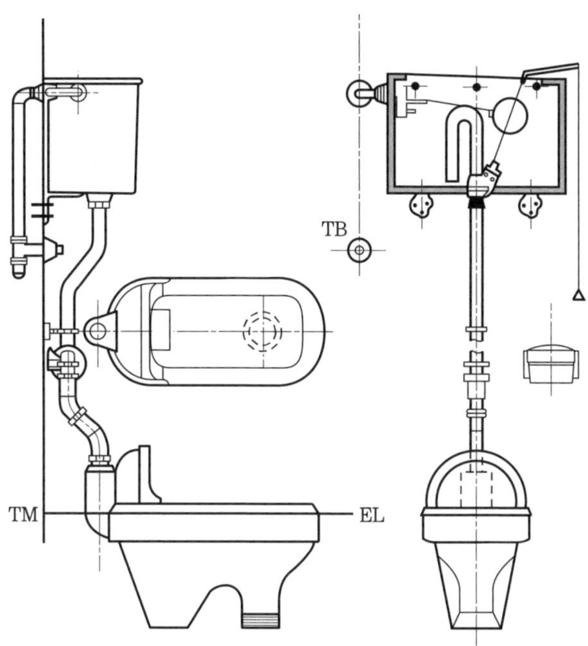

트랩붙이 하이 탱크형(수동식 하이 탱크 조합식)

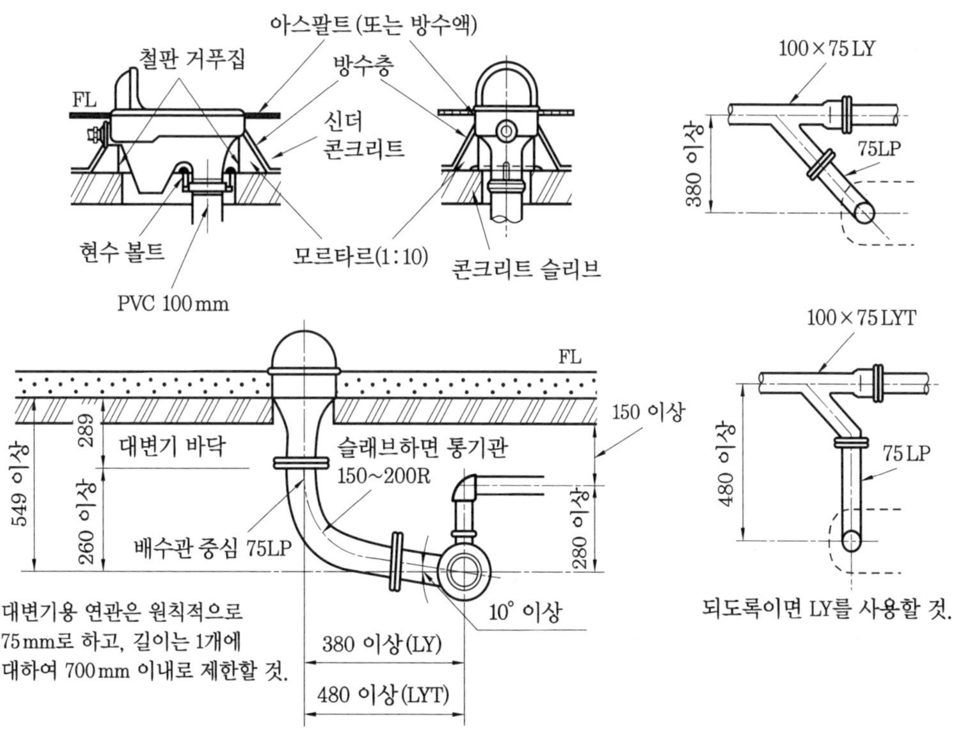

재래식 대변기(화변기)와 배수

3-3 소변기의 설치

(1) 스톨 소변기의 설치

① **설치 방법** : 스톨 전면 하부 턱이 바닥 마감면과 동일하게 설치하는 방법과 스톨 전체를 바닥 마감 위로 나오게 설치하는 방법의 두 가지가 있다.

② **건축 시공과의 관계** : 스톨 전체가 바닥 위로 나오게 설치할 경우는 배수관이 통할 수 있도록 120~150 mm의 구멍을 뚫고, 스톨 하부를 묻어 설치할 경우는 참조 도면과 같이 충분한 깊이로 스톨의 하면보다 주위 30 mm 이상 넓게 건축 시공 시 파놓아야 한다.

③ **바닥면의 처리** : 배수 횡지관의 배관이 끝나면 분기 배수관을 스톨의 배수구 밑까지 올려 놓고 구멍과의 사이를 메우고 방수층의 끝을 파이프에 감아 올려 방수 처리한다.

④ **도기의 처리** : 스톨이 묻히는 부분에는 먼저 3 mm 이상 두께로 아스팔트(또는 방수액)를 도포해 둔다.

⑤ **도기의 설치** : 설치 금구 윗면과 스톨 배수구면이 일치하도록 하고, 배수구 중심이 잘 맞도록 설치 금구에 연납을 납땜한다.

⑥ **마감** : 스톨과 구멍과의 사이를 모래로 채우고 바닥 마감면과 스톨과의 사이는 적어도 3 mm 이상 띄워 타일을 붙이고 탄력성 있는 방수성 물질로 메운다.

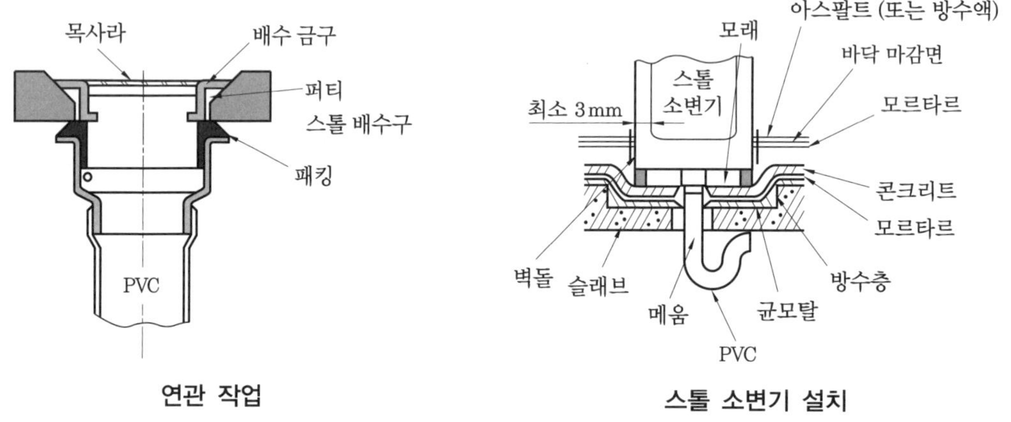

연관 작업 　　　　 스톨 소변기 설치

(2) 벽걸이 소변기의 플랜지 설치

① 플랜지를 벽에 걸 수 있도록 미리 앵커 볼트를 설치해 둔다.

② 도기 고정 볼트 2개를 플랜지에 끼우고, 이 플랜지를 나사못 또는 앵커 볼트로 벽에 고정한다.

③ 관의 끝을 넓혀 플랜지에 접속을 한다.

④ 소변기의 배수구 주위에 불건성 퍼티를 바른 후 소변기를 소정의 위치에 대고 조여

서 고정시킨다.

(가) 높이를 벽돌 조각과 같이 썩지 않는 것으로 받쳐 조절하고 도기를 설치한다.

(나) 배수 금구의 턱 갓의 밑에 퍼티를 바르고 이것을 위로부터 조인다.

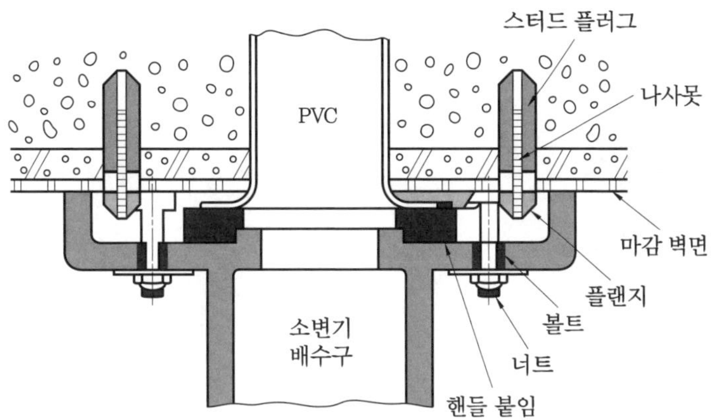

벽걸이 소변기의 플랜지 설치

(3) 소변기 설치 형태

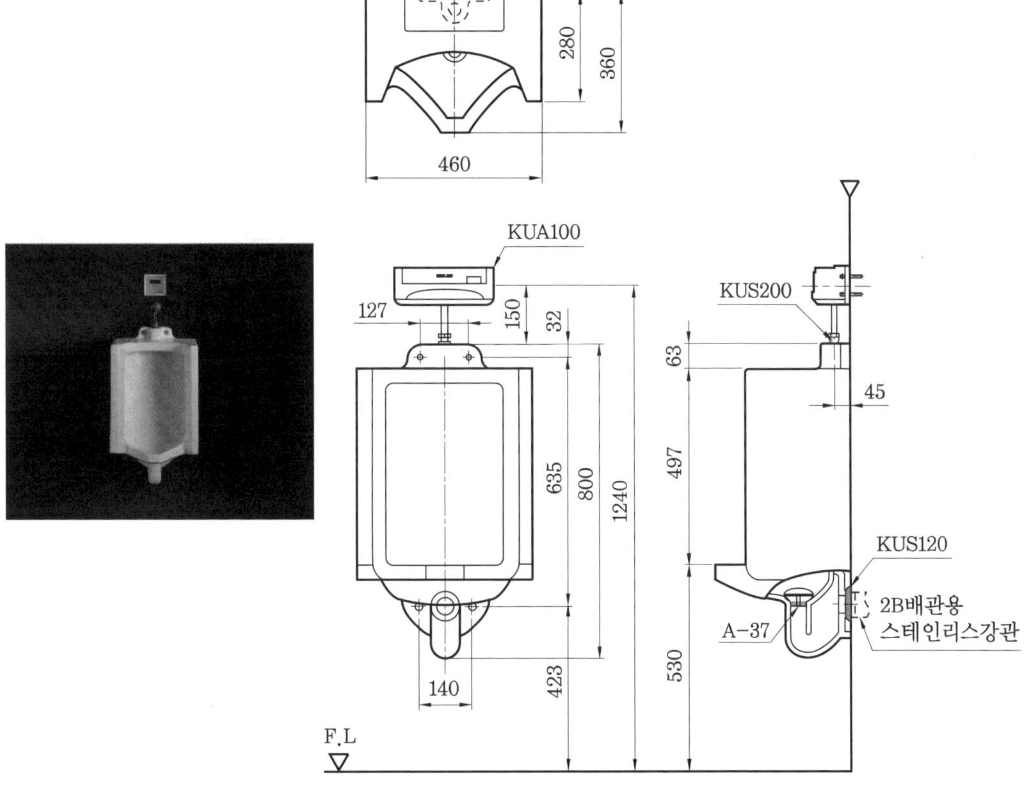

절수형 벽걸이식 스톨 소변기

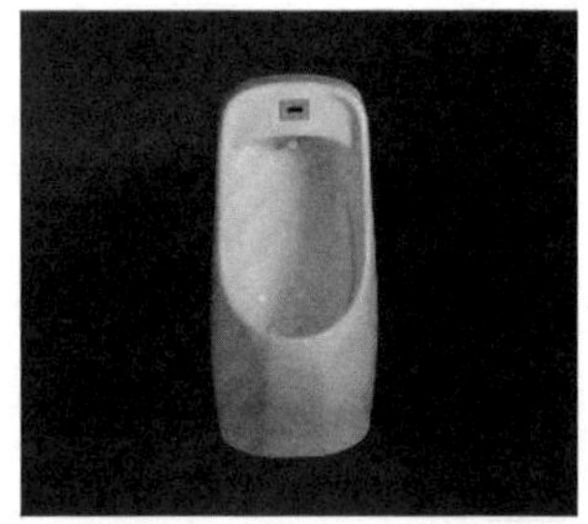

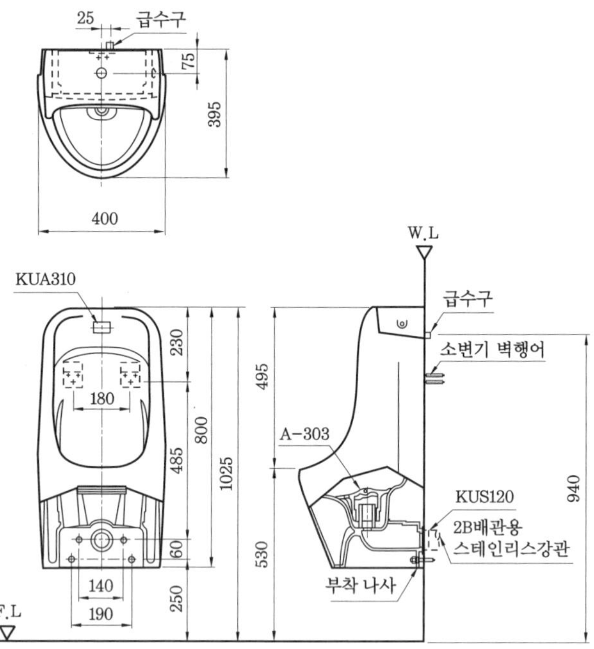

센서 내장형 벽걸이식 소변기

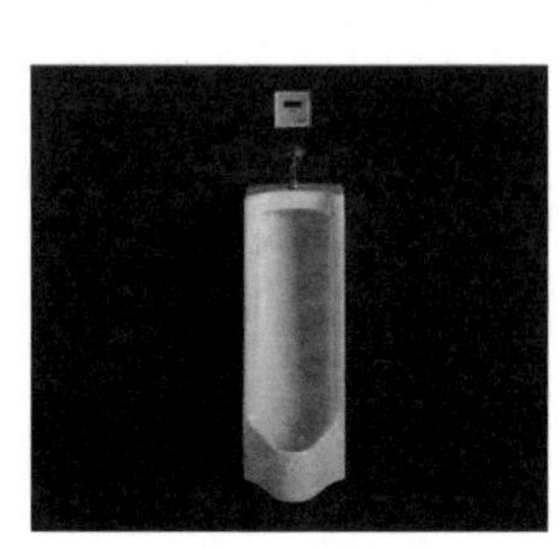

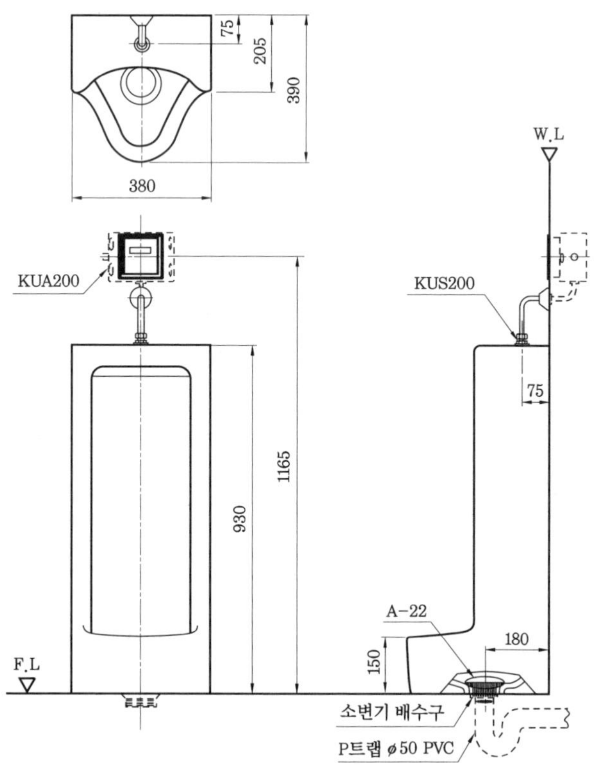

절수형 스톨 소변기

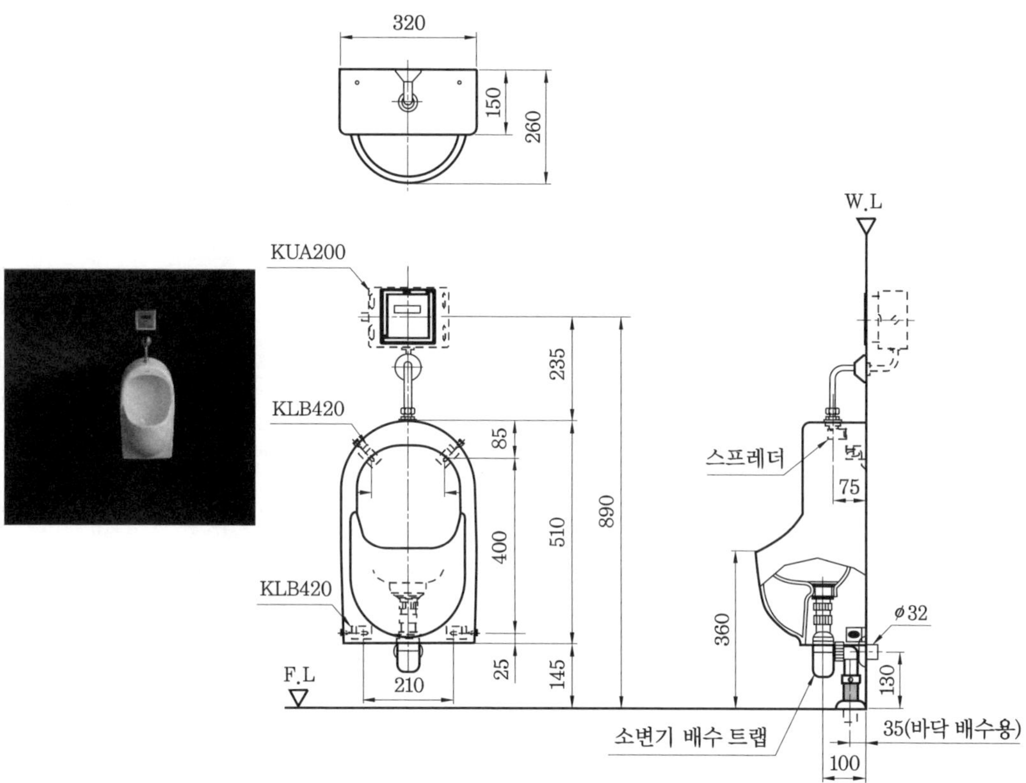

유아용 소변기

3-4 욕조의 설치

(1) 욕조의 종류

욕조는 형태에 따라 양식 욕조, 재래식 욕조, 절충식 욕조로 나뉘며, 대체적인 크기는 다음과 같다. 또한 종류도 재질에 따라 FRP 욕조, 마블 욕조, 법랑 욕조, 스테인리스 욕조 등이 있다.

(단위 : cm)

구분 / 규격	소형(재래식)	중형(절충식)	대형(양식)
규격(기장×폭) 깊이 용량	(137~140)×70 50~55 220~300 L	(147~150)×75 40~45 230~260 L	(154~160)×75 37~40 130~230 L

(2) 욕조의 시공 설치 방법

평행도는 벽돌을 사용하여 맞추며, 욕조의 밑바닥에 모래를 깔아주면 좋다. 에이프런 달린 욕조는 배수 파이프를 욕실 코드까지 뽑아서 하수 파이프에 연결한다.

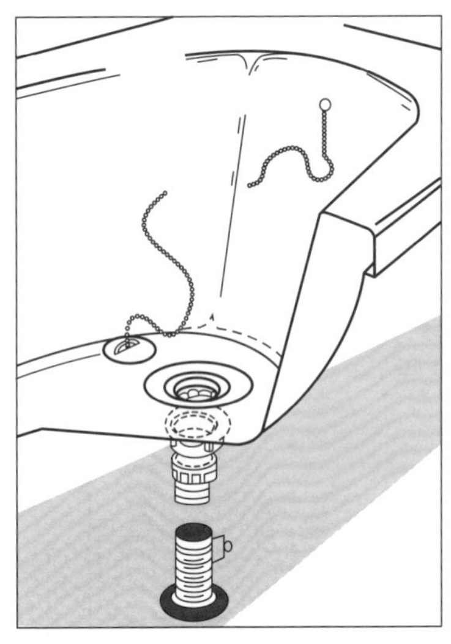

일반 욕조 시공

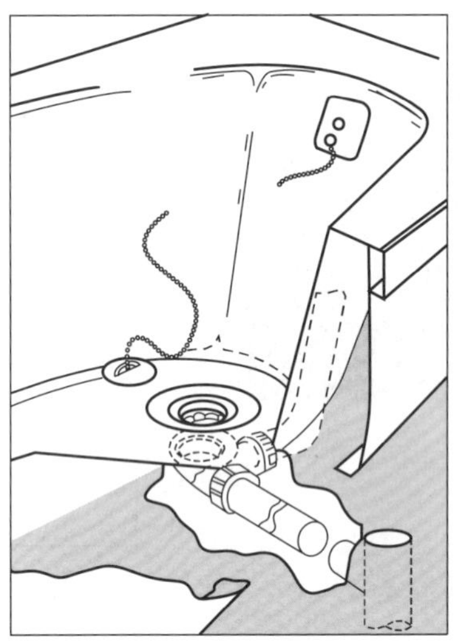

에이프런 달린 욕조 시공

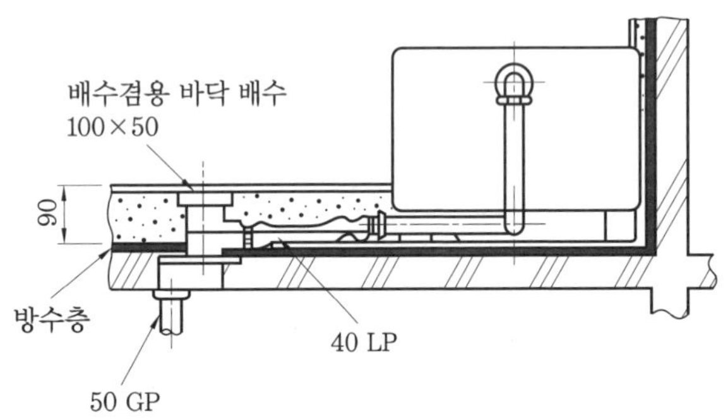

양식 욕조의 직접 배수

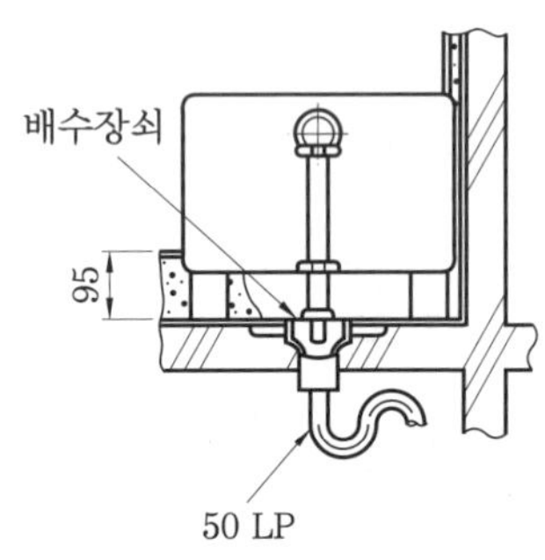

재래식 욕조의 간접 배수

3-5 기타 위생기 설치

기타 위생기로서 청소용 및 실험실용 수채의 설치 방법은 다음과 같다.

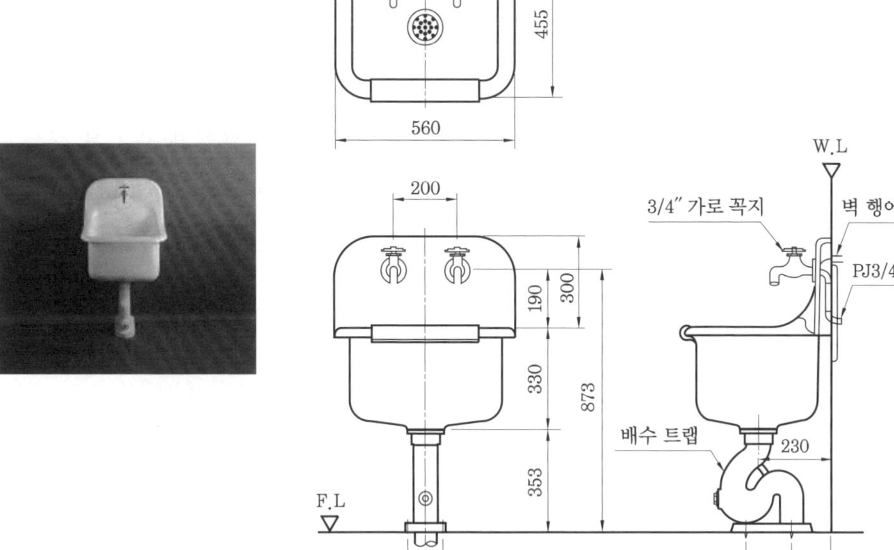

오물처리용 수채

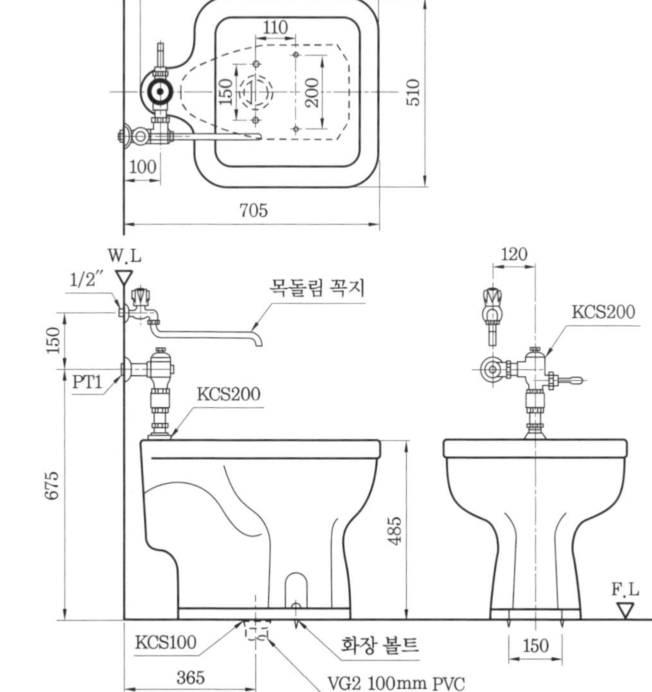

청소용 수채

4. 급탕 배관 시공법

급탕 배관에서는 배관을 균등한 구배로 유지하며, 역구배나 공기가 생기기 쉬운 구배는 하지 않아야 한다. 특히 배관의 신축을 방해하지 않는 신축 이음(expansion joint)을 설치하고 신축 기점에는 고정 장치를 설치한다.

4-1 일반 사항

상향식일 때 공급관은 상향 구배, 환수(환탕)관은 하향 구배로 하고, 하향식일 때는 공급(급탕)관, 환수(환탕)관 모두 하향 구배로 한다(중력식일 때 $\frac{1}{150}$ 구배, 강제 순환식일 때 $\frac{1}{200} \sim \frac{1}{300}$의 구배).

유니언 이음 등을 사용하면 배관의 신축으로 인하여 누수되는 경우가 있으므로 가급적 사용하지 않으며, 배관이 벽, 바닥 등의 구조체를 통과할 때는 슬리브를 넣고 꼭 보온을 하도록 한다. 관 이음은 마찰 손실을 적게 하기 위하여 엘보나 T 등은 피하고, 밴드관이나 Y자 이음을 사용하고, 사용되는 밸브도 마찰 손실을 줄이기 위하여 슬루스 밸브를 사용하는 것이 좋다. 또한 주관에서 분기관을 분기할 때는 스위블 조인트를 사용하여 신축을 흡수할 수 있는 구조로 한다. 수평 배관은 공기의 정체나 수중의 공기 분리가 생기기 쉬우므로 배관이 길 경우에는 필요한 곳에 공기빼기(air vent) 밸브를 설치한다.

4-2 환탕의 역류 방지

급탕 파이프와 환탕 파이프가 접속된 곳에서는 환탕이 급탕 파이프 쪽으로 역류할 위험이 있다. 이것을 방지하기 위해서는 환탕 파이프를 환탕 메인 파이프에 접속한 바로 앞에 체크 밸브를 장치한다.

이 체크 밸브는 45°로 경사 배관한 도중에 설치하여 스윙 밸브가 수직이 되게 하며, 온수(급탕)의 저항을 적게 하기 위해 체크 밸브는 1개 이상 설치해서는 안 된다.

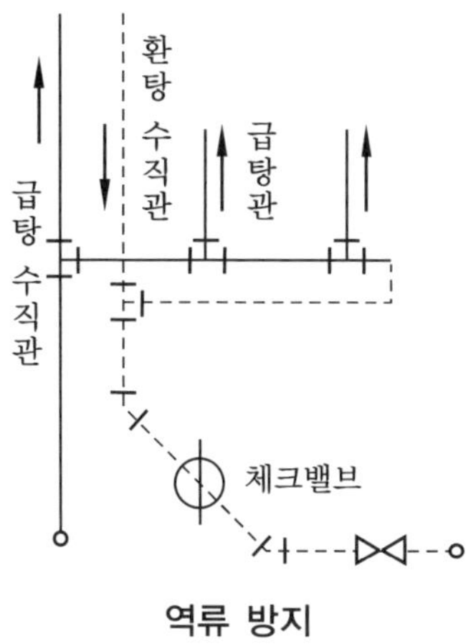

역류 방지

4-3 팽창 탱크와 팽창관

팽창 탱크의 높이는 최고층 급탕 콕(cock)보다 5 m 이상 높은 곳에 설치하고, 급수는 볼탭의 작동에 의한 자동 급수를 한다. 팽창관의 도중에는 절대로 밸브 등을 장치하여서는 안 된다.

팽창관의 분기는 보일러의 경우 주밸브에서 보일러쪽으로, 저장 탱크의 경우에는 탱크에서 급탕관 별도의 계통으로 단순한 상향 배관으로 하며, 팽창관의 관 지름은 25 mm 이상으로 한다.

4-4 공기빼기 밸브와 배수 밸브

물이 가열되면 그 속에 함유되어 있는 공기가 분리된다. 이 공기는 배관 계통 중 ㄷ자형 배관부에 고여 온수(급탕)의 순환을 방해하므로 구배를 주거나 ㄷ자형 배관을 피해야 한다.

현장 시공상 부득이 굴곡 배관을 해야 할 경우 공기가 차지 않도록 공기빼기(air vent) 밸브를 설치해야 한다. 배관 도중 스톱 밸브, 글러브 밸브 등은 공기 체류를 유발하므로 슬루스 밸브를 사용한다.

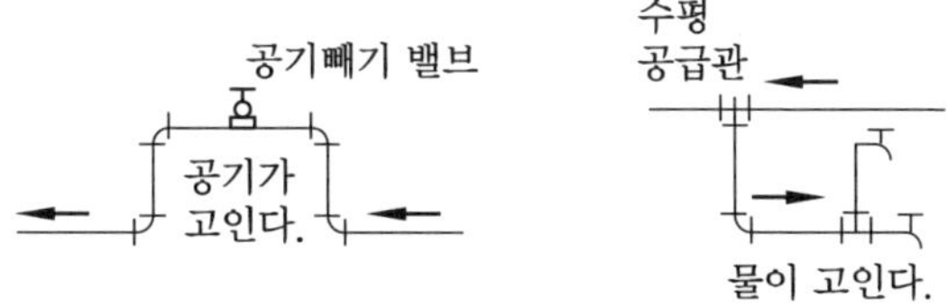

공기빼기 밸브 및 배수 밸브

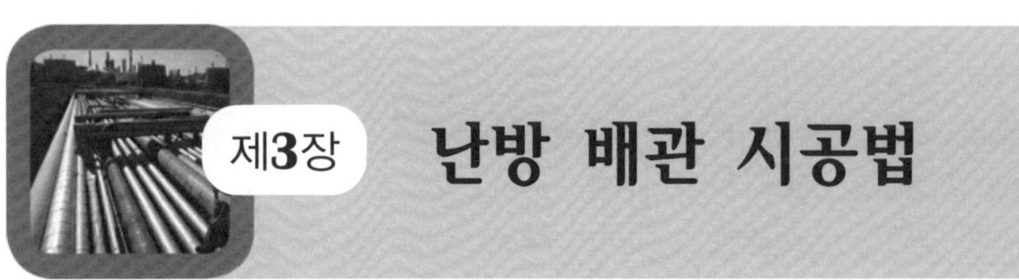

제3장 난방 배관 시공법

1. 온수난방 배관 시공법

1-1 일반 사항

(1) 배관의 구배

난방용 온수 배관은 공기 밸브 또는 팽창 탱크를 향하여 상향 구배를 주며, 배관 내에 공기가 고이지 않도록 한다. 배관의 구배는 일반적으로 $\frac{1}{250}$ 이상으로 하며, 배수(drain) 밸브를 달 때는 배수 밸브를 향하여 하향 구배를 준다.

단관 중력 순환식은 주관에 하향 구배를 주며, 공기는 모두 팽창 탱크로 빠지게 한다. 복관 중력 순환식에서는 하향 공급식은 공급관, 환수관을 모두 하향 구배로 하고, 상향 공급식의 공급관은 상향 구배, 환수관은 하향 구배로 한다. 강제 순환식은 배관의 구배가 상향 구배, 하향 구배 어느 쪽이라도 좋으나, 배관 내에 공기가 고이지 않도록 하여야 한다.

(2) 일반 배관법

① **편심 이음** : 횡주관의 중간에서 관 지름을 바꿀 때는 증기관과 같이 편심 이음을 쓰는데, 상향 구배로 배관할 때는 관의 윗면을 맞추고, 하향 구배로 배관할 때는 관의 아랫면을 맞추어 배관한다.

② **배관의 분류 및 합류** : 배관의 분기점이나 합류점에는 티(tee)를 쓰지 않고, 다음 그림과 같이 배관한다.

③ **지관 달아내기** : 온수 배관에서 원칙적으로 주관보다 아래에 있는 기기에 접속하는 지관은 주관에 대하여 45° 이상의 각도로 아래로 달아내며, 지관에는 하향 구배를 준다.

주관보다 위에 있는 기기에 접속할 때는 주관에 대하여 45° 이상의 각도로 위로 달아내며, 지관에는 상향 구배를 준다.

④ **복사 난방 코일의 매설** : 복사 난방용 코일을 매설하여 배관할 때는 금속관과 콘크리트

는 팽창계수가 다르므로 주의하여야 한다. 콘크리트에 비하여 강관은 신축이 작고 동관은 반대로 크다. 콘크리트 패널에서는 관의 신축에 대하여 축 방향으로 늘어나거나 줄어드는 것을 방해하지 않도록 관과 콘크리트를 밀착시켜서는 안 된다. 동관은 표면이 미끄러우므로 동관 자체만으로 매설하여도 되지만, 강관은 신축이 거칠므로 아스팔트, 피치 또는 콜타르를 칠하여 매설한다. 코일의 굴곡부나 헤드에는 암면 등의 완충제를 채워 놓는다.

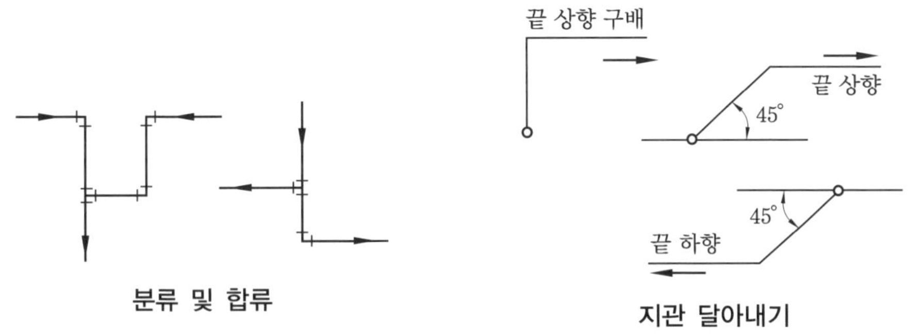

분류 및 합류

지관 달아내기

1-2 기기류의 설치

(1) 팽창 탱크 설치

중력 순환식 개방형 팽창 탱크는 배관의 최고부 또는 최고층의 방열기에서 탱크 수면까지의 높이가 1 m 이상인 곳에 설치한다. 강제 순환식 개방형 팽창 탱크는 탱크를 순환 펌프의 흡입구 쪽에 연결할 때는 중력 순환식과 같이 시공하고, 팽창관과 탱크 수면과의 간격을 순환 펌프의 양정보다 크게 한다. 밀폐형 팽창 탱크는 보통 보일러실의 적당한 곳에 설치하고, 개방형 팽창 탱크처럼 최고층에 설치할 필요는 없다.

(2) 방열기의 설치

기둥형 방열기는 수평으로 확실하게 설치하며, 벽과의 간격은 50~60 mm, 벽걸이형은 바닥 면에서 방열기 아래 면까지의 높이를 150 mm로 한다. 대류형 방열기는 제작 회사가 지정하는 방법대로 하고, 방열기가 역구배가 되지 않도록 주의한다. 베이스보드 히터를 설치할 때는 바닥에서 케이싱 아래 면까지의 높이를 90 mm 이상으로 한다. 이것이 너무 낮으면 대류 작용이 완전하지 않다.

방열기의 출구쪽 상단에 공기빼기 밸브(air vent valve)를 설치하여 순환을 원활하게 하고 방열기 출구쪽에 방열기 트랩을 설치하여 열의 손실을 방지하며 방열기 지관은 매립을 하지 않는다.

증기 배관일 경우 배관에 신축의 영향이 미치지 않도록 스위블 이음을 하고, 증기의 유입과 응축수의 유출이 잘되도록 구배를 정한다.

1-3 기기의 주변 배관

(1) 보일러의 주변 배관

온수 보일러에서 팽창 탱크에 이르는 팽창관에는 원칙적으로 밸브류를 달아서는 안 된다. 만일 밸브를 달 때는 보일러에 퇴수관을 설치한다. 팽창관을 달아내는 위치는 중력 순환식일 때는 보일러의 입구, 출구 어느 쪽이라도 좋지만, 강제 순환식일 때는 되도록 순환 펌프 가까이에서 달아내도록 한다. 순환 펌프는 온수 온도가 낮은 곳에 설치하고, 펌프 흡입측에 충분히 압력을 줄 수 있는 위치를 선택하여 팽창관을 설치한다.

(2) 공기 가열기의 주변 배관

공기 가열기는 보통 공기의 흐름 방향과 코일을 흐르는 온수의 방향이 반대가 되도록 접속한다. 가열기는 각 기기마다 에어 밸브를 달고 가열기 및 배관 속의 물을 완전히 배제할 수 있도록 드레인 밸브를 달아둔다.

온수 코일에서 온수의 유량을 조정하기 위한 자동 3방 밸브(3-way valve)를 설치하나, 혼류식 자동 3방 밸브는 그림의 (a)와 같이 배관하고, 분류식 자동 3방 밸브는 (b)와 같이 배관한다.

자동 3방 밸브의 모터축은 반드시 수평이 되도록 설치한다.

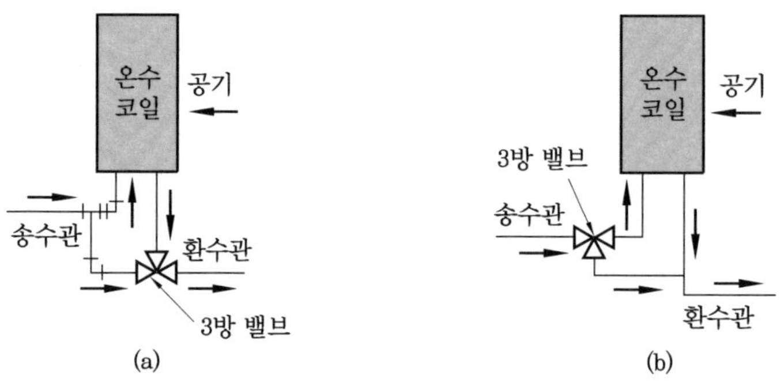

공기 가열기의 주변 배관

2. 증기난방 배관 시공법

2-1 일반 사항

(1) 단관(monotube) 중력 환수식

단관식의 경우는 가급적 구배를 크게 하여 하향식, 상향식 모두 증기와 응축수가 역류하지 않도록 선단 하향 구배로 한다. 증기와 응축수가 동일 방향으로 흐르는 순류관(順流管)에서는 $\frac{1}{100} \sim \frac{1}{200}$, 역류관(逆流管)은 $\frac{1}{50} \sim \frac{1}{100}$의 구배로 한다.

(2) 복관 중력 환수식

복관식의 경우는 환수관이 건식과 습식에서 시공법이 다르지만, 증기 메인 파이프는 어느 경우에도 증기의 흐름 방향으로 $\frac{1}{200}$ 정도의 선단 하향 구배로 한다.

① **건식 환수관** : $\frac{1}{200}$ 정도의 선단 하향 구배로 보일러실까지 배관하고, 보일러 앞에서 밑으로 세워 급수 파이프에 연결한다. 하향 파이프 엘보 부분에 자동 공기빼기(air vent) 밸브를 설치하고, 파이프 내의 공기를 배출시킨다. 환수관의 위치는 보일러 수면보다 보일러의 최고 증기 압력에 상당하는 수두와 응축수의 마찰 손실 수두의 합보다 높게 하지 않으면 보일러에 급수할 수 없다.

증기 파이프 내의 응축수를 복귀관으로 배출할 때에는 반드시 트랩 장치를 한다. 증기 메인 파이프의 상향 개소, 하향 파이프의 하단 등에서 파이프 내에 응축수가 체류하기 쉬운 곳에는 트랩 장치를 하여 응축수를 환수관으로 배출한다.

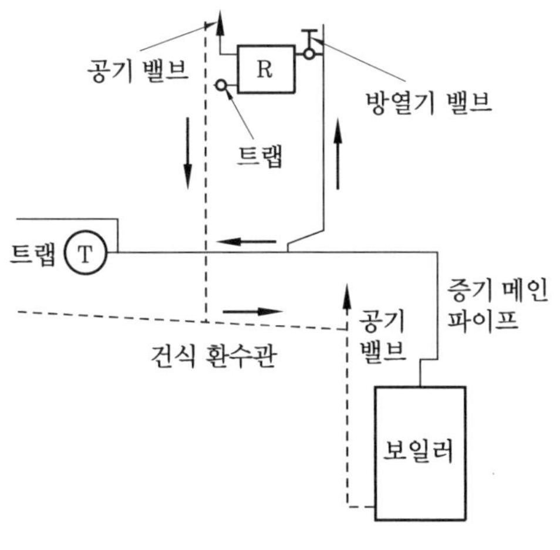

환수관의 공기빼기

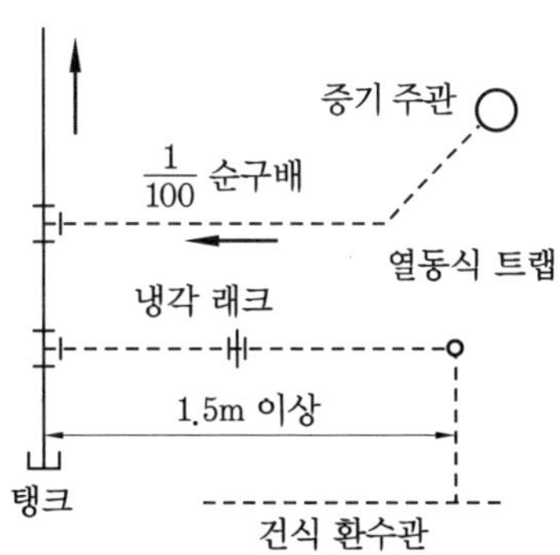

증기 상향 파이프의 분기

② **습식 환수관** : 증기 파이프 내의 응축수를 환수관으로 배출할 때 트랩 장치를 사용하지 않고 직접 배출할 수 있다. 응축수가 고이기 쉬운 곳에는 배수 파이프를 설비하고, 하단에 집수통을 붙여 환수관에 연결한다.

습식 환수관은 환수관 말단의 수면이 보일러 수면보다 응축수의 마찰 손실수만이 높아지므로 증기 메인 파이프는 환수관의 수면보다 400 mm 이상 높게 하고, 이것이 불가능한 때에는 응축수 펌프를 설비하여 보일러에 급수한다.

(3) 진공 환수식

진공 환수식에서는 환수관은 건식 환수관을 사용하고, 이것에 준하여 시공한다. 증기 메인 파이프는 흐름 방향으로 $\frac{1}{200} \sim \frac{1}{300}$의 선단 하향 구배를 만들고, 도중에서 상향부를 필요로 할 때에는 트랩 장치를 한다.

방열기 브랜치 파이프 등에서 선단에 트랩 장치를 가지고 있지 않은 경우에는 $\frac{1}{50} \sim \frac{1}{100}$의 역구배(逆句配)를 만들고, 응축수를 증기 메인 파이프로 역류시킨다.

이 경우의 브랜치 파이프는 순구배(順句配)를 만들고, 환수관에 상향부를 필요로 할 때에는 리프트 피팅(lift fitting)을 사용하여 응축수를 위쪽으로 배출할 수 있다.

리프트 피팅은 사용 개소를 가급적 적게 하고, 이것을 사용할 때에는 급수 펌프 가까이에서 1개소만 설비하도록 배관한다.

2-2 배관 시공법

(1) 매설 배관

냉・난방용 배관은 복사 난방 코일을 제외하고 매설 배관되는 경우는 거의 없다.

방열기 브랜치 파이프 등 부득이 매설 배관을 할 때에는 배관으로부터의 열손실과 파이프의 신축에 주의한다. 신더 콘크리트(cinder concrete)는 수분을 함유하면 강관을 부식시키므로 이와 같은 곳에는 가급적 배관을 피하고, 부득이하게 배관할 때에는 표면에 내산 도료(耐酸塗料)를 바르거나 연관(납관) 슬리브를 사용하는 경우도 있다.

(2) 벽, 바닥 등의 관통

벽, 바닥, 천장 등을 관통하는 경우 아스팔트 방수한 부분에 온도가 높은 파이프를 배관할 때에는 특히 주의하고 파이프와 파이프의 간격 및 파이프와 벽과의 간격도 와셔(washer) 장치, 보온 비폭 등에 지장을 주지 않도록 적당한 거리를 두고 배관한다.

(3) 암거 내의 배관

암거 내에 배관할 때에는 밸브, 트랩 등은 가급적 맨홀 부근에 집합시켜 놓는다. 암거 내는 습기가 많으므로 파이프의 부식에 주의하고, 나관(bare pipe)인 경우는 표면에 콜타르(coaltar)를 바르고, 보온 피복하였을 때에는 그 위에 아스팔트 테이프를 감아둔다.

(4) 편심 조인트

증기의 크로스 파이프에서 구경이 다른 파이프를 접속할 때에는 편심 조인트를 사용하고, 파이프의 하부면을 가지런히 하여 응축수가 체류하지 않도록 한다.

환수관의 경우 편심 조인트를 사용할 필요가 없다.

(5) 브랜치 파이프의 접합

증기 주관에 브랜치 파이프를 접합할 때에는 원칙적으로 45° 이상의 각도로 설치한다. 다만, 상향 파이프의 하부에 트랩 장치를 할 때에는 그림 (c)와 같이 메인 파이프의 하측으로부터 접합하는 경우도 있다.

메인 파이프로부터 하향 공급 파이프를 위로 취한 때에는 그림 (d)와 같이 브랜치 파이프에 선단 하향 구배를 만들고, 상향 공급 파이프를 위로 취한 때에는 그림 (e)와 같이 선단 하향 구배를 만들어 배관한다.

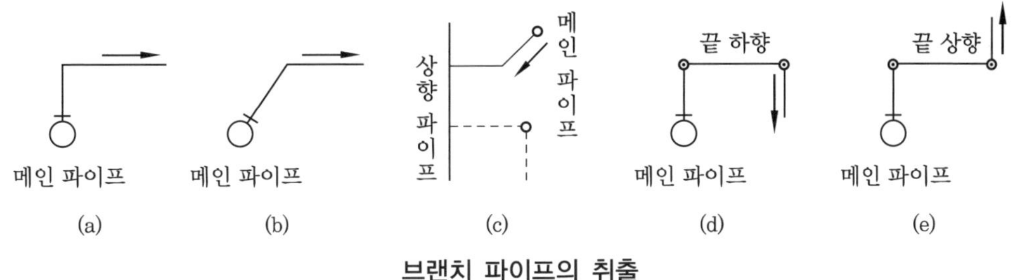

브랜치 파이프의 취출

(6) 리프트 조인트

리프트 조인트(lift joint)에는 주철제의 것과 조인트류를 조합한 것이 있다. 조인트의 하부에 응축수가 고이면 조인트 전후에 압력차를 일으키고, 응축수가 위로 밀려 올라간다. 리프트 파이프는 일반적으로 크로스 파이프보다 구경을 1~2사이즈 적게 하고, 리프트 높이는 1.5 m 이하로 하고, 리프트 높이가 이 이상 필요한 때에는 리프트 조인트를 필요한 단수(段數)만큼 조합하여 사용한다.

(7) 빔 분기와 도어의 교차

환수관이 빔 분기(beam fork)와 도어가 교차할 때에는 위를 루프 모양으로 하여 공기를 통과시키고, 하부로 응축수가 흘러내리도록 한다(h는 25 mm 이상).

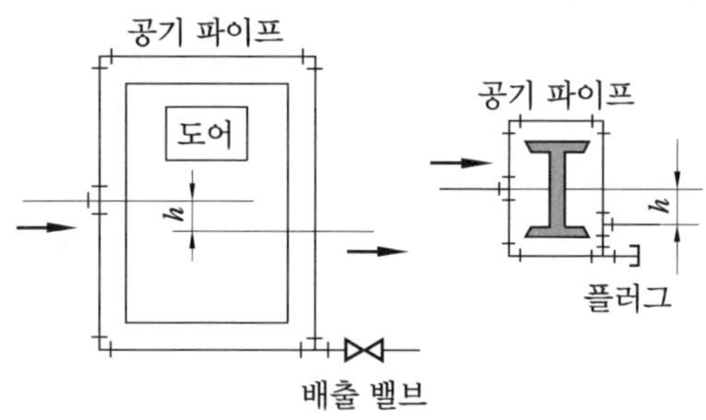

빔 분기와 도어의 교차

2-3 기기의 주변 배관

(1) 트랩 장치의 배관

트랩 장치의 배관은 그림 (a)와 같이 증기 파이프의 맨끝을 같은 지름으로 100 mm 이상 세워 내리고, 다시 하부를 연장하여 50 mm 이상의 드레인 포켓(drain pocket)을 설치한다.

고온의 응축수가 트랩을 통과하여 환수관에 들어가면 압력 강하 때문에 파이프 내에서 재증발하여 트랩의 기능을 해칠 염려가 있으므로, 이것을 방지하기 위하여 트랩 전에 1.5 m 이상의 냉각 래크를 설비하며, 관 지름은 증기 주관보다 한 치수 작게 하여야 한다.

냉각 래크를 직관으로 배관할 수 없을 때에는 코일 모양으로 배관하여도 무방하다.

고압 증기난방에서 환수관이 트랩 장치보다 높은 곳에 배관되어 있을 때에는 그림 (b)와 같이 버킷 트랩을 설치하여 환수관에 접속한다. 버킷 트랩이 응축수를 리프팅하는 높이는 증기 파이프와 환수관의 압력차 98 kPa에 대하여 5 m 이하로 한다.

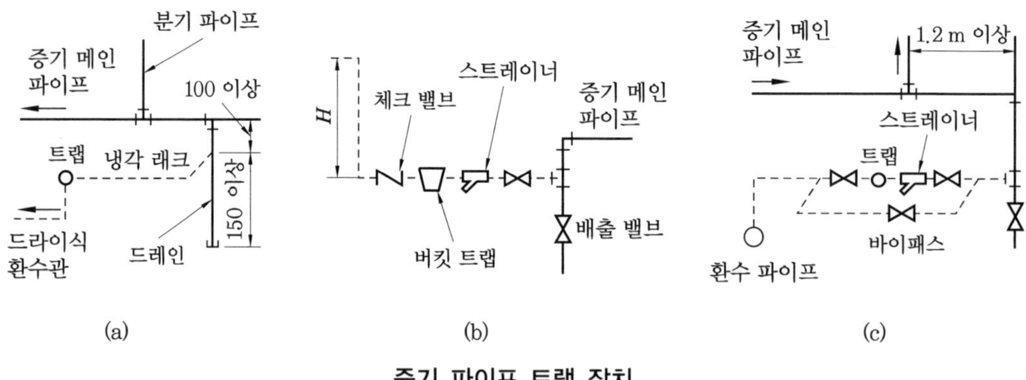

증기 파이프 트랩 장치

버킷 트랩은 동작이 간헐적이므로 수직 파이프 속의 트랩에 역류하는 것을 방지하기 위해 트랩 출구측에 체크 밸브를 설치한다.

(2) 보일러의 주변 배관

환수 메인 파이프를 보일러에 연결하려면 증기 헤더(header)와 환수 헤더 사이에 균형 파이프를 설치하고, 환수 메인 파이프는 보일러의 안전 저수위면 이상의 곳까지 올려 세운다.

일반적으로 보일러 기준 수면보다 50 mm 아래에 연결한다. 균형 파이프는 환수관이 고장난 경우 보일러의 물이 유출하는 것을 방지하기 위해 배관한다. 이와 같은 배관 방법을 하드포드 연결법이라고 한다.

보일러로부터의 배수는 반드시 탱크에 받아 간접 배관하고 일반 배수 파이프에 직결해서는 안 된다. 진공 펌프나 응축수 펌프에는 반드시 배기 파이프를 설치하지만, 배기 파이프의 하부로부터 배수 파이프를 취출하여 배기 중의 드레인을 배출한다.

이 경우도 보일러와 마찬가지로 간접 배관하고, 일반 배수 파이프에 직결해서는 안 된다.

(3) 방열기의 주변 배관

방열기 브랜치 파이프는 2개 이상의 엘보를 조합하여 배관하여야 파이프의 신축을 흡수할 수 있다. 방열기 브랜치 파이프는 증기 파이프에서는 역구배(선단 상향), 환수 파이프에서는 순구배(선단 하향)로 배관한다. 벽면에서 50~60 mm 떨어지게 설치하고 베이스보드 히터는 바닥면에서 최대 90 mm 정도의 높이로 설치한다.

증기 브랜치 파이프가 역구배될 때는 방열기 상향 파이프를 제외하고는 방열기 밸브의 구경보다 한 단계 큰 지름의 파이프를 선정한다.

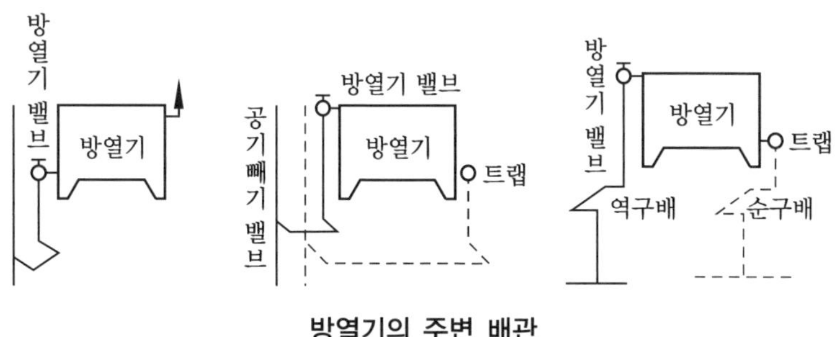

방열기의 주변 배관

(4) 감압 밸브의 주변 배관

감압 밸브의 파일럿 파이프는 저압측의 압력을 감압 밸브에 전달하기 위하여 설치하고, 증기의 흐름이 안정된 곳으로 취출한다. 일반적으로 감압 밸브로부터 3 m 이상 떨어지게 하고 바이패스를 설치할 때에는 고압 측 파이프 지름의 $\frac{1}{2}$로 한다.

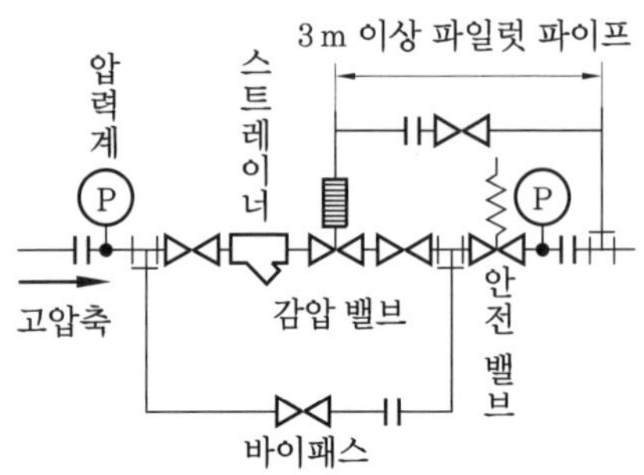

감압 밸브의 주변 배관

(5) 증발 탱크의 주변 배관

고압 증기의 환수관을 그대로 저압 증기의 환수관에 접속하면 파이프 내의 압력이 급속히 떨어지므로 고온, 고압의 응축수 일부가 증발한다. 이와 같은 경우 배관 도중에 증발 탱크를 설치하고, 환수 파이프 내에서의 증발을 방지함과 동시에 발생한 저압 증기를 유효하게 이용한다.

증발 탱크의 크기는 통과하는 응축수의 양에 따라 다르지만, 일반적으로 지름 100~300 mm, 길이 900~1800 mm 정도의 것이 많다.

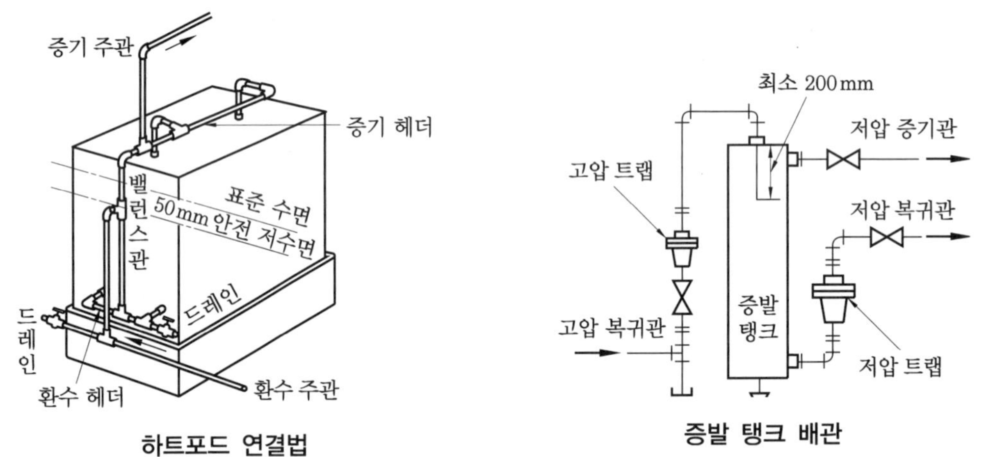

하트포드 연결법 **증발 탱크 배관**

(6) 파이프의 고정

파이프를 고정할 때에는 신축 조인트의 유무에 따라 고정 개소를 결정한다. 고정점의 중간에 신축 조인트가 있는 경우에는 파이프 조인트 가까운 곳에서 고정하고, 신축 조인트가 없을 때에는 파이프 조인트로부터 떨어져 고정시킨다.

크로스 파이프의 지지 간격은 급수 배관에 준하여 시공하고, 증기 파이프나 환수 파이프를 밑에서 지지할 때 50A 이상의 파이프는 롤러 메탈을 사용한다. 상향 파이프는 각 층에서 1개소, 파이프의 신축을 방해하지 않도록 센터 레스트(center rest)를 설치하여 둔다.

제4장 소화 및 공기조화 설비 시공법

1. 소화 설비 시공법

1-1 옥내 소화전 설비

소화 설비는 소방법에 따라서 설계·시공을 하여야 한다. 시공상 특히 주의하여야 할 점은 다음과 같다.

(1) 소화전 박스의 호스

소방용 호스에는 마(麻) 호스와 고무호스가 있으며, 일반적으로는 고무호스가 많이 사용되고 있다.

고무호스와 마 호스를 비교하면, 고무호스는 면 또는 합성섬유로 짠 호스 안쪽에 고무 또는 합성수지를 붙인 것이며, 누수가 없고 속이 매끈하여 유수의 마찰 손실이 적고 유속이 빨라 송수 효율이 좋고 건조도 빠르다. 그러나 마 호스에 비하여 부피가 크고 고무가 상했을 때 손쉽게 수리할 수 없는 결점이 있다.

(2) 소화 펌프

소화 펌프는 점검에 편리하고 화재 등으로 피해를 입지 않을 곳에 설치하며, 흡수관에는 다른 용도의 펌프를 연결해서는 안 된다.

소화 펌프의 동력은 전동기를 사용하되 정전이 될 때를 고려하여 예비 원동기를 준비한다. 원동기는 시동에 시간이 걸리므로 신속히 시동할 수 있도록 평소에 정비와 훈련을 잘해 둔다. 또한 펌프가 가동하고 있음을 명시하는 표시등도 설치한다.

소화 펌프의 전원은 펌프와 표시등의 전원으로서 다른 전기 회로와는 별도의 계통으로 하여, 일반 전기 회로가 절단되었을 때에도 소화 펌프의 가동과 표시등의 명시에 지장이 없도록 비상 전원 장치를 설치하거나 자가 발전 장치로 한다.

(3) 소화 배관 및 관조인트

소화 배관에 사용하는 관의 재질은 KS 규격의 배관용 탄소강관 또는 수도용 아연 도금 강관 등이며, 관조인트는 나사 이음형 가단 주철제로서 980 kPa 이상의 최고 사용 압력에 견디는 것을 사용한다.

소방용 송수관의 송수구는 소방 펌프차가 쉽게 접근하여 가동할 수 있도록 폭 3 m 이상의 통로에 면하고 지상에서 0.5~1 m의 높이에 설치하며, 소방차가 쉽게 발견할 수 있도록 일정한 표지를 하여야 한다.

방수구는 소방대 전용 방수구여야 하며, 설치 위치는 바닥에서 0.5~1 m 이하의 높이로 하고 송수구와 같이 찾기 쉽도록 표지를 하여야 한다.

1-2 스프링클러 시공

스프링클러(sprinkler)는 화재가 발생하였을 때 자동으로 물을 내뿜는 동시에 경보 신호를 울려 진화 목적을 달성할 수 있도록 시공되어야 한다.

(1) 습식 및 건식 장치

습식 장치는 관 속의 물이 헤드까지 차 있어야 하며, 화재 시 스프링클러 헤드가 개방되면 자동으로 물을 분출하여야 하며 경보 밸브가 작동하여 경보가 울리도록 시공되어야 한다.

건식 장치는 급수관에 압축 공기를 넣기 위한 에어 밸브를 급수 본관에 접속하여 스프링클러 헤드가 개방되면 자동으로 압축 공기와 물이 방출되도록 한다. 이때 관 속의 압축 공기 압력이 수압의 $\frac{1}{8}$ 이하로 낮아지면 자동으로 물이 헤드에 급수되어 물을 분출하도록 급수 밸브를 시공한다. 추운 겨울에 배관이 동파될 염려가 있는 곳에 적합하다.

스프링클러를 설치할 때 메인 급수 밸브와 공기 밸브 1개조에 설치하는 헤드의 수는 700개를 초과하여서는 안 된다.

(2) 프리액션 장치 및 헤드

프리액션 장치(前驅動裝置)는 배관 속에 대기 또는 압축 공기를 넣어 프리액션(preaction) 밸브를 통해 급수 본관에 접속하고, 헤드에는 감도가 높은 감열 장치를 설치한다. 화재가 발생하면 감열 장치가 작동하여 자동으로 밸브를 열어 주관(main pipe)으로 송수되게 시공한다. 기계적 손상으로 인하여 급수관이 파열될 염려가 많은 곳에 사용한다.

헤드가 개방되는 표준 온도는 가용 밸브에 따라 저온도 65~75℃, 중간 온도 80~100℃, 고온도 121~180℃ 3종류가 있으므로, 대상물에 따라 선정하여 시공한다.

스프링클러 헤드는 천장 또는 처마에 설치하되, 간격은 설치 대상물에 따라 다르다. 극장, 영화관, 관람장, 다중집합장소 등에는 수평거리 1.7 m 이내, 백화점, 카바레, 나이트클럽, 음식점, 여관, 호텔, 병원, 양로 시설 등에는 수평거리 2.1 m마다 1개의 헤드를 설치한다.

1-3 드렌처 시공

드렌처(fire drencher)는 내화 구조물이 아닌 건물에 스프링클러가 설치되어 있으나 10 m 이내에 스프링클러가 없는 인접 건물이 있을 때 그쪽에 접해 있는 외벽 또는 창문에 설치한다. 또 드렌처는 유하(流下) 수량에 한계가 있으므로 헤드를 적절한 간격으로 설치하고 항상 충분한 수원을 확보하여 가능한 한 적은 양의 물로 효과적인 수막을 형성할 수 있도록 시공한다.

(1) 배관

소화 배관 속에는 조작 밸브까지 항상 물이 가득 차 있게 하고, 밸브를 열면 곧 물이 드렌처에서 방수될 수 있도록 시공한다. 또한 조작 밸브에서 드렌처 헤드까지의 물이 완전히 배수되도록 분기관을 다소 경사지게 배관하고 최하부에 드레인 밸브를 설치한다. 1개의 수직관에서 분기된 분기관에는 6개 이하의 헤드를 설치하며, 한 구획의 조작 밸브에 설치하는 헤드의 총수는 72개 이하가 적당하다.

수원(水源)은 상수도와 저수조를 이용하지만, 전용 탱크와 전용 펌프를 설치하는 것이 일반적이다.

전용 펌프의 토출 수량은 일시에 방수하더라도 소정의 방수량을 방수할 수 있어야 하며, 분출 압력은 가장 낮은 것이 68.6 kPa 되도록 해야 한다.

펌프 수원의 용량은 적어도 20분간 지속 방수할 수 있는 용량이어야 하며, 드렌처는 소방관의 활동이 시작되기 전에 사용되므로 수원의 용량은 이에 필요한 수량보다 여유있게 확보해야 한다.

(2) 헤드의 방수량과 배치

헤드는 구경 $\frac{3}{8}''$(inch)가 일반적으로 많이 쓰이며, 각 구경에 대한 압력별 방수량은 다음 그림과 같다. 헤드의 설치 간격은 구경 $\frac{3}{8}''$(inch) 헤드인 경우 1.5~2.5 m가 적당하며, 창문용일 때는 창틀 중앙에 1개를 설치한다.

고층 건물인 경우에는 헤드의 배열이 상하로 겹치게 되므로 상부 헤드에서 흐르는 수량을 고려하여 하부 헤드는 상부 헤드보다 구경이 작은 것을 사용한다.

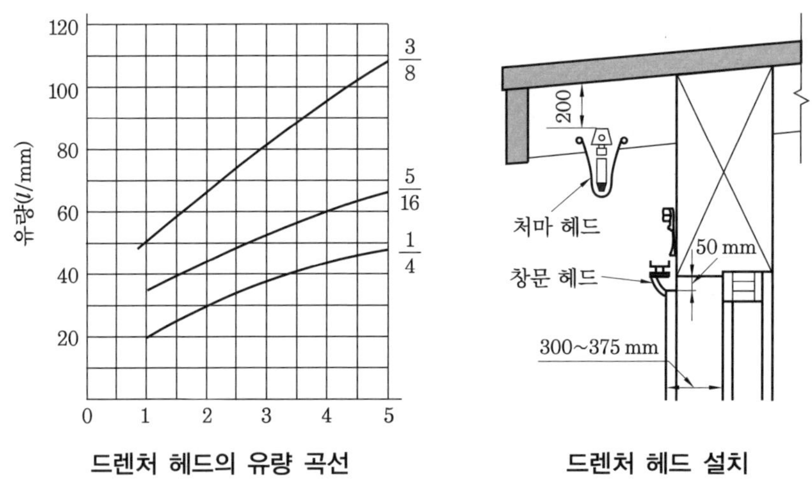

드렌처 헤드의 유량 곡선　　드렌처 헤드 설치

2. 공기 조화 설비 시공법

공기 조화 장치에는 냉수, 온수, 증기, 냉매, 냉각수 배관 등 여러 가지 배관 설비가 있으나 냉·온수 배관과 증기 배관은 각각 온수난방, 증기난방의 배관에 준하여 시공한다.

2-1 냉·온수 배관

냉·온수 배관은 2관 강제 순환식 온수난방에 준하여 시공하고, 배관의 구배는 자유롭게 하되 에어 포켓이 생기지 않도록 하며, 에어 포켓이 생기는 곳에는 반드시 공기빼기 밸브를 장치한다. 배관이 벽이나 천장을 관통할 때에는 특별히 관통 부분의 보온에 유의한다.

2-2 냉매 배관

냉동 장치는 냉매 배관이 잘되고 못되고에 따라 그 기능이 크게 좌우되므로, 냉매 배관을 할 때에는 각별히 주의를 기울여야 한다.

(1) 배관 시 주의 사항

배관은 가능한 한 꺾이는 곳을 적게 하고, 꺾이는 곳은 곡률 반지름을 크게 한다. 관통 부분 이외에는 매설하지 않으며, 부득이 매설 배관을 해야 할 경우에는 강관으로 보호한다. 구조물을 관통할 때에는 견고한 보호 장치로 관을 보호함과 동시에 방열, 방습을 위해 관을 피복한다.

배관에 큰 응력이 발생할 염려가 있는 곳에는 냉매의 흐름 방향으로 수평이 되도록 루프 배관을 한다. 또한 배관 속에 오일이 고이지 않도록 하여야 하며, 불필요한 오일 트랩, 엔드 파이프 등을 설치하지 않도록 한다.

(2) 흡입관의 배관

증발기 출구에서 압축기 입구까지의 냉매 흡입관을 배관할 때에는 냉매 가스의 공급 속도에 주의하여 배관을 하여야 한다.

흡입관은 냉매 가스를 압축기에 보내는 것 외에 냉매 가스의 속도에 따라 증발기 속에 있는 윤활유를 압축기에 복귀시키는 역할을 하므로, 오일을 순조롭게 순환시키려면 수평관의 가스 속도를 3.75 m/s, 수직관의 가스 속도를 7.5 m/s 이상으로 하여야 한다. 또 적당량의 오일을 항상 일정하게 압축기로 복귀시키려면 증발기와 압축기 사이에 오일 트랩을 장치해야 한다. 이때 트랩이 크면 고이는 오일이 많아 압축기에 많은 오일이 일시에 흘러들어 오일 해머를 일으키는 원인이 된다.

증발기와 압축기가 같은 높이일 때는 그림의 (a)와 같이 흡입관을 수직으로 세운 다음 압축기를 향해 선단 하향 구배로 배관한다.

증발기가 압축기보다 위에 있을 때는 그림의 (b)와 같이 흡입관을 증발기 윗면까지 끌어올려 압축기에 접속한다. 이것은 냉동 장치의 가동이 정지되어 있을 때 증발기 속의 냉매액이 압축기로 흘러내려 가는 것을 방지하기 위해서이다.

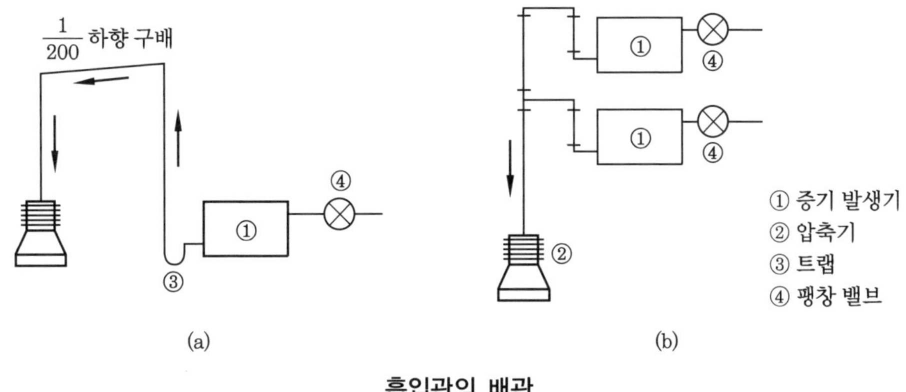

흡입관의 배관

증발기와 이어진 흡입관을 흡입 주관에 연결할 때에는 흡입 주관 속에 오일이나 냉매액이 증발기에 역류하지 않도록 반드시 흡입 주관 윗쪽에 접속한다.

(3) 토출관의 배관

압축기에서 응축기까지 연결하는 토출관(吐出管)은 양쪽이 같은 높이이거나 응축기 쪽이 낮을 때에는 그 속의 오일이 중력에 의해 자동으로 그림 (a)와 같이 응축기 쪽으로 흐른다.

그러나 오일이 흐르지 않는 경우는 가스 속도를 빠르게 하여 인위적으로 응축기로 흐르게 한다. 응축기가 압축기보다 높은 곳에 있을 때 그 높이가 2.5 m 이하이면 그림의 (b)와 같이 배관하고, 2.5~4 m에서는 그림 (c)와 같이 수평관과 수직관 사이에 트랩장치를 하고, 수평관은 선단 하향 구배로 배관한다.

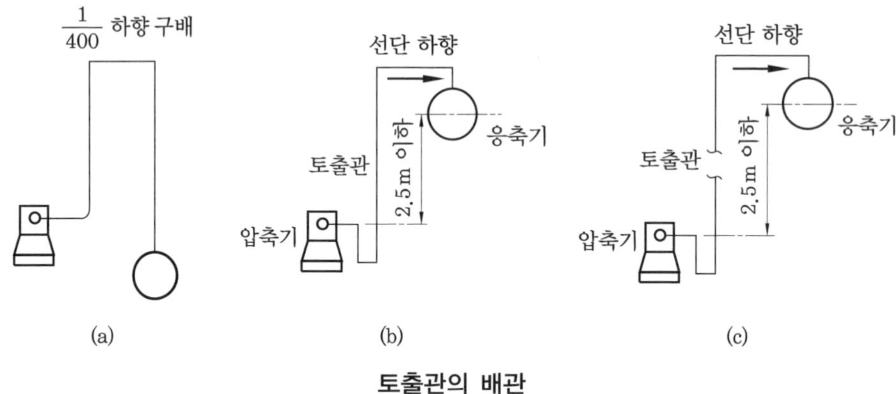

토출관의 배관

오일 분리기(oil separator)를 설치할 때는 분리기의 오일 리턴 파이프를 크랭크 케이스의 오일면보다 높은 곳에 접속한다.

(4) 액관의 배관

응축기에서 증발기까지의 사이를 연결하는 액관(液管)은 증발기가 응축기보다 아래에 있을 때에는 압축기의 가동이 정지되었을 때 냉매액이 증발기로 흘러내리는 것을 방지하기 위하여 2 m 이상의 역루프 배관을 한다. 다만, 증발기 입구에 전자 밸브가 장치되어 있을 때에는 루프 배관을 할 필요가 없다.

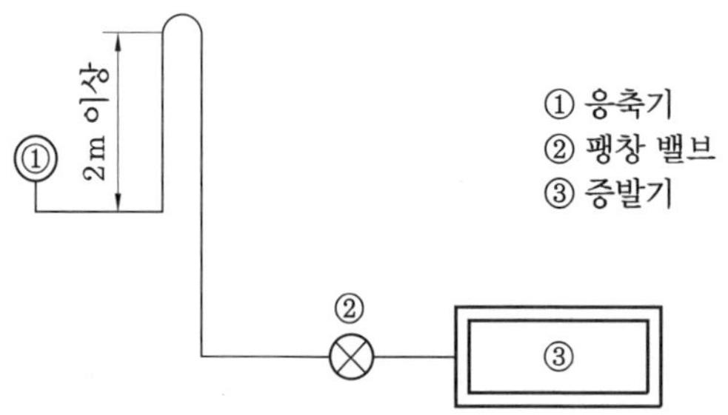

증발기가 응축기보다 밑에 있는 경우

2-3 기구 설치 배관

(1) 팽창 밸브의 설치

열동식 팽창 밸브는 감온통(感溫筒)을 바르게 장치하지 않으면 액체 해머를 일으켜 고장의 원인이 된다.

감온통을 수평 흡입관에 설치할 경우, 관의 지름이 25 mm 이상이면 아래쪽 방향으로 45° 경사지게 설치하고, 지름이 25 mm 미만이면 흡입관 바로 위에 설치한다. 또 팽창 밸브를 설치할 때는 모세관(capillary tube)이 위로 향하게 하여 수직으로 설치한다.

(2) 외부 균압관의 설치

외부 균압관은 감온통 근처에 접속한다. 감온통과 균압관은 그림의 (a)와 같이 오일이나 냉매액의 흐름에 영향을 주지 않는 위치에 설치하며, 오일 트랩이 없을 때 그림의 (b)와 같이 수평관에 설치하는 것은 위험하다. 2개 이상의 증발기를 사용할 때는 (c)와 같이 접속한다.

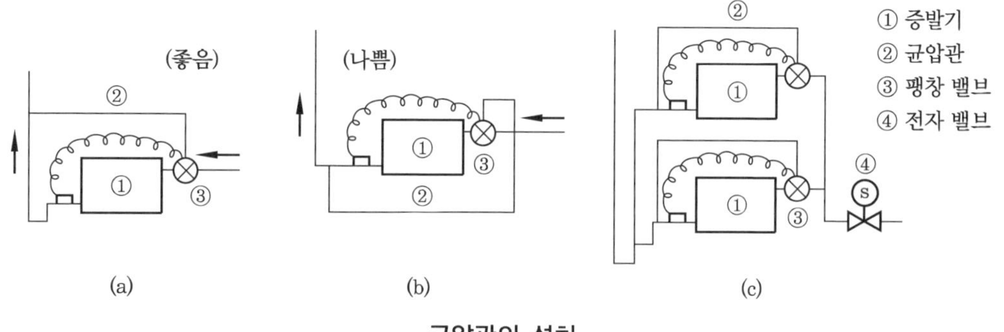

균압관의 설치

(3) 플렉시블 조인트의 설치

플렉시블 조인트는 가급적 압축기 근처에 설치하고 압축기의 진동 방향에 대하여 직각으로 설치한다. 일반적으로 플렉시블 조인트는 수직으로 설치하거나 압축기의 축 방향과 평행하게 설치한다.

플렉시블 조인트는 압축기가 가동할 때 무리한 힘이 가해지지 않도록 주의하는 한편, 기계·구조물 등과 접촉하지 않도록 적당히 간격을 띄워 배관한다.

(4) 서포트(support) 설치

냉매 배관에서 동관의 수평관 최대 지지 간격은 다음 표와 같으며, 상향 수직관의 연결점 가까운 곳을 고정한다.

동 파이프의 지지 간격

호칭 지름	지지 간격
¾ 이하	1.0 m
1~1½	1.5 m
2	2.0 m
2½~3	2.5 m
3½ 이상	3.0 m

(5) 냉수 코일의 주변 배관

냉수 코일은 그림과 같이 일반적으로 공기의 흐름이 수평으로 되도록 설치하고, 또 공기의 흐름 방향과 코일 속 냉수의 흐름 방향과는 반대가 되도록 접속한다.

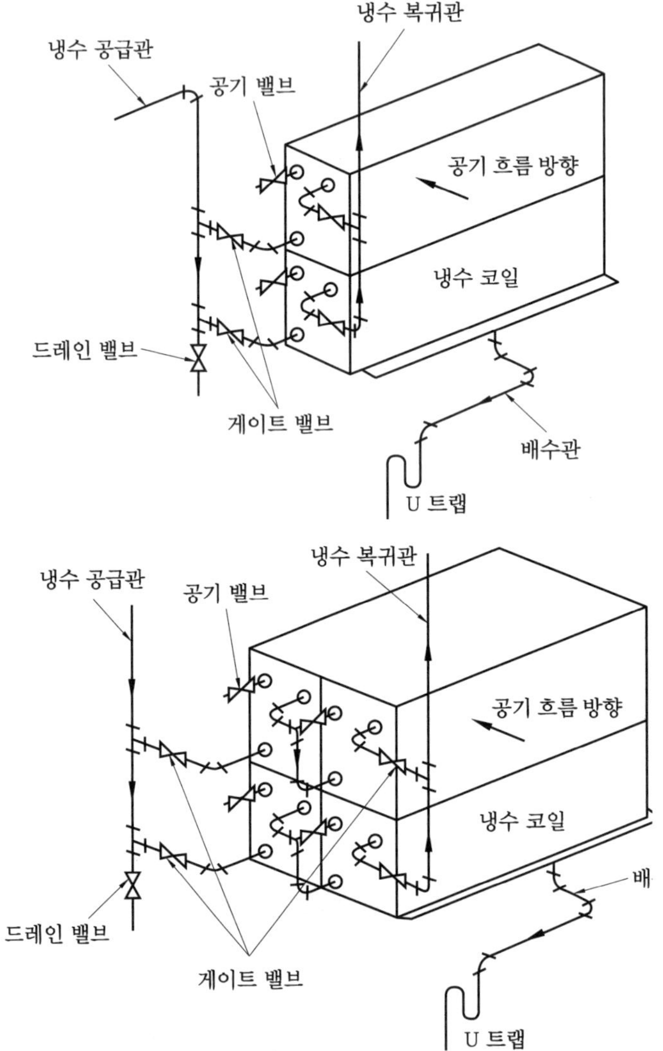

냉수 코일의 주변 배관

코일 1대마다 공기 밸브를 설치하며, 코일 및 배관 속의 물을 완전히 빼기 위해 드레인 밸브를 설치한다. 코일 하부에는 코일 표면에서 응축된 물방울을 배출하기 위해 배수관을 설치하거나 배수관 끝에 수봉식 U트랩을 설치한다. 트랩의 봉수 깊이는 송풍기의 정압에 해당하는 깊이보다 50 mm 이상 깊게 하여 설치해야 한다.

(6) 압력계 및 온도계 부착

배관 중에 압력계나 온도계 등의 계기류를 부착할 때는 목적하는 바를 정확히 계측할 수 있는 위치에 부착한다. 공기 세정기 주위에 압력계를 부착하는 것은 스프레이 노즐의 분사 압력을 측정하여 분무 수량을 알기 위한 것이다.

펌프를 통과하는 물의 온도를 측정하기 위해 온도계를 부착하며, 정확한 온도를 측정하기 위해 소요의 장소에 온도계를 설치한다.

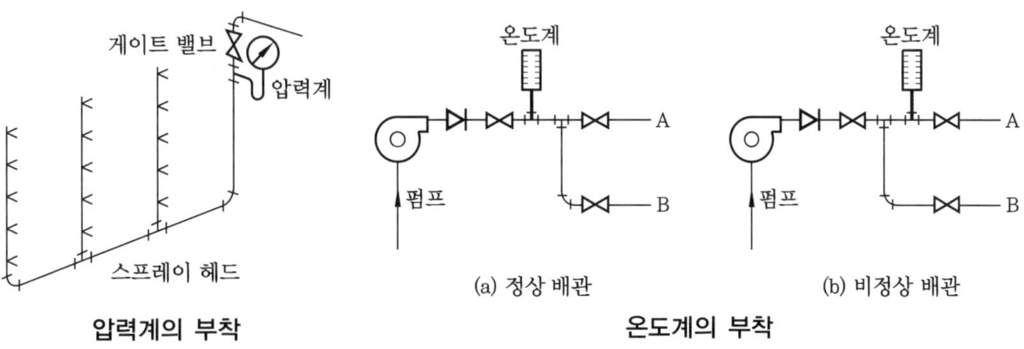

압력계의 부착　　온도계의 부착

2-4 덕트의 설치 시공

(1) 덕트 공법

덕트(duct) 시공은 아연 철판을 구부려서 가장자리 부분에서 '로크' 고정으로 하면 덕트의 모양이 된다.

덕트 이음의 형식은 그림과 같이 여러 종류가 있으며, 사각 덕트의 네 모서리부는 종래는 각 글루브 심(grooved seam)이 쓰였지만 최근에는 거의 피츠버그 로크(pittsburgh lock)가 사용되고 있다.

덕트 이음 방법

또한 덕트의 접속 및 보강으로서는 사각 덕트인 경우 긴쪽 방향으로 접속하는 경우의 접속 방법으로 플랜지 이음 등이 사용되며, 접속에 보강을 겸하는 수직 심 등도 사용된다.

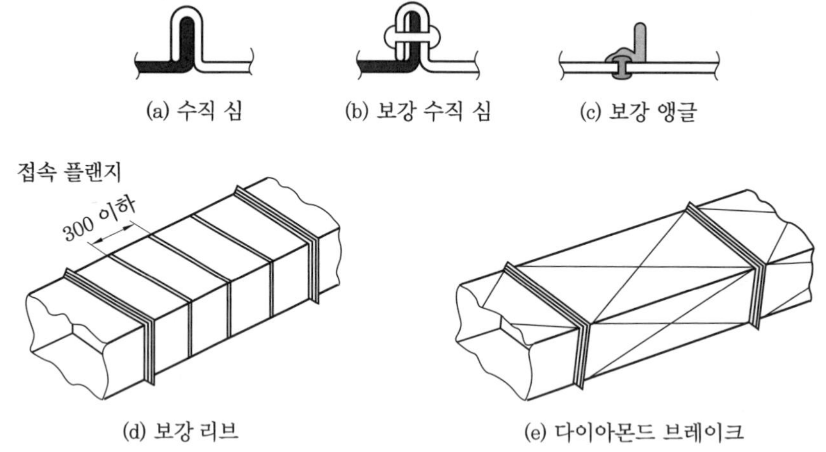

덕트의 보강

원형 덕트의 접속은 플랜지 이음 또는 삽입 이음으로 한다.

덕트의 플랜지 접속부에는 두께 3 mm의 석면판이나 석면 테이프 또는 내구성이 있는 양질의 고무나 불건성 합성수지 패킹을 사용한다.

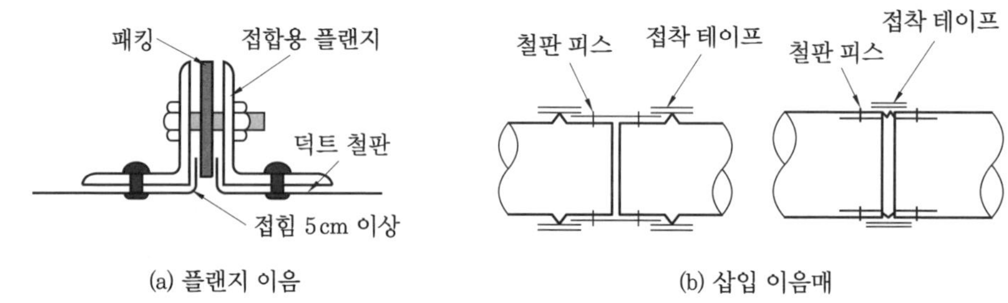

원형 덕트 접속

최근에는 덕트의 접속을 SMACNA 공법(미국 덕트 및 공기조화 기술(인)협회)에 의하여 철판을 구부려 만든 이음을 기계 가공하여 중량, 재료비, 제작 시간을 절약하고 있다.

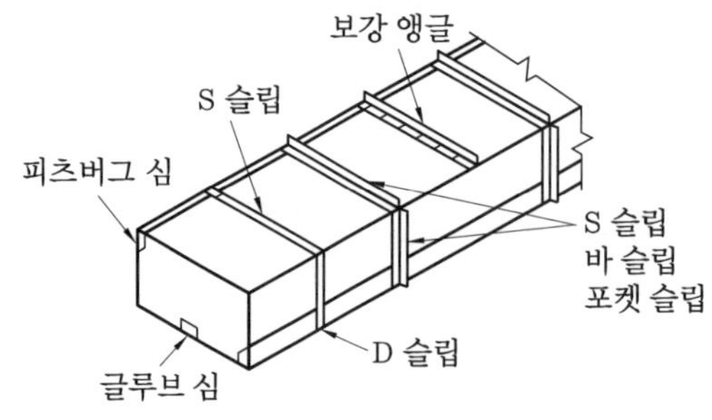

SMACNA 공법 덕트

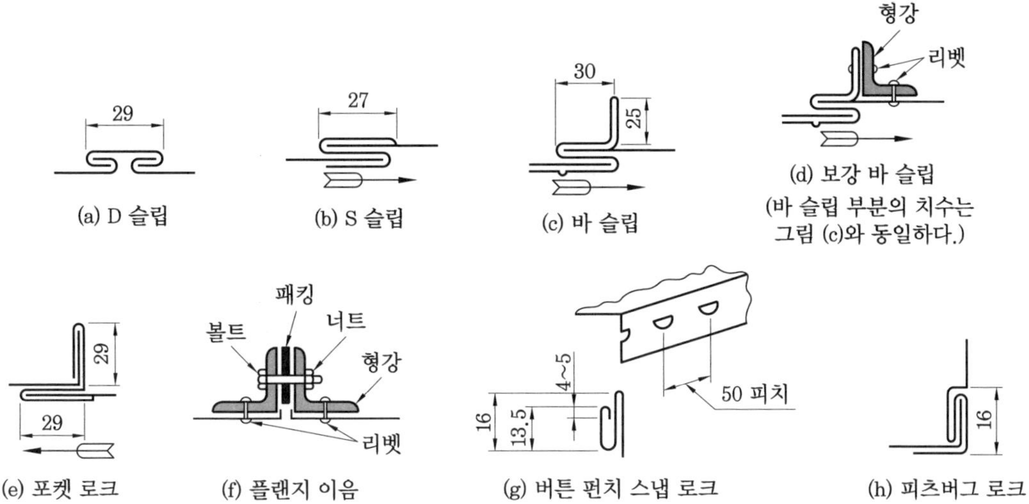

주 1. 상기 치수는 개략 치수이다(단위 : mm).
2. 포켓 로크, 바 슬립은 이 치수 외에 높이 38 mm의 것도 쓴다.
3. 화살표는 기류 방향을 표시한다.

SMACNA 공법에 의한 덕트의 이음매와 접속부

(2) 덕트의 곡률 반지름

덕트 곡관부의 내측 반지름은 덕트 폭 이상으로 하며, 부득이할 때는 폭의 $\frac{1}{2}$까지로 한다. 원형 덕트일 때는 그 반지름 이상으로 한다.

또한 곡률 반지름이 이것보다 작은 경우 또는 직각으로 구부러질 때는 곡관부에 안내깃(guide vane)을 설치하며, 기류가 기울지 않게 한다.

(3) 덕트의 확대 및 축소

배관 도중에 단면을 바꿀 때 갑자기 바꾸어서는 안 되며, 경사를 두어 점차적으로 확대 및 축소한다. 변형 각도는 작을수록 좋으며, 경사도는 확대부에서 15° 이하, 축소부에서 30° 이하가 되도록 제작한다.

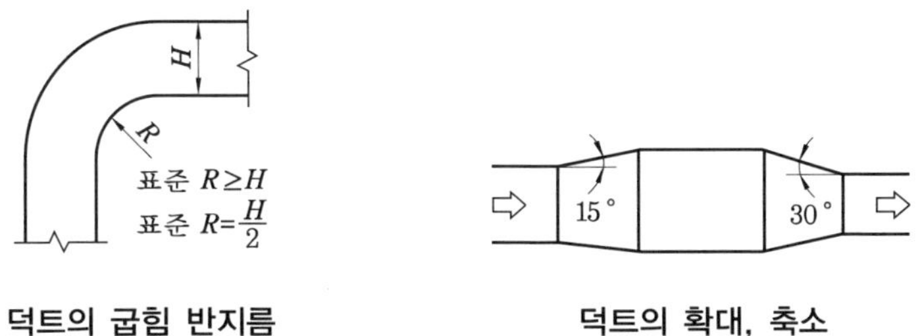

덕트의 굽힘 반지름　　**덕트의 확대, 축소**

(4) 덕트의 분기

덕트를 분기할 때는 그 부분의 기류가 흩어지지 않도록 주의해야 하며, 원칙적으로 덕트의 곡관부 가까이에서 분기하는 것은 피해야 한다. 덕트를 분기하는 방법으로는 벤드형, 직각 취출형, T형 등이 있다. 또한 곡관부 가까이에서 분기해야 할 경우에는 되도록 길게 직선 배관하여 분기하는데, 그 거리는 덕트 폭의 6배 이하일 때는 그림과 같이 굽힘부에 '안내 깃(guide vane)'을 설치하여 흐름이 원활해지도록 분기한다.

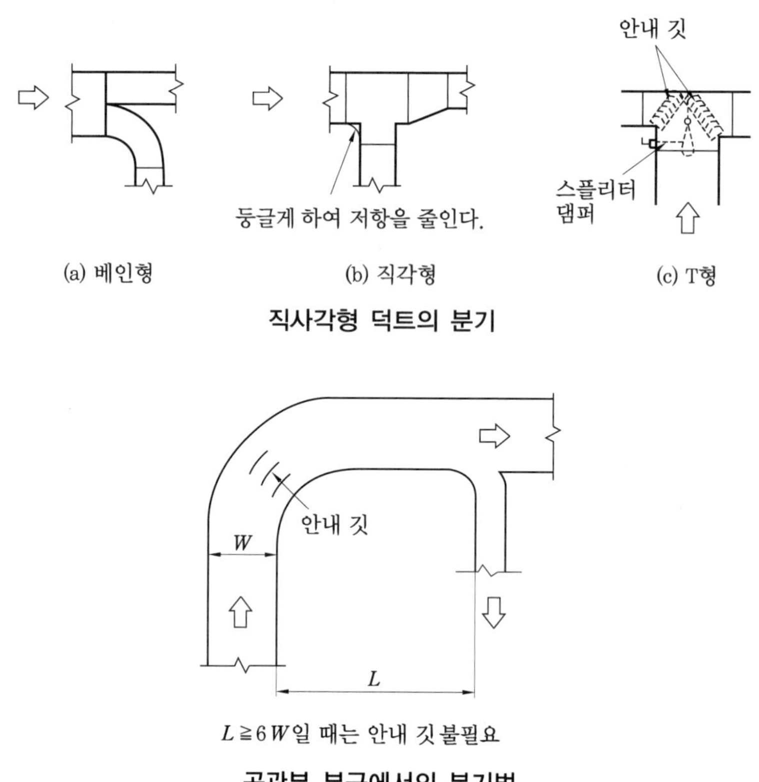

직사각형 덕트의 분기

곡관부 부근에서의 분기법

한편 원형 덕트에서는 Y형 이음을 하거나 직각 분기인 경우에는 분기부를 원추형 T로 제작하여 분류 저항을 작게 해야 한다.

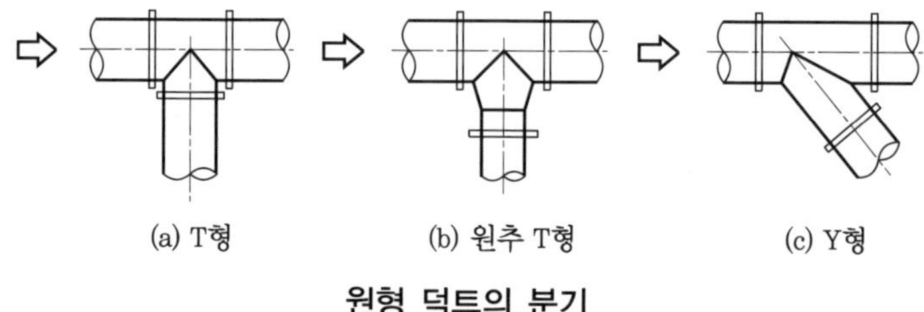

원형 덕트의 분기

(5) 송풍기와 덕트의 접속

송풍기(fan)의 성능은 공장에서 이상적인 상태로 운전 측정되어 결정하는데, 현장에서 설치하여 덕트를 접속하면 이상적인 상태를 기대할 수 없으며, 송풍기 성능의 저하를 초래하는 경우가 많다.

현장에서 덕트 접속할 때는 다음과 같은 사항에 주의를 하여야 한다.

① 송풍기의 흡입구, 토출구에 대한 덕트의 접속은 흐름의 편향, 급격한 방향 전환, 확대, 축소 등이 일어나지 않도록 한다.

② 송풍기의 토출측 덕트는 그림 (a)와 같이 토출구 입구에는 경사를 두어 접속한다.

③ 토출 및 흡입 덕트를 송풍기에서 바로 구부릴 경우 그림 (b)와 같이 송풍기 날개 지름의 1.5배 이상 직선 덕트를 만들고 그곳에서 굽힘을 하는 것이 좋다.

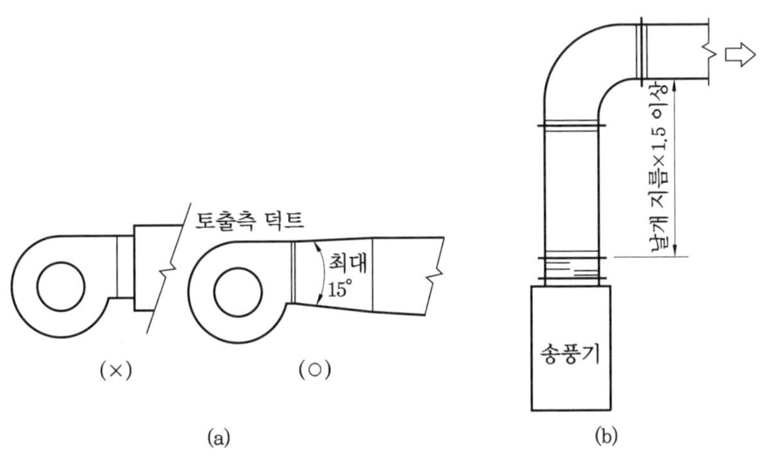

송풍기의 토출 덕트

④ 흡입구의 접속은 가능한 한 큰 치수로 하고 벽이나 장애물이 흡입구 부근에 있을 때는 그곳과 거리를 멀리 잡아야 한다. 송풍기의 축 방향에 직각으로 접속되는 덕트의 폭은 흡입 구경의 1.25배 이상으로 하고 이것보다 적을 때는 '안내 깃'을 설치한다.

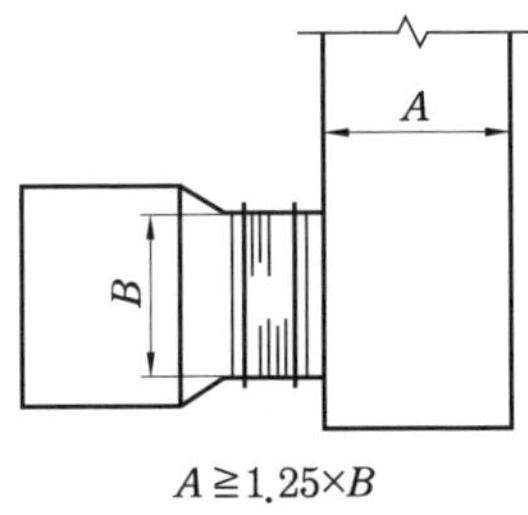

송풍기의 흡입 덕트

⑤ 송풍기와 덕트가 접속할 때 길이 150~300 mm 정도의 캔버스 이음(canvas connection)을 삽입한다. 이 캔버스 이음은 송풍기의 진동이 덕트에 전달되는 것을 방지하기 위해 송풍기의 토출측과 흡입측에 설치한다.

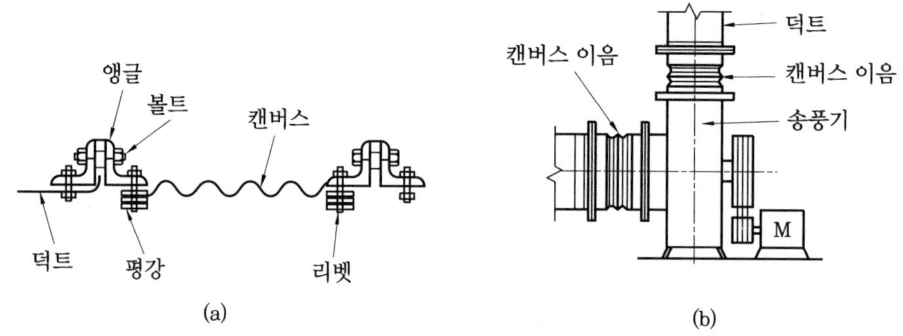

캔버스 이음

제5장 배관 보온 및 배관 시험

1. 배관 보온

배관의 보온(insulation), 보랭 공사에 대해서는 건설 시공법에서 세목을 규정하고 있으며, 각 계통별 배관의 보온, 외장 공사에 대해서도 별도로 상세한 규정이 있으므로 이에 준하여 시공한다.

1-1 급수 설비의 방로 보온

급수 배관에서는 다음의 구분에 따라 방로(防露 ; 결로 방지)보온을 한다.

구분	방로 보온
① 옥내 노출 배관 및 목조 벽 속의 배관	① 방로재 위에 원지 및 무명천을 감는다.
② 바닥 아래, 천장 속, 피트 속 및 파이프 샤프트 속의 배관	② 방로재 위에 타알 펠트 및 주트 아스팔트를 감는다.
③ 옥외 노출 배관 및 욕실, 주방 기타 습기가 많은 곳	③ ②의 방로 보온 위에 외면을 Al 함석 또는 칼라 함석으로 감는다.
④ 실내벽 콘크리트 속의 매설 배관	④ 주트 아스팔트를 감는다.

다음의 곳에는 방로 보온을 하지 않는다.

① 땅 속 및 콘크리트 바닥 속의 배관

② 급수 기구 부속품으로 간주되는 곳

③ 특히 필요가 인정되지 않는 곳

방로 보온재로서는 우모 펠트를 사용한다. 표면 및 관에 닿는 내면과 내부에 2단(두께 10 mm 이하는 1단)으로 아스팔트 루핑을 바르며, 원통을 반으로 자른 모양으로 성형한 것을 쓰고, 그 표준 두께는 다음 표와 같다.

방로 보온 표준 두께

구경	두께
15~20 25~40 50 이상	15 mm 20 mm 25 mm

[시공법]

① 방로재로 보온한 다음 아연 철선으로 단단히 동여매고, 그 위를 타알 펠트로 싸서 무명천 또는 주트 아스팔트를 적당한 너비로 잘라 한쪽 귀를 접어 넘기는 식으로 하고, 무명천일 때는 겹치는 너비를 15 mm로 하여 연속으로 감아 나간다.

② 옥외 노출 배관 및 욕실, 주방 기타 습기가 많은 곳의 배관은 주트 아스팔트로 감은 다음, 이음새를 토치램프로 완전히 가열하여 붙이고, 그 위를 Al 또는 칼라 함석으로 감는데, 이음새는 위로 하고 접어 맞추기로 이으며, 구부러진 곳은 새우꼴로 하여 싸고, 모두 납땜하여 물의 침입을 막는다.

1-2 급탕 설비의 보온

급탕 설비의 보온은 급수 설비에 준하여 시공한다. (단, 다음 사항은 제외한다.)

구분	보온
① 저탕조 및 hot water generator, boiler ② 목조벽 속의 배관, 실내 및 파이프 샤프트 내, 천장 내 배관 ③ 바닥 아래 및 피트 속의 배관, 콘크리트 속의 매설 배관 ④ 옥외 노출 배관 및 욕실 기타 습기가 많은 곳	① 규산칼슘 보온 위에 무명천을 감는다. 암면 보온통 위에 원지 및 무명천을 감는다. ② 암면 보온통 위에 타알 펠트 및 주트 아스팔트를 감는다. ③ ②항의 보온 공사를 한 다음 아연 철판을 감는다.

보온 두께는 다음의 것을 표준으로 한다.

① 저탕조 및 hot water generator, boiler는 암면(rock wool), 유리솜, 펄라이트, 규산칼슘 50 mm로 한다.

② 암면 또는 유리솜 보온통의 두께는 다음 표에 따른다.

급탕 배관의 보온

구경	보통	한랭지
40 이하 50~90 100~150 200 이상	20 mm 25 mm 30 mm 35 mm	25 mm 30 mm 35 mm 40 mm

[시공법]

규산칼슘은 물론 개서 25 mm 두께로 바르고, 건조 경화하면 메탈리스를 감고 규산칼슘을 소정 두께까지 바른 다음, 그 위에 아스페스트와 시멘트를 5 mm 두께로 발라 다듬고 무명천을 감는다.

1-3 보온재의 경제적 시공 방법

(1) 보온재의 선정

① **안전 사용 온도 범위** : 이는 사용 중 보온재가 변형, 변질되지 않고 소기의 목적대로 그 성능을 다할 수 있는 온도 범위를 말하며, 유의할 점은 보온 대상의 최고 온도를 사용중 통상 온도의 최고 온도로 생각하면 안 된다는 것이다. 즉, 대다수의 보온재는 비록 짧은 시간 동안 그의 최고 사용 온도보다 높은 온도를 경험할 경우에 본래의 기능을 다시 재현하지 못하는 경우가 많으므로 보온 대상물의 최고 온도가 예측되는 특수 조건하의 최고 온도치를 고려하여야 한다.

② **열 전도율** : 그 물질이 열을 어느 정도 전하는지를 나타내는 것이며, 즉 복사, 대류, 전도가 그것이다. 보온재는 일반적으로 열전도율이 큰 고체와 열전도율이 작은 공기의 혼합물이므로 밀도의 크고 작음에 따라 열전도율이 변하게 된다. 또 수분을 흡수하면 열전도율이 커진다.

구분	열전도율(kcal / m · h · ℃)
수증기 상태	0.0145
물(액체) 상태	0.5
얼음(고체) 상태	2.06
공기	0.02

㈜ 1 kcal = 4.186 kJ

③ **물리적 · 화학적 강도**

㈎ 물리적(기계적) 강도 : 진동, 압축, 충격, 풍우 등의 강도를 말한다. 따라서 압축 강도가 크다는 것은 재료의 보관, 수송, 가공 및 시공 등 여러 면에서 좋다.

㈏ 화학적 강도 : 보온 효과 외에 피보온물을 부식시키거나 또는 부식을 촉진시키는 다른 화학적 반응을 일으키지 말아야 한다.

④ **내용 연수** : 보온재는 정해진 기간 동안 그 기능을 정확히 유지해야 한다. 그렇지 못할 경우 경제적 부담을 가중시킨다. 따라서 보온재는 물론 시공 방법, 보온 두께, 사

용 조건 등도 생각하여야 한다.

⑤ **단위 체적당의 가격**: 보온 공사는 보온재, 부자재 및 시공으로 이루어지며, 이들이 균형을 이루어 하나의 단열재로 기능을 살리게 되는 것이다. 따라서 이들을 포함한 m^3 당의 가격을 비교하는 것이다.

⑥ **공사 현장에 대한 적응성**

㈎ 대기 조건: 부식성 요소의 유무, 기상 상황

㈏ 설비 조건: 설비나 배관의 진동, 설치 장소, 운전 상황, 보온재를 해체할 경우의 유무

㈐ 건설 기관과 시기: 설치 순서가 특별히 고려되는 공사

⑦ **불연성**: 보온재의 대부분은 불연성이지만 현재 국내에서는 저온용이나 특히 보랭재에 유기 합성물을 사용하고 있으며 대부분이 가연성이고, 발화 시 유독 가스가 발생하므로 취급에 신중을 기해야 한다.

⑧ **취급의 용이성**: 보온 공사에서 시공 품질은 시공 방법 외에 실제로 시공을 행하는 기능공의 기량에 따라서도 상당한 차이를 가져오게 된다. 따라서 취급이 용이하다는 것은 좋은 결과를 위해 큰 요소가 된다.

⑨ **밀도 및 pH도**: pH도는 보온 대상물인 금속의 부식과 직접적인 관계가 있다. 여기서, pH 7은 중성, pH 7 이상은 알칼리성, pH 7 이하는 산성이다.

(2) 보온재의 두께 산출

두 가지 요건이 있으며, 하나는 보온을 함으로써 플랜트의 운전 경비를 절감하는 경제성이고, 다른 하나는 운전 기술상의 필요성이다.

(3) 보온 시공 시 주의점

관 이음부(flange)의 보온은 관의 다른 부분처럼 일률적으로 시공할 수 없기 때문에 공사비가 많이 들게 된다. 보통 저온(100~200℃)인 경우에는 특히 소구경관에 대해서는 경제적 이점이 작으므로 보온을 하지 않는 경향이 많다. 그러나 고온(300℃ 이상)인 경우에는 경제적 이점과 동시에 열응력을 고려하여 보온 시공을 하여야 한다.

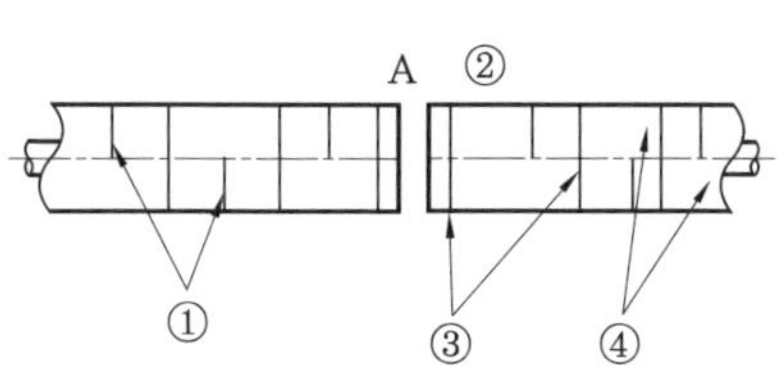

① 보온통의 이어진 부분
② A 부분 상세도 참조
③ 보온통을 묶어놓은 철선 또는 밴드
④ 보온통

(a)

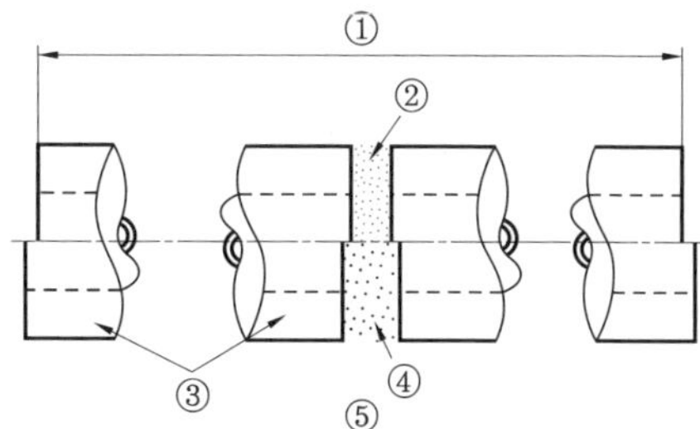

① 시공 시의 파이프 길이
② 탄력성이 큰 보온재로 충진함
③ 보온재
④ 파이프 팽창 시 팽창한 상태의 보온재

(b) A 부분 상세도

파이프의 팽창 조정의 한 예

이는 고온에서 보온 부분이 불연속적이면, 즉 온도차가 있게 되면 열응력이 발생하여 손상을 가져오기 때문이다. 온도차에 의한 열응력이 반복되면 열 피로를 생기게 하거나 유체 누설을 초래하여 장치의 기능을 그르치기도 하지만, 발화나 유독성 기체를 발생하여 인명에 직접 영향을 주기 때문에 주의하여야 한다.

또한 열팽창에 의한 영구 변형이 누적되면 파단을 유발하므로 보온 시공 시 유의하지 않으면 안 된다. 따라서 보온 시공 후, 온도차가 있어서는 안 된다는 점을 중요시하여야 한다.

부득이 보온을 할 수 없는 경우에도 열응력을 계산하여 전응력을 허용 한계 이내로 하지 않으면 안 된다.

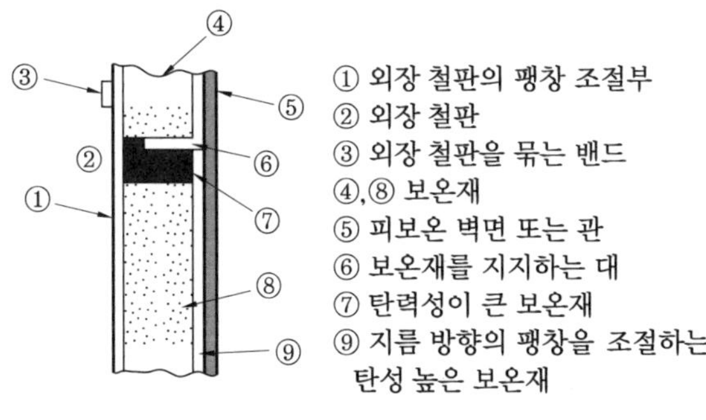

수직 파이프의 팽창 조정의 한 예

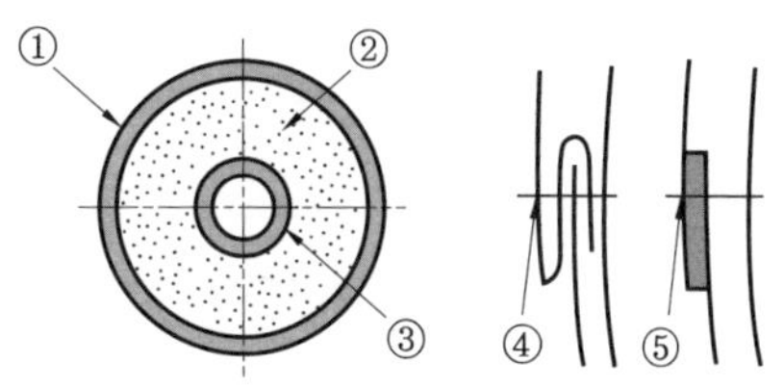

① 외피 ② 보온재 ③ 파이프
④ Al 함석의 이음부와 비슷하게 가공하여 수축-팽창을 조절하게 되어 있음
⑤ 탄성 있는 접착제로 되어 있음

파이프의 외장의 팽창
(수축 조절 시공 방법의 예)

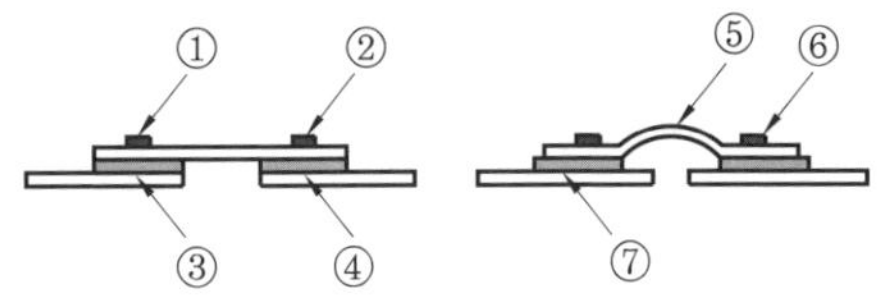

① 나사로 죄었음
② 밴드로 묶었음
③ 실링제(접착제)
④ 비경화성 실링제
⑤ 얇은 강판
⑥ 나사로 죄었음
⑦ 실링제(접착제)

벽면 또는 탱크 외장의 팽창 수축 조절 시공방법의 예

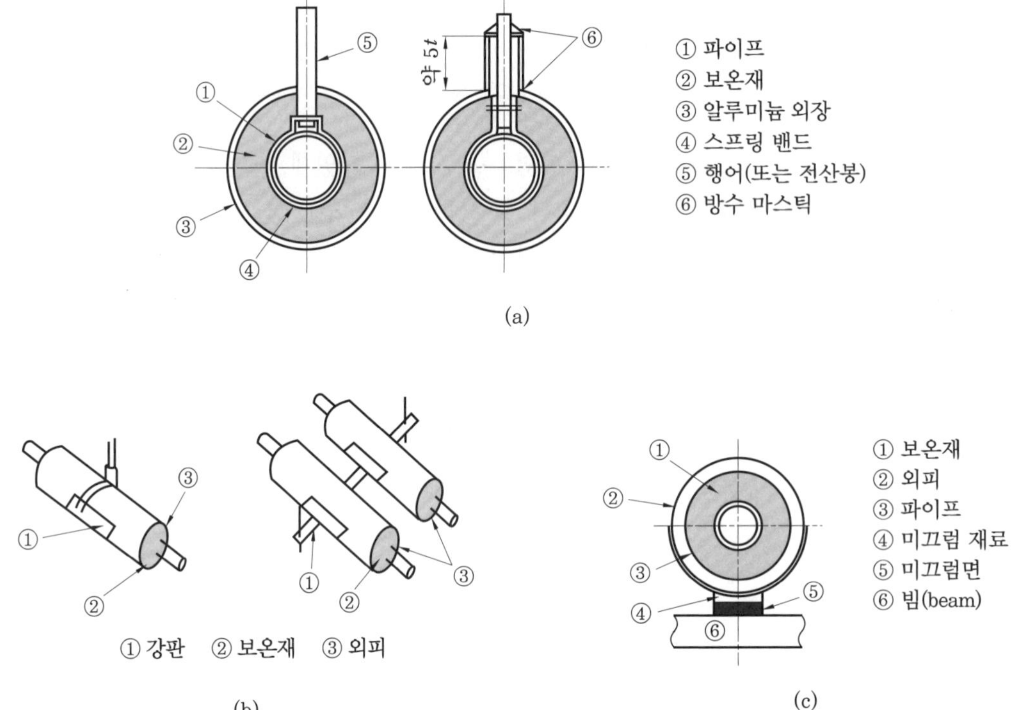

보온관을 매달 때의 시공 방법과 팽창-수축을 조절하는 방법

(4) 보온 시공 방법

시공은 보온 대상물의 형상에 따라 다양하고, 더욱이 최근에는 새로운 보온재의 개발과 함께 새로운 시공법을 시도하게 됨으로써 일률적으로 시공 방법을 설명할 수는 없다. 다만, 현실적으로 가장 널리 쓰이는 방법과 대상에 대한 일반적이고 기본적인 경우를 소개한다.

통상 보온재를 사용하는 경우에는 다음 그림과 같이 시공한다.

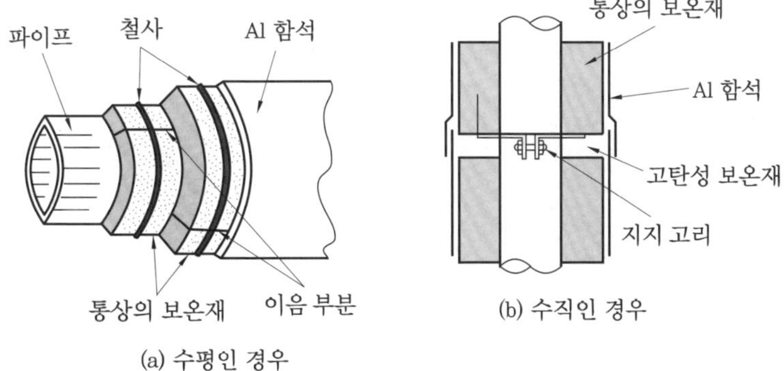

(a) 수평인 경우

(b) 수직인 경우

단층 보온 시공의 경우

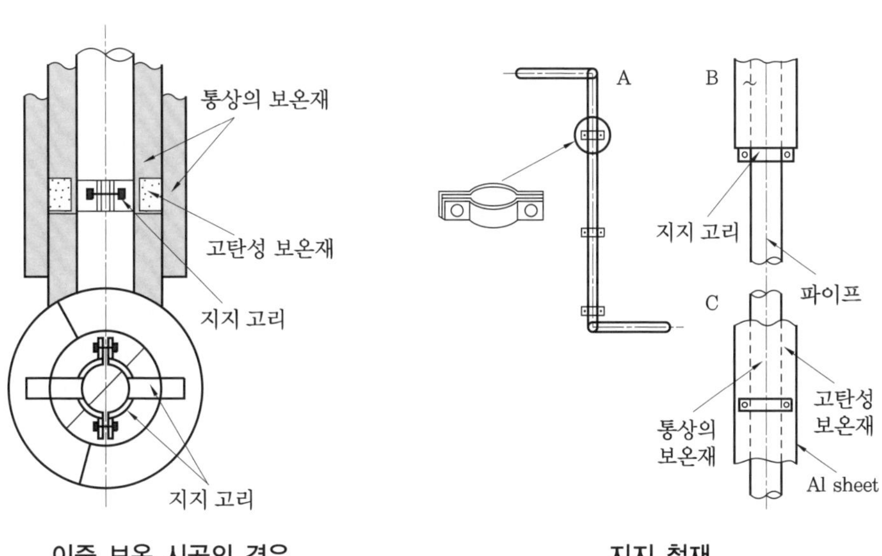

이중 보온 시공의 경우

지지 철재

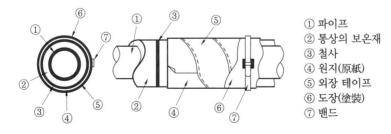

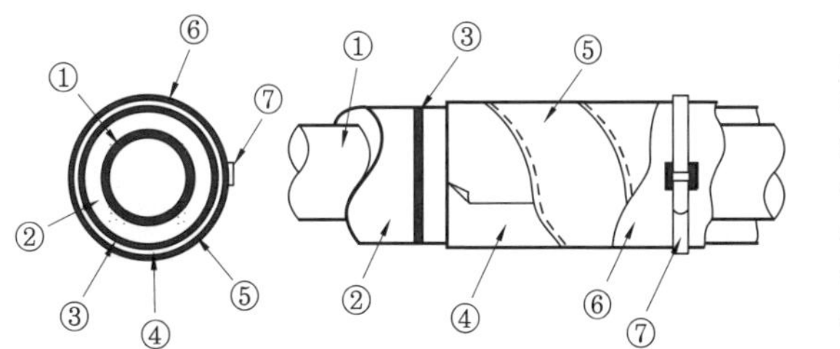

지지 철재의 시공

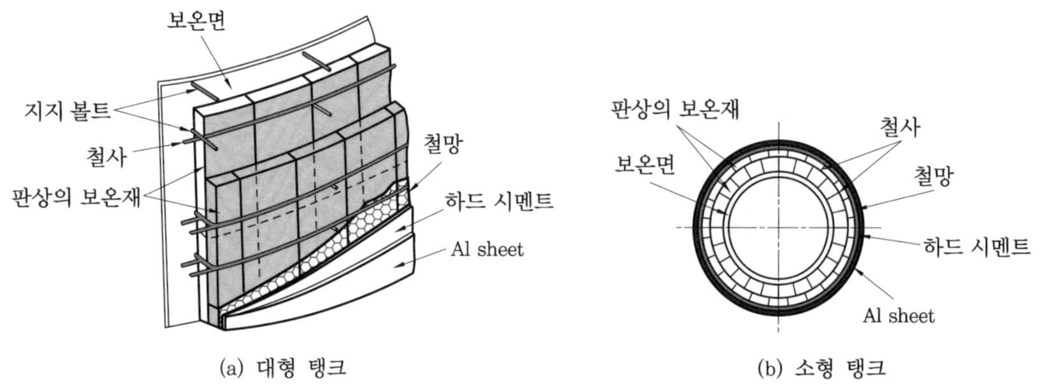

(a) 대형 탱크 (b) 소형 탱크

탱크류의 보온 시공 방법

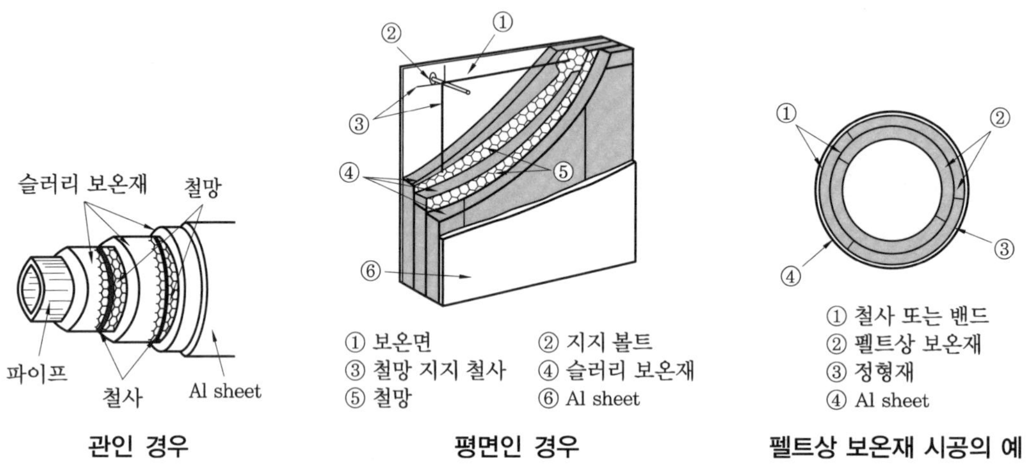

관인 경우 **평면인 경우** **펠트상 보온재 시공의 예**

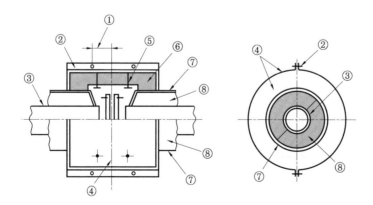

① 볼트 취급 가능한 거리
② 보온 커버 붙이는 부분 (나사로 조임)
③ 파이프
④ 보온 커버
⑤ 보온재 지지 장치
⑥ 보온재
⑦ Al sheet
⑧ 통상 보온재

플랜지부의 보온

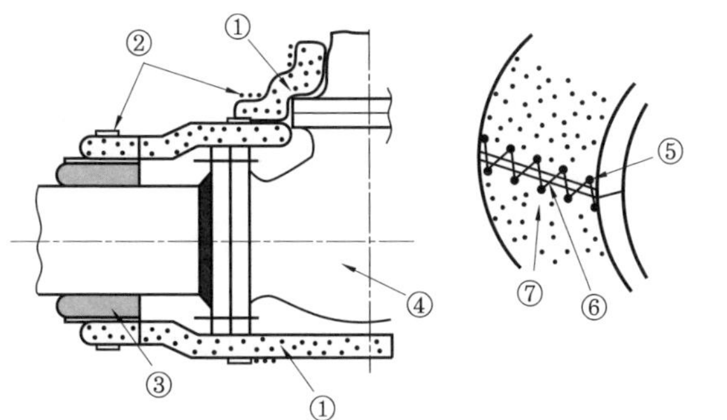

밸브부의 보온 (1)

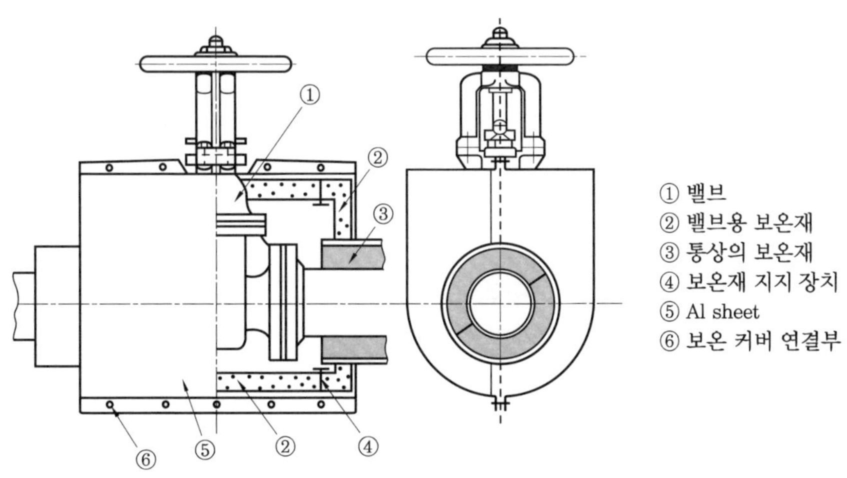

밸브부의 보온 (2)

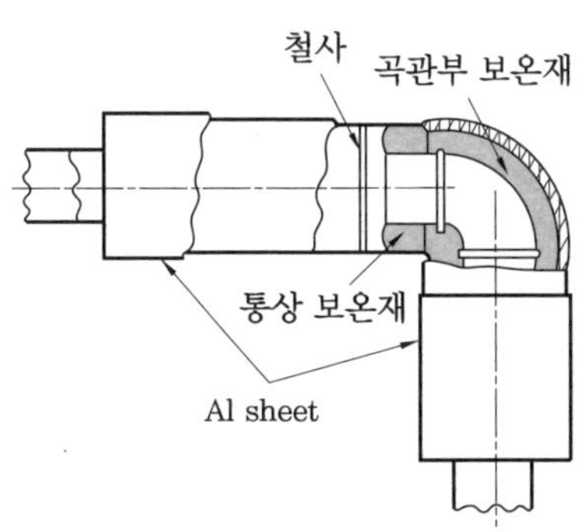

곡관부 성형 보온재를 사용하는 경우

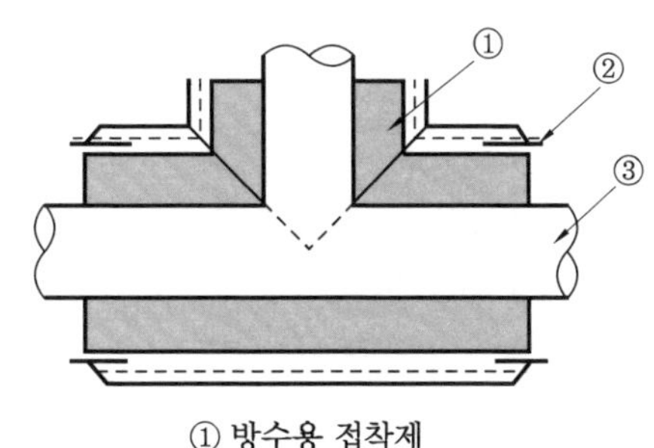

T자관의 보온

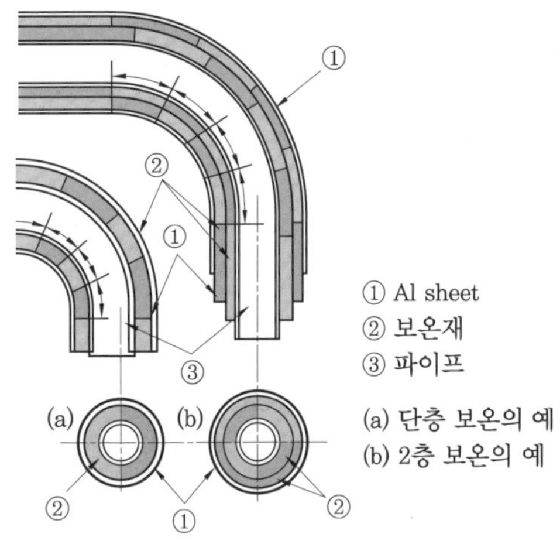

곡관부 비성형 보온재를 사용하는 경우 (1)

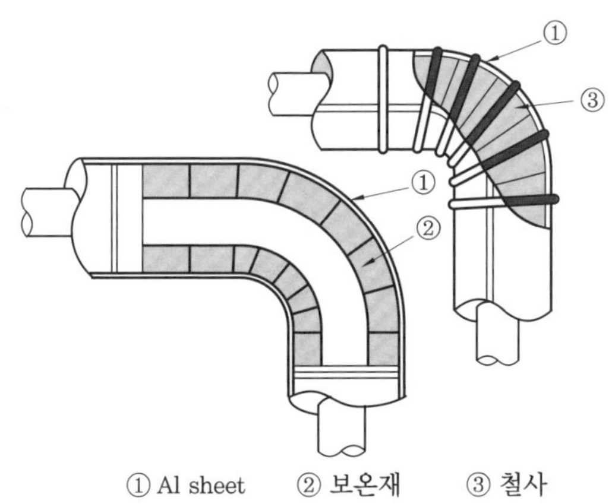

곡관부 비성형 보온재를 사용하는 경우 (2)

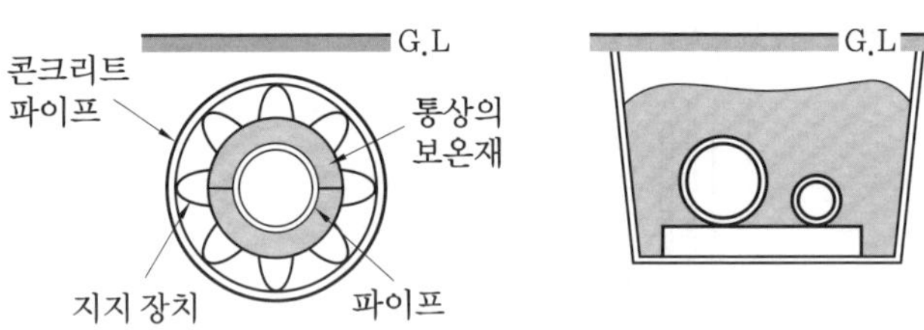

지중 배설관의 경우 (1)

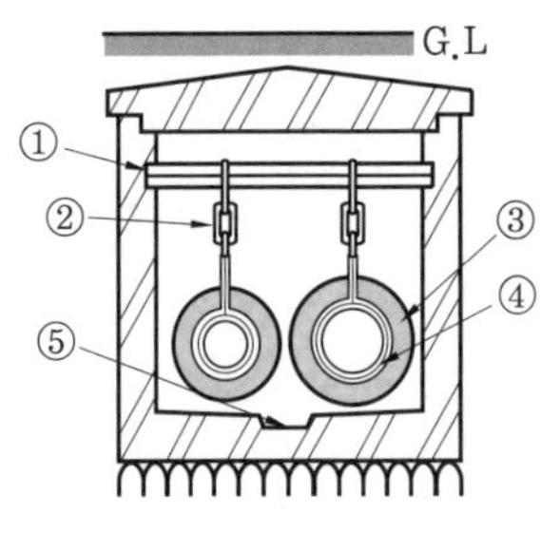

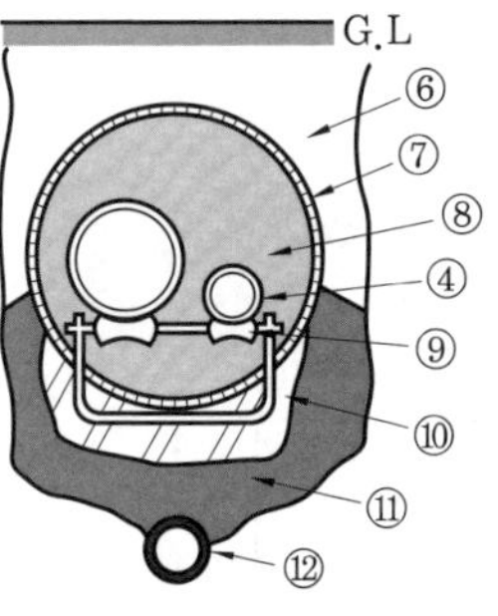

① 걸침대
② 높이 조절 장치
③ 통상의 보온재
④ 파이프
⑤ 배수구
⑥ 흙
⑦ 콘크리트 파이
⑧ 보온재
⑨ 받침 롤러
⑩ 콘크리트 지지대
⑪ 자갈
⑫ 배수 토관

지중 배설관의 경우 (2)

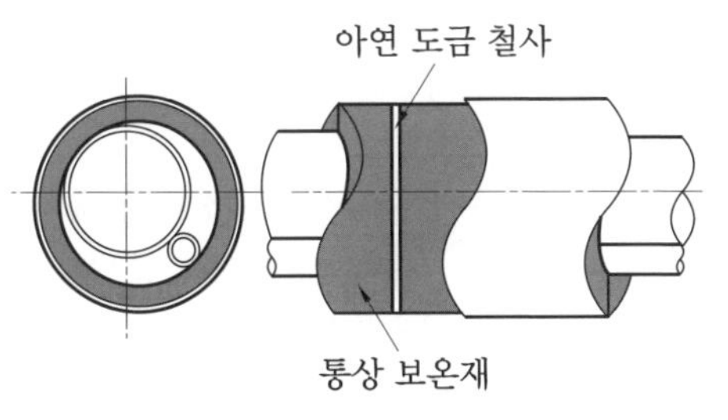

지중 배설관의 경우 (3)

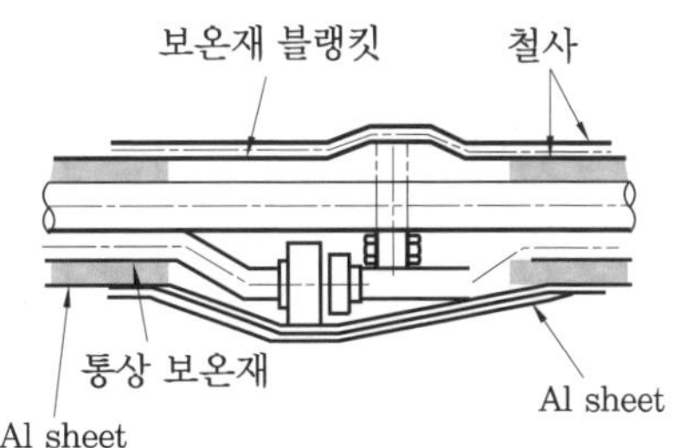

지중 배설관의 경우 (4)

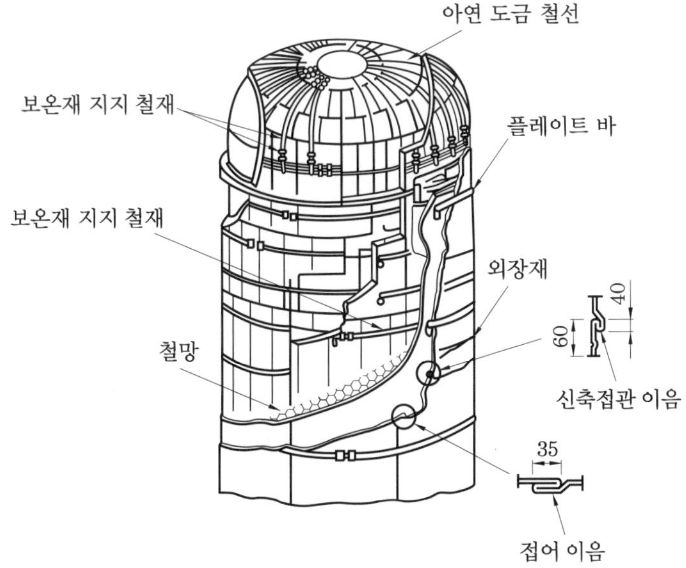

탑 및 입형 보온조 시공 요령 예

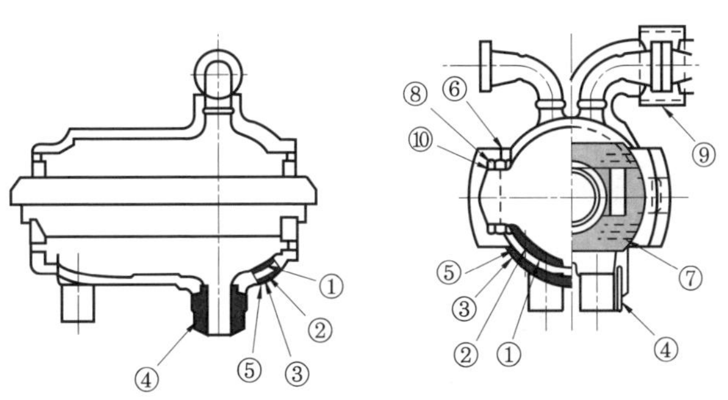

증기 터빈 보온 시공의 예

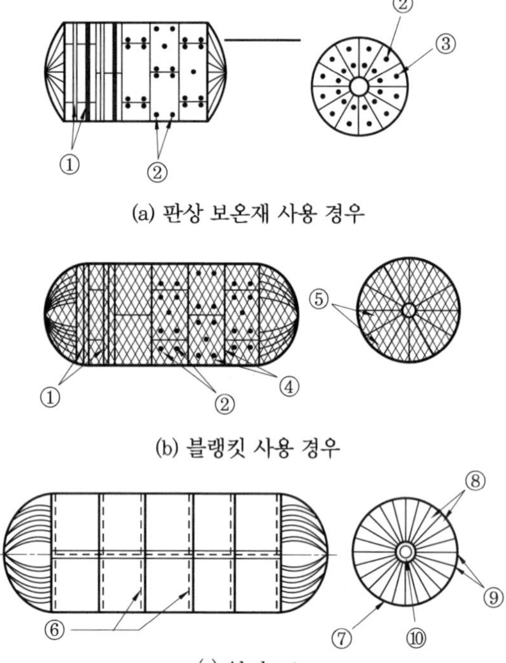

(a) 판상 보온재 사용 경우

(b) 블랭킷 사용 경우

(c) Al sheet

① 밴드(블랭킷 한 장에 두 개씩)
② 보온재 부착용 볼트 및 나사
③ 보온재(부채꼴 조각)
④ 아연 도금 철사로 감침
⑤ 블랭킷 보온재의 부채꼴 조각
⑥ Al sheet판 중접부(50 mm)
⑦ Al sheet판 부채꼴 조각
⑧ 나사못
⑨ Al sheet 지지 형틀 중심판
⑩ Al sheet지 형틀 중심판

탱크 보온 시공의 예

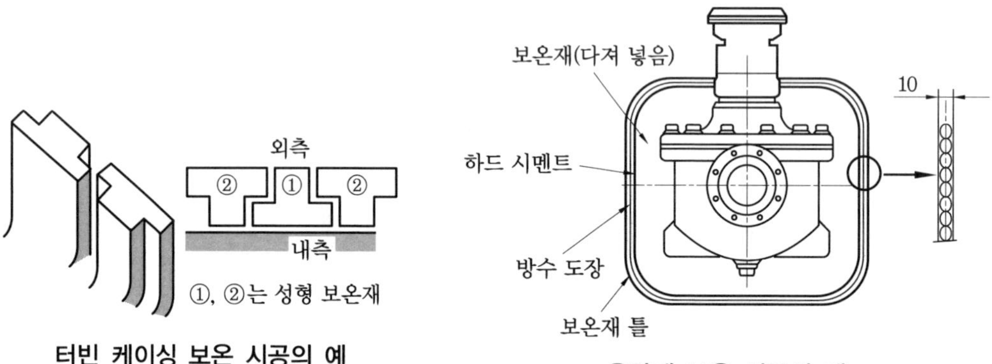

터빈 케이싱 보온 시공의 예

유량계 보온 시공의 예

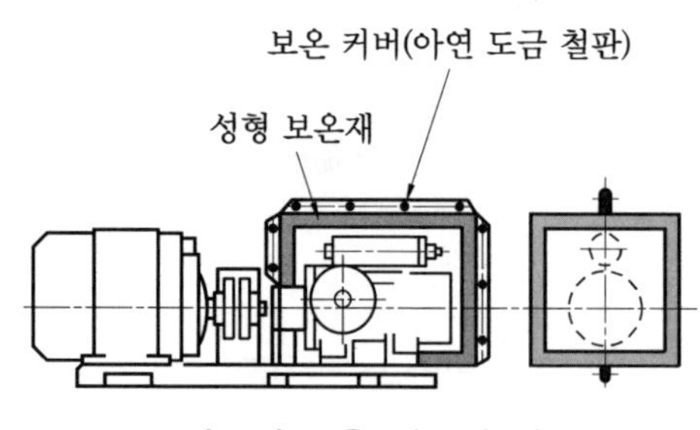

펌프의 보온 시공의 예

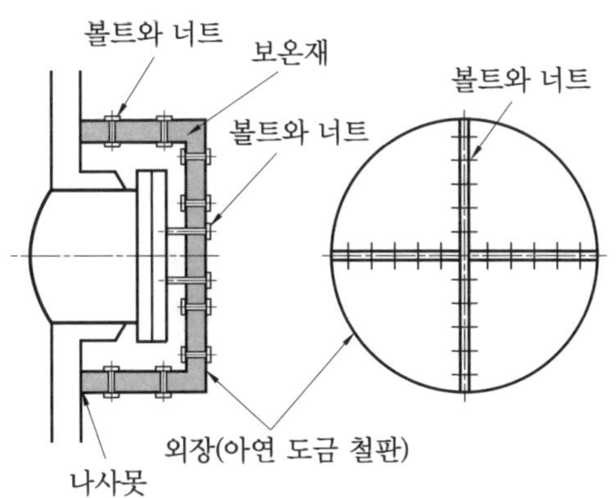

맨홀 보온 시공의 예
(용이한 부착-제거 구조)

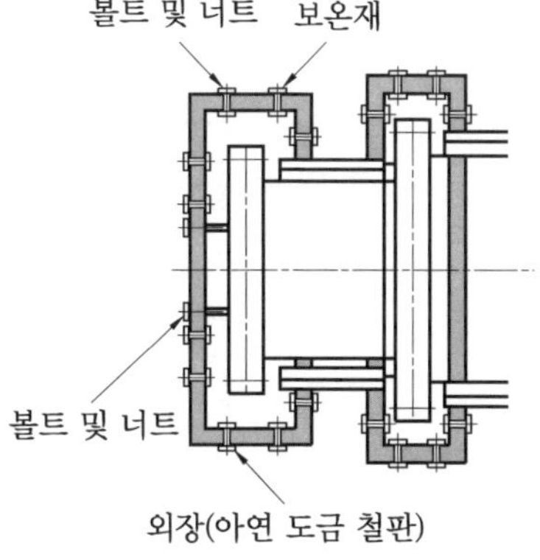

탱크류 플랜지부의 보온 시공의 예
(용이한 부착-제거 구조)

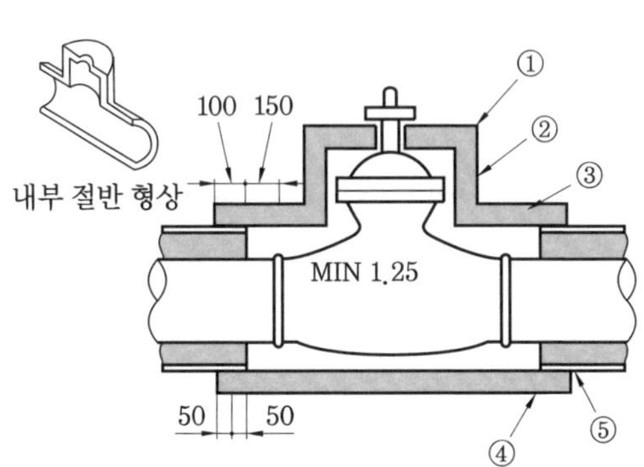

① 실리콘 러버 시라를 도포하여 리베팅한다.
② 알루미늄
③ 커버측 보온통
④ 스테인리스강 반도
⑤ 석면도

밸브의 보온

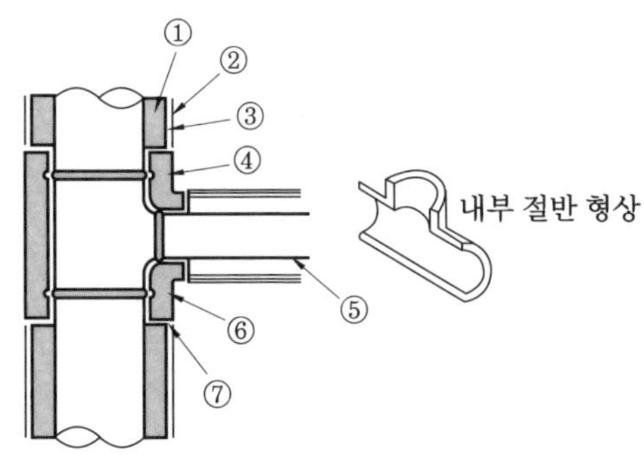

① 보온통
② 석면포
③ 시라를 칠한다
④ 스테인리스강 반도
⑤ 기관
⑥ 알루미늄관
⑦ 실리콘 러버로 덮고 리베팅한다.

T관 연결부의 보온

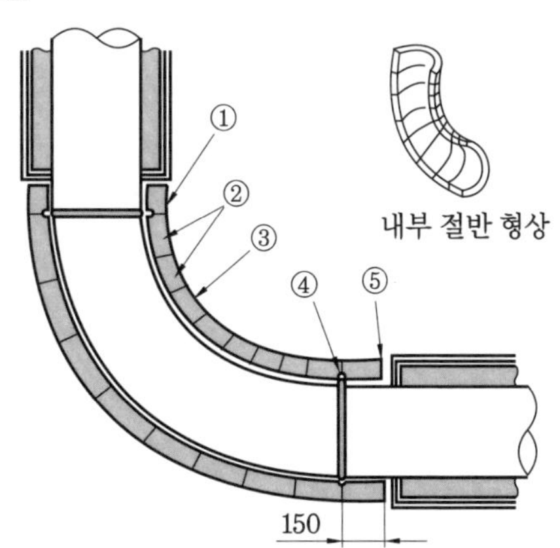

① 스테인리스강 반도
② 커버측 보온통의 세그먼트
③ 내식 알루미늄판
④ 접속 위 부분
⑤ 실리콘 러버로 덮고 리베팅한다.

곡관부의 보온

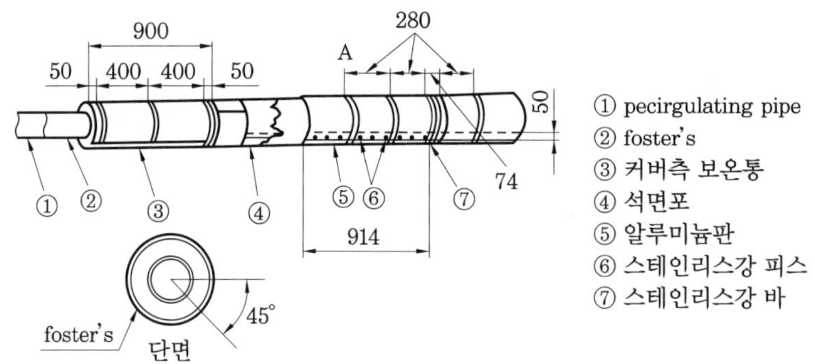

파이프의 보온

(5) 보온 공사의 검사 방법

보온 공사의 적격 여부는 보온 두께와 방산 열량이 소기의 목적과 부합되는지의 여부 외에 사용 조건, 어떤 환경하에서 소정 기간 동안 변형 또는 변질 가능성의 유무로부터 결정된다.

일단 공사가 끝난 후의 검사는 매우 까다롭고 때에 따라서는 쉽게 검사할 수 없는 경우도 있는 만큼 시공 전과 시공 중에 일일이 확인 검사를 행하는 것이 중요하다.

[체크 리스트]

① 방산열은 요구 조건에 부합되는가?
(방산 열량 측정은 일반적으로 열유량계를 사용하는데, 보온 표면의 온도를 측정하여 이에 보온재 표면의 열전달률을 곱하여 구한다.)

② 보온재의 이음 부분 또는 팽창, 수축 조절 부분의 상태는 확실한가?

③ 보온재 지지부 및 보강재의 기능 또는 강도에 대한 검사는 행하였는가?

④ 시공 작업 중에 비, 이슬 등을 맞은 보온재가 정상 건조 상태로 되어 있는가?

⑤ 방습 또는 방수 처리는 완전한가?
(옥외 시설물인 경우는 수명의 단축과 열손실을 초래하므로 매우 중요하다.)

⑥ 외장 파이프의 밴드, 슬라이드 부분, 행어 등을 포함한 전체적인 팽창 대책은 완전한가?

⑦ 외장재의 방식 처리는 확실한가?
(염분 또는 부식성 가스가 발생하는 환경에는 전식 방지 장치를 정확히 할 필요가 있다.)

⑧ 외상의 유무와 그의 적절한 처리 여부는 확인하였는가?

⑨ 외장재의 굴곡 및 균열이나 간격이 없이 매끈하게 되었는가?

⑩ 시공 후 청소 등으로 쉽게 손상하지 않는가?

이와 같은 검사는 정기적으로 소정의 검사 방법에 의하여 철저히 해야 한다.

2. 배관 시험 – 플랜트의 세정

2-1 세정의 종류

배관 세정 장치

플랜트의 대형화, 고온, 고압화에 따라 구조가 복잡하고 열부하가 높아지며, 약간의 스케일로 인해 중대한 사고를 초래하거나 배관 속의 녹이나 불순물로 인해 제품이 변질되며, 스트레이너 등이 막히는 일이 생기게 된다.

따라서 플랜트 내의 배관이나 장치에 부착되어 있는 스케일이나 불순물을 제거하는 것을 세정이라 하며, 세정에는 인력이나 기계에 의한 세정 작업과 화학 약품을 이용한 화학 세정이 있다.

기계적인 세정은 클리너(cleaner)를 이용하여 스케일이나 불순물을 제거하거나 막힌 부분을 뚫는 작업을 하는 것으로서, 일반적으로 소규모의 세정 작업에 사용되고 있으며, 대부분 화학 세정을 실시하는데 화학 세정은 기계 세정에 비하여 다음과 같은 장점이 있다.

① 우수한 세정 약품이나 부식 억제제(inhibitor)를 사용함으로써 모재의 손상이 적다.
② 플랜트 본체나 부분을 분해할 필요 없이 운전하고 있는 상태에서 세정되기 때문에 짧은 기간에 공사를 완료할 수 있다.
③ 복잡한 내부 구조라도 세정 효과를 얻을 수 있다.
④ 세정액을 화학적으로 분석 관리함으로써 내부의 세정 상황을 정확히 알 수 있다.
⑤ 방청 처리를 함으로써 운전 개시까지 녹을 방지할 수 있다.

2-2 세정 시기 및 화학 세정 방법

세정에는 설치 시 세정과 운전 시의 세정으로 구분하며, 설치 시 세정은 설치 중 관내 또는 장치 내에 혼입된 불순물을 제거하고 운전 시까지 불순물의 침입과 녹이 생기는 것을 방지하는 것으로, 세정 순서는 일반적으로 물 세척→탈지 세정→물 세척→산 세척→중화 방청→물 세척→건조의 순서로 하며, 운전 시의 세정은 운전 중 발생된 녹 및 스케일을 제거하여 플랜트 본래의 기능을 회복하는 데 있다.

화학 세정은 보통 다음의 3가지 방법이 주로 쓰이고 있다.

① **침적법** : 세정할 대상물에 세정액을 채우고 필요에 따라 온도를 가하는 방법.

② **서징법** : 세정할 대상물에 세정액을 채우고, 일정 시간 후 전 세정액을 빼내고 다시 세정액을 채워 세정액의 교반을 도모하는 방법.

③ **순환법** : 펌프를 사용하여 강제적으로 순환시켜 세정을 하는 방법.

위의 방법 중 순환법이 가장 우수한데, 그 이유는 세정액을 순환시킴으로써 약액의 농도와 온도가 균일화되고 약액이 효과적으로 이용되며, 스케일의 분리가 쉽게 이루어진다.

일반적으로 세정 공사의 시기는 플랜트가 운전에 들어가기 직전에 하는 것이 좋으나 때에 따라서는 수압 시험이 완료되고 보온 공사가 시작되기 전후에 하는 경우도 있다.

세정 계획을 세울 때는 세정 범위와 세정 대상물의 계통도를 작성해야 하며, 이때는 세정액이 모든 면에 균일하게 접촉되어야 하며, 세정 후에는 세정액의 완전 배출이 가능하여야 한다.

또한 세정액을 선정할 때는 플랜트의 재질에 따라 적당한 것을 선택하여야 하는데, 플랜트 본체는 물론 배관, 밸브, 패킹에 이르기까지 충분히 고려하여야 한다. 화학 세정에 사용하는 세정액과 장치 재료의 일반적인 부식성의 관계는 다음과 같다.

세정 약품과 재료와의 내식성 관계

구분	철	특수강	동합금	알루미늄	고무	합성수지
계면 활성제	○	○	○	○	○	○
가성소다, 탄산소다	○	○	○	×	○	○
암모니아	○	○	×	×	○	○
부식 억제제를 첨가한 염산	○	×	○	×	○	○
부식 억제제를 첨가한 황산	○	○	○	×	○	○
부식 억제제를 첨가한 유기산	○	○	○	×	○	○
질산과 불산의 혼합물	×	○	×	×	○	○
유기 용제	○	○	○	○	×	×

㈜ ○ : 내식성 있음　　× : 내식성 없음

[참고] 부식 억제제의 종류

① 인히비터 수지계 물질
② 알코올류
③ 알데히드류
④ 케톤류
⑤ 아민유도체
⑥ 함질소
⑦ 유기화합물

2-3 화학 세정용 약제

(1) 산(酸)

산은 금속에 대해서는 높은 부식률을 가지므로 부식 억제제를 병용해서 사용하며, 부식 억제제의 선정에 주의하여야 한다.

① **염산(HCl)** : 금속 산화물과 염류를 잘 용해하며, 가격이 저렴하여 많이 쓰이나 스테인리스강의 납계 부식을 일으키므로 유의하여야 한다.

② **설파믹산(H_2NSO_3H)** : 백색 분말이며, 다른 약품에 비해 취급이 간단하며 칼슘, 마그네슘 등을 용해하는 능력이 크다.

③ **불산(HF)** : 불화나트륨, 산성 불화나트륨과 혼합해서 사용하는 경우가 많으며, 실리카(SiO_2)에 대한 용해 능력이 크다.

④ **구연산($C_6H_8O_7$)** : 단독 사용보다는 대체로 암모니아를 첨가해서 pH를 3.0~5.0으로 조정한 염화암모늄으로 사용한다.

(2) 알칼리

알칼리는 유지류인 실리카의 제거에 많이 쓰이며, 단독으로 사용되는 경우는 드물고, 2~3종류를 혼합해서 사용한다.

① **암모니아(NH_3)** : 3~4 %의 수용액으로 보통 사용되고, 구리의 스케일을 제거하는 데 사용되며 혼합되어 사용된다.

② **제3인산나트륨(Na_3PO_4)** : 대체로 혼합하여 사용하고, 유지류의 세제로서 많이 사용되며, 중화 방청제로도 사용된다.

(3) 유기용제

일반적으로 유지류를 용해하는 능력이 크고 비점이 낮으며, 세정 시 상온으로 하고, 세정 후는 건조도 용이하다.

① **4염화탄소(CCl_4)** : 불연성의 액체이며, 물에는 거의 불수용성으로 유지류나 유기성 스케일 제거에 많이 사용된다.

② **트리클로로에틸렌(C_2HCl_3)** : 난연성 액체로서 불수용으로 석유계 유기물 제거에 사용된다.

3. 배관 시험

배관 공사는 그 기능이 충분히 발휘되도록 작업하는 것이 목적이므로 공사 도중 또는 완료 후 각종 시험을 하여 확인한다. 배관을 구성하는 재료와 주요 기구는 제조 과정에서 검사가 완료된 것이지만 배관 조립 후에도 완전한 기능이 요구되므로 기기 설치 전 배관계의 1차 시험과 기기 설치 후 제2차 시험을 한다.

여기서는 급·배수, 냉·난방 배관과 대표적인 기기의 시험에 관해서 설명한다.

3-1 급·배수 배관 시험

배관 시험에는 수압 시험, 기압 시험, 만수 시험, 연기 시험 및 통수 시험 등이 있다.

(1) 수압 시험

일반적으로 1차 시험으로 많이 적용되며, 배관이 끝난 후 관 접합부가 누수와 수압에 견디는가를 조사하는 것이다.

이 시험은 배관 계통 전부를 시험하는 경우와 부분적으로 시험하는 경우가 있다. 어느 경우나 가장 높은 곳의 개구부(開口部)만 남겨 두고 다른 부분은 밀폐 밸브로 관을 밀폐하고 배관 아래 부분에서 송수하여 관 속의 공기를 배출한다. 물이 만수되면 최고 높은 곳을 밀폐하고 수압을 올린다. 수압은 수압 시험 펌프로 가압하여 시험 압력에서 일정 시간 견디는가를 조사한다. 각종 배관의 시험 압력과 시간은 다음과 같다.

① **급수관과 급탕관 :** 상수도 직결 부분의 배관은 수돗물 공급자의 소정의 시험 수압으로 하지만 그 밖에는 일반적으로 1.74 MPa의 수압으로 하고, 기타 배관은 최고 사용 수압의 1.5배 이상으로 한다. 소정 수압에서 적어도 10분간은 견디어야 한다.

② **소화전 수관 :** 옥내 소화전, 스프링클러 및 드렌처 배관은 그 배관이 실제에 받는 최고 사용 수압의 2배(최소 0.78 MPa)를 수압 시험의 수압으로 하고, 이 수압을 적어도 10분간 유지한다. 또한 소방관서 전용의 송수구를 설치한 소화전 배관은 소방 자동차 가압 펌프의 최고 사용 압력으로 한다.

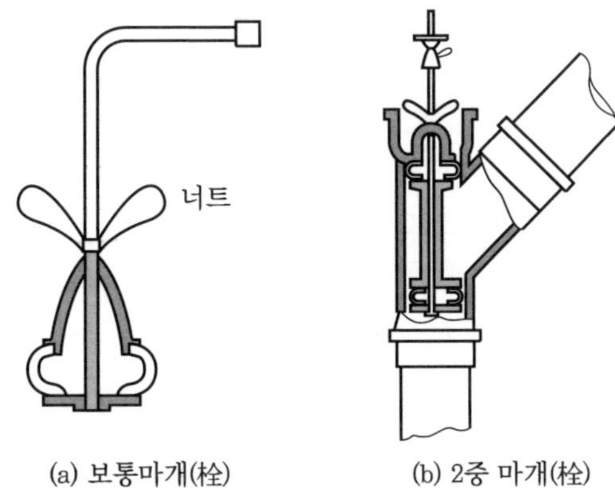

(a) 보통마개(栓) (b) 2중 마개(栓)

시험 밀폐 마개

(a) 일반 배관용

(b) 플랜트 배관용

수압 시험 장치

(2) 기압 시험

공기 시험이라고도 하며, 물 대신 압축 공기를 관 속에 압입하여 조인트 부분에서 공기가 새는 것을 조사한다. 이 시험은 1차와 2차 시험의 압력이 다르지만 어느 경우나 개구부를 전부 밀폐하고 공기 압축기로 공기를 압입한 후 일정 시간 유지하여 압력이 떨어지는가를 조사한다. 만일 압력이 일정하게 유지되지 못하면 공기가 새는 것을 의미하므로 공기가 새는 곳을 조사한다. 조사 방법은 비눗물을 관의 외부에 발라서 거품이 생기는 곳이 있으면 그곳이 새는 곳이다.

가스 배관은 최고 사용 압력의 2배 이상으로 다음과 같이 시험한다.

고압 도관 및 지름 350 mm 이상의 저압 본관은 약 0.3 MPa에서 24시간, 300 mm 이하의 저압 본관은 0.03 MPa에서 4시간 이상, 50 mm 이하의 지관은 2.94 kPa (수두 300 mm) 이상에서 2시간 이상, 공급관 및 옥내관은 1.96 kPa(수두 200 mm) 이상에서 5~10분간 유지한다. 배수 및 통기관의 경우는 33.3 kPa(수은주 250 mm)의 균등 압력으로 기압 시험을 한다.

(3) 만수(滿水) 시험

배관 계통의 누수 유무를 조사하는 시험이다. 이 시험은 배관 완료 후 각 기구의 접속부 및 기타 개구부를 밀폐하고 배관의 최고부에서 물을 채우고 만수 상태에서 일정 시간 경과 후 수위의 변동 여부를 조사한다.

① **배수 통기관·유수 배수관** : 배관계의 최고부에서 3 m까지 만수시켜 1시간 이상 경과 후 누수 여부를 조사한다. 배관 중에 29.4 kPa(수두 3 m) 이하가 되는 부분이 있을 때에는 29.4 kPa(수두 3 m) 이상 되게 하여 재시험한다. 고층 건축물은 각 층마다 구분하여 시험하지만 29.4 kPa(수두 3 m) 이하가 되지 않게 하고, 또한 343 kPa 이상의 정수압이 가해지지 않도록 유의한다.

② **부지 하수관** : 하수관 설치 규정에 따라서 시험하나, 없는 경우에는 각 맨홀 사이를 수두 3 m가 되도록 하여 시험한다.

(4) 연기 시험

2차 시험으로 연기로 배관계의 기밀을 조사하는 시험이다.

이 시험은 위생 기구 설치 후 각 트랩에 봉수하여 제연기(製煙器) 속에서 기름 또는 콜타르를 침투시킨 종이, 면 등을 연기가 많이 나도록 태워 전계통에 자극성이 짙은 연기를 보내어 연기가 최고 높이의 개구부에 나오기 시작할 때 개구부를 밀폐하여 관 속의 기압이 일정한 압력까지 올라간 다음 일정 시간 계속하여 연기가 새는 것을 조사한다.

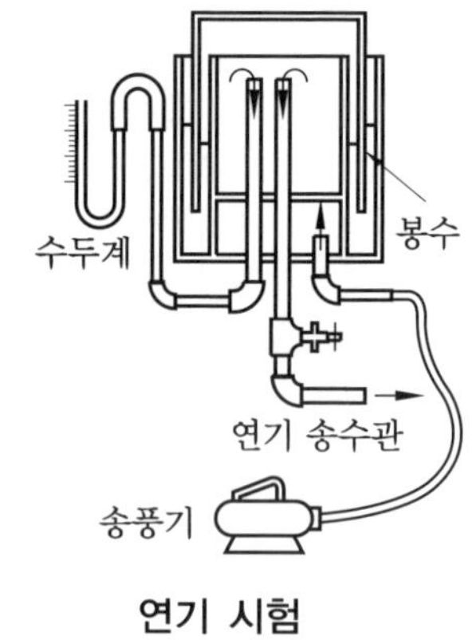

연기 시험

또한 연기 시험에 유사한 것으로 peppermint 시험이 있다. 이것은 주관 또는 각 관로마다 약 57 g의 peppermint를 넣고 약 4 L의 온수를 주입하여 그 냄새로 누기(漏氣) 개소를 발견하는 시험이다. 배수 통기관은 배수관 속의 기압을 245 N/m^2(수주 25 mm)까지 높이고, 적어도 10분간 지속된다.

(5) 통수(通水) 시험

전 배관계와 기기가 완전한 상태에서 사용할 수 있는가를 조사하는 시험이다. 이 시험은 기기류와 배관을 접속하여 모든 공사가 완료한 다음 실제로 사용할 때와 같은 상태에서 물을 배출하여 배관 기능이 충분히 발휘되는가를 조사함과 동시에 기기 설치 부분의 누수를 점검한다.

① **배수 통기관** : 각 기구의 급수전에서 나온 물을 배수시켜 배수 상태와 기구 접합부의 누수를 검사한다.

② **옥외 매설관** : 매설하기 전에 물을 통과시켜 검사한다.

3-2 냉·난방 배관 시험

냉·난방 배관 시험에는 수압 시험, 기밀시험, 진공 시험 및 통기 시험 등이 있다.

(1) 수압 시험

이 시험은 급·배수 배관 시험의 수압 시험과 같이 각종 기기를 접속하기 전에 배관에 대해서만 시험하는 것으로 냉·난방 배관에서는 냉수, 온수, 증기 등의 급수관과 환수관에 실시한다.

급수관의 수압 시험과 조작이 같으나 고층 건물에 있어서는 최고부의 수압을 소정의 시험 수압으로 하면 배관의 최저부는 높이의 차이만큼 수압이 더 걸리므로 주의를 요한다.

① **증기관(pipe)과 온수관(pipe) 시험** : 최고 사용 압력이 422 kPa인 경우는 최고 사용 압력의 2배로 하고, 196 kPa 미만인 경우는 196 kPa로 한다. 최고 사용 압력이 422 ~ 1470 kPa인 경우는 최고 사용 압력의 1.3배에 294 kPa을 더한 압력으로 한다. 1470 kPa 이상일 경우는 1.5배의 압력으로 하고, 수압 시험의 압력 유지 시간은 30분 이상으로 한다.

② **오일 배관** : 최고 사용 압력의 3배(최소 980 kPa)로 하든지 1.5배의 수압(최소 392 kPa)으로 30분간 유지한다.

(2) 기밀(氣密) 시험

이 시험은 배관 계통에서 냉매가 새는 것을 조사하는 시험이다. 이 시험은 냉매와 액체 등이 물의 혼입을 피하는 관에 대한 기밀시험으로 배관 시험 후의 1차 시험이다. 배관 속에 탄산가스, 질소가스 또는 건조 공기 등의 무해 가스체를 넣어 압력 시험을 한다. 기밀시험은 전기식 누설 검사기로 하며, 일정 시간 방치하여 배관 속의 누설 여부를 검사한다.

배관 속의 가스 압력은 주위의 온도 변화에 따라 다소 변동되는 것에 주의한다. 많이 새는 곳은 시험용 가스의 분출 소리로 알 수 있으나, 발견하기 어려운 경우는 이음부나 누설의 염려가 있는 곳에 비눗물을 바르고 거품이 나는 것으로 판단한다.

① **냉매 배관 시험** : 가스를 서서히 넣고 고압가스 취급에 규정된 압력을 가하여 검사기로 기밀 검사를 한다. 압력 시험 시간은 24시간이며, 이 시간 동안 방치하여 새는 곳을 검사한다.

㈎ R-12 : 고압부 1.62 MPa, 저압부 0.98 MPa

㈏ R-22 : 고압부 1.96 MPa, 저압부 0.98 MPa

㈐ R-500 : 고압부 1.76 MPa, 저압부 0.98 MPa

② **오일 배관 시험** : 사용 최고 압력의 1.5배 압력으로 30분 이상 유지한다.

(3) 진공(眞空) 시험

이 시험은 기밀시험에서 누설의 개소가 발견되지 않을 때 시험하는 것이다. 이 시험은 진공 펌프 또는 추기 회수 장치를 이용하여 관 속을 진공으로 만든 다음 일정 시간 후 그 진공 강하를 검사한다. 진공을 측정할 때에는 기구 속의 진공이 주위의 온도 변화의 영향을 받으므로 보정할 필요가 있다. 냉매 배관은 진공 펌프 또는 추기 회수 장치로 진공으로 만든 다음 24시간 이상 방치하여 절대 진공도가 667 Pa(수은주 5 mm)가 되는가를 조사한다.

(4) 통기 시험

이 시험은 전 배관계 및 기기가 완전한 상태에서 정상적인 기능을 발휘할 수 있는가의 여부를 조사하는 시험이다. 이 시험은 2차 시험으로서 기기류와 배관의 접속이 모두 완료한 후 실지 사용 때와 같은 상태에서 증기를 보내어 전 기능이 정상적으로 가동하고 있을 때 기기의 설치부에서 누기가 있는가를 조사한다.

증기관(pipe)은 보일러의 메인 밸브를 서서히 열지 않으면 증기관(pipe)의 압력이 급히 높아져 심한 충격 작용을 일으키게 되어 배관에 충격을 주므로 주의를 요한다. 증기와 응축수의 순환 상태와 누기의 유무를 조사한다.

3-3 기기 및 재료의 시험과 검사

보일러, 송풍기, 펌프, 위생 도기 및 관의 각종 기기, 재료의 시험과 검사는 제작 공장 또는 현장에서 시험한다. 이 방법을 KS 또는 기타 규정에 준해서 간단히 설명한다.

(1) 보일러

보일러의 수압 시험은 최고부의 공기 밸브를 열고, 내부의 공기를 완전히 배출시켜 만수시킨 다음 공기 밸브를 닫고 압력을 서서히 상승시켜 소정의 압력에 도달한 후 30분 이상 유지하여 각부를 조사한다. 수압 시험은 다음의 규정인 압력을 6 % 이상 초과하지 않도록 한다.

강제(鋼製) 보일러는 최고 사용 압력 196 kPa 이하인 경우는 196 kPa, 최고 사용 압력 196~392 kPa인 경우는 2배, 최고 사용 압력 422 kPa인 경우는 1.3배에 294 kPa을 더한 압력으로 시험한다.

주철제 증기 보일러는 최고 압력 98 kPa 이하에서는 196 kPa의 수압으로 시험한다. 주철제 온수 보일러는 최고 사용 압력 196 kPa 이하인 경우는 사용 압력의 2배(최소한 196 kPa), 최고 사용 압력 196 kPa을 초과할 경우에는 최고 사용 압력의 1.5배의 수압으로 시험을 한다(KS B 6202).

(2) 송풍기

원심, 축류 및 사류(斜流) 송풍기 등의 성능 시험은 다음과 같이 한다.

성능 측정은 규정 회전수로 측정하며, 원심 송풍기는 5종 이상의 송풍량에 대하여 적어도 1종은 송풍기의 규정 정압(靜壓) 또는 전압(全壓)보다 낮은 압력으로 시험한다.

축류 송풍기는 5종 이상의 송풍량에 대하여 가능한 한 적은 풍량까지 시험하며, 적어도 1종은 송풍기의 규정 전압 또는 정압보다 낮은 압력으로 시험한다.

송풍기의 압력 측정은 일반적으로 U자 액주계를 사용하고, 4.9 kPa(500 mmAq) 이하의 압력을 측정하는 경우에는 경사 액주계를 사용한다.

온도 측정은 1℃ 이하의 눈금을 가진 수은 또는 알코올 온도계를 사용하며, 온도계는 송풍기의 흡입 공기의 온도를 정확하게 측정할 수 있는 곳에 설치한다.

(3) 위생 도기

다음과 같은 여러 가지 시험을 한다.

① **잉크 시험** : 건조한 도기의 시편 조각을 농도 1%의 에오신(eosine) Y 수용액 속에 1시간 동안 넣은 후에 시편을 쪼개어 잉크의 소지(素地) 침투도를 측정한다. 용화 소지질은 3 mm 이하를 합격으로 한다.

② **급랭 시험** : 크기 100 cm^2 이상, 두께 15 mm 이하 도기의 조각을 가열로 속에 넣어 1시간 동안 유지한 후 수중 급랭을 하고, 다음에 적색 잉크를 침투시켜 소지의 균열을 조사한다. 가열 온도와 수은과의 온도차는 110℃ 이상으로 한다.

③ **침투 시험** : 크기 100 cm^2 이상, 두께 15 mm 이하의 도기를 고압의 가마(autoclave) 속에 넣어 물이 닿지 않게 하면서 약 1시간 동안 규정 압력이 되게 가열한다. 다음에 가열과 증기를 정지하여 1시간 방치한 후 시편에 적색 잉크를 침투시켜 침투 상황을 조사한다.

④ **세정 시험** : 세정면의 중앙부에 적색 잉크로 약 50 mm의 선을 옆으로 긋고 벽걸이 소변기는 약 4 L, 스톨 소변기는 약 6 L 물을 10~15초간 흘려서 세정면에 적색 잉크의 자국이 남지 않으면 합격품이 된다.

⑤ **배수로 시험** : 목재로 만든 규정 지름의 구(球)를 배수로 입구에 넣어 도기를 앞뒤로 경사시키면서 트랩 속을 거쳐 도기 밖으로 배출되는가를 조사한다.

⑥ **누기 시험** : 대변기를 수평으로 놓고 트랩에 물을 가득 채운 다음, 배수구를 밀폐시켜 배수로 속에 245 Pa(수주 25 mm) 정도의 공기압을 가하여 누기(漏氣)에 의한 압력 저하를 조사한다.

(4) 급수전

최고 사용 압력 735 kPa의 상수도에 사용하는 급수전 및 건축 설비 등에 사용하는 급수 · 급탕용 급수전은 다음과 같은 검사를 한다.

① **외관 검사** : 주조품 안과 밖의 매끈한 정도, 블로 홀, 균열, 흠 기타 유해한 결점이 있는가를 조사한다.

② **니켈 · 크롬 도금 검사** : 니켈 · 크롬 도금이 규정대로 되어 있는가를 조사한다.

③ **형상 · 치수 검사** : 형상 · 치수가 규정대로 되어 있는가를 조사한다.

④ **작동 검사** : 수동(手動)으로 하고, 운동 부분의 끼워 맞춤을 개방하였을 때 원활하게 작동하는가를 조사한다.

⑤ **내압 검사** : 수전이 닫혔을 때 1.715 MPa의 수압을 가하여 누수, 침윤 기타의 이상이 있는가를 조사한다.

배관의 지지와 배관 부속 제작법

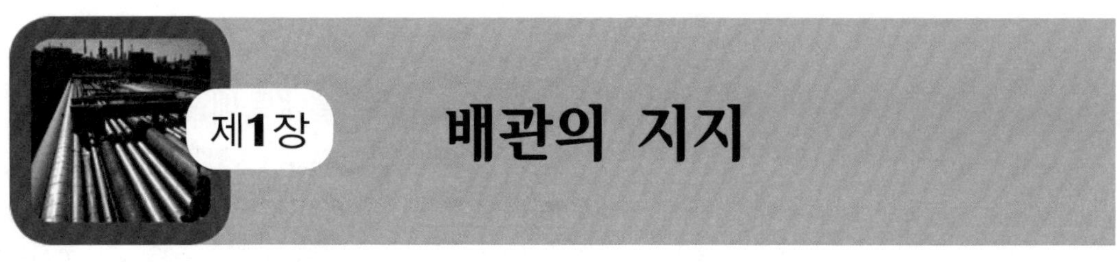

제1장 배관의 지지

배관은 길이와 무게의 언밸런스, 열에 의한 신축, 유체의 흐름 등으로 발생하는 진동 등이 작용한다. 따라서 관과 기기의 변형 방지를 위하여 관의 지름 및 관의 재질에 따라 충분한 지지 강도를 갖는 지지물을 만들어 배관을 지지(서포트)한다. 배관을 지지할 때는 다음 사항에 유의한다.

① 배관의 양끝 또는 무거운 밸브나 계기 등이 있는 경우에는 그 기기 가까운 곳에 서포트를 설치한다.

② 배관의 곡관부가 있는 경우에는 곡관부 부근에 서포트를 설치하며, 분기관이 있는 경우에는 신축(expansion)을 고려하여야 한다.

③ 지지는 되도록 기존보를 이용하며, 지지 간격을 적당히 잡아 휨이 생기지 않도록 함은 물론 배관에 기포가 생기지 않도록 해야 한다.

관의 지지(support)에는 행어 및 스폿, 레스트레인트, 브레이스 3종류로 나누어진다. 행어 및 스폿은 배관의 무게를 지지하는 데 사용되고, 레스트레인트는 열팽창에 의한 배관의 측면 이동을 구속하며, 브레이스는 열팽창, 무게 이외의 기계 진동, 유체에 의한 진동 등에 의하여 배관이 움직이거나 진동하는 것을 방지하기 위한 장치이다.

1. 행어 및 스폿

행어(hanger)는 배관의 무게를 위에서 잡아주는 장치이며, 스폿(spot)은 배관을 밑에서 받쳐주는 장치이다. 행어에는 리지드(rigid) 행어, 스프링(spring) 행어, 콘스턴트(constant) 행어로 나뉘며, 스폿은 파이프 슈(shoe), 리지드 스폿, 롤러 스폿, 스프링 스폿으로 구분한다.

1-1 행어

(1) 리지드 행어(rigid hanger)

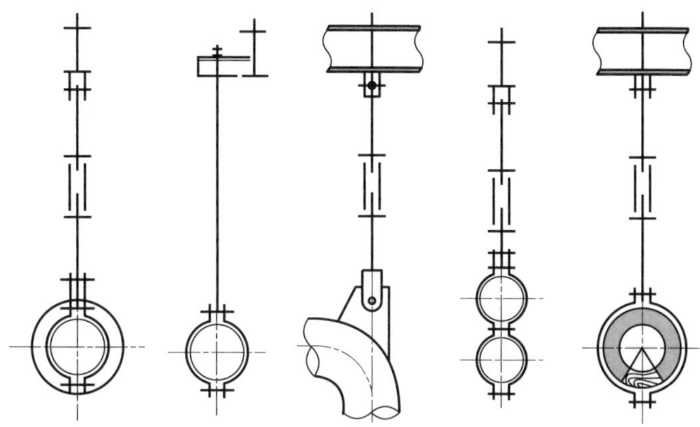

리지드 행어의 설치

환봉과 밴드, 턴버클(turn buckle) 등을 이용하며, 어느 정도 방진 효과도 얻을 수 있다. 또한 상하 방향의 변위가 없는 곳에 사용되며, 지지 간격을 적게 하는 것이 좋다(다음에 그 규격을 소개한다).

턴버클 치수

볼트 크기(α)	허용 하중(kg)	A	B	C	D	E	F
M 12	410	21	40	22	120	25	60
M 16	762	32	55	30	160	30	80
M 20	1200	32	55	30	160	30	80
M 24	1730	41	65	35	200	35	100
M 30	2760	50	80	42	200	40	100
M 36	4035	58	90	50	200	50	100
M 42	5545	67	105	60	200	60	100
M 48	7295	77	120	65	200	60	100
M 56	10075	85	130	75	200	70	100
M 64	13300	95	140	85	200	80	100

㈜ 재료 : 탄소강(SS 41 또는 동급)

직선 볼트 치수

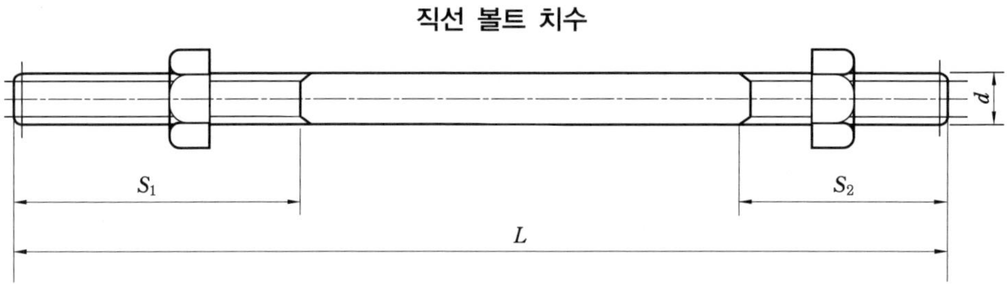

볼트 크기(α)	허용 하중(kg)	S_1		S_2
		오른쪽	왼쪽	
M 12	410	170	110	50
M 16	762	220	140	50
M 20	1200	220	140	50
M 24	1730	270	170	75
M 30	2760	280	180	75
M 36	4035	300	200	100
M 42	5545	320	220	100
M 48	7295	320	220	150
M 56	10075	340	240	150
M 64	13300	360	260	150

(2) 스프링 행어(spring hanger)

리지드 행어의 턴버클 대신에 스프링을 설치한 것이며, 현재 많이 사용되고 있는 행어이다.

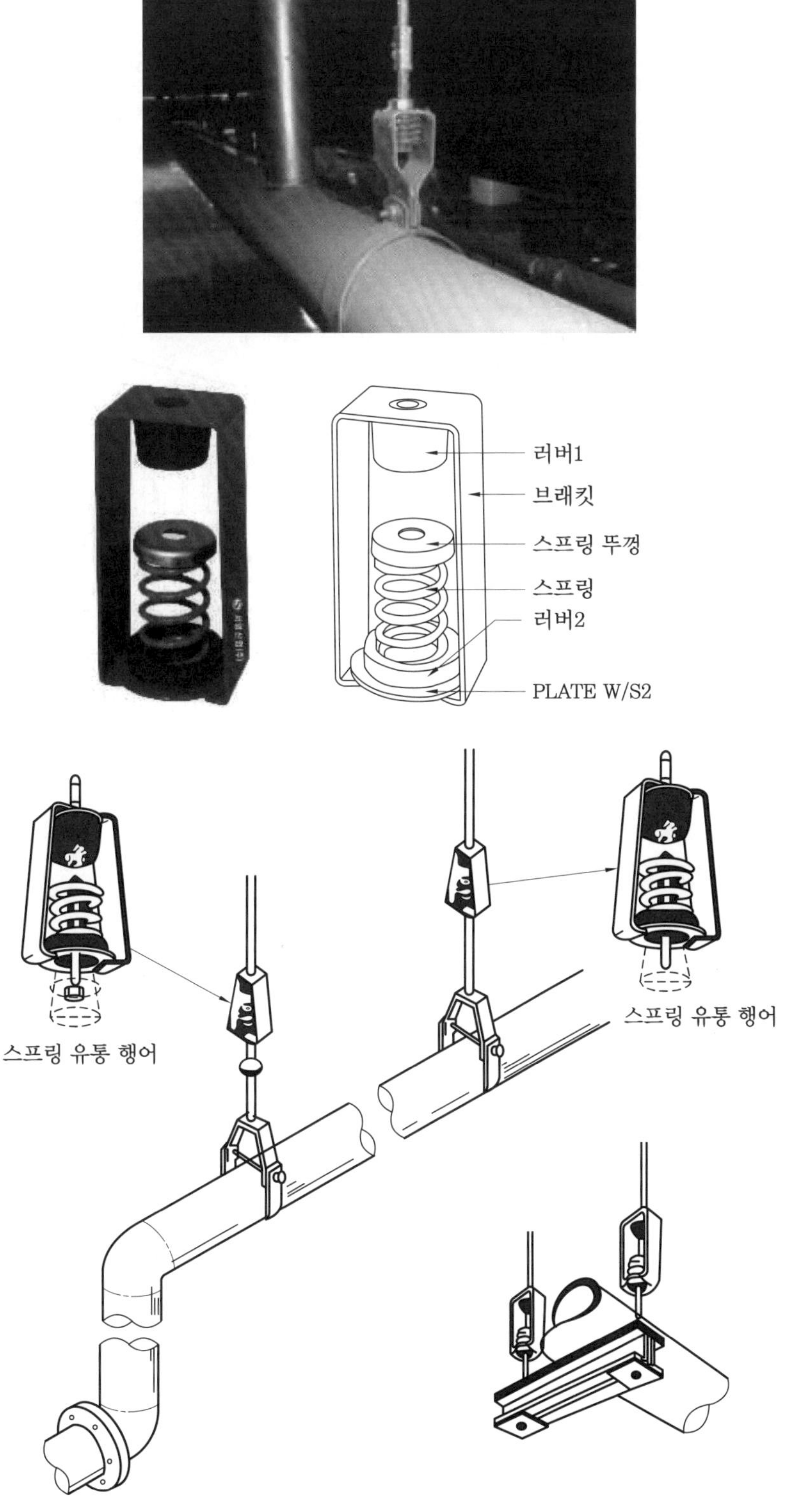
러버1
브래킷
스프링 뚜껑
스프링
러버2
PLATE W/S2
스프링 유통 행어
스프링 유통 행어

방진 스프링 행어

(3) 콘스턴트 행어(constant hanger)

배관의 상하 이동에 관계없이 관 지지력이 일정한 것으로(지정 이동 범위 내에서) 스프링을 이용하는 것과 추를 사용하는 것이 있다. 스프링은 소형이고 취급이 간단하나, 추 형식의 행어는 지렛대를 이용하므로 넓은 공간이 필요하다.

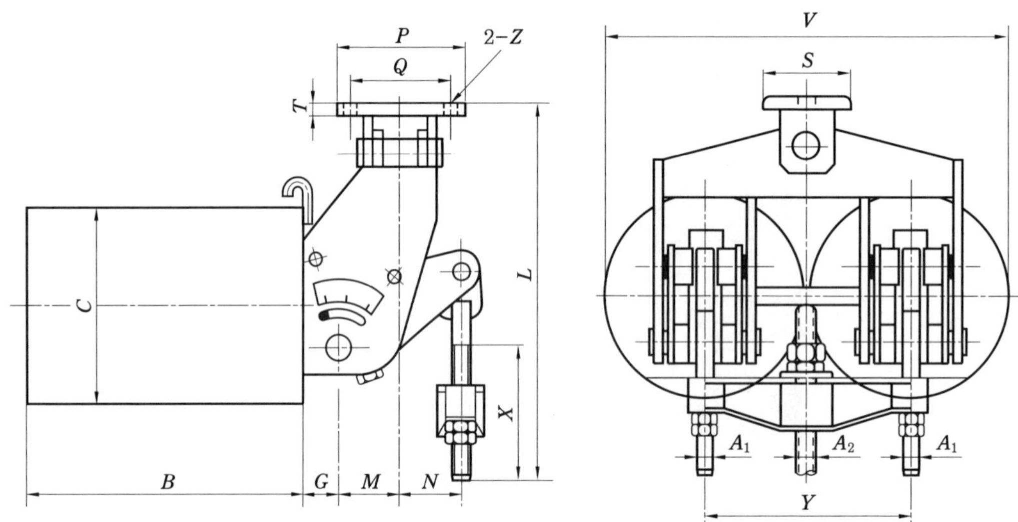

(a) 스프링식 콘스턴트 행어

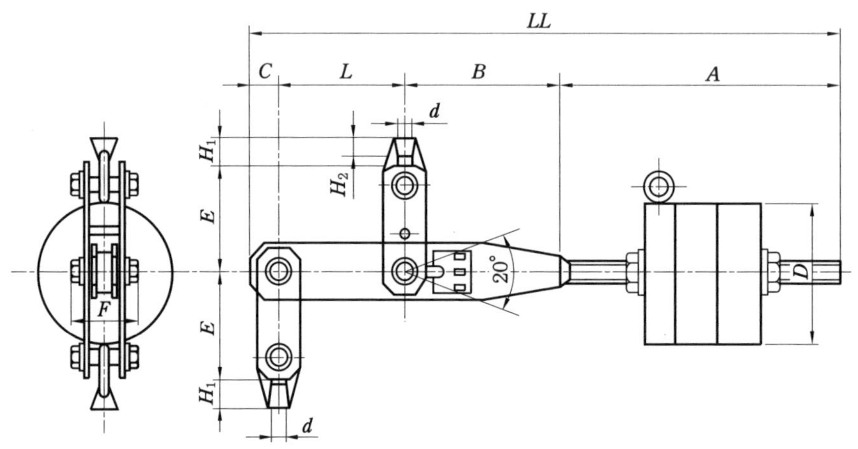

(b) 추식 콘스턴트 행어

콘스턴트 행어

(4) 파이프 슈(pipe shoe)

파이프에 강판을 이용하여 관에 직접 접속하는 것이며, 수평부와 곡관부를 지지한다.

파이프 슈의 접속 10 B 이하

고속강으로부터 자른다.

(a) 유형 Ⅰ (b) 유형 Ⅱ

⊗ H=100	⊗[a] H=150	⊗[b] H=200	⊗[c] H=250

심벌

파이프 크기	H-강	L	B	C	H	t_1	t_2	a	무게(kg)		비고 (무게)
									유형 Ⅰ	유형 Ⅱ	
2½ 또는 under	–	250	75	200	H=100	6	6	4	–	1.99	H=100
3~6 B	H200×150×6×9	300	150	240	H=150	9	9	6	4.63	4.47	H=100
8~10 B	H200×150×6×9	300	150	240	H=150	9	9	9	5.34	5.17	H=150

각종 지지 장치를 관에 접속하려면 부속 금구가 필요하며, 이 금구류를 관에 직접 용접을 하는 형식과 용접하지 않는 형식으로 대별할 수 있다. 용접하지 않는 것은 클램프, 새들, 슬링, 롤러, 클레비스 등이 있으며, 설치가 간단하고 위치를 자유로이 선정할 수 있는 장점은 있으나 강도면에서 큰 하중에는 사용할 수 없다. 클램프 이외에는 수직 배관에 사용할 수 없는 등의 결점도 있다. 200℃까지는 가단 주철제, 400℃까지는 탄소강, 그 이상의 배관 온도에 대해서는 합금강을 사용하는 것이 보통이다.

파이프 슈의 접속 12~24 B

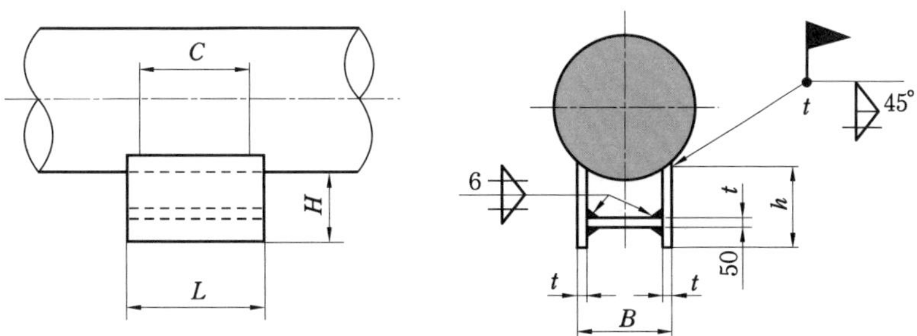

파이프 크기	L	B	C	h				t	무게 (kg)	비고 (무게)
				H=100	H=150	H=200	H=250			
12 B	300	200	200	136	186	236	286	9	11.40	H=150
14 B	300	200	200	131	181	241	281	9	14.45	H=200
16 B	300	300	200	165	215	265	315	9	17.21	H=200
18 B	300	300	200	155	205	255	305	12	21.70	H=200
20 B	300	300	200	150	200	250	300	12	21.42	H=200
22 B	300	400	200	185	235	285	335	12	28.08	H=200
24 B	300	400	200	176	226	276	326	12	25.61	H=200

㈜ 재료는 SS 41과 같은 종류로 하며, 온도는 350℃, 슈의 높이를 결정할 때는 보온재의 두께에 의한다.
보온재 두께 75 mm 미만 : H=100, 76~125 mm : H=150, 126~175 mm : H=200, 176 mm 이상 : H=250

파이프 슈의 26 B 이상

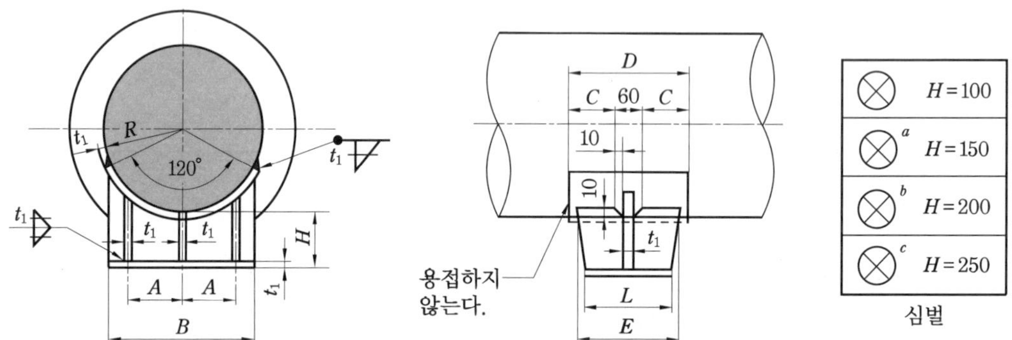

파이프 크기	B	A	H	L	E	C	D	R	t_1	t_2	무게 (kg)	비고 (무게)
26 B	560	230	H=100 H=150 H=200 H=250	300	350	170	400	334	9	12	60.8	H=200
28 B	600	255		300	350	170	400	360	9	12	65.0	H=200
30 B	650	275		300	350	170	400	385	9	12	68.7	H=200
32 B	690	295		300	350	170	400	410	9	12	72.5	H=200
34 B	740	320		300	350	170	400	436	9	12	78.4	H=200
36 B	780	340		300	350	170	400	461	9	12	80.9	H=200
40 B	860	380		300	400	195	450	512	9	12	94.9	H=200
42 B	910	405		300	400	195	450	539	9	12	101.7	H=200
44 B	950	425		300	400	195	450	564	9	12	103.3	H=200
48 B	1040	470		300	400	195	450	616	9	12	112.5	H=200
52 B	1130	515		300	400	195	450	667	12	16	160.9	H=200
54 B	1180	540		300	400	195	450	692	12	16	168.0	H=200
60 B	1310	605		300	450	220	500	770	12	16	198.6	H=200
66 B	1440	670		300	450	220	500	847	12	16	216.1	H=200
72 B	1570	735		300	450	220	500	924	12	16	235.7	H=200
80 B	1740	820		300	450	220	500	1026	12	16	261.6	H=200

1-2 스폿

(1) 리지드 스폿 (rigid spot)

강성이 큰 H형 빔이나 I형 빔으로 받침을 만들고, 그 위에 배관을 올려 놓은 형태이다.

(2) 롤러 스폿 (roller spot)

배관의 신축이나 기타 외부 힘에 의한 축방향으로의 이동을 원활하게 하기 위하여 배관을 롤러에 올려놓아 지지하는 것이다.

(3) 스프링 스폿 (spring spot)

스프링의 탄성 작용을 이용하여 파이프 하중의 변화에 의한 약간의 상하 이동을 허용하도록 한 것이다.

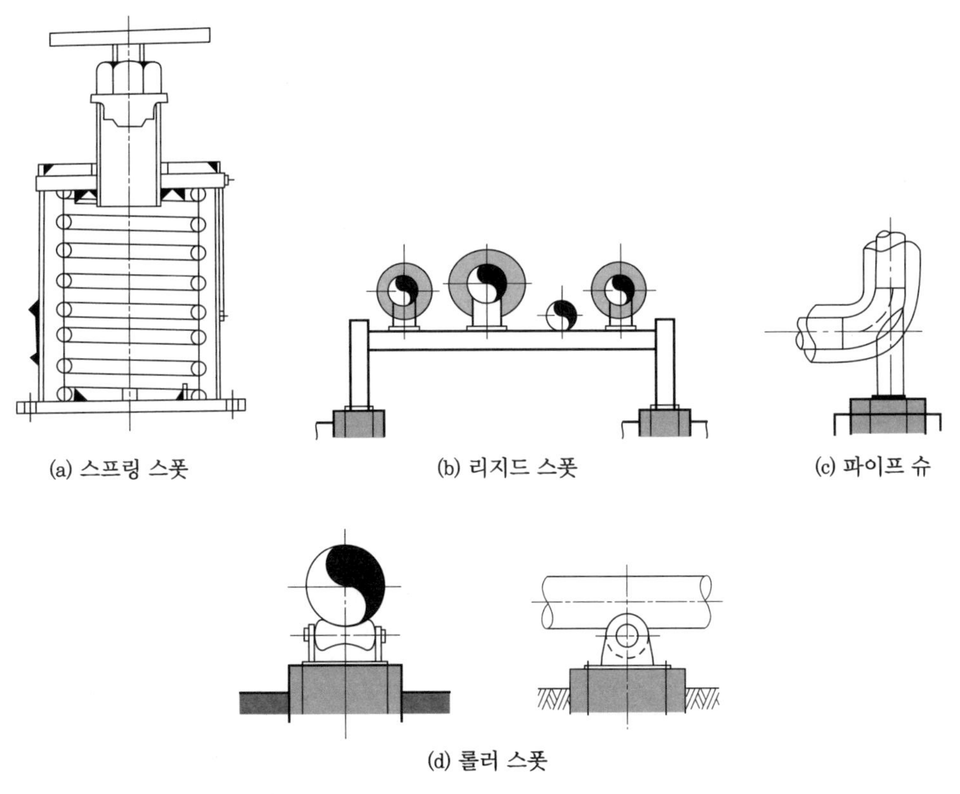

스폿

2. 레스트레인트 (restraint)

열팽창에 의한 배관의 이동을 저지 또는 제한하는 장치를 말하며, 앵커, 가이드, 스토퍼 등이 있다.

2-1 앵커

어떤 위치의 지지점에 완전히 고정하는 것이며, 배관의 중량도 지지한다.

앵커(anchor)의 설치 위치는 주관과 분기되어 열팽창되는 부분으로 하며, 앵커점에는 큰 힘이 작용하는 경우가 많으므로 특별히 주의를 요한다.

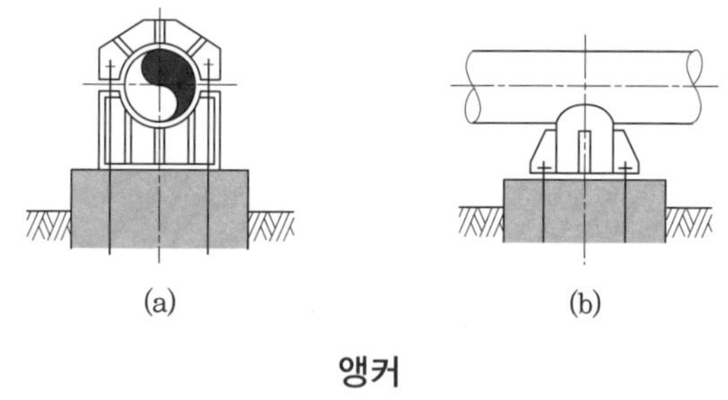

앵커

직접 용접형

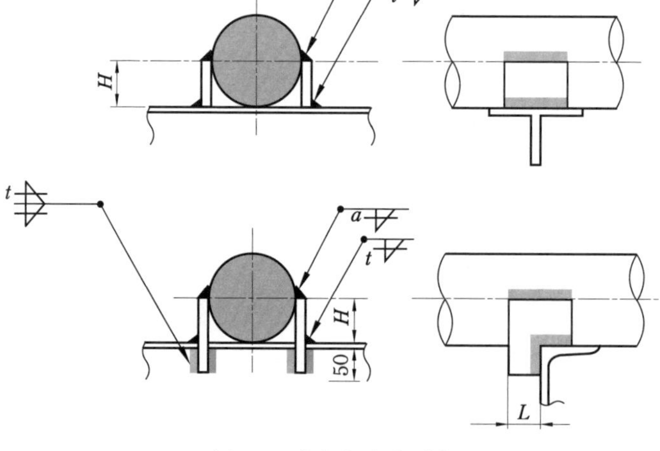

(a) 4 B 이하의 관일 경우

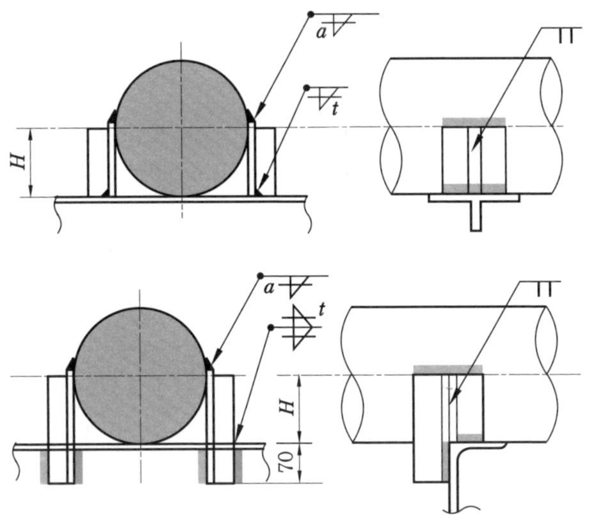

(b) 5 B 이상의 관일 경우

파이프 크기	구성 요소	치수			
		a	t	H	L
½ B	FB 75×9	3	6	11	35
¾ B	FB 75×9	3	6	14	35
1 B	FB 75×9	3	6	17	35
1½ B	FB 75×9	4.5	6	25	35
2 B	FB 75×9	4.5	6	31	35
2½ B	FB 100×9	6	9	39	50
3 B	FB 100×9	6	9	45	50
3½ B	FB 100×9	6	9	51	50
4 B	FB 100×9	6	9	58	50
5 B	2L−75×75×9	6	9	70	–
6 B	2L−75×75×9	6	9	83	–
8 B	2L−75×75×9	6	9	109	–
10 B	2L−75×75×9	6	9	134	–
12 B	2L−75×75×9	6	9	160	–

2-2 가이드 (guide)

배관의 회전을 방지할 목적으로 사용되고 있으나 축 방향으로는 이동을 허용하고, 축과 직각 방향의 이동은 방지(구속)하는 데 사용한다.

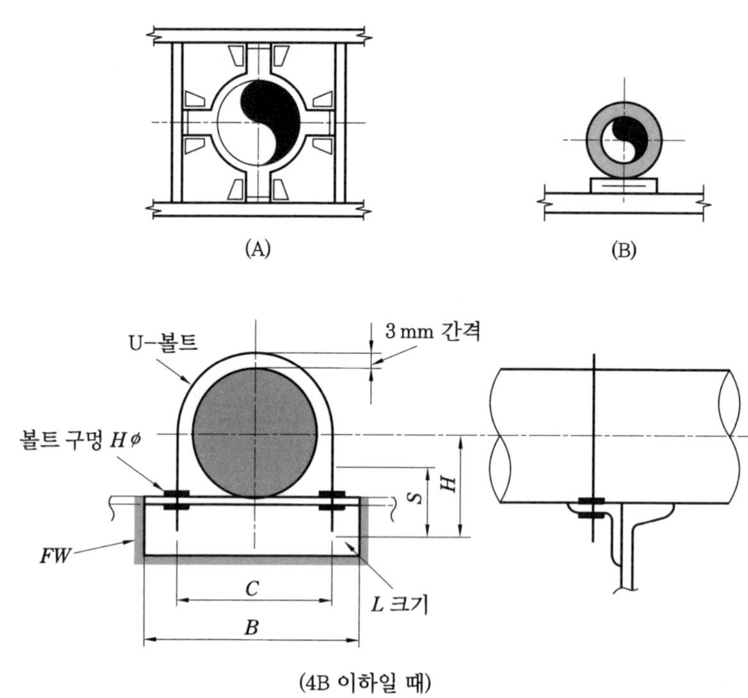

(4B 이하일 때)

GS-2

파이프 크기	B	C	h^{ϕ}	H	S	L 크기
½ B	90	35	11	45	40	L 50×50×6
¾ B	90	40	11	50	40	L 50×50×6
1 B	90	45	11	55	45	L 50×50×6
1½ B	120	60	11	60	45	L 50×50×6
2 B	120	75	11	65	45	L 50×50×6
2½ B	150	90	14	75	50	L 50×50×6
3 B	180	105	14	85	55	L 50×50×6
3½ B	180	120	14	90	55	L 50×50×6
4 B	200	135	18	100	60	L 50×50×6

그림 (A)와 (B)는 모두 축 방향 안내(guide) 기능을 포함하고 있는데, (A)는 수직 배관에 사용하며, 긴 배관은 수평 방향의 강도가 작은 반면 바람이나 지진 등에 대하여 변형이 생길 수도 있으며, 특히 열팽창을 할 때 수평 방향으로의 변형이 커서 미관을 해치는 등 인접 배관 및 기기에 간섭하는 경우도 있다. (B)는 회전을 구속하는 기능은 없으며, 긴 수평 배관에 사용한다.

2-3 스토퍼(stopper)

일정한 방향으로의 이동과 회전만 구속하는 것이며, 다른 쪽은 자유롭게 움직이도록 하는 것으로 노즐부를 열팽창으로부터 보호하며, 배관계통에 응력 및 반력이 발생하는 것을 방지하는 데 목적이 있다.

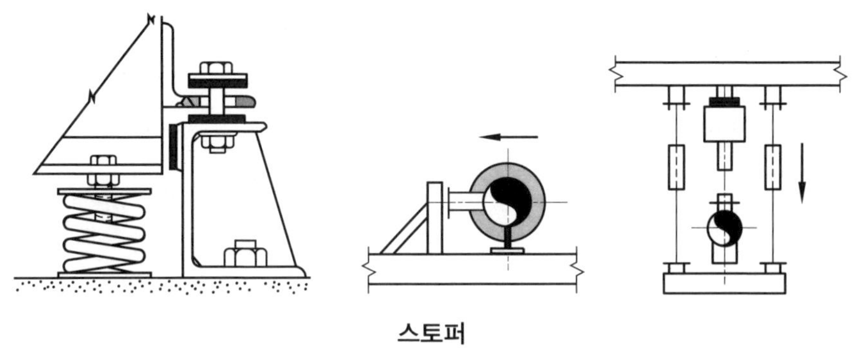

스토퍼

3. 브레이스

일반적으로 진동을 억제하는 데는 브레이스(brace)를 사용한다. 브레이스에는 진동을 방지하는 방진기와 분출 반력 등 충격을 완화하는 완충기가 있으며, 배관은 열팽창에 의한 이동 외에 기계적인 진동과 수격 작용, 바람 및 지진 등에 의해 진동이 발생하게 되는데, 이와 같이 진동에 의해 배관 계통에 발생하는 공진에 의한 파손과 누수, 피로 손상 및 운전원에 대한 심리적인 압박 등 많은 사고와 장해를 일으키게 된다.

이와 같은 문제점을 해결하는 가장 좋은 방법은 진동의 원인을 찾아내어 제거하는 방법이 있겠으나, 현재로서는 피할 수 없는 경우가 많으므로 가급적 진동 억제를 도모하는 것이 최선의 방법이다.

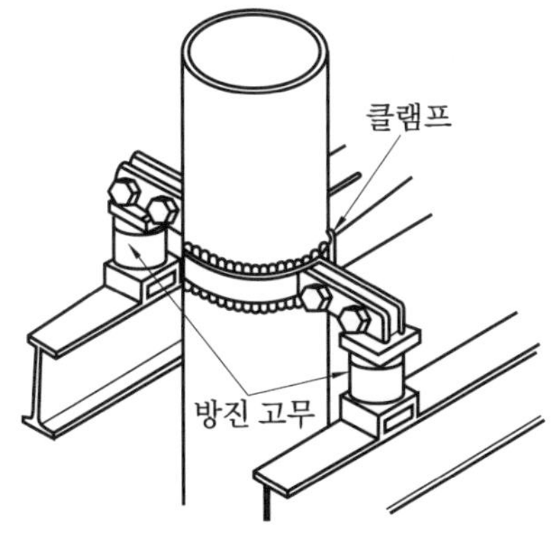

클램프를 이용한 브레이스

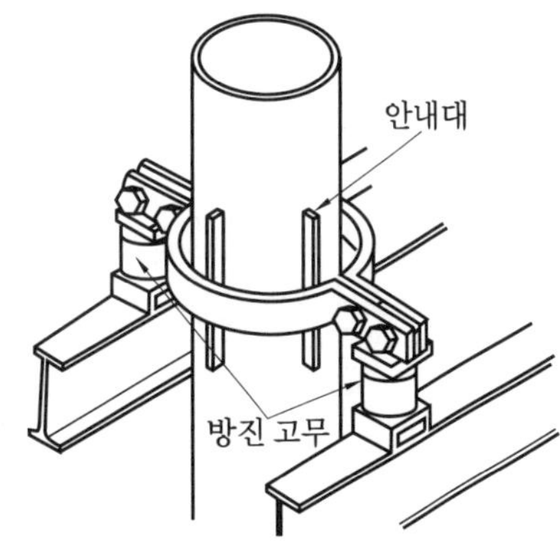

안내대를 이용한 브레이스

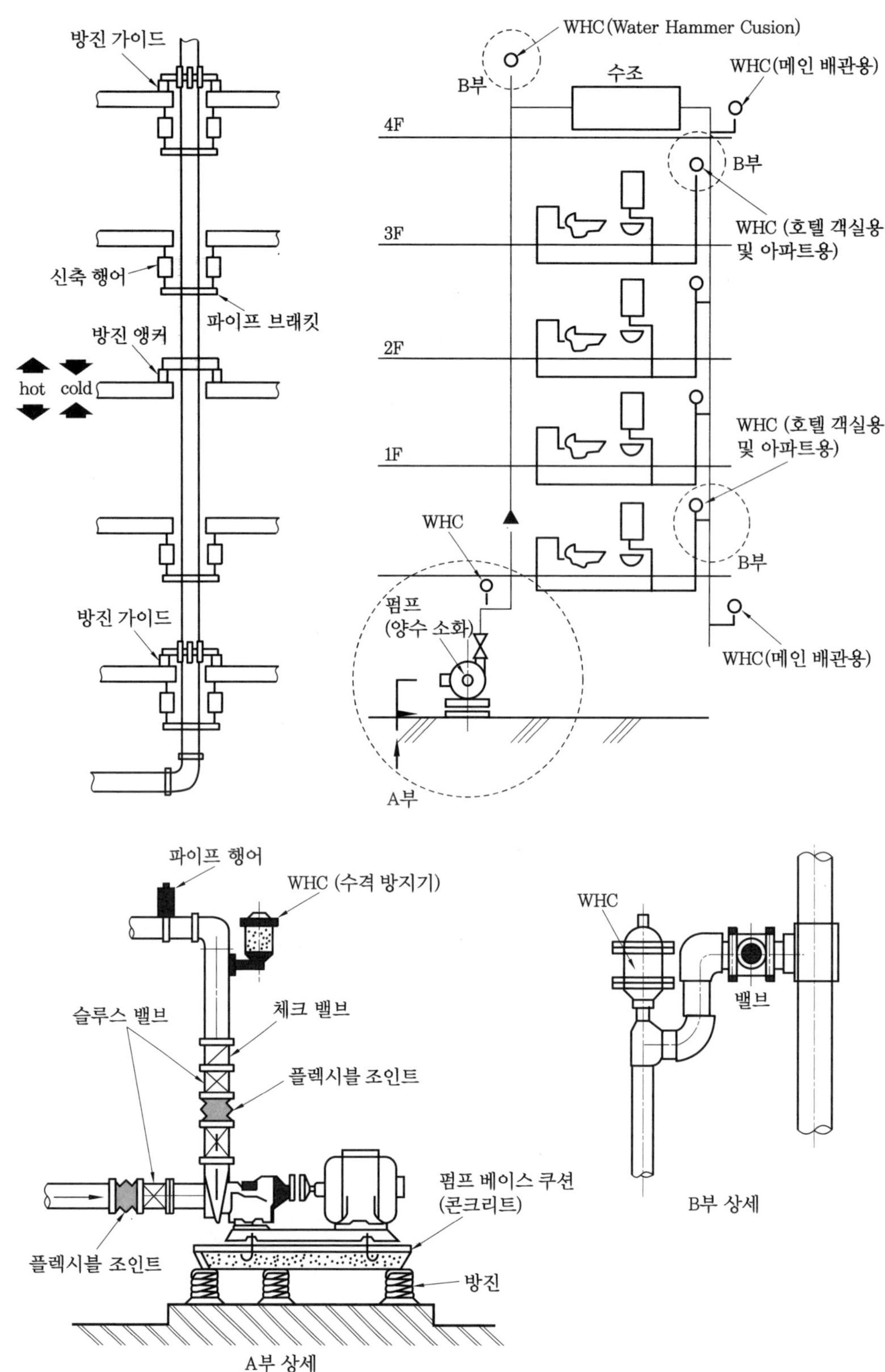

파이프 방진 및 WHC 설치 예

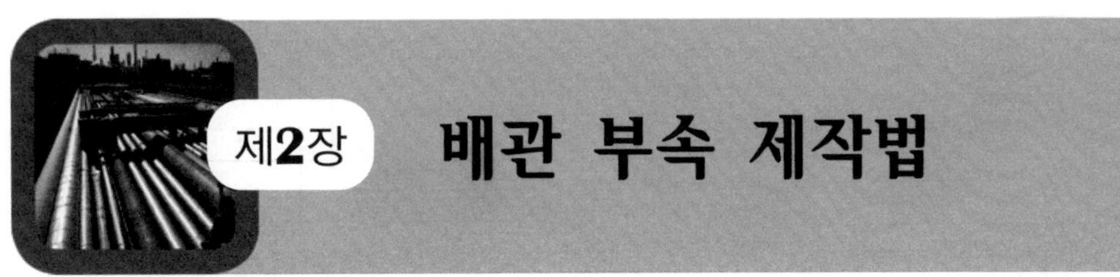

제2장 배관 부속 제작법

대구경의 배관에서는 엘보(elbow), 티(tee), 리듀서(reducer) 등 강관 부속도 제작에 의지하여 만들어지는 것이 통상적인 방법이며, 부품이 정확하게 제작되어야만 도면과 같은 올바른 배관이 형성되는 것이다. 또한 관 제작이 제대로 되어 있지 않으면 용접이나 배관 조립 시 어려움을 격게 되며, 작업시간이 길어짐은 물론 배관 전체를 사용하지 못하게 되는 경우도 생기게 된다. 따라서 관 제작법을 충분히 숙지하여 현장 공정에 지연이 생기지 않도록 하여야 한다.

1. 관 제작의 기초 사항

1-1 관의 절단과 이음

관의 지름이 크고 길이가 길어지면 용접부에 루트 간격 및 루트면, 그루브 각도가 필요하게 되고, 대체적으로 루트 간격은 3~5 m이며, 루트면은 1.5~2 mm 정도로 한다. 그루브 각도는 형태에 따라 V형, |/형, U형, X형, K형, H형 등 여러 가지 형태를 취하며, 가장 많이 사용되는 V형의 경우 대체로 60~70°가 보통이다. 또한 엘보나 티(tee)의 경우, 관의 굽힘 각도가 적게 되면 유체에 와류가 생겨 흐름이 원활하지 않으므로 반드시 주의를 요한다. 직선관을 연결할 때는 정반 위에 블록을 올려놓는 방법, 파이프를 2개 맞대어 놓는 방법, 용접용 바이스를 이용하는 방법, 앵글을 이용하는 방법 등이 있으며, 어느 방법이든 기구에 파이프를 올려놓고 작업한다.

또한 90° 엘보나 45° 엘보를 연결할 때는 직각자를 이용하는 방법과 레벨을 이용하는 방법이 있으며, 어느 것이나 파이프를 4 등분하여 표시한 후 한쪽을 가접한 다음 반대쪽을 가접하여 각도를 잡는다(이때 가접 개소는 4 곳으로 한다).

티 이음을 할 때도 직각자를 이용하는 방법이 많이 쓰이며, 플랜지 이음을 할 때는 특별히 플랜지용 직각자를 사용하는 것이 좋다.

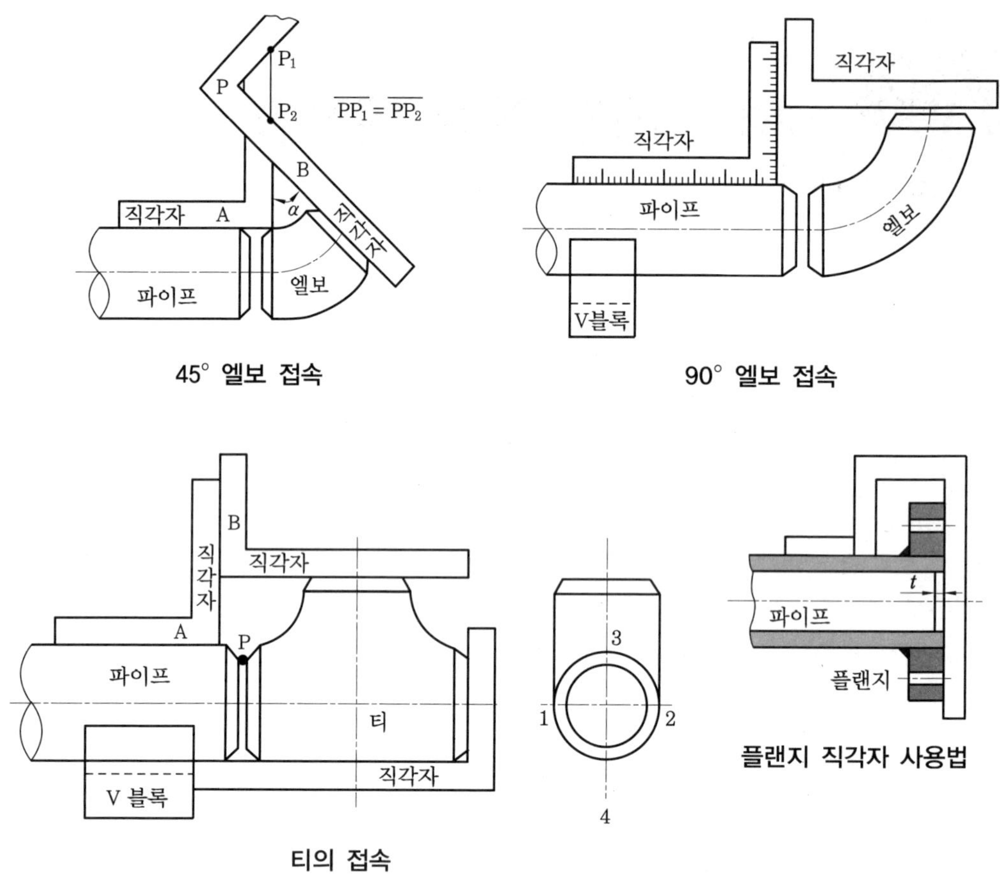

45° 엘보 접속

90° 엘보 접속

티의 접속

플랜지 직각자 사용법

1-2 절단각 산출법

직관을 이용하여 곡관을 만든 것을 마이터(miter)라 하며, 절단 편수가 2개인 것을 2편 마이터, 절단 편수가 3개인 것을 3편 마이터라 한다.

① 절단각을 구하는 방법은 다음 공식에 의한다.

$$절단각 = \frac{중심각}{(편수-1)2}$$

따라서, 중심각 80°의 3편일 경우

$$\frac{80}{(3편-1)2} = \frac{80}{(2)2} = \frac{80}{4} = 20°$$

즉, 절단각은 20°가 된다.

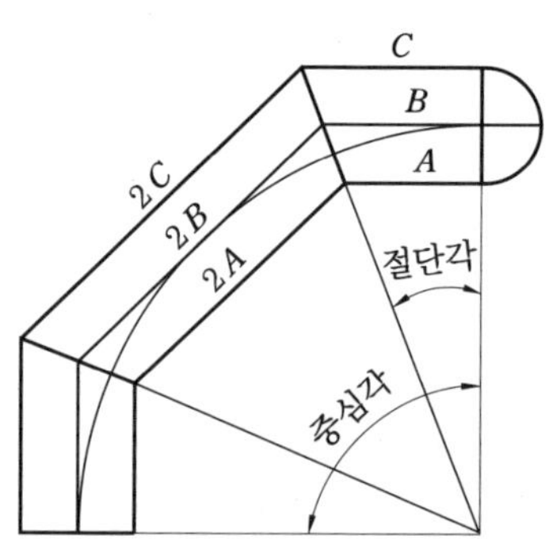

㈜ 관 중앙편과 양끝편의 관계는 중앙편의 크기가 양끝편 길이의 2배가 된다.

② 같은 방법으로 90°의 2편일 경우에는 $\frac{90}{(2-1)2}=45°$가 되며,

90° 3편일 경우에는 $\frac{90}{(3-1)2}=22.5°$

90° 4편일 경우에는 $\frac{90}{(4-1)2}=15°$가 된다.

1-3 절단선 긋는 방법

마이터 제작 시 절단선을 긋는 방법으로는 다음 3가지 방법이 있다.

① 마킹 테이프 이용 방법

② 계산에 의한 방법

③ 전개도에 의한 방법

위의 3가지 중에서 마킹 테이프를 사용하는 방법은 현장에서 통상적으로 이용되는 방법으로 대체로 작은 관에 적합하며, 계산에 의한 방법은 큰 관에도 적합하나 대량 생산에는 적합하지 않으며, 전개도에 의한 방법은 전개도 제작에 많은 시간이 걸리나 가장 정확하고 대량 생산에 적합하다.

참고 전개도법에는 평행 전개도법, 방사 전개도법, 삼각 전개도법이 있으며, 평행 전개도법은 원기둥, 삼각기둥, 육각기둥 등에 이용되며, 방사 전개도법은 원뿔, 삼각뿔, 육각뿔 등 꼭지점이 있는 물체 전개에 이용되고, 삼각 전개도법은 불규칙한 물체의 전개에 적당하다.

2. 마킹 테이프에 의한 관 제작법

2-1 마킹 테이프의 사용법

① 그림 (a)의 절단선을 얻기 위하여 관의 절단 중심선에서 수선 $\overline{MM'}$를 긋는다(마킹 테이프를 사용하여 관 주위를 한바퀴 돌려 밀착시킨다).

② 관의 외면을 $\overline{MM'}$를 기준으로 4등분한 후 등분선을 긋는다(원둘레와 같은 크기의 마킹 테이프를 2번 접으면 접힌 선은 4등분선이 된다( )).

③ 2번 선과 4번 선상에 L_1과 L_2의 길이로 만난 점을 얻는다(A, B).

④ 1과 A와 3을 지나도록 마킹 테이프를 밀착시켜 선을 긋고, 같은 방법으로 1과 B와 3을 지나는 선을 그으면 절단선이 된다(그림 (c) 참조).

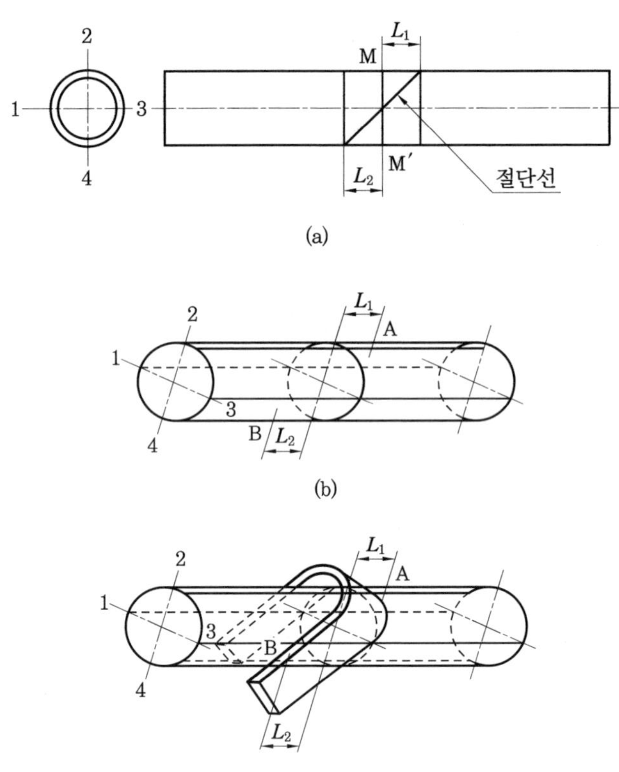

㈜ 마킹 테이프는 폭 30~40 mm의 유동성 있는 박강판이나 셀룰로오스 또는 보루지 등을 쓴다.

2-2 관 제작법

(1) 동경(同徑) T형관

① 주관의 둘레를 4등분하여 등분선을 그은 후 분기점에서 마킹 테이프를 관 주위에 감고 선을 긋는다.

② 관의 반지름으로 분기점에서 양쪽으로 $\frac{D}{2}$ 잡아 만난 점 A와 B를 얻는다.

③ 2와 A 그리고 4를 지나는 선을 긋고 같은 방법으로 C와 B와 4를 지나는 선을 긋는다(마킹 테이프 사용).

④ 2와 4를 지나는 선이 분기점과 만난 점 C에서 관의 두께만큼 절단편 쪽으로 이동하여 D점을 얻고 원활한 선으로 하면 절단선이 된다.

⑤ 같은 방법으로 분기관도 완성한다.

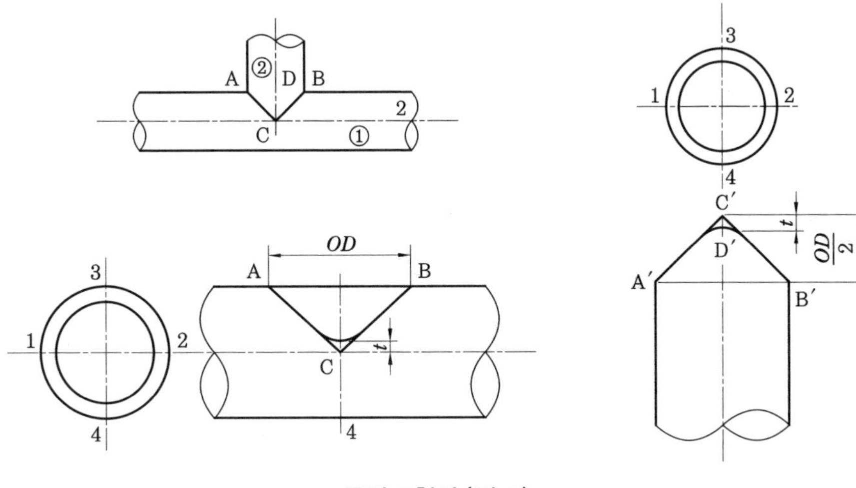

동경 T형관(정 T)

(2) 이경(異徑) T형관

① 주관의 분기점에서 마킹 테이프를 사용, 수직선을 긋고 원주를 4등분한다.

② 분기관도 4등분한 후 주관의 등분선 및 수선과 일치되게 분기관을 수직이 되게 올려 놓는다.

③ 금긋기 바늘을 사용 분기관의 외면과 밀착시켜서 주관 위에 금을 그으면 절단선이 된다(ACB 곡선).

④ 같은 방법으로 주관의 금긋기선과 분기관 끝과의 거리를 주관과 분기관이 만나는 점에서 잡은 후 마킹 테이프를 사용하여 선을 그으면 절단선이 된다(E=F가 되도록 C′ 점을 구한다).

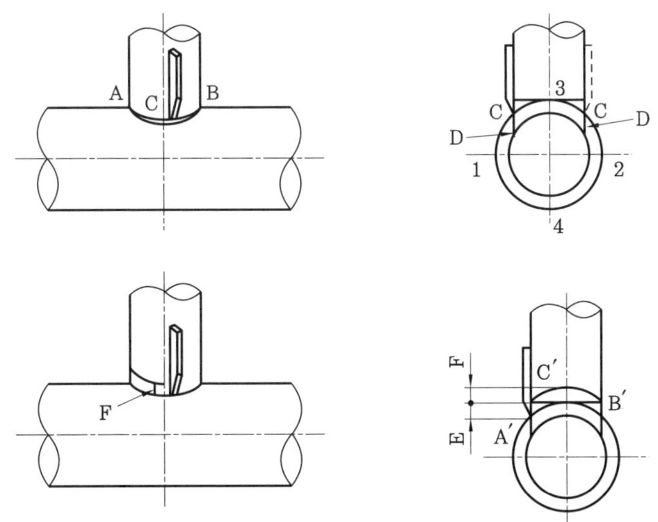

이경 T형관(이경 T)

(3) 동경 Y형 분기관

① 관의 둘레를 4등분하고 그림 (b)와 같이 중심선을 지나는 원둘레선을 그린다.
② 각 중심선에 나란히 관의 외형선을 그어 교점 A, B를 구한다.
③ 마킹 테이프를 사용하여 C, A, C와 C, B, C를 연결하여 그으면 절단선이 된다.
④ 분기관은 작도에서 F, G의 거리를 측정한 다음 4번선과 3번선 위에 잡아 B와 A점을 얻는다.
⑤ 마킹 테이프를 이용하여 C, A, C와 C, B, C를 연결하여 분기관의 절단선을 긋는다.

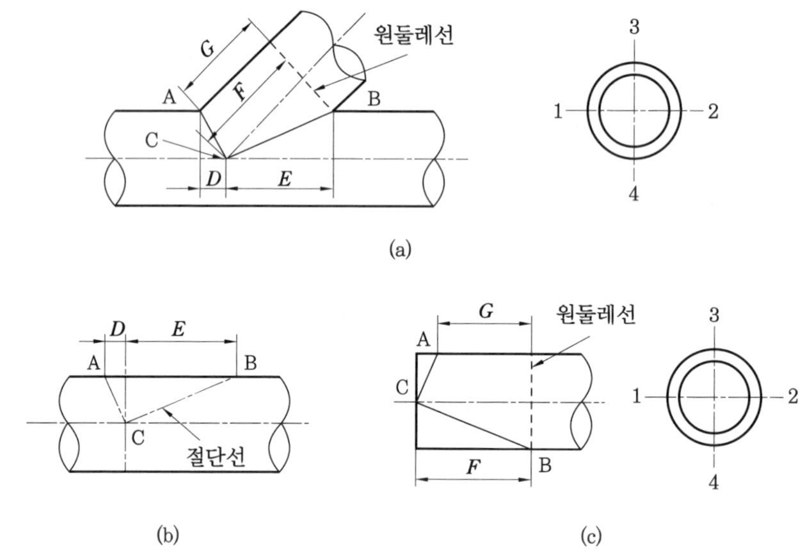

동경 Y형 분기관

(4) 동심 축소관

① 그림과 같이 간단히 외형을 작도하고 필요한 치수를 산출한다.
② 축소 길이는 큰 지름에서 작은 지름을 뺀 길이이다. 지름의 차이×2배 $[(D-d)\times 2]$로 한다.
③ 경사 길이는 AB_1 = 축소 길이 $+a$
④ 작업 길이는 A, B_1의 연장선에 B_2에서 수직선을 그어 B점을 얻는다. 이때 나타난 B_1, B, B_2의 삼각형이 b의 길이이며, 잘리는 부분이다.
⑤ 작업 길이는 축소 길이 $+(a+b)=AB$
⑥ 파이프에 작업 길이 {축소 길이 $+(a+b)$}로 마킹하고, 축소되는 관의 원주 길이 $\frac{\pi d}{2}$를 양쪽으로 B_2점을 잡고 B_2에서 A_1을 마킹한다.
⑦ A_2점은 정면도에서 A_1점에서 K거리를 A_1점에서 B_2와 A_1의 직선 위에 돌려 교점 A_2를 얻는다.

⑧ A_2, A, A_2의 3점을 지나는 원을 컴퍼스로 절단선을 그린다.

⑨ 그림과 같이 30 mm 정도 남겨두면 좋다.

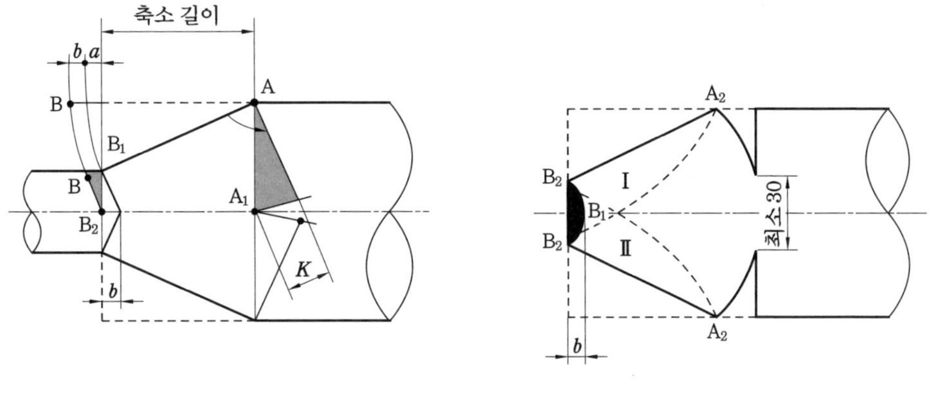

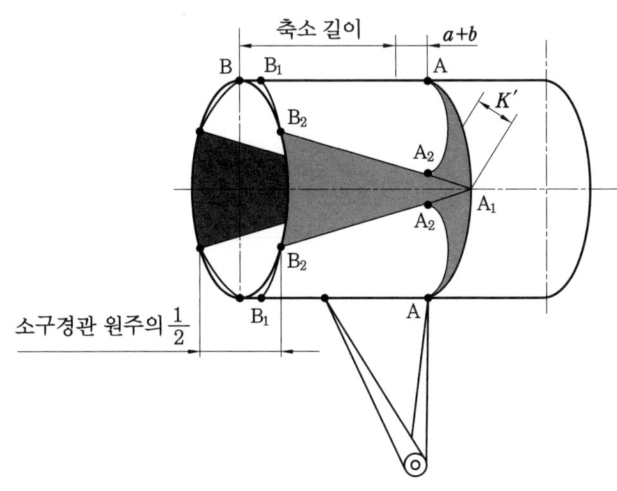

동심 축소관

(5) 편심 축소관

① 그림과 같이 간단한 작도를 하고 필요한 치수를 산출한다.

② 축소 길이는 지름의 차이×2배 $[(D-d)\times 2]$로 한다.

③ 경사 길이는 $AB=AB_1=$축소 길이$+a$

④ 작업 길이는 D점에서 AB의 연장선 위에 수선을 그어 C점을 얻으며, 이때 나타난 길이 BC이다.

⑤ 작업 길이는 $AC=AC_1=$축소 길이$+(a+b)$

⑥ 빗금 친 삼각형 A, F, F_1과 B, C, D는 잘리는 부분이다.

⑦ 작업에 필요한 치수 [축소 길이$+(a+b)$]를 마킹한다.

⑧ 축소되는 관의 원주 길이 $\frac{\pi d}{2}$를 양쪽으로 D_1D_1과 DD를 잡고 밑 원주 4번선에서 $(a+b)$만큼 안쪽으로 들어가 마킹한다.

⑨ D점과 F점을 연결하고, F_2점은 그림 (a)의 F, F_1 거리로 D_1과 F의 직선에 만나는 점이다.

⑩ F_2, A, F_2의 3점을 지나는 원을 마킹하면 윗면의 절단선이 된다.

⑪ 3각형의 절단선 D_1, B_1, D_1도 마킹 테이프로 절단선을 그린다.

⑫ 그림 (b)와 같이 30 mm 정도 남겨둔다.

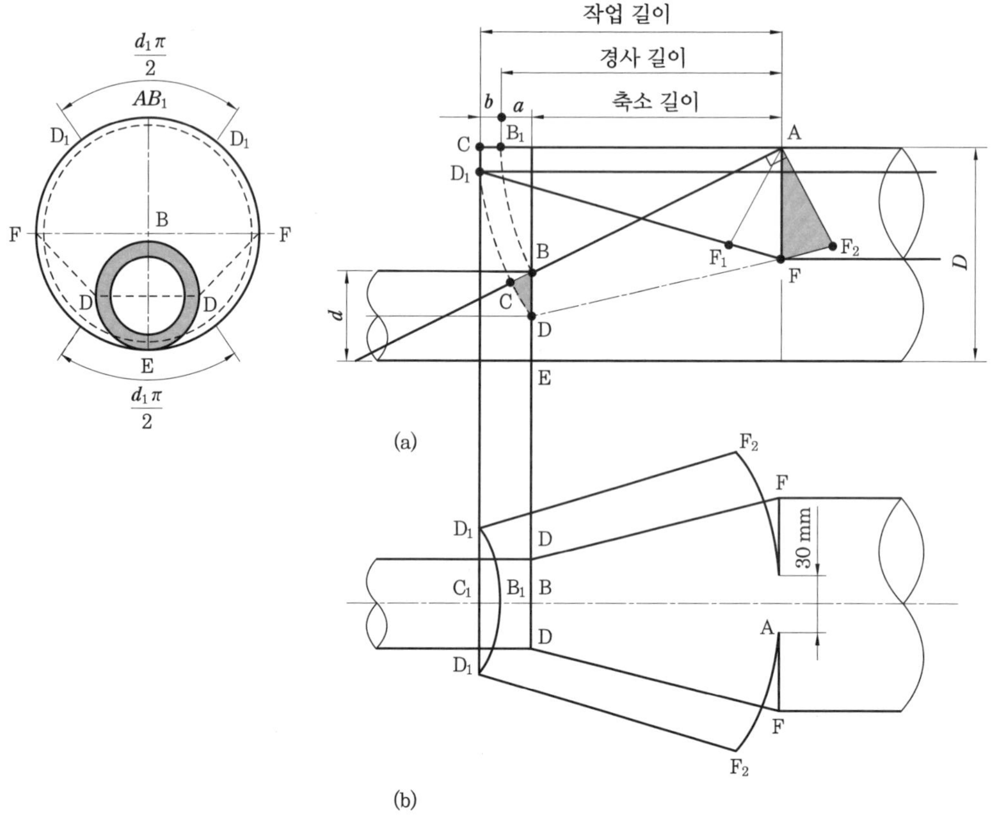

편심축소관

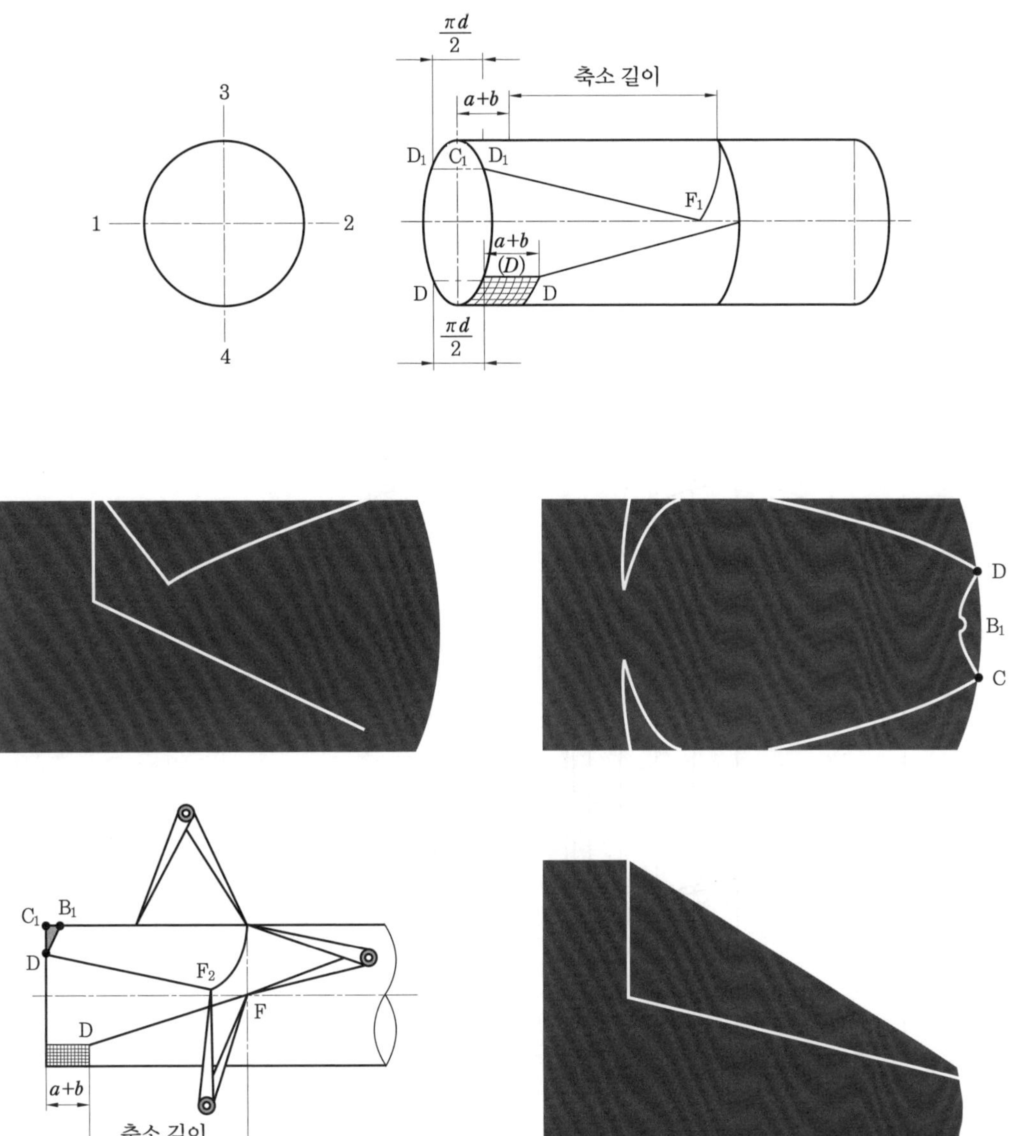

편심 축소관의 마킹법과 절단선

(6) 오렌지형 캡(orange type cap)

① 정면도와 평면도를 그린다. 평면도의 원주를 $\frac{1}{4}$ 등분하고, 원의 $\frac{1}{4}$을 다시 6등분하고(1, 2, ……, 6), 등분점을 $\overline{A0}$에 수선을 내리고 만나는 각 점들을 A를 중심으로 반지름으로 원호를 그린다.

② A0의 점을 정면도에 수선을 그으면 만나는 0′, 1′,……, 6′점을 얻는다.

③ 정면도의 각 등분점이 전개도의 높이 등분점 0″, ……, 6″이며, 등분점에 수평선을 그어서 평면도의 등분 거리를 3회의 거리로 나누어 준다.

④ 이 꼭지점을 연결하면 캡의 $\frac{1}{4}$ 전개도이다.

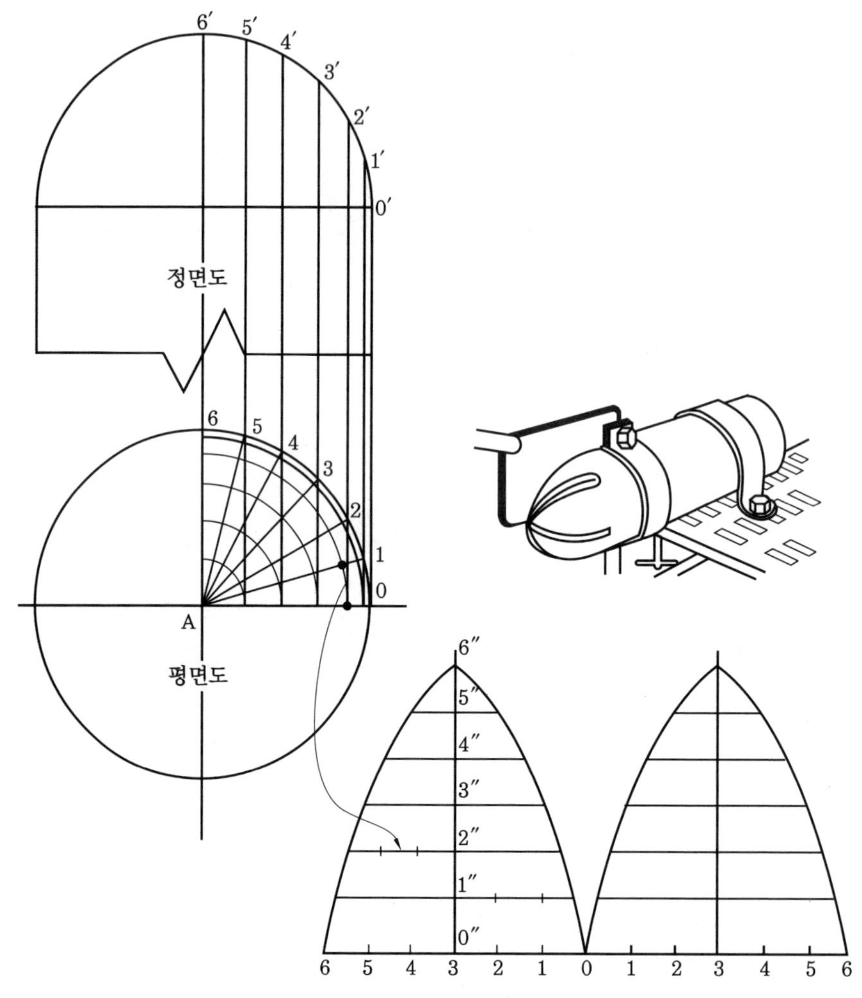

오렌지형 캡 전개법

(7) 볼 플러그형 캡(ball plug head)

① 관의 원둘레를 4등분하고 관 축에 평행선을 긋는다.
② 관의 바깥지름과 같은 길이로 A, B점을 얻는다.
③ 1번선과 2번선의 교차점 C점을 구하고 C, A, C와 C, B, C를 마킹 테이프로 원활하게 긋는다.
④ 2개의 C점으로부터 3번쪽으로 관 두께의 2배되는 곳에 D점을 잡는다(CD=2t).
⑤ 캡에 접속되는 관도 같은 방법으로 한다.

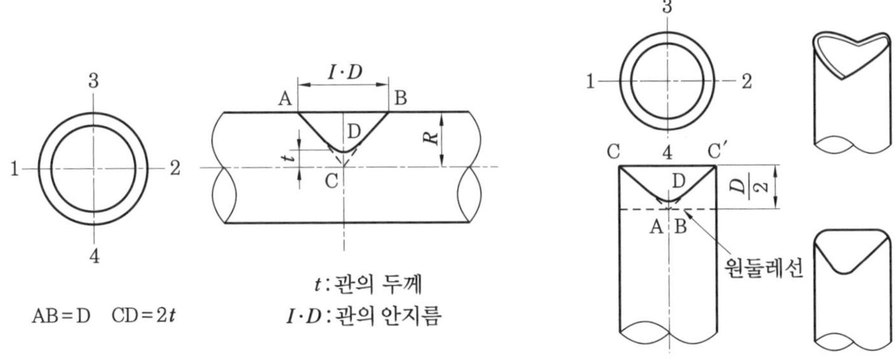

볼 플러그형 캡 전개법

3. 계산에 의한 제작법(삼각함수 응용)

3-1 관 제작법

직각삼각형에서 빗변과 밑변의 높이의 각 θ에 대한 세 변의 길이 관계식은 다음과 같다.

$$\sin\theta = \frac{높이}{빗변} = \frac{H}{L} \quad \therefore H = L \cdot \sin\theta$$

$$\cos\theta = \frac{밑변}{빗변} = \frac{M}{L} \quad \therefore M = L \cdot \cos\theta$$

$$\tan\theta = \frac{높이}{밑변} = \frac{H}{M} \quad \therefore H = M \cdot \tan\theta$$

$$\cot\theta = \frac{밑변}{높이} = \frac{M}{H} \quad \therefore M = H \cdot \cot\theta$$

임의의 각도 θ의 sin, cos, tan와 cot의 값은 삼각함수표에서 얻을 수 있으므로 직각삼각형의 각도 θ와 1변의 길이를 알고 있으면 다른 1변도 알 수 있으며, 2변을 알고 있으면 각도 θ도 구할 수 있다.

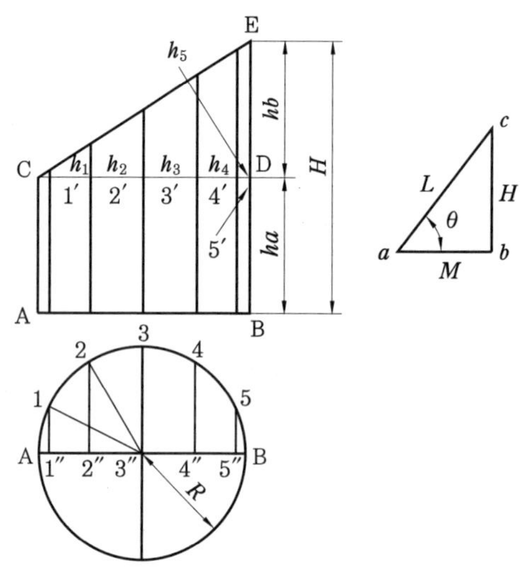

관 제작의 전개

실례로 경사로 자른 원기둥의 작도 순서는 다음과 같다.

① 평면도 반원주 $\widehat{AB}$ 를 6등분한 후 1, 2, ……, 5를 얻고 수선을 세워 입면도의 만나는 점 CD와 만나는 점 1′, 2′, ……, 5′를 얻는다.

② 직각삼각형 1″, 3″, 1은 30°2″, 3″, 2는 60°이므로, $\overline{1''3''} = R \cdot \cos 30° = 0.866R$이 되고, $\overline{2''3''} = R \cdot \cos 60° = 0.5R$이 된다.

③ 입면도 $\overline{C1'}$, $\overline{C2'}$, ……, CD의 길이는 $\overline{C1'} = 0.134R$, $\overline{C2'} = 0.5R$, $\overline{C3'} = R$, $\overline{C4'} = 1.5R$, $\overline{C5'} = 1.866R$, $\overline{CD} = 2R$이 된다.

④ h_1, h_2, ……, h_b의 높이를 구하는 직각삼각형은 모두 닮은꼴이고, $h_1 : h_2 = \overline{C1'} : \overline{CD}$, 즉 $h_1 : h_b = 0.134R : 2R$의 비례식이 성립된다.

⑤ 따라서 $h_1 = \dfrac{0.134R \cdot h_b}{2R} = 0.067h_b$, $h_2 = \dfrac{0.5R \cdot h_b}{2R} = 0.25h_b$

$h_3 = \dfrac{R \cdot h_b}{2R} = 0.5h_b$, $h_4 = \dfrac{1.5R \cdot h_b}{2R} = 0.75h_b$

$h_5 = \dfrac{1.866R \cdot h_b}{2R} = 0.933h_b$가 된다.

⑥ 전개 시에는 $H - h_5 = h_1 + h$의 길이가 되고, $H - h_4 = h_2 + h$를 얻을 수 있다. 같은 방법으로 각 부의 실제 길이를 구하여 나열하고 원활한 곡선으로 연결한다.

3-2 앵글 브래킷 제작법

(1) 30×60° 앵글 브래킷(angle bracket ; 까치발)

각 부재의 전개 치수를 구하는 방법은 다음과 같다.

$A = B \times \tan 30° = B \times 0.577$

$B = A \times \tan 60° = A \times 1.732$

$C = A \times 2000$ 또는 $B \times 1.155$

$D = G$(세 조각으로 만들 때)

$D = G - t$(한 조각으로 만들 때)

$E = D \times \cot\ 15° = D \times 3.732$

$F = D \times \cot\ 30° = D \times 1.732$

여기서, G, Q : 앵글의 너비　　t : 앵글의 두께

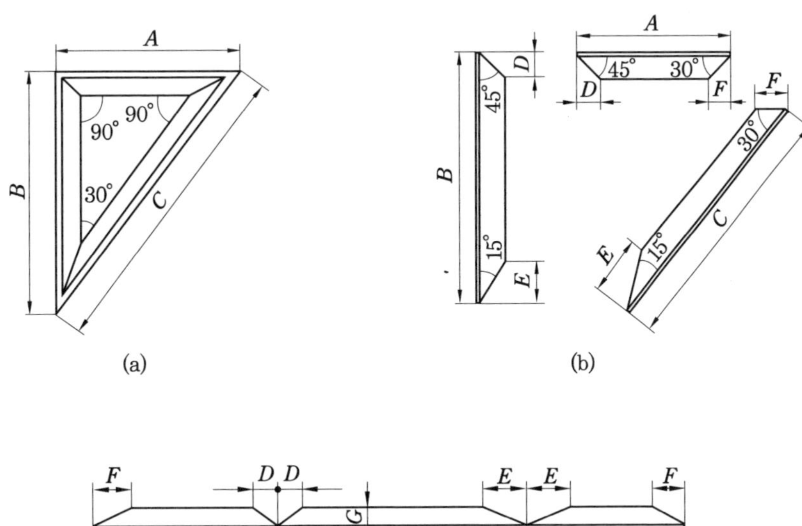

30×60° 앵글 브래킷의 전개

(2) 45° 앵글 브래킷

$A = B$

$C = A \times 1.414$ 또는 $B \times 1.414$

$D = G$(세 조각으로 만들 때)

$D = G - t$(한 조각으로 만들 때)

$E = D \times 2.414$

$F = D \times 2.414$

여기서, G: 앵글 너비

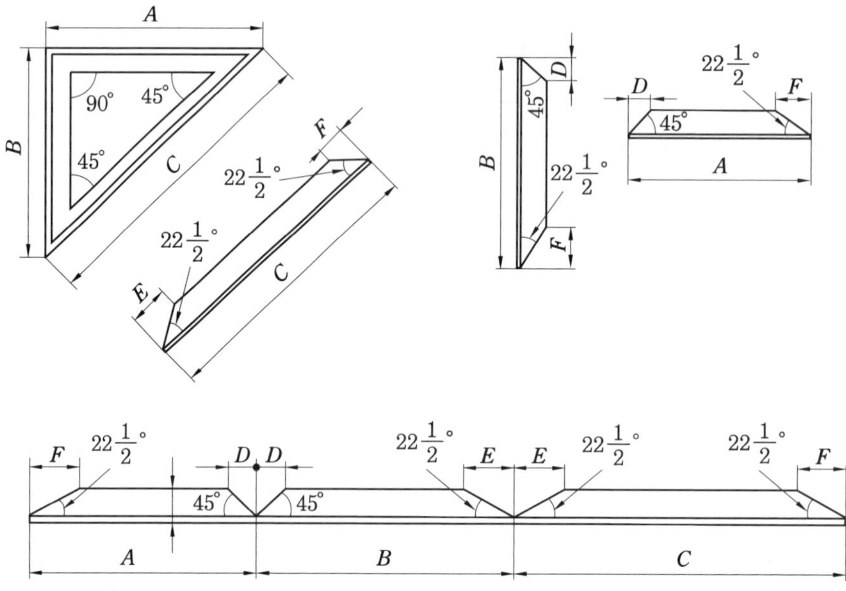

45° 앵글 브래킷의 전개

배관 제도

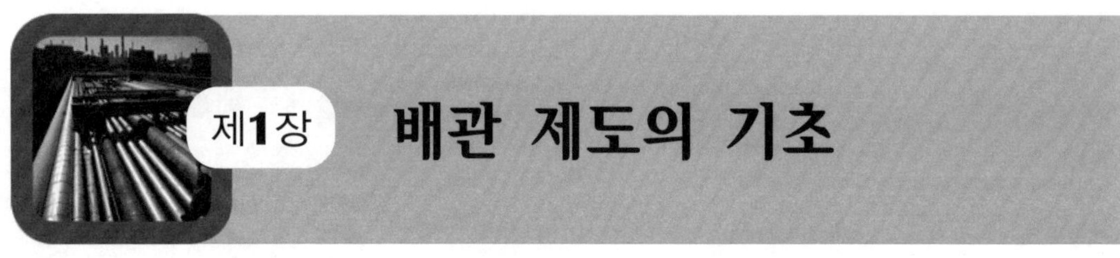

제1장 배관 제도의 기초

1. 도면 읽는 법

1-1 도면의 읽기

도면을 읽는 법(도면을 보는 법)이란, 단지 본다는 뜻만이 아니고, 그 내용을 이해하여 입체적으로 재현할 수 있어야 한다. 즉, 이것이 도면을 읽는 법이며, 도면의 독해법이기도 하다.

1-2 기계 제도와 배관 제도의 비교

기계 제도와 배관 제도는 투영 방법에 있어서는 같다. 그러나 기계 제도는 가공 방법, 공차 등을 표시하는 등 정밀도에 큰 비중을 두고 있다.

한편, 배관 제도는 파이프의 절단, 구멍뚫기 등 작업을 표시하는 경우가 있기는 하지만 가공법, 공차 등을 표시하는 예는 드물다.

관을 표시할 때도 대구경의 관 이외에는 관의 단면을 별도로 표시하지 않으며, 또한 축척으로 그리지 않고 하나의 선으로 그린다. 또 배관 부품도 관의 표시법에 준하여 대체적인 형상을 표시하는 데 그친다.

1-3 배관 도면의 종류

현장에서 공사 진행의 기본이 되는 배관 공사용 도면에는 설계도와 시공도(shop drawing)가 있다. 설계도는 시공도의 근원이 되는 것으로 배치도, 계통도, 배관도, 상세도 등이 있다.

(1) 배치도(plot plan)

전체도, 옥외 배치도 등의 명칭으로 불리는 경우도 있으나, $\frac{1}{600} \sim \frac{1}{200}$의 축적에 의하여 배관 시설 전체를 나타내는 도면이다. 이 도면에는 일반적으로 건물과 건물의 관계, 물탱크, 정화조, 연료 탱크 등의 위치, 상수도의 인입 위치, 오배수의 처리 위치 등이 나타나 있다.

(2) 계통도(flow diagram)

주로 관의 계통, 관의 기능 등을 나타낸 것으로, 축척에 관계없이 계통을 이해하기 쉽게 하는 것을 목적으로 하여 그려져 있고, 입체적으로 그린 것과 평면적으로 그린 것이 있다. 입체도가 계통도를 겸하고 있는 경우도 있다.

(3) 배관도

여기서 설명하는 설계도는 대부분이 배치도이며, 그중에서도 특히 축적 $\frac{1}{200} \sim \frac{1}{100}$로 그려진 도면으로 배관 공사의 중심이 되는 도면을 배치도나 상세도와 구분하여 배관도라 한다.

(4) 상세도

배관도의 일부를 상세하게 나타내는 것으로서, 보일러 주위, 트랩이나 감압 밸브 주위, 고가 수조 주위 등의 배관을 별도로 떼내어 상세하게 그린 도면이다.

1-4 배관 제도의 종류

배관 제도에는 평면 배관도, 입면 배관도(측면 배관도), 입체 배관도, 3D 배관도 등이 있고, 이것을 조합한 것이 조립도이며, 조립도는 장치 전체의 배관을 명시하는 그림이다.

(1) 평면 배관도(plane drawing)

배관 장치를 위에서 아래로 내려다보고 그린 도면이며, 기계 제도의 평면도와 같은 것이다.

(2) 입면 배관도(sideview drawing)

측면도와 같은 것으로 배관 장치를 측면에서 본 것이며, 평면도와 같은 방식으로 3각법으로 그린다. 작은 도면 이외에 평면도와 입면도를 같은 도면에 작도하는 경우는 드물기 때문에 입면도의 위치를 명확하게 나타내기 위해서 평면도에 입면도의 작도 위치, 즉 본 방향을 화살표로 명시하여야 한다.

(3) 입체 배관도(isometrical pipe drawing)

이것은 입체 공간을 X축, Y축, Z축으로 나누어 입체적인 형상을 평면에 나타낸 도면이다. 일반적으로 Y축에는 배관을 수직선으로 그리고 수평면에 존재하는 X축과 Z축이 120°로 만나도록 선을 그어 배관도를 그린다. 이것은 겨냥도와 달라서 원근법을 사용하지 않고 각각의 축은 어디까지나 평행으로 작도하기 때문에 등각 투영법이라고도 한다. 도면은 축적으로 표시하는 것이 원칙이나 입체 도면은 일반적으로 축척을 기준으로 하지 않고, 다만 배관의 중복으로 혼잡하여 판독하기 어려운 곳만 적당한 축척으로 그리는 경우도 있다.

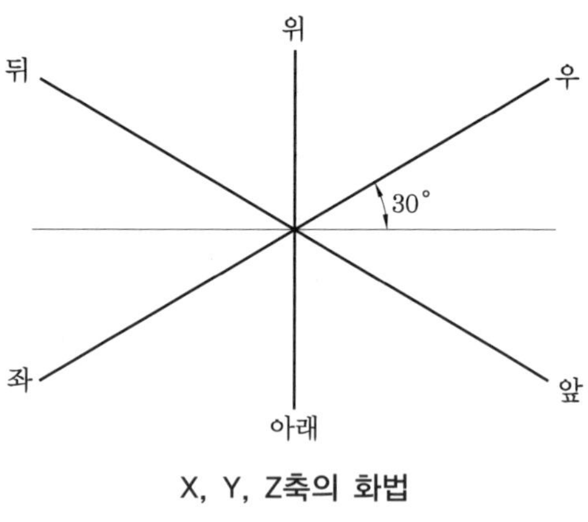

X, Y, Z축의 화법

(4) 부분 조립도(isometric each line drawing)

배관 조립도에 포함되어 있는 배관의 일부분을 작도한 도면을 말하며, 일반적으로 등각 투영법으로 표시한다.

1-5 설계도를 읽는 법

설계도의 읽는 법을 순서에 의하여 기입하면 대략 다음과 같다.

① 다른 도면과의 관련, 즉 배관도가 위치도의 어느 곳에 위치하는가, 상세도가 배관도의 어느 부분을 나타내고 있는가를 이해한다.

② 1층과 2층, 2층과 3층 등 각 층의 설비 혹은 배관이 완전히 같은 경우도 있으며, 일부분만이 다른 경우도 있으므로 각 층의 같은 점과 다른 점을 이해한다.

③ 축적은 얼마인가(즉, $\frac{1}{100}$ 또는 $\frac{1}{200}$ 인가)에 대하여 주의한다.

④ 건물 벽의 위치, 창, 출입구의 위치, 문의 형태 등 구조에 대하여 이해한다.

⑤ 어떠한 기구가 설치되는가, 도기의 종류, 세정 장치의 종류 등을 조사한다. 이때 도면뿐만 아니라 사양서(specification)와 대조하여 조사해야 한다.

⑥ 계통도를 이해하기 쉽도록 물, 증기, 급탕, 통기, 연료라인 등을 계통별 색칠로 구별하면서 접속이 불명확한 곳을 확실히 구분한다.

⑦ 분류된 계통마다 계통도 사양서와 비교하여
- 관의 재질 : 주철관 또는 강관, 동관 기타 관의 구분
- 관의 지름 : 관의 구경이 변화되는 곳의 위치
- 배관의 위치 : 천장, 바닥, 벽면 등의 구분

이상과 같은 점을 상세히 점검한다. 배관 위치를 생각할 때 행어 등과의 대체적인 관계 위치를 이해하는 것도 필요하다.

⑧ 배관 구배의 방향을 조사한다.

⑨ 위층과 아래층의 관계를 조사한다.

2. 배관 도시(圖示) 기호

2-1 치수 기입법

배관 도면의 평면도에는 평면적으로 표시하는 치수만 치수선에 기입하고, 입면도와 입체도에서는 높이를 표시하는 치수만을 기입하며, EL(elevation)로 표시한다.

(1) 치수 표시

특별한 경우 이외에는 mm 단위로 치수선 위에 숫자만 적는다. 각도는 일반적으로 도(°, degree)로 표시하며, 필요에 따라 도·분·초로 나타내기도 한다.

(2) 높이 표시

배관 도면을 작성할 때 사용하는 높이의 표시는 기준선(base line)을 설정하여 이 기준선으로부터 높이를 표시하며, 이것을 EL 표시법이라 한다.

표시 방법은 기계 도면과는 달리 각각의 높이를 치수선에 따로 기입하지 않고 EL이라는 약호(略號)를 먼저 적고, 그 뒤에 기준선으로부터의 치수를 일괄적으로 기입한다.

① **EL 표시** : EL만 표시되어 있을 때는 배관의 높이를 관의 중심을 기준으로 표시한 것이며, 기준선은 그 지방의 해수면으로 한다.

㈎ BOP 표시 : 지름이 다른 관의 높이를 표시할 때 관의 중심까지의 높이를 기준으로 표시하면 측정과 치수 기입이 복잡하므로 배관 제도에서는 관 바깥지름의 아랫면까지의 높이를 기준으로 표시한다. 표시 방법은 EL 다음에 높이를 쓰고, 그 뒤에 BOP(bottom of pipe)라고 쓴다.

㈏ TOP(top of pipe) 표시 : BOP와 같은 방법으로 표시하며, 관이 바깥지름 윗면을 기준으로 표시하는 방법이다. 가구류(架構類), 건물 빔(beam)의 밑면을 이용하여 관을

지지할 때 또는 지하에 매설 배관을 할 때 등 관 윗면의 높이를 명확히 할 필요가 있을 때 사용한다.

(다) GL(ground line) : 포장된 지표면을 기준으로 하여 장치의 높이를 표시한다.

(라) FL(floor line) : 1층의 바닥면을 기준으로 한 높이로서 장치의 높이를 표시하는 데는 편리하나 공장 전체와 장치의 높이를 비교하는 데는 매우 불편하다.

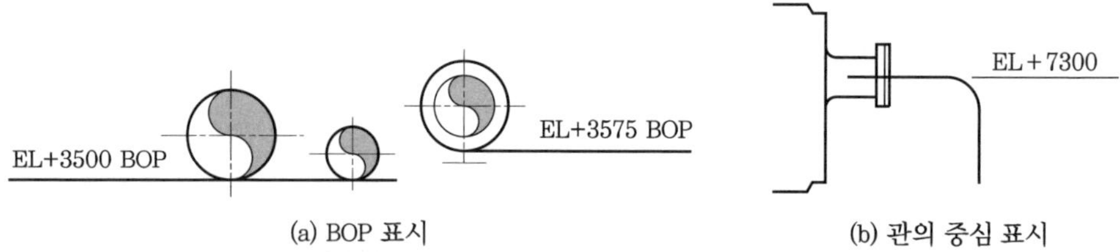

(a) BOP 표시 (b) 관의 중심 표시

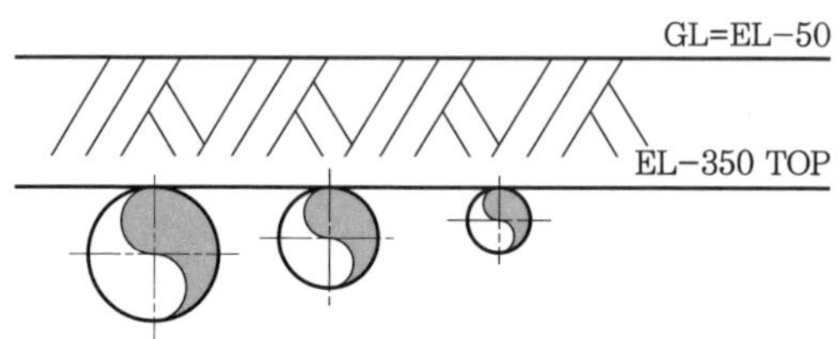

(c) TOP 표시

관 높이의 표시

관의 표시법

관의 종류	선의 굵기(mm)	도시	
		직관도	단면도
신설관	14 B 이하 0.5~0.8		
기설관	14 B 이하 0.3~0.4		
증설 예정관	14 B 이하 0.3~0.4		
온수관	14 B 이하 0.5~0.8		4B 이하 5B 이상
지름이 큰 관	16 B 이상 0.2 이하		
포관	포관 0.2 이하의 점선		2중관 포관
2중관	외관 0.2 이하		
보온·보랭 하는 관	보온·보랭의 외관 지름 0.2 이하	관 지름 보온한 바깥지름	4B 이하 5B 이상

(3) 배관의 높이

배관의 기준이 되는 면으로부터의 고저를 표시하는 치수는 관을 표시하는 선에 수직으로 내린 인출선을 사용하여 다음과 같이 표시한다.

① 관 중심의 높이를 표시할 때, 기준이 되는 면으로부터 위인 경우에는 그 치수값 앞에 "+"를, 기준이 되는 면으로부터 아래인 경우에는 그 치수값 앞에 "−"를 기입한다.

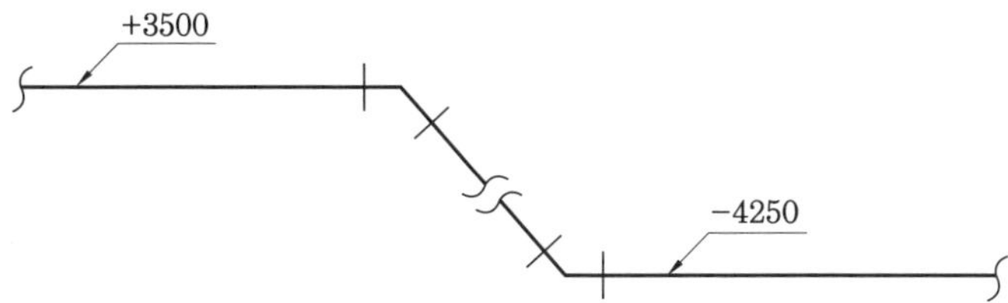

② 관 밑면의 높이를 표시할 필요가 있을 때는 ①의 방법에 따른 기준으로 하는 면으로부터의 고저를 표시하는 치수 앞에 글자 기호 "BOP"를 기입한다.

[비고] "BOP"는 Bottom Of a Pipe의 약자이다(ISO/DP 6412/1).

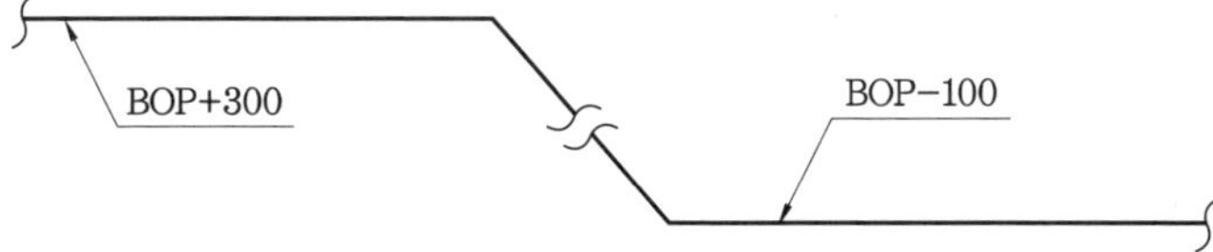

(4) 관의 구배

관의 구배는 관을 표시하는 선의 위쪽을 따라 붙인 그림 기호 "◺"(가는 선으로 그린다)와 구배를 표시하는 수치로 표시한다. 이 경우, 그림 기호의 뾰족한 끝은 관의 높은 쪽으로부터 낮은 쪽으로 향하여 그린다.

2-2 배관 도면 표시법

(1) 관의 표시 방법

관은 원칙적으로 1줄 실선으로 도시하고, 동일 도면 내에서는 같은 굵기의 선을 사용한다. 다만, 관의 계통, 상태, 목적을 표시하기 위하여 선의 종류(실선, 파선, 쇄선, 2줄의 평행선 및 그들의 굵기)를 바꾸어서 도시하여도 좋다. 이 경우 각각의 선 종류의 뜻을 도면상 보기 쉬운 위치에 명기한다. 또한 관을 파단하여 표시하는 경우는 그림과 같이 파단선으로 표시한다.

(2) 배관계의 시방 및 유체의 종류, 상태의 표시 방법

이송 유체의 종류, 상태 및 배관계의 종류 등의 표시 방법은 다음에 따른다.

① **표시** : 표시 항목은 원칙적으로 다음 순서에 따라 필요한 것을 글자, 글자 기호를 사용하여 표시한다. 또한 추가할 필요가 있는 표시 항목은 그 뒤에 붙인다. 또 글자 기호의 뜻은 도면 상의 보기 쉬운 위치에 명기한다.

(가) 관의 호칭 지름

(나) 유체의 종류, 상태, 배관계의 식별

(다) 배관계의 시방(관의 종류, 두께, 배관계의 압력 구분 등)

(라) 관의 외면에 실시하는 설비, 재료

보기

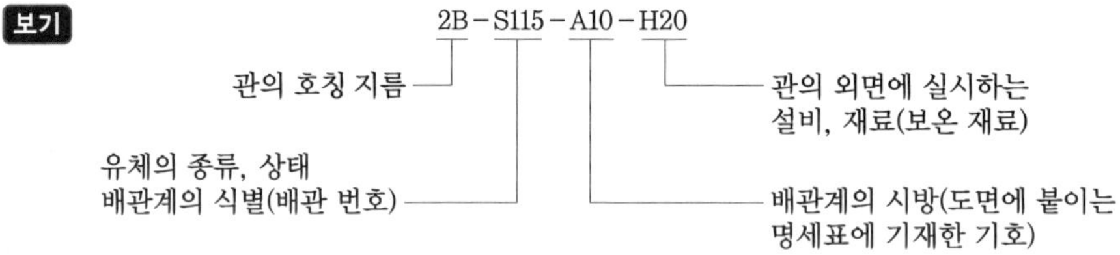

② **도시 방법** : ①의 표시는 관을 표시하는 선의 위쪽에 선을 따라서 도면의 밑변 또는 우변으로부터 읽을 수 있도록 기입한다(a)(b). 다만, 복잡한 도면 등에서 오해를 일으킬 우려가 있을 경우에는 각각 인출선을 사용하여 기입하여도 좋다(c).

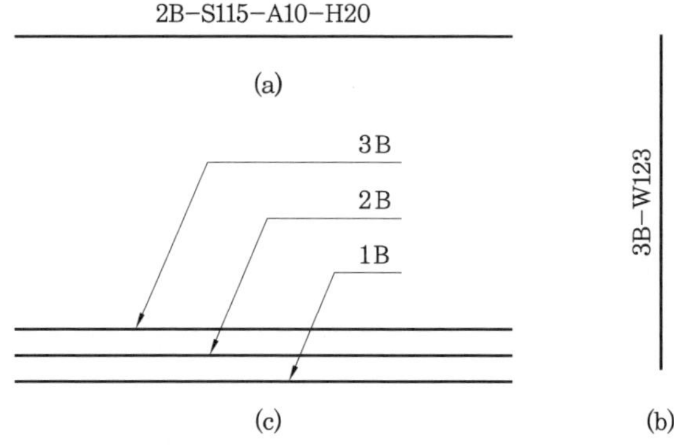

(3) 유체 흐름의 방향

① **관내 흐름의 방향** : 관내 흐름의 방향은 관을 표시하는 선에 붙인 화살표의 방향으로 표시한다.

② **배관계의 부속품, 부품, 구성품 및 기기 내의 흐름의 방향** : 배관계의 부속품, 기기 내의 흐름의 방향을 특히 표시할 필요가 있는 경우는 그 그림 기호에 화살표로 표시한다.

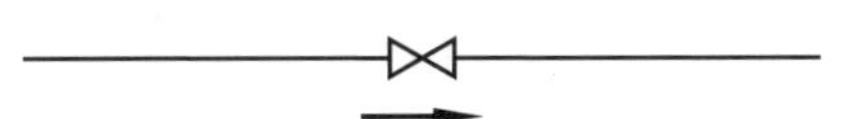

(4) 관의 굵기와 종류

관의 굵기와 종류를 표시할 때는 관을 표시하는 선 위에 표시하는 것을 원칙으로 하며, 관의 굵기를 표시한 문자 다음에 관의 종류, 재질을 표시한다. 복잡한 도면에서는 착오를 방지하기 위해 인출선을 그어 도시하기도 한다. 또 특별한 경우에는 관 속을 흐르는 유체의 종류, 상태, 목적 또는 관의 굵기와 종류를 선의 종류나 선의 굵기를 달리하여 표시하기도 한다.

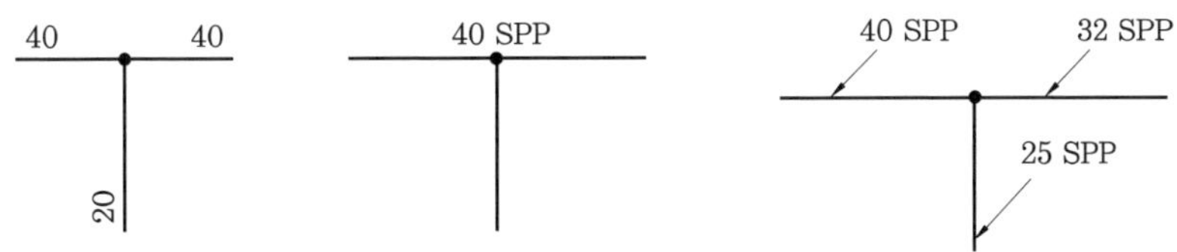

관의 굵기와 종류 표시

유체의 종류와 기호

유체의 종류	기호	유체의 종류	기호
공기	A	수증기	S
가스	G	물	W
유류	O		

(5) 관의 접속 상태

관의 접속 상태는 다음 표와 같이 표시한다.

파이프 관의 접속 상태 표시

접속 상태	실제 모양	도시 기호	굽은 상태	실제 모양	도시 기호
접속하지 않을 때			파이프 A가 앞쪽으로 수직하게 구부러질 때	A	
접속하고 있을 때			파이프 B가 뒤쪽으로 수직하게 구부러질 때	B	
분기하고 있을 때			파이프 C가 뒤쪽으로 구부러져서 D에 접속될 때	C D	

(6) 투영에 의한 배관의 입체적 표시

관의 입체적 표시 방법은 한 방향에서 본 투영도로 표시하며, 다음 표와 같이 표시한다.

화면에 직각 방향으로 배관되어 있는 경우

정투영도		각도
관 A가 화면에 직각으로 바로 앞쪽으로 올라가 있는 경우	A 또는 A	A
관 A가 화면에 직각으로 반대쪽으로 내려가 있는 경우	A 또는 A	A
관 A가 화면에 직각으로 바로 앞쪽으로 올라가 있고 관 B와 접속하고 있는 경우	A B 또는 A B	A B
관 A로부터 분기된 관 B가 화면에 직각으로 바로 앞쪽으로 올라가 있으며 구부러져 있는 경우	A B 또는 A B	B A
관 A로부터 분기된 관 B가 화면에 직각으로 반대쪽으로 내려가 있고 구부러져 있는 경우	A B 또는 A B	A B

㈜ 정투영도에서 관이 화면에 수직일 때, 그 부분만을 도시하는 경우에는 다음 그림 기호에 따른다.

화면에 직각 이외의 각도로 배관되어 있는 경우

	정투영도	등각도
관 A가 위쪽으로 비스듬히 일어서 있는 경우	A B	B A
관 A가 아래쪽으로 비스듬히 내려가 있는 경우	A B	A B
관 A가 수평 방향에서 바로 앞쪽으로 비스듬히 구부러져 있는 경우	A B	A B
관 A가 수평 방향으로 화면에 비스듬히 반대쪽 위 방향으로 일어서 있는 경우	A B	B A
관 A가 수평 방향으로 화면에 비스듬히 바로 앞쪽 위 방향으로 일어서 있는 경우	A B	B A

㈜ 등각도인 관의 방향을 표시하는 가는 실선의 평행선 군을 그리는 방법에 대하여는 KS A 0111(제도에 사용하는 투상법) 참조.

(7) 밸브, 플랜지, 배관 부속품 등의 입체적 표시 방법

밸브, 플랜지, 배관 부속품 등의 등각도 표시 방법은 다음과 같다.

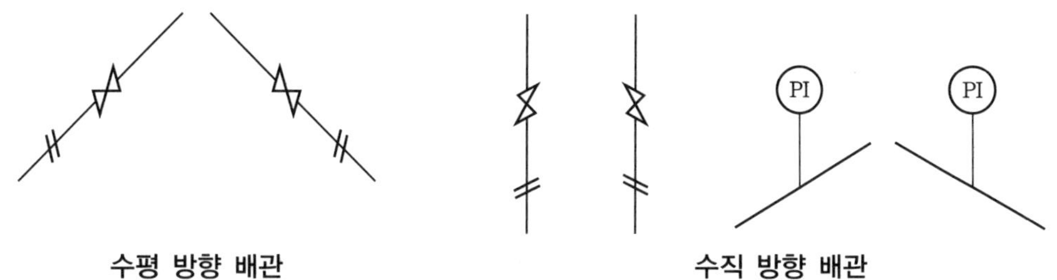

수평 방향 배관　　　　수직 방향 배관

(8) 치수의 표시 방법

• **일반 원칙** : 치수는 원칙적으로 KS A 0113(제도에 있어서 치수의 기입 방법)에 따른다.

• **관 치수의 표시 방법** : 간략하게 도시한 관에 치수의 표시 방법은 다음에 따른다.

① 관과 관의 간격(그림 (a)), 구부러진 관의 구부러진 점으로부터 구부러진 점까지의 길이(그림 (b)) 및 구부러진 반지름 · 각도(그림 (c))는 특히 지시가 없는 한, 관의 중심에서의 치수를 표시한다.

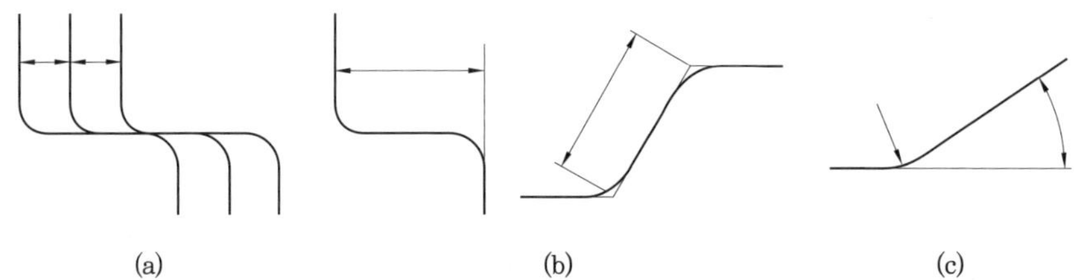

(a) (b) (c)

② 특히 관의 바깥지름 면으로부터의 치수를 표시할 필요가 있는 경우에는 관을 표시하는 선을 따라서 가늘고 짧은 실선을 그리고, 여기에 치수선의 말단 기호를 넣는다. 이 경우, 가는 실선을 붙인 쪽의 바깥지름 면까지의 치수를 뜻한다.

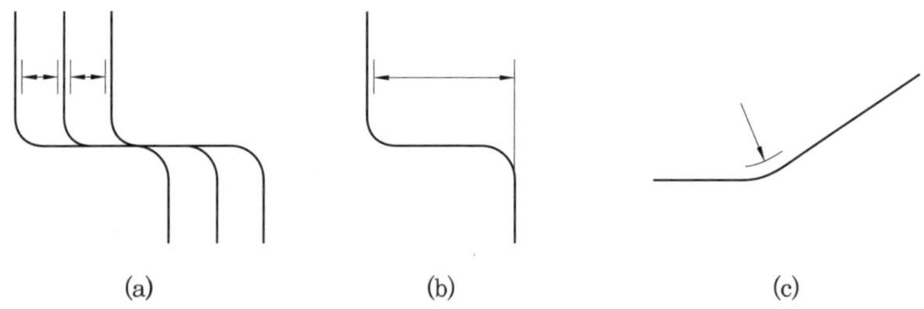

(a) (b) (c)

③ 관의 결합부 및 끝 부분으로부터의 길이는 그 종류에 따라 다음 표에 표시하는 위치로부터의 치수로 표시한다.

결합부 및 끝 부분의 위치

결합부, 끝 부분의 종류	도시	치수가 표시하는 위치
결합부 일반		결합부의 중심
용접식		용접부의 중심
플랜지식		플랜지 면
관의 끝		관의 끝 면

맹 플랜지	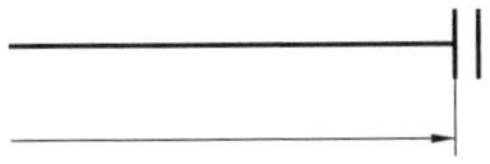	관의 플랜지 면
나사박음식 캡 및 나사박음식 플러그	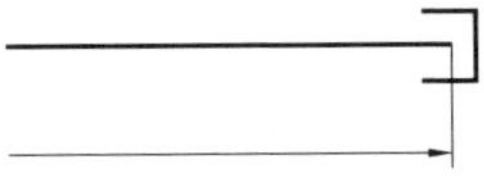	관의 끝 면
용접식 캡	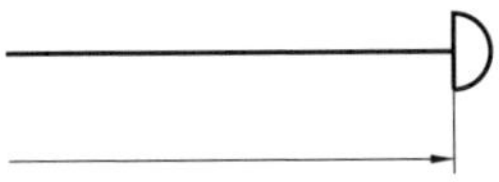	관의 끝 면

(9) 관의 이음 방법

관의 이음 방식은 다음 표와 같이 표시한다.

파이프 관의 이음 도시 KS B 0051

종류	도시 기호	종류	도시 기호
일반		엘보 또는 밴드	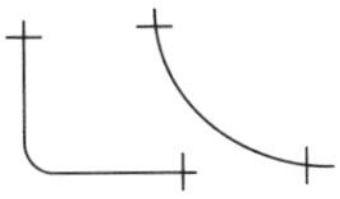
플랜지형	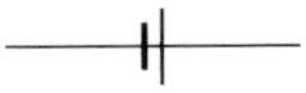	티	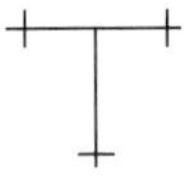
턱걸이형	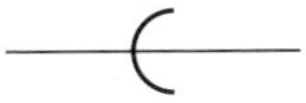	크로스	
맹 플랜지형		신축 이음	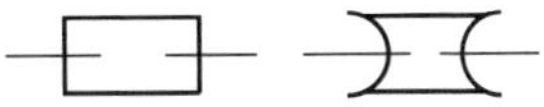
유니언형		용접 이음	
		납땜 이음	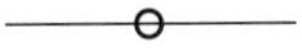

(10) 밸브와 계기의 표시

밸브, 콕의 표시 기호는 다음 표와 같으며, 기능과 종류 등을 자세히 표시할 경우는 다르게 표시할 수도 있다. 예를 들면, 계기의 종류를 표시할 경우에는 ○속에 압력계는 P, 온도계는 T를 기입한다.

밸브 및 콕

KS B 0051

명칭	도시 기호	명칭	도시 기호	명칭	도시 기호
밸브 일반		수동 밸브		공기 릴리프 밸브	
앵글 밸브		일반 조작 밸브		일반 콕	
체크 밸브		전동 밸브	M	게이트 밸브	
스프링 안전밸브		전자 밸브	S	글로브 밸브	
볼 밸브		릴리프 밸브(일반)		추 안전밸브	
버터플라이 밸브		체크 밸브		3방향 밸브	

계기

KS B 0051

명칭	도시 기호	명칭	도시 기호	명칭	도시 기호
계기 일반		압력계	P	온도계	T

배관 도면에 많이 사용되는 배관 기호

명칭	기호	비고	명칭	기호	비고
송기관		증기 및 온수	Y자관		
복귀관		증기 및 온수	곡관		주철 이형관
증기관		증기	T자관		주철 이형관
응축수관			Y자관		주철 이형관
기타 관	A A		90° Y자관		주철 이형관
급수관			편심 조인트		주철 이형관
상수도관			팽창 곡관		주철 이형관
지하수관			팽창 조인트		
급탕관			배관 고정점		
환탕관			스톱 밸브		
배수관			슬루스 밸브		
통기관			앵글 밸브		

명칭	구분	기호	비고	명칭	구분	기호	비고
소화관				체크 밸브	리프트형		
주철관	급수 배수		관 지름 75 mm 관 지름 100 mm		스윙형		
염화비닐관	급수 배수		관 지름 13 mm 관 지름 100 mm	콕			
콘크리트관	급수 배수		관 지름 150 mm	삼방 콕			
도관			관 지름 100 mm	안전 밸브			
수직관				배압 밸브			
수직 상향·하향부				감압 밸브			
곡관				온도 조절 밸브			
플랜지				공기 밸브		A	
유니언				압력계			
엘보				연성계			
티				온도계		T	
증기트랩				급기 단면			
스트레이너		S		배기 단면			
바닥 박스		B		급기 댐퍼 단면			
유수 분리기		DS		배기 댐퍼 단면			
기수 분리기		SS		급기구			
리포트 피팅				배기구			
분기 가열기				양수기		M	
주형 방열기				청소구			
벽걸이 방열기				하우스 트랩			
				그리스 트랩		GT	
핀 방열기				기구 배수구			
대류 방열기				바닥 배수구			

2-3 기타 기호

이 밖에 일반적으로 사용되고 있는 도시법은 다음과 같다.

① 규정은 아니지만 일반적으로 그림 (1)에 표시한 것과 같은 표시 방법의 경우도 있다.

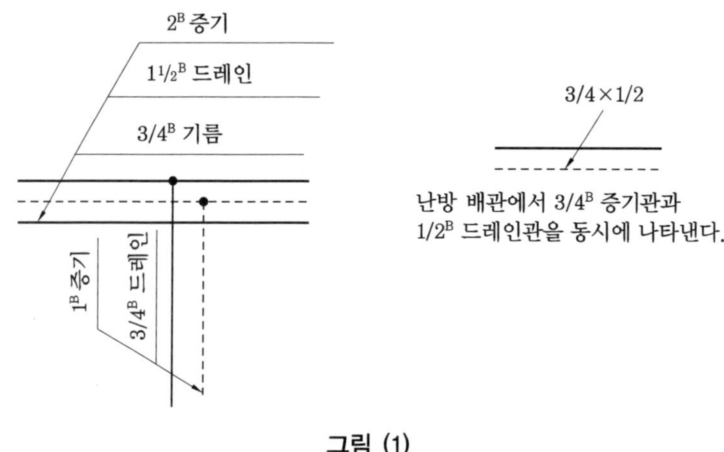

그림 (1)

② SPP(배관용 탄소강관)는 하나의 구경에 대하여 관의 두께는 한 종류뿐이므로 호칭 지름만으로 나타내면 되지만, 그 이외의 배관용 강관, 즉 SPPS(압력 배관용 탄소강 강관), SPPH(고압 배관용 탄소강 강관) 등은 하나의 구경에 대하여 관의 두께가 여러 가지 있으므로 관의 두께를 스케줄 번호로 몇 번인가를 표시하여야 한다. 즉, SPPS-35 SCH 40(압력 배관용 탄소강 강관 1종(인장강도 343 MPa) 관의 두께 스케줄 번호 40번). 그러나 도면의 각부에 기입하기에는 복잡하므로 그림 (2)의 (a) 또는 (b)와 같이 도면의 여백을 이용하여 "보기"로서 나타내는 경우도 있다.

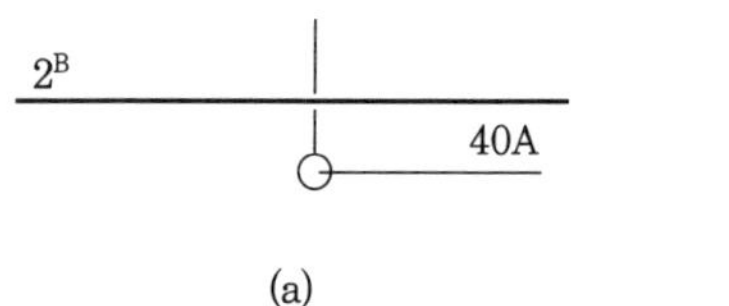

(a)

(1) B 치수로 나타내는 것은 SPP
(2) A 치수로 나타내는 것은 SPPS-35 SCH 40이다.

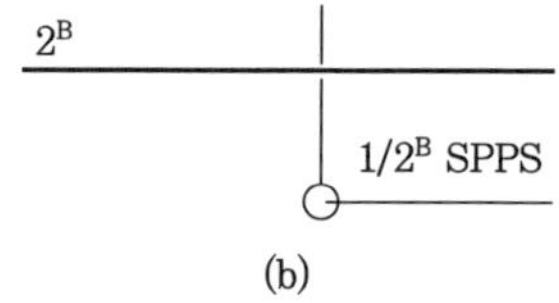

(b)

(1) 특기 사항이 없는 것은 SPP
(2) SPPS는 SPPS-35 SCH 40이다.

그림 (2)

③ 그림 (3)의 상부에 나타낸 평면도를 화살표의 방향에서 보면 각각 하부의 측면도와 같이 된다. 그리고 좀더 복잡한 그림 (4)와 같은 평면도를 화살 A, B에서 보면 다음 그림의 (a), (b)와 같이 된다. 이것을 입체도로 하면 (c)와 같이 된다. 평면도를 보았을 때 (c)와 같은 입체도가 머리에서 생각되어야 한다.

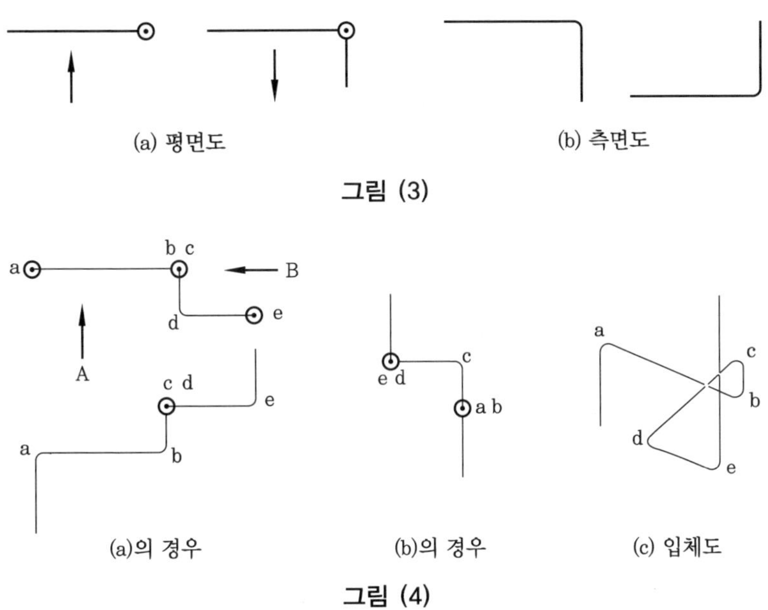

그림 (3)

그림 (4)

④ 세로관의 기호에서 특히 세로 상향, 세로 하향을 명확하게 하고 싶을 때는 세로관의 도시법에 나타냄과 같이 그리는 경우도 있다. 세로 하향은 수평선보다 아래쪽에, 세로 상향은 위쪽에 긋는다. 세로 상향, 세로 하향 점의 원은 자르는 방법이 다르며, 세로 상향, 세로 하향의 관은 수평선과 45°의 각도로 한다.

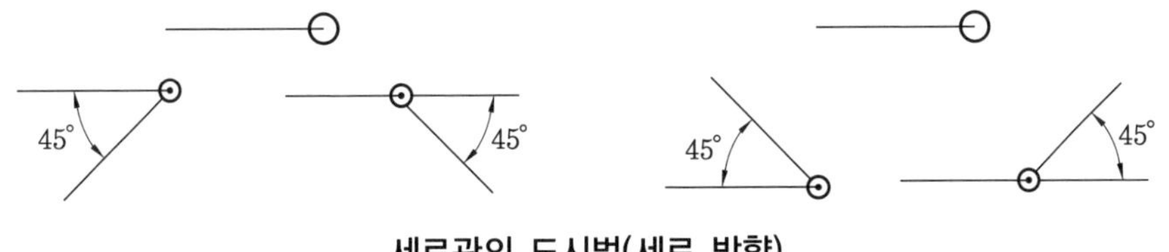

세로관의 도시법(세로 방향)

이들의 세로 상향, 세로 하향 관에 화살표를 붙이는 것은 흐름의 방향을 나타내는 것으로 주의해야 한다.

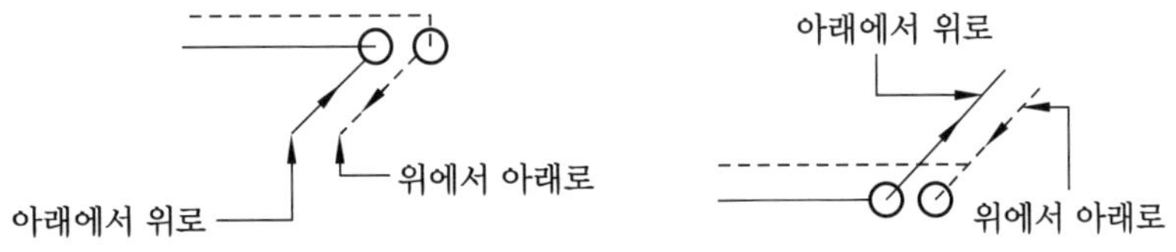

흐름의 방향

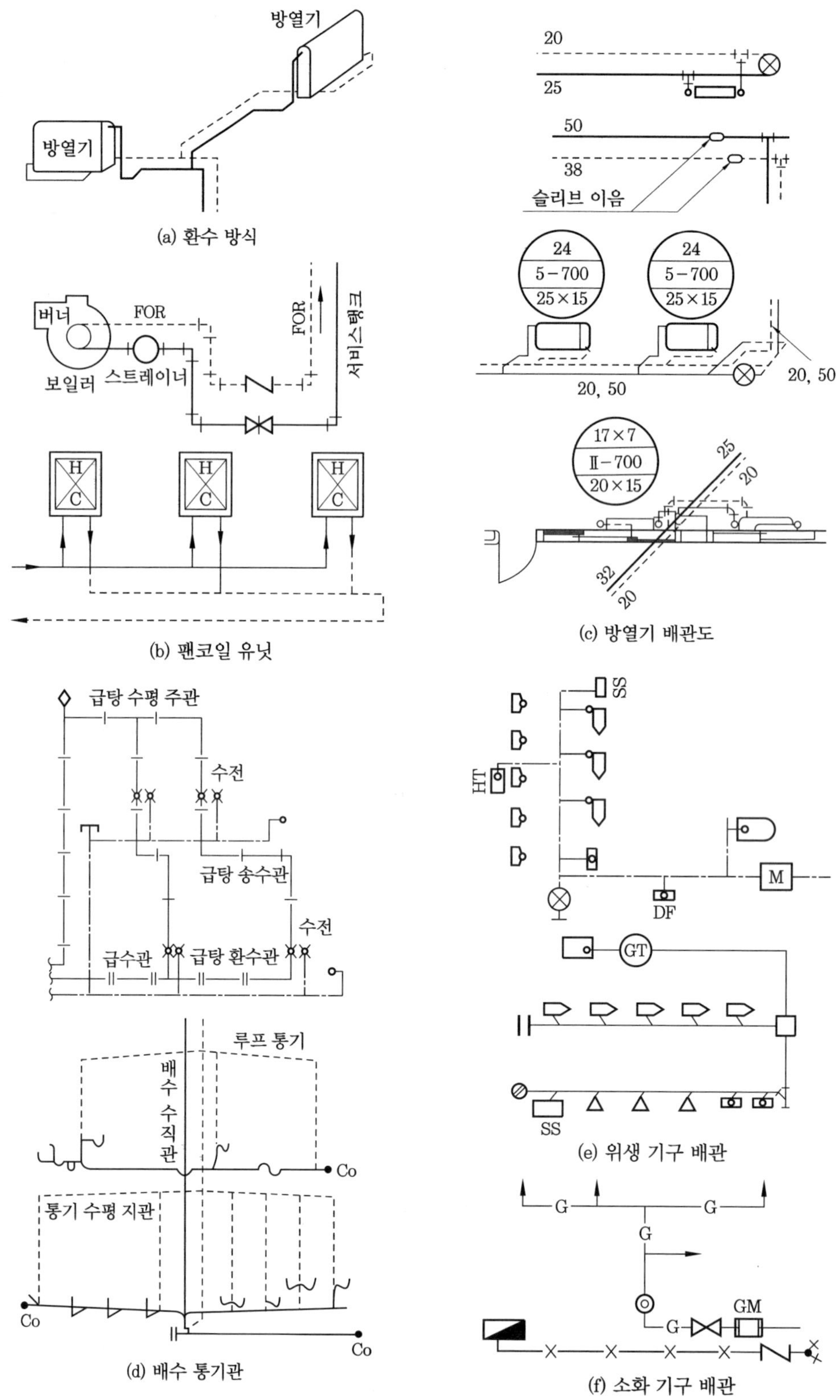
방열기
방열기
(a) 환수 방식
버너
FOR
보일러
스트레이너
FOR
서비스탱크
H
C
(b) 팬코일 유닛
급탕 수평 주관
수전
급탕 송수관
수전
급수관
급탕 환수관
루프 통기
배수 수직관
Co
통기 수평 지관
Co
Co
(d) 배수 통기관
20
25
50
38
슬리브 이음
24
5−700
25×15
20, 50
20, 50
17×7
Ⅱ−700
20×15
25
20
32
20
(c) 방열기 배관도
SS
HT
M
DF
GT
SS
(e) 위생 기구 배관
G
GM
(f) 소화 기구 배관

도시 기호의 기입 예

⑤ 구배의 방향은 다음 그림과 같이 관의 아래에 ⇄ 등의 기호가 있으나 이것은 증기의 흐름 방향 ──→과 드레인의 흐름 방향 ←---를 나타내는 것이며, ⇉는 순구배, ⇄는 역구배임을 나타낸다.

⑥ 배관 제도에 많이 사용되는 도시 기호와 기입 예를 나타내면 다음과 같다.

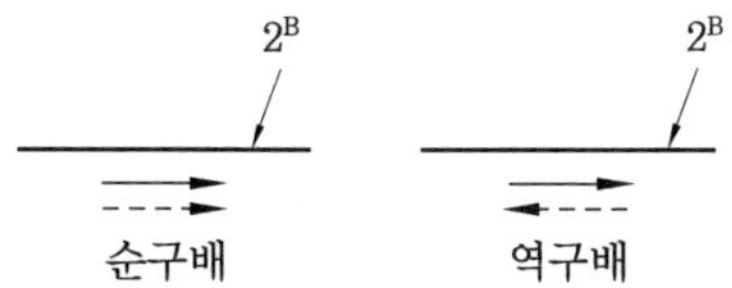

구배의 방향

도시 기호

기호	명칭(한글)	명칭(영문)
---///---SS---///---	고압 스팀 공급관(5 kg/cm^2)	high pressure steam supply
---///---SR---///---	고압 스팀 환수관(5 kg/cm^2)	high pressure steam condensate
---//---SS---//---	중압 스팀 공급관(2 kg/cm^2)	medium pressure steam supply
---//---SR---//---	중압 스팀 환수관(2 kg/cm^2)	medium pressure steam condensate
---/---SS---/---	저압 스팀 공급관(0.35 kg/cm^2)	low pressure steam supply
---/---SR---/---	저압 스팀 환수관(0.35 kg/cm^2)	low pressure steam condensate
------ MTWS ------	중온수 공급관(100~120℃)	medium temperature water supply
------ MTWR ------	중온수 환수관(100~120℃)	medium temperature water return
------ HWS ------	온수 공급관(70~80℃)	hot water supply
------ HWR ------	온수 환수관(70~80℃)	hot water return
------ CS ------	냉수 공급관(5~12℃)	chilled water supply
------ CR ------	냉수 환수관(5~12℃)	chilled water return
------ CWS ------	냉각수 공급관	cooling water supply
------ CWR ------	냉각수 환수관	cooling water return
------ CHS ------	냉온수 공급관	chilled & hot water supply
------ CHR ------	냉온수 환수관	chilled & hot water return

기호	명칭(한글)	명칭(영문)
------ FCS ------	팬코일 냉온수 공급관	fan coil supply
------ FCR ------	팬코일 냉온수 환수관	fan coil return
------ RG ------	냉매 가스관	refrigerant gas
------ RL ------	냉매 액관	refrigerant liquid
------ BOS ------	벙커C유 오일 공급관	bunker-C oil supply
------ DOS ------	경유 공급관	diesel oil supply
------ ● ------	급수 공급관	city water supply
------ ●● ------	급탕 공급관	domestic hot water supply
------ ●●● ------	환탕 환수관	domestic hot water return
------ + ------	정수 공급관	natural water supply
------ E ------	팽창관(점선)	expansion line
------ D ------	배수관	drain pipe line
------ S ------	오수관	soil pipe line
------ V ------	통기관(점선)	vent pipe line
------ RD ------	우수	roof pipe line
------ G ------	가스관	gas pipe line
------ CA ------	압축공기관	compressed air pipe line
------ A ------	공기관(점선)	air pipe line
------ H ------	옥내소화전 배관	indoor fire hydrant pipe line
------ SC ------	연결 송수구, 방수구	siamese connection pipe line
------ SP ------	스프링클러 배관	sprinkler pipe line
------ HG ------	하론 가스관	halon gas pipe line

3. 용접기호(KS B 0052)

기본 기호

번호	명칭	그림	기호
1	돌출된 모서리를 가진 평판 사이의 맞대기 용접[1]에지 플랜지형 용접(미국)/돌출된 모서리는 완전 용해	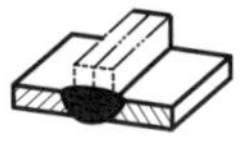	 ⋏
2	평행(I형) 맞대기 용접		‖
3	V형 맞대기 용접	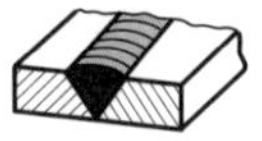	V
4	일면 개선형 맞대기 용접	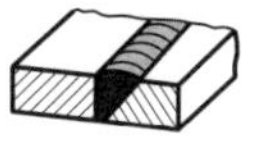	V
5	넓은 루트면이 있는 V형 맞대기 용접	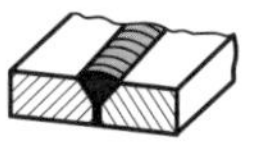	Y
6	넓은 루트면이 있는 한 면 개선형 맞대기 용접	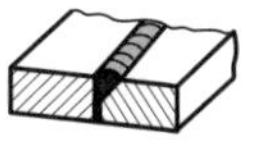	Y
7	U형 맞대기 용접(평행 또는 경사면)	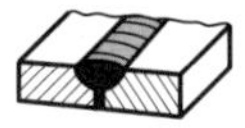	Y
8	J형 맞대기 용접		Y
9	이면 용접	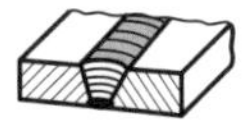	◡
10	필릿 용접	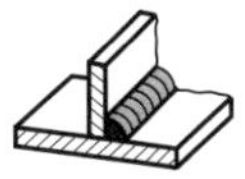	◺
11	플러그 용접 : 플러그 또는 슬롯 용접		⊓
12	점용접	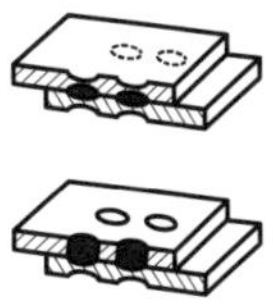	○

13	심(seam)용접	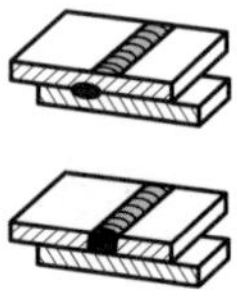	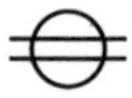
14	개선 각이 급격한 V형 맞대기 용접	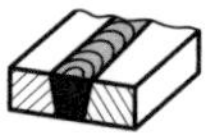	
15	개선 각이 급격한 일면 개선형 맞대기 용접	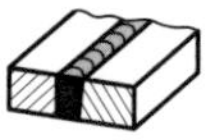	
16	가장자리(edge) 용접		
17	표면 육성	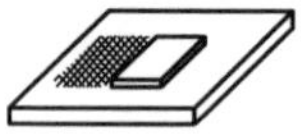	
18	표면(surface) 접합부	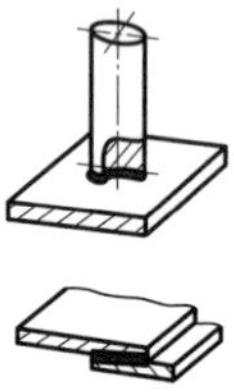	
19	경사 접합부		
20	겹침 접합부		
1) 돌출된 모서리를 가진 평판 맞대기 용접부(번호 1)에서 완전 용입이 안 되면 용입 깊이가 S인 평행 맞대기 용접부(번호 2)로 표시한다. (표 [주요 치수] 참조)			

보조 기호

용접부 표면 또는 용접부 형상	기호	용접부 표면 또는 용접부 형상	기호
평면 (동일한 면으로 마감 처리)		토우를 매끄럽게 함	
볼록형		영구적인 이면 판재 (backing strip) 사용	 M
오목형		제거 가능한 이면 판재 사용	 MR

기본 기호 사용 보기

번호	명칭, 기호	그림	표시	투상도 및 치수기입	
				정면도	측면도
1	플랜지형 맞대기 용접 	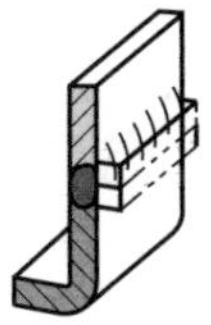	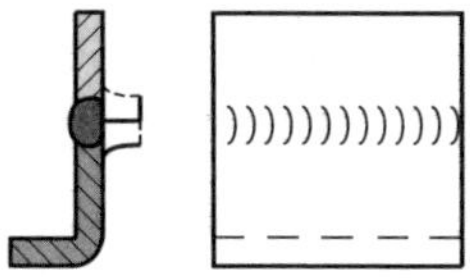	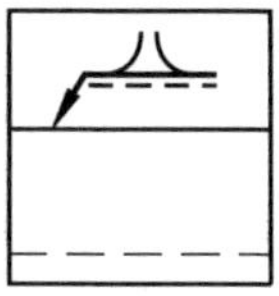	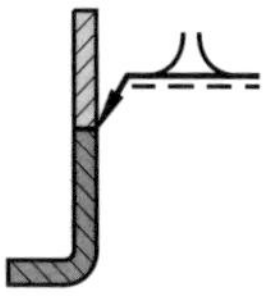
2	I형 맞대기 용접 	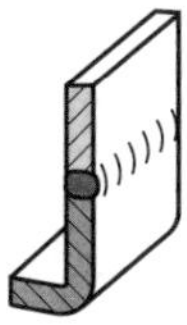	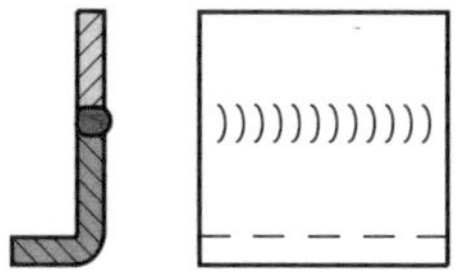	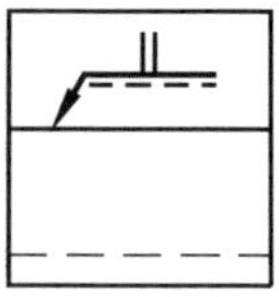	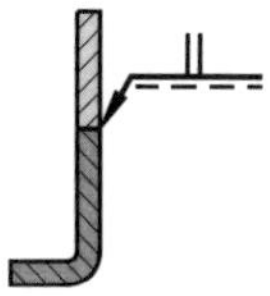
3		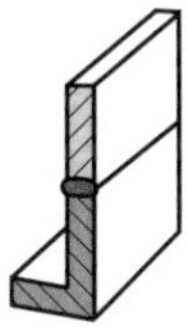	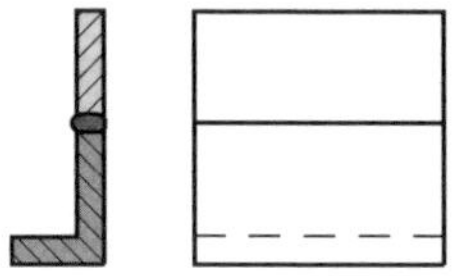		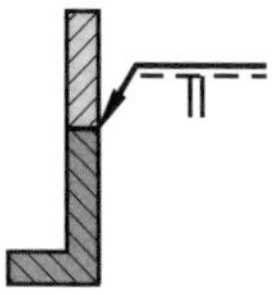
4		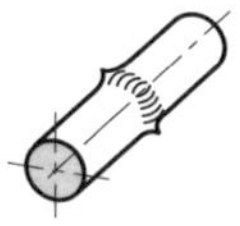	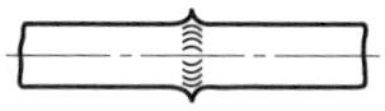	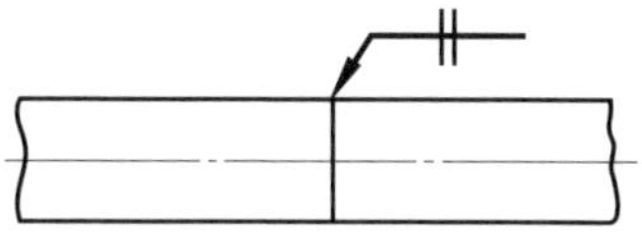	
5	V형 맞대기 용접 	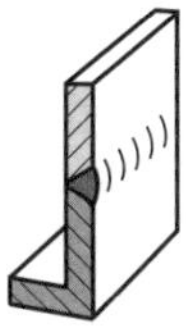	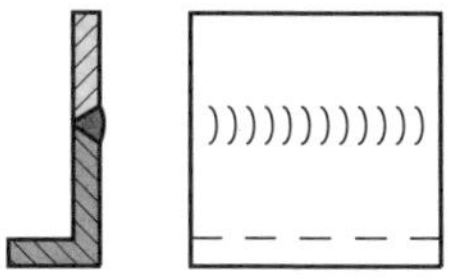		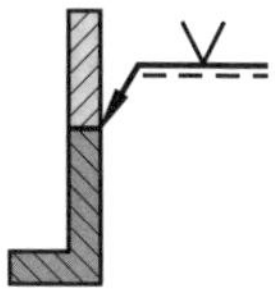
6		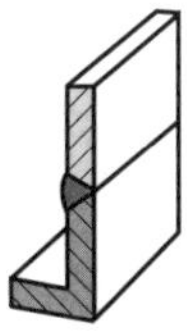	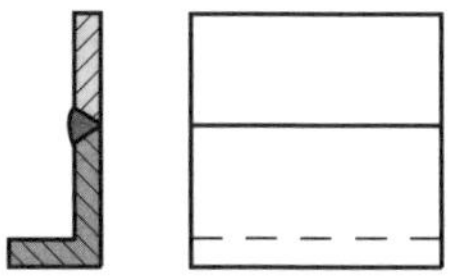		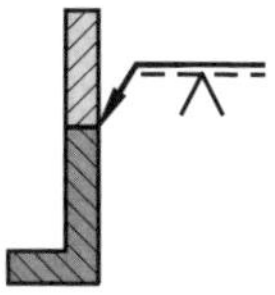
7	일면 개선형 맞대기 용접 	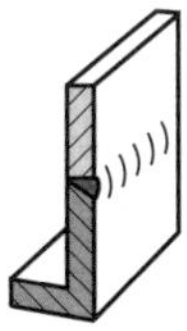	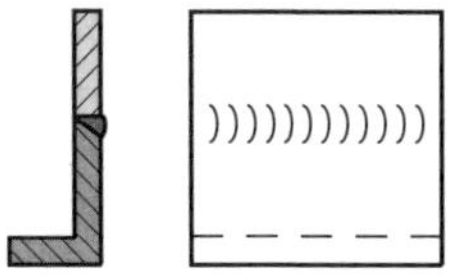	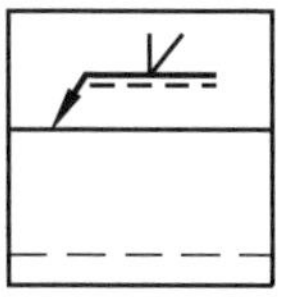	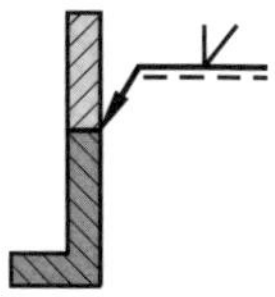

기본 기호 사용 보기(계속)

번호	명칭, 기호	그림	표시	투상도 및 치수기입	
				정면도	측면도
8		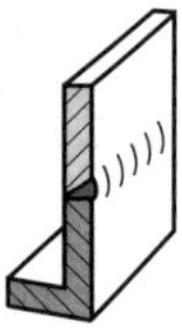	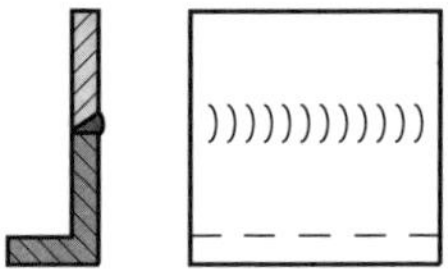	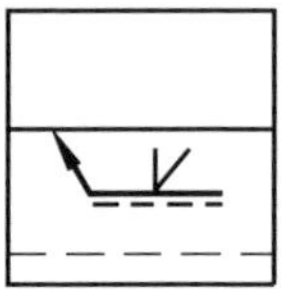	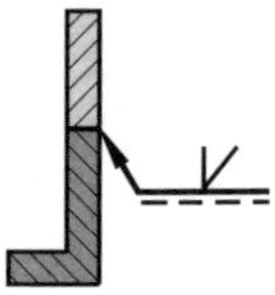
9		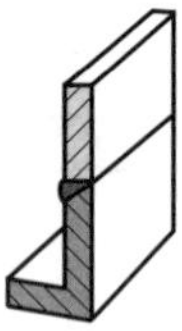	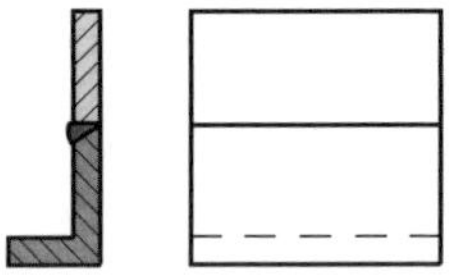		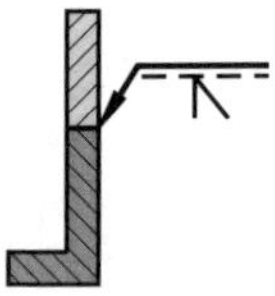
10	한 면 개선형 맞대기 용접 	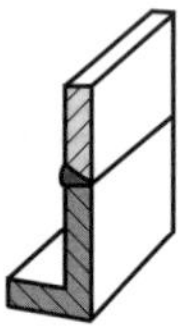	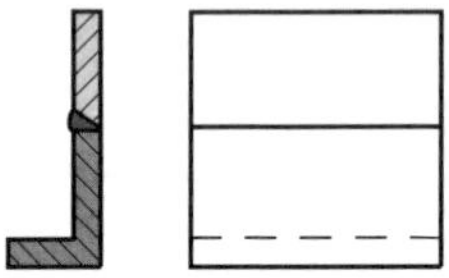	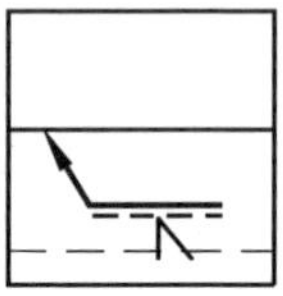	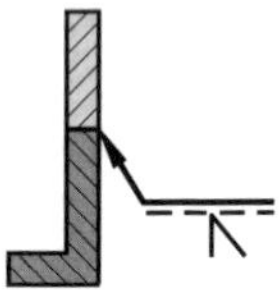
11	넓은 루트면이 있는 V형 맞대기 용접 	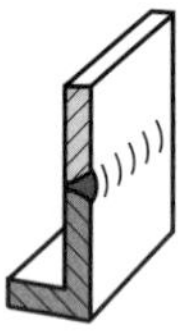	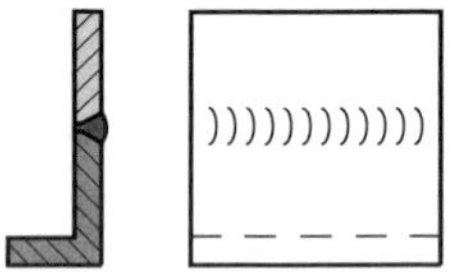	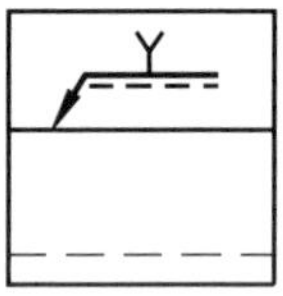	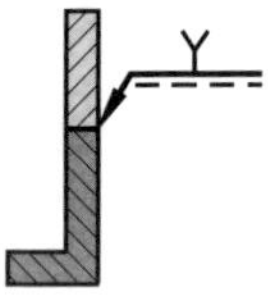
12	넓은 루트면이 있는 일면 개선형 맞대기 용접 	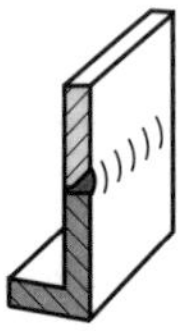	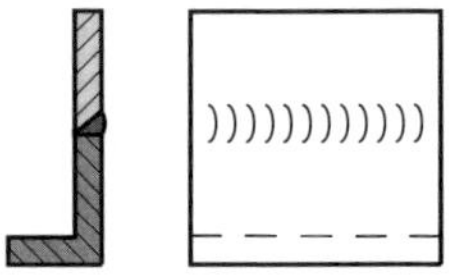	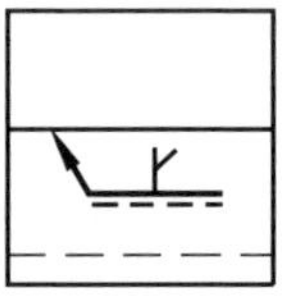	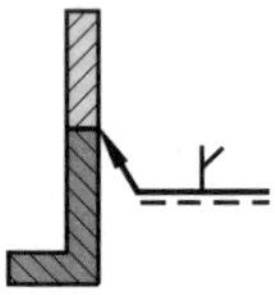
13		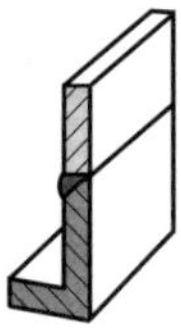	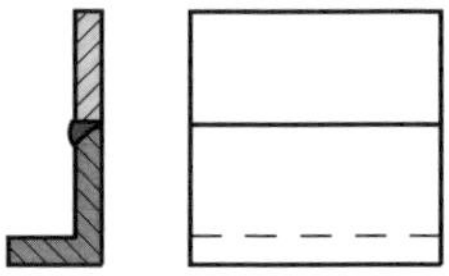		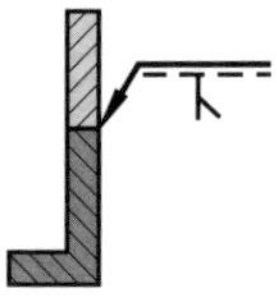
14	U형 맞대기 용접 	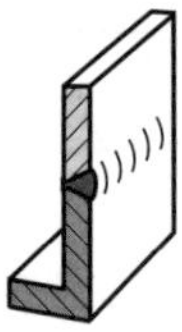	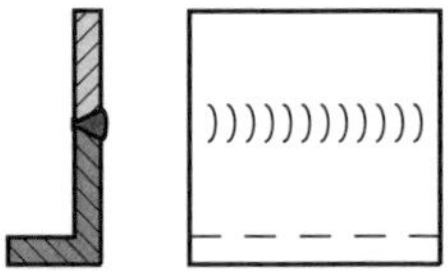	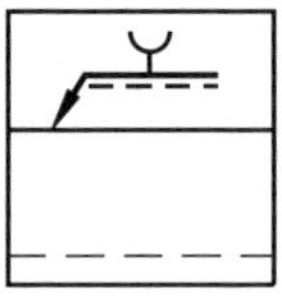	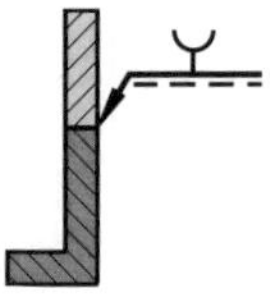

기본 기호 사용 보기(계속)

번호	명칭, 기호	그림	표시	투상도 및 치수기입	
				정면도	측면도
15	J형 맞대기 용접 	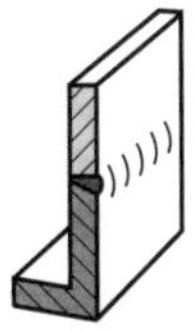	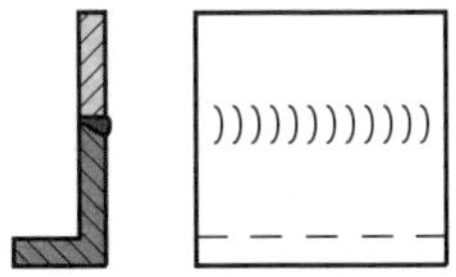		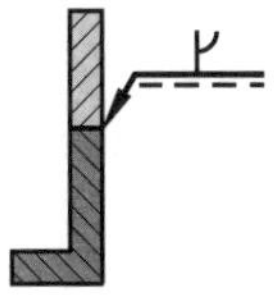
16		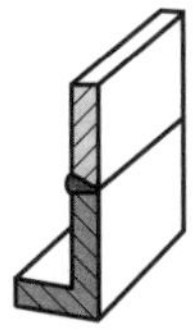	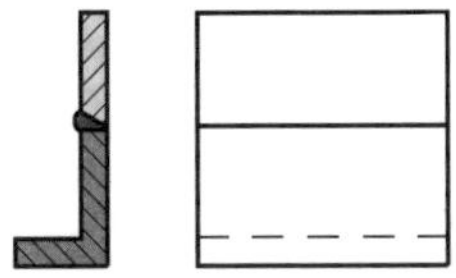		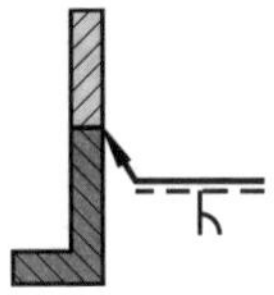
17	필릿 용접 		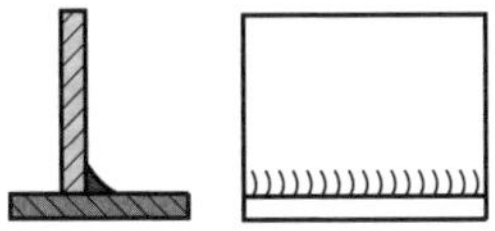	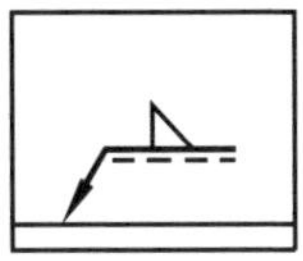	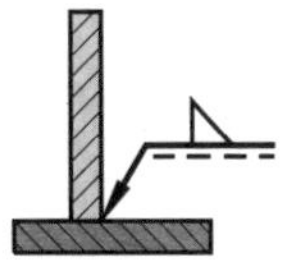
18		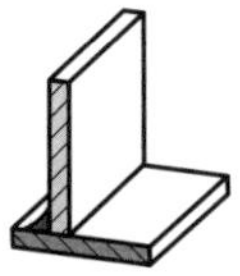	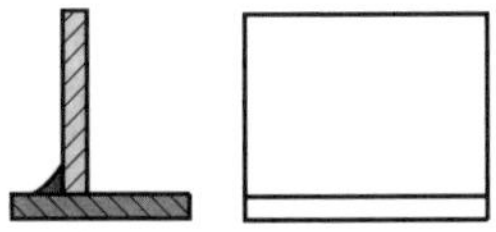	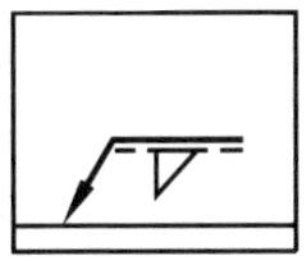	
19		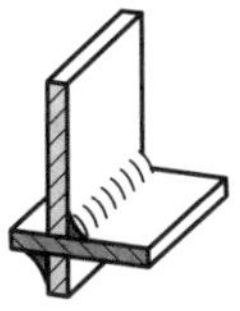	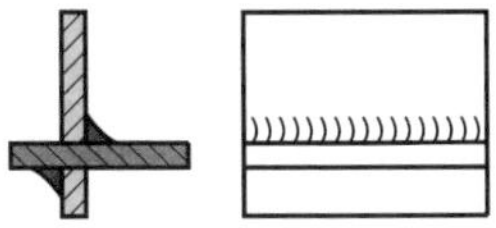	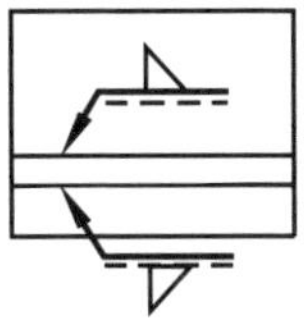	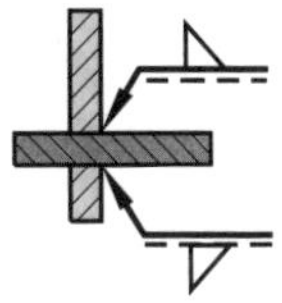
20			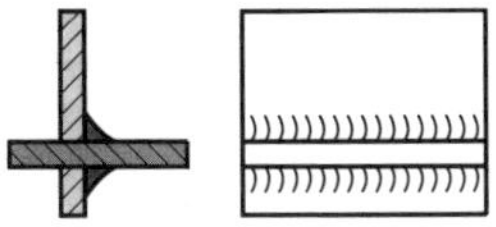	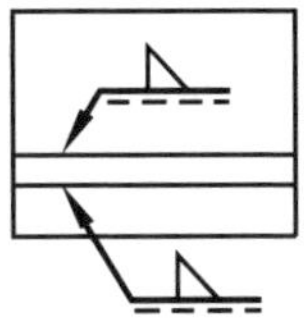	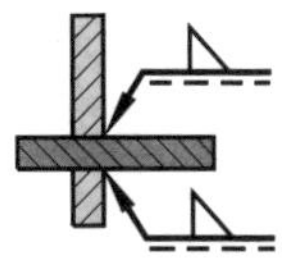
21		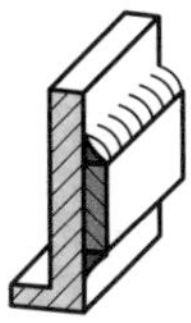	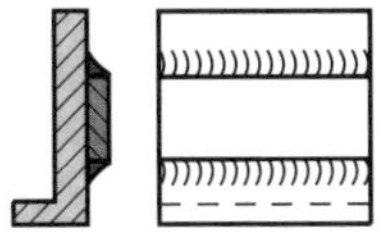	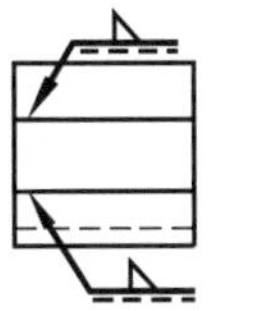	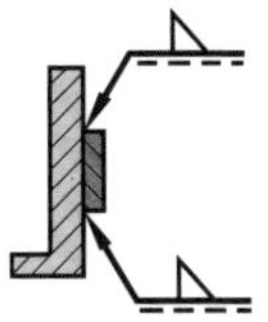

기본 기호 사용 보기(계속)

번호	명칭, 기호	그림	표시	투상도 및 치수기입	
				정면도	측면도
22	플러그 용접 	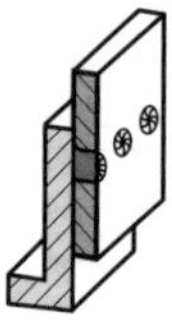	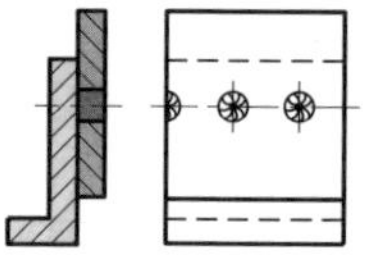	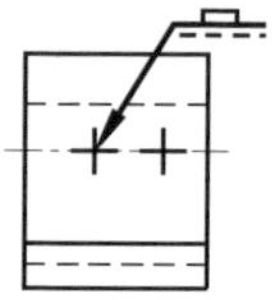	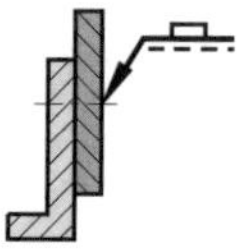
23		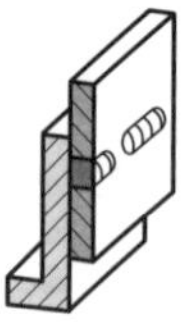	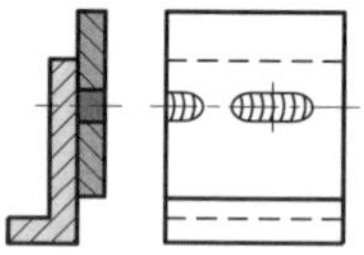	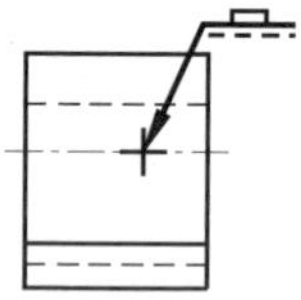	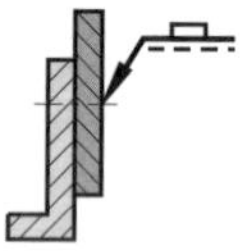
24	점 용접	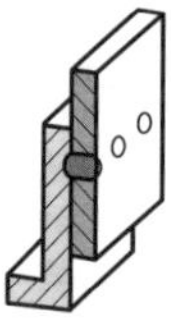	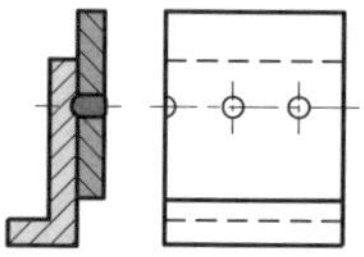	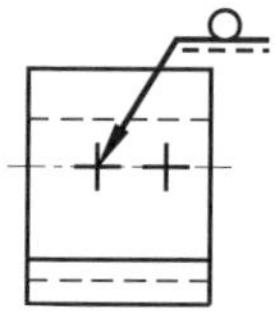	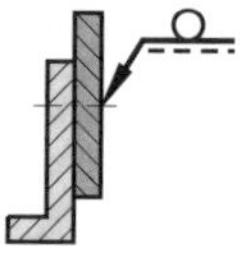
25		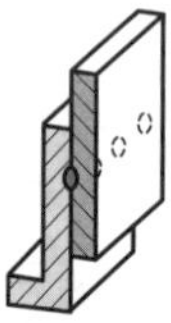	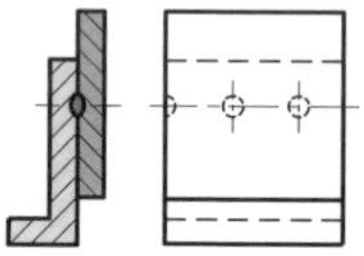	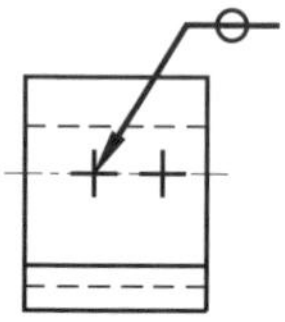	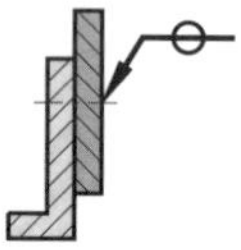
26	심(seam) 용접 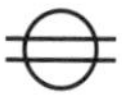	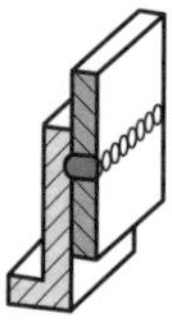	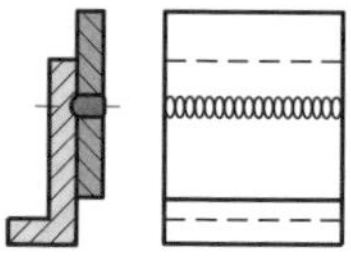	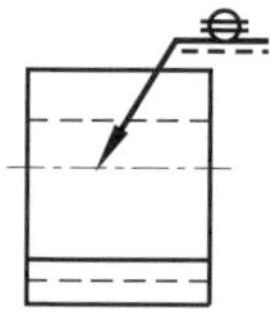	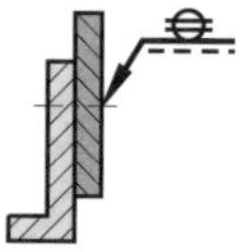
27		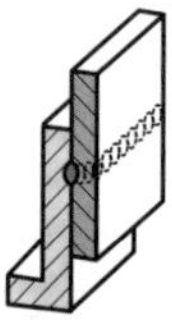	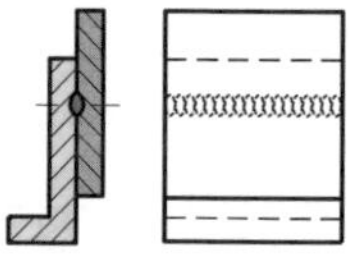	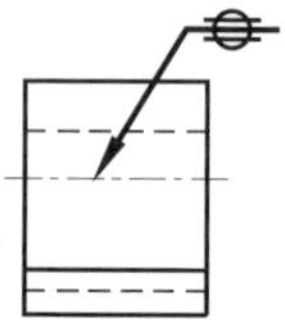	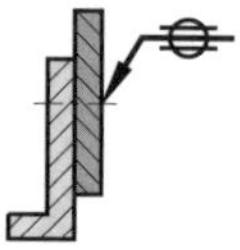

기본 기호 조합 보기

번호	명칭, 기호	그림	표시	투상도 및 치수기입	
				정면도	측면도
1	플랜지형 맞대기 용접 이면 용접	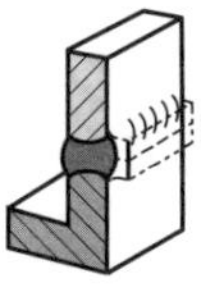	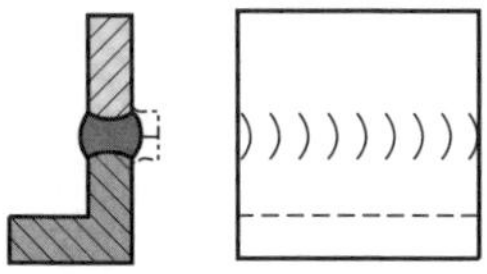		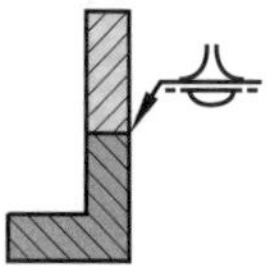
2	I형 맞대기 용접 (양면 용접)	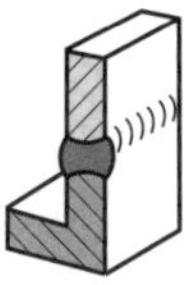	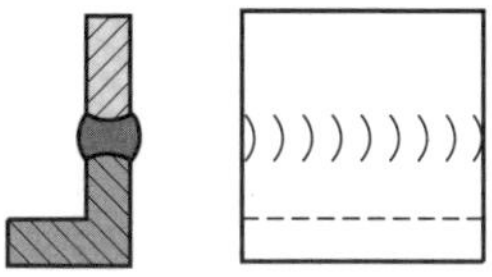	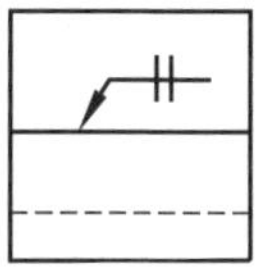	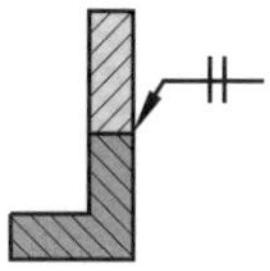
3	V형 용접 이면 용접	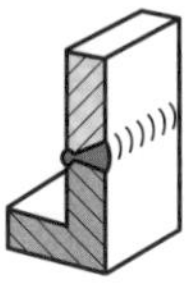	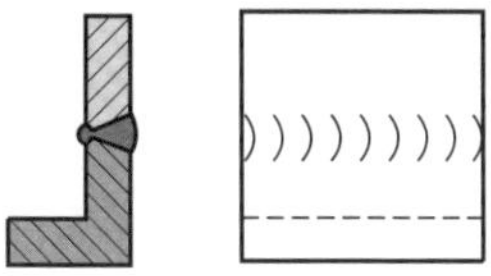		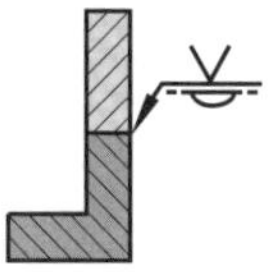
4		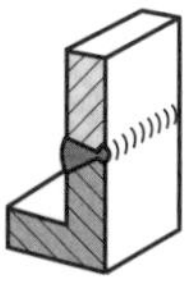	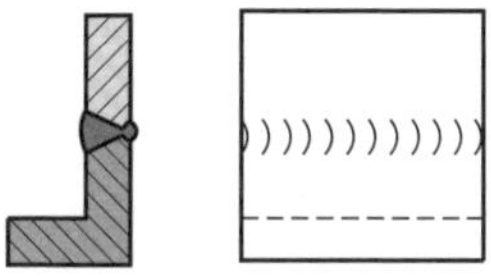		
5	양면 V형 맞대기 용접 (X형 용접)		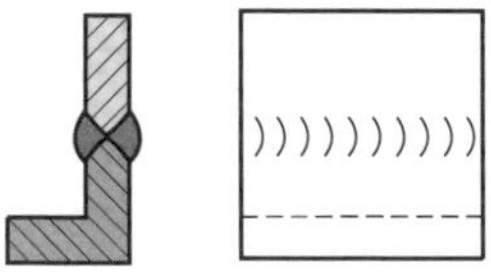	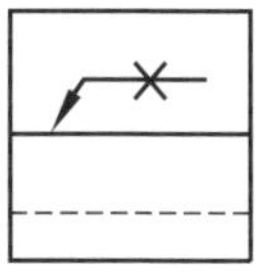	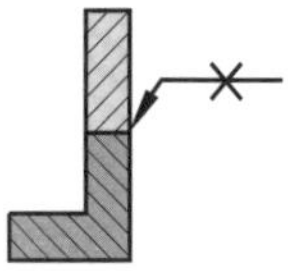
6	K형 맞대기 용접 (K형 용접)	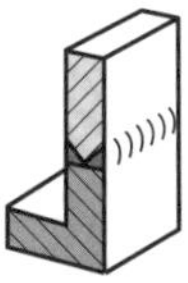	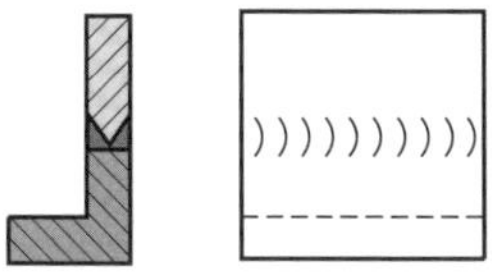	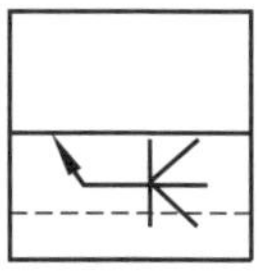	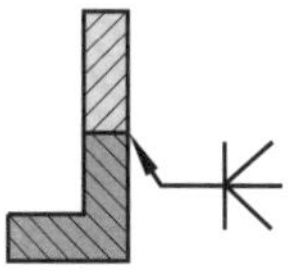
7		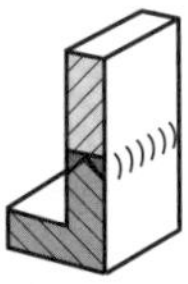	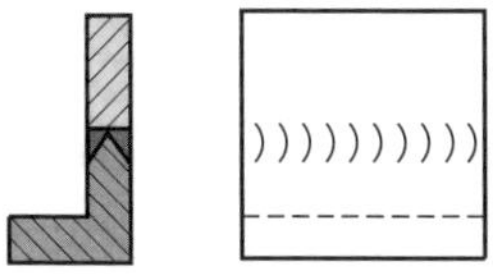	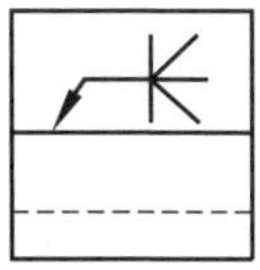	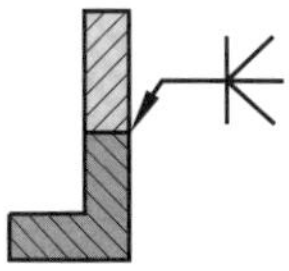

기본 기호 조합 보기(계속)

번호	명칭, 기호	그림	표시	투상도 및 치수기입	
				정면도	측면도
8	넓은 루트면 있는 양면 K형 맞대기 용접	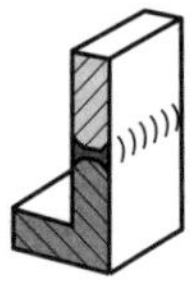	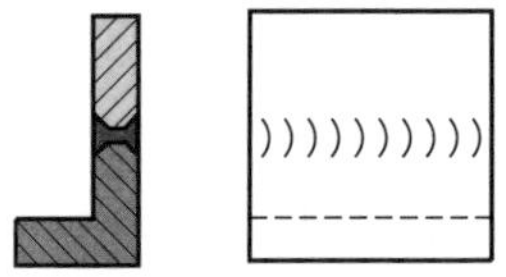	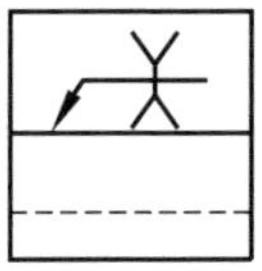	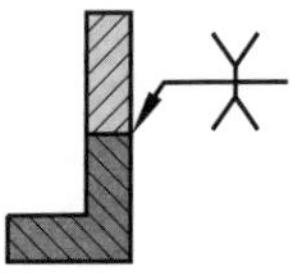
9	넓은 루트면 있는 K형 맞대기 용접	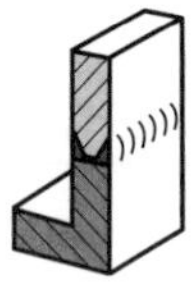	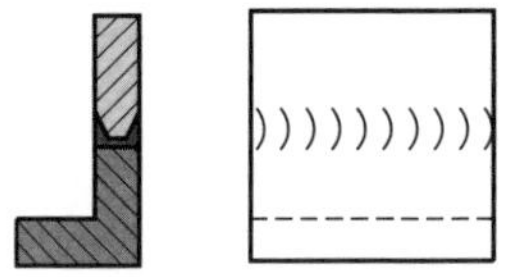	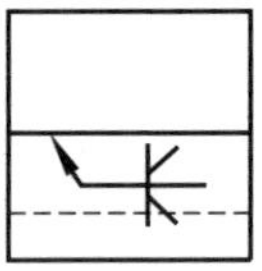	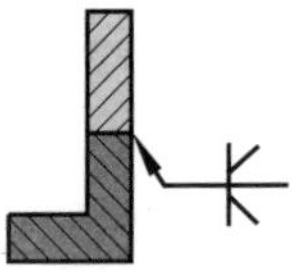
10	양면 U형 맞대기 용접	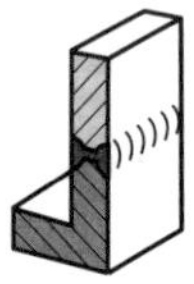	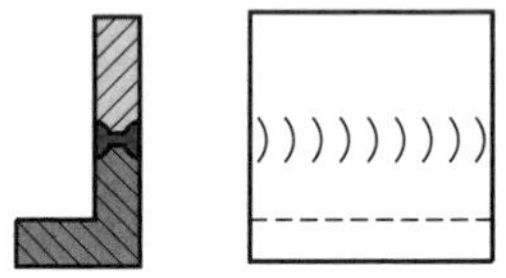	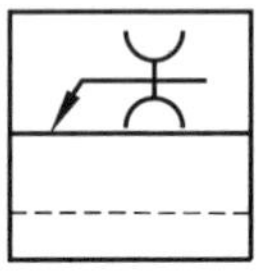	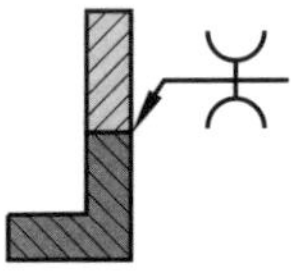
11	양면 J형 맞대기 용접	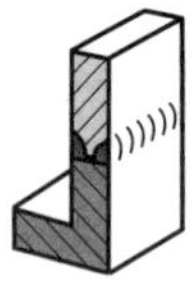	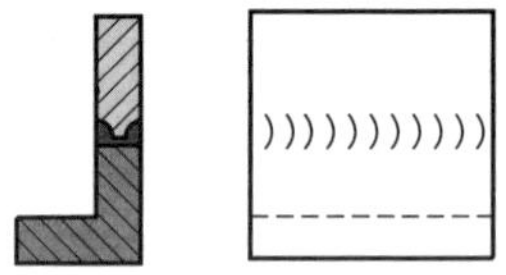	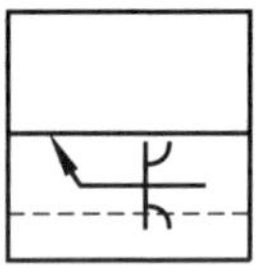	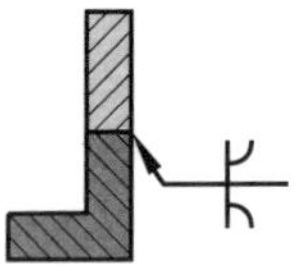
12	일면 V형 맞대기 용접 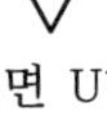 일면 U형 맞대기 용접	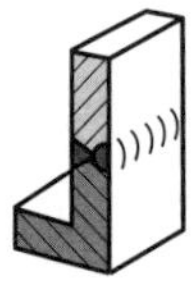	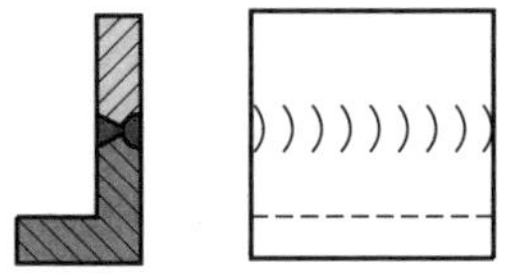		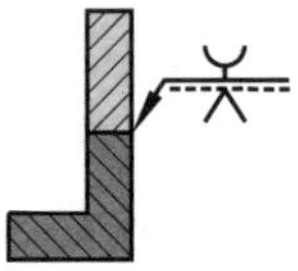
13	필릿 용접	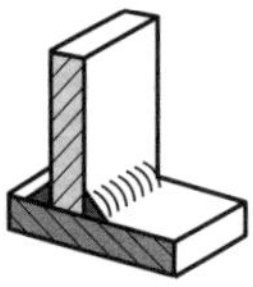	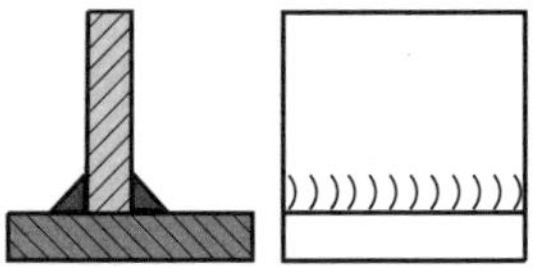	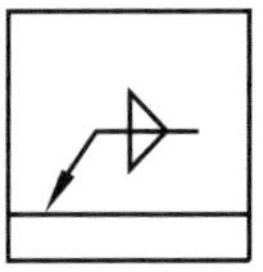	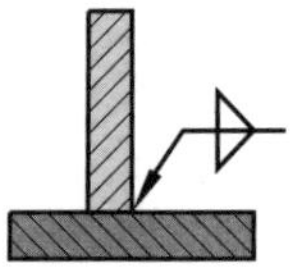
14		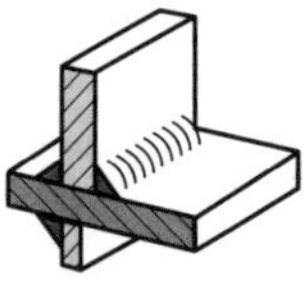	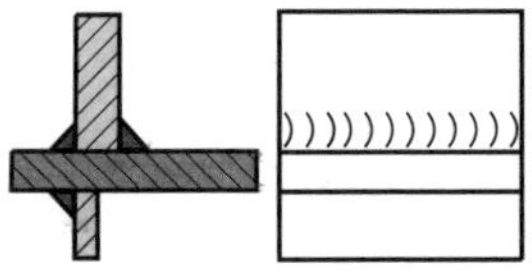	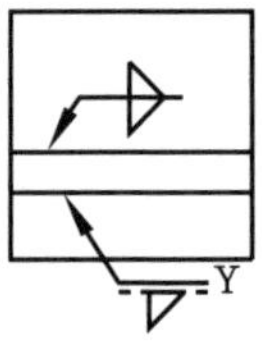 Y	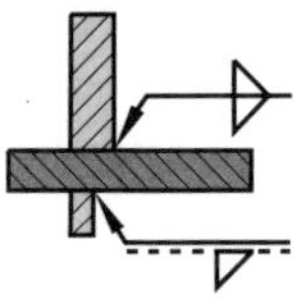

기본 기호와 보조 기호 조합 보기

번호	명칭, 기호	그림	표시	투상도 및 치수기입	
				정면도	측면도
1		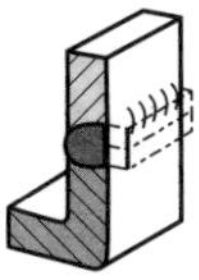	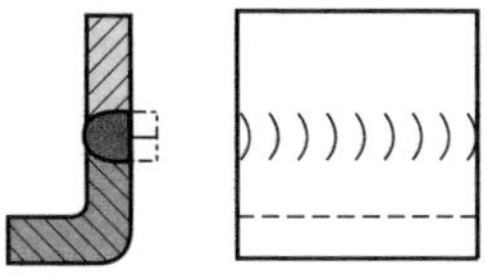		
2		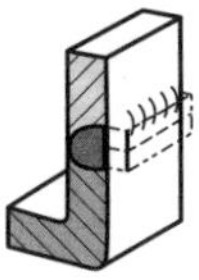	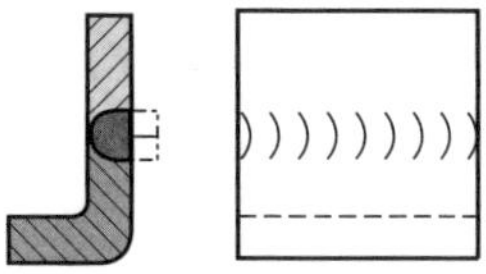		
3		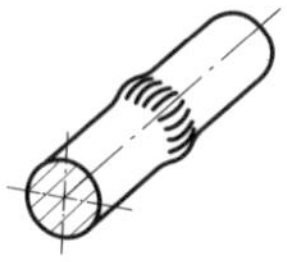	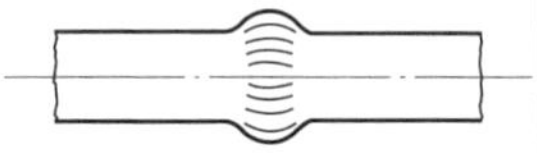	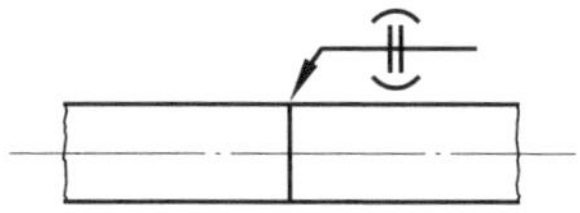	
4		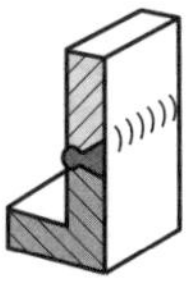	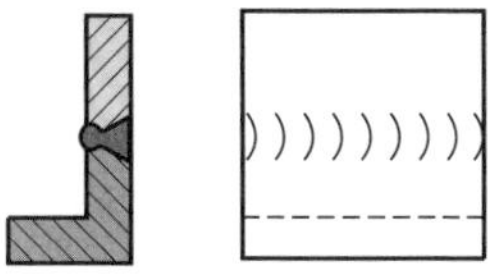		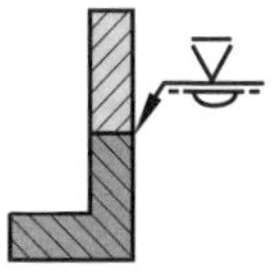
5		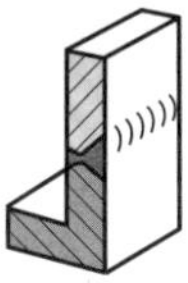	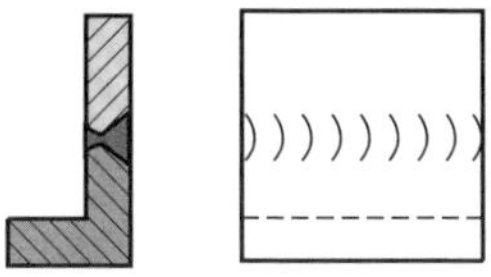		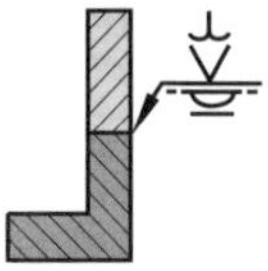
6		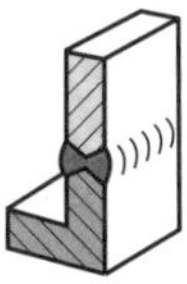	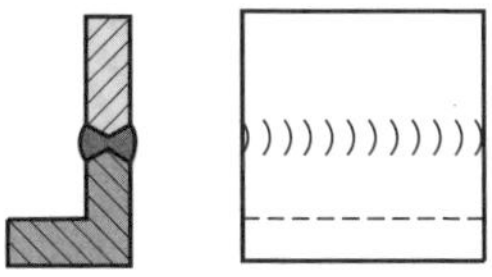	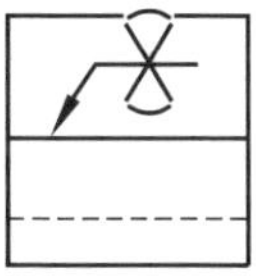	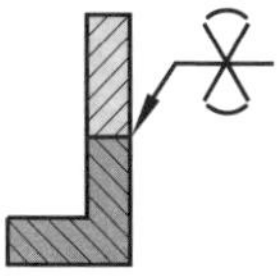
7			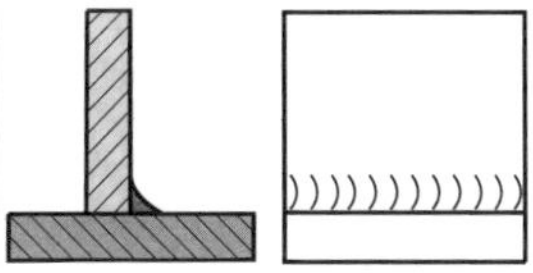		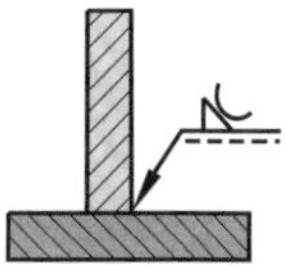
8	 MR	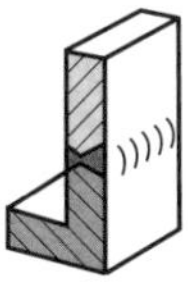	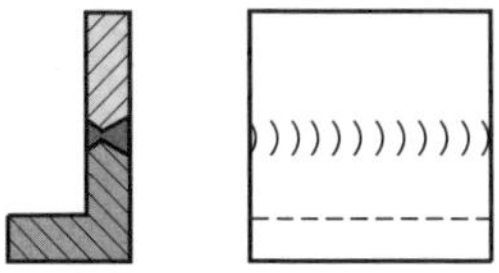	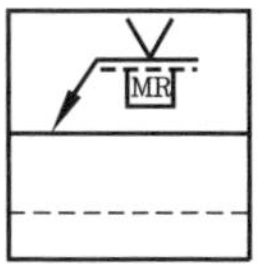 MR	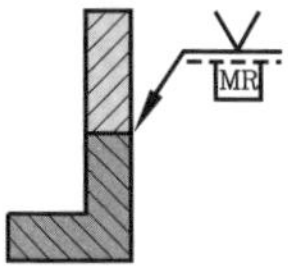 MR

(1) 용접 기호의 표시 방법

점선은 실선의 위 또는 아래에 있을 수 있다. 다음 그림에서는 화살표의 위치를 명확하게 표시한다. 일반적으로 접합부의 바로 인접한 곳에 위치한다.

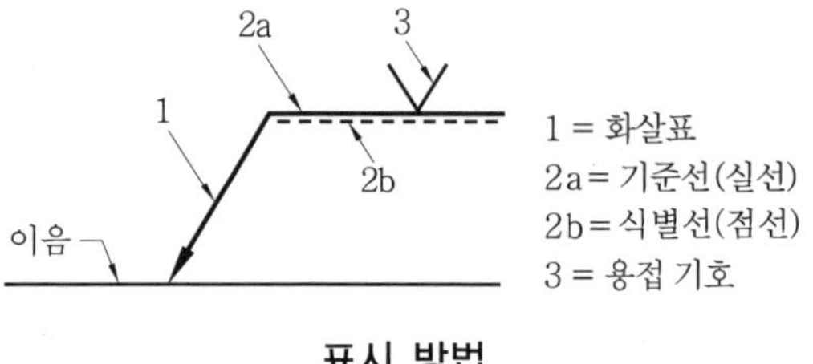

표시 방법

(2) 화살표와 접합부의 관계

접합부(용접부)의 위치는 "화살표 쪽" 또는 "화살표 반대쪽"으로 구분된다.

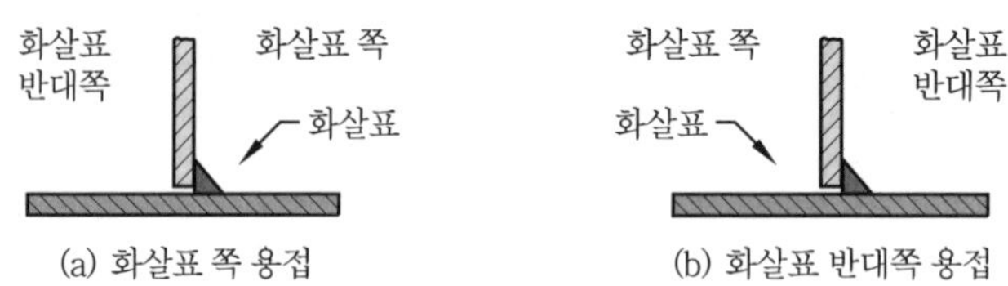

한쪽 면 필릿 용접의 T 접합부

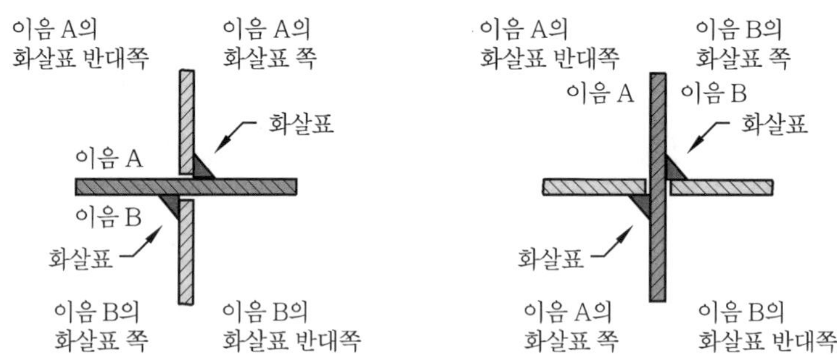

양면 필릿 용접의 십자(+)형 접합부

(3) 화살표 위치

일반적으로 용접부에 관한 화살표의 위치는 특별한 의미는 없으나 [(a), (b) 참조] ⅴ, Y, ⊬ 용접인 경우에는 화살표가 준비된 판 방향으로 표시된다. [(c), (d) 참조]

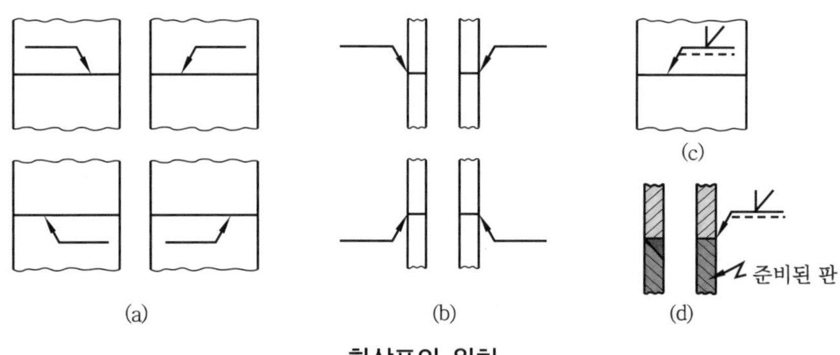

화상표의 위치

(4) 기준선의 위치

기준선은 우선적으로 도면 아래 모서리에 평행하도록 표시하거나 또는 그것이 불가능한 경우에는 수직되게 표시한다.

① 용접부(용접 표면)가 접합부의 화살표 쪽에 있다면 기호는 기준선의 실선 쪽에 표시한다. [(a) 참조]

② 용접부(용접 표면)가 접합부의 화살표 반대쪽에 있다면 기호는 기준선의 점선 쪽에 표시한다. [(b) 참조]

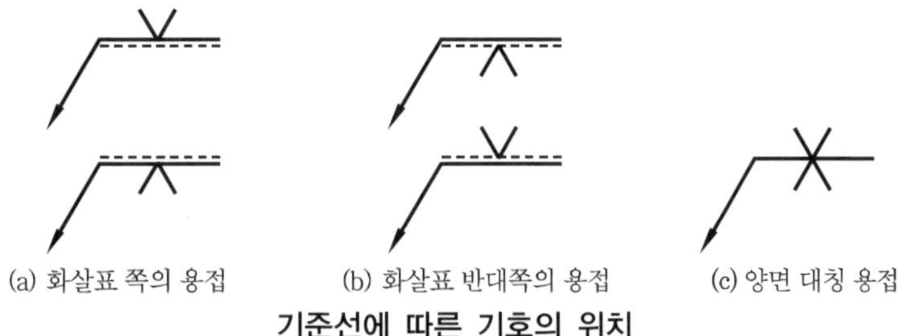

기준선에 따른 기호의 위치

(5) 용접부 치수 표시

가로 단면에 대한 주요 치수는 기호의 왼편(즉, 기호의 앞)에 표시하고, 세로 단면의 치수는 기호의 오른편(즉, 기호의 뒤)에 표시한다.

기호에 이어서 어떤 표시도 없는 것은 용접 부재의 전체 길이로 연속 용접한다는 의미이다.

표시 원칙의 예

(6) 필릿 용접부의 치수 표시

필릿 용접부에서는 치수 표시에 두 가지 방법이 있다. 문자 a 또는 z는 항상 해당되는 치수의 앞에 다음과 같이 표시한다. 필릿 용접부에서 깊은 용입을 나타내는 경우 목두께는 s가 된다.

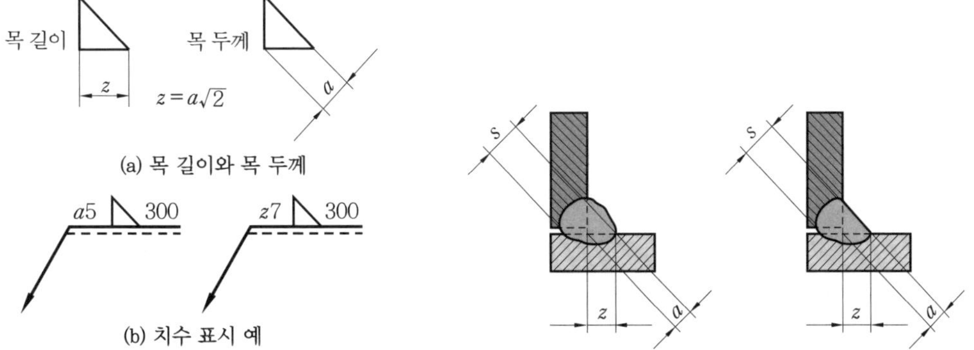

필릿 용접부의 치수 표시 방법

필릿 용접의 용입 깊이의 치수 표시 방법

주요 치수

번호	명칭	그림	정의	표시
1	맞대기 용접	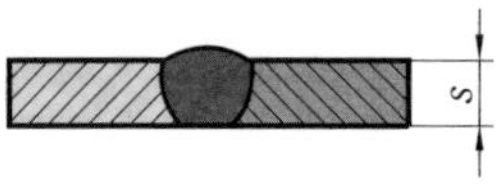 s	s : 얇은 부재의 두께보다 커질 수 없는 거리로서, 부재의 표면부터 용입의 바닥까지의 최소 거리	 ∨
		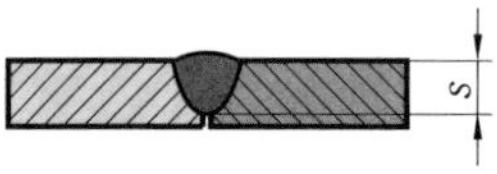 s		 s‖
		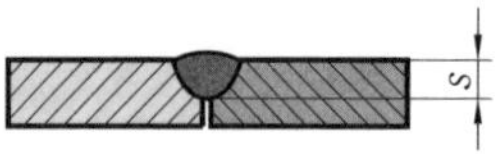 s		 sY
2	플랜지형 맞대기 용접	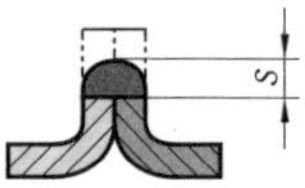 s	s : 용접부 외부 표면부터 용입의 바닥까지의 최소 거리	 s‖
3	연속 필릿 용접	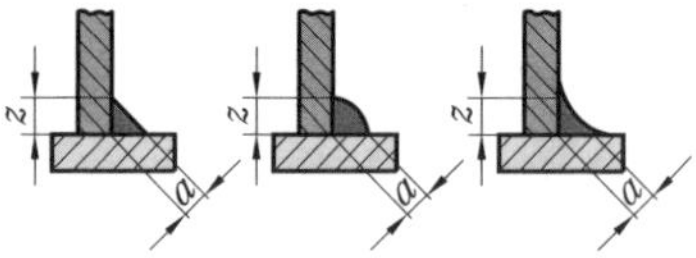 z a z a z a	a : 단면에서 표시될 수 있는 최대 이등변삼각형의 높이 z : 단면에서 표시될 수 있는 최대 이등변삼각형의 변	  a◺ z◺
4	단속 필릿 용접	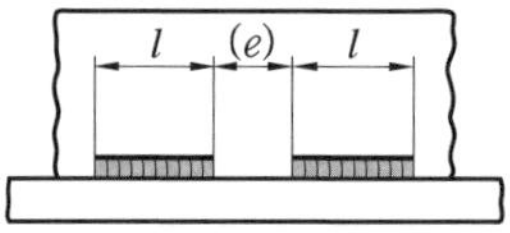 l (e) l	l : 용접 길이(크레이터 제외) (e) : 인접한 용접부 간격 n : 용접부 수 a, z : 번호 3 참조	 a◺ n×l(e) z◺ n×l(e)
5	지그재그 단속 필릿 용접	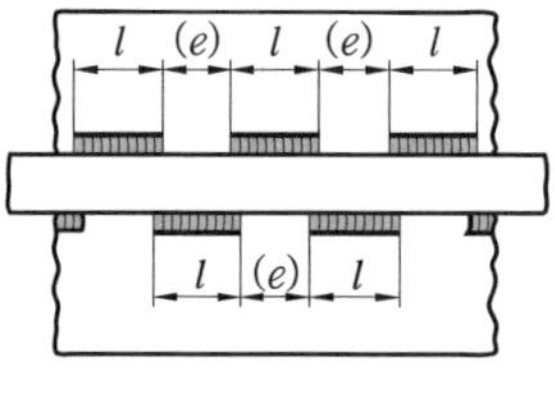 l (e) l (e) l l (e) l	l : 번호 4 참조 (e) : 번호 4 참조 n : 번호 4 참조 a, z : 번호 3 참조	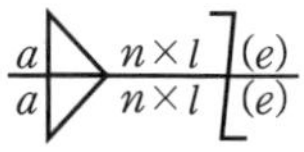 a n×l (e) / a n×l (e) z n×l (e) / z n×l (e)

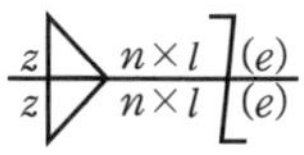

주요 치수 (계속)

번호	명칭	도시	정의	표시
6	플러그 또는 슬롯 용접		l : 번호 4 참조 (e) : 번호 4 참조 n : 번호 4 참조 c : 슬롯의 너비	c ⊓ $n \times l(e)$
7	심 용접		l : 번호 4 참조 (e) : 번호 4 참조 n : 번호 4 참조 c : 용접부 너비	c ⊖ $n \times l(e)$
8	플러그 용접		l : 번호 4 참조 (e) : 간격 d : 구멍의 지름	d ⊓ $n(e)$
9	점 용접		n : 번호 4 참조 (e) : 간격 d : 점(용접부)의 지름	d ○ $n(e)$

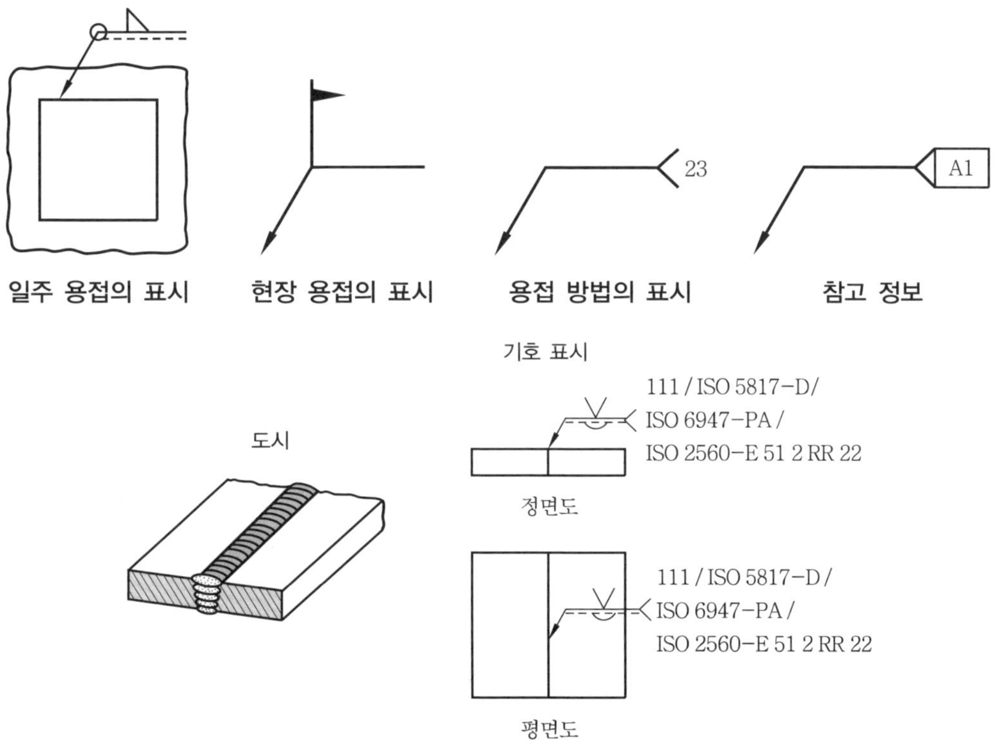

이면 용접이 있는 V형 맞대기 용접부

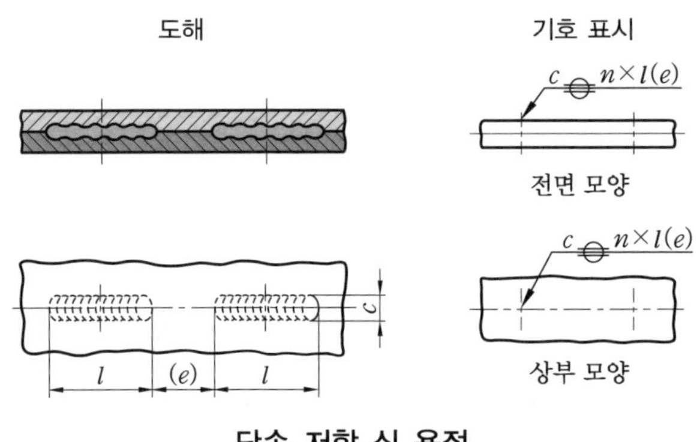

단속 저항 심 용접

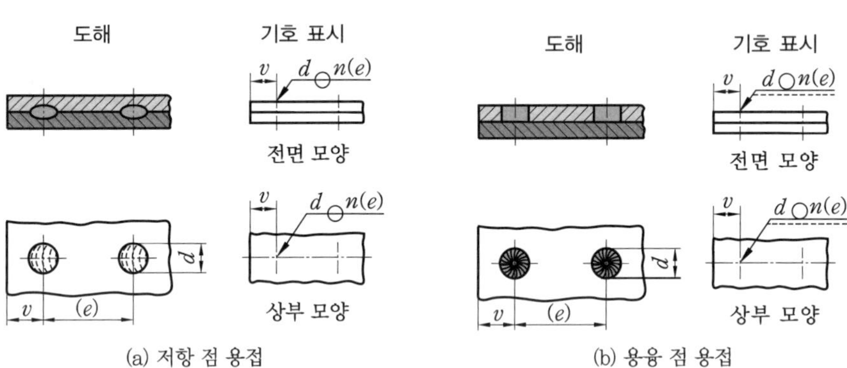

(a) 저항 점 용접

(b) 용융 점 용접

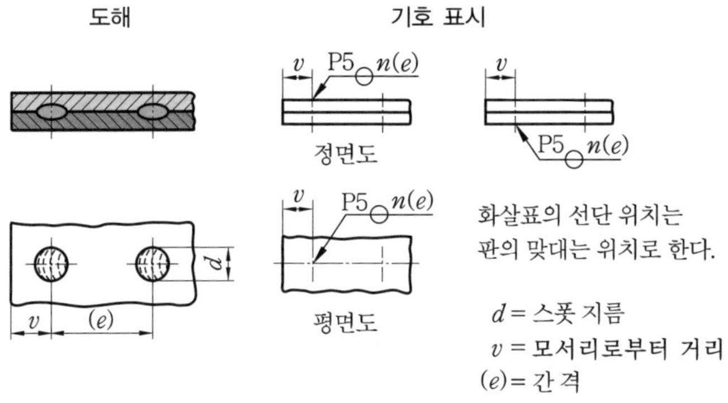

화살표의 선단 위치는
판의 맞대는 위치로 한다.

d = 스폿 지름
v = 모서리로부터 거리
(e) = 간 격

(c) 프로젝션 용접부

점 용접부

4. 재료의 표시법

4-1 재료 기호

KS에서는 재질, 기계적 성질 및 제조 방법 등을 정확히 나타내는 금속 재료 기호가 규정되어 있다. 이 재료의 기호는 3종류의 문자로 조합되어 있다. 첫 번째 문자의 기호는 재질, 두 번째 문자의 기호는 제품명, 세 번째 문자의 기호는 종류나 재료의 최저 인장 강도를 나타낸다.

예를 들어, SC 42에서 S는 강(steel)이며, 다음 문자인 C는 주물(casting)의 첫 자이며, 숫자 42는 재료의 최저 인장 강도가 411.6 MPa(42kgf/mm^2)인 것을 나타낸다. 그러므로 이 3가지를 합하면 주강을 나타내는 것이다.

4-2 문자 사용법

(1) 첫 번째 문자의 기호

영어 또는 로마 문자의 첫자 또는 화학 원소 기호로 재질을 나타낸다.

(2) 두 번째 문자의 기호

규격명 또는 제품명을 나타내는 기호로 영어 또는 로마자의 머리 문자를 사용하여 판, 봉, 관, 선, 주조품 등의 형상별 종류나 용도를 나타내는 기호를 조합한다.

재질을 표시하는 기호(첫 번째 문자의 기호)

기호	재질	기호	재질
Al	알루미늄	NS	양은
Br	청동	S	강
Bs	황동	PB	인청동
Cu	구리 또는 구리합금	Zn	아연
F	철	MCr	금속 크롬
HBs	고강도 황동	WM	화이트메탈
K	켈밋메탈	CM	크롬-몰리브덴 합금

규격 및 제품명(두 번째 문자의 기호)

기호	재질	기호	재질
B	봉(bar)	BsC	황동 주물
CD	구상 흑연 주철	C	주조품(casting)
F	단조품	CP	냉간 압연 강대
KH	고속도 공구강	Cr	크롬강
P	판(plate)	G	고압가스 용기
T	관(tube)	K	공구강
W	선	S	일반 구조용 압연재
WR	선재	PW	피아노선
DC	다이캐스팅	WS	용접 구조용 압연강
BC	청동 주물		

(3) 세 번째 문자의 기호

① **철강 관계의 세 번째 문자 기호** : 재료의 종류를 나타내는 것으로 재료의 종류, 번호 또는 최저 인장 강도의 숫자를 쓴다.

예 1 : 1종

2A : 2종 A

A : A종 또는 A호

41 : 최저 인장 강도(400 MPa)

보기 SF 34(탄소강 단조품)

첫 번째 문자 S : 강

두 번째 문자 F : 단조품

세 번째 문자 34 : 최저 인장 강도 333.2 MPa(34kgf/mm^2)

FC 10(회주철품 제1종)

첫 번째 문자 F : 철

두 번째 문자 C : 주조품

세 번째 문자 10 : 1종[인장 강도 98 MPa (10kgf/mm^2) 이상]

SPC 1(냉간 압연 강판 제1종)

첫 번째 문자 S : 강

두 번째 문자 PC : 냉간 압연 강판

세 번째 문자 1 : 제1종

S 10C(기계 구조용 탄소강 강재 제1종)

첫 번째 문자 S : 강

두 번째 문자 10 : 탄소 함유량 0.10%

세 번째 문자 C : 화학 성분의 탄소 표시

② **비철 관계의 세 번째 문자 기호** : 재료의 종류, 번호 숫자를 써서 종류를 나타낸다.

예 1 : 1종

2S : 2종 특수급

3A : 3종 A

보기 BC 1(청동 주물 제1종)

첫 번째 문자 B : 청동

두 번째 문자 C : 단조품

세 번째 문자 1 : 제1종

BsP 1(황동판 제1종)

첫 번째 문자 Bs : 황동

두 번째 문자 P : 판

세 번째 문자 1 : 제1종

5. 건축 제도

5-1 설계도

건축용 도면에는 배치도, 평면도, 입면도, 단면도, 전개도, 복도, 축조도, 구계도, 상세도, 건구도, 내외 다듬질표, 설비도 등이 있다. 이들 도면은 모든 건물에 대하여 반드시 전부 그릴 필요는 없고 건물의 구조, 규모 등에 따라 필요한 도면만 선별하여 그린다.

(1) 배치도

부지 내에 건물을 배치한 도면이며, 부지와 도로의 관계, 방위, 건물의 위치, 부근의 하수도, 상수도, 전등도 기입하여 둔다. 척도는 $\frac{1}{100} \sim \frac{1}{200}$로 배치와 함께 안내도를 그려 놓으면 편리하다.

(2) 평면도

건물을 바닥 위 1 m 정도인 곳에서 수평으로 절단하여 위에서 본 도면이다. 설계도 가운데 기본이 되는 중요한 도면이며, 척도는 $\frac{1}{50} \sim \frac{1}{200}$이다. 건축 제도의 기호를 사용하여 도면을 그리고 칸이나 벽, 창, 출입구, 욕실, 화장실, 주방, 기타 기구도 기입한다. 소형 주택의 경우에는 $\frac{1}{20} \sim \frac{1}{50}$의 척도로 그리고 건구 기호 등도 기입하는 경우가 있다.

(3) 입면도

건물의 외형을 정면, 양측면, 배면의 각 방향에서 본 도면이다. 척도는 $\frac{1}{50} \sim \frac{1}{200}$로 출입구, 창 기타의 크기, 위치, 외장 등을 표시하고 있다. 목조 평건물의 소형 주택에서는 축조도를 생략하는 경우가 있으므로, 그 경우에는 입면도에 교차목의 위치를 기입한다.

(4) 단면도

건물을 임의의 위치에서 절단하여, 단면을 $\frac{1}{50} \sim \frac{1}{200}$의 척도로 그린 도면이다. 건물 속에서 변화가 많은 곳을 택하여 절단하고, 어느 부분을 절단하였는가를 평면도에 표시한다.

(5) 전개도

건물 내부의 벽면을 상세히 표시하기 위해 실내의 4면을 $\frac{1}{20} \sim \frac{1}{50}$의 척도로 그린 도면이다. 실내 구조, 마감, 설비의 상태 등을 알 수 있다.

(6) 복도(伏圖)

복도에는 지붕 복도, 천장 복도, 기초 복도, 상복도(床伏圖), 소옥 복도 등이 있고, 각부의 구조체를 위에서 본 도면이다. 지붕 복도는 지붕을 내려다본 도면으로, 지붕의 의장이나 물 흐름의 방향을 알 수 있으며, 천장 복도는 천장을 위에서 본 도면을 그리는 것이 보통이다. 천장판의 재료, 마감 방법 등을 표시한다.

기초 복도는 기초를 위로부터 바라본 도면으로 기초의 형상, 치수, 독립 기초, 총석 등의 위치를 표시하고, 환기구의 위치도 그려 놓는다.

기초 복도에는 토대, 기초 등의 상세도도 표시하고 있다. 상복도는 바닥의 평면 구조를 나타낸 도면으로, 2층 건물의 경우에는 1·2층 모두 복도를 그리고, 소옥 복도는 지붕의 골조를 위에서 본 도면이며 도리, 본체, 마룻대, 서까래 등의 위치를 표시한다.

(7) 축조도(軸造圖)

목조나 철근조의 외벽, 칸막이벽 등 골조를 나타낸 도면이다. 토대, 기둥, 도리, 거스(girth), 브레이스(brace), 안치수재 등 벽을 구성하는 부재의 조합을 나타내고 설치할 금속재 등의 위치도 명시한다.

(8) 구계도(矩計圖)

건물의 표준이 되는 측벽의 단면을 상세히 나타낸 도면이다. 처마, 창, 천장, 기타의 높이를 $\frac{1}{20}\sim\frac{1}{50}$ 정도의 척도로 표시하고, 2층 건물인 경우에는 1층과 2층을 끊김 없이 그린다.

(9) 상세도

건물의 주요 부분이나 협소한 부분을 단면과 평면으로 상세하게 나타낸 도면이다. 상세도에 따라 공사는 시공되므로 필요한 치수는 모두 기입하여야 한다. 척도는 $\frac{1}{5}\sim\frac{1}{20}$이지만 협소한 부분은 실체 치수로 그리는 경우도 있다.

(10) 구조도

목재의 축조도에 상당하는 도면으로서 콘크리트조 빔이나 기둥의 골조를 나타낸 도면이다. 척도는 $\frac{1}{50}\sim\frac{1}{100}$로 그리고 기둥이나 빔의 단면 치수, 배근(配筋) 방법 등을 표시한 단면도를 첨부한다.

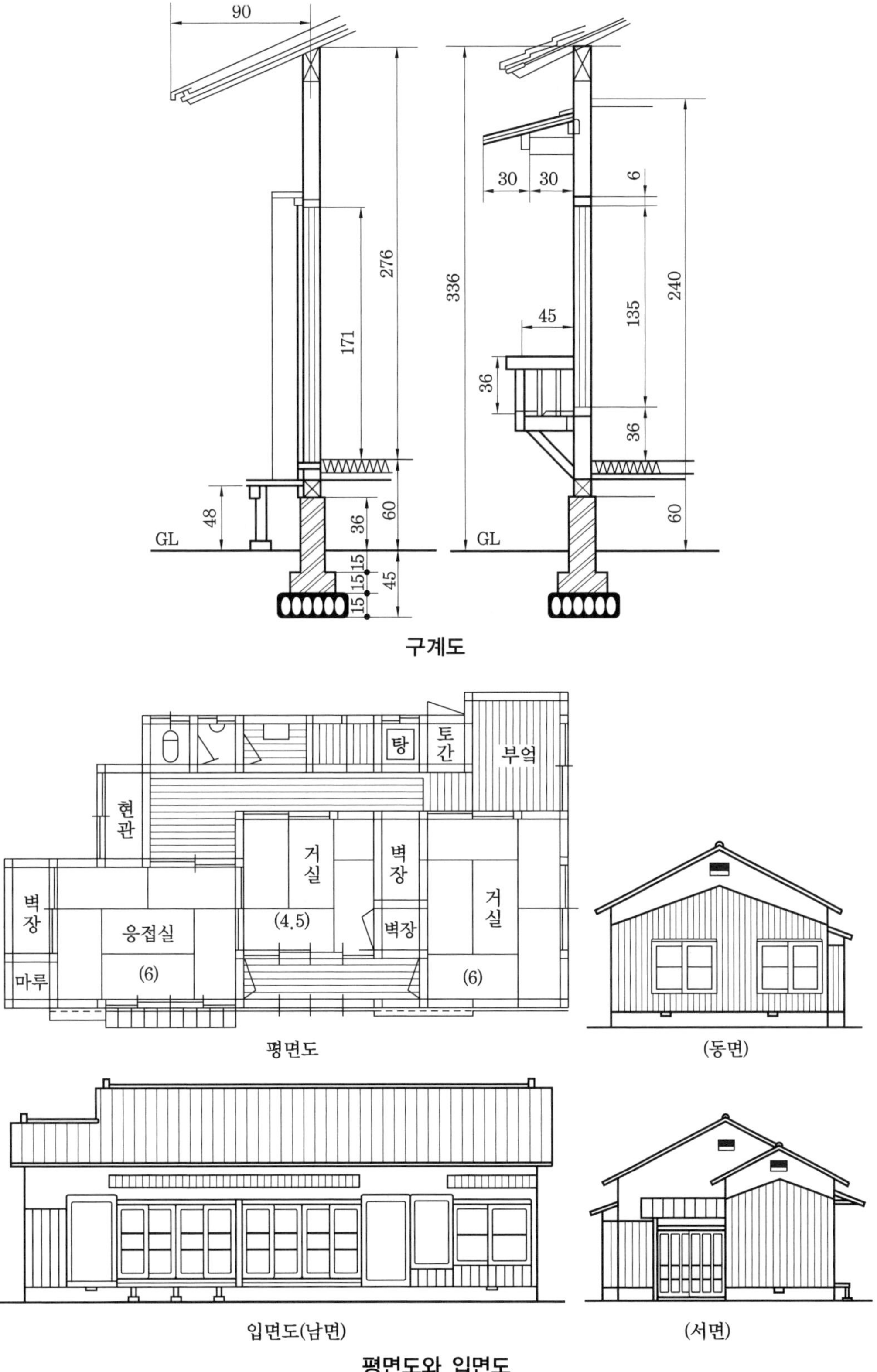

구계도

평면도

(동면)

입면도(남면)

(서면)

평면도와 입면도

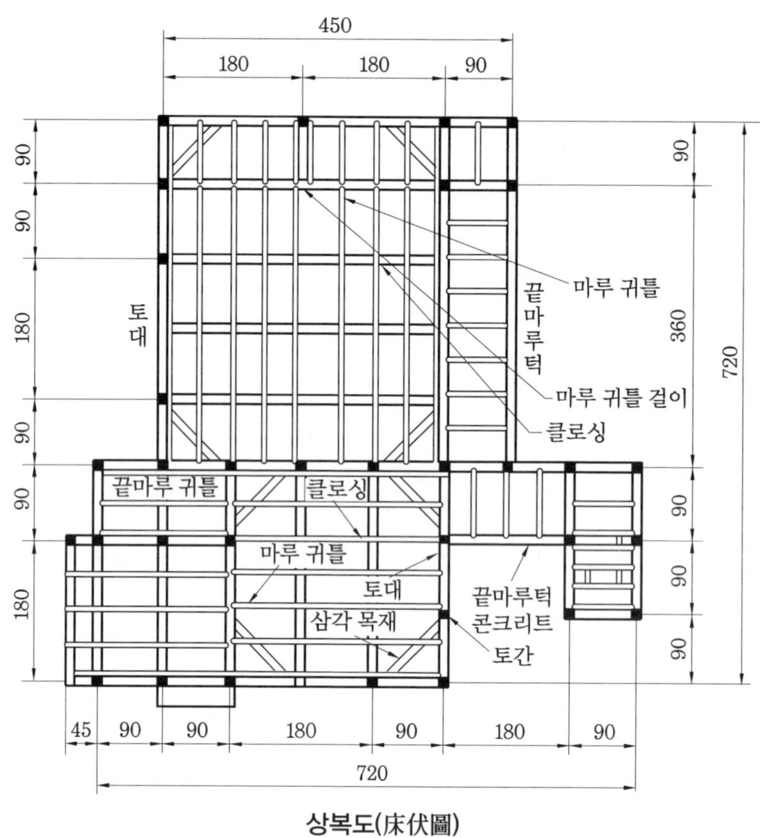

상복도(床伏圖)

5-2 도시 기호

건축용 도면의 도시 기호는 재료 구조 표시 기호 외에 일반적으로 사용되는 기호도 있다.

재료 구조 표시 기호 KS F 1501

축척 정도에 의한 구분 / 표시 사항	축척 $\frac{1}{100}$ 이나 $\frac{1}{200}$ 정도의 경우	축척 $\frac{1}{20}$ 또는 $\frac{1}{50}$ 정도의 경우 축척 $\frac{1}{100}$ 또는 $\frac{1}{200}$ 정도의 경우에 사용해도 좋음	현치수 및 축척 $\frac{1}{2}$ 이나 $\frac{1}{5}$ 정도의 경우 축척 $\frac{1}{20}$, $\frac{1}{50}$, $\frac{1}{100}$ 이나 $\frac{1}{200}$ 정도의 경우에 사용해도 좋음
벽 일반			
콘크리트 및 철근 콘크리트			
경량벽 일반			
보통 블록벽 경량 블록벽			실형을 그려 재료명을 기입한다.

철골			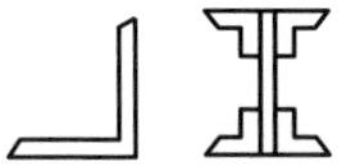
목재 및 목조벽	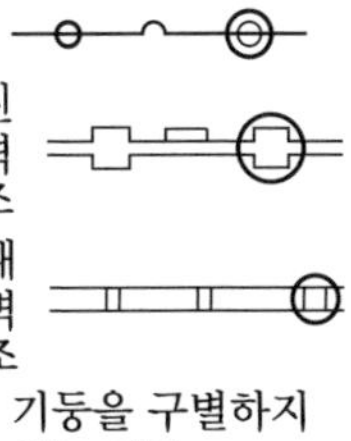 진벽조 대벽조 기둥을 구별하지 않는 경우	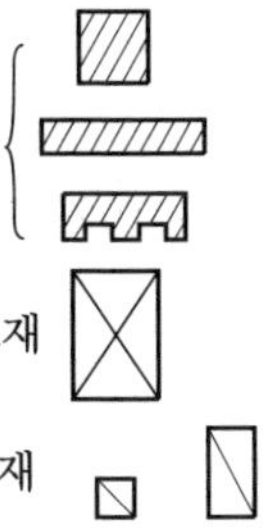 화장재 구조재 보조 구조재	 (연륜이나 나무눈을 기입한다.) 구조재 보조 구조재 합판
지반			
로드 메탈			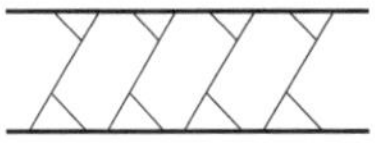
사리 모래		재료명을 기입한다.	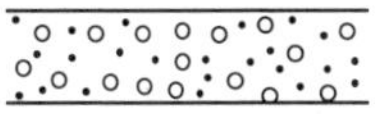 재료명을 기입한다.
석재 및 바둑돌		 석재명이나 위석명을 기입한다.	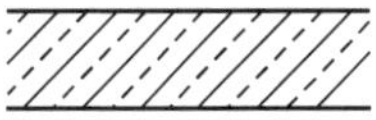 석재명이나 위석명을 기입한다.
미장 다듬질		 재료명 및 다듬질의 종류를 기입한다.	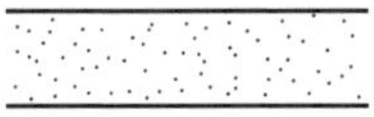 재료명 및 다듬질의 종류를 기입한다.
바닥 마감재		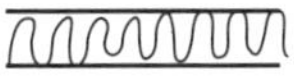	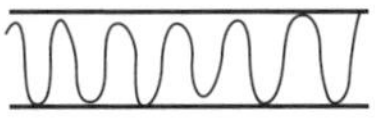
보온·흡음재		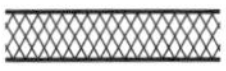 재료명을 기입한다.	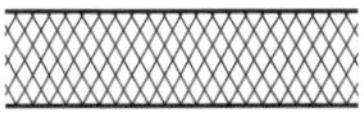 재료명을 기입한다.
그물		재료명을 기입한다.	메탈라스의 경우 와이라스의 경우 리프라스의 경우
판유리		재료명을 기입한다.	
타일 및 테라코타		재료명을 기입한다.	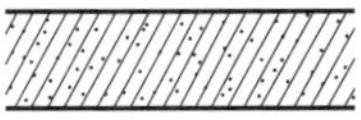
기타 재료		윤곽을 그려 재료명을 기입한다.	윤곽이나 실형을 그려 재료명을 기입한다.

일반적으로 사용되고 있는 기호

기호	명칭	기호	명칭
GL	지반면	C	기둥
FL	각층 바닥면	S	마루판
CL	중심선	W	벽
ctc	중심에서 중심까지	SW	동제창 새시
PS	파이프 · 샤프트	SD	동제 도어
DS	디스트 · 슈트	WD	목재 도어
F	기초 · 지중 빔	WW	목재창
G	빔	OP	유성 페인트 도료

5-3 제도 순서와 주의 사항 – 수작업 시

(1) 제도 순서

건축 제도는 다음과 같은 순서로 한다.

① 도면의 목적, 내용을 이해한다.

② 제도 용구를 준비한다.

③ 척도나 도형의 위치를 정한다.

④ 연필로 바탕 그림을 그린다. 바탕 그림은 기본선에서 긋기 시작하여 외형선으로 옮긴다.

⑤ 문자, 표제란 등을 기입한다.

⑥ 먹 넣기는 도면을 충분히 검토한 뒤에 한다.

⑦ 불필요한 선, 문자 및 종이의 더러워진 부분을 지워서 마무리한다.

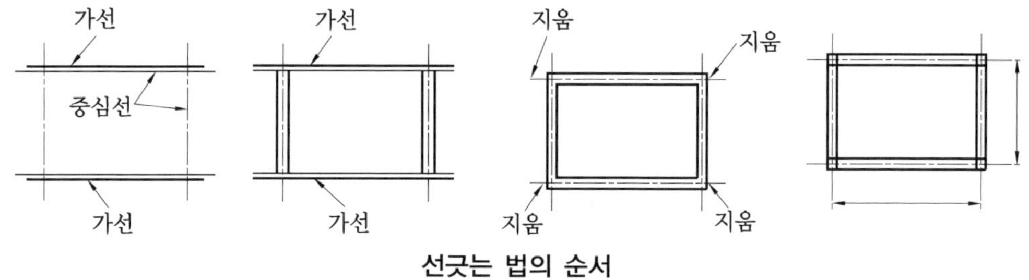

선긋는 법의 순서

(2) 주의 사항

제도할 때에는 특히 다음과 같은 사항에 주의한다.

① 제도할 때의 광선은 왼쪽 위로부터 잡고, 자세를 바르게 한다.

② 제도판 위에는 용구를 정연하게 놓고, T 자로 움직이는 범위 안에는 물건을 놓지 않는다.
③ 용지의 안팎에 주의한다.
④ 용지를 제도판에 붙일 때에는 되도록 왼쪽으로 놓고, 용지의 위 끝을 T 자의 위에 일치시킨 다음, 테이프나 압핀으로 고정한다.
⑤ 아주 정확하게 제도나 착색을 해야 할 것은 물붙이기 법으로 용지를 고정하는 것이 좋고, 제도 중에는 지면에 손을 대지 않도록 하며, 사용하지 않은 곳은 백지로 덮어 놓는다.
⑥ 직선을 그을 때에는 아무리 작은 부분의 선이라도 프리핸드(free hand)로 긋는 것을 피하고 자를 사용하며, 다 쓰고 난 제도기는 깨끗이 닦아 기름칠을 하고, 모든 조정 나사를 헐겁게 해 둔다.

6. 계장 기호

온도, 압력, 유량 등을 측정하는 계기를 장치하는 것을 계장(計裝)이라 한다. 계장 기호는 화학, 철강, 정유, 증기 등을 제조하는 장치와 배관용 기계 등에 많이 사용되며, 계기 기호는 계장의 사항 및 계측 설비의 형식, 기능의 개요를 그림으로 표시한다.

기호의 종류에는 문자 기호, 개별 번호 및 도시 기호가 있으며, 계기를 나타낼 때는 이것을 종합하여 표시한다.

6-1 문자 기호

문자 기호는 일반적으로 계측 목적과 기능을 표시한다. 문자 기호의 첫째 문자는 변량(變量) 또는 동작을 표시하고, 둘째 문자와 셋째 문자는 계측 설비 요소의 형식 또는 기능을 표시한다.

문자 기호(첫째 문자)

문자 기호	변량 또는 동작	문자 기호	변량 또는 동작	문자 기호	변량 또는 동작
A	조성	M	습도	V	점도
D	밀도	P	압력	W	무게
F	유량	Q	열량	X	기타 변량
H	수동	S	속도		
L	레벨	T	온도		

㈜ ① 앞의 표에서 L은 길이·두께, M은 수분·습도, W는 장력의 기호로 사용하기도 한다. X자를 쓰는 경우는 그 변량의 종류를 도면에 명시하지 않으면 안 된다.
② CO_2, O_2 등과 같이 잘 알려져 있는 화학 기호는 이것을 조성 문자 기호로, pH는 수소 이온 농도의 문자 기호로 사용해도 좋다.
③ 비율을 표시하는 데는 소문자 r를, 차이를 표시하는 데는 소문자 d를 앞 표의 문자 기호 뒤에 붙여서 사용해도 좋다. 예를 들면, Fr는 유량 비율, Td는 온도차, Pd는 압력차의 문자 기호가 된다.

6-2 문자 기호의 표시 방법

문자 기호(둘째 및 셋째 문자 이하)

문자 기호	계측 설비 요소의 형식 또는 기능	문자 기호	계측 설비 요소의 형식 또는 기능
A	경보 (알람)	P	계기에 접속하지 않은 측정점 또는 시료 채취점
C	조절 (콘트롤러)	R	기록 (계기)
E	계기에 접속하지 않은 검출기	S	적산
I	지시 (인디케이터)	V	밸브

① 모든 문자 기호는 대문자로 표시함을 원칙으로 하지만, 화학 기호와 비율을 표시하는 문자 등은 예외로 한다.
② 변량 또는 동작은 한 자로 표시하며 L, M, W의 문자 기호는 두 자 이상이라도 하나의 문자로 본다.
③ 계측 설비 요소의 형식 또는 기능은 둘째 문자 이하로 표시한다. 그 중에서 지시 I, 기록 R, 검출기 E, 측정집 또는 시료 채취점 P는 둘째 문자에만 사용하고, 셋째 문자 이하에는 사용하지 않는다.
④ 조절(C), 적산(S), 경보(A) 기능을 함께 가진 계기 표시는 C, S, A의 순으로 배열한다.
⑤ 문자 사이 또는 문자의 조합된 사이에는 점이나 하이픈(-)을 사용하지 않는다.
⑥ 문자 기호의 배열 순서는 다음 표에 준한다.

문자 기호의 배열 순서

계측 설비 요소의 형식 또는 기능	문자 기호	계측 설비 요소의 형식 또는 기능	문자 기호
지시계	XI	(지시) 기록 조절계	XRC
(지시) 기록계	XR	(지시) 기록 적산계	XRS
(무지시) 조절계	XC	(지시) 기록 경보계	XRA
적산계	XS	(지시) 기록 조절 경보계	XRCA
(무지시) 경보계	XA	(지시) 기록 조절 적산계	XRCS
지시 조절계	XIC	검출기(계기에 접속되어 있지 않을 때)	XE
지시 적산계	XIQ	측정점 또는 시료 채취점 (계기에 접속되어 있지 않을 때)	XP
지시 경보계	XIA		
지시 조절 경보계	XICA	자력식 조절 밸브	XCV

6-3 개별 번호

개별 번호는 문자 기호를 보충하여 각각의 계측 설비를 식별할 필요가 있을 때 사용하며, 아라비아 숫자로 표시한다. 또 이때에는 일련 번호로 표시하고 변량, 계측 설비 요소의 형식, 기능 등에 따라 고유 번호를 붙여 그 식별을 명확히 한다.

6-4 도시 기호

배관 제도에 사용되는 기본 도시 기호를 이용하여 표시하는 계측용 배관 및 배선의 도시 기호, 검출기의 도시 기호, 표시 계기 · 조절기 및 전송기의 도시 기호, 조절부의 도시 기호 등이 있다.

표시 계기 · 조절기 및 전송기의 도시 기호

종류	도시 기호		비고
	현장 설치	패널 설치	
1종류의 변량을 취급하는 표시 계기 또는 조절기	○	⊖	3종류 이상 변량을 취급하는 경우, 또는 기능을 가진 것을 표시할 때는 2종류일 때와 같이 원을 순차로 겹쳐서 표시한다.
2종류의 변량 또는 2종류의 기능을 가진 표시 계기 또는 조절기 ①	(겹친 원)	(겹친 원, 가로선)	
전송기	⊗	⊗ (가로선)	
연산기 ②	⊠	⊠ (가로선)	

주 ① 원을 가로로 겹쳐 그려도 좋다.
② 기능 또는 입력과 출력의 산출식을 명시하려고 할 때에는 도시 기호의 한쪽에 표시한다.

계측용 배관 및 배선 등의 도시 기호

종류	도시 기호	비고
계측 대상에서 표시 계기 · 조절기 또는 전송기까지의 배관(압력, 차압, 시료, 채취관) 및 배관 · 배선에 의하지 않고 변량을 표시하는 것.	————	(1) 이 선은 일반 배관의 표시선보다 가늘게 그린다. (2) 신호의 방향을 특히 명시해야 할 때는 화살표를 사용해도 좋다.
공기압 배관	—//—//—//—	
유압 배관	—/—/—/—/—	
전기 배선	----------	
세관(細管)	—X—X—X—X—	

검출기의 도시 기호

종류	도시 기호
차압 검출기	
특히 명시를 필요로 하는 검출기 · 측정점 또는 시료 채취점	×

조절부의 도시 기호

종 류	도시 기호			비고
다이어프램식 또는 벨로즈식			다이어프램 조절 밸브	(1) 조절부의 도시 기호는 ⋈의 기호로 밸브를 표시하고 있으나 밸브의 기호는 통상적으로 사용되고 있는 기호를 사용해도 좋다. (2) 조절 부분이 밸브 내일 때는 ⋈이 통상적으로 사용되고 있는 기호로 대신하여 사용한다.
전동 또는 전자식			전자 밸브	
피스톤식			피스톤 조절 밸브	
수동식			수동 밸브	

6-5 문자 기호와 개별 번호의 표시 방법

① 문자 기호를 도시 기호의 원 속에 기입하지 않을 때는 문자 기호 다음에 개별 번호를 쓰고, 그 사이를 하이픈으로 잇는다. 예를 들면, 개별 번호가 1인 기록 조절 온도계는 TRC-1로 표시한다.

② 계기 1대로 2종류 이상의 변량을 취급하거나 2종류 이상의 기능을 발휘하는 계기는 각각의 문자 기호 및 개별 번호로 표시하고, 그 사이에 사선을 긋는다. 예를 들면, 하나의 표시 계기로 유량과 압력을 기록하는 계기는 FR-1/PR-5 또는 TR-1/TRC-2와 같이 표시한다.

③ 계기 1대로 다수의 동종 변량을 취급하는 여러 개소의 계기는 동일한 개별 번호로 표시하고, 측정 개소를 구별할 때에는 개별 번호 다음에 측정 개소의 숫자를 하이픈과 함께 표시한다. 예를 들면, TR-1-1, TR-1-2 등과 같이 표시한다.

④ 전송기는 이에 접속하는 표시 계기 또는 조절기에 대응하는 문자 기호 및 개별 번호로 표시하며, 조절부는 그것을 작동하는 표시 계기 또는 조절기에 대응하는 문자 기호 및 개별 번호로 기입한다.

6-6 도시 기호의 표시 방법

① 원으로 표시된 도시 기호에는 원 안의 상단부에 문자 기호를, 하반부에 개별 번호를 기입한다.

② 원으로 표시되지 않은 도시 기호에 문자 및 개별 번호를 기입할 경우에는 도시 기호에서 사선을 긋고 원을 그려 그 안에 ①과 같이 기입한다. 그러나 때에 따라서는 원을 생략하고 도시 기호의 한쪽에 문자 기호 및 개별 번호를 기입하기도 한다.

③ 표시 계기에 검출기, 전송기 등의 조절부를 접속시킨 경우에는 각각의 문자 기호와 개별 번호를 기입할 필요는 없다. 다만, 특별히 그 접속을 밝힐 필요가 있을 때에는 문자 기호와 개별 번호를 기입할 수도 있다.

④ 특히 계측 설비의 기능과 목적을 자세히 표시할 필요가 있을 때에는 기호의 한쪽에 설명을 곁들일 수도 있다. 예를 들면, 조절 동작의 종류와 패널(panel)이 2개소 이상에 걸쳐 있을 때, 그 패널의 구분을 약자・약호로 부기하면 편리하다.

6-7 도시 기호의 기입 예

유량, 온도, 레벨, 압력 등 각종 계기의 도시 기호를 기입하는 요령을 보기로 들어 설명하면 다음 그림과 같다.

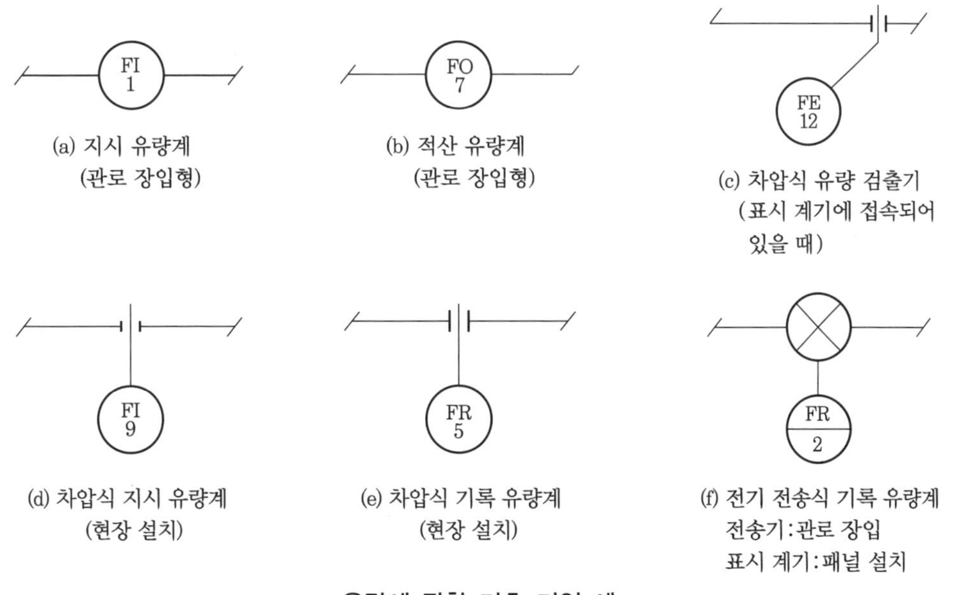

유량에 관한 기호 기입 예

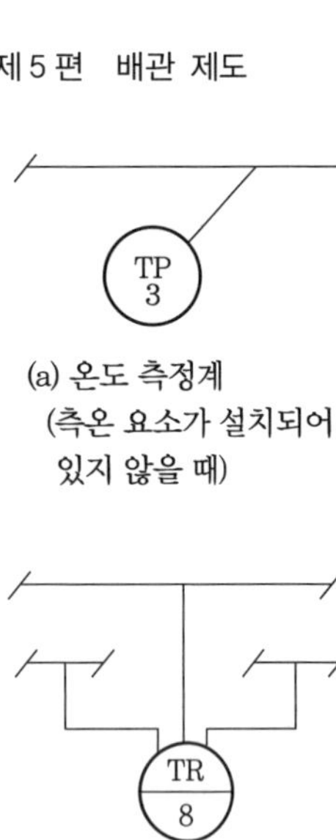

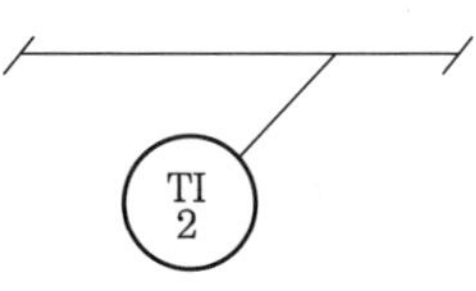

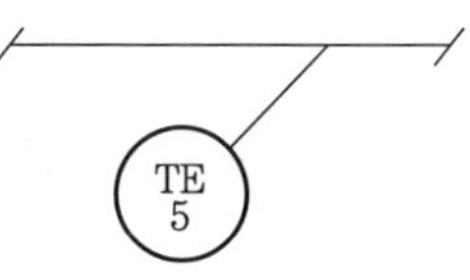

(a) 온도 측정계
(측온 요소가 설치되어
있지 않을 때)

(b) 지시 온도계
(온도계가 관로에
장입되었을 때)

(c) 온도 검출계
(표시 계기에 접속되어
있지 않을 때)

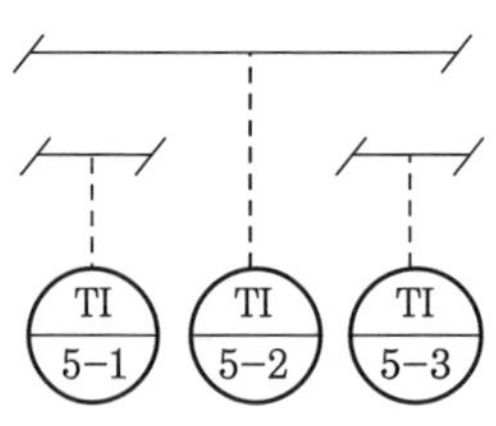

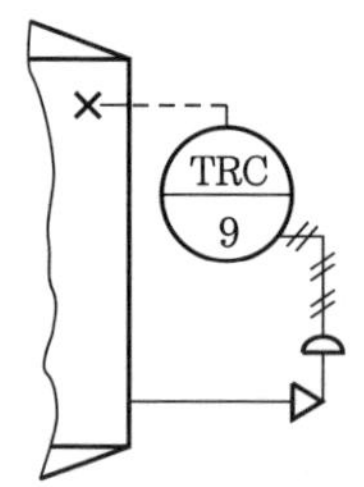

(d) 다점식 기록 온도계
(패널 설치, 3점의 예 표시)

(e) 다점식 지시 온도계
(측정 개소별로 표시할 때
패널 설치 3점의 예 표시)

(f) 기록 온도 조절계
(패널 설치)

온도에 관한 기호 기입 예

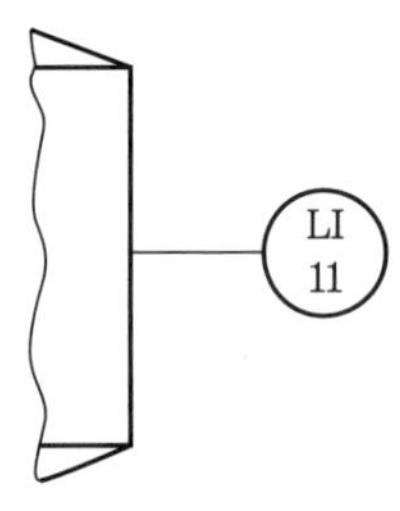

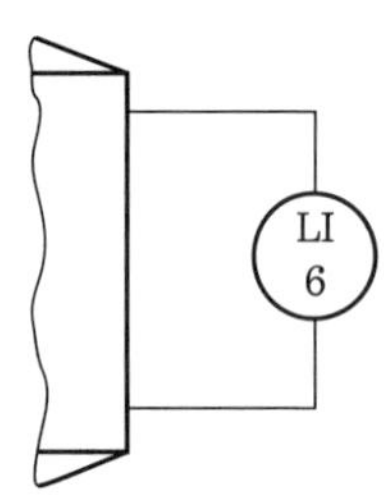

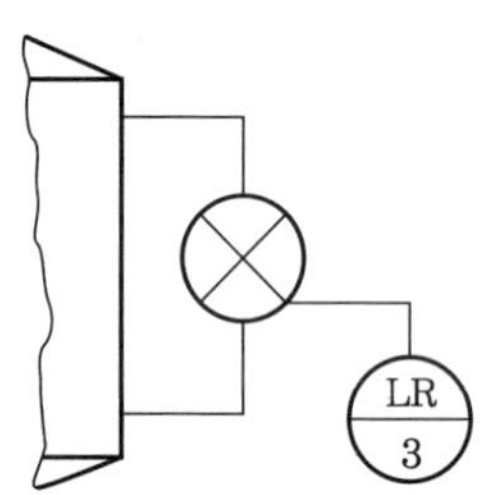

(a) 내부 검출식 지시
(레벨계)

(b) 외부 검출식 지시
(레벨계)

(c) 공기압 전송기측 레벨계
전송기 : 외부 검출기
표시 계기 : 패널 설치

레벨에 관한 기호 기입 예

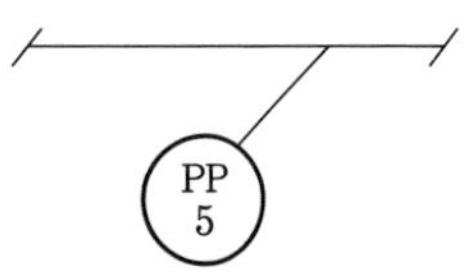

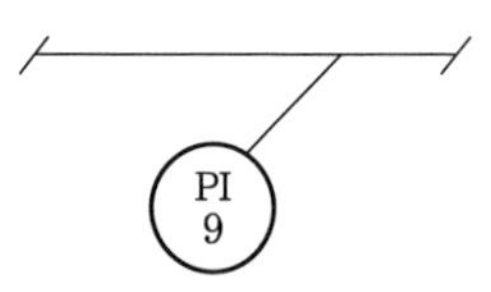

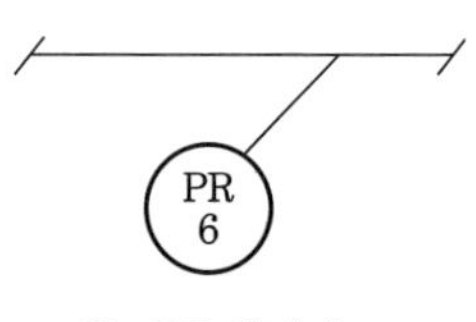

(a) 압력 측정계
(표시 계기에 접속되어
있을 때)

(b) 지시 압력계
(현장 설치)

(c) 기록 압력계
(현장 설치)

압력에 관한 기호 기입 예

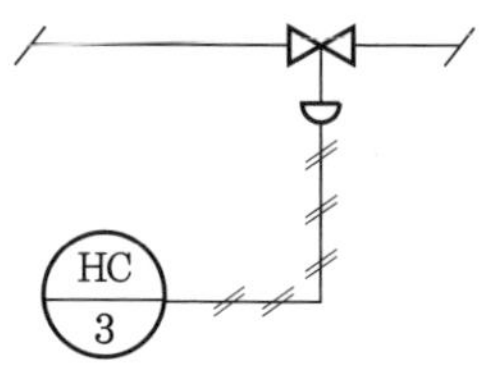

(a) 공기압식 수동 조작기
(패널 설치)

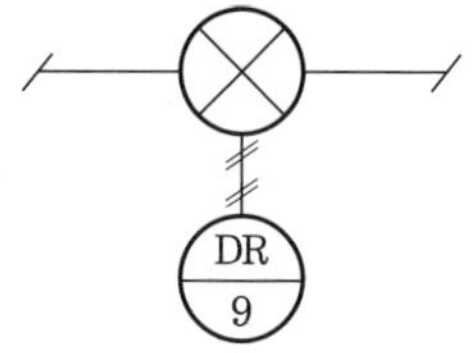

(b) 공기압 전송식 기록 밀도계
전송기 : 관로 장입형
표시 계기 : 패널 설치형

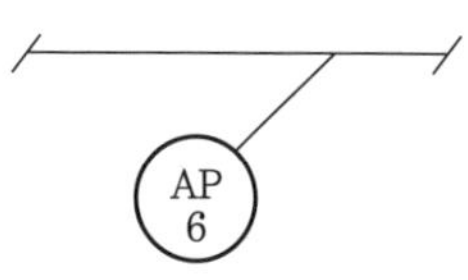

(c) 조성 분석용 시료 채취점
(표시 계기에 접속되어 있지 않을 때)

기타 기호 기입 예

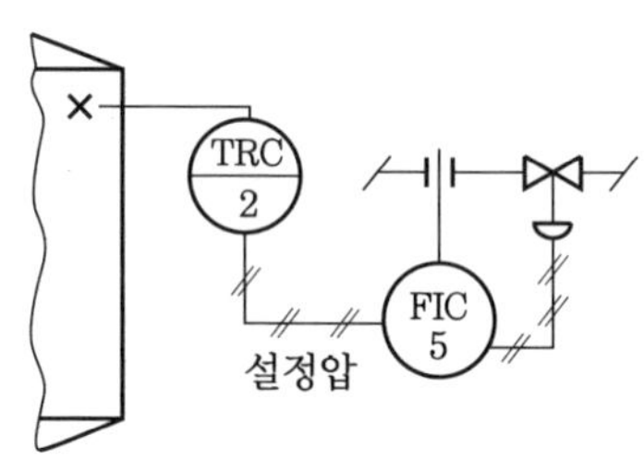

(a) 기록 조절 온도계와 지시 조절 유량계의 결합

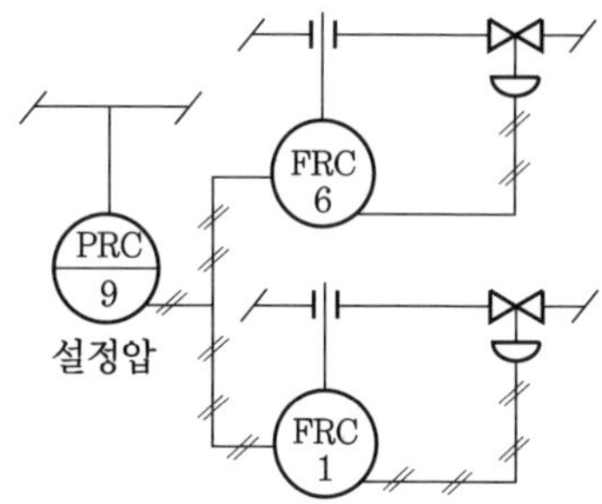

(b) 하나의 기록 조절 압력계와 2개의 기록 조절 유량계의 결합

계기를 결합하여 사용할 때의 기입 예

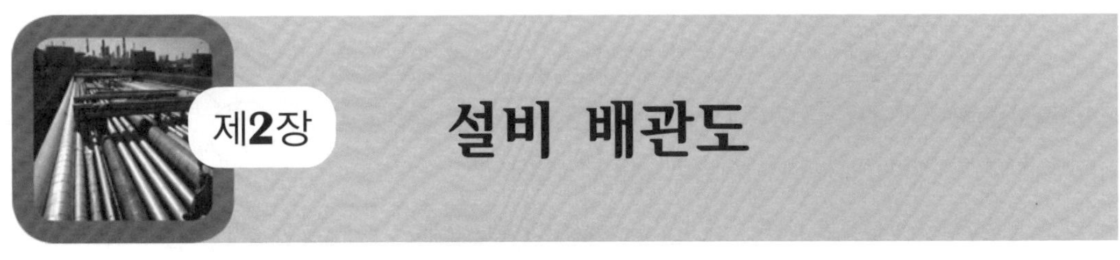

제2장 설비 배관도

1. 급 · 배수 설비 도면 작성법

1-1 도면의 종류와 축척

급 · 배수 위생 설비에 필요한 설계도에는 배치도, 장비 일람표, 계통도, 평면도, 입체도, 상세도, 장비 배치도, 전기 배선도 등 여러 가지가 있다.

(1) 배치도

전체도 또는 옥외 배관도라고도 하며, 건축물과 부지 및 도로 등의 관계, 상 · 하수도와 가스 배관 등의 위치를 표시하는 도면이다. 척도 $\frac{1}{200}$, $\frac{1}{300}$, $\frac{1}{500}$, $\frac{1}{600}$ 등을 사용한다.

(2) 장비 일람표

펌프나 가열기 등 모든 장비의 명칭 및 사양(仕樣), 대수, 전동기 용량 등과 각종 위생 기구의 형식과 수량 등을 일람표에 기입하여 한눈에 설비 기기 일체를 파악할 수 있도록 한 도면이다.

(3) 계통도

각종 배관의 계통을 표시한 도면으로서 급수, 급탕관과 오배수관, 가스관 등의 계통을 잘 알 수 있도록 수직관은 수직으로, 수평관은 30~45° 좌우로 경사지게 그려 전체 배관을 입체적으로 도시한 도면이다. 따라서 도면의 축척에 관계없이 그린다.

(4) 평면도

각종 배관의 경로와 장비 및 기기의 설치 장소, 기기의 형식과 관의 치수 등을 표시한 도면이다. 척도는 $\frac{1}{100}$이 보통이지만 규모가 크고 간단한 것은 $\frac{1}{200}$, 규모가 작고 복잡한 것은 $\frac{1}{50}$을 사용한다.

(5) 입체도

수직관과 수평관이 많은 배관 설계에서 평면도만으로는 배관 계통을 알기 힘들 때 관의 접속 계통을 알기 쉽게 하기 위해서 입체도를 그린다. 입체도에는 높이를 치수로 표시하며, 척도는 $\frac{1}{50}$, $\frac{1}{100}$, $\frac{1}{200}$을 사용한다.

(6) 상세도

배관도의 일부를 상세히 표시하는 도면이다. 보일러의 주위, 탱크 주위 및 세면기 설치 등의 배관을 상세히 표시한 것으로 척도는 보통 $\frac{1}{5}$, $\frac{1}{10}$, $\frac{1}{50}$ 등으로 작도한다.

(7) 장비 배치도

기계실 등에 설치될 장비류의 배치를 표시하는 도면이며, 장비와 장비의 간격 및 벽, 천장으로부터의 거리 또는 장비와 배관과의 관계 등을 표시하는 도면이다. 척도는 $\frac{1}{50}$, $\frac{1}{100}$ 등을 사용한다.

(8) 전기, 계장 배선도

배전반의 위치, 조작 방법, 자동 제어 계통도와 같이 장비의 형식과 치수 등을 표시하는 도면이다. 척도는 $\frac{1}{100}$이 표준이지만 $\frac{1}{20}$, $\frac{1}{50}$, $\frac{1}{200}$을 사용하는 경우도 있다.

1-2 방식의 선정

급·배수 위생 설비 배관도를 작성함에 있어서 급·배수 위생 설비를 어떠한 방식으로 할 것인가 하는 문제부터 결정하여야 한다. 급·배수 위생 설비 배관 방식은 건축물의 용도와 규모 및 경제성 등을 고려하여 신중히 선정하여야 한다.

(1) 급수 설비

급수 방법에는 지하수 급수법, 상수도(시수) 직결 급수법, 고가 수조 급수법 및 압력 탱크 급수법 등이 있다. 일부 단독주택이나 상수도 시설이 없는 지역에서는 부득이 지하수를 사용하게 되는데, 비위생적이므로 반드시 정화 장치를 사용한다.

펌프는 지하수의 깊이와 수위의 강하(降下)를 고려하여 선정한다. 상수도 직결식은 소규모 건축물이나 주택에 사용되며, 단수와 수압 관계로 물이 나오지 않는 경우가 있다.

고가 탱크식은 대규모 건축물에 많이 사용되며, 배관은 2중 배관 또는 혼합 배관법을 사용하면 좋다. 압력 탱크식은 여러 가지 결점이 있으므로 되도록 사용하지 않는 것이 좋다.

(2) 급탕 설비

중・소규모 건축물에는 국소식(局所式)의 순간식 급탕법 또는 저탕식 급탕법을 사용한다. 배관 방식은 국소식에는 단관식을 사용하고, 중앙식에는 복관식을 사용한다.

(3) 소화 설비

소방법에 정해진 설치 규정에 따라 설치한다. 배관 방법도 여러 가지이므로 능률과 경제적인 효과를 고려하여 선정한다.

(4) 배수 통기 설비

배수의 종류에 따라 배수 계통을 구분하고, 공설 오배수관의 유무를 고려하여 배출 방식을 결정한다. 통기 설비는 여러 가지 통기 방식이 있으므로 어느 것이 가장 적합한가를 검토하여 설치한다.

(5) 주방 설비

도시 가스를 사용하는 지역에서는 가스 발열량에 적합한 기구를 선정하고 가스 공급량에 따라 관 지름을 정한다.

(6) 위생 기구

기구 수는 건축물의 규모와 용도에 따라 정하되, 사용자가 불편을 느끼지 않을 정도의 수만큼 설치하고, 설치 높이는 표준값(제조사의 표준도면)을 기준으로 하여 도면에 명시한다.

1-3 작도 순서

설계자는 설계도를 그리기 전에 계획도 또는 기본 설계도 등을 작성한 후에 다음 순서로 설계도를 작성한다.

① 계산서 및 사양서에 의거하여 급수 방법과 장치의 내용을 파악한다.
② 장비 일람표를 작성한다.
③ 사용 장비의 치수는 제조사의 카탈로그(catalogue)를 참고하여 기계실 내에 주요 장비를 배치한다.
④ 주요 장비에 접속되는 펌프, 탱크 등의 설치 위치를 정한다.

⑤ 각종 배관의 계통도를 그린다.
⑥ 각 층의 위생 기구와 관의 경로를 생각하여 평면도, 입면도를 그린다.
⑦ 상세도, 전기 배선도 등을 그린다.

1-4 작도상의 주의점

도면은 정확하고 보기 쉽고 신속하게 그리되, 특히 위생 설비 설계도를 그릴 때에는 다음 사항에 유의한다.

① 작도 전에 필요한 자료를 준비한다.
② 기계실의 천장에 각종 관과 덕트를 배치할 때는 입체적인 배치를 검토한다.
③ 장비를 배치할 때는 법규를 잘 검토하여 운전과 수리에 충분한 여유 공간을 두고 배치한다.
④ 배관 스페이스(pipe space)는 위생 설비, 공기 조화, 전기 배선 등이 공용되기 때문에 주의를 요한다.
⑤ 관의 구배와 신축을 고려한다.
⑥ 도면은 반드시 도시 기호를 따라서 그린다.
⑦ 도면에는 도면 명칭, 도면 번호, 제작 연월일 등을 반드시 기입한다.

2. 냉난방 공기조화 설비 도면의 작성법

2-1 도면의 종류와 축척

냉난방·공기조화 설비에 필요한 도면에는 배치도, 장비 일람표, 계통도, 평면도, 장비 배치도, 상세도, 전기 배선도 등이 있다.

(1) 배치도

전체도 또는 옥외 배관도라고도 하며, 건축물과 부지 및 도로와의 관계, 상·하수도(장비의 급배수)와 장비의 연결을 고려하여 연료 탱크 등의 위치를 표시하는 도면이다. 척도는 $\frac{1}{200}$, $\frac{1}{300}$, $\frac{1}{500}$, $\frac{1}{600}$ 등을 사용한다.

(2) 장비 일람표

보일러와 냉동기 등 기계의 명칭, 사양(仕樣), 대수, 전동기 용량 등을 일람표로 작성하여 재료 구입과 시공, 제작에 차질이 없도록 한 표이다.

(3) 계통도(P&ID)

덕트와 배관의 계통을 표시한 도면이다. 덕트 계통도는 공기조화와 환기 덕트로 구분하여 그리고, 배관 계통도는 증기, 냉・온수, 냉각수 및 연료 배관으로 나누어 그린다. 다음 그림은 축척에 관계없이 각각의 계통을 이해하기 쉽게 하기 위해 작성한 도면이다.

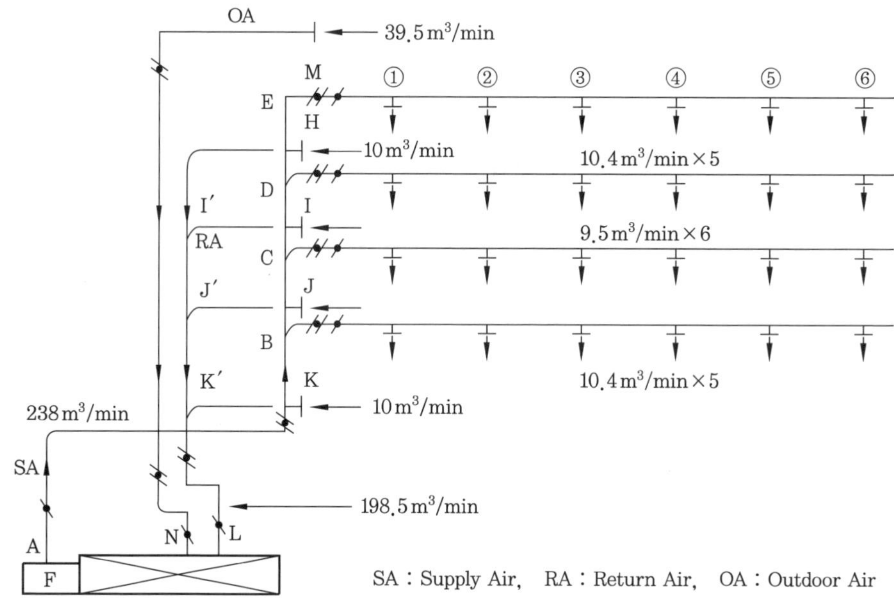

덕트의 개략 계통도

(4) 평면도

평면도에는 덕트와 배관의 경로, 장비의 설치 장소, 장비의 형식과 치수 등을 표시한다. 척도는 $\frac{1}{100}$이 보통이지만 규모가 크고 간단한 것은 $\frac{1}{200}$, 규모가 작고 복잡한 것은 $\frac{1}{50}$을 사용한다.

(5) 장비 배치도

기계실에 설치되는 장비류의 배치를 표시하는 도면으로 장비와 장비의 간격 및 벽, 천장에서의 거리 또는 장비와 배관과의 연결을 표시한 도면이다. 척도는 보통 $\frac{1}{50}$, $\frac{1}{100}$을 사용한다.

(6) 상세도

배관도의 일부를 상세히 표시한 도면이다. 주로 보일러 주위, 냉각탑 주위의 배관을 상세히 그리며, 척도는 보통 $\frac{1}{5}$, $\frac{1}{50}$, $\frac{1}{100}$ 등을 사용한다.

(7) 전기, 계장 배선도

전기 배선도에는 배전반의 위치, 조작 방법, 자동제어 계통도 및 장비의 형식과 치수 등을 기입한다. 척도는 $\frac{1}{100}$을 표준으로 하되 $\frac{1}{20}$, $\frac{1}{50}$, $\frac{1}{200}$ 등도 사용한다.

2-2 방식의 선정

건축물의 용도, 규모 및 경제성 등을 고려하여 냉난방 또는 공기조화 방식을 선정한다.

(1) 단일 덕트 방식

기계실 공기조화기에서 각 존(zone)별로 단일 덕트로 송풍하는 방식이다.

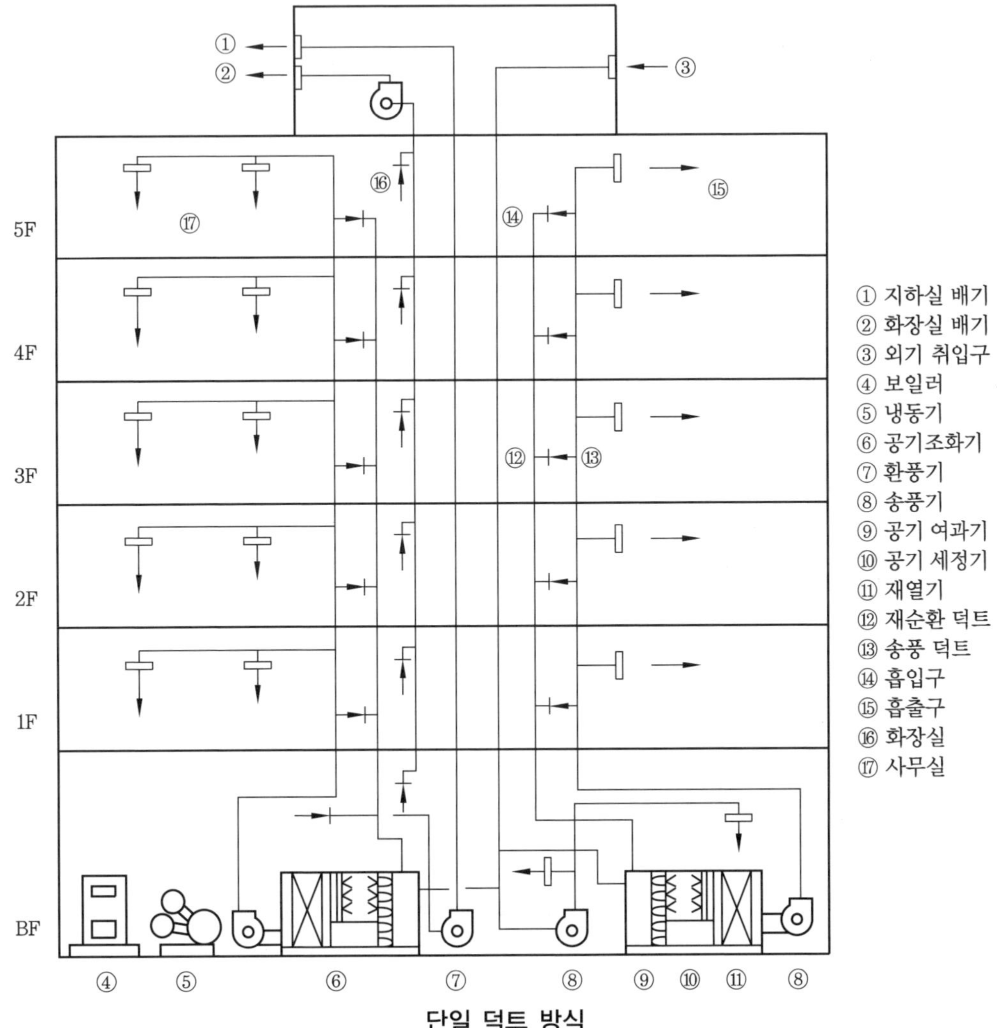

단일 덕트 방식

난방은 보일러에서 증기를, 냉방은 냉동기에서 냉수(冷水) 또는 냉매를 공기조화기에 보내어 실제 공기를 가열 또는 냉각한다. 이 방식은 다른 방식에 비하여 냉·난방비는 적게 드나, 덕트의 설치 면적이 커서 공간을 많이 차지하는 것이 단점이다. 사무실, 빌딩, 학교 등 일반 건축물에 적합하다.

(2) 각개 조화기 방식

기계실에서 냉·온수를 각 층에 설치된 공기조화기로 보내면 공기조화기는 이 냉·온수로 공기를 냉·온풍으로 만들어 각 실에 공급하는 방식이다. 그러므로 기계실과 각 층의 덕트가 차지하는 면적은 좁으나 시설비는 많이 든다. 각 층마다 별개의 존을 이루기 때문에 임대 사무실 등에 적합하다.

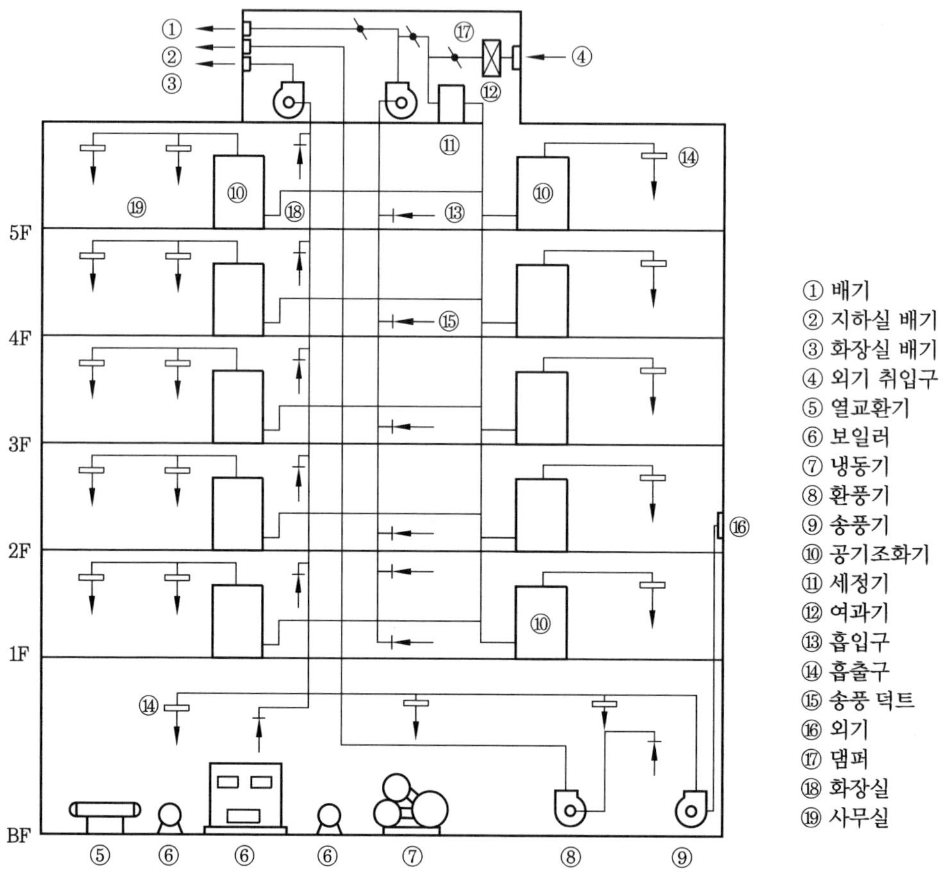

각개 조화기 방식

(3) 유인 유닛 방식

기계실에 설치된 외기 조화기로 1차로 바깥 공기를 적당한 온도와 습도로 조절한 다음 고속 덕트로 각 층의 유인(誘引) 유닛에 송풍하고, 또한 기계실의 보일러나 냉동기로 온수와 냉수를 만들어 각 유닛의 코일로 보내어 유닛의 1차 조절 공기를 가열 또는 냉각하는 방식이다.

이 방식은 다층 건물의 페리미터(perimeter) 공기조화용에 적합하며, 각 실의 온도 제어와 조닝(zoning)이 되기 때문에 호텔과 병원의 병실 등에 적합하다.

참고 페리미터(perimeter) : 창문 또는 방 주변에 배관하는 방식이다.

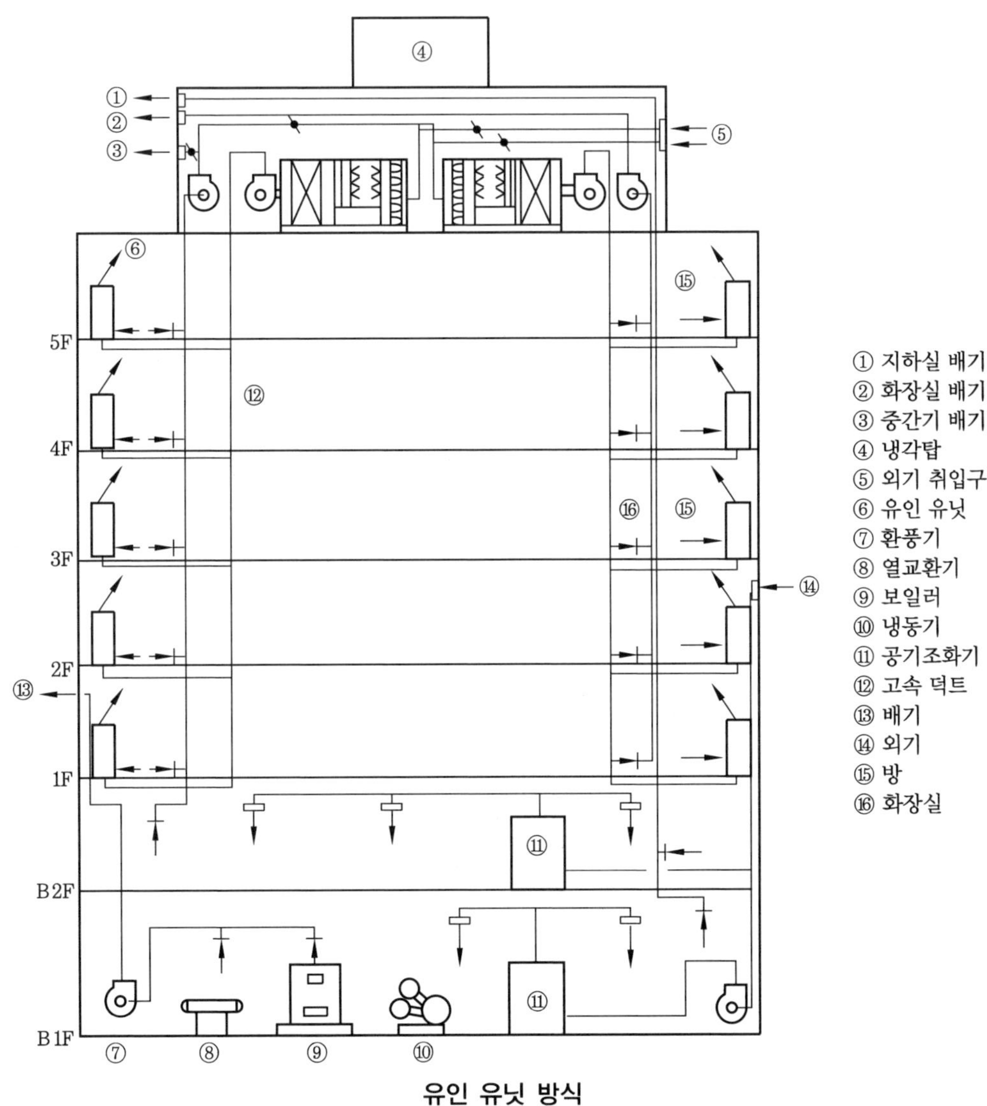

유인 유닛 방식

(4) 팬 코일 유닛 방식

팬 코일 유닛을 각 실마다 설치하고, 기계실에서 보내온 냉·온수로 팬 코일을 가열 또는 냉각시켜 공기조화를 꾀하는 방식으로 중앙부는 덕트 방식으로 한다.

이 방식도 유인 유닛과 같이 다층 건물의 페리미터 공기조화용에 적합하며, 호텔 객실, 병원 등에 많이 사용한다.

(5) 이중 덕트 방식

공기조화기에서 냉풍과 온풍을 만들어 각각의 덕트로 각 실에 분출하며, 각 실의 서모스탯(thermostat)이 냉·온풍을 제어하고 조절하여 실내로 송풍하는 방식이다.

다층 건축물에서 겨울에는 페리미터 부분을 난방하고, 여름에는 인테리어(interior) 부분을 냉방할 수 있다.

(6) 증기난방 방식

증기를 열매(熱媒)로 하여 실내를 난방하는 방식이다.

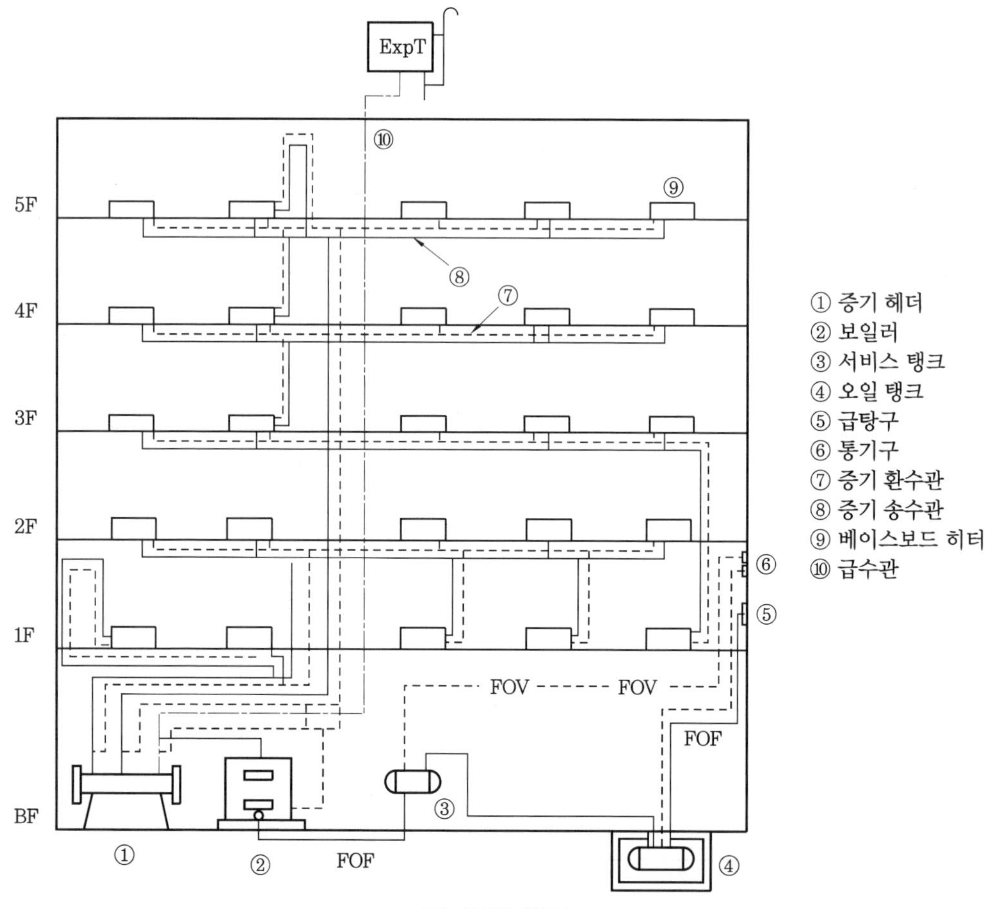

증기난방 방식

기계실의 증기 보일러에서 증기를 발생시켜 헤더(header)를 통해 각 존(zone)의 방열기로 보낸다. 학교, 병원, 공장 등의 난방에 적합하다.

(7) 온풍난방 방식

온풍을 분출하여 실내를 난방하는 방식으로서 공기 가열 코일 방식, 기계 온기로식(溫氣爐式) 및 유닛 히터식이 있다.

가열 코일식은 보일러의 증기를 코일에 순환시켜 공기를 가열한 다음, 그 온풍을 덕트를 통해서 각 실로 보내는 방식이며, 기계 온기로식은 기계 설비를 위해 지하실을 따로 필요로 하지 않는 방식으로 하나의 패키지(package) 속에 송풍기, 연소실, 가습기를 갖추고 있는 것이다. 공장, 주택, 사무실 등에 적합하다.

(8) 온수난방 방식

온수를 열매(熱媒)로 하여 방을 난방하는 방식이다. 온수는 기계실의 온수 보일러 헤더로 부터 각 계통으로 분배되어 방열기로 들어간다. 병원, 주택, 학교 등의 난방에 적합하다.

(9) 복사 난방 방식

바닥, 천장, 벽 등에 파이프 코일을 매설하고, 이 파이프에 온수를 통과시켜 구조체의 표면을 가열하여 복사열로 실내를 난방하는 방식이다. 복사 난방 방식은 시설비가 많이 들며 주택, 미술관, 회관 등의 난방에 적합하다.

2-3 작도 순서

공기조화 설계도는 계획도와 기본 설계도를 만든 후 다음 순서로 작도한다.

① 계산서와 사양서를 기준으로 하여 공기조화 방식을 선정하고 장치의 내용을 파악한다.
② 장비 일람표를 작성한다.
③ 사용 장비의 치수를 카탈로그에 의해 구하고 기계실 내에 주요 장비를 배치한다.
④ 주요 장비에 부속하는 펌프, 탱크 등의 설치 위치를 정한다.
⑤ 각 층의 덕트와 배관 경로의 평면도를 작도한다.
⑥ 배관과 덕트의 입면도를 작도한다.
⑦ 상세도, 전기 배선도 등을 작도한다.

2-4 작도상의 유의점

난방 · 공기조화 설계도를 그릴 때는 다음 사항에 유의한다.

① 작도 전에 필요한 자료를 준비한다.
② 기계실의 천장에 각종 배관과 덕트가 배치되므로 입체적인 배치를 검토한다.
③ 장비의 배치에는 일정한 규제가 따르므로 잘 검토하여 운전과 수리에 지장이 없도록 충분한 여유 공간을 두도록 한다.
④ 냉 · 온수관을 배관할 때는 일정한 구배를 두며, 관의 신축을 고려한다.
⑤ 덕트의 SA와 RA(배관의 SA와 RA)의 위치가 바뀌지 않도록 주의한다.
⑥ 분출구와 흡입구 및 방열기의 위치는 실내의 구조를 고려해서 설치한다.
⑦ 도면에는 도면 명칭, 도면 번호 및 제작 연월일을 반드시 기입한다.

2-5 배관의 식별 표시

배관의 식별 표시는 공장, 광산, 기타의 사업장, 선박, 일반 건축물 등의 배관에 식별색, 기호, 그 밖의 표시를 함으로써 안전의 증가를 도모하고 관 계통의 취급을 용이하게 하여 배관의 유지보수 관리를 능률적으로 하기 위한 것이다.

(1) 색채에 의한 식별 표시 방법

물질의 종류와 식별색

종류	식별색	종류	식별색
물	청	산 또는 알칼리	회자색
증기	어두운 적	기름	어두운 황적
공기	백	전기	연한 황적
가스	황		

㈜ 기타의 물질에 관해서 식별색이 필요할 때는 여기에 규정된 식별색 이외의 것을 사용한다.

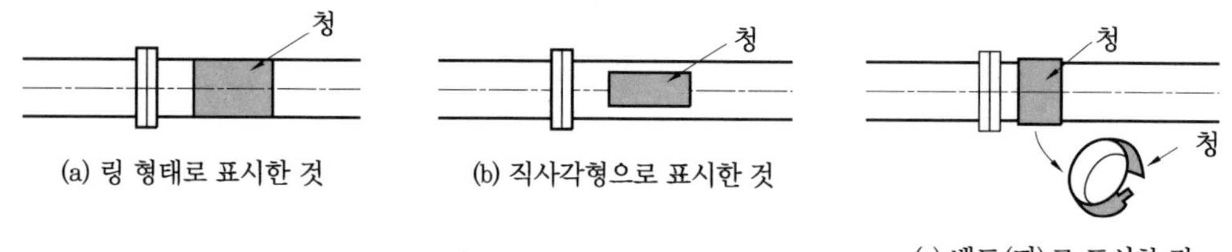

(a) 링 형태로 표시한 것
(b) 직사각형으로 표시한 것
(c) 밴드(띠)로 표시한 것

식별색의 표시(물의 경우)

(2) 기호에 의한 식별 표시 방법

식별 기호

식별 기호	예
생략되지 않은 명칭에 의함	음용수, 황산
화학기호에 의함	H_2O, H_2SO_4
숫자기호에 의함	10, 15

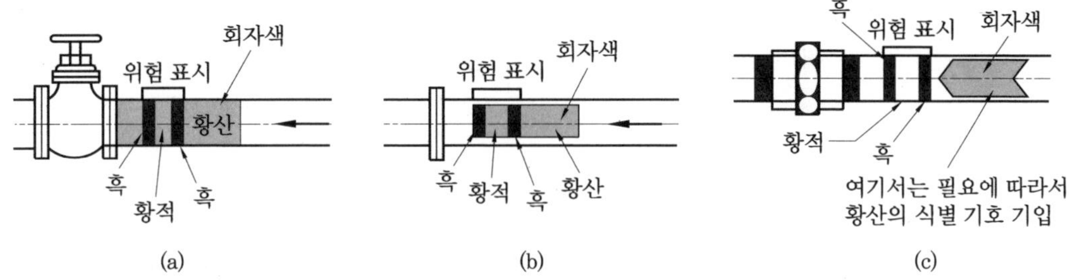

식별 기호와 위험 표시 (황산의 경우)

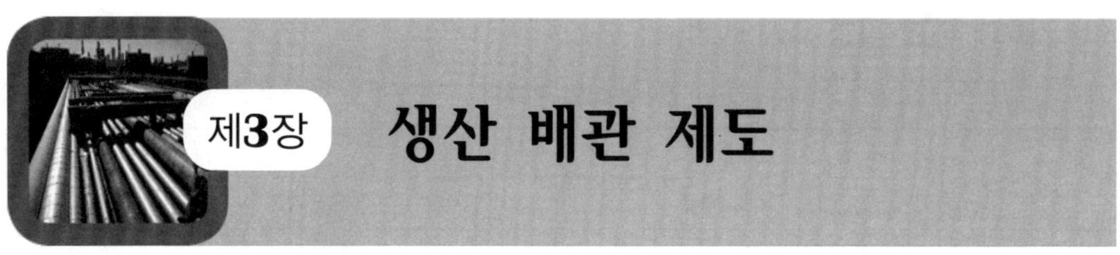

제3장 생산 배관 제도

생산 배관 도면은 평면 배관도, 입면 배관도, 입체 배관도, 공정도, 계통도, 배치도 등으로 나뉘며, 장치 전체의 배관 상태를 정확하게 나타내는 것을 원칙으로 하고 있다.

1. 생산 배관 도면의 종류

1-1 평면 배관도 (plane drawing)

평면 배관도는 배관과 직접 관계가 없을 경우 개략적인 외형만 표시하고, 배관 접속과 직접 관계가 있는 장비는 상세하게 표시한다. 부대시설의 표시 범위도 줄이며, 치수선과 배관선은 교차하지 않도록 한다.

평면도에서 2~3개의 선이 중복될 때는 부분 공간으로 분할하여 높이(level)에 따라 알기 쉽도록 작도한다. 또한 관의 높이 치수로서 BOP EL(Bottom of Pipe Elevation) 또는 ℄ EL(Center Line of Pipe Elevation) 특별히 배관 위쪽으로 다른 물체가 통과하거나 배관 교차 시에는 TOP EL(Top of Pipe Elevation)이 쓰이기도 한다.

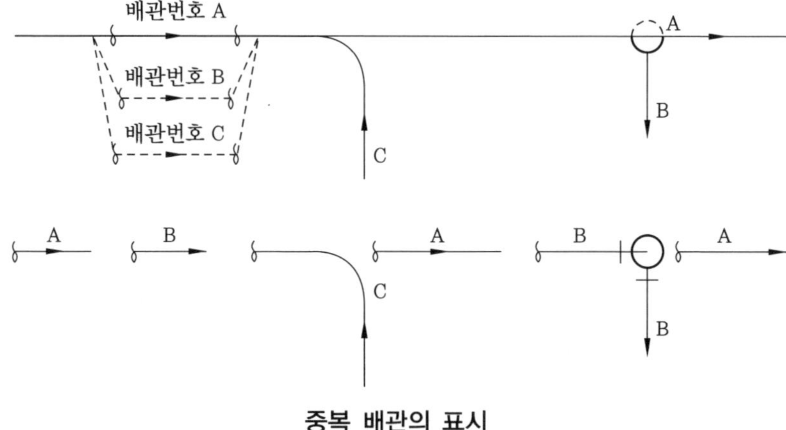

중복 배관의 표시

EL은 해수면을 기준으로 한 높이이며, 지표면을 기준으로 한 GL(Ground Line), 1층 바닥을 기준으로 한 FL(Floor Line)도 사용된다.

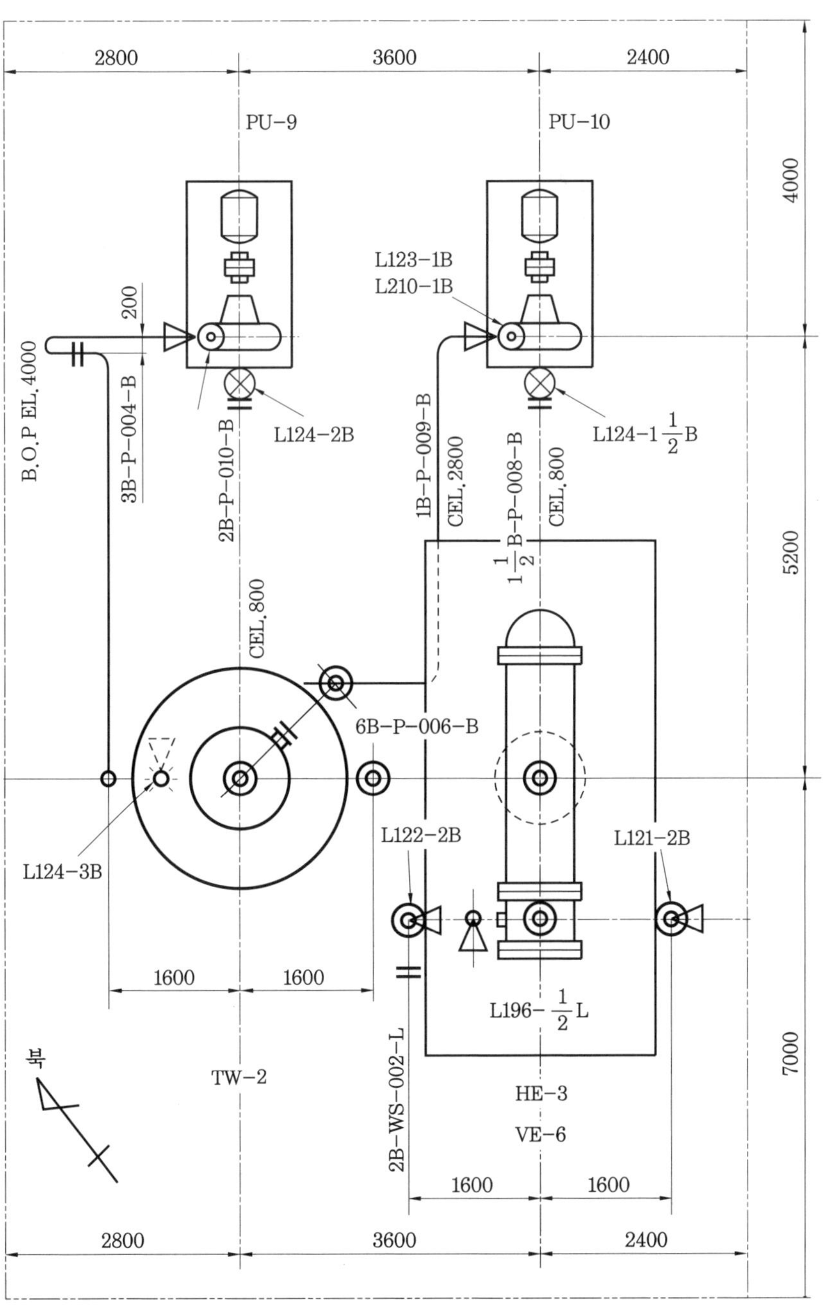

평면 배관도

1-2 입면 배관도 (side view drawing)

배관을 옆에서 보고 그린 도면이며 측면도라고도 한다. 보통 평면도와 입면도를 동일 도면에 그리는 예는 드물며, 입면도의 위치를 정할 때에는 전체 배관을 가장 알기 쉬운 곳으로 하여 보통 평면도에 입면도의 위치를 화살표로 표시한다.

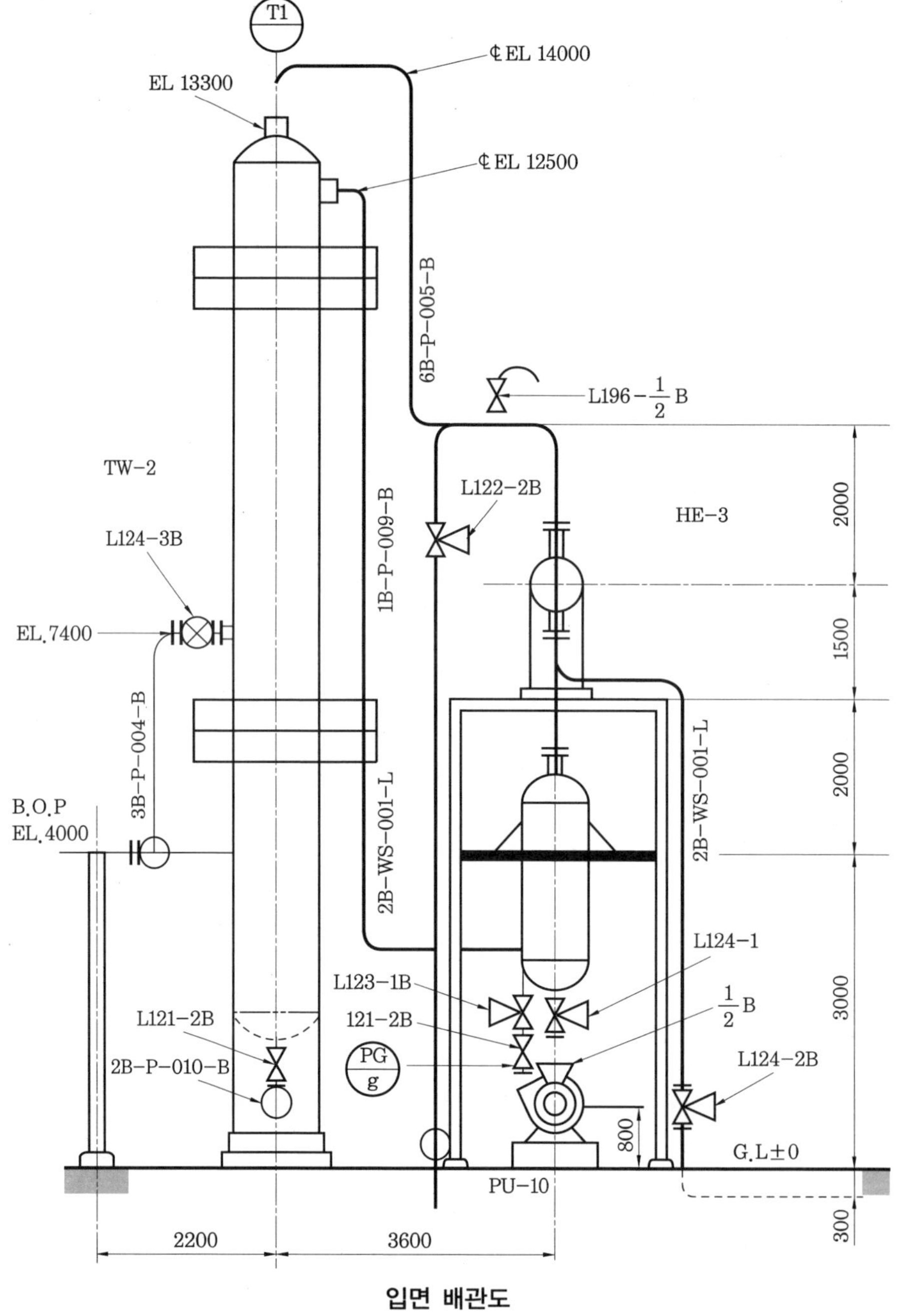

입면 배관도

모든 기계 도면과 마찬가지로 도면을 이해하기 쉽도록 삼각법으로 그리며, 배관이 복잡할 경우에는 입면도를 여러 개로 작도하는 경우도 있다. 높이는 평면 배관도에 표시된 "EL+숫자"로 표시하고, 파이프 상호간의 간격도 치수로 표시하지 않고 EL로 표시한다.

1-3 입체 배관도

입체 배관도는 배관의 흐름, 밸브, 계기류 등을 입체적으로 표시하여 한눈에 배관 경로를 알 수 있도록 한 것이다. 입체 배관도에서는 입면도와 같이 높이는 EL로 표시하고 평면 치수는 기재하지 않는다.

또한 전체 조립도 중에서 한 개의 배관만을 상세하게 그린 부분 조립도도 있으며, 부분 조립도는 각 부의 치수, 높이, 플랜지 지면 사이의 치수 등도 기입하여 공장 가공(shop 제작)에 편리하게 사용할 수 있다.

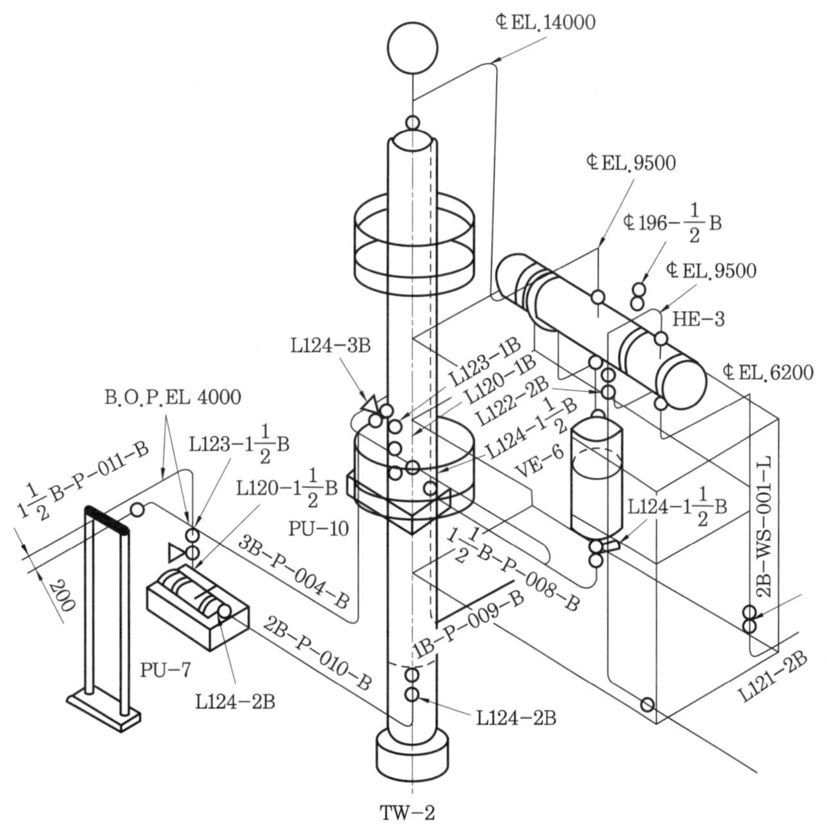

입체 배관도

현재는 장치가 대형화되고 복잡하며, 작업 시간 단축을 위하여 부분 조립도가 많이 사용되며, 대체로 공장(또는 shop)에서 가공하여 현장에서 조립하는 형태를 많이 사용하고 있다.

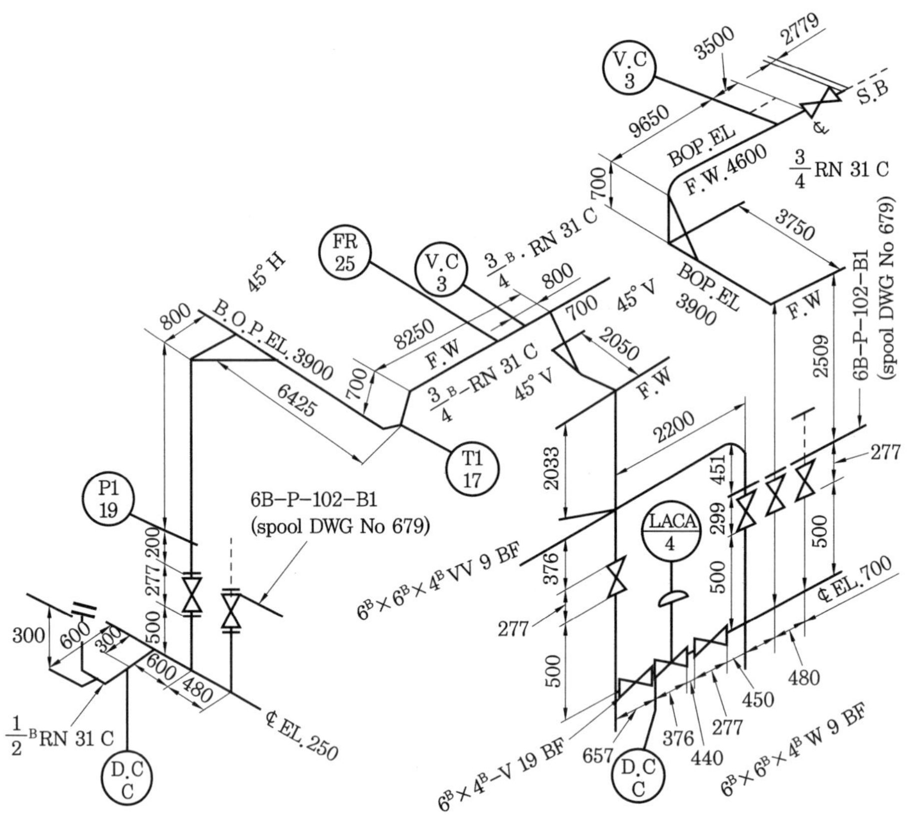

부분 조립도

1-4 공정도

제작 공정, 즉 파이프의 절단, 플랜지 취부, 산처리, 페인팅 작업 등 제작에 필요한 공정을 나타내는 제작 공정도와 배관의 흐름 상태, 즉 어떤 물품의 제조 상태를 나타내는 제조 공정도가 있으며, 특히 제조 공정도를 플랜트(plant) 공정도라고 한다.

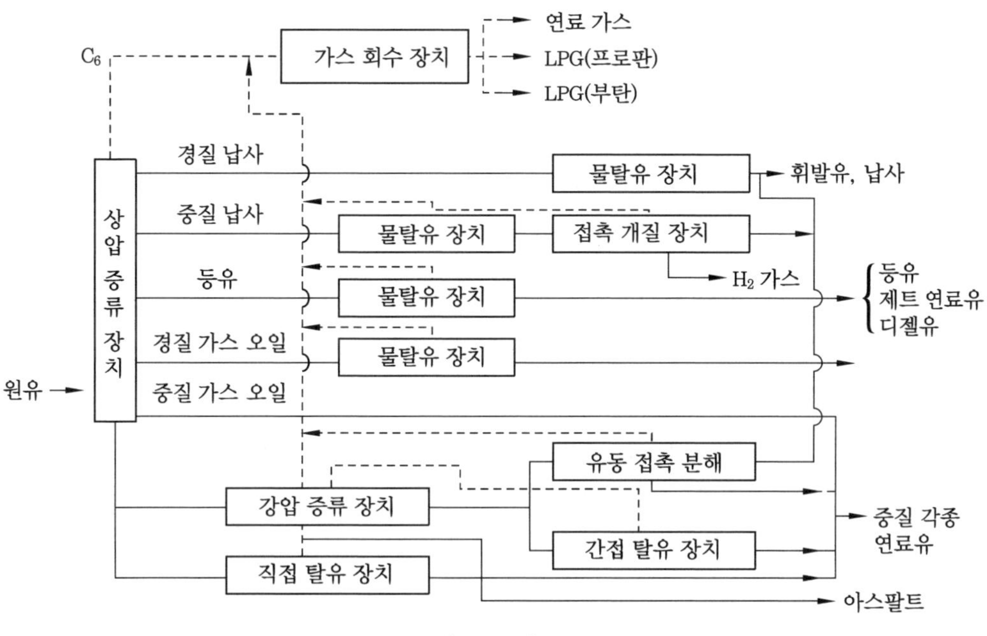

제조 공정도

1-5 계통도

배관 계통도는 배관의 계통과 장치의 운전 조작에 필요한 계장류의 설치 장소, 종류 등이 상세하게 기재되어 있으며, 이것을 상세 작업 계통도, 즉 P & ID(Pipe and Instrument Diagram)라 한다.

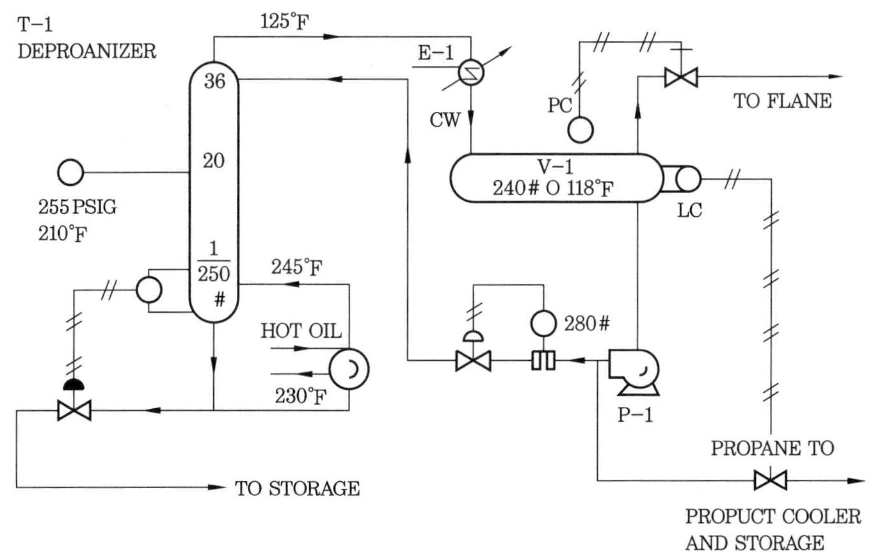

계통도

P&ID 도면은 장치의 설계, 설치, 운전, 조작 안전 대책, 효율 등을 검토하는 것으로 주요 장비의 외관 및 내부 구조, 배관 구배, 번호, 호칭 치수, 관의 재질, 보온 유무, 물 기타 유체에 의한 부식 방지 등이 명시되어 있으며, 공정 상태를 나타내는 프로세스 P&ID와 간접적인 역할을 하는 연료, 냉각수, 증기, 압축공기 등을 나타내는 유틸리티 P&ID가 있다.

1-6 배치도

배치도는 보일러, 탱크, 콘덴서, 타워 펌프 등 여러 가지 장치와 장비 및 기계를 설치하는 위치를 표시하는 것으로 평면적으로 표시한다.

배치도는 계획 또는 설계 시에 사용 목적에 따라 개략적으로 표시하는 장비 배치도와 상세한 장비 배치도로 나뉘며, 배치도를 그릴 때는 가장 간단한 형태로 배관 및 기타 자재가 적게 들어가도록 하며, 가장 적은 면적을 차지하고, 가장 안전하게 작업이 이루어지며 운전 및 유지가 원활히 되고 상대 장비와의 공간이 충분히 확보되어야 하며, 방향이 표시되어 있어야 한다.

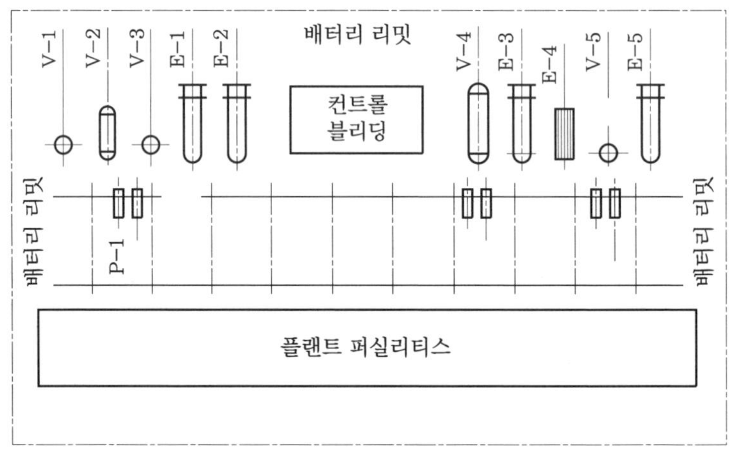

배치도

2. 라인 인덱스

배관 도면에는 각 장치와 배관에 번호를 부여하는데 이것을 라인 인덱스(line index)라 하며, 이 번호에 의해 배관의 성격, 위치, 종류 등을 명확히 알 수 있으며, 배관재를 집계

할 수 있고, 배관의 재조사, 배관 공사 및 자재 관리, 장치의 운전 계획 및 교육, 건설 공사의 정확을 기할 수 있다.

2-1 라인 인덱스의 결정 방법

라인 인덱스를 결정할 때에는 다음의 방법에 의한다.

① 장치 번호와 유체 기호를 구분하여 번호를 달리 한다.

② 흐름 순서에 따라 차례로 번호를 붙인다.

③ 배관 경로 중 제어 밸브 등의 기기와 압력, 온도가 달라지거나 지관이 갈라지는 경우에는 번호를 달리 한다.

④ 배관 경로가 길지 않은 분기관에 장착되어 있는 온도계, 압력계, 안전밸브 등 작은 지름의 관에는 번호를 부여하지 않는다.

2-2 라인 인덱스의 기재 순서

라인 인덱스의 기재 순서는 통상 다음과 같이 하고 있다.

보기 4 - 2B - N → 15 → 39 → CINS

ⓐ ⓑ ⓒ ⓓ ⓔ ⓕ

ⓐ항은 장치 번호를 나타내며, 공장에 설치되어 있는 장치에 붙이는 번호로 숫자 또는 로마 문자로 표시되나 사용하지 않는 경우가 많다.

ⓑ항은 관의 호칭 지름 치수를 나타낸다.

미터 계열은 문자 뒤에 A로 표시되어 mm를 나타내고, 인치 계열은 문자 뒤에 B로 표시되어 inch를 나타내며, 보통 공업 장치에서는 B를 많이 사용한다.

ⓒ항은 관내 흐르는 유체의 기호를 나타내며, 프로세스 유체 : P, 작업용 공기 : PA, 계기용 공기 : IA, 질소 : N, 고압 증기 : HS, 저압 증기 : LS, 냉수 : CW, 해수 : SW 등으로 표시하며, 경우에 따라 번호로 표시되는 경우도 있다.

ⓓ항은 유체별 배관 번호를 나타내며, 일반적으로 2~3자리 숫자가 쓰이며, 파이프 라인에서 배관 설치 위치를 쉽게 찾을 수 있다.

ⓔ항은 배관재의 종류를 나타내며, 각 배관재의 재질, 규격, 형상 등을 표시한다.

ⓕ항은 배관의 보랭, 보온, 화상 방지 등을 필요로 할 때 사용되는 기호이며, 보온 : INS, 보랭 : CINS, 화상 방지 : PP로 표시되며, 두께를 함께 표시하기도 한다.

3. 배관 부품 도시 기호

각종 도면에 사용되는 배관 및 그 부속품의 도시(圖示) 기호는 KS B 0051에 규정되어 있으나 배관 시공도를 판독하기 위해서는 여러 가지 도시 기호를 숙지할 필요가 있다.

3-1 관

관의 도시는 일반적으로 12 B 이상은 복선, 10 B 이하는 단선으로 표시하지만, 복선을 표시할 때는 대체로 바깥지름으로 표시하며, 단선으로 표시할 때는 중심선으로 표시한다.

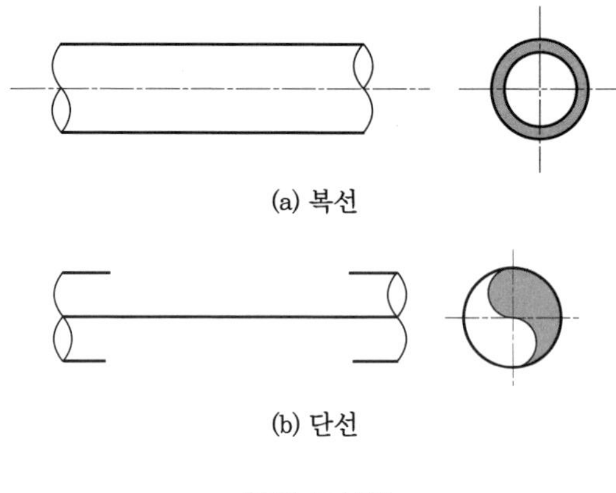

선의 표시법

3-2 관 이음

90° 엘보, 이경 엘보, 45° 엘보, 티(tee), 리듀서 등은 14B 이상에서는 복선으로 표시하고, 2 B 이하에서는 단선으로 표시하며, 이경 엘보나 리듀서의 단선 표시는 외형을 간단히 그려서 구별한다. 또한 보강판 등도 표시하며, 이음 기호는 일반 배관 기호와 같다.

관 이음 표시법

구분		평면도	입면도	입체도
맞대기 용접형	90° 엘보	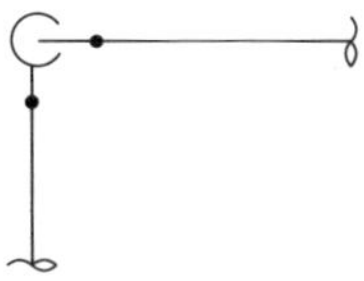	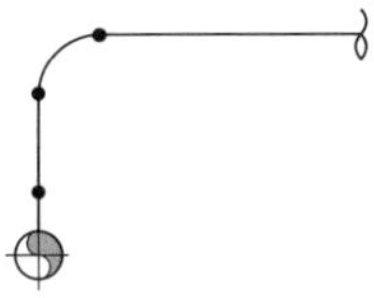	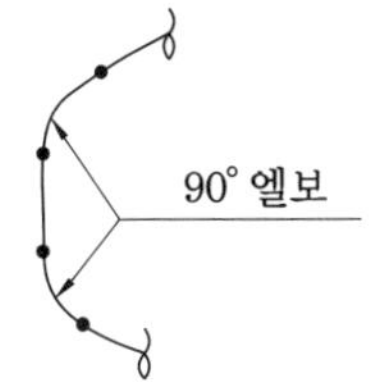 90° 엘보
	45° 엘보	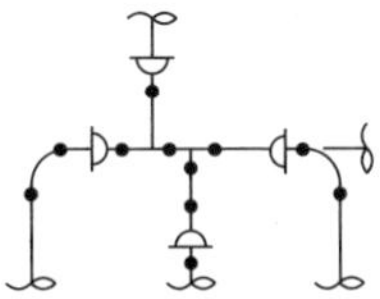	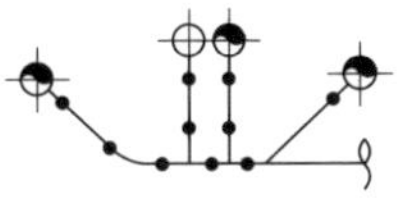	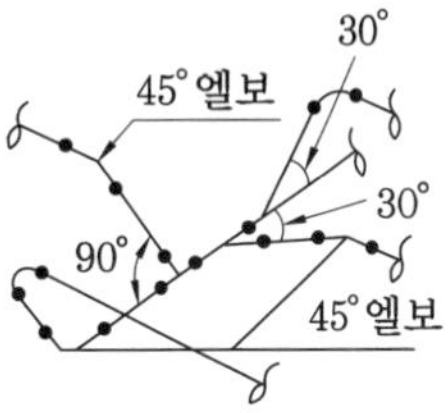 30° 45° 엘보 30° 90° 45° 엘보
	티	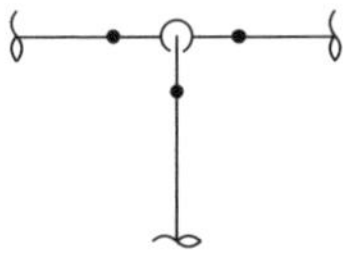	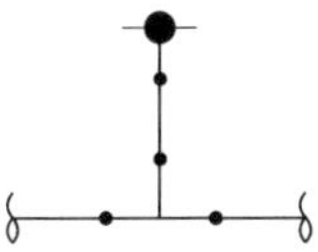	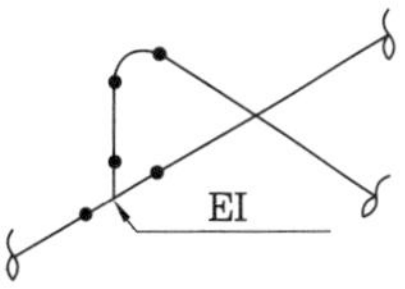 EI
	리듀서	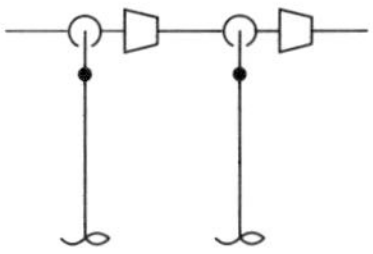	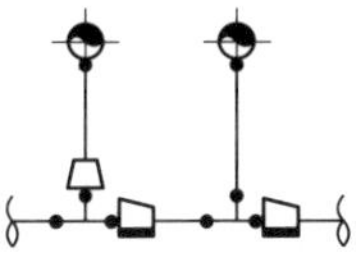	 콘센트릭리듀서
삽입 용접형	90° 엘보	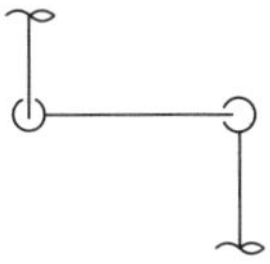	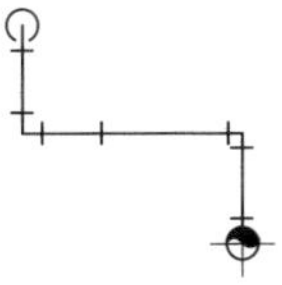	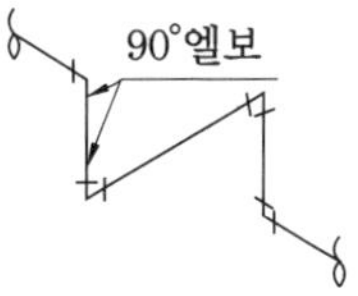 90°엘보
	티	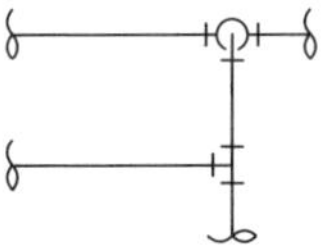	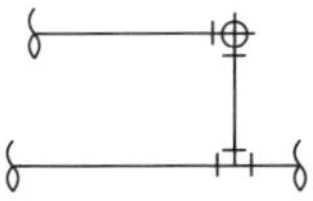	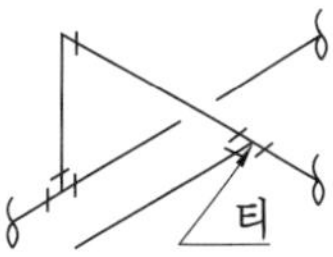 티

삽입용접 또는 나사 접합형	커플링	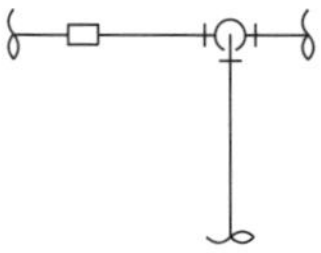	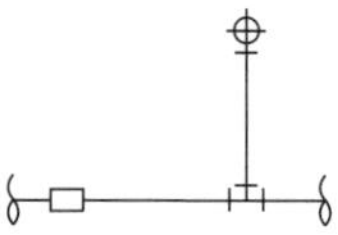	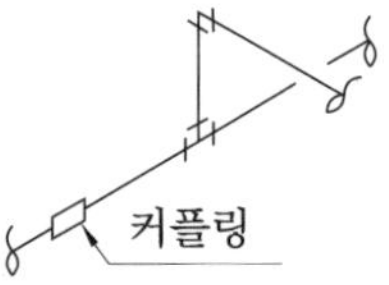 커플링
	유니언	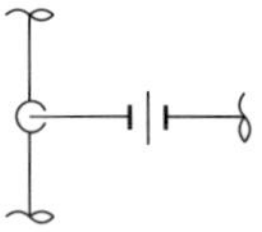	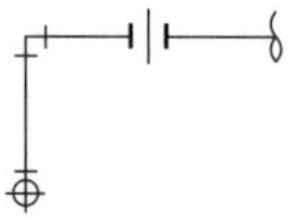	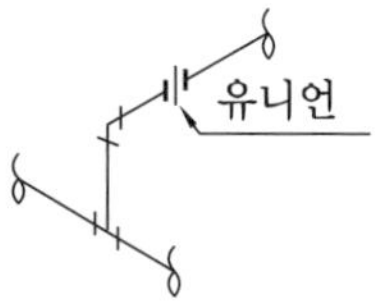 유니언
	캡	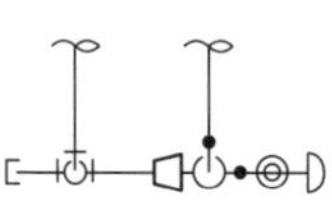	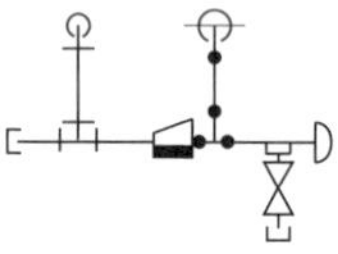	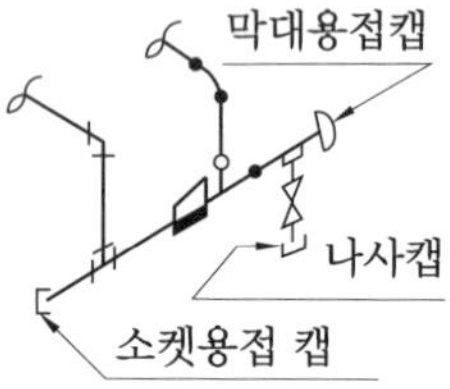 막대용접캡 나사캡 소켓용접 캡
	보스 및 플러그	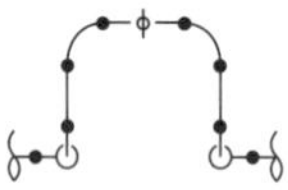	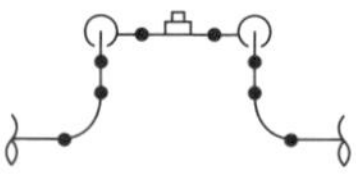	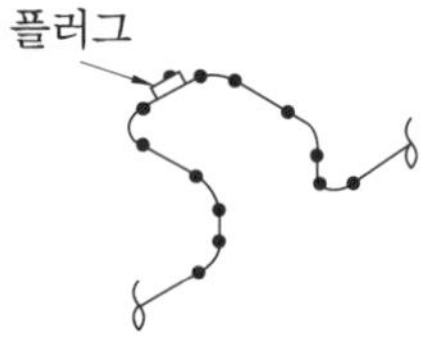 플러그
	스웨이징 블록	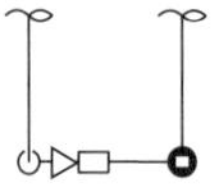	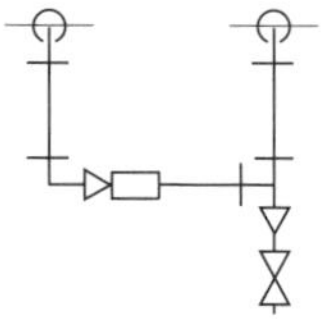	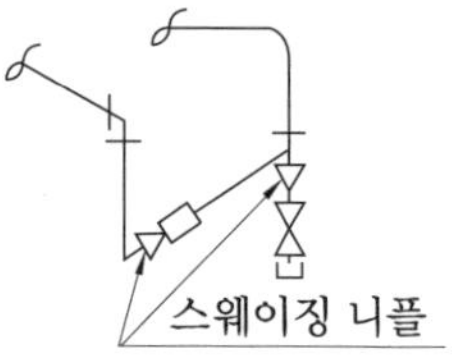 스웨이징 니플
룰렛 보강판 및 보스		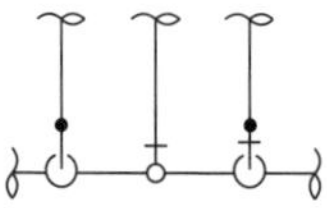	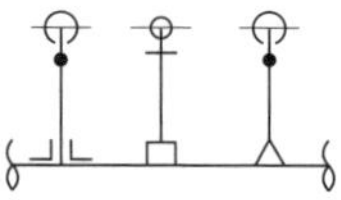	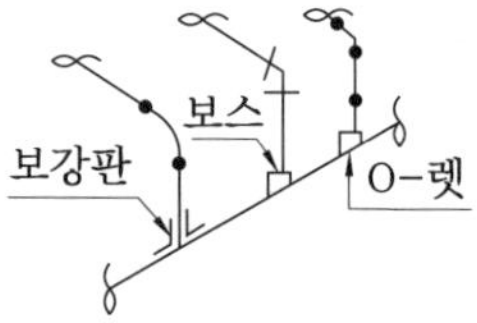 보강판 보스 O-렛

4. 도면 작성 시 주안점

배관 도면을 작성할 때는 신중을 기하여 공사 도중에 정정이나 특별히 변경되는 일이 없어야 한다.

배관 도면은 장치의 운전, 보수, 수명, 배치, 안전 등 여러 가지를 생각하여 배관의 경로, 설계 기준과 배관 재료 등을 잘 알도록 해야 한다.

4-1 배관 설치 시의 기준

배관을 설치할 때는 어떠한 기준에 따라 해야 할 것인가는 대단히 중요한 것이다. 예를 들면, 통로의 폭은 얼마로 할 것인가, 높이는 얼마로 할 것인가, 얼마나 깊게 묻을 것인가, 배관 사이의 간격을 얼마로 할 것인가, 보온 관계는 어떠한가 등 여러 가지가 있으며, 장치의 크기와 종류는 설치 조건 등에 따라 변하게 되므로 기준은 다음과 같다.

① 운전, 장비 조작을 위하여 필요한 통로의 폭은 800 mm 이상으로 한다.

② 장비 조작을 위하여 구조물을 오르내리는 계단의 경사도는 45° 이내로 하고, 반드시 난간대를 설치하며, 난간대(hand rail)의 높이는 750 mm 이상으로 한다.

③ 통로 위를 지나는 배관은 2200 mm 이상으로 한다.

④ 땅에 매설하는 관의 깊이는 600 mm 이상으로 하고, 도로를 횡단하는 배관일 때에는 1000 mm 이상으로 묻는다.

⑤ 타워, 탱크 등을 올라가는 플랫폼의 사다리는 9000 mm 이내로 한다.

⑥ 배관이 서로 평행하고 신축이 없는 배관 간격은 다음과 같이 한다.

(가) 플랜지 이음이 아닌 경우에는 관과 관의 외측 간격은 75 mm 이상으로 한다.

(나) 플랜지 이음인 경우에는 플랜지 외측 간격을 25 mm 이상으로 한다.

(다) 배관에 보온이나 보랭을 하는 경우에는 관의 간격에 보온·보랭 피복의 두께를 더하며, 대체로 피복제 외측 간격은 100 mm 이상으로 한다.

⑦ 관 지름 32 mm 이하는 나사 접합으로 하고, 50 mm 이상은 용접 접합으로 한다.

4-2 배관재의 기준

배관의 재료는 특성에 따라 여러 가지로 분류되며, 사용 유체의 성질, 사용 압력, 최고 사용 온도, 환경 조건 등에 따라 적정하게 구분하고, 도면에 관의 번호와 호칭 지름 등을 표시하여 용도가 확실하도록 하여야 한다.

또한 배관재 기준표에서 종류는 배관재의 등급 및 형상 등을 자세히 나열하여 배관재의 지원에 차질이 없도록 해야 한다.

배관재의 내역

순서	종 류	상 세		재 질
1	파이프	2 B 이하 4 ~ 12 B 14 B 이상	압력 배관용 탄소강관 (SCH 80) 압력 배관용 탄소강관 (SCH 40) 아크 용접 강관	S 25 C & SF 45 SM 41B
2	엘보	2 B 이하 4 ~ 12 B	삽입 용접형 (SCH 80) 맞대기 용접형	S 25 C & SF 45 SM 41B
3	티	2 B 이하 4 ~ 12 B	삽입 용접형 (SCH 80) 맞대기 용접형	S 25 C & SF 45 SM 41B
4	리듀서	2 B 이하 4 ~ 12 B	삽입 용접형 (SCH 80) 맞대기 용접형	S 25 C & SF 45 SM 41B
5	플랜지	16 K 철강제		SS 41 & SF 45 & S 25 C
6	개스킷	석면 조인트 시트 (4 B 이하 1.6 t 6 B 이상 3.2 t)		
7	볼트 너트	기계 볼트		SS 41 & S 25 C
8	슬루스 밸브	2 B 이하	40 K 소켓 용접형	SC 49
9	글로브 밸브	2 B 이하 4~8 B	40 K 소켓 용접형 10 K 주강 플랜지형	SC 49 FC 20
10	체크 밸브	2 B 이하 4 B 이상	40 K 10 K	SCPH 2 FC 20

㈜ SCH : 스케줄

PART 6

배관 관련 설비

제1장 급수 설비

1. 급수(給水)원

1-1 지표수(지구 표면의 물)

지표수로는 하천, 호수 등이 있으며, 일반적으로 수량이 풍부하므로 대도시의 상수도는 이 지표수가 사용되고 있다.

서울의 한강이나 부산의 낙동강, 대구의 금호강 등은 그 좋은 보기이다. 그러나, 이들의 수량은 계절적으로 큰 차이가 있으며, 수온도 겨울에는 3~8℃, 여름에는 25~28℃로 계절에 따라 변화가 심하고 수질도 불순물이 많다. 특히 장마철에는 심한 탁류로 변하며, 상류 연안의 발달로 오염수 유입의 위험성이 많아져 양질의 물을 얻기 위해서는 수원지를 상류로 정해야 한다.

따라서 장거리 수로가 필요해진다. 더욱이 물이 풍부할 때 저장하여 수량의 계절적 변화를 평균화하기 위하여 댐을 건설하는 등 인공 저수지를 만드는 경우도 있다.

1-2 지하수

지하수는 다량의 식수원으로는 바람직하지 못하다. 중소 도시의 식수로는 거의 사용되지 않으며, 지하수는 자연적으로 여과되어 있으므로 계절에 관계없이 양질의 물을 얻을 수 있으나 음용수로는 부적합하다.

수온이 16~17℃로 계절에 따라 변화가 적어 냉방이나 공업용수에 적합하고 수질이 좋은 것은 검사 후 음용수로 사용된다.

2. 정수법

자연수를 보건 위생상 해가 없는 수질로 처리하는 것을 정수법(淨水法)이라 하며, 음용수로는 병원균 등 세균이 존재하지 않아야 하는 것은 물론 유기물이 함유되지 않고 냄새가 없고 맛이 좋으며, 경도가 낮아야 한다.

물의 경도는 물속에 포함된 탄산칼슘(석회질) 등 광물질의 함유량을 기준으로 표시한다. 즉, 탄산칼슘($CaCO_3$)이 물속에 100만분의 1 포함되어 있을 때, 이것을 1 ppm(part per million)이라 한다. 음용수는 90~110 ppm이 적합하고 300 ppm을 초과하여서는 안된다. 또한 물은 경도에 따라 연수와 경수로 나뉘며, 90 ppm 이하의 물을 연수(軟水 ; soft water ; 단물), 110 ppm 이상의 물을 경수(硬水 ; hard water ; 센물)라 한다.

일반적으로 상수도에 사용되는 정수법에는 침전법, 여과법, 살균법 등이 있으며, 이 순서를 한 조로 하여 정수하는데, 철분이나 암모니아 등이 함유될 때는 폭기법을 최우선으로 사용하기도 한다. 또 저수지 등에서는 미생물이 발생하고 있으므로 특수한 약품 처리를 하는 경우도 있다.

2-1 침전법

원수(原水) 속에 부유하는 불순물을 침전시켜 제거하는 방법으로, 보통 침전법과 약품 침전법의 두 종류가 있다.

(1) 보통 침전법

원수를 침전지로 유입시켜 일정 시간 정지 상태로 두거나 매우 느린 속도로 침전지 내에서 흘려보내면 물보다 비중이 큰 불순물(모래, 진흙 등의 미립자)은 자연적으로 가라앉는다.

(2) 약품 침전법

원수 속에 점토와 같은 미세한 입자가 다량으로 부유하고 있을 때(강우 시 하천 등) 전체가 가라앉기에는 많은 시간이 걸리므로 원수에 약품을 섞어 부유물을 화학 작용에 의하여 응집시켜 침강 속도를 크게 하여 침전 작용을 촉진하는 방법으로 이것을 약품 침전법이라 한다.

일반적으로 사용되는 약품은 유산반토와 명반으로, 유산반토는 백색의 결정으로 이것을 물에 섞으면 물속의 알칼리 성분과 반응해 수산화알루미늄이 된다. 이 수산화알루미늄은 응집성이 강하여 물속의 미세한 부유물이나 세균 등도 함께 침전시키므로 신속히 정결한 물을 얻을 수 있으며, 유산반토의 혼화량(混和量)은 물의 탁도에 따라 다르다.

일반적으로 10~20 ppm 정도이다. 즉, 1 ppm이란 100만분의 1의 양을 말하므로 1톤에 대하여 1 g의 유산반토를 넣으면 1 ppm을 함유하는 것이다.

(3) 고속 침전 장치

약품 침전의 침전 작용이 능률적으로 행하여지도록 고안한 것이다. 고속 침전 장치에는 여러 방식이 있으나 보통의 침전지에서는 약품의 주입, 혼화, 응집 작용은 별도로 설치한 혼화조에서 행하여지며, 그것이 침전지로 이동하여 분리, 침전 작용이 행하여지는 데 비하여, 이 장치는 이들 대부분의 작용과 조작이 하나의 칸 속에서 행하여진다.

이 작용의 개요를 설명하면, 원수는 도입관을 지나 제1 반응조에 유입하여 여기에 부유하는 플록(floc)에 원수 중의 부유물이 접촉하여 그 표면에 흡착된다. 부유물이 흡착되어 무거워진 플록은 그대로 가라앉고, 그 밖의 물은 날개차의 회전에 의하여 제2의 반응조에 양수되며, 여기에서 다시 혼합하여 흡착을 계속하면서 제2 반응조의 내측과 분리조와의 사이를 지나 분리조의 하부에 유입한다.

분리조에서는 무거워진 플록은 가라앉고 정결한 물은 천천히 상승하여 집수받이에 흘러들어 분리조의 외주 홈에 모인다. 한편, 침전된 플록은 다시 제1 반응조로 흘러 같은 칸 속의 원수 중의 부유물을 흡착한다. 또한 새로운 플록 생성을 위하여 유산반토는 제1 반응조에 적당량씩 주입된다.

> **참고** **플록(floc ; 응집체)** : 물속의 부유물이 미립자로 되어 있는 경우는 침강하기 어렵기 때문에 응집제를 첨가해서 입자를 응집시켜 침강속도를 빠르게 한다. 응집해서 만들어진 크고 무거운 덩어리를 플록이라 하며, 침강하기 쉬운 플록이 만들어질수록 우수한 응집제이다. 플록에는 여러 가지 물질을 흡착하는 작용이 있다.

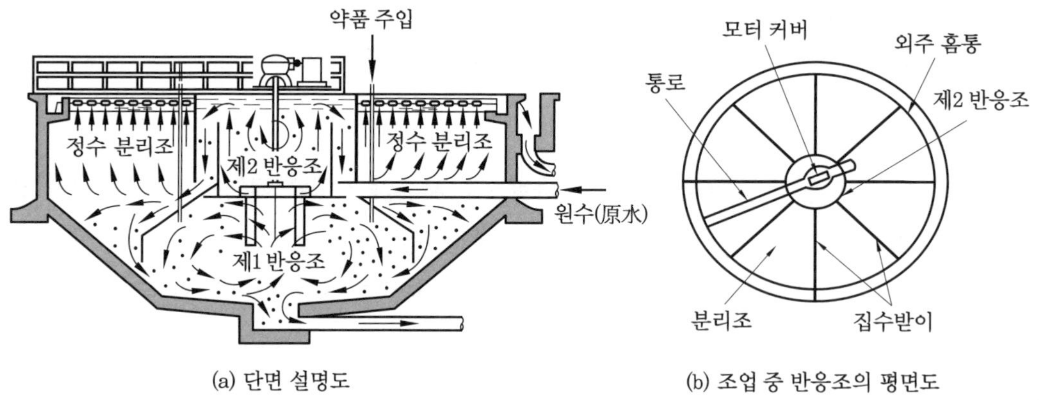

(a) 단면 설명도

(b) 조업 중 반응조의 평면도

고속 침전 장치

2-2 여과법

침전지에서 침전 처리한 물을 여과지의 모래층을 통과시켜 수중의 부유물, 세균 등을 제거하는 방법으로 완속 여과법과 급속 여과법이 있다.

(1) 완속 여과법

중력 작용에 의하여 물을 원활한 속도(여과 속도 3~6 m/24h)로 모래층을 통과시키면 물속에 함유된 부유물이 모래층의 표면에 쌓여 이것이 분해하여 여과막이라는 점막을 만든다.

이 여과막은 매우 미묘한 정화 작용을 하는 것으로 수중에 부유하는 고형물의 통과를 저지하고 여과막 속에 번식하는 세균이나 기타 미생물의 활동에 의하여 물속의 세균, 기생충, 유기 용해물 등이 제거되어 물을 정화하여 정결하게 한다.

이와 같이 하여 여과를 계속하면 모래층이 점차로 더러워져 모래와 모래 사이가 메꾸어지므로 여과 속도도 느려진다. 그러므로 월 1회 정도 여과지의 물을 빼고 모래층의 표면 모래를 꺼내어 세정해야 한다.

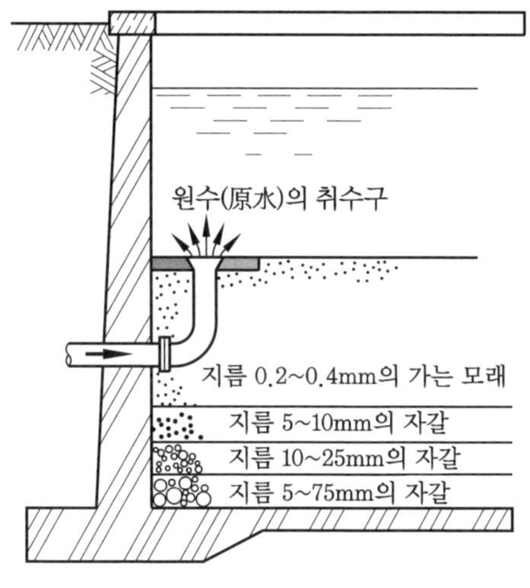

완속 여과조의 단면

(2) 급속 여과법

급속 여과조는 전처리 과정으로 약품 침전을 행하여 단시간에 침전 처리하며 미소한 플록이 다소 남아 있을 때 급속 여과조로 보내어 모래층 표면에 화학적으로 충분한 여과막을 빨리 만들게 한다. 여과 속도 100~150 m/24h 정도인 완속 여과의 30~40배의 빠르기로 모래층을 통과시킨다.

따라서 모래층의 오염도 30~40배가 빨라지므로 1일에 1~2회 정도 세정해야 한다. 세정 방법도 완속 여과 시와 달리 모래층의 표면을 기계적으로 휘젓거나, 분사수(噴射水)로 저어 놓고 모래층 밑에 설치한 펌프로 물을 밑에서 위로 역류시켜 모래층을 닦는다. 이때 오염된 물은 배수받이로 외부에 배출된다.

2-3 폭기법

지하수에는 철이나 암모니아 등이 다량으로 용해되어 함유되는 경우가 있다. 이것을 제거하기 위해서는 물을 공기(산소)에 잘 접촉시켜 용해된 물을 산화시켜 불용성으로 만들기 위해 침전과 여과 과정으로 제거하는 방법을 폭기법이라 한다.

폭기법에는 다음과 같은 여러 방법이 있다.

① 공기 중에 분수시키는 방법

② 다수의 작은 구멍을 통하여 샤워 모양으로 물을 낙하시키는 방법

③ 코크스나 모래층 속을 방울방울 흘러내리게 하는 방법

즉, 어느 방법이나 물이 공기와 접촉하는 표면적을 넓게 하여 산소와의 반응 기회를 많게 하는 것이다.

2-4 경수 연화법

경수를 연화시키는 데는 일시에 경수를 끓임으로써 탄소는 유리되어 CO_2 가스로 되어 발산하고, 탄산칼슘($CaCO_3$)은 물 밑에 가라앉으므로 경수는 손쉽게 제거된다. 그러나 공업상 많은 물을 사용하는 곳에서 물을 끓이는 것은 경비가 많이 들므로 생석회(CaO)를 혼합하여 연화한다.

영구적 경수일 때 유산칼슘을 제거하는 데는 소다회(Na_2CO_3)를 사용하고, 유산 마그네슘을 함유할 때에는 소다회와 생석회를 첨가하면 연화된다.

제지 공장, 염색 공장, 화학 섬유 공장, 약품 공장, 보일러 용수 등 공업 용수에 대해서는 이온 교환 수지법 등을 사용하여 경수를 연화시키고 있다.

이온 교환 수지법은 이온 교환 수지를 채운 탑 속에 경수를 통과시키면 경수 속의 Ca 이온이나 Mg 이온이 수지 속의 Na 이온과 치환된다.

2-5 살균법

침전, 여과의 두 과정으로 물속의 세균은 거의 제거되나 다소나마 남아 있는 세균을 전멸시키기 위하여 염소 살균법을 사용한다. 지하수 등에서 물이 많을 때에는 침전이나 여과는 제외하고 살균법만을 거쳐 급수하는 경우도 있다.

살균은 시수(상수도)에서 액체 염소가 많이 쓰인다. 가정용 지하수 등 소규모의 살균에는 표백분이 많이 쓰이며, 표백분의 유효 염소량은 30~50 %이다.

살균을 위한 염소 주입량은 수질에 따라 조절하나 여과수에 대하여 0.1~0.3 ppm 정도가 좋다. 염소, 표백분 이외에 클로로 아민, 자외선, 오존 등에 의한 살균법도 있으나 값이 비싸므로 소규모로 특수한 경우에만 사용된다.

3. 급수량과 관 지름 결정

3-1 급수량(사용 수량)

급수 설비를 설계할 때는 사용 수량을 추정하여야 하며, 이 물의 사용량에 따라 저수탱크와 양수 펌프의 용량, 배관의 지름을 결정해야 한다.

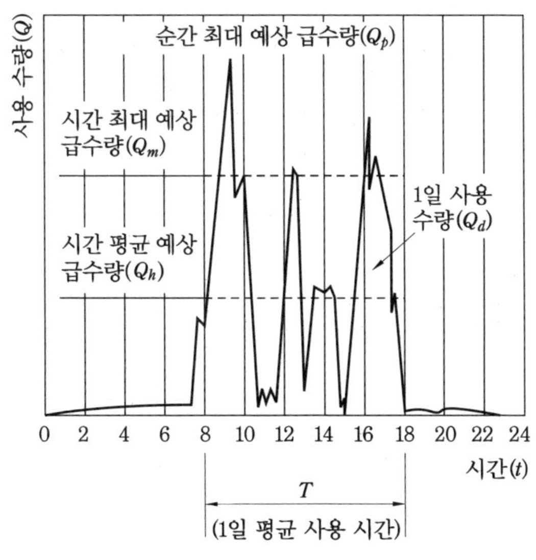

사용 수량의 시간 변화

사용 수량(L/cd; liter per capita per day)은 대도시와 소도시에 따라 다르고, 또한 기후에 따라서도 다르다. 평균 사용량은 200~400 L/cd로서 이것은 음수용, 세정용, 공업용, 영업용, 도로 청소용 등 물의 소비량 전체를 평균한 것이며, 건물의 사용 수량을 책정할 때 이 사용 수량에 거주 인원을 곱하여 산출한다.

사용 수량은 1일 중에서도 아침이 가장 많고 밤에는 거의 사용하지 않는다. 가장 많이 사용하는 시간을 절정 시간(peak hour)이라 하고, 이때의 사용량을 절정량(peak load)이라 한다.

평균 1시간 사용 수량은 1일 사용 수량을 사용 시간으로 나눈 것이며, 거주 예정 인원이 확실하지 않을 때에는 건물의 바닥 면적으로 계산하기도 한다.

- **매시 평균 예상 급수량**: 1일의 총급수량을 건물의 사용 시간으로 나눈 것이다.

$$Q_h = \frac{Q_d}{T} \text{ [L/h]}$$

- **매시 최대 예상 급수량**: 1일 중 가장 많이 사용되는 1시간의 수량을 말한다. 이 수량은 매시 평균 급수량의 1.5~2배 정도로 추정된다.

$$Q_m = (1.5 \sim 2.0)\, Q_h \text{ [L/h]}$$

- **순간 최대 예상 급수량**: 각종 건물의 경우 휴식 시간, 점심시간, 퇴근 시에 물을 순간적으로 많이 사용하며, 이 수량은 평균 급수량의 3~4배라고 한다.

$$Q_p = \frac{(3 \sim 4)\, Q_h}{60} \text{ [L/min]}$$

음용수와 잡용수의 사용 비율

건물 종류	음용수 (%)	잡용수 (%)
주택 · 사무실	30~40	60~70
호텔 · 병원	60~70	30~40
학교	40~50	50~60
백화점	55~70	30~45

주 • 음용수: 세면기, 욕실, 주방, 세탁기 용수 등
• 잡용수: 청소, 살수, 세정수, 보일러 용수, 소화 용수 등

건축물의 종류별 사용 수량

건물 종류	용도	급수량(L)	사용 시간(h)	유효 면적당 인원	유효면적/연면적	비고
사무실	업무	100~120	8	0.2인/m^2	55~57(임대 60)	
은행·관공서	업무	100~120	8	0.2인/m^2	사무실과 같음	
병원	1bed 당	고급 1000 이상 중급 500 이상 기타 250 이상	10	3.8인/bed	45~48	외래객 8 L 간호원 160 L 의사·직원 120 L
교회·사원	손님	10	2			
극장	손님	30	5		53~55	
영화관	손님	10	3	1.5인/객석		
백화점	손님	3	8	1.0인/m^2	55~60	점원 100 L
점포	손님	100	7	0.16인/m^2		상주 160 L
소매시장	손님	40	6	1.0인/m^2		
대중식당	손님	15	7	1.0인/m^2		상주 160 L
요리점	손님	30	5	1.0인/m^2		상주 160 L
주택	주거	200~250	8~10	0.16인/m^2	50~53	
아파트	주거	200~250	8~10	0.16인/m^2	45~50	독신 100 L
기숙사	주거	120	8	0.2인/m^2		
호텔	손님	250~300	10	0.17인/m^2		
여관	손님	200	10	0.24인/m^2		
초등·중학교	학생	40~50	5~6	0.25~0.14인/m^2	58~60	교사 100 L
고등학교 이상	학생	80	6	0.1인/m^2		교사 100 L
연구소	직원	100~200	8	0.06인/m^2		
도서관	열람자	25	6	0.4인/m^2		
공장	공원	60~140	8	0.1~0.3인/m^2		남자 80 L, 여자 100 L

거주 인원과 면적

건축 총면적	유효 면적당 거주 인원(인/m^2)	1인당 거주 면적(m^2)
일반 건축물	0.2~0.3	3~5
학교	0.2~0.5	2~5
공장	0.1~0.2	5~10

위생 기구, 수전의 유량 및 접속 구경

기구 종류	1회당 사용량 (L)	1시간당 사용횟수 (회)	순시 최대유량 (L/min)	접속 관지름 (mm)	비고
대변기 (F.V)	13.5~16.5	6~12	110~180	25	평균 15 L/회/10s
대변기 (C.T)	15	6~12	10	13	
소변기 (F.C)	4~6	12~20	30~60	20	평균 5 L/회/6s
소변기(자동 C.T) 2~4인	9~18	12	8	13	2~4인용 기구 1개에 대해서 4.5 L
소변기(자동) 5~7인	22.5~31.5	12	10	13	5~7인용 기구 1개에 대해서 4.5 L
세면기	10	6~12	10	13	
싱크류 (13mm 수전)	15	6~12	10	13	
싱크류 (20mm 수전)	25	6~12	15~25	20	
음수기			3	13	
살수전			20~50	13~20	
한식 욕조	크기에 따라	3	25~30	20	큰 욕조의 경우는 수전 및 급수관 지름을 25~32 mm로 한다.
양식 욕조	125	6~12	25~30	20	
샤워기	24~60	3	12~20	13~20	수량은 종류에 따라 차이가 많다.

각종 건물의 위생 기구 1개당 1일 사용 수량 (L/cd)

위생 기구 \ 건물별	사무실 건물	학교	병원	아파트	공장	회관·클럽 보험·은행	극장 영화관
대변기 (세정 밸브)	900	600	750	200	750	600	760
대변기 (세정조)	1200	800	1000	240	1000	800	1000
소변기 (세정 밸브)	400	240	480	150	420	320	480
소변기 (세정조)	400	240	480	150	420	320	480
세면기	960	900	400	200	–	640	3200
배수구	1200	720	600	550	–	960	–
슬롭싱크	510	440	6100	270	–	440	–
욕조	–	–	–	760	–	–	–

위생 기구의 동시 사용률(%)

기구수	2	3	4	5	10	15	20	30	50	100	500	1000
사용률	100	80	75	70	53	48	44	40	36	33	27	25

건축물의 종류별 사용 수량

건물별	1인 1일당 사용 수량[L/cd]	건물별	1인 1일당 사용수량[L/cd]
사무실	100~150	주택	100~200
아파트	100~200	병원(침상 1개당)	250~350
호텔	150~250	병원(환자 1인당)	150~180
음식점	30~50	공장	150~200
백화점	35	관공서	100~200
극장	10~15	은행	100~200
고등학교	30~50	집회 시설	70~100
초등 · 중학교	25~40	주차장	10~12

㈜ 연면적당 피크로드(peak load) lit/m^2 · hr 0.9~1.5, 중급 : 1.5~2.1, 고급 : 2.4~5.0m^2

3-2 급수량의 산정 방법

(1) 건물 사용 인원에 따른 산정 방법

급수 대상 인원이 분명한 경우는 1인 1일당 필요로 하는 물의 양에 인원수를 곱하면 그 건물에서의 1일 사용 수량을 구할 수 있다.

$$Q_d = q \cdot N$$

여기서, Q_d : 그 건물의 1일 사용 수량(L/d), q : 건물별 1인 1일당 급수량(L/d)
N : 급수 대상 인원(인)

(2) 건물 면적에 따른 산정 방법

급수 대상 인원이 확실히 파악되지 않았거나 불분명한 경우는 건물의 유효 면적 표 [건축물의 종류별 사용 수량]에서 인원수를 산정하여 급수량을 정한다.

$$Q_d = A \cdot K \cdot N \cdot q \text{ [L/d]}$$

$$A' = \frac{A \times K}{100}$$

$$N = A' \times a$$

$$Q_d = Q \times N$$

여기서, A' : 건물의 유효 면적(m^2), a : 유효 면적당의 비율
A : 건물의 연면적(m^2), N : 유효 면적당의 인원(인/m^2)
K : 건물의 연면적에 대한 유효 면적 비율
q : 건물 종류별 1인 1일당 급수량(L/cd)

(3) 사용 기구에 따른 산정

건물에서 물의 사용은 위생 기구의 종류에 따라 이루어지므로 설치된 급수 기구의 사용량 및 사용 빈도에 따라 소요 급수량을 산정하는 것이 가장 정확한 방법이다. 기구의 사용도, 기구의 증설 계획을 적절한 방법으로 맞추어 추정해야 한다.

$$Q_d = Q_f \cdot F \cdot P \ [\mathrm{L/d}]$$

$$q_m = \frac{Q_d}{H} m \ [\mathrm{L/d}]$$

여기서, Q_d : 1인당 급수량(L/d), q_m : 시간당 최대 급수량(L/h)
Q_f : 기구의 사용 물량(L/d), m : 계수(1, 5~2)
F : 기구 수(개), H : 사용 시간
P : 동시 사용률(표 [위생 기구의 동시 사용률])

건축물에는 그 건물의 용도, 위생 기구의 사용 상태에 따라 적당한 수의 위생 기구를 설치해야 한다. 특히 변기의 수는 그 건물에 존재하는 여러 사람의 생리적 요구에 따라 언제나 자유로이 사용할 수 있으며, 더욱이 경제적인 수량이어야 한다. 그 기준은 그 건물에 상주하는 사람의 수, 외래객의 수, 건물의 사용 시간 등을 고려하여 설치 수량을 정하여야 한다.

표 [위생 기구, 수전의 유량 및 접속 구경]에서 일일(一日) 기구별 사용 수량을 구하여 동시 사용률(표 [위생 기구의 동시 사용률])을 고려하는 방법과 미국 위생 기준(National Plumbing Code)에서 정해진 급수 기구 단위(Fixture Unit Water Supply)를 이용하여 산정하는 방법으로, 1분간 대략 15 L의 급수를 필요로 하는 세면기의 급수량 F.U를 1 단위로 하여 각 기구의 단위 수량을 산출 합산하여 급수량을 정하는 방법이다.

3-3 급수관 관 지름 결정법

(1) 위생 기구 연결관의 관 지름

급수관의 지름을 결정할 때에는 소요 수량, 수압, 마찰 손실 수두 및 급수 밸브의 동시 사용률 등을 조사하여 결정한다. 소요 수량과 이에 적합한 급수 밸브의 크기는 각종 위생 기구에 대한 연결 급수관을 참고하여 결정한다.

각종 위생 기구에 대한 연결 급수관 지름

위생 기구명	급수관의 지름(mm)		위생 기구명	급수관의 지름(mm)	
	저압	고압		저압	고압
세면기	15	10~15	호스용 급수전(hose bib)	15~20	15
샤워기	15	10~15	대변기(플러시 밸브)	25~32	25
욕실 급수 밸브	20	15	소변기(플러시 밸브)	20~25	20
세탁실 급수 밸브	20	15~20	대변기(로 탱크식)	15	10~15
부엌 싱크·청소 싱크	15~20	15	비데	15	15

위생 기구에 대한 급수관 지름 및 급수량(L/min)

기구 수			1	2	4	8	12	16	24	32	40
대변기	플러시밸브	유수량(L/min)	114	190	300	450	530	600	760	940	1140
		관 지름(mm)	25	30	40	50	50	50	50	65	65
	시스턴	유수량(L/min)	30	60	90	180	230	300	360	485	570
		관 지름(mm)	15	20	25	32	40	40	50	50	50
소변기	플러시밸브	유수량(L/min)	95	140	170	285	320	380	470	570	660
		관 지름(mm)	25	32	32	40	40	50	50	50	50
	시스턴	유수량(L/min)	23	45	75	120	160	210	270	340	450
		관 지름(mm)	15	20	25	32	40	40	40	50	50
세면기		유수량(L/min)	15	30	45	90	115	150	180	240	285
		관 지름(mm)	15	15	20	25	25	32	32	40	40
욕조		유수량(L/min)	57	115	150	300	363	424	545	730	910
		관 지름(mm)	20	25	32	40	50	50	50	65	65
샤워기 비데		유수량(L/min)	30	60	120	245	365	490	730	980	1200
		관 지름(mm)	15	20	32	40	50	50	65	65	80
싱크		유수량(L/min)	57	95	150	245	320	365	450	565	755
		관 지름(mm)	20	25	32	40	40	50	50	50	65

㈜ 위의 관 지름은 관 길이 100 m에 대해 10 m의 손실 수두가 있는 것으로 한다.

위생 기구에서 급수관이 짧고 수압이 높을 때에는 고압관을 사용하고, 급수관이 길고 수압이 낮을 때에는 저압관을 사용한다. 일반 가정에서 가장 많이 사용되는 급수 밸브는 지름 15 A이며, 적합한 유량은 13~18 L/min 정도이다. 이 유량을 유지하는 데 필요한 수압은 29.4 kPa 정도이다.

참고 수전(faucet), 세척 밸브(flush valve)가 있는 위생 기구는 일정 이상의 급수 압력을 필요로 한다. 수압이 높으면 수격 현상(water hammer), 소음 발생의 원인이 된다. 대변기 플러시 밸브는 1회 사용량 15 L로서 급수(給水) 시간은 10초로 되어 있다. 이 경우 수압이 68.6 kPa보다 낮으면 급수의 토출 시간이 길게 되어 오물의 흐름이 어렵고 반대로 급수 압력이 과대하게 높으면 급수의 토출 시간이 짧아 오물이 비산한다. 세척 밸브와 샤워기는 68.6 kPa, 일반 수전은 29.4 kPa의 수압이 필요하다.

(2) 균등표에 의한 관 지름 결정

이 방법은 주관에서 분기된 분기관 또는 지관 등 소규모 급수관의 관 지름 결정에 사용된다. 균등표(equalization)에 의해 관 지름을 정하려면 배관에 접속되는 기구의 관경을 1단위(호칭 지름 15 mm)로 환산하여 동시 사용률을 곱하여 균등표에 의해 관 지름을 결정한다.

좌측 난 40 mm 관을 정하여 우측을 읽고 위 난에서 15 mm 관을 정하여 아래로 읽으면 그 교점에서 11개를 얻는데, 즉 15 mm 11개와 40 mm 1개는 유량이 균등하다는 것을 나타낸 것이다.

15 mm 급수밸브 10개에 급수하는 주관은 위생 기구 동시 사용률이 53 %이므로 10×0.53 =5.3개, 즉 10개의 밸브 중 동시에 사용 가능한 개수는 5.3개이므로 균등표에서 5.3개분의 수량을 흐르게 하는 데 충분한 관 지름은 32 mm이다.

강관의 균등표

관 지름 (mm) (B : inch)	10 (⅜)	15 (½)	20 (¾)	25 (1)	32 (1¼)	40 (1½)	50 (2)	65 (2½)	80 (3)	90 (3½)	100 (4)	125 (5)	150 (6)	200 (8)
10(⅜)	1													
15(½)	1.8	1												
20(¾)	3.6	2	1											
25(1)	6.6	3.7	1.8	1										
32(1¼)	13.0	7.2	3.6	2	1									
40(1½)	19	11	5.3	2.9	1.5	1								
50(2)	36	20	10.0	5.5	2.8	1.9	1							
65(2½)	56	31	15.5	8.5	4.3	2.9	1.6	1						
80(3)	97	54	27	15	7.0	5.0	2.7	1.7	1					
90(3½)	139	78	38	21	11	7.2	3.9	2.5	1.4	1				
100(4)	191	107	53	29	11	9.9	5.3	3.4	2.0	1.4	1			
125(5)	335	188	93	51	26	17.0	9.3	6.0	3.5	2.4	1.8	1		
150(6)	531	297	147	80	41	28	15	9.5	5.5	3.8	2.8	1.6	1	
200(8)	1054	590	292	160	80	54	29	19	10.9	7.6	5.5	3.1	2	1

㈜ $N=\left(\frac{D}{d}\right)^{\frac{5}{2}}$

여기서, N : 작은 관의 수, D : 큰 관의 지름, d : 작은 관의 지름

(3) 균등표에 의한 관 지름 결정 순서

① 표 [위생 기구, 수전의 유량 및 접속 구경]에서 각종 연결 기구의 관 지름을 결정한다.

② 급수관의 말단에서 각 분기부까지의 15 A관의 상당수를 합산한다.

③ 합산한 것에 각각의 기구수를 동시 사용률(표 [기구의 동시 사용률])을 곱한다.

④ 동시 사용률을 적용한 개수에 강관의 균등표 15 A 난에 넣어 관 지름을 결정한다.

기구의 동시 사용률

기구 수 / 기구 종류	1	2	3	4	5	6	7	8	12	16	24	32	40	50	70	100
대변기 세정 밸브	100	50	50	50	47.5	45	42.5	40	30	27	23	19	17	15	12	10
대변기 외 일반 기구	100	100	85	70	66	63	58	55	48	45	42	40	39	38	35	33

3-4 마찰 손실 선도에 의한 관 지름 결정

대규모 건축의 급수 주관의 관 지름에 이용되는 방법으로 급수 주관에 흐르는 동시 사용 유수량, 허용 마찰 손실 수두 관 지름 결정 3단계에 거쳐서 관 지름을 계산한다.

(1) 국부 저항 상당(相當) 길이

배관에서는 도중에 엘보, 밸브 등의 여러 가지 부속품이 있고, 이 부분에서는 물의 와류 현상이 생기므로 이 와류 현상의 발생에 필요한 에너지를 빼앗겨 직관 부분과는 다른 비율의 저항이 생긴다.

이와 같이 배관 부속품에 생기는 저항을 국부 저항이라 부르고 국부 저항과 같은 저항을 직관의 길이로 환산한 것을 국부 저항의 상당 길이라 한다. 그 값은 다음의 표와 같다.

배관의 국부 저항 상당 길이

구경 (mm)	상당관 길이							
	90° 엘보	45° 엘보	90°T (분류)	90°T (직류)	슬루스 밸브	글로브 밸브	앵글밸브	체크 밸브
15	0.6	0.36	0.9	0.18	0.12	4.5	2.4	1.2
20	0.75	0.45	1.2	0.24	0.15	6.0	3.6	1.6
25	0.9	0.54	1.5	0.27	0.18	7.5	4.5	2.0
32	1.2	0.72	1.8	0.30	0.24	10.5	5.4	2.5
40	1.5	0.9	2.1	0.45	0.30	13.5	6.6	3.1
50	2.1	1.2	3.0	0.6	0.39	16.5	8.4	4.0
65	2.4	1.5	3.6	0.75	0.48	19.5	10.2	4.6
75	3.0	1.8	4.5	0.90	0.63	24.0	12.0	5.7
100	4.2	2.4	6.3	1.20	0.81	37.5	16.5	7.6
125	5.1	3.6	7.5	1.50	0.99	42.0	21.0	10.0
150	6.0	3.6	9.0	1.80	1.20	49.5	24.0	12.0
200	6.5	3.7	14.0	4.0	1.40	70.0	33.0	15.0
250	8.0	4.2	20.0	5.0	1.70	90.0	43.0	19.0

(2) 기구 급수 부하 단위와 동시 사용 수량

급수 관 지름을 결정하는 데는 각 구간의 유량을 구하여야 하며, 급수 배관에 접속하는 기구의 급수량과 동시 사용률을 곱하여 유량을 구할 수 있다. 또한 기구 급수 부하 단위를 사용하여 구할 수 있다.

위생 기구의 밸브에서 1분간 유출하는 수량을 기구 급수 단위 유량이라 하고 어느 특정 위생 기구의 기구 급수 단위 유량을 급수 단위 1단위로 정한다.

기구 급수 단위(Fixture Unit-Water Supply)에서는 기구에서 대략 30 L/min의 급수를 필요로 하는 급수량을 1 FU 단위로 한다.

기구 급수 부하 단위

기구명	밸브	기구 급수 부하 단위		기구명	밸브	기구 급수 부하 단위	
		공중용	개인용			공중용	개인용
대변기	세정 밸브	10	6	청소용 싱크	급수 밸브	4	3
대변기	세정 탱크	5	3	욕조	급수 밸브	4	2
소변기	세정 탱크	5		샤워기	혼합 밸브	4	2
소변기	세정 탱크	3		양식 욕실1식	대변기가 세정 밸브에 의한 경우		8
세면기	급수 밸브	2	1				
의료용세면기	급수 밸브	3		양식 욕실1식	대변기가 세정 탱크에 의한 경우		6
사무실용싱크	급수 밸브	3					
부엌싱크	급수 밸브		3	음수기	수음 밸브	2	1
조리장싱크	급수 밸브	4	2	탕비기	볼탭	2	
조리장싱크	혼합 밸브	3		hose bib	급수 밸브	5	
식기세척싱크	급수 밸브	5					

㈜ 급탕 밸브 병용인 경우에는 1개의 급수 밸브에 기구 급수 부하 단위를 상기 수치의 $\frac{3}{4}$으로 한다.

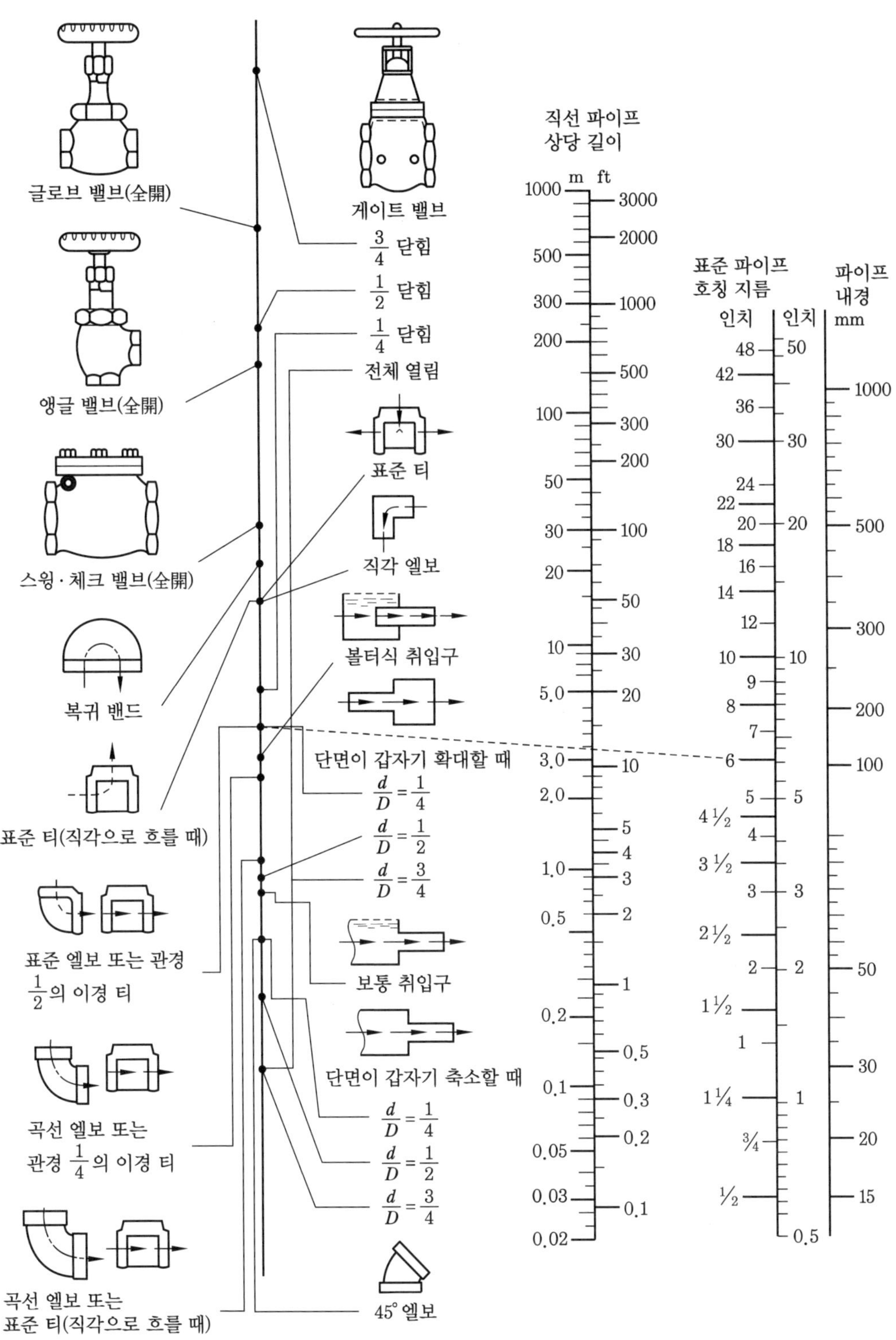

㈜ 예를 들면, 그림의 점선에서 6인치 표준 엘보 1개의 저항이 직관 4.6 m의 마찰 저항에 해당한다.

밸브 및 연결 부속의 국부 저항 상당 관 길이

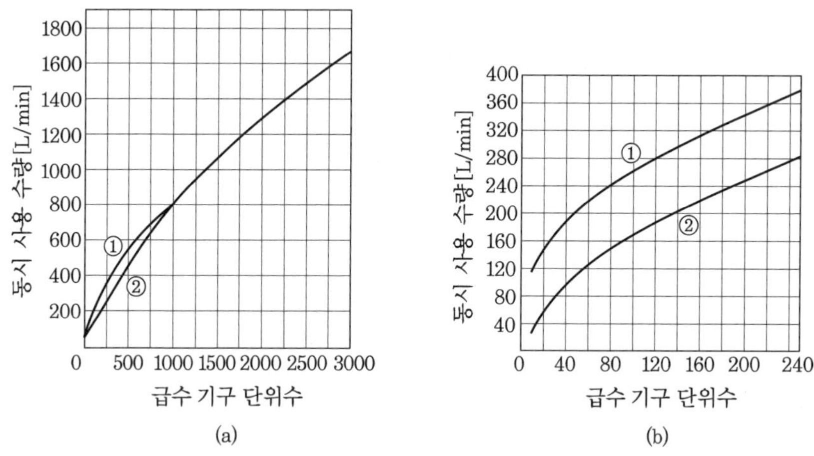

①은 세정 밸브를 사용한 경우, ②는 보통 밸브를 사용한 경우

동시 사용 유량 곡선(ASHRAE guide에서)

(3) 유속(流速)의 기준

배관 관경의 결정 요소로서 다음 사항을 고려해야 한다.

① 배관 내면의 부식에 의해 증가되는 저항치

② 부식의 원인에 의한 배관의 내구성(耐久性)

③ 관내 유속 증가에 따라 발생되는 소음의 크기

④ ③의 원인에 따른 수격작용(water hammer)에 의한 내압(유속이 2 m/s 이하가 좋다.)

위생 배관의 관내 유속

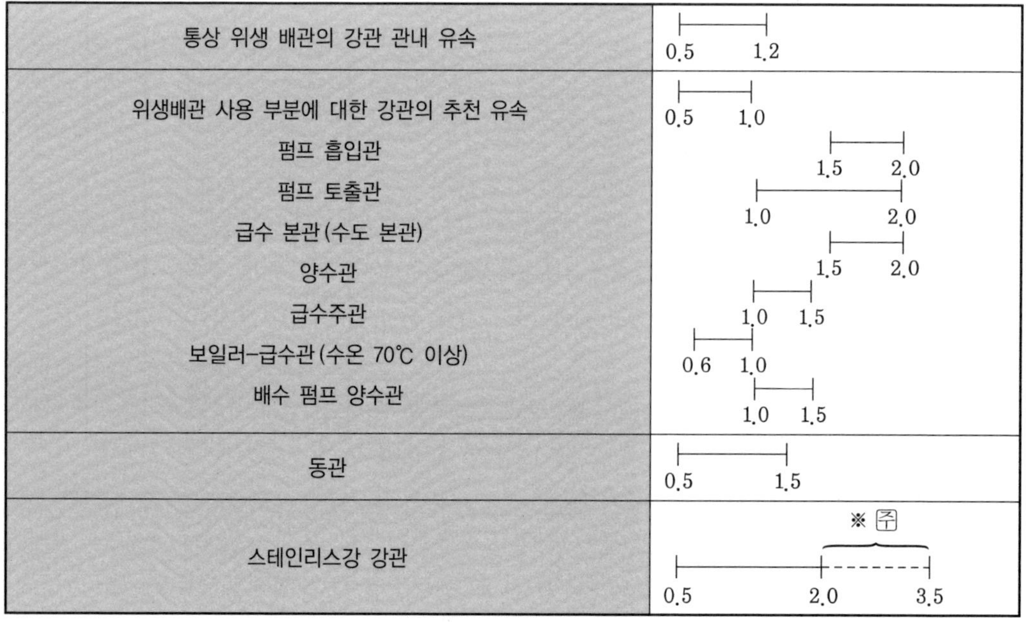

구분	유속
통상 위생 배관의 강관 관내 유속	0.5 ~ 1.2
위생배관 사용 부분에 대한 강관의 추천 유속	0.5 ~ 1.0
펌프 흡입관	1.5 ~ 2.0
펌프 토출관	1.0 ~ 2.0
급수 본관(수도 본관)	1.5 ~ 2.0
양수관	1.0 ~ 1.5
급수주관	0.6 ~ 1.0
보일러-급수관(수온 70℃ 이상)	1.0 ~ 1.5
배수 펌프 양수관	1.0 ~ 1.5
동관	0.5 ~ 1.5
스테인리스강 강관	0.5 ~ 2.0 (※ 주 2.0 ~ 3.5)

※ 주 소음과 저항을 고려하여 실제로 테스트한 뒤에 사용할 것

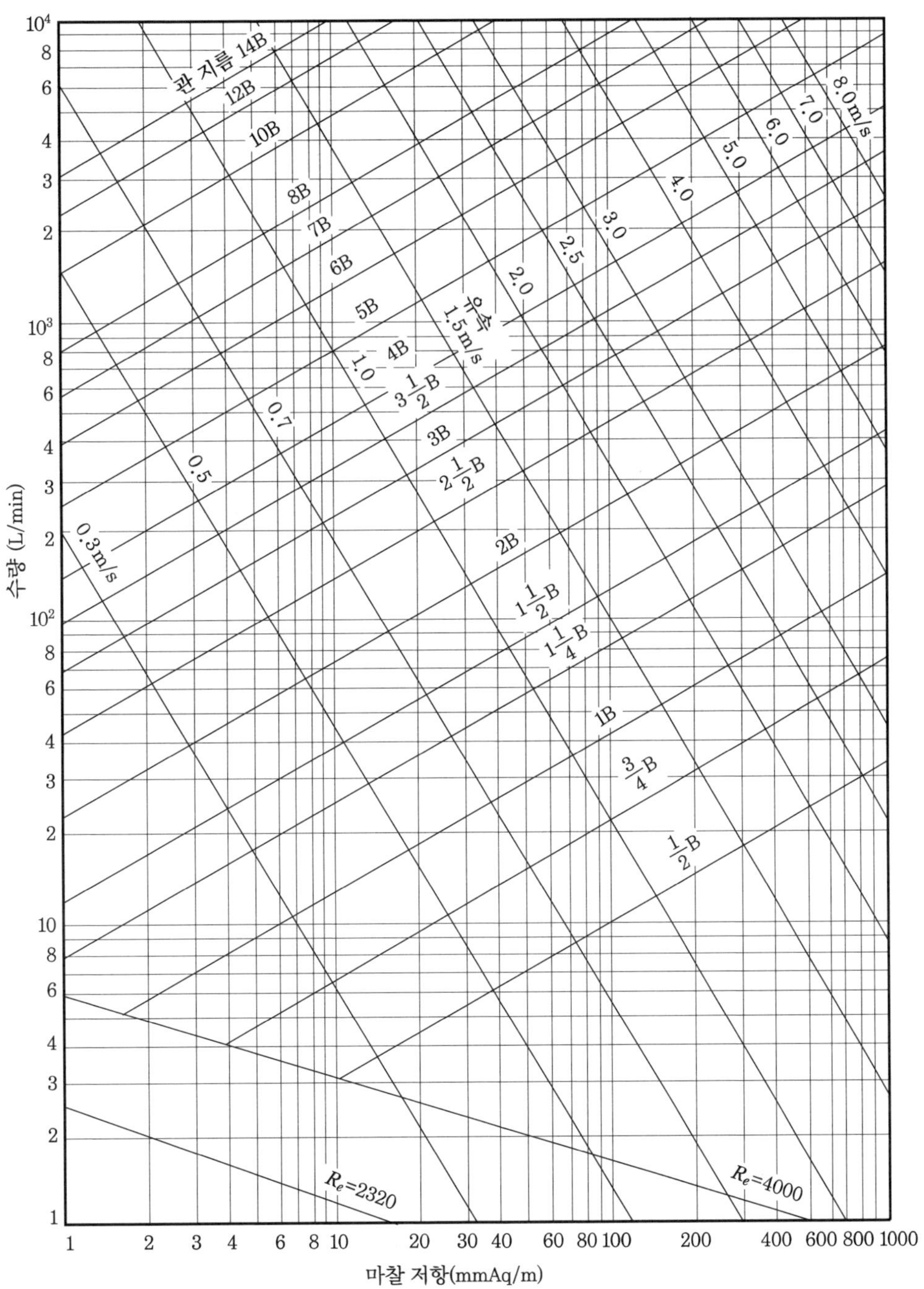

급수관 마찰 저항 선도(일반 강관)

(4) 허용 마찰 손실 수두

허용 마찰 손실 수두는 단위 길이에 대한 수치(mmAq/m)로 다음 식으로 계산한다.

$$R = \frac{(H_1 + H_2)}{l(1+k)} \times 1000$$

여기서, R : 허용 마찰 손실 수두(mmAq/m)

H_1 : 고가 탱크에서 각 층의 기구까지의 수직 높이(m)

H_2 : 각 층 급수 기구의 최저 필요 압력에 해당하는 수두(m)

l : 고가 탱크에서 가장 먼 거리에 있는 급수 기구까지의 거리(m)

k : 직관에 대한 연결 부속품의 국부 저항 비율(0.3~0.4)

예제 그림과 같은 4층 건물의 각 구간 급수관을 설계하여라.

해설 표 [기구 급수 부하 단위]를 이용하여 기구 부하 단위를 계산한다. 그림 [동시 사용, 유량 곡선]에서 유수량을 구한다. 공식에서 압력 강하를 계산하여 그림 [급수관 마찰 저항 선도]를 이용하여 관경을 결정한다.

4층 AB 구간의 관 지름을 계산하기 위하여 먼저 허용 마찰 손실 압력을 계산한다. 고가 탱크에서 4층까지 수직 높이 10 m, 세정 밸브 필요 압력 68.6 kPa, 세정 밸브 설치 높이 0.4 m, 허용 마찰 압력=98−68.6−3.92 kPa, Z에서 관 길이=12+2+4+1=19 m, 연결 부속품과 밸브 등에 의한 국부 저항 상당관 길이는 직관 길이의 100 %로 본다.

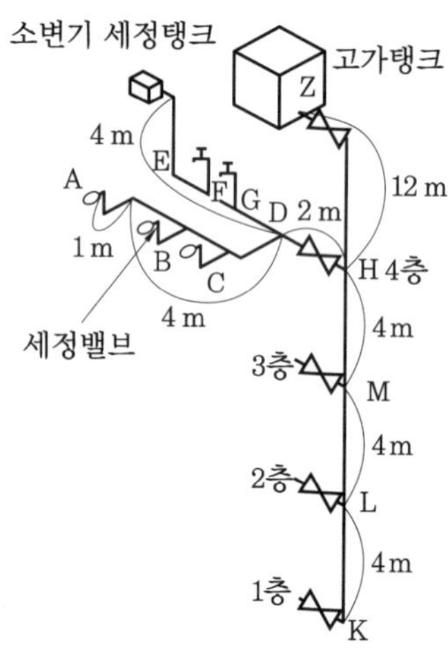

4층 부분의 허용 마찰 손실 수두

$$R_4 = \frac{0.26 \times 10}{19(1+1)} \times 1000 = 68.4 \text{ mmAq/m}$$

$$R_3 = \frac{(0.26+0.4)10}{23(1+1)} \times 1000 = 143.5 \text{ mmAq/m}$$

$$R_2 = \frac{(0.66+0.4)10}{27(1+1)} \times 1000 = 196.3 \text{ mmAq/m}$$

$$R_1 = \frac{(1.06+0.4)10}{31(1+1)} \times 1000 = 235.5 \text{ mmAq/m}$$

배관 부분	AB	BC	CD	EF	FG	GD	DH	KL	LM	MH	HZ
기구 부하 단위	10	20	30	3	5	7	37	37	74	111	148
유수량(L/min)	95	140	160	40	60	75	180	180	240	290	320
압력 강하(mmAq/m)	68.4	68.4	68.4	68.4	68.4	68.4	68.4	235.5	196.3	143.5	68.4
관 지름(mm)	40	50	50	32	32	40	50	40	50	50	65

4. 급수 방법

급수 방법은 급수 설비와 물의 흐르는 방향에 따라 다음과 같이 구분하여 분류할 수 있다.

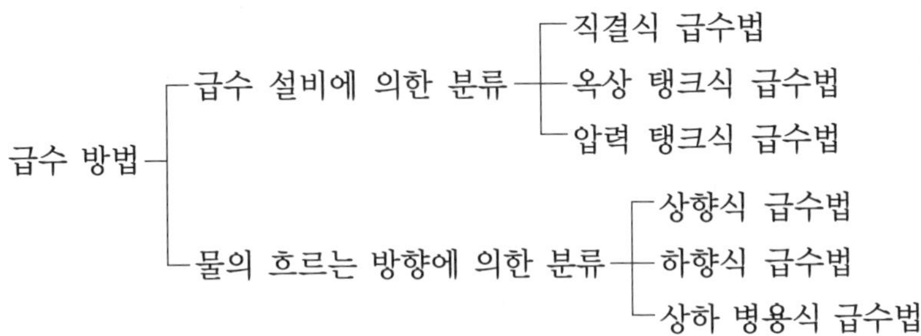

4-1 직결식 급수법

직결식 급수법(direct suppy system)에는 지하수와 상수도를 사용하는 두 가지 방법이 있으며, 단층 가옥이나 공공 사무실 등에 많이 사용된다.

(1) 지하수 직결 급수법

일반적으로 상수도가 없는 주택지에 사용하며, 지하수에 펌프를 설치하여 물을 끌어 올려 수도관에 연결시켜 주방, 욕실 등에 급수하는 방법이다.

(2) 상수도 직결 급수법

상수도 본관의 수압을 이용하여 직접 건물에 급수하는 방식으로서, 일반 주택 및 소규모 건축물에 쓰인다. 상수도 본관에 지관을 붙이고 그것에 급수관을 연결하여 급수 밸브, 계량기 등을 각 시도의 규정으로 정하여진 장소에 설치한다. 이 방식은 상수도 본관의 수압이 건물의 최상층까지 급수할 수 있어야 한다.

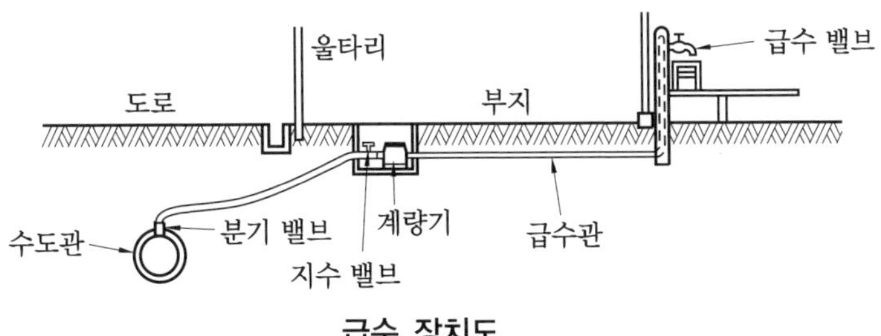

급수 장치도

$$P \geq P_1 + P_2 + P_3$$

여기서, P : 상수도 본관에서의 최저 필요 수압(Pa)
P_1 : 상수도 본관에서의 최고 높이 밸브까지의 수압(Pa)
P_2 : 가장 먼 거리 밸브까지의 마찰 손실 수두(개략 0.1~0.3 Pa)
P_3 : 밸브에서 필요한 수압(Pa)

4-2 고가 탱크(수조)식 급수법

상수도 본관의 수압이 부족하여 물이 건물의 최상층까지 도달하지 못하거나 지하수를 수원으로 할 때에는 옥상이나 기타 높은 곳에 설치한 고가 탱크에 펌프로 물을 퍼올려 그 탱크로부터 하향 급수관에 의하여 급수한다. 이 방법을 고가 탱크식 급수법(elevated tank system)이라 한다.

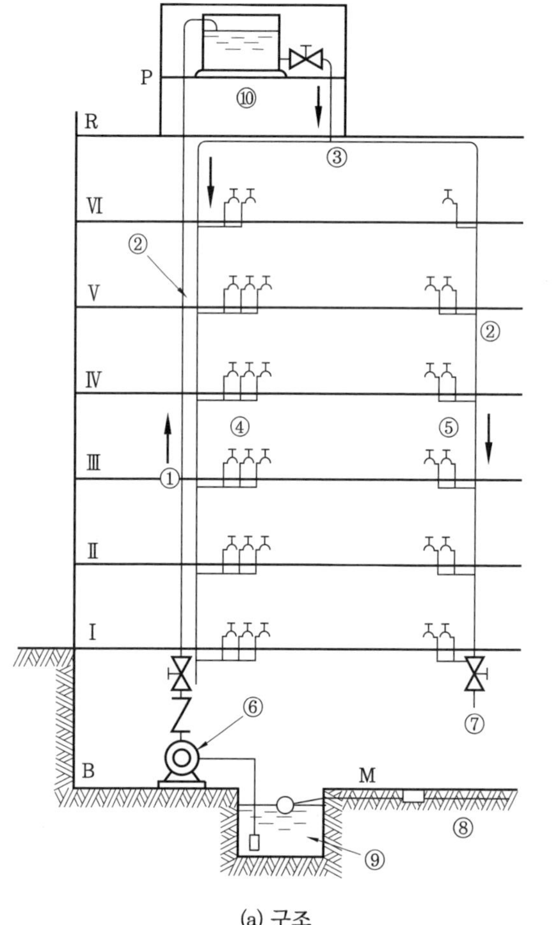

(a) 구조

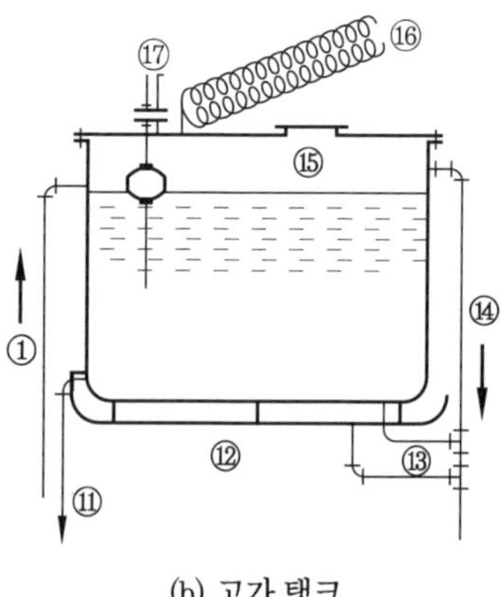

(b) 고가 탱크

옥상 탱크식 급수법

사무실, 호텔, 학교, 병원 등 일반적인 고층 건축물에는 이 급수법이 사용되고 있으며, 펌프는 옥상 수조의 유효 용량의 2배로 취하고, 탱크는 스테인리스 강판이나 SMC, FRP 등으로 만들어 건물의 옥상이나 고가 급수탑을 만들어 그 위에 설치한다. 탱크의 크기는 1일 사용 수량의 1~2시간 분 이상의 양(소규모 건축물에서는 2~3시간 분)을 저수할 수 있는 용량이면 된다. 탱크를 설치하는 위치는 탱크와 건물의 가장 높은 곳에 있는 급수 밸브가 플러시 밸브의 경우는 7 m, 보통 밸브의 경우는 3 m 이상이 되도록 한다.

도시 상수도(시수)를 급수원으로 할 때에는 펌프를 수도 직결관에 접속하는 방법은 금지되어 있다. 반드시 수돗물을 일단 리시브 탱크에 저장하여 사용해야 한다.

지하 리시브 탱크의 크기는 옥상 탱크의 1.5~2배 정도이며, 일반적으로 철근 콘크리트(내부에 epoxy 도장)로 만들고 직접 지하에 설치할 때에는 상면의 맨홀은 땅 표면보다 10 cm 이상 높게 하여 지상의 오물이 흘러 들어가지 않도록 해야 한다.

4-3 압력 탱크식 급수법

압력 탱크식(pressure tank system)은 옥상 고가 탱크를 설치할 수 없는 경우 지상에 압력 탱크를 설치하여 높은 곳에 물을 공급하는 방식이다. STS 강판 또는 강판으로 제조된 탱크 속에 물을 압입하여 탱크 속의 공기를 압축한 다음, 이 압축 공기의 압력으로 물을 높은 곳에 공급하는 방식으로, 공기의 압력이 294 kPa일 때 약 30 m의 높이까지 할 수 있다.

(1) 압력 탱크의 구조

압력 탱크는 다음 그림과 같은 구조를 가지며, 일반적으로 다음과 같은 부분으로 이루어져 있다.

① **압력 탱크** : 일반적으로 용접 이음의 원통 용기로 되어 있으며, 수직형과 수평형이 있다.

② **압력계** : 탱크 속의 공기 및 수압을 측정하는 계기이다.

③ **수면계** : 탱크 속의 수면(수위)을 측정하는 계기이다.

④ **안전 밸브** : 탱크의 윗부분에 설치하여 물 또는 공기의 압력이 지나칠 때 이를 조절하여 탱크의 파열 등 사고를 방지한다.

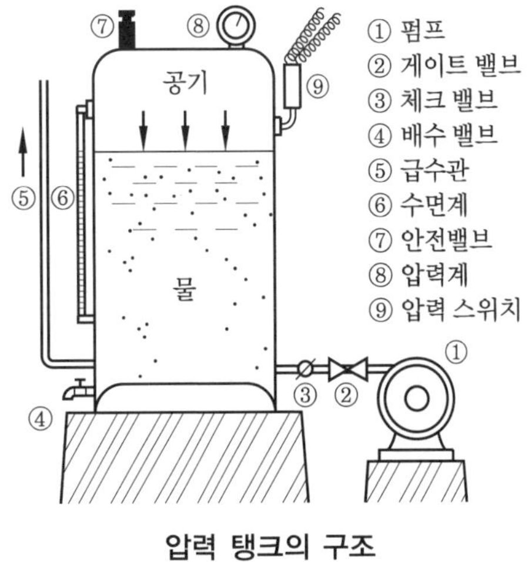

압력 탱크의 구조

이 밖에 펌프의 가동을 자동으로 조정하는 압력 스위치 등이 있다.

(2) 압력 탱크의 크기

압력 탱크의 크기는 최대 사용 수량과 최저 수압 P로 산출한다.

필요 최저 수압 P_1은 수도 직결식의 경우와 같이 다음 식으로 구한다.

$$P_{\mathrm{I}} \geq P_1 + P_2 + P_3$$

$$P_{\mathrm{II}} = P_1 + 68.6 \sim 137.2\ \mathrm{kPa}$$

여기서, P_1 : 사용 건물의 가장 높은 밸브와 압력 탱크와의 고저차(높이의 차)에 의한 수압

P_2 : 사용 건물의 가장 높은 밸브에서 분출하는 최저 수압

P_3 : 배관의 마찰 손실 수압

P_{II} : 허용 최고 압력

압력 탱크에 있어서는 일반적으로 최고와 최저의 압력차를 98~147 kPa로 정하며, 이 압력차가 클수록 탱크의 유효 저수량이 커진다. 최고 압력일 때의 탱크 속의 저수량은 w_1 [%], 최저 압력일 때의 저수량을 w_2[%], 탱크의 전 용량을 L(lit)이라 하면, 유효 저수량 W는 다음과 같다.

$$W = (w_1 - w_2)L \qquad L = \frac{W}{w_1 - w_2}$$

$$W\,(\text{유효 저수량(lit)}) = Q_{hm} \times \frac{20}{60}\,(\text{20분간})$$

여기서, w_1 : 수조의 최고 압력 P_2일 때 수조 내의 수량비(%)

w_2 : 수조의 최저 압력 P_1일 때 수조 내의 수량비(%)

압력 탱크의 최고 압력 한도(P_2)= P_1+(0.7~1.5)는 최하부 밸브까지의 높이$\times\frac{1}{10}$+(3.0~3.5)보다 작아야 한다. 펌프의 전양정(H)=(10P_2+흡입 양정)×1.2로 하면 된다.

압력 탱크의 경우 최고 압력일 때의 저수량을 일반적으로 전 탱크의 70 %, 공기량 30 % 정도로 정한다. 또한 W는 최대 사용량의 20분간의 용량으로 정한다.

옥상 탱크식과 비교한 압력 탱크식의 결점은 다음과 같다.

① 압력 탱크는 기밀을 요하며, 높은 압력에 견딜 수 있도록 제작하여야 하므로 값이 비싸다.

② 사용 펌프는 양정이 높은 것을 필요로 하므로 값이 비싸다.

③ 조작상 최고, 최저의 압력차가 커서 급수압이 항상 일정하지 않으므로 물을 사용함에 있어 불편하다.

④ 저수량이 적어서 정전이나 기타의 원인으로 펌프의 가동이 정지되면 곧 단수가 된다.

⑤ 소규모의 경우를 제외하고는 때때로 공기를 컴프레서로 공급해야 한다.

⑥ 취급이 비교적 어려우며, 고장도 많다.

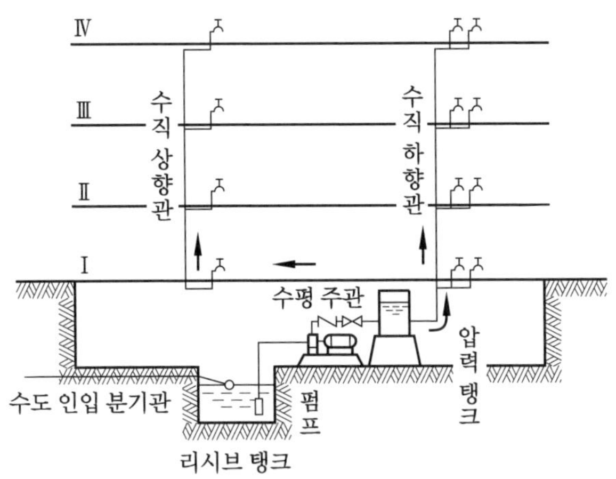

압력 탱크식 급수법

압력 탱크의 설계표(탱크 전용적에 대한 수량의 비율)

초압(최초 탱크 내의 게이지압)	최종압(최후 탱크 내의 게이지압)														
MPa	0.05	0.1	0.15	0.2	0.25	0.29	0.34	0.39	0.44	0.49	0.59	0.69	0.78	0.88	0.98
0	3.2	4.83	5.82	6.47	6.88	7.3	7.57	7.8	7.98	8.13	8.28	8.55	8.69	8.8	8.89
0.02	1.47	3.57	4.84	5.67	6.26	6.69	7.04	7.31	7.54	7.73	8.02	8.25	8.41	8.55	8.67
0.05		2.4	3.86	4.84	5.55	6.07	6.49	6.82	7.09	7.32	7.67	7.93	8.14	8.31	8.44
0.07		1.19	2.89	4.03	4.85	5.46	5.94	6.33	6.64	6.9	7.32	7.63	7.88	8.06	8.22
0.1			1.94	3.24	4.17	4.85	5.41	5.84	6.21	6.5	6.97	7.33	7.6	7.83	8
0.12			0.97	2.43	3.48	4.26	4.87	5.35	5.77	6.1	6.62	7.02	7.34	7.58	7.78
0.15				1.62	2.78	3.65	4.32	4.86	5.32	5.69	6.28	6.72	7.06	7.35	7.55
0.17				0.81	2.09	3.04	3.79	4.39	4.87	5.29	5.92	6.41	6.79	7.09	7.34
0.2					1.38	2.43	3.25	3.89	4.48	4.87	5.58	6.1	6.51	6.84	7.11
0.22					0.69	1.82	2.71	3.41	4.04	4.47	5.23	5.8	6.19	6.59	6.98
0.25						1.22	2.16	2.92	3.55	4.11	4.88	5.49	5.97	6.34	6.67
0.27						0.62	1.62	2.44	3.1	3.71	4.53	5.19	5.71	6.13	6.45
0.29							1.08	1.94	2.66	3.25	4.18	4.87	5.43	5.86	6.22
0.32							0.55	1.47	2.13	2.85	3.84	4.59	5.17	5.63	6.01
0.34								0.98	1.77	2.44	3.48	4.28	4.88	5.38	5.78
0.37								0.54	1.41	2.03	3.14	3.97	4.61	5.14	5.56
0.39									0.88	1.62	2.79	3.67	4.34	4.89	5.33
0.44										0.82	2.09	3.06	3.8	4.4	4.89
0.49											1.4	2.45	3.27	3.91	4.45

압력 탱크의 결정은 표 [압력 탱크의 설계표]에 의하여 구할 수 있다. 펌프로 물을 압입하여 압력계가 441 kPa일 때 탱크 전용적 81.4%, 물을 배출하여 196 kPa일 때 66%, 따라서 441kPa에서 196 kPa까지 압력 탱크 용적의 15.4%의 물을 사용할 수 있다. 이것이

유효 수량이며 최대 급수량의 15~30분 정도로 한다.

공기 압축기로 압력 수조에 147 kPa의 공기압을 걸었을 때 441 kPa에서는 54.2%, 196 kPa에서는 16.5%이고 유효 수량은 수조 용적의 37.7%가 되어 2배 이상 증가된다.

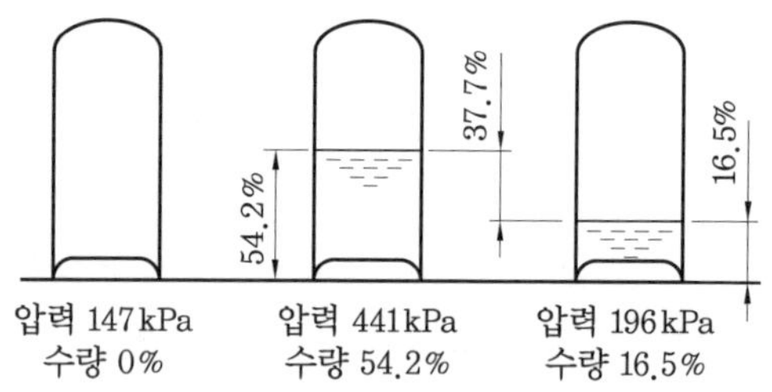

(a) 사용 가능 수량=54.2−16.5=37.7%

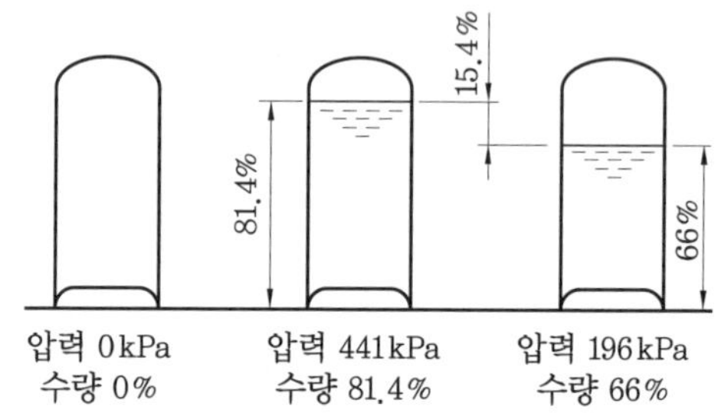

(b) 사용 가능 수량=81.4−66=15.4%

압력과 수량 관계도

4-4 가압 펌프식

이 방식은 압력 탱크식 배관법의 압력 탱크 대신에 소형의 서지 탱크(surge tank)를 설치하며 펌프를 여러 대 설치하여 사용량의 변화에 대해 항시 관련 펌프를 여러 대 작동시켜 급수한다. 통상 펌프 1대는 연속 운전시키고 그 외는 보조 펌프로 작동시킨다.

전기 설비(수압 감지기, 저압 한계 스위치, 고압 한계 스위치, 유속 조정 역전 모터)에 의한 제어기를 많이 부착한다.

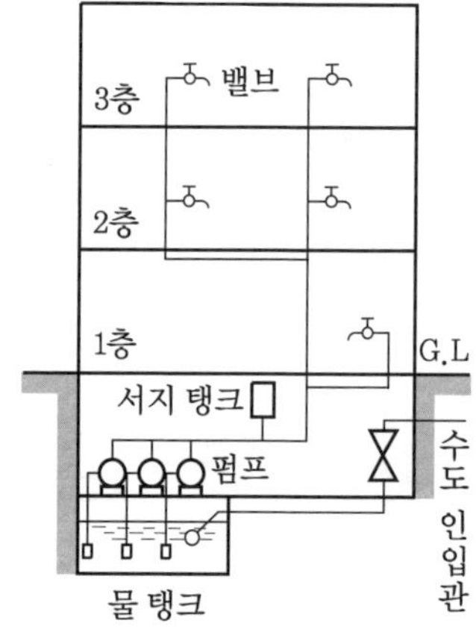

5. 펌프

펌프(pump)의 양수는 흡입관 내를 진공으로 빨아올리는 작용과 물을 뿜어내 관 내를 밀어서 올리는 작용으로 행해진다. 빨아올리는 작용은 진공에 의한 것이므로 대기압에 상당한 수두, 즉 표준 기압하에서는 101.3 kPa(수주 10.33 m) 이상 빨아올릴 수는 없다.

그러나 이 101.3 kPa(수주 10.33 m)는 이론상의 빨아올리는 높이이며, 실제로는 수중에 함유되어 있는 공기나 물 자체의 증발에 의하여 완전한 진공은 되지 못하며, 또한 빨아올리는 관 내의 저항 손실 등에 의하여 이론상 빨아올리는 높이의 $\frac{2}{3}$ 정도, 즉 약 68.66 kPa(수주 7 m) 정도에 불과하다. 따라서 펌프의 설치 높이(흡입 양정)는 최저 수면에서 7 m 이내의 곳이 아니면 안 된다. 이 높이는 낮을수록 좋다.

건축 설계에 사용되는 펌프를 대별하면 왕복 운동식 펌프와 회전 운동식 펌프(벌류트 펌프)가 있다.

5-1 펌프의 종류

(1) 왕복 운동식 펌프 (왕복동식 펌프)

왕복 운동식 펌프(reciprocating pump)로는 피스톤 펌프, 플런저 펌프, 워싱턴 펌프 등이 있다. 피스톤 펌프는 송수압에 파동이 크고 수량 조절도 곤란하며 양수량이 적어 양정이 큰 경우에 적합하다.

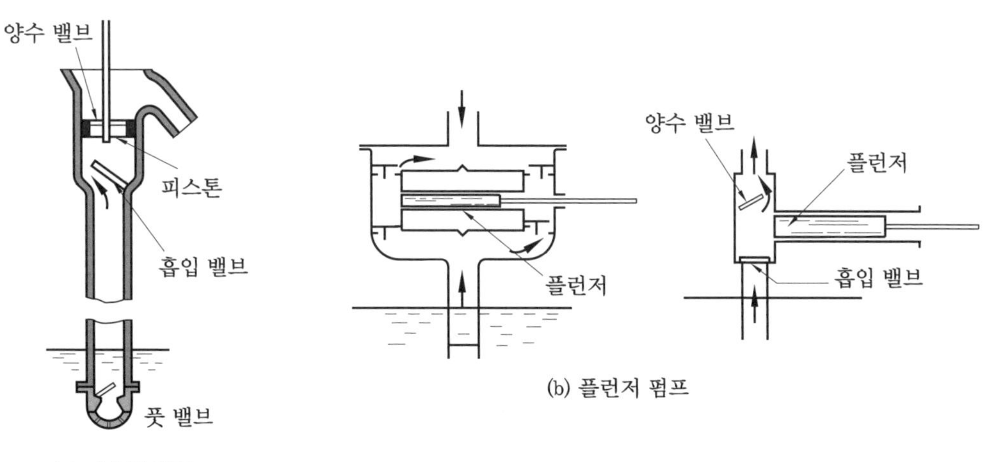

(a) 피스톤 펌프

(b) 플런저 펌프

왕복 운동식 펌프

플런저 펌프는 플런저 주위로부터의 누설이 적고, 물 기타 액체용 고압 펌프에 사용되고 있으며, 워싱턴 펌프는 증기 기관에 펌프를 직결하듯이 고압 보일러의 급수 펌프 등에 적합하다.

(2) 회전 운동식 펌프

회전 운동식 펌프에는 원심 펌프(centrifugal pump), 터빈 펌프, 기어 펌프 등이 있으며, 왕복 운동식 펌프에 비하여 다음과 같은 장점이 있어 일반적으로 널리 사용되고 있다.

① 경량·소형이며, 고속 운전에 적당하고 모터에 직결된다. 운전 성능도 우수하다.

② 진동과 소음이 적고 장치도 간단하며, 송수압에 파동이 없어 수량 조절도 용이하다.

와류 펌프(volute pump)는 주로 15 m 내외의 낮은 양정의 펌프로 사용되며, 시동 시 펌프 내에서 프라이밍하여 임펠러를 회전, 원심력에 의하여 양수한다.

터빈 펌프(turbine pump)는 원심 펌프의 임펠러 외축에 가이드 베인(guide vane)을 장치하고 있어 물의 흐름을 조절하여 20 m 이상의 높은 양수에 사용되며, 현재 가장 많이 사용되고 있다.

회전 운동식 펌프를 시동할 때의 조작 순서는 다음과 같다.

① 베어링에 윤활유를 주입하여 원활한 회전이 되도록 한다.

② 펌프의 토출 밸브를 반드시 잠근다(왕복동 펌프는 열어 놓고 시동한다).

③ 시동 전에 펌프 내부에 물을 가득 채운다(프라이밍 : priming).

④ 토출 밸브를 잠근 채 모터의 스위치를 넣는다.

⑤ 시동 후 압력계를 보고 소정의 압력까지 오르면 토출 밸브를 서서히 연다.

⑥ 전류계를 보고 소정의 암페어 이상이면 토출구의 밸브를 조절하여 양수량을 가감한다.

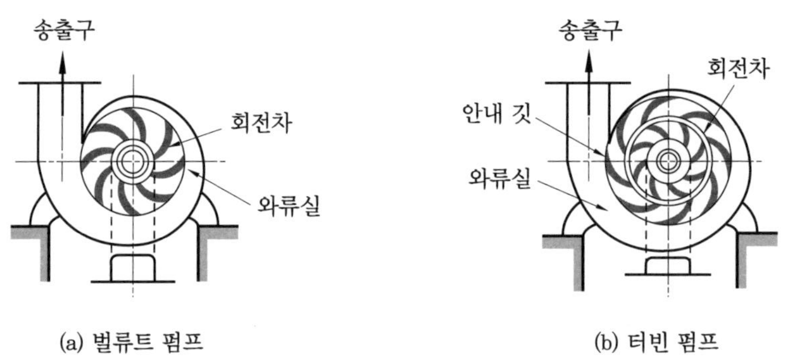

(a) 벌류트 펌프 (b) 터빈 펌프

회전 운동 펌프

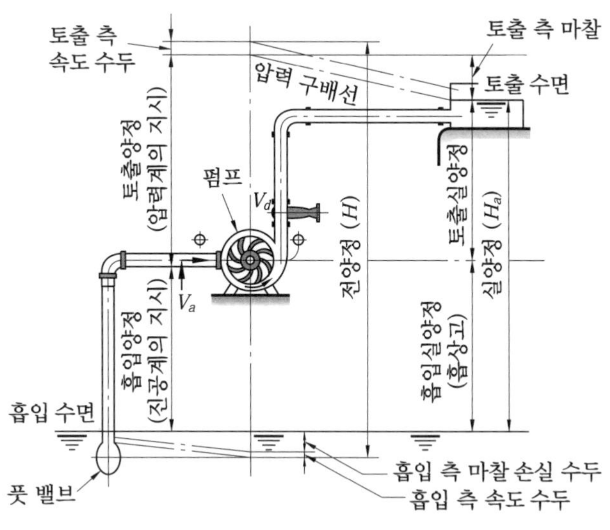

펌프의 양정

(3) 지하수용 펌프

깊은 지하수를 퍼 올리는 데 사용하는 펌프로 다음과 같은 종류가 있다.

① **보어홀 펌프**(borehole pump) : 수직형 터빈 펌프로서 임펠러와 스트레이너는 물 속에 있고, 모터는 땅 위에 있어 이 2개를 긴 축으로 연결하여 운전한다.

② **수중 모터 펌프** : 수직형 터빈 펌프 밑에 모터를 직결하여, 모터와 터빈은 수중에서 작동한다.

③ **제트 펌프**(jet pump) : 지상에 설치한 터빈 펌프에 연결된 흡입관과 압력관을 지하의 우물 속에 세운다. 터빈에서 압력수의 일부를 압력관을 통하여 물속에 있는 제트로 보내어 고속으로 벤투리관에 분사시킨다. 이때 벤투리관은 압력이 낮아져 지하수를 흡입하고 흡입된 물은 압력수와 같이 흡입관으로 올라가 터빈 펌프로 배출된다.

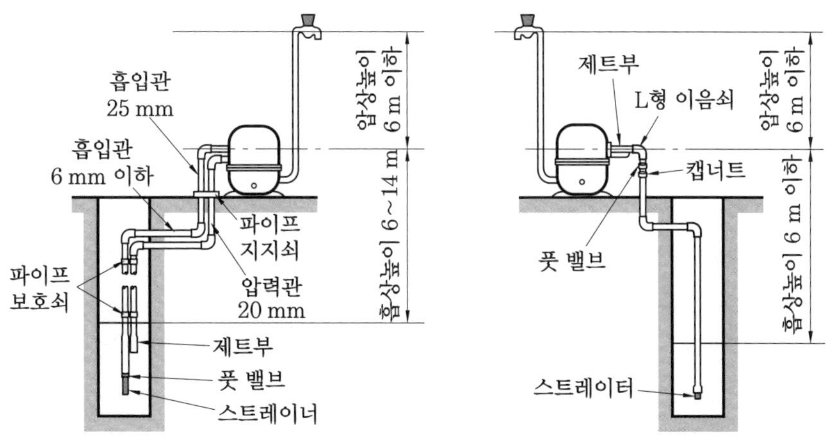

제트 펌프(가정용)의 설치도

이 펌프의 제트는 보조 펌프의 역할을 하여 지하수를 원심(centrifugal) 펌프의 흡수 가능 범위(6~7 m)까지 끌어 올리므로 빨아올리는 높이(양정) 25 m까지의 지하수용으로 사용할 수 있다.

(4) 펌프의 용량

펌프의 크기는 구경, 양수량, 전양정으로 산정한다. 펌프의 관 속을 흐르는 유체의 속도 v는 1.2~3.0 m/s로 하고, 소요 양수량 Q [m³/s]에서 흡입관의 구경 d[m]가 얻어진다.

펌프의 구경 $d = \sqrt{\frac{4Q}{\pi v}} = 1.13\sqrt{\frac{Q}{v}}$

여기서, d : 흡입관의 구경(m)　　Q : 양수량(m^3/s)
v : 펌프 관 속을 흐르는 유체 속도(m/s), 유속은 1.2~3 m/s 정도

펌프의 양정 $H = H_a + H_d + H_s$

여기서, H : 전양정(m)　　H_a : 실양정(m)
H_d : 토출 양정(m)　　H_s : 관내 마찰 손실 수두(m)

펌프의 축마력 $L_w = \frac{\gamma \cdot Q \cdot H}{75 \times 60} = \frac{\gamma \cdot Q \cdot H}{4500E}$ [HP]

펌프의 축동력 $L_w = \frac{\gamma \cdot Q \cdot H}{102 \times 60} = \frac{\gamma \cdot Q \cdot H}{6120E}$ [kW]

여기서, γ : 유체 비중량(kg/m^3)　　Q : 유량(m^3/min)　　E : 펌프의 효율
H : 전양정(m)　　L_w : 수동력(HP)

(5) 펌프의 토출 불량 원인

① 수원에 물이 적거나 펌프 및 흡입관에 물이 없을 때 또는 흡입 높이가 9 m 이상일 때
② 흡입관에 공기 주머니(기포)가 있거나 흡입관 도중에 공기가 침입할 때
③ 풋 밸브(foot valve)가 용량보다 적거나 풋 밸브에 이물질이 끼어 일부가 열렸을 때
④ 회전수가 느리거나 또는 회전수가 너무 빠를 때
⑤ 소요 양정이 펌프 성능보다 높거나 낮을 때
⑥ 임펠러에 이물질이 끼었거나 회전체의 마찰로 온도가 올라갈 때
⑦ 축심이 일치되지 않았거나 축이 휘었을 때
⑧ 개스킷이 파손되어 내부에서 유체의 이동이 생기거나 개스킷의 조립 위치가 불량할 때 또는 패킹의 선정이 부적당할 때
⑨ 베어링이나 축이 마모되어 중심이 일치되지 않거나 베어링의 조립이 불량할 때
⑩ 축의 글랜드 패킹 조임 불량이나 축의 이물질의 침입 또는 물이 침입하여 녹이 생겼을 때

(6) 터빈 펌프의 특성

다음 그림은 터빈 펌프의 성능 곡선(characteristic curve)으로 양수량은 가로축에, 전양정·효율·마력은 세로축으로 하여 이들의 관계를 표시한 것이다.

곡선 ABCD는 양수량과 전양정과의 관계를 표시하고, A는 토출 밸브를 완전히 잠그고 운전했을 경우, 즉 양수량이 0일 때의 양정을 표시하며, B는 최대 양정, C는 최대 효율로 운전하고 있을 때의 양정을 가리키며 이것을 상용 양정이라 한다.

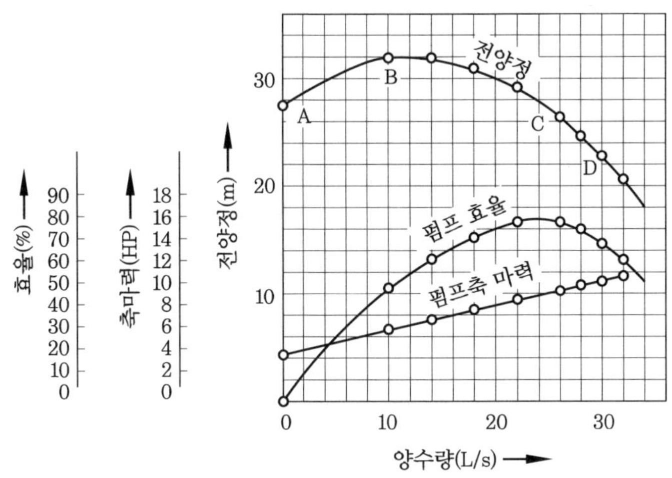

터빈 펌프의 성능 곡선

펌프는 C점 전후의 양정으로 사용할 때 가장 효율이 좋고, 이에 대응하는 양수량의 경우 효율 곡선은 최대가 되며, 이보다 양수량이 증가하거나 감소하면 펌프 효율은 급격히 떨어진다.

또한 상용 양정 C보다 낮은 양정으로 펌프를 사용하면 양수량이 증가하며, 펌프의 축마력도 증가한다. 즉, 동력을 과대하게 소비하는 것이 된다. 따라서 상용 양정보다 아주 낮은 양정으로 펌프를 사용할 경우에는 항상 전류계에 주의해야 하며, 전동기가 기준 전류를 초과하게 되면 토출 밸브를 잠그어 수량을 제한함으로써 전동기의 부하를 줄여야 한다.

상사법칙(相似法則)에 의해 단위 수량과 양정의 실제 펌프와 상사한 모형 펌프를 생각해서 비교 회전도(比較回轉度)를 정의하고, 또 어느 비교 회전도에 맞는 펌프의 형식을 정할 수 있다. 회전 속도 N[rpm], 양정 H[m], 양수량 Q[m³/min]인 펌프의 비교 회전도 N_S는 다음과 같이 표시한다.

$$N_S = \frac{NQ^{\frac{1}{2}}}{H^{\frac{3}{4}}}$$

여기서, Q 및 H는 단단, 편흡입의 경우이다. 양흡입 펌프인 경우에는 유량 Q를 $\frac{Q}{2}$로 바꿔 주면 된다.

비교 회전도 N_S와 펌프 회전차 형식의 관계는 다음 그림에 표시되어 있고 N_S가 클수록 저양정, 대유량이 되고, N_S가 적을수록 고양정, 소유량이 되는 것을 나타낸다.

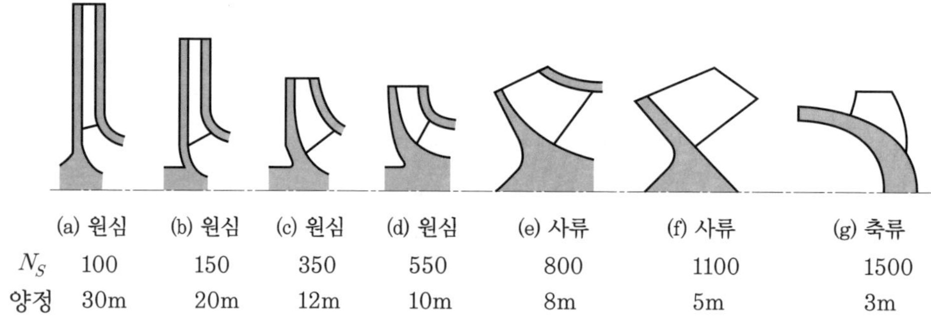

비교 회전도와 회전차 형식

6. 위생 기구의 급수 방식

급수 배관의 끝(말단)에는 급수 밸브와 위생 기구가 설치되어 있다. 이들 급수 기구를 분류하면 다음과 같다.

급수 기구의 분류
- 대변기의 급수 기구
- 소변기의 급수 기구
- 세면기의 급수 기구
- 음용수의 급수 기구

6-1 대변기의 세정 급수 방식

대변기를 세정 급수하는 방법에 따라 분류하면 다음과 같다.

세정 급수 방법
- 세정 탱크식
  - 하이 탱크식
  - 로 탱크식
- 세정 밸브식
- 기압 탱크식

(1) 세정 밸브식

세정 밸브식(flush valve system) 급수 방식은 급수관에 세정 밸브를 부착한 것으로 변기에 직결되어 있다. 세정 밸브를 열면 일정량의 물이 분출하여 변기 속의 오물을 배출하고 끝나면 자동적으로 밸브가 닫혀 급수가 정지된다.

정지 상태에서는 물이 바이패스 a구멍을 통하여 e실로 들어가 주밸브 V와 이동 밸브 v를 누르게 되므로 닫혀지며, 열린 상태에서는 핸들 H에 푸시로드 P가 주밸브 V와 이동 밸브 v를 밀어 열리게 한다. 이 세정 밸브가 자동으로 닫히려면 68.6 kPa 이상의 수압을 필요로 하고 급수관의 지름은 최소 25 mm가 되어야 한다. 소음이 많아 주택과 호텔에는 거의 사용되지 않으며 사무실, 공공화장실 등에 많이 사용된다.

세정 밸브식 급수 방식은 밸브가 급수관에 직결되어 있으므로 물이 단수되어 급수관의 압력이 감소되면 사이펀 작용으로 역류를 방지하게 되어 있다.

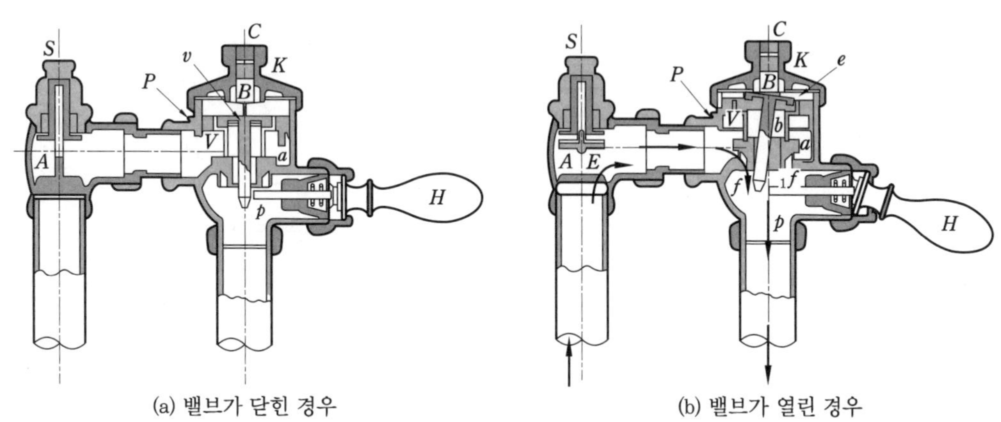

(a) 밸브가 닫힌 경우

(b) 밸브가 열린 경우

플러시 밸브

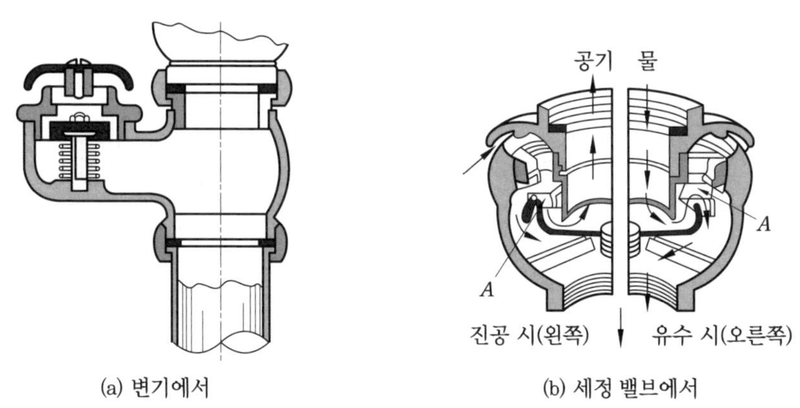

(a) 변기에서

(b) 세정 밸브에서

역류 방지기

(2) 하이 탱크식

하이 탱크식(high tank system)은 과거 일반 주택에서도 널리 사용되었다. 하이 탱크 내에 손으로 당기는 사이펀은 그림 (b)의 손잡이를 당기면 레버 d의 작용으로 밸브 V는 밸브 시트에서 떨어져 탱크 내의 물은 그림 (a)의 세정관을 따라 흘러내려 역 U자관 그림 (c) 내에 사이펀 작용이 생겨 손잡이를 놓아 밸브 V가 원위치에 내려앉아도 사이펀 작용에 의하여 U자관의 하단 I로부터 물을 빨아올려서 세정관에 흐른다. 그러므로 탱크 내의 수면은 낮아져 I로부터 공기가 흡입되면 사이펀 작용이 멎는다. 다음 탱크 내에 저장되어 있던 일정량의 물이 흘러나오면 자동적으로 세정이 멈추며, 급수관으로부터의 급수가 일정량 공급되어 저장된다.

손으로 당기는 사이펀식은 끈이 잘라지거나 레버가 벗겨지며, 시끄러운 금속음이 나므로 이것을 개량하여 고안한 것이 시스턴 밸브이다.

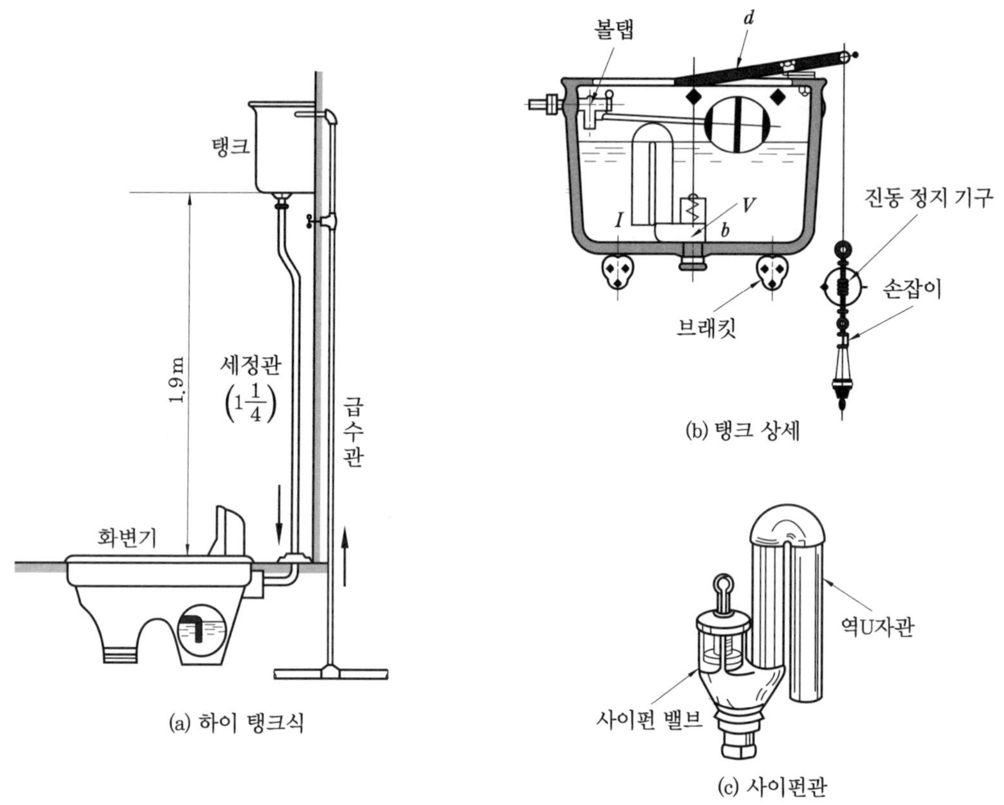

하이 탱크식 세정 장치

시스턴 밸브(cistern valve)식 탱크에는 볼 탭의 작용으로 일정한 양의 물을 저장하고, 밸브는 변기에서 40~50 cm 떨어진 곳에 설치한 것이다. 즉, 핸들 A를 누르면 물은 X관 속의 수압으로 계속 흐른다. 한편, 관 Y 속의 구멍으로 물이 유입되면 피스톤 밸브 C는 닫혀 물은 자동으로 정지된다.

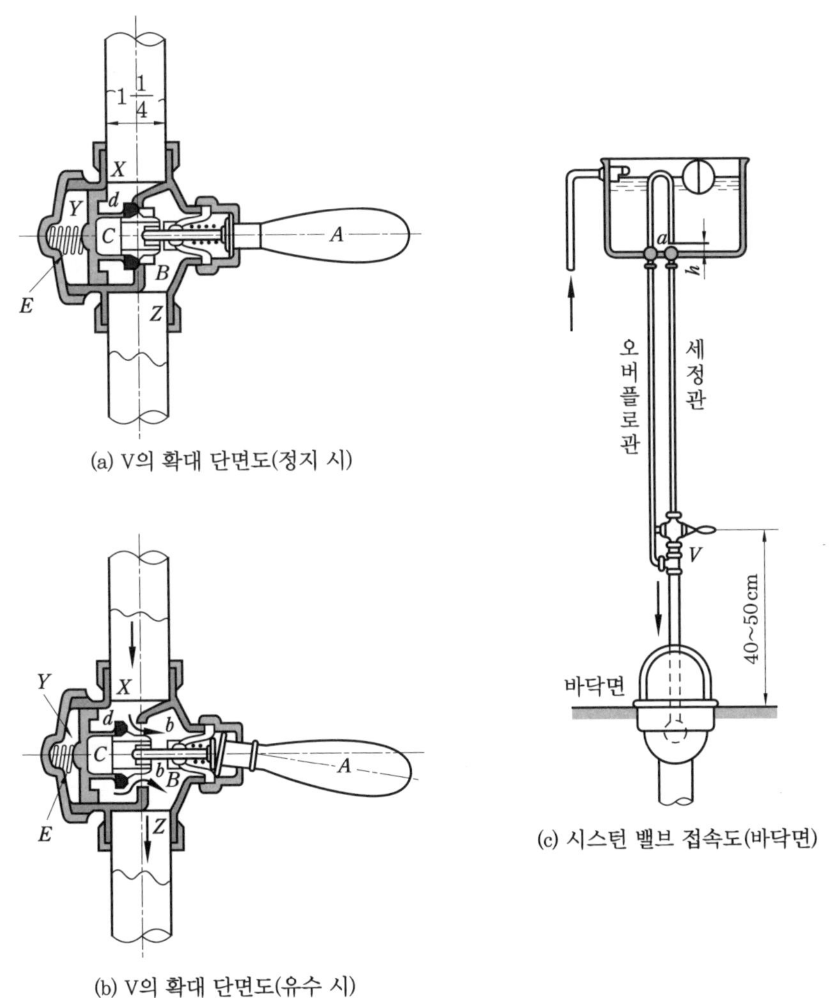

(a) V의 확대 단면도(정지 시)

(b) V의 확대 단면도(유수 시)

(c) 시스턴 밸브 접속도(바닥면)

시스턴 밸브에 의한 세정장치

(3) 기압 탱크식

기압 탱크식도 하이(high) 탱크식이나 로(low) 탱크식과 같이 급수관의 지름은 15A $\left(\frac{1}{2}\text{inch}\left(\frac{1}{2}\text{B}\right)\right)$이므로 소구경 인입관의 주택에도 사용된다.

그림과 같이 물이 밸브 K를 열고 기압 탱크 속에 차서 공기관 P에 도달하면 탱크 속의 공기가 압축되어 밸브 K가 닫힌다. 다음 핸들 H를 누르면 기압 탱크 속의 물이 플러시 밸브를 통하여 사출되고, 공기 밸브에서 공기관을 통하여 탱크 속의 공기가 흡입되는 동시에 급수관에서 나오는 물도 함께 살수되어 플러시 밸브가 자동적으로 닫히고 살수가 정지된다. 즉, 기압 상태는 소구경 급수관(15 mm)으로 조금씩 압력수를 저수해 놓고 그 물을 플러시 밸브에 의해 단시간 세차게 살수하게 된다.

세정 밸브식에서는 25 mm 이상의 급수관이 필요한데, 기압식 탱크에서는 15 mm 관으로 세정 밸브를 사용하는 것이다. 기압 탱크에서는 플러시 밸브의 갑작스러운 개폐로 인한 수격 작용도 탱크에 의해 흡수되어 이를 방지할 수 있다.

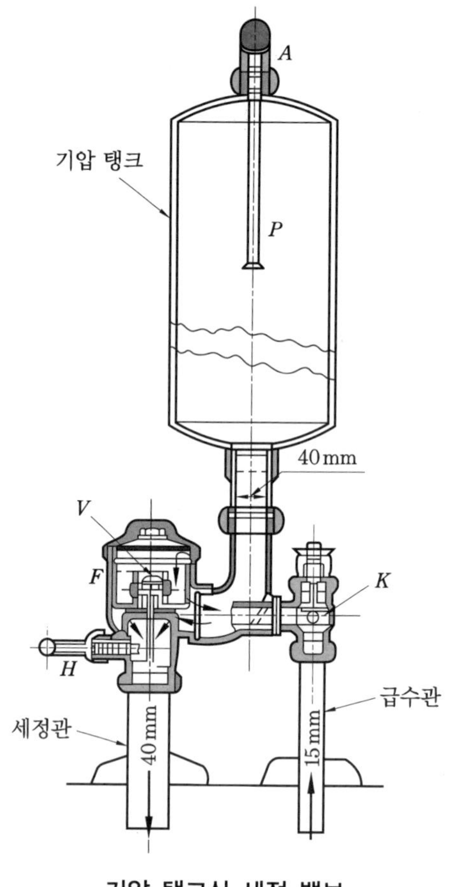

기압 탱크식 세정 밸브

(4) 로 탱크식(low tank system)

낮은 곳에 탱크를 설치하여 급수하는 방식으로 수압이 낮으므로 세정관의 지름(50 mm)을 크게 하여 단시간에 많은 물을 분출하게 하는 것이다.

물은 지름 15 mm의 급수관에서 소음관을 통하여 급수되고 볼 탭의 작용으로 일정량의 물이 저장된다. 즉, 핸들을 움직이면 플로트 밸브(고무 제품)가 열려 물이 흐르고 핸들을 놓아도 플로트 밸브는 물보다 가벼워 뜨게 되므로 물은 계속 흐른다. 수면이 떨어지면 플로트 밸브가 닫혀 급수가 정지된다.

이 방식의 장·단점은 다음과 같다.

① 사용할 때 소음이 적다.

② 고장 시 수리가 쉽다.

③ 물의 소비량이 많고 설치 장소를 넓게 차지한다.

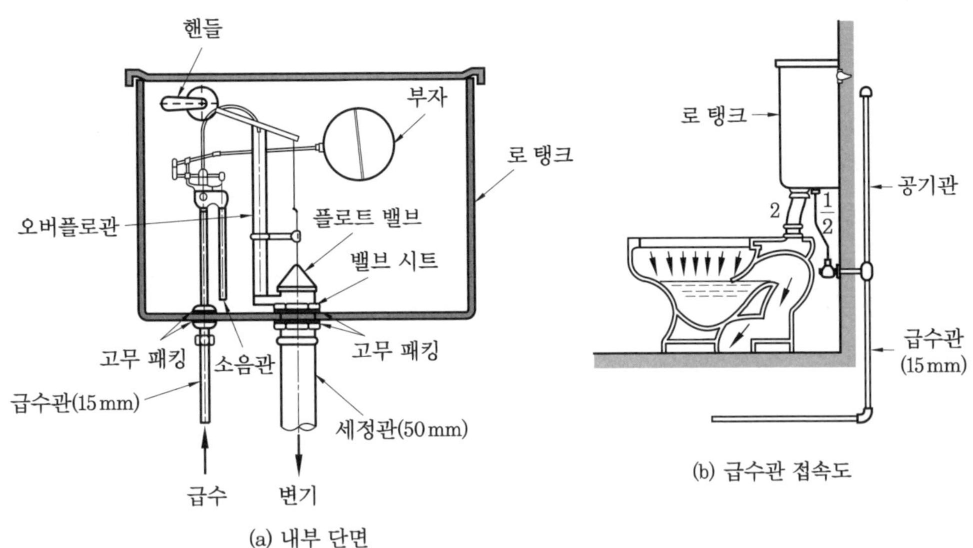

(a) 내부 단면

(b) 급수관 접속도

로 탱크식 세정 장치

6-2 소변기의 세정 급수 장치

호텔, 아파트, 주택 등 개인용 소변기에는 그림 (a)와 같이 핸들식(수동) 소변기 세정 밸브 또는 그림 (b)에 푸시 버튼식 소변기 세정 밸브가 사용된다.

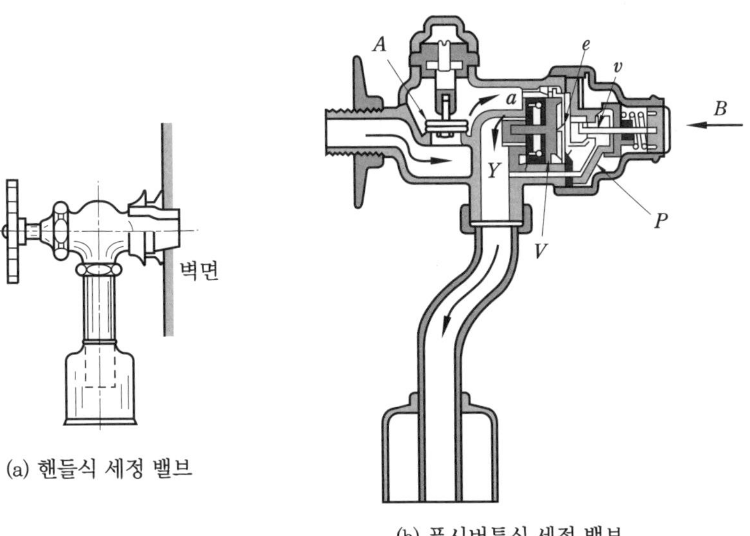

(a) 핸들식 세정 밸브

(b) 푸시버튼식 세정 밸브

소변기 세정 급수구

이것은 대변기의 경우와 같이 각 변기마다 부착시켜 사용할 때마다 수동으로 조작한다.

푸시 버튼식 세정 밸브의 작동 원리는 대변기의 플러시 밸브와 같다.

그러나 사무실, 정류장, 학교, 공원 등 공중용의 것은 다수의 소변기를 설치하는 경우가 많으며, 수동 핸들식이나 푸시 버튼식을 사용하는 경우도 있으나 근래에는 자동 센서식 소변기를 설치하는 경우가 많다.

자동 센서식은 태양광을 이용하는 경우도 있으나 잘 사용하지 않으며, 건전지식이나 저전압형의 센서가 주로 사용된다.

6-3 음수대의 급수 장치

음수대 급수 장치는 스탠드형과 벽걸이형이 있으며, 공원, 주차장, 운동장, 정류장, 공항 등과 같이 많은 사람들이 모이는 장소에 설치하여 위생적으로 청결한 음료수를 공급하는 장치이다.

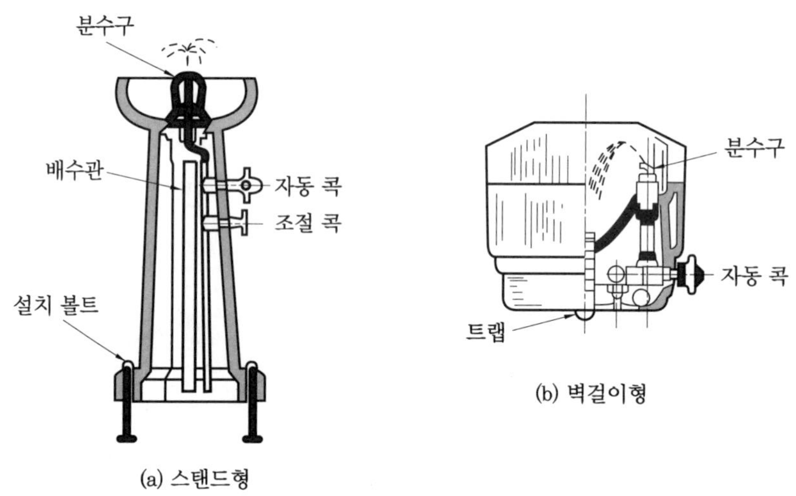

(a) 스탠드형

(b) 벽걸이형

음용수 급수 기구

6-4 세면기와 욕조의 급수 장치

세면기의 급수 장치는 일반적으로 수직 급수 밸브를 장치하며, 앵글밸브를 거쳐 급수관에 접속하며, 욕조의 급수와 급탕 배관은 믹싱 밸브로 찬물과 더운물을 적당히 배합해 사용된다.

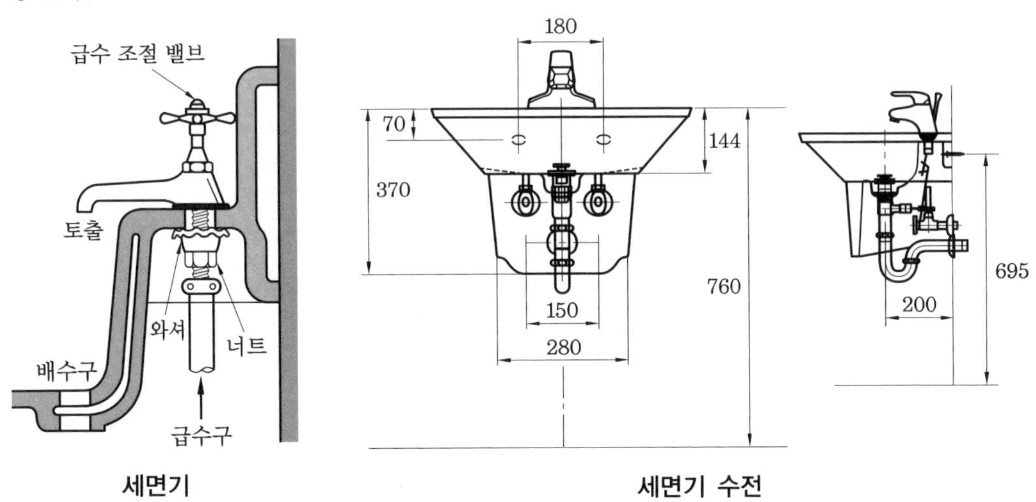

세면기　　　　　세면기 수전

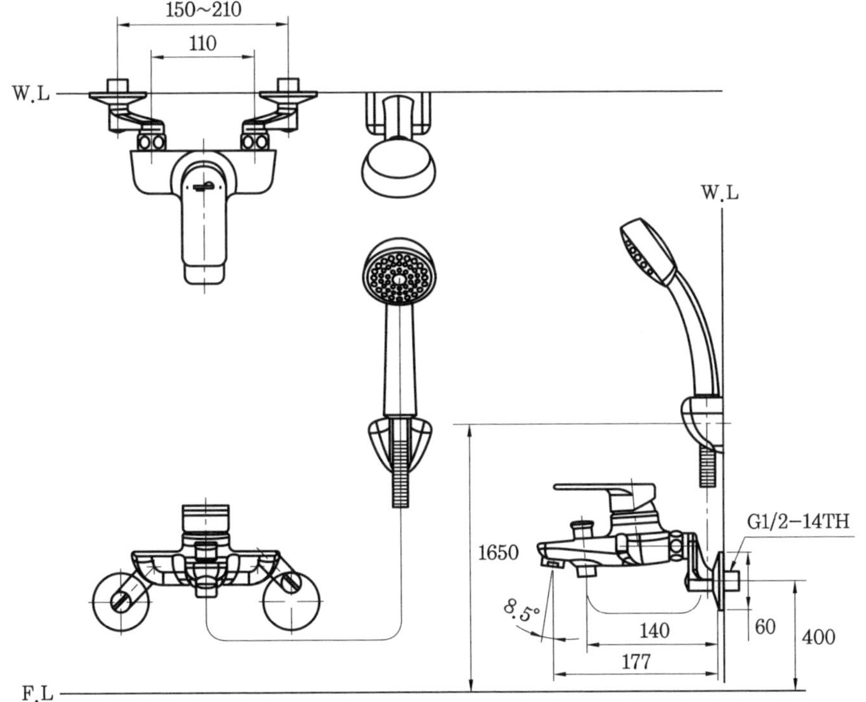

욕조 및 샤워기 수전

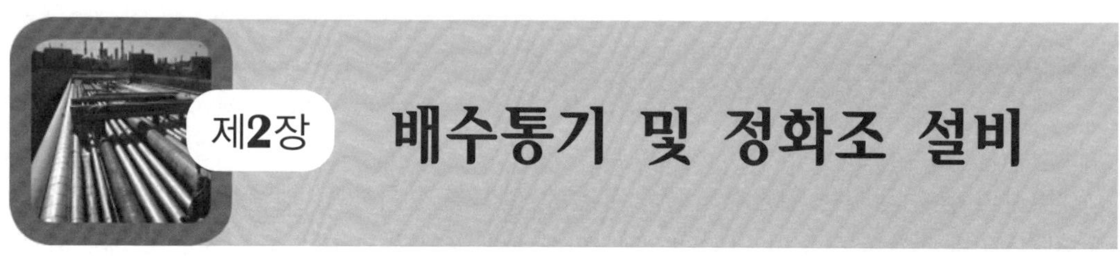

제2장 배수통기 및 정화조 설비

1. 배수의 목적과 배수 설비

건물에 설치된 세면기, 욕조, 변기, 조리(sink)대 등에 급수되어 이들의 기구에서 물을 사용하면 배수, 즉 오수는 반드시 수반되며, 이 오수와 빗물(우수)을 옥외의 공공 하수관에 이끌기 위한 설비가 배수 설비이며, 이들의 오수와 우수를 건물 내와 그 주변에 고이지 않고 즉시 배제하는 것이 주된 목적이다.

배수 설비는 옥내 배수 설비와 옥외 배수 설비로 나뉜다. 옥외 배수 설비는 건물 외벽의 외면에서 1 m 떨어진 곳의 하류, 공공 하수관까지의 옥외 부분을 말한다.

옥내 배수 설비는 건물 내의 배수 설비를 말한다. 옥내 배수 중 수세식 화장실에서 배출되는 것을 오수라 하며, 조리대나 세면기 등에서 배수되는 것을 잡배수라 하여 구분하는 경우도 있으나 통상 이 모두를 오수로 취급하여 별도 처리한다.

예전에 하수 처리장 시설이 없는 하수관 시설 지역에서 수세식 화장실을 설치하려면 앞의 두 가지를 별도 계통으로 배관하여 화장실 오수 계통은 정화조로 이끌어 정화 처리한 후 하수관에 방류하도록 건축기준법에 정하여져 있다.

하수 처리장이 완비된 합류식 하수도 시설이 되어 있는 지역에서는 오수나 일반 배수를 합하여 직접 공공 하수관에 방류하도록 되어 있다.

1-1 배수 트랩과 통기관

배수관 속을 흐르는 배수는 항상 관 가득히 흐르는 것은 아니며, 또한 흐르는 시간도 매우 짧아 대부분 속이 빈 상태로 있을 때가 많아 배수관에서 발생한 유해 가스가 위생 기구의 배수구를 통해 역류하여 집안으로 스며들게 된다. 이것을 방지하기 위하여 각 기구와 배수관 도중에 트랩(trap)을 장치한다.

트랩에는 그림과 같이 U자관 속에 물이 차 있는 것을 봉수라 한다. 트랩의 물은 자유로

이 통과되나 가스는 봉수에 차단되어 역류하지 못한다.

봉수의 깊이는 보통 5~10 cm이며, 이 봉수는 사이펀 작용이나 역압의 작용으로 파괴되는 경우가 있으므로, 이러한 현상을 방지하여 트랩이 제구실을 할 수 있도록 하기 위해서는 트랩 가까이에 관을 세워 가스를 외부로 배출시켜야 한다. 이러한 목적으로 세워진 관을 통기관이라고 한다.

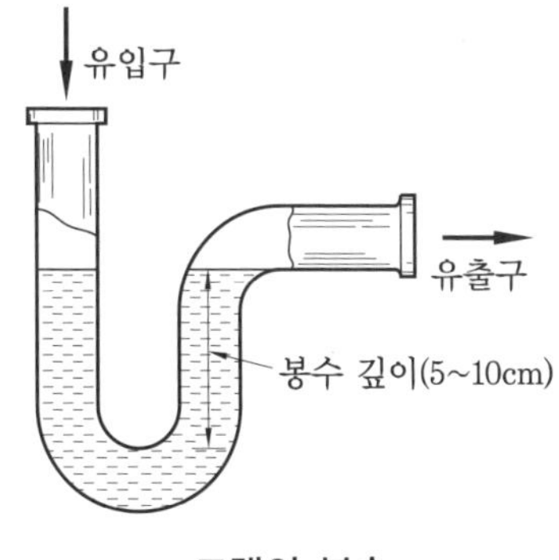

트랩의 봉수
(세면기의 P-트랩)

(1) 트랩의 구비조건

트랩은 다음과 같은 조건을 갖추어야 한다.

① 구조가 간단할 것

② 자체의 유수로 배수로를 세정하고 유수 밸브는 평활하여 오수(汚水)가 정체하지 아니할 것

③ 봉수(封水)가 없어지지 않는 구조일 것

④ 가동부의 작용이나 감추어진 내부 칸막이에 의해 봉수를 유지하는 방식이 아닐 것

⑤ 내식성, 내구성 재료로 만들어져 있을 것

(2) 봉수 유실의 원인

① **사이펀(siphon) 작용**: 배수 시(排水時)에 기구, 트랩 및 배수관이 연속하여 사이펀관을 형성하며, 배수되는 물이 기구로부터 만수(滿水)하여 흐를 때는 트랩 내의 물이 자기 사이펀 작용에 의하여 남김없이 배수측에 흡입되어 일어난다.

② **흡출 작용**: 수직관 가까이에 기구가 설치되었을 때 수직관 위로부터 일시에 다량의 물이 낙하하면 그 수직관과 수평관의 연결부에 순간적으로 진공이 생기고 그 결과 트랩 내의 물을 흡입한다.

③ **분출 작용**: 트랩에 접속된 기구의 배수관이 배수 수평 지관을 경유 또는 직접 배수 수직관에 연결되어 있을 때 이 수평 지관 또는 수직관 내를 일시에 다량의 물덩어리가 피스톤 작용을 일으켜 하류 또는 하층 기구의 트랩 봉수를 압박하여 역으로 실내측에 불어내는 것이다.

④ **모세관 현상**: 트랩의 오버플로관 부근에 머리카락이나 이물질 등이 걸려 아래로 늘어뜨려져 있으면 모세관 작용에 의하여 봉수가 서서히 빨려나가 말라 버린다.

⑤ **증발 작용**: 위생 기구를 장시간 사용하지 않았을 경우 봉수의 물이 증발되어 봉수가 파괴되는 현상을 말한다.

⑥ **운동량에 의한 관성 작용**: 배수 수직관에 위생 기구의 물을 급격하게 배수한 경우나, 강풍, 기타의 원인으로 배관 중에 급격한 압력 변화가 생긴 경우에 봉수면 아래위로

압력 변화가 발생된다. 이로 인하여 사이펀을 일으키거나 사이펀을 일으키지 않고도 봉수를 잃어버리게 되는 것으로, 통기관을 설치하여도 방지할 수 없다.

이상의 각종 원인 중에서 가장 많이 일어나는 것은 자기 사이펀 작용, 흡출 작용, 분출 작용이며, 봉수의 유실 현상이 일어나지 않도록 배수관 내의 공기 유통이 자유롭게 이루어지도록 통기관을 설치해야 한다.

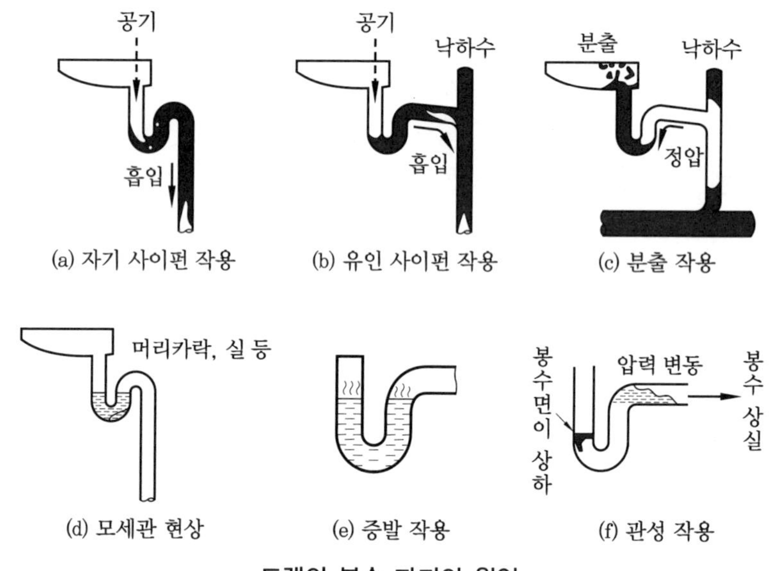

트랩의 봉수 파괴의 원인

트랩에는 P형, S형, U형이 있으며, 그림 [트랩 (1)]의 (a)는 세면기에 P트랩을 접속한 것이고, (b)는 대변기 자체에 부착되어 제작된 S트랩이며, (c)는 청소 싱크에 S트랩을 접속한 것으로, 청소 싱크는 트랩에 의하여 지지되어 안정됨과 동시에 트랩 기능도 겸하도록 되어 있다.

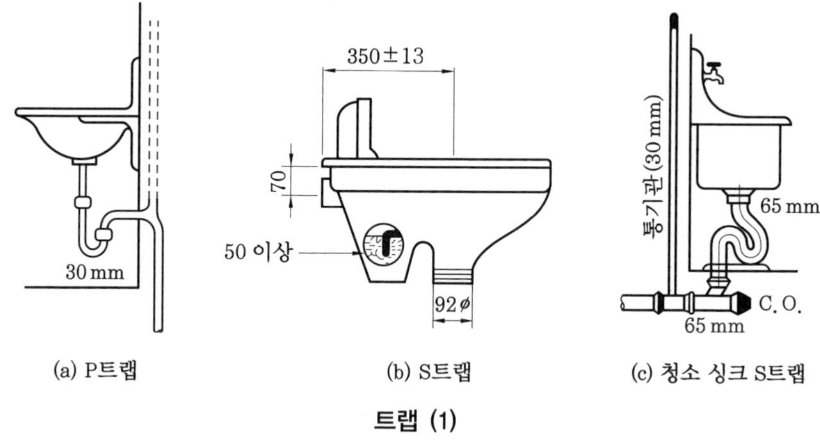

트랩 (1)

그림 [트랩 (2)]의 (a)는 그리스 트랩으로 청소 싱크의 배수 중 지방류를 제거하고 하수로부터의 가스의 역류를 방지할 것을 목적으로 사용되며, 주로 식당의 주방에 사용하는 트랩이다. (b)는 건물 바닥의 배수에 사용되는 것으로 벨 트랩이라고 하며, (c)는 트랩이 부착된 소변기이다.

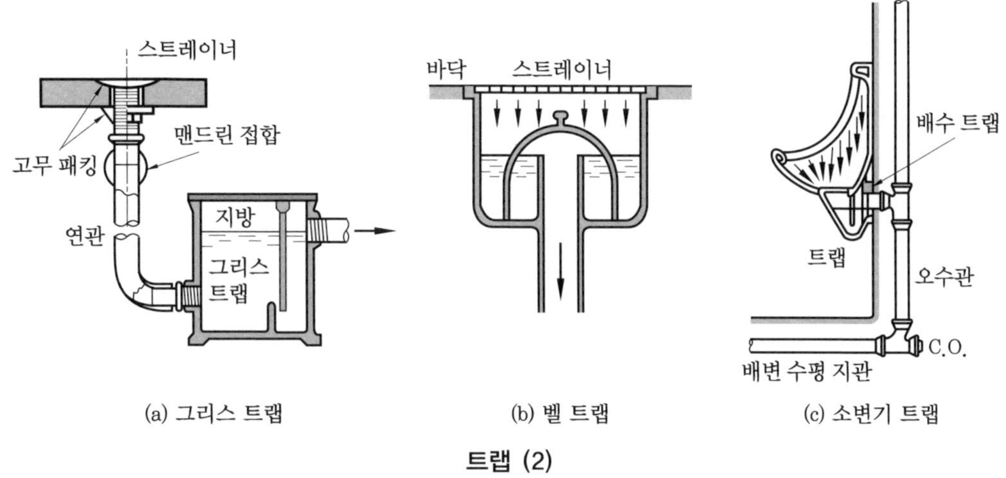

(a) 그리스 트랩 (b) 벨 트랩 (c) 소변기 트랩

트랩 (2)

건물의 옥내 트랩에 사용되는 U트랩은 메인 트랩이라고도 하며, 옥내 배수관의 최하류인 옥외 배수관에 배출되기 직전에 설치하여 가스의 역류를 방지한다.

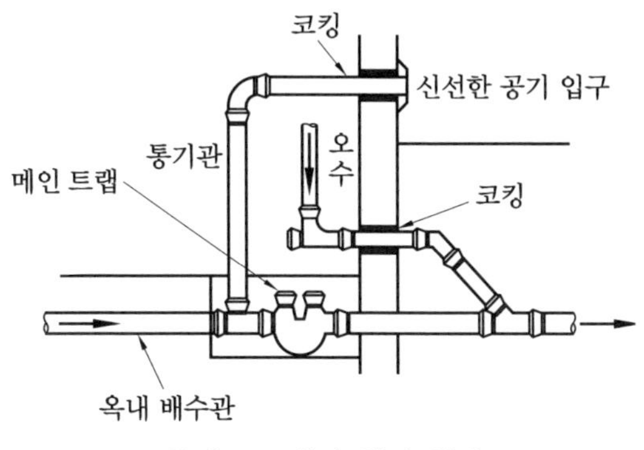

옥내 U트랩의 설치 상태

1-2 배수 통기 배관의 요점

(1) 배관 방식

배수 통기 배관 방식에는 1관식과 2관식이 있다. 1관식은 최고층의 기구 배수관의 접촉점에서 위쪽의 세로관을 통기관으로 사용하며, 이 방식은 2~3층 정도의 작은 건물에 기구

가 많지 않을 때 사용하며, 이 통기관을 배수 통기관 또는 신정 통기관이라고 한다.

2관식 배관법은 기구의 수가 많고 트랩의 봉수가 없어질 염려가 많은 고층 건물에 많이 사용하며, 통기관의 접속 방법에 따라 각개 통기식과 회로 통기식(환상 통기식)으로 나눌 수가 있다.

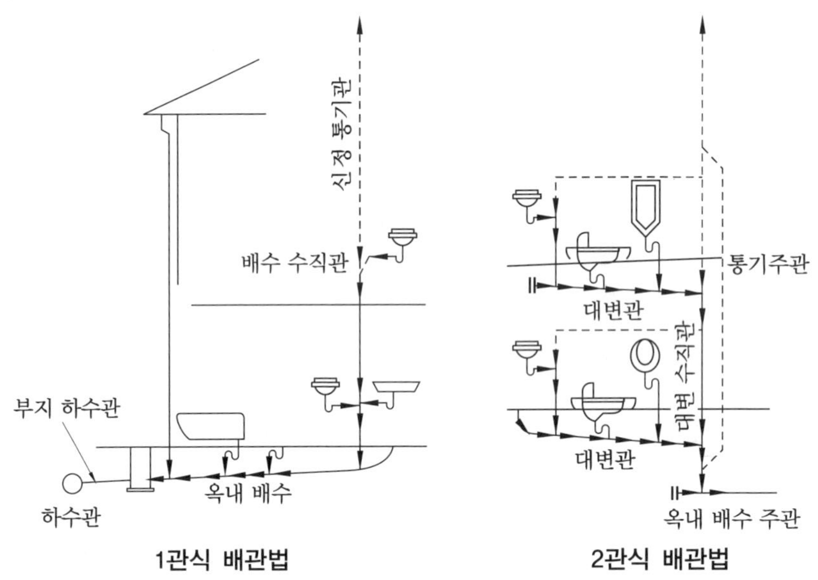

1관식 배관법 2관식 배관법

(2) 개별 통기식 배관

개별 통기식 배관은 각 기구마다 통기관을 세우며, 통기관을 기구를 설치한 벽 속에 설치할 경우 이면 통기관이라고 한다. 통기관은 되도록 트랩 근처에 설치하며, 일수면보다 15 cm 높은 곳에서 통기 수평 지관과 접속한다.

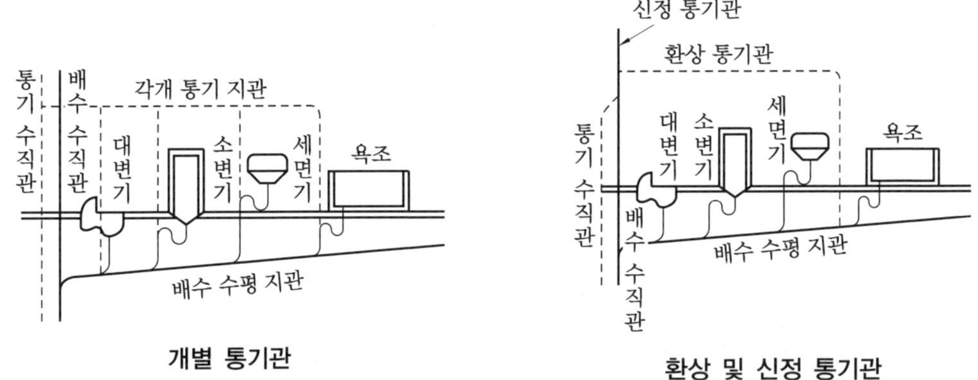

개별 통기관 환상 및 신정 통기관

(3) 루프 통기(회로 통기, 환상(環狀) 통기)식 배관

배수 통기 배관 계통도 1, 2, 4층에서 보는 바와 같이 몇 개의 기구를 모아 하나의 통기관을 빼내고 통기 세로 주관에 연결한다. 회로 통기로 처리할 수 있는 기구의 수는 8개 이내이며, 통기관 입구에서 최상의 기구까지의 거리는 7.5 m 이내로 하여야 한다. 회로 통기의 경우 배수 가로 지관은 통기관을 겸하므로 이것을 습식 통기라고 한다.

회로 통기에서는 2개 이상의 기구가 동시에 접속될 때나 상층에서 배수 주관으로 배수가 흘러내려 배수 트랩에 역압이 생기는 경우가 있다. 이것을 막기 위하여 배수 가로지관의 기구 배수관 접속 부분 바로 밑에 도피 통기관을 설치한다. 이러한 이유로 고층 건물에서는 아래 그림 2층에서 보는 바와 같이 5개 층마다 공용(결합 또는 연합) 통기관을 설치한다.

회로 통기식은 통기관이 통기 세로 주관에 연결되어 있으나 5층에서와 같이 신정(伸頂) 통기관에 연결하는 경우를 환상 통기식이라고 한다.

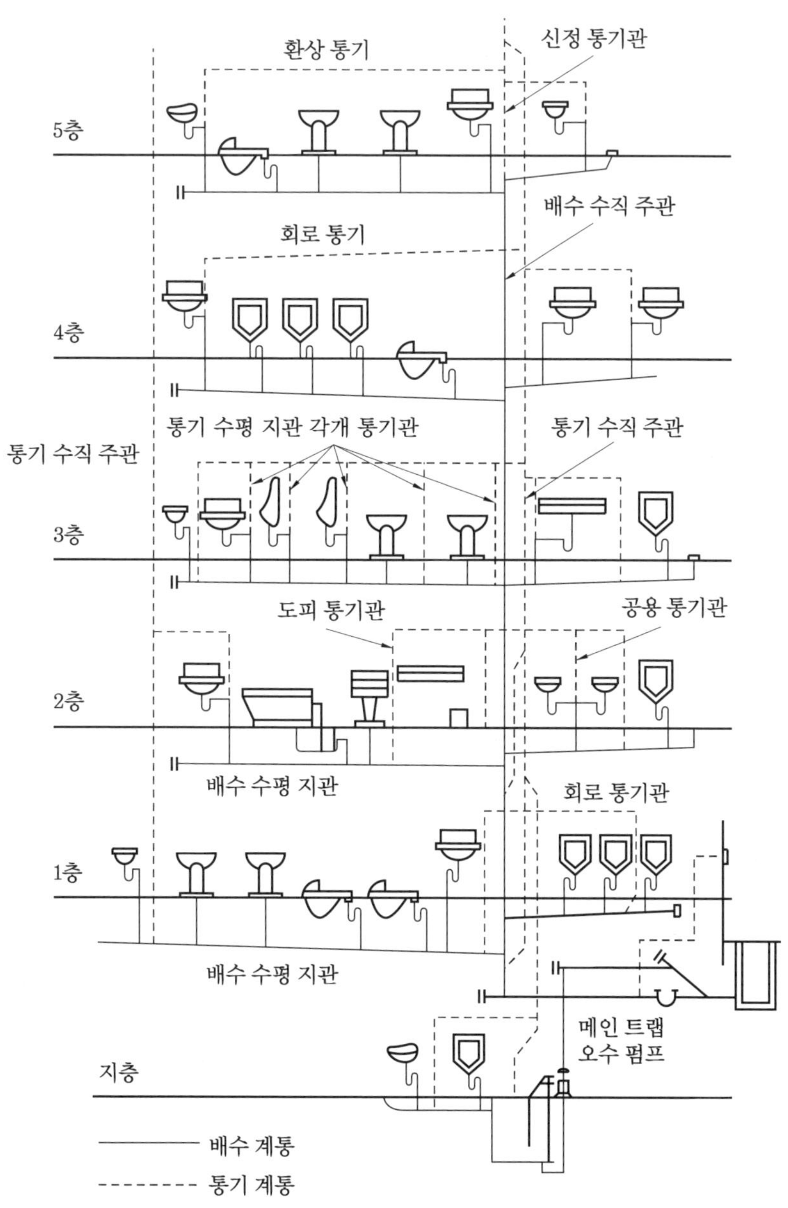

배수 통기 배관 계통도

(4) 공용(결합) 통기관

고층 건축물에서는 도피 통기관을 설치하는 것과 같은 이유로 5개 층마다 배수 수직 주관과 통기 수직 주관을 연결하여 공용(결합) 통기관을 설치한다. 공용 통기관은 통기 수직 주관과 동일한 관 지름의 관으로 하지만 통기주관 50 mm 이하면 효과적인 통기 작용이 이루어지지 않는다.

다음은 공용 통기관을 욕실 조합 기구의 배수에 이용한 예이다. 이와 같이 결합 통기관을 이용하면 배수 수직 주관의 배수 능력을 최대한으로 발휘할 수 있다.

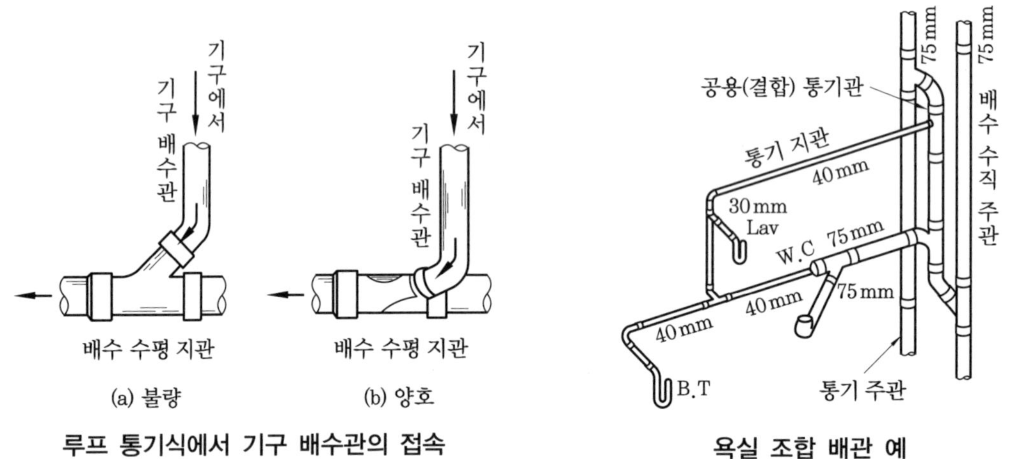

루프 통기식에서 기구 배수관의 접속 욕실 조합 배관 예

(5) 개별 통기관과 동수(動水) 구배선

개별 통기관의 배수관에의 접속점은 기구의 최고수면(A)와 배수 수평 지관이 수직관에 접속되는 점(C)를 연결한 동수 구배선보다 상위에 있도록 배관하는 것이 바람직하다. 개별 통기관의 접속점이 동수 구배선보다 하위에 있으면 기구의 배수가 통기관 속으로 흘러 들어와 그 수면에 떠 있는 오물이 관벽에 부착하여 관이 막히는 원인이 된다.

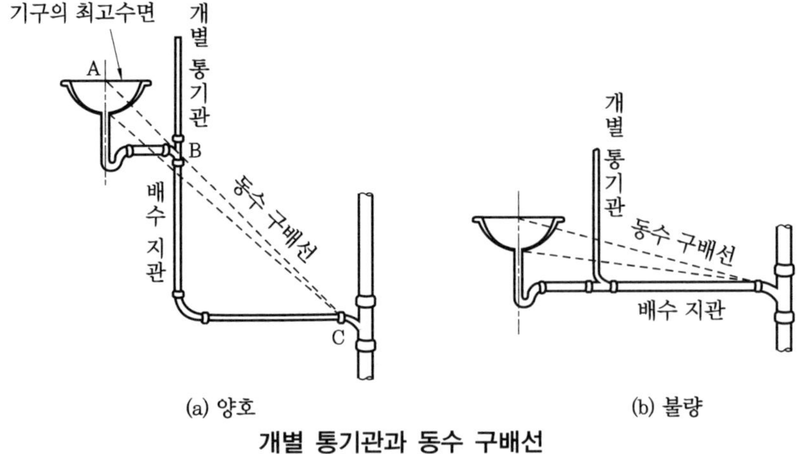

개별 통기관과 동수 구배선

(6) 금지해야 할 통기관의 배관

① 바닥 밑의 통기관은 금지해야 한다. 우리나라에서는 아직 법적으로 정해진 급·배수 설비 기준이 없으나 통기관의 수평관을 바닥 밑으로 빼내어 통기 수직관에 연결하는 소위 바닥 밑의 통기관은 하지 말아야 한다. 만일 바닥 밑으로 통기관을 빼내는 경우 배수 계통의 어느 한 곳이 막히면 그곳보다 상류에서 흘러내리는 배수가 배수관 속에 충만하여 통기관 속으로 침입하게 되므로 통기관으로서의 역할을 할 수 없게 된다.

② 오수 정화조의 배기관은 단독으로 설치해야 하며, 기구의 통기관과 연결해서는 안 된다.

③ 통기 수직관을 빗물 수직관과 연결해서는 안 된다.

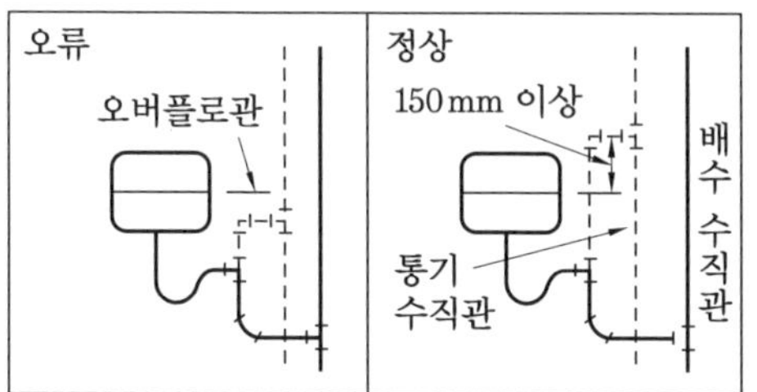

(a) 통기관은 오버플로선 이상으로 입상시킨 다음 통기 수직관에 연결한다.

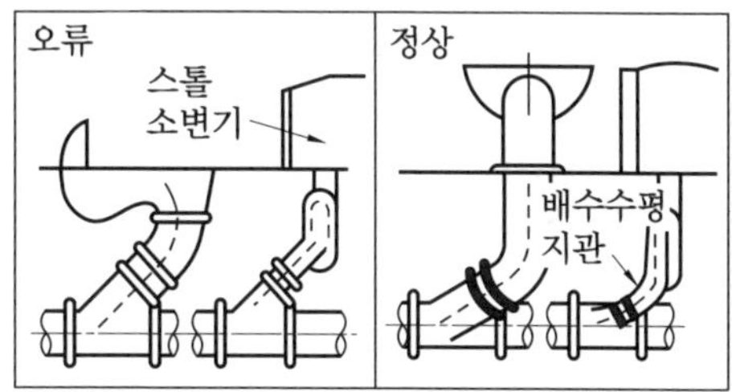

(b) 루프 통기 방식인 경우 기구 배수관은 배수 수평 지관 위에 수직으로 연결하지 말아야 한다.

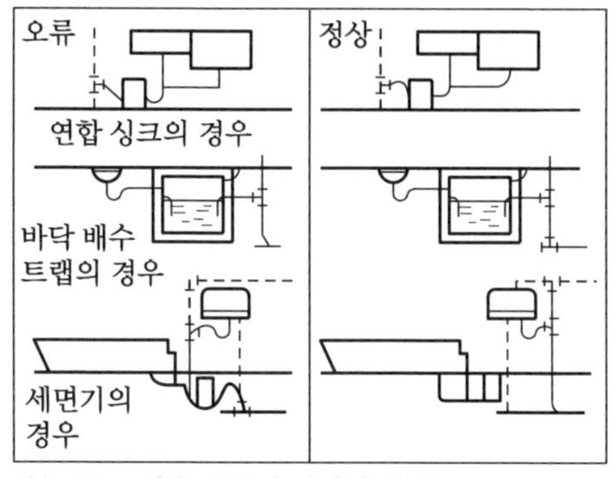

(c) 2중 트랩을 만들지 말아야 한다.

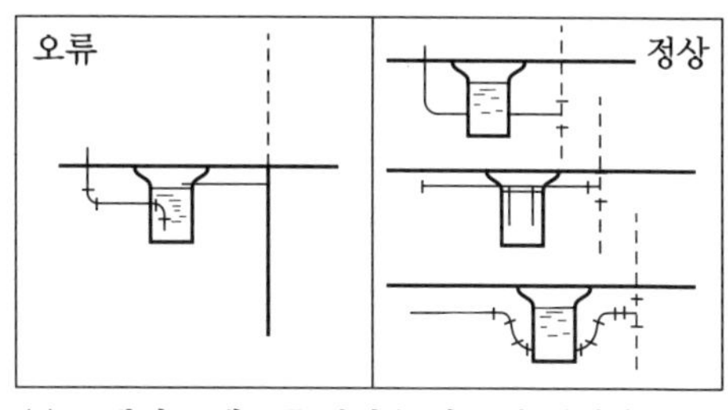

(d) 트랩의 소재구를 열었을 때 금방 냄새가 누설하면 안 된다.

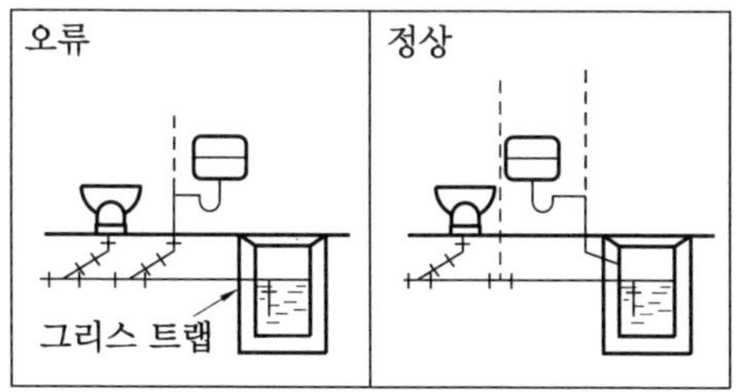

(e) 주차장 내의 배수관은 반드시 그리스 트랩으로 끌어들여야 한다.

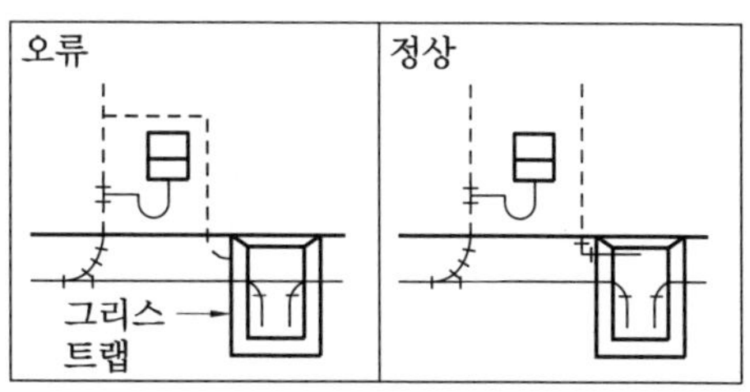

(f) 그리스 트랩의 통기관은 단독으로 옥상까지 입상으로 세워 대기 중에 오픈하여야 한다.

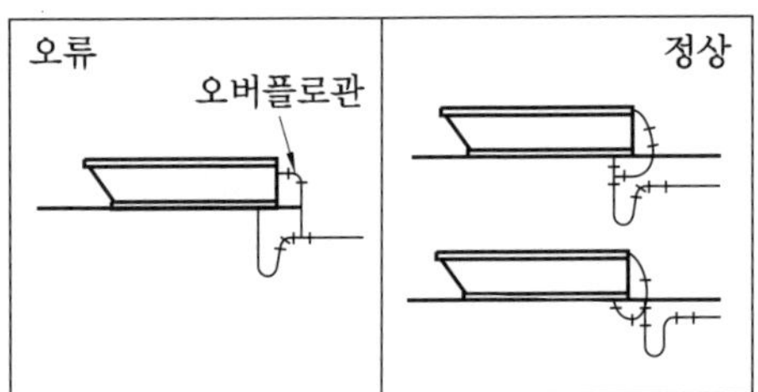

(g) 오버플로관은 트랩의 유입구 측에 연결하여야 한다.

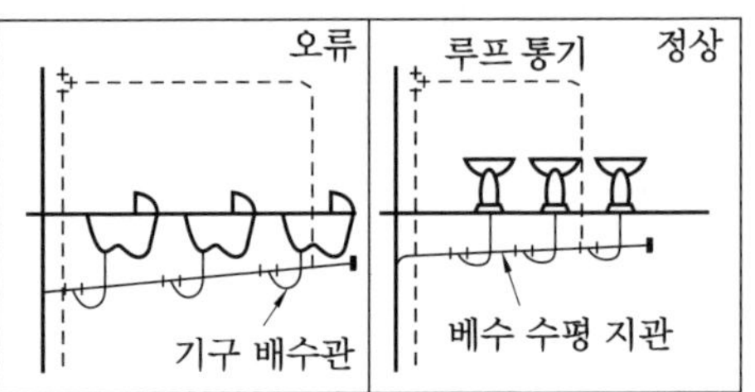

(h) 루프 통기관은 최상위 기구로부터의 기구 배수관이 배수 수평 지관에 연결된 직후의 하류 측에서 입상하여야 한다.

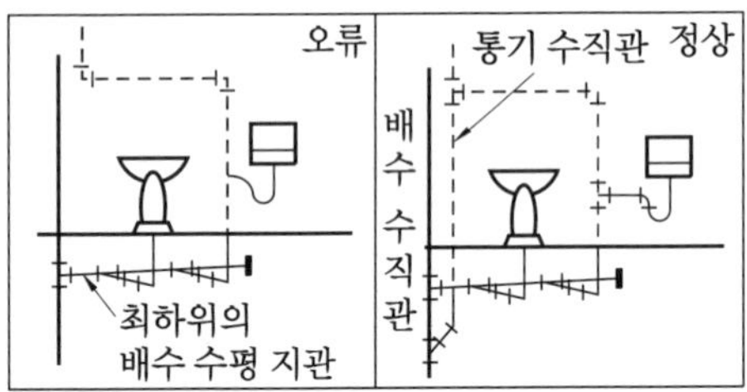

(i) 통기 수직관은 최하위의 배수 수평 지관보다 낮은 점에서 수직 배수관과 45° Y 조인트로 연결하여야 한다.

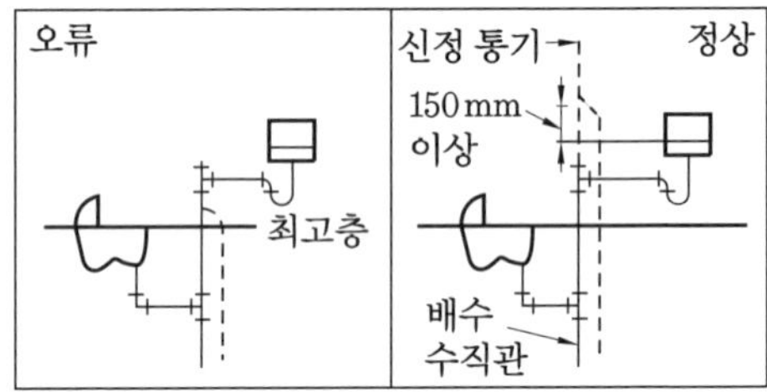

(j) 통기 수직관 최상부는 그대로 옥상까지 입상시키거나 최고층 기구의 오버플로선보다 더욱 높은 점에서 배수 수직관의 신정 통기관에 연결하여야 한다.

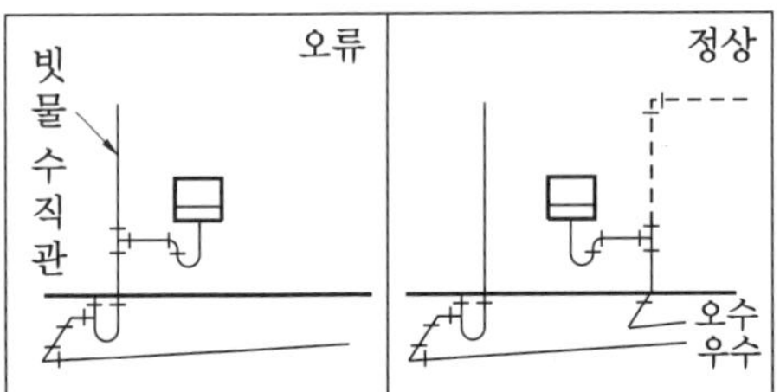

(k) 우수 수직관에 오수관을 연결하여서는 안 된다.

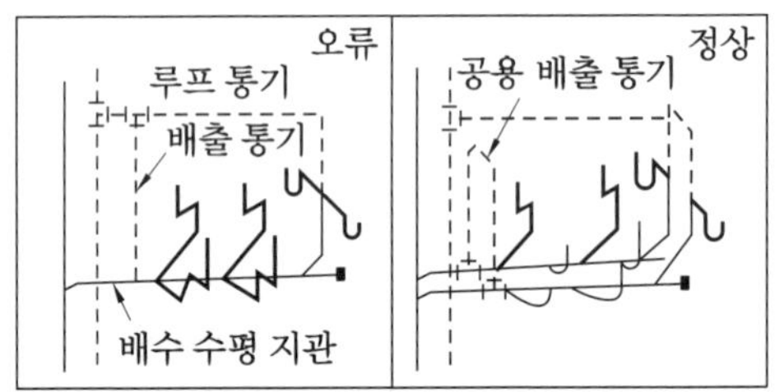

(l) 서로 등지고 2열로 설치한 기구를 루프 통기관 1개의 배수 수평 지관에 전담시켜서는 안 된다.

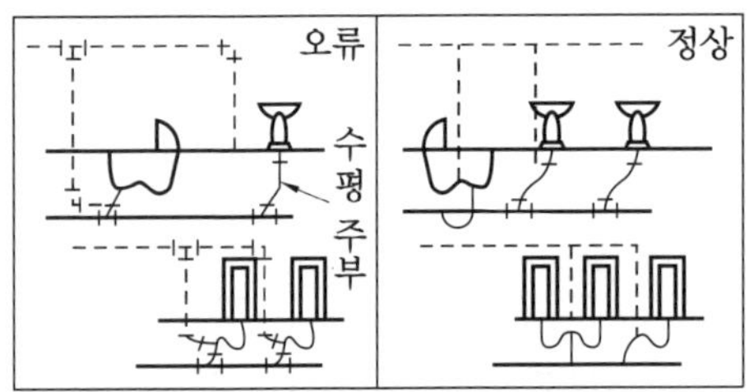

(m) 바닥 아래에서 빼내는 각 통기관에는 가로 주부를 형성시키지 말 것

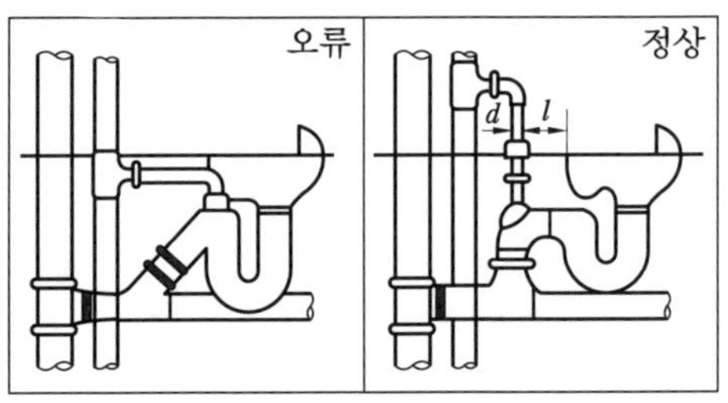

(n) 정부에 통기부 트랩을 만들지 말 것(l을 $2d$보다 짧게 하지 말 것)

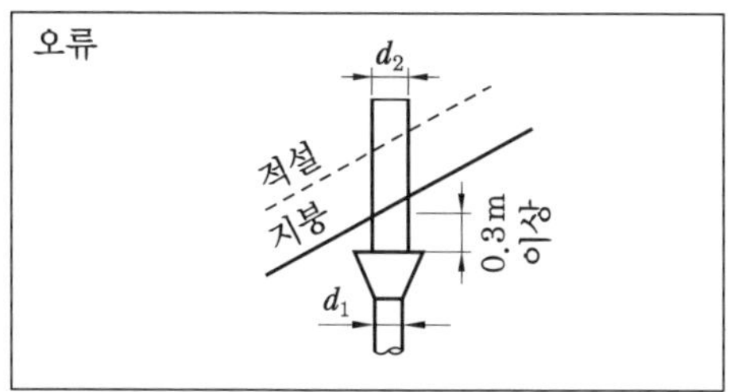

(o) 동결 · 강설에 의하여 통기구부가 폐쇄될 우려가 있는 지방에서는 d>75mm일 때는 d_2는 d_1보다 1구경 큰 관 지름으로 하고, 그 관 지름을 변경하는 개소는 지붕 아랫면에서 0.3m 떨어진 하부일 것

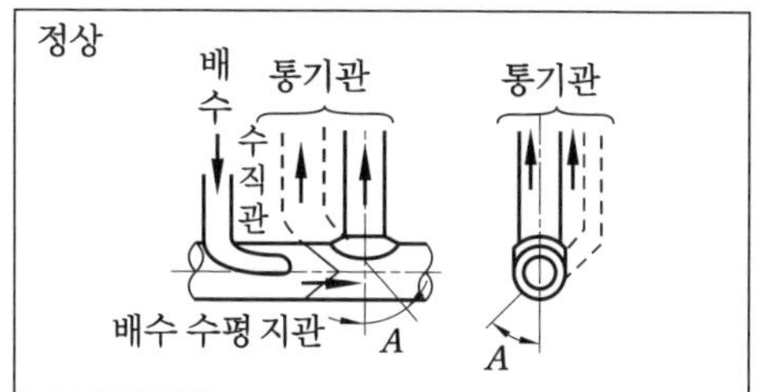

(p) 배수 수평 지관에 통기관을 배관하는 경우 관의 맨 위에서 수직으로 입상시키거나 A는 45°보다 작게 할 것

틀리기 쉬운 배수 · 통기 배관도

(7) 우수(빗물) 배수 배관

우수(빗물) 배수를 일반 오수와 합류시켜서는 안 되며, 별도의 배관을 하여 옥외 배관에 각각 연결하여야 한다.

1-3 배수관의 지름과 구배

배수관 속을 흐르는 물은 적당한 유속과 수심이 필요하다. 유속이 적으면 고형물(찌꺼기)을 흘러 내려 보낼 수가 없으며, 수심이 얕으면 고형물을 떠오르게 할 수가 없다.

배수관을 너무 급한 구배로 하면 유속은 커지지만 수심이 얕아지며, 구배를 작게 하면 수심은 깊어지나 유속이 적어진다. 또한 배관의 구배를 필요 이상으로 크게 하면 수심과 유속이 모두 작아져 오히려 배수 능력을 떨어뜨린다.

따라서 배수관을 배관할 때는 예상되는 배수량에 대하여 알맞는 구경의 파이프를 선택하여 합리적인 구배를 주는 것이 필요하다.

배수관의 크기와 표준 구배

배수관의 안지름(mm)	표준 구배	참고	배수관의 안지름(mm)	표준 구배	참고
100	$\frac{2}{100}$ 이상	$=\frac{1}{50}$	180	$\frac{1.3}{100}$ 이상	$≒\frac{1}{70}$
125	$\frac{1.7}{100}$ 이상	$≒\frac{1}{60}$	200	$\frac{1.2}{100}$ 이상	$≒\frac{1}{83}$
150	$\frac{1.5}{100}$ 이상	$≒\frac{1}{67}$	230 이상	$\frac{1}{100}$ 이상	$=\frac{1}{100}$

1-4 배수관 및 통기관 관 지름 결정법

(1) 옥내 배수관의 관 지름

옥내 배수관 계통에서 수평관은 관 지름의 $\frac{1}{2}$ 또는 최대 유수 시에도 관의 $\frac{2}{3}$ 이상으로 유수면이 높아지지 않도록 관 지름을 정하는 것이 좋다. 그러므로 관 상부의 공기가 흐르게 되므로 통기의 역할도 겸하게 된다.

일반적으로 옥내 배수관의 관 지름을 결정하는 데는 관 계통에 접속하는 위생 기구류의 최대 배수 유량을 기준으로 하여 관 지름을 구하는 것이 합리적이다.

파이프 구경 1¼(32 mm)의 트랩을 갖는 세면기로부터의 배수량을 28.5 L/min(7.5 gal/min)로 하며 그것을 기준하여 기구의 동시 사용률과 기구의 종류에 따른 사용 빈도수 및 사용자들의 선호 기구를 고려하여 이들의 개수를 합하여 기구 배수 단위(fixture unit value)를 결정하고 세면기를 FU 1로 정해 위생 기구의 기구 배수 단위로 결정한다.

- 그 계통이 감당할 수 있는 기구 배수 단위의 누계로 결정한다.
- 위생 기구의 트랩 중 최대 구경의 트랩 이상의 구경으로 해야 한다(대변기 1개일 경우 100 mm 이상, 2개 이상일 경우 125 mm 이상으로 한다).
- 배수 수직관의 관 지름은 수직관에 접속하는 배수 수평 지관의 관 지름보다 작아서는 안 된다.
- 펌프류에서 배출되는 물을 옥내 배수관에 합류시키는 경우는 기구 배수 단위에 해당하는 수치로 환산해서 관 지름을 결정한다.

각종 기구의 배수 부하 단위

기구	부호	부속 트랩의 구경(mm)	기구 배수 부하 단위(fuD)	기구	부호	부속 트랩의 구경(mm)	기구 배수 부하 단위(fuD)
대변기	WC	100	8	샤워(아파트)	S	50	3
소변기	U	40	4	청소용 수채(싱크)	SS	65	3
비데(별도 설치)	B	40	2.5	세탁기용 배수	LT	40	2
세면기	Lav	30	1	오수 드레인		75	4
음용수기	F	30	0.5	주방 싱크(주택용)	KS	40	2
욕조(주택용)	BT	40~50	2~3	주방 싱크(영업용)	KS	40~50	2~4
욕조(공중용)	BT	50~75	4~6	화학 실험용 싱크	LS	30	0.5
샤워(주택용)	S	40	2	바닥 배수	FD	50~75	1~2

배수 가로 지관 및 입상관의 허용 최대 기구 배수 단위

관 지름	A			B			C			D		
	배수 가로 지관			3층 건물 또는 지관 간격 3을 갖는 1입상관			3층 건물 이상의 경우					
							1입상관에 대한 합계			1층분 또는 지관 간격 1의 합계		
근삿값 (mm)	실용 배수 단위	할인율 (%)	미국 배수 단위	실용 배수 단위	할인율 (%)	미국 배수 단위	실용 배수 단위	할인율 (%)	미국 배수 단위	실용 배수 단위	할인율 (%)	미국 배수 단위
32	1	100	1	2	100	2	2	100	2	1	100	1
40	3	100	3	4	100	4	8	100	8	2	100	2
50	5	90	6	9	90	10	24	100	24	6	100	6
65	10	80	12	18	90	20	48	90	42	9	100	9
75	14	70	20	27	90	30	54	90	60	14	90	16
100	96	60	160	192	80	240	400	80	500	72	80	90
125	216	60	360	432	80	540	880	88	1100	160	80	200
150	372	60	620	768	80	960	1520	80	1100	160	80	350
200	840	60	1400	1760	80	2200	2880	80	3600	480	80	600
250	1500	60	2500	2660	70	3800	3920	70	5600	700	70	1000
300	2340	60	3900	4200	70	6000	5880	70	8400	1050	70	1500

배수 가로 지관 및 부지 배수관의 허용 최대 기구 배수 단위

관 지름	E			F			G			H		
	$\frac{1}{192}$ 구배			$\frac{1}{96}$ 구배			$\frac{1}{48}$ 구배			$\frac{1}{24}$ 구배		
근삿값 (mm)	실용 배수 단위	할인율 (%)	미국 배수 단위	실용 배수 단위	할인율 (%)	미국 배수 단위	실용 배수 단위	할인율 (%)	미국 배수 단위	실용 배수 단위	할인율 (%)	미국 배수 단위
50							21	100	21	26	100	26
65							22	90	24	28	90	31
75				18	90	20	23	85	27	29	80	36
100				104	60	180	160	60	216	150	60	250
125				234	60	390	288	60	480	345	60	575
150				420	60	700	504	60	840	600	60	575
200	840	60	1400	960	60	1600	1152	60	1920	1380	60	2300
250	1500	60	2500	1740	60	2900	2100	60	3500	2520	60	4200
300	2340	60	3900	2760	60	4600	3360	60	5600	4020	60	6700
375	3500	50	7000	4150	50	7300	5000	50	10000	6000	50	12000

(2) 통기관의 관 지름

① **기구 배수관과 각개 통기관의 관 지름** : 각종 위생 기구의 트랩과 여기에 접속하는 기구 배수관 및 이것으로부터 이끄는 각개 통기관의 관 지름은 다음 표의 치수보다 적으면 안 된다.

기구 배수관 및 각개 통기관의 지름

기구	관 지름(mm)		기구	관 지름(mm)	
	기구 배수관 및 트랩	각개 통기관		기구 배수관 및 트랩	각개 통기관
대변기	75	50	세면기	30	30
소변기(벽걸이)	40	30	음용수기	30	30
소변기(스툴)	50	40	욕조	50	30
비데	40	40	샤워	50	30
오수 드레인	75	50	공중목욕	75	40
세탁기용 드레인	40	40	주방 싱크(주택용)	40	30
청소용 드레인	65	40	주방 싱크(영업용)	75	40

② **통기 수직관의 관 지름** : 통기 수직관의 관 지름을 결정하려면 기구 배수 단위수의 누계와 배수의 관 지름, 통기관의 관 지름 및 그 최대 관 길이 사이의 관계로 결정된다.

통기 수직관의 관 지름과 길이

오수 및 배수관의 구경(mm)	기구 배수 단위(FU수)	통기관의 구경(mm 근삿값)								
		32	40	50	65	75	100	125	150	200
		통기관의 최대 배관 길이(m)								
32	2	9								
40	8	15	45							
	10	9	30							
50	12	9	22.5	60						
	20	7.8	15	45						
65	42	–	9	30	90					
75	10	–	9	30	60	180				
	30	–	–	18	60	150				
	60	–	–	15	24	120				
100	100	–	–	10.5	30	78	300			
	200	–	–	9	27	75	270			
	500	–	–	6	21	54	210			

125	200	–	–	–	10.5	24	105	300		
	500	–	–	–	9	21	90	270		
	1100	–	–	–	6	15	60	210		
150	350	–	–	–	7.5	15	60	120	390	
	620	–	–	–	4.5	9	37.5	90	330	
	960	–	–	–	–	7.2	30	75	300	
	1900	–	–	–	–	6	21	60	210	
200	600	–	–	–	–	–	15.12	45	150	390
	1400	–	–	–	–	–	9	30	120	360
	2200	–	–	–	–	–	7.5	24	105	330
	3600	–	–	–	–	–		18	75	240
250	1000	–	–	–	–	–	–	22.5	37.5	300
	2500	–	–	–	–	–	–	15	30	150
	3800	–	–	–	–	–	–	9	24	105
	5600	–	–	–	–	–	–	7.5	18	75

③ **루프 통기관의 관 지름 :** 루프(회로 또는 환상) 통기관의 관 지름은 배수 수평 지관의 관 지름 또는 통기 수직관 관 지름의 $\frac{1}{2}$ 이상으로 하며, 통기 수직관을 배수 수직관의 $\frac{1}{2}$로 선정한다.

통기 수직관은 배수 수직관 최하단의 지관 접속점에서 하부에 있는 점의 위쪽에 접속시키고 도피 통기관으로 배수인관의 상부는 관 지름을 줄이지 않고 입상 신정 통기관으로 한다.

루프(회로) 통기관의 구경

번호	오수 및 잡배수관의 구경(mm)	배수 단위(본표의 수치 이하) (FU 수)	루프 통기관의 구경(근삿값 mm)					
			40	50	65	75	100	125
			최대 수평 거리(m)(본 수치 이하로 한다)					
1	40	10	6					
2	50	12	4.5	12				
3	50	20	3	9				
4	75	10	–	6	12	30		
5	75	30	–	–	12	30		
6	75	60	–	–	48	24		
7	100	100	–	2.1	6	15.6	60	
8	100	200	–	1.8	5.4	15	54	
9	100	500	–	–	4.2	10.8	42	
10	125	200	–	–	–	4.8	21	60
11	125	1100	–	–	–	3	12	42

2. 정화조

2-1 정화조의 구조와 기능

하수의 마지막 처리를 하는 오수 처리장의 시설을 가지는 하수도가 완비된 지역에서는 수세식 화장실의 오수를 직접 하수도에 방출해도 좋으나, 오수 처리장이 없는 지역에서는 수세식 화장실의 오수를 정화조에서 위생상 지장이 없을 정도로 정화 처리한 후가 아니면 하수도를 방출할 수 없도록 건축기준법에 정하여져 있다.

이 구조와 치수 등에 대해서는 법으로 정해져 있으며, 정화조의 구조에는 여러 종류가 있으나 부패조, 산화조, 소독조의 세 가지로 이루어져 이 순서로 배열되어 있다.

(1) 부패조

부패조에는 제1 부패조 제2 부패조가 있으며, 예비 여과조를 부패조에 넣기도 한다.

염기성 박테리아는 산소가 없는 오수 중에서 번식하는 세균이므로 유입되는 오수에는 가능한 한 공기가 혼입되지 않도록 하여 염기성 박테리아의 작용으로 오물을 분해시키는 탱크이다. 부패조의 크기는 오수의 체류 및 분해 기간을 약 2일로 잡고 이에 알맞은 크기로 하며, 오수가 흘러 들어오는 입구에는 T자관을 부착하여 상단은 수면 위, 하단은 수심의 약 $\frac{1}{3}$ 되는 곳까지 내려서 설치하여 수중에서 연다. 또 오수의 입구와 출구는 서로 대각선상에 있도록 하여 오수의 흐름이 혼류되거나 중단되지 않도록 한다.

(2) 예비 여과조

오수 속의 부유물을 걸러 제거하는 탱크이다. 잡석층이 물 위로 노출되지 않도록 100 mm 정도 아래로 오도록 한다. 쇄석층의 깊이는 수심의 $\frac{1}{3}$로 하고, 쇄석의 크기는 5~7.5 cm 정도가 적당하다.

(3) 산화조

산소를 좋아하는 호기성 박테리아의 증식 활동으로 산화 작용을 일으켜 오수를 투명한 액체로 만드는 탱크이다. 산화조의 쇄석층 용적은 부패조 용량의 $\frac{1}{2}$ 이상으로 하고, 산화조의 크기는 1일 오수량을 기준으로 정하며, 통기관의 높이는 3 m로 하고, 지름은 100~180 mm로 한다.

$$V \geqq \frac{1}{2} V' = 0.75 + 0.05(n-5)$$

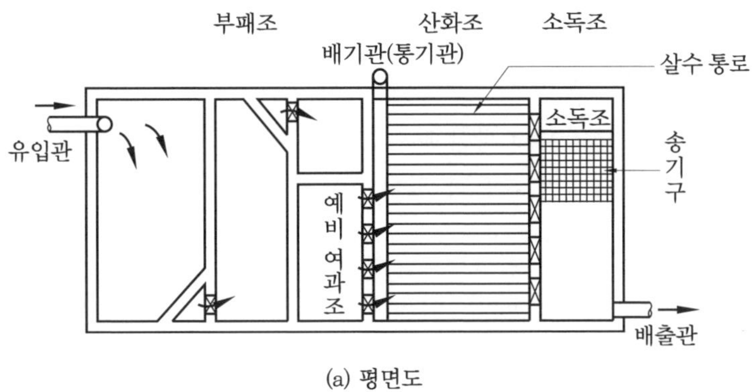

(a) 평면도

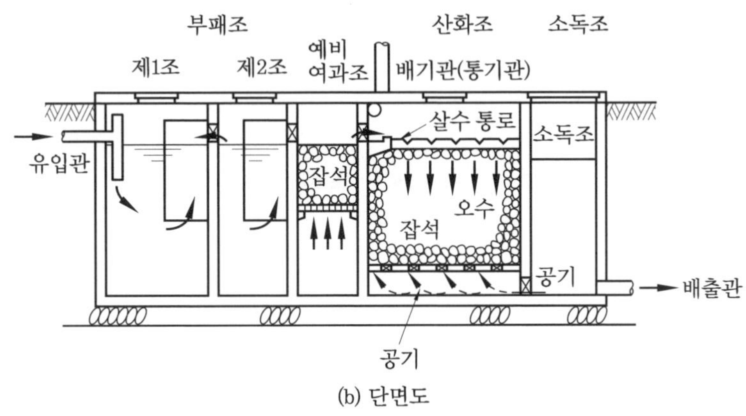

(b) 단면도

간접 정화조

(4) 소독조

완전히 정화된 투명한 액체라도 다소 잔류할 수도 있는 병원균 등을 제거하기 위하여 소독조에 담백분이나 차아염소산염의 용액을 넣어 살균 소독한 후에 배수관으로 방출한다.

소독약의 1일 소요량은

$$Q = n \cdot m \frac{p}{10000q} \text{ [L]}$$

여기서, m : 1인 1일 오수량(50 L/명), p : 소요 ppm(필요 농도), q : 소독약의 유효 염소(%)

2-2 정화조의 용량 계산법

정화조의 용량을 결정하기 위해서는 사용 인원을 산출해야 한다. 이 사용 인원이 5인 이하일 때에는 부패조의 용량을 1.5 m^3 이상으로 하고, 사용 인원이 5인을 초과할 때에는 초과한 인원 1인 증가 시마다 0.1 m^3 이상을 증가시켜 계산한다. 이것을 계산식으로 나타내면 다음과 같다.

$$V \geqq 1.5 + 0.1(n-5)$$

여기서, V: 부패조의 용량(m^3), n : 사용 인원수

그리고 사용 인원수가 500명을 초과할 때에는 1인 증가 시마다 0.075 m^3로 하여 산출하며, 이것을 계산식으로 나타내면 다음과 같다.

$$V \geqq 51 + 0.075(n-500)$$

부패조에는 예비 여과조를 포함하며, 산화조는 부패조의 $\frac{1}{2}$ 이상의 용량으로 한다.

건축 용도별 처리 대상 인원 산정 기준

<table>
<tr><th colspan="2" rowspan="2">건축물 용도</th><th colspan="2">처리 대상 인원</th></tr>
<tr><th>단위당 산정 인원</th><th>산정 바닥 면적</th></tr>
<tr><td rowspan="3">집회 시설</td><td>집회 시설</td><td colspan="2">동시 수용할 수 있는 인원(정원)의 $\frac{1}{2}$</td></tr>
<tr><td>극장·영화관·연예장</td><td colspan="2">동시 수용할 수 있는 인원(정원)의 $\frac{3}{4}$</td></tr>
<tr><td>관람장
경기장
체육관</td><td colspan="2">$n = \frac{20c + 120u}{3} \times t \quad t = 0.5 \sim 3.0$
여기서, n : 처리 대상 인원(명)
c : 대변기 수(개)
$u^{(1)}$: 소변기 수(개)
t : 단위 화장실당 1일 평균 사용 시간(시간)</td></tr>
<tr><td rowspan="4">주거 시설</td><td>주택</td><td colspan="2">연면적 100 m^2 이하인 경우는 5명으로 하고, 100 m^2를 초과하는 부분의 면적에 대해서는 30m^2 미만당 1명을 가산한다. 단, 연면적 220m^2를 초과할 경우에는 모두 10명으로 한다.</td></tr>
<tr><td>공동주택</td><td colspan="2">기구에 대해서 3.5명으로 하고 거실(2)의 수가 2곳 이상인 경우는 거실 하나가 증가할 때마다 0.5명을 가산한다. 단, 기구가 거실 한 곳에만 구성되었을 경우 2명으로 할 수 있다.</td></tr>
<tr><td>기숙사</td><td>1 m^2당 0.2명</td><td>거실의 바닥 면적
(단, 고정된 방으로 정원이 확실한 경우는 공동 주택의 기준에 따른다.)</td></tr>
<tr><td>학교 기숙사·군막사
경로당·양로 시설</td><td colspan="2">동시에 수용할 수 있는 인원(정원)</td></tr>
<tr><td rowspan="3">숙박 시설</td><td>여관·호텔·모텔</td><td>1 m^2당 0.1명</td><td rowspan="2">거실의 바닥 면적</td></tr>
<tr><td>합숙소</td><td>1 m^2당 0.3명</td></tr>
<tr><td>유스호스텔·청년의 집</td><td colspan="2">동시에 수용할 수 있는 인원(정원)</td></tr>
<tr><td rowspan="2">의료 시설</td><td>병원·요양소·전염병원</td><td>침상 1개당 1.5명</td><td>단, 외래자 부분은 진료소의 기준을 적용한다.</td></tr>
<tr><td>진료소·병원</td><td>1 m^2당 0.3명</td><td>거실의 바닥 면적</td></tr>
</table>

상가	점포 · 마켓	1 m^2당 0.1명	영업 용도로 제공하는 바닥 면적
	요정	1 m^2당 0.1명	거실의 바닥 면적
	백화점	1 m^2당 0.2명	영업 용도로 제공하는 바닥 면적
	음식점 · 레스토랑 · 다방 · 바 · 카바레	1 m^2당 0.3명	
	시장	$n=\frac{20c+120u}{8}\times t \quad t=0.5\sim3.0$	
오락 시설	당구장 · 탁구장	1 m^2당 0.3명	영업용으로 제공하는 부분의 바닥면적
	기원 등	1 m^2당 0.6명	
	볼링장 · 유원지 · 해수욕장 · 스케이트장	$n=\frac{20c+120u}{8}\times t \quad t=0.4\sim2.0$	
	골프장 · 클럽하우스	18홀까지는 50명, 36홀은 100명	
주차 시설	자동차 차고 · 주차장	$n=\frac{20c+120u}{8}\times t \quad t=0.4\sim2.0$	
	주유소	1영업소당 20명	
학교 시설	보육원 · 유치원 · 초등학교	동시에 수용할 수 있는 인원(정원)의 $\frac{1}{4}$	
	중학교 · 고등학교 · 대학교	동시에 수용할 수 있는 인원(정원)의 $\frac{1}{3}$ 야간 과정이 있는 곳은 야간 인원의 $\frac{1}{4}$ 가산	
	도서관	동시에 수용할 수 있는 인원(정원)의 $\frac{1}{2}$	
	대학 부속 도서관	동시에 수용할 수 있는 인원(정원)의 $\frac{1}{4}$	
	대학 부속 체육관	$n=\frac{20c+120u}{8}\times t \quad t=0.5\sim1.0$	
사무실	사무실	1 m^2당 0.1명	사무실의 바닥 면적
	행정관청	1 m^2당 0.2명	
작업장	공장 · 관리실	작업 인원의 $\frac{1}{2}$	
	연구소 · 시험실	동시에 수용할 수 있는 인원(정원)의 $\frac{1}{3}$	
위의 10가지 용도에 속하지 않는 시설	역 · 버스 정류장 · 공중 화장실	$n=\frac{20c+120u}{8}\times t \quad t=1\sim10$	
	대중탕	1 m^2당 0.5명	탈의장의 바닥 면적
	터키탕 · 사우나탕 등	1 m^2당 0.3명	영업 용도로 제공하는 부분의 바닥 면적

㈜ (1) 여자 전용 화장실의 경우는 변기의 $\frac{1}{2}$을 소변기로 간주한다.

(2) 거실이란 건축법상 거실을 말하며, 작업 · 집회 · 오락 등 이에 속할 목적으로 사용하는 공간을 말한다. 단, 공동주택에서의 주방은 제외한다.

2-3 하수량과 하수 배관 및 하수의 정화 처리

(1) 하수량

하수량은 주택 오수량과 우수량을 합한 것이다. 주택 오수량은 우수량에 비하여 소량이므로 함유식 하수도에서는 중요한 양은 아니나 분류(分流)의 경우에는 따로 생각해야 한다.

종말 처리장의 설계에는 주택 오수량이 더욱 중요한 기본 수량이 된다.

① **주택 오수량** : 상수도로 공급된 물은 여러 가지 목적으로 사용된 후 하수도로 배수된다. 그 일부는 증발 또는 지하로 스며들어 도중에 없어져서 그만큼 감소되나 지하수나 하천수 등 상수도 이외의 물도 사용되어 하수도로 배출되므로 이것이 앞에서 말한 감소량과 상쇄된다고 보아 상수도로 공급된 물의 양을 주택의 오수량으로 보는 것이 일반적이다.

② **우수량** : 지상에 내린 비는 그 전부가 하수도로 흐르는 것은 아니며, 그 일부는 땅속에 스며들거나 증발한다. 그러므로 하수도 시설에서는 하수관에 유입하는 유수량이 중요하며, 이것을 우수 유출량이라 한다. 우수 유출량은 강우의 세기, 배수 면적, 지표의 상태(주택, 도로 포장의 유무, 공원 등), 지형, 지질 등에 의하여 크게 변화하는 것이다.

(2) 하수 배관법

하수 배관 방식의 기본형은 다음의 5종류로 구분된다. 자연적인 지형이나 배수 구역의 넓이에 의하여 결정된다.

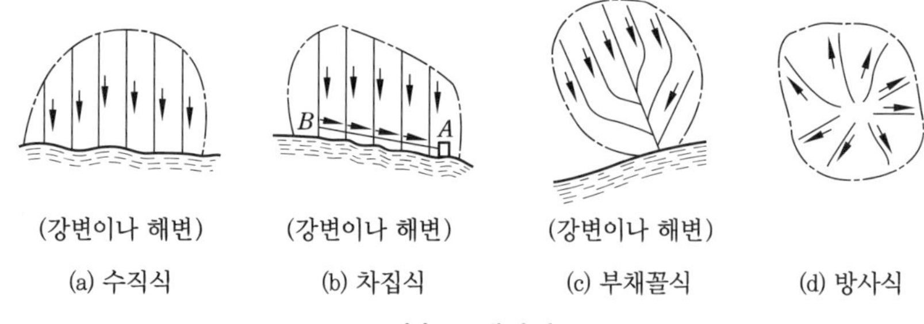

(a) 수직식 (b) 차집식 (c) 부채꼴식 (d) 방사식

하수도 배관법

① **수직식** : 수직식에서는 큰 하천이나 바다에 접한 도시 배수 구역이 있을 때, 강변이나 해변의 선에 거의 수직으로 하수 간선을 배치하는 방법으로 하천의 수량이 풍부하여 하수량이 무시될 경우는 건설비가 적어도 되나 종말 처리장을 설치할 때에는 부적당하다.

② **차집식** : 차집식에서는 수직식의 각 간선의 말단 부근에서 이것을 연결하여 A, B로

나타낸 차집 물받이를 설치하여 그 하류의 끝에 오수 처리장 A를 설치한다. 날씨가 좋을 때는 전체 오수를 종말 처리장에 모이게 하여 정화 처리한 후에 방류하나, 우천 시에는 우수에 의하여 오수가 충분히 엷어질 때에는 각 하수 간선의 종단에서 하천이나 바다로 직접 방류하는 방식의 것이다.

③ **부채꼴형**: 지형이 한편을 향하여 경사져 있을 때에는 그 고저에 따라 하수 물받이를 배치하여 중심 간선에 모아 종말 처리장 또는 방류 지점으로 이끄는 방식이다.

④ **방사식**: 광대한 도시의 중앙에 고지대가 있어 사방으로 경사될 때, 방사선 모양으로 하수간선을 넣어 각 간선마다 처리하는 방식이다.

⑤ **계단식**: 어느 도시 지역에서 토지의 고저가 심하게 다를 때, 즉 고지대, 중간지대, 저지대와 같이 각 층으로 나누어 층마다 각각의 지형에 따라 배관을 하여 처리하는 방법이다.

(3) 하수 정화 처리

하수관을 흘러온 하수를 인간과 자연에 해가 되지 않도록 처리하여 방류하는 것은 하천이나 바다의 오염을 막고, 위생상 중요한 일이다.

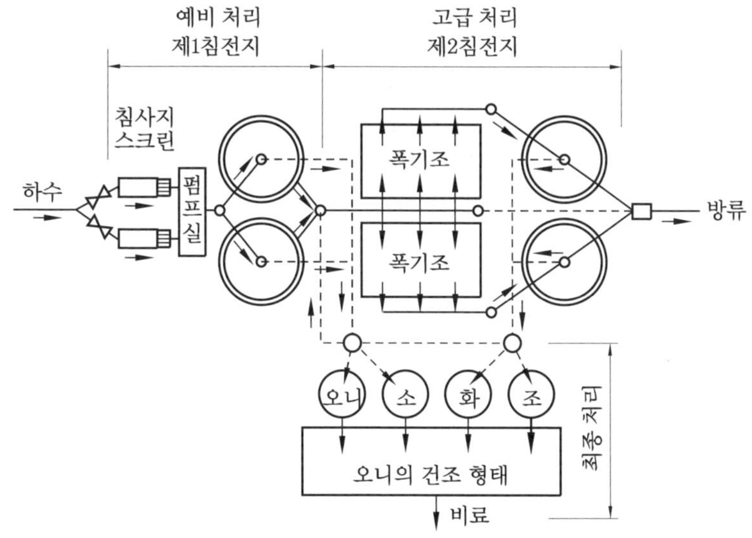

하수 처리 계통도

하수를 처리하는 방법으로는 다음과 같은 것이 있다.

① 하수를 그대로 하천에 방류하여 오염의 농도를 묽게 하는 것으로 강물의 자기 정화 작용에 의하여 정화하는 방법이며, 이것은 유수량이 풍부한 하천이나 간만의 차가 큰 바다 부근에서는 매우 경제적인 방법이지만, 우리나라의 서울과 같이 인구가 많고 하천의 유수량에 대하여 주택의 오수량이 지나치게 많을 때에는 하수 중의 유기물에 대

하여 산소량이 상대적으로 적으므로 하천의 부패와 오염을 유발하게 된다.

② 하수를 광대한 모래땅으로 이끌어 지하에 침투시켜 토양 속에서 자연 정화 작용을 행하게 하는데, 이것을 관개법이라 한다.

③ 하수를 하수관을 이용하여 종말 처리장에 모아 인공적 조작과 생물화학적 작용에 의하여 정화한 후 하천으로 방류하는 것을 하수 처리법이라 한다.

④ 예비 처리(제1처리)

㈎ 침사 : 유수로의 단면적을 크게 하여 침사지를 설치, 하수의 유속(30~60 cm/s 정도)을 느리게 하고, 체류 시간을 30~90 초 정도로 하여 하수 중의 찌꺼기를 침전시켜 제거한다.

㈏ 스크린(망) : 하수관에 의하여 모여진 하수 중의 나무조각, 종이, 천 등 여러 가지 오물 등을 유수로에 스크린을 설치하여 제거한다.

㈐ 침전 : 침사지에서 제거되지 않은 미립자들을 재차 일정 시간 동안 침전지에서 침전 작용을 행한다. 침전지는 구형(직사각형)인 것이 많으며, 하수는 이 속을 수평으로 흐르는 수평류식이 많이 사용되었으나 최근에는 원형의 침전지가 많이 사용되고 있다.

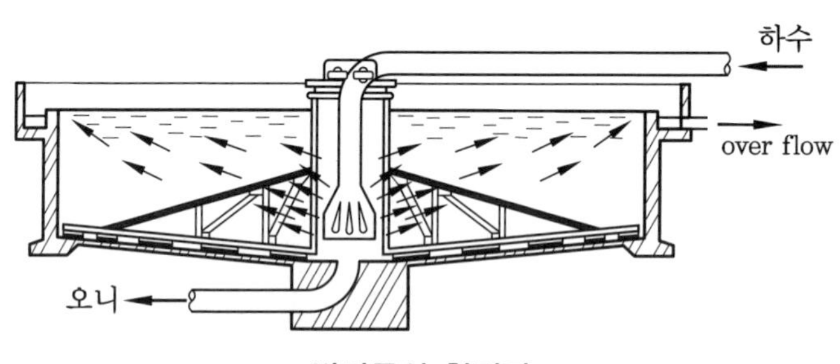

방사류식 침전지

그림은 하수가 중앙에서 아래로 흘러 들어가 주변으로 침전수가 흘러 넘치는 방사류식이다. 침전지를 흐르는 하수의 속도는 0.6~1.2 m/s로 침사지의 경우 $\frac{1}{50}$ 정도의 구배를 가지고 원활한 흐름을 하도록 한다.

원형 침전지의 경우 원둘레로부터 중심을 향하여 경사져 있으므로 가라앉은 오니는 바닥면 중앙에 모여 기계적으로 침전지 밖으로 배출시킨다. 공장의 하수 등은 석회나 기타 약품을 첨가하여 찌꺼기를 응집시켜 침전 작용을 촉진시키기도 하는데 이것을 약품 침전법이라 한다.

⑤ 고급 처리(제2차 처리) : 침전지에서 부상한 액체는 하수 냄새가 나며, 다량의 부유물이나 탁한 액체이므로 스스로 쉽게 투명해지지 않는다. 그러므로, 이 액체를 살수 여과상법이나 활성 오니법으로 다시 고급 처리를 하여 청결한 물로 만들어 강으로 방류한다.

㈎ 살수 여과상법 : 지름 25~75 mm 정도의 쇄석, 코크스 또는 광재 등을 여과재로 이

용하여 두께 1.7 m 정도의 여과상에 넣고 그 위에 하수를 살포한다. 쇄석 표면에는 여과막이 생겨 이곳에 호기성 미생물이 번식하게 된다. 하수 중의 유기물은 호기성 미생물의 먹이가 되어 그 산화 작용에 의하여 최후에는 탄산가스, 아초산염, 초산염, 유산 등의 안전한 것으로 분해된다. 이때, 공기는 쇄석의 미세 기공 사이를 지나 여과상의 최저부까지 유입하여 쇄석 표면은 언제나 호기성 상태로 보존되어야 한다.

이러한 방법을 통하여 여과상 밑으로부터 나온 여과수는 다시 한 번 침전된 후 하천으로 방류된다. 이러한 방식의 것으로는 회전식 살수 여과상법과 주행식 살수 여과상법이 있다.

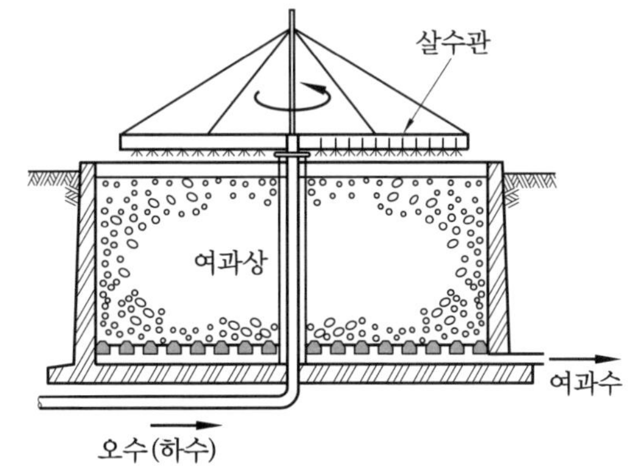

회전식 살수 여과상법

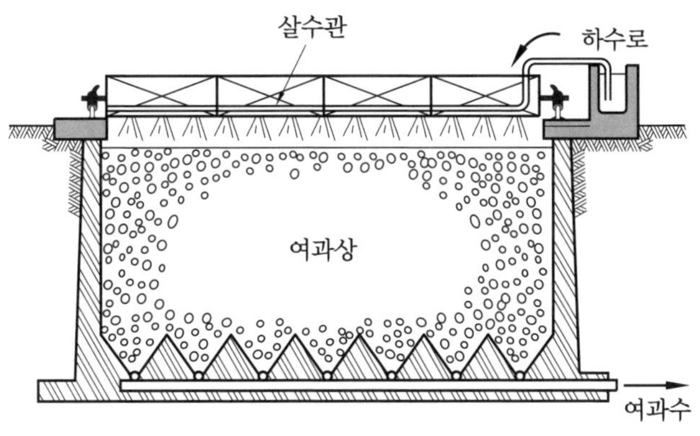

주행식 살수 여과상법

(나) 활성 오니법(活性汚泥法) : 이 방법은 최신식의 고급 처리법이다. 침전 처리를 끝낸 액체에 소량의 활성 오니를 가하고 폭기하여 휘저으면 오니 입자는 서로 응집하게 된다. 미세 부유물을 흡착하여 침전하기 쉬운 상태가 되며, 유기성 용해물을 산화 분해하여 다갈색으로 흐려진 하수는 청결해지게 된다.

폭기법은 압축 공기를 빨아들이거나 기계적으로 공기에 충분히 접촉시킨다. 4~8시간 폭기한 후 제2침전지로 이동하면 활성 오니의 응집력에 의해 오니는 가라앉고 위의 액체는 투명해진다. 이것을 강으로 방류하며, 이때 침전한 오니의 일부는 반송되어 폭기조에 유입된 오수에 가해지는 것을 활성 오니라 한다.

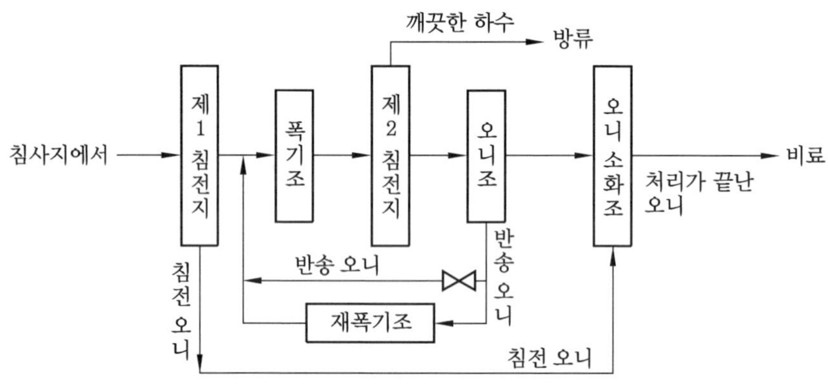

활성 오니법 처리 계통도

⑥ 최종 처리

㈎ 오니 소화조 : 오니조에 생긴 오니는 활성 오니로서 일부는 반송하여 순환적으로 사용하나, 나머지 오니는 오니 소화조에서 오니 속의 유기물을 소화 분해하여 안정된 소화 오니로 만들어 햇빛에 건조시켜 비료로 이용한다.

소화조 내에서는 오니를 30℃ 전후의 온도로 유지하여 저장해 두면 미생물의 작용에 의해 소화 분해하고, 오니 속의 질소 화합물도 분해하여 암모니아 가스를 발생하며 최종 생성물로 아초산염, 초산염의 안정된 무기물이 된다. 또 탄소 화합물은 메탄가스, 탄산가스가 된다. 오니 소화 작용에 의해 발생하는 가스 중 60~70%는 메탄가스이며, 발열량이 높아 소화조의 보온 가열용 연료 또는 소각로나 기타의 연료로 이용된다.

㈏ 배설물 소화조 : 부식하지 않은 배설물을 소화하는 소화조도 위에서 설명한 것과 같은 이론이다.

제3장 난방 설비

1. 난방 설비 방식

열의 복사, 대류, 전도 등을 이용하여 실내 공기를 따뜻하게 하는 방법을 난방이라 하며, 난방에 사용하는 기구, 기계, 배관 장치 등을 난방 설비(煖房設備)라고 한다.

1-1 난방의 주요 설비

① **보일러** : 물을 가열하여 증기 또는 온수를 만드는 장치이다.

② **라디에이터(방열기)** : 증기 및 온수를 통하여 열을 발산시킴으로써 실내의 공기를 따뜻하게 하는 장치이다.

③ **펌프** : 급수 펌프와 환수 펌프가 있으며, 온수와 냉수를 보일러에 공급하는 역할을 한다.

④ **온수관과 증기관** : 온수 및 증기를 라디에이터(방열기)까지 공급하는 관이다. 급수관 또는 증기관이라 부른다.

⑤ **환수관** : 온수 및 증기가 라디에이터에서 열을 방출하고 응축수가 된 것을 보일러로 돌려 보내는 관이다.

⑥ **덕트(duct)** : 여러 개의 철관으로 직사각형, 정사각형의 공기를 공급하는 관으로서 주로 공기 조화기에서 냉풍, 열풍을 공급하는 데 사용한다.

1-2 난방법의 분류

난방법을 대별하면 개별식 난방법과 중앙식 난방법이 있다.

(1) 개별식 난방법

가스, 전기, 석유 등의 난로나 보일러, 방열기 등을 각 실의 중앙 또는 벽, 바닥 등에 설치하여 열의 대류, 복사에 의하여 방을 따뜻하게 하는 난방법이다.

(2) 중앙식 난방법

지하실 등에 보일러를 설치하여 증기, 온수, 열풍 등을 파이프를 통해 공급하여 여러 개의 방을 동시에 따뜻하게 하는 난방법이며, 중앙식 난방법은 다음과 같이 세분된다.

① **직접 난방법** : 증기난방법, 온수난방법

② **간접 난방법** : 공기 조화 설비

③ **방사 난방법** : 복사 난방법

1-3 증기난방법

(1) 증기난방법의 원리

증기난방에서는 보일러에서 경유, 가스 등의 원료를 연소시켜 물에 열을 가하면 물은 1 kg당 539 kcal의 증기 잠열을 보유하여 증기로 된다. 이 증기가 배관을 통하여 방열기로 보내져 증발 잠열을 방출하여 응축수가 된다. 이때 방출된 잠열은 방열기의 표면을 통하여 실내의 공기에 열을 주어 공기의 온도를 높인다. 따뜻해진 공기는 팽창하여 가벼워지므로 대류 작용에 의해 실내 온도를 상승시키므로 실내 공기 전체가 따뜻해진다. 또한 온도가 높아진 방열기 표면으로부터의 복사열에 의해서도 실내가 따뜻해지게 된다.

한편, 방열기 내에 발생한 응축수는 환수관을 통하여 보일러로 복귀하여 다시 가열된다. 이와 같이 물 또는 증기의 순환은 반복되며, 이때 증기는 열을 보일러로부터 방열기로 운반하는 매체가 되는 것이며 이것을 열매라 한다.

(2) 증기난방법의 종류

증기난방 설비는 사용 증기압, 배관 방법, 증기의 공급 방식, 응축수의 환수 방식, 환수관의 배관 방식 등에 따라서 분류한다.

① 사용 증기 압력에 의한 구분

㈎ 저압 증기난방법 : 증기의 사용 압력이 9.8~34.3 kPa의 낮은 압력일 때를 말한다.

㈏ 고압 증기난방법 : 증기의 사용 압력이 98 kPa 이상일 때를 말한다.

② 응축수의 환수 방법에 의한 구분

㈎ 중력 환수식 : 열을 발산하고 생긴 응축수를 중력에 의하여 환수하는 방식이다.

㈏ 기계 환수식 : 중력에 의하여 환수된 응축수를 펌프로 보일러에 환수하는 방식이다.

㈐ 진공 환수식 : 증기와 응축수를 진공 펌프로 흡입 순환시키는 방식이다.

③ 환수관의 배관 방법에 의한 구분

㈎ 습식 환수관식 : 환수 주관을 보일러의 수위선보다 낮게 배관하여 응축수가 환수관에 차 있는 상태로 흐르는 배관법이다.

㈏ 건식 환수관식 : 보일러의 수위선보다 높게 배관하여 응축수를 환수 주관의 밑면에서만 흐르게 하는 배관법이다.

증기난방 방식의 분류

분류의 요점	종류	분류의 요점	종류
증기압력	고압식	응축수 환수법	중력 환수식
	저압식		기계 환수식
배관법	단관식	환수관의 배관법	진공 환수식
	복관식		건식 환수관식
증기 공급식	상향 공급식		습식 환수관식
	하향 공급식		

(3) 여러 가지 증기난방법의 특징

① **단관 중력 환수식 증기난방법** : 증기와 응축수가 같은 파이프를 통해 흐르는 방식이며, 증기의 공급 방식에 따라 상향식과 하향식이 있다.

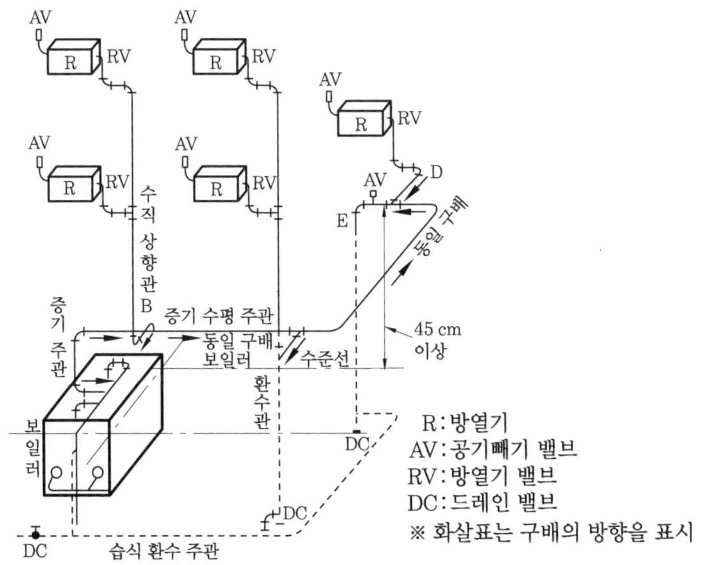

단관 중력 환수식 증기난방법(상향 공급식)

㈎ 상향식 : 증기를 아래에서 위로 공급하는 방식이다.

㈏ 하향식 : 증기를 일단 높은 곳으로 끌어 올린 다음 위에서 아래로 공급하는 방식이다.

단관식의 장단점은 다음과 같다.

㉮ 파이프 길이가 짧아진다.

㉯ 파이프 지름이 굵어진다.

㉰ 증기 흐름이 방해된다.

㉱ 난방이 불안정하다.

㉲ 소규모 주택 난방에 적합하다.

단관 중력 환수식 방열기의 부속품은 도면과 같이 장치한다.

② **복관 중력 환수식 증기난방법** : 증기와 응축수가 각각 다른 파이프를 통해 공급, 환수되는 난방법으로서 배관 방식에 따라 상향식과 하향식이 있다.

㈎ 상향식 : 지하에 설치된 보일러로부터 위로 올라가면서 차례로 증기를 공급하는 방식이다.

㈏ 하향식 : 증기 수직 주관을 일단 위로 배관한 다음 위에서 차례로 내려오며 증기를 공급하는 방식이다.

방열기에는 다음과 같은 부속품을 장치한다.

㉮ 방열기 밸브는 방열기의 위에 장치한다.

㉯ 아래 태핑에 열동식 트랩을 장치한다.

㉰ 그 밖의 부속품은 그림과 같이 한다.

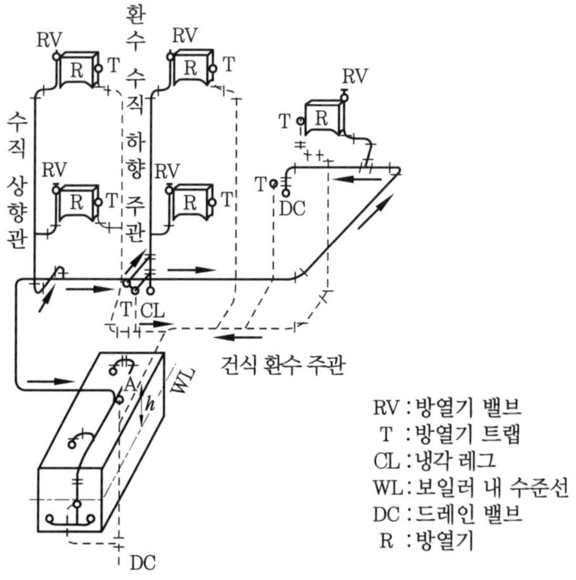

복식 중력 환수식 증기난방법(상향 공급식)

③ **기계 환수식 증기난방법** : 응축수 탱크까지 중력으로 환수된 응축수를 펌프로 보일러에 환수하는 방식이며, 방열기에는 다음 부속품을 장치한다.

(가) 방열기 밸브의 반대편에 열동식 트랩을 장치한다.

(나) 응축수 탱크를 설치한다.

(다) 68.6~137.2 kPa의 압력을 낼 수 있는 펌프를 보일러 근처에 설치한다.

(라) 그 밖의 부속품은 그림과 같이 장치한다.

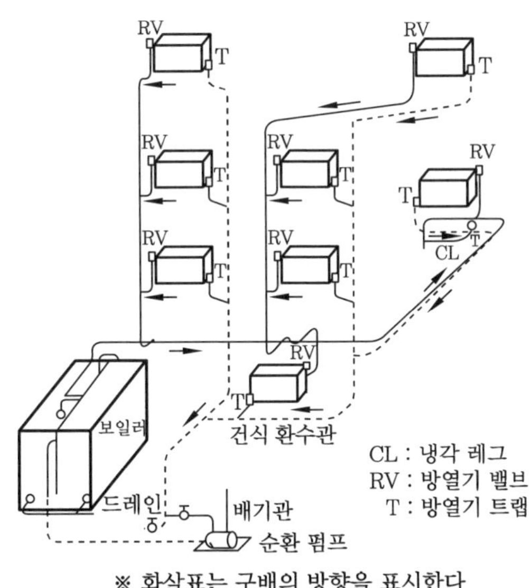

기계 환수식 증기난방법

④ **진공 환수식 증기난방법** : 환수 파이프와 보일러 사이에 진공 펌프를 설치하며, 파이프 속의 공기와 응축수를 환수한다. 이때 파이프 속의 진공 압력은 13.33~33.33 kPa (100~250 mmHg) 정도이며, 관 속으로 공기가 새어드는 것을 방지하여야 한다.

방열기에는 백 래시(back lash)식 밸브를 사용하고 방열기의 아래 태핑에 열동식 트랩을 장치하며, 이 난방법의 장단점은 다음과 같다.

(가) 증기의 발생이 빠르고 배관의 지름을 적게 할 수 있다.

(나) 순환 파이프의 기울기를 적게 할 수 있다.

(다) 방열기의 밸브로 방열량을 광범위하게 조절할 수 있다.

(라) 증기의 압력을 19.6 kPa에서 26.7kPa(수은주 200 mmHg)까지 조절할 수 있다.

(마) 진공 펌프에는 버큠 브레이커(vacuum breaker)를 사용해야 한다.

(바) 그 밖의 부속품은 그림과 같이 장치한다.

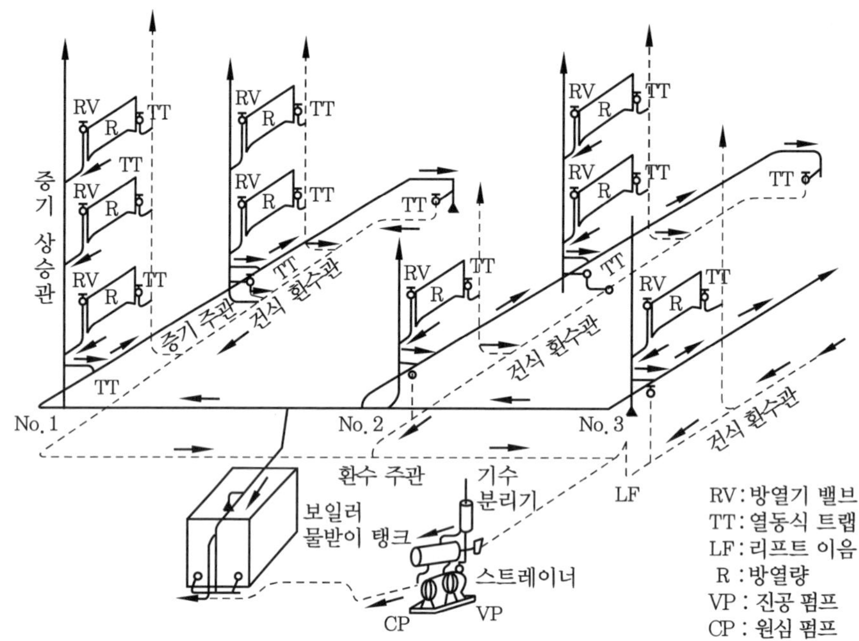

※ 배관계의 화살표는 구배를 나타낸다. 진공 펌프실의 화살표는 흐름의 방향을 나타낸다.

진공 환수식 증기난방법

1-4 온수난방법

온수난방 배관법은 온수 순환 방법에 따라 다음과 같이 구분한다.

(1) 온수의 온도에 의한 구분

① **보통 온수난방법** : 온수 온도 85~90℃로 난방하는 방법이다.

② **고온수 난방법** : 온수 온도 100℃ 이상이며, 밀폐식으로 난방하는 방법이다.

(2) 배관 방식에 의한 구분

① **단관식** : 앞으로 나갈수록 방열 면적이 넓어지며, 상향식은 공기 밸브가 필요하고, 하향식은 공기 밸브가 필요 없다.

② **복관식** : 온수를 공급하는 관(급탕관)과 식은 물을 환수하는 관(환탕관)이 따로 있으며, 하향식과 상향식이 있다.

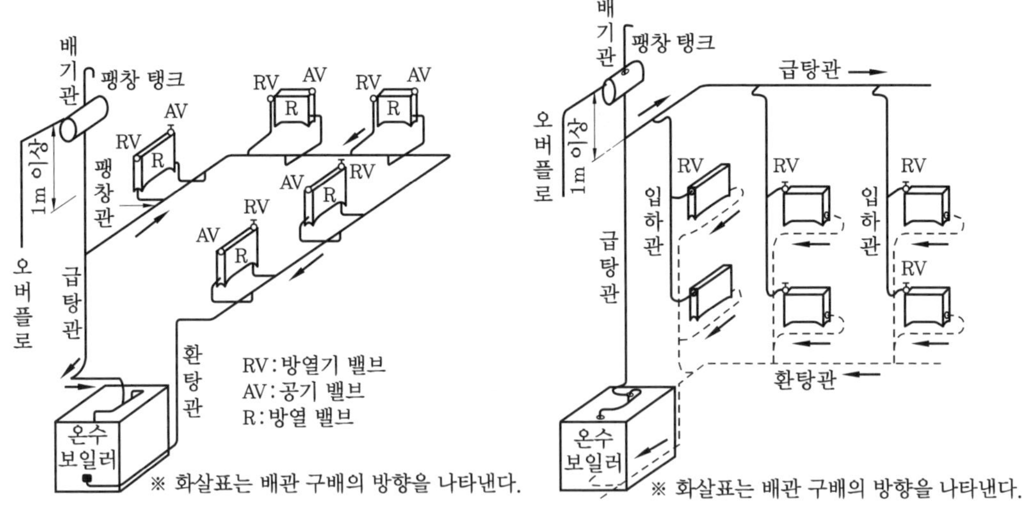

단관 중력 환수식 온수난방법(상향 공급식)

복관 중력 환수식 온수난방법(하향 공급식)

(3) 증기난방법과의 비교

① 난방 하부의 변동에 따른 방열량의 조절이 쉽다.

② 예열 시간이 오래 걸린다.

③ 야간에 동결하는 불편이 없다.

④ 취급이 쉽다.

⑤ 연료비가 적게 든다.

⑥ 방열 면적이 넓다.

⑦ 시설비가 많이 든다.

⑧ 건축물의 높이에 제한을 받는다.

(4) 순환 방법에 따른 구분

① **자연 순환식** : 방열기에 공급하는 온수와 냉수 사이에는 비중의 차이가 생기며, 이 비중의 차를 이용하여 자연 순환시키는 방법으로서 소규모 난방에 적합하다. 이 방식을 채택할 경우에는 다음과 같은 점에 유의해야 한다.

(가) 보일러는 방열기보다 낮은 위치에 설치하며, 경우에 따라 같은 층에 놓을 수도 있다.

(나) 환수관은 될 수 있는 한 천장에서 노출시켜 온도차를 크게 한다.

② **강제 순환식** : 방열기가 보일러와 같은 높이, 그 이하에 설치되어도 순환 펌프에 의해 보일러로 환수시킬 수 있다. 또 관내의 마찰 저항이 있더라도 펌프가 순환 수두를 줌으로 관 지름은 중력식보다 적게 되고 펌프는 환탕관의 끝(보일러 환수 입구 근처)에 설치하며, 대규모 난방에 사용한다. 축류 펌프, 센트리퓨걸 펌프, 하이드레이터 등을 사용하여 온수의 순환을 확실하게 한다.

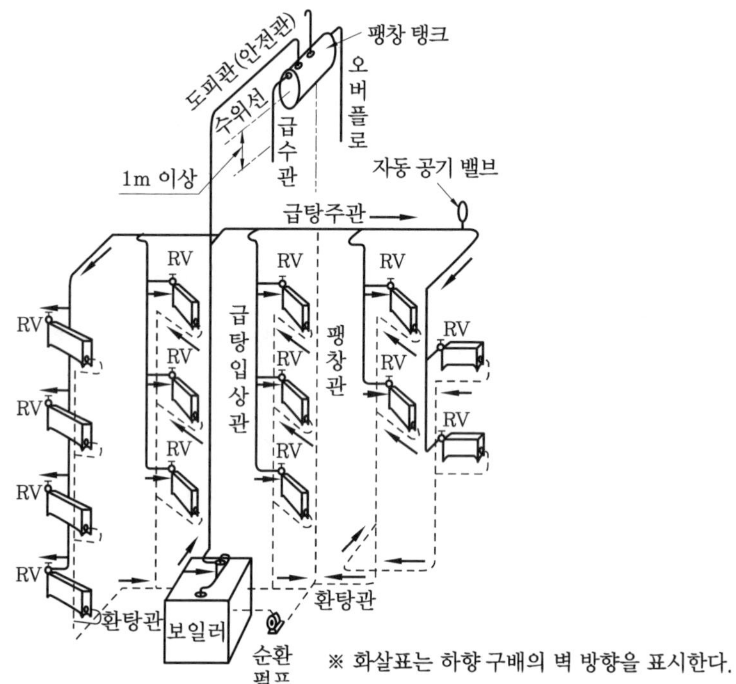

단관 강제 순환식 온수난방법(하향 공급식)

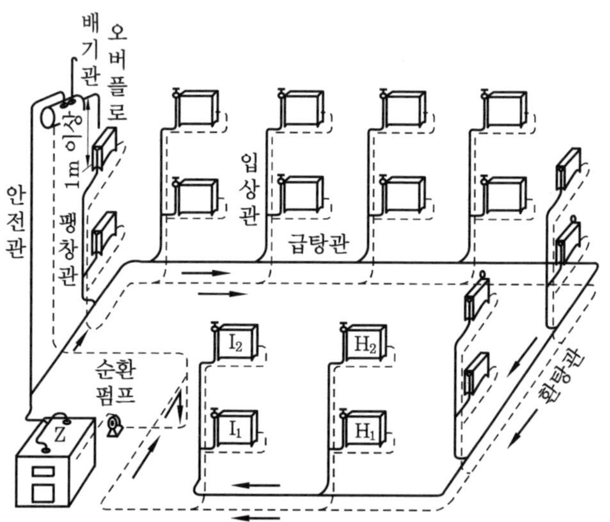

※ 화살표는 내림 구배의 방향을 표시한다.

복관 강제 순환식 온수난방법(역환수관식)

1-5 복사 난방법

증기, 온수 등의 열매를 이용하여 건축물의 천장, 벽, 바닥 등을 가열하여 그 복사열로 난방하는 방법이다. 패널 난방(panel heating)이라고 하며, 복사 난방에 있어서의 가열면을 말한다. 방열기를 사용하는 대류 난방에서는 방열량의 70~80%가 대류열에 의한 것인데 비하여 복사 난방은 50~70%의 복사열에 의한다. 의복을 입은 인체의 표면 온도는 대략 25~28℃이고, 쾌감 조건은 방 주위벽의 표면 온도가 17~21℃ 정도이다. 이때 인체에서의 복사 열량은 147 kJ/m^2h 정도로서 성인의 보통 신체 표면은 대체로 1.4 m^2이므로 전복사 열량은 205.8 kJ/h(전복사 열량=147×1.4=205.8 kJ/h)가 된다.

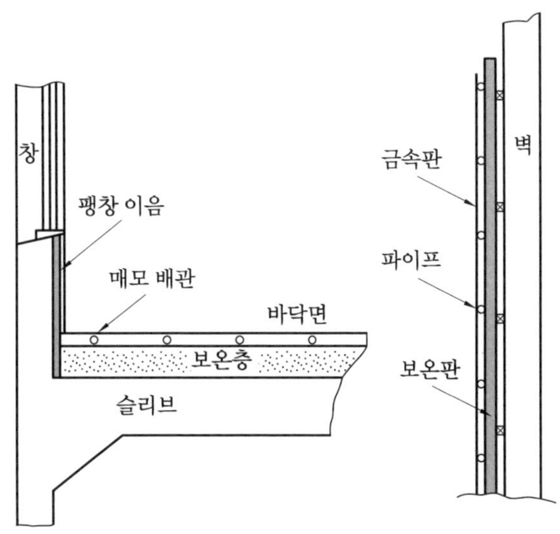

방사 난방 패널 구조

(1) 복사 난방의 특징

① 천장이 높은 홀이나 연회장 등의 난방에 적합하다.
② 열손실이 적다.
③ 방열기의 설치 공간이 따로 필요 없다.
④ 열용량이 크므로 예열 시간이 오래 걸린다.
⑤ 외기의 온도 변화에 따른 조작이 어렵다.
⑥ 시설비가 비싸다.
⑦ 수리가 곤란하다.
⑧ 열손실을 막기 위한 단열층이 필요하다.
⑨ 대류가 적으므로 바닥면의 먼지가 상승하지 않는다.

(2) 패널의 종류

① **바닥 패널** : 바닥면을 가열면으로 한 것으로 가열면의 온도를 높게 할 수 없으므로 (30℃ 이하) 열량 손실이 큰 실내에서는 바닥면만으로는 방열량이 부족하다. 시공이 비교적 간단하여 많이 이용된다.

② **천장 패널** : 천장면은 시공이 곤란하지만 가열면의 온도는 50℃ 정도까지 할 수 있다. 따라서 패널 면적이 적게 되며, 열 손실이 큰 실내에 적합하여, 천장이 높은 강당이나 극장 등에 이용된다.

③ **벽 패널** : 시공 시 단열 구조로 하지 않으면 실외로 열 손실이 많게 된다. 또 실내는 가구 등의 장식물에 의해 방해되므로 바닥, 천장 패널의 보조 난방으로 사용되고 있다.

(3) 관 코일의 배관 방식

패널에 쓰이는 관은 주로 강관, 동관이다. 내식성은 동관이 우수하지만 바닥은 배관할 때나 배관 후의 콘크리트 작업 시 손상을 받을 위험이 있다.

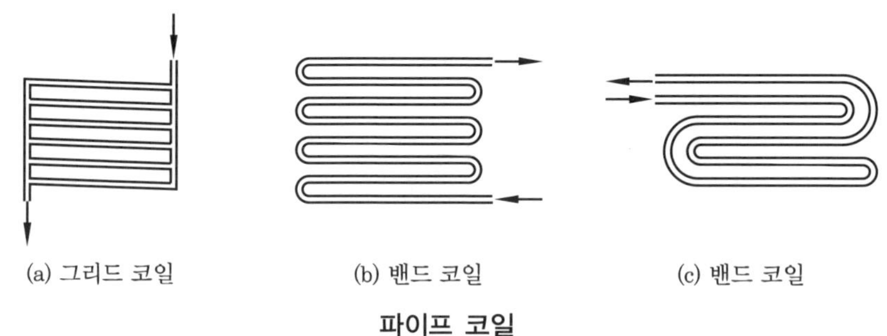

(a) 그리드 코일 (b) 밴드 코일 (c) 밴드 코일

파이프 코일

① 그림 (a)는 그리드 코일식(grid coil type)으로 온수의 유량을 균등하게 분배하기 어렵다.

② 그림 (b)는 흐름이 끝으로 갈수록 온수의 온도가 떨어지므로 온도 분포가 균등하게 되지 않는 결점이 있다.

③ 그림 (c)는 그림 (b)의 결점을 보완한 방법이다.

④ 그리드식은 공장 등의 넓은 바닥 면적에 쓰이며, 일반적으로는 그림 (b), (c)가 많이 사용된다. 코일의 길이는 약 40~60 m 정도로 하고, 마찰 손실 수두는 코일 길이 100 m 당 19.6~29.4 kPa(2~3 mAq) 정도가 되도록 관 지름을 정한다.

(4) 복사 난방 배관법

한 계통의 공급수 주관, 환수 주관에 여러 개의 파이프 패널을 연결할 경우 그림 (a)와 같이 공급수 주관과 환수 주관의 길이가 다르게 되므로 마찰 손실도 다르게 되며, 따라서 유량 조절이 어렵게 되어 보일러에서 가까운 곳이 복사열이 많게 되고, 먼 곳은 복사열이 적게 되어 따뜻하지 않다.

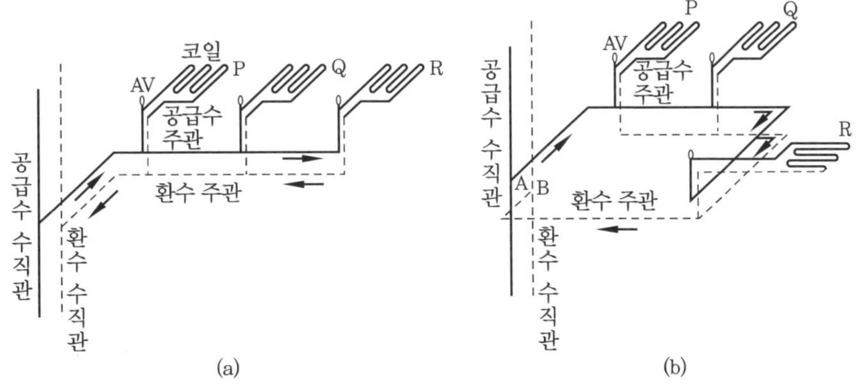

파이프(관) 코일의 연결 배관법

그림 (b)와 같이 배관하면 환수 P, Q, R의 길이가 같게 되어 A에서 P에 먼저 공급되었으나 환수관 B에 되돌아오는 길이가 길어 관 길이가 모두 같게 되어 마찰 손실이 균등히 되어 유량도 균등하게 된다.

1-6 증기관의 관 지름 결정

증기관의 관 지름은 증기가 배관을 통과할 때 충돌과 마찰에 의한 압력 강하와 증기량 및 배관 길이에 의해 결정된다.

(1) 증기관의 마찰 저항

증기가 관 내를 흐르면 관의 내벽과의 마찰 저항에 의해 증기의 압력이 떨어진다. 이것이 관의 마찰 저항 손실(압력 강하)이다. 마찰 저항 계수 f는 레이놀즈수와 관벽의 거칠기와의 함수이다. 또한 국부 저항은 이음 밸브, 부속품 등에 의한 저항으로 이것을 통과하는 유체의 속도 수두에 비례하는 것으로 가정하여 구한다.

① 관내 마찰 저항

$$H_L = f\frac{l}{d} \times \frac{\rho v^2}{2g} \text{[N/m}^2\text{ 또는 mmAq]}$$

② 국부 저항

$$H_L' = K\frac{v^2}{2g}$$

여기서, H_L : 관 길이 1 m당의 마찰 저항(N/m^2 또는 mmAq), v : 관 내 증기의 속도(m/s)
d : 관 안지름(m), f : 마찰계수, g : 중력 가속도(m/s^2), K : 국부 저항 계수
ρ : 증기의 밀도(kg/m^2), H_L' : 밸브 이음 등의 국부 저항(N/m^2 또는 mmAq)

국부 저항 계수 K(A)

기구의 종류		K
소켓		0
T 이음		1
		1.5
		3
Y 이음		1.5
방열기		3
탕수관		2.5

국부 저항 계수 K(B)

기구의 종류	호칭 관지름(mm)			
	15	20~25	32~40	50 이상
L	2.5	2.5	1.0	1.0
밴드	1.5	1.0	0.5	0.5
게이트 밸브	1.0	0.5	0.3	0.3
스톱 밸브	16.0	12.0	9.0	7.3
방열기 밸브 (스트레이형)	4.0	2.0	–	–
방열기 밸브 (앵글형)	7.0	4.0	–	–

(2) 증기관의 관 지름

① 압력 강하

$$H_L = 100 \times (P_B - P_R)\frac{1}{l(1+r)}$$

여기서, H_L : 증기관 내의 단위 마찰 저항[(Pa)/100 m]

L : 보일러에서 가장 먼 방열기까지의 거리(m)

r : 증기 배관 도중의 이음, 밸브 등 국부 저항의 직관 전 저항에 대한 비율
보통 r =0.5(큰 장치)~1.0(작은 장치)

P_B : 보일러의 증기압, P_R : 방열기 내의 증기압

증기관 내의 허용 전손실은 중력 단관식의 ΔP는 1.96 kPa 이하, 중력 복관식의 ΔP는 3.92 ~ 7.84 kPa, 진공 복관식의 ΔP는 1.96 ~ 12.74 kPa이다.

② 저압 증기관의 구경 : 증기관의 단위 마찰 저항과 E.D.R에서 구하려면 다음 표를 사용한다.

저압 증기관의 용량표(해당 방열 면적 m²)

관 지름 (mm)	순구배 가로관 및 하향 급기입관(복관식 및 단관식) H_L = 압력 강하 [(N/m²)/100 m]					상향 급기입관 및 역구배 가로관(복관식)		단관식 상향급기	
	(A) 0.005 (m²)	(B) 0.01 (m²)	(C) 0.02 (m²)	(D) 0.05 (m²)	(E) 0.1 (m²)	(F) 입관 (m²)	(G) 가로관 (m²)	(H) 입관 (m²)	(I) (입관용) 가로관(m²)
20	–	2.4	3.5	5.4	7.7	3.2	–	2.6	–
25	3.6	5.0	7.1	11.2	15.9	6.1	3.2	4.9	2.2
32	7.3	10.3	14.7	23.1	32.7	11.7	5.9	9.4	4.1
40	11.3	15.9	22.6	35.6	50.3	17.9	9.9	14.3	6.9
50	22.4	31.6	44.9	70.6	99.7	35.4	19.3	28.3	13.5

65	45.1	63.5	90.3	142	201	63.6	37.1	50.9	26.0
80	72.9	103	146	230	324	105	67.4	84.0	47.2
90	108	153	217	341	482	150	110	120	77.0
100	151	213	303	477	673	204	166	163	116
125	273	384	546	860	1214	334	–	–	–
150	433	609	866	1363	1924	498	–	–	–
175	625	880	1251	1969	2779	–	–	–	–
200	887	1249	1774	2793	3943	–	–	–	–
250	1620	2280	3240	5100	7200	–	–	–	–
300	2593	3649	5185	8162	11523	–	–	–	–
350	3363	4736	6730	10593	14955	–	–	–	–

㈜ 증기 주관에는 되도록 50 mm 이하는 사용하지 않는다.

③ **저압 환수관의 관 지름 :** 실험과 경험에서 얻은 다음 표를 사용한다.

저압 증기의 환수관 용량(상당 방열 면적)

관 지름 (mm)	중력식						진공식		
	가로 주관				입관 (N)	트랩 (P)	가로관 (Q)	입관 (R)	트랩 (S)
	건식 (J)	습식							
		50 m 이하 (K)	100 m 이하 (L)	100 m 이상 (M)					
15	–	–	–	–	12.5	7.5	–	37	15
20	–	110	70	40	18	15	37	65	30
25	31	190	120	62	42	24	65	110	48
32	62	420	270	130	92	–	110	175	–
40	98	580	385	180	140	–	175	370	–
50	220	1000	680	330	280	–	370	620	–
65	350	1900	1300	660	–	–	620	990	–
80	650	3500	2300	1150	–	–	990	–	–
90	920	4800	3100	1700	–	–	1480	–	–
100	1390	5400	3700	1900	–	–	2000	–	–
125	–	–	–	–	–	–	5100	–	–

방열기 지관 및 밸브의 용량(m^2)

관 지름(mm)	단관식(T)	복관식(U)	관 지름(mm)	단관식(T)	복관식(U)
15	1.3	2.0	32	11.5	17.0
20	3.1	4.5	40	17.5	26.0
25	5.7	8.4	50	33.0	48.0

④ **고압 증기관의 관 지름 :** 허용 압력 강하와 유량으로부터 구한다. 허용 압력 강하 증기 압력이 196 kPa일 때 34.3 ~ 68.6 kPa, 증기 압력이 980 kPa일 때 171.5 ~ 205.8 kPa를 다음 표 (a), (b), (c)를 보고 구하면 된다.

게이지 압력 196 kPa의 고압 증기 환수관의 용량(kg/h) (a)

관 지름 (mm)	압력 강하 [(N/m²)/100 m]				
	0.03	0.06	0.12	0.18	0.23
20	52	77	111	140	165
25	104	154	222	279	330
32	220	322	465	584	695
40	358	526	760	950	1140
50	716	1070	1540	1950	2300
65	1200	1770	2540	3220	3800
80	2200	3220	4670	5840	6950
90	3260	4800	6930	8770	10350
100	4630	6800	9800	12200	14600
125	8600	12600	18200	25200	27200
150	14000	20600	29700	37600	44500

게이지 압력 980 kPa의 고압 증기 환수관의 용량(kg/h) (b)

관 지름 (mm)	압력 강하 [(N/m²)/100 m]						
	0.03	0.06	0.12	0.18	0.23	0.46	1.15
20	13	19	26	32	37	53	84
25	26	37	54	65	75	106	168
32	59	84	118	145	165	240	375
40	92	130	184	225	260	370	585
50	186	265	374	460	530	750	1180
65	310	435	540	750	880	1260	1940
80	560	793	1330	1380	1600	2250	3550
90	840	1190	1710	2060	2400	3350	5300
100	1190	1690	2340	2920	3400	5900	7550
125	2200	3120	4520	5400	6300	8900	14000
150	3600	5120	7900	8900	13200	14500	23000
200	7500	10600	15200	18500	21400	30100	48000
250	14000	19000	28100	34500	39800	56200	89000
300	22000	31200	44200	54000	63000	88000	140000

게이지 압력 196 kPa의 고압 증기관의 용량(kg/h) (c)

관 지름 (mm)	압력 강하 [(N/m²)/100 m]					
	0.03	0.06	0.12	0.18	0.23	0.46
20	6.8	10	14	17	20	29
25	14	21	29	35	40	52
32	31	45	64	78	90	127
40	48	70	100	120	140	198
50	98	142	200	247	284	400
65	162	234	330	420	467	660

80	295	426	603	740	852	1207
90	444	640	907	1105	1280	1810
100	630	907	1280	1570	1800	2570
125	1160	1650	2370	2900	3350	4760
150	1900	1740	3900	4720	5500	7800
200	3970	5700	8100	9900	11250	15900
250	7400	10650	15000	18400	21400	30000
300	11600	16700	23700	29000	33500	47600

⑤ **고압 환수관의 관 지름 :** 허용 압력 강하 {증기 압력 : 196 kPa, 14.7 kPa / 증기 압력 : 980 kPa, 68.6 kPa} 일 때 다음 표 (d)를 사용하여 결정한다.

게이지압 980 kPa의 고압 증기 환수관의 용량 (kg/h) (d)

관 지름 (mm)	압력 강하 [(N/m²)/100 m]					
	0.03	0.06	0.12	0.18	0.23	0.46
20	71	105	164	210	254	403
25	142	210	313	412	508	806
32	295	435	680	885	1060	1680
40	485	718	1120	1435	1720	2770
50	980	1500	3250	2900	3500	5590
65	1630	2430	3720	4850	5800	9250
80	2950	4350	6800	8850	10600	16850
90	4350	6520	10100	13000	15600	25000
100	6200	9300	14350	18400	22300	35600
125	11600	17300	26500	34500	41500	66200
150	19000	28400	43500	56800	68000	108000

1-7 온수관의 관 지름 결정

배관의 관 지름을 결정하기 위해서는 온수 순환량과 배관 저항을 알아야 한다. 관내의 마찰저항은 중력식에서는 자연 수두와 같게, 강제식의 경우에는 순환 펌프의 수두와 동일하게 하여야 한다.

(1) 온수의 순환 수량

온수난방 장치의 각 방열기에서 필요한 순환 수량은 다음 식으로 구한다.

① **온수의 순환량**

$$G = \frac{Q}{C \cdot (t_1 - t_2)} \text{ [kg/h]}$$

여기서, Q: 방열기의 방열량(kJ/h) t_1: 방열기의 온수 온도(℃)
t_2: 방열기 출구 온수 온도(℃) C: 비열(kJ/kg·K)

② **중력 온수난방의 순환 수두**

$$H = 1000(\rho_o - \rho_i)h$$

여기서, ρ_o: 방열기 출구 온수의 비중(kg/l), ρ_i: 방열기 입구 온수의 비중(kg/l)
h: 보일러 중심에서 방열기 중심까지의 높이(m)

중력식 온수난방의 순환 수두

저온 \ 고온	90℃	85℃	80℃	75℃	70℃	65℃
60℃	18.0	14.6	11.4	8.35	5.42	2.65
65℃	15.2	12.0	8.75	5.69	2.77	–
70℃	12.5	9.15	5.98	2.92	–	–
80℃	6.49	3.31	–	–	–	–
85℃	3.31	–	–	–	–	–

③ **강제식 온수난방의 순환 수두**

$$H' = 4.9 \sim 39.2 \text{ kPa } (0.5 \sim 4 \text{ mAq})$$

(2) 온수관의 구경

① **배관 저항**: 배관 저항은 유체에 대한 직관의 마찰 저항과 이음, 밸브 등의 국부 저항을 합한 것이며, 관 지름의 결정에 가장 필요한 것이다.

$$H_L' = \frac{H}{l(1+k)} = \frac{H}{1+l'} \text{ [N/m}^2 \text{ 또는 mmAq]}$$

② **관의 마찰 저항**: 증기난방과 같다.

$$H_L = f \cdot \frac{l}{d} \cdot \frac{\rho v^2}{2g} \text{[N/m}^2 \text{ 또는 mmAq]}$$

③ **국부 저항**: 증기난방과 같다.

$$Z = K \cdot \frac{v^2}{2g}$$

여기서, H_L: 배관의 전수두 손실(N/m^2 또는 mmAq), H: 순환 수두(N/m^2 또는 mmAq)
l: 보일러에서 최원단 방열기까지의 왕복 직관 길이(m)
l': 국부 저항의 해당 길이(m)

k : 국부 저항과 직관 저항의 비 소규모 건축의 k=1.0~1.5,
대규모 건축의 k=0.5~1.0

$H_L{}'$: 관 길이 1 m당의 마찰 저항(N/m^2 또는 mmAq)

d : 관 안지름(m), ρ : 유체의 밀도(kg/m^3), v : 평균 유속(m/s)

g : 중력 가속도(m/s^2), f : 마찰계수

온수를 흘릴 경우의 압력 강하에 대한 관지름

관 지름(mm) / 압력 강하	15	20	25	32	40	50	60	80	100	125	150	200	250	300
0.05	10.3	23.3	46.5	94	140	275	550	870	1850	3330	5250	10850	19700	
0.07	12.5	28.4	56.5	115	174	335	665	1070	2250	4000	6300	13150	23850	
0.10	15.4	34.0	69.0	140	213	413	820	1310	2700	4950	7750	16050	29000	
0.15	19.6	44.0	87.0	177	270	520	1030	1660	3450	6250	9750	20250	36250	
0.20	23.0	52.0	102	208	320	613	1210	1955	4060	7300	11400	23550	42250	
0.30	29.0	66.0	130	265	400	770	1620	2450	5100	9250	14400	29500	53000	
0.50	39.5	89.0	175	355	535	1030	2150	3280	6800	12300	19000	39000	70000	
0.70	47.5	107.5	211	435	650	1250	2450	3950	8250	14800	23000	47000	84000	
1.0	59	133	260	525	800	1530	3030	4850	10000	18000	28400	57500	102500	
1.5	74	166	328	665	1010	1900	3800	6100	12500	22600	34900	71500	128000	
2.0	87	195	390	770	1180	2250	4500	7100	14600	26500	41000	84000	149500	
3.0	110	243	480	975	1470	2820	5550	8850	18150	33000	50500	104500	186000	245000
4.0	129	285	565	1140	1725	3300	6500	10500	21300	38600	59000	121500	217000	343500
5.0	145	325	635	1290	1950	3750	7400	11750	24100	43600	66500	137500	245000	388500
7.5	182	406	800	1620	2450	4700	9250	14700	30000	54500	82500	170000	303500	481500
10.0	213	476	940	1900	2870	5470	10760	17160	35000	63500	96500	199500	352500	560000
20.0	314	697	1375	2800	4200	7975	15750	24900	50900	92200	141000	288500	510000	
30.0	392	872	1725	3480	5250	9920	19650	31050	63100	115000	176000	257500		
50.0	516	1150	2280	4600	6930	13150	25900	40900	83000	151000	231000			
100.0	752	1680	3330	6660	10100	19000	37500	59100	87500					
200.0	1100	2450	4800	9700	14600	27700								
300.0	1370	3050	5970	12100										

1-8 팽창 탱크(expansion tank)

(1) 탱크의 용량

온수난방 장치는 물의 온도 변화에 따라 온수의 부피가 증감하게 된다. 팽창량은 4℃의 물을 100℃까지 높였을 경우 팽창 체적 비율이 약 4.3 %에 이르며, 따라서 항상 이 정도의 팽창에 대한 여유를 갖지 않으면 안 된다. 온수 온도 변화에 의한 물의 체적 팽창과 수축량은 다음과 같다.

$$\Delta V = \left(\frac{1}{\rho^2} - \frac{1}{\rho^1}\right) V$$

여기서, ΔV: 온수 팽창 수축량(L), ρ_1 : 물을 가열하기 시작할 때의 물의 비중(kg/L)

ρ_2 : 가열한 온수의 비중(kg/L), V: 난방 장치 내의 전수량(L)

물의 팽창과 수축이 밀폐 배관 계통에서 흡수하지 않으면 팽창 시 관내에 이상 고압이 발생하고 수축 시에는 배관 계통에 공기 침입을 초래하는 등 배관 계통의 고장 원인이 되기도 한다. 물이 팽창할 때의 압력 상승은 다음과 같다.

$$\Delta P = K\frac{\Delta V}{V}$$

여기서, ΔP: 압력 상승(Pa), K: 체적 팽창 계수(일반 온도 범위 2.157 GPa)

온도에 따른 물의 비중량

온도(℃)	비중량(kg/m³)	온도(℃)	비중량(kg/m³)	온도(℃)	비중량(kg/m³)
0	999.87	34	994.40	68	978.94
2	999.97	36	993.70	70	977.81
4	1000.00	38	992.99	72	976.66
6	999.97	40	992.24	74	975.98
8	999.88	42	991.47	76	974.29
10	999.73	44	990.66	78	973.07
12	999.52	46	989.82	80	971.84
14	999.27	48	988.96	82	970.57
16	998.97	50	988.07	84	969.30
18	998.62	52	987.15	86	968.00
20	998.23	54	986.21	88	966.68
22	997.80	56	985.25	90	965.34
24	997.32	58	984.25	92	963.99
26	996.81	60	983.24	94	962.61
28	996.26	62	982.20	96	961.22
30	995.67	64	981.13	98	959.81
32	995.05	66	980.05	100	958.38

① **밀폐식 팽창 탱크 용량**: 밀폐식 팽창 탱크는 전 계통이 밀폐되어 있으므로 장치 내 압력의 변동을 공기에 의해 흡수한다.

$$V = \frac{\Delta V}{\dfrac{P_1}{P_1 + 0.10H} - \dfrac{P_1}{P_2}} \text{[L]}$$

공기층의 필요 압력은 다음과 같다.

$$P_2 = 0.1H + h_t + \frac{h_p}{2} + 19.6 \text{ kPa}$$

② **개방식 팽창 탱크 용량 :** 개방식 팽창 탱크는 온도 상승에 따라 체적 팽창이 오버 플로관(over flow pipe)에 의해 증기나 공기를 배제한다.

$$V = (1.5 \sim 2)\Delta U[\mathrm{L}]$$

여기서, ΔV : 온수의 팽창량(L), V : 장치 내에 포함되는 전 물량(L)

α : 물의 팽창 계수≒0.5×10^{-3}, V : 탱크의 용적(L)

ΔU : 장치 내의 전 물량의 팽창량(L)

P_1 : 대기 압력(98 kPa), P_2 : 장치 내 최대 허용 압력($\mathrm{N/m^2}$)

H : 탱크에서 장치의 최고점까지의 높이(m)

h_t : 소요 온도에 대한 포화 증기 압력($\mathrm{N/m^2}$)

h_p : 순환 펌프의 수두($\mathrm{N/m^2}$)

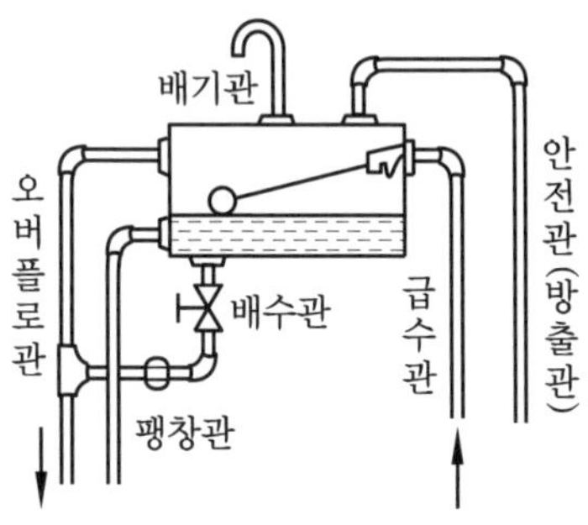

(a) 개방식 팽창 탱크

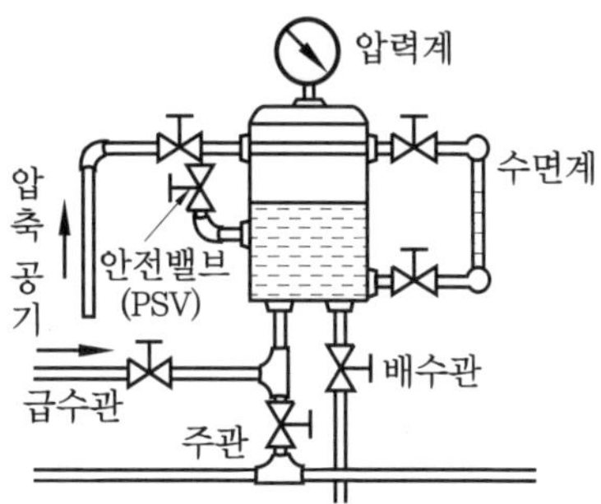

(b) 밀폐식 팽창 탱크

팽창 탱크

팽창 탱크의 접속 관 지름

탱크 용량(L)	급수관	배수관	오버플로관	급수관	배기관
1000 이하	20	15	32	20	25
1000~4000	25	20	40	20	25
4000 이상	32	25	50	20	25

또한 일반 장치에서 방열 면적과 팽창 탱크와의 관계는 다음 표와 같다.

개방식 팽창 탱크 용량표

방열 면적의 합계	팽창 탱크(L)	방열 면적의 합계	팽창 탱크(L)
약 32 $\mathrm{m^2}$ 까지	70	약 130 $\mathrm{m^2}$ 까지	150
42 $\mathrm{m^2}$ 까지	80	160 $\mathrm{m^2}$ 까지	230
60 $\mathrm{m^2}$ 까지	90	185 $\mathrm{m^2}$ 까지	270
80 $\mathrm{m^2}$ 까지	110	210 $\mathrm{m^2}$ 까지	300
100 $\mathrm{m^2}$ 까지	130		

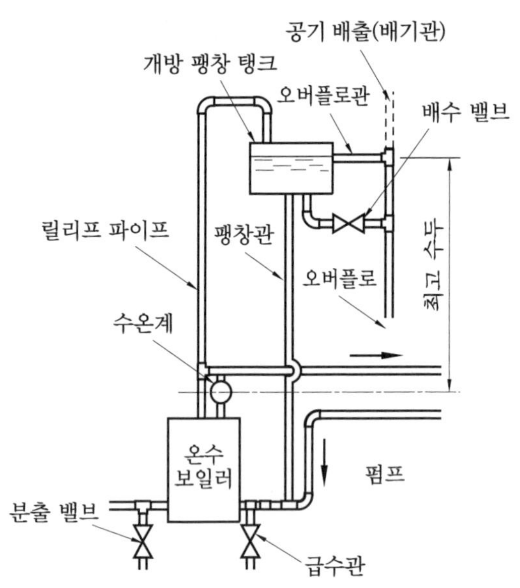

릴리프 파이프의 연결도

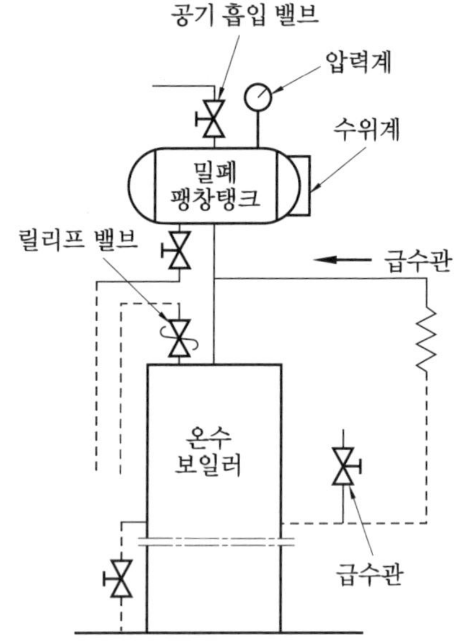

밀폐식 팽창 탱크의 연결도

(2) 팽창관과의 안전장치

온수난방 장치에서 안전장치로는 온도에 따른 체적 팽창을 도출(escape)시키기 위해 팽창관을 팽창 탱크에 접속하는 방법과, 과열 증기가 발생했을 때 이것을 도출시키기 위해 보일러에 안전관을 세워 팽창 수면상에 나오게 하는 방법 등이 있다.

① 안전관 없이 팽창관을 팽창 탱크의 바닥에 접속하는 경우

팽창관의 지름 $d_1 = 14.9H^{0.356}$[mm]

여기서, H: 온수 보일러의 전열면적(m^2)

② 안전관을 팽창 탱크의 수면상에 나오게 하고, 별도로 팽창 탱크관을 팽창 탱크의 하부에 접속하는 경우

- 팽창관의 관 지름 $d_2 = 15 + \sqrt{10H}$[mm]
- 안전관의 관 지름 $d_3 = 15 + \sqrt{20H}$[mm]

위의 식으로 계산한 각 관 지름의 값은 다음 표와 같다.

팽창관 및 안전관의 관 지름

보일러의 전열 면적 (m^2)	d_1[mm]	보일러의 전열 면적 (m^2)	d_2[mm]	보일러의 전열 면적 (m^2)	d_3[mm]
5	25	7	25	15	25
5~11	32	7~21	32	15~42	32
11~17	40	21~30	40	42~70	40
17~34	50	30~72	50	70~144	50
34~69	60	72~140	65	69~112	80
69~112	80				
112~170	90				

1-9 복사 난방의 설계

(1) 복사 온도

① **평균 복사 온도(MRT)** : 평균 복사 온도란 실내의 각 표면 온도를 평균한 것이며, 인체에 대한 쾌감 상태를 나타내는 기준이 되는 온도이다. 다음 식은 실내마감 재료의 표면 복사 계수를 1로 하여 산출한 것이다.

$$\text{MRT} = \frac{\Sigma t_s \cdot A + t_u \cdot A}{\Sigma A + A_u}[\text{K}]$$

t_s =실내의 비가열면의 표면 온도(K)

$$t_s = t_i - \frac{K}{\alpha_i}(t_i - t_o)$$

여기서, t_i : 실내 온도(K), t_o : 외기 온도(K)
K : 비가열면의 열관류율($\text{W/m}^2 \cdot \text{K}$)
α_i : 실내측 비가열면의 열전달률($\text{W/m}^2 \cdot \text{K}$)
A : 실내 가열면의 표면적(cm^2)
t_s : 패널 표면 온도(K), t_u : 비가열면의 표면 온도(K)
A : 패널 표면적(m^2), t_m : 평균 복사 온도(K)

② **비가열면의 평균 복사 온도(UMRT)** : 패널면을 제외한 실내 표면의 평균 온도이며, 다음 식으로 구한다.

$$\text{UMRT} = \frac{\Sigma t_s \cdot A}{\Sigma A}$$

③ **비가열면의 표면 온도**

$$t_u = t_i - \frac{K}{8.0}(t_i - t_o)[\text{K}]$$

④ **효과 온도(T_0) :** 효과 온도란 작용 온도라고도 하며 건구 온도, 기류 속도, 평균 복사 온도와 다르나 일반적으로 다음 식으로 사용한다.

$$T_0 = \frac{t_i - t_m}{2} \text{[K]}$$

이 경우 실내 기류는 9~11 m/min 이며, 피복일 때 $T_0 = 0.55 + t_m + 0.45t_i$, 비피복일 때 $T_0 = 1.48t_m + 0.52t_i$가 된다.

(2) 패널에서의 발열량

가열 패널에서의 발열량은 패널 온도, 실내 공기 온도, 패널 위치 및 열이 흐르는 방향 등에 따라 변하며 일반적으로 복사 전열과 대류 전열에 의한 발열량으로 구분한다.

① **복사에 의한 발열량 :** 복사에 의한 발열량의 경우 복사 상수는 5 W/m²·K를 사용한다.

$$q_r = 4.3\left\{\left(\frac{t_p + 237}{100}\right)^4 - \left(\frac{\text{UMRT} + 273}{100}\right)^4\right\}$$

② **대류에 의한 발열량**

$$q_c = f_e(t_p - t_i)^n \text{ [W/m}^2\text{]}$$

여기서, f_e, n정수 : 바닥 패널 : $f_e = 1.87$, $n = 1.31$, 벽 패널 : $f_e = 1.53$, $n = 1.32$
천장 패널 : $f_e = 0.12$, $n = 1.25$

f_e는 패널의 위치, 상태, 높이 등에 따라 달라진다.

상기 계산식을 그래프로 만든 것은 다음과 같다.

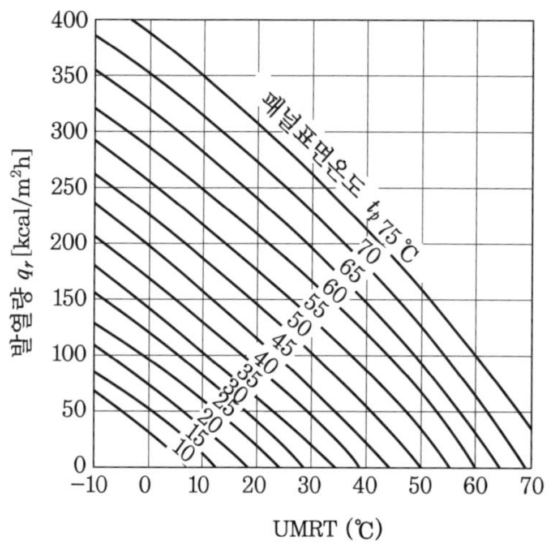

복사에 의한 발열량

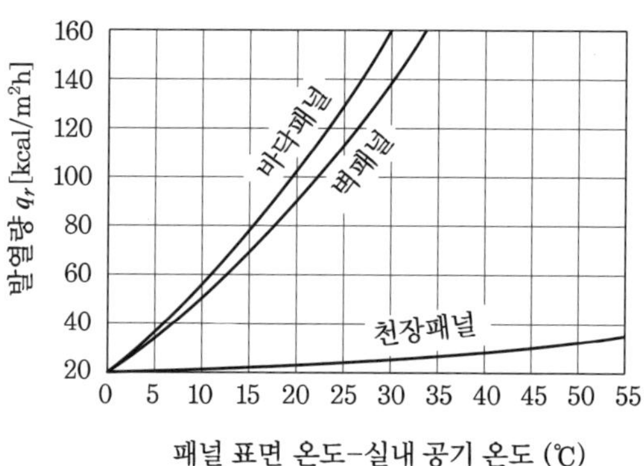

대류에 의한 발열량

2. 방열기

방열기에 의한 직접 난방법은 실내에 방열기를 설치하고, 증기 또는 온수를 통과시켜 방열기와 접촉하는 실내 공기를 따뜻하게 한다. 더워진 공기는 대류 작용에 의하여 실내를 순환하여 실내 전체의 공기를 따뜻하게 한다. 이 밖에 방열면으로부터의 복사 작용에 의한 방열도 어느 정도 행하여지나 주로 대류 작용에 의한 것이다.

일반적으로 많이 사용되는 것은 알미늄제 방열기이지만 주철제 또는 강판제의 것이나 강관을 그대로 방열기로 사용하기도 한다. 강관으로 만든 방열기는 방열률이 좋으며, 고압 증기에도 견딜 수 있으나 미관상 좋지 않으므로 온실, 건조실, 작업장 등에 많이 사용된다.

2-1 방열기의 종류

(1) 주형 방열기(column radiator)

주로 실내에 설치하며, 기둥의 수와 크기에 따라 2주 방열기, 3주 방열기, 3세주 방열기, 5세주 방열기 등이 있다.

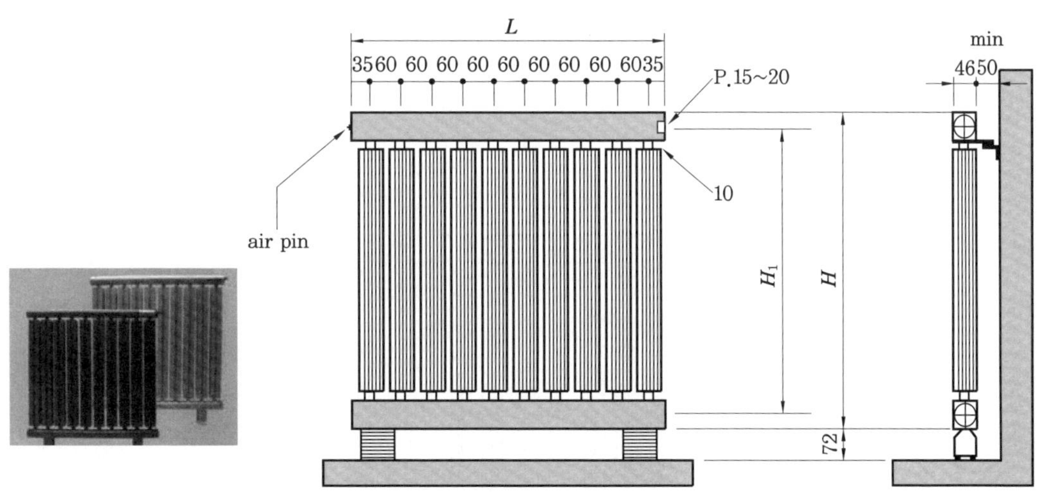

AL 방열기 – 동관 삽입형

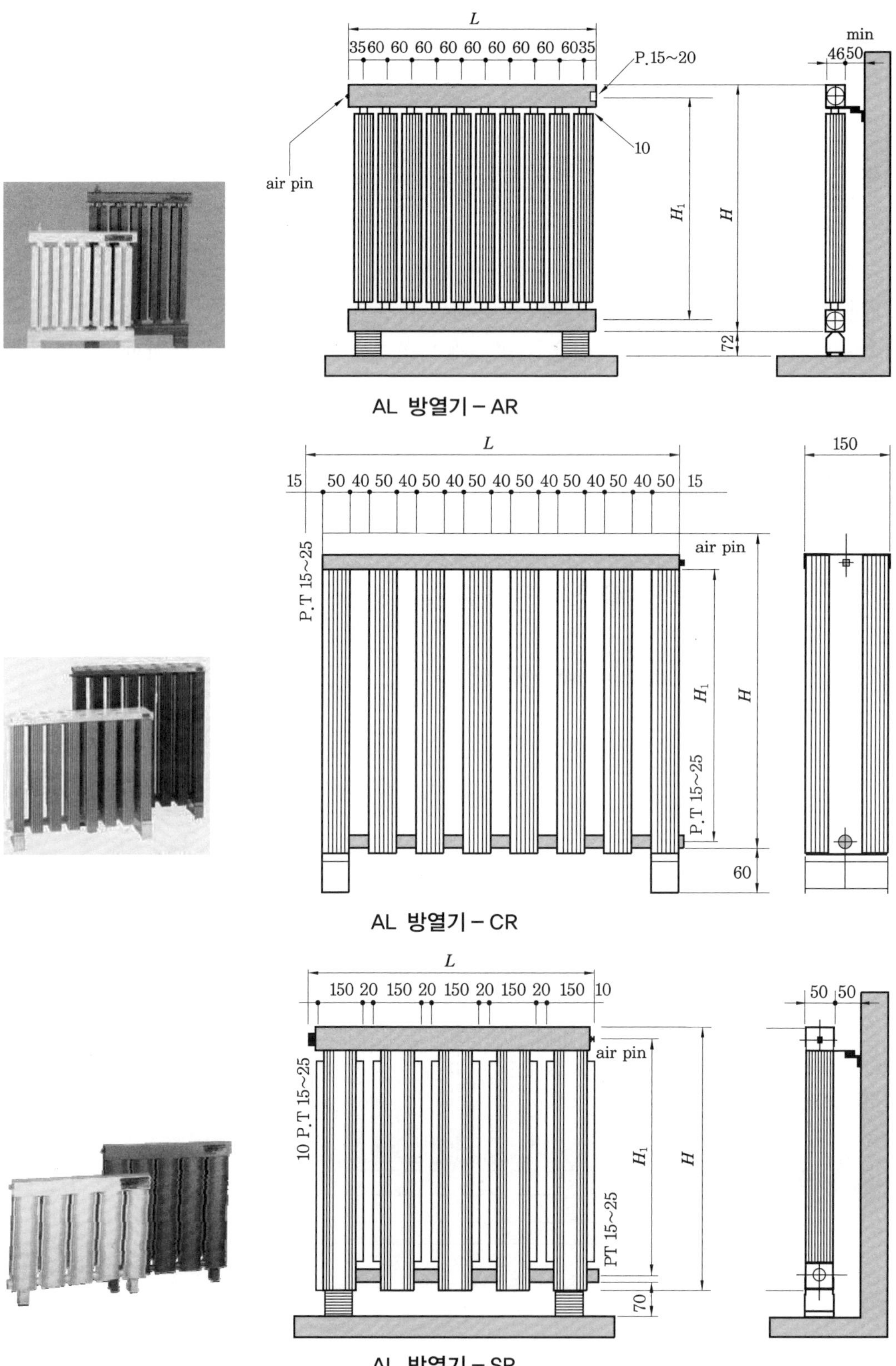

AL 방열기 – AR

AL 방열기 – CR

AL 방열기 – SR

주철제 방열기의 주요 치수와 성능표

종별	각부 치수(mm)						방열 면적 (m^2)	내용적 (lit)	중량 (kg)
	높이 (H)	위 넓이 (b)	아래 넓이	길이	니플 중심 사이	발(足) 높이(g)			
2 주형	1,150	187	203	63	984	115	0.44	4.25	13.2
	950	187	203	63	784	115	0.35	3.60	12.3
	800	187	203	63	634	115	0.29	2.85	11.3
	700	187	203	63	534	115	0.25	2.50	8.7
	650	187	203	63	484	115	0.23	2.30	8.2
	600	187	203	63	434	115	0.21	2.10	7.7
	500	187	203	63	334	115	0.17	1.73	7.0
3 주형	1,150	228	244	65	973	115	0.52	3.05	17.5
	950	228	244	65	773	115	0.42	2.40	15.8
	800	228	244	65	773	115	0.42	2.40	15.8
	800	228	244	65	623	115	0.42	2.40	12.6
	700	228	244	65	523	115	0.30	2.00	11.0
	650	228	244	65	473	115	0.27	1.80	10.3
	600	228	244	65	423	115	0.25	1.65	9.2
	500	228	244	65	323	115	0.20	1.50	7.7
	500	228	244	65	323	115	0.20	1.50	7.7
3 세주형	800	117	127	50	644	114	0.19	0.80	6.0
	700	117	127	50	544	114	0.16	0.73	5.5
	650	117	127	50	494	114	0.15	0.70	5.0
	600	117	127	50	444	114	0.13	0.60	4.5
	500	117	127	50	344	114	0.11	0.54	3.7
5 세주형	950	203	213	50	794	114	0.40	1.30	11.9
	800	203	213	50	644	114	0.33	1.20	10.0
	700	203	213	50	544	114	0.28	1.10	9.1
	650	203	213	50	494	114	0.26	1.00	8.3
	600	203	213	50	444	114	0.23	0.90	7.2
	500	203	213	50	344	114	0.19	0.85	6.9
벽걸이 가로형	360	76	56	540	286	–	0.60	5.70	18.9
벽걸이 세로형	540	76	76	360	466	–	0.60	5.10	19.6

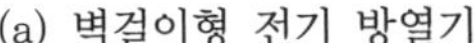

(a) 벽걸이형 전기 방열기

(b) 이동식 전기 방열기

(c) 주철제 방열기

주철제 방열기와 전기 방열기

또한 재질에 따라 주철제와 강관제, 강판제, 알루미늄제 등이 있으며, 현재는 가격, 설치 면적, 수명, 색상, 외형 및 방열 효과가 우수한 알루미늄 제품을 많이 사용하고 있으며, 헤더 겸용 방열기도 선보이고 있다.

(2) 벽걸이형 방열기(wall radiator)

수평형과 수직형이 있으며, 호칭은 종별, 형, 절수로 표시한다.

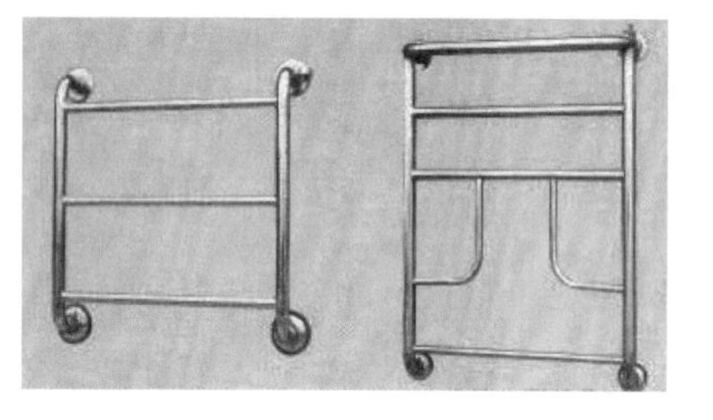

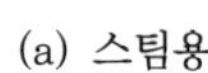

(a) 스팀용

(b) 전기용

욕실용 수건걸이 방열기

(3) 길드 방열기(gild radiator)

일정 규격이 없으며, 제작소에 따라 구조, 치수가 조금씩 다르다.

(4) 대류 방열기(convector)

철제판 캐비닛 속에 핀 튜브 또는 컨벡터 등의 가열기를 장치한 것으로, 여기서 증기 또는 온수를 가열하면 대류 작용으로 공기가 데워진다.

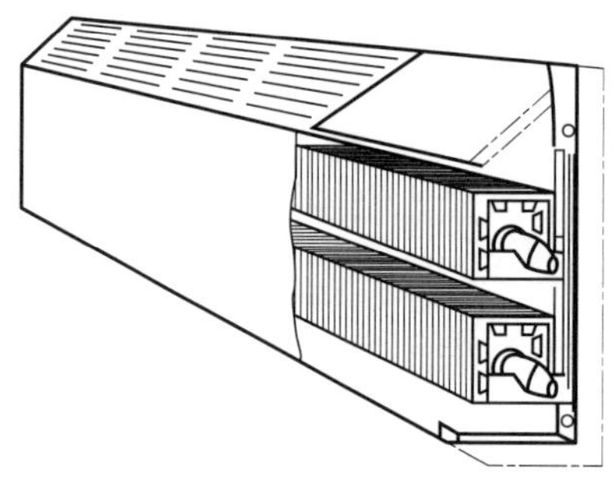

대류 방열기

(5) 팬 방열기(fan convector)

철제 캐비닛 속에 핀 튜브, 동 튜브, 알루미늄 팬코일과 송풍기가 내장되어 있어 강제 대류를 일으키는 방열기이다. 송풍기는 회전수를 제어하여 용량 조절도 가능하며 열매(熱媒)로는 증기, 온수 모두 사용할 수 있다.

(6) 유닛 히터(unit heater)

강판제 케이싱에 송풍기와 코일을 내장한 강제 대류형 방열기이다. 가열관에 증기 또는 열매를 통과시켜 송풍기에 의해 실내 공기를 순환시킴으로써 난방이 행해진다. 형식으로는 천장에 매다는 수직형과 벽에 거는 수평형이 있다.

유닛 히터는 장치의 크기에 비해 발열량이 크고 설비비도 적어 편리하지만, 실내에 기계를 설치해야 하고 송풍기의 소음이 많아 실내에는 부적합하며, 천장이 높고 바닥 면적이 큰 공장, 시장, 격납고 같은 곳에 적합하다.

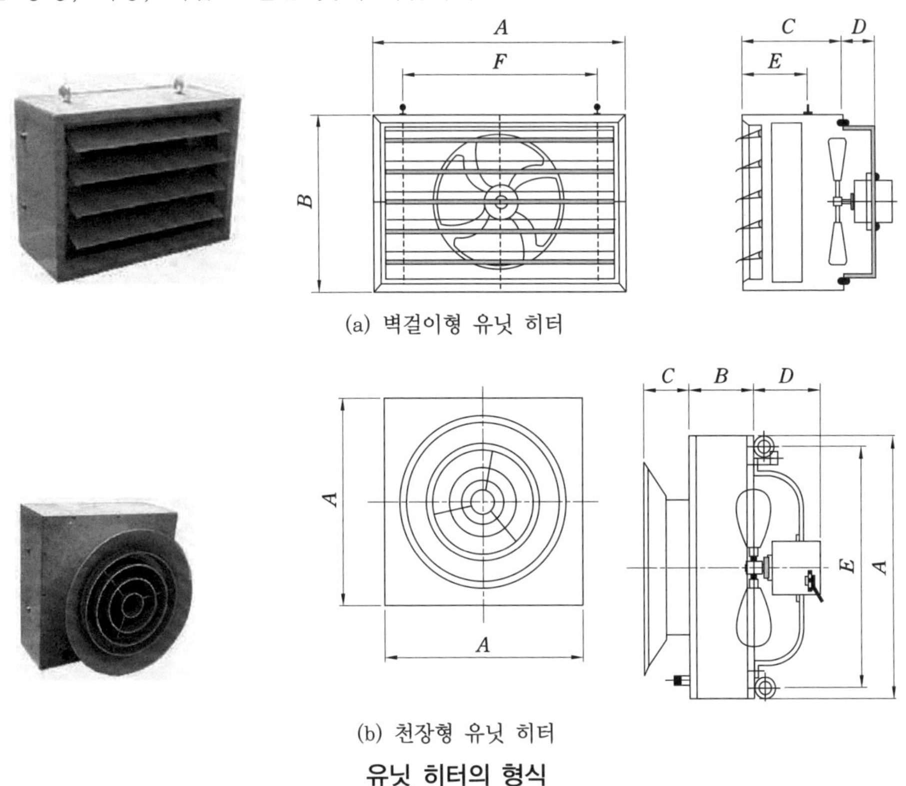

(b) 천장형 유닛 히터

유닛 히터의 형식

2-2 방열기의 부품과 배치

방열기는 방열기 밸브, 증기 트랩, 공기 밸브 등의 부분품으로 구성되어 있으며, 방열기는 외기에 접한 창 아래쪽에 설치하되 벽면에서 50~60 mm 정도 떼어서 설치한다.

(1) 방열기의 방열량과 방열기 선택

방열기의 방열량은 실내 온도 및 열매 온도에 의하여 결정된다. 열매(증기) 온도를 102℃ (표준 증기 절대 압력 107.8 kPa, 실내 온도 18.5℃)로 하였을 때 방열량(표준 방열량)의 방열 면적 1 m²당 758.3 W/m²이다. 또한 열매가 온수일 때는 온수 평균 온도 80℃, 실내 온도 18.5℃에서 525 W/m²로 하는 것이 보통이다.

열매	표준 방열량 (W/m²)	표준 온도차 (℃)	표준 상태의 온도(℃)	
			열매 온도	실온
증기	758.3	83.5	102	18.5
온수	525	61.5	80	18.5

표준 방열량을 내는 방열면을 상당 방열 면적(equivalent direct radiation)이라 하고, 기호는 E.D.R로 표시하며, 상당 증발량(kg/h)으로 나타내는 방법도 있다.

상당 방열 면적은 전(全)방열량을 표준 방열량으로 나눈 것이며, 표준 방열량을 q_0 [W/m²], 전방열량을 q [kJ/h]라 하면, 다음 식으로 나타낸다.

$$\mathrm{EDR} = \frac{q}{q_0}[\mathrm{m}^2]$$

상당 증발량은 100℃의 포화수와 100℃의 건포화 증기의 엔탈피차(즉, 100℃의 증발잠열 5388≒2263 kJ/kg)을 기준으로 하여 사용하고, 보일러의 발생 열량을 Q [kJ/h]라 하면 다음 식으로 나타낸다.

$$\text{상당 증발량} = \frac{Q[\mathrm{kJ/h}]}{2263\,\mathrm{kJ/kg}}$$

일반적으로 보일러의 용량 표시법으로는 증기 보일러인 경우에 상당 증발량으로 나타낸다. 방열기의 필요 방열 면적, 필요 섹션(section) 수, 방열기 내의 증기 응축량 등의 계산은 다음 표와 같다.

방열기의 관련 계산식

방열기의 계산 항목		계산식
필요 방열 면적(S)		$S = \frac{H_l}{q_n}[\mathrm{m}^2]$
방열기의 필요 섹션 수(N_s)	증기난방의 경우	$N_s = \frac{H_l}{650a}$
	온수난방의 경우	$N_s = \frac{H_l}{450a}$
증기 응축량(Q_c)		$Q_c = \frac{q}{h}[\mathrm{kg/m^2 \cdot h}]$
여기서, H_l : 실의 난방 부하(전방열량)(kJ/h) q_n : 방열기의 표준 방열량(W/m²) a : 방열기 섹션 1개의 방열 면적(m²), q : 방열기의 방열량(W/m²) h : 증기 압력에 있어서의 증발 잠열(kJ/kg)		

방열기의 표시법은 도면상에 표시할 때는 원을 3등분하여 그 중앙에 방열기 종별, 형을 표시하고 상단에 쪽수를, 하단에 유입관과 유출관을 표시한다.

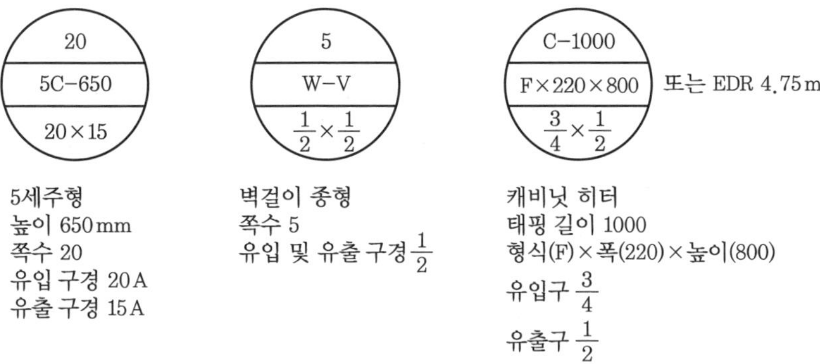

3. 보일러

3-1 보일러의 종류

난방용으로 사용되는 보일러는 구조, 사용되는 연료 및 유체의 종류 또는 물의 순환 방식에 따라 다음과 같이 구분하여 설명할 수 있다.

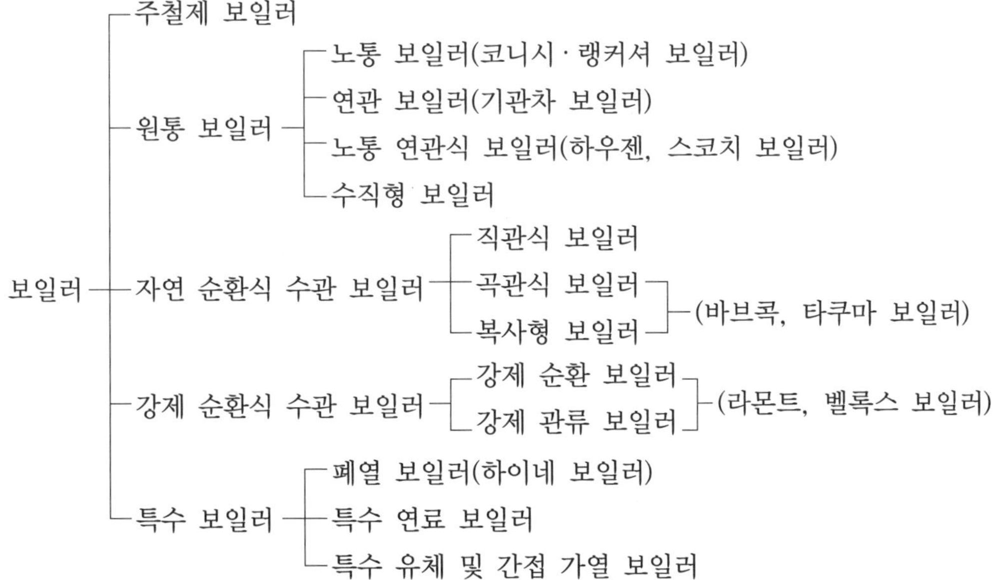

이상과 같은 여러 종류의 보일러 중에서 난방에 사용되는 것은 주철제 보일러, 노통 연관식 보일러, 수직형 보일러, 자연 순환식 수관 보일러, 소형 관류 보일러 등이다.

3-2 주철제 보일러

(1) 주철제 보일러(cast-iron boiler)의 개요와 종류

주물로 각 섹션(section)을 제작하여 여러 개 섹션의 조합 하에 1개의 보일러가 된다.

주로 난방용 또는 급탕용으로 널리 사용되고 있으나 그 사용 목적 및 재질에서 일반 강철제 보일러와는 구조와 형상이 전혀 다르며 모두 조립 보일러로 되어 있다.

종류에는 난방용으로 증기 보일러와 온수 보일러가 있으며, 용량 3 ton/h 이하이다.

① **증기 보일러**: 최고 사용 압력을 98 kPa 이하로 조립해야 안전성이 있다. 본체는 증기 또는 온수 보일러처럼 변함이 거의 없으나 각 섹션의 살 두께는 실제로 8~12 mm 정도이다(최고 사용 압력 98 kPa, 수압 시험 압력 196 kPa).

② **온수 보일러**: 온수 보일러는 증기부는 없으며 보일러 장치 내부는 물론 관련 배관은 모두 물로 채워져 있으며, 급탕용이나 온수, 난방용으로 주로 사용된다. 용도상 100℃ 미만의 온수(탕)만 필요로 하기 때문에 주로 주철제 보일러가 온수 보일러로 사용되며, 환수관의 보일러 부근에 순환 펌프를 설치하며 온수를 보일러 장치 내의 밀폐 회로 내에서 강제 순환시킨다. 안전장치로는 워터 릴리스 밸브가 설치된다.

참고 조립 방식에는 전후 조합, 좌우 조합, 맞세움 전후 조합이 있다.

종래에는 난방용 열원으로서 증기가 사용되었으며, 따라서 보일러도 증기 보일러가 많이 사용되었다. 그 이유는 다음의 이점이 있기 때문이다(수압 시험 압력=최고 사용 압력×1.5).

㈎ 방열기의 증기 트랩(steam trap) 등에 관계된 손실이 적다.

㈏ 급탕열에 의한 배관이 가늘어도 된다.

㈐ 100℃ 이하의 비교적 저온까지 열원의 열을 이용할 수 있다.

참고 고층 빌딩에서는 온수의 경우, 그 압력을 대단히 많이 높여야 하므로 난방용으로 증기를 사용할 때도 있다.

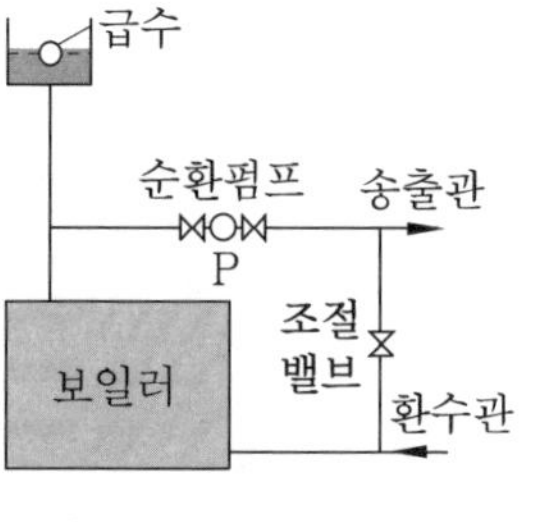

(a) 송출관에 순환펌프를 설치하는 경우

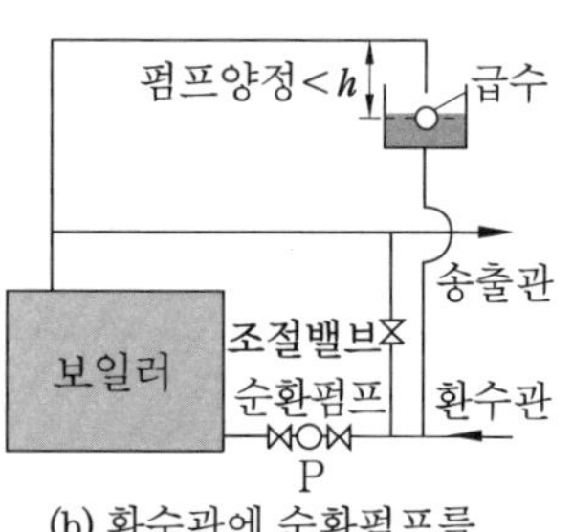

(b) 환수관에 순환펌프를 설치하는 경우

주철제 보일러(온수 배관)

(2) 주철제 보일러의 특성

① 장점

㈎ 주물로 제작하기 때문에 복잡한 구조로 제작이 가능하다.

㈏ 전열 면적이 크고 효율이 좋다(법규상 77 % 이상).

㈐ 저압이기 때문에 사고 시 피해가 적다.

㈑ 내식성, 내열성이 좋다(주철이기 때문).

㈒ 섹션 증감으로 용량 조절이 가능하다.

㈓ 조립식으로 반입 또는 해체가 용이하다(출입구가 좁아도 된다).

② 단점

㈎ 내압에 대한 강도가 약하다 (굽힘, 충격, 열충격 등).

㈏ 구조가 복잡하여 청소, 검사, 수리가 곤란하다.

㈐ 열 충격에 약하고(부동 팽창), 균열이 생기기 쉽다.

㈑ 대용량, 고압에 부적합하다.

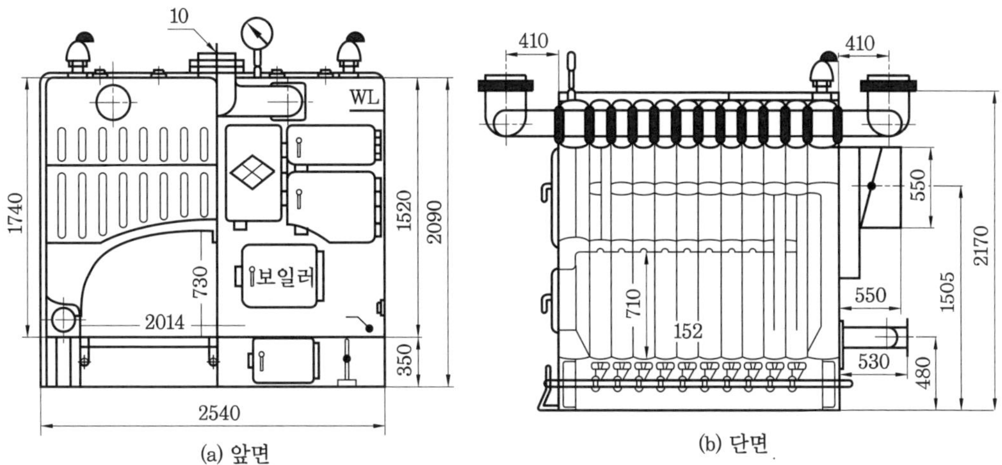

(a) 앞면 (b) 단면

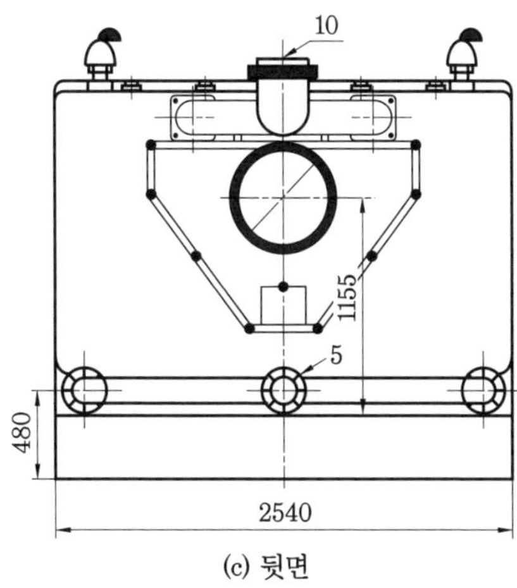

(c) 뒷면

맞세움 전후 조합(특대호)

> **참고** • 섹션의 조합수 : 5~18쪽 정도이고 1호, 2호, 3호, 4호, 5호, 6호(특대호)로 구분한다.
> • 연소 형식 : 상향식, 하향식이 있으며, 섹션의 두께는 보통 8 mm 이상이다.

3-3 노통 연관식 보일러(flue smoke tube boiler)

노통 보일러와 연관 보일러의 장점을 취하고 단점을 보완한 보일러이며, 노벽 방산 열량이 적으며, 전열 면적이 크고, 증기 발생 시간이 단축되며 효율도 좋다(80 % 이상).

증기 발생 속도가 빠르기 때문에 비수 현상이 발생되기 쉬워 비수 방지관을 설치한다.

[특징]

① 열효율이 좋다(85~90 %).

② 패키지형으로 할 수 있다.

③ 수관식에 비해 제작비가 싸다.

④ 노통에 의한 내분식이므로 열손실이 적다.

⑤ 설치 면적이 적다.

⑥ 증발 속도가 빨라 스케일이 부착되기 쉽다.

⑦ 구조가 복잡하고, 검사 수리가 곤란하며, 급수 처리가 필요하다.

⑧ 구조상 고압·대용량 제작이 불가능하다.

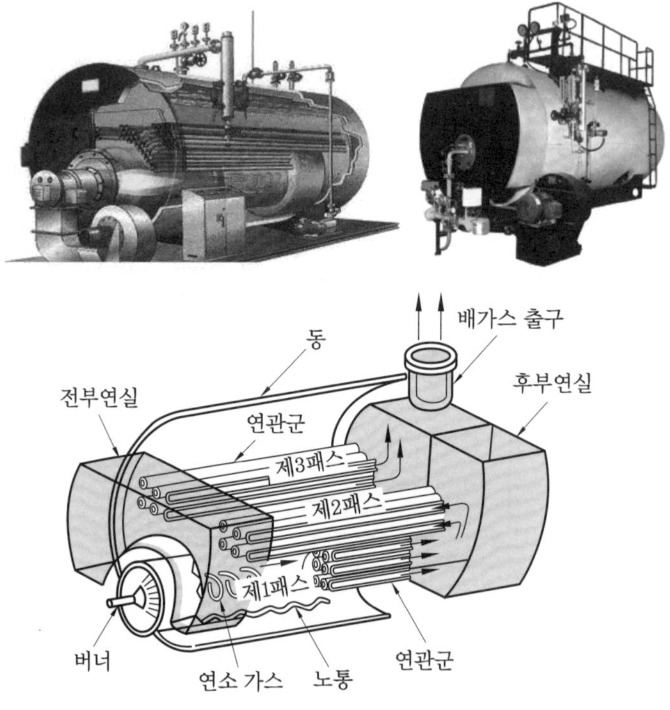

노통 연관식 보일러

3-4 수직형 보일러(vertical boiler)

[특징]

① 전열 면적이 적고 효율이 나쁘다.
② 청소, 검사, 수리가 비교적 용이하다.
③ 내화물 쌓기가 없고 이동 설치가 간편하다.
④ 증기부가 적고, 건증기를 얻기가 힘들다.

(1) 가로관식 보일러(horizontal type boiler)

[가로관(겔로웨이 튜브) 설치상의 이점]

① 전열 면적이 증가한다.
② 화실벽의 강도를 보강한다.
③ 관수 순환을 양호하게 한다.

참고 ① 가로관은 1~4개 정도 설치한다.
② 보통 3개를 많이 설치한다.
③ 가로관은 노통 보일러에도 설치한다.

[동]

① 동관과 경판을 합하여 동이라 한다.
② 수관식 보일러에서는 드럼(drum)이라 한다.
③ 동 내부에는 $\frac{2}{3} \sim \frac{4}{5}$ 정도 물이 들어 있고, 나머지는 증기로 차 있다.

- 증기부 : 증기로 차 있는 부분
- 수부 : 물이 담겨져 있는 부분
- 수면 : 증기부와 수부가 만나는 면

[수부가 크면(증기부가 적으면)]

① 부하 변동에 대한 압력 변화가 적다.
② 건증기를 얻기 힘들다.
③ 사고 시 피해가 크다.
④ 증기 발생 시간이 길어진다.
⑤ 캐리 오버 현상이 발생되기 쉽다.

(2) 입형 다관식(연관식)

① 다수의 연관을 사용한다.
② 상부 관판이나 연관이 부식되기 쉽다.
③ 최근에는 많은 수관까지 연결한 보일러가 제작되어, 효율면에서 많은 영향을 가져왔다.

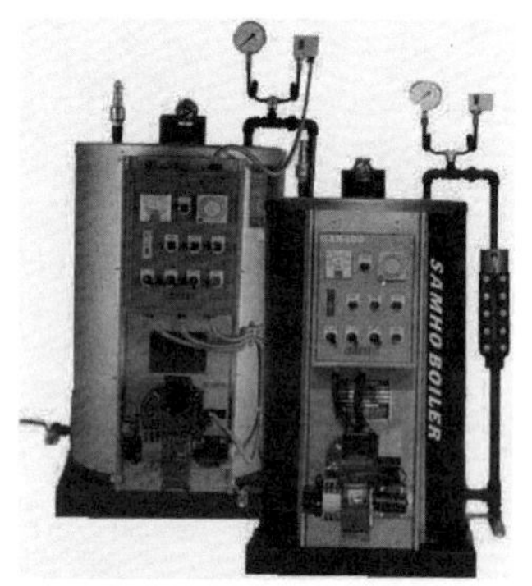

입형 보일러의 외형

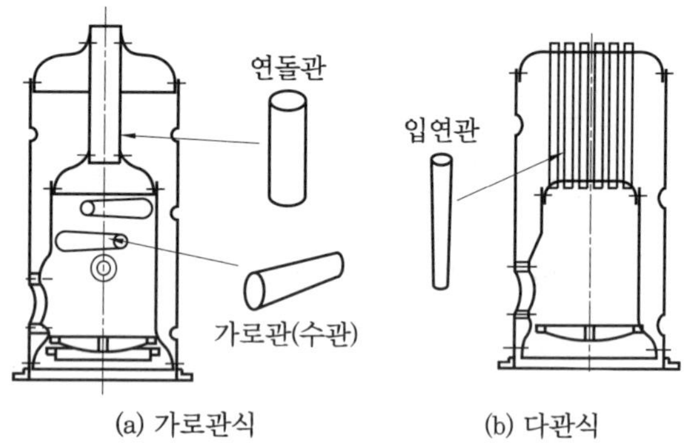

입형 보일러의 종류

3-5 수관식 보일러(water tube boiler)

다수의 수관과 동으로 구성된 보일러이며, 고압·대용량으로 사용되며 효율이 좋다.

[장점]

① 구조상 고압·대용량으로 제작한다.
② 전열 면적이 크고 효율이 좋다(90 % 정도).
③ 관수 순환 방향이 일정하여 순환이 잘된다.
④ 증기 발생 시간이 빠르다(급수요에 응할 수 있다).
⑤ 패키지형으로 제작할 수 있다.
⑥ 동일 용량이면 연관식보다 설치 면적이 적다.
⑦ 수관의 배열이 용이하다.
⑧ 사고 시 피해가 적다.

[단점]

① 구조가 복잡하여 관수 처리가 필요하다.
② 청소, 검사, 수리가 곤란하다.
③ 비수 현상이 발생되기 쉽다.
④ 스케일(관식)이 부착되기 쉽다.
⑤ 부하 변동에 따른 압력 변화가 크다.

⑥ 보유 수량에 대한 증발 속도가 빠르고 습·증기의 발생이 우려된다.

⑦ 철저한 급수 처리가 필요하다.

(1) 수관식 보일러 분류

바브콕 보일러, 타쿠마 보일러, 쓰네기치 보일러, 2동 D형 보일러 등으로 크게 나눌 수 있다.

① **관수의 순환에 따라**: 자연 순환식, 강제 순환식(관류식)

② **관의 배열 형태에 따라**: 직관식, 곡관식

③ **관의 경사도에 따라**: 수평관식, 경사관식, 수직관식

④ **동의 수에 따라**: 무동형, 1동형, 2동형, 3동형

⑤ **통풍 형식에 따라**: 자연 통풍형, 강제 통풍형, 가압 연소형 등이 있다.

(2) 수관식 보일러의 종류별 특성

① **바브콕 보일러(수평관식, 직관식, 1동형 자연 순환식, 수관식 보일러)**: 수관식 섹셔널 보일러이다. 1개의 동과 분할식 헤드 수관 등으로 구성되며, CTM형과 WIF형이 있다.

CTM 형 : 동판에 직접 수관 연결(고압용)
WIF 형 : 동판에 크로스 헤드를 설치하여 크로스 헤드에 헤드 연결(저압용)
WIF 형의 관 모음 헤드는 분할식이며, 1개 헤드에 7개 정도 수관을 연결한다.

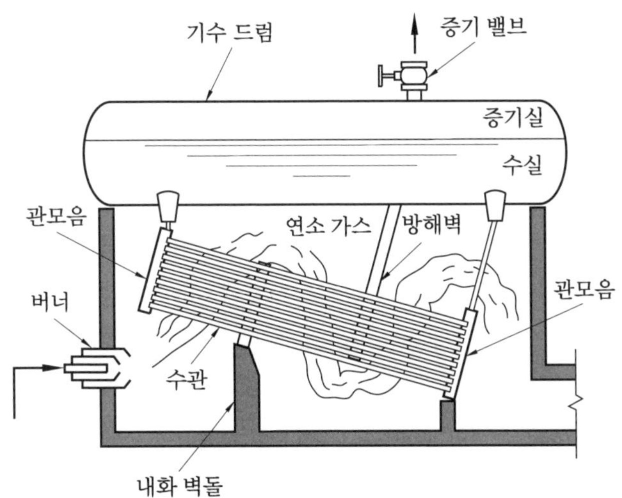

바브콕 보일러(WIF형)

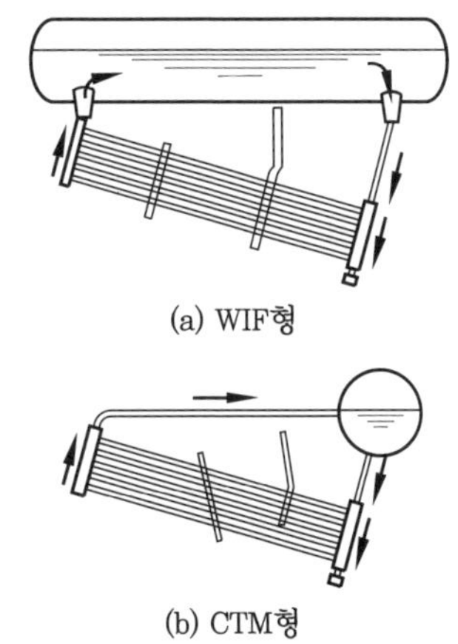

(a) WIF형

(b) CTM형

가로수관식 보일러의 형식

3-6 보일러의 용량과 효율

(1) 보일러의 용량

① **물에 가한 열량** : 난방용 보일러 용량은 최대 연속 부하에서의 열출력을 정격 출력(kJ/h)으로 표시하며, 증기 보일러의 용량은 증발량(kg/h) 혹은 환산 증발량으로 표시한다. 그림과 같이 연료의 연소열 중 보일러 안의 물에 전달된 열량을 H[kJ/h]라 하면,

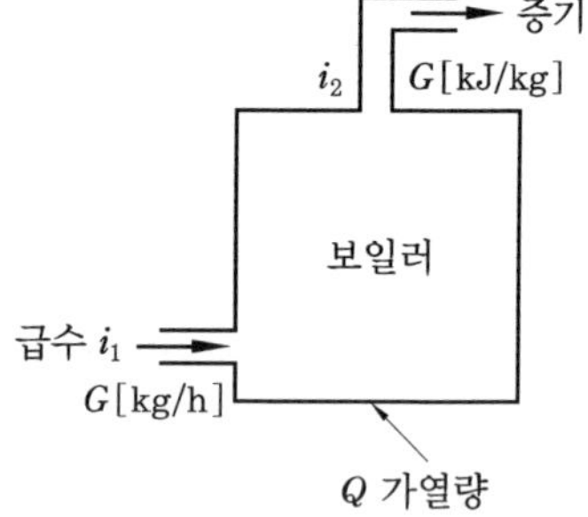

$$H = G(i_2 - i_1)$$

여기서, G : 증발량 (kg/h)
i_1 : 보일러 입구 엔탈피 (kJ/kg)
i_2 : 보일러 출구 건포화 증기의 엔탈피 (kJ/kg)

② **보일러에 가한 열량** : 보일러에 가한 열량은 전열 면적에 연소 가스가 접한 면적을 말하며, 투여된 열량을 Q[kJ/h]라 하면,

$$Q = G_f \times H_l = \text{연료 소비량(kg/h)} \times \text{연료의 저위 발열량 (kJ/kg)}$$

③ **보일러의 마력** : 보일러 마력은 100℃의 물 15.65 kg을 증기로 만들 수 있는 능력을 말하며, 전열 면적 0.929 m^2 또는 35.427 kJ/h를 보일러의 1 HP_b 이라 한다.

$$HP_b = \frac{W_e}{15.65}$$

④ **환산 증발량 (equivalent evaporation)** : 1기압하에서 100℃의 급수를 100℃의 포화 증기로 발생시킨다면 그 정격 출력 H를 증발 잠열 2263 kJ/kg로 환산한 증발량을 말하며, 이것을 상당 증발량이라고도 하고, 계산식은 다음과 같다.

$$G_e = \frac{G_a(i_2 - i_1)}{2263}[\text{kg/h}] = \frac{G_a(i_2 - i_1)}{539}[\text{kg/h}]$$

여기서, G_e : 상당 증발량 (kg/h) G_a : 실제 증발량 (kg/h)
i_1 : 급수 엔탈피 (kJ/kg)
i_2 : 발생 증기의 엔탈피 (kJ/kg)

⑤ **증발 계수 (증발력)** : 증발 계수는 그 보일러 증발 능력을 표준 상태와 비교하여 표시한 값이다.

$$\text{증발력} = \frac{i_2 - i_1}{2263} = \frac{i_2 - i_1}{539} \quad (i_1, i_2 : \text{kJ/kg})$$

⑥ **증발 배수**(evaporation-ratio) : 증발 배수는 연료 1 kg당 발생 증기량의 정도를 표시한 값으로 계산식은 다음과 같다.

$$증발\ 배수 = \frac{G_a}{G_f}\ [\text{kg증기 / kg연료}]$$

여기서, G_f : 시간당 연료 소모량(kg/h) G_a : 실제증발량(kg/h)

⑦ **보일러의 효율** : 연소실에서 연료가 연소해서 발생했을 때의 총열량에 대한 발생 증기가 흡수한 총열량의 백분율로서 표시한 것이다.

$$\eta = \frac{H(\text{발생 열량})}{Q(\text{가열 열량})} = \frac{G_a(i_2 - i_1)}{G_f \times H_l} \times 100\ \%$$

3-7 보일러의 용량 선정

보일러 용량의 결정은 보일러를 설치하는 데 있어서 그 용도, 즉 난방용, 급탕용 또는 제품 가열용, 건조용 등에 따라 사용열 용량에 적합한 것을 선정해야 한다. 또한 용량을 계산하는 데 있어서 고려해야 할 사항은 주용도에 사용되는 열량뿐만 아니라 그 열을 사용처까지 공급하는 데 소요되는 부가적인 열량을 가산하여야 하며, 패열을 회수하여 이용할 때는 회수되는 열량까지도 용량 결정을 하는 데 고려해야 할 사항이다.

(1) 보일러 용량 결정 시 적용하는 용어

① **상용 출력** : 실제 난방 설비에서 난방에만 사용되는 이론적인 출력으로서 예열 부하 및 출력 계수를 제외한 값이다.

$$상용\ 출력 = (방열기\ 부하 + 배관\ 부하) \times (1+\alpha)$$

② **정격 출력(최대 능력)**(H_m) : 보일러를 가동하기 시작해서부터 난방 완료까지 모든 열량 합계로서 다음과 같이 표현한다.

$$\begin{aligned} 정격\ 출력 &= 상용\ 출력 + 예열\ 부하 \\ &= 난방\ 부하(H_e) + 급탕\ 부하(H_w) + 배관\ 부하(H_p) + 예열\ 부하(H_a) \\ &= 상용\ 출력 \times \beta(보일러\ 여력\ 계수) \end{aligned}$$

③ **출력 저하 계수**(K) : 실제로 사용되는 석탄이 저위 발열량의 것일 때 보일러의 실제 출력은 떨어진다. 그러므로 보일러 용량 결정 시 출력 저하 계수를 고려해야 한다.

보일러 여력 계수 β

상용 출력[kcal/h]$(H_e+H_w)(1+H_a)$	β
25000 이하	1.65
25000~50000	1.60
50000~150000	1.55
150000~300000	1.50
300000~450000	1.45
450000 이상	1.40

출력 저하 계수 K

석탄 발열량	보일러 효율	K
6900	70	1.00
6600	68	0.94
6100	65	0.82
5500	61	0.69
5000	57	0.58

④ **급탕 부하(H_w)**: 급탕 열량은 냉수를 공급하여 온수로 만들어 사용하므로 현열식으로 계산하면, 다음 식으로 나타낸다.

$$H_w = G \cdot C(t_2 - t_1)$$

여기서, H_w : 급탕 부하(kJ/h)　　G: 시간당 온수 사용량(kg/h)
C: 물의 평균 비열(4.18 kJ/kg℃)　t_1, t_2 : 급수, 출탕 온도(℃)

⑤ **배관 부하(H_p)**: 배관으로부터 생긴 열손실을 말하며, 난방, 급탕 등의 목적으로 온수를 관을 통하여 공급할 경우에 온도차로 인하여 열손실이 생긴다. 이를 배관 부하 또는 배관 열손실이라 하며, 다음과 같은 식으로 나타낸다.

방열기 부하(H_R)=난방 부하(H_e)+급탕 부하(H_w)

배관 부하(H_p)=방열기 부하(H_e+H_w)×(0.25~0.35 %) 보통 20 %

⑥ **예열 부하(H_a ; 시동 부하)**: 냉각된 상태의 보일러를 운전 온도가 될 때까지 가열하는 데 필요한 열량으로, 보일러 가열에 필요한 열량과 장치 내에 보유하고 있는 물을 가열하는 데 필요한 열량과의 합을 말한다.

H_a=상용 출력×(0.25~0.35 %) 보통 30 %

=(H_R+H_P+H_e)×0.25~0.35

⑦ **보일러의 출력(H_m) 계산**: 보일러의 출력 계산을 종합해서 하나의 식으로 나타내면 다음과 같다.

$$H_m = \frac{(H_e + H_w)(1+\alpha)\beta}{K}$$

여기서, H_e : 난방 부하(kJ/h)
H_w : 급탕 및 취사부하(kJ/h)
α : 배관 부하율(0.25~0.35)
K: 출력 저하 계수
β : 여력 계수(예열 부하)

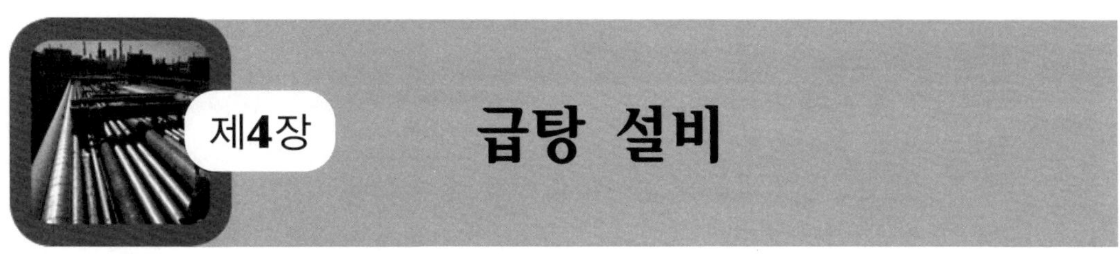

제4장 급탕 설비

호텔, 병원, 기타 고급 건축물에는 급수 설비와 같이 밸브를 열면 언제나 더운물이 나올 수 있는 급탕 설비(給湯設備)를 설치한다. 건물 내에서 음료용 이외에 급탕을 필요로 하는 기구는 세면기, 욕조, 샤워, 취사장, 세탁 등 이외에 특수한 것으로 대·소용량의 식기세척기, 온수 펌프 등이 있다. 이러한 것들에 공급되는 급탕의 온도는 일반적으로 70~80℃로 하고, 사용 장소에 따라 적당한 양의 냉온수를 섞어 적당한 온도로 조절하여 사용한다.

1. 급탕량

1-1 온수(급탕)의 팽창

4℃의 물을 100℃로 가열하면 그 부피는 $\frac{1}{43}$만큼 증가한다. 물은 비압축성이므로 급탕 계통이 밀폐되어 있으면 압력의 상승으로 장치의 일부가 파괴된다. 그러므로 이것을 방지하기 위해서는 급탕 보일러의 출탕관에 팽창관을 연결해야 한다.

물의 온도에 따른 밀도와 부피 관계

온도 (℃)	밀도 (kg/L)	부피 (L/kg)	온도 (℃)	밀도 (kg/L)	부피 (L/kg)	온도 (℃)	밀도 (kg/L)	부피 (L/kg)
0	0.99987	1.00013	35	0.99406	1.00597	75	0.97489	1.02576
4	1.00000	1.00000	40	0.99224	1.00782	80	0.97180	1.02900
5	0.99999	1.00001	45	0.99025	1.00985	85	0.96870	1.03220
10	0.99973	1.00027	50	0.98807	1.01207	90	0.96530	1.03570
15	0.99913	1.00087	55	0.98573	1.01448	95	0.96190	1.03960
20	0.99823	1.00177	60	0.98324	1.01705	100	0.95840	1.04340
25	0.99767	1.00294	65	0.98059	1.01979			
30	0.99507	1.00435	70	0.97781	1.02260			

1-2 급탕량과 온도

우리나라에서는 급탕량의 표준을 20~40 L/cd로 정하고 있으며, 미국에서는 10~160 L/cd로 정하고 있다. 급탕 온도는 세면용, 목욕용, 식기세척용 등으로는 40~50℃가 적합하나 가열 장치에서는 60℃ 전후 고온의 온수를 공급하므로 사용할 때에는 찬물과 혼합하여 온도를 조절한다. 또 식기를 소독할 때에는 70~80℃ 정도의 열탕을 만들어 공급한다.

건물의 급탕량을 계산할 때에는 거주 인원으로 계산하는 방법과 위생 기구의 수량으로 계산하는 방법이 있으나, 일반적으로 건물의 거주 인원을 기준으로 계산하는 경우가 많다.

용도별 급탕 온도

용도	온도(℃)	용도	온도(℃)
음료용	50~55	세탁용	20~27
욕실용	43~45	면·모직물	33~37
세면용	40	리넨·면직물	49~52
취사용	45	수영장	21~27
식기세척용	45		

건축별 급탕량

종별	단위	일반 건축물	병원	주택 200 m^2 미만	주택 200 m^2 이상
1인 1일 급탕량	L/cd	4~10	15~20	1.5~2.5	2.0~3.0
유효 면적 1 m^2의 급탕량	L/m^2/d	0.8~2.0	7~10	0.07~0.1	0.1~0.15

(1) 위생 기구 수에 의한 산출 방법

위생 기구 1개당의 급탕량(L/h) (최종 온도 60℃)

용도	아파트	클럽	체육관	병원	호텔	공장	사무실	개인주택	학교
세면기(개인)	7.5	7.5	7.5	7.5	7.5	7.5	7.5	7.5	7.5
세면기(공중)	15	22	30	22	22	30	22		57
욕조	75	75	100	75	75			75	
식기세척용	57	190~		190~	190~	75~		57	75~
		570		570	570	375		75	375
세탁용	75	106		106	106			110	
샤워용	110	570	850	280	280	850	110	57	850
청소용	75	75		75	110	75	75	0.30	75
사용률	0.30	0.30	0.40	0.25	0.25	0.40	0.30	0.30	0.40
저탕 용량 계수	1.25	0.90	1.00	1.60	0.80	1.00	2.00	0.70	1.00

이 방법은 위생 기구 1개당의 급탕량을 위 표에서 구하여 각 기구 수와 사용률을 곱하여 1시간당 최대 급탕량을 구한다. 저탕량은 최대 급탕량에 저탕 계수(저탕 비율)를 곱하여 구하고, 가열기의 능력은 최대 급탕량으로 정한다.

(2) 거주 인원에 의한 산출 방법

이 방법은 급탕 대상 인원을 N, 1인의 최대 급탕량을 Q_d [L/d], 1시간의 최대 급탕량을 Q_h [L/h], 저탕 용량을 V [L], 가열 능력을 H [kcal/h], 급탕 온도를 t_h [℃], 물의 온도를 t_e [℃]라 하면, 다음 식으로 계산할 수 있다.

$Q_d = N_{qd}$ (qd : 1인 1일당 급탕량)

$Q_h = Q_d \times qh$ (qh : 1일 1시간당 최댓값의 비율)

$V = Q_d \times v$

$H = Q_d \times e(t_h - t_e)$

건축물의 종별에 따른 급탕량 (온도 60℃)

건물	1인 1일당 급탕량 qd[L/cd]	1일 1시간당 최댓값의 비율 qh	피크로드 계속 시간 (h)	1일 사용량에 대한 저탕 비율 v	1일 사용량에 대한 가열 능력의 비율 e
주택 · 아파트	135	$\frac{1}{7}$	4	$\frac{1}{5}$	$\frac{1}{7}$
호텔	150	$\frac{1}{7}$	3~4	$\frac{1}{5}$	$\frac{1}{7}$
병원(1침대당)	130	$\frac{1}{10}$	4	$\frac{1}{10}$	$\frac{1}{12}$
사무실	10	$\frac{1}{5}$	2	$\frac{1}{5}$	$\frac{1}{6}$

건축물의 유효 면적당 사용 인원

건물	인 / m^2	건물	인 / m^2	건물	인 / m^2
공동주택	0.16	백화점	1.0	극장(객석)	1.5
기숙사	0.20	사무실	0.2	도서관	0.4
초등학교	0.24	연구실	0.02	여관	0.24
중학교	0.14	공장 (앉은 작업)	0.3	호텔	0.17
고교 · 대학	0.10	공장 (선 작업)	0.1	숙박업소	0.60
점포	0.16	집회 시설	1.5	병원 (1침대당)	3.5

1-3 저탕조의 크기

직접 가열식에서 저탕조의 크기는 1시간당 최대 사용 온수량에서 온수 보일러의 온수량을 빼고 남은 값에 25 %를 더한 값 정도로 하면 된다. 즉, 최대 사용 온수량 2500 L/h로 보일러의 온수량을 500 L로 하면 저탕조의 크기 Q는 다음과 같다.

$$Q = (2500 - 500) \times 1.25 = 2500 \text{ L}$$

간접 가열식에서는 전 기구의 최대 사용 온수량(동시 사용률을 생각하면)을 구하여 다음 표에 나타냄과 같이 그 양의 90~60 %를 저탕조의 용량으로 한다.

$$Q = 2500 \times 0.9 = 2250 \text{ L}$$

저탕조의 용량

최대 사용량(L/h)	저탕 비율(%)	저탕조의 용량(L)	최대 사용량(L/h)	저탕 비율(%)	저탕조의 용량(L)
1000 이하	90	900	5000 이하	70	3500
2000 이하	80	1600	6000 이하	65	5000
3000 이하	75	2500	7000 이하	60	6000

2. 급탕 방법

급탕 방법을 나누면 중앙식과 개별식 2종류가 있다.

2-1 중앙식 급탕법

이 방식은 건물의 지하실 등 일정한 장소에 탕비 장치를 설치하여 배관을 이용하여 사용 장소에 급탕하는 방법으로 석탄, 중유, 증기, 가스 등을 열원으로 한다. 주로 급탕 개소가 많고 급탕량도 많은 대규모 건축물에 사용된다. 이 방식은 설비비는 많이 들지만 다음과 같은 장점이 있으므로 대규모 급탕에 적합하다.

① 연료로는 비교적 가격이 싼 석탄, 중유 등을 사용하여 열효율이 높은 대규모 장치를 설치하는 관계로 연료비가 비교적 싸다. (과거에는 석탄, 중유, 벙커C유를 사용하였으나 환경 문제로 거의 사용하지 않는다.)

② 다른 설비 기계와 같은 장소에 설치할 수 있어 보수, 관리비가 경제적이다.

중앙식 급탕법은 가열 방식에 따라 직접 가열식, 간접 가열식, 기수 혼합식의 3 종류가 있다.

(1) 직접 가열식 중앙 급탕법

이 방식은 온수 보일러로 끓인 온수를 저탕조(storage tank)를 거쳐서 각 실에 공급하는 것으로, 온수 보일러로서는 일반적으로 주철제 섹셔널 보일러나 강판제 또는 동판제 수직형 보일러와 저탕조로 조합된 것이 있다. 보일러와 저탕조 사이에 2 개의 관으로 연결되어 있으며, 이 관을 통하여 온수가 순환되고 저탕조에 열탕이 남아 있게 된다. 이것이 급탕 주관을 거쳐 분기관을 따라 각층의 메인 급탕 밸브로 보내진다.

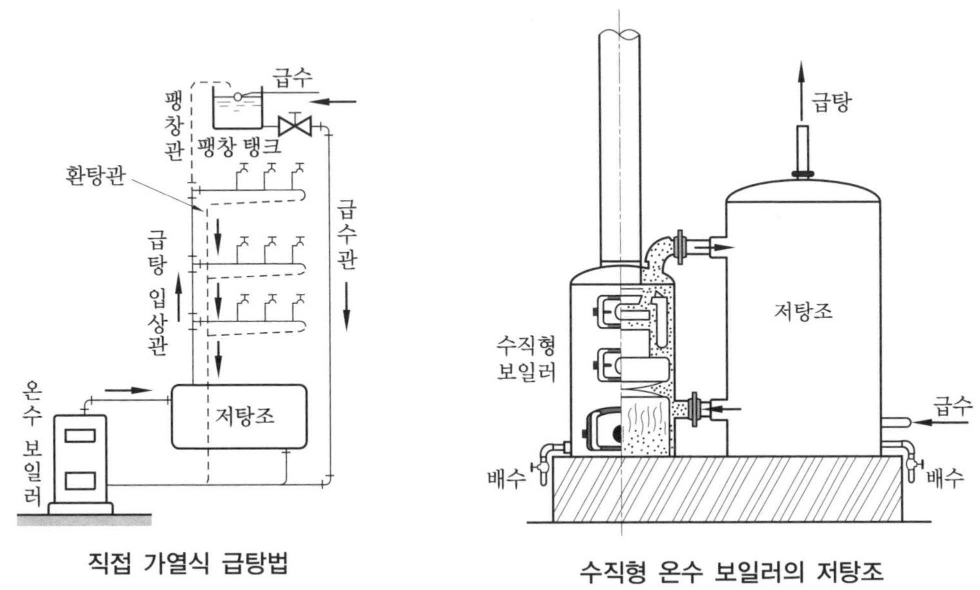

직접 가열식 급탕법

수직형 온수 보일러의 저탕조

이때 각 기구에서 사용되고 남은 온수는 비교적 온도가 낮으며 환탕관(그림 중에서 점선으로 나타냄)을 지나 저탕조에 환수되는 순환 운동을 하게 된다. 이 순환 운동에는 급탕관과 환탕관 내의 탕의 온도차에 의한 중력 환수식과 순환 펌프에 의한 강제 순환식이 있으며, 강제 순환식은 대규모 급탕 시에 사용된다.

(2) 간접 가열식 중앙 급탕법

저탕 탱크 속에 가열 코일을 설치하고, 여기에 증기를 공급하여 탱크 안의 물을 간접적으로 가열하는 이 탱크를 저탕조라고 한다. 온수 탱크에는 자동 온도 조절기를 설치하여 서모스탯을 탱크 안에 꽂아 온도가 높아지면 스스로 증기 공급량을 줄여 온도를 조절한다. 가열 코일의 출구에는 트랩을 설치하여 응축수를 보일러로 환수한다. 배관 방식에 따라 상향식과 하향식이 있으며, 일반적으로 상향식이 많이 쓰인다.

간접 가열식은 난방용의 증기를 쓰면 급탕용 보일러를 필요로 하지 않으며, 가열 코일에 쓰는 증기는 건물의 높이와 관계없이 저압이라도 지장이 없으므로 고압 보일러를 사용할 필요가 없다. 보일러의 내면에 스케일이 붙을 염려가 없으며 대규모 급탕 설비에 적합하다. 가열 코일에는 아연 도금한 강관 또는 주석 도금한 동관 또는 황동관을 쓰며, 관을 U자형으로 구부려서 헤드에 장치한다.

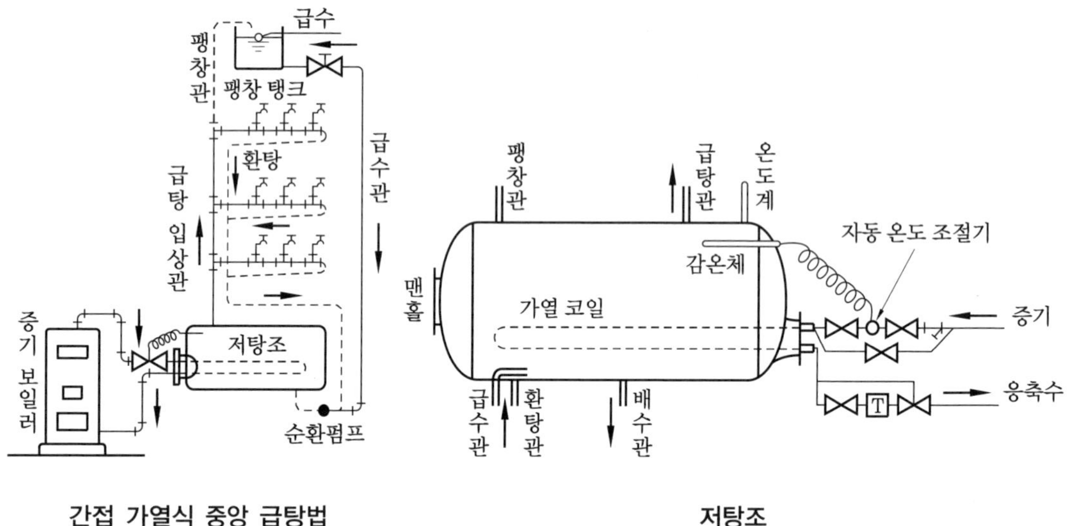

간접 가열식 중앙 급탕법 저탕조

간접 가열식이 직접 가열식에 비해 다음과 같은 장점이 있다.

① 급탕 설비를 할 정도의 건물에서는 난방용의 증기 보일러의 설비가 있는 것이 일반적이므로 증기를 가열 코일로 끌어들이면 특별히 급탕용의 보일러를 설치할 필요가 없으므로 설비 관리상 매우 편리하다.

② 가열 코일에 흐르는 증기는 동일한 것이 순환하므로 결과적으로 보일러의 온수는 반복하여 순환 사용할 수 있으므로 수중의 칼슘, 마그네슘분에 의한 스케일 부착이 보일러나 가열 코일 모두에서 적게 나타난다.

③ 가열 코일에 순환하는 증기는 급탕하는 건물의 높이에는 관계없으며, 29.4~98.1 kPa의 저압으로도 좋다. 따라서 고압 보일러가 필요 없다.

이와 같은 이유로 대규모 고층 건물의 급탕에는 간접 가열식이 많이 사용된다.

(3) 기수 혼합식 중앙 급탕법

탱크 속에 직접 증기를 분사하여 물을 가열하는 탕비기이다. 이 방법은 증기의 잠열을 이용하여 탕을 가열하는 가장 간단한 방법이지만, 소음이 많아 증기의 배관에는 소음기(silencer)가 설치되어 있다. 용도는 식기의 소독 등 넓은 범위에 사용되며, 소음기로는 F형과 S형이 있다. 이 중 F형이 가장 많이 사용되고 주로 욕탕용 탱크의 가열에 사용되며,

S형은 주로 소독용에 사용된다.

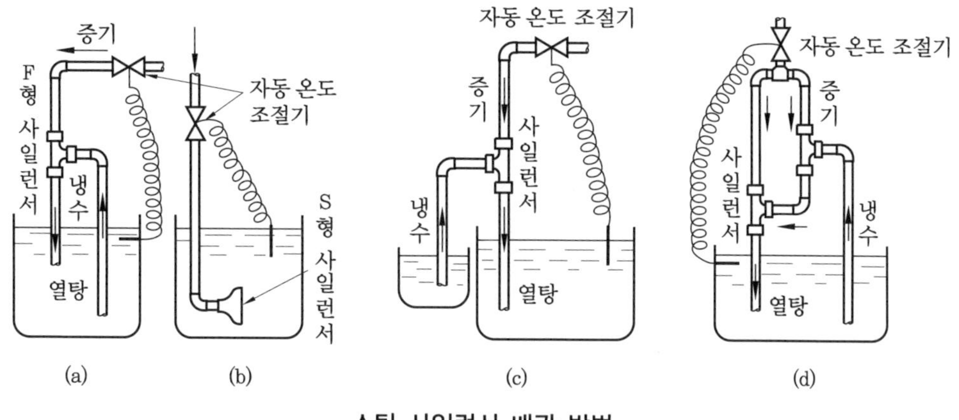

스팀 사일런서 배관 방법

2-2 개별식 급탕법

욕실이나 조리대 등 온수를 필요로 하는 기구 부근에 소형 온수기를 설치하여 짧은 배관 시설로 급탕 밸브에 연결하여 간단히 급탕하는 방법으로 열원으로는 주로 가스와 전기가 사용된다. 공장이나 병원 등에서 주변에 증기 배관이 있을 때, 이 증기를 열원으로 하는 경우도 있다. 개별식 급탕법의 장점을 살펴보면 다음과 같다.

① 긴 배관을 필요로 하지 않으므로 배관에서의 열의 손실이 적다.

② 필요할 때 필요한 장소에 간단히 설치하여 사용한다.

③ 급탕 개소가 적을 때는 유지, 관리가 용이하고 설비비가 적게 든다.

위에서 설명한 바와 같이 소규모의 건축물에 많이 사용되며, 순간온수기와 저탕식 온수기가 있다.

(1) 가스 순간온수기

이 온수기는 다음 그림과 같이 급탕 밸브를 열면 다이어프램과 급수 벤투리관을 연결한 ①의 압력이 높아지고, ②의 압력이 낮아져 다이어프램을 위로 밀어 가스 밸브가 열리고, 이때 가스 파일럿에 의해 가스버너가 점화된다.

온수기의 작동은 최저 39.2 kPa 이상이 되어야 하며, 이보다 낮은 압력에서는 작동되지 않기 때문에 충분한 급수 능력이 확보될 수 있도록 하여야 한다. 최적 급수압은 78.4~490 kPa이 적당하다.

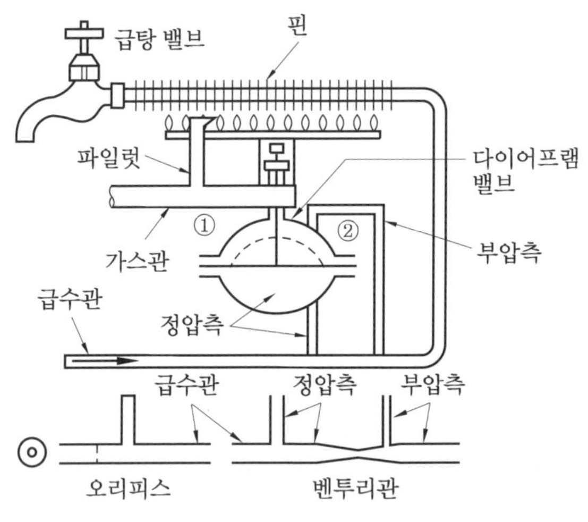

가스 순간온수기

(2) 저탕식 온수기

순간온수기는 온수를 사용할 때 사용하는 양만큼만 가열하는 데 비하여 저탕형은 가열된 온수를 탱크에 저장하여 두는 방식으로, 온수기로부터의 열손실이 비교적 많으나 학교, 공장, 합숙소 등과 같이 특정 시간에 일시에 다량의 온수를 필요로 하는 곳에 적합하다. 이에 반하여 순간온수기는 주택, 사무실 등 소량의 온수를 항상 필요로 하는 장소에 적합하다.

급탕 방식의 비교

급탕 방식 / 특징·용도	개별식 급탕 방식				중앙식 급탕 방식
	순간식	저탕식(일반)	저탕식(음용)	기수 혼합식	
개별식과 중앙식의 장·단점	**[장점]** ① 용도에 따라 필요한 개소에 필요한 온도의 온수가 비교적 간단하게 얻어진다. ② 급탕 개소가 적기 때문에 배관 연장 등 설비 규모가 작고 따라서 설비비는 중앙식보다 적게 들며 유지관리도 용이하다. ③ 열손실이 적다. ④ 주택 등에서는 난방 겸용의 온수 보일러로 순간 온수를 이용할 수 있다. ⑤ 건물 완성 후에도 급탕 개소의 증설이 비교적 쉽다. **[단점]** ① 어느 정도 급탕 규모가 크면 가열기가 필요하므로 유지 관리가 힘들다. ② 급탕 개소마다 가열기의 설치 공간이 필요하다. ③ 가스 온수기를 쓰는 경우 건축 인테리어 등 구조적으				**[장점]** ① 기구의 동시 사용률을 고려하여 가열 장치의 총용량을 적게 할 수 있다. ② 일반적으로 열원 장치는 공조 설비의 그것과 겸용으로 설치되기 때문에 열원 단가가 싸게 먹힌다. ③ 기계실 등에 다른 설비 기계류와 함께 가열 장치 등이 설치되기 때문에 관리가 용이하다. ④ 배관에 의해 필요 개소에 어디든지 급탕할 수 있다. **[단점]** ① 설비 규모가 크기 때문에

개별식과 중앙식의 장·단점	로 제약을 받기 쉽다. ④ 값싼 연료를 사용하기 어렵다. ⑤ 소형 온수 보일러에서는 수두 10 m 이하일 때 제약을 받기 때문에 급수측 수압에 변동이 생겨 혼합 수전 등의 사용이 불편하다.				처음에 설비가 많이 든다. ② 전문 기술자가 필요하다. ③ 배관 중 열손실이 많다. ④ 시공 후 기구 증설에 따른 배관 변경 공사를 하기 어렵다.
가열기의 종류	가스 및 전기순간온수기	가스 및 전기·기름·석탄 연소 온수 보일러	가스·전기 저탕식 온수기	증기 흡입기(사일런서)기수 혼합 밸브	증기 및 온수 보일러
급탕 목적 (급탕 규모)	세면기·주방 싱크대·소규모 욕탕 등의 급탕	중앙식 급탕설비가 없는 대규모 건물의 급탕	식당의 음용수로 주로 쓰임	공장·병원·요양소 등의 급탕 설비 (단, 사일런서는 소음이 나므로 설치 장소가 제한된다.)	대·중 규모의 모든 급탕 설비

2-3 온수 순환 펌프 및 관 지름 결정

(1) 순환 펌프(circulation pump)

① 자연 순환식(중력 순환식)

자연 수두 $H = 1000(\rho_r - \rho_f)h$ [N/m^2 또는 mmAq]

여기서, h : 온수기의 복귀관 중심에서 급탕 최고 위치까지의 높이(m)

ρ_r : 온수기에의 환탕수의 밀도(kg/L)

ρ_f : 온수기 출구의 열탕의 밀도(kg/L)

② 강제 순환식 : 순환 펌프의 전 양정은 급탕 주관 및 제일 먼 곳의 급탕 분기관을 거쳐 환탕관을 따라 저탕조로 돌아오는 가장 먼 순환의 전 관로의 관 지름과 유량(순환 탕량)에서 전손실 수두를 구해서 정한다.

펌프의 전 양정 $H = 0.01\left(\dfrac{L}{2} + l\right)$ [m]

여기서, L : 급탕관의 전 길이(m), l : 환탕관의 전 길이(m)

③ 온수 순환 펌프의 수량(水量)

$$W = \frac{60\,Q\rho\,C\Delta t}{1000}$$

$$Q = \frac{W}{60\,\Delta t}$$

여기서, Q : 순환 수량 (L/min)
C : 온수의 비열 (kJ/kg · K)
ρ : 온수의 밀도 (kg /m^3)
Δt : 급탕 · 환탕의 온도차 (℃)(Δt 는 강제 순환식일 때 5~10℃ 정도임)

(2) 관 지름 결정

① **급탕관의 관 지름** : 급탕관의 관 지름은 급수관과 동일하다. 급탕관은 금속의 부식을 고려하여 내식성 재료로 시공하며, 스케일(scale)의 염려 때문에 계산값보다 약간 여유를 주어야 한다.

② **환탕관의 관 지름** : 복귀관(환탕관)은 소규모 설계로는 급탕관보다 한 단위 작은 구경으로 한다.

급탕관 지름과 환탕관 지름

급탕관 지름 (mm)	25	32	40	50	65	75	100
환탕관 지름 (mm)	20	20	25	32	40	40	50

③ **환탕관과 급탕관을 보온했을 때의 배관 중 손실 열량**

$$H_L = (1-e)KFl(t_f - t_0)$$

여기서, e : 보온 효율 (%), K : 전열 계수 (11.67 W/m^2·℃)
F : 강관 1m당 표면적(m^2/m), l : 배관 길이 (m)
t_f : 급탕관 내의 온수 온도 (℃), t_0 : 배관과 접촉할 때의 공기 온도 (℃)

각종 보온재의 보온 효율 (표준 보온 두께로 보온했을 때)

보온재의 종류	보온 효율 (%)	보온재의 종류	보온 효율 (%)
규조토 글래스 울 마그네시아	60 ~ 70 80 ~ 90 75 ~ 85	아스베스토 펠트	70 ~ 80 50 ~ 60

④ **팽창관의 관 지름** : 팽창 탱크의 용량은 일반적으로 가열 용량과 저탕량의 합의 10%를 유효 용량으로 한다. 팽창관의 관 지름은 겨울철 동결을 고려하여 25A 이상을 사용한다.

팽창관의 관 지름

구 분	전열 면적 (m^2)	팽창관의 관 지름 (mm)
온수 보일러	10 미만	25 이상
	10~15 미만	32 이상
	15~20 미만	40 이상
	20 이상	50 이상

Storage heater	열부하 100000 kcal 이하	25 이상
	열부하 150000 kcal 이하	32 이상
	열부하 200000 kcal 이하	40 이상
	열부하 200000 kcal 이상	50 이상

⑤ **팽창관의 설치 높이 :** 팽창관은 그림과 같이 급탕관에서 수직으로 연장시켜 고가 탱크 또는 팽창 탱크에 개방시킨다. 고가 탱크(팽창 탱크)의 최고 수위면으로부터의 팽창관의 수직 높이 H는 다음과 같이 구한다.

$$H > h\left(\frac{\rho}{\rho'} - 1\right) \text{[m]}$$

여기서, h : 고가 탱크에서의 정수두 (m)

ρ : 물의 밀도 (kg/L)

ρ' : 온수의 밀도 (kg/L)

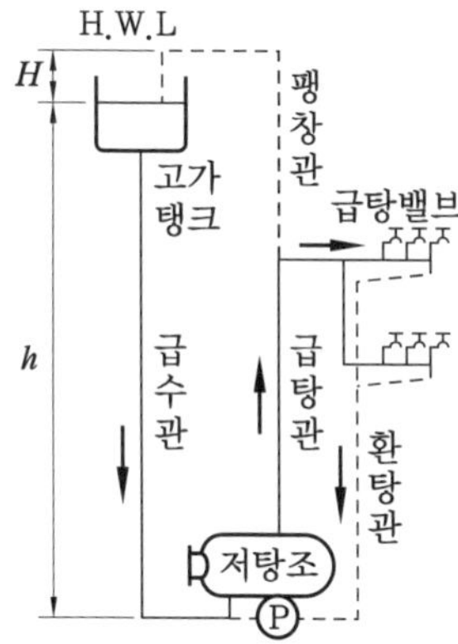

팽창관의 설치 높이

2-4 급탕 설비의 설계 계산

(1) 직접 가열식 급탕 설비

① 석탄을 연료로 하는 경우, 보일러의 화상 면적

$$G = \frac{w\,(t_h - t_u)}{R \cdot F \cdot E} \text{[m}^2\text{]}$$

② 중유를 연료로 하는 경우, 보일러의 전열 면적

$$H = \frac{w\,(t_h - t_u)}{R \cdot F \cdot E} \text{[m}^2\text{]}$$

③ 가스 히터를 사용하는 경우, 가스 소비량

$$G_g = \frac{w\,(t_h - t_u)}{F \cdot E} \text{[m}^3\text{/h]}$$

④ 전기 히터를 사용하는 경우, 소요 전력량

$$H_e = \frac{w\,(t_h - t_w)}{K \cdot E} \text{[kWh]}$$

⑤ 기수(氣水) 혼합식의 경우, 소요 증기량

$$Q = \frac{w\,(t_h - t_u)}{L}\,[\mathrm{kg/h}]$$

여기서, w : 급탕량 (kg/h), t_h· t_u : 급탕 온도 및 급수 온도 (℃)

R : 연소율, 석탄의 화상 면적 또는 중유의 전열 면적 1m²당 1시간의 연소량 (kg/m²/h)

F : 연료의 발열량 (kJ/kg, kJ/m²)

E : 전열 효율 (%)

K : 전력 1 kW의 발열량 (3598 kJ/h)

(2) 간접 가열식 급탕 설비

간접 가열식의 경우에도 직접 가열식의 경우와 동일하게 계산하고 그 결과에 대해 보일러 및 보일러와 저장 탱크 간의 열손실을 고려하여 온수 보일러의 경우에는 15%를 증가시키고 증기 보일러의 경우에는 20%를 증가시킨다.

① 가열관의 표면적 $S = \dfrac{w\,(t_h - t_w)}{\lambda E(t_s - t_a)}\,[\mathrm{m^2}]$

② 소요 증기량 $w_s = \dfrac{w\,(t_h - t_w)}{E \cdot L}\,[\mathrm{kg/h}]$

여기서, w : 급탕량 (kg/h)

E : 전열 효율 (%)

t_s : 증기 온도 (℃)

L : 증기 1 kg당 보유 잠열 (2263 kJ/kg)

t_h· t_w : 급탕 온도 및 급수 온도 (℃)

λ : 가열 코일의 전열 계수 (W/m² · K)

t_a : 급수 온도와 급탕 온도의 평균치 (℃)

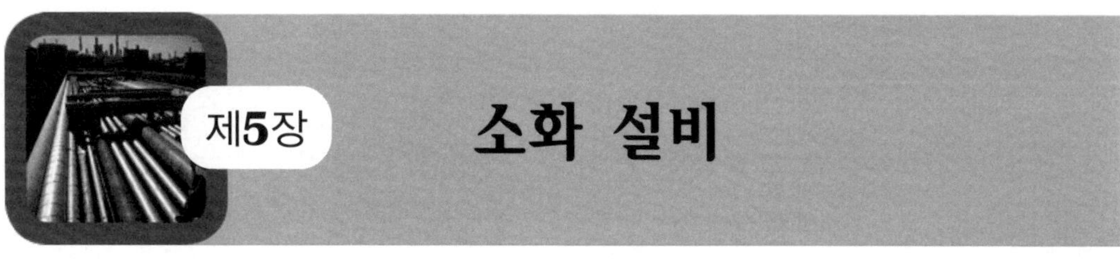

제5장 소화 설비

소화 설비(消火設備)를 크게 나누면 소화전 설비, 스프링클러 설비, 드렌처 설비, 특수 소화 설비, 화재 경보 설비가 있다. 이들의 설비는 소방관계법령에 의하여 건축물에 대한 그 설치 기준이 규정되어 있다.

1. 소화전 설비

소화전 설비는 옥내 소화전 설비와 옥외 소화전 설비가 있으며, 옥내 소화전은 소형 소화전, 방수구(소방 전용 소화전)가 있고, 옥외 소화전은 학교, 아파트, 공장, 대지 등의 건물 밖에 설치하며, 지상식과 지하식이 있다.

1-1 옥내 소화전 설비

(1) 옥내 소화전 설비 기준

옥내 소화전의 설치와 설치 대상물 및 설치 간격은 소방법 규정에 따라 설치한다. 동일 부지 안에 2동 이상의 건물이 건축되어 있고, 각 동이 복도로 연결되어 있으면 동일 건물로 인정한다. 옥내 소화전의 설치 간격은 각 층마다 소화전을 중심으로 반지름 25 m 이내에 대상물이 있어야 한다. 소화전 밸브는 구경 40 mm 또는 50 mm 2종류가 있고 청동제 게이트 밸브와 글로브 밸브로 45°, 90°, 180° 등이 있다.

소화전의 개폐 밸브는 바닥으로부터 높이 1.5 m 이하의 위치에 설치해야 한다. 소방법 시행령에 의한 옥내 소화전 설치 규정은 다음과 같다.

옥내 소화전 연결 송수관 설비 및 비상 콘센트 설비의 설치 기준

<table>
<tr><th rowspan="3">소방 대상물의 종별</th><th colspan="8">설치 기준 범위</th></tr>
<tr><th colspan="3">옥내 소화전 설비</th><th colspan="3">연결 송수관 설비</th><th colspan="2">비상 콘센트 설비</th></tr>
<tr><th>연면적 (m^2)</th><th>위험물·준위험물·특수 가연물 등 취급·저장</th><th>지하층·무창층 또는 4층 이상의 층으로서 바닥 면적(m^2)</th><th>지하층 제외 층 수가 7층 이상</th><th>지하층 제외 층수가 5층 이상, 연면적(m^2)</th><th>연면적 (m^2)</th><th>지하층 제외 층수가 11층 이상</th><th>연면적 (m^2)</th></tr>
<tr><td>제1종 장소</td><td>2100 이상 (1500 이상 공연장, 경기장, 집회장)</td><td rowspan="4">별표 3에 정한 수량의 750배 이상의 제1류·제2류·제3류의 준위험물이나 별표 4에 정한 수량의 750배 이상의 특수 가연물</td><td>450 이상(300 이상 공연장, 경기장 집회장)</td><td rowspan="3">전부 설치(옥내 소화전 설비가 있고 바닥 면적 150 m^2 이하로서 10층 이하인 건축물 제외)</td><td rowspan="3">6000 이상</td><td rowspan="3"></td><td rowspan="3">전부 설치</td><td rowspan="3"></td></tr>
<tr><td>제2종 장소</td><td>2100 이상 (3000 이상 교회·사찰)</td><td>450 이상(600 이상 교회·사찰)</td></tr>
<tr><td>제3종 장소</td><td>(창고) 2100 이상</td><td>(창고) 450 이상</td></tr>
<tr><td>지하층</td><td>600 이상</td><td></td><td></td><td></td><td>1000 이상</td><td></td><td>1000 이상</td></tr>
<tr><td>복합 건축물</td><td colspan="8">주된 용도의 설치 기준 적용</td></tr>
</table>

㈜ 다만, 주된 용도 외의 부분이 규정에 의한 해당 용도별 기준 수치 이상인 경우에는 각 용도별로 시설 기준을 적용한다.

한편, 옥내 소화전의 표준값은 다음과 같다.

① **방수 압력**: 167 kPa(노즐 끝)

② **방수량**: 130 L/min

③ **노즐의 구경**: 13 mm

④ **호스의 구경**: 40 mm

⑤ **호스의 길이**: 15 m 또는 30 m

⑥ **소화전 높이**: 바닥면으로 부터 높이 1.5 m 이하

⑦ **설치 간격**: 소화전과의 수평 거리 25 m 이하

⑧ **저수조의 용량**: (옥내 소화전 1개의 방수량)×(동시 개구수)×20(분)

(2) 저수 탱크

저수 탱크의 용량은 소화전 1개의 소요 방수량 130 L/min을 20분간 이상 방수할 수 있는 용량이어야 하며, 소화전을 동시에 개방하는 숫자는 최대 5개로 하며, 각 층의 설치 수

가 5개 미만인 때는 설치 개수가 가장 많은 층의 소화전을 동시에 열었을 때 20분간 방수할 수 있는 용량이 되어야 한다.

옥내 소화전의 동시 개구 소요 수량과 저수 탱크

동시 개구 수	소요 수량 (L/min)	저수 탱크의 치수(최소)	
		유효 저수량 (m^3)	세로×가로×길이(유효) (m)
1	130	4	2.0×2.0×1.6 (1.0)
2	260	8	2.0×4.0×1.6 (1.0)
3	390	12	3.0×4.0×1.6 (1.0)
4	520	16	4.0×4.0×1.6 (1.0)
5	650	20	4.0×5.0×1.6 (1.0)

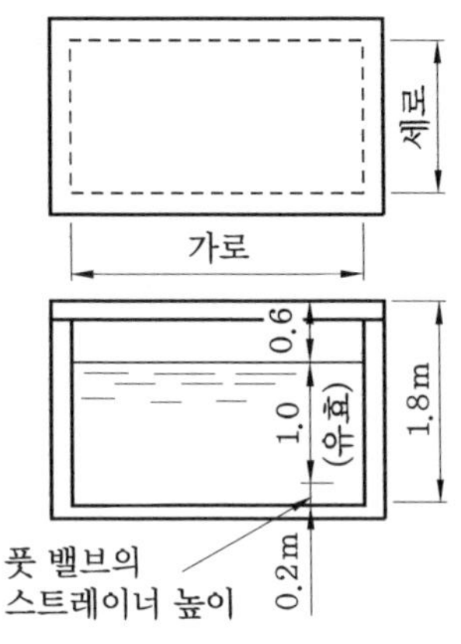

저수 탱크

(3) 소화 펌프

소화 펌프에는 일반적으로 다단 터빈 펌프를 사용하며, 펌프의 방수 압력은 167 kPa 이상이고, 소요 방수량은 130 L/min 이상이어야 한다. 이때의 압력은 배관의 손실 및 호스의 손실을 제외한 압력이며, 펌프의 수는 소요 방수량보다 15 % 더 많게 규정한다.

소화 펌프의 크기

소화전을 동시에 여는 수	소요 수량 (L/min)	터빈 펌프의 크기	
		구경 (mm)	수량 (L/min)
1	130	50	150
2	260	65	300
3	390	75	450
4	520	75	600
5	650	100	750

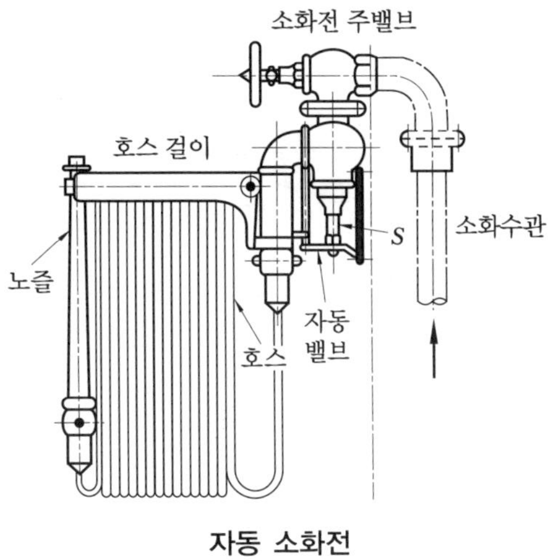

자동 소화전

(4) 소화전 함

소화전의 함은 일반적으로 강판제와 스테인리스제이며, 상자 속에는 소화 밸브, 노즐(관창), 호스(15~30 m), 호스 걸이 등이 들어 있다. 소화전 함의 표면에는 소화전이라 쓰고 함의 윗부분에는 붉은색의 발신기, 경종, 표시등의 속보 세트를 설치한다.

소화 노즐 및 소화전 함의 표준 치수는 다음과 같다.

소화 노즐(관창)의 표준 치수

구분	직사 관창 25A	직사 관창 40A	직사 관창 65A
사이즈	FE 25	FE 40	FE 65
유량 (L/min)	174	170	280
방식	straight	straight	straight
테스트 압력 (MPa)	0.314	2.0	2.0
길이 (m/m)	150	254	305
무게 (kg)	0.118	0.8	1.87
재질	알루미늄 (Al)	청동 (bronze)	청동 (bronze)
특징	hydrant	hydrant	hydrant
승인	KFI 검정품	KFI 검정품	KFI 검정품

소화전 함의 표준 치수 (mm)

	안지름 38 또는 51호스의 길이×본수(m)	소화전 함			호스 걸이의 길이
		W	*H*	*D*	
옥내 소화전의 경우	10×1	450	700	180	10
	15×1	550	700	180	15
	15×2	660	950	180	20
	18×1	550	850	180	15
	18×2	660	1100	180	20
	18×2	750	910	180	25
소방서용 방수구를 설치하는 경우	15×2	660	1000	240	20
	18×1	600	850	240	15
	18×2	700	1100	240	20

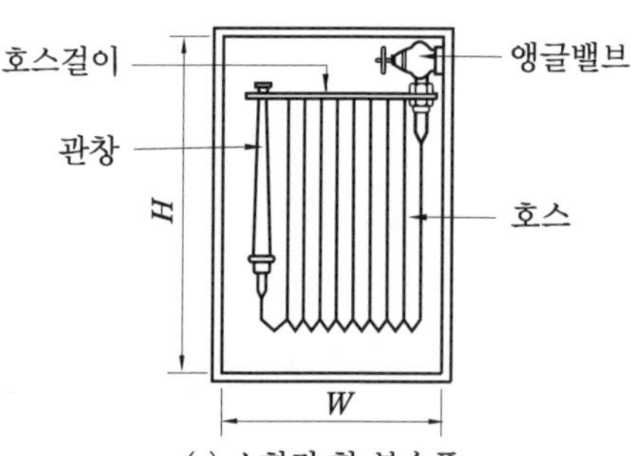

(a) 소화전 함 부속품

(b) 소화전 함의 정면도

옥내 소화전 함

옥내 소화전과 연결되는 지관 구경은 40 mm 이상으로 하여야 하며, 주관 배관 중 상향 수직관의 구경은 65 mm 이상으로 하여야 한다. 또한 연결 송수관 설비의 배관과 겸용할 경우 주관의 구경은 100 m 이상 되어야 한다.

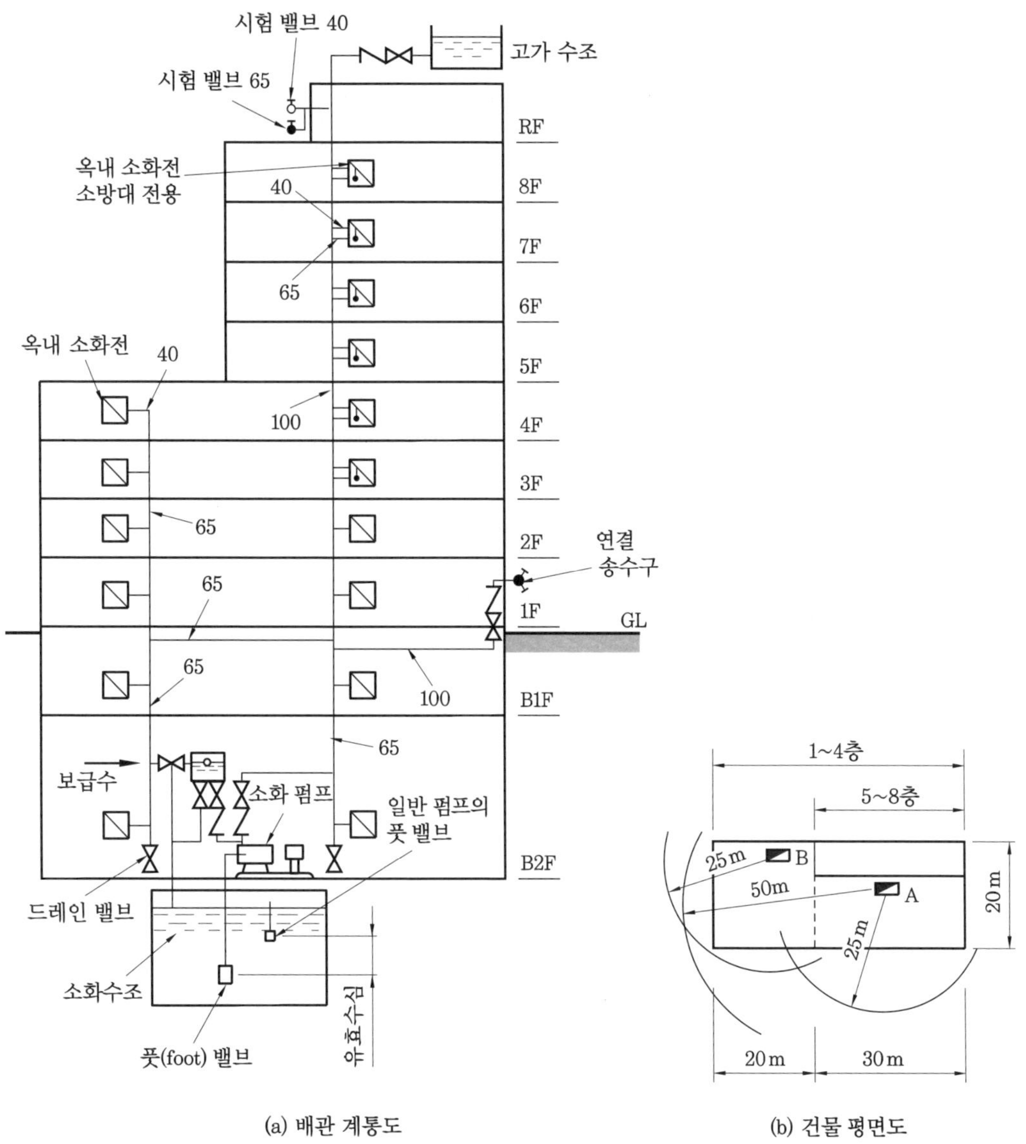

(a) 배관 계통도 (b) 건물 평면도

옥내 소화전 설비와 연결 송수관 설비의 계통도

(5) 연결 송수관

송수구(siamese connection)와 건물 안에 설치한 방수구를 연결 송수관이라 하며, 설치하는 방화 대상물 및 설치 기준은 다음 표와 같다.

방수구의 위치는 3층 이상은 단구형, 11층 이상은 쌍구형으로 하되, 하나의 방화 대상물에 대해서는 3층 이상의 층계에 설치하며, 지하 3층 이하에도 설치하는 것이 좋다.

연결 송수관의 설치 기준

구분	설치 범위	설치 간격
1	지하를 제외한 층수가 7층 이상인 건물 또는 5층 이상으로 연면적 6000 m^2 이상인 건물	방수구의 위치를 중심으로 반지름 50 m 이내의 방화 대상물을 포함
2	연 50 m^2 이내의 아케이드	방수구의 위치를 중심으로 반지름 25 m 이내의 대상물을 포함

① **송수구(送水口)**: 건물의 외벽에 설치하는 것이며, 소방관이 보기 쉽고 접근하기 쉬운 건물 바깥벽에 설치하여 화재가 발생하였을 때 소방 펌프 호스를 송수구에 연결하여 방수구에 압력수를 송수하는 역할을 한다. 송수구의 지름은 63.5 mm이며, 암나사로 되어 있고 수직관에는 체크 밸브가 있으며, 송수구 가까이의 송수관 구경은 100 mm, 송수구의 압력은 686 kPa이다. 설치 높이는 지면에서 0.5~1.0 m로 하고 관 속의 물을 배수하기 위하여 배수관을 설치한다. 또 송수관은 폭 3 m 이상의 도로에 접하게 하고 보기 쉬운 위치에 표지를 붙여야 한다.

연결 송수관의 송수구·방수구의 표준값은 다음과 같다.

(가) 방수구의 방수 압력 : 343 kPa 이상 (노즐 끝)
(나) 방수구의 방수량 : 450 L/min
(다) 소방대 사용 노즐의 구경 : 19 mm (22 mm, 25 mm)
(라) 쌍구형 송수구 구경(주관) : 100 m
(마) 소방대 사용 호스 : 65 mm
(바) 방수구와 송수구의 연결 구경 : 65 mm
(사) 송수구의 소방 펌프 송수 압력 : 686 kPa
(아) 방수구의 설치 높이 : 바닥면상 0.5~1.0 m
(자) 송수구의 설치 높이 : 지반면상 0.5~1.0 m

(a) 단구형

(b) 쌍구형

(c) 쌍구 매립형

연결 송수관 송수구

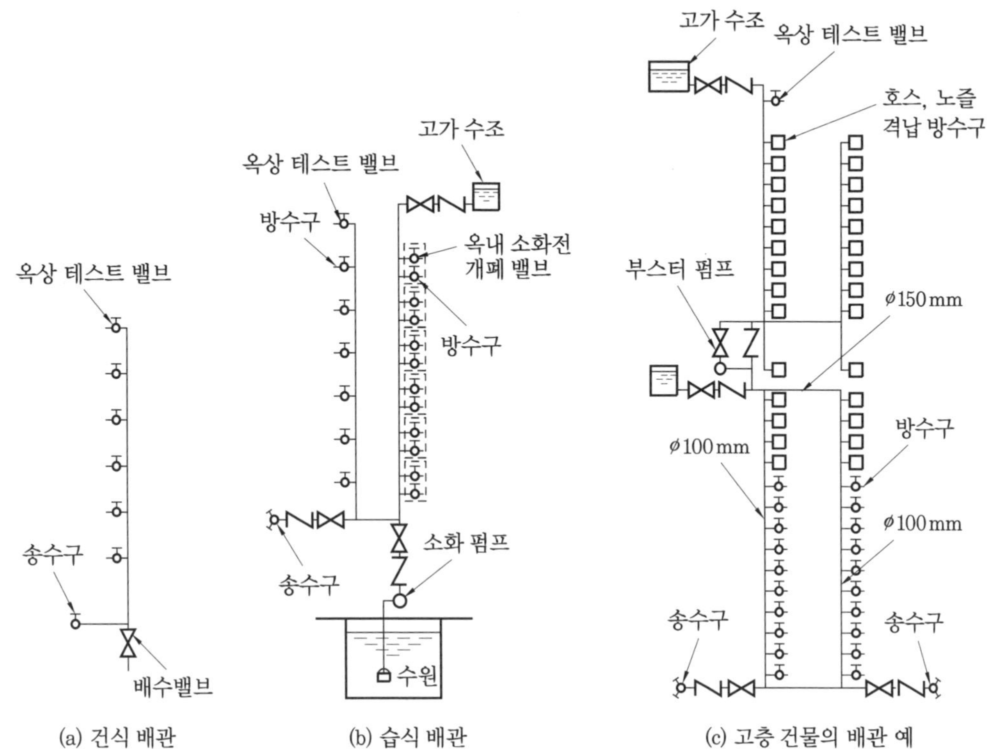

(a) 건식 배관 (b) 습식 배관 (c) 고층 건물의 배관 예

연결 송수관의 형식과 계통도

송수구 시설 대상 기준

시설 대상	소방 전용(방수구)	송수구(쌍구형)
	표준 단위·수량·설치 간격	설치되는 수
층수(지상) 7 이상인 것	바닥 면적	입상관과 동수 이상
층수(지상) 5 이상에서 연면적 6000 m^2 이상 또는 수용 인원 5000인 이상의 것	1200 m^2 또는 수용 인원 1000인 이하마다 1개	
층수(지상) 4 이상의 것		입상관의 반수 이상(이 때 단구를 1개, 쌍구를 2개로 계산하면 좋다.)
층수(지상) 4층 소화전이 4층에 2 이상 또는 층수(지상 포함) 8 이상 있는 것		

② **방수구**: 방수구는 소방 호스(65 m 길이)를 연결하여 방수하는 역할을 하는 것으로서 소방대 전용 소화전이라고도 한다. 소방 펌프에서 압송되는 압력수는 송수구와 송수관을 통하여 방수구에 도달하며, 방수구에 도달한 압력수는 소방 호스에 의하여 방수된다. 방수구의 지름은 65 mm이며, 방수 압력은 노즐 끝에서 343 kPa이고 방수량은 450 L/min이며, 노즐 끝의 지름은 19 mm이다. 방수구의 설치 위치는 건물 바닥에서 0.5~1 m의 높이에 설치하고 쉽게 찾을 수 있도록 표시를 한다. 연결 송수관의 방수구는 옥내 소화전 함 속에 같이 설치하거나 단독으로 설치한다.

소화 노즐에서의 분출 수량(매분)

정수두 (m)	수압 (kPa)	노즐 구경					
		10		13		20	
		분출 높이(m)	수량(L)	분출 높이(m)	수량(L)	분출 높이(m)	수량(L)
3	29.4	2.7	37.8	3.0	54.8	3.0	130.0
6	58.8	5.5	54.7	5.8	77.9	5.8	174.6
9	88.2	7.6	65.9	8.2	95.3	8.5	214.7
12	117.6	9.8	77.1	10.7	111.9	11.3	247.7
15	147	11.3	86.9	12.8	122.9	13.7	277.7
18	176.4	12.8	94.5	15.0	134.6	15.9	303.6
24	235.2	14.0	109.6	18.3	155.7	20.4	350.0
30	294	16.5	124.0	21.1	174.3	24.1	392.0

(6) 소화전 배관의 치수

옥내 소화전 배관에는 배관용 강관과 수도용 아연 도금 강관을 사용하며, 관을 연결할 때에는 나사 이음으로 하고 가단주철제 이음쇠를 사용한다. 수직관의 관 지름은 층수 4층 이하는 50 mm, 그 이상은 65 mm로 한다. 옥내 소화전의 배관은 고가 탱크를 사용하는 경우에는 고가 수조 주관에 체크 밸브와 스톱 밸브를 설치하여 고가 탱크 주관에 접속한다. 또한 압력 탱크를 사용하는 경우에는 체크 밸브 및 스톱 밸브를 사용하여 압력 탱크의 주관에 접속한다. 다음 그림은 소화전 배관 계통도의 4가지 방식을 나타낸 것이다.

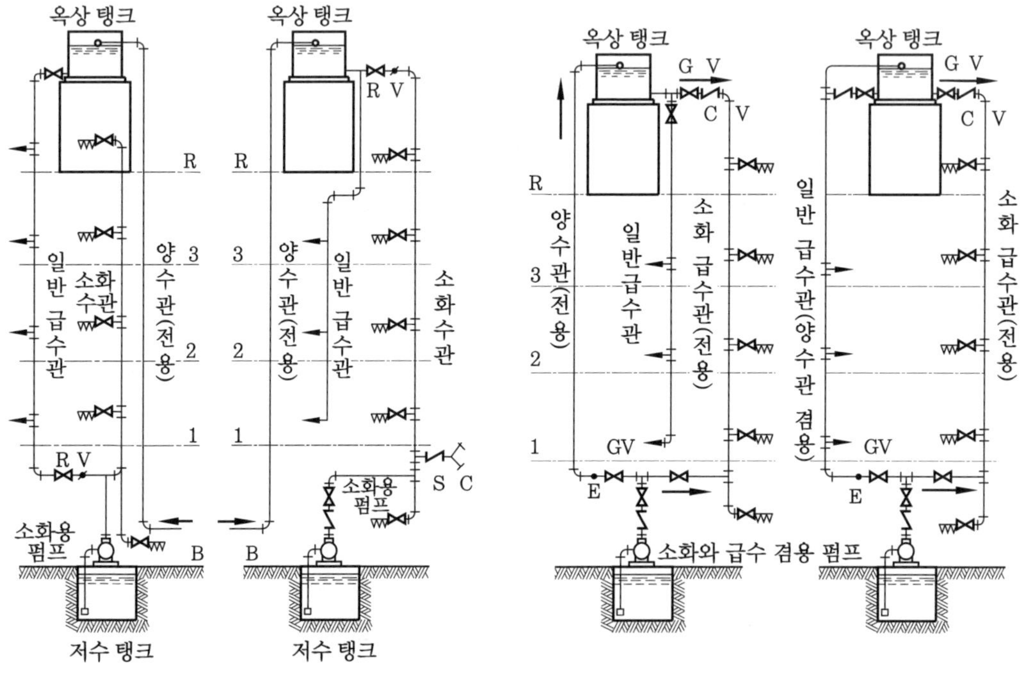

(a) 대규모 소화전 설비 (b) 소규모 소화전 설비

옥내 소화전 배관 방식

1-2 옥외 소화전 설비

(1) 옥외 소화전 설치 기준

옥외 소화전 설치 기준은 건축물의 지상 면적이 내화 건축물에 있어서는 9000 m^2 이상이며, 이러한 건축물에는 반드시 소화전을 설치해야 하고 다음과 같은 조건을 구비해야 한다.

① 옥외 소화전은 건축물의 각 부분에서 1개의 호스 접속구까지의 수평 거리가 40 m 이하가 되도록 설치한다.

② 수원은 2개의 옥외 소화전을 동시에 사용하였을 때 20분간 방수할 수 있는 수량 이상이어야 한다(14 m^3).

③ 압력이 미달된 경우는 가압 송수 펌프를 설치하여 규정 방수 능력, 즉 2개의 소화전을 동시에 사용하였을 때 18 m의 호스 3개를 연결하여 245 kPa 이상의 방수압력과 방수량 350L /min 이상이어야 한다.

(2) 옥외 소화전의 종류

옥외 소화전에는 지상식과 지하식이 있으며, 지상식은 포탄형 소화전이다. 지상식, 지하식 모두 단구형과 쌍구형이 있으며, 소화전의 지름은 단구형이 75 mm이고 쌍구형이 100 mm로 되어 있으며, 호스 접속구는 소방대 전용으로 사용하는 호스의 지름과 같다.

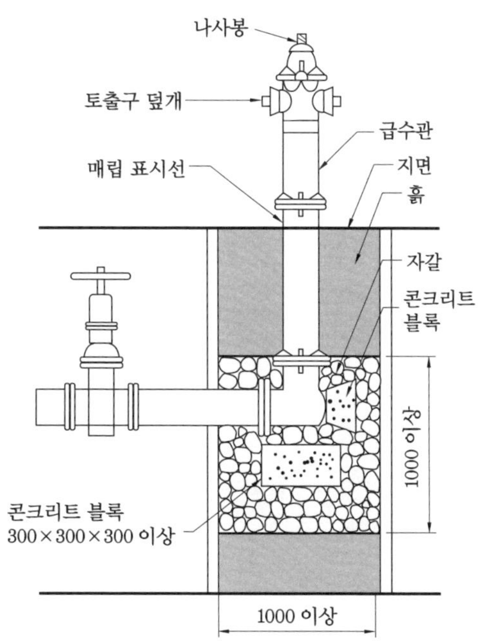

지상식 소화전

옥외 소화전 설비의 설치 기준

소방 대상물의 종별	설치 기준 범위 바닥면적(m^2) : 지하층을 제외한 층 수가 1층인 경우 1층 바닥 면적, 2층 이상인 경우 1,2층 합계 면적	설치 기준
제1종 장소	9000 이상	호스 접결구는 소방 대상물의 각 부분으로부터 하나의 호스 접결구까지의 수평 거리가 40m 이하가 되도록 설치
제2종 장소		
제3종 장소		
중요 문화재	1000 이상	
복합 건축물	주된 용도의 설치 기준 적용	

㊟ 동일 대지 안에 건축물(내화 건축물·준내화 건축물 제외)이 2 이상 있을 경우 당해 건축물의 상호 외벽 간의 중심선으로부터의 수평 거리가 1층에 있어서는 3 m 이하, 2층에 있어서는 5 m 이하인 것은 이를 1개의 건축물로 본다.

2. 스프링클러 설비와 드렌처 헤드

2-1 스프링클러 설비

스프링클러 설비는 일반적으로 건축물의 천장 부분에 배관 및 헤드를 설치하여 실내의 온도가 상승하면 퓨즈가 녹아 정지 밸브가 자동으로 단락하여 순간적으로 다량의 물을 분수 살포하게 하여 초기 소화의 효과를 극대화시킨 것으로 충분한 수량과 수압이 필요하게 된다.

스프링클러 설비는 소방법, 소방법 시행령, 소방법 시행규칙에 명시되어 있으며, 주요 기기로는 가압 장치, 화재 감지 장치, 화재 표시 및 경보 장치, 기동 장치 등이 있다. 스프링클러 헤드가 자동적으로 작동하는 온도를 표시 온도라고 하며, 가령 천장의 최고 온도가 38℃ 이하이면 표시 온도 72℃(보통 온도용)의 헤드를 설치한다.

스프링클러 헤드가 작동하여 물이 분출하면 경보 밸브 내에 물이 흐른다. 이 흐르는 물에 의하여 보조 밸브가 열리어 물의 일부는 경보 계통에 유입된다. 그 결과 압력 스위치의 작동에 의하여 전기 회로에 신호를 보내 경보(경종)가 울린다. 그리고 펌프에도 물이 흘러 펌프의 회전에 의하여 기계적으로 경보기를 울리게 되어 있다. 시험 밸브는 주로 작동 시험을 할 때 사용한다.

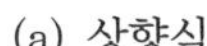
(a) 상향식

(b) 하향식

(c) 측벽식

(d) 살수 헤드

(e) 조기 반응형

스프링클러 헤드

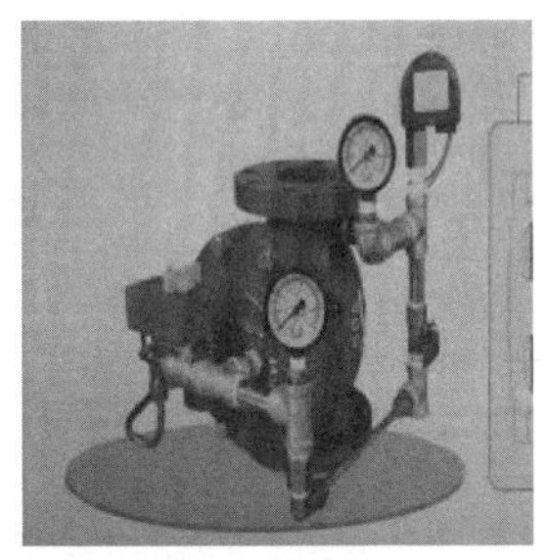
알람 밸브(자동 경보) 장치

프리액션 밸브(준비 작동식 밸브) 장치

스프링클러 급수관이 허용하는 헤드 수

구경(mm)	25	32	40	50	65	80	100	125
헤드 수	2	3	5	10	20	40	100	125

스프링클러 헤드 작동 표시 온도와 최고 온도의 관계

명 칭	표시 온도	천장 최고 온도
보통 온도용 스프링클러 헤드	72℃	38℃
중간 온도용 스프링클러 헤드	96℃	65℃
고온도용 스프링클러 헤드	139℃	107℃
최고 온도용 스프링클러 헤드	183℃	150℃

2-2 스프링클러 배관법

스프링클러 설계는 크게 폐쇄형과 개방형으로 대별되며, 폐쇄형은 습식과 건식의 배관 방식이 있다.

(1) 폐쇄형 습식 배관(wet pipe sprinkler system)

항상 가압된 물을 채워 두고 화재 때 스프링클러 헤드의 개방과 동시에 송수 장치 등이 자동적으로 동작하게 되어 가압된 물이 연속적으로 분출 방사되는 방식이며, 일반적으로 스프링클러 설비라고 하는 것의 대부분은 습식 방식의 것을 말한다.

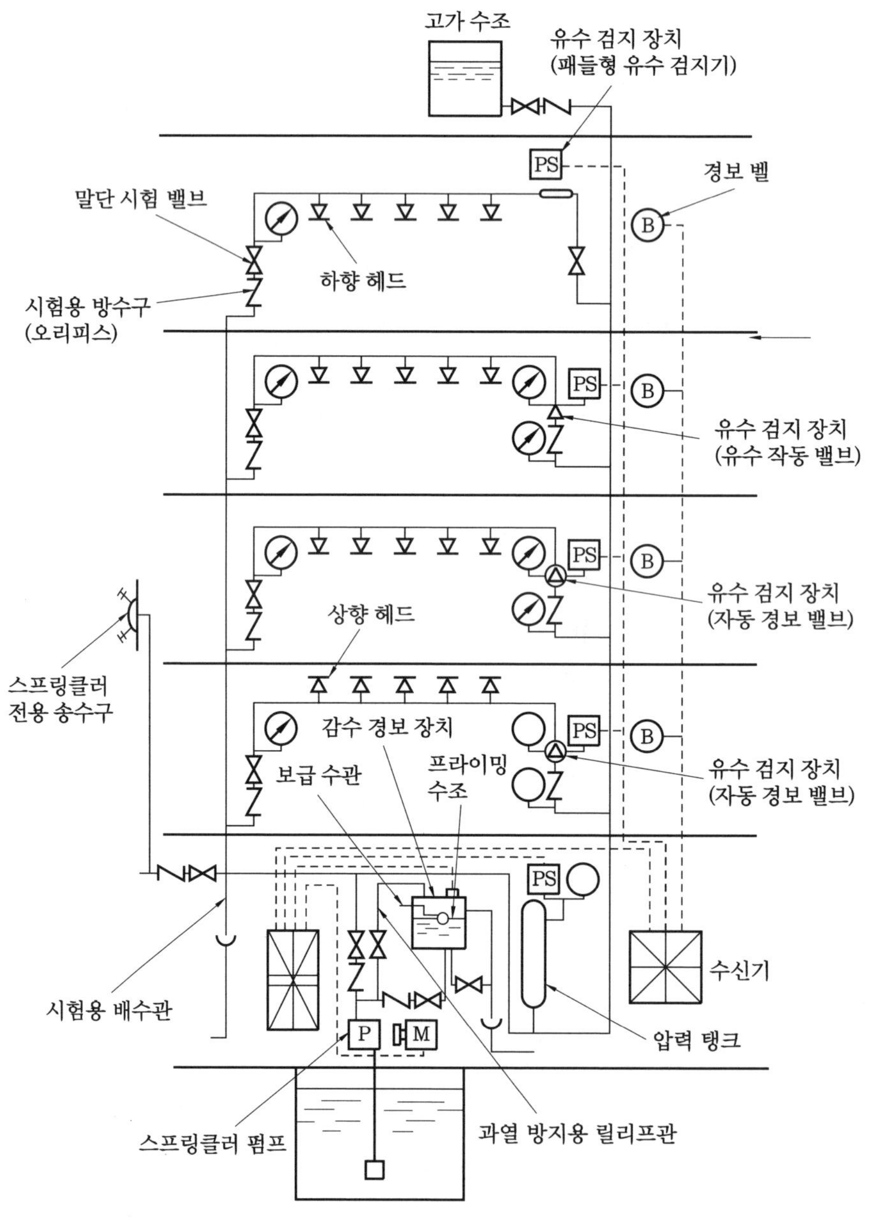

폐쇄형 습식 스프링클러 설비 계통도

(2) 폐쇄형 건식 배관(dry pipe sprinkler system)

항상 배관 내에 압축 공기를 채워 두고 스프링클러 헤드가 열로 인하여 헤드가 물의 분출을 막고 있던 특수한 건식 밸브가 물의 압력에 의해 열리면서 물이 배관 내에 흘러 들어와 살수하게 된다.

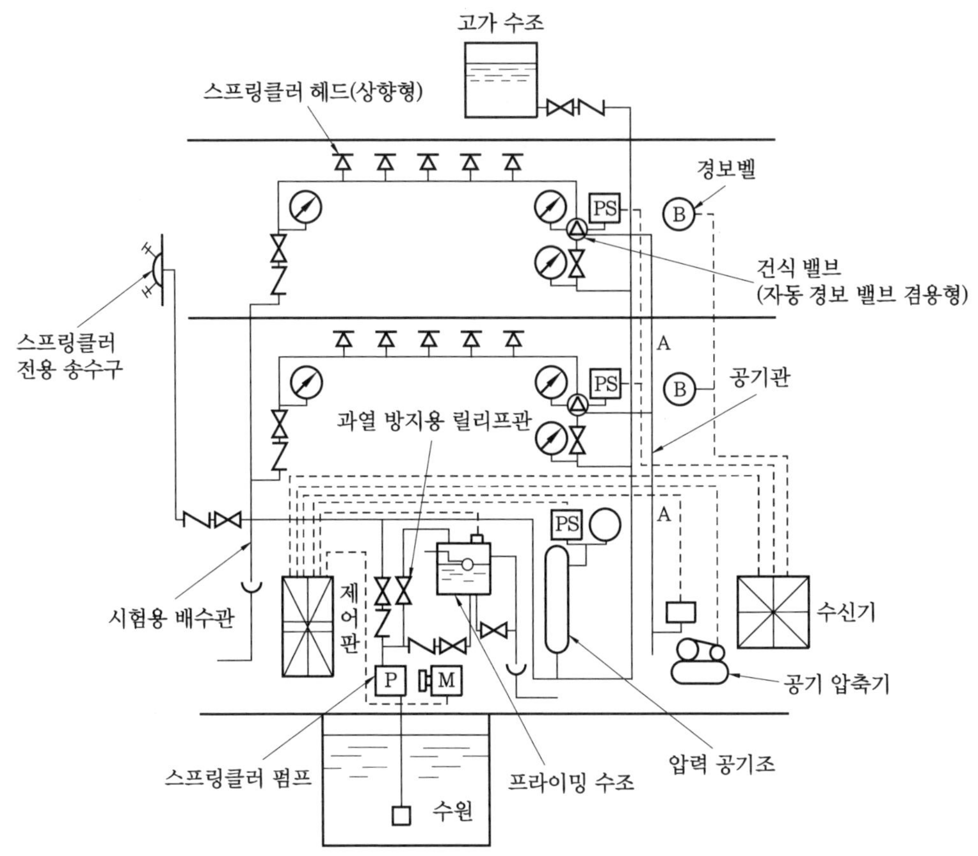

폐쇄형 건식 스프링클러 설비 계통도

(3) 준비 작동식(preaction system)

건식의 단점을 보완하고 습식의 장점만으로 만들어진 것으로, 준비 동작 밸브(preaction valve)의 1차 측에는 압력을 가진 물을, 2차 측에는 저압의 공기나 무압의 공기를 넣고 있다가 화재 발생 시 감지기가 열 또는 연기를 감지해서 준비 동작 밸브를 동작시켜 2차 측에 물을 각 헤드까지 보낸 후 화재 감지 지역에 자동으로 스프링클러 헤드가 작동하면 분사하여 소화시킨다.

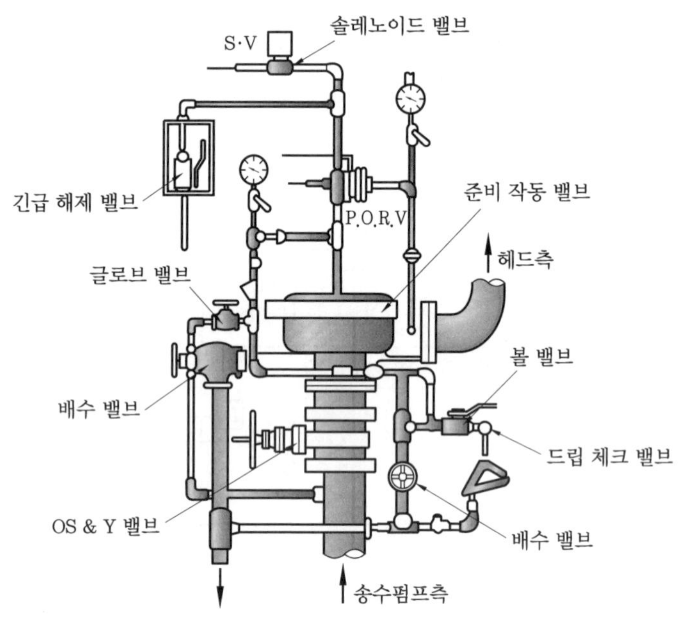

preaction 밸브(준비 작동식 밸브)의 구조도

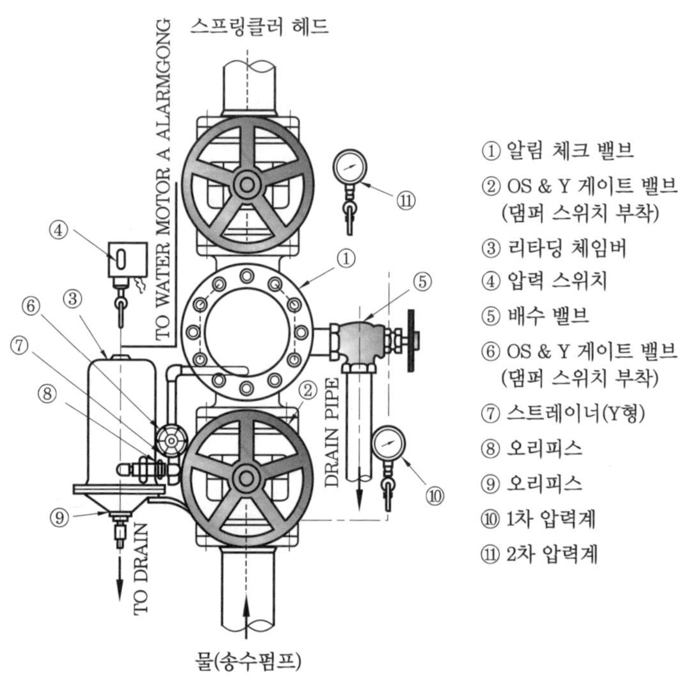

자동경보장치(alarm 밸브 장치)

(4) 개방식 스프링클러 배관(open pipe sprinkler system)

폐쇄형 스프링클러 헤드로는 효과를 기대할 수 없는 경우에 사용되며, 물의 분출구가 열려 있는 개방형 헤드를 사용한 것으로, 감지용의 감지기 중 화재 발생을 감지하면 설비된 헤드의 전부 또는 적당히 구획된 부분의 헤드로부터 동시에 방수되어 소화시킨다.

특히 천장이 높은 무대, 공장, 창고, 준위험물 저장소에 효과적이다.

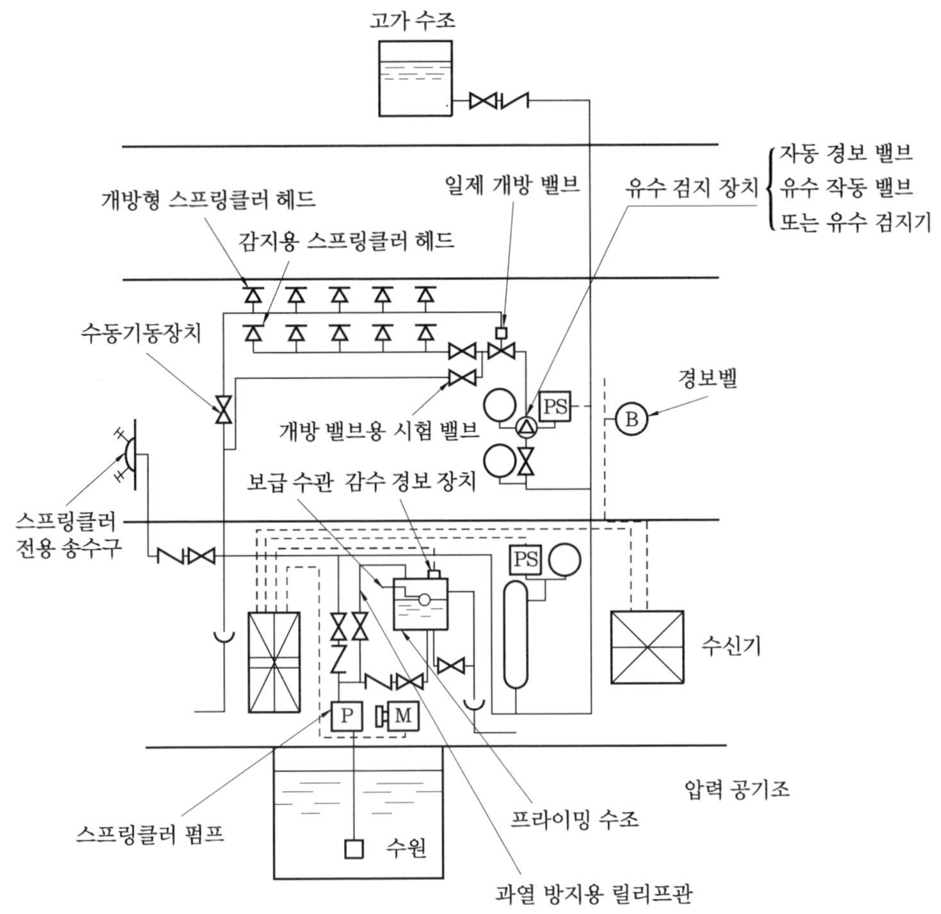

개방형 스프링클러 설비 계통도

(5) 스프링클러 헤드의 배치

스프링클러 헤드의 퓨즈(fuse)의 용융 온도는 설치 대상 건물 및 퓨즈의 종류에 따라 각각 다르나 표준 용융 온도(방수 온도)는 67~75℃ 정도이다.

스프링클러 헤드의 방수 압력은 98 kPa 이상이고, 방수량은 80 L/min(폐쇄형), 160 L/min(개방형) 이상, 저수량은 80 L/min×20분×동시 개구수 이상으로 한다.

일반적으로 스프링클러 헤드 1개가 소화할 수 있는 면적은 10 m^{2}로 보며, 헤드의 설치 간격은 극장, 무대부에 있어서는 1.7 m 이내, 기타의 경우는 2.1 m 이내(내화 건축물의 경우 2.3 m 이내)로 한다. 스프링클러 헤드의 설치 방법으로는 정사각형 배치법과 지그재그형 배치법 두 종류가 있다.

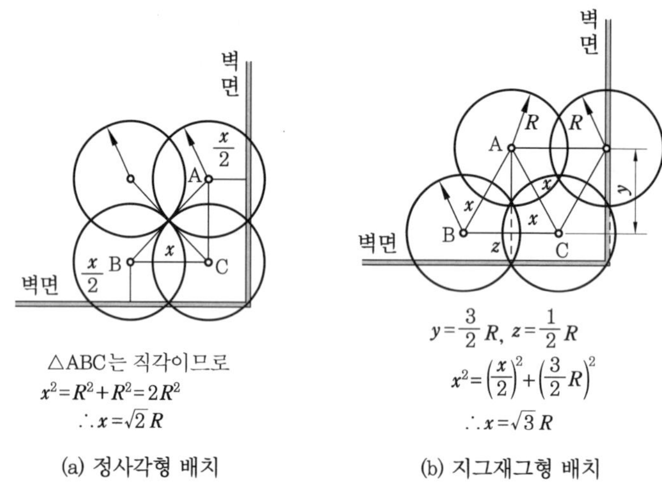

벽면
A
B
C
R
x
y
z
△ABC는 직각이므로
$x^2=R^2+R^2=2R^2$
$\therefore x=\sqrt{2}R$
$y=\frac{3}{2}R,\ z=\frac{1}{2}R$
$x^2=\left(\frac{x}{2}\right)^2+\left(\frac{3}{2}R\right)^2$
$\therefore x=\sqrt{3}R$

(a) 정사각형 배치 (b) 지그재그형 배치

스프링클러 헤드의 배치법

스프링클러 헤드의 배치 간격(m)

R	정사각형 배치	지그재그형 배치		
	$x=\sqrt{2}R$	$x=\sqrt{3}R$	$y=\frac{3}{2}R$	$z=\frac{1}{2}R$
1.7	2.40	2.94	2.55	0.85
2.1	2.96	3.63	3.15	1.05
2.3	3.25	3.98	3.45	1.15
2.5	3.53	4.33	3.75	1.25

(6) 드렌처(drencher)

드렌처 설비는 건물의 외벽, 창, 지붕 등에 일정한 간격으로 배열하여 인접 건물의 화재 시 메인(main) 밸브를 열어서 각 헤드로부터 물을 분사함으로써 수막(水幕)을 형성하여 화재를 방지하는 방화 설비이다.

드렌처 헤드의 종류

배관의 지름은 관 속에 흐르는 유량에 따라 결정되며, 헤드의 방수 압력은 98 kPa 이상이어야 한다. 헤드의 구경이 6.4 mm일 때 20 L/min, 7.9 mm일 때 35 L/min, 9.5 mm일 때 45 L/min 이상으로 수원의 저수량 $Q \geqq$(헤드 한 개의 방수량)×(설치 개수)×20분이다.

3. 특수 소화 설비와 화재 경보 장치

3-1 특수 소화 설비

산업과 문화의 발달로 수반되는 생산 공장, 창고, 빌딩은 물론 주택에 이르기까지 휘발유, 석유, 기타 특수 약품 등 위험한 가연물이 많아지고 있다. 그러므로 지금까지의 화재와 같이 물을 끼얹는 것으로는 소화되지 않을 때가 많다. 그러므로 가연물의 종류, 건축물의 각층(단층이나 고층), 기타의 조건에 의하여 특수한 소화 설비를 사용하도록 규정하고 있다. 특수 소화 설비에는 다음과 같은 것이 있다.

(1) 포 소화 설비

화재에 의하여 실내의 온도가 임계 온도 이상으로 상승하면 소화 구획 내에 설치된 감지 헤드의 작동에 의하여 자동 밸브가 열리고 소요 농축의 혼합액을 폼 헤드로 보낸다. 한편 송수관 내의 수압 변동에 의하여 압력 스위치가 작동하고 송수 펌프의 기동 및 화재 표시와 경보를 발한다. 또한 감지 헤드에 의한 감지 전에 화재가 감지되었을 경우에는 각 소화 구획 내에 설치된 수동 조작 밸브에 의하여 수동으로 가동한다.

주요 기기로는 항시 588~686 kPa의 압력을 유지할 수 있는 원액 탱크와 화재 시 압력 강하에 의하여 열리는 자동 밸브, 방화 대상물에 소화재를 방사시키는 폼 헤드(방수 압력 260~343 kPa, 방수량 72~83 L/min, 유효 지름 4.2 m)와 감지 헤드로 구분된다.

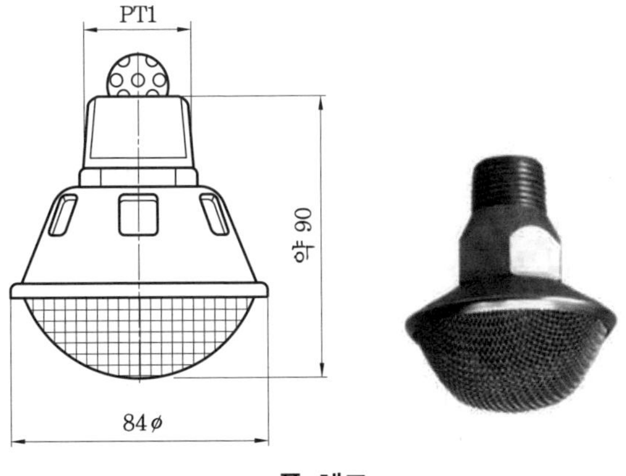

폼 헤드

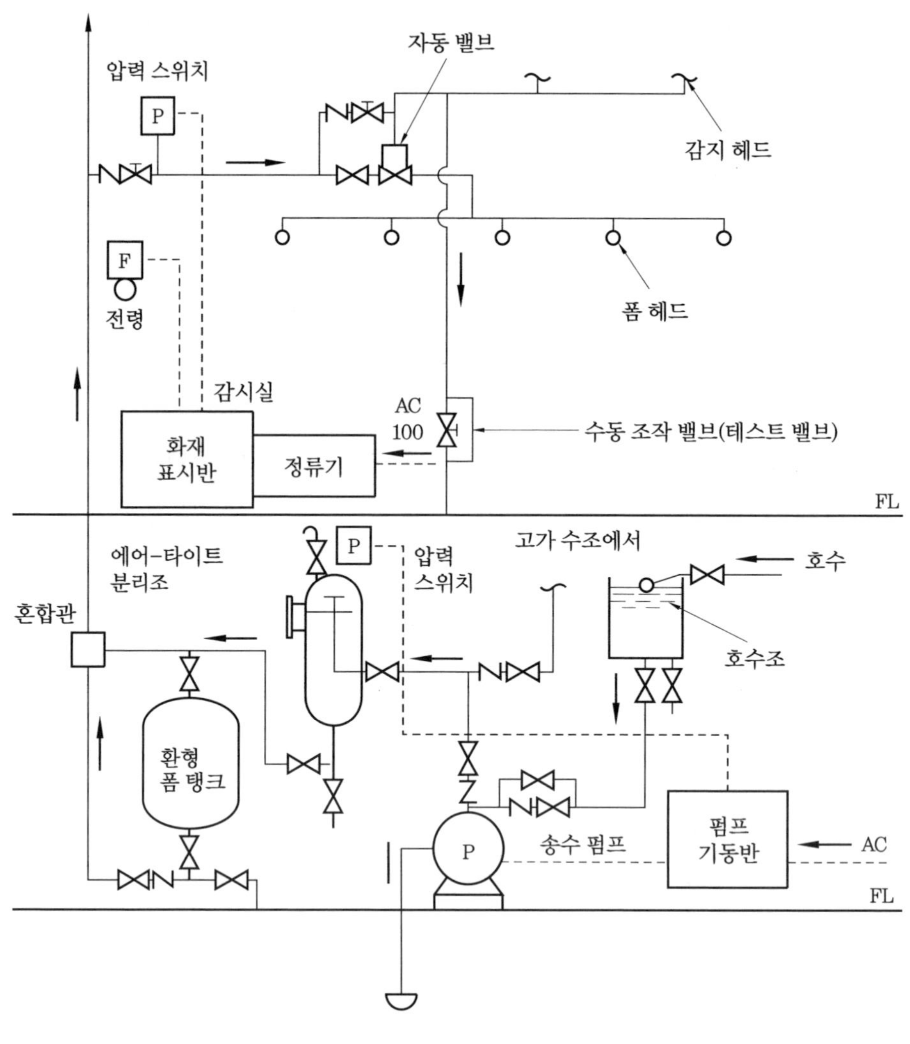

포 소화 설비

(2) 분말 소화 설비

분말 소화 설비는 약제를 수용하여 방사하는 설비 본체와 약제를 방출하는 분말 헤드, 약제를 수송하는 배관으로 이루어지며, 반응 금속이나 니트로셀룰로오스 등 자체에 산소의 공급원을 갖고 있는 화학 약품 화재를 제외한 다음과 같은 곳에 주로 쓰인다.

① 주차장, 차고, 자동차 정비 공장

② 변전소, 변전실, 통신 기기실 등의 전기 설비 전체

③ 위험물 또는 준위험물을 취급하는 화학 공장, 정유소 위험물 탱크, 소규모 기름 탱크, 화력 발전소 등의 설비

④ 가스탱크 등

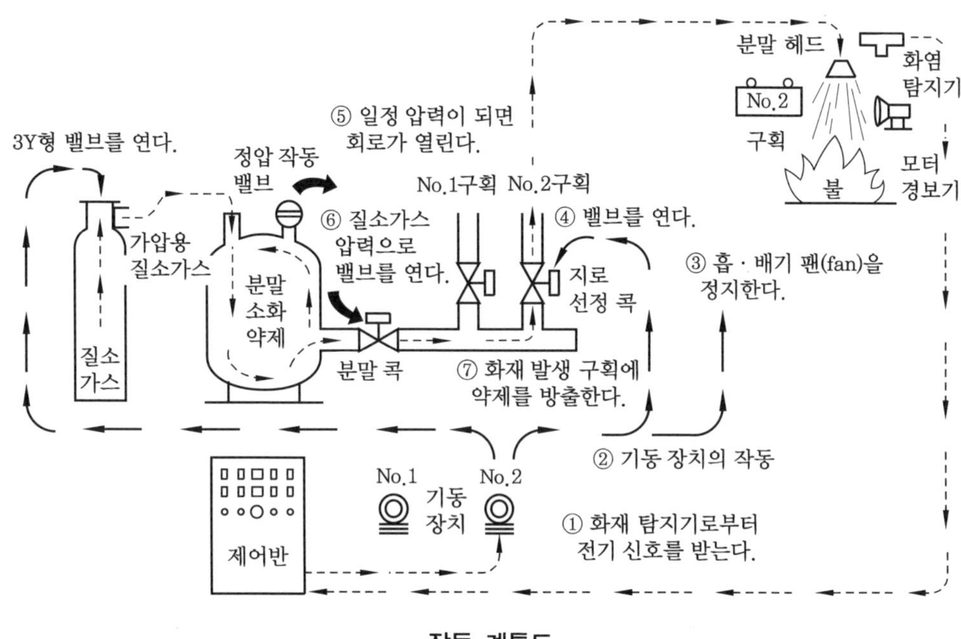

작동 계통도

(3) 탄산가스(CO_2) 소화 설비(불연성 가스 소화 설비)

탄산가스 소화 설비를 설치하기 위해서는 가스량, 관의 지름, 방출 조작법 등의 요소를 고려하여야 하며, 특징은 다음과 같다.

① 방출 속도가 매우 빠르기 때문에 소화가 순간적으로 이루어져 화재에 의한 손해를 최소한으로 줄일 수 있다.

② 액화 탄산은 무취, 무해, 순도 99.5% 이상으로 금속 및 전기 절연체 등의 피화재물에 대한 오염 손상이 없고 조기에 복구할 수가 있다.

③ 탄산가스는 공기보다 비중이 커서(공기의 1.529배) 소정의 가스량을 방출할 경우 반드시 침투되어 소화 대상 구역 전반에 걸쳐 산소의 공급을 차단시켜 농도를 낮춘다.

④ 자체의 압력에 의하여 방출되므로 원격 조작에 적합하고 자동 조작도 용이하다. 따라서 펌프 등의 가압 장치가 불필요하며 설비 단가가 다른 소화 설비에 비하여 낮아진다.

⑤ 액화 탄산은 다른 불연성 가스보다 기화 잠열이 크고, 방출 시 열 흡수에 의한 냉각 작용도 소화 효과를 증대시킨다.

⑥ 액화 탄산은 저장 중 변질되는 일이 절대로 없으므로 장기간 사용할 수가 있다.

⑦ 액화 탄산은 액체로 압축된 상태(상온에서 방출했을 때의 가스화 팽창률은 530배)로 저장이 되므로 설치 면적이 적다.

⑧ 액화 탄산은 다른 불연성 가스보다 가격이 안정되고 공급이 용이하며 경제적이다.

⑨ 액화 탄산은 전기 절연성이 커서(공기의 1.2배) 고전압의 기계 운전 중에도 사용할

수 있다.

⑩ 액화 탄산은 한랭지(-50℃)에서도 소화 효과에 영향을 미치지 않는다.

이 밖에 수분무 소화 설비, 증발 액체 소화 설비, 할로겐 소화 설비, FM200 소화 설비 등이 있다.

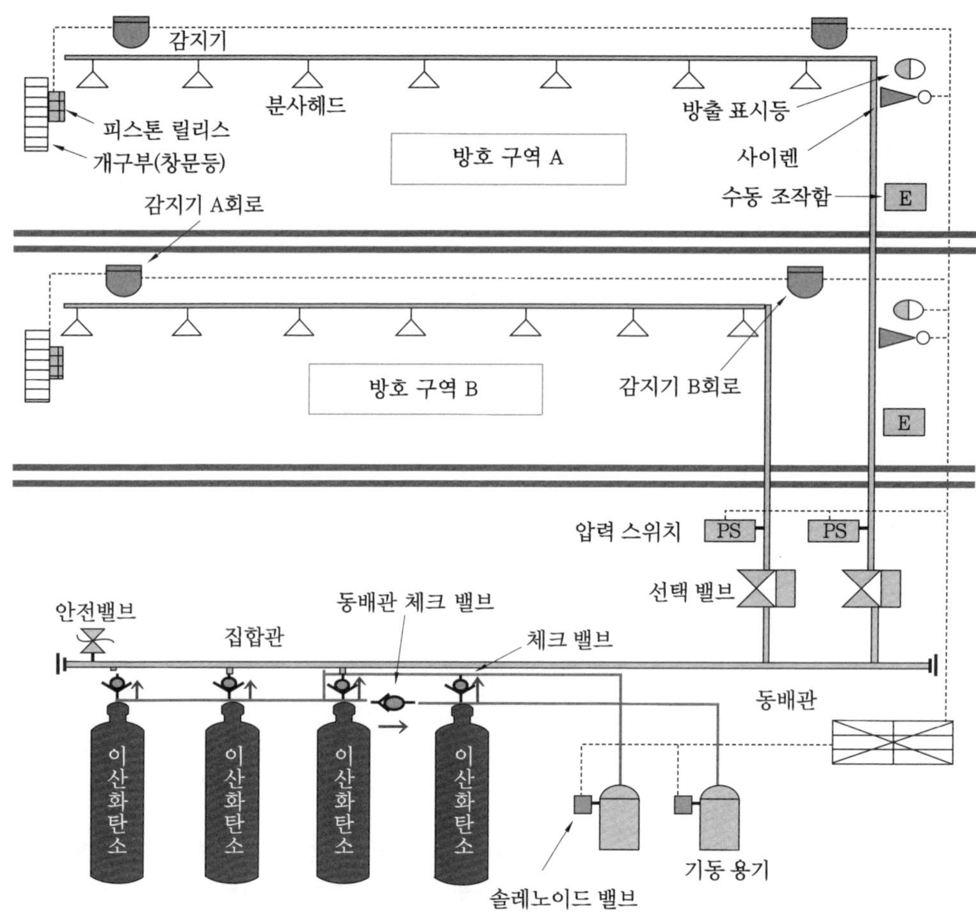

(a) 설비 계통도

(b) cylinder room

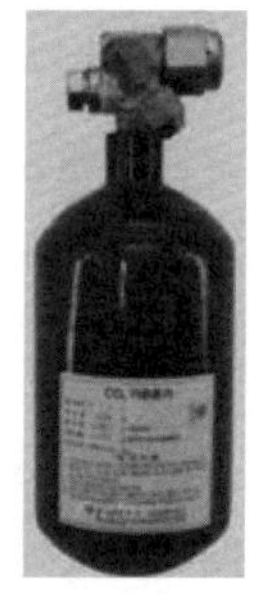

(c) CO_2 기동 용기

탄산가스 소화 설비

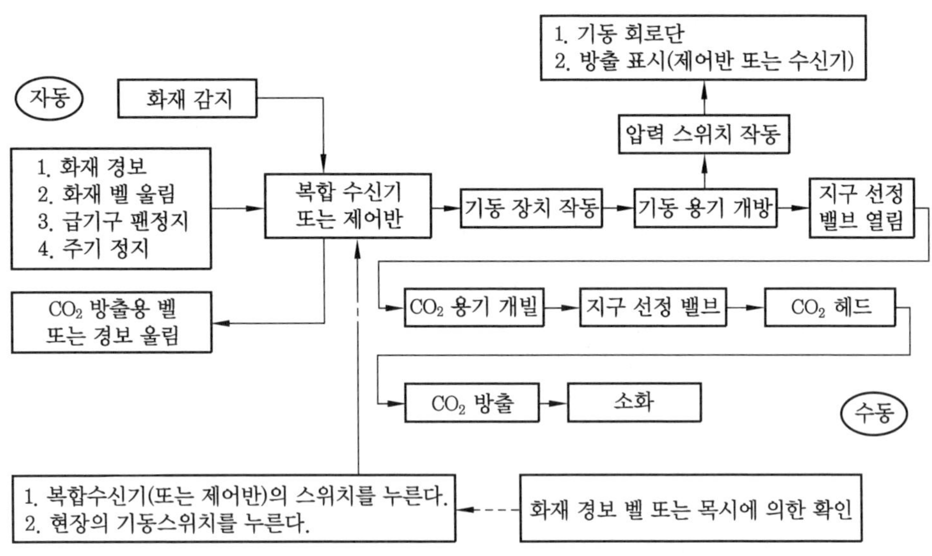

탄산가스 소화 설비 제어 기구(자동식)

3-2 경보 설비

경보 설비는 화재 발생을 신속하게 알리기 위한 설비로서 소방법에 의하면 자동 화재 탐지 설비, 전기 화재 경보기, 자동 화재 속보 설비, 비상 경보 설비(비상벨, 자동식 사이렌, 방송 설비) 등으로 분류하여 규정하고 있다.

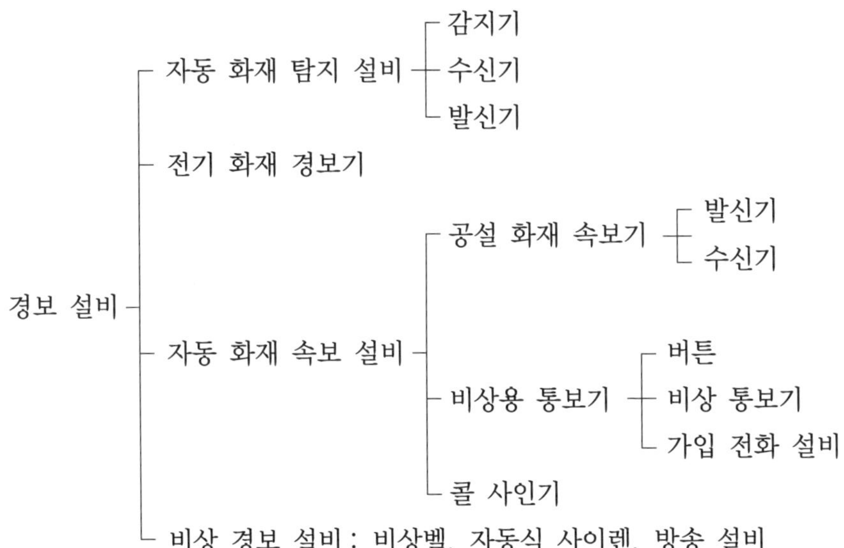

(1) 경보 설비의 구성과 종류

① **자동 화재 탐지 설비(사설 화재 속보기)** : 건물 내에 화재가 발생했을 때 자동으로 감지하여 내부 관계자에게 알리는 장치로서 감지기, 수신기, 통신 설비, 벨, 전원 설비로 구성되어 있으며, 보조 설비로는 수동 발신기를 병용하는 경우가 있다. 또 소화 설비는 화재의 감지와 소화 작용이 동시에 이루어지는 구조로 되어 있는 경우가 있다.

㈎ 감지기 : 화재로 인하여 발생하는 열을 자동으로 감지하고 이것을 수신기에 알리는 장치로서 기능상으로 분류하면 차동식, 정온식, 차동 보상식으로 구분된다.

㉮ 차동식 스폿형 감지기 : 주위 온도가 일정한 온도 상승률 이상으로 올랐을 때 작동한다. 감도의 차이에 따라 1종과 2종이 있으며, 1종은 내화 건축물 이외 또는 내화 건축물 중에서 온도 변화가 매우 작은 장소에서 부착된다. 2종은 내화 건축물 중에서 비교적 온도 변화율이 작은 장소로서 일반 사무실 · 작업장 · 백화점 등에 부착된다.

㉯ 정온식 스폿형 감지기(바이메탈식) : 바이메탈이 화재의 열에 의해 변형함으로써 접점이 열려 작동한다. 작동 온도는 0℃에서 150℃까지의 범위이며, 종류에 따른 작동 시험을 해야 한다.

㉰ 정온식 감지선형 감지기 : 외관이 전선 모양의 것이며, 일정 온도에 녹는 플라스틱으로 피복한 2개의 선을 꼬아 열에 의해 플라스틱이 녹으면 양쪽 선이 접촉하여 전류가 흐름으로써 작동한다.

㉱ 차동식 분포형 감지기(공기관식) : 차동식 스폿형의 공기실 대신 공기관(바깥지름 2.1 mm의 동관)을 감열부로 하여 실내의 천장 아래로 내려 그 양단을 검출부에 접속한 것이다. 검출부 한 개가 담당하는 공기관의 길이는 100 mm 정도이다.

㉲ 차동식 분포형 감지기(열전대식) : 서로 다른 종류의 금속 접합부에 온도차를 주면 기전력이 발생하는 원리를 이용한 것이다.

㉳ 기타 감지기 : 연기의 이온 검출에 의한 화학적인 것과 연기의 불꽃으로 감지하는 광학적인 것 등이 있다.

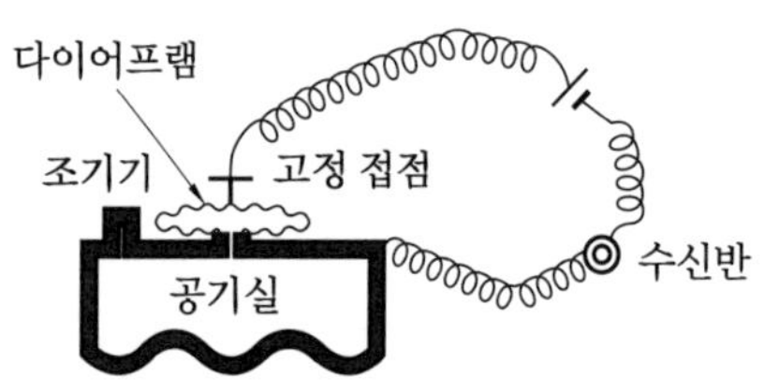

공기 차동식 스폿형 감지기

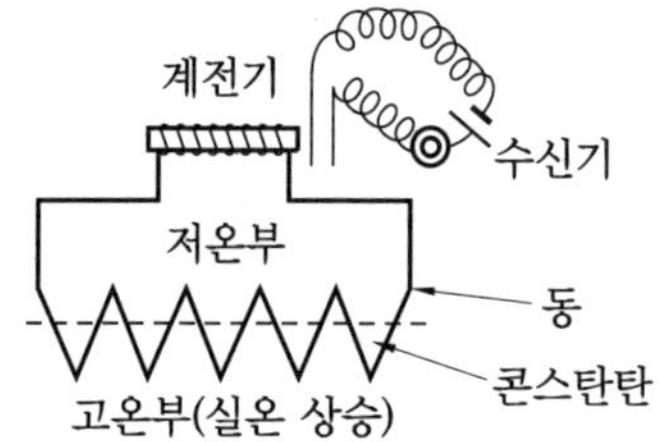

열전대식 스폿형 감지기(차동식)

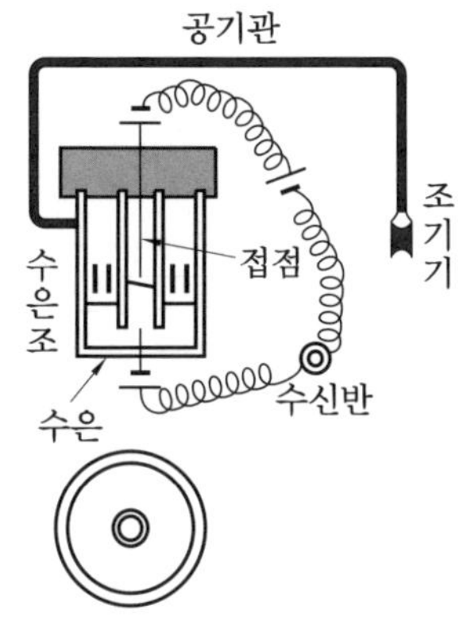

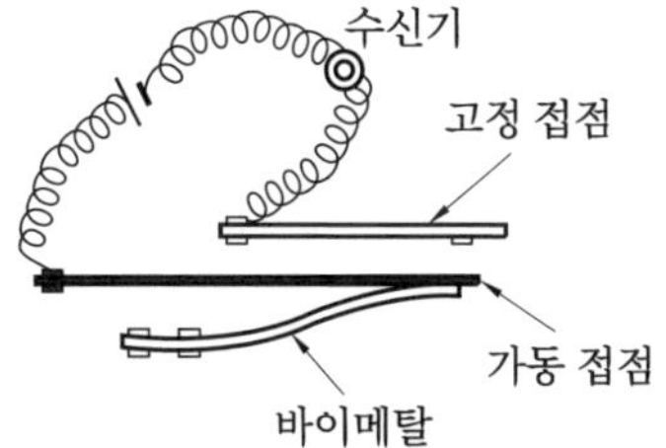

공기관식 분포형 감지기(차동식) **정온식 스폿형 감지기(바이메탈)**

㈏ 수신기 : 감지기(또는 발신기)로부터 신호를 받아 벨을 울리고 램프를 점등시킴으로써 화재 발생 위치를 자동적으로 표시하는 장치로서, 그 성능에 따라 각 발신 부분에서 공통의 신호를 별도의 전선을 통하여 각각 수신하는 P형과 발신부별로 고유 신호를 동일 통신로를 통하여 신호하는 M형이 있고, 이 밖에 P형과 M형의 기능을 함께 갖춘 R형이 있다.

㈐ 발신기 : 기능에 따라 P형, M형, R형으로 나누어진다.

② **전기 화재 경보기** : 전등이나 전력 배선에 누전이 발생한 경우 자동으로 경보를 작동하는 것으로, 경보뿐만 아니라 자동으로 그 회로를 차단하는 것도 있다.

③ **자동 화재 속보 설비** : 이 화재 속보 설비는 작동 기능에 따라 다음과 같은 종류로 나눈다.

㈎ 공설 화재 속보기 : 화재를 발견한 사람이 소방 기관에 알리기 위한 것으로 발신기 · 수신기 · 전원 설비로 구성되어 있고 보통 가로등에 설치된다. 경우에 따라 건물 내에 발신기를 설치하는 경우도 있다.

㈏ 비상 통보기 : 건물 내부에서 화재 또는 비상사태가 발생한 경우 적절한 위치에 배치된 푸시 버튼을 누름으로써 자동으로 전화선을 통하여 소방 기관에 통보되는 장치이다. 장치의 주체는 보통 전화기, 전화 발생 통보 버튼, 확인 램프, 전원 설비로 구성되어 있다.

㈐ 콜 사인기 : 건물 내에 설치된 비상용 푸시 버튼에 의하여 초단파 라디오 발신기를 작동시켜 미리 정해진 특정 신호로 수신기에 발신함으로써 통보하는 장치이다. 푸시 버튼은 전원을 필요로 하나 초단파 라디오는 무선으로 송신하는 것이므로 전화 설비가 없는 곳에서도 설비할 수 있다.

(2) 화재 경보 설비의 설치 기준

소방법 시행령에 의한 전기 화재경보기, 자동 화재 속보 설비, 비상경보 설비 등의 설치 기준은 다음 표와 같다.

경보 설비 설치에 관한 기준

<table>
<tr><th rowspan="4">소방 대상물의 종별</th><th colspan="6">설치 기준 범위</th></tr>
<tr><th colspan="3">비상경보 설비</th><th colspan="2">전기 화재경보기</th><th>자동 화재 속보 설비</th></tr>
<tr><th colspan="2">방송 설비 및 비상벨 또는 방송 설비 및 자동식 사이렌</th><th>비상벨 · 자동식 사이렌 또는 설비</th><th rowspan="2">연면적 (m^2)</th><th rowspan="2">계약 전류 용량 (Amp)</th><th rowspan="2">바닥 면적 (m^2)</th></tr>
<tr><th>지하층 제외 층수 11층 이상, 지하층 층수 3층 이상</th><th>수용 인원 (인)</th><th>수용 인원 (인)</th></tr>
<tr><td>제1종 장소</td><td rowspan="4">전부 설치</td><td>800 이상 (300 이상 여관 · 유치원 등)</td><td rowspan="3">100 이상 (40 이상 지하층 또는 무창층)</td><td>300 이상</td><td>100 이상</td><td rowspan="3">1500 이상</td></tr>
<tr><td>제2종 장소</td><td>800 이상 (학교 · 학예 전시관)</td><td>500 이상</td><td>100 이상 (4층 이상 공동주택 및 사업장)</td></tr>
<tr><td>제3종 장소</td><td></td><td>1000 이상 (창고. 단, 내화 구조 제외)</td><td></td></tr>
<tr><td>지하가</td><td>800 이상</td><td></td><td></td><td></td><td></td></tr>
<tr><td>복합 건축물</td><td colspan="6">주된 용도의 설치 기준 적용</td></tr>
</table>

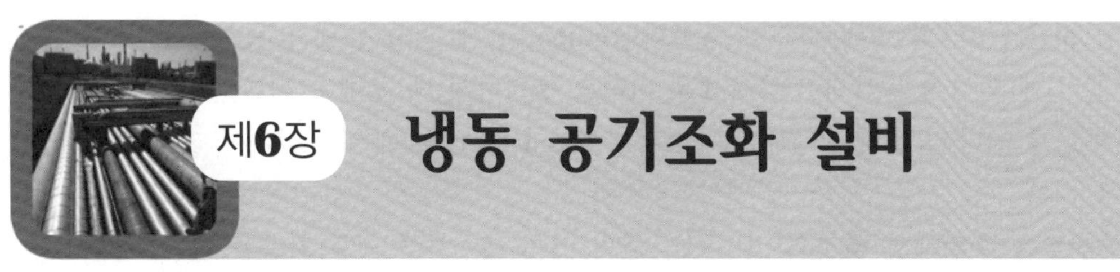

제6장 냉동 공기조화 설비

1. 냉동 설비

1-1 냉동의 원리

물질을 상온 이하로 냉각시키는 것을 냉동이라고 하며, 냉동의 방법은 다음과 같다.

① 얼음이나 드라이아이스(고형 이산화탄소) 등의 차가운 물질에 의한다.
② 얼음과 소금의 혼합과 같은 한제(寒劑)를 사용한다.
③ 증발하기 쉬운 액체를 증발시킨다(프레온, 암모니아 등).
④ 열전대에 의한 베르디 효과에 의한다.

마지막 ④번은 2종류의 다른 금속을 접합하여 여기에 직류 전기를 흘리면 전류의 흐르는 방향에 의하여 그 접합점에서 주위에서 열을 흡수하거나 또는 열을 방출한다. 이 성질을 이용하여 오늘날 이 연구가 진전됨으로써 가정용 냉장고 등의 제작품도 나와 있다.

현재 사용되고 있는 많은 냉동기는 ③번의 방식을 채택하고 있다. 이 원리를 설명하면 압축에 의하여 냉매 가스를 압축하면 고온·고압의 과열상태로 된다(일반적으로 기체를 압축하면 열을 발생한다).

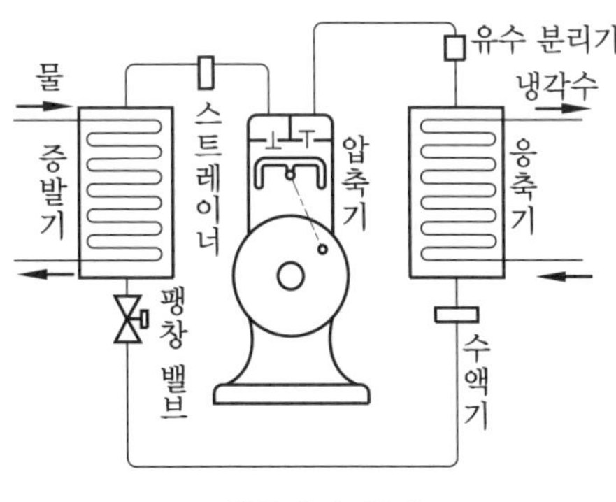

냉동기의 원리

이 고온 · 고압의 냉매 가스가 응축기(condenser)에 의하여 냉각수(수랭식) 또는 공기(공랭식)에 의하여 냉각되어 응축열을 버리고 액화하여 액 냉매로 된다. 이 액 냉매가 팽창 밸브를 지나 감압되어 증발기(냉각기 ; evaporator) 내에서 증발하여 저온의 가스 상태로 된다.

증발열을 주위에서 빼앗으므로 증기 내의 열을 흡수하여 냉동 작용을 한다. 증발기 내에서 증발한 냉매 가스는 다시 압축기에 흡입된다. 여기서 열을 저온부에서 고온부로 운반하는 역할을 하는 것이 냉매이며, 냉매를 순환시키는 것이 압축기이다.

이와 같이 냉동기는 액화되기 쉬운 가스를 액체로 하여 증발기에서 저온부의 열을 흡수하여 이 열을 응축기를 통해 고온부로 방출한다. 이것은 증발기의 입장에서 보면 냉동 작용을 행하는 냉동기이며, 응축기의 입장에서 생각하면 끌어 올리는 열펌프가 되는 것이다.

1-2 냉동기의 종류

냉방용 냉동기로는 왕복 압축식 냉동기, 터보 냉동기 및 흡수식 냉동기가 주로 사용된다. 이들 냉동기는 증발기에서 직접 공기를 냉각하거나 또는 공기 냉각기에 순환하는 물을 냉각시킨다. 이때의 물을 브라인이라 하며, 특히 저온을 필요로 할 때에는 물 대신 부동액인 에틸렌글리콜 등을 브라인으로 사용한다.

냉각기의 냉각 작용은 냉매의 증발에 의하여 물 또는 공기에서 열을 흡수함으로써 이루어지는 것이다.

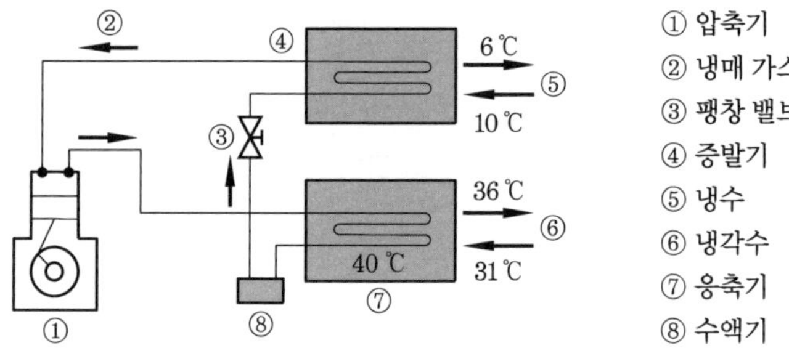

왕복 압축식 냉동기의 작용

(1) 왕복 압축식 냉동기

냉매 가스는 압축기로 압축되어 응축기로 보내진다. 여기서, 냉매 가스는 물 또는 공기를 냉각시키고 액화되며, 이 액화된 냉매는 팽창 밸브에서 분출되고 압력이 저하되어 증발한다.

이때 열을 흡수하여 증발함으로써 냉각 작용이 이루어진다. 증발된 냉매 가스는 압축기로 흡수되어 순환을 계속한다.

(2) 흡수식 냉동기

냉매는 취화(불소)의 리튬 수용액을 사용하고 증기를 운전 에너지로 한다. 이 냉동기는 진공 펌프로 냉매를 증발시켜 냉각 작용을 한다. 이 냉매 가스(수증기)를 흡수기에서 흡수액(취화 리튬)에 흡수시킨다.

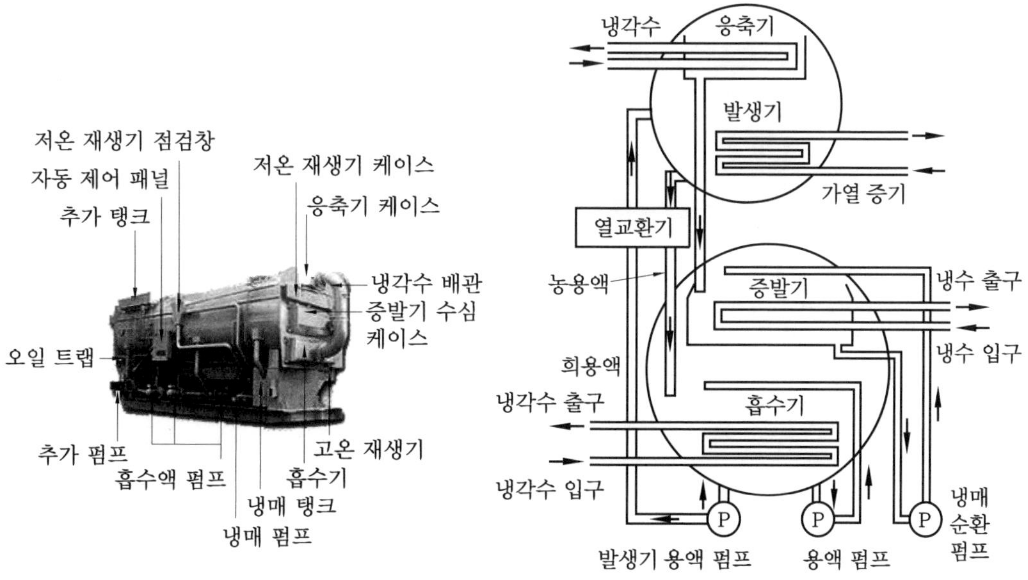

흡수식 냉동기

물을 흡수하여 묽어진 액은 재생기에 보내져 가열되고 비등하여 수증기를 방출한다. 이 수증기는 응축기로 들어가 냉각수에 의해 냉각되어 액화되며, 이 액화된 물이 다시 증발기로 보내져 순환이 반복된다. 재생기에는 물을 방출하고 농도가 진해진 리튬 용액은 흡수기로 돌아온다.

흡수액이 물을 흡수할 때도 온도가 상승하므로 물로 냉각시킨다. 이와 같이 압축기 대신 재생기를 사용하려면 리튬 수용액을 가열하여 물을 증발시키는 열량이 필요하다.

(3) 터보 냉동기

압축기는 터보 압축기로 되어 있고, 냉각기와 증발기는 하나의 원통 속에 조립되어 있다. 팽창 밸브 대신 냉매 액면 제어에 플로트 밸브가 사용되며, 원리는 왕복 압축식 냉동기와 같다.

압축기
- 고효율 1단 혹은 2단 압축
- 정밀 주조에 의한 고강성 알루미늄 합금 임펠러
- 특수 치형의 single helical gear
- 정숙한 운전

전동기
- 점전형
- 냉매 냉각식
- HCFC-123/CFC-11 겸용
- 정숙한 운전

용량 제어 장치
- 100~10% 연속 용량 조절

이코노마이저(TR-G710~1070C1)
- 콤팩트한 설치
- 약 6%에너지 절약
- 2단 압축기에 적용

냉매 스트레이너
- 분해/청소 용이
- 냉매 손실의 최소화
- 병렬 절차

추기 장치
- 연속 자동 추기
- 열교환 방식
- 차압 작동식
- 냉매 손실의 최소화

조작반
- 자동 용량 조정 장치
- 보호 장치
- 전자동 운전
- 자동 온도 조절 장치

수실 케이스
- 분해/청소 용이
- 보수 점검 용이
- 견고한 구조

방진 고무
- 특수형 방진 고무
- 정숙 운전
- 진동 방지

냉매 클리너
- 전자동 운전
- 효율적 냉매 재생
- 열교환 방식

냉매 충진 추출 밸브

액면계

응축기 및 증발기
- 콤팩트한 일체형 셸(shell)
- 고성능 특수 전열관
- 효율적 감압 방식
- 엘리베이터
- 균등한 냉매 분포
- 완벽한 보랭

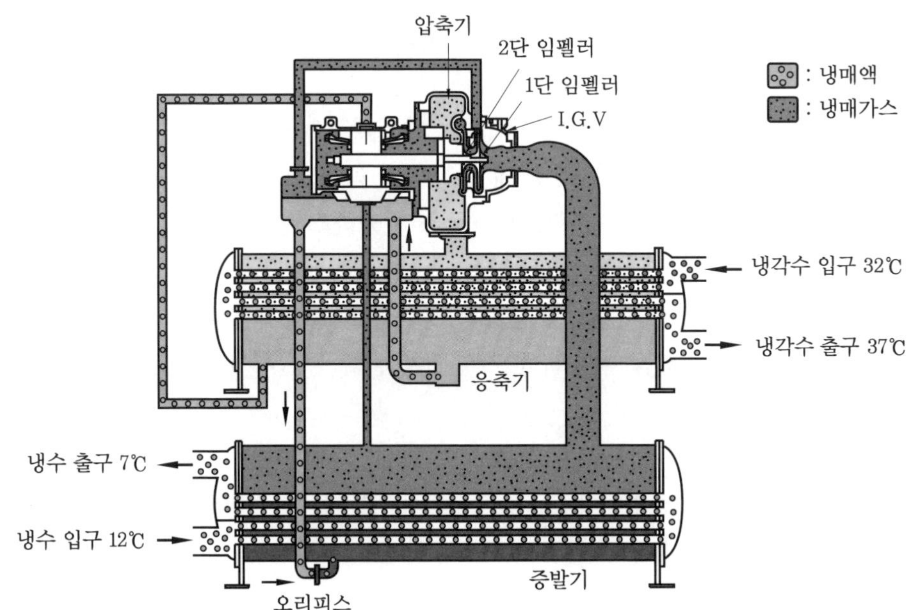

터보 냉동기

1-3 열펌프(heat pump)

하나의 장치로 교체 밸브의 조작에 의한 냉매의 흐름을 반대로 하여 냉·난방 모두에 사용할 수 있으며, 냉방 운전할 때에는 증발기에서 냉각된 공기를 실내로 송풍한다.

난방 운전 시에는 냉매의 흐름을 반대로 하여 냉방 운전 시의 증발기가 응축기로 되고 응축기를 냉각한 따뜻한 공기를 실내로 송풍한다.

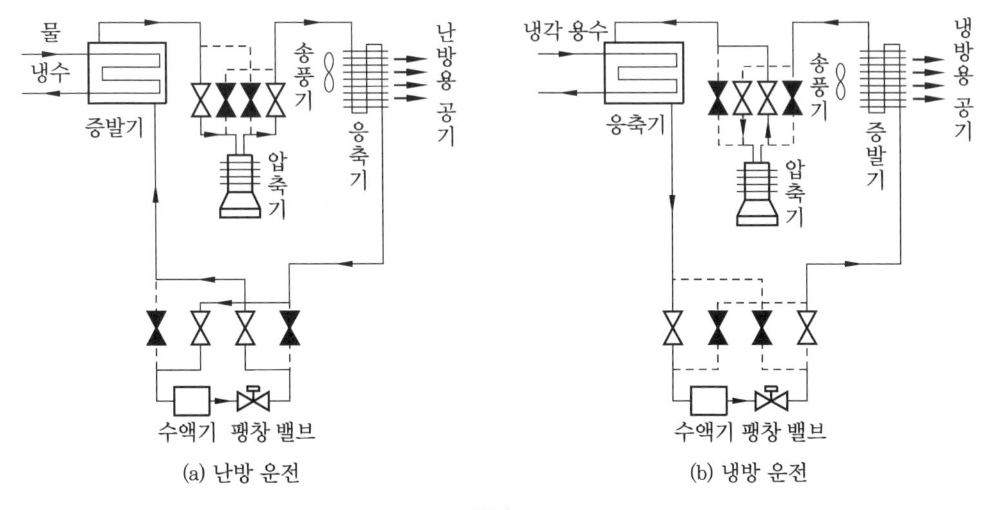

열펌프

1-4 냉매

냉동기에 쓰이는 냉매(冷媒)에는 암모니아, 메틸 클로라이드, 프레온 계통의 것이 있으며, 현재는 프레온 계통의 것이 많이 쓰인다. 냉매로서 갖추어야 할 성질은 다음과 같다.

① 물 또는 공기로 냉각하여도 쉽게 액화할 것.

② 대기압에 가까운 압력에서 증발하면 증발 잠열이 클 것.

③ 금속을 부식하지 않고 독성, 폭발성이 없을 것.

④ 가스가 누기될 때 검지하기 쉽고 가능한 한 기름에 녹지 않을 것.

(1) 암모니아

암모니아는 악취, 독성이 모두 강하여 공기조화 장치에는 적합하지 않으나 가격이 싸기 때문에 공업용에 적합하다. 동·동합금은 부식되나 철강류는 부식되지 않으며, 불쾌한 자극성 냄새가 나므로 조금이라도 새면 곧 알 수가 있지만 누설 위치를 알아내기는 어렵다. 누설하는 곳을 조사하는 데는 페놀프탈레인을 쓰면 빨갛게 변하므로 곧 알아낼 수 있다.

냉매의 증발 잠열

냉매	증발 잠열(kJ/kg)
암모니아	1316.83
탄산가스	274.1
아황산가스	395.43
메틸클로라이드	421.81
디크롤 디플로 메탄(R-12)	161.7

(2) 메틸 클로라이드

일명 크롬 메틸이라고도 하며, 보통 소형 냉동기에 사용하고, 가연성이기는 하나 쉽게 타지는 않는다. 알루미늄, 아연 같은 합금은 잘 부식시키지만 동 같은 일반 금속은 부식시키지 않는다. 또한 고무는 부식시키므로 패킹으로 사용할 수 없다. 조금씩 새는 것은 발견하기가 어려우나 알코올램프의 불꽃을 녹색으로 변색시키므로 새는 곳을 검지할 수 있다.

(3) 프레온-12(R-12)

일반적으로 프레온 가스라고 불리며, 불연성이지만 직접 고온의 불꽃에 닿으면 분해하여 염소와 포스겐 가스 등이 발생한다. 천연 고무는 침식되나 인조 고무는 침식되지 않으며, 모든 금속에 해를 끼치지 않는다. 누설 장소의 발견은 좀 어려우나 알코올램프의 불꽃으로 동선을 달구어 가스를 접촉시키면 청록색의 불꽃이 되므로 찾아낼 수 있다. 이 램프를 할라이드 토치라고도 한다.

(4) 브라인

냉동 장치에 쓰이는 브라인에는 동결 온도가 낮은 액체로서 점성이 적고 비중이 큰 것, 금속을 부식시키지 않으며 열효율이 높은 것 등이 바람직한 것이다. 식염 브라인은 식염의 수용액으로서 식염 22.4%인 때가 동결점이 가장 낮으며, -21.0℃까지 동결하지 않는다. 제빙 또는 어류의 동결 등 식품과 직접 접촉으로 사용하는 경우가 많다.

염화칼슘 브라인은 염화칼슘의 수용액으로서 동결 온도는 농도 29.9%일 때 -55℃이다. 브라인으로 가장 많이 쓰이며, 새것은 알칼리성이지만 사용 중 공기 중의 탄산가스를 흡수하여 약한 산성으로 된다. 또한 사용 중에 공기 중의 수분을 흡수하여 농도가 떨어진다. 농도가 낮은 것은 부식성이 강하므로 알맞게 칼슘을 보급하거나 중크롬산 나트륨이나 가성소다를 첨가하여 부식성을 막는다.

1-5 응축기

응축기(condenser)는 압축기로 나온 고온, 고압의 냉매 가스를 물이나 공기로 냉각하여 액화시키기 위한 열교환기이다. 냉각 방식에 따라 증발식, 수랭식, 공랭식의 세 가지로 분류한다.

(1) 증발식 응축기(냉각탑 ; cooling tower)

증발식은 코일의 외면에 냉각수를 흘러내리고 상부로 배기를 시키면 냉각수의 전열 작용과 증발 잠열에 의해 냉각한다. 냉각 능력은 공랭식보다 우수하고 겨울에는 냉각수를 사용하지 않고 공랭식으로 이용할 수 있다.

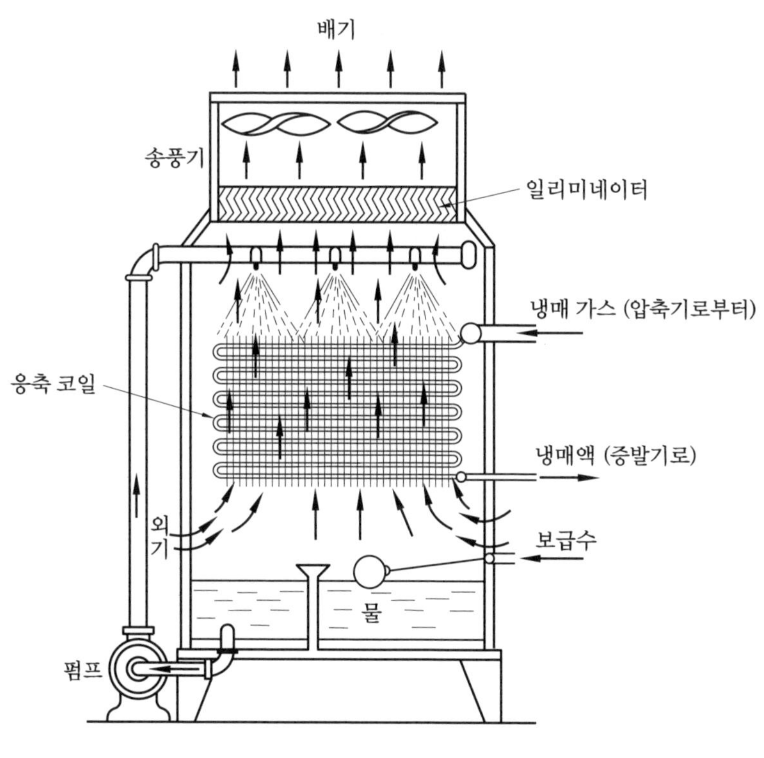

증발식 응축기

(2) 수랭식 응축기

수랭식에는 세로형과 가로형이 있으며, 주로 가로형이 많이 사용되고 있다. 응축기 내에는 다수의 세관(소구경 파이프)이 장치되어 있으며, 이 파이프 속으로 냉각수가 통과하고 냉매 가스는 세관군의 외측을 흘러내리는 동안에 냉각되어 액화한다.

파이프 벽에 침적물(scale)이 있으면 냉각 능력이 저하되므로 냉각수로 물을 사용할 때는 수질에 주의를 해야 한다.

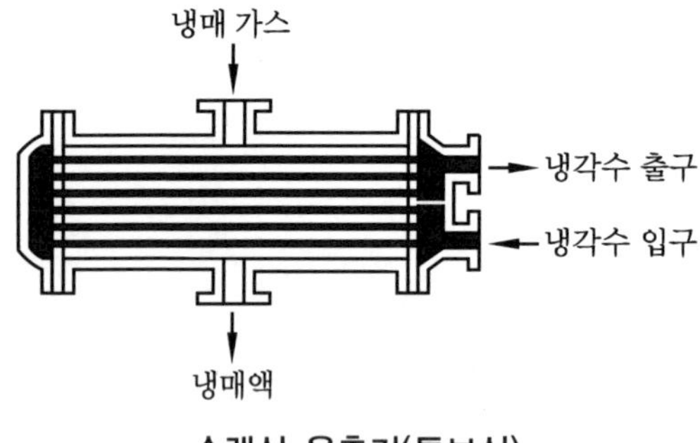

수랭식 응축기(튜브식)

(3) 공랭식 응축기

공랭식 응축기는 소형 냉동기에 사용되며 핀(fin)이 있는 동 파이프 속에 냉매를 통과시키고 바람을 핀 사이로 통과시켜 냉각한다. 수랭식에 비하여 능력은 떨어지지만 냉각수를 사용하지 않아 동결의 염려가 없다.

[공랭식 배관]

① **냉방기가 응축기 아래에 있을 경우** : 배관 높이가 10 m 이상일 때는 가스 배관 10 m 높이마다 오일 트랩이 필요하다.

② **냉방기가 응축기 위에 있을 경우**

(가) 압축기가 냉방기에 내장되었을 경우에는 오일 트랩이 필요 없다.

(나) 압축기가 공랭식 응축기에 내장되었을 경우에는 가스 배관 10 m 높이마다 오일 트랩이 필요하다.

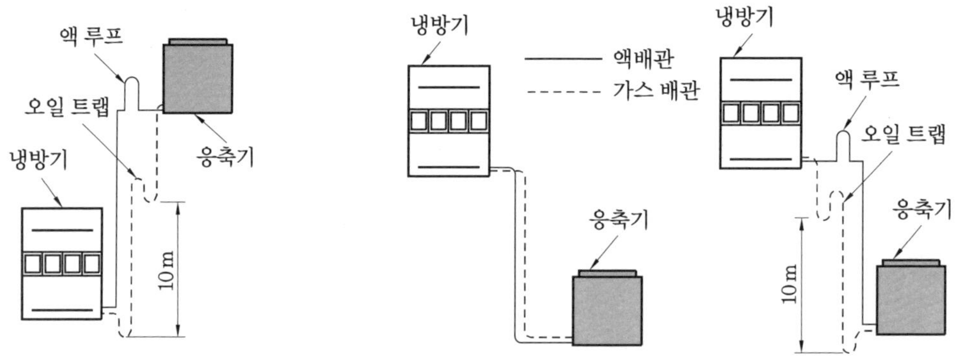

냉방기가 응축기 아래에 있을 경우　　냉방기가 응축기 위에 있을 경우

[수랭식 배관]

① 냉방 계절이 시작되어 냉각탑을 사용할 때는 보급수 밸브를 열어 물을 가득 채운 후 운전한다.

② 냉각탑이 냉방기보다 아래에 있을 경우에는 보조 탱크가 필요하다.

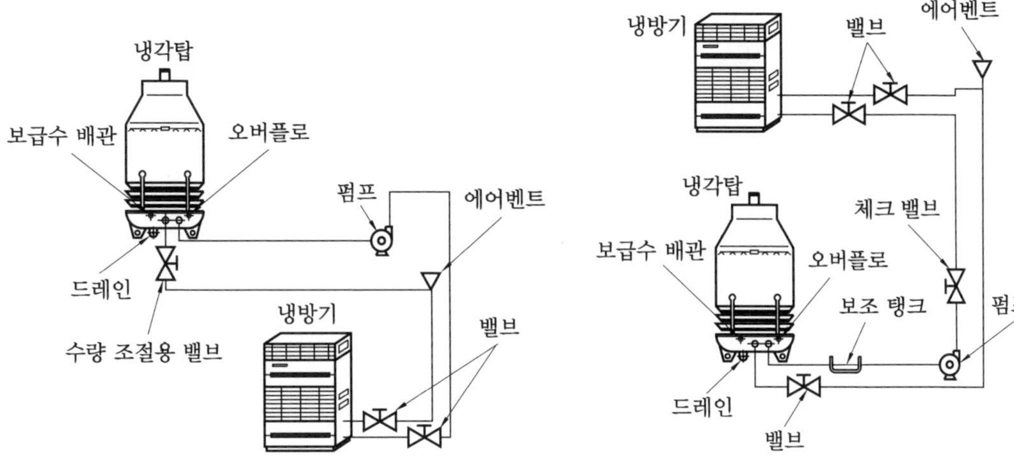

냉각탑이 냉방기보다 위에 있는 경우　　　냉각탑이 냉방기보다 아래에 있는 경우

1-6 증발기

(1) 증발기

증발기(evaporator)는 냉매액을 증발시키고 공기, 물 또는 브라인 등을 냉각한다. 증발기의 형상에 따라 파이프, 코일, 팬 코일, 유닛 클러, 판상 증발기 등이 있고, 물이나 브라인을 고려할 때에는 응축기와 같이 셸(shell) 튜브식도 사용되며, 증발 방식에 따라 분류하면 건식과 만액식(滿液式)이 있다.

건식은 증발기 내부가 대부분 냉매 가스로 채워져 있어 냉매의 사용량은 적어도 되지만 열효율이 좋지 않으며, 만액식은 특수한 헤더를 사용하여 냉매액이 증발기 용적의 60~70 %를 차지하므로, 열효율이 좋으나 다량의 냉매를 필요로 한다.

또 증발기 출구에 냉매액이 남아 압축기에 흡기될 염려가 있으므로 액체 분리기를 설치하여 냉매액을 증발기로 복귀시키도록 되어 있다.

만액식은 코일 내에 윤활유가 고일 염려가 있으므로 기름을 용해하기 쉬운 냉매를 사용할 때에는 유수 분리기(oil seperator)를 설치하여야 한다.

(2) 팽창 밸브

고압의 냉매액을 소정의 압력으로 감압하여 냉방 부하나 온도에 따라 증발기로 들어오는 냉매의 유량을 조정하기 위해 팽창 밸브(expansion valve)를 사용한다. 열동식과 압력 작동식이 있으며, 일반적으로는 열동식을 많이 사용하고, 압력 작동식은 냉방 부하가 일정한 경우에 사용한다. 열동식 팽창 밸브에는 벨로즈식과 다이어프램식이 있으며, 어느 것이나 밸브 기구와 서모스탯(thermostat)으로 되어 있다.

서모스탯과 벨로즈 내에 장치 내의 냉매와 같은 가스를 넣어 봉입하고 서모스탯은 증발기 출구측에 장치하여 둔다.

증발기를 나온 냉매 가스의 온도와 증발기 내의 압력에 의해 벨로즈가 신축하여 밸브가 작동하고 냉매의 유량을 조정한다. 압력 작동식에도 벨로즈식과 다이어프램식이 있으나 서모스탯은 장치되어 있지 않다. 증발기 내의 압력 변화에 의해 밸브가 직접 작동한다.

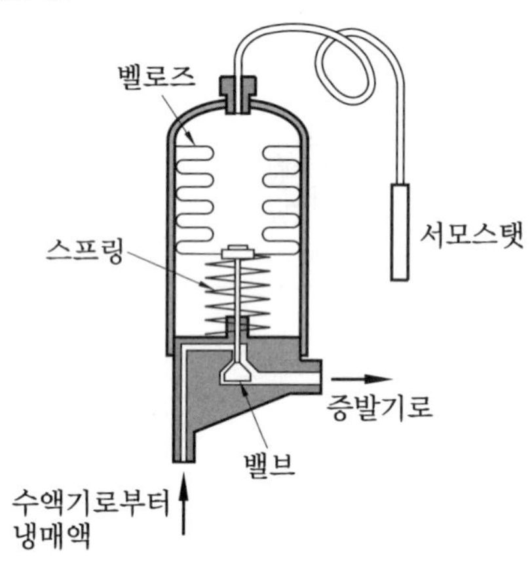

열동식 팽창 밸브

모세관(capillary tube)은 안지름 1 mm 이하의 가느다란 관으로 소형 냉동기의 팽창 밸브 대신 사용되고 있으며, 냉동기의 용량에 적합한 냉매가 흐르도록 튜브의 안지름과 길이를 결정하고 관 내를 흐르는 냉매의 유체 저항에 의해 감압한다.

모세관은 팽창 밸브와 같이 밸브 기구를 가지고 있지 않으므로 고장의 염려는 적다.

(3) 냉매 스톱 밸브

냉매용의 스톱 밸브는 암모니아용과 프레온용이 있고, 프레온용에는 누설 방지를 위해 실 캡(seal cap)이 장치되어 있다. 기구는 어느 쪽이나 대체로 같지만 밸브 디스크로는 연강이나 주강을 사용한다.

백리스 밸브(backless valve)는 그랜드 패킹 대신에 벨로즈나 다이어프램을 사용하며 완전히 외부와 격리되어 있으므로 누설의 염려가 없다.

(4) 냉각탑

응축기의 냉각 용수로는 지하수를 사용하지만 지하수가 부족할 때에는 냉각탑(cooling tower)에서 따뜻한 물을 냉각하여 다시 사용한다. 냉각탑은 통풍이 잘 되는 옥상 등에 설치하고, 펌프로 이송된 물은 분무 형태로 되어 냉각탑을 흘러내린다.

냉각탑 상부에서 배기 팬으로 따뜻한 공기를 배기하고 물을 증발시켜 그 증발 잠열로 냉각하지만 증발에 의하여 줄어든 물의 양은 3~5 % 정도이다.

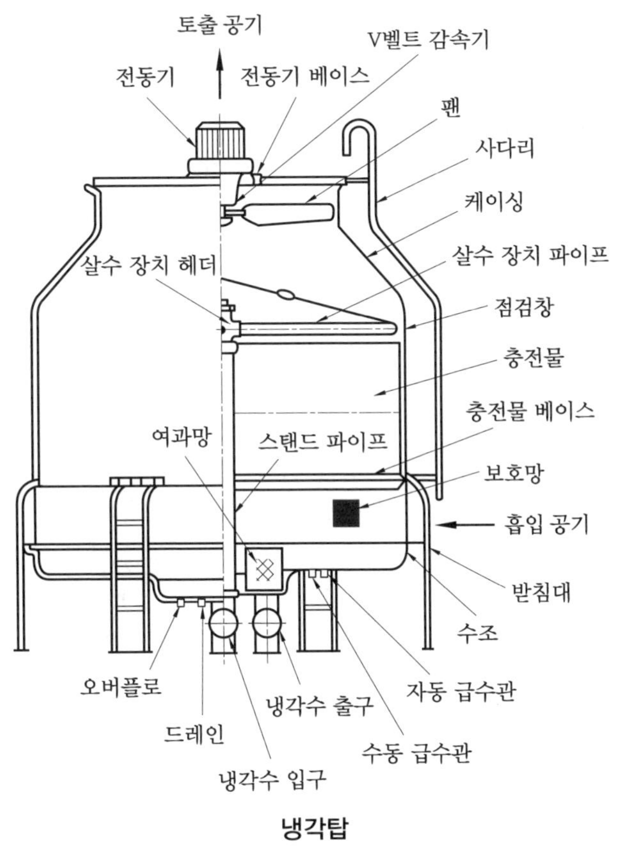

냉각탑

2. 공기조화 설비

2-1 공기조화의 목적과 열부하

우리 생활 주변에는 주택이나 공장 혹은 여러 사람이 모이는 극장, 회관 등 여러 건축물에 대하여 실내 공기를 조화하는 목적은 건물 내의 공기를 더욱 신선하게 하여 건강을 증진시키고 작업 능률을 높일 뿐만 아니라 생산품의 정밀도와 품질을 향상시키는 것이 주된 목적이다.

그러므로 건물 내의 공기를 최적의 상태로 하기 위해서는 온도, 습도, 공기의 유통, 실내의 주변 벽으로부터 복사열 등 열에 관계되는 것 이외에 공기 중의 불순물(먼지, 연기, 가스 등), 악취, 소음, 기압 등도 관계되지만, 실제로 온도 감각을 좌우하는 것은 주로 공기의 온도(기온), 습도, 그리고 공기의 흐름(기류) 등이다.

우리가 추위와 더위를 느끼는 것은 체내에서의 생리 작용에 의해 발생하는 열량과 이것을 몸 밖으로 발산하는 열량과의 과부족이 생겼을 경우이며, 체온이 36℃ 정도로 유지되어 있을 때가 열적으로 가장 좋은 상태이다.

그러나 최적의 상태란 어떠한 것인가. 아주 추운 지방이나 더운 지방에 오래 살던 사람에게는 그 기후에 익숙하므로 그다지 고통을 느끼지 않으나, 건강상 능률적인 생활을 하며, 또한 생산 능률을 올리기 위해서는 어느 범위 내의 온도와 습도의 공기 상태가 필요하다. 이 범위는 복장의 상태, 운동의 경중, 남녀 노소, 인종, 음식물의 질과 양 등에 따라 달라지지만, 우리나라에서는 겨울철 난방 시 실내 표준 온도는 일반적으로 사용 목적에 따라 다음 표의 범위가 적합하다.

난방 시 실내 표준 온도

실(室)의 종류		표준 온도(℃)	실(室)의 종류		표준 온도(℃)
사무실		18 ~ 20	호텔 객실 극장 상점 · 백화점		21 20 ~ 21 18 ~ 21
학교	교실 체육관	15 ~ 20 12 ~ 15			
병원	병실 수술실	20 ~ 22 25 ~ 30	공장	방직공장 필림 현상실 발효실	21 21 ~ 24 10
주택	거실 침실	15 ~ 20 12 ~ 15			

그리고, 하절기 냉방 시 외기 온도(바깥 기온)보다 3~6℃ 정도 낮추고, 습도는 50 % 전후의 공기 상태가 쾌적한 범위로 되어 있다. 이것도 주택이나 사무실 등 장기간 거주하는 곳에서는 지나치게 기온이 낮으면 오히려 불쾌감을 느끼며 건강상 좋지 않다.

백화점이나 음식점 등 단시간에 손님이 출입하는 건물에서는 쾌감과 이외에 영업 정책상 외기와의 온도차를 6~16℃ 또는 그 이상으로 하는 경우도 있다. 다음 표에 냉방 시 외기 온도에 대한 실내 표준 온도를 나타낸다.

냉방 시 실내 공기의 표준 상태

외기 온도 (건구 온도) (℃)	실내 공기의 표준 상태		외기 온도 (건구 온도) (℃)	실내 공기의 표준 상태	
	건구 온도(℃)	상대 습도(%)		건구 온도(℃)	상대 습도(%)
35	28 27 26	35 ~ 40 45 ~ 50 55 ~ 65	30	26 25	40 ~ 45 45 ~ 50
34	27 26	40 ~ 45 50 ~ 60	29	26 25	35 ~ 40 50 ~ 60
32	27 26	35 ~ 40 50 ~ 55	26	23	55 ~ 60

실내의 온도, 습도를 표준 상태로 유지하기 위해서는 다음에 나타나는 열부하(열손실)에 적합한 열량을 공급하거나(난방 시) 또는 제거(냉방 시)해야 한다.

난방에 대한 열손실을 난방 부하라 하고, 또 냉방에 대한 열취득을 냉방 부하라 하며, 총칭하여 열부하라 한다. 열부하는 다음과 같은 조건에 따라 다르다.

① 실내·외의 기온차에 의하여 벽, 창, 천장, 바닥 등 구조면을 통하여 통과하여 오는 열량(구조체의 재질, 두께, 실내외의 온도차에 따라 다르다).

② 실의 창문 유리를 통하여 들어오는 태양의 복사열(창의 방향, 크기, 유리의 질 등에 따라 다르다).

③ 조명이나 기타 실내에서 사용하는 기계·기구에서 발생하는 열량.

④ 사람 몸으로부터의 방출 열량(남녀의 성별, 연령, 작업 상태, 실내 기후 등에 따라 다르다).

⑤ 건물이나 기구 기타의 틈 사이에서 바람에 의한 열량(건물이나 기구, 창문 틈 사이의 정도, 창문의 개폐 횟수, 실내·외 공기의 온도 차에 따라 다르다).

위의 설명 중 ①과 ⑤는 난방일 때의 부하이며, ②, ③, ④는 난방 부하는 아니다. 반대로 냉방일 때 ②, ③, ④는 큰 부하가 된다.

(1) 건구 온도(乾球慍度)와 습구 온도(濕球慍度)

보통의 온도계(건구 온도계)가 나타내는 온도로 공기의 온도를 나타낼 때는 일반적으로 건구 온도계를 말하며, 습구 온도계 아랫부분의 구(球)를 물로 적신 천으로 덮어 놓았을 때, 온도계가 나타내는 온도를 습구 온도라고 한다. 이때 공기의 흐름이 빠르고 공기 중의 상대 온도가 낮을 때는 젖은 천으로부터의 증발이 심하여 이 증발열에 의하여 습구 온도가 낮아진다.

(2) 상대 습도와 노점(이슬점) 온도

상대 습도는 관계 습도라고도 불리어지며, 공기 중에 함유되어 있는 습기의 양과 그 온도에서 공기 중의 포화 수증기의 양과 비를 %로 나타낸 것이다.

건구 온도가 낮고 습구 온도가 높을 때, 즉 온도가 낮고 습도가 높을 때는 쌀쌀한 느낌을 느끼고, 건구 온도와 습구 온도가 다같이 높을 때는 무더운 느낌이 든다.

2-2 공기조화 설비 방식

공기조화 설비는 중앙식과 개별식으로 구분하여 설명할 수 있다.

중앙식은 지하실 등의 중앙 기계실에 공기 조화장치를 설치하여 덕트 또는 파이프를 통하여 조화 공기를 각실에 분배하는 방식으로 대형 건물에 사용된다. 개별식은 공기조화 장치가 되어 있는 유닛을 각 실마다 설치하여 공기조화를 하는 방식으로, 주택이나 사무실 등에 적합하다. 이것을 표로 나타내면 다음과 같다.

- 개별식
  - 패키지형(package type)
  - 세퍼레이트형(separate type)
  - 룸 쿨러(room cooler)
- 중앙식
  - 전 공기식 (all air system)
    - 단일 덕트 방식
      - 저속
      - 고속
    - 2중 덕트 방식
      - 저속
      - 고속
  - 수 공기식 (air water system)
    - 팬 코일 유닛 방식
      - 1 회로 송수
      - 2 회로 송수
        - 3관식
        - 4관식
    - 유인 유닛 방식
      - 체인지 오버식
      - 노 체인지 오버식
    - 패널 에어 방식

2-3 중앙식 공기조화 설비

중앙식에는 실내의 열부하를 전부 송풍 공기로 처리하는 전 공기식과 공기 이외에 열매로서 물을 각 실에 공급하여 송풍량을 감소시키는 수 공기식의 두 가지가 있다. 또한 덕트 속을 흐르는 공기의 속도가 15 m/s 이하일 때 저속 덕트식, 그 이상일 때를 고속 덕트식이라 한다. 고속 덕트식은 최고 송풍이 20~25 m/s 정도로서 설치 면적을 적게 하기 위한 방식이지만, 풍속의 마찰이 증가하면 압력 손실이 크고 덕트 속의 풍량 조절 기구 및 송풍기에 의해 소음이 증가한다.

따라서 이것을 방지하기 위해서는 분출구에 소음기를 장치해야 하며, 이 방식은 대규모의 고층 건물 및 병원 등에 많이 사용된다.

저속 덕트식은 고속 덕트식에 비하여 설비비가 적게 들고 소음이 적어 극장, 주택, 소규모의 빌딩에 사용된다.

중앙식 공기조화 방식은 덕트의 설치 용적을 감소시키기 위하여 1차적으로 기계실에서 온도와 습도를 조정한 외기를 각 실로 보내면 각 실에서는 설치된 공기조화 유닛이 이 공기와 실내 공기를 혼합 조정하는데, 이때 기계실에서 송풍하는 공기를 1차 공기라 하고, 각 실에 설치된 공기조화 유닛을 룸 유닛이라 하며, 이것은 다시 유닛의 분출 방식에 따라 유인 유닛 방식과 팬코일 유닛 방식으로 구분된다.

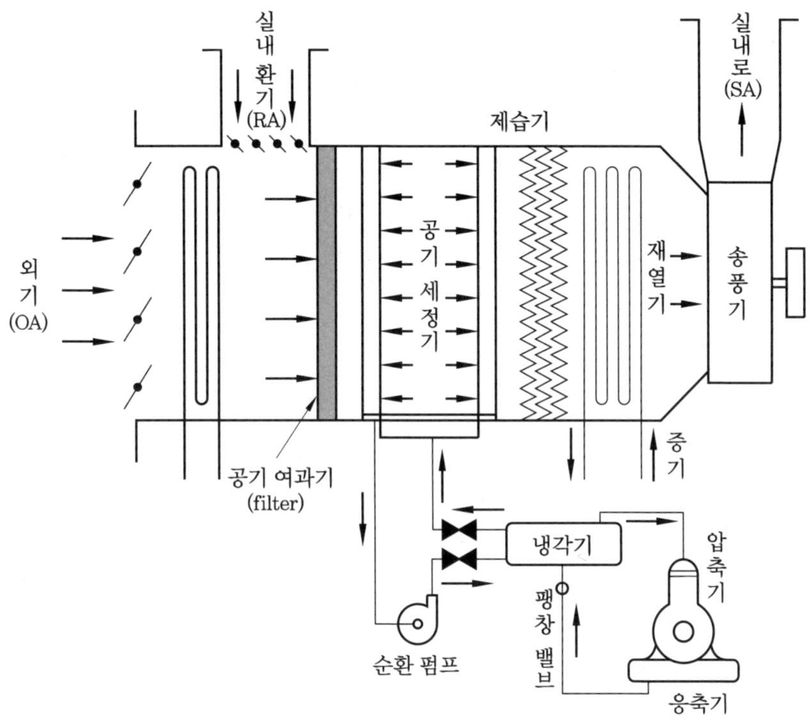

공기조화 장치

(1) 단일 덕트 방식

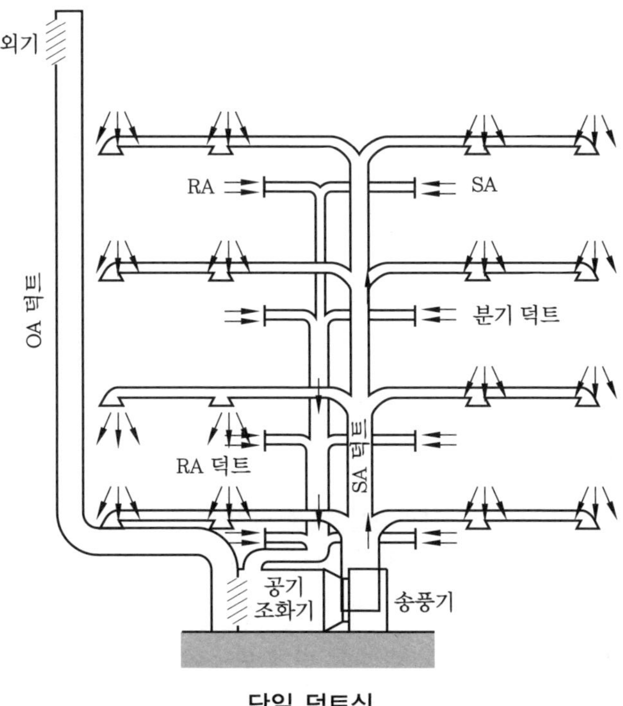

단일 덕트식

각 실로 공급하는 공기를 중앙의 공기조화기에서 온도와 습도를 조화하여 하나의 주덕트를 거쳐 각 실로 송풍한다.

실내 공기는 리턴 덕트에 의하여 공기조화기로 재순환된다. 이 방식에는 저속 덕트식과 고속 덕트식이 있으며, 저속 덕트식은 오래 전부터 사용되어 왔다. 현재도 극장이나 공장 등 덕트의 설치 장소가 충분한 건물에 많이 사용되며, 고속 덕트는 사무실이나 호텔, 병원 등 고층 다실의 건물에 사용된다.

(2) 2중 덕트 방식

이 방식은 공기 조화기에 냉각, 감습(減濕)한 공기를 두 계통으로 나누어 한편에는 가열 장치를 설치하여 온풍을 만들고, 다른 편에서는 냉풍을 송풍하여 각 존(zone)별로 냉·온풍을 적당히 혼합하여 실내로 송풍한다. 냉·온풍을 혼합할 때는 실내에 설치된 자동온도 조절 유닛에서 자동으로 혼합하여 실내에서 요구하는 온도(열부하)에 따라 송풍한다.

이 방식은 계절에 따라 남쪽 방은 냉방을 필요로 하나, 북쪽 방은 온방을 필요로 하거나, 건물 면적이 큰 경우 외기에 접하는 곳에서는 온방을 요구하지만, 내부에 위치한 곳에서는 냉방을 필요로 하는 경우가 많다. 이와 같은 요구에서 2중 덕트 방식이 고안된 것이다.

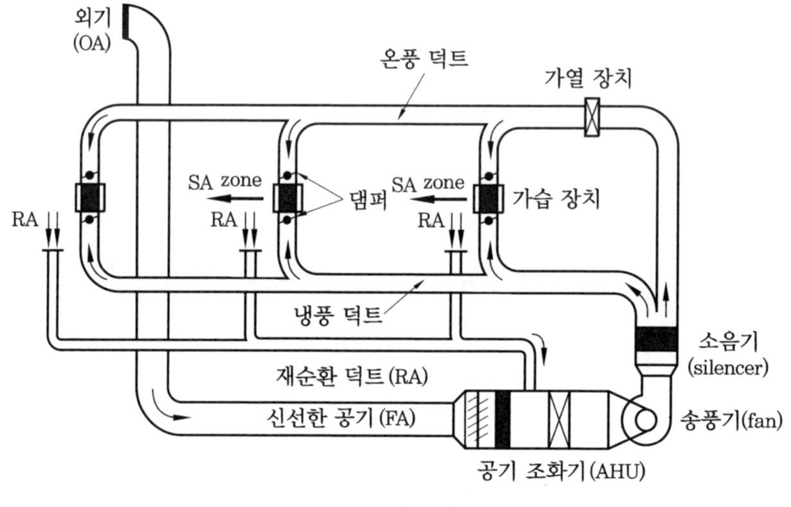

2중 덕트식

(3) 팬코일 유닛 방식

이 방식은 송풍기 코일과 공기 여과기를 철제 상자 속에 조립하여 실내에 설치하는 유닛식이다. 각 유닛에는 급수(급탕) 배관을 설치하여 여름에는 냉수, 겨울에는 온수를 흐르게 한다.

팬 코일 방식은 외기 흡입구를 창 아래의 벽에 만들어 팬 코일 흡입구에 연결하면 냉수 또는 온수 배관만 하면 되므로 덕트를 설치할 필요가 없고, 따라서 냉난방 설비비용도 적게 든다. 그러나 외부의 풍속과 풍향에 영향을 많이 받으며 흡입구에서 빗물, 벌레 등이 유입되는 결점이 있다. 급수 배관에는 1회로 방식과 2회로 방식이 있다. 1회로 방식은 항상 한쪽 관은 온수, 다른쪽 관은 냉수를 흐르게 하는 것이다.

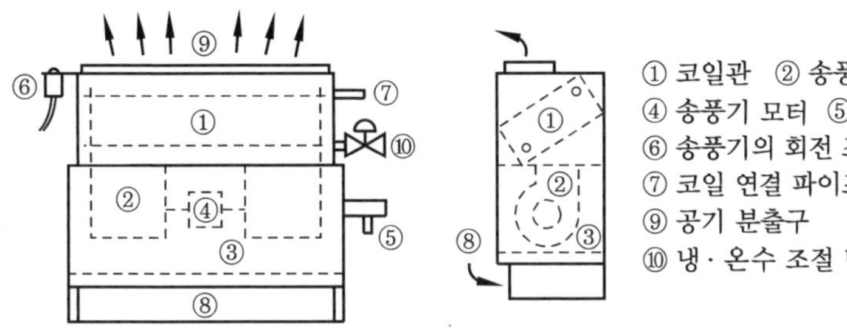

팬코일 유닛

(4) 2차 유인 유닛 방식

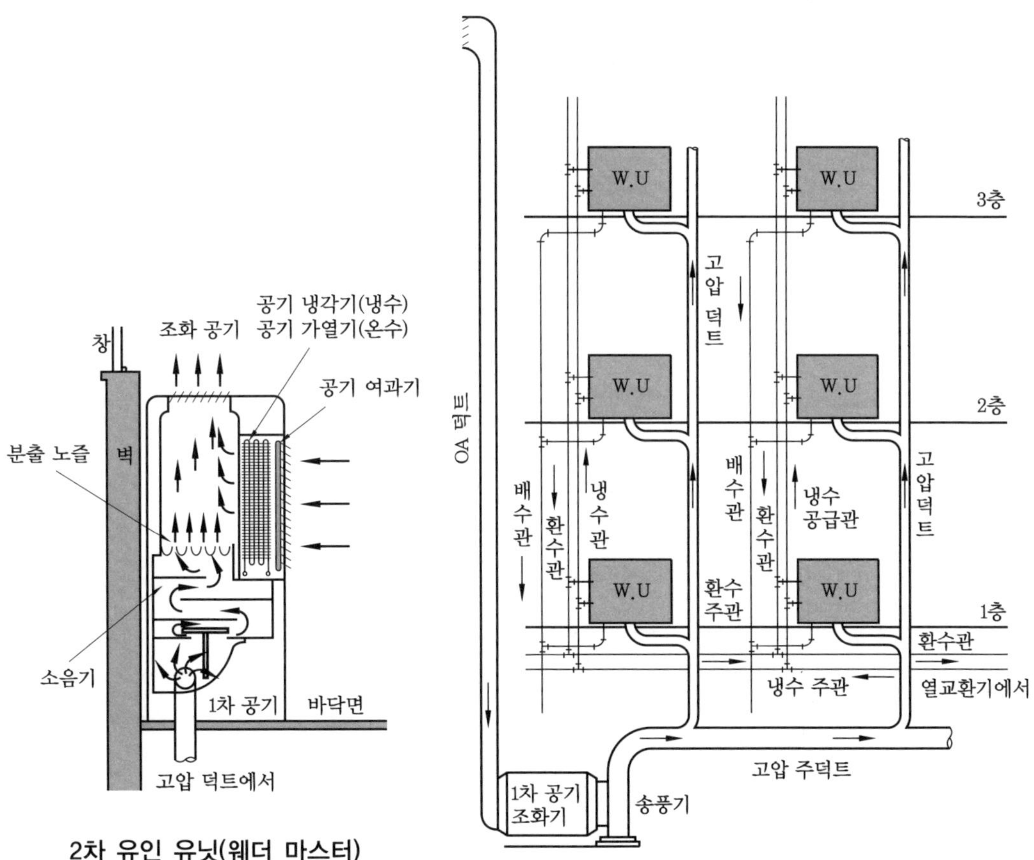

2차 유인 유닛(웨더 마스터)

2차 유인 유닛식

웨더 마스터(weather master)라고 하는 유인 유닛을 실내 창밑에 설치해 놓고, 중앙에서 송풍되는 온・습도를 조정한 1차 공기(외기)를 고압 덕트(정압 1.67~1.96 kPa (170~200 mmAq))를 이용하여 각 유닛으로 송풍한다. 이 공기는 각 유닛에서 소음 장치를 거쳐 송풍 노즐로부터 위쪽으로 분출한다.

이때 코일을 흐르는 냉수 또는 온수의 유량을 각각의 유닛에서 조절할 수 있어서 각 실마다 분출되는 공기의 온도를 자유로이 조절할 수 있으므로 병원, 호텔, 사무실 등에 적합하다.

2-4 개별식 공기조화 설비

개별식 공기조화법은 소규모의 공기조화 장치를 실내에 설치하여 냉방하는 방법이다. 공기조화 장치로는 윈도 클러와 패키지형이 있으며, 어느 것이나 냉・난방을 겸용할 수 있는 히트 펌프식인 경우도 있다.

(1) 윈도형 룸 클러

외벽을 뚫거나 창을 이용하여 설치하고 틈새는 밀폐한다. 공랭식 응축기를 창밖으로 하고 증발기로 냉각한 공기를 송풍기로 실내에 송풍한다. 실내 공기를 냉각하였을 때 생긴 드레인을 응축기에 뿌려서 응축력을 증가시킬 수 있다. 이 형식은 $\frac{1}{3}$~2마력 정도의 소형인 것이 많다.

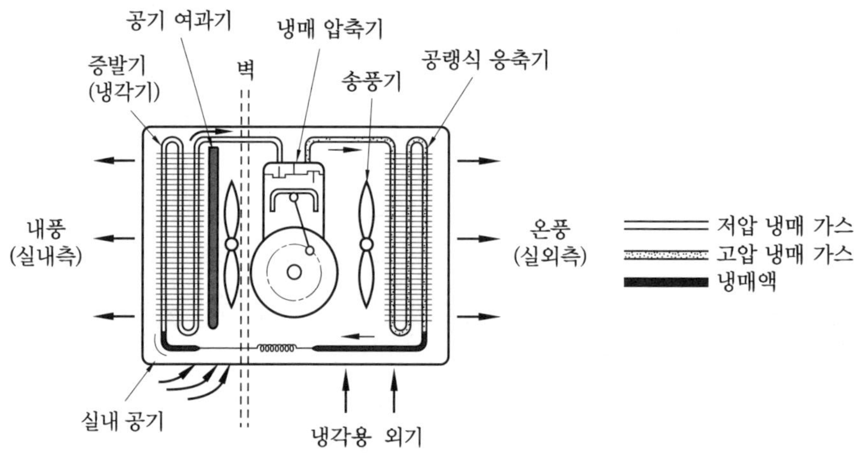

윈도형의 구조와 냉각 장치

(2) 패키지형 클러

압축기 그 밖의 공기조화 장치를 철판제의 캐비닛 속에 넣고 응축기는 수랭식을 사용한다. 패키지형에는 3~15마력 정도의 것이 많이 사용되며, 설치한 방 이외에도 덕트를 이용하여 냉방할 수도 있다. 설치가 간단하므로 주택이나 사무실 등에 적합하다.

2-5 환기 장치

(1) 공기의 오염과 환기의 필요성

공기는 산소, 질소, 탄소가스 기타 혼합 기체이다. 외기에는 탄산가스가 0.03 % 정도 함유되어 있으나 많은 사람이 모인 방에서는 탄산가스의 양은 증가된다.

공기 중 탄산가스의 함유량이 0.09 % 이상이 되면 기분이 나빠진다. 밀폐된 공간에서 숯불이나 가스난로를 장시간 사용하면 탄산가스나 일산화탄소의 양이 증가하고 산소가 감소되므로 환기에 주의해야 한다.

이와 같이 호흡이나 연소에 의한 공기의 오염 이외에 화장실, 식당, 주방 등에서의 악취나 공장, 작업장 등에서는 먼지나 특수 가스의 발생에 의한 공기의 오염이 많다.

공기의 오염은 보건위생에서뿐만 아니라 사무 능률, 작업 능률을 떨어뜨리므로 주기적으로 신선한 공기를 공급하여야 한다. 특히 온방, 냉방 설비가 있는 방이 밀폐되어 있을 경우 공기가 오염되는 경우가 많다.

(2) 환기 방법과 송풍기

환기 방법에는 자연 환기법과 기계 환기법이 있다. 자연 환기법은 동력을 사용하지 않고 풍력이나 실내 공기의 온도차에 의한 환기이며, 기계 환기법은 급기 팬 또는 배기 팬 등의 기계적 힘에 의한 것으로 공기조화 설비에서는 기계 환기법을 많이 이용하고 있다.

공기조화 설비에 사용되는 송풍기는 소음이 적어야 하는 것이 필수 조건이며, 그 종류는 원심형과 축류형이 있으며, 원심형에는 시로코형(sirocco fan)과 터보형(turbo fan)이 있고, 축류형에는 디스크형(disk fan)과 프로펠러형(propeller fan)이 있다.

① **시로코형 송풍기**: 날개가 앞으로 구분러진 형으로 전굴익(前屈翼) 또는 다익(多翼) 송풍기라 부르며, 소음이 적고 회전수가 느리나 풍량이 많고 풍압이 낮은 곳에 사용된다.

② **터보형 송풍기**: 날개가 뒤로 구부러진 형으로 후굴익(後屈翼)이라 부르며, 소음이 많고 회전수가 빠르나 풍량이 적고 풍압이 높은 곳에 사용된다.

③ **디스크형 송풍기**: 날개가 원판으로 되어 있으며, 소형은 환기용 무압 배기 팬으로 사용되고 대형은 저압 송풍기로 쿨링 타워 등에 사용되며, 송풍량이 많은 것이 장점이다.

④ **프로펠러형 송풍기** : 축류 송풍기로 소음이 큰 것이 단점이나 디스크형에 비해 효율이 높다.

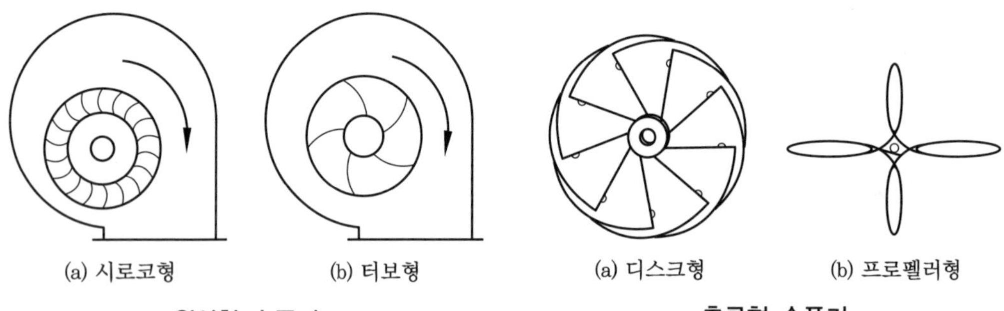

(3) 필요 환풍량

극장, 강당 등 많은 사람이 모이는 건물은 공기의 오염도가 높아지므로 필요한 환기 설비를 해야 한다. 또 화장실이나 취사장, 축전지실 등은 배기를 충분히 하지 않으면 다른 방에 악취가 흘러 들어가므로 전용 배기 설비를 해야 한다.

환기를 충분히 하기 위해서는 신선한 공기를 실내에 공급함과 동시에 실내의 오염된 공기를 배출해야 한다. 1시간에 실내 공기가 몇 번 바뀌는가에 따라 환기의 정도를 나타내는 기준이 있으며, 다음 표는 각 실에 필요한 환기 횟수(N/h)를 나타낸 것이다.

각 실에 필요한 환기 횟수

실명	환기 횟수(N/h)	실명	환기 횟수(N/h)
지하실	10~15	음식점	12~20
보일러실	13~20	호텔 세면장	20~60
호텔 조리장	20~30	화장실	15~30

• **송풍기의 축동력**

① SHP(축동력) $= \dfrac{Q \cdot P_t}{4500 \cdot \eta_t}$

여기서, Q : 풍량(m^3/min), P_t : 송풍기 전압(N/m^2 또는 mmAq) = 정압 + 동압

η_t : 송풍기 정압 효율(50~60 %)

② 전동기는 축마력에 안전율 15~20 %를 가산하여 선정해야 한다.

③ 다음의 송풍기의 마력 계산 도표를 이용해서도 송풍기의 마력을 구할 수 있다. 예를 들어, $Q = 100$ m^3/min, $H = 0.55$ kPa(90 mmAq), $\eta = 0.5$일 때 Q, H를 연결한 직선(Ⅰ)에 의해 교점 A를 정하고, 다음에 η과 A를 연결한 직선(Ⅱ)의 연장선상의 B점을 구하면 이 B점이 구하는 송풍기의 소요 마력 $S = 4$HP이 된다.

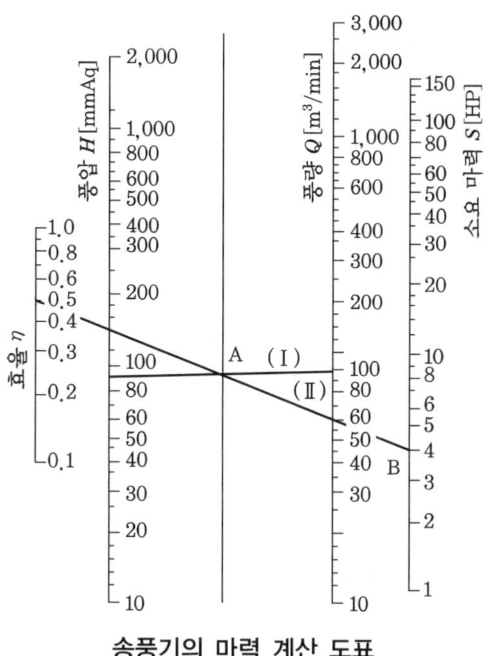

송풍기의 마력 계산 도표

3. 공기 선도(空氣線圖)

3-1 습공기 선도(psychrometric chart)

전압(全壓)이 일정한 습공기의 상태를 나타내는 여러 가지 특성값들과의 관계를 나타내는 그림을 습공기 선도라고 하며 그 표시 방법에는 여러 가지가 있다. 그 중요한 것으로는 엔탈피 i와 절대 습도 x를 사교 좌표(斜交座標)에 잡은 $i-x$선도(Mollier 선도) 및 건구 온도 t와 절대 습도 x를 직교 좌표에 잡은 $t-x$선도(Carrier 선도)가 있으며, 보통은 공기의 전압이 101.325 kPa(760 mmHg)인 경우에 대해 표시되어 있다. 이러한 선도는 공조 설계를 할 때 흔히 사용되며, 습공기의 특성값 가운데 어느 것이든 두 값만 알면 다른 모든 특성값을 구할 수 있는 편리한 도표이다. 다음 그림은 $t-x$선도를 나타낸 것이다.

그림 중 현열비(SHF : sensible heat factor)는 현열 변화량과 엔탈피 변화량의 비를 나타내는 것으로 다음과 같다.

$$\text{SHF}=\frac{C_{pa}\cdot \Delta t}{\Delta i}$$

여기서, C_{pa}:공기의 중량 비열(kJ/kg · K)

Δt : 온도 변화량(K), Δi : 엔탈피 변화량(kJ/kg)

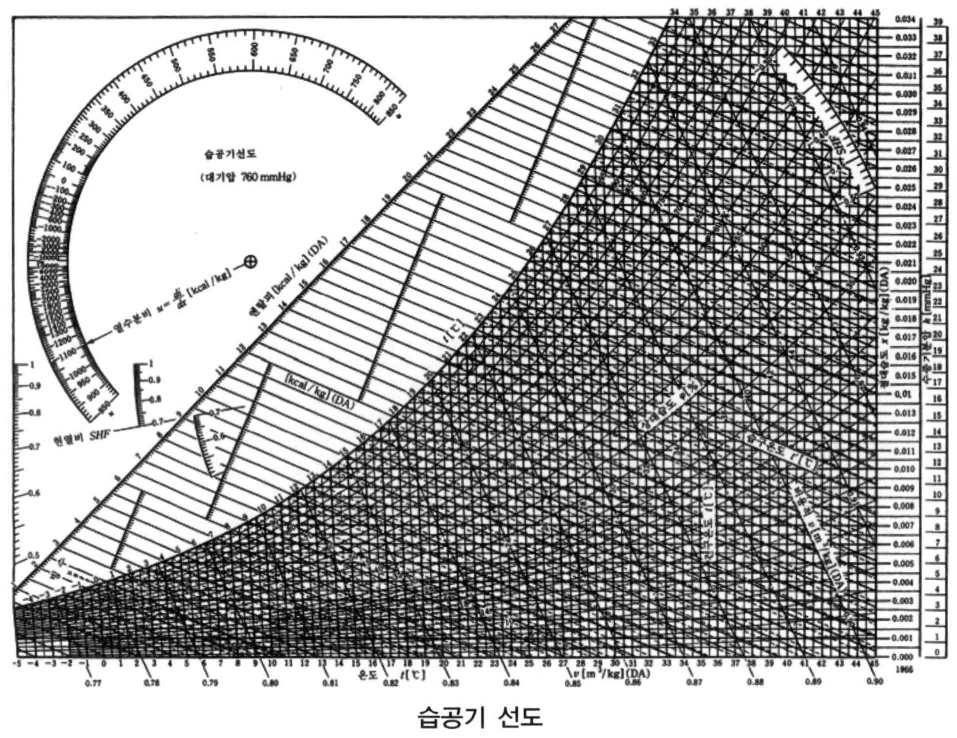

습공기 선도

또한, 열수분비 U는 공기 상태 변화에 따른 엔탈피의 변화량과 절대 습도의 변화량의 비를 나타낸다.

$$U = \frac{\Delta i}{\Delta x}$$

여기서, Δi : 엔탈피 변화량(kJ/kg), Δx : 절대 습도 변화량(kg/kg)

(1) 공기조화의 각 과정

공기조화 설비의 목적은 어떤 새로운 환경에 대하여 들어오는 공기의 조건을 변화시키는 것이다. 이와 같은 변화를 공기조화의 과정(process)이라 한다. 다음 그림은 습공기 선도상의 각 과정을 나타낸 것이다. 대부분의 과정이 모두 직선으로 표시된다.

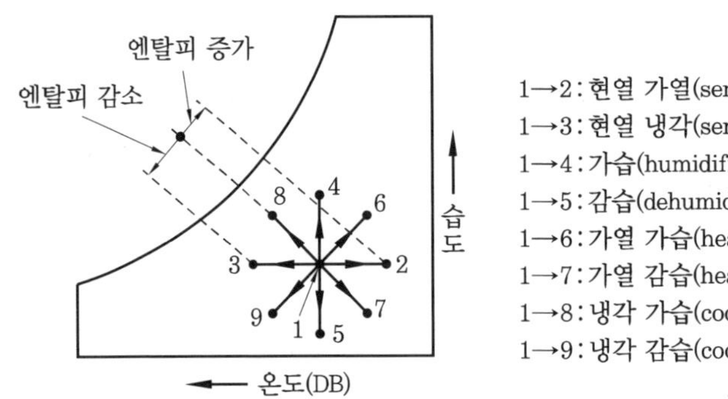

1→2 : 현열 가열(sensible heating)
1→3 : 현열 냉각(sensible cooling)
1→4 : 가습(humidification)
1→5 : 감습(dehumidification)
1→6 : 가열 가습(heating and humidifying)
1→7 : 가열 감습(heating and dehumidifying)
1→8 : 냉각 가습(cooling and humidifying)
1→9 : 냉각 감습(cooling and dehumidifying)

공기조화의 각 과정

(2) 선도상의 기초적 도시법

습공기 선도상에서 공기의 상태 변화량을 구하는 방법의 예를 설명한다.

① 현열 가열과 현열 냉각(절대 습도가 같은 선상에 있을 때의 변화)

$$q_{HC}(\text{또는 } q_{CC}) = G(i_2 - i_1) = 1.005\,G(t_2 - t_1)[\text{kJ/h}]$$

여기서, q_{HC} : 가열량(kJ/h)

q_{CC} : 냉각량(kJ/h)

G : 공기량(kg/h)

② 가습과 감습(온도가 같은 선상에 있을 때의 변화)

$$q_{HC}(\text{또는 } q_{CC}) = G(i_2 - i_1) = 2498\,G(x_2 - x_1)[\text{kJ/h}]$$

0℃의 수증기의 증발 잠열은 2498 kJ/kg이다.

$$L = G(x_2 - x_1)[\text{kg/h}]$$

여기서, L : 수량(kg/h)

③ 가열 가습과 냉각 감습(앞의 ①, ②의 혼합 상태)

$$q_{HC}(\text{또는 } q_{CC}) = G(i_2 - i_1)[\text{kJ/h}]$$

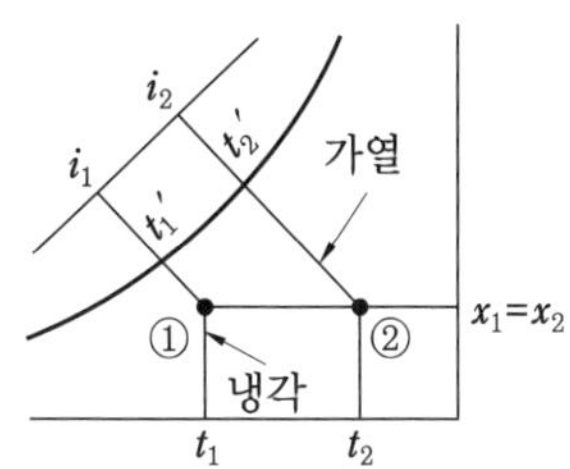

현열 가열과 냉각

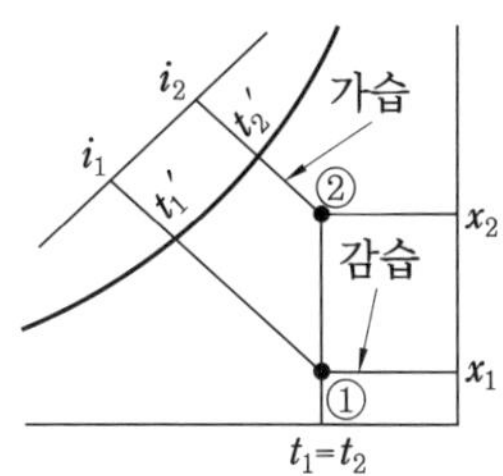

가습과 감습

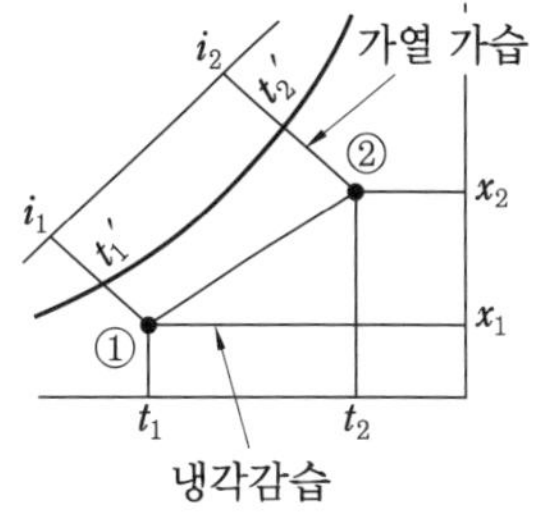

가열 가습과 냉각 감습

④ 단열 혼합 : 다음 그림 ①과 ②로 표시되는 습한 공기를 단열 혼합해서 ③의 공기로 할 경우

$$t_3 = \frac{m}{m+n}t_1 + \frac{n}{m+n}t_2\ [℃]$$

$$t_3{}' = \frac{m}{m+n}t_1{}' + \frac{n}{m+n}t_2{}'\ [℃]$$

$$x_3 = \frac{m}{m+n}x_1 + \frac{n}{m+n}x_2\ [\text{kg/kg(DA)}]$$

$$i_3 = \frac{m}{m+n}i_1 + \frac{n}{m+n}i_2\ [\text{kJ/kg}]$$

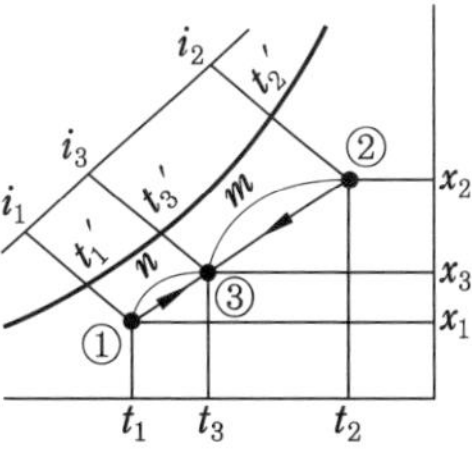

단열 혼합

⑤ by-pass factor : 가열기 및 냉각기를 통과하는 공기가 완전히 열교환을 하게 된다면 냉각코일을 통과하는 공기 ①은 열교환기의 표면 온도의 포화 공기 상태 ②가 되어야

하나 실제로는 ③의 상태로 된다. 이 경우 ①, ②선상에 단열 혼합의 냉각을 적용하는 것이다. 즉, ①은 처리 전의 공기이며, ②는 포화 공기이고, ③은 ①의 공기를 BF : (1−BF)의 비율로 혼합한 것이다.

$$t_3 \fallingdotseq t_1 \times BF + t_2 \times (1 - BF)$$

$$BF = 1 - CF$$

$$BF = \frac{t_3 - t_2}{t_1 - t_2}$$

여기서, CF : contact factor

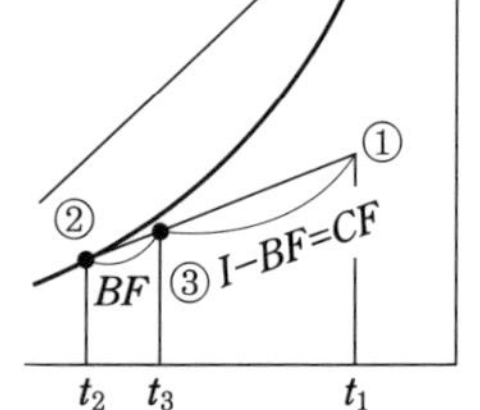

by-pass factor

(3) 냉·난방 시의 공기 상태 변화의 예

다음 그림은 난방 운전 시와 냉방 운전 시의 공기의 상태 변화의 예를 나타낸다.

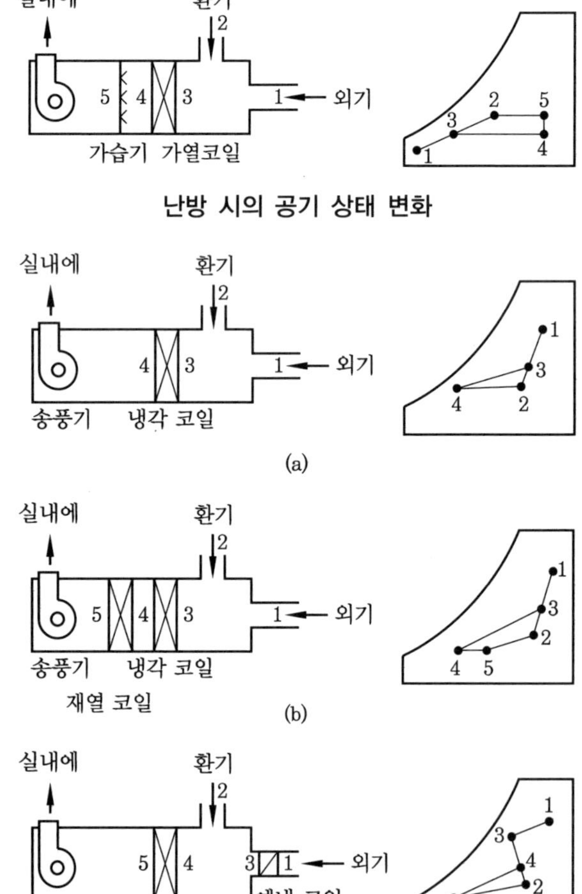

냉방 시의 공기 상태 변화

3-2 공기조화

(1) 송풍량(送風量)과 송풍(送風) 온도 결정

실내 온도를 일정하게 유지하기 위한 송풍량과 실내 현열 부하 등은 다음과 같다.

$$q_s = C_p G(t_r - t_s)$$

여기서, q_s : 실의 현열 부하(kJ/h)
C_p : 공기의 중량 비열(kJ/kg · K)
G : 송풍량(kg/h)
t_r : 실내 공기 온도(℃)
t_s : 송풍 공기 온도(℃)

또 실의 현열부하 q_s는 다음과 같이 표시된다.

$$q_s = C_p \gamma Q(t_r - t_s)$$

여기서, Q : 송풍량(m^3/h), γ : 공기의 비중량(kg/m^3)

C_p를 1.0048 kJ/kg · K, γ를 1.2 kg/m^3라 하면, q_s는 각각 다음 식과 같다.

$$q_s = 1.0048\,G(t_r - t_s)$$

$$q_s = 1.2134\,Q(t_r - t_s)$$

실내 온도를 일정하게 유지하기 위한 필요 송풍량은 다음 식과 같다.

$$G = \frac{q_s}{1.0048(t_r - t_s)}$$

$$Q = \frac{q_s}{1.2134(t_r - t_s)}$$

필요 송풍 공기 온도는 다음 식과 같다.

$$t_s = t_r - \frac{q_s}{1.0048\,G}$$

$$t_s = t_r - \frac{q_s}{1.2134\,Q}$$

t_r과 t_s의 온도차는 송풍량 Q와 밀접한 관계가 있다. 온도차가 크면 송풍량이 적어지나 실내 공기 분포가 나빠지며, 결로의 원인이 되는 경우가 있다. 온도차가 적으면 Q가 많아지며 실내 기류가 나빠진다. 일반 공기조화에서 송풍에 의한 환기 횟수는 6~15회/h 정도이다. 다음 표는 허용 최대 취출구 온도차를 나타낸다.

허용 최대 취출구 온도차(℃)

취출구의 설치 높이(m)		2	3	4	5	6
벽부착 수평향 취출구	풍량 큼	6.5	8.3	10	12	14
	풍량 적음	9	11	13	15	17
천장 부착 anemostat		9.5	16	16	18	18

㈜ 취출구 설치 높이는 바닥면에서의 높이이다.

(2) 취출 공기 상태 결정

습공기 선도상에서 실내 공기의 상태점(1)과 실(room)의 열부하에 의해 SHF를 구하여 SHF의 선상을 실내 공기 상태점과 일치시키며, 같은 SHF선상에 취출 공기 상태(2)의 교점이 송풍 온도선이 된다.

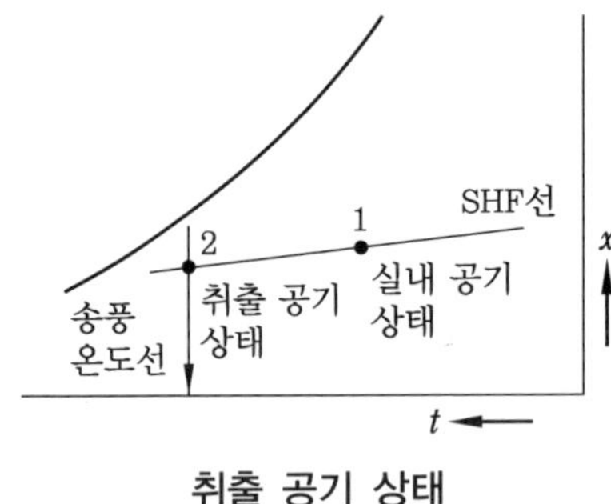

취출 공기 상태

4. 공기조화 부하 계산

4-1 열 부하

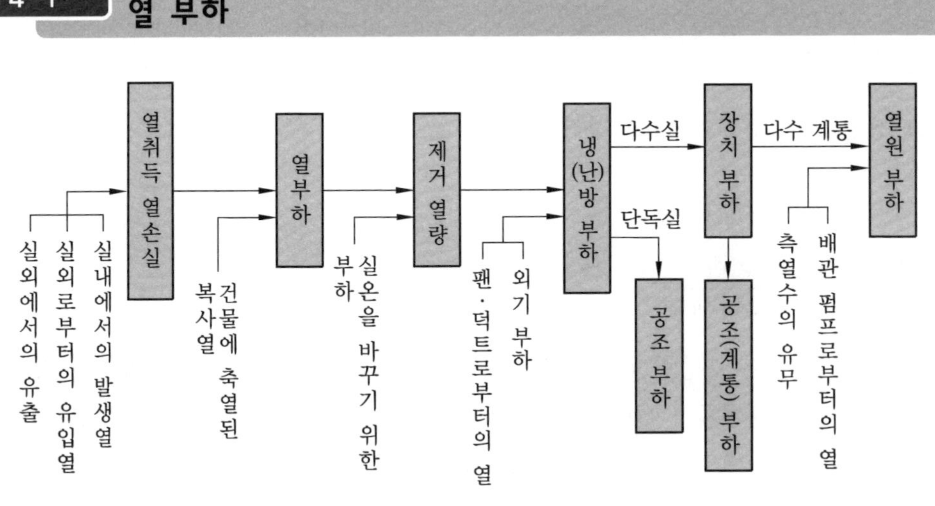

공기조화 부하의 종류

공기조화 부하란 실내에서 목적하는 온도와 습도를 유지하기 위하여 공기의 상태에 따라 냉각, 가열, 감습 등을 하는 데 필요한 열량을 말하며, 가열할 부하를 난방 부하(heating load), 냉각할 부하를 냉방 부하(cooling load)라고 한다. 앞 그림 [공기조화 부하의 종류]에서 부하 계산의 목적이 송풍 공기량의 계산, 열원 기기, 공조 기기 등을 선정하기 위한 것이며, 공기조화 설계에서 기본이 되는 것이다.

4-2 난방 부하

난방 부하는 실내 온도를 일정하게 유지하기 위해 외부에 빼앗긴 열량과 똑같은 열량을 공급하면 된다. 이와 같이 손실 열량에 대응하여 공급해야 할 열량을 난방 부하라 하며, 설비 용량의 산정 및 연료 소비량의 추정 등에 사용되는 기초 자료이다.

(1) 외기 온도 조건

난방 설계용 외기 온도 조건은 겨울철(12, 1, 2, 3월) 전체의 난방 기간에 대한 위험률 2.5%를 기준으로 한 외기 온도와 평균 습도를 사용하며, 건물의 종류와 지역에 따라 다르게 결정되는데, 일반적으로 지역별 외기 조건은 다음 표를 적용한다.

난방 설계 외기 조건(TAC 2.5% 기준)

구분 / 지명	겨울철 외기 조건	
	건구 온도(℃)	습구 온도(℃) [상대 습도(%)]
서울	−11.9	−1.1 (69)
인천	−11.2	−0.7 (73)
수원	−12.8	−1.3 (74)
전주	−8.5	2.2 (74)
광주	−7.4	4.5 (73)
대구	−8.2	1.3 (68)
부산	−5.8	2.9 (66)
울산	−7.0	1.5 (70)
목포	−5.9	3.3 (75)
제주	−1.6	6.9 (73)

이 외기 조건은 2.5 %의 위험률을 내포하고 있으므로 정밀을 요구하는 항온실이나 생명에 관계되는 병원, 중환자실 등에서는 이 온도보다 2~3℃ 정도 낮은 값을 쓰는 것이 좋다.

(2) 실내 온도 조건

난방 부하 계산에 있어서는 쾌적한 실내 온도와 적정한 외기 온도를 설정하지 않으면 안 된다. 정확한 실내 조건이 요구되지 않을 경우에는 유효 온도(ET) 범위 내에서 가능한 한 건구온도 18℃, 상대 습도 40 %를 기준으로 하도록 권장하고 있다.

실내 온도 측정 위치는 보통 바닥 위 1.5 m(바닥 복사 난방 0.75 m)의 높이에서 외벽으로부터 1 m 이상 떨어진 곳을 기준으로 한 호흡선을 측정한다.

실내 온·습도 조건

종류	건구 온도 (℃)	상대 습도 (%)	유효 온도	종류	건구 온도 (℃)	상대 습도 (%)	유효 온도
주택, 아파트의 거실	22	50	19.5	학교의 교실	18	50	16.5
주택, 아파트의 침실	18	50	16.5	학교의 강당	16	50	15
주택, 아파트의 현관홀	18	50	16.5	학교의 교무실	20	50	18
주택, 아파트의 복도, 계단	18	50	16.5	공장의 앉은 작업	18	50	16.5
호텔의 거실	22	60	20.0	공장의 앉은 경작업	16	35	14
호텔의 침실	18	60	16.5	공장의 앉은 중노동	16	35	12
호텔의 현관홀	20	50	18	은행	21	50	19.0
호텔의 식당, 공용 부분	20	50	18	사무실	21	50	19.0
병원의 병실	18	50	16.5	상점	16	50	15
병원의 의사실	22	50	19.5	백화점	18	50	16.5
병원의 진료실	24	50	22	식당·다방	20	50	18
변원의 대합실	20	50	18	회관	16	50	15
병원의 수술실	20~30	55~65	19~26	교회	20	50	18
극장의 객석	20	50	18	체육관	13	50	12
영화관의 객석	18	50	16.5	수영장	24	60	24
영화관의 복도	18	50	16.5	화장실	13	50	12

천장 높이와 실내 온도

천장 높이	실온 분포
3 m 이하	앞의 표 [실내 온·습도의 조건]
3~4.5 m	$t_h = t + 0.06(h-1.5)t$
4.5 m 이상	$t_h = t + 0.18i + 0.183(h-4.5)$

여기서, t_h : 바닥 위 h[m]의 온도(℃), t : 표준 실온(℃), h : 바닥 위의 높이(m)

(3) 전열 손실

난방 시 실내외의 열 출입은 냉방과는 달리 태양 복사열의 영향이나 외기 온도의 주기적 변화를 계산하지 않고, 일정한 온도차에 의한 정상 상태의 열전도 계산만 하는 것이 보통이다. 즉, 유리창, 외벽, 바닥, 간벽 등의 전열 손실이 있는 면에 대하여 열관류율(K값)과 실내외 온도차를 적용하여 전열 손실 H_L을 다음 식으로 계산한다.

$$H_L = K \cdot A(t_i - t_o) \cdot k \text{ [kJ/h]}$$

여기서, H_L : 전열 손실 열량, k : 방위 보정 계수, A : 전열 면적, t_i : 실내 온도(℃)
t_o : 실외 온도(℃), K : 구조체의 열관류율(W/m^2 · ℃)

방위 계수

방위	H(지붕)	N	NE	E	SE	S	SW	W	NW
방위 계수(k)	1.2	1.2	1.15	1.1	1.05	1.0	1.05	1.1	1.15

방위 보정 계수 k값은 동일 구조 벽체라 할지라도 방위에 따라 풍속이 다르므로 열전도율이 달라지게 되고 일사에 의한 건조도도 달라지게 된다.

실내외 온도차는 외기와 실내 온도의 건구 온도차를 적용하며 천장, 바닥, 간벽 등과 주위의 실(room)이나 복도와 접하여 있을 때는 그 인접 개소와의 온도차를 사용한다.

비난방실로서 복도나 지붕 밑의 공간 속 온도는 다음 그림과 같이 계산하며, 비난방실의 간단한 온도 계산법은 다음과 같다.

$$t_m = \frac{t_o + t_i}{2} [℃]$$

여기서, t_m : 비난방실 온도(중간 온도)(℃), t_o : 외기 온도(℃), t_i : 난방실 온도(℃)

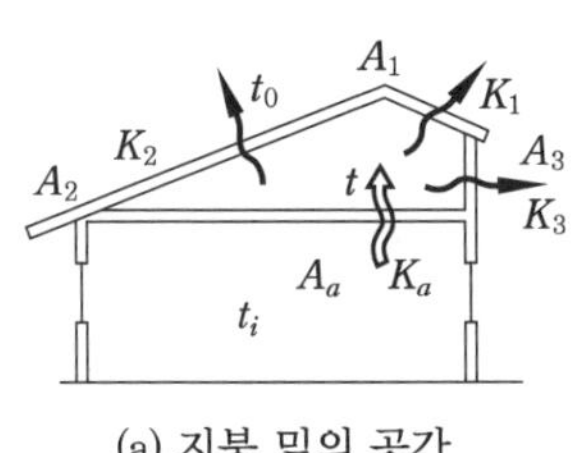

(a) 지붕 밑의 공간

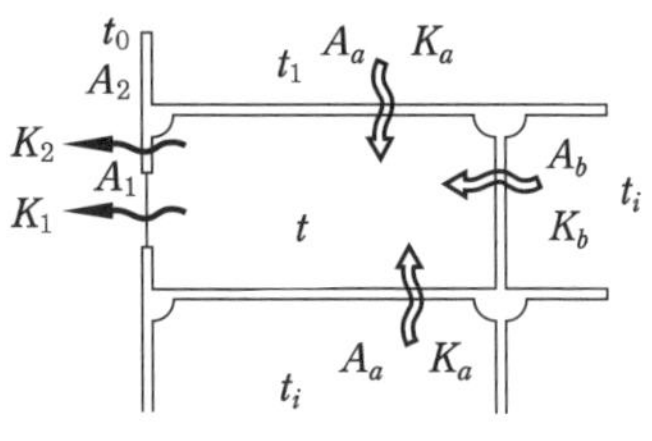

(b) 창고 · 복도 등

$$t = \frac{t_1(A_a \cdot K_a + A_b \cdot K_b + \cdots) + t_0(A_1 \cdot K_1 + A_2 + K_2 + \cdots)}{(A_a \cdot K_a + A_b \cdot K_b + \cdots) + (A_1 \cdot K_1 + A_2 + K_2 + \cdots)}$$

여기서, t : 비난방 스페이스의 온도(℃)
t_i : 난방 스페이스의 온도(℃)
t_0 : 외기온도(℃)
A_a, A_b ⋯ : 난방 스페이스에 접한 면적(m^2)
A_1, A_2 ⋯ : 외기와 접한 면적(m^2)
K_a, K_b ⋯ : A_a, A_b의 열통과율(W/m^2 · ℃)
K_1, K_2 ⋯ : A_1, A_2의 열통과율(W/m^2 · ℃)

비난방 공간의 온도 계산법

한편 지하층의 벽, 바닥에서의 열손실 H_L은 다음 식으로 계산한다.

$$H_L = K_g\ A(t_i - t_g)\ [\mathrm{kJ/h}]$$

여기서, K_g: 지하층 벽의 열 관류율(W/m² · ℃)

t_g : 지중 온도(℃), t_i : 난방 실내 온도(℃)

(4) 틈새바람

틈새바람에 의한 열손실은 난방 부하 계산에 있어서 상당히 중요하다. 특히 고층 건물일 때는 건물의 굴뚝 효과에 의한 틈새바람의 유입을 고려해야 하므로 간단히 취급해서는 안 된다. 틈새바람에 의한 손실 열량은 풍속, 풍량, 건물의 높이, 구조 출입문의 기밀성 등 많은 요소에 의한 영향을 받으므로 정확한 계산은 어렵다.

손실 열량은 일반적으로 다음과 같이 계산한다.

$$H_L = 0.29Q(t_i - t_o)[\mathrm{kJ/h}]$$

여기서, H_L : 틈새바람에 의한 손실 열량(kJ/h)

Q : 틈새바람의 양(m³/h)　　t_i, t_o : 실내외 온도(℃)

4-3 냉방 부하

(1) 냉방 부하의 종류

부하의 종류		내용	현열(S), 잠열(L)
실내 부하	외부 부하	• 전열 부하(온도차에 의하여 외벽, 천장, 유리, 바닥 등을 통한 관류 열량)	S
		• 일사에 의한 부하	S
		• 틈새바람에 의한 부하	S, L
	내부 부하	• 실내 발생열 - 조명 기구	S
		• 실내 발생열 - 인체	S, L
		• 실내 발생열 - 기타의 열원 기기	S, L
장치 부하		• 환기 부하(신선 외기에 의환 부하)	S, L
		• 덕트의 열손실	S
		• 송풍기 부하	S
		• 재열 부하	S
		• 혼합 손실(2중 덕트의 냉·온풍 혼합 손실)	S
열원 부하		• 배관 열손실	S
		• 펌프에서의 열취득	S

실내 온도를 일정하게 유지하기 위해서는 실내의 취득 열량(상승된 열량)에 대응하여 제거해야 할 열량을 냉방 부하(cooling load)라 하는데, 냉방 부하는 실내 부하, 장치 부하, 열원 부하 등으로 대별하며, 부하 계산은 이들 순서에 따라 현열과 잠열로 구분하여 계산한다.

① **외기 조건**: 냉방 설계용 외기의 온·습도 조건은 여름철(6, 7, 8, 9월)의 전체 냉방 시간에 대한 ASHRAE의 TAC(Technical Advisory Committee)에서 위험률 2.5 %를 기준으로 한 외기 온도와 일사량을 이용하여 작성된 상당 외기 온도를 사용하며, 위험률 2.5 %의 의미는 냉방 기간이 300시간이라면 이 기간 중 2.5 %에 해당하는 75시간은 냉방 설계 외기 초과를 의미한다.

다음 표는 우리나라 지역별 TAC 2.5 %를 계산한 냉방 설계용 외기 조건을 적용한 것이다. 실내 부하는 외기 온도가 최고가 되는 여름철의 오후 2~3시경에 반드시 최대가 되지 않는다. 대개 동쪽에 면해 있는 방은 오전 중 9~11시, 남쪽은 12~14시, 서쪽은 15~17시에 최대가 된다. 북쪽에 면해 있거나 외기에 면하지 않는 방은 시간에 영향을 받지 않으므로 3시를 적용한다.

설계용 외기 조건은 여름철 오후 1~3시의 값이므로, 계산 시간이 다른 경우에는 다음 표에 나타낸 시각별 보정을 한다.

냉방 설계용 외기 조건

구분 지역명	여름철 외기 조건				
	건구 온도(℃)	습구 온도(℃)	지역명	건구 온도(℃)	습구 온도(℃)
서울	31.1	25.8	대구	32.9	26.4
인천	29.7	25.9	부산	29.7	26.0
수원	30.0	25.9	울산	32.36	26.8
전주	31.9	26.6	목포	31.1	26.3
광주	31.9	26.3	제주	31.6	26.8

외기 조건의 시각별 보정

시각	건구 온도의 보정(℃)	습구 온도의 보정(℃)	시각	건구 온도의 보정(℃)	습구 온도의 보정(℃)
오전 6시	−6.3	−2.4	오후 2시	0	0
7시	−4.6	−1.8	3시	0	0
8시	−3.2	−1.1	4시	−0.5	−0.2
9시	−2.0	−0.8	5시	−1.3	−0.4
10시	−1.0	−0.4	6시	−2.2	−0.7
11시	−0.6	−0.2	7시	−3.3	−1.1
정오	−0.3	−0.1	8시	−4.0	−1.3
오후 1시	0	0			

② **실내 조건**: 실내 온·습도 조건은 외기 온·습도가 설계 조건을 충족하고 있을 때 유지하여야 하는 실내의 상태를 의미한다. 규정에 따라 정확한 실내 조건이 요구되지 않을 경우에는 쾌적 온도 기준으로 하는 것이 좋다.

실내 온·습도 조건(여름)

구분	적용 건물	이상적		일반	
		℃(DB)	%(RH)	℃(DB)	%(RH)
보통	주택·사무실·병원·학교	23~24.5	50~45	25~26	50~45
단시간 체류	은행·백화점	24.5~25.5	50~45	25.5~27	50~45
SHF가 작은 경우	극장·교회·식당	24.5~25.5	55~50	25.5~27	60~50
공장		25~27	55~45	27~29.5	60~50

4-4 냉방 부하 계산 기본 공식

(1) 벽체(지붕)를 통한 열부하 H_w[kJ/h]

① 일사의 영향을 무시할 때

$$H_w = KA(t_o - t_i) \text{ [kcal/h]}$$

② 일사의 영향을 고려할 때

$$H_w = KA(t_{sol} - t_i) = KA \ \Delta t_e \text{[kJ/h]}$$

여기서, K: 벽체의 열관류율(W/m^2·℃)
A: 벽체 면적(m^2)
t_i: 실내 온도(℃), t_o: 외기 온도(℃)
t_{sol}: 상당 외기 온도(℃)
Δt_e: 상당 온도차(℃)

여기서 벽체의 열관류율(heat transmission coefficient)은 다음 식으로 구한다.

$$\frac{1}{K} = \frac{1}{\alpha_o} + \frac{d_1}{\lambda_1} + \frac{d_2}{\lambda_2} + \cdots + \frac{d_n}{\lambda_n} + \frac{1}{C} + \frac{1}{\alpha_i}$$

여기서, α_i, α_0: 내외벽 표면 열전달률(W/m^2·℃)
λ: 재료의 열전도율(W/m·℃)
d: 재료의 두께(m)
C: 공기층의 열전달률(W/m^2·℃)
※ 1watt=1J/s=1N·m/s (watt=kcal/h)

그리고 상당 외기 온도(sol-air temperature)란 불투명한 벽면 또는 지붕면에서 태양열을 받으면 외표면 온도는 점차 상승하게 되는데, 이 상승되는 온도와 외기 온도를 고려한 온도를 말한다. 이 온도는 열평형 방정식에 의해 다음과 같이 유도된다.

$$t_{sol} = t_o + \frac{\alpha}{\alpha_o} I$$

여기서, α : 흡수율

I : 일사의 세기(W/m^2 · ℃)

다음 그림은 상당 온도차의 시간별 변화를 나타낸 것으로 중(重)구조물일수록 그 변화량의 폭이 적은 것을 알 수 있다. Δt_e는 일사량, 구조체, 실온 등에 따라 그 값이 다르다. 실내 온도가 26℃이고 외기 온도가 t_o인 지역의 상당 온도차를 Δt_e라고 할 때, 실내외의 온도가 t_i', t_o'인 지역의 $\Delta t_e'$는 다음과 같이 구한다.

$$\Delta t_e' = \Delta t_e + (t_o' - t_o) - (t_i' - 26) \ [℃]$$

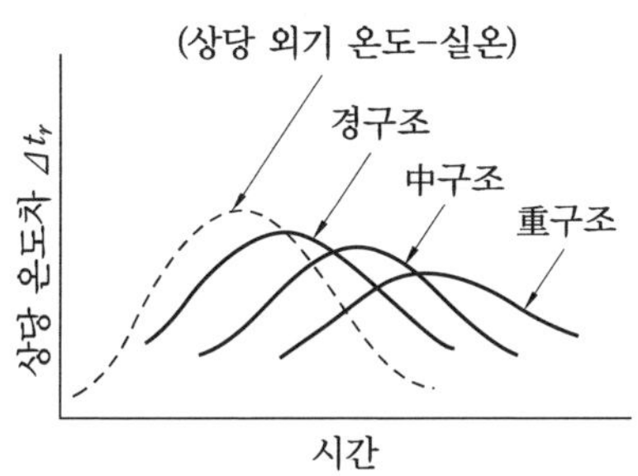

상당 온도차의 변동

구조체에 흡수되는 열량 H는 다음과 같이 구한다.

$$H = \alpha I + \alpha_0 (t_o - t_s) \ [\mathrm{W/m^2}]$$

여기서, t_s : 구조체 표면 온도(℃)

이때 벽체에 흡수되는 열량은 time-lag 효과를 가져오게 되는데, time-lag의 크기는 건물 외부 마감재의 열용량에 좌우되며, 구성 재료의 밀도와 질량이 증가할수록 time-lag는 길어진다.

(2) 유리창을 통한 열부하 Hg[kJ/h]

일사에 의한 직접 열취득과 온도차에 의한 열관류에 의해 열부하가 생긴다.

$$H_g = K_s \cdot A_g \cdot I + K_g \cdot A_g (t_o - t_i) \ [\mathrm{kJ/h}]$$

여기서, K_g : 유리창의 열관류율(W/m^2 · ℃)

A_g : 유리창 면적(m^2)

K_s : 차폐계수, I: 일사량(W/m^2)

(3) 틈새바람에 의한 외기 부하 H_i [kJ/h]

헌열량 H_{is}와 잠열량 H_{il}를 구하면 다음과 같다.

$$H_{is} = 0.29\,Q(t_0 - t_i) \text{ [kJ/h]}$$

$$H_{il} = 716\,Q(x_0 - x_i) \text{ [kJ/h]}$$

여기서, Q : 풍량(m^3/h)

x_1 : 실내의 절대 습도(kg/kg)

x_0 : 실외의 절대 습도(kg/kg)

위 식 중 1.2134 kJ/m³ · ℃는 용적 비열로 공기의 중량 비열 1.005 kJ/kg · ℃×공기의 비중량 1.2 kg /m³를 나타내며, 2996 kJ/m³은 수증기의 용적 증발 잠열로 2498 kJ/kg×공기의 비중량 1.2kg/m³를 나타낸다. 또 틈새바람의 풍량 Q는 틈새법, 면적법, 환기 회수법 등으로 계산하는데, 면적법과 환기 회수법의 식은 각각 다음과 같다.

$$Q = B \cdot A \text{(면적법)}$$

$$Q = n \cdot V \text{(환기 회수법)}$$

여기서, B : 창문으로부터의 틈새바람의 풍량($m^3/m^2 \cdot h$)

A : 창문 면적(m^2)

n : 환기 횟수(회/h)

V : 실의 용적(m^3)

그러나 틈새바람에 의한 외기 부하를 정확하게 계산하는 데는 상당한 무리가 뒤따른다. 왜냐하면 틈새바람은 그 양이 풍속, 건물의 높이, 구조, 창과 문의 기밀성 등 여러 가지 요소의 영향을 받기 때문이다. 그러므로 부하 계산에는 무엇보다도 정확한 데이터의 적용에 유의하여야 한다.

각종 건축 재료의 열전도율, 열전도 비저항, 용적 비열

재료 NO.	재 료 명		열전도율(λ) (kcal/m · h · ℃)	열전도 비저항(γ) (m · h · ℃/kcal)	용적 비열($C_p\gamma$) (kcal/m³ · ℃)
1	금속판	동	333	0.0030	819
2		알루미늄	204	0.0049	567
3		황동	83	0.0121	782
4		철(연강)	41	0.0242	821
5		스테인리스강 (18-8)	22	0.0470	766
6	비금속	대리석	1.36	0.741	561
7		화강암	1.87	0.535	562
8		흙	0.53	1.9	378
9		모래(건조한 것)	0.42	1.92	340
10		자갈	0.53	2.4	370

11		물	0.52	1.9	997
12		얼음	1.90	0.526	449
13		눈(200kg/m^3)	0.13	7.69	98
14		눈(600kg/m^3)	0.55	1.82	294
15	콘크리트	보통 콘크리트	1.41	0.71	481
16		경량 콘크리트	0.45	2.22	447
17		발포 콘크리트	0.30	3.30	308
18		신더 콘크리트	0.69	1.45	427
19	미장 재료	모르타르	0.93	1.07	551
20		회반죽	0.63	1.6	330
21		플라스터	0.53	1.9	485
22		흙벽	0.77	1.3	317
23	목재	소나무	0.15	6.49	388
24		삼목	0.08	12.0	187
25		노송나무	0.09	11.4	223
26		졸참나무	0.16	6.45	363
27		나왕	0.14	7.35	247
28		합판	0.11	9.00	266
29	시멘트 석고 2차 제품	석고 보드	0.18	5.46	204
30		펄라이트 보드	0.17	5.75	196
31		석면 시멘트판	1.09	0.92	302
32		플렉시블 보드	0.53	1.89	311
33		목모 시멘트판	0.13	7.9	147
34	요업 제품	타일	1.10	0.91	624
35		보통 벽돌	0.53	1.9	332
36		내화벽돌	1.00	1.0	468
37		유리	0.67	1.5	483
38	아스팔트 수지	아스팔트	0.63	1.6	491
39		아스팔트 루핑	0.09	11.0	255
40		아스팔트 타일	0.28	3.6	476
41		리놀륨	0.16	6.2	357
42		고무 타일	0.34	2.9	676
43		베이클라이트	0.20	5.0	483
44	섬유판 기타	연질 섬유판	0.05	19.8	110
45		경질 섬유판	0.15	6.80	476
46		후지	0.18	5.5	224
47		모직포	0.11	8.8	118
48	무기질 섬유	암면	0.05	18.4	13.4
49		유리면	0.04	26.5	4.0
50		광재면	0.04	25.0	150
51		암면 성형판	0.05	19.0	165
52		유리면 성형판	0.03	29.0	150

53	발포수지	발포 경질고무	0.03	31.7	25.4
54		발포 페놀	0.03	30.5	17.5
55		발포 폴리에틸렌	0.03	39.1	20.3
56		발포 폴리스틸렌	0.05	21.2	15.0
57		발포 경질 폴리우레탄	0.02	46.7	7.3
58	기타	규조토	0.08	12.0	95.6
59		마그네시아	0.07	14.0	46.6
60		보온 벽돌	0.12	8.5	131
61		발포 유리	0.07	15	30.6
62		탄화 코르크	0.05	21.5	66.6
63		경석	0.09	11.0	132
64		신더	0.04	28	100
65		띠 억새	0.06	16	56.7
66		톱밥	0.11	9.0	100
67		양모	0.10	10	51.8

㈜ 1kcal＝약 4.1855kJ, 1kJ＝약 0.2389kcal

벽체 표면의 열전달률 α_i, α_0 [kcal/m²·h·℃]

표면의 위치		대류의 방향	열전달률 (kcal/m²·h·℃)
실내쪽	수평	상향 (천장면)	9.5
	수직	수평 (벽면)	8
	수평	하향 (바닥면)	5
실외쪽		수평 수직	20

㈜ 벽체의 표면 열전달률 α는 대류 열전달률과 복사 열전달률의 값을 합한 것으로 풍속과 표면의 복사율에 따라 값이 달라진다.

공기층의 열저항 개략값 (m²·h·℃/kcal)

조건	대류 방향	공기층의 두께 10 mm 정도	공기층의 두께 20 mm 이상
밀폐	벽면	0.18	0.21
	하향	0.18	0.26
	상향	0.18	0.18
비밀폐	벽면	0.04	0.05
	하향	0.04	0.05
	상향	0.04	0.05

㈜ 공기층의 열저항 $1/C=d/\lambda$ 이다 (C : 공기층의 열전달률, d : 재료의 두께, λ : 열전도율).

차폐 계수 K_s

유리	블라인드의 색	차폐 계수	유리	블라인드의 색	차폐 계수
보통 단층	없음	1.0	보통 복층	없음	0.9
	밝은색	0.65		밝은색	0.6
	중간색	0.75		중간색	0.7

흡열 단층	없음 밝은색 중간색	0.8 0.55 0.65	외측 흡열 내측 보통	없음 밝은색 중간색	0.75 0.55 0.65
보통 2중 (중간 블라인드)	밝은색	0.4	외측 보통 내측 거울	없음	0.65

유리 열관류율 K_g [kcal/m^2 · h · ℃]

종별	K_g	종별	K_g
1중 유리 (여름)	5.1[1]	유리 블록 (평균)	2.7
1중 유리 (겨울)	5.4[2]	흡열 유리	
2중 유리		블루페인 3~6mm	5.7[2]
공기층 6mm	3.0	그레이페인 3~6mm	5.7[2]
공기층 13mm	2.7	그레이페인 8mm	5.4[2]
공기층 20mm 이상	2.6	서모페인 12~18mm	3.0[2]

㈜ 평균 풍속 1) 3.5 m/s, 2) 7 m/s

창문으로부터의 틈새바람의 풍량 B [m^3/m^2 · h]

명칭		소형 창 (0.75×1.8m)			대형 창 (1.35×2.4m)		
		문풍지 없음	문풍지 있음	기밀 섀시	문풍지 없음	문풍지 있음	기밀 섀시
여름	목재 섀시	7.9	4.8	4.0	5.0	3.1	2.6
	기밀성 나쁜 목재 섀시	22.0	6.8	11.0	14.0	4.4	7.0
	금속재 섀시	14.6	6.4	7.4	9.4	4.0	4.6
겨울	목재 섀시	15.6	9.5	7.7	9.7	6.0	4.7
	기밀성 나쁜 목재 섀시	44.0	13.5	22.0	27.8	8.6	13.6
	금속재 섀시	29.2	12.6	14.6	18.5	8.0	9.2

㈜ 문풍지는 weather strip

환기 횟수 n [회/h]

냉방 시	실용적(m^3)	500 이하	500	1000	1500	2000	2500	3000 이상
	환기 횟수(회/h)	0.7	0.6	0.55	0.50	0.42	0.40	0.35
난방 시	건축 구조		상급 구조		중급 구조		하급 구조	
	콘크리트조(금속 섀시)		0.5 이하		0.5~1.5		–	
	벽돌조(목재 섀시)		–		1.5~2.5		–	
	목조(양식, 목재 섀시)		1~2		2~3		–	
	목조(목재 섀시)		2~3		3~4		4~6	

(4) 인체로부터의 발열량 H_m [kJ/h]

인체로부터 에너지 대사에 의해 발생하는 현열량 H_{ms}와 잠열량 H_{ml}은 각각 다음 식으로 표시된다.

$$H_{ms} = Nh_s$$

$$H_{ml} = Nh_l$$

여기서, N: 인원수(인) h_s : 발생 현열량(kcal/h · 인) h_l : 발생 잠열량(kcal/h · 인)

인체의 발열량 (kcal/h · 인)

작업 상태	예	전 발열량	실온별 현열 및 잠열(kcal/h · 인), 기온(℃)									
			21		24		26		27		28	
			h_s	h_l	h_s	h_l	h_s	h_l	h_s	h_l	h_s	h_l
착석	극장	88	65	23	58	30	53	35	49	39	44	44
가벼운 작업	학교	101	69	32	61	40	53	48	49	52	45	56
사무실 업무, 가벼운 보행	사무실 · 호텔 · 백화점	113	72	41	62	51	54	59	50	63	45	68
앉았다 섰다 하는 일	은행	126	73	53	64	62	55	71	50	76	45	81
앉아서 하는 일	식당 객실	139	81	58	71	68	62	77	56	83	48	91
착석 작업	공장의 가벼운 일	189	92	97	74	115	62	127	56	133	48	141
보통 댄스	댄스 홀	215	101	114	82	133	69	146	62	153	56	159
보행(4.8km/h)	공장의 중(重)작업	252	116	136	96	156	83	169	76	176	68	184
볼링	볼링장	365	153	212	132	233	121	244	117	248	113	252

(5) 조명과 각종 기기의 발열량

실내 조명과 실내 기구의 발열량은 다음 표에 나타낸다.

실내 기구의 발열량 (kJ/h)

기구	현열(SH)	잠열(LH)
전등 · 전열기(kW당)	3612(860)	0(0)
형광등	4200(1000)	0(0)
커피 끓이기 1.8 L(가스)	420(100)	105(25)
토스터 15×28×23 cm(전열)	2562(610)	462(110)
가정용 가스 스토브	7560(1800)	840(200)
미장원 헤어드라이어(115 V, 6.5 A)	1974(470)	336(80)
전동기(95~375 W)	4452(1060)	0(0)
전동기(0.375~2.25 kW)	3864(920)	0(0)
전동기(2.25~15 kW)	3108(740)	0(0)
냉장고 · 선풍기 · 전기 시계 0~0.4 kW	5880(1400)	
0.75~3.7 kW	4620(1100)	
5.5~15 kW	4200(1000)	

유체와 열에 관한 기초

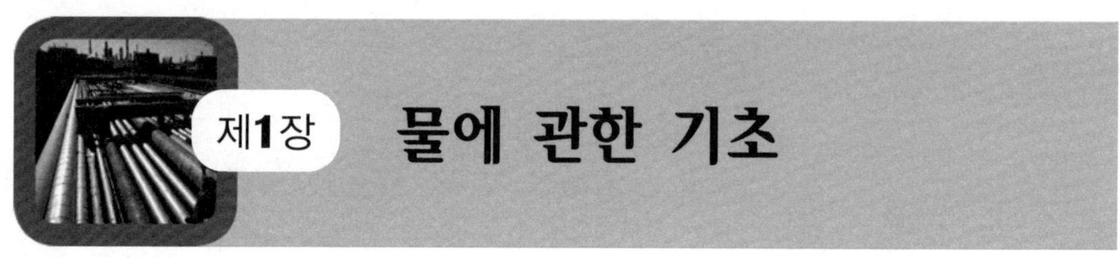

제1장 물에 관한 기초

유체(fluid)는 흐를 수 있고 용기의 형태에 맞도록 담겨질 수 있는 물질이며, 액체(liquid)와 기체(gas)로 구분된다. 즉, 유체란 액체와 기체 상태의 물질을 말하는 것이다.

액체는 실질적으로 거의 비압축성인 데 반하여 기체는 압축성이고, 액체는 한정된 체적을 점유하면서 자유 표면(free surface)을 가지는 데 비하여, 기체는 주어진 용기의 전체를 점유할 때까지 팽창한다.

유체를 구성하는 분자 사이의 거리와 운동범위를 자유도(degree of freedom)라 하는데, 이것은 액체보다 기체가 더 크다. 그리고, 액체의 표면은 담는 그릇에 관계없이 항상 수평을 이루는데, 이것을 자유 표면(free surface)이라 하는 것이다.

유체 운동에서 유체에 미치는 압축력이 작아서 밀도가 일정하다고 본 유체를 비압축성 유체라 하고, 유체에 미치는 압축력이 커서 밀도의 변화가 크다고 생각하는 유체를 압축성 유체라 한다. 유체의 운동에서 점성을 무시한 유체를 완전 유체(perfect fluid) 또는 이상 유체(ideal fluid)라 하고, 점성을 무시할 수 없는 유체를 실제 유체(real fluid)라 한다.

평균 자유 행로(mean free path)란, 기체가 운동할 때 분자 사이에 운동 거리의 평균값을 말하며, 공기의 자유 행로는 2×10^{-6} cm이다.

분자 사이의 응집력에 있어서는 고체가 가장 크고, 다음으로 액체, 기체의 순으로 작아진다. 즉, 고체는 형상에 있어서 치밀성과 강성이 있고, 액체는 분자가 그 질량 내에서 자유로이 이동할 수 있는 능력이 있으며, 기체는 빈 공간을 채울 수 있는 능력이 있는 것이다.

1. 물의 물리적 성질

1-1 물의 형태 변환

물은 고체, 액체, 기체(증기)의 3가지 형태로 구분된다. 상온, 상압에서 액체의 빙점은 0℃이고, 비점(비등점)은 100℃로서 기압이 내려가면 낮아진다.

0℃의 얼음 1 g이 융해해서 0℃의 물로 되는 데는 334.7 J, 1℃의 물 1 g을 1℃ 높이는 데 4.2 J의 열량을 흡수한다. 또 1 g의 물이 1기압에서 증기로 변할 때에는 2263 J(1 m^3의 경우 2263 kJ)를 필요로 한다.

※ 1 mm^3 = 1 mg, 1 cm^3 = 1 cc = 1 mL = 1 g, 1 m^3 = 1000 L = 1 ton

1-2 비중량과 비중

물의 중량을 표시하는 데는 미터법으로는 g, kg, ton, 영국식으로는 파운드(lbs)를 사용한다. 또 용적을 표시하는 데는 cm^3, m^3, L가 사용되고, 영국식으로는 in^3, ft^3, 영국 갈론(gal), 미국 갈론(U.S gal)이 사용된다.

물의 무게는 온도와 압력에 따라 다소 변하나 수력학상으로 일정하게 취급하고 있으며, 단위체적당의 중량을 비중량이라 하고, 물의 비중량(specific weight)과 타물질의 비중량과의 비를 비중(specific gravity)이라 한다.

물의 비중은 순수한 물로서 1기압 4℃일 때 가장 무겁고, 온도와의 관계는 4℃보다 높거나 낮을 때 1보다 적게 나타난다.

중요한 물질의 비중

액체의 비중		기체의 비중(공기에 대하여)	
물질명	비중	물질명	비중
휘발유	0.66~0.75	일산화탄소	0.967
경유	0.80~0.83	염화수소	1.288
중유	0.85~0.90	아산화질소	1.530
고래기름	0.88	아유산가스(이산화유황)	2.263
해수(바닷물)	1.01~1.05	염소	2.49
우유	1.01~1.04	오존	1.72
알코올	0.789	산소	1.105
벤젠	0.879	수증기	0.463
아세톤	0.789	수소	0.0693
사염화탄소	1.594	질소	0.967
이유화탄소	1.266	리듐	0.138
글리세린	1.261	이산화탄소	1.528
에텔	0.719	유화수소	1.190
순초산	1.513	아세틸렌	0.906
20% 초산	1.115	암모니아	0.597
순유산	1.831	에탄	1.049
20% 유산	1.139	에틸렌	0.974
20% 염산	1.098	석탄가스	0.32~0.74
원유	0.7~1.0	시안가스	1.81
수은	1.356	메탄	0.555

각 온도에 있어서의 물의 비중

온도(℃)	비중	부피(cm³)	온도(℃)	비중	부피(cm³)
−10	0.99749	1.00206	30	0.99567	1.00435
0	0.99987	1.00013	35	0.99406	1.00598
1	0.99993	1.00007	40	0.99224	1.00782
2	0.99997	1.00003	50	0.98807	1.01207
3	0.99999	1.00001	60	0.98324	1.01705
4	1.00000	1.00000	70	0.97781	1.02270
10	0.99973	1.00027	80	0.97183	1.02899
15	0.99913	1.00087	190	0.96534	1.03590
20	0.99823	1.00177	200	0.95838	1.04343
25	0.99707	1.00294			

이때의 비중량을 γ로 표시하면 다음과 같다.

$$\gamma = 1000\ \text{kg/m}^3 = 1\ \text{kg}/l = 1\ \text{g/cm}^3\ (1\ \text{m}^3 = 1000\ \text{L},\ 1\ \text{L} = 1000\ \text{cm}^3)$$

실제로 쓰이는 물의 비중은 1이고, 해수는 1.025를 사용한다.

그러므로 물의 용량과의 관계에 있어 순수한 물은 1 cm³=1 g, 해수는 1 cm³=1.025 g이다. 4℃일 때의 물의 비중량(γ_w)과 알고자 하는 유체의 비중량(γ)과의 비인 비중(S)은 다음과 같다.

$$\text{비중}(S) = \frac{\text{물질의 중량(또는 무게)}}{\text{같은 체적의 물의 중량(또는 무게)}} = \frac{\gamma}{\gamma_w} = \frac{\rho}{\rho_w}$$

$\gamma_w = 1000\ \text{kg/m}^3$이므로, 액체의 비중량 γ는

$\gamma = S \times 1000\ \text{kg/m}^3$

$\gamma = S \times 62.4\ \text{lb/ft}^3$가 된다.

1-3 밀도

물의 단위 체적당의 질량(mass)을 밀도(density)라 하고 ρ_w로 표시하며, 밀도와 비중량 사이에는 다음과 같은 공식이 성립된다.

$$\rho = \frac{m}{V}\ [\text{kg/m}^3],\ \ \rho_w = \frac{\gamma_w}{g} = \frac{1000}{9.8} = 1.097 \times 10^2\ [\text{kg} \cdot \text{s}^2/\text{m}^4]$$

여기서, ρ_w : 물의 밀도 (kg · s²/m⁴)

γ_w : 물의 단위 체적의 중량(4℃에 있어서 1000 kg/m³)

g : 중력 가속도(9.8 m/s²)

유체가 갖는 단위 체적당의 중량을 비중량(specific weight)이라 하며, 물의 비중량은 1000 kg/m^3(62.4 lb/ft^3), 해수의 비중량은 1025 kg/m^3(64.6 lb/ft^3)이다.

1-4 압축성(compressibility)

물에 압력을 가하면 다소 압축이 되나 기체에 비하면 극히 적으며, 비압축체로 보지는 않고 가한 압력과 압축해진 비율(%)에 비례하며, 또 온도에 의하여 변할 수 있는 것으로서 평균 0.098 MPa (1 kg/cm^2)의 압력 증가에 대하여 $(3.0\sim5.0)\times10^{-5}$ 정도씩 감소하므로 공업상으로는 문제가 되지 않으나 수격 작용에서는 이를 고려하고 있다.

1-5 점성

물이 움직여서 내부에 상대적인 운동이 생길 때에는 물이 빨리 움직이게 되고, 층(層)에 대해서 저항이 생겨 서서히 유체 마찰(fluid friction)의 원인이 된다. 이러한 성질을 점성(粘性 ; viscosity)이라 한다.

작용하는 저항의 크기 및 인접하는 층의 면적과 그 관계 속도에 비례하며 층간의 거리에 반비례한다. 이것은 유체의 종류에 따라 다르며, 그 유체가 갖고 있는 계수를 점성 계수라 한다.

동일 유체의 점성 계수는 온도에 따라 변화할 수 있는 것이다.

점성 계수와 유체의 운동과의 관계에 있어서는 동점성 계수를 사용하며, 다음 공식으로 나타낸다.

$$\nu = \frac{\mu}{\rho} \qquad \mu = \frac{F}{A}$$

여기서, ν : 동점성 계수 (m^2/s), μ : 점성계수 (kg · s/m^2), ρ : 밀도 (kg · s^2/m^4)

동점성 계수의 단위는 m^2/s가 있으나 cm^2/s의 단위를 스토크스(stokes)라 하고, $\frac{1}{100}$을 센티스토크스(centi stokes)라 한다.

동점성 계수를 가지고 각종의 유체의 저항을 직접 비교할 수가 있다.

일반적으로 액체의 점성 계수는 온도가 상승하면 감소하나 기체의 점성 계수는 온도 상승과 더불어 증가한다.

그리고 점성 계수의 단위로 많이 사용되는 것은 C.G.S 단위(centimeter-gram-second)로 정의된 푸아즈(poise)이다.

1푸아즈는 1 $dyn \cdot s/cm^2$ 또는 1 $g/cm \cdot s$이며, 1센티푸아즈는 1푸아즈의 $\frac{1}{100}$에 해당하고, SI 단위로는 1 poise = 0.1 Pa·s가 된다.

예컨대, 20℃의 물의 점성 계수는 1.0센티푸아즈(centipoise)이다.

1 기압에서의 물의 점성 계수 및 동점성 계수

온도(℃)	점성 계수 μ ($kg \cdot s/cm^2$)	동점성 계수 ν (cm^2/s)	온도(℃)	점성 계수 μ ($kg \cdot s/cm^2$)	동점성 계수 ν (cm^2/s)
0	1.7921	0.01794	40	0.6560	0.00659
5	1.5188	0.01519	50	0.5494	0.00556
10	1.3077	0.01310	60	0.4688	0.00478
15	1.1404	0.01146	70	0.4061	0.00416
20	1.0050	0.01010	80	0.3565	0.00367
25	0.8937	0.00898	90	0.3165	0.00328
30	0.8007	0.00804	100	0.2838	0.00296

1-6 표면 장력과 모세관 현상

액체는 분자 상호간 응집력 때문에 그 액면이 축소하려는 성질이 있고, 또 다른 물질과 접촉될 때는 그 물질의 분자력에 의해서 부착력이 작용하게 된다.

액체의 표면은 분자의 응집력 때문에 항상 표면적이 작아지려는 장력이 발생한다. 이때 단위 길이당 발생하는 인장력을 표면 장력이라 한다.

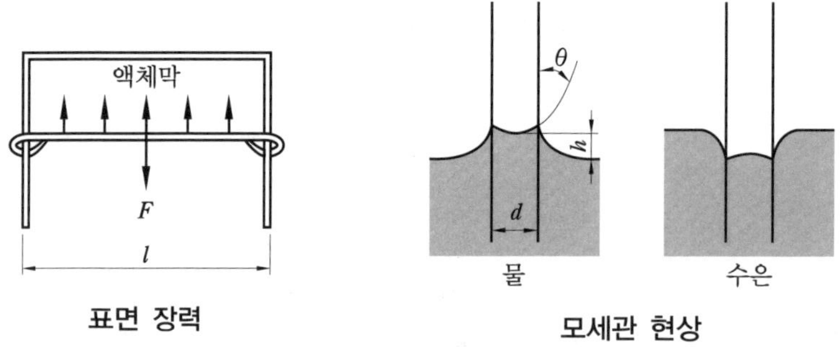

표면 장력　　　　모세관 현상

그림에서 외력 F가 작용된 길이 l인 철사가 미끄러져 오다가 표면 장력 S와 평형되었을 때 표면 장력은

$$S = \frac{F}{2l} \text{ [N/m, g중/cm, dyn/cm]}$$

여기서, 액체막은 안팎 두 면이 있으므로 $2l$이 된다.

액체 속에 세워진 가는 모세관 속의 액체 표면을 관찰해 보면 모세관 벽면에 접한 액체의 높이는 액체 표면보다 올라가거나 내려가는데, 이 현상을 모세관 현상이라 한다.

이 모세관 현상은 액체의 표면 장력에 의하여 발생되며, 액체의 응집력과 모세관 벽에 대한 액체의 부착력의 상대적인 크기에 따라 액체면보다 높거나 낮아진다.

부착력이 응집력보다 크면 접촉된 액체의 높이는 액체 표면보다 높아진다.

모세관 현상에 의한 액체면의 이동 높이를 h라 하면

$$h = \frac{2T\cos\theta}{\rho \cdot g \cdot r}$$ 로 표시된다.

여기서, T : 표면 장력, ρ : 액체의 밀도, g : 중력의 가속도, r : 모세관의 반지름, θ : 접촉각

유리벽과 액체의 접촉각

액체	에틸알코올	물	수은	에틸	벤졸
접촉각 θ	0	0~9	130~150	16	0

2. 유체의 정역학(靜力學)

2-1 압력

정지하고 있는 물이 벽에 수직으로 압력을 주는 것을 정수압이라 하며, 단위 면적에 작용하는 유체의 압축력, 즉 응력을 압력(pressure)이라고 한다.

다시 말하면, 정지 유체 내의 임의의 면에 힘(F)이 수직 방향으로 작용할 때 단위 면적에 작용하는 힘을 압력이라고 하고, 단위 면적 A에 유체의 등분포 압축력 F가 작용할 때 압력을 P라 하면,

$$P = \frac{F}{A}$$

가 된다. 이때의 F를 전압력(total pressure)이라 한다.

한 점에 작용하는 압력을 P, 아주 작은 면적을 ΔA라 하고, 이 ΔA에 작용하는 힘의 크기를 ΔF라 하면,

$$P = \lim_{\Delta A \to 0} \cdot \frac{\Delta F}{\Delta A} = \frac{dF}{dA}$$

가 된다.

2-2 압력의 단위

압력은 힘을 면적으로 나눈 값이다. 일반적으로 $P=\frac{dF}{dA}$로 나타내고, 힘 F가 임의의 면적 A에 균일하게 작용하면 $P=\frac{F}{A}$가 된다.

SI 단위계에서 압력의 단위는 N/m^2 또는 Pa(파스칼)이다. 그리고 파스칼(Pa)은 다음과 같이 정의된다.

$$1\,\text{Pa}=1\,\text{N/m}^2$$

이는 물리학에서의 질량의 단위로서 4℃일 때의 순수한 물 1000 cc의 질량을 1 kg으로 정의하였고, 1 kg의 질량(kgm)에 작용하는 중력의 힘은 1 kgm×9.8 m/s^2=9.8 kg・m/s^2, 즉 9.8 Newton이었다.

SI 단위계(*S*ystéme *I*nternational d'*U*nits)에서 힘은 Newton(N)으로 정의한다. 즉, 힘은 kgf와 Newton의 관계가 1 kgf=9.81 N이 되는 것이다.

그러나 공학 단위계에서는 1 kg의 질량(kg・m)에 작용하는 중력을 1 kg의 힘(kgf)으로 정의하였으므로 뉴턴(Newton)의 관성법칙을 공학 단위계로 표시하면 다음과 같다.

$$F=\frac{m}{g_o}g$$

여기서, F : 힘 (kgf)
m : 질량 (kgm)
g : 지구 중력 가속도 (m/s^2)
g_o : 중력 환산 계수로서 (1 kg×9.8 m/s^2)/kgf

유체 역학에서는 혼잡을 피하기 위하여 $\frac{m}{g_o}$를 묶어서 질량으로 간주한다.

그러므로 질량의 단위는 kgf・s^2/m이다.

다만, 미터계 공학 단위에서는 압력의 단위로서 kgf/cm^{2}를 많이 사용하고 있는데, 이것을 간단히 kg/cm^{2}로 표시한다.

이때, kg은 kgf, 즉 kg중을 나타내고 있는 것이다.

SI 단위에서

$$1\,\text{Pa}=1\,\text{N/cm}^2=\frac{1}{9.81}\,\text{kgf/m}^2=\frac{1}{9.81}\,\text{kg/m}^2$$
$$=\frac{1}{9.81\times10^4}\,\text{kg/cm}^2(=\text{kgf/cm}^2)$$

이고, 1 kg/cm^2=735.5 mmHg이다.

SI 단위계의 기본 단위

물리적인 양	단위 명칭	기호
길이	미터 (meter)	m
질량	킬로그램 (kilogram)	kg
시간	초 (second)	s
전류	암페어 (ampere)	A
온도	켈빈 (kelvin)	K

SI 단위와 미터계 공학 단위

물리적인 양	SI 단위	미터계 공학 단위
힘 또는 중량	N	kgf (보통 kg으로 표시)
압력	Pa	kgf / m^2 (보통 kg / m^2으로 표시)
에너지	J	kcal (열량)
		kgf · m (일 : 보통 kg · m)
동력	W	PS 또는 kgf · m/s (보통 kg · m/s)

SI 단위계에서 유도된 유도 단위

물리적인 양	단위 명칭	기호	기본 단위와의 관계(여기서 kg은 질량 kgm임)
힘	뉴턴 (Newton)	N	1 N=1 kg · m/s^2
일 · 에너지 · 열량	줄 (Joule)	J	1 J=1 Nm=1kg · m^2/s^2
동력	와트 (Watt)	W	1 W=1 J/s=1 kg · m^2/s^3
압력	파스칼 (Pascal)	Pa	1 Pa=1 N/m^2

그 밖에 압력의 단위는 kg/cm^2, kg/m^2 또는 lb/in^2(psi), lb/ft^2(psf)을 사용하고 경우에 따라서는 기압이라는 단위로 사용된다.

단위 면적에 미치는 대기의 압력을 대기압(atmospheric pressure)이라 하고, 특히 위도 40°에서 평균 온도 소멸률을 연간 평균한 경우의 대기를 표준 대기(standard atmosphere)라 하고 있다.

표준 대기압(atm)이란 0℃에서 표준 중력 980.665 cm/s^2일 때의 760 mmHg의 압력을 말하는 것이며, 다음과 같이 표현한다.

- 1 atm=760 mmHg
- 1 atm=10.33 mAq(4℃)
- 1 atm=33.9 ft Aq
- 1 atm=1.03323 kg/cm^2
- 1 atm=14.7 psi
- 1 atm=1.01325 bar
- 1 atm=1013.2 mb
- 1 atm=101,325 Pa

공업 기압=1 kg/cm^2=980.6 milibar=0.98 bar=10 mAq=735.72 mm Hg(0℃)

온도에는 관례 온도(℃)와 절대 온도(K)가 있는 것과 마찬가지로, 압력에도 상대적 차를 측정하는 게이지 압력(gage pressure)과 절대 압력(absolute pressure)이 있다.

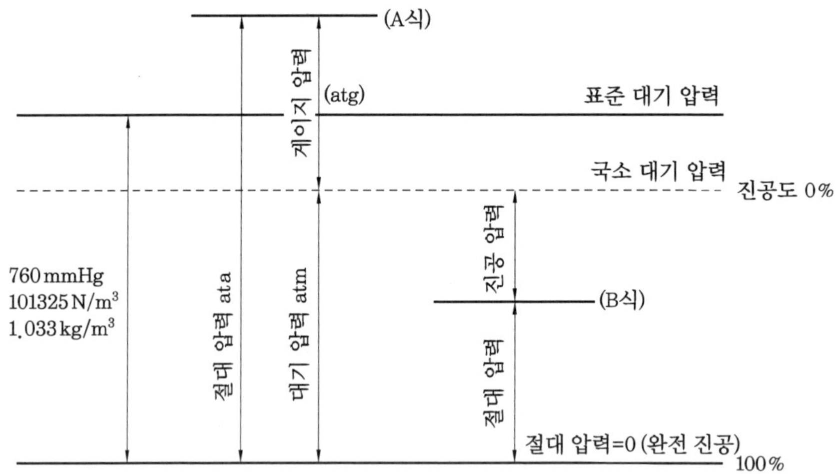

절대 압력과 대기 압력

게이지(計器) 압력을 측정하는 데는 부르동 압력계(Bourdon gage)와 개구(開口) U자관이 있고, 절대 압력은 아네로이드(aneroid) 기압계와 수은(mercury) 기압계로 측정한다.

절대 압력과 계기 압력은 다음과 같다.

절대 압력(P_a) = 대기 압력(P_0) + 게이지 압력(P_g) ······························ (A)

절대 압력 = 대기 압력 − 진공 압력 ·· (B)

2-3 깊이와 압력

자유 표면을 갖고 정지하고 있는 물 속의 한 정점은 그 점으로부터 수면까지의 높이, 즉 깊이에 비례하여 압력을 받고 있으며, 용기의 형상·크기에 관계없이 단위 체적의 물의 중량과 깊이에 비례하고 압력의 강한 쪽 방향에도 동등하다.

압력을 P [kg/cm²], 깊이를 H [m]로 하면 (kg은 중량)

$$P\ (\text{단위면적당 물의 압력}) = \gamma \cdot H = 1000\,[\text{kg/m}^3] \cdot H[\text{m}]$$

$$= 1000 \cdot H[\text{kg/m}^2] = 0.1 \cdot H\,[\text{kg/cm}^2]$$

여기서, $1\ \text{kg/cm}^2 = 9.81\times10^4\ \text{N/cm}^2 = 981\ \text{kN/cm}^2$ $= 981$ kPa이다.

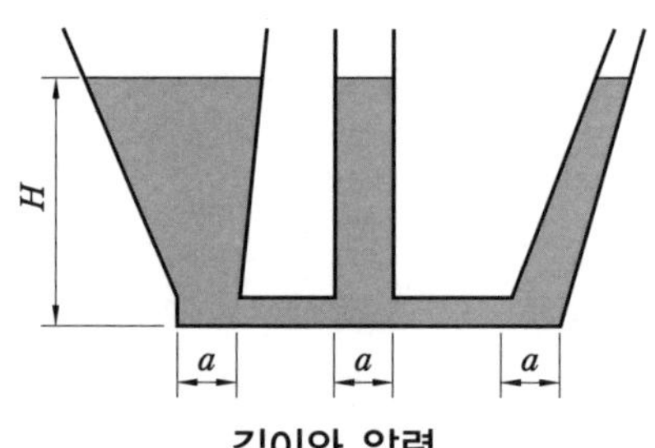

깊이와 압력

그림과 같이 깊이 또는 면적에 대한 밑바닥의 전압력 P는 유체에 비중을 똑같이 하면 유체의 양과는 관계하지 않는다.

그렇다면 5층 건물 높이 20 m의 옥상에 설치한 물

탱크로부터 지상의 배관부에 있어서의 압력은 물탱크의 깊이를 무시할 때

$P=20\times0.1=2$ kg/cm^{2}이 되는 것이다.

2-4 수두와 압력

물기둥의 높이 또는 깊이를 수두(head : 水頭)라 하고, 길이의 단위를 압력이라 하며, 에너지를 나타내는 척도(尺度)로 사용하고 있다.

수두와 압력의 관계는 수평면의 깊이, 즉 물기둥의 높이로 한다.

즉, H[m]=10×압력(kg/cm^2)의 관계가 있다.

예로 들면, 5 kg/cm^{2}의 압력은 50 m의 물기둥의 밑바닥에 미치는 압력의 힘 (50 mAq)을 의미하며, 압력을 길이의 단위로 나타내면 에너지의 척도가 되어 단위 중량의 물의 높이 위치로 나타내는 결과가 된다. (Aq는 Aqua(물)의 뜻)

그러므로, 압력(kg/cm^2)=0.1 H[m]이다.

압력과 수은주, 수주(水柱)의 관계는 다음 표와 같다.

압력		기압	수은주		수주	
kg/cm^2	1 [lb / in^2]	atm	mm	in	m	in
1	14.2	0.97	73.55	28.95	10	32.8
0.07	1	0.07	5.18	2.04	0.704	2.3
1.03	14.7	1	760	29.9	10.33	33.9
1.36	19.34	1.32	1000	39.37	13.6	44.6
0.035	0.49	0.033	2.54	1	0.35	1.13
0.1	1.42	0.097	7.36	2.89	1	3.28
0.03	0.43	0.03	2.24	0.89	0.31	1

주 1 lb/ in^2=psi
psi=pounds per square inch
psia=pounds per square inch absolute

2-5 압력의 측정

유체의 압력을 측정하는 계기류를 압력계라 한다.

압력계에는 액주계(manometer), 수은 기압계, 아네로이드 기압계, 부르동 압력계, 피에조미터 등이 있다.

비교적 정밀하게 압력을 측정할 수 있는 기구가 액주계(液柱計)이다.

액주계에는 게이지 압력을 측정하는 데 사용되는 U자관 액주계와 두 점 간의 압력차를 측정할 수 있는 차압(또는 시차) 액주계(differential manometer)가 있다.

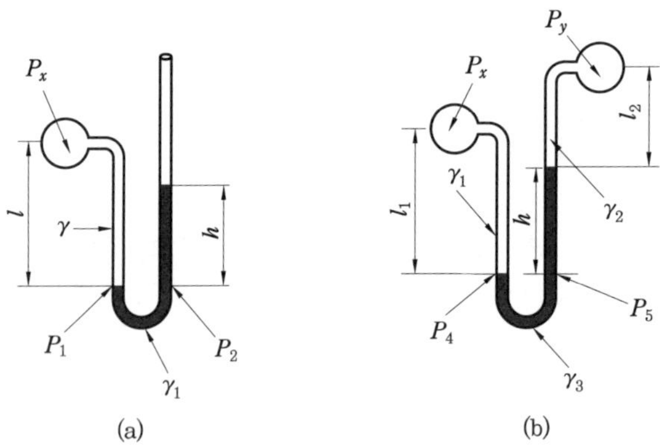

U자관 액주계

U자관 액주계: 그림 (a)에서와 같은 유체로 연속된 기둥 속의 동일 수평면 상에 있는 두 점의 압력은 같으므로 $P_1 = P_2$이다.

$$P_1 = P_x + \gamma l \text{ 그리고 } P_2 = \text{대기압} + \gamma_1 h = \gamma_1 h$$

$$P_1 = P_2 \text{이므로} \qquad P_x = \gamma_1 h - \gamma l$$

그림 (b)에서는 두 개의 미지 압력 P_x와 P_y의 차(差)를 측정하는 데 많이 사용된다.

$$(P_4 = P_x + \gamma_1 l_1) = (P_5 = P_y + \gamma_2 l_2 + \gamma_3 h)$$

그러므로, $P_x - P_y = \gamma_2 l_2 + \gamma_3 h - \gamma_1 l_1$이 된다.

높은 압력 또는 큰 압력차를 측정할 때에는 압력계(pressure gage)를 사용하거나 기계적 또는 전기적 변환기(transducer)를 사용한다.

저속 기체 유동에서와 같이 비교적 낮은 압력을 측정하는 데는 경사 액주계(inclined manometer)가 사용된다.

액주계의 액체로는 압력 범위가 비교적 적을 때에는 알코올(alcohol)이 많이 사용되고, 압력 범위가 클 때에는 수은(mercury)이 많이 사용된다.

(1) 수은 기압계(mercury barometer)

대기의 절대 압력을 측정하는 장치이다.

수은의 비중량을 γ_{Hg}라 하면 대기압 P_0는

$$P_0 = \gamma_{Hg} h$$

수은주의 높이는 대기압을 표시하며, 760 mm Hg 곧 1기압이다.

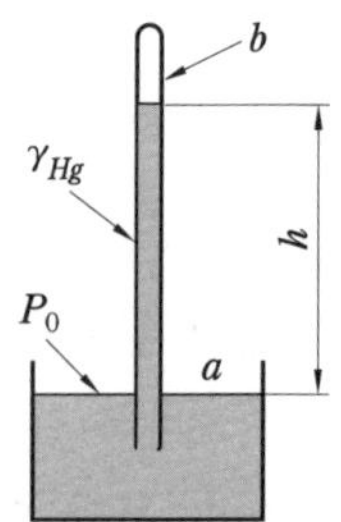

수은 기압계

(2) 피에조미터(piezometer)

탱크나 관 속의 작은 유체압을 측정하는 액주계이다.

A점의 절대 압력 P_A는 $P_A = P_0 + \gamma(H' - y) = P_0 + \gamma H$(압력 산출식)

B점의 절대 압력 P_B는 $P_B = P_0 + \gamma H'$

이때 P_0가 대기압이면 이것을 기준으로 하여 영(zero)으로 놓으면 계기 압력을 구할 수 있다.

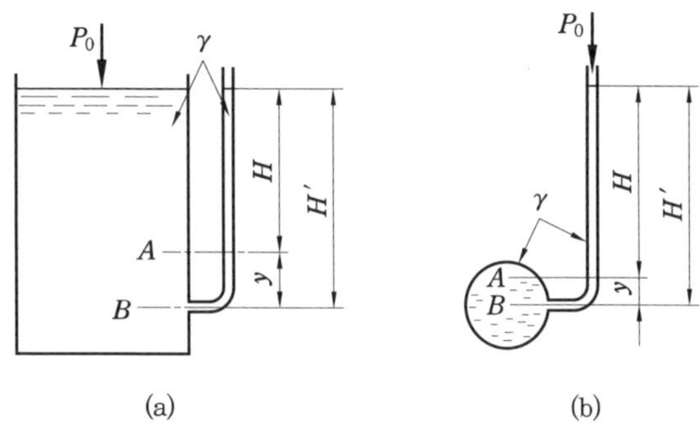

피에조미터

(3) U자관

탱크나 관 속의 작은 유체압 측정 또는 큰 압력을 측정할 경우 U자형 곡관을 이용한다.

곡관 내의 비중량을 γ', A점의 비중량을 γ라 할 때, A점의 압력 P는 다음 그림 (a)에서 정지 유체 내의 동일 수위(水位)의 압력은 모두 같으므로

$$P_x = P + \gamma H = P_0 + \gamma' H'$$

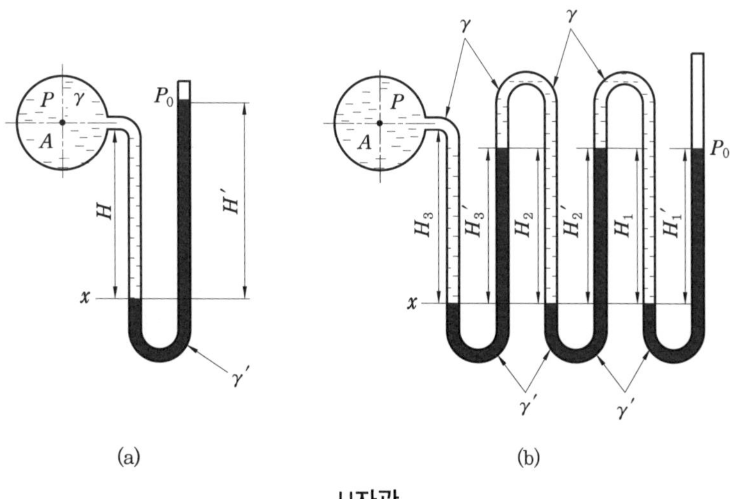

U자관

그러므로 U자관 마노미터 압력 산출식은

$$P_x = P_0 + \gamma' H' - \gamma H \text{이고,}$$

그림 (b)에서는 $P_x = P_0 + \gamma'(H_1' + H_2' + H_3') - \gamma(H_1 + H_2 + H_3)$이다.

(4) 미압계(micro manometer)

아주 미소한 압력차를 측정하는 액주계이다.

C와 D에서의 압력이 같아서 평형 상태에 있을 때는 점선의 위치이던 것이 CD의 압력차에 의하여 그림의 위치로 평형을 이루고 있다면 용기의 큰 단면적을 A, U자관의 작은 단면적을 a라 할 때 압력차는 다음과 같다.

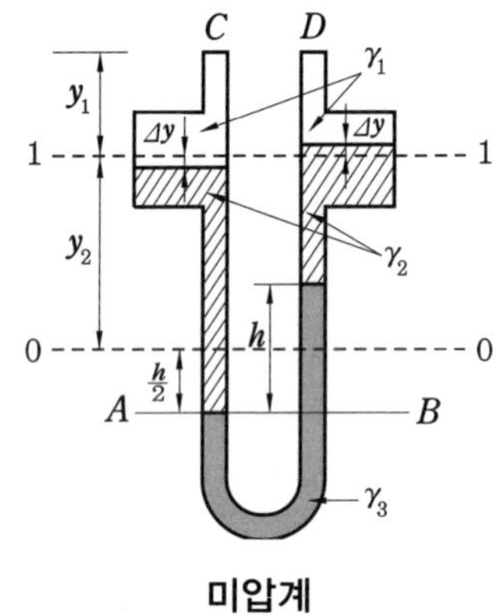

미압계

이 식에서 괄호 안의 상수가 작은 수이어야 미압계로서의 기능을 갖게 되므로 a는 A에 비해 아주 작아야 하고, γ_3는 γ_2보다 조금 커야 한다.

$P_A = P_B$에서

$$P_C + \gamma_1(y_1 + \Delta y) + \gamma_2\left(y_2 - \Delta y + \frac{h}{2}\right)$$

$$= \gamma_3 h + \gamma_2\left(y_2 + \Delta y - \frac{h}{2}\right) + \gamma_1(y_1 - \Delta y) + P_D$$

$$\Delta y \cdot A = \frac{h}{2} \cdot a \text{ 이므로}$$

압력차 $\Delta P = P_C - P_D = h\left[\gamma_3 - \gamma_2\left(1 - \frac{a}{A}\right) - \gamma_1 \cdot \frac{a}{A}\right]$

(5) 경사 미압계(inclined micromanometer)

미소한 압력차를 측정하는 액주계이다.

압력차 P는 $\left(\Delta h = \frac{a}{A} l\right)$

$$P = P_1 - P_2 = \gamma l \left(\sin a + \frac{a}{A}\right)$$

$\frac{a}{A}$를 무시할 수 있을 때에는

$$P = P_1 - P_2 = \gamma l \ \sin\alpha$$

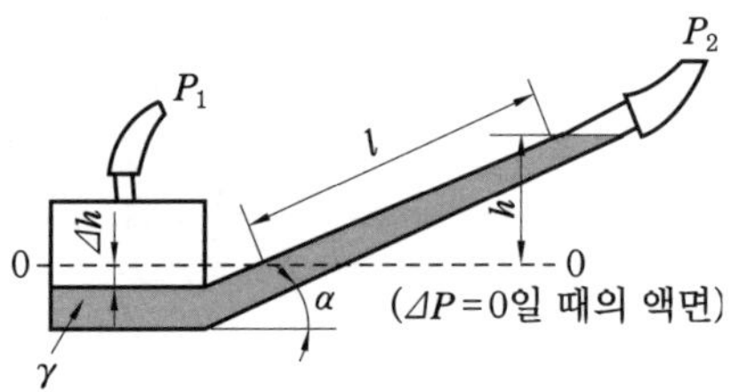

경사 미압계

(6) 시차 액주계(differential manometer)

두 개의 탱크나 관 속에 액체의 압력차를 측정할 경우 시차 액주계를 쓴다.

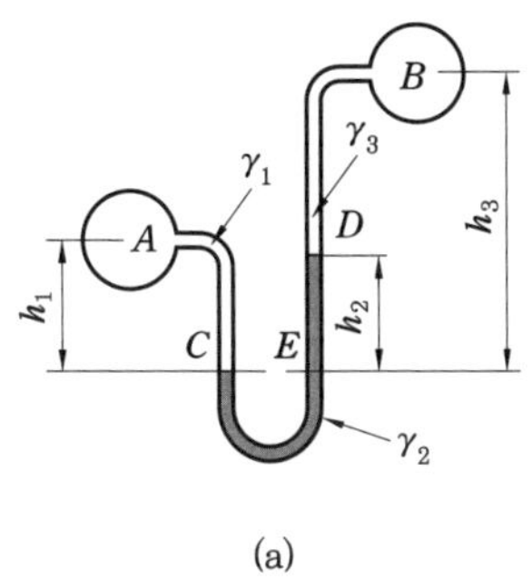

(a)

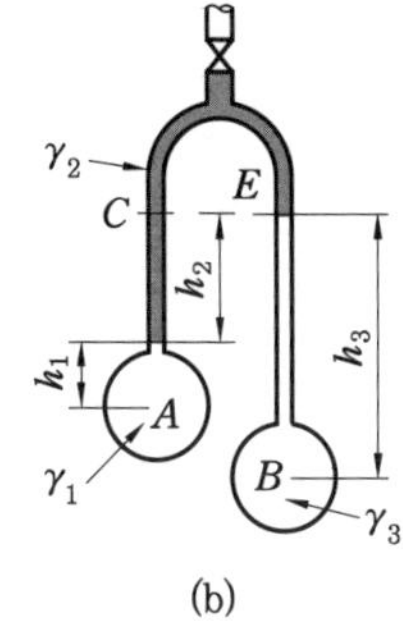

(b)

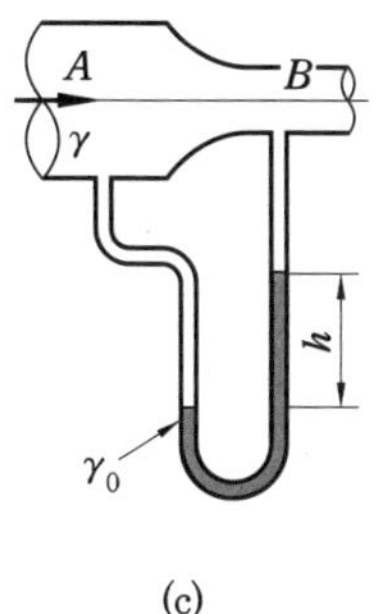

(c)

시차 액주계

그림 (a)에서는 $P_C = P_E$이므로

$$P_C = (P_A + \gamma_1 h_1) = P_E = P_B + (\gamma_3 (h_3 - h_2) + \gamma_2 h_2)$$

정리하면

$$P = P_A - P_B = \gamma_3 (h_3 - h_2) + \gamma_2 h_2 - \gamma_1 h_1$$

그림 (b)에서는 같은 방법으로 $P_C = P_E$ 이므로

$$P = P_A - P_B = \gamma_1 h_1 + \gamma_2 h_2 - \gamma_3 h_3$$

이때, 역 U자관에 공기를 넣으면 공기의 비중량 γ_2는 극히 작으며, $\gamma_2 \fallingdotseq 0$이므로

$$P = P_A - P_B = \gamma_1 h_1 - \gamma_3 h_3$$

그림 (c)에서는 $P = P_A - P_B = (\gamma_0 - \gamma) h$이다.

2-6 압력의 전달

정지해 있는 물(유체) 중에 임의의 한 점에 작용하는 압력은 어느 방향에서나 서로 같다.

그리고 밀폐된 용기 중에 정지 유체의 일부에 가해진 압력은 유체 중의 모든 부분에 일정하게 전달된다. 이것을 파스칼(Pascal)의 원리라 한다.

그림에서 A_1, A_2는 피스톤의 단면적이라 하고, A_1에 피스톤이 F_1의 힘을 가하면 A_2에는 피스톤의 힘 F_2가 전달된다.

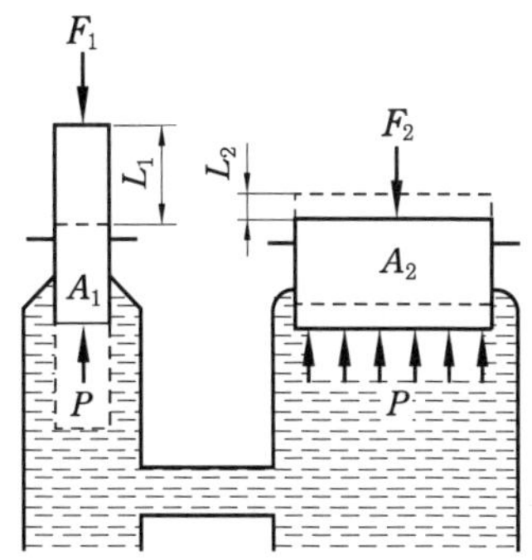

파스칼의 원리

이에 대한 관계식은 다음과 같다.

$$\frac{A_1}{A_2} = \frac{F_1}{F_2}$$

또한 A_2의 피스톤이 L_2만큼 움직일 때, A_1의 피스톤은 L_1만큼 움직인다.

$$A_1 L_1 = A_2 L_2$$

$$\frac{A_1}{A_2} = \frac{L_2}{L_1}$$ 이다.

이 원리를 응용한 것으로는 수압기(水壓機), 오일 잭, 유압 구조 기구, 자동차의 유압 장치(油壓裝置) 등이 있으며, 작은 힘을 작은 면에 가하여 큰 면에 큰 힘을 발생시킬 수가 있다.

2-7 깊이에 따른 전압력과 압력의 중심

그림에서 면적 A의 평면 중심(重心) G에 있는 압력 P는 $P = \gamma H$이고, 전압력(全壓力)은 $F = \gamma \cdot H \cdot A$이다.

즉, 전압력은 수심 H와 면적 A의 주상체(柱狀體)의 무게로 나타낸 것이다.

폭이 일정한 수직 벽면에 움직이는 압력은 수심에 비례해서 증가하며, 전압력 F는 수심 H, 폭 B의 삼각형의 물의 중량이 움직이는 것으로 되어 있다.

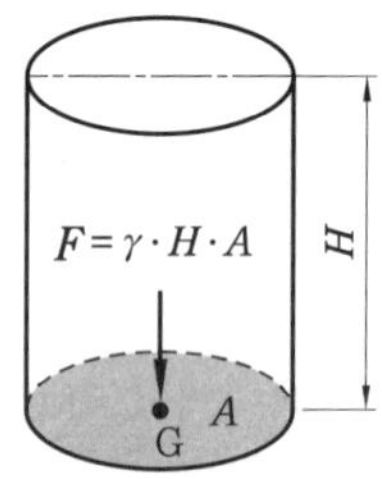

정지 상태에서의 물의 압력

$$F = \frac{1}{2}\gamma \cdot B \cdot H^2$$ 여기서, F : 전압력, H : 수심, B : 폭

F는 벽면에 직각으로 작용하고, 전압력 F의 작용점은 압력의 중심이라 한다. 삼각형의 중심(重心)을 통하기 때문에 수면으로부터 $\frac{2}{3}H$의 깊이로 된다.

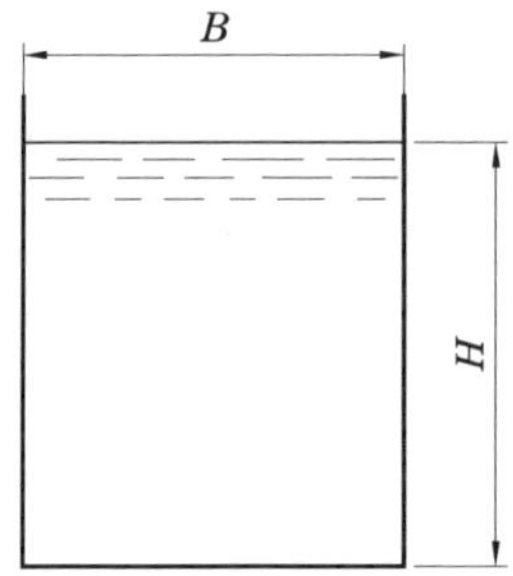

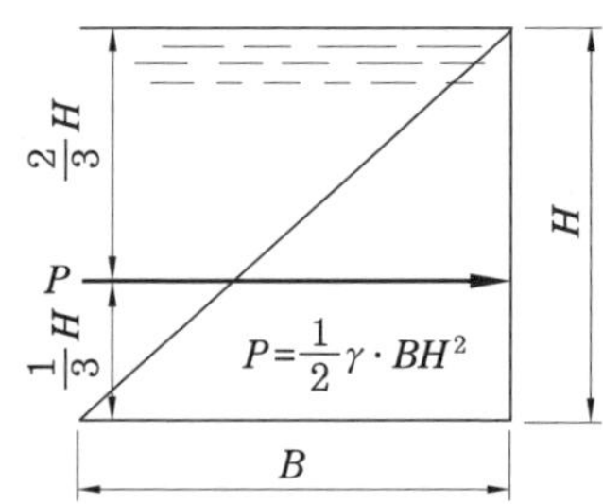

벽면에 움직이는 압력

2-8 대기의 압력과 진공

대기압, 즉 기압은 공기의 중량에 의해 생기는 대기의 압력으로 지구의 표면에 걸쳐 있으며, 기후·고도 등에 의하여 변동하나 표준 상태(0℃, $g=9.8\ \text{m/s}^2$)에서의 기압을 표준 기압이라고 한다.

1표준 기압은 수은주로 760 mmHg를 말하고,

$$1\text{기압}=0.0136\times76=1.033\ \text{kg/cm}^2=\text{물기둥}\ 10.33\ \text{m}(=10.33\ \text{mAg})$$

이것에 대하여 $\frac{760\ \text{mmHg}}{1.033}=735.72\ \text{mmHg}$, 즉 $1\ \text{kg/cm}^2$의 압력을 공학 기압이라고 한다.

진공은 1표준 기압을 한계로 하여 이것보다 낮은 압력을 말하며, 절대 압력 0을 완전 진공 또는 절대 진공이라 한다.

진공의 정도는 대기압을 0으로 하여 절대 압력과 대기압과의 차이를 보통 수은주의 높이 mmHg(또는 cmHg)로 표시된다.

1기압 이하로 압력이 작아지면 진공도는 커지게 된다.

2-9 부양체(浮揚體 ; floating body)

부력의 작용점을 부력의 중심(中心)이라 하고, 이것은 그 물체가 배제한 유체의 중심이다.

물체의 무게를 W, 부력을 F_B라 하고, 다른 힘이 작용하지 아니하면 물체는 $W>B$일 때 가라앉고, $W<F_B$일 때 상승(부양)하고, $W=F_B$일 때 안정된다.

그러므로 정지(靜止)해 있는 물체의 부력은 그 물체의 중량과 같고, 부력의 작용선은 물체의 중심을 통과한다.

배(船)의 경우 물에 잠기는 선 이하의 선체를 배제하고 있는 물의 무게는 배의 무게와 같다. 그림에서 중심 G도 부력의 중심 B를 결합선으로 부양축에 있어 항상 수직에 있다.

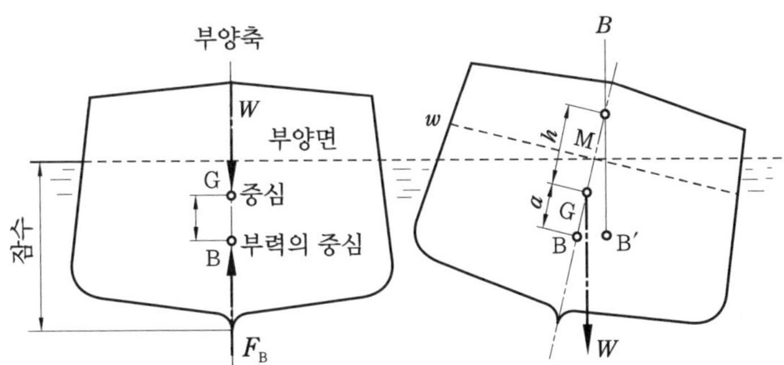

부양체

그리고 옆으로 기울어졌을 때에 변한 부력의 작용선이 부양축과 만나는 점을 M, 즉 메타센터(metacenter)라 하고 경심점이라고도 한다.

중심(重心)으로부터 M까지의 높이를 메타센터의 높이라고 한다.

M의 위치는 물체의 안정성을 지배하는 중요한 것이다.

- 메타센터 M이 중심 G의 위쪽에 있어 중량 W와 부력 F_B 간에 한 쌍의 우력(偶力)이 작용하게 되어 원상태로 돌아가려고 하기 때문에 원위치를 유지하게 된다(그림 (a)).
- 메타센터 M이 중심 G와 합치하고 있기 때문에 중량 W와 부력 B가 우력을 작용하지 않을 때는 중립이다(그림 (b)).
- 메타센터 M이 중심 G의 아래쪽에 있어 기울기가 점점 증가하기 때문에 불안정 상태가 된다. 즉, 전도하게 된다.

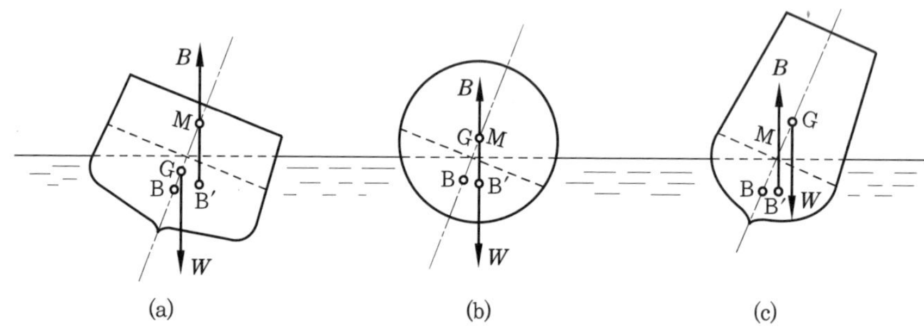

부체(浮體)의 균형

이러한 것이 배(船)가 물 위에 뜨는 원리이다. 배가 기울어질 때 중량 W와 부력 F_B 간에 원상태로 돌아오려고 하는 부력을 복원력(復原力)이라 하고, 이러한 힘이 클수록 빨리 원상태로 돌아오는 것이다.

배가 기울어지는 각도를 θ라 하면

$$\text{복원력} = W \cdot \overline{\mathrm{G \cdot M}}\ \sin\theta = W \cdot h = \gamma V \cdot h \text{이다.}$$

2-10 부력

유체 중의 물체는 그 물체가 배제한 체적 부분의 유체 무게만큼의 부력(浮力)을 받는다. 즉, 부력이란 그 물체가 배제한 유체의 중량과 같은 힘을 수직(垂直) 상방으로 받는 것을 말한다.

유체의 단위 체적을 V라 하면 부력 F_B는 $F_B = \gamma V$가 된다.

이것을 아르키메데스(Archimddes)의 원리라 한다.

3. 유체의 동역학(動力學)

3-1 층류와 난류

물이 일정한 유속 이하로 흐를 때 분자 간에 속도의 차이가 있을 뿐, 질서정연한 층을 이루고 흐른다.

관내(管內)에 물이 흐를 때의 속도는 관의 중심이 가장 빠르고, 관벽(管壁)에 가까울수록 점점 느려져 관벽에서는 0에 가깝다. 이것은 관벽 가까이에서는 물이 관벽에 부착(付着)하려는 성질 때문이며, 물이 관내를 흐를 때는 물의 분자가 관의 방향을 따라서 미끄러지듯 움직인다. 이러한 운동을 하고 있는 흐름을 층류(層流)라 한다. 이때에 생기는 유체 저항은 물이 관벽과의 마찰로 인접층 간의 마찰, 즉 점성에 의한 유체 마찰에 있어 변화한 유속에 비례하고, 유속이 점점 커져 일정한 값이 상으로 흐를 때는 흐름이 불규칙해져 난동을 하며 흐르는 난류(亂流)가 된다.

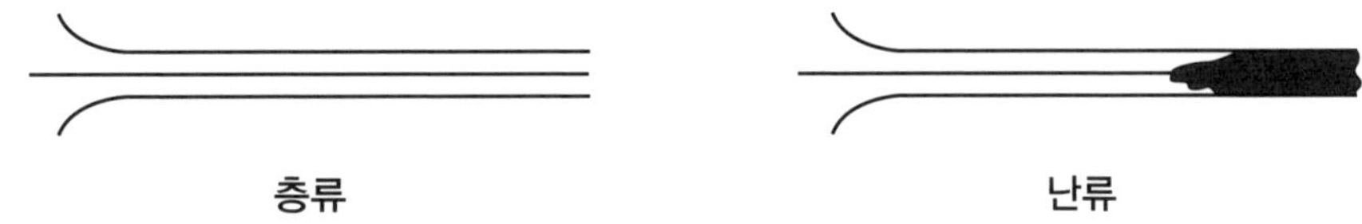

층류 난류

난류일 때 생기는 저항은 층류일 때보다 커서 이것이 관벽, 물의 점성뿐만 아니라 어떤 마찰 등 약간 복잡한 원인에 의한 것이기 때문에 유속의 제곱에 비례한다.

층류로부터 난류로 바뀔 때의 평균 유속을 임계 유속(臨界流速)이라 하고, 층류에서 난류로 바뀔 때보다 난류에서 층류로 바뀔 때의 임계 유속이 낮다.

예를 들면, 85 mm 철관에 물이 흐를 때, 전자(前者)의 경우는 0.512 m/s이고, 후자(後者)는 0.079 m/s이다.

이 임계 유속은 유체의 온도, 점도, 동점성 계수, 관 지름, 관의 재질 등에 대하여 일정한 값이 있으며, 하나의 유체가 온도에 대하여 관 지름이 클수록 낮다.

일반적으로 관내 유속의 단면은 각 위치에 있어 달라지기 때문에 평균 유속을 흐름의 속도로 하고 있다.

실제로 소방에서 다루고 있는 관내의 흐름은 난류로서 소방용 호스 65 mm일 경우에 평균 유속은 2~6 m/s이다.

마찰 저항의 계산에서는 평균 유속을 사용하나 실험값과 계산값에서 얻은 계수로 보정하고 있다.

3-2 정상류 및 비정상류

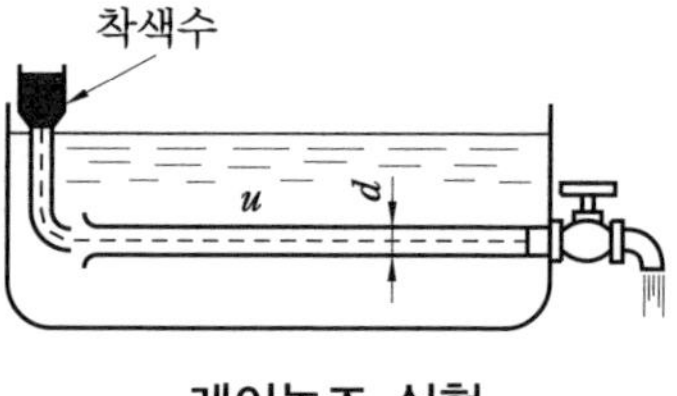

레이놀즈 실험

유체의 유동은 유체 분자의 병진 운동, 회전 운동에 의한 와류, 주기 운동에 의한 파동 3개의 형태로 대별될 수 있다. 이들은 보통 3개의 형태가 복합하여 유동한다. 그림과 같이 층류가 난류로 바뀔 때의 값은 일정한 것으로 $Re = \frac{vd}{\nu}$로 나타내며, 임계 레이놀즈수 또는 임계 속도는 보통 약 2100이다. 실험 결과 4000 이상이면 비정상류(난류), 2100 이하이면 정상류, 2100~4000에서는 조건에 따라 비정상류 또는 정상류가 된다.

3-3 유량 및 연속의 법칙

관내에 흐르는 물이 정상류일 때에는 관내의 임의의 점에 있어서의 단면적을 A, 평균 유속을 v라 하면 일정 시간 내에 흐르는 유량 Q는 다음 식과 같다.

$$Q = A \cdot v$$

그림과 같은 단면적이 서로 다른 관 속에 물이 흐르고 있는 경우에 물은 비압축성 유체로 나타나므로 임의의 점 ①, ②에 있어서의 단면적을 A_1, A_2, 유속을 v_1, v_2라 하면 각 단면을 지나는 유량 Q는 같다. 그러므로

$$Q = A_1 v_1 = A_2 v_2 = \cdots\cdots = \text{일정}$$

의 관계가 성립되고, 이것을 연속 법칙 또는 질량 보존의 법칙이라 한다. 즉, 단면이 클 때에는 유속이 늦고, 단면이 작은 곳에서는 유속이 빠르게 나타난다.

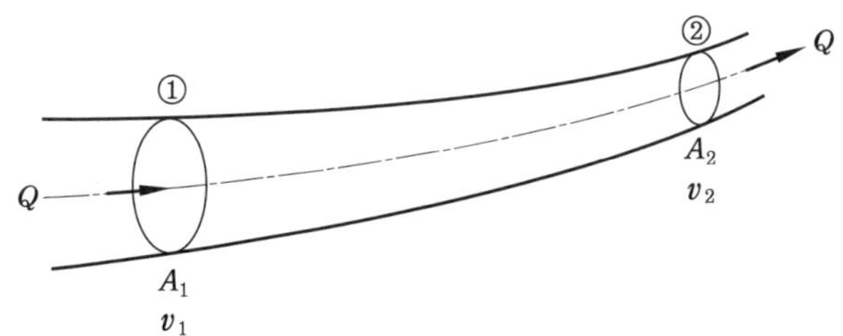

수류(水流) 연속의 법칙

위의 식은 정상류라는 가정이나 실제에 있어서는 평균 유속을 쓴다.

그렇다면 65 mm 호스에 16 mm 구경의 노즐을 사용할 때에 호스 내에 노즐의 출구에

있어서 유속을 비교하면,

$$\frac{\text{호스 내의 유속}(v_1)}{\text{노즐 출구의 유속}(v_2)} = \frac{A_2}{A_1} = \frac{\frac{\pi}{4}(16)^2}{\frac{\pi}{4}(65)^2} \fallingdotseq \frac{1}{16}$$

그러므로 호스 내의 유속은 노즐 출구 유속의 $\frac{1}{16}$이다.

3-4 수두

물은 여러 가지 상태에 있어 에너지를 갖고 있다. 이 물이 갖고 있는 에너지를 길이의 단위로 나타낸 것을 수두(水頭 ; head)라 한다.

수두란, 물의 깊이 또는 높이를 의미하며 수두 H와 수심 H에 있어 수평의 단위 면적을 바닥으로 해서 수면까지의 물기둥 무게의 값으로 한다.

수두에는 압력 수두, 속도 수두, 위치 수두가 있다.

(1) 압력 수두

실린더 내의 압력 수두에 피스톤을 자유로이 움직이려고 할 때 물의 압력을 P [kg/cm^2], 피스톤의 면적을 A [m^2], 피스톤의 운동 거리를 l [m]이라 하면, 이때 일의 양은

일의 양=힘×거리=$F \cdot l = PAl$이다.

Al은 물의 체적 V [m^3]에 대해서 물이 갖는 압력 에너지가 PV [kg · m]이다. 그러므로 단위 중량의 물이 갖는 압력 에너지는 물의 중량 γV로 나누어

$$\frac{\text{전압력}(F)}{\text{물의 중량}(W)} = \frac{PV}{\gamma V} = \frac{P}{\gamma} = H\,[\text{m}]$$

가 되고, 이것이 압력 수두인 것이다.

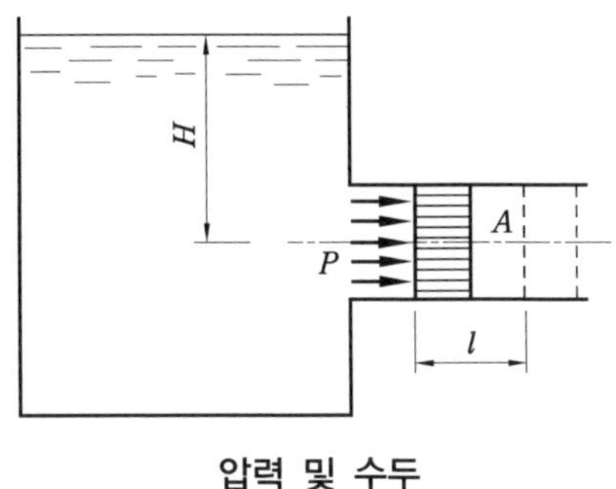

압력 및 수두

(2) 속도 수두

소방 호스의 선단 노즐로부터 나오는 물이 건물을 파괴하는 것과 같이 속도가 있는 물이 흐를 때에는 운동 에너지를 갖고 있다.

운동 에너지는 $\frac{1}{2}mv^2$이며, 물의 질량은 $m = \frac{\gamma V}{g}$(g : 중력 가속도=9.8 m/s^2)이므로 V [m^3]의 물이 v [m/s]의 유속일 때에 운동 에너지는 $\frac{\gamma V v^2}{2g}$ [kg · m]이다.

그리고, 단위 중량의 물이 갖는 운동 에너지는

$$\frac{\text{운동 에너지}}{\text{단위 중량}} = \frac{\frac{\gamma V v^2}{2g}}{\gamma V} = \frac{v^2}{2g}\ [\text{m}]$$

이고, 이것이 속도 수두인 것이다.

(3) 위치 수두

댐(dam)의 물이 발전소의 수차(水車)를 돌리는 것과 같이 높은 곳의 물은 에너지를 갖는다.

V [m^3]의 물이 Z [m]의 위치에 있을 경우에 물의 무게를 γ [kg]이라 하면, 물의 위치 에너지는 γVZ [kg・m]가 된다.

그러므로 단위 중량의 물이 갖는 위치 에너지를 물의 중량 γV로 나누면

$\frac{\gamma VZ}{\gamma V} = Z$ [m]이고, 높이 Z [m]와 같다. 이것이 위치 수두이다.

3-5 베르누이의 정리

물이 갖는 에너지 관계를 나타내는 것으로 에너지 불변의 법칙, 즉 에너지의 총합은 항상 일정하다고 하는 것이다. 이것은 물의 유동에 대하여 나타내고 있다.

물의 압축성과 점성을 고려하여 규칙적으로 물의 분자가 운동을 하여 관내를 정상류로 흐를 때, 그 단면에 있어

$$\frac{P}{\gamma} + \frac{v^2}{2g} + Z = H\ [\text{m}]\ (\text{일정})$$

여기서, P : 압력 (Pa) γ : 단위 체적에 있어서의 물의 중량 (kg/m^3)
v : 유속 (m/s) g : 중력의 가속도 (m/s^2)
Z : 물의 높이 (m)

의 관계가 있으며, $\frac{P}{\gamma}$는 압력 수두, $\frac{v^2}{2g}$는 속도 수두이며, Z는 위치 수두이고 H는 전수두이다.

물이 갖고 있는 에너지는 수두 (m)로 나타낸다. 그리고, 단면에서의 압력 수두, 속도 수두 또는 위치 수두의 합은 일정하다. 이것을 베르누이(Bernoulli)의 정리라 한다.

그림에서 관을 통하여 물이 흐르는 경우 A점에서의 압력 수두는 대기압을 고려하지 아니하면 0이 되고, 속도 수두 역시 작기 때문에 위치 수두 H [m]만 남게 된다.

물의 중간 B점의 위치 수두 H_B [m], 압력 수두는 B점까지의 깊이 $\frac{P_3}{\gamma}$ [m]이고, 속도

수두는 물의 강하 속도가 대단히 늦기 때문에 0으로 보아도 좋다.

관내의 C점은 위치 수두 Z_1 [m], 압력 수두는 유리관 속의 높이 $\frac{P_1}{\gamma}$ [m], 속도 수두는 $\frac{{v_1}^2}{2g}$ [m]가 된다. 또 D점은 위치 수두 Z_2 [m], 압력 수두 $\frac{P_2}{\gamma}$ [m], 속도 수두 $\frac{{v_2}^2}{2g}$ [m]이다.

그리고, E점은 위치 수두 Z_3 [m], 압력 수두는 관으로부터 물이 나오는 순간 바로 속도 수두로 변하기 때문에 0이 되고, 속도 수두는 $\frac{{v_3}^2}{2g}$ [m]의 에너지를 갖게 된다.

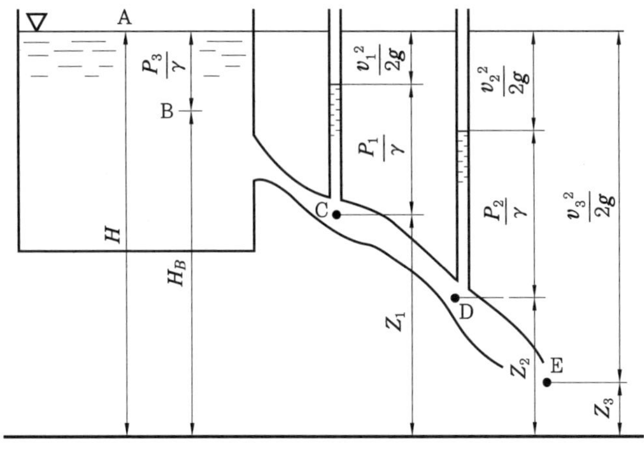

각 수두의 관계

이와 같이 물은 A점에서 B, C, D, E의 각 점으로 흘러가나 A점이 갖고 있는 에너지는 B, C, D, E의 각 점에 있어서와 동일하다.

즉, 하나의 관로에 2점 ①, ②에 있어 다음 식이 성립된다.

$$\frac{P_1}{\gamma}+\frac{{v_1}^2}{2g}+Z_1=\frac{P_2}{\gamma}+\frac{{v_2}^2}{2g}+Z_2$$

여기서, P_1, P_2 : 각 점에서의 압력 (kg/m^2), v_1, v_2 : 각 점의 유속 (m/s)

Z_1, Z_2 : 기준면에서의 높이 (m)

위 식은 관로 중의 ①점에서 ②로 흐르는 동안 전 에너지(total energy)의 소모가 없는 것으로 보는 것이다.

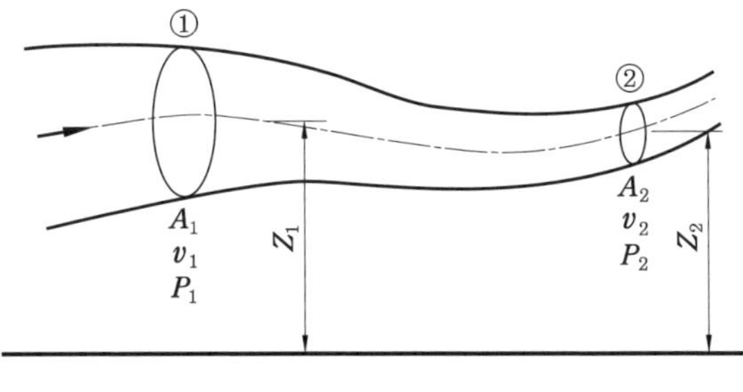

베르누이의 정리

그러나 실제로는 물의 점성, 물과 관벽 간의 마찰 저항이 있으므로 일부 소모되는 것이다. 그러므로 다음과 같이 바꾸어 쓸 수 있다.

$$\frac{P_1}{\gamma}+\frac{{v_1}^2}{2g}+Z_1=\frac{P_2}{\gamma}+\frac{{v_2}^2}{2g}+Z_2+h_L$$

이때의 h_L는 손실 수두를 말한다.

관 지름이 일정하게 수평으로 되어 있을 때에는 $h_L=\dfrac{(P_1-P_2)}{\gamma}$이다.

또한, v_1에 대하여 v_2가 대단히 커지게 되어

$\dfrac{{v_2}^2}{2g}>\dfrac{P_1}{\gamma}+\dfrac{{v_1}^2}{2g}$일 때 $P_2<0$이 되므로 P_2는 부압으로 된다.

이 베르누이의 정리를 이용한 것은 소화약제 혼합 장치에서의 프로포셔너(proportioner)가 된다.

3-6 물의 분출 속도

그림에서 밑바닥 부근의 관의 작은 구멍으로부터 위쪽을 향하여 물을 분출할 때에 관내의 마찰 저항 및 분출에 대한 공기 저항을 무시하면 물은 H의 높이까지 분출한다.

이때, 물의 중량을 W, 분출 속도를 v라 하면, 물의 수면상 위치 에너지는 $W\cdot H\cdot g$ [kg · m²/s²], 분출구에 있어서 운동 에너지는 $\left(\frac{1}{2}\right)Wv^2$ [kg · m²/s²]이다.

베르누이의 정리에서 양자는 동등한 값을 갖기 때문에

$$\frac{1}{2}W\cdot v^2=W\cdot H\cdot g$$

$$v^2=2gH \qquad v=\sqrt{2gH}$$

이다. 즉, 큰 탱크의 물이 측면에 작은 구멍을 가지고 있을 때에 흘러 들어가는 물의 속도는 수면에서 구멍까지의 거리와 중력의 가속도에 의하여 결정된다. 이러한 관계를 토리첼리(Torricelli)의 정리라 한다.

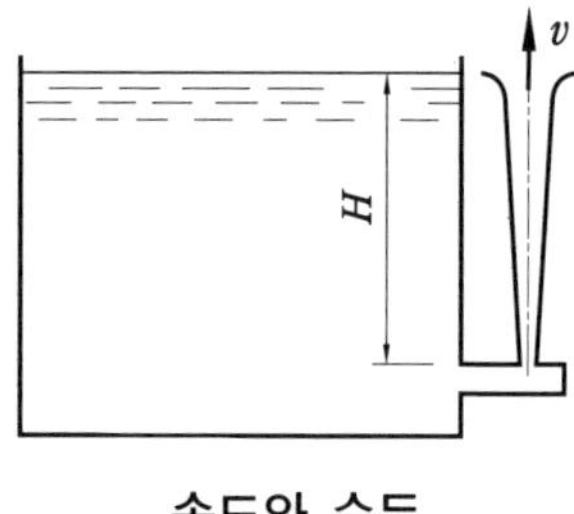

속도와 수두

3-7 정압과 동압

자유 표면을 가지고 수평으로 흐르는 물에 직각으로 구부러진 개구를 가진 세관을 물이 흐르는 방향에 따라 수직으로 세우면 관내의 물은 자유 표면보다 H 높이까지 올라가서 정지하게 된다.

H는 유속에 상당하는 수두를 나타내고,

$H=\frac{v^2}{2g}$에서

$v=\sqrt{2gH}$로 유속을 구할 수 있다.

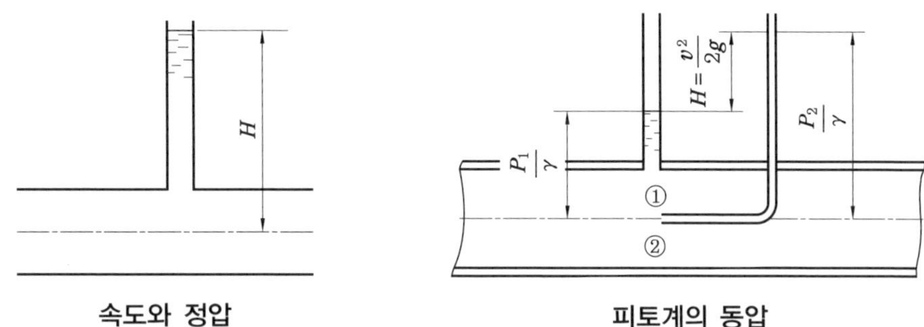

속도와 정압

피토계의 동압

관 속에 물이 흐르고 있을 경우 관벽에 작은 구멍을 내어 직각으로 세관을 세우면 ①점에서 그 개구부에 상당하는 높이 H까지 물이 상승하여 정지한다. 이것이 흐르는 물의 정압(靜壓 ; static pressure)이다.

②의 경우에는 유속은 0으로 되어 속도 수두 $\frac{v^2}{2g}$에 상당하는 압력을 더하여 이것만큼 더 수면이 상승한다. 이것이 동압(動壓 ; dynamic pressure)이다.

위치 수두를 생각하면 전압력=동압+정압이다.

4. 유속 및 유량의 측정

4-1 유량의 단위

단위 시간에 흐르는 물의 양을 유량(流量 ; quantity of flow)이라고 한다.

소방에서는 호스의 선단에 있어서, 그리고 펌프의 방수구에 달린 노즐(nozzle)에서 유출하는 물의 양을 방수량이라 하고 있다. 보통 사용하고 있는 단위는 미터법으로 m^3/min 또는 L/min을 쓰며, 미국의 U.S gal도 사용된다.

4-2 유속의 측정

유속은 베르누이의 정리에서 $v=\sqrt{2gH}$ [m/s]로 구할 수 있다.

$H=\frac{P_2-P_1}{\gamma}$이다.

이것이 피토관의 원리로서 실제로는 손실을 고려하여

$v = C\sqrt{2gH}$ 로 된다.

관계수 C는 보통 1로 계산한다.

여기에서, $g = 9.8\,\text{m/s}^2$, 수두 $H\,[\text{m}]$를 소방에서 통상 사용하는 단위 Pa로 나타내면

$v = \sqrt{2 \times 9.8 \times 10\,P}$

$= 14\sqrt{P}$ 이다.

여기서, v : 유속 (m/s)

P : 피토관 출구의 압력 (Pa)

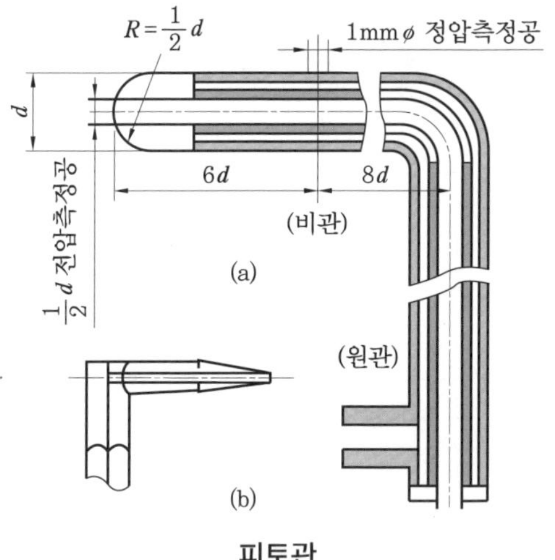

피토관

4-3 유량의 측정

유량의 측정에는 다음과 같은 방법이 사용되고 있다.

① 용기에 의한 방법

② 양수기에 의한 방법

③ 압력차에 의한 방법

④ 오리피스(orifice)에 의한 방법

⑤ 유출구에 의한 방법

(1) 용기에 의한 방법

용기 내에 물이 흘러 들어가게 한 뒤 단위 시간 t초당의 수량을 재는 것으로서, 물의 중량을 $W\,[\text{kg}]$, 체적을 $V\,[\text{m}^3]$, 유량을 $Q\,[\text{m}^3/\text{min}]$라 하면

$$유량(Q) = \frac{60\,V}{t}$$

$$Q = \frac{0.06\,W}{t\gamma}$$

여기서, γ : 물의 단위 체적당 중량 (g/cm³)

유량이 적을 때에 측정하는 방법으로 정밀도가 높으며, 측정 시간은 보통 20~30초간이다.

(2) 양수기에 의한 방법(일명 체적식 유량계)

피스톤 또는 회전식 유량계, 피스톤 및 회전식 기어(齒車), 루즈식 회전자(回轉子), 프로펠러형 익차(翼車) 등이 있고, 물의 힘을 받은 피스톤의 행정(行程) 횟수 또는 기어, 회전자의 회전수를 측량하여 유량을 구하는 방법이다.

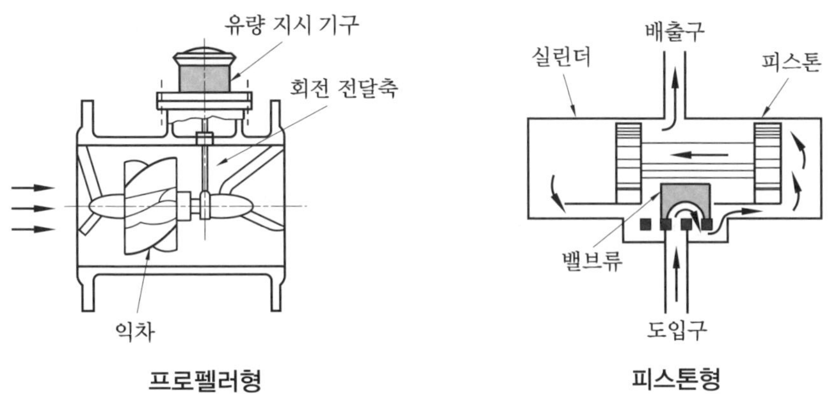

프로펠러형 피스톤형

(3) 면적식 유량계

관 속에 투명한 원 모양의 관을 내부에 플로트(float)의 높이가 유량의 다소에 따라 상하로 움직이는 것을 읽어 유량을 구하는 방법이다.

(4) 전자식 유량계

자장 내의 도체를 움직여서 유도 기전력을 일으켜 자장의 직각에 이르는 전극에 의해 기전력을 재어서 유량을 구하는 것이다.

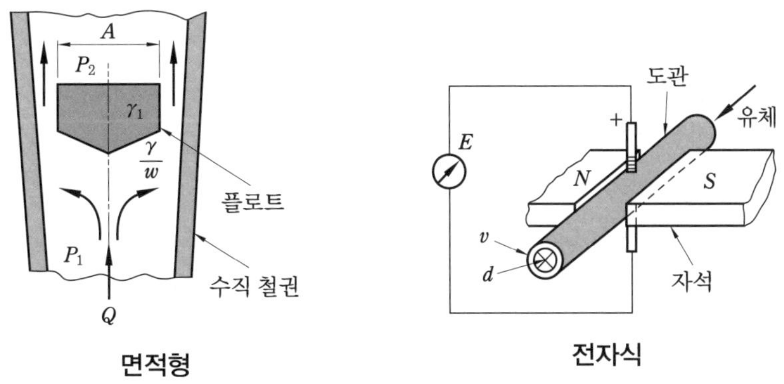

면적형 전자식

(5) 압력차에 의한 방법

압력차에 의해 유량을 측정하는 대표적인 예로 벤투리(venturi)관이 있다.

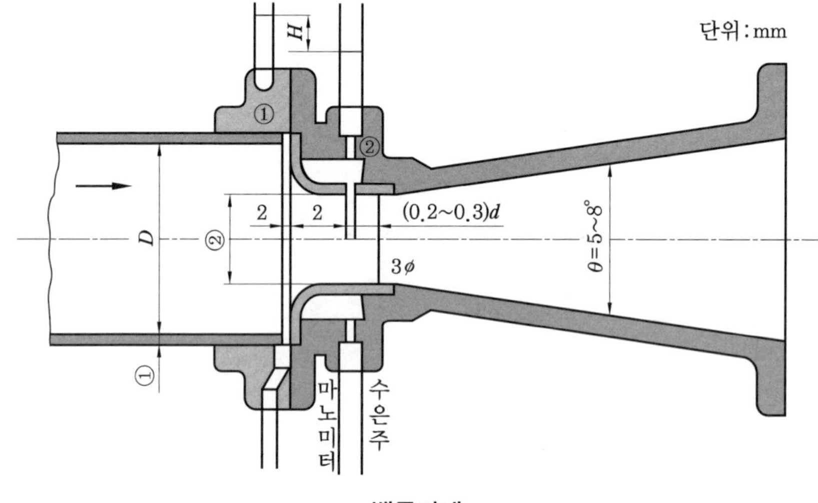

벤투리계

관로의 양단을 동일 단면으로 하고, 그 중간이 축소된 관이라면 베르누이의 정리에 의하여 축소된 부분의 유속이 커지고 양단에 비하여 압력이 떨어지는 것으로 그 압력차를 재면 유속을 구하고 유량을 알게 되며, 확대부는 손실을 최소한으로 하기 위하여 확대부의 원추각이 5~7°로 되어 있다.

벤투리 미터는 미국인 클레멘즈 허셸(Clemens Herschel)에 의하여 1887년경에 발명된 유량계이고, 이의 원리를 발명한 이탈리아인 벤투리의 이름을 따온 것이다.

벤투리계에서 화살표 방향으로 유체가 흐르면 베르누이의 정리에서

$$\frac{P_1}{\gamma}+\frac{{v_1}^2}{2g}=\frac{P_2}{\gamma}+\frac{{v_2}^2}{2g}$$

그리고 연속의 정리에서

$$Q=A_1v_1=A_2v_2$$

유량은 $Q=A_2v_2=\dfrac{A_2}{\sqrt{1-\left(\dfrac{A_2}{A_1}\right)^2}}\sqrt{2gH}\ [\mathrm{m^3/s}]$

이 되어, 실제로는 벤투리계 내부의 단면적 변화에 따른 에너지 손실을 고려하여

$$Q = \frac{CA_2}{\sqrt{1-\left(\frac{A_2}{A_1}\right)^2}} \cdot \sqrt{2gH}$$

여기서, Q : 유량 (m^3/s)
A_1 : 단면 ①의 단면적
H : 단면 ①의 압력 P_1과 단면
C : 유량 계수(0.96~0.99)
g : 중력의 가속도 (m/s^2)
A_2 : 단면 ② 축소부의 단면적

단면 ①의 관 지름을 D, 단면 ②의 관 지름을 d라 하면

$$Q = C \cdot \frac{\pi d^2 \sqrt{2gH}}{4\sqrt{1-m^2}} = C \cdot \frac{\pi \cdot D^2 m \sqrt{2gH}}{4\sqrt{1-m^2}}$$

단, m : 구경비(口徑比) $\left(\frac{d}{D}\right)^2$

(6) 오리피스에 의한 방법

물을 가득 채운 탱크의 측벽에 조그만 구멍을 오리피스(orifice)라 하고, 이 오리피스에서 물이 분출할 때의 속도 및 낙하하는 물의 속도는 에너지의 손실이 없을 경우 토리첼리의 이론식이 성립된다.

$$v = \sqrt{2gH}$$
$$Q = A \cdot v = A \cdot \sqrt{2gH}$$

여기서, Q : 오리피스의 유량 (m^3/s)
A : 오리피스의 단면적
v : 오리피스에서의 유출 속도 (m/s)
g : 중력의 가속도 (m/s^2)
H : 수두 (m)

실제 물의 점성, 오리피스 부근의 마찰 손실 등 에너지 손실 계수를 C_v라고 하면,

$$v = C_v \sqrt{2gH}$$

로 되고, 여기서 $C_v = \frac{\text{실제의 속도}}{\text{이론 속도}}$로서 속도 계수로 하고, 보통 그 값은 0.98~0.99가 된다.

또 분출의 단면적이 오리피스 부근의 모양에 따라 축류 현상이 일어난다. 이것은 오리피스 단면적에서부터 작아지며, 원형 오리피스인 경우에 오리피스 지름의 $\frac{1}{2}$인 곳에서 가장 작아진다.

$\frac{\text{축류 부분의 단면적}}{\text{오리피스의 단면적}} = C_a$라 하고, 이를 축류 계수라 한다. 물인 경우에 이 값은 0.61~

0.66이다.

그리고, 단면적 A인 경우에 유량은 다음 식과 같다.

$$Q = C_a \cdot Av = C_a \cdot A \cdot C_v \sqrt{2gH} = C \cdot A \cdot \sqrt{2gH}$$

여기서, $C = C_a \cdot C_v$

이때의 C를 유량 계수라 하고, 물의 경우 보통 0.59~0.65의 값이다.

다음 그림에서 (a)~(e)로 되어 커지며, (d)와 (e)의 경우에는 대략 1의 값과 같아진다.

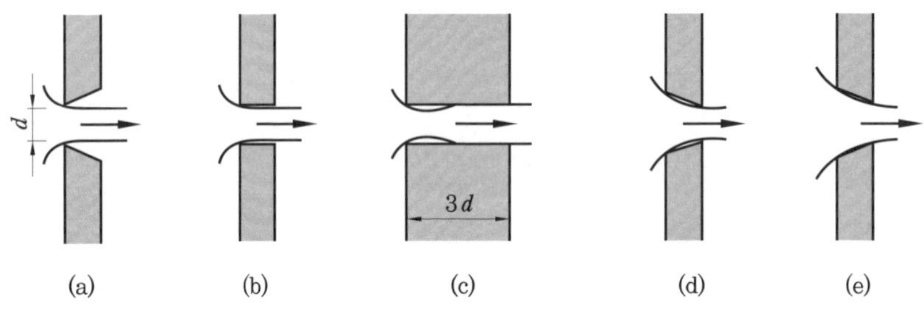

오리피스에서의 물의 흐름

- **관 오리피스 :** 관내의 유량을 측정하는 데 쓰는 관 오리피스는 ①, ②의 압력차 $P_1 - P_2$를 측정하는 것으로 다음 식에 의하여 유량을 구할 수 있다.

$$Q = \alpha \cdot A\sqrt{2gH}$$

여기서, Q : 유량 (m^3/s)　　α : 관 오리피스 유량 계수

A : 오리피스 단면적 (m^2)　　g : 중력의 가속도 (m/s^2)

H : $\dfrac{P_1 - P_2}{\gamma}$ [m]

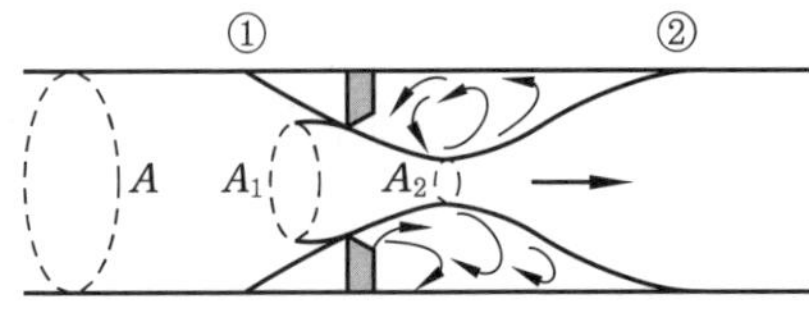

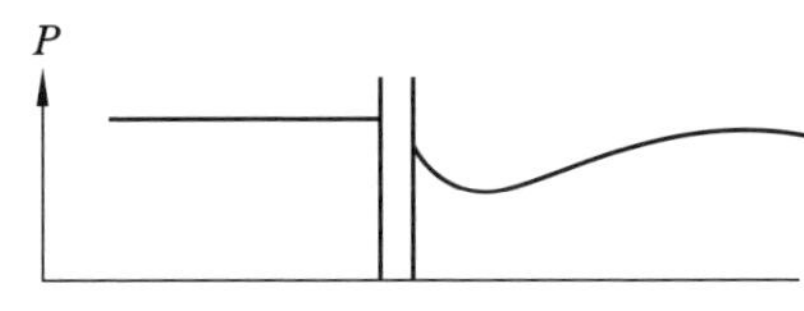

관 오리피스

(7) 위어에 의한 방법

자유 표면을 갖는 벽면에 세운 유출구에서 중력에 의하여 물이 흘러나올 때 이러한 유출구를 위어(weir)라고 한다.

흐르는 물에 직각으로 된 유출구의 모양에 따라 삼각 위어(삼각 유출구 ; V-notch), 사각 위어, 원형 유출구 등이 있다.

① **삼각 위어** : 삼각 위어는 수량이 적은 경우에 사용하면 편리하다. 그림에 표시하는 것과 같은 위어의 양변이 연직선에 대하여 $\frac{\theta}{2}$만큼 기울어져 있다고 할 때 유량을 구하는 식은 다음과 같다.

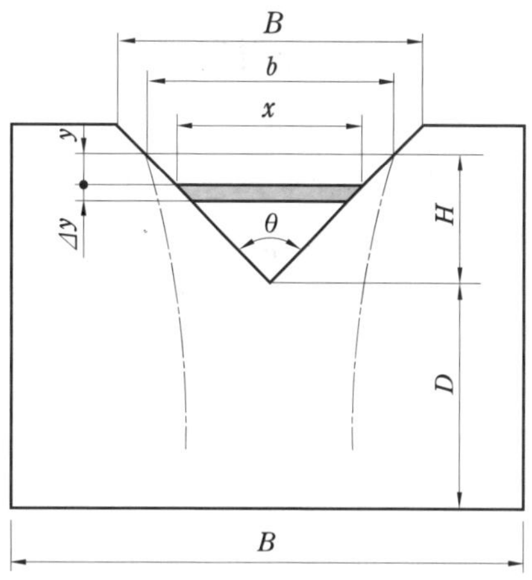

V-노치 위어

$$Q = \frac{8}{15} C\sqrt{2g}\ \tan\frac{\theta}{2} H^{\frac{5}{2}} = K \cdot H^{\frac{5}{2}}$$

여기서, Q : 유량 (m^3/s)

C : 유량 계수 $0.565 + 0.0087\frac{1}{\sqrt{H}}$

H : 위어의 수두 (m)

g : 중력의 가속도 (m/s^2)

K : 계수 $1.334 + 0.00205\frac{1}{\sqrt{H}}$

• 적용 범위

$B > 4H + 0.3$ m

상류 흐름의 직선 거리 $> 15H$

$D > 3H$

수두 $\geqq 0.05$ m

② **사각 위어(weir)** : 중유량 측정에 적정하며, 구하는 식은 다음과 같다.

$$Q = KbH^{\frac{3}{2}}$$

$$K : \text{유량 계수} = 107.1 + \frac{0.177}{H} + \frac{14.2H}{D} - 25.7\sqrt{\frac{(B-b)H}{BD}} + 2.04\sqrt{\frac{B}{D}}$$

여기서, b : 위어의 폭 (m)

H : 위어의 수두 (m)

• 적용 범위

$0.5 \leqq B \leqq 6.3$ m

$0.15 \leqq b \leqq 5$ m

$0.15 \leqq D \leqq 3.5$ m

$\frac{bD}{B^2} \geqq 0.06$

$0.03\sqrt{b} \leqq H \leqq 0.45\sqrt{b}$ [m]

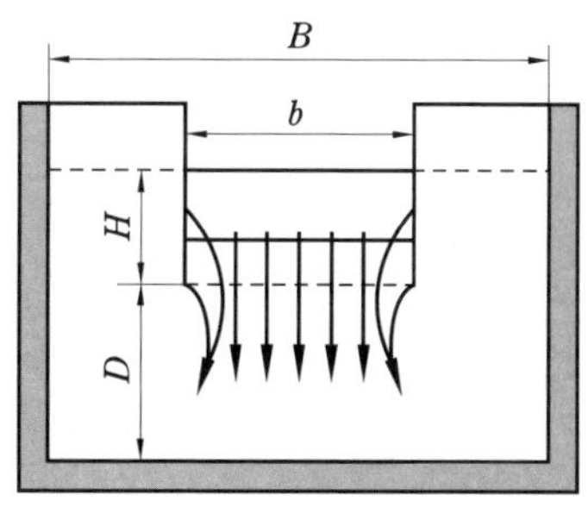

사각 위어

여기서, B : 수로의 폭

D : 수로 바닥에서 잘라낸 밑바닥까지의 거리 (m)

4-4 방수량의 계산

모든 관의 선단에 노즐(nozzle)을 달아 물을 방수하면 물은 노즐에서 나오는 순간 정압(靜壓)은 없어지고 곧 속도 수두(動壓)로 변한다.

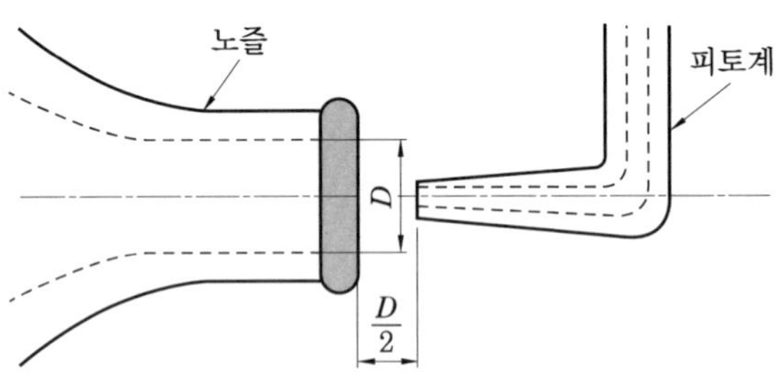

피토계의 방수량 측정

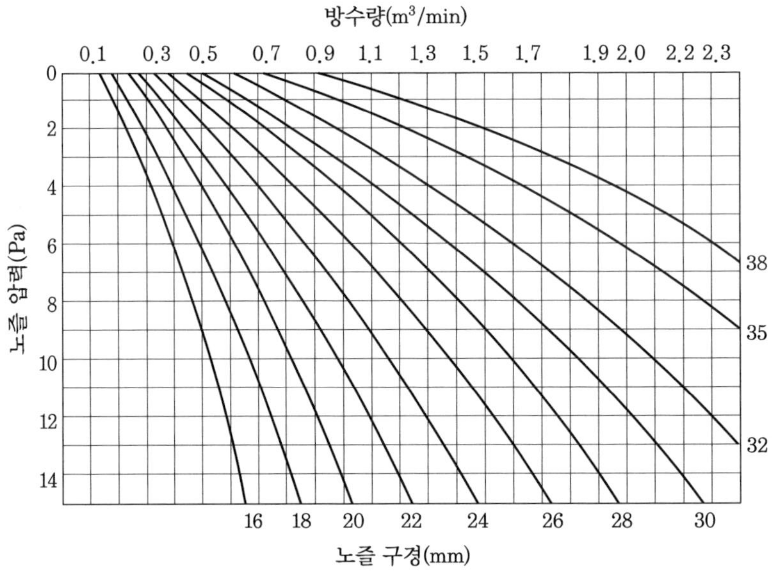

노즐의 유량 선도

노즐에서의 방수량은 피토(pitot)계를 사용하여 노즐 구경의 $\frac{1}{2}$의 위치에서 측정한다. 피토계에 나타나는 압력은 전압과 같으며, 소방에서는 노즐에서의 전압, 즉 노즐 압력을 구하여 방수량을 계산하고 있다.

$$Q = Av \ [\text{m}^3/\text{s}]$$

$$v = 14\sqrt{P} \ [\text{m/s}]$$

노즐을 n이라 하면

$$Q=\frac{nd^2}{4}+\frac{1}{10^4}\times 14\sqrt{P}\times 60$$

여기서, Q : 방수량 (m^3/min), d : 노즐 구경 (mm), P : 노즐 압력 (Pa)

이 되나 실제에 있어서는 노즐의 손실, 물의 점성 등을 고려하여 속도 계수 0.99를 곱하여 다음과 같이 계산한다.

$$Q=0.0653\,d^2\sqrt{P}$$

5. 유체 마찰

5-1 유체 마찰 일반

원형 직관 내에 물이 흐르고 있을 때에 관 내면의 접합 부분에서의 유속은 0이고, 내면으로부터 떨어지면 속도는 증가한다. 즉, 물의 점성과 관의 내면의 거칠기(조도 ; 粗度 ; roughness)에 의하여 마찰 저항을 일으킨다. 이것이 유체 마찰로서 이때의 손실 수두는 유속이 임계 속도 이내, 즉 층류일 때에는 유속에 비례하고, 임계 속도 이상, 즉 난류일 때에는 유속의 제곱에 비례한다.

일반적으로 사용되고 있는 유속은 난류로서 손실 수두의 계산에 있어 손실 계수를 쓰고 있으므로, 난류에 의한 실제의 손실과 합치하고 있다. 그리고 손실 계수는 실험에 의하여 구하여진 값을 사용하며, 관의 종류에 따라 달라진다.

5-2 마찰 손실

그림과 같이 원형 직관의 안지름 d [m], 관의 길이 l [m]의 관에 비중량 γ [kg/m^3]의 유체를 평균 유속 v [m/s]로 흐를 경우 마찰 손실에 의해 상실되는 압력을 ΔP, 손실 수두를 h_L로 할 때 손실 수두는 다르시-바이스바흐(Darcy-Weisbach)에 의하여 다음 식으로 정리된다.

$$\Delta P=P_1-P_2=\lambda\cdot\frac{l}{d}\cdot\frac{v^2}{2g}$$

$$h_L=\frac{\Delta P}{\gamma}=\lambda\cdot\frac{l}{d}\cdot\frac{v^2}{2g}$$

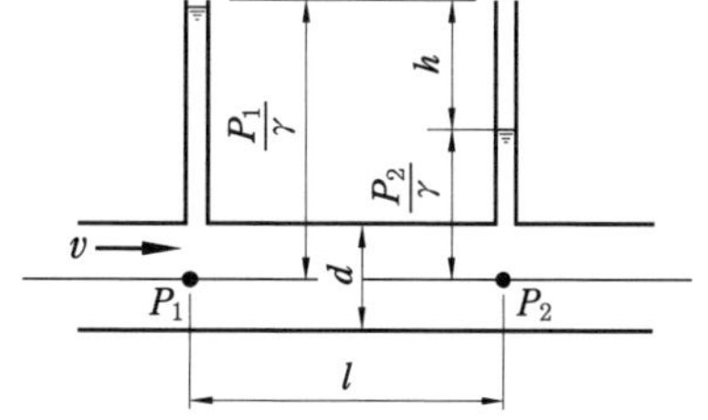

여기서, h_L : 손실 수두 (m)
λ : 관 마찰 계수
d : 관의 안지름 (m)
v : 관내의 유속 (m/s)
$\frac{v^2}{2g}$: 속도 수두
l : 관의 길이 (m)
g : 중력의 가속도 (m/s^2)

즉, 손실 수두는 관의 길이, 속도 수두에 비례하며, 관의 안지름에 반비례하는 것이다. λ의 값은 부드러운 관이 층류를 이룰 때

$$\lambda = \frac{64}{Re}$$

가 되고, 난류일 때에는 학자에 따라 다르다.

그리고 마찰 계수 λ는 레이놀즈수 Re나 관의 내면의 조도(거칠기) $\frac{e}{d}$(e : 관 내면의 평균 조도, d : 관 안지름)에 관계가 있고, 주철관과 강관은 관의 내면이 매끈하지 못해 마찰이 있으며, 또 해가 지남에 따라 녹이 발생하고 각종 이물질이 부착하게 되어 더욱 마찰 계수가 커지는 것이다 ($\frac{e}{d}$를 상대 조도라고 한다).

5-3 관로의 형상과 손실 수두

관로에 물이 흐를 때에는 마찰 손실 외에 관로의 형상, 단면 변화, 방향 변화, 밸브, 콕 등 결합부에 의하여 수두 손실을 일으키게 된다. 이것은 언제나 유속의 제곱에 비례하며, 다음과 같은 식으로 정리된다.

$$h_L = f \cdot \frac{v^2}{2g}$$

여기서, h_L : 손실 수두 (m)　　v : 평균 유속 (m/s)
g : 중력의 가속도 (m/s^2)　　f : 손실계수

주 f는 실험에 의하여 정하여지는 수치이다.

(1) 원형 곡관(円形曲管)의 손실 수두

① **밴드** : 어느 반지름에 느슨한 굴곡이 있는 밴드의 손실 수두를 구하는 식은 다음과 같다.

$$h_b = f_b \cdot \frac{v^2}{2g} \cdot \frac{\theta}{90°}$$

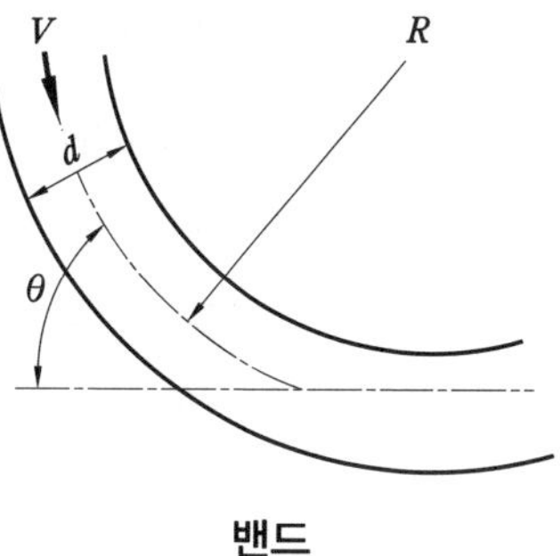

밴드

여기서, h_b : 밴드의 손실 수두

f_b : 밴드의 손실 계수

θ : 곡관의 굴곡의 각도

f_b는 매끈한 벽면의 밴드에 의한 바이스바흐의 식에 의하면 다음과 같다.

$$f_b = \left\{0.131 + 0.1632\left(\frac{d}{R}\right)^{3.5}\right\}\frac{\theta}{90^\circ}$$

여기서, d : 곡관의 안지름 (m)

밴드의 손실 계수 f_b(R : 관 중심선의 곡률 반지름(m))

벽면	θ° \ d/R	1	2	4	6	10
매끈한 면	15	0.03	0.03	0.03	0.03	0.03
	22.5	0.045	0.045	0.045	0.045	0.045
	45	0.14	0.09	0.08	0.08	0.07
	60	0.19	0.12	0.095	0.065	0.07
	90	0.21	0.135	0.10	0.085	0.105
거친 면	90	0.51	0.30	0.23	0.18	0.20

② **엘보** : 엘보에 있어서는 구부러진 개소에서 흐르는 물은 한 번 수축하므로 손실 수두는 바이스바흐의 다음 식으로 정리된다.

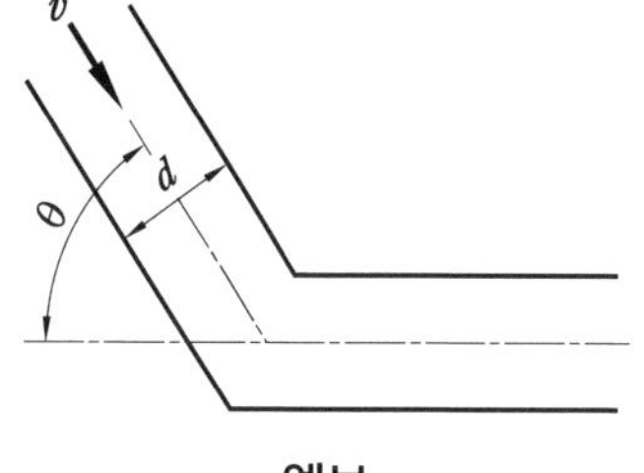

엘보

$$h_e = f_e \cdot \frac{v^2}{2g}$$

여기서, h_e : 엘보의 손실 수두

f_e : 엘보의 손실 계수

$$f_e = 0.946\sin^2\frac{\theta}{2} + 2.05\sin^4\frac{\theta}{2}$$

여기서, θ : 굴절관의 구부러진 각도

예를 들면 안지름이 75 mm이고, 265 L/min의 물이 흐르고, 유속이 3 m/s이면 θ가 90°일 때 0.51 m의 손실이 생기는 것이다.

엘보의 손실 계수 f_e

θ°		5	10	15	22.5	30	45	60	90
f_e	매끈한 면	0.016	0.034	0.042	0.066	0.130	0.236	0.471	1.129
	거친 면	0.024	0.044	0.062	0.154	0.165	0.320	0.684	1.265

(2) 단면적의 변화에 따른 손실 수두

① **단면적이 급격히 확대되었을 때의 손실 수두(돌연 확대관)** : 단면적을 급격히 확대했을 때 단면 ①의 유속은 단면 ②에서부터 느려지므로 확대한 부분에 의한 충돌, 소용돌이에 의해 오는 충돌, 소용돌이에 의하여 손실 수두가 생긴다.

손실 수두 h_e는 다음 식으로 정리된다.

$$h_e = f_e \cdot \frac{(v_1 - v_2)^2}{2g} = \left(1 - \frac{A_1}{A_2}\right)^2 \cdot \frac{{v_1}^2}{2g}$$

여기서, f_e : 손실 계수 (이 경우 $f_e = 1$로 본다.)

v_1 : 단면 ①에서의 관내 평균 유속 (m/s)

v_2 : 단면 ②에서의 관내 평균 유속 (m/s)

A_1 : ①의 단면적, A_2 : ②의 단면적

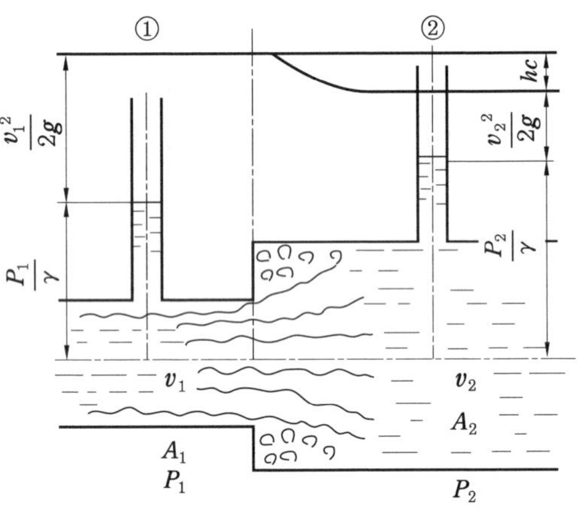

급속 확대관

예컨대, 50 mm 호스와 65 mm 호스를 결합할 때에 50 mm 호스 간을 유속 3 m/s로 흐를 때 서로 만나게 되면 단면 변화에 의하여 손실 수두가 0.66 m가 된다.

② **단면이 점차적으로 확대될 때** : 단면이 점차적으로 확대될 때의 손실 수두는 다음 식으로 정리된다.

$$h_e = f_e \frac{(v_1 - v_2)^2}{2g} = k\left(1 - \frac{A_1}{A_2}\right)^2 \cdot \frac{{v_1}^2}{2g} = K \cdot \frac{{v_1}^2}{2g}$$

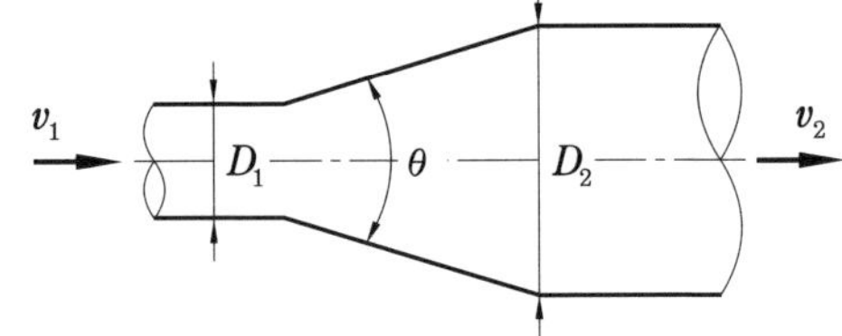

여기서, k : gibson 계수 ≒ $0.011\,\theta^{1.22}$

K : 돌연 확대관에서의 부분적 손실 계수

k의 값은 확대 각도에 따라 달라지며, $\theta = 180°$일 때, 1로서 $\theta = 5°30'' \sim 6°30''$사이에서 최솟값 0.135가 된다. θ가 증가하거나 작아져도 그 값은 증가한다.

③ **급격한 축소 관로에서의 손실(돌연 축소관)**

돌연 축소관의 f_e 및 C_e

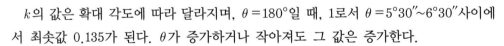

A_2/A_1	0.1	0.2	0.3	0.4	0.5	0.6	0.7	0.8	0.9	1.0
f_e	0.41	0.38	0.34	0.29	0.24	0.18	0.14	0.089	0.036	0
C_e	0.61	0.62	0.63	0.65	0.67	0.70	0.73	0.77	0.84	1.00

관의 단면적이 급격히 축소될 때에는 오리피스의 경우 같은 모양의 단면적이 변화한 것으로 수축 현상이 일어나고, 그 후에 또 급히 확대되므로 손실 수두가 생긴다.

이때 생기는 손실 수두 h_e를 구하는 식은 다음과 같다.

$$h_e = f_e \cdot \frac{v_2}{2g} = \left(\frac{1}{C_e} - 1\right) \cdot \frac{v^2}{2g} = K \cdot \frac{{v_2}^2}{2g}$$

여기서, C_e : 수축 계수, K: 돌연 축소관에서의 부분적 손실 계수

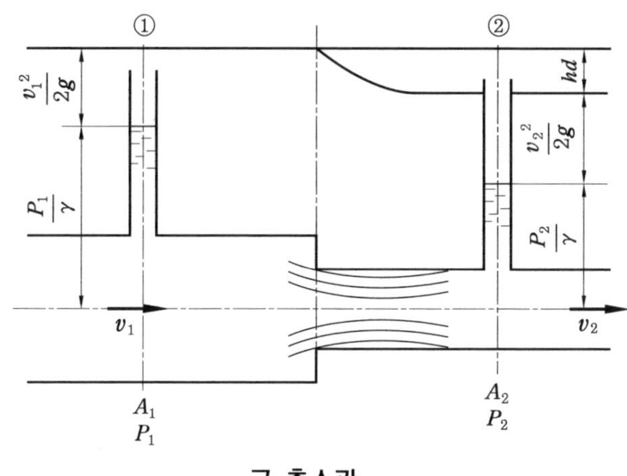

급 축소관

④ **단면이 점차적으로 축소될 때의 손실 수두** : 점차 축소관에서 축소각이 작을 경우에는 일반적으로 마찰 손실 이외의 손실은 일어나지 않는 것으로 본다. 보통 원추각이 30° 이하이면 벽면 마찰 이외의 손실은 무시한다. 그러나 속도가 대단히 크거나 압력이 진공 압력일 경우에는 유리된 공기나 증기가 발생하여 손실이 일어난다. 즉 소방용 노즐은 마찰 손실을 포함하여 손실 계수를 K=0.03~0.05로 사용한다.

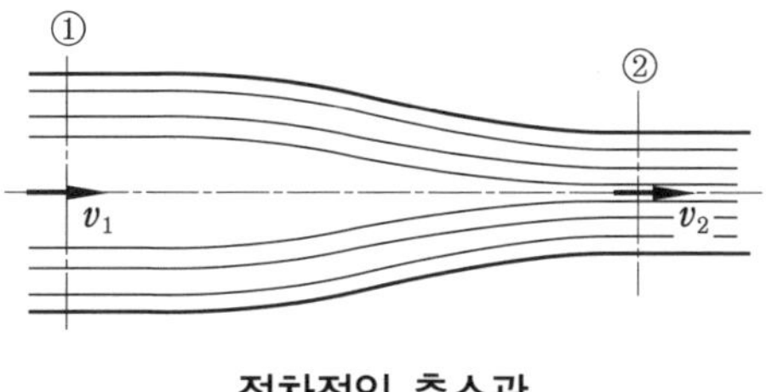

점차적인 축소관

⑤ **유입구의 모양에 따른 손실 수두** : 물이 흘러 들어가는 입구의 형상에 따라 서로 다른 손실 수두가 생긴다. 이때의 손실 수두는 다음 식과 같다.

$$h_e = f_c \cdot \frac{v^2}{2g}$$

f_c의 값은 다음 그림과 같다.

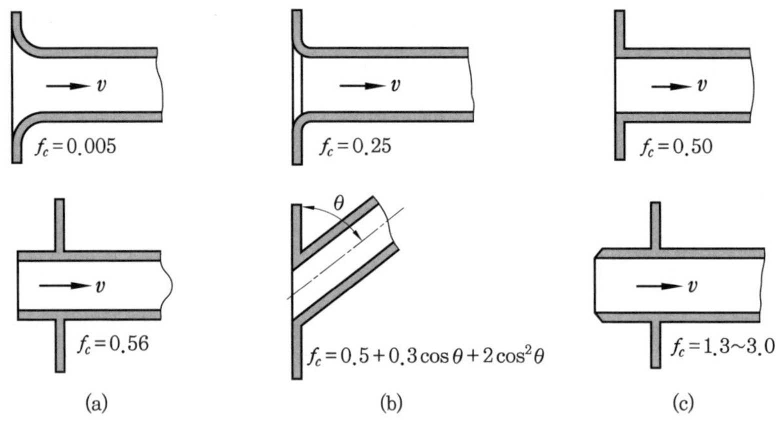

유입구의 모양에 따른 손실 계수 f_c의 값

⑥ **오리피스** : 관의 지름을 A, 오리피스의 지름을 a로 하면 오리피스에 의한 손실 수두는 $h_0 = f_0 \cdot \dfrac{v^2}{2g}$이 된다.

오리피스의 손실 계수

a/A	0.1	0.2	0.3	0.4	0.5	0.6	0.7	0.8	0.9	1.0
f_0	224	48	18	7.8	3.8	2.1	0.8	0.29	0.06	0

오리피스

(3) 밸브, 콕류에 의한 손실 수두

밸브, 콕(cock)류에 있어서의 손실 수두는 관 단면적의 급격한 변화에 의하여 생기는 손실이다.

① **차단 밸브(sluice valve)** : 바이스바흐에 의한 손실 계수는 다음 표와 같다.

바이스바흐에 의한 손실 계수

밸브의 지름	밸브의 열림 도수(d'/d)					
	$\frac{1}{8}$	$\frac{1}{4}$	$\frac{3}{8}$	$\frac{1}{2}$	$\frac{3}{4}$	1
$\frac{1}{2}''$	374	53.6	18.26	7.74	2.204	0.808
$\frac{3}{4}''$	308	34.9	9.91	4.23	0.920	0.280
1″	211	40.3	10.15	3.54	0.882	0.238
2″	146	22.5	7.15	3.22	0.739	0.175
4″	67.2	13.0	4.62	1.93	0.412	0.164
6″	87.3	17.1	6.12	2.64	0.522	0.145
8″	66.0	13.5	4.92	2.19	0.464	0.103
10″	96.2	17.4	5.61	2.29	0.414	0.047

여기서, d : 구경　　d': 밸브를 열었을 때의 길이(지름)

직사각형 차단 밸브의 손실 계수

d'/L	0.1	0.2	0.3	0.4	0.5	0.6	0.7	0.8	0.9	1.0
f_c	193	45	18	8.1	4.0	2.1	0.95	0.39	0.09	0.00

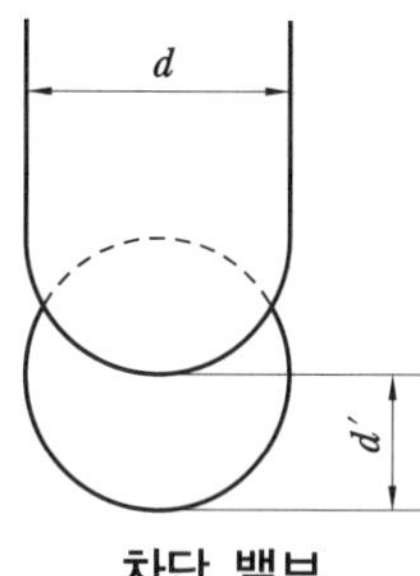

차단 밸브

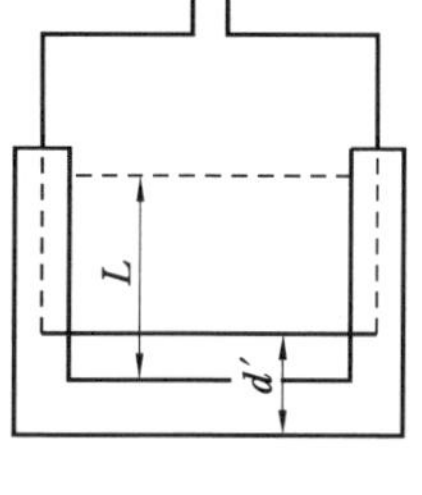

직사각형 차단 밸브

② **나비형 밸브(butterfly valve)** : 그림에서 θ는 밸브판의 기울어진 각을 말하고, 나비형 밸브의 손실 계수 f_c는 다음 표와 같다.

나비형 밸브의 손실 계수

θ	5°	10°	20°	30°	40°	50°	60°	70°
f_c	0.24	0.52	1.54	3.91	10.8	32.6	118	751

③ **콕(cock)**

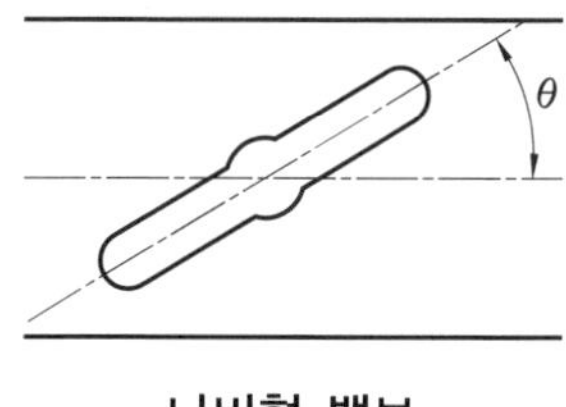

나비형 밸브

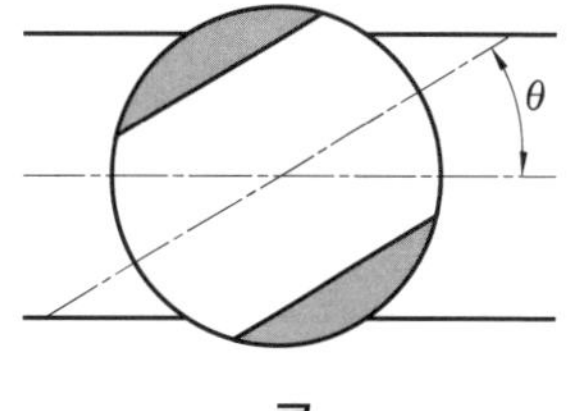

콕

참고 나비형 밸브는 원통형의 몸체 속에서 밸브 홈을 축으로 하여 평판이 회전함으로써 개폐가 되며 저압용 밸브로 사용된다.

θ는 콕의 기울어진 각도이고, 콕의 손실 계수 (f_c)는 다음 표와 같다.

콕의 손실 계수

θ	5°	10°	15°	20°	25°	30°	35°	40°	45°	50°	55°	60°	65°
f_c	0.05	0.29	0.75	1.56	3.10	5.47	9.68	17.3	31.2	52.6	106	206	486

(4) 분기관 및 합류관의 손실 수두

① **분기관(分岐管)** : h_{s1}을 관 ①에서 ②까지의 손실 수두, h_{s2}를 관 ①에서 ③까지의 손실 수두라 하면, 손실 수두를 구하는 식은 다음과 같다.

$$h_{s1} = f_{s1}\left(\frac{{v_1}^2}{2g}\right)$$

$$h_{s2} = f_{s2}\left(\frac{{v_2}^2}{2g}\right)$$

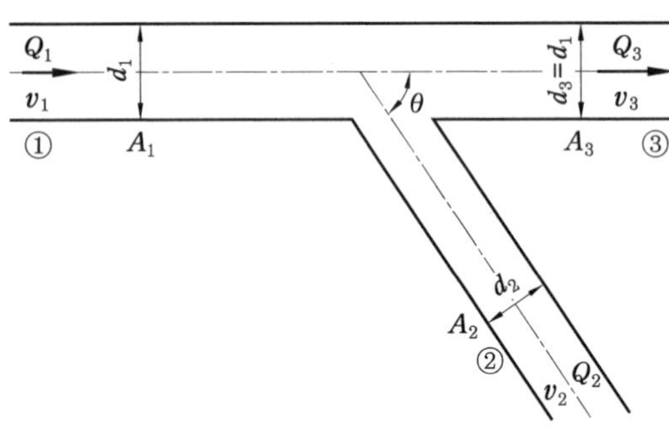

분기관

손실 계수 f_{s1}, f_{s2}와 θ는 분기점 위치에 따라 다음 표의 값과 같다.

분기관의 f_{s1}, f_{s2} 의 값

$d_1 = 43$ mm			$\frac{Q_1}{Q_2}$					
			0	0.2	0.4	0.6	0.8	1.0
$d_2 = 43$ mm, $\frac{A_1}{A_2} = 1$	θ 90°	f_{s1} f_{s2}	0.05 0.95	−0.08 0.88	−0.05 0.89	0.07 0.95	0.21 1.10	0.35 1.29
	45°	f_{s1} f_{s2}	0.04 0.90	−0.06 0.67	−0.04 0.50	0.07 0.37	0.20 0.34	0.33 0.47
$d_2 = 25$ mm, $\frac{A_1}{A_2} = 2.96$	90°	f_{s1} f_{s2}	0.20 1.30	−0.15 1.50	−0.05 2.35	0.06 4.30	0.20 –	0.30 –
	45°	f_{s1} f_{s2}	0.00 0.90	−0.05 0.49	−0.03 0.56	0.07 1.38	0.20 2.81	0.36 5.00
$d_2 = 15$ mm, $\frac{A_1}{A_2} = 8.22$	90°	f_{s1} f_{s2}	0 1.00	0 3.00	0 8.95	0 19.5	0 31.2	0 –
	45°	f_{s1} f_{s2}	−0.01 1.00	−0.04 1.00	0.00 5.05	0.09 11.1	0.21 27.4	0.34 44.5

② **합류관(合流管)** : h_{s1}을 관 ①에서 ③까지의 손실 수두, h_{s2}를 관 ②에서 ③까지의 손실 수두라 하면, 구하는 식은 다음과 같다.

$$h_{s1} = f_{s1}\left(\frac{{v_3}^2}{2g}\right)$$

$$h_{s2} = f_{s2}\left(\frac{{v_3}^2}{2g}\right)$$

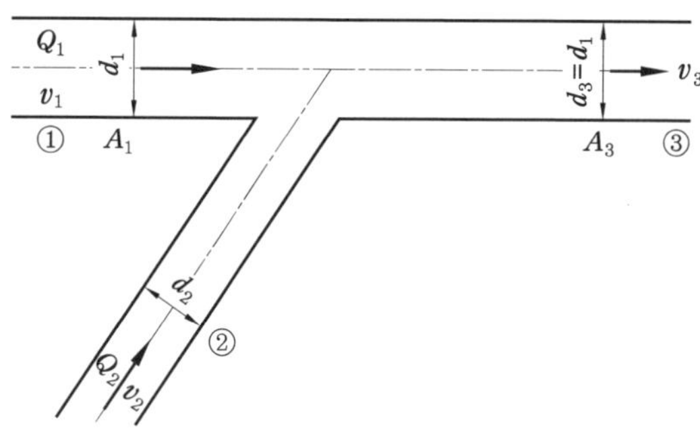

합류관

손실 계수 f_{s1}, f_{s2}는 분기관의 경우에도 같으며, 그 값은 다음 표와 같다.

합류관의 f_{s1}, f_{s2} 의 값

$d_1 = 43$ mm			$\frac{Q_2}{Q_3}$					
			0	0.2	0.4	0.6	0.8	1.0
$d_2 = 43$ mm $\frac{A_1}{A_2}=1$	θ 90°	f_{s1}	0.04	0.18	0.30	0.40	0.50	0.60
		f_{s2}	−1.02	−0.41	0.08	0.47	0.72	0.91
	45°	f_{s1}	0.04	0.17	0.18	0.07	−0.17	−0.54
		f_{s2}	−0.91	−0.37	0.00	0.22	0.37	0.37
$d_2 = 25$ mm $\frac{A_1}{A_2}=2.96$	90°	f_{s1}	0.30	0.52	0.78	1.00	1.27	1.52
		f_{s2}	−0.69	0.20	1.26	2.78	4.79	7.27
	45°	f_{s1}	0.00	0.10	−0.16	−0.70	−1.50	−2.90
		f_{s2}	−1.00	−0.10	0.75	2.10	3.79	5.55
$d_2 = 15$ mm $\frac{A_1}{A_2}=8.22$	90°	f_{s1}	0	0	0	0	0	0
		f_{s2}	−1.18	2.35	11.53	28.80	−	−
	45°	f_{s1}	0.00	−0.10	−1.12	−2.88	−5.66	−9.64
		f_{s2}	−1.20	1.88	8.25	19.6	34.6	54.4

5-4 수격작용

관로에 물이 가득 흐를 때에 관로 중에 있는 밸브를 급히 개폐하면 흐름이 급격히 변화하여 이상 압력의 상승을 볼 수 있다. 이러한 현상을 수격 작용(首擊作用 ; water hammer)이라 한다. 여기서 발생한 압력은 압력파로 되어 압력이 발생한 장소로 가서 거기서 반사된 밸브 등으로 돌아간다. 이것이 몇 번 반복되다가 사라진다.

수격 작용을 방지하기 위해서는 기구류 가까이에 에어 체임버(air chamber)를 설치함으로써 완화할 수 있다. 에어 체임버를 설치하면 그림 (b)와 같이 공기가 압축되더라도 공기는 압축성이 있으므로 이 이상의 압력을 흡수하고 탄성에 굉음이나 충격을 방지할 수 있다. 이때 에어 체임버의 공기는 물에 흡수되거나 밖으로 새어나가 감소되므로 보충할 필요가 있다.

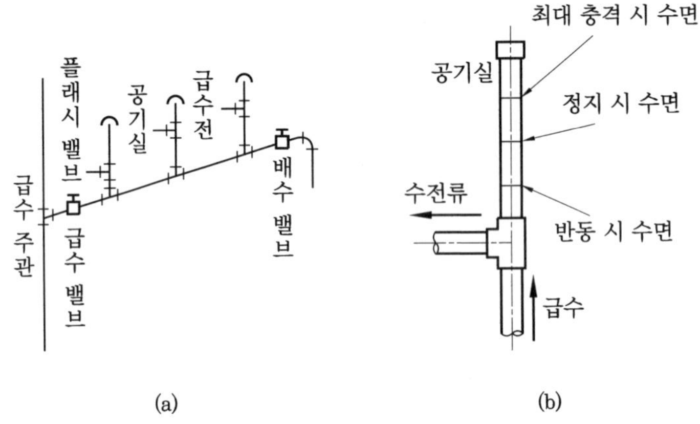

에어 체임버의 수격 방지

수격 작용은 플러시 밸브(flush valve)나 기타 수전류를 급히 열고 닫을 때 쉽게 일어나며, 수격압은 수류(유속 m/s)로 표시한 14배 정도가 된다.

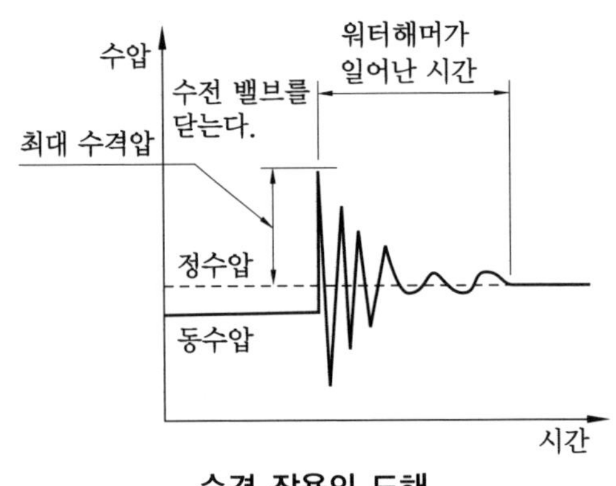

수격 작용의 도해

수격압의 크기는 압력파가 관내를 왕복하는 시간과 밸브 등을 잠궈 끝나는 시간 T와 관계되므로 관의 길이 L과 전달 속도 a라 하면, 다음 식으로 적용할 수 있다.

$T < \frac{2h}{a}$일 때 급폐쇄(急閉鎖)라 하고,

$T > \frac{2h}{a}$일 때 완폐쇄(緩閉鎖)라 한다.

강관의 관 지름에 따라 유속의 한계는 다음 표보다 적게 하는 것이 좋다.

강관에 대한 한계 유속

관 지름(mm)	15 A~25 A	32 A~50 A	65 A~80 A	100 A~125 A	150 A
한계 속도(m/s)	1.8	1.85	1.9	1.95	2.0

수격압의 계산(간이식)은 다음 식으로 적용할 수 있다.

$$a = \frac{1420}{\sqrt{1 + \frac{K}{E} \times \frac{D}{t}}}$$

여기서, K: 물의 부피 탄성 계수(2.07×10^8)

E: 철관의 탄성 계수

$\frac{K}{E}$의 값: 주철관(0.02), 강관(0.01)

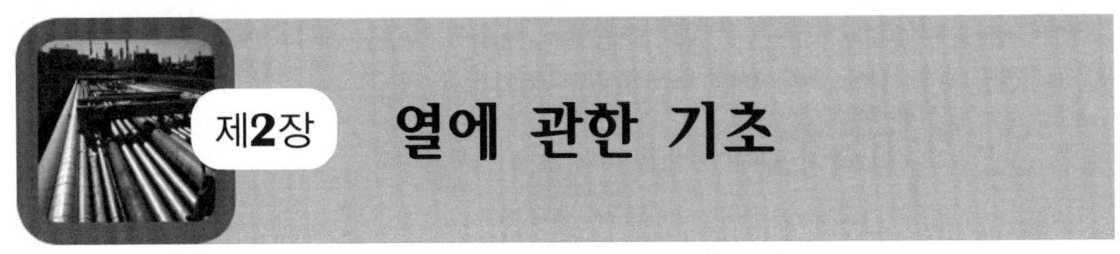

제2장 열에 관한 기초

1. 열의 모든 것

1-1 열과 에너지

일상생활에서 우리는 열(heat)이 많다 적다 또는 열이 높다 낮다는 말을 흔히 사용하고 있다. 그러나 그와 같은 열의 현상을 수치(數値)로 나타내거나 이론적 결론을 유도하려면 열에 관한 구체적인 기초 개념이 머릿속에 확립되어 있어야 가능하다.

이론적 기초 개념이 없이 막연하게 경험만을 내세워 손쉽게 해결책을 모색하려 하다가는 자칫하면 예기치 않은 오류를 범하여 시간적으로나 금전상으로 큰 손해를 보는 일이 허다할 것이다.

열을 다루는 일은 어느 한계를 넘어서면 열공학적 지식을 도입해야 합리적 해결책이 가능하게 된다.

열은 물리적, 화학적, 전기적 작용에 의하여 일어나는 것이며, 일반적으로 '에너지(energy)'라 부른다(정확하게는 '열에너지'이다).

물질과 물질을 서로 마찰시키면 열이 생긴다. 이것은 물리적 열의 발생이다. 나무와 나무를 반복하여 심하게 마찰시키면 나무가 타기도 하는데, 탄다는 것은 산화 작용이므로 화학적 반응이며, 그 화학 반응으로 인하여 다시 열이 생기는 것이다. 여러 종류의 연료는 연소, 즉 산화라는 화학 반응을 통하여 열을 발생하는 물질이다.

연소열은 어느 물체를 직접 가열하는 데 쓰여지기도 하지만, 그 열로 물을 끓여 증기를 발생시켜서 기차를 움직이게도 한다. 피스톤이 움직여 일을 하게 되는 것이다. 즉, '열에너지'가 '기계 에너지' 또는 '일에너지'로 변환된 것이다.

이와 같이 열에너지, 전기 에너지, 화학 에너지, 기계 에너지, 일에너지 등 여러 형태로 에너지가 변하는 현상을 '에너지의 변환'이라고 한다.

전기의 발전은 위에 설명한 '일에너지'를 '전기 에너지'로 바꾸어 놓은 것에 불과하다.

수력 발전은 높은 곳의 물이 낮은 곳으로 흘러내릴 때의 힘, 즉 '위치 에너지'가 발전기를 돌려주어 전기를 발생시키는 것이다. 이렇게 생긴 전기는 모터(motor)를 돌려 기계를 움직이는 '기계 에너지'로 쓰이기도 하고, 전열기에 의해 열을 얻는 '열 에너지'로 쓰이기도 한다.

다시 말하면, 여러 종류의 에너지는 서로 그 형태가 바꾸어지면서도 서로의 관계식은 일정한 것임이 증명되었다. 이 이론은 열공학의 기초가 되고 있다.

열공학 또는 에너지를 다루는 일은 이미 오래 전에 많은 과학적 연구가들에 의하여 공학적 이론이 확립되어 있으므로 그것을 충분히 활용하며 에너지의 효율적 운영 문제를 해결할 수 있는 것이다.

1-2 에너지 불변의 법칙

에너지란 능력을 뜻하는 것이며, 여러 가지 형태로 존재한다.

열역학에서 다루는 것은 '기계적 에너지', '내부 에너지', '열에너지' 등이다. 이들 '에너지'는 서로 일정한 관계식에 따라 변환하는 것이 증명되어 '에너지 불변의 법칙'이 성립되었다(1840년 Mayer와 Joule에 의하여). 다시 말하면, '에너지'는 창조할 수도 없으며 또한 소멸시킬 수도 없는 것이다.

따라서 이 원리를 '에너지 불변의 법칙'이라고도 한다. 이 원리에 따라 모든 형태의 '에너지'는 서로 전환시킬 수 있는 것으로 확인되었다.

1-3 물체의 상태 변화와 내부 에너지

물체를 가열 또는 냉각시키면 물체의 온도 변화에 따라 융해 또는 증발과 같은 상태 변화가 일어난다. 이러한 상태 변화는 그 물체의 '내부 에너지'의 변화에 기인한다.

물을 가열할 때 어느 온도까지(예 100℃)는 온도가 상승하나 어느 일정 온도에 도달하면 온도의 상승은 일어나지 않고 물이 증발되는데, 이때의 가열된 열량은 온도를 올리는데 쓰이지 않고 물을 증발시키는 역할을 하게 되는 것이다. 바꾸어 말하면, 물체의 상태 변화가 일어날 때에는 그 물체 내부의 에너지 값도 달라지는 것이다.

물의 상태 변화의 경우, 100℃의 물 1 kg의 열량은 100 kcal인데, 100℃의 수증기 1 kg의 열량은 638.8 kcal인 것(이중에 538.8 kcal를 증발잠열이라 함)이다.

1-4 온도와 열량 단위

(1) 온도 단위인 섭씨와 화씨

물체의 차고 더운 정도를 나타내는 실용 단위에는 섭씨(Celsius)와 화씨(Fahrenheit)도로 나타내고 섭씨도는 ℃, 화씨도는 °F로 표시한다.

섭씨(℃)는 순수한 물이 어는 온도(빙점(氷點))를 0℃로 하고, 끓는 온도(비등점(沸騰點))를 100℃로 정하여 빙점과 비등점의 표준 온도 사이를 100등분하여 눈금을 그어 놓은 온도의 척도이다.

화씨(°F)는 0℃의 어는 온도를 32°F로 하고, 100℃의 끓는 온도를 212°F로 하여 180등분으로 나눈 척도이다. 즉, 32°F는 물이 어는 빙점이고, 212°F는 물이 끓는 비등점이다.

섭씨도와 화씨도 사이의 관계식은 다음과 같으며,

$$\text{섭씨}(℃) = \frac{5}{9}(°\text{F}-32) \qquad \text{화씨}(°\text{F}) = \frac{9}{5}℃+32$$

또 열역학적으로 물체가 도달할 수 있는 최저 온도를 기준으로 물의 삼중점(三重點), 즉 760 mmHg 하에서 물 · 얼음 · 수증기가 평형되어 공존하는 온도를 273.15 K로 정한 온도를 절대 온도(absolute temperature)라 하며, 섭씨의 절대 온도는 K(Kelvin), 화씨의 절대 온도는 °R(Rankine)로 표시한다. 이들은 다음과 같은 관계를 가지고 있다.

$$\left.\begin{aligned} T[\text{K}] &= 273.15+t[℃] \fallingdotseq 273+t[℃] \\ T[°\text{R}] &= 459.67+t[°\text{F}] \fallingdotseq 460+t[°\text{F}] \end{aligned}\right\} T[\text{K}] = \frac{5}{9}T[°\text{R}],\ \ T[°\text{R}] = \frac{9}{5}T[\text{K}]$$

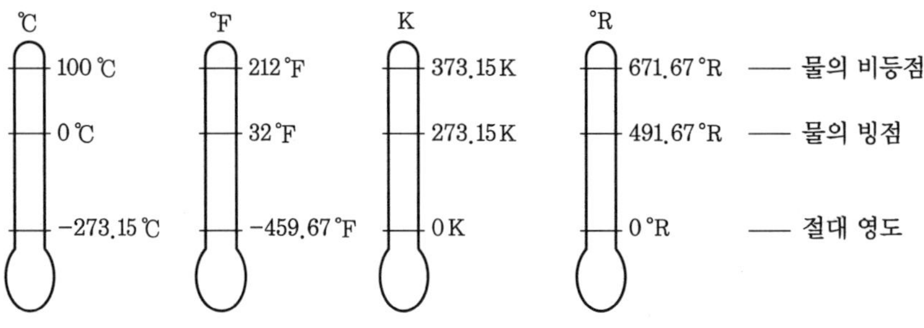

온도의 상호 관계

온도계의 종류와 사용 온도 범위

계기류	측정 범위	계기류	측정 범위
수은 온도계	-35~700℃	열전대 온도계	-200~1000℃
알코올 온도계	-70~0℃	압력계형 온도계	-40~400℃

참고 절대 온도

어떤 기체를 1℃ 가열하면 부피가 0.0036609만큼 팽창 또는 감소한다. 이 온도는 정확히 $K=\frac{1}{0.0036609}=-273.16$℃에 해당되는데, 국제 도량 기구에서는 0.01℃를 기준하여 -273.16+0.01℃=-273.15℃로 정의한다.

(2) 열량 단위인 칼로리(cal)와 Btu

열의 양, 즉 '열에너지'의 양을 표시하는 열량 단위를 공학에서는 Btu와 킬로칼로리(kcal)로 나타낸다. 킬로칼로리는 kcal로 약칭하며, 1 kcal은 순수한 물 1 kg을 표준 기압하에서 14.5℃에서 15.5℃까지 1℃ 높이는 데 필요한 열량으로서 공학상 정한 약속이다(정확히 말하여 15℃ 칼로리라 칭한다).

1 Btu(British thermal unit)는 순수한 물 1파운드(bs)를 화씨(60~61°F) 1°F 높이는 데 필요한 열량이며, 1 Chu(Centigrade heat unit)는 순수한 물 1파운드를 섭씨(14.5~15.5℃) 1℃ 높이는 데 필요한 열량이다.

kcal와 Btu, Chu, kJ 사이의 등가 관계식은 다음과 같다.

1 kcal=3.968 Btu=2.205 Chu=4.184 kJ

1-5 열량과 에너지 관계식(열역학 제1법칙)

열에너지와 일에너지와의 관계를 말하는 것으로 열은 일로, 일은 열로 변환시킬 수 있다.

$$Q=A\cdot W\,[\text{kcal}]$$

$$W=\frac{Q}{A}=JQ\,[\text{kg}\cdot\text{m}]$$

여기서, Q : 열량(kcal), W : 일(kg·m), J : 열의 일당량(102 kg·m/kJ)

A : 일의 열당량$\left(\frac{1}{102}\text{kJ/kg}\cdot\text{m}\right)$

1 kcal=$\frac{1}{860}$ kWh, 1 kWh=860 kcal

1HP=632.5 kcal/h=76.0375 kg·m/s

1PS=632.34 kcal/h=75 kg·m/s=0.986 HP

1 kcal=427 kg·m=4.2 kJ=4.2 kN·m

※ 1 J=1 N·m

1 마력(HP)짜리 모터(motor)를 1시간 동안 사용하면 632.54 kcal를 1시간 동안 사용한 것과 같다. 난방 평수 1평에 전열기로 시간당 632.54 kcal의 열을 공급하였다면 1마력 전동기를 1시간 돌린 것과 같은 에너지를 소모한 것이나 같은 것이다.

바꾸어 말하면, 동력을 열에너지로 변환하는 경우, 즉 전기 난방 방법은 경제성으로 볼 때 비용이 너무 비싸지므로 불합리하다.

1-6 열역학의 제2법칙

열은 고온 물체에서 저온 물체로 자연적으로 이동하지만, 저온 물체에서 고온 물체로는 그 자체만으로는 이동할 수 없다. 이것은 열이 저온도의 물체로부터 고온도의 물체로 이동하는 것이 자연 그대로는 불가능하지만 적당한 장치를 사용하는 일을 소비하면 가능하다는 것을 나타낸다.

냉동기는 압축(壓縮) 일을 소비함으로써 저온도의 물체로부터 열을 빼앗아 고온도의 물체로 그 열을 이동함에 의해 저온도의 물체를 냉각할 수 있는 기관이다.

참고 열역학 법칙

- **열역학 제0법칙** : 어떤 두 물체가 제3의 물체와 각각 열평형의 상태에 있을 때, 이 두 물체는 서로 열평형 상태이다(열평형의 법칙).
- **열역학 제1법칙** : 열은 본질적으로 에너지의 한 형태이다. 따라서 열에너지는 다른 에너지로, 또 다른 에너지는 열에너지로 전환할 수 있다(에너지 보존의 법칙).
- **열역학 제2법칙** : 일→열은 쉽게 일어나는 자연적 현상이지만, 열→일로의 전환에는 어떤 제한이 있다.
- **열역학 제3법칙** : 절대 0도에 관한 법칙

1-7 비열

물질의 비열(kcal/kg · ℃)

물질	비열	물질	비열
주철	0.130	얼음	0.480
강철	0.111	알코올	0.600
연(鉛)	0.031	가솔린	0.700
동(銅)	0.0919	공기	0.238
알루미늄	0.214	수소	3.409
유리	0.200	증기(과열)	0.465
은	0.055	물(0℃)	1.0076
수은 (10℃)	0.0333	물(15℃)	1.000
수은 (40℃)	0.0331	물(30℃)	0.9983
수은 (80℃)	0.0329	물(50℃)	0.9988
주석	0.0541	물(70℃)	1.0009
아연	0.092	물(100℃)	1.0072

어떤 물질 1 kg을 온도 1℃ 높이는 데 필요한 열량을 비열(比熱 ; specific heat)이라 하며, 단위는 kcal/kg · ℃로 표시한다.

$$\text{비열} = \frac{\text{어떤 물질의 온도를 1℃만큼 올리는 데 필요한 열량}}{\text{그 물질과 같은 질량의 물의 온도를 1℃ 올리는 데 필요한 열량}}$$

$$C = \frac{Q}{m \cdot \Delta t} \text{ [cal/g · ℃]}$$

$$Q = C \cdot m \cdot \Delta t \text{ [cal]}$$

여기서, Q : 열량(J 또는 cal), m : 물질의 질량(g)
C : 비열(J/g · ℃ 또는 cal/g · ℃), Δt : 올리는 온도수(℃)

물의 비열은 1, 얼음은 0.5이며, 기체의 경우는 압력을 일정하게 유지하면서 가열할 때의 정압 비열(C_p)과 체적을 일정하게 유지하면서 가열할 때의 정적 비열(C_v)의 값은 다르며, 공기에 대해서 $C_p = 0.240$, $C_v = 0.171$, $K = \frac{C_p}{C_v} = 1.402$이다.

일반적으로 비열이 큰 것일수록 일정 온도로 가열하는 데 많은 열을 필요로 하며, 식을 때에도 많은 열을 낸다. 온수 난방에서 물을 사용하는 것은 물의 비열이 크기 때문이며, 비열에 의한 열량식은

$$Q = G \cdot C(t_2 - t_1)$$

여기서, Q : 열량(kcal/h), C : 비열(kcal/kg · ℃)
G : 유량(kg/h) 혹은 중량(kg), t_2, t_1 : 온도(℃)

1-8 전열(傳熱 ; 열의 이동)

물체(고체, 액체, 기체)의 열은 열복사, 열전도, 대류전열의 방법으로 항상 이동하고 있다.

대부분의 경우 위의 3가지 중 1가지 방법만으로 열이 이동하는 것이 아니라 복합적 형상으로 열이 이동되는 것이다.

(1) 열복사(熱輻射) 또는 열방사(熱放射 ; rediation)

물체가 가지고 있는 열은 복사에 따라 그 열을 상실하고 있다. 열에너지는 빛과 같은 전자파가 되어 전달되고, 물체가 전자파를 받으면 전자파는 열의 형태로 변한다.

복사 열량은 피사체의 조건에 따라 흡수되거나 반사되기도 한다. 그러나 복사 열량은 복사 물체 자체의 온도에 관계될 뿐이며, 피사체의 성질에는 관계가 없다. 입사 에너지를 전부 흡수하는 물체를 흑체라고 한다. 태양의 열에너지가 진공 상태인 우주 공간을 지나서 지구에 도달하는 것은 태양의 열복사 작용에 의한 것이다.

천장의 높이가 너무 높거나 공간이 너무 큰 공장 등에서 실내의 공기 온도를 올리기 어려울 때 필요한 개소만을 부분적으로 복사 난방하는 것은 이 원리를 이용하여 실내 공기의 온도를 올리지 않고 열이 필요한 사람에게만 직접 열을 줄 수 있기 때문이다.

(2) 대류전열(對流傳熱 ; convection)

같은 물질의 유체(기체, 액체)라도 온도 차이에 따라 비중차가 생긴다. 유체에 열을 가하면 열을 받은 만큼 부피가 커지고, 따라서 상대적으로 비중이 작아지므로 자연 대류 현상이 일어나며, 이때 전열 현상도 일어난다.

(3) 열전도(熱傳導 ; conduction)

물체 내부에서 눈에 보이는 운동 없이 열이 전달되는 현상을 말한다. 일반적으로 전기의 전도가 좋은 물체가 열의 전도도(傳導度)도 높다.

모든 물체는 그 성질에 따라 열전도량이 각각 다르다. 이와 같이 물체에 따라 고유한 열전도 능력을 열전도율로써 표시하고 있다.

열전도율 λ의 단위는 W/m・K 또는 kcal/m・h・℃이고, 물체에 따라 다음과 같이 다르다.

물(20℃)	0.515 kcal/m・h・℃
강철	37 kcal/m・h・℃
은	360 kcal/m・h・℃
알루미늄	196 kcal/m・h・℃
구리	332 kcal/m・h・℃
암면	0.046 kcal/m・h・℃
공기(20℃)	0.022 kcal/m・h・℃

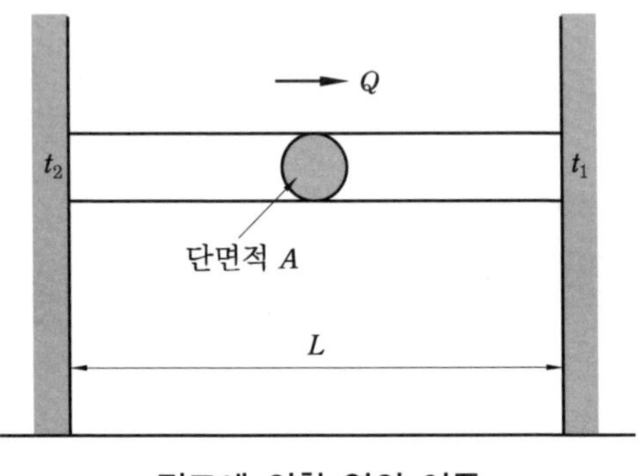

전도에 의한 열의 이동

$$Q = \lambda A \frac{t_2 - t_1}{L}$$

여기서, Q : 시간당 전도 열량(kJ/h)

λ : 열전도율(W/m・K 또는 kcal/m・h・℃)

A : 열 통과 면적(m^2)

t_1, t_2 : 온도차(℃)

L : 온도차 지점 간의 거리

1-9 열전달(熱傳達)과 열통과율

고체와 유체가 접촉하고 있으며, 그 사이에 온도차가 있을 때에는 열의 이동이 일어난다. 이것을 열전달(heat transfer)이라 한다.

열전달은 유체 내의 열전도나 유체 자체의 운동(대류 작용)에 의하여 일어나기도 한다. 유체와 고체의 여러 가지 조건에 따라 열전달량이 다르다. 이것을 열전달률이라 한다.

일반적 조건에서의 열의 이동은 열전도나 열전달 중의 한 가지로만 이루어지는 것이 아니라 열전도와 열전달이 복합적으로 이루어지는 경우가 많다.

열의 이동 과정에 따라 하나하나 열량을 계산할 수도 있으나 실용상 복잡하다. 이것을 보다 간편한 계수를 이용하여 열의 이동을 계산할 수 있도록 하기 위하여 열관류율(열통과율)이 정해졌으며, 유체 → 고체 → 유체 등의 일반적 열통과 과정에서 쉽게 적용할 수 있다.

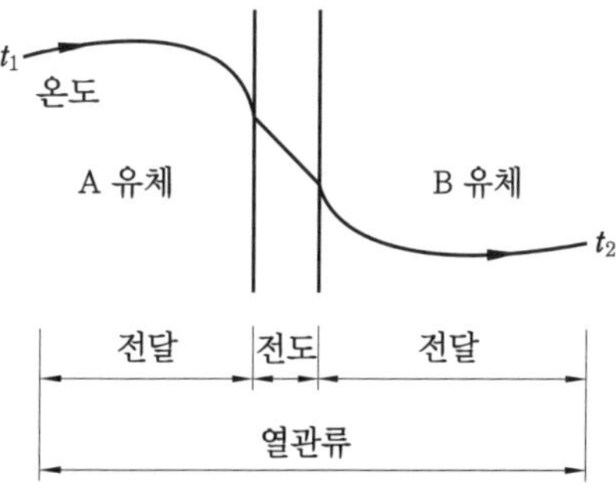

$$Q = AK(t_1 - t_2)$$

여기서, Q : 열전달량 (kJ/hr)
K : 열통과율 (W/m · K)
A : 열전달면적 (m^2)
t_1, t_2 : 유체의 온도 (℃)

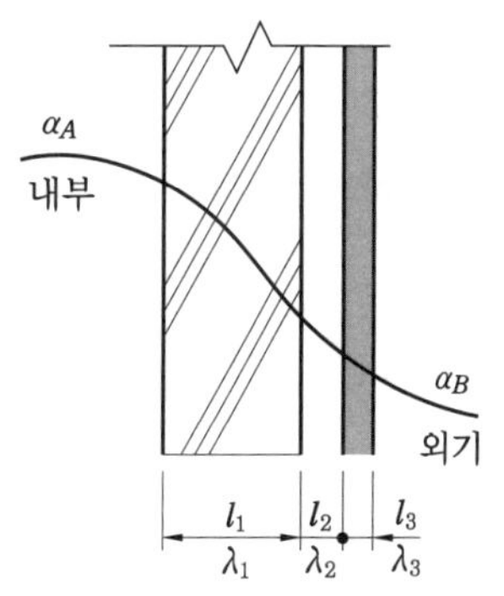

다층의 열관류

전열 계산에서는 열통과율을 이용하는 것이 거의 대부분의 경우이다. 그러나 여러 가지 조건에 따라 상이(相異)하므로 세심한 주의가 필요하다.

다층 평면벽(多層平面壁)일 때 통과율 K는

$$\frac{1}{K} = \frac{1}{\alpha_A} + \frac{l_1}{\lambda_1} + \frac{l_2}{\lambda_2} + \cdots + \frac{l_n}{\lambda_n} + \frac{1}{\alpha_B}$$

여기서, l : 재료의 두께 (m)
λ : 재료의 열전도율 (W/m · deg)
α_A : 내부 표면 열전도율 (W/m · deg)
α_B : 외부 표면 열전도율 (W/m · deg)

2. 융해와 응고

2-1 융해

고체가 가열되어 액체로 바뀌는 것을 융해라고 하며, 융해할 때의 온도를 융해점(융점)이라고 한다. 다음 표에 나타낸 것과 같이 얼음의 융점은 0℃인데, 얼음은 융해되기 시작하여 모두 녹을 때까지 온도는 오르지 않는다.

이것은 얼음을 녹이기 위하여 많은 열을 필요로 하기 때문이며, 1 g의 고체를 같은 온도의 액체로 바꾸는 데 필요한 열량을 그 물질의 융해열이라고 한다. 얼음의 융해열은 335.6 J이며, 0℃의 얼음 1 kg을 0℃의 물로 바꾸는 데는 335.6 kJ의 열이 필요하다.

융점과 융해열

물질	융점(℃)	융해열(kJ/kg)	물질	융점(℃)	융해열(kJ/kg)
얼음	0	79.7	알루미늄	660	95
순철	1530	64	백금	1774	27
동	1083	49	수은	−39	2.8
연	327	6	알코올	−117	24

2-2 응고

액체가 냉각되어 고체로 바뀌는 것을 응고라고 하며, 응고할 때의 온도를 응고점이라고 한다. 일반적으로 응고점과 융해점은 같은 온도에서 응고하며, 융해열과 동등한 응고열을 낸다.

응고열이 작은 것은 굳어지기 쉬우며, 녹은 납(鉛)이 곧 굳어지는 것은 납의 응고열이 6 cal로 아주 적기 때문이다. 대개의 물질은 응고할 때 부피가 수축하는데 물은 반대로 팽창한다. 0℃의 물이 0℃의 얼음으로 될 때 부피가 약 9%나 팽창하므로 겨울철에 관 속의 물이 얼면 팽창하여 큰 압력이 생기며, 강관도 쉽게 파괴된다.

3. 기화와 액화

3-1 증발과 비등

액체가 기체로 바뀌는 것을 기화(氣化)라고 하며, 액체의 표면에서만 기화하는 것을 증발이라고 한다. 물의 표면에서는 보통 온도에서도 수증기가 발생하는데, 이때 나오는 수증기의 온도는 그 물의 온도와 같다.

기화가 액체 속에서 일어나는 것을 비등이라고 하며, 물은 대기의 압력이 1기압일 때 100℃에서 비등한다. 이때 나오는 수증기의 온도가 100℃로서 그 부피는 100℃의 물에 비하여 약 1700배로 팽창한다. 물이 비등하는 온도는 대기의 압력에 관계되며, 대기의 압력이 1기압 이하일 때는 100℃ 이하에서 비등하지만 1기압 이상일 때에는 100℃로 가열하여도 비등하지 않는다.

3-2 기화열

물의 기화열은 대단히 크며, 100℃의 물 1 g에 대하여 539 cal이다. 수증기가 같은 온도의 물(응축수)로 바뀔 때에는 기화열과 동등한 응축열을 발산한다. 증기난방 시설에서는 방열기 속에서 증기를 응축수로 바꾸어서 그때의 응축열로 실내의 공기를 덥혀서 난방한다.

다음 표는 물질의 비점과 기화열 및 임계 온도와 임계 압력을 나타낸다.

물질의 비점과 기화열

물질	비점 (℃)	기화열 (kcal/kg)	물질	비점 (℃)	기화열 (kcal/kg)
물	100	539.1	암모니아	−33.4	325
알코올	78.3	220.9	프레온 R-12	−10	38.1
에틸	34.6	95.5	프레온 R-22	−10	55.7

임계 온도와 임계 압력

물질	임계 온도 (℃)	임계 압력 (kg/cm^2)	물질	임계 온도 (℃)	임계 압력 (kg/cm^2)
암모니아	132.4	111.5	이산화탄소	31.0	72.8
공기	−140.7	37.2	수증기	374.0	218.3
산소	−118.4	54.1	프레온 R-12	115.5	40.87

3-3 액화

기체가 액체로 바뀌는 것을 액화(液化)라고 한다. 일반적으로 기체를 액화하는 데는 임계 온도 이하로 냉각하여 압축한다. 기체를 임계 온도에서 액화시키는 데 필요한 압력을 임계 압력이라고 하며, 임계 온도 이하에서 액화할 때에는 임계 압력보다 낮은 압력으로 액화할 수가 있다.

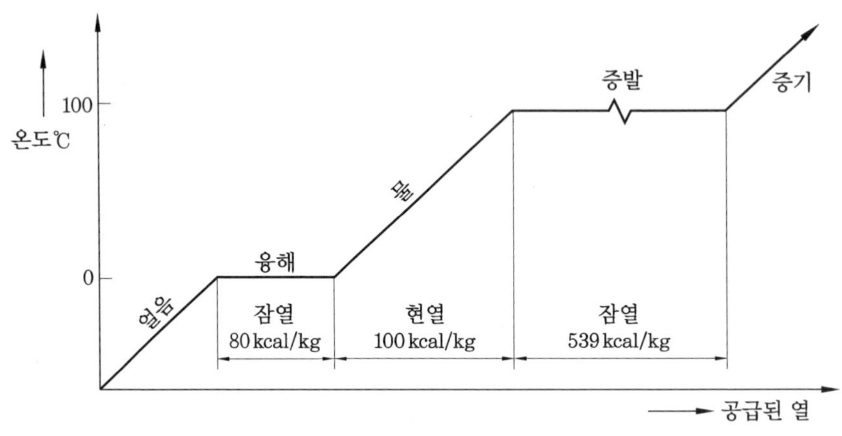

순수한 물의 상태 변화도

4. 습도

4-1 포화 수증기

용기에 물을 넣고 구멍을 막아 두면 처음에는 증발하지만 잠시 후에는 증발이 멈춘다. 이것은 공기 속에 함유되는 수증기의 양에 한도가 있기 때문이며, 이 한도에 이른 수증기를 포함하는 한도는 온도에 관계되며, 온도가 높을수록 많은 수증기를 함유하고 포화되었을 때의 수증기의 압력도 높아진다.

4-2 습도(濕度)

공기 중에는 항상 어느 정도의 수증기가 함유되어 있으며, 일상생활과 깊은 관계를 가지고 있다. 공기 중의 수증기가 포화 상태가 되지 않을 때에는 수분이 다시 증발될 수 있으므로 젖어 있는 물건이 마르기 쉽다.

포화 증기압은 기온이 높을수록 크며, 어느 온도에서 포화되어 있는 증기에서도 온도가 높아지면 포화되어 있지 않은 상태로 된다. 공기 중에 어느 정도의 수증기가 함유되어 있는가를 나타내는 데는 습도계를 사용한다. 습도는 공기 중에 있는 수증기의 압력 P와 그 습도에서의 증기의 포화 증기압 P_0와의 비를 %로 나타낸 것이다.

$$습도(\%) = \frac{P}{P_0} \times 100$$

이와 같은 습도를 상대 습도(RH : relative humidity)라 하며, 일반적으로 습도라 하면 상대 습도를 의미한다.

이 상대 습도에 대하여 공기 1 m^3에 함유되는 수증기의 g수를 절대 습도(SH : specific humidity)라 한다.

4-3 습도의 측정

습도를 측정하는 데는 그림에 나타낸 바와 같이 건습계를 사용한다. 한쪽은 보통 온도계이며, 다른 한쪽은 구(球) 부분을 물로 적신 헝겊으로 싸서 끝을 물속에 담그어 둔다.

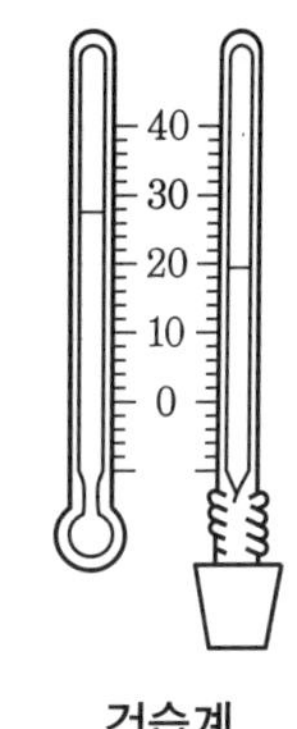

건습계

건구 온도(DB : dry bulb temperature) 쪽은 실내 공기의 온도를 나타내며, 습구 온도(WB : wet bulb temperature) 쪽은 증발이 많아지면 증발 잠열을 빼앗으므로 온도가 내려간다.

이와 같이 하여 양쪽 온도계의 온도차와 습구의 온도를 알아 표에서 상대 습도를 찾아낼 수 있다.

습도의 측정에는 건습계 외에 모발(머리털) 습도계가 있으며, 이것은 모발이 습기에 의하여 신축하는 성질을 이용하여 습도를 측정하는 장치이다.

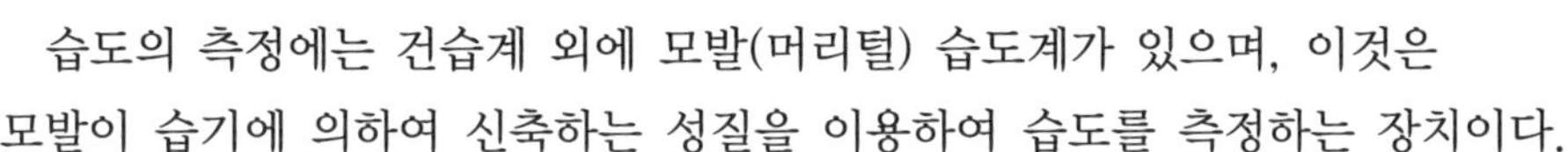

4-4 노점 온도(DP : dew point temperature)

수증기를 함유한 공기를 냉각하면 처음에는 포화하지 않았던 수증기가 차츰 포화점에 이르고 더욱 온도가 내려가면 수증기의 일부가 응결하여 이슬을 맺는다. 이때의 온도를 노점(이슬) 온도라고 하며, 밤에 지구 표면의 온도가 내려가서 노점 온도에 이르면 이슬이 내리는 것이다. 기온이 더욱 낮아져서 노점 온도(露店溫度)가 빙점 이하가 되면 서리가 내린다.

5. 이상 기체의 법칙

5-1 이상 기체의 개념

고체나 액체의 팽창률은 물질이 다르면 다른 값을 나타낸다. 기체는 대기압, 상온 부근에서는 거의 일정한 $\frac{1}{273}$의 값을 나타낸다. 그러나 실제로 존재하는 기체에서는 온도나 압력의 조건이 크게 달라지면 팽창률이나 비열도 달라진다. 열역학에서 여러 가지 변화의 상태를 생각할 때 위와 같은 성질을 완전히 만족시키는 기체가 있으면 매우 좋으므로 이런 기체를 가상하여 이상 기체(ideal gas) 또는 완전 가스(perfect gas))라고 한다.

5-2 이상 기체의 상태 방정식

(1) 보일(Bolye)의 법칙

일정한 질량의 기체의 체적을 일정한 온도하에서 변화시키면, 기체의 절대 압력과 체적의 곱은 일정하다. 압력을 P, 체적을 V라고 하면

$$PV = \text{일정 또는 } P_1 V_1 = P_2 V_2 = \text{일정}$$

(2) 샤를(Charles)의 법칙

압력을 일정하게 했을 때, 기체의 체적 팽창은 절대 온도(T)에 비례한다. V를 체적, T를 절대 온도라고 하면

$$\frac{V}{T} = \text{일정 또는 } \frac{V_1}{T_1} = \frac{V_2}{T_2} = \text{일정}$$

(3) 보일-샤를(Bolye-Charles)의 법칙

보일의 법칙과 샤를의 법칙을 조합시킨 보일-샤를의 법칙은 압력이나 온도가 달라졌을 때의 기체 상태를 나타낼 수 있으므로 중요하다.

즉, 보일-샤를의 법칙은 일정량의 이상 기체에서 압력 P와 체적 V의 곱은 절대 온도 T에 비례한다. 더욱이 비열이 일정한 이상적인 기체를 완전 가스라 하고 이를 이상 기체의 상태방정식이라 한다.

$$\frac{PV}{T}=R,\ PV=RT$$

여기서, R : 가스 정수(kg · m/kg · K)
(공기의 가스 정수는 29.27, 수증기의 경우 47.06)

이 식에서 R은 가스 정수로서 모든 가스에 있어 847.8을 그 가스의 분자량(分子量)으로 나누어 준 값이다.

5-3 이상 기체의 상태 변화

(1) 등온 변화

이상 기체의 상태 방정식 $PV=RT$ 있어서 외부에서 열을 받아 일정한 온도의 변화(T=일정)를 하려면 내부 에너지는 변화하지 않으므로 주어진 열량은 모두 일이 된다.

$T=C$(일정)이므로

$$P_1V_1=P_2V_2=RT=\text{일정}$$

가열량 q는

$$q=AW\,[\mathrm{kJ/kg}]=A\cdot RT_1\ln\frac{V_2}{V_1}=A\cdot RT_1\ln\frac{P_1}{P_2}$$

(2) 정압 변화

공기조화에서 취급하는 공기 또는 냉동 장치의 응축기나 증발기 등에 적용하며, 이 경우 P는 일정하므로 외부로부터의 열량은 전부 엔탈피의 증가로 된다.

$P=C$(일정)이므로

$$\frac{T_1}{V_1}=\frac{T_2}{V_2}=\frac{T}{R}=\text{일정}$$

일정 압력하에서 온도를 T_1에서 T_2로 가열하는 데 필요한 열량은 가스의 온도를 상승시켰고, 즉 내부 에너지가 증가되었고 외부에 대하여 일을 하였다.

따라서, 가열량 q는

$$q=(u_2-u_1)+AP(V_2-V_1)=(u_2+APV_2)-(u_1+APV_1)=h_2-h_1$$
$$=C_p(T_2-T_1)\text{이 된다.}$$

(3) 정적 변화

체적이 일정하면 외부에서 가해진 열량은 모두 내부 에너지로 증가한다.

$V = C$ (일정)이므로

$$\frac{T_1}{P_1} = \frac{T_2}{P_2} = \frac{T}{P} = \text{일정}$$

가열량 q는

$$q = u_2 - u_1 = C_v(T_2 - T_1) = \frac{AR}{k-1}(T_2 - T_1) = \frac{A}{k-1}V(P_2 - P_1)$$

(4) 단열 변화

냉동기의 압축기 내 변화는 편의상 단열 압축으로 본다.

$$P_1 V_1^{\ k} = P_2 V_2^{\ k} = \text{일정}$$

k는 단열 지수로서 이상 기체의 경우 비열비$\left(\frac{C_p}{C_v}\right)$와 같게 된다. $\left(k = \frac{C_p}{C_v}\right)$

$$\frac{T_1}{T_2} = \left(\frac{P_1}{P_2}\right)^{\frac{(k-1)}{k}} \qquad h_1 - h_2 = C_p(T_1 - T_2)$$

여기서, T_1, T_2 : 처음, 나중의 절대 온도(t+273)
V_1, V_2 : 처음과 나중의 체적(m^3)
P_1, P_2 : 처음과 나중의 압력(Pa)
h_1, h_2 : 처음과 나중의 엔탈피
k : 비열비(공기 1.4, 암모니아 1.33)

즉, 열을 외부에서 받지도 않고 외부로 방출하지 않으면서 가스를 팽창압축시킨다.

부록

1. 각종 재료 기호 (KS 규격)

NO	KS NO	규격명	KS 기호	JIS-NO	JIS 기호
1	KS D 2301	터프 피치 형동	B-Tcu, C-Tcu	H 2123	B-Tcu, C-Tcu
2	KS D 2302	연 지금	Pb	H 2105	-
3	KS D 2304	알루미늄 지금	Al	H 2102	-
4	KS D 2305	주석 지금	Sn	H 2108	-
5	KS D 2306	금속 크롬	Cr	G 2313	Mcr
6	KS D 2307	니켈 지금	Ni	H 2104	N
7	KS D 2308	은 지금	Ag	H 2141	-
8	KS D 2310	인동 지금	Pcu	H 2501	Pcu
9	KS D 2312	금속 망간	M, Mn, E	H 2311	M Mn E
10	KS D 2313	금속 규소	Msi	G 2312	MSn
11	KS D 2316	페로티탄	FTiL	G 2309	F TiH, FTiL
12	KS D 2320	주물용 황동 지금	BsIC	G 2202	Ybs Cin
13	KS D 2321	주물용 청동 지금	BIC	G 2203	BCIn
14	KS D 2322	주물용 인청동 지금	PBIC	G 2204	PBCIn
15	KS D 2330	주물용 알루미늄 합금 지금	AlC	G 2211	Cx V
16	KS D 2331	다이캐스팅용 알루미늄 합금 지금	AIDC	G 2212	Dx V
17	KS D 2332	다이캐스팅용 알루미늄 재생 합금 지금	AIDCS	G 2118	Dx S
18	KS D 2334	주물용 알루미늄 재생 합금 지금	CxxS	G 2117	Cxx S
19	KS D 2344	활자 합금 지금	T	G 2231	K
20	KS D 2351	아연 지금	Zn	G 2107	-
21	KS D 3501	열간 압연 강판 및 강대	SHP	G 3131	SPHC, SPHD, SPHE
22	KS D 3503	일반 구조용 압연 강재	SB	G 3101	SS
23	KS D 3504	철근 콘크리트용 봉강	SBG	G 3112	SR, SD, SDC
24	KS D 3506	아연도 강관	SBHG	G 3302	SPG
25	KS D 3507	배관용 탄소강관	SPP, SPPW	G 3452	SGP
26	KS D 3508	아크 용접봉 심선재	SWRW	G 3503	SWRY
27	KS D 3509	피아노 선재	PWR	G 3502	SWRS
28	KS D 3510	경강선	HSW	G 3521	SW
29	KS D 3511	재생 강재	SBR	G 3111	SRB

NO	KS NO	규격명	KS 기호	JIS-NO	JIS 기호
30	KS D 3512	냉간압연 강판 및 강대	SBC	G 3141	SPCC, SPCD, SPCE
31	KS D 3515	용접구조용 압연 강재	SWS	G 3106	SM
32	KS D 3516	주석 도금 강판	ET, HD	G 3303	SPTE, SPTH
33	KS D 3517	기계구조용 탄소강 강관	STM	G 3445	STKM
34	KS D 3520	착색 아연도 강판	SBPG	G 3312	SCG
35	KS D 3521	압력 용기용 강판	SPPV	G 3115	SPV
36	KS D 3522	고속도 공구강 강재	SKH	G 4403	SKH
37	KS D 3523	중공강 강재	SKC	G 4410	SKC
38	KS D 3525	고탄소 크롬 베어링 강재	STB	G 4805	SUJ
39	KS D 3526	마봉강용 일반 강재	SGD	G 3108	SGD
40	KS D 3527	철근콘크리트용 재생 봉강	SBCR	G 3117	SRR, SDR
41	KS D 3528	전기 아연 도금 강판 및 강재	SEHC, SECC, SEHE, SEHD, SECD, SECE	G 3313	SEHC, SECC, SEHE, SEHD, SECD, SECE
42	KS D 3530	일반 구조용 경량 형강	SBC	G 3350	SSC
43	KS D 3532	내식 내열 초합금판	NCF	G 4901	NCF
44	KS D 3533	고압가스용 철판 및 강대	SG	G 3116	SG
45	KS D 3534	스프링용 스테인리스 강대	STSC	G 4313	SUS
46	KS D 3535	스프링용 스테인리스 강선	STSC	G 4314	SUS
47	KS D 3536	구조용 스테인리스강 강관	STST	G 3446	SUS
48	KS D 3550	피복아크 용접봉 심선	SWW	G 3523	SWY
49	KS D 3552	철선	MSW	G 3532	SWH
50	KS D 3554	연강 선재	MSWR	G 3505	SWRM
51	KS D 3555	강관용 열간 압연 탄소강 대강	HRS	G 3132	SPHT
52	KS D 3556	피아노선	PW	G 3522	SWP
53	KS D 3557	리벳용 압연 강재	SBV	G 3104	SV
54	KS D 3559	경강 선재	HSWR	G 3506	SWRH
55	KS D 3560	보일러용 압연 강재	SBB	G 3103	SB
56	KS D 3561	마봉강(탄소강)	SB	G 3123	SS-B-D
57	KS D 3562	압력 배관용 탄소강 강관	SPPS	G 3454	STPG
58	KS D 3563	보일러 및 열교환기용 탄소강관	STH	G 3461	STB
59	KS D 3564	고압 배관용 탄소강관	SPPH	G 3455	STS
60	KS D 3565	수도 도복장 강관	STPW-A STPW-C	G 3443	-

NO	KS NO	규격명	KS 기호	JIS-NO	JIS 기호
61	KS D 3566	일반 구조용 탄소강관	SPS	G 3444	STK
62	KS D 3568	일반 구조용 각형 강관	SPSR	G 3466	STKR
63	KS D 3569	저온 배관용 강관	SPLT	G 3460	STPL
64	KS D 3570	고온 배관용 강관	SPHT	G 3456	STPT
65	KS D 3571	저온 열교환기용 강관	STLT	G 3464	STBC
66	KS D 3572	보일러 열교환기용 합금강관	STHA	G 3462	STBA
67	KS D 3573	배관용 합금강 강관	SPA	G 3458	STPA
68	KS D 3574	구조용 합금강 강관	STA	G 3441	STKS
69	KS D 3575	고압가스 용기용 이음매 없는 강관	STHG	G 3429	STH
70	KS D 3576	배관용 오스테나이트 스테인리스 강관	STSxT	G 3459	SUSTP
71	KS D 3577	보일러 열교환기용 스테인리스 강관	STSxTB	G 3463	SUSxTB
72	KS D 3579	스프링용 탄소강 오일 템퍼선	SWO	G 3560	SWO
73	KS D 3580	밸브 스프링용 탄소강 오일 템퍼선	SWO-V	G 3561	SWO-V
74	KS D 3581	밸브 스프링용 크롬 바나듐강 오일 템퍼선	SWOCV - V	G 3565	SWDCV-V
75	KS D 3582	밸브 스프링용 실리콘 크롬강 오일 템퍼선	SWOSC - V	G 3566	SWOSC-V
76	KS D 3583	배관용 아크 용접 탄소강관	SPW	G 3457	STPY
77	KS D 3697	냉간 압조용 스테인리스 강선	STSW	G 4315	SUS
78	KS D 3698	냉간 압연 스테인리스 강판	STSP	G 4305	SUS
79	KS D 3699	열간 압연 스테인리스 강대	STSxHS	G 4306	SUSxHS
80	KS D 3700	냉간 압연 스테인리스 강대	STSxCS	G 4307	SUSxCS
81	KS D 3701	스프링강	SPS	G 4801	SUP
82	KS D 3702	스테인리스 강선재	STSxWR	G 4308	SUS
83	KS D 3703	스테인리스 강선	STSx WSWH	G 4309	SUB
84	KS D 3704	내열강재	HRS	-	-
85	KS D 3705	열간 압연 스테인리스 강관	STSxHP	G 4306	SUS
86	KS D 3706	스테인리스 강봉	STSxB	G 4303	SUS
87	KS D 3707	크롬강재	SCr	G 4104	SCR
88	KS D 3708	니켈 크롬강 강재	SNC	G 4102	SNC
89	KS D 3709	니켈 크롬 몰리브덴	SNCM	G 4103	SNCM
90	KS D 3710	탄소강 단강품	SF	G 3201	SF
91	KS D 3711	크롬 몰리브덴 강재	SCM	G 4105	SCM
92	KS D 3712	페로망간	FMn	G 2301	FMn
93	KS D 3713	페로실리콘	Fsi	G 2302	Fsi

NO	KS NO	규격명	KS 기호	JIS NO	JIS 기호
94	KS D 3714	페로크롬	FCr	G 2303	FCr
95	KS D 3715	페로텅스텐	FW	G 2306	FW
96	KS D 3716	페로몰리브덴	FMO	G 2307	Fmo
97	KS D 3717	실리콘 망간	SiMn	G 2304	Si Mn
98	KS D 3731	내열강봉	STR	G 4311	SUH
99	KS D 3732	내열강판	STR	G 4312	SUH
100	KS D 3751	탄소공구강	STC	G 4401	SK
101	KS D 3752	기계 탄소용 탄소 강재	SM	G 4051	SxC
102	KS D 3753	합금 공구 강재	STS	G 4404	SKS, SKD, SKT
103	KS D 3801	열간 압연 규소 강판	SExH	C 2551	SxF
104	KS D 3802	냉간 압연 규소 강대	SExC	C 2552	Sx
105	KS D 4101	탄소 주강품	SC	C 5101	SC
106	KS D 4102	구조용 합금강 주강품	HSC	C 5111	SSC, SCMn, SCCrMO
107	KS D 4103	스테인리스 주강품	SSC	C 5121	SCS
108	KS D 4104	고망간 주강품	HMnSC	G 5131	SCMnH
109	KS D 4105	내열 주강품	HRSC	G 5122	SCH
110	KS D 4106	용접 구조용 주강품	SCW	G 5102	SCW
111	KS D 4109	압력 용기용 조절형 탄소강 및 저합금강 단강품	SFU	G 3211	SFU
112	KS D 4301	회주철품	GC	G 5501	FC
113	KS D 4302	구상 흑연 주철품	DC	G 5502	FCD
114	KS D 4303	흑심 가단 주철품	BMC	G 5702	FCMB
115	KS D 4304	페라이트 가단 주철품	PMC	G 5704	FCMP
116	KS D 4305	백심 가단 주철품	WMC	G 5703	FCMW
117	KS D 4315	고온 고압용 주강품	SCPH	G 5151	SCPH
118	KS D 5501	이음매 없는 터프 피치 동관	TCuP	H 3606	TCuT
119	KS D 5502	터프 피치 동봉	TCuBE, TCuBD	H 3405	TCuBE, TCuBD
120	KS D 5503	쾌삭 황동봉	MBsBE, MBsBD	H 3422	BsBMD, BsBME
121	KS D 5504	터프 피치 동관	TCuS	H 3103	TCuP
122	KS D 5505	황동판	BsS	H 3201	BsP
123	KS D 5506	인청동판 및 조	PBS, PBT	H 3731	PBP, PBR

NO	KS NO	규격명	KS 기호	JIS-NO	JIS 기호
124	KS D 5507	단조용 황동봉	FBsBE, FBsBD	H 3423	BsBFE, BsBFD
125	KS D 5508	스프링용 인청동판 및 조	FBSS, FBTS	H 3732	PBSP, SRPB
126	KS D 5509	악기 리드용 황동판	BsMR	H 3207	BsPV
127	KS D 5510	이음매 없는 황동판	BsSTx, BsSTxS	H 3631	BsT
128	KS D 5511	인쇄용 동판	CuSP	H 3102	CuPP
129	KS D 5512	연판	Pbs	H 4301	PbP
130	KS D 5513	황동조	BsT	H 3321	BsR
131	KS D 5514	함연 황동조	PbBsT	H 3322	PbBsR
132	KS D 5515	아연판	ZnP	H 4321	–
133	KS D 5516	인청동봉	PBR	H 3741	PBB, R
134	KS D 5517	터프 피치 동조	CuT	H 3304	TCuR
135	KS D 5518	인청동선	PBW	H 3751	PEW
136	KS D 5520	고강도 황동봉	HBsRE HBsRD	H 3425	HBxBD, HBsBE
137	KS D 5521	특수 알루미늄 청동봉	ABRF, ABRE, ABRD	H 3441	ABBD, ABBE, ABBF
138	KS D 5522	이음매 없는 인탈산 동관	DCuP, DCuPS	H 3603	DCuT
139	KS D 5523	인탈산 동판	DCuS	H 3104	DCuP
140	KS D 5524	네이벌 황동봉	NBsBE, NBsBD	H 3424	NBsBD, NBsBE
141	KS D 5525	이음매 없는 황동관	RBsPxS	H 3641	RBsT
142	KS D 5526	백동판	NCuS	H 3251	GNP
143	KS D 5527	이음매 없는 제지롤 황동관	BsPp	H 3634	BsPPp
144	KS D 5528	네이벌 황동판	NBsS	H 3203	NBsP
145	KS D 5529	황동봉	BsBD, BsBE	H 3426	BsBD, BsBE
146	KS D 5530	동 버스 바	CuBB	H 3361	CuBB
147	KS D 5531	뇌관용 동조	CuTD	H 3302	CuRD
148	KS D 5532	베릴륨 동 합금판 및 조	BeCuS, BeCuT	H 3801	BeCuP, BeCuR
149	KS D 5533	베릴륨 동 합금봉	BeCuB	H 3802	BeCuB
150	KS D 5534	베릴륨 동 합금선	BeCuW	H 3803	BeCuW
151	KS D 5535	단동선	RBsW	H 3551	RBsW
152	KS D 5536	특수 알루미늄 청동관	ABS	H 3208	ABP

NO	KS NO	규격명	KS 기호	JIS-NO	JIS 기호
153	KS D 5537	이음매 없는 복수기용 황동관	BsPF	H 3632	BsBT
154	KS D 5538	이음매 없는 규소 청동관	SiBP	H 3651	BiBT
155	KS D 5539	이음매 없는 니켈동 합금관	NCuP	H 3661	NCuT
156	KS D 5540	조명 및 전자 기기용 몰리브덴선	VMW	H 4481	VMW
157	KS D 5545	황동 용접관	BsPW	H 3671	BsTW
158	KS D 5551	함연 황동선	PbBsW	–	–
159	KS D 5552	함연 황동판	PbBsS	H 3202	PbBsP
160	KS D 5553	터프 피치 동선	CuW	H 3504	TCuW
161	KS D 5554	황동선	BsW	H 3521	BsW
162	KS D 5555	양백선	NSW	H 3721	NSW
163	KS D 6001	황동 주물	BsC	H 5101	YBsC
164	KS D 6002	청동 주물	BrC	H 5111	BC
165	KS D 6003	화이트 메탈	WM	H 5401	WJ
166	KS D 6004	베어링용 동연 합금 주물	KM	H 5403	KJ
167	KS D 6005	아연 합금 다이캐스팅	ZnDC	H 5301	ZDC
168	KS D 6006	알루미늄 합금 다이캐스팅	AlDC	H 5302	ADC
169	KS D 6007	고강도 황동 주물	HBsC	H 5102	HBsC
170	KS D 6008	알루미늄 합금 주물	ACxA	H 5202	AC
171	KS D 6010	인청동 주물	PBC	H 5113	PBC
172	KS D 6011	연입 청동 주물	PbBrC	H 5115	LBC
173	KS D 6012	베어링용 알루미늄 합금 주물	AM	H 5402	AJ
174	KS D 6013	초경합금	SGD	H 5501	SGD
175	KS D 6014	실진 청동 주물	SzBrC	H 5112	SzBC
176	KS D 6701	알루미늄 및 알루미늄 합금판 및 조	AxxxxS, R, C	H 4000	AxxxxP, R, E PC
177	KS D 6702	연관	PbP	H 4311	PbT
178	KS D 6703	수도용 연관	PbPW	H 4312	PbTW
179	KS D 6705	알루미늄박	AlF	H 4191	AlH
180	KS D 6706	고순도 알루미늄박	AlFS	H 4192	AOH
181	KS D 6707	양백판 및 조	NSPx, NSTx	H 3701	NSP, NSR
182	KS D 6708	양백 봉	NSB	H 3711	NSB
183	KS D 6709	스프링용 양백판 및 조	NSSS, NSST	H 3702	NSSP, NSSR
184	KS D 6713	알루미늄 및 알루미늄 합금 용접관	AxxxxTW	H 4090	AxxxxTE, TDTES, TDS

NO	KS NO	규격명	KS 기호	JIS-NO	JIS 기호
185	KS D 6755	알루미늄선	AlW	H 4040	AxBES, AxBDS AxW
186	KS D 6756	알루미늄 리벳재	AlV	H 4120	AxBR
187	KS D 6757	알루미늄 및 알루미늄 합금 리벳재	Axxxx	H 4120	AxBR
188	KS D 6758	알루미늄 봉	AlB	H 4040	AxBES AxBDS, AxW
189	KS D 6759	내식 알루미늄 합금 압출형재	AlxE	H 4100	AxxxxS, SS
190	KS D 6760	이음매 없는 알루미늄관	AlxP	H 4080	AxxxxTE, TDTES, TDS
191	KS D 6761	이음매 없는 알루미늄 및 알루미늄 합금관	AxxxxPE, PD	H 4080	AxxxxTE, TDTES, TDS
192	KS D 6762	알루미늄 도체 및 알루미늄 합금도체	AELS	H 4180	AxxxxPB, SBSBC, SBSCTB, TBS
193	KS D 6763	알루미늄 및 알루미늄 합금봉 및 선	Axxx BE, BD BES,BDS	H 4040	Axxx BE, BD BES, BDS
194	KS D 6770	알루미늄 및 알루미늄 합금 단조품	AxxxFD, FH	H 4140	AxxxFD, FH
195	KS D 7002	PC 강선 및 PC 강연선	SWPC	H 3536	SWPR, SWPD
196	KS D 7009	PC 경강선	SWHD SWHR	H 3538	SWCR, SWCD
197	KS D 8302	철강 소지상의 니켈 및 크롬 도금	SN	H 3612	FNM, FGM
198	KS D 8303	동 및 동합금 소지상의 니켈 및 크롬 도금	BN	H 3613	BNM, BGM
199	KS D 8304	전기 아연 도금	ZP, ZPC	H 3610	ZM, ZMC
200	KS D 8305	아연 및 아연합금 소지상의 니켈 및 크롬 도금	ZN, ZNC	H 3614	–
201	KS D 8308	용융 아연 도금	ZHD	H 3641	HDZ
202	KS D 8309	용융 알루미늄 도금	AD	H 3642	HAD
203	KS D 8320	알루미늄 용사	AS, ASP, ASS, ASD	H 8301	AS, ASP, ASS, ASD
204	KS D 8322	아연 용사	ZnS	H 8300	ZS, ZSP
205	KS D 9005	포자용 대강	SSP	H 3141	SPCC, SPCD, SPCE
206	KS C 2503	전자 연철봉	SUYB	C 2503	SUYB
207	KS C 2504	전자 연철판	SUYP	C 2504	SUYP
208	KS C 2505	영구 자석용 재료	Mc, Su	C 2502	ME, MC, MP

2. 배관 약어

배관 약어	원어	해석
Abs	absolute	순수한, 절대(의)
AD	acid drain	산성 배수
AGA	American Gas Association	미국가스협회
AISI	American Iron & Steel Institute	미국 철강 산업규격
∠	angle	각
ANSI	American National Standard Institute	미국 국가산업 표준규격
ASA	American Standard Association	미국표준협회
ASTM	American Society for Testing meterials	미국 금속 시험 협회
Assy	assembly	완제품
avg	average	표준(의), 보통(의)
AWWA	American Water Work Association	미국수력협회
BB	bolted bonnet	보닛 볼트
BC	bolt circle	원형 볼트
B & S	bell & spigot	소켓 접합
bbl	barrel	배럴
BD	blow down	배출
BE	bevel end	(용접을 위한) 개선 가공
BF	blind flange	블라인드 플랜지
BGO	bevel gear operated	베벨 기어 조작
BOP	bottom of pipe	파이프의 바닥면
BOV	bottom of vessel	용기의 바닥면
BW	butt weld	맞대기 용접
BSP	British standard pipe	영국 표준 파이프
℃	Degrees Cantigrade	섭씨 온도 단위
[	channel	채널
CAS	cast alloy steel	합금 주강
Cat.	catalogue	카탈로그
CB	coninous blow down	연속 배출
CD	chemical drain	화학 배수
cfm	cubic feet per minute	ft^3/min
cfs	cubic feet per secound	ft^3/s
CH, VA	check valve	체크 밸브
ch, op	chain operated	체인 조작
CI	cast iron	주철
CL or ℄	center line	중심선
COL	column	기둥
CO	clean out	세정
CO_2	carbon dioxide	이산화탄소
COND	condensate	정류, 응축
Conc.	concentric	동심, 정심

배관 약어	원어	해석
CONN.	connection	연결
CPLG	coupling	커플링
COP	center of pipe	파이프의 중심선
CS	cast steel	주강
Conc. Red	concentric reducer	동심 리듀서, 정심 리듀서
Cu. ft	cubic feet	ft^3
Cu. in	cubic inch	in^3
C to F	center to face	면에서 중심까지
CRC	composition recording controller	혼합 기록 조절기
CW	cooling water	냉각수
D	drain	응축수, 배수
deg.	degree	도
DF	drain funnel	배수용 깔대기
D/M	demension	크기
DIA	diameter	지름
DS	dumy support	더미 서포트
DWG	drawing	도면
Ecc. Red	eccentric reducer	편심 리듀서
EF	electric furnace	전기로
ell	elbow	엘보
EL	elevatiion	해수 기준선
EFW	electric fusion welded	전기 원자 용접
ERW	electric resistance welded	전기 저항 용접
EQUIP	equipment	장치
EXCH	exchanger	교환기
ESV	electric safety valve	전기 작동식 안전밸브
EXP	expansion	신축
EVAP	evaporation	증발기
°F	degrees Fahrenheit	화씨 온도 단위
FA	flow alarm	유량 경보기
FAB	fabricated	구조물
FC	flow controller	유량 조절기
FE	flow element	유량 성분
F to F	face to face	면에서 면까지
FF	flat face	평면
FI	flow indicator	유량 지시기
FIC	flow indicating controller	유량 지시 조절기
Fig	figure or figure number	그림 또는 그림번호
FLG	flange	플랜지
FR	flow recorder	유량 기록기
FRC	flow recording controller	유량 기록 조절기
FS	forged steel	단조강
FSS	forged stainless steel	단조 스테인리스강
g	gage	게이지

배관 약어	원어	해석
gal(G/A)	gallon	갤런
GR	grade	등급
HC	hydro carbon or high pressure condensate	탄화수소 또는 고압 정류기
HCV	hand control valve	수동 조절 밸브
HDR	Header	헤더
HIC	hand indicating controller	수동 지시 조절기
HI	high pressure instrument air	고압 장치용 공기
Hex.	hexagonal	육각
HOR	horizontal	수평
HP	high pressure or horse power	고압 혹은 마력
Hr	hour	시간
ID	inside diameter	안지름
IN	inch	인치
INS	insulate	보온
IPS	iron pipe size	강판 크기
Iso. Dwg	isometric drawing	등각 투상도
KD	Knock down	분해하다
KS	Korean Standard	한국표준규격
LA	level alarm	수위 경보기
LAS	level alarm switch	수위 경보 스위치
LB or LBS	pound #	파운드
LC	level controller or lock close	수위 조절기 또는 시건 장치
LD	liquid drain	액체 배수
LIC	level indicating controller	수위 지시 조절기
LO	low pressure	저압
L & P	lsdder and platform	사다리와 승강장
LR	level recoder or long radius	수위 기록기 또는 장경(長徑)
LRC	level recoding controller	수위 기록 조절기
LUBR	lubrication	윤활유
MAT'L	material	재료
max	maximum	최대
M/C	machine	기계
MH	manhole	맨홀
M/L or ML	match line	도면 연결선
min	minimum	최소
N	north	북쪽
Ni	nickel	니켈
NOM	nominal	공칭
NPS	nominal pipe size	공칭 파이프 크기
NS	Non scale	축척 없음
NV	needle valve	니들 밸브
ϕ	diameter	지름
OD	out side diameter	바깥지름
OPR	operating	운전, 조작

배관 약어	원어	해석
O.S and Y	outside screw & yoke	바깥 나사와 요크
PA	pressure alarm or plant air	압력 경보 또는 작업용 공기
PAS	pressure alarm switch	압력 경보 스위치
PC	pressure controller	압력 조절기
PCV	pressure control valve	압력 조절 밸브
PE	plain end	끝부분 직각 절단
PI	pressure indicator	압력 지시기
PIC	pressure indicating controller	압력 지시 조절기
ph. Rc	ph, recording controller	ph 기록 조절기
PL	plate	판
P.O	pump out	펌프 아웃
PP	personal protection	화상 방지
PPM	parts per million	1/1000000
PSV	pressure safety valve	압력 안전밸브
psi	pound per square inch	lb/in^2
Rad	radius	반지름
red	reducer	리듀서
RF	raised face	대평면 자리
RTJ	ring type joint	링형 조인트
Scr'd	screwed	나사
Sch.	schedule	스케줄
Sec.	section	부분, 단면
SMLS	seamless	접합부가 없는
SO	steam out	증기 배출
S.O Red. FLG	slip-on reducing flange	슬립-온 이경 플랜지
SR	short radius	단경(短繁)
spec.	specification	상세 내역
Sq.	square	사각
Std.	standard	표준
STM	steam	스팀
STR	strainer	스트레이너
SV	safety valve	안전밸브
TA	temperature alarm	온도 경보기
TCV	temperature control valve	온도 조절 밸브
TE	thread end	끝부분 나사치기
THK	thickness	두께
TIC	temperature indicating controller	온도 지시 조절기
TOP	top of pipe	파이프의 윗면
TR	temperature recorder	온도 기록기
TYP	typical	대표적인
Vert	vertical	수직
WN	weld neck	웰드 넥
Wt	weight	무게
WWP	working water pressure	작업 용수 압력

3. 밸브 용어

(1) 밸브의 명칭

번호	용어	뜻	참고	
			대응 영어	관용어
1000	밸브	유체를 통과시키거나, 차단하거나 또는 유체 유동을 제어하기 위하여 통로를 개폐할 수 있는 가동 기구를 가지는 기기의 총칭.	valve	
1100	스톱 밸브	밸브 디스크가 밸브대에 의하여 밸브 시트에 직각인 방향으로 작동하는 밸브의 총칭.	stop valve	
1101	글로브 밸브	일반적으로 공 모양의 밸브 몸통을 가지며, 입구와 출구의 중심선이 일직선 위에 있고, 유체의 흐름이 S자 모양으로 되는 밸브.(KS B 2361 참조)	globe valve	구형 밸브
1102	앵글밸브	밸브 몸통의 입구와 출구의 중심선이 직각이고, 유체의 흐르는 방향이 직각으로 변화하는 밸브(KS B 2362 참조).	angle valve	L형 밸브
1103	Y형 밸브	밸브 몸통의 입구와 출구의 중심선이 일직선 위에 있고, 밸브대의 축과 출구의 유로가 예각으로 되어 있는 밸브.	Y-globe valve	
1104	니들 밸브	유량을 조절하기 쉽게 밸브대가 바늘 모양으로 되어 있는 밸브.	needle valve	
1150	슬루스 밸브	밸브 디스크가 유체의 통로를 수직으로 개폐하고, 유체의 흐름이 일직선 위에 있는 밸브의 총칭(KS B 2363 참조).	sluice valve, gate valve	게이트 밸브
1151	웨지 게이트 밸브	밸브 디스크가 쐐기 모양의 슬루스 밸브. 단순히 게이트 밸브라고도 한다 (KS B 2363 참조)	wedge gate valve	게이트 밸브
1152	패럴렐 슬라이드 밸브	서로 평행인 2개의 밸브 디스크의 조합으로 구성되고, 유체의 압력에 의하여 출구쪽의 밸브 시트면에 면압을 주는 양식의 슬루스 밸브.	parallel slide valve	
1153	더블 디스크 게이트 밸브	서로 평행인 2개의 밸브 디스크의 조합으로 구성되고, 밸브대의 추력에 의하여 밸브 디스크를 눌러 벌려서 출구·입구의 밸브 시트면에 면압을 주는 양식의 슬루스 밸브.	double disc gate valve	
1200	체크 밸브	밸브 디스크가 유체의 배압에 의하여 역류를 방지하도록 작동하는 밸브의 총칭. (KS B 2364 참조)	check valve, non-return valve	

번호	용어	뜻	참고	
			대응 영어	관용어
1201	리프트 체크 밸브	밸브 디스크가 밸브 몸통 또는 뚜껑에 만들어진 안내에 의하여 밸브 시트에 대하여 수직으로 작동하는 체크 밸브. (KS B 2314 참조)	lift check valve	
1202	스윙 체크 밸브	밸브 디스크가 핀을 지점으로 하는 암에 의하여 원호 모양 운동을 하고, 유체의 역류에 의해 밸브 시트면에 수직으로 압착하는 체크 밸브. 유체의 흐름은 거의 직선적이다.(KS B 2364 참조)	swing check valve	
1203	볼 체크 밸브	밸브 디스크가 공 모양의 리프트 체크 밸브	ball check valve	
1204	푸트밸브	흡입관에 붙여서 역류를 방지하는 수직형의 체크 밸브. 일반적으로 스트레이너를 부착한다.	foot valve	
1205	나사쥠 체크 밸브	스톱 밸브와 체크 밸브의 기능을 겸비한 밸브(KS B 8608 참조).	screw-down stop check valve	스톱 체크 밸브
1250	콕	테이퍼 또는 평행 모양의 시트를 가진 몸체의 내부에 회전할 수 있는 마개가 들어 있는 유체 차단 기기의 총칭. 몸체의 통로 구멍은 마개를 90°또는 그 이하 회전시킴으로써 연결 또는 차단할 수 있다.(KS B 2371 참조).	cook	
2151	플러그 콕	패킹이나 패킹 누르개가 없는 가장 단순한 콕(KS B 2371 참조).	plug cock	
1252	글랜드 콕	패킹이나 패킹 누르개가 있는 콕, 큰 구멍의 것은 뚜껑 붙이로 되어 있다(KS B 2372 참조).	gland cock	
1253	슬리브 콕	몸체의 접촉면에 슬리브를 갖춘 콕	sleeve cock	
1254	리프트 콕	마개의 회전뿐만 아니라 마개를 인상함으로써 토크의 감소를 도모하는 기구를 가지는 콕	lift cock	
1255	플러그 밸브	윤활 구조를 가지는 콕. 다른 형식의 것보다 높은 압력에 사용할 수 있다.	lubricated plug valve	
1300	볼 밸브	마개가 공 모양이고, 콕에 유사한 밸브	ball valve	
1350	버터플라이 밸브	밸브 몸통 속에서 밸브대를 축으로 하여 원판 모양의 밸브 디스크가 회전하는 밸브.	butterfly valve	나비형 밸브
1400	다이어프램 밸브	밸브 몸통의 중앙에 원호 모양의 위어를 가지며, 다이어프램에 의해서 통로를 개폐하는 밸브.	diaphragm valve	
1450	원격 조작 밸브	원거리에서 조작하는 밸브의 총칭	remote operated valve	
1451	동력 조작 밸브	동력으로 조작하는 밸브의 총칭	power operated valve	

번호	용어	뜻	참고	
			대응 영어	관용어
1452	전동 밸브	전동기로 조작하는 밸브.	motor operated valve	모터 밸브
1453	전자 밸브	전자석의 흡인 작용에 의하여, 몸체를 개폐하는 밸브.	solenoid operated valve	마그넷 밸브 솔레노이드 밸브
1454	유압 실린더 밸브	구동부가 실린더이고, 유압을 동력으로 하는 밸브.	oil cylinder valve	
1455	유압 모터 밸브	구동부가 회전체이고, 유압을 동력으로 하는 밸브.	oil moter valve	
1456	수압 실린더 밸브	구동부가 실린더이고, 수압을 동력으로 하는 밸브.	hydraulic cylinder valve	
1457	다이어프램 조작 밸브	구동부에 다이어프램을 사용하고, 공기압을 동력으로 하는 밸브.	diaphragm operated valve	다이어프램 밸브
1458	공기 실린더 밸브	구동부가 실린더이고, 공기압을 동력으로 하는 밸브.	air cylinder valve	
1459	에어 모터 밸브	구동부가 회전체이고, 공기압을 동력으로 하는 밸브.	air motor valve	
1500	자동 제어 밸브	자동 제어 장치의 조작부로서 조절부의 신호에 의하여 자동 조작되는 밸브의 총칭이고, 자력식(조정 밸브)과 타력식(조절 밸브) 등이 있다.	automatic control valve	
1501	자동 조정 밸브	밸브의 작동에 필요한 동력을 검출부를 통해서 제어 대상으로부터 직접 받는 밸브의 총칭.	regulating valve	
1502	압력 조정 밸브	추, 스프링, 유체 압력 등을 사용하여 압력을 조정하는 밸브의 총칭.	pressure regulating valve	
1503	감압 밸브	2차측의 유체 압력을 1차측의 유체 압력보다 낮은 어떠한 일정 압력으로 감압될 수 있는 자동 조절 밸브.	pressure reducing valve	리듀싱 밸브
1504	배압 밸브	1차측의 유체 압력을 어떠한 일정 압력으로 유지하기 위해 1차측 압력의 변화에 응하여 유체를 방출할 수 있는 자동 조정 밸브.	back pressure regulating valve	
1505	차압 밸브	1차측과 2차측의 압력 또는 각각의 압력과 계통이 다른 압력과의 차를 어떤 일정 차로 유지할 수 있는 자동 조정 밸브.	differential pressure regulating valve	
1506	온도 조정 밸브	온도를 감지하는 기구에 의해서 열매 또는 냉매 유체를 조정하여 온도를 일정하게 유지할 수 있는 자동 조정 밸브.	temperature regulati regulating valve	
1507	유량 조정 밸브	유량 변화에 의한 압력 차를 도입하고, 그 압력 차를 일정하게 유지하여 유량을 조정할 수 있는 자동 조정 밸브.	flow regulating valve	

번호	용어	뜻	참고	
			대응 영어	관용어
1508	액위 조정 밸브	액위를 감지하는 기구에 의하여 유체의 양을 조정하여 액위를 일정하게 유지할 수 있는 자동 조정 밸브.	level regulating valve	
1511	자동 조정 밸브	조절부의 신호를 받아 밸브의 작동에 필요한 동력을 보조 동력원으로부터 받는 밸브의 총칭.	control valve	
1512	공기식 조절 밸브	공기 신호를 받아 공기압에 의하여 작동하는 자동 조절 밸브.	pneumatic control valve	
1513	유압 조절 밸브	유압 신호를 받아 유압에 의하여 작동하는 자동 조절 밸브.	hydraulic control valve	
1514	공기 유압식 조절 밸브	공기 신호를 받아 유압에 의하여 작동하는 자동 조절 밸브.	pneumatic-hydraulic control valve	
1515	전기식 조절 밸브	전기 신호를 받아 전기 동력에 의하여 작동하는 자동 조절 밸브.	electrical control valve	
1516	전기 공기식 조절 밸브	전기 신호를 받아 공기압에 의하여 작동하는 자동 조절 밸브.	electro pneumatic operated control valve	
1517	전기 유압식 조절 밸브	전기 신호를 받아 유압에 의하여 작동하는 자동 조절 밸브.	electro hydraulic control valve	
1518	전기 증기식 조절 밸브	전기 신호를 받아 증기압에 의하여 작동하는 자동 조절 밸브.	electro steam control valve	
1550	안전밸브	주로 증기 또는 가스의 발생 장치 안전 확보를 위하여 사용되고, 유체의 압력이 소정의 값을 넘을 때, 자동적으로 순간 작동하는 기능을 가진 밸브.(KS B 6216 참조)	safety valve	
1551	스프링 안전밸브	코일 스프링의 압축 작용에 의하여 밸브대에 직접 하중을 걸어주는 안전밸브. (KS B 6216 참조)	direct spring loaded safety valve	
1552	저양정 안전밸브	리프트(양정)가 밸브 시트 구멍 지름의 $\frac{1}{40}$ 이상이고, $\frac{1}{15}$ 미만인 안전밸브.(KS B 6216 참조)	low lift safety valve	로 리프트 안전밸브
1553	고양정 안전밸브	리프트가 밸브 시트 구멍 지름의 $\frac{1}{15}$ 이상이고, $\frac{1}{7}$ 미만인 안전밸브(KS B 6216 참조).	high lift safety valve	하이 리프트 안전밸브
1554	전양정 안전밸브	리프트가 밸브 시트 구멍 지름의 $\frac{1}{7}$ 이상의 것으로 밸브 시트 구멍 지름의 $\frac{1}{7}$ 열렸을 때 생긴 통로의 면적보다도 그 밖의 부분의 통로 최소 면적이 10% 이상 큰 안전밸브(KS B 6216 참조).	full lift safety valve	풀 리프트 안전밸브

번호	용어	뜻	참고	
			대응 영어	관용어
1555	전량 안전밸브	밸브 시트 구멍의 지름이 노즐 목부 지름의 1.15배 이상이고, 밸브가 작동하였을 때의 밸브 시트 구멍의 통로 면적이 목부 면적의 1.05배 이상이며, 밸브 입구의 면적이 목부 면적의 1.7배 이상인 안전밸브(KS B 6216 참조).	full bore safety valve, maxiflow safety valve	
1556	추(錘) 안전밸브	추로 밸브대에 직접 하중을 걸어주는 안전밸브.	dead-weight loaded safety valve	
1557	레버 안전밸브	레버의 한 끝에 부착한 추의 무게로 밸브대에 하중을 걸어주는 안전밸브.	lever and weight loaded safety valve	지렛대식 안전밸브
1558	스프링 평형식 안전밸브	레버의 한 끝에 부착한 스프링의 작용으로 밸브대에 하중을 걸어주는 안전밸브.	lever and spring loaded safety valve	
1600	릴리프 밸브	주로 액체의 압력이 상승하는 경우에 사용되며, 액체의 압력이 소정의 값이 되면, 그 압력의 상승에 대응하여 자동적으로 열리는 기능을 가지는 밸브.	relief valve	안전밸브
1601	안전 릴리프 밸브	주로 배관 계통에 설치되며, 용도에 따라 기체 및 액체에 다같이 이용될 수 있는 릴리프 밸브.	safety relief valve, escape valve	릴리프 밸브 안전밸브
1650	수전	급수관에 설치하는 밸브의 총칭.		
1651	분수전	배수관에서 급수관으로 분기할 때 사용되는 수전.	snap tap	
1652	A형 분수전	밸브 몸체와 밸브대가 일체로 된 나사 막대 모양의 정지 블록을 가지는 분수전.	union ends snap tap	
1653	B형 분수전	통로의 개폐가 콕과 같은 방식인 분수전.	quick close snap tap	
1654	지수전	급수관 도중에 설치하는 수전.	stop, stop cock	
1655	A형 지수전	주로 수도에 사용되는 캡너트붙이 나사 좸식의 지수전.	union ends check stop	
1656	B형 지수전	주로 수도에 사용되는 콕식의 지수전.	quick close stop	
1657	C형 지수전	주로 수도에 사용되고, 연관에 직접 접속되는 나사 좸식의 지수전.	plain tail check stop	
1658	앵글형 지수전	주로 옥내 급수관에 사용되는 앵글형의 지수전(KS B 2331 참조).	angle stop, angle stop cock	
1659	스트레이트형 지수전	주로 옥내 급수관에 사용되는 스트레이트형 지수전(KS B 2331 참조).	straight stop, straight stop cock	
1660	긴 허리형 지수전	동체부를 벽에 매입하는 동체가 긴 지수전(KS B 2331 참조).	concealed long shank stop cock	
1661	샤워 지수전	샤워에 급수하는 지수전. (KS B 2331 참조)	shower valve	

번호	용어	뜻	참고	
			대응 영어	관용어
1662	수도 꼭지	급수관의 말단에 설치하는 수전. (KS B 2331 참조)	water tap, faucet	
1663	가로 수도 꼭지	주로 벽면에 설치하여 사용하는 수도꼭지. (KS B 2331 참조)	wall faucet, bib tap	
1664	만능 꼭지	꼭지를 상하 또는 좌우 또는 상하 좌우로 움직일 수 있는 수도꼭지로서 수직형과 수평형이 있다(KS B 2331 참조).	swing faucet, swing(swivel) cock	
1665	세로 수도 꼭지	주로 세면기에 설치하는 수도꼭지. (KS B 2331 참조)	lavatory faucet pilled cock(tap)	
1666	살수 꼭지	꼭지에 호스를 꽂은 커플링을 가지는 수도꼭지로서 옥외에 설치하여 살수 등에 사용된다(KS B 2331 참조).	lawn faucet, sill cock, hose bibb	
1667	온냉수 혼합 꼭지	2개의 핸들 조작에 의하여 온수와 냉수가 혼합하여 급수하는 수도꼭지로서 노출형과 매입형이 있다(KS B 2331 참조).	combination faucet, combined taps	
1668	위생 꼭지	급수에 의하여 핸들이 씻어지는 세면기용의 꼭지(KS B 2331 참조).	wash basin faucet	
1669	대변기 세척 밸브	대변기의 세척에 사용되는 밸브로 수동식과 패달식이 있다.	flush valve, flushometer valve	
1670	자폐 수전	손을 떼면 자동적으로 그치는 급수전, 핸들식과 누름 단추식이 있다.	self-closing faucet, self-closing cock(tap)	
1671	자동 수전	자동적으로 개폐하는 급수전으로 주로 광전작용이나 전자 작용을 이용하고 있다.	electronical automatic cock	
1700	스톰 밸브	파도에 의한 해수의 역류를 방지하는 밸브.	storm valve	
1701	연성 밸브	1개의 밸브 몸체와 같은 기능을 가지는 2개 이상의 밸브 몸체로 구성되어 있는 밸브.	manifold valve	
1702	호스 밸브	호스를 접속하여 사용할 수 있도록, 호스 이음이 붙어 있는 밸브.	hose valve	
1703	증기 트랩	증기 중의 배수를 자동으로 배출시키는 트랩.	steam trap, drain trap	
1704	공기 밸브	공기의 출입을 제어하는 밸브의 총칭. (KS B 8770 참조)	air valve	
1705	수도용 공기 밸브	플로트의 작동에 의하여 관내의 공기를 배출하고, 또 관내의 물을 배출할 때 공기를 흡입하는 밸브(KS B 2340 참조).	air vent valve	공기 밸브 배기 밸브
1706	호흡 밸브	탱크 내 저장 유체의 압력 변동에 의하여 대기를 호흡하고, 탱크 내의 공기압을 소정의 압력으로 자동적으로 유지하는 밸브.	breather valve	

번호	용어	뜻	참고	
			대응 영어	관용어
1707	플로트 밸브	플로트의 승강에 의하여 자동적으로 개폐하는 밸브로서 탱크에 액체를 일정량 저장하기 위하여 사용한다. 특히 건축 설비에 사용할 때에는 볼 탭이라고 한다.	float valve, ball tap	
1708	소화전	소화 용수를 송출하는 밸브로서 옥내용과 옥외용이 있고, 옥외용에는 지상식과 지하식이 있다.	fire hydrant	옥내 소화전 옥외 소화전
1709	벨로즈 밸브	벨로즈를 사용하여 외부로의 누설을 방지하는 구조의 밸브.	bellows valve	
1710	피스톤 밸브	밸브대가 피스톤 모양의 밸브.	piston valve	
1711	방열기 밸브	난방용 방열기 전용의 밸브로서 증기용과 온수용이 있다.	radiator valve	
1712	핀치 밸브	고무 슬리브를 끼워서 유로를 막는 밸브	pinch valve	
1713	슬리브 밸브	밸브대가 슬리브 모양의 밸브	sleeve valve	

(2) 밸브의 형식

번호	용어	뜻	참고	
			대응 영어	관용어
2101	나사식	끝부에 나사를 가지는 형식(KS B 2311 참조).	screwed end	
2102	허브형	끝부가 허브로 되어 있는 형식.	hub end	허브 엔드형 소켓형
2103	플랜지형	끝부가 플랜지인 형식.	flanged end	
2104	유니언형	끝부가 유니언인 형식(KS B 8581 참조).	union end	
2105	납땜형	끝부가 납땜으로 관과 접합되는 형식.	soldered end	
2106	용접형	끝부가 용접으로 관과 접합되는 형식.	welding end	
2107	소켓 용접형	끝부가 소켓 용접으로 관과 접합되는 형식.	socket welding end	
2108	맞대기 용접형	끝부가 맞대기 용접으로 관과 접합되는 형식.	butt welding end	용접형
2201	스트레이트형	입구와 출구의 유로가 직통하고 있는 형식.	straight-way type	
2202	글로브형	입구와 출구의 유로가 S자 모양으로 연결되어 있는 형식.	globe type	
2203	유선형	외형을 유로의 형상에 맞추어 S자 모양으로 되어 있는 글로브 밸브.	streamlined type	
2204	Y형	밸브대의 축선과 출구의 유로가 예각으로 되어 있는 형식.	Y-globe type, Y-type	
2205	앵글형	입구와 출구의 유로가 각각으로 되어 있는 형식(KS B 2312 참조).	angle type	

번호	용어	뜻	참고	
			대응 영어	관용어
2206	연성형	2개 이상의 밸브 몸통이 일체로 되어 있는 형식.	manifold type	
2207	쌍방향형	유체의 출입구가 2개 있는 형식. 대부분의 밸브는 이 형식이다(KS B 2301 참조).	two way type	
2208	3방향형	유체의 출입구가 3개 있는 형식.	three way type	
2209	4방향형	유체의 출입구가 4개 있는 형식.	four way type	
2301	블록형	강괴로 만들어진 각형의 밸브 몸통 형식.	block type	
2302	바 스톡형	봉강으로 만들어진 밸브 몸통 형식.	bar stock type	
2303	단조형	형단조로 만들어진 밸브 몸통 형식.	stamp-forged type	
2304	둥근 몸통형	몸통의 상부가 둥근 밸브 몸통 형식.	round shape	둥근형
2305	사각 몸통형	몸통의 상부가 직사각 모양의 밸브 몸통 형식.	rectangular shape	
2306	타원 몸통형	몸통의 상부가 타원형인 밸브 몸통 형식.	oval shape	
2307	깔대기 몸통형	몸통의 상부가 타원형이고, 덮개 플랜지 부분이 둥근 형의 밸브 몸통 형식.	funnel shape	
2308	벤투리형	유로를 중앙부에서 줄인 밸브 몸통 형식.	venturi type	
2401	안쪽 나사식	밸브대 작동용의 나사 결합부가 덮개 또는 덮개보다 안쪽에 있는 형식(KS B 2353 참조).	inside screw type (I.S.S)	
2402	안쪽 나사 밸브대 승강식	안쪽 나사식이고, 밸브의 개폐 조작 때 밸브대가 승강하는 형식.	inside screw rising stem type	승강식
2403	안쪽 나사 밸브대 비승강식	안쪽 나사식이고, 밸브의 개폐 조작 때 밸브대가 승강하지 않는 형식(KS B 2353 참조).	inside screw non-rising stem type	비승강식
2404	바깥쪽 나사식	밸브대 작동용의 나사 결합부가 덮개보다 바깥쪽에 있는 형식.(KS B 2354 참조)	outside screw type	
2405	바깥쪽 나사 밸브대 회전식	바깥쪽 나사식이고, 밸브의 개폐 조작 때, 밸브대가 회전하면서 승강하는 형식. (KS B 2351 참조)	outside screw rotating stem type	회전식
2406	바깥쪽 나사 밸브대 비회전식	바깥쪽 나사식이고, 밸브의 개폐 조작 때, 밸브대가 회전하지 않고 승강하는 형식. (KS B 2354 참조)	outside screw non-rotating stem type	비회전식
2407	바깥쪽 나사 밸브대 중공식	밸브대가 숫나사와 암나사의 조합으로 이루어지고, 밸브의 개폐 조작 때 숫나사를 가지는 밸브대가 정위치에서 회전하고, 암나사를 가지는 밸브대(중공)가 승강하는 형식.	outside non-rising spindle rising hollow stem type	

㈜ '밸브' 또는 '콕'의 앞에 직접 이 밸브의 형식을 부기하는 경우에는 '형'을 생략한다.
[보기] 연성 밸브, 쌍방형 콕

4. KS 배관 도시 기호

(1) 관 이음쇠 도시 기호

구분	플랜지 이음 (flanged)	나사 이음 (screwed)	턱걸이 이음 (bell & spigot)	용접 이음 (welded)	땜 이음 (soldered)
1. 부싱(bushing)	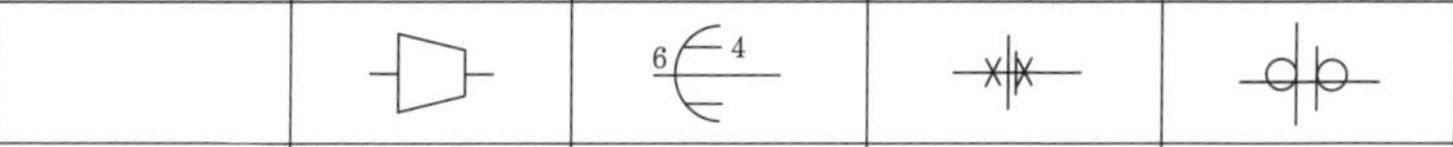		6 4		
2. 캡(cap)	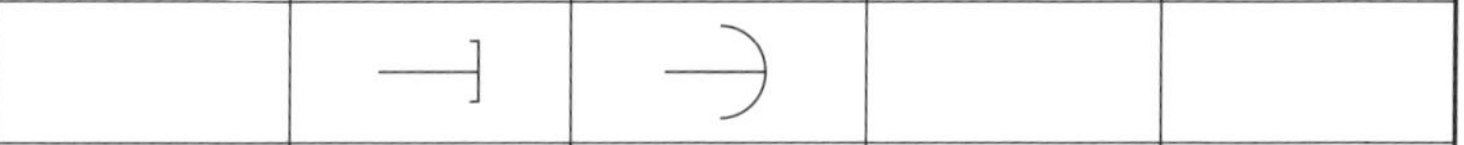				
3. 크로스(cross) (1) 이형 크로스 (reducing)	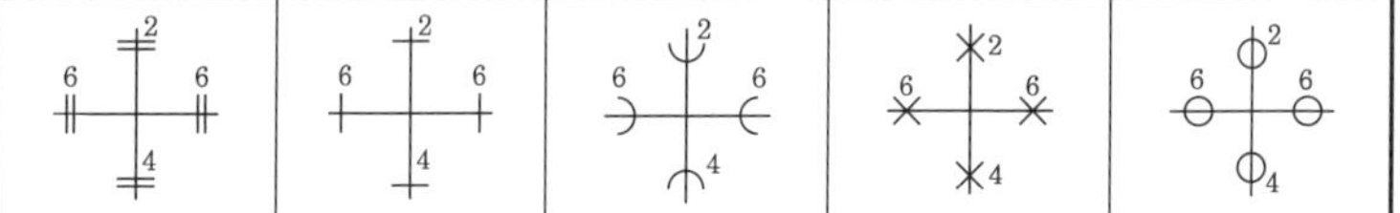 2 6 6 4	2 6 6 4	2 6 6 4	2 6 6 4	2 6 6 4
(2) 크로스 (straight size)	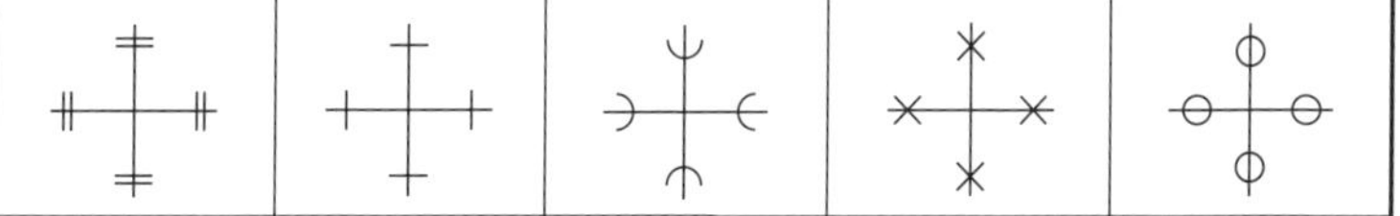				
4. 엘보(elbow) (1) 45° 엘보 (45-degree)					
(2) 90° 엘보 (90-degree)	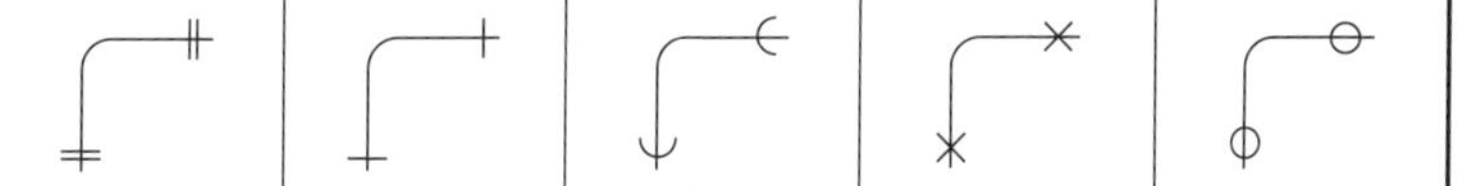				
(3) 하향 엘보 (turned down)	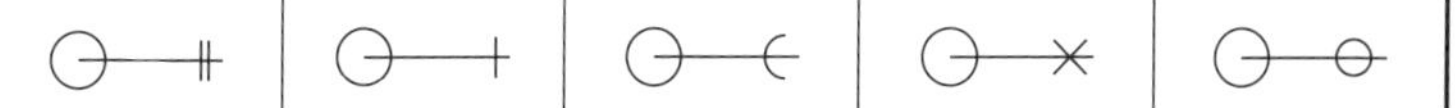				
(4) 상향 엘보 (turned up)	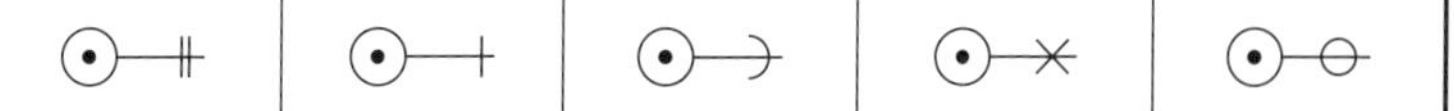				
(5) 엘보 서포트 (base)	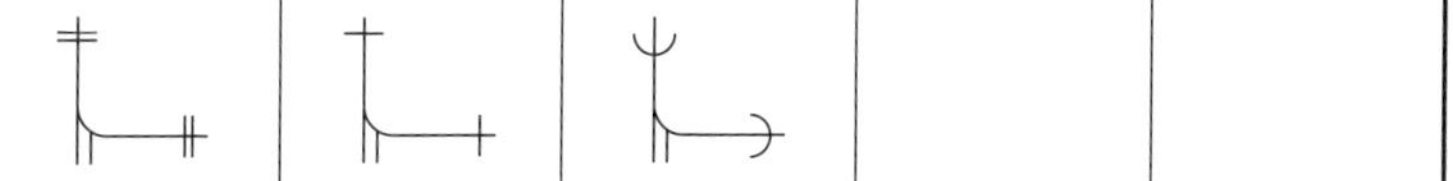				
(6) 양 엘보 (double-branch)					
(7) 큰 곡률 엘보 (long radius)	LR	LR			
(8) 이형 엠보 (reducing)	2 4	2 4			2 4
(9) 사이드 엘보 (side outlet outlet down) (하향)	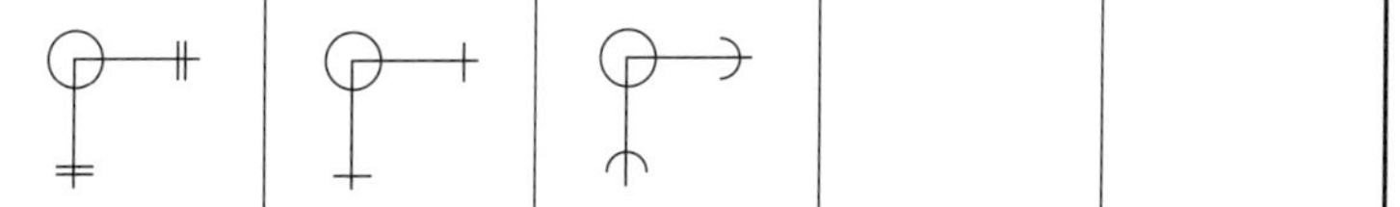				

구분	플랜지 이음 (flanged)	나사 이음 (screwed)	턱걸이 이음 (bell & spigot)	용접 이음 (welded)	땜 이음 (soldered)
(10) 사이드 엘보(상향) (side outlet) (outlet up)	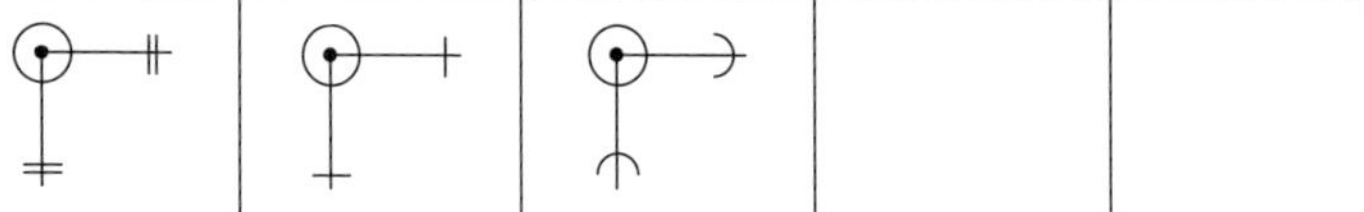				
5. 조인트(joint)					
(1) 조인트 (connecting pipe)					
(2) 팽창 조인트(익스팬션(expansion))					
6. 와이(Y) 타이(lateral)					
7. 오리피스 플랜지 (orifice flange)					
8. 리듀싱 플랜지 (reducing flange)					
9. 플러그(plugs)					
(1) 벌 플러그 (bull plug)					
(2) 파이프 플러그 (pipe plug)					
10. 리듀서(reducer)					
(1) 정심 리듀서 (concentric)					
(2) 편심 리듀서 (eccentric)					
11. 슬리브(sleeve)	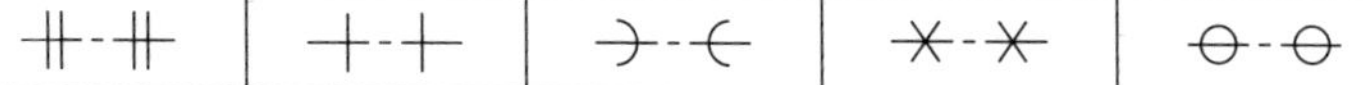				
12. 티(tee)					
(1) 티 (straight size)					
(2) 상향 티 (outlet up)					
(3) 하향 티 (outlet up)					
(4) 양스위프 티 (double sweep)					
(5) 이형 티 (reducing)	2 6 4	2 6 4	2 6 4	2 6 4	2 6 4

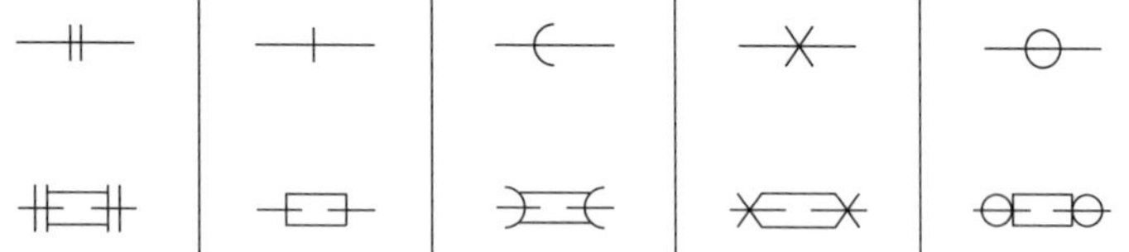

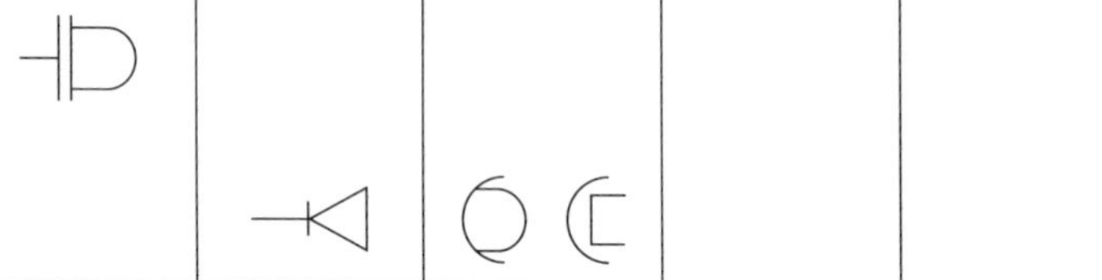

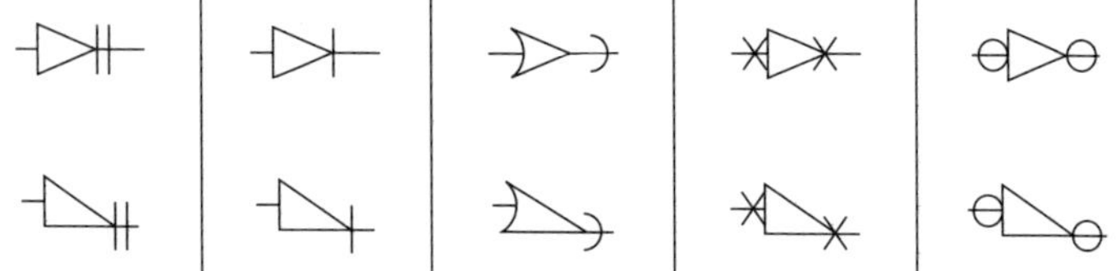

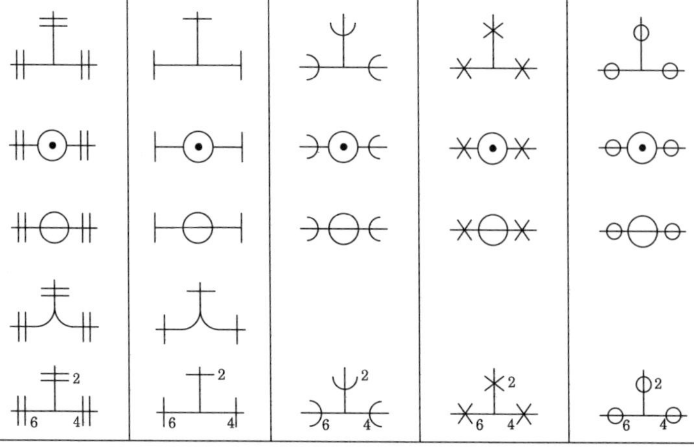

구분	플랜지 이음 (flanged)	나사 이음 (screwed)	턱걸이 이음 (bell & spigot)	용접 이음 (welded)	땜 이음 (soldered)
(6) 스위프 티 (single sweep)					
(7) 사이드 티(하향) (side outlet) (outlet down)					
(8) 사이드 티(상향) (side outlet) (outlet up)					
13. 유니언(union)					

(2) 밸브 도시 기호

구분	플랜지 이음 (flanged)	나사 이음 (screwed)	턱걸이 이음 (bell & spigot)	용접 이음 (welded)	땜 이음 (soldered)
1. 앵글밸브 (angle valve) (1) 앵글 체크 밸브 (check)					
(2) 슬루스 앵글밸브(수직) (gate elevation)					
(3) 슬루스 앵글밸브(수평) (gate plan)					
(4) 글로브 앵글밸브(수직) (globe elevation)					
(5) 글로브 앵글밸브(수평) (globe plan)					
(6) 호스 앵글밸브 (hose angle)	기호 9.(1)과 같다.				
2. 자동 밸브 (automatic valve) (1) 바이패스 자동 밸브 (by pass)					
(2) 거버너 자동 밸브 (governor operated)					

구분	플랜지 이음 (flanged)	나사 이음 (screwed)	턱걸이 이음 (bell & spigot)	용접 이음 (welded)	땜 이음 (soldered)
(3) 리듀싱 자동 밸브 (reducing)					
3. 체크 밸브 (check valve) (1) 앵글 체크 밸브 (angle check) (2) 체크 밸브 (straight way)					
4. 콕(cock)					
5. 다이어프램 밸브 (diaphragm valve)					
6. 플로트 밸브 (float valve)					
7. 슬루스 밸브(gate valve) (1) 슬루스 밸브					
(2) 앵글 슬루스 밸브 (angle gate)	기호 1.(2) 및 1.(3)과 같다.				
(3) 호스 슬루스 밸브 (hose gate)	기호 9.(2)와 같다.				
(4) 전동 슬루스 밸브 (motor operated)	M	M		M	
8. 글로브 밸브 (globe valve) (1) 글로브 밸브					
(2) 앵글 글로브 밸브 (angle globe)	기호 1.(4) 및 1.(5)와 같다.				
(3) 호스 글로브 밸브 (hose globe)	기호 9.(3)과 같다.				
(4) 전동 글로브 밸브 (motor operated)	M	M		M	
9. 호스 밸브 (hose valve) (1) 앵글 호스 밸브 (angle)					

구분	플랜지 이음 (flanged)	나사 이음 (screwed)	턱걸이 이음 (bell & spigot)	용접 이음 (welded)	땜 이음 (soldered)
(2) 슬루스 호스 밸브 (gate) (3) 글로브 호스 밸브 (globe)					
10. 봉합 밸브 (lock shield valve)					
11. 지렛대 밸브 (quick opening valve)					
12. 안전밸브 (safety valve)					
13. 스톱 밸브 (stop valve)	기호 7.(1)과 같다.				
14. 감압 밸브 (reducing pressure valve)	기호 7.(1)과 같다.				

(3) 나사 이음 시 계기류 도시 기호

명칭	기호	명칭	기호
체크 앵글밸브 (check angle valve)		슬루스 앵글밸브(수직) (sluice angle valve)	
슬루스 앵글밸브(수평)		글로브 앵글밸브(수직) (globe angle valve)	
글로브 앵글밸브(수평)		체크 밸브(check valve)	
콕(cock)		다이어프램 밸브 (diaphragm valve)	
플로트 밸브 (float valve)		슬루스 밸브 (sluice valve)	
전동 슬루스 밸브 (moter operated sluice valve)	M	글로브 밸브 (globe valve)	
전동 글로브 밸브	M	봉합 밸브 (lock shield valve)	
안전밸브 (safety valve)		감압 밸브 (reducing pressure valve)	

안전밸브(스프링식)		안전밸브(추식)	
일반 콕		삼방 콕	
일반 조작 밸브		전자 밸브	
도출 밸브		공기빼기 밸브	
폐쇄형 밸브		폐쇄형 일반 콕	
온도계		압력계	
글로브 밸브 (globe valve)		슬루스 밸브 (sluice valve)	
리프트형 체크 밸브 (life type check valve)		스윙형 체크 밸브 (swing type check valve)	
콕(cock)		삼방 콕	
안전밸브		배압 밸브	
감압 밸브		온도 조절 밸브	
압력계		연성 압력계	
공기빼기 밸브			

(4) 일반 배관 도시 기호 I

명칭	기호	비고	명칭	기호	비고
급기, 급탕관	---- ●● ----	증기 및 온수	편심 조인트		주철 이형관
환탕관	---- ●●● ----	증기 및 온수	팽창 곡관		
증기관	---//---//---	증기	배관 고정점		
응축수관	--/-/--		급탕관	—I—	
기타 관	A —A—		온수 환수관	—II—	
급수관	---- ● ----		기수 분리기	—(SS)—	
상수도관	---- ● ----		리프트 피팅		

지하수 급수관	---- ● ----		분기 가열기		
Y자관		주철 이형관	주형 방열기		
곡 관		주철 이형관	티		
T자관		주철 이형관	증기 트랩		
Y자관		주철 이형관	스트레이너		
90° Y자관			바닥 상자		
배수관	---- D ----		유분리기		
통기관	---- V ----		배압 밸브		
소화관			감압 밸브		
주철관 (급수)	75 mm	관 지름 75mm	압력계		
주철관 (배수)	100 mm	관 지름 100mm			
연관 (급수)	13 L	관 지름 13mm	연성계		
연관 (배수)	100 L	관 지름 75mm			
콘크리트관 (급수)	150 L	관 지름 100mm	온도계		
콘크리트관 (배수)	150 L	관 지름 150mm			
도관	100 T	관 지름 100mm	급기도 단면		
수직관			배기도 단면		
수직 상향			급기 댐퍼 단면		
하향부			배기 댐퍼 단면		
곡관			급기구		
플랜지			배기구		
유니언			바닥 배수		
엘보			벽걸이 방열기		
소제구			핀 방열기		
하우스 트랩			대류 방열기		

양수기	M		소화전	F	
그리스 트랩	GT		기구 배수		

(5) 일반 배관 도시 기호 Ⅱ

명칭		기호
절연		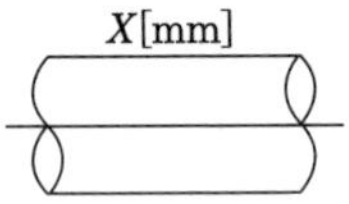 X[mm]
보온관		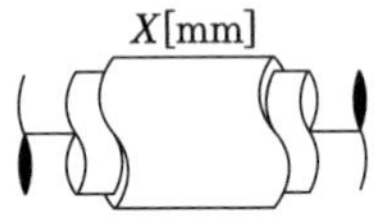 X[mm]
인체 안전용 보온관		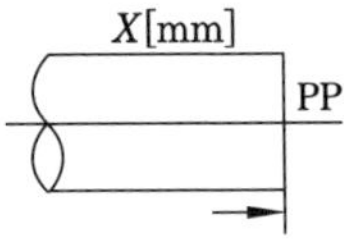 X[mm] PP
분리 기능관		
원추형 여과막		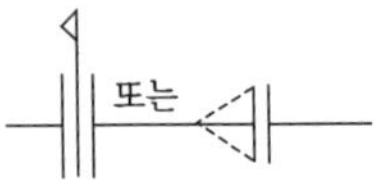 또는
평면형 여과막		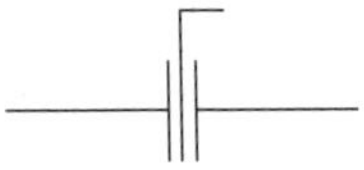
증기 가열관		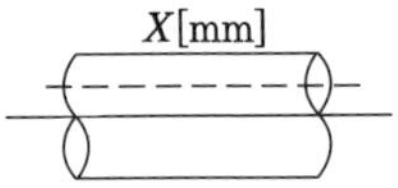 X[mm]
Y형 여과기	맞대기 용접	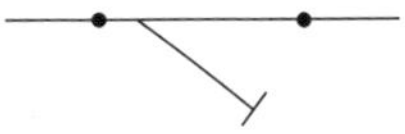
	소켓 용접	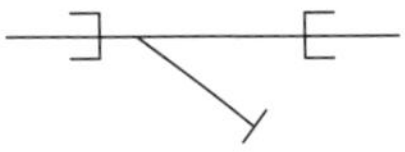
	플랜지	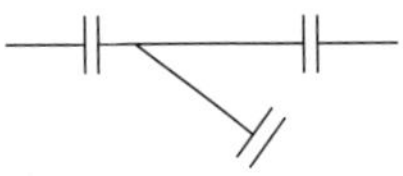
	나사식	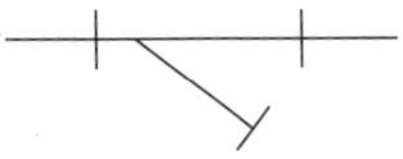

명칭	기호
트랩	
벤트	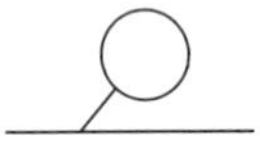
탱크용 벤트	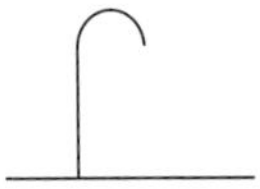

관지지 기호		
관지지	실제 모양	기호
앵커	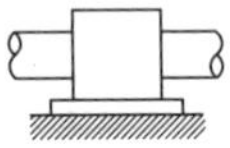	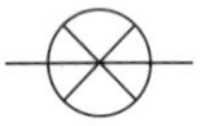
가이드	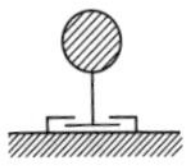	 G
슈	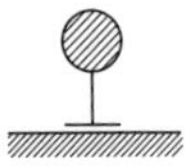	
행어	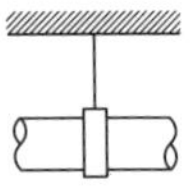	H
스프링 행어	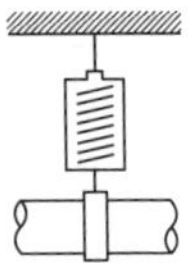	SH
바닥 지지		 S
스프링 지지		SS

건축 · 플랜트
배관설비공학

2022년 5월 20일 1판1쇄
2025년 1월 20일 1판2쇄

저　자 : 박병우 · 강윤진 · 장기석
펴낸이 : 이정일

펴낸곳 : 도서출판 **일진사**
www.iljinsa.com
(우) 04317 서울시 용산구 효창원로 64길 6
전화 : 704-1616 / 팩스 : 715-3536
등록 : 제1979-000009호 (1979.4.2)

값 36,000 원

ISBN : 978-89-429-1701-3